分析化学手册

第三版

氢-1核磁共振波谱分析

秦海林　于德泉　主编

邓安珺　副主编

化学工业出版社

·北京·

《分析化学手册》第三版在第二版的基础上作了较大幅度的增补和删减，保持原手册 10 个分册的基础上，将其中 3 个分册进行拆分，扩充为 6 册，最终形成 13 册。

"核磁共振波谱分析"分为 7A《氢-1 核磁共振波谱分析》和 7B《碳-13 核磁共振波谱分析》两册。《氢-1 核磁共振波谱分析》前四章为基本概念、理论与基础知识，包括核磁共振、核磁共振氢谱、核磁共振碳谱、核磁共振二维谱的基本概念、方法和原理，系统、条理、清晰，并且每种研究方法都给出了具体的应用分析实例；第五章至第十五章为数据篇，包括常用的和典型的有机化合物的化学位移与偶合常数数据，并总结各种类型化合物的波谱数据规律。

图书在版编目（CIP）数据

分析化学手册. 7A 氢-1 核磁共振波谱分析/秦海林，于德泉主编. —3 版. —北京：化学工业出版社，2016.10（2023.4 重印）

ISBN 978-7-122-27858-6

Ⅰ.①分… Ⅱ. ①秦… ②于… Ⅲ. ①分析化学-手册 ②核磁共振谱法-波谱分析-手册 Ⅳ. ①O65-62

中国版本图书馆 CIP 数据核字（2016）第 193020 号

责任编辑：李晓红　傅聪智　任惠敏　　装帧设计：王晓宇
责任校对：吴　静

出版发行：化学工业出版社（北京市东城区青年湖南街 13 号　邮政编码 100011）
印　　装：北京盛通数码印刷有限公司
787mm×1092mm　1/16　印张 43　字数 1097 千字　　2023 年 4 月北京第 3 版第 4 次印刷

购书咨询：010-64518888　　售后服务：010-64518899
网　　址：http://www.cip.com.cn
凡购买本书，如有缺损质量问题，本社销售中心负责调换。

定　　价：298.00 元

《分析化学手册》（第三版）编委会

本分册编写人员

主　编：秦海林　于德泉

副主编：邓安珺

编　者（按姓氏汉语拼音排序）：

邓安珺　李　倩　秦海林　宋　利

王亚男　于德泉　张　丹　张志辉

序

分析化学是人们获得物质组成、结构及相关信息的科学，即测量与表征的科学。其主要任务是鉴定物质的化学组成及含量测定、确定物质的结构形态及其与物质性质之间的关系。分析化学是一门社会和科技发展迫切需要的、多学科交叉结合的综合性科学。现代分析化学必须回答当代科学技术和社会需求对现存的方法和技术的挑战，因此实际上已发展成为“分析科学”。

《分析化学手册》是一套全面反映现代分析技术，供化学工作者使用的专业工具书。《分析化学手册》第一版于1979年出版，有6个分册；第二版扩充为10个分册，于1996年至2000年陆续出版。手册出版后，受到广大读者的欢迎，成为国内很多分析化验室和化学实验室的必备图书，对我国科技进步和社会发展都产生了重要作用。

进入21世纪，随着科技进步和社会发展对分析化学提出的种种要求，各种新的分析手段、仪器设备、信息技术的出现，极大地丰富了分析化学学科的内涵、促进了学科的发展。为更好总结这些进展，为广大读者服务，化学工业出版社自2010年起开始启动《分析化学手册》（第三版）的修订工作，成立了由分析化学界30余位专家组成的编委会，这些专家包括了10位中国科学院院士、中国工程院院士和发展中国家科学院院士，多位长江学者特聘教授和国家杰出青年基金获得者，以及各领域经验丰富的专家。在编委会的领导下，作者、编辑、编委通力合作，历时六年完成了这套1800余万字的大型工具书。

本次修订保持了第二版10分册的基本架构，将其中的3个分册进行拆分，扩充为6册，最终形成10分册13册的格局：

1	基础知识与安全知识	7A	氢-1核磁共振波谱分析
2	化学分析	7B	碳-13核磁共振波谱分析
3A	原子光谱分析	8	热分析与量热学
3B	分子光谱分析	9A	有机质谱分析
4	电分析化学	9B	无机质谱分析
5	气相色谱分析	10	化学计量学
6	液相色谱分析		

其中，原《光谱分析》拆分为《原子光谱分析》和《分子光谱分析》;《核磁共振波谱分析》拆分为《氢-1 核磁共振波谱分析》和《碳-13 核磁共振波谱分析》;《质谱分析》新增加了无机质谱分析的内容，拆分为《有机质谱分析》和《无机质谱分析》，并对仪器结构及方法原理进行了全面的更新。另外，《热分析》增加了量热学方面的内容，分册名变更为《热分析与量热学》。

本版修订秉承的宗旨：一、保持手册一贯的权威性和典型性，体现预见性和前瞻性，突出新颖性和实用性；二、继承手册的数据查阅功能，同时注重对分析方法和技术的介绍；三、着重收录了基础性理论和发展较成熟的方法与技术，删除已废弃的或过时的内容，更新有关数据，增补各领域近十年来的新方法、新成果，特别是计算机的应用、多种分析技术联用、分析技术在生命科学中的应用等方面的内容；四、在编排方式上，突出手册的可查阅性，各分册均编排主题词索引，与目录相互补充，对于数据表格、图谱比较多的分册，增加表索引和谱图索引，部分分册增设了符号与缩略语对照。

手册第三版获得了国家出版基金项目的支持，编写与修订工作得到了我国分析化学界同仁的大力支持，全套书的修订出版凝聚了他们大量的心血和期望，在此谨向他们，以及在编写过程中曾给予我们热情支持与帮助的有关院校、科研院所及厂矿企业的专家和同行，致以诚挚的谢意。同时我们也真诚期待广大读者的热情关注和批评指正。

《分析化学手册》(第三版)编委会

2016 年 4 月

前　言

核磁共振（Nuclear Magnetic Resonance，缩写为NMR），是有机化合物结构鉴定中应用最为广泛的技术之一。从实用性角度看，有机化合物的 NMR 数据与有机化合物的结构间存在严格对应关系；由于氢和碳两种元素在有机化合物分子构成中占有最重要的位置，因此有机化合物的 ^{1}H NMR 和 ^{13}C NMR 是应用最多且数据最为丰富的，二者均属在图谱中只包含一个独立频率变量的一维 NMR（1D NMR）。20 世纪 70 年代以来发展起来的二维 NMR（2D NMR）技术则为客观且可靠地解析有机化合物的 ^{1}H NMR 和 ^{13}C NMR 图谱并确定有机化合物的结构提供了更便利的途径。当前，很多一维谱数据的归属依赖于二维 NMR 实验。

在有机化合物的化学结构研究中，^{1}H NMR 谱和 ^{13}C NMR 谱相互补充、相互印证，相得益彰，特别是在化合物的鉴别、化学结构的测定、异构体的识别、化学结构中的构型与构象分析、合成化学的反应机理研究，以及生物化学和生物合成中都发挥出巨大的作用，目前已成为天然有机化学研究领域非常重要的工具。

本次修订在《分析化学手册》第二版第七分册《核磁共振波谱分析》基础上，将“核磁共振波谱分析”分为了 7A《^{1}H 核磁共振波谱分析》和 7B《^{13}C 核磁共振波谱分析》两册。本分册致力于为从事有机化学和药物化学教学、科研、生产及相关工作的专业人员提供基础的 NMR 技术概念和 ^{1}H NMR 应用范例。首先，在 NMR 技术概念方面，立足于介绍 NMR 技术在有机化学中的实际应用，从与 NMR 技术相关的原子核物理的各个基本概念出发，按照一定的逻辑关联顺序展开，以阐明 NMR 现象发生的基本原理以及获取各种 NMR 图谱的操作步骤。然后，对天然有机化合物的主要结构类型及其典型的 ^{1}H NMR 数据特征进行了归纳和整理。

第一章按逻辑关联性收录了与 NMR 现象发生有关联的涉及原子核的物理性质及 NMR 现象发生过程的概念和术语，并对在 NMR 波谱仪上测试 NMR 图谱的基本操作进行了概述，是理解核磁共振波谱学中有机化合物产生 NMR 现象的基础知识。

第二章是与 ^{1}H NMR 有关的基本概念和术语，主要包括化学位移、自旋偶合与自旋分裂、偶合常数以及核磁双共振（即核的 Overhauser 效应）方面的内容。

第三章主要收录与 ^{13}C NMR 和二维 NMR 有关的基本概念和术语，包括 ^{13}C NMR 基本原理、化学位移、偶合常数和弛豫时间以及多脉冲实验等方面，以及二维 NMR 谱的特征、用途与用法。在第二章和第三章中对常用的 NMR 技术均通过实际图谱予以说明。

第四章中收录了典型有机官能团的 ^{1}H NMR 化学位移和典型偶合体系的 ^{1}H NMR 偶合常数，为第五章至第十五章的内容提供背景知识。

从第五章至第十四章，分别按生物碱、黄酮、苯丙素、醌、单萜、倍半萜、二萜、三萜、甾族化合物和糖苷化合物，逐章收录了这些典型类型化合物的基本结构单元、中英文系统分类名称和部分结构多样性；每种结构分型均收载了几个代表性化合物，并以表格的形式列出各化合物的 ^{1}H NMR 谱数据，指出有助于结构鉴定的典型氢谱特征数据。

第十五章补充了上述类型之外的天然有机化合物，包括共轭烯烃型化合物、3-烃基苯酞型化合物、二苯乙烯型化合物、色原酮型化合物、苯并色原酮型化合物、苯乙醇型化合物、苯甲醇型化合物、双苯基庚烷型化合物、3′-3″-环双苯基庚烷型化合物、3′-4″-氧双苯基庚烷型化合物、萘型化合物和 1,2,3,4-四氢-α-萘酮型化合物。

本分册的编写查阅并引用了大量的国内外有关天然有机化合物研究的专业刊物，在每章节后列出了文献出处。根据天然有机化合物的结构特点，按照有机化学中通用的命名原则[包括中国化学会命名法和国际纯粹与应用化学联合会（IUPAC）命名法]对书中所收录的天然有机化合物进行了分类整理。我们愿借此机会，向手册中所收录的原始文献的作者表示衷心的感谢。需要强调的是，在编写过程中，为了尽可能使数据格式和结构表示方式达到统一，对部分原始文献中结构式的原子编号、结构简式及其立体结构的表示方式等进行了相应调整，有关内容读者可参考原始文献。

本分册编写人员全部是从事药物化学研究的一线科研工作者，从数据收集、整理、核校到最终书稿完成的整个过程中，大家付出了细致辛勤的劳动。编写过程得到了化学工业出版社编辑人员的大力支持，本分册的出版与他们大量且细致严谨的工作是分不开的，在此，编者还要特别对所有为本分册的编写和出版做出贡献的人员一并表示感谢。

由于编者水平有限，天然有机化合物类型复杂多样，书中难免存在疏漏与不妥之处，敬请读者批评指正。如能对在使用过程中发现的问题予以反馈，编者将不胜感激。

编　者

2016 年 9 月于北京

中国医学科学院药物研究所

凡　例

第五章至第十五章中，具体天然有机化合物的分型包括了天然有机化合物的基本结构单元、中英文系统分类名称和部分结构多样性；每种结构分型均根据文献收载了几个具体化合物，主要以表格的形式列出各化合物的 ^{1}H NMR 数据，指出有助于结构鉴定的典型 ^{1}H NMR 特征数据。基本结构单元的编号同时列出系统编号和习惯编号，当习惯编号和系统编号相同时，只列出系统编号。示例如下：

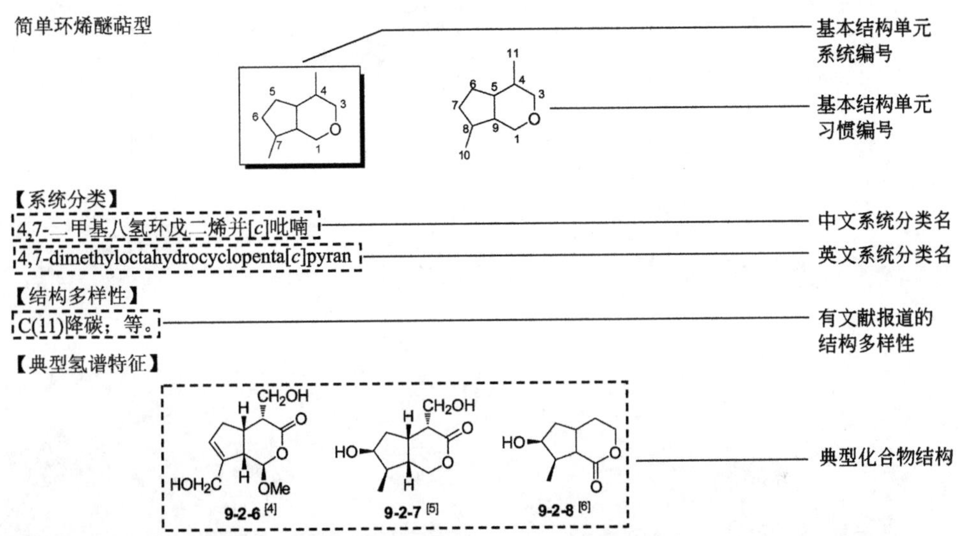

表 9-2-3 简单环烯醚萜型单萜 **9-2-6**～**9-2-8** 的 ^{1}H NMR 数据

H	**9-2-6** ($CDCl_3$)	**9-2-7** ($CDCl_3$)	**9-2-8** ($CDCl_3$)	典型氢谱特征
1①	α 4.81 d(8.3)	ax 4.32 dd(11, 4) eq 4.21 d(11)		① 母核的 C(1)为氧亚甲基（氧化甲基），化合物 **9-2-7** 的 1 位氧亚甲基显示其特征信号；但在化合物 **9-2-6** 中，C(1)形成缩醛次甲基，其信号有特征性；在化合物 **9-2-8** 中，C(1)形成酯羰基，特征峰消失； ② 母核的 C(3)为氧亚甲基（氧化甲基），化合物 **9-2-8** 的 3 位氧亚甲基显示特征信号；但在化合物 **9-2-6** 和 **9-2-7** 中，C(3)形成酯羰基，特征峰消失； ③ 10 位甲基特征峰；化合物 **9-2-6** 的 C(10)形成氧亚甲基（氧化甲基），其信号有特征性； ④ 母核的 C(11)为甲基，在化合物 **9-2-6** 和 **9-2-7** 中，C(11)形成氧亚甲基（氧化甲基），其信号有特征性；在 **9-2-8** 中，C(11)降碳，特征峰消失
3②			4.17 ddd(8.5, 2.5) 4.28 ddd(11.0, 6.0, 3)	
4	2.33 ddd(5.8, 5.2, 4)	2.88 ddd(8.5, 4.5, 4)	1.18 m, 1.44 m	
5	2.59 m	2.98 m	2.85 m	
6	α 2.01 m β 2.70 m	α 1.26 ddd(13, 10.5, 2.5) β 1.85 dd(13, 7.5)	1.45 ddd(11.0) 2.04 ddd(14.0, 8.0, 0.5)	
7	α 5.70 s	4.11 dd(3, 2.5)	4.10 m	
8		1.92 m	2.20 ddq(10, 7.7, 4.0)	
9	2.36 t(8.3)	2.20 td(9.5, 4)	2.63 t(10.0)	
10③	4.20 s	1.09 d(7)	1.19 d(8.0)	
11④	3.49 dd(12, 5.2) 3.95 dd(12, 5.8)	3.58 dd(11, 4.5) 3.90 dd(11, 8.5)		
OMe	3.71 s			

“H”列中标注有上角标①②③④的 H 的化学位移和偶合常数具有典型特征，“典型氢谱特征”列中的①②③④是对“H”列中的上角标①②③④的详细描述

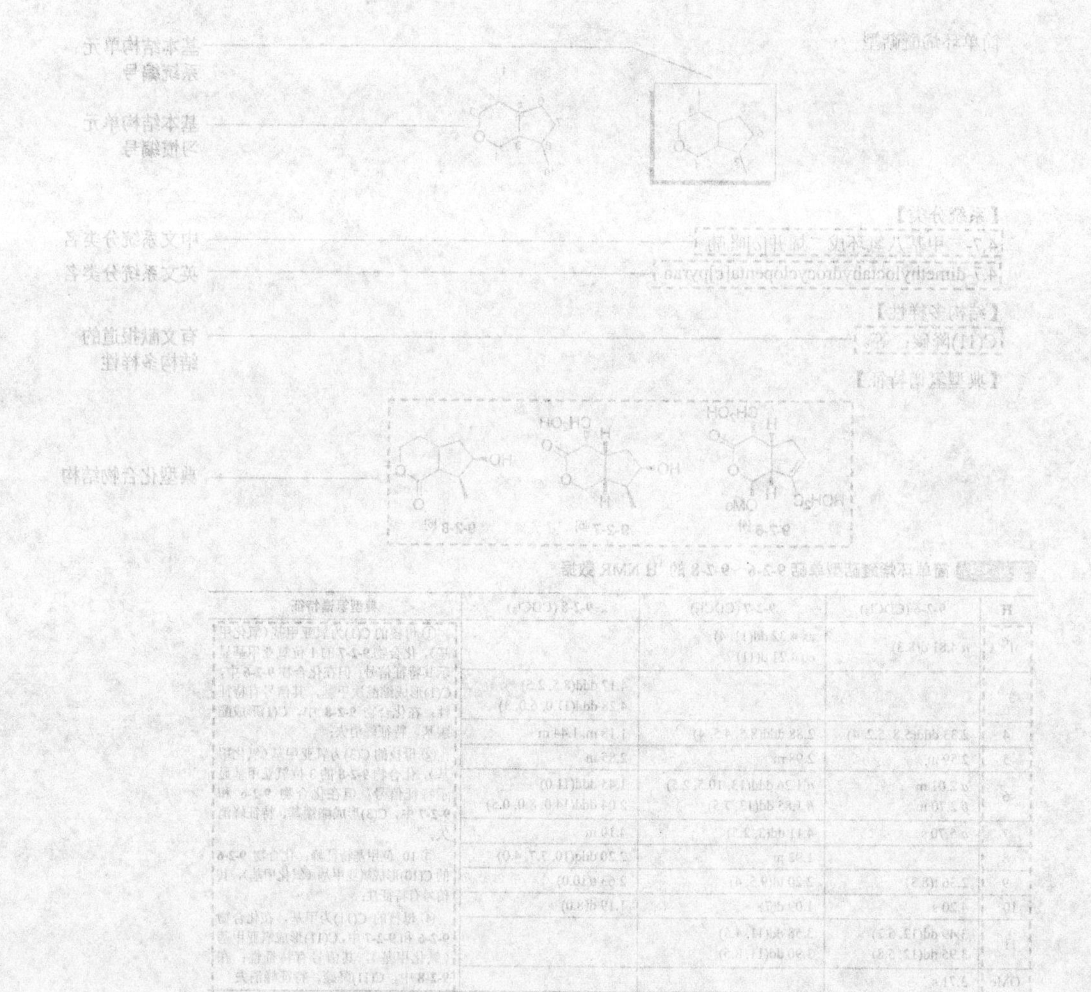

目　录

第七章 苯丙素

第八章 醌

第一章　核磁共振概念和基本原理

第一节　与核磁共振相关的原子核的物理性质

1. 核磁共振中原子核的直观属性

原子核可以看作是带正电荷的质点，或称为点电荷。在所有元素的同位素中，有些原子核不具有自旋，但有些原子核有自旋。具有自旋的原子核是核磁共振研究的对象。

2. 原子核自旋的分类及自旋量子数

具有自旋的原子核各自有不同的自旋特征，在核物理中描述为具有不同的自旋量子数 I。原子核的自旋量子数 I 的取值与原子核的原子序数（电荷数）和质量数有关：

① 质量数和电荷数均为偶数的原子核没有自旋现象，其自旋量子数 I 为零；

② 质量数为奇数的原子核有自旋，自旋量子数 I 为半整数，如 ^{1}H、^{13}C、^{15}N、^{19}F 和 ^{31}P 的自旋量子数均为 $I=1/2$。自旋量子数 $I=1/2$ 的原子核具有均匀的核电荷分布；

③ 质量数为偶数而电荷数为奇数的原子核，自旋量子数 I 为正整数（1，2，3，…），如 ^{2}H 和 ^{14}N 的自旋量子数均为 1。自旋量子数 $I>1/2$ 的原子核具有不均匀的核电荷分布。

各类原子核按自旋特征的分类见表 1-1-1。

表 1-1-1 原子核按自旋特征分类

电荷数	质量数	I	典型原子核
偶数	偶数	0	^{12}C、^{16}O、^{32}S
奇数	奇数	$1/2$，$3/2$，$5/2$，…	^{1}H、^{15}N、^{19}F、^{31}P
偶数	奇数	$1/2$，$3/2$，$5/2$，…	^{13}C、^{17}O
奇数	偶数	1，2，3，…	^{2}H、^{14}N、

3. 角动量

角动量是刚体转动的量度，其大小正比于刚体转动的角速度，方向为按照刚体转动的方向右手螺旋前进的方向。

4. 原子核的自旋角动量

具有自旋的原子核与刚体的转动类似，也有角动量，称为原子核的自旋角动量，用 $\boldsymbol{P}_N^*$ 表示。

5. 磁偶极矩

磁体同时具有 N 极和 S 极，因此称为磁偶极矩，简称为磁矩。

6. 原子核的磁矩

原子核的自旋是其产生磁矩的必要条件，有自旋的原子核都有磁矩，其方向与旋转轴重合。原子核的磁矩用 $\boldsymbol{\mu}_N^*$ 表示。

7. 磁场对磁矩的作用

在磁场中，磁矩所受到的来自磁场 H_0 的作用与二者的相对方向有关，当磁矩与磁场不平行时，磁矩将受到一个力矩的作用，使其趋向于转动到与磁场平行的方向，即转动到磁矩的位能最小的方向。

只有具有磁矩的原子核在磁场中才能与磁场相互作用而发生核磁共振现象；因此，自旋量子数 $I=0$ 的原子核，无核磁共振现象；自旋量子数 I 为半整数或整数的原子核，有核磁共振现象；特别是 $I=\frac{1}{2}$ 的原子核，核磁共振谱线窄，最适宜于核磁共振检测，是核磁共振研究的主要对象。

8. 自旋核的磁旋比

具有自旋角动量的原子核同时也具有磁矩，磁矩与角动量的比值叫作磁旋比(magnetogyric ratio)，有时也称作旋磁比(gyromagnetic ratio)，用 γ 表示。原子核的磁旋比用 γ_N 表示：

$$\gamma_N = \frac{\vec{\mu}_N^*}{\vec{P}_N^*}$$

自旋核的磁旋比是与自旋核的性质有关的常数，是原子核的重要属性之一。不同的自旋核，γ_N 值不同。如 ^{1}H 的 γ_N 为 26.752，^{13}C 的 γ_N 为 6.728。

9. 空间量子化

在磁场中，具有自旋的原子核有不同的自旋状态，在核磁共振中将其描述为各自旋态具有不同的取向，这种现象叫作原子核的空间量子化。

10. 空间量子化的规则

在磁场中，一个自旋量子数为 I 的原子核，只能有（$2I+1$）个自旋态取向。

① 在磁场中，一个自旋量子数为 I 的原子核，它的自旋角动量在磁场方向上的投影 P_z 只能取以下数值：

$$P_z = m\frac{h}{2\pi} = m\hbar$$

式中，h 为普朗克常数；$m=I, I-1, \cdots, -I+1, -I$，叫作磁量子数，自旋量子数 $I=\frac{1}{2}$ 的原子核的磁量子数为 $+\frac{1}{2}$ 和 $-\frac{1}{2}$。

② 在磁场中，一个自旋量子数为 I 的原子核，它的核磁矩在磁场方向上的投影 μ_z 只能取以下数值：

$$\mu_z = \gamma_N P_z = m\gamma_N\hbar$$

图 1-1-1 为 $I=\frac{1}{2}$、$I=1$ 和 $I=2$ 的三种原子核的空间量子化情况。

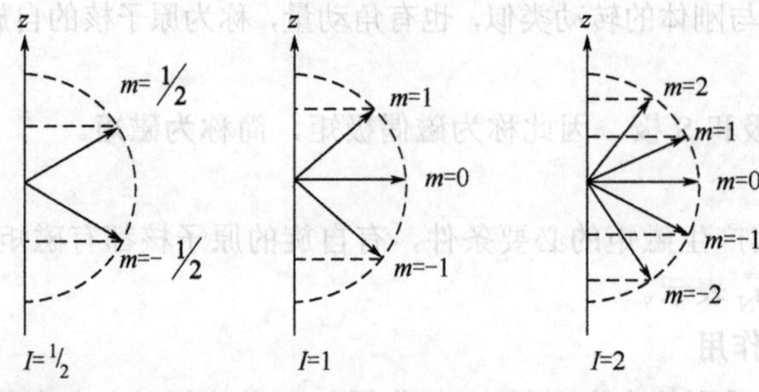

图 1-1-1 $I=\frac{1}{2}$、$I=1$ 和 $I=2$ 的三种典型原子核的空间量子化

11. 质子的自旋

质子有磁量子数分别为$+\frac{1}{2}$和$-\frac{1}{2}$的两个自旋态，这两个自旋态能量相等，质子处于这两个自旋态的概率也相等。

12. Larmor 进动

当自旋核的磁矩与磁场的作用方向有偏差时，其受磁场扭力矩的作用产生类似于当陀螺的旋转轴与重力场作用方向有偏差时受重力场作用而产生的进动，称为Larmor 进动；进动角频率ω称为 Larmor 频率。

13. 自旋核在磁场中的进动

根据自旋核在磁场中的空间量子化的规则，一个自旋量子数为I的原子核在磁场中产生$2I+1$个进动状态。氢原子核的自旋量子数为$\frac{1}{2}$，在磁场中有两种自旋取向，相应于磁量子数$m=\pm\frac{1}{2}$，即一些核磁矩（α自旋态或$+\frac{1}{2}$自旋态）与磁场同向平行以 Larmor 频率ω进动；另一些核磁矩（β自旋态或$-\frac{1}{2}$自旋态）与磁场反向平行以 Larmor 频率ω进动。

实验证明，ω和磁场的磁场强度H_0成正比，并有如下关系式：

$$\gamma_N=\frac{\omega}{H_0}=\frac{2\pi\upsilon}{H_0}$$

γ_N为质子的磁旋比；υ为质子的进动频率。所以质子的进动频率υ也可以表示为：

$$\upsilon=\frac{\gamma_N}{2\pi}H_0$$

因此，当H_0增加时，ω也增加，υ也增加。

第二节 核磁共振的发生及其过程

1. 原子核在磁场中的能级分裂

质子有自旋，是微观磁矩，磁矩的方向与旋转轴重合。在磁场中，这种微观磁矩的两种自旋态的取向不同，能量不再相等，磁矩与磁场同向平行的自旋态能级低于磁矩与磁场反向平行的自旋态，两种自旋态间的能量差ΔE与磁场强度H_0成正比：

$$\Delta E=\gamma\frac{h}{2\pi}H_0$$

式中，h为普朗克常数；H_0为磁场的磁场强度，单位为 T(特斯拉)。

根据量子力学理论，质子的两种自旋态间的能量差ΔE与磁场强度H_0的关系也可以表示为：

$$\Delta E=\frac{\mu_N}{I}H_0=2\mu_N H_0$$

式中，μ_N为质子的磁矩；I为质子的自旋量子数。

注意事项：由于 ^{1}H 磁矩为 2.79270（均乘以核磁子），^{13}C 磁矩为 0.70216（均乘以核磁子），所以 ^{1}H 与 ^{13}C 各自的两个能级的能量差相差约 4 倍。

2. 粒子差数问题与玻尔兹曼分布

自旋量子数I为$\frac{1}{2}$的原子核，其在磁场中分裂为$+\frac{1}{2}$和$-\frac{1}{2}$两个能级状态。这两个能级状态分别所包含的自旋核的数目是不同的，在热平衡状态下，遵从玻尔兹曼(Boltzman)分

布，即

$$\frac{N_\beta}{N_\alpha} = e^{-\frac{\Delta E}{kT}}$$

式中，k 是玻尔兹曼常数，T 是热力学温度，N_β 和 N_α 分别是高低能级上的自旋核数。一般情况下，$\Delta E << kT$，故上式近似地有：

$$\frac{N_\beta}{N_\alpha} \approx 1 - \frac{\Delta E}{kT}$$

可以看出，$\frac{N_\beta}{N_\alpha}$ 近似等于 1，说明 N_β 和 N_α 仅有微小的差别。根据爱因斯坦的理论，如果有一对能级其高低能级上的粒子数相同，则单位时间内由高能级回到低能级的粒子数应该等于由低能级跃迁到高能级的粒子数。因此，这时粒子系统既不吸收能量，也不放出能量，无法直接观测核磁共振现象。要观测核磁共振现象，低能级的粒子数必须大于高能级的粒子数。以上 N_β 和 N_α 微小的差别提供了观测核磁共振现象的可能性。

3. 磁场中低能级与高能级的质子差数

在磁场中，高能级的质子数（N_β）和低能级的质子数（N_α）的数量关系也可以表示为：

$$\Delta E = -2.303RT\lg\frac{N_\beta}{N_\alpha}$$

在 25°C 和磁场强度为 7.05T 时，$\frac{N_\beta}{N_\alpha} = \frac{1.000000}{1.000048}$，即当 N_β 为 100 万时，N_α 只比 N_β 多 48 个质子。

4. 共振条件

当两个振动的频率相等时，即 $f = \upsilon$（f 和 υ 分别为两个振动的频率）时，这两个振动就发生共振。核磁共振也是一种共振现象，它的共振条件同样需要满足这个条件，即频率相等的条件。此外，由于核磁共振现象是原子核在进动中吸收外界能量在能级之间发生的一种跃迁现象，因此，核磁共振还必须同时满足下面两个条件：

① 选择定则：由量子力学的选律可知，只有 $\Delta m = \pm 1$ 的跃迁才是允许的，也就是说，只有相邻的两个能级之间才可以产生跃迁。

② 极化条件：在 γ_N 为正值时，应该吸收右旋圆极化电磁波（质子和 ^{13}C 核的 γ_N 为正值）；在 γ_N 为负值时，应该吸收左旋圆极化电磁波。

5. 核磁共振现象的发生解释 I

当质子处在磁场 H_0 中时，则发生能级分裂，处于两种能级状态；同时，质子由于受磁场的作用而绕磁场进动，具有一定的进动角速度 ω 或进动频率 υ；如果我们改变 H_0，则 ω 和 υ 也跟着改变。

如果我们另外再在垂直于 H_0 的方向上加一个小的照射射频 H_1(或称为交变磁场或线偏振交变磁场)，并连续改变其频率 f 进行扫描，那么，当 $f = \upsilon$ 时，就要发生共振现象，结果，低能态的质子吸收 H_1 的能量，跃迁到高能态，这就叫核磁共振。

6. 核磁共振的基本关系式

$$f = \upsilon = \frac{\gamma_N}{2\pi}H_0$$

7. 核磁共振现象的发生解释Ⅱ

当质子处在磁场 H_0 中时，在磁场的作用下发生了能级分裂，质子的磁矩处于能级较低的与 H_0 同向平行排列的或能极较高的与 H_0 反向平行排列的两种运动状态；较低能级状态的质子数略高于较高能级状态的质子数。如果我们另外再在垂直于 H_0 的方向上加一个照射射频 H_1，并连续改变其频率进行扫描，则当 H_1 的能量与质子的两种运动状态间的能量差 ΔE 相等时，低能态的质子吸收 H_1 的能量，跃迁到高能态，发生核磁共振现象。

8. 布居数

能级上的粒子数称为布居数。

9. 受激跃迁过程

玻尔兹曼分布是热平衡状态下高低能级上的粒子数分布；在磁场作用下，低能态的粒子吸收能量跃迁到高能态的过程称为受激跃迁过程。在受激跃迁过程中，高低能级间的粒子差数是按指数规律减小的，如无其他因素影响，粒子受激跃迁将使两个能级上的粒子数趋于相等。对于核磁共振而言，这时就无法观测核磁共振现象了。

10. 受激跃迁过程中磁场的作用方式

在受激跃迁过程中，共有两个磁场起作用，一个是与恒定坐标系中 Z 轴方向一致的恒定磁场 H_0，即 $H_Z=H_0$；另一个是在恒定坐标系的 XY 平面上的以角速度 ω 旋转的旋转磁场 H_1（即前述的交变磁场）。H_1 可以分解成旋转方向相反的两个圆偏振磁场，分别在 X 和 Y 方向上有分量。其中一个旋转磁场与核进动的方向相反，它与核磁矩作用的时间很短，可以忽略；另一个旋转磁场与核进动的方向相同且二者频率也相同，其能量可以传递给核磁矩，产生原子核的能级跃迁，原子核的进动夹角 θ 发生改变，即产生核磁共振。当 γ_N 为正值时，旋转磁场 H_1 顺时针方向的分量起作用，当 γ_N 为负值时，旋转磁场 H_1 反时针方向的分量起作用（图 1-2-1）。

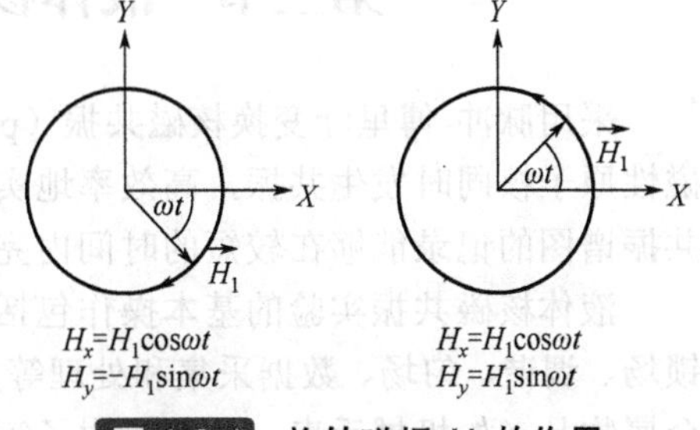

图 1-2-1　旋转磁场 H_1 的作用

11. 旋转坐标系

旋转坐标系是设想一个坐标系 X'、Y'和 Z'，其中 Z'与固定坐标系 X、Y 和 Z 的 Z 重合，X'和 Y'以与旋转磁场 H_1 相同的角速度 ω 绕 Z 轴旋转，H_1 的方向与 X'相同。

12. 饱和

由于核磁共振现象的存在，当在一个样品上加上照射射频 H_1 且 H_1 的频率（能量）与核磁矩高低两个自旋态的能量差 ΔE 相等时，样品吸收 H_1 的能量，开始的时候吸收能量较多，核磁共振信号较强，但很快达到了上下能级布居数相等的状态，核磁共振信号消失，这种现象称为饱和。

13. 弛豫过程

高能态的粒子通过自发辐射回到低能态的概率与两个能级间的能量差 ΔE 成正比。在核磁共振波谱中，由于核磁矩高低两个自旋态间的能量差 ΔE 非常小，高能态的核磁矩几乎不能通过自发辐射回到低能态。但在核磁共振实验中却能够观测到稳定的核磁共振信号，这是由于弛豫过程的存在。在核磁共振中，不断地使高能态的核磁矩通过能量交换释放能量而回到低能态，以保持低能态布居数始终略大于高能态布居数的过程称为弛豫过程。

14. 纵向弛豫

高能态核磁矩周围的分子在热运动过程中可以产生瞬息万变的小磁场，即有许许多多不同频率的小磁场；若其中之一的频率与某一核磁矩的回旋频率恰巧一致，即有可能发生能量的转移。高能态的核磁矩通过将其能量转移至周围的其他分子（称为晶格）的方式而回到低能态的弛豫称为纵向弛豫，也称为自旋-晶格弛豫。纵向弛豫反映了体系与环境之间的能量交换。纵向弛豫的结果就整个核磁矩体系而言是能量下降，而通过纵向弛豫过程达到平衡状态需要一定的时间，其半衰期以 T_1 表示，T_1 越小即表示纵向弛豫过程的效率越高。固体样品的热运动很受限制，不能有效地产生纵向弛豫，因而 T_1 值很大，液体和气体样品的 T_1 值较小。T_1 的大小影响核磁矩的饱和。

15. 横向弛豫

一个高能态的核磁矩与另一个相同的低能态的核磁矩相互作用，高能态核磁矩的能量被转移至低能态的核磁矩的弛豫称为横向弛豫，也称为同类核矩之间的能量交换弛豫或自旋-自旋弛豫。在横向弛豫中，各种取向的核磁矩的总数以及核磁矩的总能量保持不变。其半衰期以 T_2 表示。固体样品中各核的相对位置比较固定，有利于核磁矩间的能量转移，所以 T_2 特别小。

16. 弛豫时间与谱线宽度的关系

弛豫时间（T_1 或 T_2 之较小者）对谱线宽度的影响很大，其原因来自测不准原理：

$$\Delta E \Delta t \approx h$$

因为

$$\Delta E = h\Delta \upsilon$$

所以

$$\Delta t \approx 1/\Delta \upsilon$$

可见，谱线宽度与弛豫时间成反比。固体样品的 T_2 值很小，所以谱线非常宽，若欲得到高分辨的核磁共振图谱，须配成溶液进行测试。

第三节　液体核磁共振实验操作基本过程

采用脉冲-傅里叶变换核磁共振（pulse and Fourier transform NMR）波谱仪可以使所有的磁性原子核同时发生共振，高效率地实现和完成核磁共振过程，与连续波仪器比较，使核磁共振谱图的记录能够在较短的时间内完成。

液体核磁共振实验的基本操作包括样品的准备、检测前仪器的调试、实验参数的设定、锁场、调谐、匀场、数据采集和处理等几个步骤。在进行核磁共振实验时，禁止携带磁性卡、金属物品（如机械手表、钢瓶、钳子等）以及安装有心脏起搏器者进入检测区域，以避免造成不必要的人身危险和财产损失。

1. 样品的准备

做核磁共振实验所需样品要比较纯，一般情况下，纯度要求达到95%以上。为了得到分辨率很高的图谱，一般情况下，应将样品用溶剂溶解。溶液的浓度视仪器的灵敏度、化合物的分子量以及所测核磁共振图谱的类型而定。样品在氘代溶剂中应有较好的溶解性和稳定性。用于检测的样品溶液中应避免有悬浮物和顺磁性物质（如 Fe^{3+}、Cu^{2+}等）。核磁管中的样品溶液应保持一定高度，以满足检测要求，通常高度为4～5 cm。

由于核磁共振氢谱检测的是样品分子中的氢原子核，因此，做核磁共振图谱测试所用溶剂本身最好不含氢，含氢的溶剂应是重氢试剂。常用的溶剂有：CCl_4、$CDCl_3$、D_2O、DMSO-d_6、CD_3COCD_3、CD_3OD、C_6D_6、C_5D_5N、CD_3CN 等。

2. 检测前仪器调试

检测前应检查所有与仪器相关的电源和供气系统处于打开状态。磁体中的液氮、液氦液面高度处于安全范围。检查仪器的温度控制系统，特别是探头的温度控制能够满足检测需求。

3. 实验参数的设定

将样品放入磁体后选择需要检测的一维实验（如 ^{1}H 或 ^{13}C）或二维实验，每一个核磁实验都有相应的标准脉冲序列所对应。应根据实验需要调整检测谱图宽度、扫描次数、相循环次数、弛豫时间、接收机增益值等重要参数。

4. 锁场

为了保证磁体所提供的静磁场频率不产生漂移，探头通过锁场通道不断发射氘共振频率来激发氘代溶剂产生氘信号，通过对氘信号的实时监测，实现对磁体频率漂移的补偿。应根据不同氘代溶剂选择相应的锁场参数，通常仪器工作站软件会提供一个观察氘信号的窗口。

5. 调谐

通过对探头进行谐振调谐（tuning）和阻抗匹配调节（matching），实现谐振回路中谐振频率与谱仪发射到探头上的脉冲频率完全一致，使探头能够接收所有的发射功率，从而获得较好的信噪比。一般仪器工作站软件会提供一个调谐窗口，通过“V”字形曲线左右和上下移动进行谐振调谐和阻抗匹配调节。

6. 匀场

调节匀场线圈中 X，Y，Z，Z^2，XY，XZ，YZ 等不同方向的磁场梯度来补偿静磁场的不均匀性，从而获得分辨和灵敏度均满意的测试结果。

7. 数据采集和处理

仪器采集到的正常核磁共振信号是以指数形式衰减的自由衰减信号（FID），自由衰减信号是一种时域信号，通过傅里叶变换（FT）可以将时域信号转换成频域信号用于结构分析。数据处理过程包括傅里叶变换、相位调整、化学位移定标、标峰，一维核磁共振氢谱图的处理还包括积分过程。

第二章 核磁共振氢谱的基本概念和术语

第一节 化学位移

一、化学位移基础知识

1. 化学位移的概念

质子或其他种类的磁性核由于在分子中所处的化学环境不同而在不同的磁场强度下显示共振峰的现象称为化学位移。

2. 屏蔽效应

在磁场中，分子内的电子在与磁场垂直的平面上围绕原子核或特定的官能团做循环运动，这种电子运动会因磁场的作用在其环流范围内产生与磁场方向相反的感应磁场，同时在其环流范围外产生与磁场方向相同的感应磁场，从而对分子内的不同区域产生各向异性的影响，使处于不同化学环境的质子实际受到不同的磁场作用。这种分子内的电子在磁场的作用下产生感应磁场，对分子内的不同区域产生磁各向异性的影响的作用即为屏蔽效应。

3. 化学位移的产生

与独立的质子不同，分子中的各个质子都分别处于特定的化学环境。化学环境主要是指质子的核外电子以及与该质子距离相近的其他原子核或官能团的有关电子的分布、运动及其对周围空间的影响情况；这些电子在磁场的影响下产生了感应磁场，对质子所处环境中的磁场起了一个正的或负的屏蔽（shielding）影响，导致不同的质子实际受到的磁场强度各不相同，于是产生化学位移。

4. 化学位移的表示

化学位移采用相对数值表示：以某一标准样品的共振峰为原点，测出样品各峰与原点的距离。

化学环境中的电子受磁场作用而产生的感应磁场与磁场的磁场强度成正比，因此，由感应磁场的屏蔽作用所引起的化学位移的大小也与磁场的磁场强度成正比。由于实际的核磁共振波谱仪具有不同的频率或磁场强度，于是，若用频率或磁场强度表示化学位移，则不同的仪器测出的数值是不同的。为了使在不同仪器上测定的化学位移数值一致，通常用参数 δ 表示共振谱线的位置，δ 值就是化学位移值：

$$\delta=\frac{\Delta H}{H_{\mathrm{R}}}\times10^{6}=\frac{H_{\mathrm{R}}-H_{\mathrm{S}}}{H_{\mathrm{R}}}\times10^{6}$$

或

$$\delta=\frac{\Delta\upsilon}{\upsilon_{\mathrm{R}}}\times10^{6}=\frac{\upsilon_{\mathrm{S}}-\upsilon_{\mathrm{R}}}{\upsilon_{\mathrm{R}}}\times10^{6}$$

以上二式中，H_{R} 为标准样品的共振磁场强度，H_{S} 为样品的共振磁场强度；υ_{R} 为标准样品的共振频率，υ_{S} 为样品的共振频率。乘 10^6 是因为 ΔH 和 H_{R} 相比，$\Delta\upsilon$ 和 υ_{R} 相比，仅为百万分

之几，为了使δ值较为易读易写，所以乘10^6。

由于上述化学位移的计算公式中分子相对于分母小几个数量级，υ_R又比较接近核磁共振仪的频率，因此，也有文献将化学位移的计算方法表示为[1,2]：

$$\delta = \frac{\upsilon_S - \upsilon_R}{\upsilon_E} \times 10^6$$

式中，υ_E为核磁共振仪的频率。

标准样品一般采用四甲基硅$[(CH_3)_4Si]$，它只有一个单峰。早期曾将四甲基硅的单峰的δ值定为零，在它左边的峰的δ值定为负值，在它右边的峰的δ值定为正值。同时还有采用τ值的，把四甲基硅单峰的τ值定为10，因此$\tau = 10 + \delta$。

1970年，国际纯粹与应用化学联合会（IUPAC）建议，化学位移一律采用δ值，且规定四甲基硅（TMS）单峰的δ值为零，在它左边的峰的δ值为正值，右边的峰的δ值为负值，和早期规定的正好相反。

5. 化学位移的理论

当质子处在磁场H_0中时，它的一个核外电子被诱导在与H_0垂直的平面上绕核运动而在电子环流所包围的区域内产生与H_0方向相反、正比于H_0的局部磁场，这个局部磁场抵消了一部分磁场，因此，使质子实际受到的磁场强度有所降低，其关系表示为：

$$H_H = H_0(1-\sigma)$$

式中，H_H表示氢原子核实际受到的磁场强度大小；σ为屏蔽常数。σ与磁场H_0无关，它的数值主要取决于化学结构（与化学结构相关的影响因素见第三章第一节），也与溶剂和介质有一定关系。因此，若质子的化学环境不同，引起σ数值不同，则H_H也不同，最后导致化学位移不同。虽然σ与磁场H_0无关，但核外电子所产生的抗磁场$H_0\sigma$是与H_0成正比的，这就是使用不同磁场强度或频率的仪器所测出的化学位移的绝对值不同的原因。根据这一理论，对于处在特定化学环境中的质子，其核磁共振条件应表示为：

$$f = \upsilon = \frac{\gamma_N}{2\pi} H_0(1-\sigma)$$

即核磁共振中化学位移的产生受屏蔽常数的影响，屏蔽常数增加（相当于磁场强度减小），在固定射频的条件下，发生共振所需的磁场强度需要相应增加。

二、影响化学位移的因素

在核磁共振氢谱中，影响化学位移的因素主要包括局部屏蔽效应、远程屏蔽效应、氢键效应和溶剂效应等。

此外，分子结构中存在的对称性（对称元素）与核的化学位移等价性密切相关。

1. 局部屏蔽效应

通过影响所研究的质子的核外成键电子的电子云密度而产生的屏蔽效应称为局部屏蔽效应。局部屏蔽效应可分为两个组成部分，其一是核外成键电子在磁场作用下产生相应运动而产生的屏蔽效应，叫作局部抗磁屏蔽；其二是由于化学键等因素限制了核外成键电子在磁场作用下的运动而产生的对抗屏蔽效应，叫作局部顺磁屏蔽。在一个分子中，所讨论原子周围的化学键的存在导致核外电子运动受阻，电子云呈非球形。这种非球形对称的电子云所产生的磁场与抗磁屏蔽产生的磁场方向相反，因此称为顺磁屏蔽。对质子而言，因为s电子云是球形的，所以以局部抗磁屏蔽为主，局部顺磁屏蔽作用较弱，约小一个数量级（p、d电子对顺磁屏蔽有贡献）。局部屏蔽效应也称为电性效应，从电性效应的角度可以区分为诱导效应和共轭效应。

注：本手册不涉及关于反芳香性的顺磁性环电流的概念。

2. 局部抗磁屏蔽的规律

如果在所研究的质子的附近有一个或几个吸电子基团存在，则它周围的电子云密度降低，屏蔽效应也降低，化学位移移向低场。如果有一个或几个供电子基团存在，则它周围的电子云密度增加，屏蔽效应也增加，化学位移移向高场。

3. 远程屏蔽效应

分子中另外的原子核或官能团的核外电子所产生的各向异性屏蔽效应对所要研究的质子的影响，叫作远程屏蔽效应；因此，远程屏蔽效应也称为磁各向异性效应。

4. 远程屏蔽效应的特征

即其方向性。远程屏蔽效应的大小和正负与距离和方向有关，这就是原子核或官能团的磁各向异性。

5. 常见的远程屏蔽效应

包括芳环、羰基、双键、炔键和单键各自的远程屏蔽效应等。这些常见的远程屏蔽效应的屏蔽区域划分见图 2-1-1。

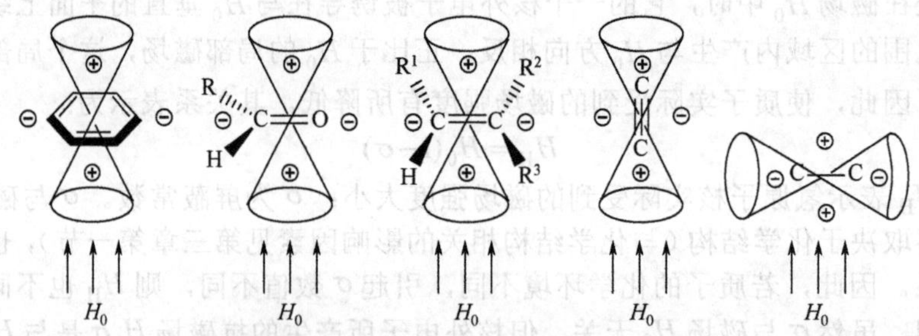

图 2-1-1 远程屏蔽效应的屏蔽区域划分

⊕表示屏蔽；⊖表示去屏蔽

此外，环丙体系也具有一定的磁各向异性屏蔽效应。

6. 氢键与化学位移

质子的化学位移对氢键非常敏感，通常情况下，无论分子内还是分子间质子形成氢键，都引起质子化学位移向低场位移，位移大小与形成氢键的强度一致。给予体原子（此处指形成的氢键中氢的配体）或官能团的磁各向异性对形成氢键的氢原子核的化学位移也有影响。

7. 溶剂效应

同一样品在采用不同的溶剂测定其核磁共振数据时，化学位移值是不同的，这种由于溶剂不同使得化学位移发生变化的效应叫作溶剂效应。产生溶剂效应的因素包括溶剂与样品分子形成分子复合物和溶剂与样品分子形成分子间氢键等。

三、原子核的等价性

1. 原子核化学等价

当分子中的两个或多个质子被分子构型中所存在的对称性（对称元素）或分子的快速旋转机制作用后，质子的位置可以相互交换时，则这些质子是化学等价质子。

2. 对称化学等价

在分子构型中找出所存在的对称元素（对称轴、对称面、对称中心、更迭对称轴等），通过对称操作后，可以相互交换位置的质子称为对称化学等价质子。对称化学等价质子又分为等位的质子和对映异位的质子。

关于分子的对称元素和对称操作请参考有机化学的相关内容。

3. 等位质子

当分子中两个相同配体（原子或原子团）被分别用另一个相同的配体取代后所得到的两个分子可以叠合时，这两个配体就是等位配体（或称同位配体）。与对称轴相关的对称化学等价质子就是等位质子，它们在手性的或非手性的环境中化学位移都是相同的。

4. 对映异位质子

将分子中的两个相同配体分别用另一个相同的配体取代后得到的两个取代产物若互为对映异构体，则原化合物中被取代的两个配体叫作对映异位配体。分子中没有对称轴，但与其他对称元素相关的对称化学等价质子都是对映异位质子，对映异位质子在非手性溶剂中为化学等价质子。但在光学活性溶剂或酶产生的手性环境中，对映异位质子在化学上不再是全同的，即在核磁共振氢谱中可以显示偶合。

5. 非对映异位质子

将分子中的两个相同配体分别用另一个相同的配体取代后得到的两个取代产物若互为非对映异构体，则原化合物中被取代的两个配体叫作非对映异位配体。非对映异位质子在任何环境中都是化学不等价质子。

6. 前手性碳原子上配体的等价性

以 X 表示前手性碳原子上的两个相同基团。两个 X 的关系可以通过分子中是否存在一平分 XCX 角的对称面来判断。如果存在，则两个 X 是对映异位的，它们的化学位移相同；如果不存在，则两个 X 是非对映异位的，它们的化学位移不相同。

关于前手性的概念请参考有机化学的相关内容。

7. 快速旋转化学等价

如果分子的内部运动（如 C—C 单键的旋转）相对于核磁共振跃迁（$\alpha \longleftrightarrow \beta$）所需的时间是快的，则分子中本来不是化学等价的核，由于处在一个平均化的化学环境中而表现为化学等价。这种现象叫作快速旋转化学等价。如果这个过程较慢，则不等价性就会表现出来。

第二节 自旋偶合与自旋分裂

1. 自旋偶合与自旋分裂的基本概念

在有机化合物分子中，每一个原子核的周围除了电子以外，还存在着其他带正电荷的原子核，其中的自旋量子数不等于零的原子核相互间存在着干扰作用，这种干扰作用不影响磁性核的化学位移，但对核磁共振图谱的形状有着显著的影响。核磁矩自旋间的相互干扰作用叫作自旋偶合，由自旋偶合引起的谱线增多的现象叫作自旋分裂。

2. 偶合机制

除少数特殊结构类型外，一般情况下，常见的磁性原子核间的自旋偶合发生在两个磁性核间的化学键数目小于 3 的情况。以自旋量子数 I 均为 $^1\!/_2$ 的两个磁性核 A 和 X 以单键相连而组成的自旋偶合系统 AX 为例说明偶合机制。假设在 A 和 X 两个核之间的键上的任一电子与 A 核（或 X 核）在空间同一点可以存在一定时间，那么，A 核对 X 核的影响可讨论如下：如果 A 核的自旋态为 $+^1\!/_2$，则靠近它的电子的自旋必是 $-^1\!/_2$，即核自旋极化了电子自旋；根据 Pauli 原理，轨道上另一个电子自旋必为 $+^1\!/_2$，于是，当 X 核的自旋为 $-^1\!/_2$ 时，自旋为 $+^1\!/_2$ 的第二个电子才和 X 核占据空间同一点。因此，A 核自旋态为 $+^1\!/_2$，而 X 核自旋态为 $-^1\!/_2$

才是有利的，即体系势能降低。反之，若X核自旋态为$+\frac{1}{2}$，则体系势能升高。由于自旋为$-\frac{1}{2}$的X核的能量高于自旋为$+\frac{1}{2}$的X核的能量，因此，自旋为$+\frac{1}{2}$的A核对X核的影响结果是使X核的两个能级间的能量差减小[图 2-2-1(a)]。

如果A核的自旋态为$-\frac{1}{2}$，则靠近它的电子的自旋应为$+\frac{1}{2}$，轨道上另一个电子自旋应为$-\frac{1}{2}$；于是，当X核的自旋为$+\frac{1}{2}$时，自旋为$-\frac{1}{2}$的第二个电子才和X核占据空间同一点。因此，A核自旋态为$-\frac{1}{2}$，而X核自旋态为$+\frac{1}{2}$才是有利的，即体系势能降低。反之，若X核自旋态为$-\frac{1}{2}$，则体系势能升高。同样由于自旋为$-\frac{1}{2}$的X核的能量高于自旋为$+\frac{1}{2}$的X核的能量，因此，自旋为$-\frac{1}{2}$的A核对X核的影响结果是使X核的两个能级间的能量差增大[图 2-2-1(b)]。

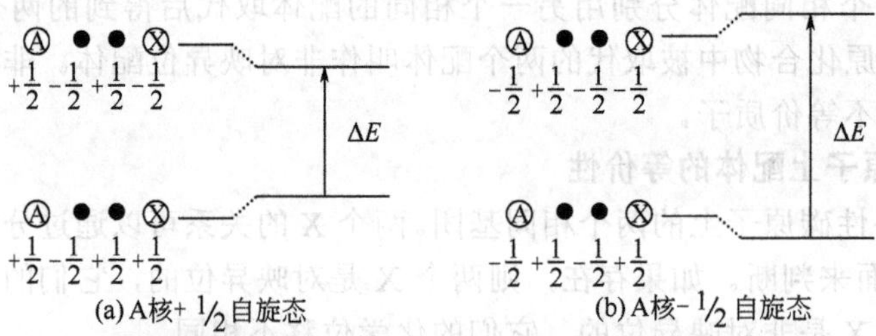

图 2-2-1 A核自旋对X核自旋势能的影响

由图 2-2-1 可以看出，由于A核的存在，使得X核存在两种不同能量的跃迁，一种是当A核自旋态为$+\frac{1}{2}$时，X核由低能级（$+\frac{1}{2}$）跃迁到高能级($-\frac{1}{2}$)，这种跃迁与不存在A核的影响时比较，能量减小；另一种是当A核自旋态为$-\frac{1}{2}$时，X核由低能级（$+\frac{1}{2}$）跃迁到高能级($-\frac{1}{2}$)，这种跃迁与不存在A核的影响时比较，能量增大。

同理，由于X核的存在，使得A核存在两种不同能量的跃迁，一种是当X核自旋态为$+\frac{1}{2}$时，A核由低能级（$+\frac{1}{2}$）跃迁到高能级($-\frac{1}{2}$)，这种跃迁与不存在X核的影响时比较，能量减小；另一种是当X核自旋态为$-\frac{1}{2}$时，A核由低能级（$+\frac{1}{2}$）跃迁到高能级($-\frac{1}{2}$)，这种跃迁与不存在X核的影响时比较，能量增大。

上述A核或X核的两种不同跃迁的能量差叫作偶合常数，表示偶合常数的符号为J。

若相互偶合的磁性核组成更为复杂的结构，则具有同样的偶合机理，只不过具有更加复杂的跃迁类型而已。

3. n+1 规律

自旋分裂有一定的规律，即当某基团上的氢有n个相邻的氢时，它将显示n+1个峰。如果这些相邻的氢处在不同的化学环境中，如一种环境的氢为n个，而另一种环境的氢为n'个，……，则将显示$(n+1)(n'+1)\cdots$个峰；若这些不同环境的相邻氢与该氢的偶合常数相同时，则可把这些不同环境的相邻氢的总数看作n，仍按n+1规律计算裂分峰的数目。

4. 一级偶合

在核磁共振波谱学中，符合n+1规律的偶合（裂分）被称为一级偶合（裂分）。

5. 裂分峰的强度比

在一级偶合信号中，各峰的强度比基本上符合二项式展开式的各项系数比。

一级偶合的 n+1 规律和裂分峰强度关系可用图 2-2-2 表示：

n	峰形（英文缩写）	强度比
0	单重峰 (s)	1
1	二重峰 (d)	1 1
2	三重峰 (t)	1 2 1
3	四重峰 (q)	1 3 3 1
4	五重峰 (quint)	1 4 6 4 1
5	六重峰 (sext)	1 5 10 10 5 1
6	七重峰 (sept)	1 6 15 20 15 6 1

图 2-2-2 一级偶合的 n+1 规律和裂分峰强度关系

严格讲，n+1 规律是 $2nI+1$ 规律；对于自旋量子数 I 为 $\frac{1}{2}$ 的原子核，如 ^{1}H、^{13}C、^{15}N、^{19}F、^{31}P 等，$2nI+1$ 简化成了 n+1。对于其他自旋量子数不等于 $\frac{1}{2}$ 的原子核，如 ^{14}N，^{2}D 等，其引起的共振信号的裂分实际上都遵循 $2nI+1$ 规律。

6. 二级偶合

出现一级偶合需要满足一定的条件，即相互偶合的自旋核间的化学位移之差 $\Delta\upsilon$ 应远远地大于其偶合常数 J，一般情况下，要求 $\Delta\upsilon/J\geqslant6$（也有文献给出 $\Delta\upsilon/J\geqslant10$）。在实际工作中，也经常遇到不能满足上述条件的结构，此时，其自旋偶合将不遵从 n+1 规律；这种不遵从 n+1 规律的偶合称为二级偶合。

7. 磁等价

磁等价的概念与二级偶合具有一定的关系。对于化学等价的核，若它们与分子中其他任何一个原子核都以相同的偶合常数发生偶合，则这些化学等价的核叫作彼此磁等价的核。

8. 有关对自旋系统进行分类和标记的规定

① 分子中化学位移等价的核构成一个核组。

② 分子中相互偶合的核组构成一个自旋系统；在一个自旋系统内，不要求某一核组与该系统中其他所有核都发生偶合。

③ 在一个自旋系统内，若一些核组相互间的化学位移差 $\Delta\upsilon$ 与它们之间的偶合常数 J 较接近（$\Delta\upsilon/J<6$），则这些核组分别以 A、B、C、…英文中接近的字母表示。若核组中包含有 n 个核，则在其字母的右下角加附标 n。

④ 在一个自旋系统内，若一些核组相互间的化学位移差 $\Delta\upsilon$ 远大于它们之间的偶合常数 J（$\Delta\upsilon/J>6$），则这些核组用远离的英文字母表示之，如 AX、AMX 等偶合系统。

⑤ 在一个自旋系统内，若包含几类核组，每类核组内的化学位移相近，但类与类之间的核组化学位移差 $\Delta\upsilon$ 远大于它们之间的偶合常数 J（$\Delta\upsilon/J>6$），则其中一类核组用 A、B、C、…表示之，另外一类核组用 K、L、M、…表示之，第三类核组用 X、Y、Z、…表示之。

⑥ 在一个核组中，若这些核磁不等价，则用同一字母表示之，但要分别在字母右上角加撇，如 AA′BB′系统。

9. AB 系统的图谱特征

① AB 系统的图形外观：AB 系统共有 4 条谱峰，A 及 B 各占有 2 条。4 条谱峰高度不等，左右对称，内侧两峰高度高于外侧两峰。这种偶合关系的图形特征称为屋脊效应（图 2-2-3）。

② AB 系统的偶合常数和化学位移[3]

偶合常数：$J_{AB}=[\upsilon_1-\upsilon_2]=[\upsilon_3-\upsilon_4]$

化学位移：$\Delta\upsilon_{AB}=\upsilon_A-\upsilon_B=\sqrt{(\upsilon_1-\upsilon_4)(\upsilon_2-\upsilon_3)}$

$$\upsilon_A=(\upsilon_2+\upsilon_3)/2+\Delta\upsilon_{AB}/2$$
$$\upsilon_B=(\upsilon_2+\upsilon_3)/2-\Delta\upsilon_{AB}/2$$

谱线强度比：$I_1/I_2=I_4/I_3=(\upsilon_2-\upsilon_3)/(\upsilon_1-\upsilon_4)$

其中υ_1、υ_2、υ_3、υ_4分别为1～4谱线的峰值，I_1、I_2、I_3、I_4分别为1～4谱线的强度。

10. AMX系统的图谱特征

① AMX 系统的图形外观：AMX 系统是一级偶合，共有 12 条谱峰，A、M、X 各占 4 条，强度相等（图 2-2-4）。

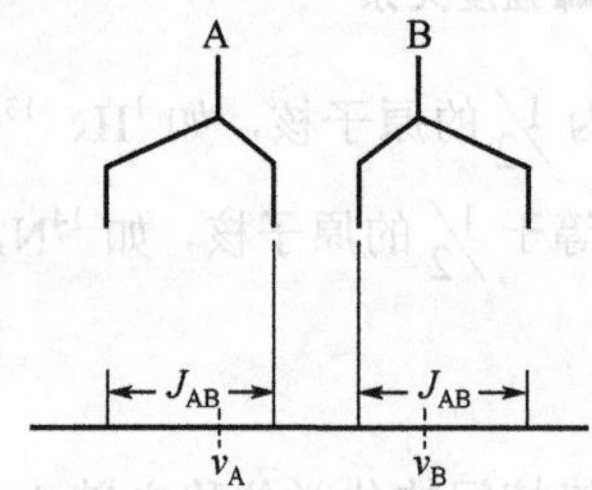

图 2-2-3 AB 系统的图谱外形示意图

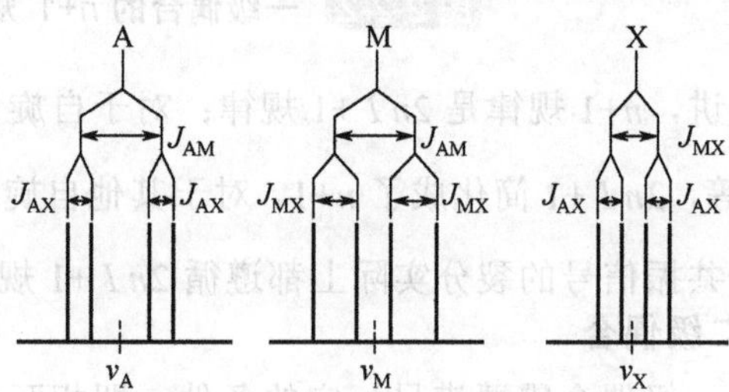

图 2-2-4 AMX 系统的图谱示意图

② AMX 系统的化学位移和偶合常数：AMX 系统共有 3 种裂距（每组峰有 2 个），分别为J_{AM}、J_{AX}、J_{MX}。

每组四重峰的中央分别为 A、M、X 的化学位移。

11. ABX系统的图谱特征

ABX 系统的图谱最多时可以观测到 14 条谱峰，A、B 部分各为 4 条，X 部分为 6 条，其中，2 条为综合峰，通常强度较低，不易观测到。典型的 ABX 系统图谱外形见图 2-2-5，但需强调，A 和 B 的谱线归属需要通过计算才能确定，有关计算请读者参考其他专著（谱线 9 和 14 代表综合峰）。ABX 系统的解析比较复杂，请参阅有关专著。

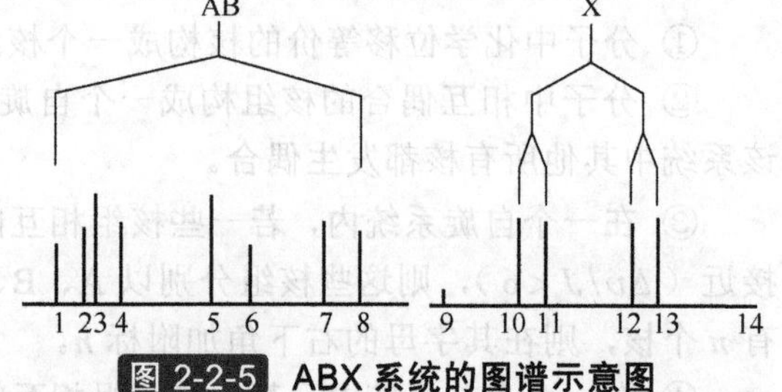

图 2-2-5 ABX 系统的图谱示意图

12. AA′BB′系统的图谱特征

AA′BB′系统的图谱特征是左右对称，理论上，AA′、BB′各有 14 条谱峰，但是，由于谱峰的重叠等原因，AA′和 BB′往往表现不出 14 条谱峰。

近年来，随着高分辨核磁共振谱仪磁场强度的不断提高，多数 AA′BB′系统的图谱已经简化为 AA′XX′系统，特别是电性有明显差别的取代基取代的 1,4-二取代的苯环构成的 AA′BB′系统，其图谱外形类似于 AB 系统的图谱特点，表现为四重峰和苯环上的邻位偶合常数。

13. 羟基的 ^{1}H NMR 信号特征

① 通常，由于醇、酚、羧酸的羟基在分子间或分子内的相互交换速度很快，其 ^{1}H NMR 信号表现为尖峰。

② 有时，由于分子内或分子间形成部分氢键，使交换速度变为中等，也会出现钝峰，这与分子结构和实验条件有密切关系。

③ 含 OH 的样品，若样品的纯度很高，且不含痕量的酸或碱，则羟基的交换速度很慢，可观测到其与邻碳氢的偶合分裂。

此外，在测定醇类化合物的 ^{1}H NMR 谱时，若用 DMSO-d_6 作溶剂，羟基可以和溶剂形成很强的氢键。氢键的形成同样降低了羟基质子的交换速度，使它能与邻位质子发生偶合而显示出多重峰（伯、仲和叔醇的羟基质子信号分别是三重峰、二重峰和单峰）。

14. 电偶极矩

相距一很小距离排列着的电量相等而电性相反的两个点电荷构成电偶极矩。

15. 电四极矩

大小相等而方向相反的两个电偶极矩相距很小距离排列着就构成电四极矩。

16. 电四极矩原子核

有些原子核，其对外的作用相当于一个电四极矩加一个点电荷的作用，这种原子核称为具有电四极矩的原子核。凡自旋量子数 $I > \frac{1}{2}$ 的原子核都具有电四极矩。电四极矩原子核都具有特有的弛豫机制，称为电四极矩弛豫效应；当电四极矩弛豫效应处于一定的强度范围时，会导致核磁共振谱线的加宽。

17. 与氮相连质子的 ^{1}H NMR 信号特征

① 脂肪胺：氨(胺)基与饱和碳相连时（R—NH_2、R—NH—R′），碱性较强，因此，大多数一级胺和二级胺的氨(胺)基质子活泼性强，它们的共振峰为一单峰。

② 芳胺：氨(胺)基与芳环相连时，则具有中等强度的碱性，因此，大多数一级和二级芳胺质子活泼性中等，一般出现一较宽的单峰。

③ 胺盐：许多胺在酸性溶液中，由于氨(胺)基质子交换速度比较慢，氢受 ^{14}N 偶合，可以给出近似的三重峰，J_{NH} = 50～60 Hz，三重峰的面积比为 1∶1∶1，并且大多数情况下，三个峰是宽的。

④ 酰胺及芳氮杂环：在酰胺及芳氮杂环中，氨(胺)基质子慢速交换，其既可以与 ^{14}N 核偶合，又可以与邻碳上的质子偶合，而且，还要受到 ^{14}N 核的电四极矩弛豫效应的影响，使得这类质子的峰在不同的化合物中具有不同的宽度或峰形（视何种作用为主而定）。

18. ^{14}N 核的电四极矩弛豫效应对氨(胺)基质子的 ^{1}H NMR 信号的影响

① 电四极矩弛豫效应强时，它对邻近的核只产生一个平均的自旋“环境”，不表现出对 ^{1}H 的偶合作用，所以，^{1}H 出现一个尖的单峰。

② 电四极矩弛豫效应弱时，则类似无电四极矩的原子核，对邻近的核产生正常的偶合裂分。

③ 电四极矩弛豫效应中等时，^{1}H 则呈现比较特别的峰形，如宽且平的峰。

第三节 偶合常数

实际的偶合常数值有正负之分，但从核磁共振图谱上不能求出偶合常数的绝对符号。

一、同碳偶合常数

两个质子处于同一个碳原子上时，即它们之间键的数目为 2 时，两者之间的偶合常数简称为同碳偶合常数，同碳偶合常数的符号是 ^2J 。

1. 同碳偶合常数的数值变化范围

① 大多数 sp^3 杂化基团上的同碳偶合常数为−10～−18 Hz。

② sp^2 杂化的 C═CH_2 型同碳偶合常数为+3～−3 Hz。

③ 环丙烷型同碳偶合常数为-3～-9 Hz。

影响同碳偶合常数大小的因素主要包括碳氢键夹角、相连基团的电负性、邻位π键，等。

2. 碳氢键夹角对同碳偶合常数的影响

碳氢键夹角小（一般不可能小于109° 28′），两个C—H轨道的电子云重叠程度就大，有利于电子对自旋信息的传递，偶合作用强，同碳偶合常数的绝对值大。

3. 相连基团的电负性对同碳偶合常数的影响

一般情况下，当直接相连基团X的电负性增加时，同碳偶合常数的代数值增大。相隔一个碳的取代基X，其电负性增加时，同碳偶合常数的代数值相应地减小。

4. 邻位π键对同碳偶合常数的影响

一般情况下，邻位有π键使同碳偶合常数的绝对值增加，邻位每增加一个π键，对同碳偶合常数绝对值的贡献约为1.9 Hz。

二、邻位偶合常数

相隔三个化学键的质子，相互间的偶合常数称为邻位偶合常数，邻位偶合常数的符号是^3J。

1. 邻位偶合常数数值的变化范围

当含氢官能团可以自由旋转时，邻位偶合常数为7 Hz左右；当化合物的构象固定时，邻位偶合常数因结构的不同可以在0～18 Hz范围，甚至更大的范围。

2. 二面角对邻位偶合常数的影响

邻位偶合常数与两个质子分别所处的H(1)—C—C平面和C—C—H(2)平面的二面角的关系可用以下Karplus公式表示

$$^3J = {^3J_0}\cos^2\phi + C \qquad (\phi = 0^\circ \sim 90^\circ)$$

$$^3J = {^3J_{180}}\cos^2\phi + C \qquad (\phi = 90^\circ \sim 180^\circ)$$

$^3J_0$表示二面角$\phi = 0^\circ$时的^3J值；$^3J_{180}$表示二面角$\phi = 180^\circ$时的^3J值（在任何情况下，$^3J_{180} > {^3J_0}$）；C为一常数。

Karplus公式可用图2-3-1表示。

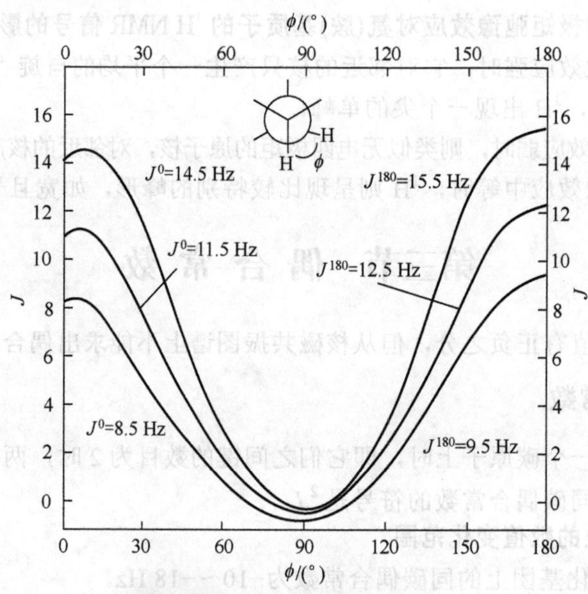

图 2-3-1 ^3J与二面角ϕ的关系

3. 刚性构象椅式环己烷衍生物的邻位偶合常数

刚性构象椅式环己烷的邻位偶合常数具有代表性，其中，邻位双直立氢为反式，二面角 $\phi_{aa} \approx 180°$，邻位双平展氢也为反式，二面角 $\phi_{ee} \approx 60°$，而邻位平展和直立氢为顺式，二面角 $\phi_{ae} \approx 60°$。根据 Karplus 公式可知，邻位偶合常数具有 $^3J_{aa} > {^3J_{ae}} \geqslant {^3J_{ee}}$ 的关系。这 3 种偶合常数的大致范围为：$^3J_{aa} = 8 \sim 13\,\text{Hz}$，$^3J_{ea} = 2 \sim 6\,\text{Hz}$，$^3J_{ee} = 2 \sim 5\,\text{Hz}$[4]。

4. 双键氢的邻位偶合常数

烯烃同一双键上邻位氢的二面角 ϕ 只有 0°（顺式）和 180°（反式）两种，所以在任何烯烃化合物中，邻位偶合常数具有 $^3J_{反} > {^3J_{顺}}$ 的关系,它们的大致范围为：$^3J_{顺} = 6 \sim 15\,\text{Hz}$（典型值为 8 Hz），$^3J_{反} = 11 \sim 18\,\text{Hz}$ (典型值为 16 Hz)[5]。

对于 RCH＝CHR′ 型烯烃，邻位偶合常数范围为：$^3J_{顺} = 4 \sim 12\,\text{Hz}$，$^3J_{反} = 12 \sim 19\,\text{Hz}$[6]。

5. 环丙烷衍生物的邻位偶合常数

环丙烷衍生物的邻位偶合常数具有 $^3J_{顺} > {^3J_{反}}$ 的关系，它们的大致范围为：$^3J_{顺} = 7 \sim 13\text{Hz}$，$^3J_{反} = 4 \sim 9.5\,\text{Hz}$[4]。

影响邻位偶合常数大小的因素还有取代基的电负性、键长、键角等，但均小于上述二面角的作用。

三、远程偶合常数

多数情况下，当间隔超过 3 个化学键时，两个质子间的自旋偶合常数为零；但有些特殊结构，当间隔超过 3 个化学键时，仍然可以观测到两个质子间的自旋偶合。通常将这种相隔超过 3 个键的原子核间的自旋偶合作用叫作远程偶合。

1. 丙烯体系远程偶合

当两个质子，H_a 和 H_b，间隔三个单键和一个双键时，即具有丙烯(H_a–C＝C–C–H_b)结构，相互间可以显示出自旋偶合裂分，偶合常数的绝对值范围为 0～3 Hz。丙烯型远程偶合常数的大小与双键平面及烯丙位质子所处的 H-C-C 平面间的二面角有关，当二面角为 0°或 180°时，偶合常数为零；当二面角为 90°时，偶合常数最大。

2. 高丙烯体系远程偶合

当两个质子，H_a 和 H_b，间隔四个单键和一个双键时，即具有 H_a—C—C＝C—C—H_b 结构，相互间可以显示出偶合裂分，偶合常数为正值，范围为 0～4 Hz。高丙烯体系远程偶合常数的大小与双键平面和相关的两个烯丙位质子分别所处的 H—C—C 平面间的两个二面角有关，当其中任一个二面角为 0°或 180°时，偶合常数即为零。

3. 芳香质子与侧链质子间的偶合

在芳香族化合物中，芳环上的甲基与其邻位芳香质子有自旋偶合作用（类似于丙烯型偶合），偶合常数约为 0.6～0.9 Hz。在杂芳环中，杂芳环上的甲基与其邻位芳香质子也有自旋偶合作用，偶合常数约为 0.5～1.3 Hz。

4. 苯环及杂芳环上质子的偶合

苯环及杂芳环上质子的自旋偶合一般包括邻位偶合（^3J）、间位偶合（^4J）和对位偶合（^5J）。苯环的各种偶合常数范围为：$^3J = 6 \sim 9\,\text{Hz}$（典型值为 8 Hz 左右），$^4J = 1 \sim 3\,\text{Hz}$，$^5J = 0 \sim 1\,\text{Hz}$。对于杂芳环，$^3J$ 与所考虑的氢相对杂原子的位置有关，紧接杂原子的 H，^3J 较小，远离杂原子的 H，^3J 较大（具体范围见第四章举例）。另外，对于五元芳环，由于键角的改变，其 ^3J 小于六元芳环的 ^3J；而间位偶合常数与芳环的大小关系不大。

四、质子与其他磁性核的偶合

常有可能见到的与质子发生自旋偶合作用的其他磁性原子核有 ^{2}D、^{13}C、^{19}F、^{31}P。

① ^{1}H-^{2}D 偶合：偶合常数很小，仅为 ^{1}H-^{1}H 偶合的 $1/6$，因此，遇到的机会很小；但在氘代溶剂中常可见到。同碳 ^{1}H-^{2}D 偶合常数约为 2 Hz，邻位 ^{1}H-^{2}D 偶合常数小于 1 Hz。

② ^{1}H-^{19}F 偶合：^{19}F 的自旋量子数 $I = 1/2$，^{1}H-^{19}F 偶合的分裂规律与 ^{1}H-^{1}H 偶合相同，为 n+1 规律。sp^3 杂化碳原子的同碳 ^{1}H-^{19}F 偶合常数可达 90 Hz，典型值在 40～80 Hz。在实际工作中，有时由于谱峰交叠严重等原因导致 ^{1}H-^{19}F 偶合常数比较难以计算。

③ ^{1}H-^{31}P 偶合：^{31}P 的自旋量子数 $I = 1/2$，^{1}H-^{31}P 偶合的分裂规律与 ^{1}H-^{1}H 偶合相同，为 n+1 规律。直接键连的 ^{1}H-^{31}P 偶合常数可达 180～200 Hz。在实际工作中，有时由于谱峰交叠严重等原因导致 ^{1}H-^{31}P 偶合常数比较难以计算。

④ ^{1}H-^{13}C 偶合：^{13}C 的自旋量子数 $I = 1/2$，^{1}H-^{13}C 偶合的分裂规律与 ^{1}H-^{1}H 偶合相同，为 n+1 规律。直接键连的 ^{1}H-^{13}C 偶合常数可达 200 Hz 以上，但随碳原子的杂化状态的不同而变化很大。由于 ^{13}C 的自然丰度仅为 1.1%，因此，通常情况下，^{1}H-^{13}C 偶合难以检测。

第四节 核磁双共振

1. 核磁双共振的概念

双共振是核磁共振实验中一项非常重要的技术，无论在氢谱中还是在碳谱中，都得到了广泛的应用。因为在实验中使两个核都满足共振条件，所以叫作双共振；又因为实验中用了两个照射射频，所以也叫双照射。

核磁双共振技术包括在扫描射频 $H_1\,(\upsilon_1)$ 扫描的同时，再加上另一个照射射频 $H_2\,(\upsilon_2)$ 来照射某一特定核或核组（称为照射核），使其达到高速往返于各自旋态之间的状态。即在双共振实验中涉及包括磁场 H_0、扫描磁场 H_1 和照射磁场 H_2 共 3 个磁场，这 3 个磁场互相垂直，互不干扰(H_2 朝向 Y' 方向)。双共振实验的结果能使图谱发生很大的变化；在核磁共振氢谱中，通常是用 H_1 照射样品获得有关质子或核组的共振信号，用 H_2 照射某一特定质子或核组来观察与其存在自旋偶合或在空间上距离较近而存在偶极偶合的观测质子的峰组的变化。这种照射核与观测核为同种类核的双共振实验称为同核双共振。在核磁共振碳谱中，常规碳谱采用的是照射质子而观察 ^{13}C 核的信号，称为异核双共振。双共振实验的符号为 $A_m\{X_n\}$，A_m 表示观测核，X_n 表示照射核，m 和 n 分别代表 A 和 X 核的数目。

2. 双共振实验的分类

照射射频 H_2 的强度不同，将产生不同的效果；所以，根据照射射频强度的大小，双共振实验可分类如表 2-4-1 所示。

表 2-4-1[7] $A_m\{X_n\}$双共振实验的分类

照射强度/Hz	实验名称	一般现象
$> nJ_{AX}$	自旋去偶	复峰的简并
$\approx J_{AX}$	选择性的自旋去偶	个别峰的简并
$\approx W_{1/2} \ll J_{AX}$	挠痒法	A 的某些峰发生分裂
$< W_{1/2}$	核 Overhauser 效应(NOE)	A 的有关峰面积发生变化

上表中，$W_{1/2}$为峰的半高宽度。其中，目前较常用的双共振技术是质子同核自旋去偶实验和核 Overhauser 效应（NOE）。

3. 质子同核自旋去偶实验

磁性核的相互偶合（指自旋偶合）使峰发生分裂。峰的分裂需要一定的条件，即相互偶合的核在某一自旋态（如 ^{1}H 在 $+\frac{1}{2}$ 或 $-\frac{1}{2}$ 自旋态）的时间 t_H 必须足够长，一般应大于偶合常数的倒数（即 $t_H \geqslant \frac{1}{J}$）。在通常的测试条件下，如果不存在化学交换，相互偶合的核可以满足这一峰分裂的条件。但是，当用一个方法破坏上述条件时，就可以去掉偶合。

双共振技术使照射核达到了高速往返于各自旋态之间的状态，从而使其在各自旋态的时间很短，结果，照射核与其他自旋核之间的偶合作用消失，使原来比较复杂的峰简化或表现为单峰，这就是自旋去偶现象。质子同核自旋去偶实验与二维核磁共振实验中的 H-H COSY 实验比较，在准确确定质子间的相互自旋偶合关系方面具有其独到的优点，特别是当谱线裂分比较复杂时，质子同核自旋去偶实验可用于简化图谱、准确确定某一多重峰的化学位移和偶合常数、找出隐藏的信号。

4. 自旋去偶的原理

在 A{X}实验中，H_2 对核 X 进行照射，因此，X 核磁矩绕 H_2 进动，其自旋在 H_2 方向上量子化；H_1 对核 A 进行照射，但因 $H_0 \gg H_1$，因此，核 A 仍绕 H_0 进动，其自旋在 H_0 方向上量子化；核 A 与核 X 之间的表观偶合与它们之间的自旋量子化方向有关：

$$J_{CH}(\text{表观}) \propto \cos\alpha$$

α 为核 A 与核 X 之间自旋量子化方向的夹角。因此，当 $\alpha = 0$ 时，即不存在双照射，$\cos\alpha = 1$，J_{CH}(表观) 最大；当 $\alpha = 90^\circ$ 时，即存在双照射，$\cos\alpha = 0$, J_{CH}(表观) $= 0$。

5. 核 Overhauser 效应

在金属原子体系中，如果采用一个高频场使电子自旋发生共振并达到高速往返于各自旋态之间的状态，则能引起核自旋有关能级上粒子数差额较显著增加，导致共振信号加强。这一现象由 Overhauser 发现，因此称为 Overhauser 效应。在 $A_m\{X_n\}$实验中，当 X_n 受到强照射而达到高速往返于各自旋态之间的状态时，与其在空间相近（两组自旋核在空间的距离小于 5 Å，不一定相互存在自旋偶合）的 A_m 核（组）的共振信号加强。这种由于双共振引起的谱峰强度增强的效应，称为核的 Overhauser 效应（nuclear Overhauser effect, NOE）。

6. 多量子跃迁

不满足选择定则$|\Delta m| = 1$的跃迁（Δm 为体系的总磁量子数变化），称为多量子跃迁。按照$|\Delta m|$量的多少，称为 n 量子跃迁，而不管体系究竟包含几个跃迁。$\alpha_A\alpha_X \leftrightarrow \beta_A\alpha_X$ 和 $\alpha_A\beta_X \leftrightarrow \beta_A\beta_X$ 实际都只包含 1 个跃迁，即 $\alpha_A \rightarrow \beta_A$，由于$|\Delta m| = 1$，所以称为单量子跃迁。同理，$\alpha_A\alpha_X \leftrightarrow \alpha_A\beta_X$ 和 $\beta_A\alpha_X \leftrightarrow \beta_A\beta_X$ 也都是单量子跃迁。$\alpha_A\alpha_X \leftrightarrow \beta_A\beta_X$ 实际包括了 2 个跃迁，即两个核的自旋态同时向一个方向变化，$|\Delta m| = 2$，因此是双量子跃迁。而 $\alpha_A\beta_X \leftrightarrow \beta_A\alpha_X$ 的$|\Delta m| = 0$，即一个核为上跃迁，另一个核为下跃迁，称为零量子跃迁。再如，$\alpha\beta\beta\beta \leftrightarrow \beta\alpha\alpha\alpha$ 实际上包含 4 个跃迁，但$|\Delta m| = 2$，故也是双量子跃迁。

7. NOE 的原理

NOE 是通过分子内偶极偶合和偶极-偶极弛豫机制引起的。分子内的任一自旋核都是一个磁偶极矩（磁矩）。假设磁矩 A 和 X 的 δ 值不同，但空间距离比较近，它们通过空间有相互作用，可以构成 AX 自旋系统(但不必存在自旋偶合)；由于这种自旋系统是磁矩之间的作用，因此称为偶极偶合。在磁场中，两个自旋核共有四种自旋态，分别为$\alpha_A\alpha_X$、$\alpha_A\beta_X$、$\beta_A\alpha_X$和 $\beta_A\beta_X$，其能级图如图 2-4-1 所示：

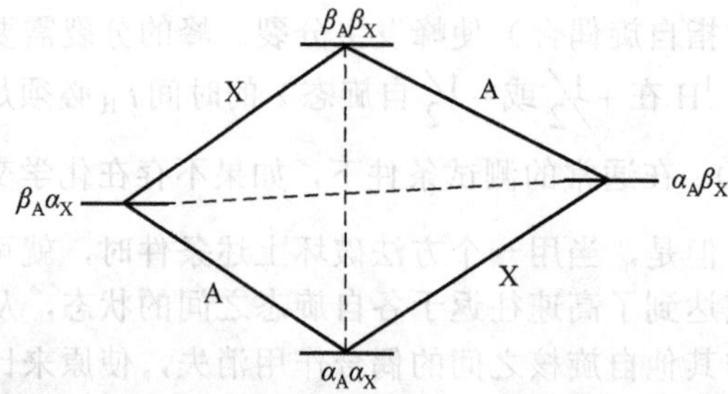

图 2-4-1 AX 偶极偶合系统的能级图（虚线表示弛豫跃迁）

其中，能级$\alpha_A\beta_X$和$\beta_A\alpha_X$的能量近似相等，因此认为它们的布居数近似相等；假设在不存在强照射时$\alpha_A\beta_X$和$\beta_A\alpha_X$的布居数为P，则$\alpha_A\alpha_X$的布居数为$P+\Delta_P$[❶]，而$\beta_A\beta_X$的布居数为$P-\Delta_P$。原子核的外围有电子包围着，所以原子核磁能的转移不能和分子一样由热运动的碰撞来达到目的。但周围的分子运动能产生瞬息万变的小磁场或局部磁场，其中存在频率与核磁能量转移相匹配的局部磁场，因此存在着发生能量转移而产生弛豫的环境，即存在上图中$\alpha_A\alpha_X \leftrightarrow \beta_A\beta_X$和$\alpha_A\beta_X \leftrightarrow \beta_A\alpha_X$的偶极-偶极弛豫。在 A{X}实验中，由于 X 核受到了强照射，导致能级布居数发生变化，$\alpha_A\alpha_X$和$\alpha_A\beta_X$、$\beta_A\alpha_X$和$\beta_A\beta_X$能级的布居数相等，这时，如果$\alpha_A\alpha_X \leftrightarrow \beta_A\beta_X$弛豫过程占优势，则$\beta_A\beta_X$能级上的粒子数减少，$\alpha_A\alpha_X$能级上的粒子数增加，而$\alpha_A\beta_X$和$\beta_A\alpha_X$能级的布居数保持不变。根据图 2-4-1 所示的能级图，A 核谱线强度与$\alpha_A\alpha_X \leftrightarrow \beta_A\alpha_X$和$\alpha_A\beta_X \leftrightarrow \beta_A\beta_X$相关，所以 A 核的信号强度增加，即观察到 NOE。有关 NOE 的定量讨论请参考有关专著。

关于$\alpha_A\beta_X \leftrightarrow \beta_A\alpha_X$弛豫过程占优势的情况下引起的核 Overhauser 效应的讨论还存在争议。

需要指出，$\alpha_A\alpha_X \leftrightarrow \beta_A\beta_X$为双量子弛豫跃迁，弛豫跃迁时两种核的自旋态同时向一个方向变化，而$\alpha_A\beta_X \leftrightarrow \beta_A\alpha_X$为零量子弛豫跃迁，弛豫跃迁时两种核的自旋态同时向相反方向变化。从射频的激发和信号的检测角度，均属禁阻弛豫跃迁。对 X 核进行强照射时，X 核在其两种自旋态间达到高速往返于各自旋态之间的状态，但不改变 A 核的两种自旋态的粒子数分布；因此，A 核的谱峰强度并不受 X 的受激跃迁的影响。但是，强照射干扰 X 核可以使禁阻的$\alpha_A\alpha_X \leftrightarrow \beta_A\beta_X$和$\alpha_A\beta_X \leftrightarrow \beta_A\alpha_X$弛豫跃迁变成允许的弛豫跃迁，导致 A 核的高低能态间的粒子数差增大，谱峰强度相应地增强。因此 NOE 是通过分子内偶极偶合和偶极-偶极弛豫机制引起的。

8. NOE 实验的应用

NOE 是不等价核间的能量交换，在两个自旋核的空间距离比较接近时发生；交换的结果，使一种核的信号饱和，另一种核的信号增强。增强的程度只与自旋核的相互间的空间位置和距离有关，而与有无自旋偶合（J偶合）无关，与两个核相隔的化学键的数目也无关。尽管和范德华效应一样，它也是空间效应，但前者是电效应，后者是磁效应，是偶极-偶极偶合的反映。因此，NOE 在核磁共振中十分重要，特别是因为核间 NOE 能提供有关质子间距离的重要信息。NOE 实验常用于有机分子立体构型和构象的确定，也可在易混淆的共振峰的归属中作为参考。

9. 一维 NOE 差谱

利用 NOE 可以方便地找到空间距离比较接近但不一定存在自旋偶合的质子之间的关系，对确定分子中原子的空间排列非常有用。一维 NOE 差谱(NOE 1D or Different NOE spectrum)

❶ Δ_P为布居数 P 的差值。

是常用的获得 NOE 信息的实验技术之一。实验首先需选定待考察质子的峰组，进行选择性照射，获得照射后的谱图，采用从照射后获得的 ^{1}H NMR 谱图中扣除正常测试的 ^{1}H NMR 谱图的方法获得一维 NOE 差谱，其图谱仅显示经照射后所有被增强的信号，以及在照射频率处的一个强的负信号，不存在其他信号的干扰。在一维 NOE 差谱中，某些峰呈正峰或负峰。

第五节　核磁共振氢谱及有关一维谱典型特征

一、^{1}H NMR 谱典型特征

图 2-5-1 为菊科毛冠菊属植物毛冠菊中的二萜类化合物 Ravidin A 的 ^{1}H NMR 谱[8]，测试溶剂为 $CDCl_3$，仪器为 Bruker AV-III-500 型 NMR 波谱仪，^{1}H 的共振频率为 500 MHz。图 2-5-1 是 δ 值范围为−3～16 的全谱。由于部分信号过于拥挤，对全谱上的 δ 7.4～7.5、6.4～6.46、5.35-5.46、2.0～3.25 和 1.3～1.9 的区域分别进行了放大，见图 2-5-2～图 2-5-6。放大图上信号清晰可辨。表 2-5-1 为其特征总结。

常规 ^{1}H NMR 谱上包括共振峰（crp）、共振峰的峰值（pv）、共振峰面积的积分值（iq）和 ^{1}H NMR 谱的基线（bl）。图谱中的共振峰通常包括被检测化合物的各个含氢官能团的共振峰、内标准的共振峰（isp）和溶解样品所使用的氘代溶剂的痕量未被氘代的氢原子的质子共振峰（srp）；当然，若溶剂中不含氢，则不存在溶剂峰；如果样品的纯度不足，则还有杂质的共振峰（irp）；一些溶剂的水峰也比较常见。

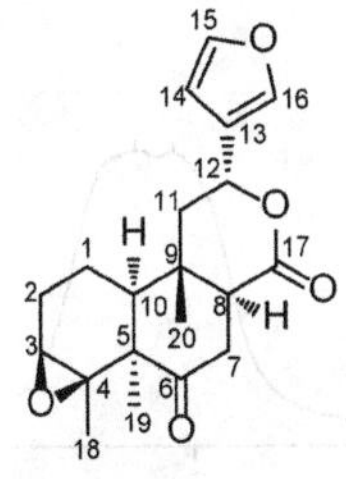

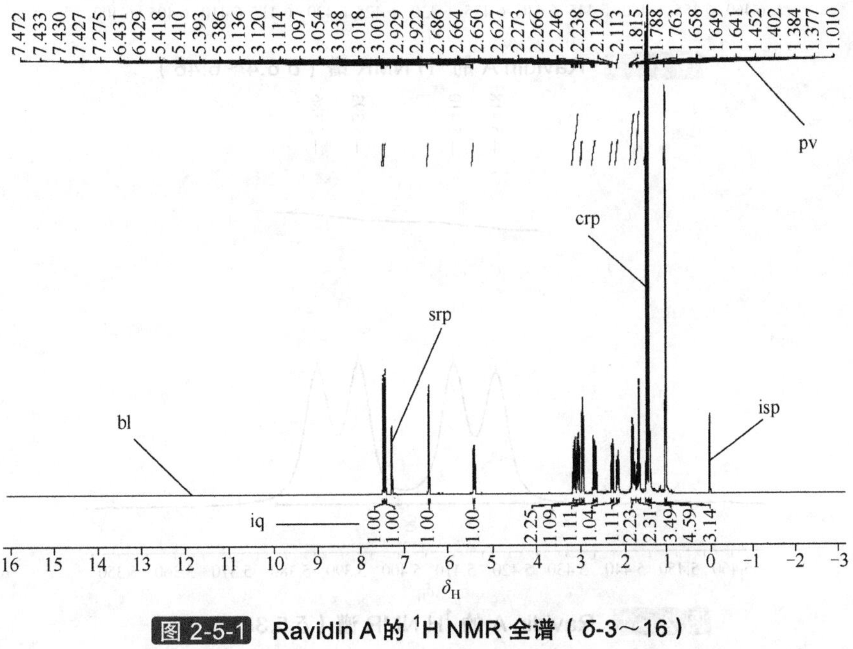

图 2-5-1　Ravidin A 的 ^{1}H NMR 全谱（δ-3～16）

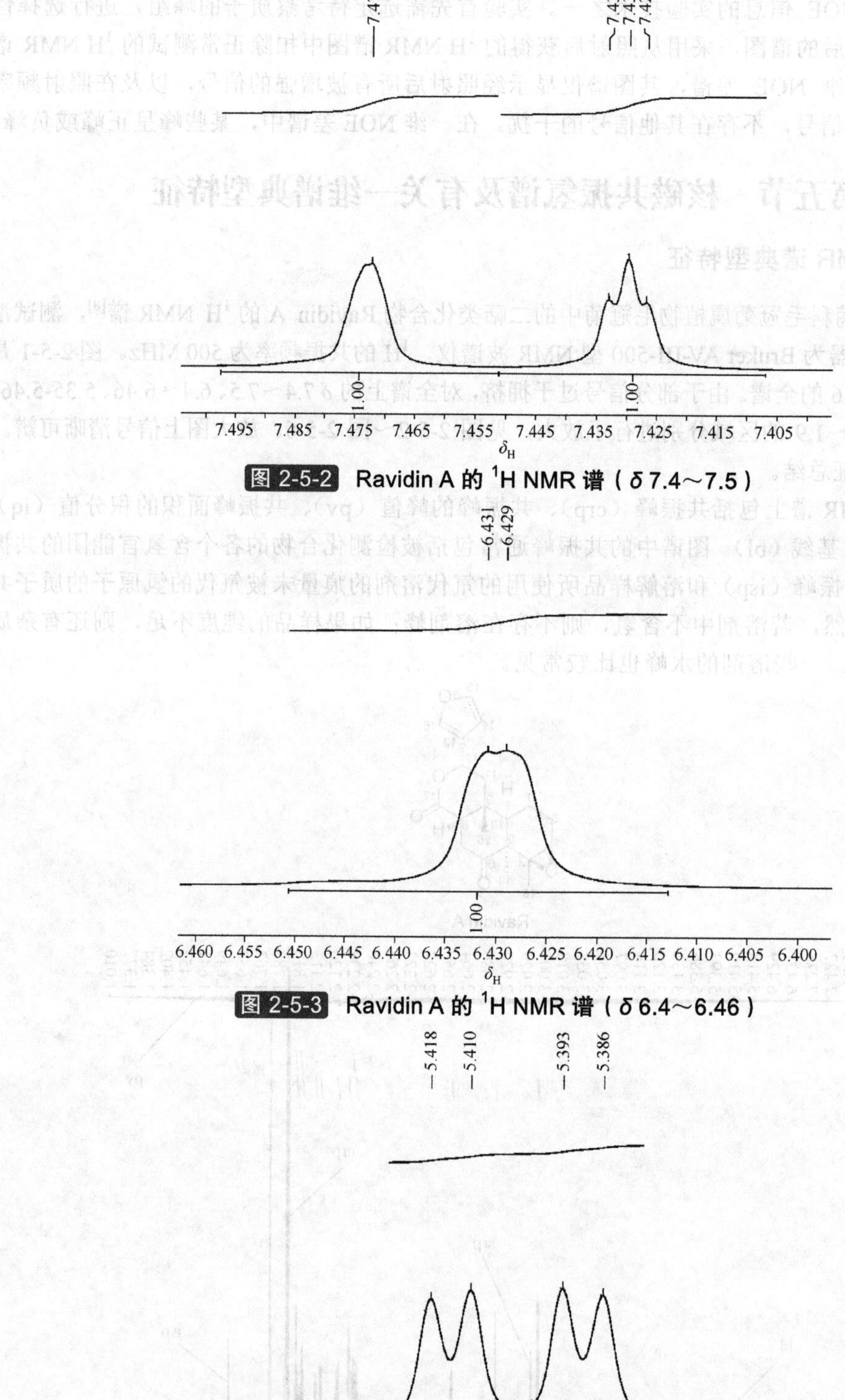

图 2-5-2 Ravidin A 的 ^{1}H NMR 谱（δ 7.4～7.5）

图 2-5-3 Ravidin A 的 ^{1}H NMR 谱（δ 6.4～6.46）

图 2-5-4 Ravidin A 的 ^{1}H NMR 谱（δ 5.35～5.46）

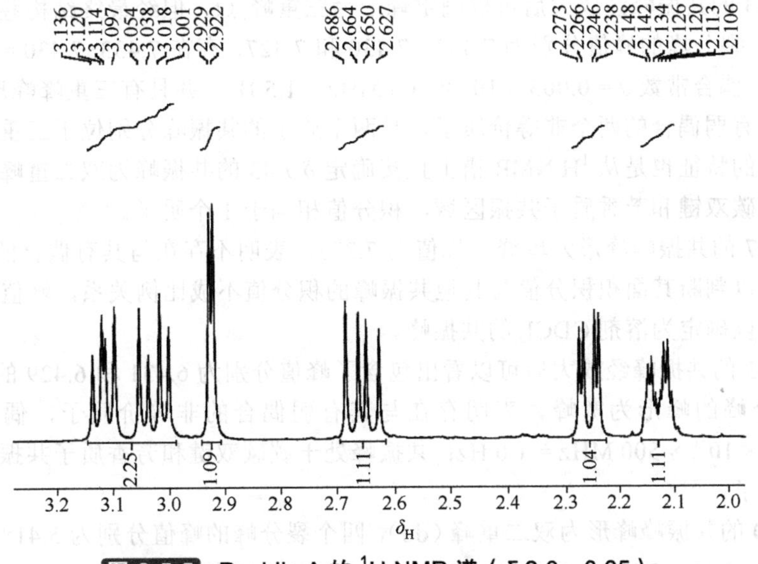

图 2-5-5 Ravidin A 的 ^{1}H NMR 谱（δ 2.0～3.25）

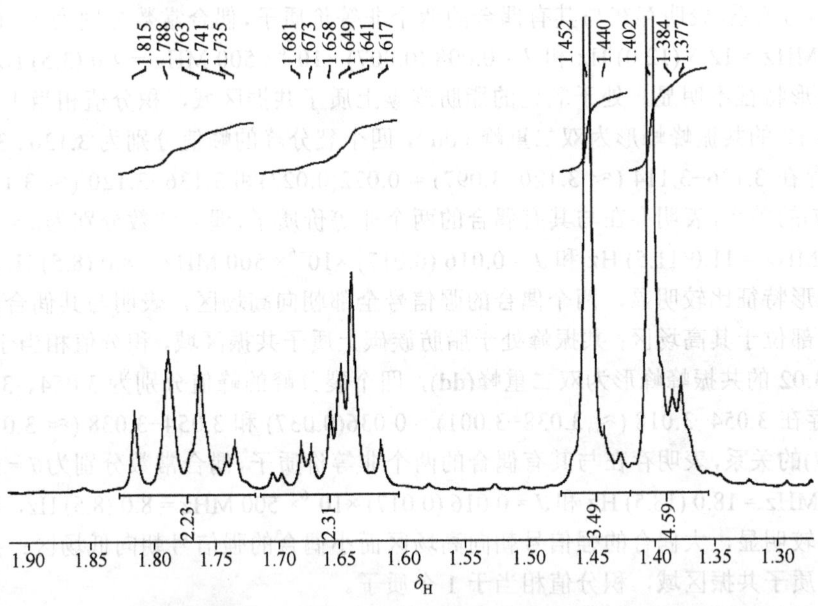

图 2-5-6 Ravidin A 的 ^{1}H NMR 谱（δ 1.3～1.9）

由于采用 ^{1}H 共振频率为 500 MHz 的仪器进行测定，一些化学位移相近的质子的共振峰得以很好或比较好的分辨，从而简化了谱图的解析。以下对 Ravidin A 的 ^{1}H NMR 谱上的一级裂分或近似的一级裂分进行解析，作为阐明 ^{1}H NMR 谱的典型特征的范例。

1．从积分值判断，Ravidin A 分子中共有 24 个氢；

2．在不存在复杂的共振峰复叠的情况下，可以对分辨清晰或比较清晰的一级裂分的共振峰进行所包含氢原子数目和峰形的判断以及化学位移和偶合常数的计算。

（1）δ 7.47 的共振峰峰形表现为宽单峰（br s），峰值为 7.472，表明存在与其有弱偶合的非等价质子（这种分析被 H-H COSY 等实验予以证实）；共振峰处于碳碳双键和芳香质子共振区域，面积积分值相当于 1 个质子。

（2）δ 7.43 的共振峰经放大后可以确定峰形为三重峰（t，但经最终结构鉴定确定其为双二重峰），三个裂分峰的峰值分别为 7.433、7.430 和 7.427，存在 7.433−7.430 = 7.430−7.427 = 0.003 的关系，偶合常数 $J = 0.003 \times 10^{-6} \times 500$ MHz = 1.5 Hz，并具有三重峰峰形对称的特征，表明存在与其有弱偶合的两个非等价质子，且两个质子的共振峰分别位于三重峰的两侧（三重峰峰形对称的特征也是从 ^{1}H NMR 谱上直接确定 δ 7.43 的共振峰为双二重峰的依据之一）；共振峰处于碳碳双键和芳香质子共振区域，积分值相当于 1 个质子。

（3）δ 7.27 的共振峰峰形为单峰，峰值为 7.275，表明不存在与其有偶合的非等价质子；根据峰强度可以判断其面积积分值与其他共振峰的积分值不成比例关系，峰值与溶剂的峰值一致，因此可以确定为溶剂 $CDCl_3$ 的共振峰。

（4）δ 6.43 的共振峰经放大后可以看出包含了峰值分别为 6.431 和 6.429 的两个裂分峰，且这两个裂分峰的峰形为宽峰，表明存在与其有弱偶合的非等价质子，偶合常数为 $J = (6.431-6.429) \times 10^{-6} \times 500$ MHz = 1.0 Hz；共振峰处于碳碳双键和芳香质子共振区域，积分值相当于 1 个质子。

（5）δ 5.40 的共振峰峰形为双二重峰（dd），四个裂分峰的峰值分别为 5.418、5.410、5.393 和 5.386，存在 5.418−5.393 (≈5.410−5.386) = 0.025(0.024) 和 5.418−5.410 (≈ 5.393−5.386) = 0.008(0.007)的关系，表明存在与其有偶合的两个非等价质子，偶合常数分别为 $J = 0.025\ (0.024) \times 10^{-6} \times 500$ MHz = 12.5 (12.0) Hz 和 $J = 0.008\ (0.007) \times 10^{-6} \times 500$ MHz = 4.0 (3.5) Hz；裂分峰向心规则的峰形特征不明显，处于氧化的脂肪族碳上质子共振区域，积分值相当于 1 个质子。

（6）δ 3.12 的共振峰峰形为双二重峰（dd），四个裂分峰的峰值分别为 3.136、3.120、3.114 和 3.097，存在 3.136−3.114 (≈ 3.120−3.097) = 0.022(0.023)和 3.136−3.120 (≈ 3.114−3.097) = 0.016 (0.017)的关系，表明存在与其有偶合的两个非等价质子，偶合常数分别为 $J = 0.022(0.023) \times 10^{-6} \times 500$ MHz = 11.0(11.5) Hz 和 $J = 0.016\ (0.017) \times 10^{-6} \times 500$ MHz = 8.0 (8.5) Hz，裂分峰向心规则的峰形特征比较明显，两个偶合的强信号全部朝向高场区，表明与其偶合的两个质子的共振峰全部位于其高场区；共振峰处于脂肪族碳上质子共振区域，积分值相当于 1 个质子。

（7）δ 3.02 的共振峰峰形为双二重峰(dd)，四个裂分峰的峰值分别为 3.054、3.038、3.018 和 3.001，存在 3.054−3.018 (≈ 3.038−3.001) = 0.036(0.037) 和 3.054−3.038 (≈ 3.018−3.001) = 0.016 (0.017)的关系，表明存在与其有偶合的两个非等价质子，偶合常数分别为 $J = 0.036\ (0.037) \times 10^{-6} \times 500$ MHz = 18.0 (18.5) Hz 和 $J = 0.016\ (0.017) \times 10^{-6} \times 500$ MHz = 8.0 (8.5) Hz，向心规则的峰形特征比较明显，大偶合的强信号朝向高场区而小偶合的强信号朝向低场区；共振峰处于脂肪族碳上质子共振区域，积分值相当于 1 个质子。

（8）δ 2.92 的共振峰峰形为二重峰(d)，两个峰的峰值分别为 2.929 和 2.922，表明存在与其有偶合的 1 个质子，偶合常数为 $J = (2.929-2.922) \times 10^{-6} \times 500$ MHz = 3.5 Hz，可以观察到向心规则的峰形特征，偶合的强信号朝向高场区；共振峰处于脂肪族质子共振区域，积分值相当于 1 个质子。

（9）δ 2.65 的共振峰峰形为双二重峰(dd)，四个峰的峰值分别为 2.686、2.664、2.650 和 2.627，存在 2.686−2.650 (≈ 2.664−2.627) = 0.036(0.037)和 2.686−2.664 (≈ 2.650−2.627) = 0.022(0.023) 的关系，表明存在与其有偶合的两个非等价质子，偶合常数分别为 $J = 0.036\ (0.037) \times 10^{-6} \times 500$ MHz = 18.0 (18.5) Hz 和 $J = 0.022\ (0.023) \times 10^{-6} \times 500$ MHz = 11.0(11.5) Hz，向心规则的峰形特征比较明显，两个偶合的强信号全部朝向低场区；共振峰处于脂肪族碳上质子共振区域，积分值相当于 1 个质子。

（10）δ 2.26 的共振峰峰形为双二重峰(dd)，四个峰的峰值分别为 2.273、2.266、2.246 和

2.238，存在 2.273−2.246 (≈ 2.266−2.238) = 0.027(0.028)和 2.273−2.266 (≈ 2.246−2.238) = 0.007 (0.008)的关系，表明存在与其有偶合的两个非等价质子，偶合常数分别为 J = 0.027 (0.028) × 10^{-6}× 500 MHz = 13.5 (14.0) Hz 和 J = 0.007 (0.008) ×10^{-6} × 500 MHz = 3.5 (4.0) Hz，大偶合的强信号朝向高场区，小偶合未显示明显的一级偶合的峰形向心规则特征；共振峰处于脂肪族碳上质子共振区域，积分值相当于 1 个质子。

（11）δ 2.13 的共振峰外形为 8 条谱线，直观分析其特征类似于首先裂分为二重峰，然后进一步裂分为两组四重峰。但是，对图谱进行放大后发现这 8 条谱线的分辨不是特别清晰，因此其本质的峰形并不能通过 ^{1}H NMR 直接进行判断，此时需要考虑其他手段。对 H-H COSY 谱的分析发现，δ 2.13 与氢谱上的 δ 2.92、δ 1.71～1.84、δ 1.60～1.71 和 δ 1.37～1.39 共 4 个共振信号有交叉峰，且与 δ 1.71～1.84 的交叉峰的强度明显强于其他 3 个交叉峰；因此可以判断，δ 2.13 的共振峰存在 1 个大偶合和 3 个小偶合，即峰形为 dddd；大偶合导致外形上两组峰的产生，而 3 个小偶合体现在两组外形上的四重峰各自峰组内的裂距中。根据两组四重峰可以大约断定 3 个小偶合具有比较接近的偶合常数。图谱上给出了 8 条谱线中软件可以识别的 7 个峰的峰值，分别为 2.148、2.142、2.134、2.126、2.120、2.113 和 2.106，从低场区计，缺少第 1 条谱线的峰值，但不影响对化学位移和偶合常数的计算。上述 7 个峰值间存在 2.148−2.120 = 2.134−2.106 (≈ 2.142−2.113) = 0.028(0.029)和 2.142−2.134 ≈ 2.148−2.142 = 2.126−2.120 ≈ 2.120−2.113 = 2.113−2.106 = 0.008 (0.006, 0.007)的关系。以上峰形进一步表明存在与其有偶合的 4 个非等价质子，偶合常数大约分别为 J_1 = 0.028(0.029) ×10^{-6}× 500 MHz = 14.0 (14.5) Hz、J_2 ≈ 0.007 (0.006, 0.008) ×10^{-6}× 500 MHz = 3.5 (3.0, 4.0) Hz、J_3 ≈ 0.007 (0.006, 0.008) ×10^{-6}× 500 MHz = 3.5 (3.0, 4.0) Hz 和 J_4 ≈ 0.007 (0.006, 0.008) ×10^{-6}× 500 MHz = 3.5 (3.0, 4.0) Hz。大偶合的强信号一端朝向高场区，共振峰处于脂肪族碳上质子共振区域，积分值相当于 1 个质子。

（12）δ 1.60～1.71 和 1.73～1.84 的区域的共振峰存在信号的复叠，从面积积分值判断共包含有 4 个氢，其中两组信号各有 2 个氢，这些信号的化学位移和偶合常数需要借助其他实验进行分析。

（13）δ 1.45 的共振峰峰形为单峰(s)，表明不存在与其有偶合的其他质子；共振峰处于脂肪族碳上质子共振区域，积分值相当于 3 个质子；从其尖锐的峰形、面积积分值以及化学位移值很容易判断是一个与不连氢的碳相连的甲基。

（14）δ 1.40 的共振峰峰形为单峰(s)，表明不存在与其有偶合的其他质子；共振峰处于脂肪族碳上质子共振区域，积分值相当于 3 个质子；从其尖锐的峰形、面积积分值以及化学位移值很容易判断是一个与不连氢的碳相连的甲基。

（15）δ 1.37～1.39 的区域的共振峰存在信号分辨不清晰的现象，从面积积分值判断包含有 1 个氢，其准确的化学位移和偶合常数需要借助其他实验进行分析。

（16）δ 1.01 的共振峰峰形为单峰(s)，表明不存在与其有偶合的其他质子；共振峰处于脂肪族碳上质子共振区域，积分值相当于 3 个质子；显然是一个叔甲基（与叔碳相连的甲基）。

通过上述分析，一些比较明显的官能团和偶合关系可以基本确认，包括分子中含有 3 个甲基，δ 1.01 (3 H, s)、1.40 (3 H, s)和 1.45 (3 H, s)；δ 3.12 (1 H, dd, J = 11.0 Hz, 8.0 Hz)、3.02 (1 H, dd, J = 18.0 Hz, 8.0 Hz) 和 2.65 (1 H, dd, J = 18.0 Hz, 11.0 Hz)的偶合关系非常明确，可以推断为 1 个亚甲基和 1 个次甲基直接连接的近似 AMX 自旋偶合系统。虽然其余信号的偶合关系不明确或整体偶合关系不甚明确，但一些隐含的结构信息对于结构解析具有重要的意义；这些信息也将随着结构解析工作的不断深入而逐渐被一一揭示出来。例如，在上面对有关数据进行分析的过程中，δ 2.26 (1 H, dd, J = 13.5 Hz, 4.0 Hz)与 δ 5.40 (1 H, dd, J = 12.5 Hz, 4.0 Hz)的两个共振峰中均含有偶合常数 J = 4.0 Hz 的偶合，另外两个偶合常数 J = 13.5 Hz 和 J = 12.5 Hz 的偶合是否与同一个质子有关就需要通过其他手段予以确认，例如，可以通过对 H-H COSY 或 HSQC（HMQC）等其他图谱的分析进行确认。与 δ 7.43（1 H, dd, J = 1.5 Hz, 1.5 Hz）的共振峰存在偶合关系的质子，其信号是否由于分辨率低等原因而不能在 ^{1}H NMR 谱上显示相应的峰形特征等问题也将随着结构解析工作的不断深入而逐渐被揭示出来（表 2-5-1）。

表 2-5-1 Ravidin A 的 ^{1}H NMR 谱特征及数据归属

峰号	面积积分值	峰形（峰值）	化学位移值 δ	偶合常数/Hz	数据归属[①]
1	0.94	br s (7.472)	7.47	—	H-16
2	0.98	dd (7.433, 7.430, 7.430, 7.427)	7.43	1.5, 1.5	H-15
3	不成比例	s (7.275)	7.27	—	
4	0.91	d (6.431, 6.429)	6.43	1.0	H-14
5	0.99	dd (5.418, 5.410, 5.393,5.386)	5.40	12.5, 4.0	H-12
6	1.00	dd (3.136, 3.120, 3.114, 3.097)	3.12	11.0, 8.0	H-8
7	1.08	dd (3.054, 3.038, 3.018, 3.001)	3.02	18.0, 8.0	H-7$_\alpha$
8	1.05	d (2.929, 2.922)	2.92	3.5	H-3
9	1.07	dd (2.686, 2.664, 2.650, 2.627)	2.65	18.0, 11.0	H-7$_\beta$
10	0.98	dd (2.273, 2.266, 2.246, 2.238)	2.26	13.5, 4.0	H-11$_\beta$
11	1.07	dddd (-, 2.148, 2.142, 2.134, 2.126, 2.120, 2.113, 2.106)	2.13	14.0, 3.5, 3.5, 3.5	H-2$_\beta$
12	2.09	ov (1.73～1.84)		—	H-11$_\alpha$, H-2$_\alpha$
13	2.18	ov (1.60～1.71)			H-10, H-1$_b$
14	2.98	s (1.453)	1.45	—	Me-19
15	3.36	s (1.400)	1.40	—	Me-18
16	1.16	ov (1.37～1.39)	—	—	H-1$_a$
17	3.12	s (1.006)	1.01	—	Me-20

①数据归属是通过 1D-NMR 和 2D-NMR 综合实验和分析完成的。

对于结构复杂的检测化合物，由于共振峰重叠以及复杂的二级偶合，对 ^{1}H NMR 共振峰的分析难度更大一些。

二、一维 NOE 差谱图谱典型特征

图 2-5-7 是 Ravidin A 的 δ 值范围为 0.0～8.5 的一维 NOE 差谱，分别选择性照射了 Me-20、Me-19 和 H-8，测试溶剂为 $CDCl_3$，仪器为 Varian VNS-600 型 NMR 波谱仪，^{1}H 的共振频率为 600 MHz。

选定以考察和明确与 Me-20 和 Me-19 存在或不存在 NOE 相关的质子峰组为实验目标。A 图表明，照射 Me-20 引起 H-12、H-7$_\beta$、H-11$_\beta$ 和 H-10 的信号均出现增益，但 Me-19 的信号没有增益。B 图表明，照射 Me-19 引起 H-8、H-7$_\alpha$、H-3 和 H-10 的信号均出现增益(尽管 H-3 的增益很小)，但 Me-20 的信号没有增益。C 图进一步表明，照射 H-8 引起 H-7$_\alpha$、H-7$_\beta$、H-11α、H-10 和 Me-19 的信号均出现增益。因此，结合有机立体化学的知识，通过 Me-19/H-3、Me-19/H-8、Me-19/H-10 的 NOE 相关结合 Me-19 与 Me-20 间不存在 NOE 相关，可以确定 H-3、H-8、H-10 和 Me-19 处于同侧，而 Me-20 处于另一侧；通过 Me-19/H-7$_\alpha$、Me-19/H-8、和 Me-19/H-10 的 NOE 相关结合 Me-19 与 Me-20 间不存在 NOE 相关还可以确定环己酮环具有船式构象；通过 Me-20/H-12 的 NOE 相关可以确定 H-12 和 Me-20 处于同侧(图 2-5-8)。

在应用 NOE 相关的关联信息鉴定有机化合物的相对构型时需要注意，两个邻位氢或含氢官能团之间的 NOE 相关有时不能作为确定氢或含氢官能团的相对空间取向的依据，例如，本例中的 H-8 与 H-7_α 和 H-7_β 均存在 NOE 相关，Me-20 与 H-10 也存在 NOR 相关；这是因为它们均是六元环上的邻位关系，因此，单独这些相关信息不能作为确定相对空间取向的依据。

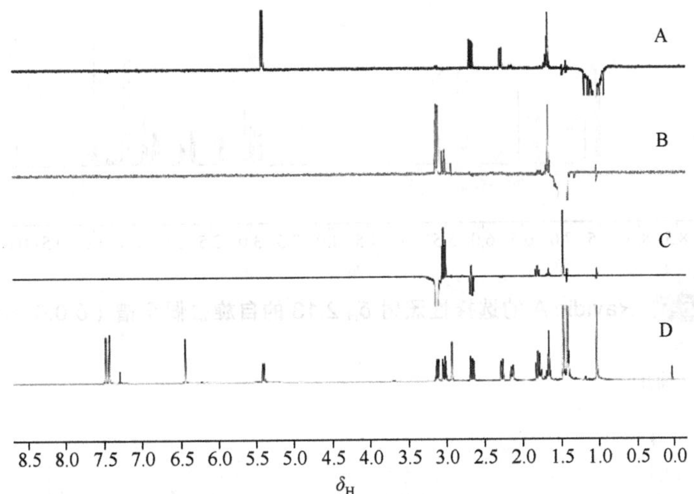

图 2-5-7　Ravidin A 的一维 NOE 差谱（δ 0.0～8.5）

（A：照射Me-20；B：照射Me-19；C：照射H-8；D：^{1}H NMR谱）

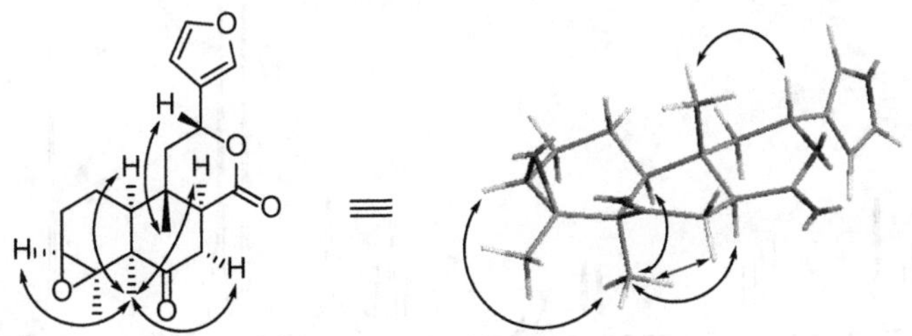

图 2-5-8　与确定 Ravidin A 的相对构型有关的关键 NOE 相关（H↔H）

三、质子自旋去偶实验图谱典型特征

图 2-5-9 为 Ravidin A 的选择性质子自旋去偶实验谱图，选择性照射了 H-2_β，测试溶剂为 $CDCl_3$，仪器为 Bruker AVANCE III 400 型 NMR 波谱仪，^{1}H 的共振频率为 400 MHz。图 2-5-9 是 δ 值范围为 0.0～8.5 的全谱。根据实验目的，对全谱上的 δ 0.6～3.3 的区域进行了放大，见图 2-5-10。放大图上信号清晰可辨。根据 Ravidin A 的结构和 ^{1}H NMR 谱的信号特征，拟考察照射 H-2_β(δ 2.13)后引起的信号变化。从图中可见，H-3(δ 2.92)的二重峰发生了简并，成为单峰；与 H-2_β 处于同碳和邻位关系的 H-2_α、H-1_a 和 H-1_b 由于受到其他信号的严重干扰，照射后的信号变化未显示出典型的质子自旋去偶实验特征，但与其 ^{1}H NMR 谱比较，δ 1.37～1.39、1.60～1.71 和 1.73～1.84 的共振峰的变化也是比较明显的。

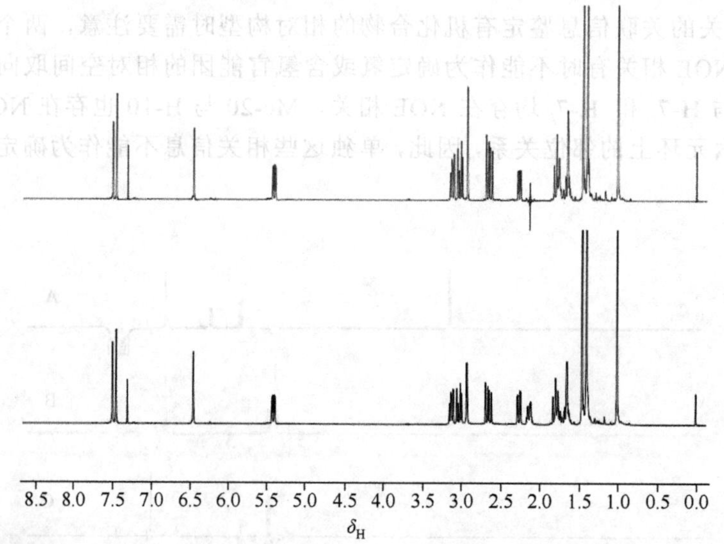

图 2-5-9 Ravidin A 的选择性照射 δ_H 2.13 的自旋去偶全谱（δ 0.0～8.5）

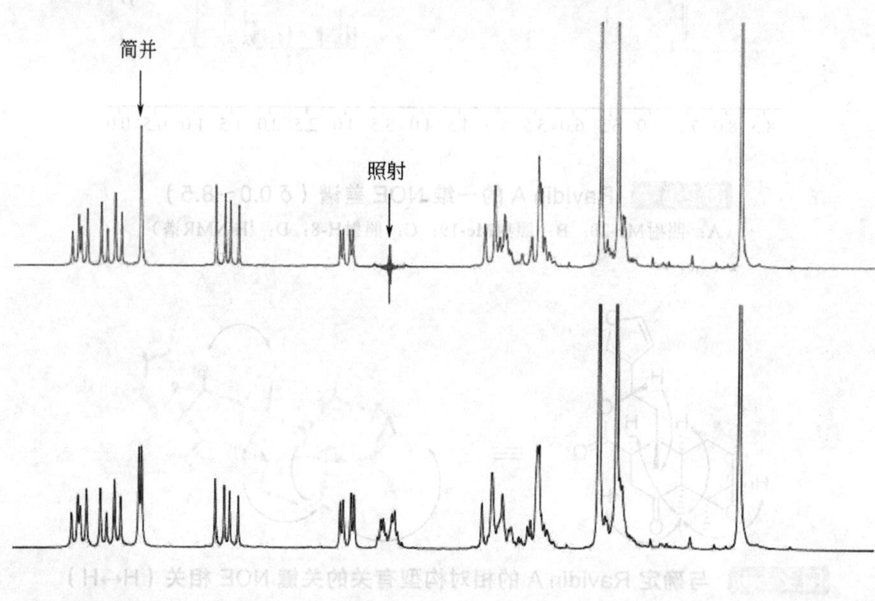

图 2-5-10 Ravidin A 的选择性照射 δ_H 2.13 的自旋去偶谱（δ 0.6～3.3）

参 考 文 献

[1] 胡宏纹. 有机化学（上册）. 第三版. 北京：高等教育出版社，2006: 203.

[2] 宁永成. 有机化合物结构鉴定与有机波谱学. 北京：科学出版社，2000: 8.

[3] 张正行. 有机光谱分析. 北京：人民卫生出版社，1995: 182.

[4] 赵天增. 核磁共振氢谱. 北京：北京大学出版社，1984：98.

[5] 张正行. 有机光谱分析. 北京：人民卫生出版社，1995: 170

[6] 胡宏纹. 有机化学（下册）. 第三版. 北京：高等教育出版社，2006: 527.

[7] 赵天增. 核磁共振氢谱. 北京：北京大学出版社，1984: 160.

[8] Qin H L, Li Z H. Phytochemistry, 2004, 65: 2533.

第三章　核磁共振碳谱和核磁共振二维谱的基本概念和术语

第一节　核磁共振碳谱

一、核磁共振碳谱的基本原理

1. 核磁共振碳谱概述

核磁共振碳谱（简称碳谱，碳-13 核磁共振、^{13}C NMR）提供了有机化合物分子中每个碳原子所处的化学环境的信息，对于有机化合物的结构鉴定是重要的。从磁性核在磁场中的能级分裂、受激跃迁和弛豫的角度分析，^{13}C NMR 的基本原理与质子核磁共振基本相似。但是，由于常规碳谱是质子宽谱带去偶碳谱，即通过 ^{13}C{^{1}H}双照射实验，达到消除质子对 ^{13}C 核偶合的目的，因此，存在照射质子引起 ^{13}C 核的 NOE 的实验结果，导致一些与氢原子直接连接的碳原子的单峰信号强度大于原偶合状态下的多重峰各峰的强度和，图谱中相应的共振信号的面积比季碳以及其他不连氢的碳核信号偏大。^{13}C NMR 信号受弛豫过程的影响比 ^{1}H NMR 信号大，因为不同化学环境下的 ^{13}C 核弛豫时间不同，通常，季碳原子和羰基碳原子（^{13}C 核）的弛豫时间较长，两次扫描之间的时间短，^{13}C 核在每次扫描后来不及恢复正常分布，这样也使图谱中相应的共振信号的面积比弛豫时间较短的碳核（^{13}C 核）偏小。此外，与质子比较，^{13}C 核的弛豫时间一般比较长，所以每个碳峰谱线半高宽度很小，几乎呈单线。

2. 宏观磁化强度矢量

有关核磁共振的基本原理的介绍只是从单一的一个原子核（称为微观磁矩）的角度讨论，即磁矩 $\boldsymbol{\mu}^*$ 在磁场 $\boldsymbol{H}_0$ 中绕磁场进动。实际上，在核磁共振中所观测到的是众多围绕磁场进动的原子核的运动情况，即是众多微观磁矩的宏观现象。单位体积中微观磁矩的矢量和叫作宏观磁化强度矢量，以 $\boldsymbol{M}$ 表示。

3. 磁化强度矢量的平衡值

在热平衡时，可以用图 3-1-1(a)说明磁化强度矢量的平衡值。设沿 Z 轴方向有恒定的磁场 $\boldsymbol{H}_0$，由于空间量子化，核磁矩在空间的取向受到限制。对 ^{13}C 核而言，由于 $I=1/2$，$\boldsymbol{\mu}^*$ 与 Z 轴的夹角只能取两个数值，因此，$\boldsymbol{\mu}^*$ 只能分布在如图 3-1-1(a)所示的两个锥面上。沿上锥面分布的相应于能量较低的核磁矩，沿下锥面分布的相应于能量较高的核磁矩。其分布规律遵从玻尔兹曼分布。在这两部分中，虽然各原子核进动的相位是随机的，但从统计规律讲，相位分布是均匀的。因此，在热平衡时，磁化强度矢量 $\boldsymbol{M}$ 只有沿 Z 方向的分量，而在 X、Y 方向上的分量为零。即：

$$M_{X0}=M_{Y0}=0$$

$$M_{Z0}=M_0$$

在热平衡时，磁化强度矢量 $\boldsymbol{M}$ 沿正 Z 方向，即与 Z 轴夹角为零。

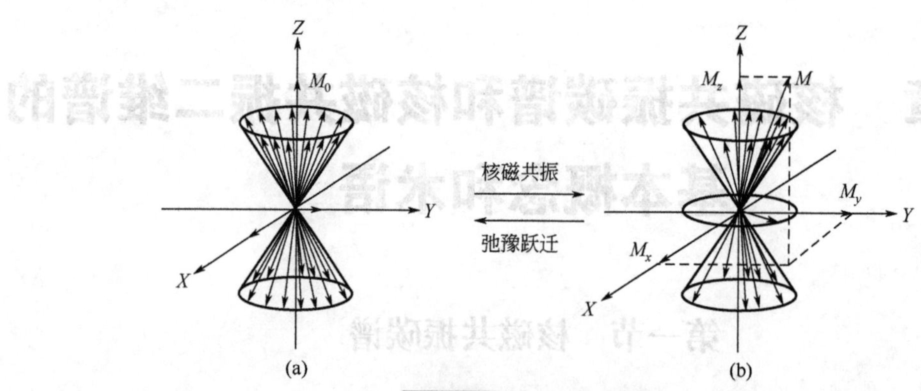

图 3-1-1 磁化强度矢量

磁化强度矢量如果由于受激跃迁而离开了热平衡状态，则其发生偏转[如图 3-1-1(b)]，而弛豫作用又将使其趋向热平衡状态。

4. 纵向弛豫时间

设热平衡时，上下两锥面的粒子差数为 n_0，受激跃迁后，上下两锥面的粒子差数为 n，则 M_Z 的热平衡值 M_{Z0} 和受激跃迁后之值 $M_{Z'}$ 分别为：

$$M_{Z0}=M_0=n_0\mu_0$$

$$M_{Z'}=n\mu_0$$

因此，$M_{Z'}$ 趋向于 M_0 的规律为粒子差数 n 趋向于 n_0 的规律，遵从指数衰减规律，相应于自旋-晶格弛豫过程，特征时间为 T_1，T_1 表征 $\boldsymbol{M}$ 的纵向分量 M_Z 的变化，所以 T_1 又被称作纵向弛豫时间。

5. 横向弛豫时间

当 $\boldsymbol{M}$ 离开热平衡状态时，其偏离 Z 轴，与 Z 轴有一定的夹角，则在 X 和 Y 方向产生分量 M_X 和 M_Y，核磁矩如图 3-1-1(b)所示的锥面那样，有所集中，不再是图 3-1-1(a)所示的均匀分布。弛豫过程将使核磁矩在锥面上趋于均匀分布，即 M_X 和 M_Y 为零，$\boldsymbol{M}$ 与 Z 轴夹角为零。这一过程相应于同类核矩之间的能量交换弛豫，与其相联系的特征时间为 T_2'，T_2' 表征 $\boldsymbol{M}$ 的横向分量趋向平衡值的变化，所以又被称作横向弛豫时间。

6. 脉冲傅里叶变换核磁共振技术

脉冲傅里叶变换技术采用射频脉冲作用于样品，样品所受的不再是单一的射频频率 f，而是以 f 为中心的一个频谱，这个频谱远远超过了化学位移的范围，但实际上对样品起作用的仅是频谱中的极小部分，在这一极小部分中，可以认为具有同样的射频强度。因此，当射频脉冲作用于样品时，可以在一个很短的时间内激发所有的检测对象，使它们都产生相应的信号，当射频脉冲结束时，$\boldsymbol{M}$ 将由于弛豫作用而逐渐回到 M_0 的位置，其运动叫“自由”核进动，其信号叫核的自由感应衰减（free induction decay, FID）信号，然后通过计算机把所有检测对象同时产生的 FID 信号（称为时间域信号）接收并经傅里叶变换转换为按频率分布的信号。式（1）和式（2）是著名的傅里叶变换对，对于函数 $F(\omega)$ 和 $F(t)$，知道其一，便知其二。大家平常所熟悉的核磁共振图谱是 $F(\omega)$，是频率域（或称频畴）函数，FID 是时间域（或称时畴）函数 $F(t)$，因此，必须将其变成 $F(\omega)$ 才行。这一技术与连续波扫描核磁共振波谱相比，测定时间显著缩短，给 ^{13}C NMR 实验提供了发展基础。

$$F(\omega)=\int_{-\infty}^{\infty}F(t)e^{i\omega t}\mathrm{d}t \tag{1}$$

$$F(t)=\frac{1}{2\pi}\int_{-\infty}^{\infty}F(\omega)e^{-i\omega t}\mathrm{d}\omega \tag{2}$$

有关脉冲傅里叶变换核磁共振技术及其波谱仪本手册不做详细介绍，读者需要时可进一步查阅有关书籍。

7. 质子宽谱带去偶

在未去偶碳谱中，由于$^1J_{CH}$很大，导致谱线交叠严重，甚至无法辨识；加之^{13}C自然丰度低，要做一张信噪比很好的非去偶碳谱，费时很长。因此，常规碳谱一般都将质子对^{13}C的偶合全部去掉。在描记碳谱的过程中，同时用一个强的去偶场H_2在全部质子共振频率区进行照射，使得^1H对^{13}C的偶合全部去掉。这种技术叫质子宽谱带去偶，也叫质子噪声去偶，或叫全部质子去偶。

若化合物中不含有其他可与^{13}C发生偶合的磁性核，如不含^{19}F和^{31}P等，则所有碳原子均呈单峰。由于^{13}C的弛豫时间一般较长，而谱线宽度与弛豫时间成反比，所以每个碳峰谱线半高宽度很小，几乎成单线。因此，对于绝大多数化合物，当不存在对称因素时，即使碳原子在分子中仅有细微的非等价差异，彼此也能分开，不会发生重叠。一般来说，分子中有多少个不同化学环境的碳，则在图谱上显示出多少条谱线。

8. 质子弱噪声去偶

在质子宽谱带去偶实验中，去偶场H_2的功率很大。若将H_2的功率变小，则图谱中伯碳和叔碳的谱峰变成宽的馒头峰形状，仲碳和季碳仍然为单峰。这种现象可用于鉴别仲碳和季碳，称为质子弱噪声去偶。

9. $^{13}C\{^1H\}$实验中的核 Overhauser 效应

在$^{13}C\{^1H\}$实验中，由于质子对^{13}C核的偶合被全部去掉，则直接与质子结合的^{13}C核的多重峰变为单峰。单峰的强度远远大于原多重峰各峰强度之和，这是由于在$^{13}C\{^1H\}$实验中核 Overhauser 效应（NOE）引起的。季碳由于不连接氢，所以在常规碳谱中没有NOE增益，同时，不连接氢的碳原子弛豫时间T_1又较长，所以信号最弱，这就是在常规碳谱中各峰强度与其所代表的碳原子数目没有严格的定量关系的原因。

二、化学位移

1. ^{13}C化学位移理论

与氢谱相似，^{13}C化学位移主要由屏蔽常数σ决定。但是，在碳谱中，影响σ值的因素与氢谱不同。^{13}C化学位移理论把化学位移公式$\upsilon=\dfrac{\gamma}{2\pi}H_0(1-\sigma)$中的屏蔽常数$\sigma$分成如下式所示的几组加合项分别加以讨论：

$$\sigma_N=\sigma_N^{\mathrm{dia}}+\sigma_N^{\mathrm{para}}+\sum_{B\neq N}\sigma_N^{NB}$$

2. 局部抗磁屏蔽项σ_N^{dia}

σ_N^{dia}为绕核N的局部电子环流在磁场的作用下所产生的对抗磁场的屏蔽效应，其大小与核N外电子云密度成正比，即核N上电子云密度越大，抗磁屏蔽越大，化学位移移向高场。一个孤立的球形原子的σ_N^{dia}可用 Lamb 公式表示：

$$\sigma_N^{\text{dia}}(\text{孤立原子}) = \frac{e^2}{3mc^2}\sum_i \langle r_i^{-1}\rangle$$

式中，e和m分别为原子的电荷和质量；c为光速；r_i为基态时i电子与核N的距离。因$r_s:r_p=1:\sqrt{3}$，所以s电子比p电子具有更强的σ_N^{dia}，对于只有s电子的质子，σ_N^{dia}为主要因素，但对于^{13}C核而言，并不是主要因素。

在一个碳原子上增加一个电子到p轨道上，将产生$\Delta_\delta=14$的高场方向的位移。

3. 局部顺磁屏蔽项σ_N^{para}

除氢以外的其他磁性核，激发电子态对σ_N的贡献必须考虑；电子基态和激发态的混合所引起的诱导场产生顺磁屏蔽项σ_N^{para}，σ_N^{para}项是决定^{13}C化学位移的主要因素之一。σ_N^{para}可用下式表示：

$$\sigma_N^{\text{para}} = -\frac{e^2h^2}{2m^2c^2}(\Delta E)^{-1}\langle r^{-3}\rangle_{2pN}[Q_{NN}+\sum_{B\neq N}Q_{NB}]$$

式中，负号表示σ_N^{para}项与σ_N^{dia}项的符号相反；$\left|\sigma_N^{\text{para}}\right|$越大，去屏蔽越强，共振位置越在低场；$\Delta E$为电子激发能；$r$表示原子核与激发态电子轨道的距离；$\langle r^{-3}\rangle_{2pN}$为2p电子与核距离立方倒数的平均值；$Q$为分子轨道理论中的键级；$Q_{NN}$为核的2p轨道电子密度的贡献，$Q_{NB}$为所考虑的核与其相连的核的键之键级。

$\langle r^{-3}\rangle_{2pN}$是决定$\sigma_N^{\text{para}}$项的主要因素之一，轨道越扩大，$\sigma_N^{\text{para}}$负值越小，$^{13}C$化学位移$\delta_C$越移向高场。例如，当碳原子的2p电子密度增加时，则2p轨道扩大，$\langle r^{-3}\rangle_{2pN}$项减小，$\delta_C$越移向高场；而当碳原子与电负性基团相连时，其电子密度下降，轨道收缩，r^{-3}增大，σ_N^{para}项增大，δ_C越移向低场。

ΔE也是决定σ_N^{para}项的主要因素之一，ΔE值越小，σ_N^{para}负值越大，δ_C越移向低场，这可以解释为什么不饱和碳比饱和碳有较大的去屏蔽，例如，sp^3杂化碳原子只有σ键，电子能级的跃迁为$\sigma\rightarrow\sigma^*$，其$\Delta E$大，$(\Delta E)^{-1}$小，$\left|\sigma_N^{\text{para}}\right|$小，去屏蔽作用小，在较高场共振；而羰基的电子能级跃迁为$n\rightarrow\pi^*$，其ΔE小，$(\Delta E)^{-1}$大，$\left|\sigma_N^{\text{para}}\right|$大，去屏蔽作用强，在较低场共振。

$[Q_{NN}+\sum_{B\neq N}Q_{NB}]$为键级矩阵，表明$\sigma_N^{\text{para}}$也与碳的键级（单键、双键、三键）有关；例如sp杂化碳原子相比于sp^2杂化碳原子在较高场共振(详细讨论请参阅有关专著)。

4. 邻近核磁各向异性屏蔽项σ_N^{NB}

σ_N^{NB}项涉及与核N邻近的磁性核B的性质和几何位置，如核B周围的局部电子环流等。

5. ^{13}C化学位移参考物质

在碳谱中，由于偶合常数和弛豫时间的测定比化学位移的测定较为困难，所以化学位移的应用最广泛。与质子化学位移的规定相似，在碳谱中，以TMS的^{13}C信号δ值为零，把出现在TMS低场一侧的^{13}C信号的δ值规定为正值，出现在TMS高场一侧的^{13}C信号的δ值规定为负值。除了用TMS作参考物质外，溶剂峰也可作为参考。

一般水溶性的样品常用 3-（三甲基硅基）丙烷-1-磺酸钠作参考物质，也可采用 $C_4H_8O_2$ 作参考物质。

6. 常用溶剂的 ^{13}C 化学位移值

一些常用溶剂的 ^{13}C NMR 化学位移 δ 值见表 3-1-1。

表 3-1-1[1] 一些常用溶剂的 ^{13}C NMR 化学位移 δ 值

溶　剂	化学位移	
	质子化合物	氘代化合物
CH_3OH	49.9	49.0
DMSO	40.5	39.6
CH_3COCH_3	30.4(CH_3)	29.2(CD_3)
$CHCl_3$	77.2	76.9
CH_3CN	1.7(CH_3)	1.3(CD_3)
C_6H_{12}	27.5	26.1
CH_2Cl_2	54.0	53.6
$C_4H_8O_2$	67.6	66.5
CCl_4	96.0	
C_6H_6	128.5	128.0
CH_3COOH	178.3(COOH)	
C_5H_5N	124.5(C_4)	123.5(C_4)
	136.5(C_3)	135.5(C_3)
	150.6(C_2)	149.9(C_2)

7. 影响 ^{13}C NMR 化学位移的因素

影响 ^{13}C 化学位移的因素包括杂化效应、取代基效应、共轭效应、烷基和取代基的拥挤、空间效应、电场效应、超共轭效应、中介效应、氢键效应、溶剂效应、邻近磁各向异性效应、“重原子”效应、同位素效应等；其中，杂化效应、取代基效应、共轭效应、中介效应、氢键效应和溶剂效应比较常见。

（1）杂化效应

碳原子的杂化是影响 ^{13}C 化学位移的重要因素之一，因为当杂化状态不同时，局部顺磁屏蔽项 σ_N^{para} 中的 ΔE 和 $\sum Q_{NB}$ 也不同。

各种不同杂化碳的化学位移范围如图 3-1-2 所示，用数值表示大致范围为：sp^3, δ (−20)～110；sp^2, δ 98～240；sp, δ 70～130。

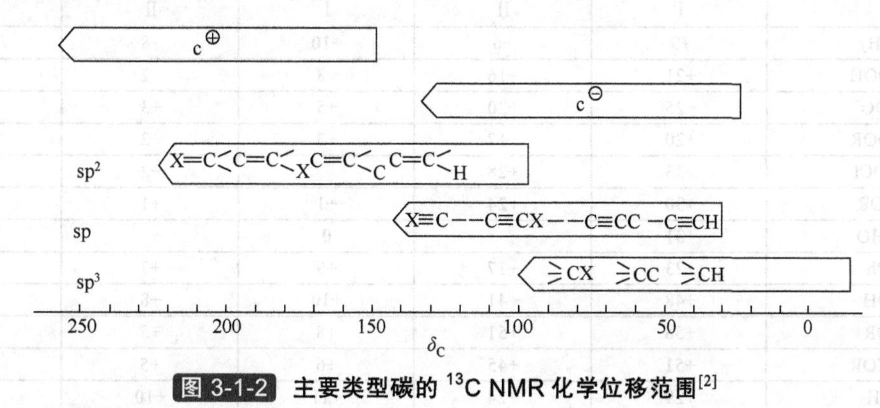

图 3-1-2 主要类型碳的 ^{13}C NMR 化学位移范围[2]

（2）取代基效应

当有机化合物分子中连有不同的取代基时，取代基的α、β、γ和δ位碳原子的化学位移会发生变化，这种效应称为取代基效应。

① α-效应：电负性取代基、杂原子以及烷基连接的碳，都能使其^{13}C信号向低场位移，且位移程度随着取代基电负性的增加而增加，这种影响也叫作诱导效应。这是因为随着取代基电负性增加，从碳原子 2p 轨道上拉电子的能力也随之增加，则局部顺磁屏蔽项σ_N^{para}中的$\langle r^{-3}\rangle_{2pN}$项增加，去屏蔽效应增加。

取代基对直接相连的碳的^{13}C化学位移的影响（α-效应）主要取决于取代基的电负性。卤素衍生物由于“重原子”效应不遵从这种倾向。

② β-效应：一般来说，取代基使β-碳向低场位移，并且除了羰基、氰基和硝基外，β-碳上的取代基效应基本上是常数（变化范围较小），即与取代基的性质关系不大。支链烷烃比直链烷烃的取代基β-效应稍小。

③ 取代基对γ-碳的空间效应：^{13}C化学位移对分子的几何形状比较敏感。对于刚性环己烷体系，取代基与γ-碳之间有两种构象：γ-gauche 式（邻位交叉式或称为旁式）和γ-*trans*式（对位交叉式）。

gauche　*trans*

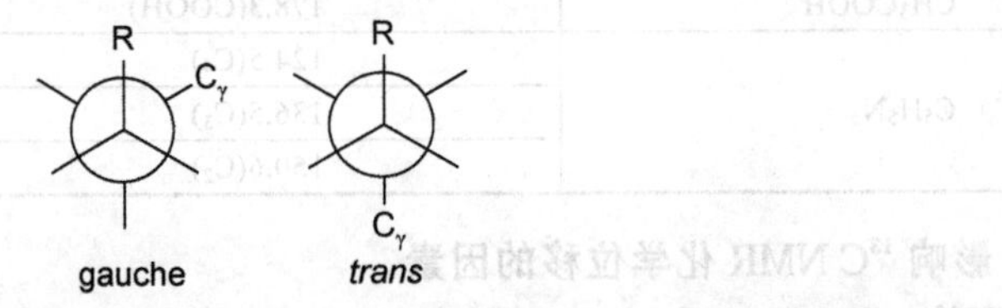

一般来说，取代基使γ-碳向高场位移，其中，处于γ-gauche 式的碳原子的高场位移比较明显，而处于γ-*trans*式的碳原子的高场位移很小。γ-效应对季碳的影响也很小。

直链和支链烷烃取代基的α、β和γ-效应见表 3-1-2。

表 3-1-2[3] 直链和支链烷烃的取代基效应

R	α		β		γ
	I	II	I	II	I
CH_3	+9	+6	+10	+8	−2
COOH	+21	+16	+3	+2	−2
COO^-	+25	+20	+5	+3	−2
COOR	+20	+17	+3	+2	−2
COCl	+33	+28		+2	
COR	+30	+24	+1	+1	−2
CHO	+31		0		−2
Ph	+23	+17	+9	+7	−2
OH	+48	+41	+10	+8	−5
OR	+58	+51	+8	+5	−4
OCOR	+51	+45	+6	+5	−3
NH_2	+29	+24	+11	+10	−5
NH_3^+	+26	+24	+8	+6	−5

续表

R	α		β		γ
	I	II	I	II	I
NHR	+37	+31	+8	+6	−4
NR_2	+42		+6		−3
NO_2	+63	+57	+4	+4	
CN	+4	+1	+3	+3	−3
SH	+11	+11	+12	+11	−4
SR	+20		+7		−3
F	+68	+63	+9	+6	−4
Cl	+31	+32	+11	+10	−4
Br	+20	+25	+11	+10	−3
I	−6	+4	+11	+12	−1

④ δ-效应：相隔四个键的取代基效应称为δ-效应。通常，δ-效应只在非键间距离较小的存在非键相互作用的顺轴构象（*syn*-axial）中可以表现出来，而在其他非顺轴构象的有利构象中δ-效应非常小，可以忽略不计。δ-效应与γ-效应的符号相反，向低场位移。

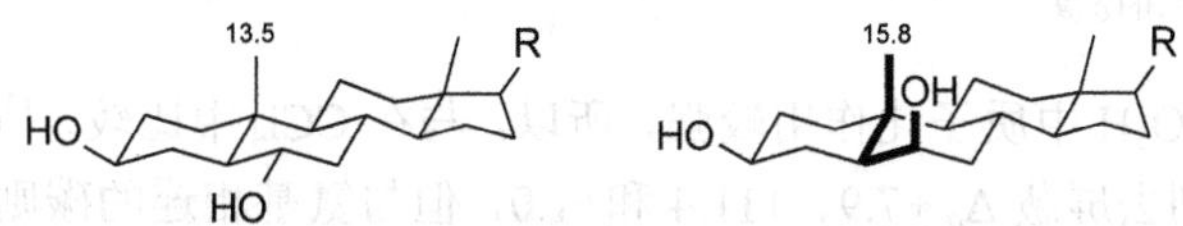

⑤ 配糖效应：糖苷中 ^{13}C 化学位移配糖效应是一个普遍现象，它对于苷键位置的确定很有帮助。其一般规律是：与苷元相比，苷键直接相连的苷元α碳的δ值向低场位移，而β碳的δ值向高场位移。

（3）共轭效应

与非共轭结构相比，共轭会引起化学键电子云密度的再分布，导致 ^{13}C 化学位移移向高场或低场。例如，乙醛羰基碳的化学位移是δ201.0，在反式 2-丁烯醛中，由于羰基与双键共轭，使得醛基碳正电荷离域而带有更多负电荷，较乙醛羰基碳位于更高场，化学位移是δ191.4。

（4）中介效应

芳香系统（以及其他不饱和系统）通常以共振杂化体形式存在。以取代苯环为例，当苯环氢被供电子基团如羟基和氨基取代后，取代基的未共用电子对将离域到苯环上，增加了取代基邻位和对位碳的电荷密度，屏蔽作用增加；当苯环氢被吸电子基团如硝基、酰基和氰基等取代后，苯环的π电子将离域到取代基上，减少了取代基邻位和对位碳的电荷密度，屏蔽作用减小。

（5）分子内氢键

形成分子内氢键也会改变电荷的分布。例如，邻羟基苯甲醛和邻羟基苯乙酮，由于存在分子内氢键，羰基碳上的正电荷更强，产生去屏蔽影响。

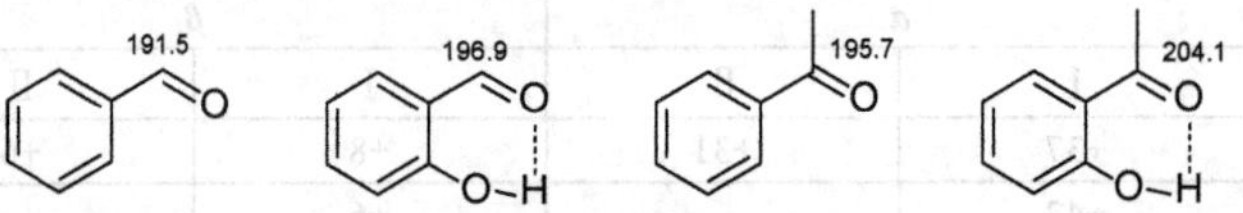

（6）溶剂位移

与氢谱相似，同一样品采用不同的溶剂，其 ^{13}C 化学位移是不同的。以苯胺为例，其 ^{13}C 化学位移对溶剂的依赖关系见表 3-1-3。

表 3-1-3[4] 苯胺的 ^{13}C 化学位移对溶剂的依赖关系①

溶剂	C-1	邻位	间位	对位
CCl_4	+18.0	−13.0	+0.9	−9.7
CH_3COOH	+5.5	−6.0	+1.4	−1.1
CH_3SO_3H	+0.4	−5.1	+1.9	+1.7
DMSO-d_6	+20.7	−14.3	+0.5	−12.5
CD_3COCD_3	+20.1	−13.8	+0.6	−11.5

①数据以苯为内标，相对于苯的 δ 值。

由于苯胺在 CH_3SO_3H 中质子化作用较强，所以，与在 CCl_4 中比较，^{13}C 化学位移变化很大，邻位、对位和间位分别去屏蔽 Δ_δ +7.9、+11.4 和+1.0，但与氨基相连的碳则表现为屏蔽 Δ_δ −17.6。

8. 常见含碳官能团的 ^{13}C 化学位移范围

有机化合物中常见含碳官能团的 ^{13}C 化学位移范围归纳如表 3-1-4 和图 3-1-3。

表 3-1-4[5] 常见含碳官能团的 ^{13}C 化学位移

官能团		δ_C	官能团		δ_C
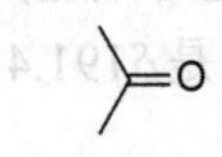 C=O	酮	225～175	C=C	芳环	135～110
	α, β-不饱和酮	210～180	C=C	烯烃	150～110
	α-卤代酮	200～160	—C≡C—	炔烃	100～70
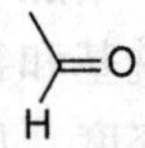 H—C=O	醛	205～175	—C—C—	烷烃	70～5
	α, β-不饱和醛	195～175		季碳	70～35
	α-卤代醛	190～170	▷	环丙烷	5～−5
—COOH	羧酸	185～160	—C—O—	氧化叔碳	85～70
—COCl	酰氯	182～165	—C—N	氮化叔碳	75～65
—CONHR	酰胺	180～160	—C—S—	硫化叔碳	70～55
(—CO)$_2$NR	酰亚胺	180～165	—C—X	卤化叔碳	75(Cl)～35(I)
—COOR	羧酸酯	175～155	CH—C—	C (叔碳)	60～30
(—CO)$_2$O	酸酐	175～150	CH—O—	连氧次甲基	75～60

续表

官能团		δ_C	官能团		δ_C
$(R_2N)_2CS$	硫脲	185～165	>CH—N<	连氮次甲基	70～50
$(R_2N)_2CO$	脲	170～150	>CH—S—	连硫次甲基	55～40
>=NOH	肟	165～155	>CH—X	卤化次甲基	65(Cl)～30(I)
$(RO)_2CO$	碳酸酯	160～150	$—H_2C—C—$	C（仲碳）	45～25
>C=N—	甲亚胺	165～145	$—H_2C—O—$	连氧亚甲基	70～40
—C≡N	氰化物	130～110	$—H_2C—N<$	连氮亚甲基	60～40
—N=C=S	异硫氰化物	140～120	$—H_2C—S—$	连硫亚甲基	45～25
—S—C≡N	硫氰化物	120～110	$—H_2C—X$	连卤素亚甲基	45(Cl)～-10(I)
—N=C=O	异氰酸盐(酯)	135～115	$H_3C—C—$	C(伯碳)	30～-20
—O—C≡N	氰酸盐(酯)	120～105	$H_3C—O—$	甲氧基	60～40
—X—C(=)	杂芳环，α-碳	155～135	$H_3C—N<$	氮甲基	45～20
>C=C<	杂芳环(α-碳除外)	140～115	$H_3C—S—$	硫甲基	30～10
>C=C(X)	芳环 C (取代)	145～125	$H_3C—X$	卤甲基	35(Cl)～-35 (I)

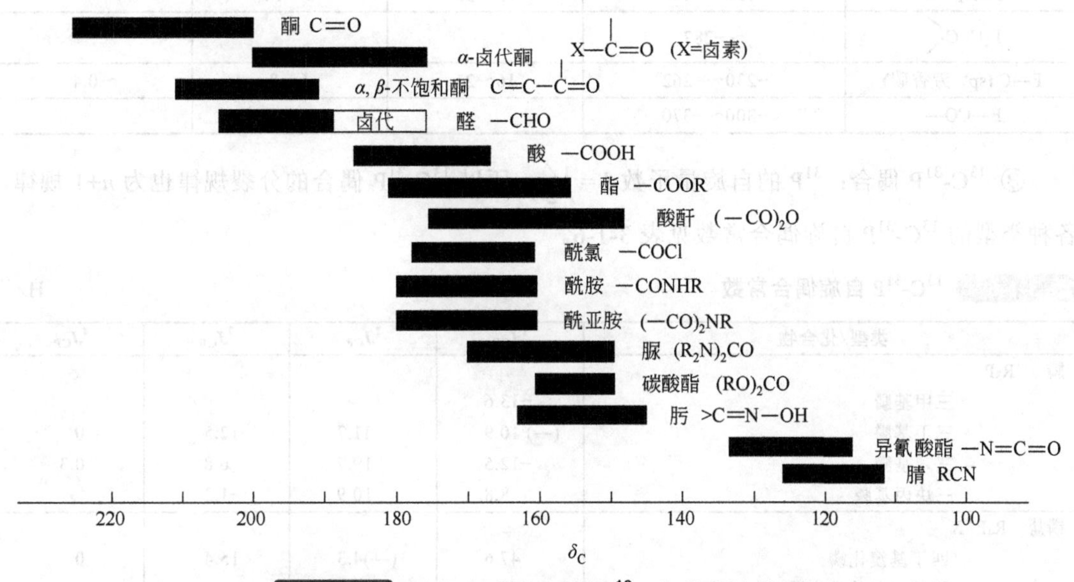

图 3-1-3[6]　常见含碳官能团的 ^{13}C 化学位移范围

三、偶合常数和弛豫时间

碳谱在有机化合物结构分析中，除了化学位移外，偶合常数和弛豫时间也都是重要的结构参数，对于归属各碳峰信号很有帮助。但是，由于 ^{13}C 偶合常数和 ^{13}C 弛豫时间的测定比化学位移的测定较为困难，所以一直没有得到广泛应用。本手册仅收载有关碳和 ^{2}D、^{19}F、^{31}P 的偶合常数。^{13}C 偶合常数和 ^{13}C 弛豫时间的详细讨论请参阅有关专著。

① ^{13}C-^{2}D 偶合：^{13}C-^{2}D 一键偶合常数 $^{1}J_{CD}$ 与 ^{13}C-^{1}H 一键偶合常数 $^{1}J_{CH}$ 相差很大，二者之间的关系可用下式表示：

$$\frac{^{1}J_{CD}}{^{1}J_{CH}}=\frac{\gamma_D}{\gamma_H}=\frac{1}{6.55}$$

由于氘的自旋量子数 $I_D=1$，所以三级、二级和一级氘化碳 CD、CD_2 和 CD_3 分别显示三重峰、五重峰和七重峰。

常用氘代溶剂的 $^{1}J_{CD}$ 值一般都在 20～30 Hz。

② ^{13}C-^{19}F 偶合：^{19}F 的自旋量子数 $I=\frac{1}{2}$，所以 ^{13}C-^{19}F 偶合的分裂规律为 n+1 规律。各种类型的 ^{13}C-^{19}F 自旋偶合常数见表 3-1-5。

表 3-1-5[7] ^{13}C-^{19}F 自旋偶合常数 Hz

类　型	$^{1}J_{CF}$	$^{2}J_{CF}$	$^{3}J_{CF}$	$^{4}J_{CF}$
F_3C—C (sp^3)	−270～−285	38～45		
F_3C—X	−260～−350			
F_3C—C (sp^2)	约−270	32～40	～4	～1
F_3C—CO—	−280～−290	～45		
F_3C—C (sp)	−250～−260	～58		
F_2CX_2	−280～−360			
F_2CRR' (sp^3)	−235～−260	19～25	0～14	
FCH_2—X	−158～−180	19～25	0～14	
F_2C=C<	～−287			
F—C (sp^2 芳香碳)	−230～−262	16～21	6～8	～0.4
F—CO—	−300～−370			

③ ^{13}C-^{31}P 偶合：^{31}P 的自旋量子数 $I=\frac{1}{2}$，所以 ^{13}C-^{31}P 偶合的分裂规律也为 n+1 规律。各种类型的 ^{13}C-^{31}P 自旋偶合常数见表 3-1-6。

表 3-1-6[7] ^{13}C-^{31}P 自旋偶合常数 Hz

类型/化合物	$^{1}J_{CP}$	$^{2}J_{CP}$	$^{3}J_{CP}$	$^{4}J_{CP}$
膦　R_3P				
三甲基膦	-13.6			
三丁基膦	(—) 10.9	11.7	12.5	0
三苯基膦	-12.5	19.7	6.8	0.3
三炔丙基膦	8.8	10.9	-1.2	
鏻盐　$R_4P^{\oplus}X^{\ominus}$				
四丁基溴化鏻	47.6	(—)4.3	15.4	0
甲基三苯基碘化鏻　CH_3—	57.1			
C_6H_5—	88.6	10.7	12.9	3.0
氧化膦　R_3P=O				
三苯基氧化膦	104.4	9.8	12.1	2.8
二苯基炔丙基氧化膦　C_6H_5—	121.6	11.3	13.4	2.9
HC≡C—CH_2—	174.4	31.4	3.2	

续表

类型/化合物		$^1J_{CP}$	$^2J_{CP}$	$^3J_{CP}$	$^4J_{CP}$
膦内鎓盐　$R_3P=CHR'$					
三苯基膦亚甲基内鎓盐	C_6H_5—	83.6	9.8	11.6	2.4
	CH_2=	100.0			
膦酸酯　$R-PO(OR')_2$					
丁基膦酸二乙酯	C_4H_9—	140.9	5.1	16.3	1.2
	C_2H_5O—		−6.0	5.8	
炔丙基膦酸二乙酯	$HC\equiv C-CH_2$—	299.8	53.5	4.8	
	C_2H_5O—		−6.3	5.9	
亚磷酸酯　$P(OR)_3$					
亚磷酸三苯酯（R=Ph）			3.0	4.9	0
磷酸酯　$O=P(OR)_3$					
磷酸三丁酯			−6.1	7.2	0

四、核磁共振碳谱中的多脉冲实验

1. 碳原子的分级

采用测定碳原子级数的实验可以获取分子中各种类型碳原子的数量并确定化学位移等重要结构数据，包括甲基、亚甲基、次甲基和季碳以及其他不连接氢原子的碳，对于有机化合物结构解析具有重要的作用。在实验中，氧化的叔碳和羰基等不连氢的碳原子的信息与季碳原子相同。所采用的实验属于多脉冲实验，可采用的方法包括 J 调制（J-modulation）法或 APT（attached proton test）法、INEPT（insensitive nuclei enhanced by polarization transfer）法和 DEPT（distortionless enhancement by polarization transfer）法。其中，DEPT 法的脉冲序列相对比较简单，目前应用最普遍。对脉冲序列的解释读者可参阅有关专著。

2. DEPT 实验

DEPT 实验的脉冲序列见图 3-1-4，其中，90°、180°和 θ 表示脉冲角度，下标 X'和 Y'表示磁化强度矢量分别围绕 X'轴和 Y'轴转动，$\frac{1}{2J}$ 表示两个脉冲之间的时间间隔。

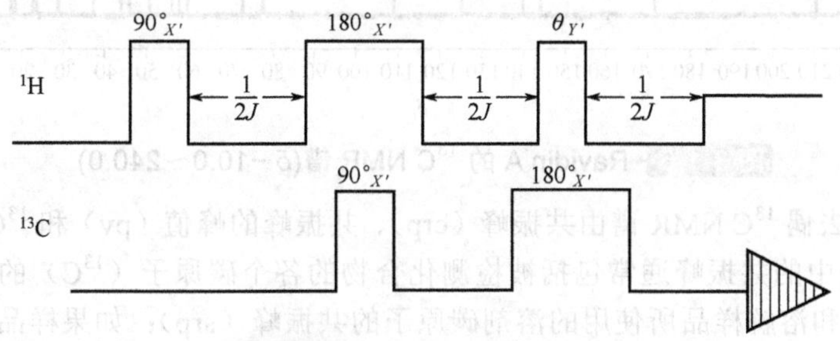

图 3-1-4　DEPT 实验脉冲序列

通过 DEPT 实验可得到以下 3 种图谱：当 $\theta=45°$ 时，所得到的图谱中，CH、CH_2、CH_3 峰都是向上的峰（正信号）；当 $\theta=90°$ 时，所得到图谱中 CH 得到最大正信号，CH_2 和 CH_3 无信号；当 $\theta=135°$ 时，所得到图谱中，CH_2 得到最大负信号，CH、CH_3 得到非最大正信号。无论 θ 取何值，季碳和其他不直接连接氢原子的碳原子均无信号。根据 DEPT 实验的特点，在实际应用中，通常只需要质子宽谱带去偶碳谱，结合 $\theta=90°$ 和 $\theta=135°$ 的 DEPT 谱，即可得到分子中碳原子级数的全部信息。

如果希望对包括季碳和其他不直接连接氢原子的碳原子的所有碳原子进行分级，可以采用 DEPTQ 或 PENDANT(polarization enhancement during attached nucleus testing)脉冲序列，图谱上 CH_2、季碳和其他不直接连接氢原子的碳原子均得到负信号。

五、^{13}C NMR 谱和 DEPT 谱典型特征

图 3-1-5～图 3-1-8 为 Ravidin A 的质子宽谱带去偶 ^{13}C NMR 谱（即常规碳谱），图 3-1-9 为其 DEPT 谱[8]（包括 DEPTQ 谱），测试溶剂均为 $CDCl_3$，质子宽谱带去偶 ^{13}C NMR 谱和 DEPT 谱仪器为 Bruker AV-Ⅲ-500 型 NMR 波谱仪，^{13}C 的共振频率为 125 MHz。图 3-1-5 是 δ 值范围为−10.0～240.0 的完整 ^{13}C NMR 谱。由于部分信号过于拥挤，对全谱上的 δ 14.0～60.0 的区域进行了放大，见图 3-1-6；图 3-1-7 是 δ 值范围为−10.0～230.0 的完整的包括 $\theta=45°$、$\theta=90°$和 $\theta=135°$的 DEPT 谱，最下面为质子宽谱带去偶 ^{13}C NMR 谱；由于部分信号过于拥挤，对全谱上的 δ 36.0～37.0 的区域进行了放大，见图 3-1-8。放大图上信号清晰可辨，可以明确归属 δ 36.5 的信号是亚甲基，δ 36.7 的信号为不连氢的碳原子。

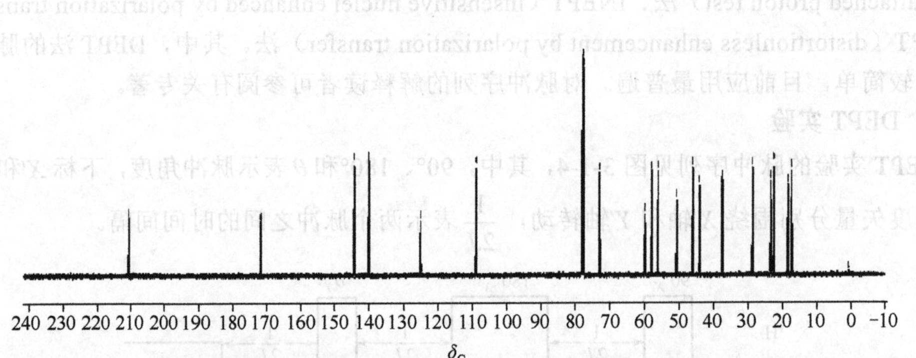

图 3-1-5 Ravidin A 的 ^{13}C NMR 谱(δ −10.0～240.0)

质子宽谱带去偶 ^{13}C NMR 谱由共振峰（crp）、共振峰的峰值（pv）和 ^{13}C NMR 谱的基线（bl）组成。图谱中的共振峰通常包括被检测化合物的各个碳原子（^{13}C）的共振峰、内标准的共振峰（isp）和溶解样品所使用的溶剂碳原子的共振峰（srp）；如果样品的纯度不足，则还有杂质的碳原子（^{13}C）共振峰（irp）。

从 ^{13}C NMR 谱上可以清晰地获得的信息是 Ravidin A 含有 20 个碳，且通过化学位移可以推断 δ 210.5 的共振峰表明分子中含有一个酮羰基，δ 171.3 的共振峰可以初步表明分子中含有一个酯羰基。如果需要对各个碳原子进行分级，则最便利的方法是结合 DEPT 谱（二维核磁共振中异核 J 分辨谱等多种图谱也可用于碳原子的分级）。图 3-1-7 对 Ravidin A 分子中的碳原子进行分级，结果表明其含有 3 个甲基（δ 16.5, 21.7, 27.9）、4 个亚甲基（δ 17.6, 22.6, 36.5, 43.2）、7 个次甲基（δ 45.2, 55.3, 57.2, 72.3, 108.3, 139.7, 143.8）和 6 个不连氢的碳原子（δ 36.7, 49.9, 59.1, 124.7, 171.3, 210.5）。对于不连氢的碳原子，除上述的酮羰基和酯羰基外，通过化

学位移可以推断 δ 36.7 和 δ 49.9 为季碳，但对其他不连氢的碳原子的级数的判断还需要通过进一步的结构解析进行确定，例如，通过解析，证明 δ 59.1 的碳不是季碳，而是氧化的叔碳，δ 124.7 为芳香季碳。图 3-1-9 所示 Ravidin A 的 DEPT135(A)和 DEPTQ(B)实验，测试溶剂为 $CDCl_3$，仪器为 Bruker AVANCE Ⅲ 400 型 NMR 波谱仪，^{13}C 的共振频率为 100 MHz。在 DEPTQ 实验中，甲基碳和次甲基碳得到正信号，亚甲基碳、季碳和其他不直接连接氢原子的碳原子（如其中的羰基碳原子和氧化的叔碳原子）均得到负信号，这样，结合 DEPT45、DEPT90 和 DEPT135 实验，也对所有碳原子进行了分级（DEPT45 和 DEPT90 实验见图 3-1-7）。

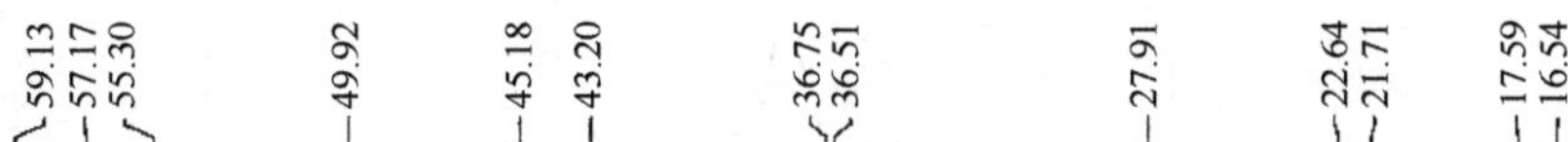

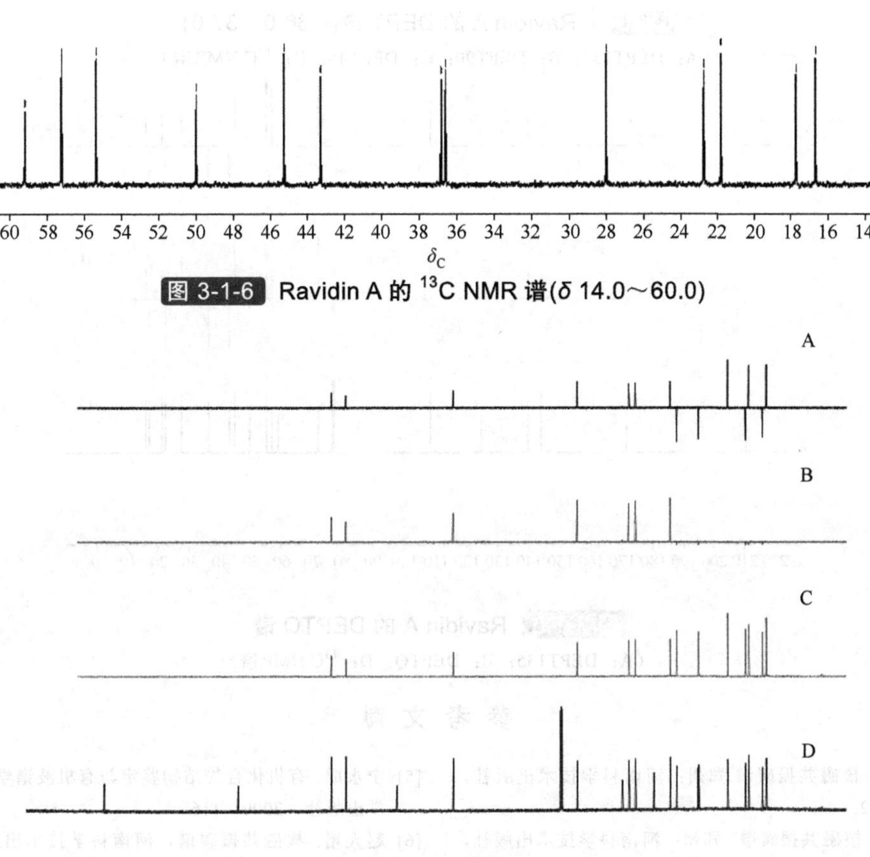

图 3-1-6　Ravidin A 的 ^{13}C NMR 谱(δ 14.0～60.0)

图 3-1-7　Ravidin A 的 DEPT 谱(δ −10.0～230.0)

（A：DEPT135；B：DEPT90；C：DEPT45；D：^{13}C NMR谱）

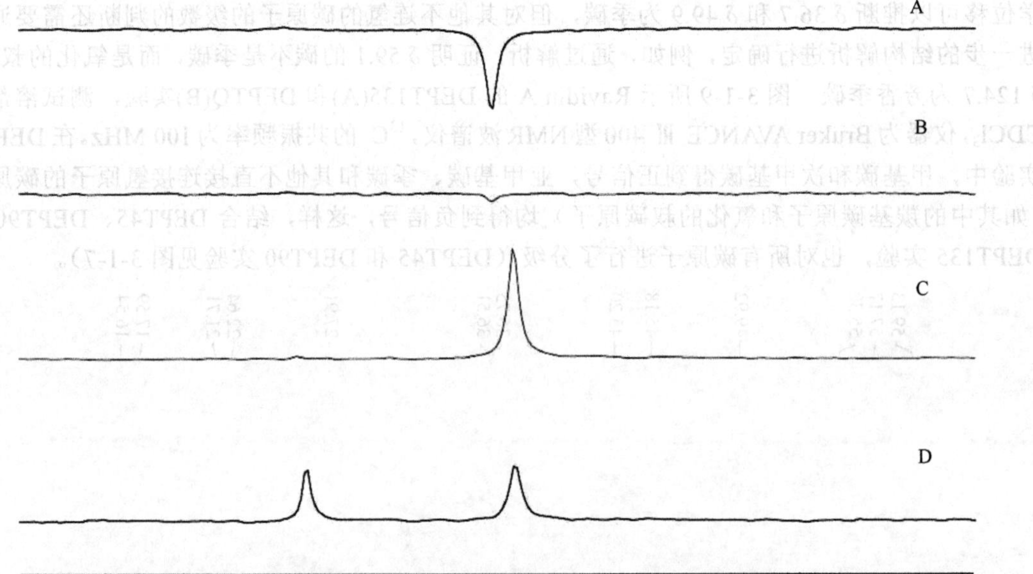

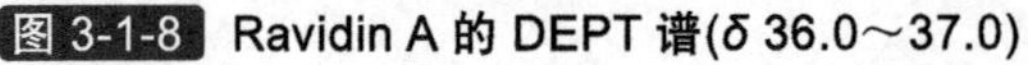
图 3-1-8 Ravidin A 的 DEPT 谱(δ 36.0～37.0)

（A：DEPT135；B：DEPT90；C：DEPT45；D：^{13}C NMR谱）

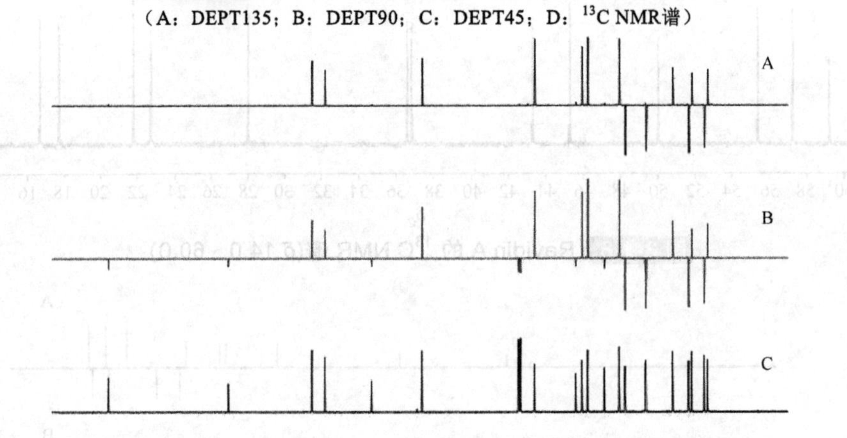

图 3-1-9 Ravidin A 的 DEPTQ 谱

（A：DEPT135；B：DEPTQ；D：^{13}C NMR谱）

参 考 文 献

[1] 赵天增. 核磁共振碳谱.郑州：河南科学技术出版社，1993：52.

[2] 赵天增. 核磁共振碳谱. 郑州：河南科学技术出版社，1993：56.

[3] 赵天增. 核磁共振碳谱.郑州：河南科学技术出版社，1993：73.

[4] 赵天增. 核磁共振碳谱. 郑州：河南科学技术出版社，1993：69.

[5] 宁永成. 有机化合物结构鉴定与有机波谱学. 北京：科学出版社，2000，116.

[6] 赵天增. 核磁共振碳谱，河南科学技术出版社. 郑州：1993：120.

[7] 张正行. 有机光谱分析.北京：人民卫生出版社，1995, 267.

[8] Qin H L, Li Z H. Phytochemistry, 2004, 65: 2533.

第二节　核磁共振二维谱

一、核磁共振二维谱概述

1. 核磁共振二维谱的定义

核磁共振二维谱（two dimensional NMR spectra）与核磁共振一维谱的区别在于图谱上所包含的频率变量数不同。一维谱是谱线强度与频率的关系，仅包含一个自变量，即频率。核磁共振二维谱包含两个自变量，且这两个自变量均是频率（ω_1, ω_2）。核磁共振二维谱将化学位移和偶合常数等核磁共振参数在二维平面上展开，并提供众多的结构信息，非常有助于对一维图谱的深入解析。

2. 核磁共振二维谱的测定

核磁共振二维谱可以采用概念上不同的三类实验获得，包括频率域二维实验、时间与频率域混合二维实验和时间域二维实验。这里所指的核磁共振二维谱是专指时间域二维实验。时间域二维实验的最关键问题是如何得到彼此独立的两个时间变量；为此，必须把时间变量进行适当的分割，分割开来的两段时间进行独立的变化。一般的核磁共振二维谱的实验时间分段包括预备期、发展期、混合期和检测期。预备期通常是一个较长的时期，以达到实验前体系能回复到平衡状态；发展期以一个脉冲或几个脉冲使体系激发开始，达到使体系处于非平衡状态；混合期是建立信号检出条件，但并不是所有的二维核磁共振实验都包含混合期；检测期用于检出 FID 信号；二维核磁共振实验的标准脉冲序列由核磁共振谱仪的软件自动提供。详细内容请参考有关专著。

3. 核磁共振二维谱的基本类型

根据发展期和检测期之间是否存在混合期，核磁共振二维谱通常可分为两大类，即无混合期的核磁共振二维谱——二维分辨谱（2D resolved spectroscopy）和有混合期的核磁共振二维谱——二维相关谱（2D correlation spectroscopy）。

（1）二维分辨谱　也称为二维偶合常数分解谱或二维分解谱。与核磁共振一维谱相比，这种核磁共振二维谱并不增加信息量，仅把核磁共振一维谱的信号按一定规律在二维空间内展开，使原来重叠的谱线被扩展分离，达到简化图谱的目的，从而得到原来无法得到或难以得到的偶合常数和化学位移的信息。对于结构复杂的天然产物，如萜类、甾体以及糖类等，由于其一维谱谱峰重叠严重，无法辨认其细节，二维分辨谱可提供清晰图谱，非常有助于结构测定。

二维分辨谱包括同核二维 *J* 分辨谱和异核二维 *J* 分辨谱。

（2）二维相关谱　二维相关谱比核磁共振一维谱复杂，信息量也有所增加。根据混合期中不同核之间相干或极化等转移起因不同，二维相关谱主要分为基于偶合的相干转移谱和基于动力学过程的极化转移谱。在 NMR 实验中存在两种偶合，即标量偶合（scalar coupling，*J* 偶合或间接偶合）和偶极-偶极偶合（dipolar-dipolar coupling，*D* 偶合或直接偶合）。*J* 偶合是通过原子核间化学键电子传递而发生的偶合，*D* 偶合是不需要通过介质的传递而发生的偶合。*J* 偶合使得核的化学位移频率发生改变，*D* 偶合则使得核的弛豫速率发生改变。利用上述两种作用，分别发展了相干转移和极化转移技术。由相干转移得到的相关谱叫二维标量相关谱（2D scalar correlation sectroscopy），如二维化学位移相关谱（2D chemical shift correlation spectroscopy）和二维多量子相关谱（2D multiple quantum correlation spectroscopy）；由极化转移得到的相关谱叫二维偶极相关谱（2D dipolar correlation spectroscopy），如二维 NOE 谱

（2D nuclear Overhauser effect spectroscopy）。由化学交换转移得到的相关谱叫二维化学交换谱（2D exchange spectroscopy）。上述各类二维相关谱中又包含了许多种二维核磁共振实验。在现代有机化合物结构鉴定中，二维相关谱的作用远远大于二维分辨谱。

4. 核磁共振二维谱的图形表示

核磁共振二维谱通常可采用堆积图（stacked trace plot）和等高线图（contour plot）的表示法。堆积图有立体感，但层次重叠，不易分析。等高线图是以立体坐标为参照，在具有立体效果的堆积图的 *X-Y* 平面沿 *Z* 轴方向的适当高度处进行平切得到的平面图，形式上类似于等高线地图；通过软件处理可以获得包含多个圆圈或椭圆圈组成的信号（或其他形式的信号）的图谱，每个信号最中心处表示峰的位置，信号的强度表示二维 NMR 实验的信号关联强度。与堆积图对比，这种等高线图表示的相关性更加简洁和直观，具有容易找出峰的共振频率和较易分析的优点，因此应用最为普遍。但等高线图也存在低强度的峰可能画漏的缺点，强共振峰的最低等值线占据很大面积，容易使处在这个面积内的其他低强度峰模糊不清，或者由于两峰之间的干涉而产生小的伪峰。图 3-2-1 为马钱子碱的 H-H COSY 谱的堆积图，图 3-2-2 为马钱子碱的 H-H COSY 谱的等高线图，图 3-2-3 为马钱子碱的 HSQC 谱的堆积图，图 3-2-4 为马钱子碱的 HSQC 谱的等高线图。

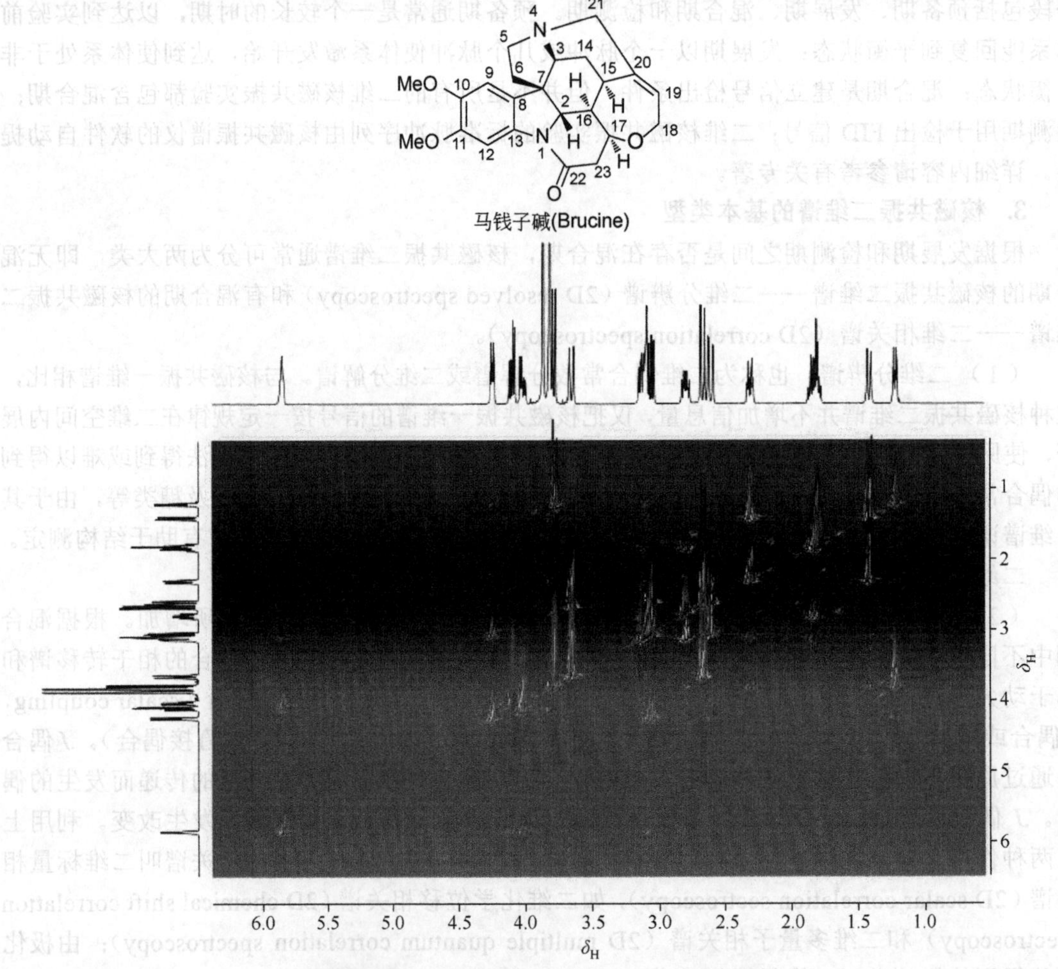

图 3-2-1 马钱子碱的 H-H COSY 谱堆积图

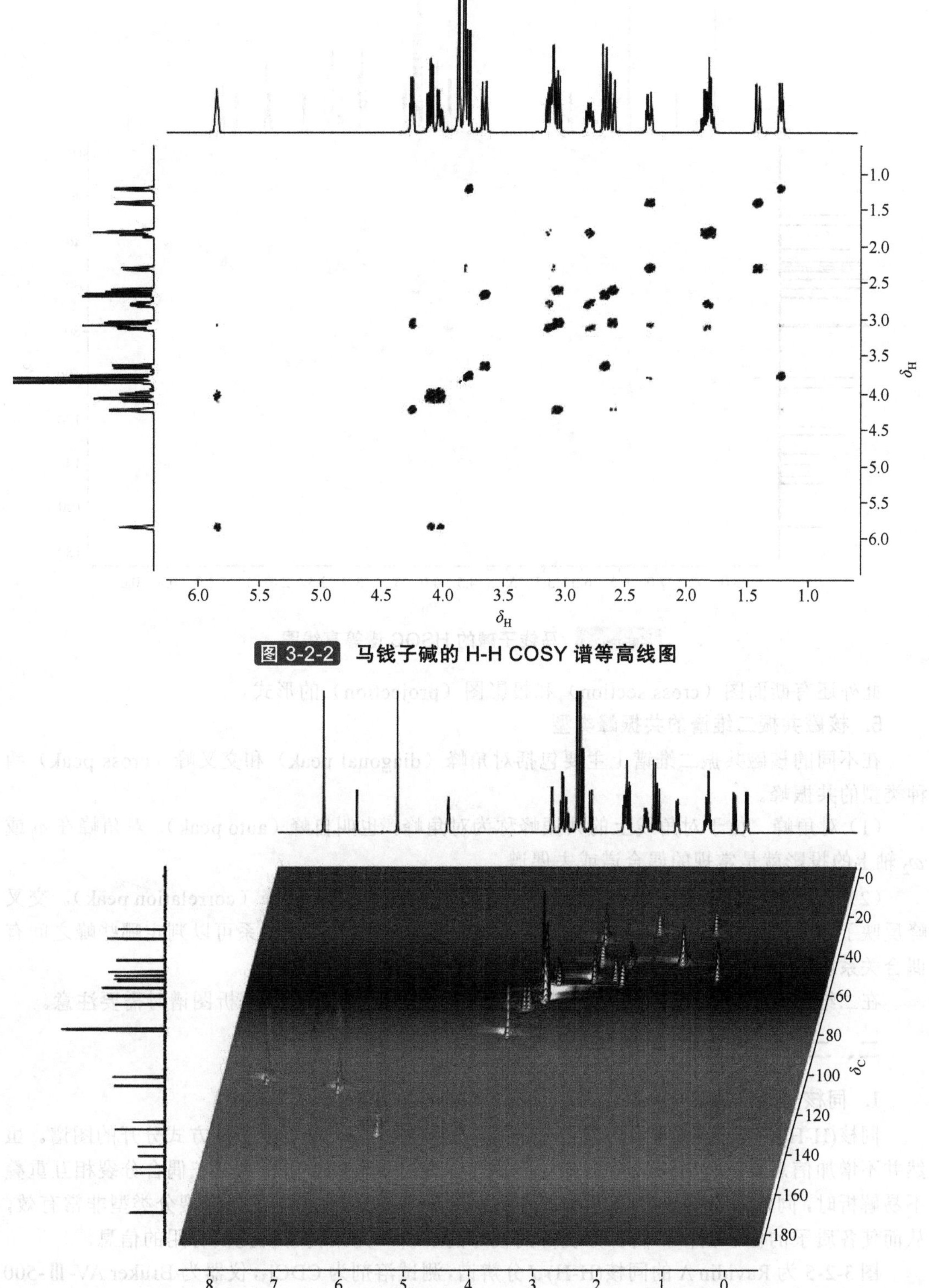

图 3-2-2　马钱子碱的 H-H COSY 谱等高线图

图 3-2-3　马钱子碱的 HSQC 谱堆积图

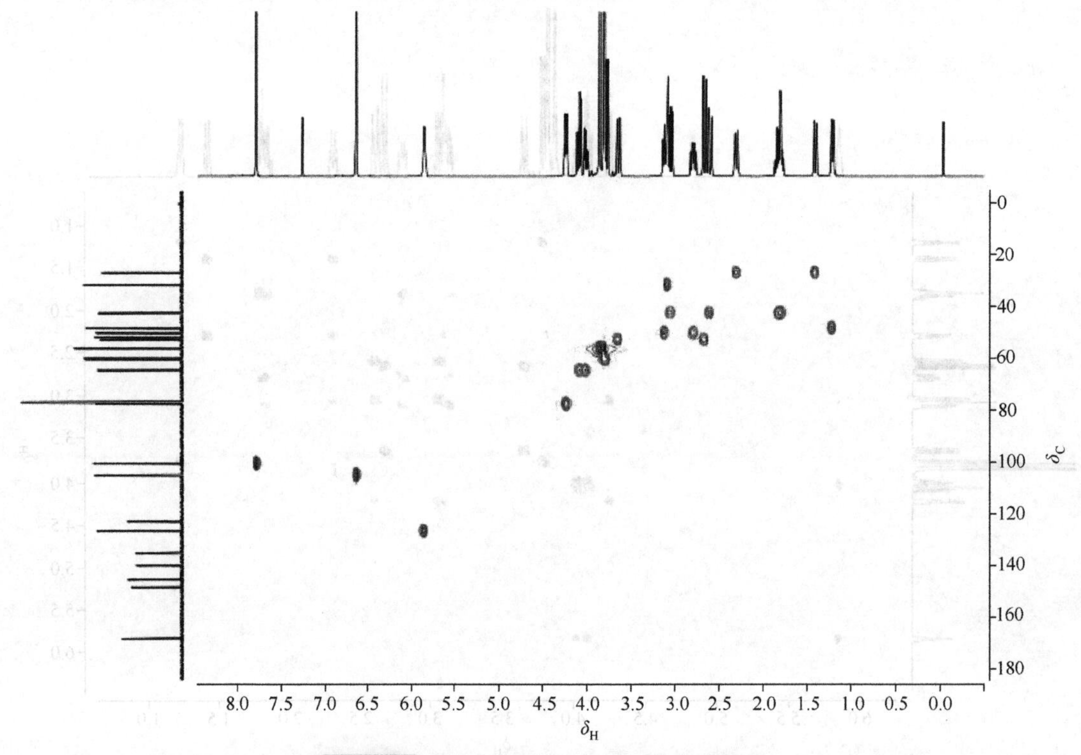

图 3-2-4 马钱子碱的 HSQC 谱等高线图

此外还有断面图（cross section）和投影图（projection）的形式。

5. 核磁共振二维谱的共振峰类型

在不同的核磁共振二维谱上主要包括对角峰（diagonal peak）和交叉峰（cross peak）两种类型的共振峰。

（1）对角峰　位于对角线上的共振峰称为对角峰，也叫自峰（auto peak）。对角峰在 ω_1 或 ω_2 轴上的投影就是常规的偶合谱或去偶谱。

（2）交叉峰　不在对角线上的共振峰称为交叉峰，也叫相关峰（correlation peak）。交叉峰反映了具体二维核磁共振实验的信号相关性，即从峰间的位置关系可以判定哪些峰之间有偶合关系或其他相关关系。

在二维核磁共振实验中，图谱上常有假峰（artifact）出现，在解析图谱时需要注意。

二、二维 *J* 分辨谱

1. 同核 *J* 分辨谱（homonuclear *J* resolved spectroscopy）

同核(H-H) *J* 分辨谱是把化学位移（δ）和偶合常数（J）以二维坐标方式分开的图谱。虽然并不增加信息量，但对于许多具有复杂质子自旋偶合系统的化合物，在偶合分裂相互重叠不易解析时，同核 *J* 分辨谱可将重叠的信号分离开，对于确定信号的偶合裂分类型非常有效，从而使各质子的化学位移和偶合分裂得到较好的解析，为结构解析提供有用的信息。

图 3-2-5 为 Ravidin A 的同核(H-H) *J* 分辨谱，测试溶剂为 $CDCl_3$，仪器为 Bruker AV-Ⅲ-500 型核磁共振波谱仪，^1H 的共振频率为 500 MHz。图 3-2-5 是 δ 值范围为−0.5～8.0 的完整的同核 *J* 谱。由于部分信号过于拥挤，对全谱上的 δ 0.8～3.3 和 δ 5.3～7.6 的区域分别进行了放大，见图 3-2-6 和图 3-2-7；放大图上信号清晰可辨。

同核 J 分辨谱的 ω_1 轴（F_1，垂直轴）为偶合裂分情况和偶合常数，ω_2 轴（F_2，水平轴）为测试化合物的 ^{1}H NMR 谱。在同核 J 分辨谱上，最显著的信息是清楚地给出了各个 ^{1}H NMR 共振峰的裂分类型。从图 3-2-5～图 3-2-7 可以清晰地分辨出如下信息：① δ 7.47 的共振峰显示偶合常数很小的 5 条谱线，由于偶合常数不能分辨，因此在 1D ^{1}H NMR 谱上显示为宽单峰；② δ 7.43 为三重峰(但经最终结构鉴定，其应为双二重峰，从图谱上隐含的信息也可以判断；这是由于两个偶合常数非常接近，导致双二重峰中间的两条谱线重叠；③ δ 7.27 的共振峰峰形为单峰；④ δ 6.43 的共振峰经放大后可以看出显示偶合常数很小的 4 条谱线，与 1D ^{1}H NMR 谱对比，其显示的峰型分辨更清晰；⑤ δ 5.40 的共振峰峰形为双二重峰；⑥ δ 3.12 的共振峰峰形为双二重峰；⑦ δ 3.02 的共振峰峰形为双二重峰；⑧ δ 2.92 的共振峰峰形为二重峰；⑨ δ 2.65 的共振峰峰形为双二重峰；⑩ δ 2.26 的共振峰峰形为双二重峰；⑪ δ 2.13 的共振峰峰形分辨不太清晰，实质为四重二重峰；⑫ 峰值分别为 1.815、1.788 和 1.763 的共振信号在 1D ^{1}H NMR 谱上由于存在 1.815−1.788=0.027 和 1.788−1.763=0.025 的情况而不能明确确定其峰形特征，但在同核 J 分辨谱上可以清楚地看出这 3 条谱线对应一个 ^{1}H NMR 共振信号，为一个双二重峰共振峰；⑬ δ 1.45 的共振峰峰形为单峰；⑭ δ 1.40 的共振峰峰形为单峰；⑮ δ 1.01 的共振峰峰形为单峰。此外，在 δ 1.73～1.77、1.60～1.71 和 1.37～1.39 的 3 个区域的共振峰存在信号分辨不清晰的现象，这是由于这些信号间不仅化学位移值接近，而且存在很强的偶合关系，与二级偶合裂分情况接近，因此图形复杂，在同核 J 分辨谱上不能显示出典型的自旋偶合。根据 ω_1 轴方向的数据，可以计算出各个 J 值。

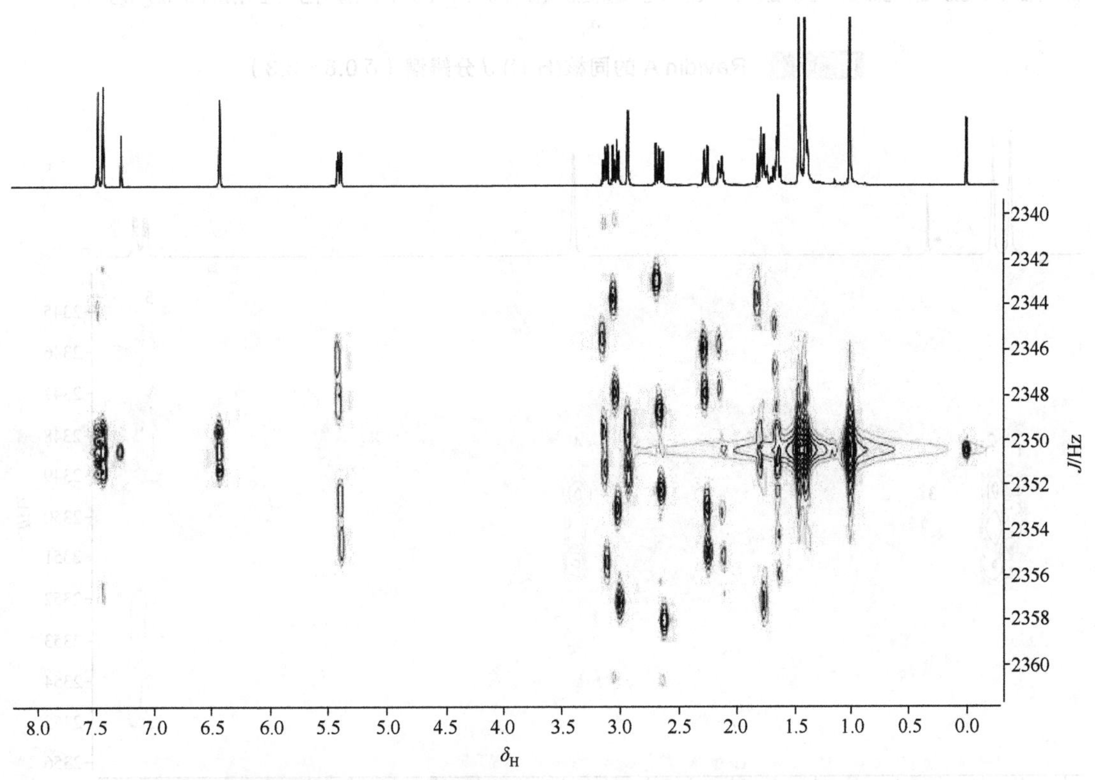

图 3-2-5 Ravidin A 的同核(H-H) J 分辨谱（δ −0.5～8.0）

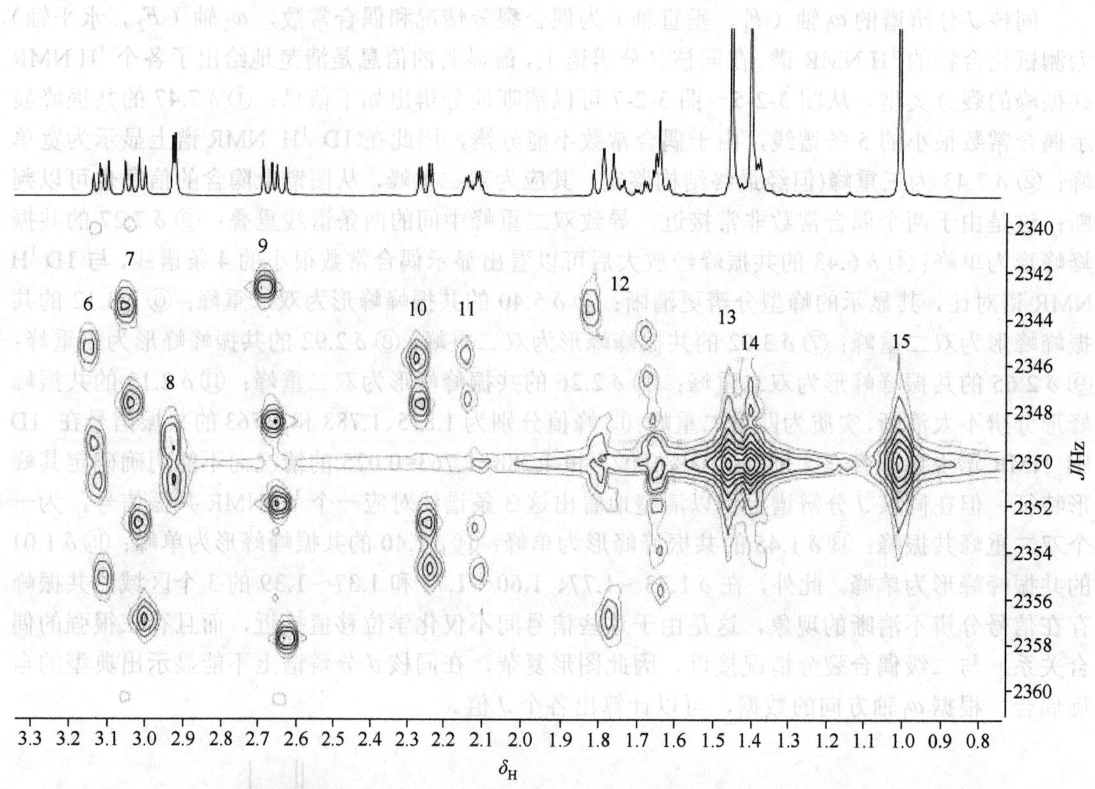

图 3-2-6 Ravidin A 的同核(H-H) *J* 分辨谱（δ 0.8～3.3）

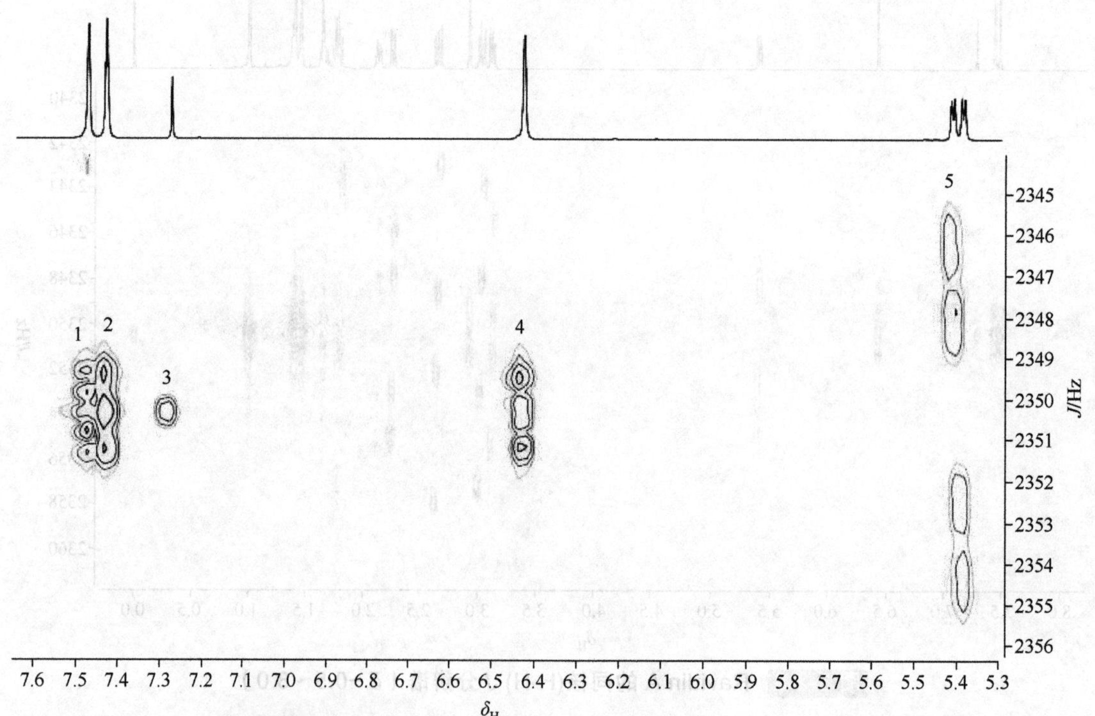

图 3-2-7 Ravidin A 的同核(H-H) *J* 分辨谱（δ 5.3～7.6）

2. 异核 *J* 分辨谱（heteronuclear *J* resolved spectroscopy）

由于 ^{13}C-^{1}H 偶合常数较大，在不去偶的一维碳谱上出现复杂的多重峰重叠，给图谱解析造成困难。因此，如果要测定复杂结构化合物的 J_{CH} 值，可以采用异核 *J* 分辨谱。异核(C-H) *J* 分辨谱可以将多重峰的偶合信息和化学位移完全分离，并可得到所有的 J_{CH} 值。异核 *J* 分辨谱的 ω_2 轴（F_2，水平轴）是全去偶碳谱，ω_1 轴（F_1，垂直轴）是各个碳原子的谱线被直接连接的氢原子的分裂情况；因此，图谱上显示，甲基为四重峰，亚甲基为三重峰，次甲基为二重峰，而不连接氢原子的碳原子没有交叉峰。

图 3-2-8 为 Ravidin A 的异核(C-H) *J* 分辨谱，测试溶剂为 $CDCl_3$，仪器为 Bruker AV-Ⅲ-500 型核磁共振波谱仪，^{1}H 的共振频率为 500 MHz，^{13}C 的共振频率为 125 MHz。图 3-2-8 是 δ 值范围完整的异核 *J* 谱。由于部分信号过于拥挤，对全谱上的 δ 10.0～65.0 的区域进行了放大，见图 3-2-9；放大图上信号清晰可辨。Ravidin A 分子中的甲基碳原子 18、19 和 20 均显示四重峰，亚甲基碳原子 1、2、7 和 11 均显示三重峰，次甲基碳原子 3、8、10、12、14、15 和 16 均显示二重峰；根据 ω_1 轴方向的数据，可以计算出各个 *J* 值。

除上述检测直接相连碳氢偶合的异核 *J* 分辨谱外，还有检测远程碳氢偶合常数的远程异核（C-H）*J* 分辨谱，更有利于碳谱信号的归属；但目前在化学结构研究中应用不多。

三、二维化学位移相关谱

二维化学位移相关谱是通过核间的自旋偶合（*J* 偶合）作用转移而得到的。根据偶合核的类型和转移的方式不同，二维化学位移相关谱又具体分为同核化学位移相关谱（homonuclear chemical shift correlation spectroscopy）、异核化学位移相关谱（heteronuclear chemical shift correlation spectroscopy）和远程偶合相关谱（long range correlation spectroscopy）等。

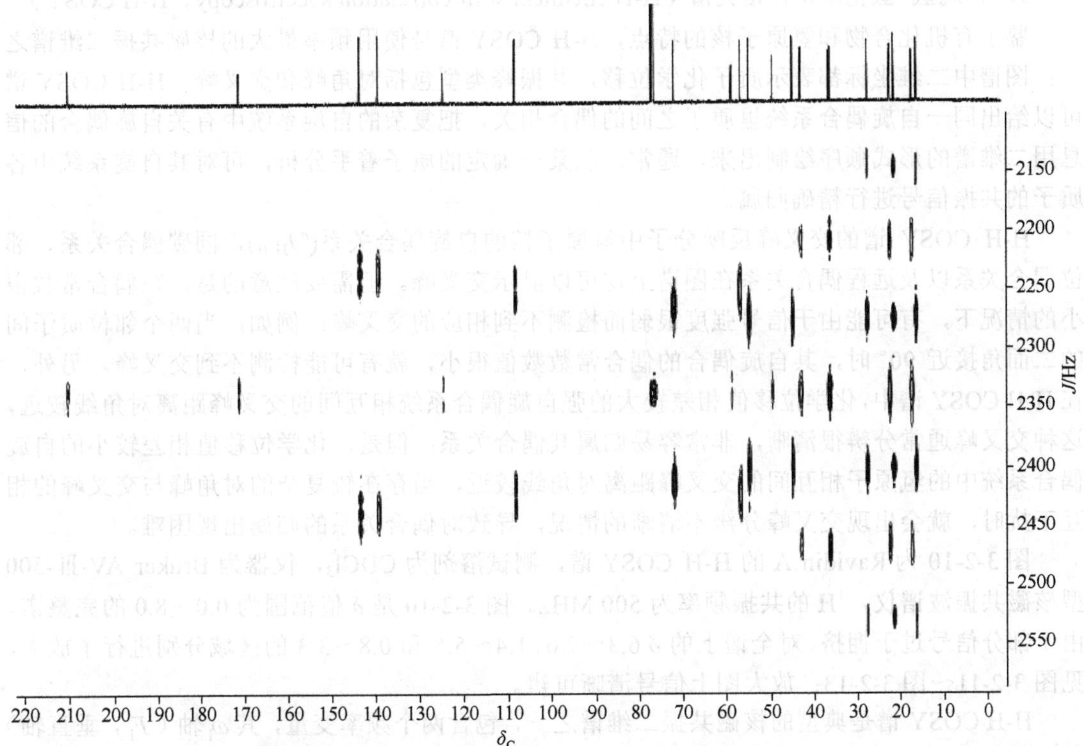

图 3-2-8　Ravidin A 的异核（C-H）*J* 分辨谱(δ 0.0～220)

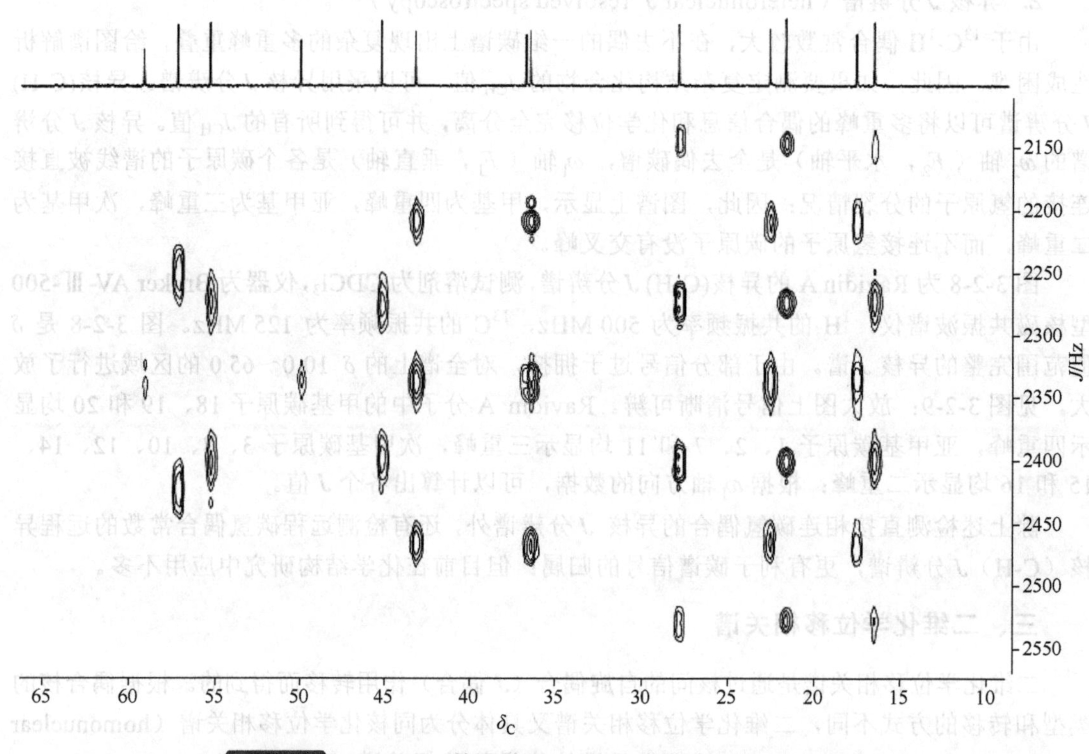

图 3-2-9 Ravidin A 的异核(C-H) *J* 分辨谱（δ 10.0～65.0）

1. 常规氢-氢化学位移相关谱（H-H chemical shift correlation spectroscopy，H-H COSY）

鉴于有机化合物和氢原子核的特点，H-H COSY 谱是使用频率最大的核磁共振二维谱之一；图谱中二维坐标都表示质子化学位移，共振峰类型包括对角峰和交叉峰。H-H COSY 谱可以给出同一自旋偶合系统里质子之间的偶合相关，把复杂的自旋系统中有关自旋偶合的信息用二维谱的形式顺序绘制出来。通常，从某一确定的质子着手分析，可对其自旋系统中各质子的共振信号进行精确归属。

H-H COSY 谱的交叉峰反映分子中氢原子核的自旋偶合关系($^nJ_{H\text{-}H}$)，同碳偶合关系、邻位偶合关系以及远程偶合关系在图谱上均可以显示交叉峰。但需要注意的是，在偶合常数很小的情况下，有可能由于信号强度很弱而检测不到相应的交叉峰；例如，当两个邻位质子间的二面角接近 90° 时，其自旋偶合的偶合常数数值很小，就有可能检测不到交叉峰。另外，在 H-H COSY 谱中，化学位移值相差较大的强自旋偶合系统相互间的交叉峰距离对角线较远，这种交叉峰通常分辨很清晰，非常容易归属其偶合关系；但是，化学位移值相差较小的自旋偶合系统中的氢原子相互间的交叉峰距离对角线较近，当存在较复杂的对角峰与交叉峰的相互干扰时，就会出现交叉峰分辨不清晰的情况，导致对偶合关系的归属出现困难。

图 3-2-10 为 Ravidin A 的 H-H COSY 谱，测试溶剂为 $CDCl_3$，仪器为 Bruker AV-Ⅲ-500 型核磁共振波谱仪，^1H 的共振频率为 500 MHz。图 3-2-10 是 δ 值范围为 0.0～8.0 的完整谱。由于部分信号过于拥挤，对全谱上的 δ 6.3～7.6、1.4～5.5 和 0.8～3.3 的区域分别进行了放大，见图 3-2-11～图 3-2-13；放大图上信号清晰可辨。

H-H COSY 谱是典型的核磁共振二维谱之一，包含两个频率变量，其 ω_1 轴（F_1，垂直轴）和 ω_2 轴（F_2，水平轴）均为测试化合物的 ^1H-^1H 偶合 ^1H NMR 谱。H-H COSY 的图谱可以呈正方形或长方形，图谱中位于从左下角到右上角的对角线上的峰是对角峰，对角线以外的峰是交叉峰，交叉峰表明了其对应的 ^{1}H NMR 谱上的两个共振峰间存在自旋偶合关系，这种交叉峰与对角峰及 ^{1}H NMR 信号的对应关系可以方便地通过做两条通过交叉峰的中点且分别垂直于 ω_1 轴和 ω_2 轴的直线确定。交叉峰通常在对角线的两边成对出现，其特点是两个交叉峰与相应的两个对角峰形成一个正方形或长方形。存在偶合关系的任意两组（个）不等价的质子均会在 H-H COSY 谱上显示交叉峰，与这两组（个）质子间的化学键的数目没有直接的关系（即远程偶合在图谱上同样可以显示出来），只是偶合作用强的两组（个）质子的交叉峰也比较强，偶合作用弱的两组（个）质子的交叉峰也比较弱。

从 Ravidin A 的 H-H COSY 谱上可以方便地确定存在如下氢-氢偶合关系：δ 5.40 与 δ 1.79、δ 5.40 与 δ 2.26，δ 2.26 与 δ 1.79；δ 2.65 与 δ 3.12，δ 2.65 与 δ 3.02，δ 3.12 与 δ 3.02；δ 2.13 与 δ 2.92。通过对图谱的放大，还可以确定 δ 7.47 与 δ 7.43、δ 7.47 与 δ 6.43、δ 7.43 与 δ 6.43 的氢-氢偶合关系。特别是对于一些由于信号干扰而不易辨认的隐含的偶合关系在结构解析过程中的重要作用也不能忽略，例如，通过 δ 5.40 既与 δ 2.26 存在相关，同时二者又均与 δ 1.73～1.84 区域的被复叠的信号（即 δ 1.79）存在相关的信息，结合前面 ^{1}H NMR 谱中 δ 5.40 和 δ 2.26 的偶合常数信息，可以基本判断存在一个近似的 AMX 或 ABX 自旋偶合系统；δ 2.13 与 δ 2.92、δ 1.71～1.84、δ 1.60～1.71 和 δ 1.37～1.39 共 4 个共振信号均有交叉峰对于结构解析也非常有意义。

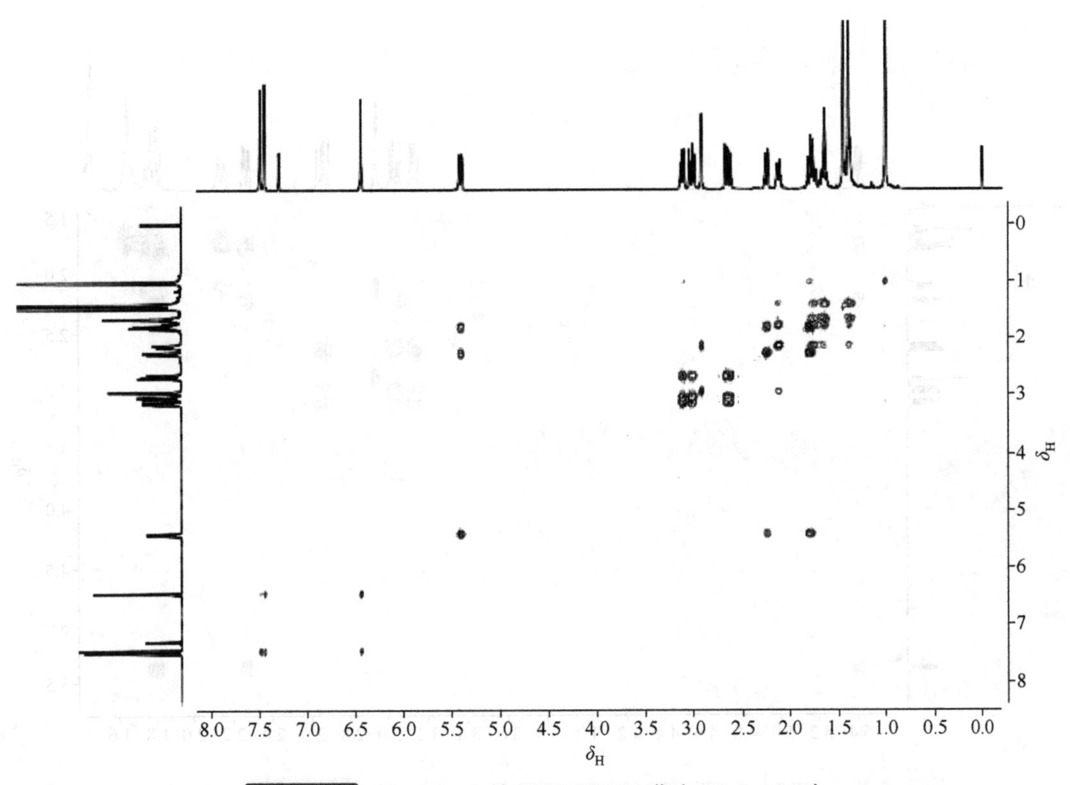

图 3-2-10 Ravidin A 的 H-H COSY 谱（δ 0.0～8.0）

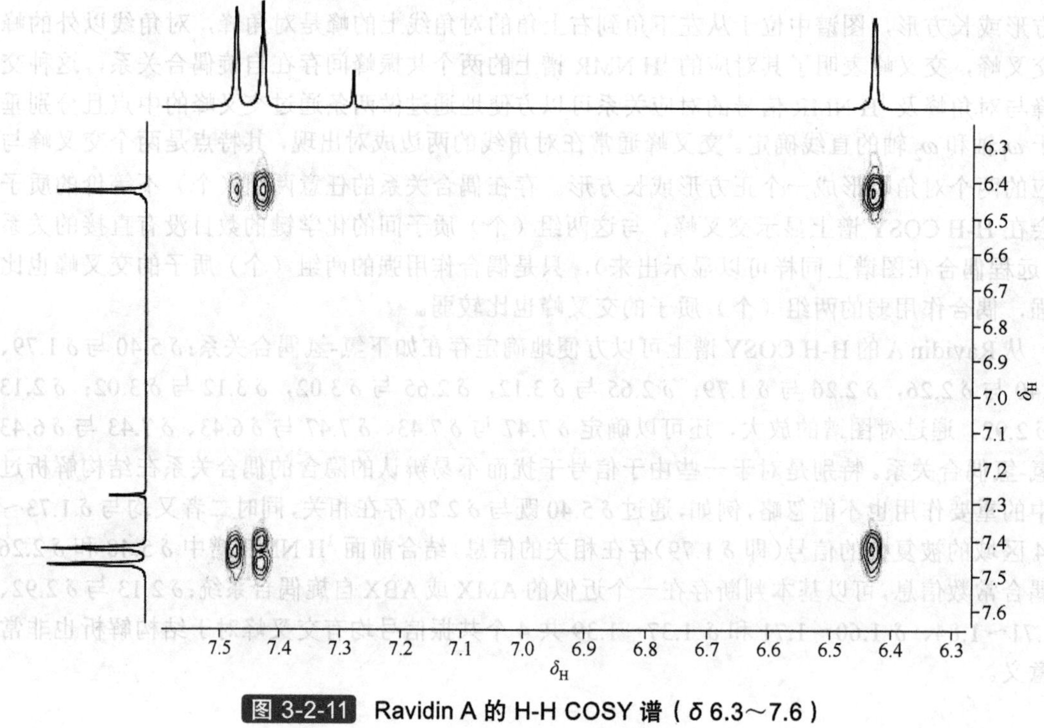

图 3-2-11 Ravidin A 的 H-H COSY 谱（δ 6.3～7.6）

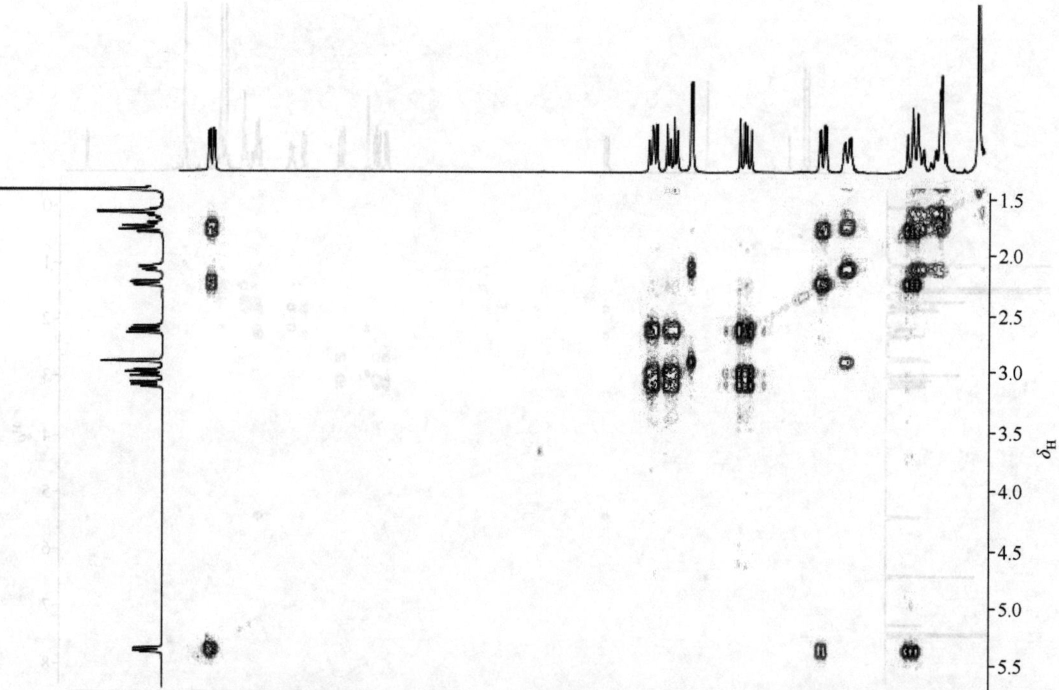

图 3-2-12 Ravidin A 的 H-H COSY 谱（δ 1.4～5.5）

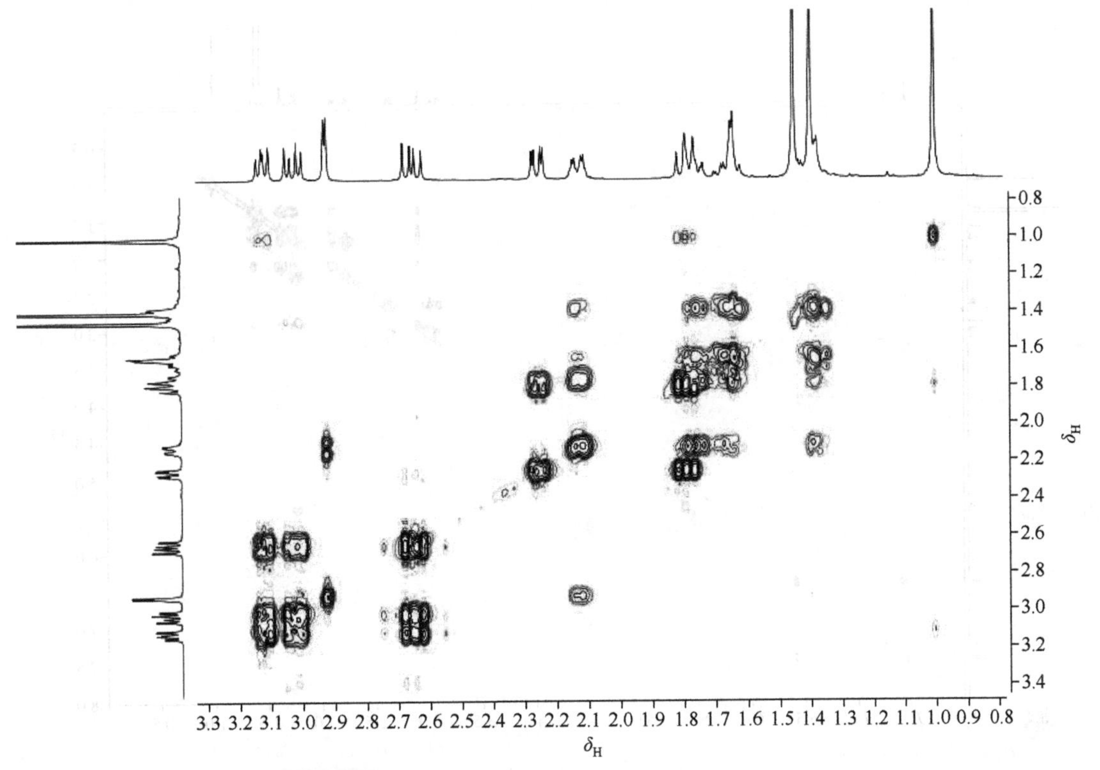

图 3-2-13 Ravidin A 的 H-H COSY 谱（δ 0.8-3.3）

需要注意的是，图谱中的 δ 1.01 甲基与 δ 3.12 和 δ 1.73～1.84 区域的相关信号可能来自于远程偶合（Me-20/H-8, Me-20/H-11）。

2. 氢-氢总相关谱（total correlation spectroscopy，H-H TOCSY）

在一个 H-H 自旋偶合系统中，若其中存在相互间偶合常数为零的若干质子（在一个自旋系统中，并不要求某一质子与其他所有质子均存在自旋偶合关系，例如，间隔 4 个化学键的两个质子间的偶合常数有可能为零），从某一个质子的谱峰出发，仍能找到与它处于同一自旋偶合系统的所有质子谱峰的相关峰（即从某一个质子的谱峰出发，能够找到与其处于同一个自旋偶合系统中的所有质子的相关峰），这样的二维谱叫氢-氢总相关谱（H-H TOCSY 谱），又称氢-氢接力谱。

图 3-2-14 为 Ravidin A 的 H-H TOCSY 谱的等高线图，测试溶剂为 $CDCl_3$，仪器为 Bruker AV-III-500 型核磁共振波谱仪，^{1}H 的共振频率为 500 MHz。图 3-2-14 是 δ 值范围为 0.0～8.0 的完整谱。由于部分信号过于拥挤，对全谱上的 δ 0.0～6.0 的区域进行了放大，见图 3-2-15；放大图上信号清晰可辨。

H-H TOCSY 谱的 ω_1 轴（F_1，垂直轴）和 ω_2 轴（F_2，水平轴）均为测试化合物的 ^{1}H-^{1}H 偶合 ^{1}H NMR 谱。H-H TOCSY 谱可以呈正方形或长方形，图谱中位于从左下角到右上角的对角线上的峰是对角峰，对角线以外的峰是交叉峰，交叉峰表明了其与通过其中心并与 ω_1 轴或 ω_2 轴平行的平行线上的交叉峰和对角峰相应的质子均处于同一个自旋偶合系统。

Ravidin A 分子中有 4 个由不等价质子构成的自旋偶合系统，分别为：① CH(10)-CH_2(1)-CH_2(2)-CH(3)、② CH_2(7)-CH(8)、③ CH_2(11)-CH(12)和④ H(14)-H(15)，见图 3-2-16；在图 3-2-14 和图 3-2-15 所示的 H-H TOCSY 谱上可以清晰地按不同的自旋系统分辨这些分别处于同一个自旋偶合系统中的各个质子，它们分别对应图谱上的自旋系统。

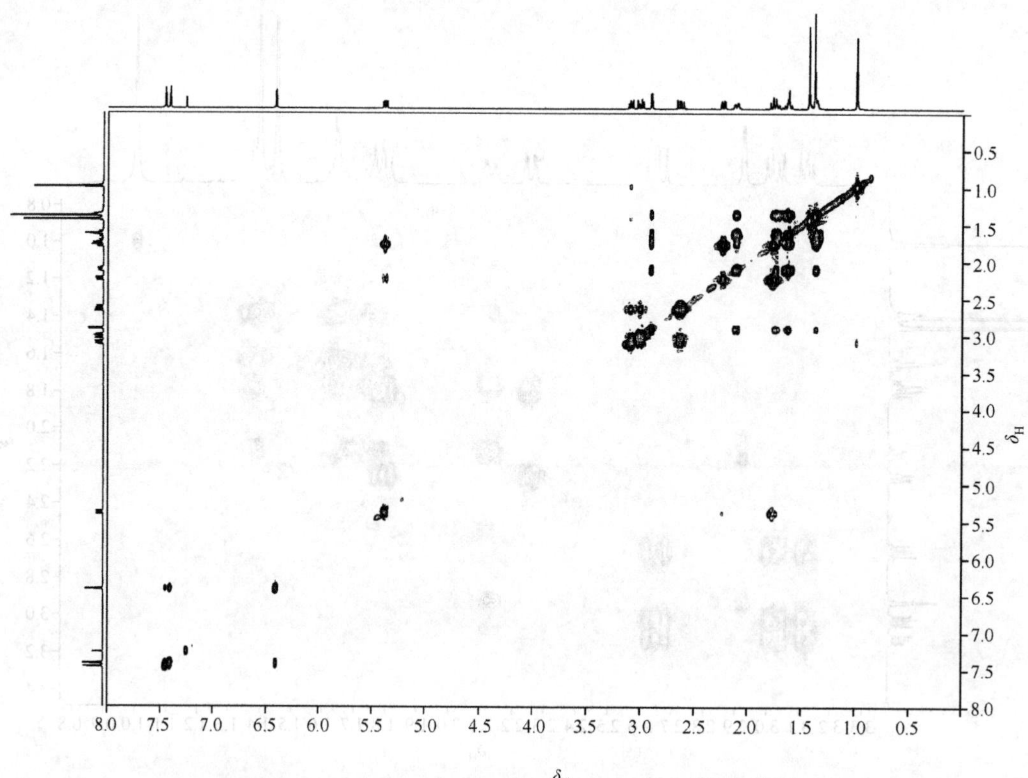

图 3-2-14 Ravidin A 的 2D H-H TOCSY 谱（δ 0.0～8.0）

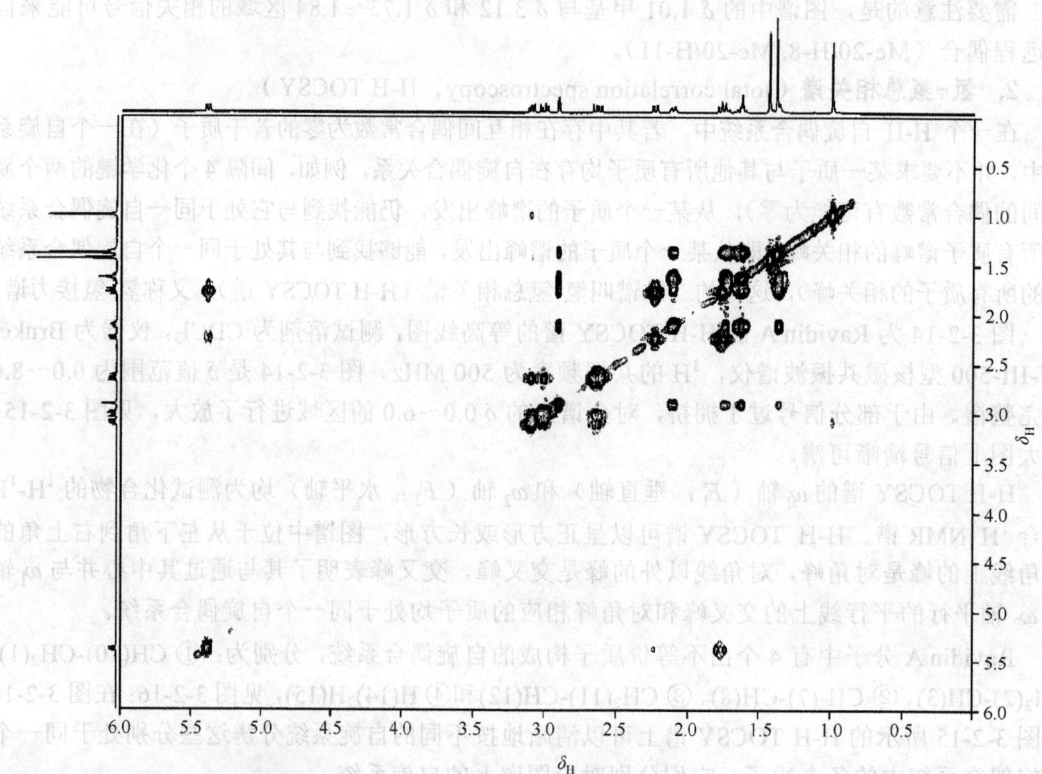

图 3-2-15 Ravidin A 的 2D H-H TOCSY 谱（δ 0.0～6.0）

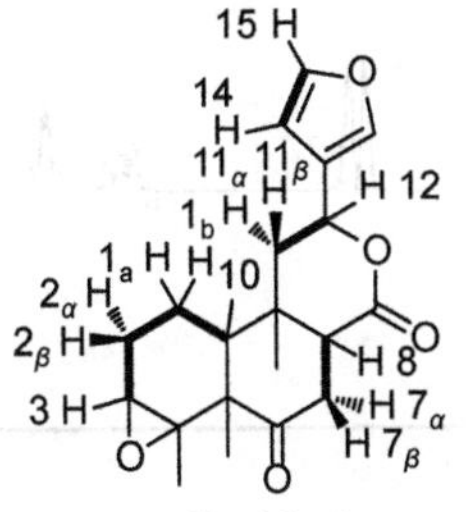

Ravidin A

图 3-2-16　Ravidin A 分子中的 4 个自旋偶合系统

① CH(10)-CH_2(1)-CH_2(2)-CH(3)、② CH_2(7)-CH(8)、③ CH_2(11)-CH(12)和④ H(14)-H(15)

但需要注意，在一个 H-H 自旋偶合系统中，如果存在自旋偶合关系传递的阻断，即自旋偶合关系因为某两个相邻的质子的偶合常数为零或接近零而不能贯穿整个自旋偶合系统时，在 H-H TOCSY 谱上有时也不能找到处于同一个自旋偶合系统中的所有质子的相关峰。

附：一维 TOCSY 谱（1D TOCSY）

在 1D TOCSY 实验中，照射某个特定的质子，从小到大设定一系列的混合时间，随着混合时间的增大，离特定质子越近的质子首先出现相关峰。根据这一特性，可以实现依次归属自旋系统内的各个质子的实验目的。此外，在理想的实验条件下，采用 1D TOCSY 实验还可以方便地获得自旋系统内的自旋偶合信息（J 值）。

图 3-2-17 是 Ravidin A 的一维 TOCSY 谱，测试溶剂为 $CDCl_3$，仪器为 Bruker AV Ⅲ HD 600 型核磁共振波谱仪，^1H 的共振频率为 600 MHz。图 3-2-17 是 δ 值范围为−0.5～8.0 的完整图谱。由于部分信号过于拥挤，对全谱上的 δ 0.5～3.3 和 5.0～8.0 的区域分别进行了放大，见图 3-2-18 和图 3-2-19；放大图上信号清晰可辨。图中 A～D 分别显示自旋偶合系统 CH(10)-CH_2(1)-CH_2(2)-CH(3)、CH_2(7)-CH(8)、CH_2(11)-CH(12)和 H(14)-H(15)各自对应的完整 ^1H NMR 共振峰。

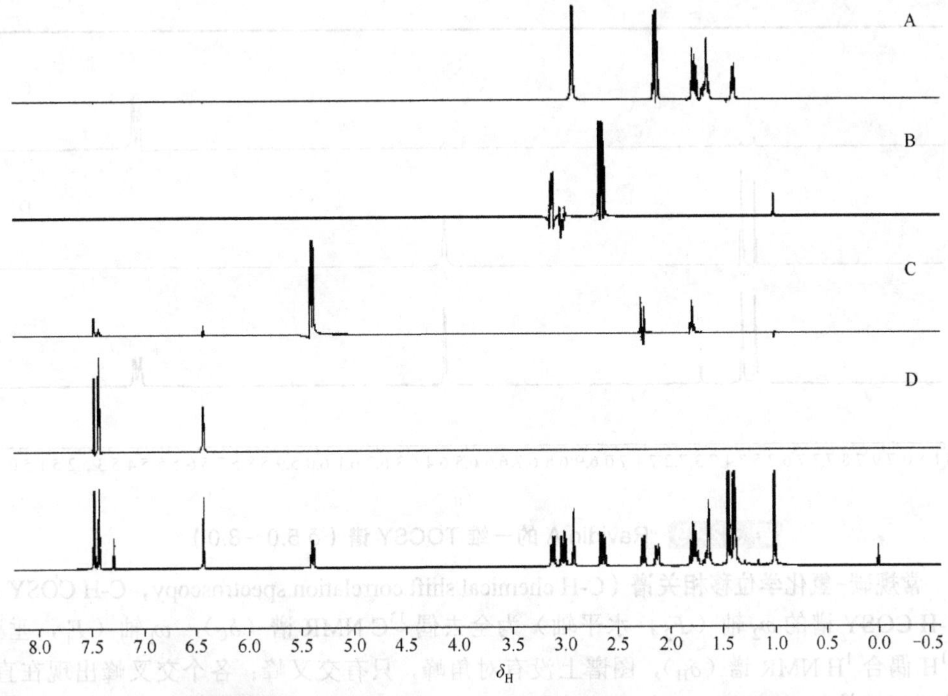

图 3-2-17　Ravidin A 的一维 TOCSY 谱（δ−0.5～8.0）

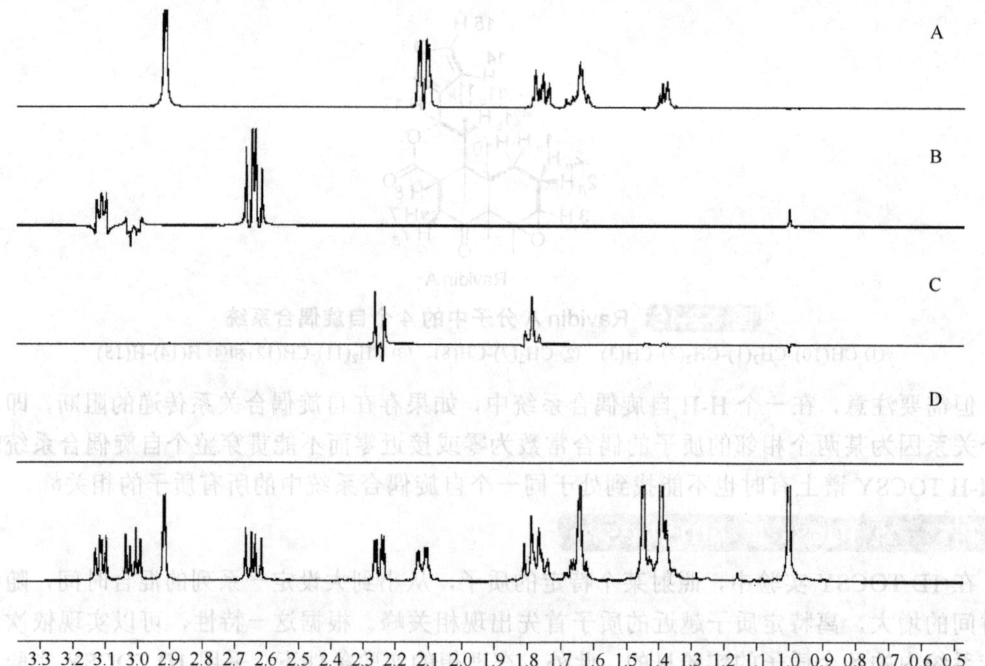

图 3-2-18 Ravidin A 的一维 TOCSY 谱（δ 0.5～3.3）

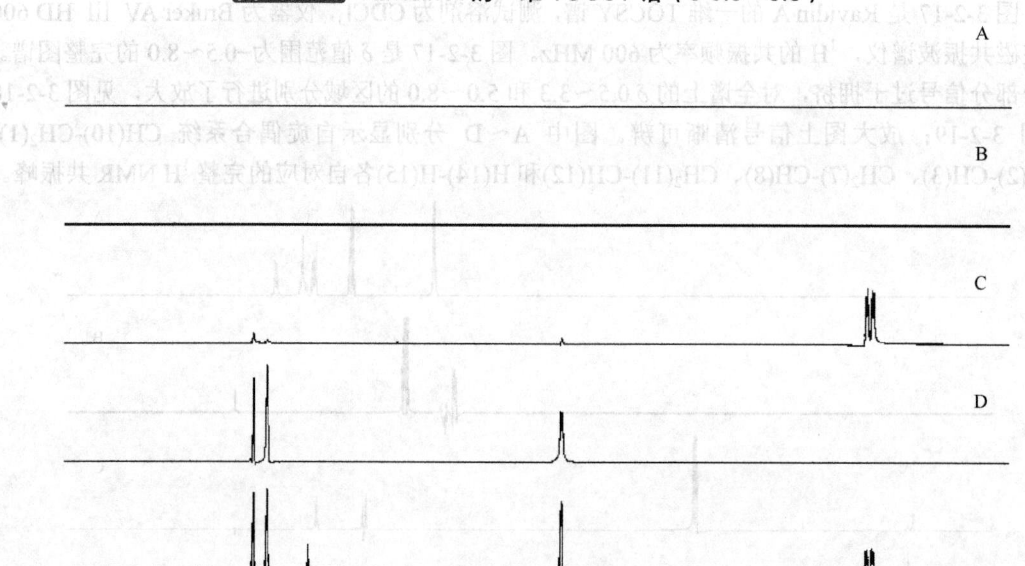

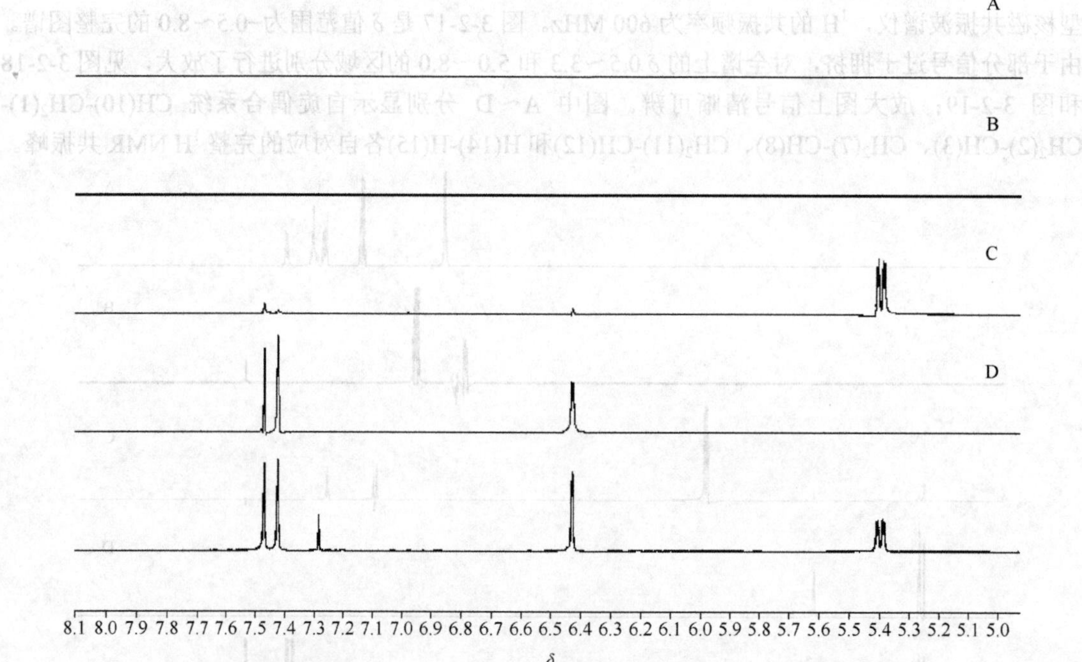

图 3-2-19 Ravidin A 的一维 TOCSY 谱（δ 5.0～8.0）

3. 常规碳-氢化学位移相关谱（C-H chemical shift correlation spectroscopy，C-H COSY）

C-H COSY 谱的 ω_2 轴（F_2，水平轴）为全去偶 ^{13}C NMR 谱（δ_C），ω_1 轴（F_1，垂直轴）为 ^{1}H-^{1}H 偶合 ^{1}H NMR 谱（δ_H），图谱上没有对角峰，只有交叉峰；各个交叉峰出现在直接相连的碳原子（^{13}C）与氢原子（^{1}H）对应的化学位移的垂线交汇点，反映直接相连的碳-氢之间的偶合相关($^1J_{CH}$)，即全面地反映了一键相连的碳-氢之间的相关性，对于碳-氢信号的归属非常有用。C-H COSY 实验中采用异核（非氢核）采样（即检测旋磁比较低的 ^{13}C 核），与采用多量子跃迁实验氢核采样的 HMQC 和 HMBC，或与 HSQC 实验比较，其灵敏度低，实验中需要加入较多的样品才能获得较好的信噪比，且累加时间较长。

图 3-2-20 为 Ravidin A 的 C-H COSY 谱，测试溶剂为 $CDCl_3$，仪器为 Bruker AV-Ⅲ-500 型核磁共振波谱仪，^{1}H 的共振频率为 500 MHz，^{13}C 的共振频率为 125 MHz；C-H COSY 谱通常呈长方形或正方形，所有直接相连的碳原子(^{13}C)与氢原子(^{1}H)之间均可以找到交叉峰，季碳原子以及其他不与氢原子直接相连的碳原子没有交叉峰；与手性碳相连的亚甲基，因为其直接连接的两个氢原子的化学环境不相同，即化学上是不等价的质子，因此，这种亚甲基的碳信号在 C-H COSY 谱上与两个氢信号存在交叉峰。将 C-H COSY 谱与 ^{1}H NMR 谱中的积分值相结合，可以对碳原子进行分级。

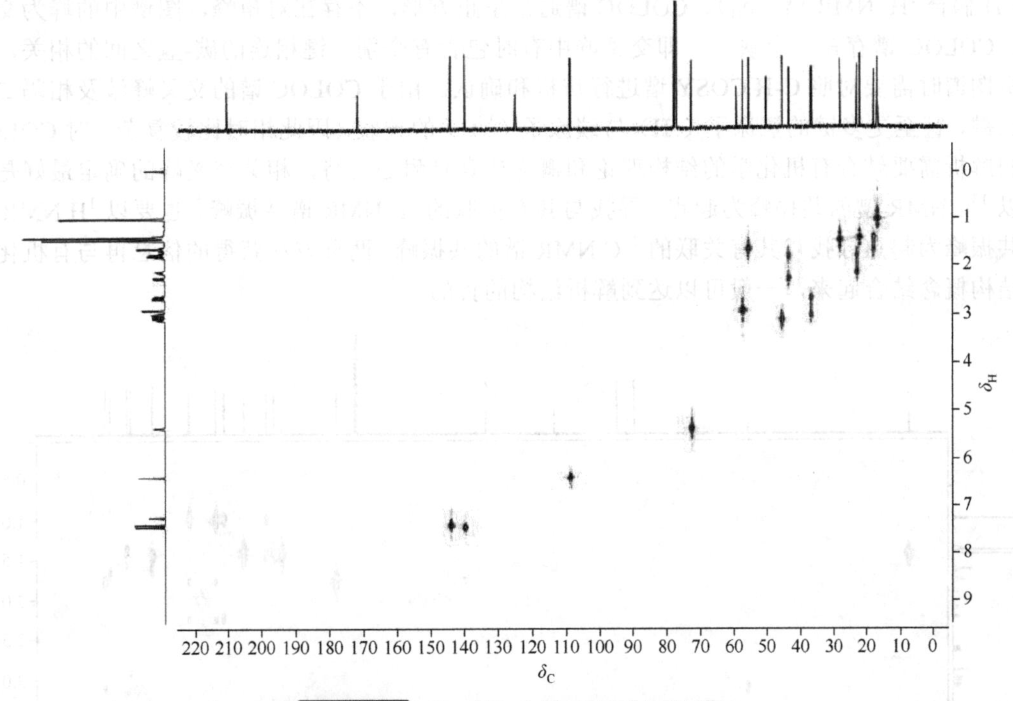

图 3-2-20　Ravidin A 的 C-H COSY 谱

通过交叉峰确定 C-H COSY 谱上直接相连的碳原子（^{13}C）与氢原子（^{1}H）的关联可以方便地采用做两条通过交叉峰的中点且分别垂直于 ω_1 轴和 ω_2 轴的直线完成，既可以以 ^{13}C NMR 谱的共振峰为起点，寻找与其有关联的 ^{1}H NMR 谱共振峰，也可以以 ^{1}H NMR 谱的共振峰为起点寻找与其有关联的 ^{13}C NMR 谱的共振峰。从 Ravidin A 的 C-H COSY 谱上可以方便地确定存在如下氢-碳相关关系：δ_H 1.01 与 δ_C 16.5，δ_H 1.37～1.39 和 1.60～1.71 与 δ_C 17.6，δ_H 1.40 与 δ_C 21.7，δ_H 1.45 与 δ_C 27.9，δ_H 1.60～1.71 与 δ_C 55.3，δ_H 1.73～1.84 和 2.13 与 δ_C 22.6，δ_H 1.73～1.84 和 2.26 与 δ_C 43.2，δ_H 2.92 与 δ_C 57.2，δ_H 3.02 和 2.65 与 δ_C 36.5，δ_H 3.12 与 δ_C 45.2，δ_H 5.40 与 δ_C 72.3，δ_H 6.43 与 δ_C 108.3，δ_H 7.43 与 δ_C 143.8，δ_H 7.47 与 δ_C 139.7。

4. 远程偶合碳-氢化学位移相关谱（C-H chemical shift correlation spectroscopy via long range couplings，COLOC）

在远程偶合碳-氢化学位移相关谱上，相隔二键和三键（甚至更多键）的碳-氢间可以显示交叉峰，包括跨过氧、氮或其他杂原子的碳-氢之间的相关以及氢原子（^{1}H）与季碳原子以及其他不直接连接氢原子（^{1}H）的碳原子（^{13}C）的相关，因此提供了更多的有机化合物结构信息，对结构鉴定很有帮助。远程碳-氢化学位移相关谱特别适用于检测与甲基氢原子（^{1}H）有远程偶合相关的碳。1984年，Kessler等提出了COLOC（correlation spectroscopy via long range coupling）脉冲序列来获得远程偶合碳-氢化学位移相关谱，因此，常用COLOC作为远程偶合碳-氢化学位移相关谱的简称。

图3-2-21为Ravidin A的COLOC谱，测试溶剂为$CDCl_3$，仪器为Bruker AV-Ⅲ-500型核磁共振波谱仪，^{1}H的共振频率为500 MHz，^{13}C的共振频率为125 MHz。图3-2-21是δ值范围为δ_H 0.0～8.0和δ_C 0.0～220.0的完整谱。由于部分信号过于拥挤，对全谱上的δ_H 0.6～3.6和δ_C 10.0～80.0的区域进行了放大，见图3-2-22；放大图上信号清晰可辨。COLOC谱包含两个频率变量，ω_2轴（F_2，水平轴）为全去偶^{13}C NMR谱（δ_C），ω_1轴（F_1，垂直轴）为^{1}H-^{1}H偶合^{1}H NMR谱（δ_H）。COLOC谱通常呈正方形，不存在对角峰，图谱中的峰为交叉峰；COLOC谱存在一个缺点，即交叉峰中有时包含有个别一键相连的碳-氢之间的相关，在解析图谱时需要对照C-H COSY谱进行辨析和确认。由于COLOC谱的交叉峰涉及相隔二键和三键，甚至更多键的氢原子（^{1}H）与碳原子（^{13}C）的关联，因此相对比较复杂。对COLOC谱的解析需要结合有机化学的结构理论和概念认真且耐心对待，相关交叉峰的确定最好是既要以^{13}C NMR谱的共振峰为起点，寻找与其有关联的^{1}H NMR谱共振峰，也要以^{1}H NMR谱的共振峰为起点寻找与其有关联的^{13}C NMR谱的共振峰，两种方法获得的信息再与有机化学的结构概念结合起来，一般可以达到解析结构的目的。

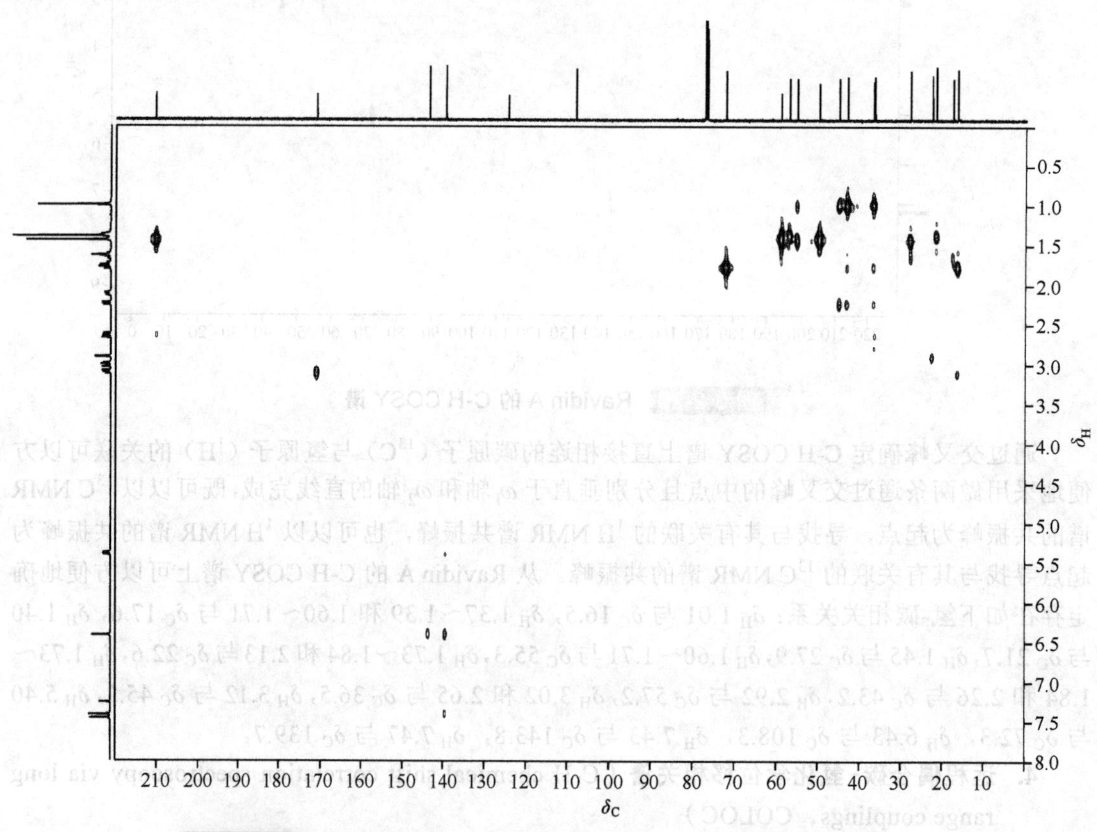

图3-2-21 Ravidin A的COLOC谱（δ_H 0.0～8.0，δ_C 0.0～220.0）

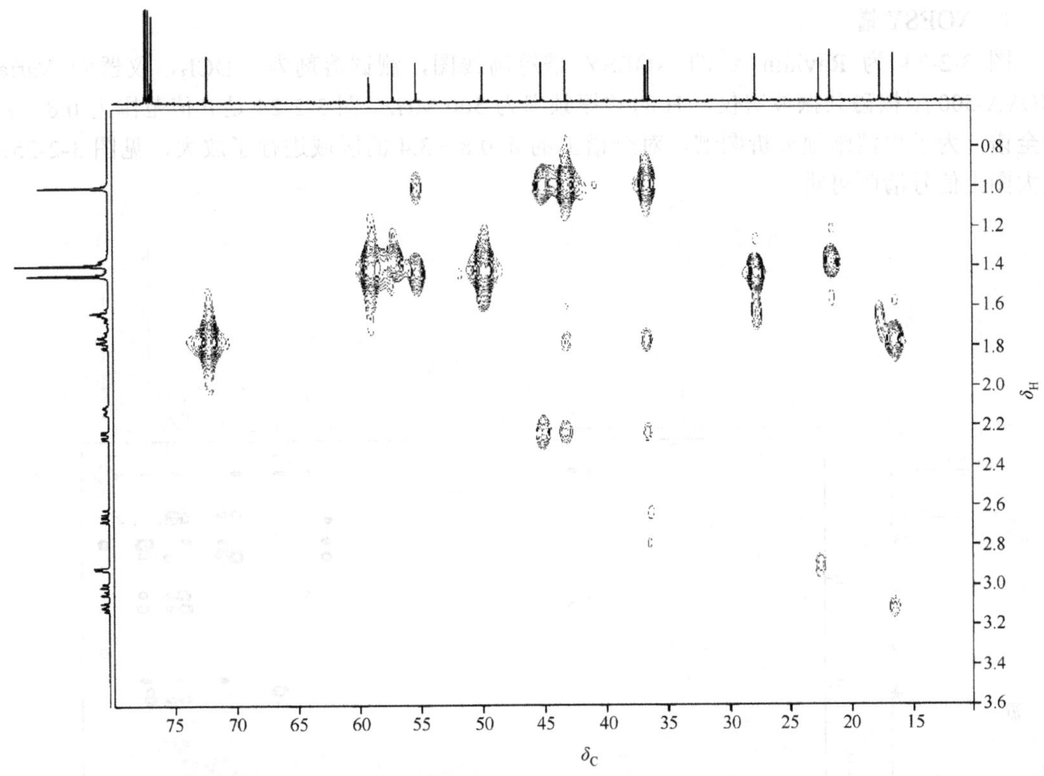

图 3-2-22　Ravidin A 的 COLOC 谱（δ_H 0.6～3.6，δ_C 10.0～80.0）

从 Ravidin A 的 COLOC 谱上可以确定存在如下氢-碳相关：δ_H 1.01 与 δ_C 36.7、43.2、45.2 和 55.3；δ_H 1.40 与 δ_C 49.9、57.2 和 59.1；δ_H 1.45 与 δ_C 49.9、55.3、59.1 和 210.5；δ_H 1.60～1.71 与 δ_C 17.6、27.9、43.2；δ_H 1.73～1.84 与 δ_C 16.5、36.7、43.2、72.3；δ_H 2.26 与 δ_C 36.7、43.2（$^1J_{CH}$）、45.2；δ_H 2.65 与 δ_C 36.5（$^1J_{CH}$）、171.3 和 210.5；δ_H 2.92 与 δ_C 22.6；δ_H 3.12 与 δ_C 16.5 和 171.3；δ_H 5.40 与 δ_C 139.7；δ_H 6.43 与 δ_C 139.7 和 143.8；δ_H 7.43 与 δ_C 139.7（图 3-2-23）。

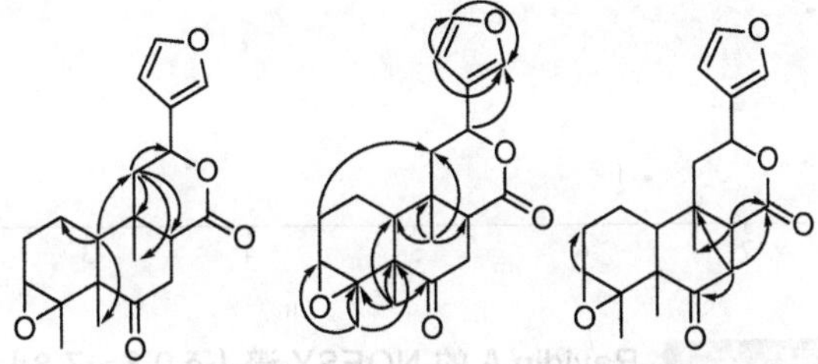

图 3-2-23　Ravidin A 的 COLOC 谱中碳-氢远程化学位移相关（H→C）

四、NOE 类二维谱

NOE 类二维谱是由交叉弛豫转移得到的二维相关谱。由于二维 NOE 谱是偶极-偶极之间磁化作用转移而得到的，所以也叫二维偶极相关谱。应用比较普遍的是同核二维 NOE 谱（nuclear Overhauser effect spectroscopy, NOESY）和旋转坐标系中的 NOESY 谱（rotating frame Overhauser effect spectroscopy, ROESY）。NOESY 谱和 ROESY 谱的外观类似 COSY 谱，但其对角线两侧的交叉峰表示 NOE 相关，而非自旋偶合关系。因此，测定 NOE 类二维谱时，一个重要的问题是要去除自旋偶合的影响，使交叉峰只反映核间 NOE 作用。

1. NOESY 谱

图 3-2-24 为 Ravidin A 的 NOESY 谱等高线图，测试溶剂为 $CDCl_3$，仪器为 Varian INOVA-500 型核磁共振波谱仪，^1H 的共振频率为 500 MHz。图 3-2-24 是 δ 值范围为 0.8～7.8 的全谱。为了更清晰地分析图谱，对全谱上的 δ 0.8～3.4 的区域进行了放大，见图 3-2-25；放大图上信号清晰可辨。

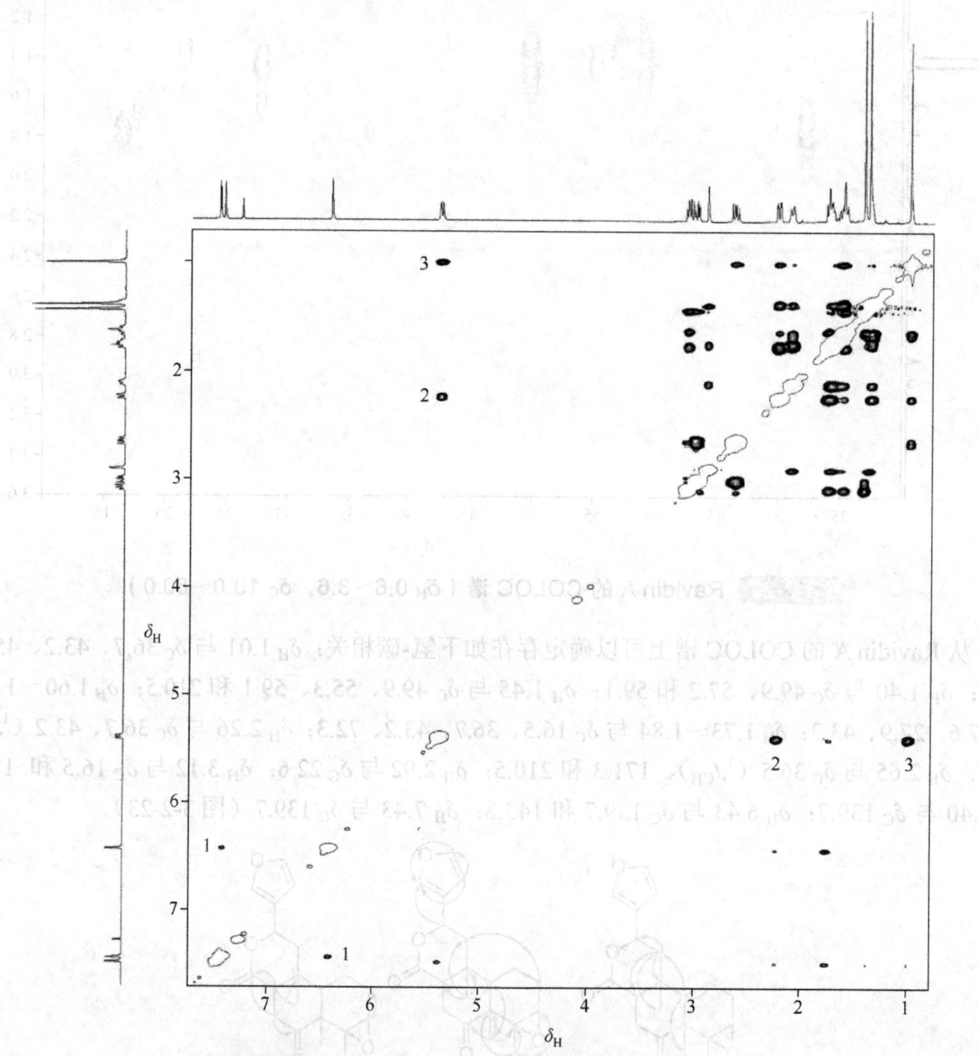

图 3-2-24 Ravidin A 的 NOESY 谱（δ 0.8～7.8）

NOESY 谱包含两个频率变量，其 ω_1 轴（F_1，垂直轴）和 ω_2 轴（F_2，水平轴）均为测试化合物的 ^1H-^1H 偶合 ^1H NMR 谱，图谱中有位于从左下角到右上角的对角线上的对角峰，对角线以外的交叉峰表明了其对应的 ^1H NMR 谱上的两个共振峰间存在 NOE 相关；与 H-H COSY 相关相同，这种交叉峰与对角峰及 ^1H NMR 信号的对应关系可以方便地通过做两条通过交叉峰的中点且分别垂直于 ω_1 轴和 ω_2 轴的直线确定；通常，交叉峰也在对角线的两边成对出现，其特点是两个交叉峰与相应的两个对角峰形成一个正方形。存在 NOE 相关关系的任意两组（个）不等价的质子均会在 NOESY 谱上显示交叉峰，与这两组（个）质子间的化学键的数目没有关系，但 NOE 相关作用强的两组（个）质子的交叉峰强度也比较强，NOE 相关作用弱的两组（个）质子的交叉峰强度也比较弱。

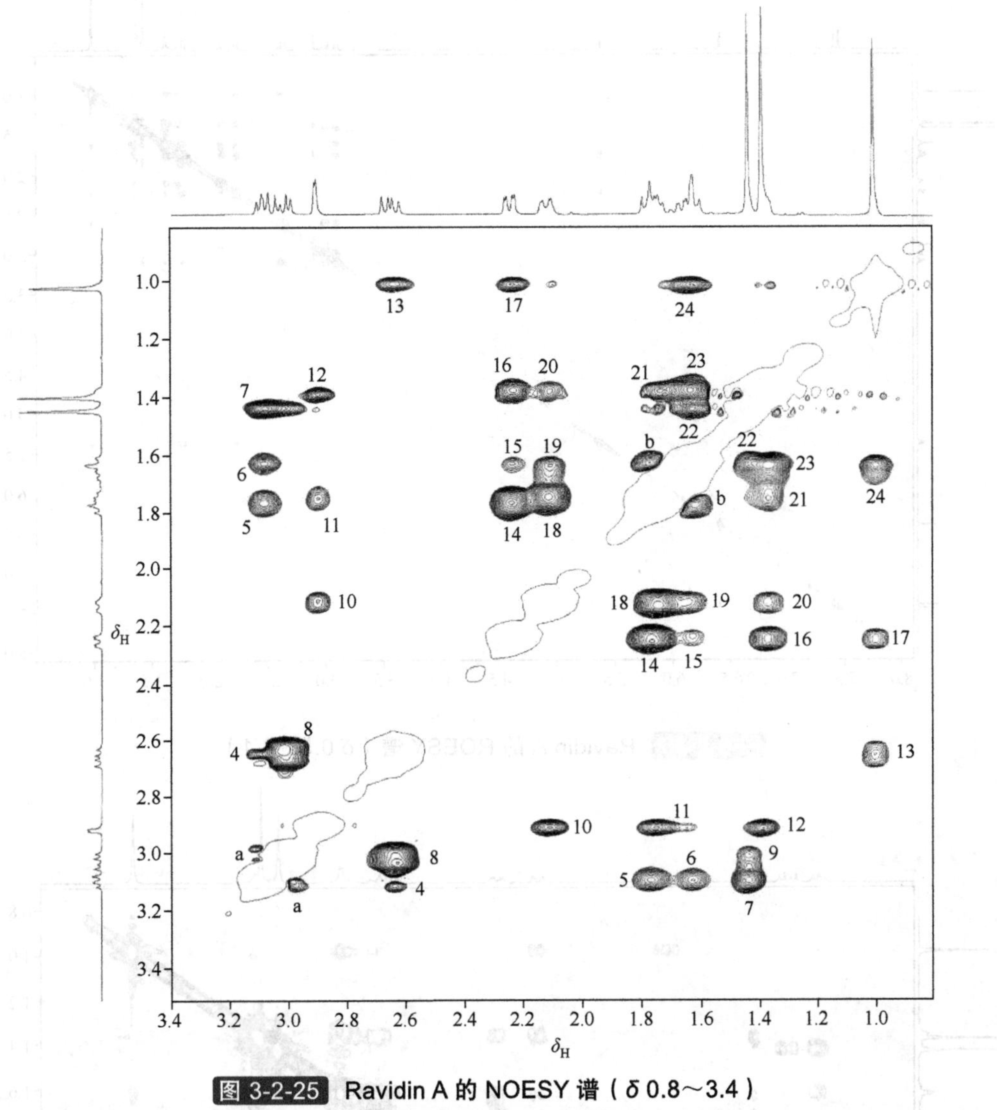

图 3-2-25 Ravidin A 的 NOESY 谱（δ 0.8～3.4）

从 Ravidin A 的 NOESY 谱上可以方便地确定存在如下不等价的质子间的交叉峰：H-15 与 H-14 (1)、H-12 与 H-11$_\beta$ (2)、H-12 与 Me-20 (3)、H-8 与 H-7$_\beta$ (4)、H-8 与 H-11$_\alpha$ (5)、H-8 与 H-10$_\alpha$ (6)、H-8 与 Me-19 (7)、H-7$_\alpha$ 与 H-7$_\beta$ (8)、H-7$_\alpha$ 与 Me-19 (9)、H-3 与 H-2$_\beta$ (10)、H-3 与 H-2$_\alpha$ (11)、H-3 与 Me-18 (12)、H-7$_\beta$ 与 Me-20 (13)、H-11$_\beta$ 与 H-11$_\alpha$ (14)、H-11$_\beta$ 与 H-10 (15)、H-11$_\beta$ 与 H-1$_a$ (16)、H-11$_\beta$ 与 Me-20 (17)、H-2$_\beta$ 与 H-2$_\alpha$ (18)、H-2$_\beta$ 与 H-1$_b$ (19)、H-2$_\beta$ 与 H-1$_a$ (20)、H-2$_\alpha$ 与 H-1$_a$ (21)、H-10$_\alpha$ 与 Me-19 (22)、H-1$_b$ 与 H-1$_a$ (23)、H-1$_b$ 与 Me-20 (24)。此外，根据数据分析，交叉峰 a 可以认为是 H-8 与 H-7$_\alpha$ 的 NOE 相关信号，而交叉峰 b 可以认为是 H-11$_\alpha$ 与 H-10$_\alpha$ 的 NOE 相关信号。

2. ROESY 谱

图 3-2-26 为 Ravidin A 的 ROESY 谱等高线图，测试溶剂为 $CDCl_3$，仪器为 Bruker AV-Ⅲ-500 型核磁共振波谱仪，^1H 的共振频率为 500 MHz。图 3-2-26 是 δ 值范围为 0.5～8.1 的全谱。为了更清晰地分析图谱，对全谱上 δ 0.7～3.4 的区域进行了放大，见图 3-2-27；放大图上信号清晰可辨。显然，通过 ROESY 谱获得的 Ravidin A 的 NOE 相关信息与 NOESY 谱相同。

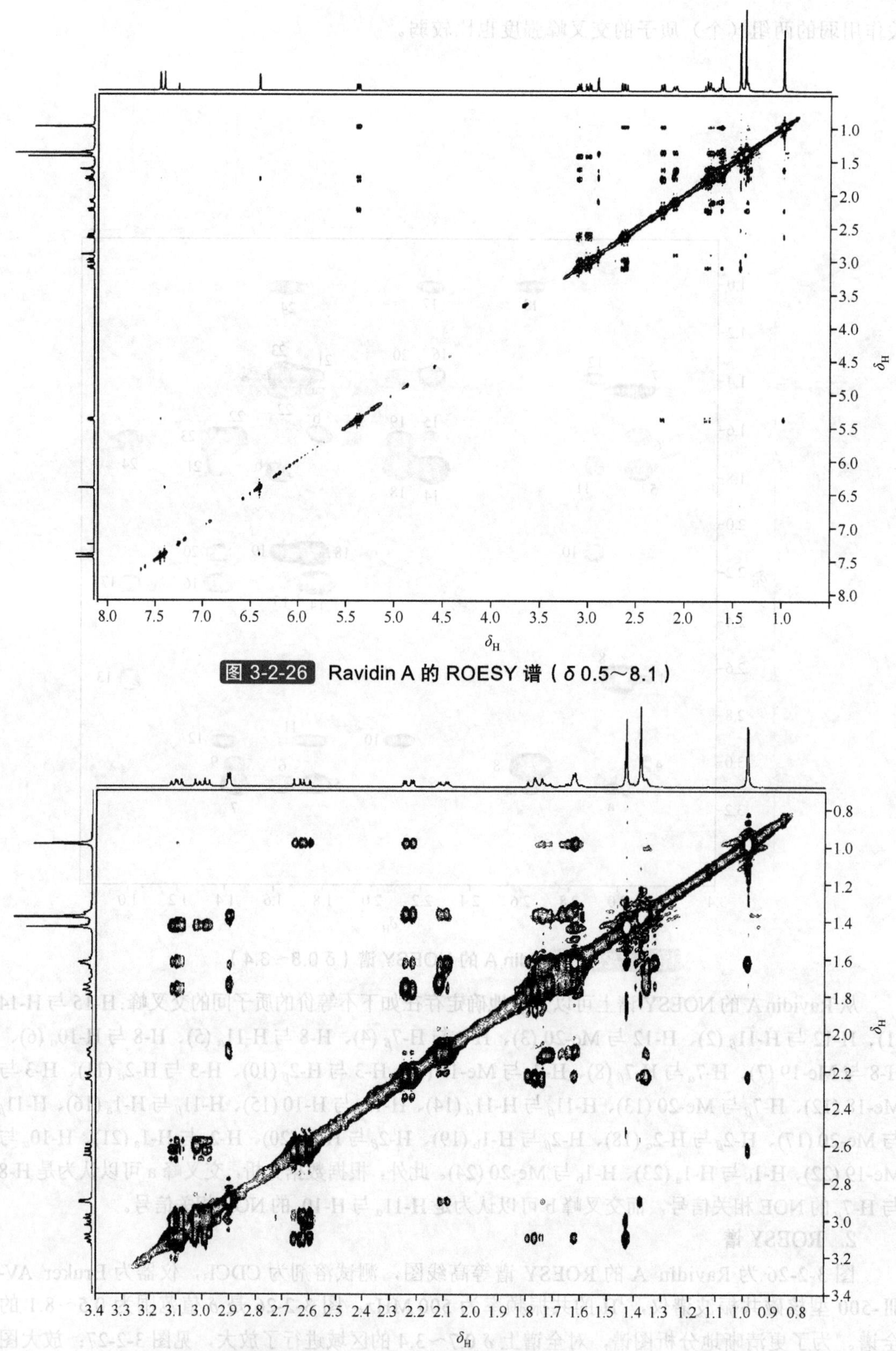

图 3-2-26 Ravidin A 的 ROESY 谱（δ 0.5～8.1）

图 3-2-27 Ravidin A 的 ROESY 谱（δ 0.7～3.4）

但需要注意的是，并非所有的 NOE 相关都对确定测试化合物的构型具有贡献，在实际应用中，选择性考察是否存在关键的 NOE 相关非常重要。在本例中，与确定 Ravidin A 的相对构型有关的关键 NOE 实验结果是：Me-19/H-3、Me-19/H-7_{α}、Me-19/H-8、Me-19/H-10 和 Me-20/H-12 的 NOE 相关以及 Me-19 与 Me-20 间不存在 NOE 相关；其中，通过 Me-19/H-3、Me-19/H-8、Me-19/H-10 的 NOE 相关，结合 Me-19 与 Me-20 间不存在 NOE 相关，可以确定 H-3、H-8、H-10 和 Me-19 处于同侧，而 Me-20 处于另一侧；通过 Me-19/H-7_{α}、Me-19/H-8、和 Me-19/H-10 的 NOE 相关结合 Me-19 与 Me-20 间不存在 NOE 相关，还可以确定环己酮环具有船式构象；通过 Me-20/H-12 的 NOE 相关，可以确定 H-12 和 Me-20 处于同侧。此外，由于 Me-18 的共振峰与 H-1_a 的共振峰相距较近，NOE 交叉峰存在干扰，因此 Me-18 的取向不能依靠 NOE 实验明确确定（见图 2-5-8）[1]。

五、二维多量子跃迁谱

核磁共振的选择定则是 $\Delta m = \pm 1$，属于单量子跃迁；从射频的激发和信号的检测角度，多量子跃迁属禁阻跃迁。但利用二维谱间接检测发展期信息的特点，结合在偶极相互作用及影响下，自旋体系的能级变成混合态，可以观测禁阻跃迁尤其是多量子跃迁，即出现 $\Delta m = 0, \pm 2, \pm 3$，…的跃迁，其中，$m$ 表示体系的总磁量子数。所得到的谱图叫作二维多量子跃迁谱。双量子相干相关谱是二维多量子跃迁谱的主要代表。

1. 双量子滤波相关谱（double quantum filtered correlation spectroscopy，DQF-COSY）

DQF-COSY 谱的外观与 H-H COSY 谱很相近，作用也相同。但是，当 ^{1}H NMR 谱中存在诸如溶剂峰或样品化合物中的叔丁基或甲氧基等官能团的强的尖锐的单峰时，常规的 H-H COSY 谱中相关峰的强度变弱，甚至常常显现不出弱的峰组所产生的相关峰。在这一方面，DQF-COSY 谱与常规的 H-H COSY 谱可以互补；其特点是在二维谱中抑制了强峰，并改善了峰形。与 H-H COSY 谱的图形对比，DQF-COSY 谱中的对角峰峰形得到改善，从而对化学位移值相差较小的强自旋偶合系统相互间的交叉峰的干扰较小，非常有利于归属其相互间的偶合关系。

图 3-2-28 为 Ravidin A 的 DQF-COSY 谱等高线图，测试溶剂为 $CDCl_3$，仪器为 Bruker AV-Ⅲ-500 型核磁共振波谱仪，^{1}H 的共振频率为 500 MHz。图 3-2-28 是 δ 值范围为−0.5～8.0 的完整图谱。由于部分信号过于拥挤，对全谱上的 δ 0.9～3.2 的区域进行了放大，见图 3-2-29；显然，通过 DQF-COSY 谱可以获得与 H-H COSY 谱相同的信息。但当存在氢原子（^{1}H）的化学位移值相差较小的强自旋偶合系统时，DQF-COSY 谱上对角线附近的交叉峰更清晰可辨。

2. ^{1}H 检测的异核多量子相干相关谱（^{1}H detected heteronuclear multiple quantum coherence，HMQC）

由于常规碳-氢化学位移相关谱（C-H COSY 谱）检测的是旋磁比较低的 ^{13}C 核，因此灵敏度较低。HMQC 是采用多量子跃迁实验氢核采样，即通过多量子相干间接检测旋磁比较低的 ^{13}C 核的技术。由于多量子相干转移，使其灵敏度显著提高。因此，现在观测相隔一键的氢原子（^{1}H）与碳原子（^{13}C）相关时常采用 HMQC 实验，其图谱外观与 C-H COSY 相似，作用也相同，用于检测全部直接连接的氢原子（^{1}H）与碳原子（^{13}C）之间的偶合信息；图谱的不同点是：HMQC 的 ω_2 轴是 δ_H，ω_1 轴是 δ_C；而 C-H COSY 的 ω_2 轴是 δ_C，ω_1 轴是 δ_H。HMQC 谱可以采用 ^{13}C 去偶和不去偶两种方式获得，当采用 ^{13}C 去偶时，交叉峰为 1 个点；当不采用 ^{13}C 去偶时，交叉峰出现 2 个点，这是因为与 ^{13}C 相连接的氢原子（^{1}H）受到 ^{13}C 的偶合作用而分裂成两个峰的缘故。

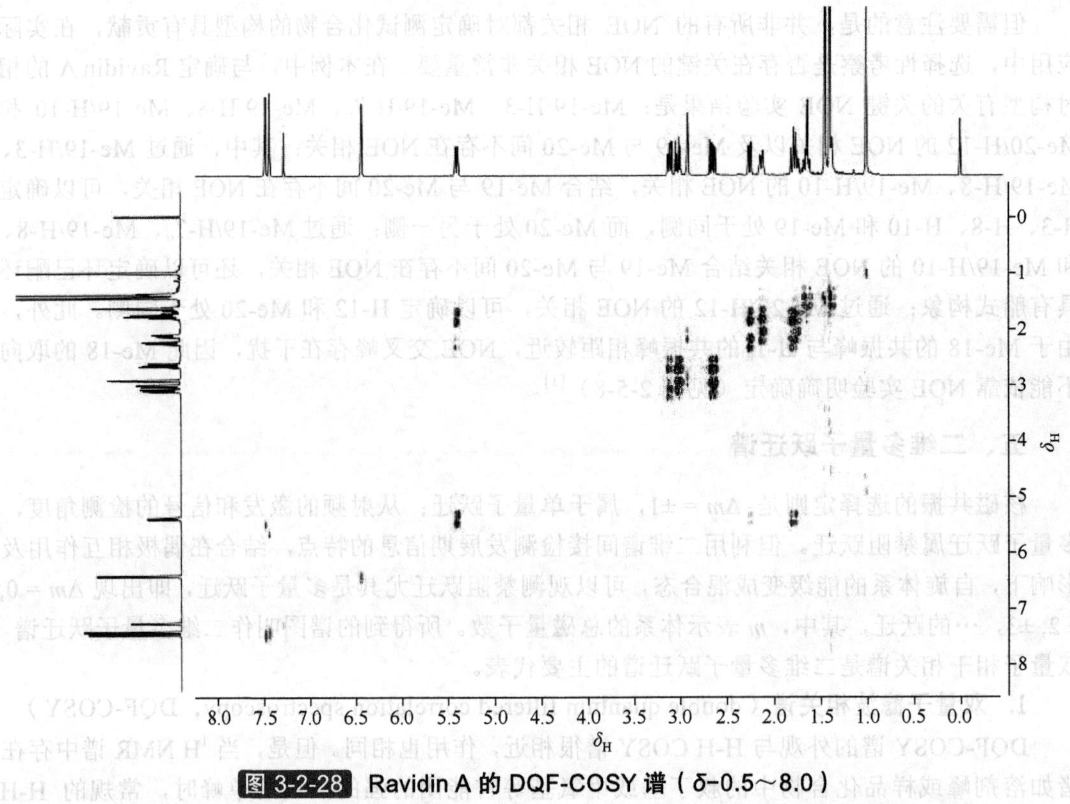

图 3-2-28 Ravidin A 的 DQF-COSY 谱（δ-0.5～8.0）

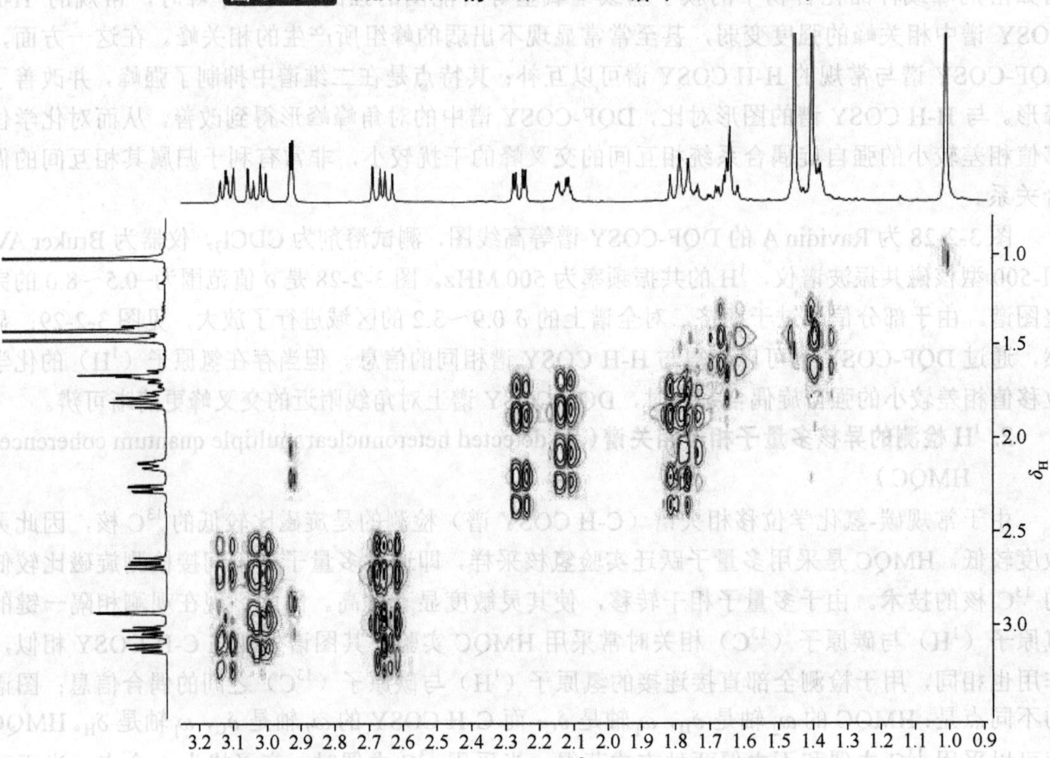

图 3-2-29 Ravidin A 的 DQF-COSY 谱（δ 0.9～3.2）

图 3-2-30 为 Ravidin A 的 HMQC 谱，测试溶剂为 $CDCl_3$，仪器为 Bruker AV-Ⅲ-500 型核磁共振波谱仪，^1H 的共振频率为 500 MHz，^{13}C 的共振频率为 125 MHz。图 3-2-30 是 δ_H 0.0～8.5 和 δ_C 0.0～220.0 的完整谱。由于部分信号过于拥挤，对全谱上的 δ_H 0.6～3.4 和 δ_C 0.0～65.0 以及 δ_H 7.24～7.62 和 δ_C 130.0～150.0 的区域分别进行了放大，见图 3-2-31 和图 3-2-32；放大图上信号清晰可辨。与 C-H COSY 谱完全相同，HMQC 谱的图形通常呈长方形或正方形，图谱中的峰为交叉峰，不存在对角峰。交叉峰反映直接相连的氢原子（^1H）与碳原子（^{13}C）的关联，因此，季碳原子以及其他不与氢原子直接相连的碳原子没有交叉峰。与手性碳相连的亚甲基，因为其直接连接的两个氢原子的化学环境不相同，即化学上是不等价的质子，因此，这种亚甲基的碳信号在 HMQC 谱上与两个氢信号存在交叉峰。将 HMQC 谱与 ^1H NMR 谱中的积分值相结合，可以对碳原子进行分级。

利用交叉峰确定 HMQC 谱上直接相连的氢原子（^1H）与碳原子（^{13}C）的关联可以方便地通过做两条通过交叉峰的中点且分别垂直于 ω_1 轴和 ω_2 轴的直线完成，既可以以 ^{13}C NMR 谱的共振峰为起点，寻找与其有关联的 ^1H NMR 谱共振峰，也可以以 ^1H NMR 谱的共振峰为起点寻找与其有关联的 ^{13}C NMR 谱的共振峰。从 Ravidin A 的 HMQC 谱上可以方便地确定存在如下直接连接的碳-氢相关关系：δ_H 1.01 与 δ_C 16.5，δ_H 1.37～1.39 和 1.60～1.71 与 δ_C 17.6，δ_H 1.40 与 δ_C 21.7，δ_H 1.45 与 δ_C 27.9，δ_H 1.60～1.71 与 δ_C 55.3，δ_H 1.73～1.84 和 2.13 与 δ_C 22.6，δ_H 1.73～1.84 和 2.26 与 δ_C 43.2，δ_H 2.92 与 δ_C 57.2，δ_H 3.02 和 2.65 与 δ_C 36.5，δ_H 3.12 与 δ_C 45.2，δ_H 5.40 与 δ_C 72.3，δ_H 6.43 与 δ_C 108.3，δ_H 7.43 与 δ_C 143.8，δ_H 7.47 与 δ_C 139.7。

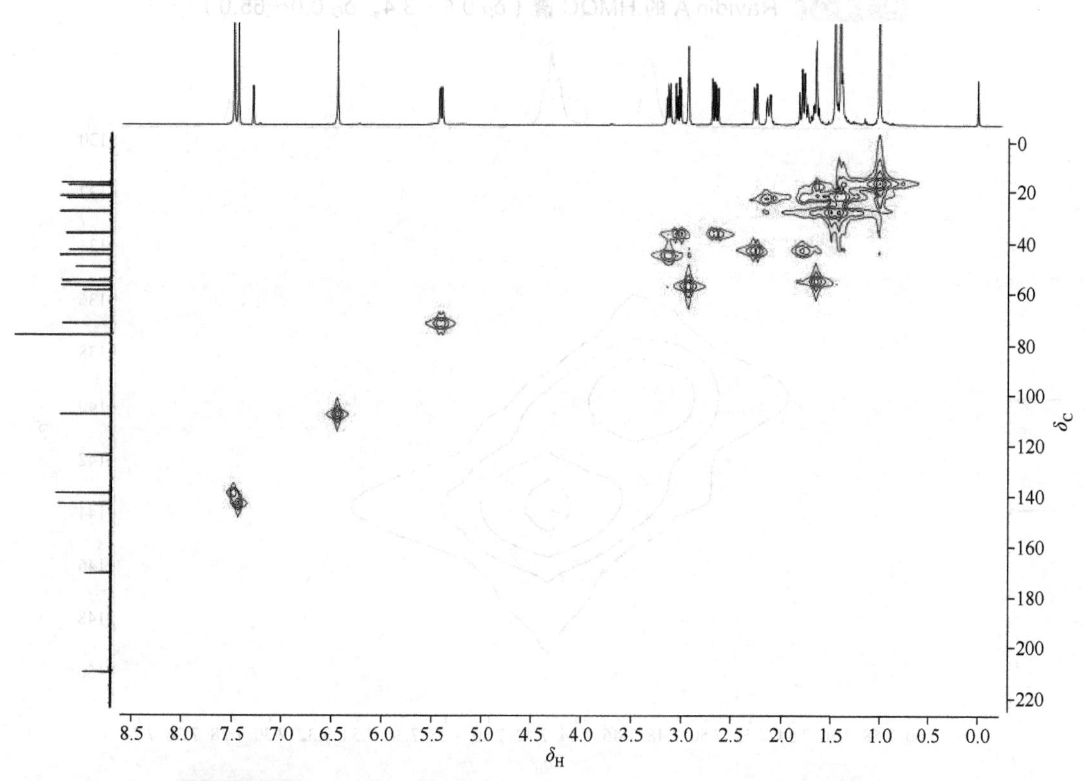

图 3-2-30 Ravidin A 的 HMQC 谱（δ_H 0.0～8.5，δ_C 0.0～220.0）

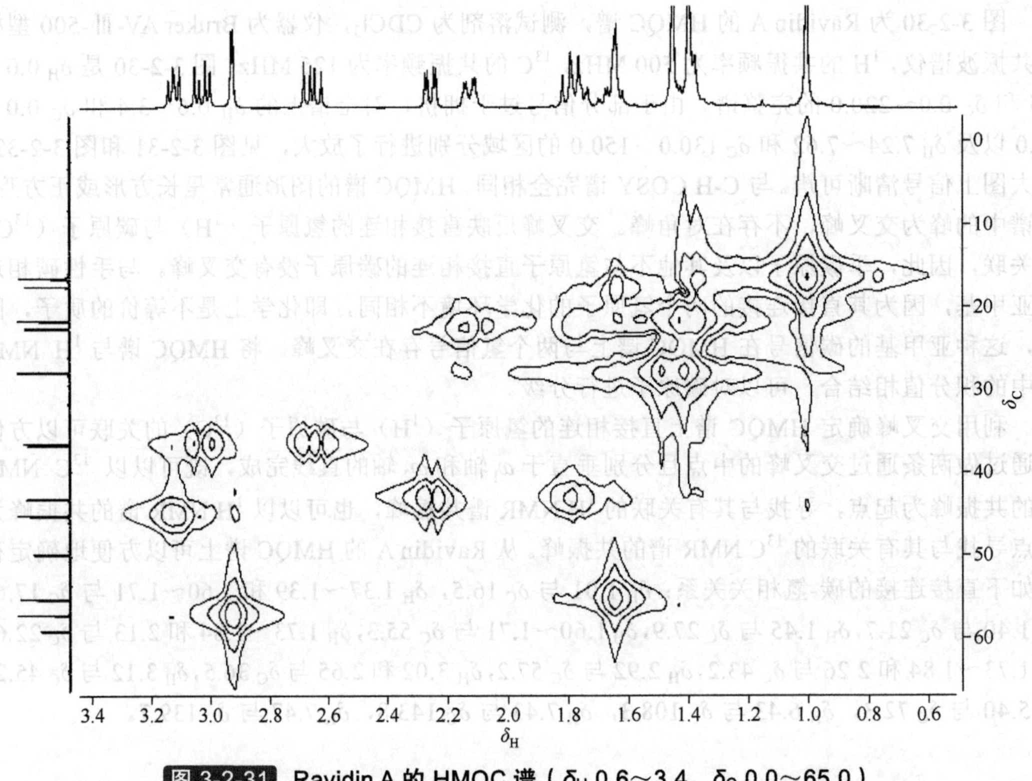

图 3-2-31 Ravidin A 的 HMQC 谱（δ_H 0.6～3.4，δ_C 0.0～65.0）

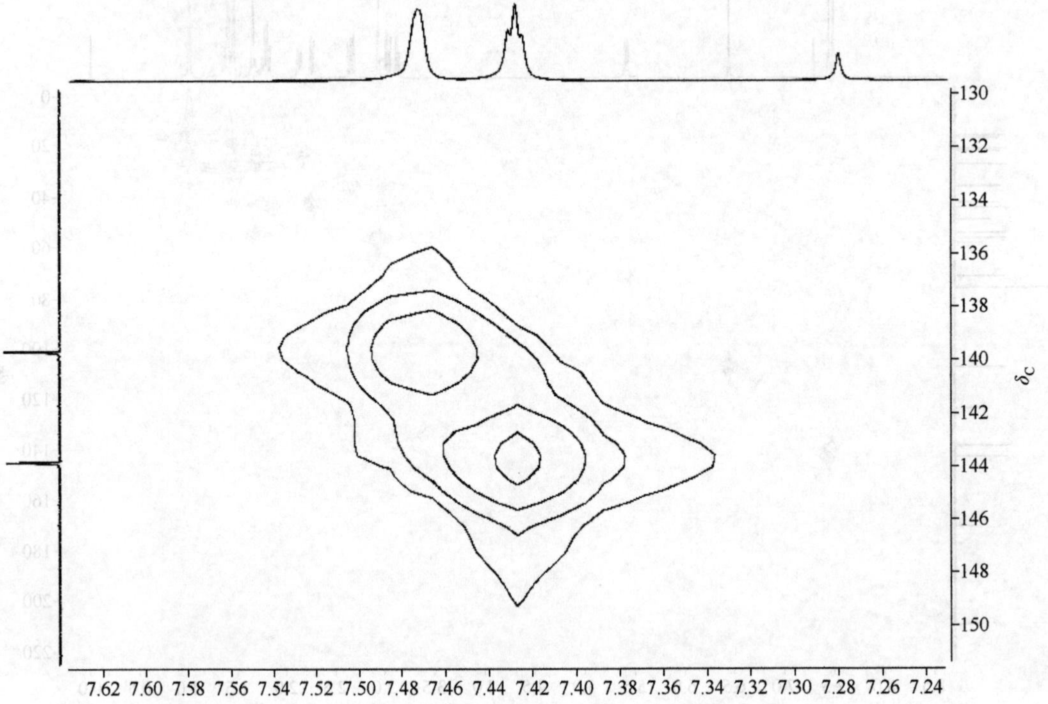

图 3-2-32 Ravidin A 的 HMQC 谱（δ_H 7.24～7.62，δ_C 130.0～150.0）

以上解析与对 C-H COSY 谱的解析完全相同。

附：HSQC（^{1}H detected heteronuclear single quantum coherence）谱

HSQC 谱属单量子相干谱，为对比起见，本手册将其并在二维多量子跃迁谱。HSQC 谱与 HMQC 谱的图谱外形及作用非常相似（除了在 ω_1 轴可能有微小的差别外），在实际工作中可根据实际情况选用其中之一进行检测。

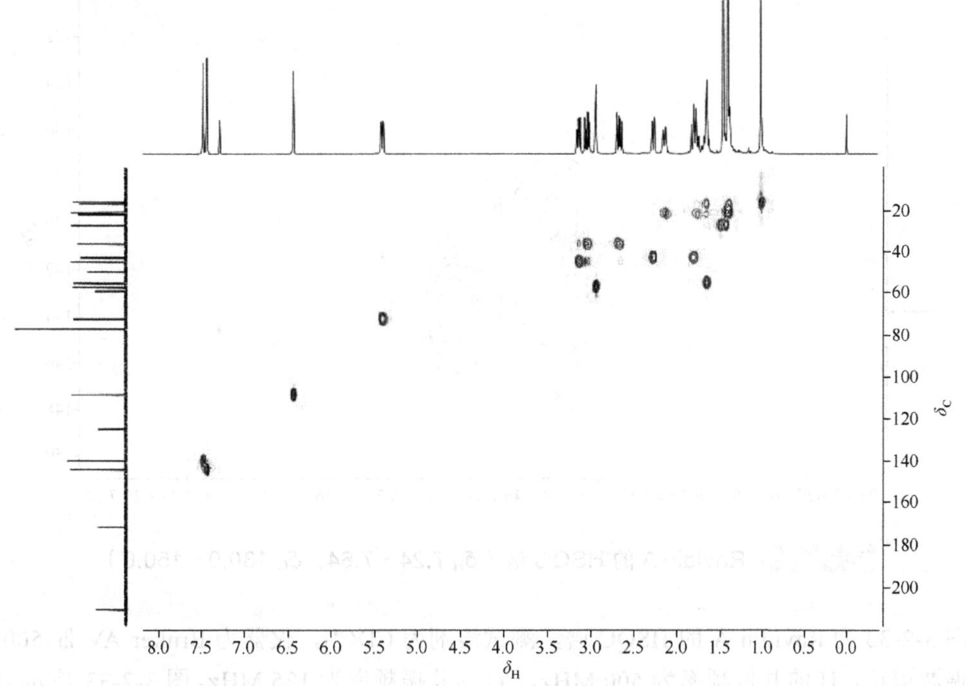

图 3-2-33 Ravidin A 的 HSQC 谱（δ_H -0.5～8.5，δ_C 0.0～220.0）

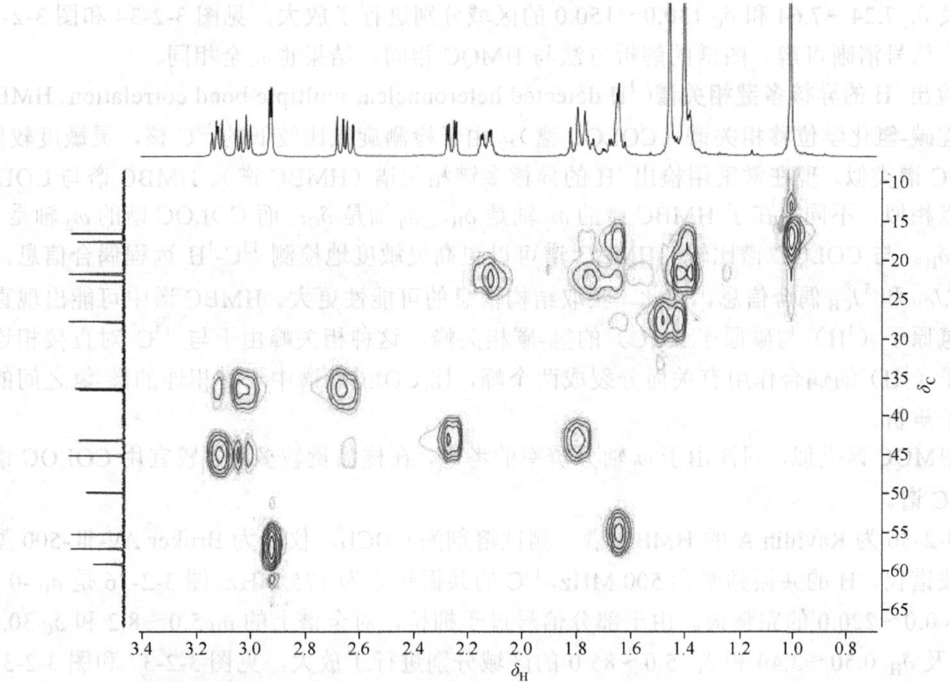

图 3-2-34 Ravidin A 的 HSQC 谱（δ_H 0.7～3.4，δ_C 10.0～65.0）

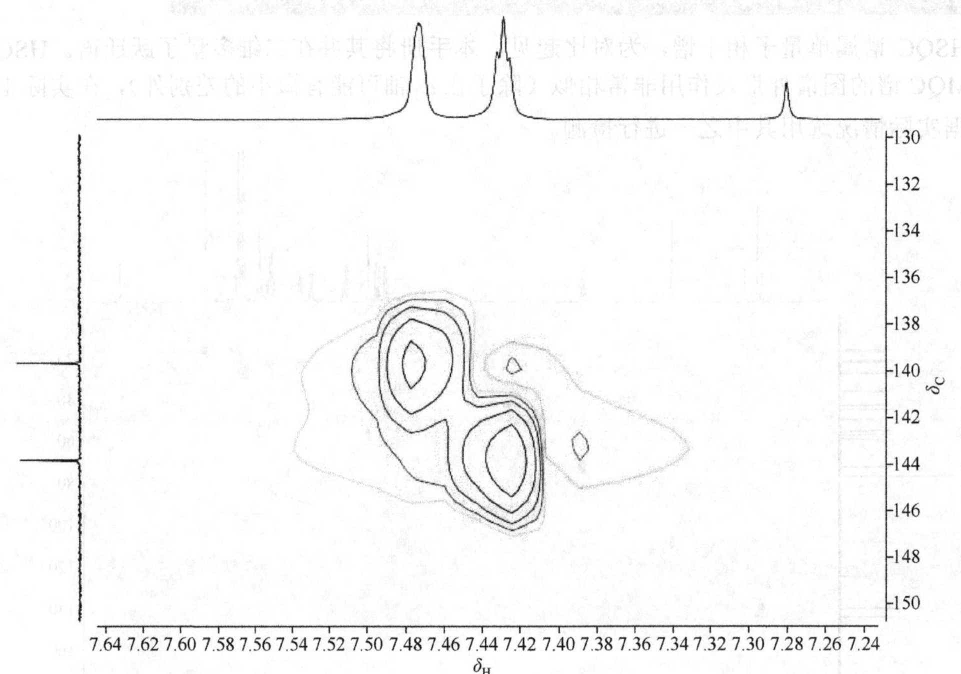

图 3-2-35 Ravidin A 的 HSQC 谱（δ_H 7.24～7.64，δ_C 130.0～150.0）

图 3-2-33 为 Ravidin A 的 HSQC 谱，测试溶剂为 $CDCl_3$，仪器为 Bruker AV-Ⅲ-500 型核磁共振波谱仪，^1H 的共振频率为 500 MHz，^{13}C 的共振频率为 125 MHz。图 3-2-33 是 δ_H -0.5～8.5 和 δ_C 0.0～220.0 的完整谱。由于部分信号过于拥挤，对全谱上的 δ_H 0.7～3.4 和 δ_C 10.0～65.0 以及 δ_H 7.24～7.64 和 δ_C 130.0～150.0 的区域分别进行了放大，见图 3-2-34 和图 3-2-35；放大图上信号清晰可辨。图谱的解析方法与 HMQC 相同，结果也完全相同。

3. 检出 ^1H 的异核多键相关谱（^1H detected heteronuclear multiple bond correlation，HMBC）

远程碳-氢化学位移相关谱（COLOC 谱），由于检测旋磁比较低的 ^{13}C 核，灵敏度较低；与 HMQC 谱类似，现在常采用检出 ^1H 的异核多键相关谱（HMBC 谱）。HMBC 谱与 COLOC 谱的特点相似，不同点在于 HMBC 谱的 ω_2 轴是 δ_H，ω_1 轴是 δ_C；而 COLOC 谱的 ω_2 轴是 δ_C，ω_1 轴是 δ_H。与 COLOC 谱比较，HMBC 谱可以更高灵敏度地检测 ^{13}C-^1H 远程偶合信息，甚至包括 $^4J_{CH}$ 和 $^5J_{CH}$ 偶合信息，因此，获取结构信息的可能性更大。HMBC 谱中可能出现直接相连的氢原子（^1H）与碳原子（^{13}C）的氢-碳相关峰，这种相关峰由于与 ^{13}C 对直接相连接的氢原子（^1H）的偶合作用有关而分裂成两个峰，比 COLOC 谱中一键相连的碳-氢之间的相关峰易于辨析。

与 HMQC 谱类似，同样由于 ω_1 轴分辨率的考虑，在样品量较多时，较宜用 COLOC 谱代替 HMBC 谱。

图 3-2-36 为 Ravidin A 的 HMBC 谱，测试溶剂为 $CDCl_3$，仪器为 Bruker AV-Ⅲ-500 型核磁共振波谱仪，^1H 的共振频率为 500 MHz，^{13}C 的共振频率为 125 MHz。图 3-2-36 是 δ_H -0.5～8.5 和 δ_C 0.0～220.0 的完整谱。由于部分信号过于拥挤，对全谱上的 δ_H 5.0～8.2 和 δ_C 30.0～155.0 以及 δ_H 0.50～3.40 和 δ_C 5.0～85.0 的区域分别进行了放大，见图 3-2-37 和图 3-2-38；放大图上信号清晰可辨。HMBC 谱的图形通常呈长方形或正方形，图谱中的峰为交叉峰，不

存在对角峰。在 HMBC 谱上，直接相连的氢原子（^{1}H）与碳原子（^{13}C）的关联信号的特征是在直接相连的氢原子（^{1}H）与碳原子（^{13}C）的共振峰的交汇点（这种交汇点是指通过其做两条分别垂直于 ω_1 轴和 ω_2 轴的直线，其中一条直线与氢原子的共振峰交叉，另一条直线与碳原子的共振峰交叉）沿平行于氢谱基线的直线在纵轴两侧对称分布的两个交叉峰。由于 HMBC 谱的交叉峰涉及相隔 2 个键和 3 个键，甚至更多键的氢原子（^{1}H）与碳原子（^{13}C）的关联，因此相对比较复杂。对 HMBC 谱的解析需要结合有机化学的结构理论和概念认真且耐心对待，相关交叉峰的确定最好是既要以 ^{13}C NMR 谱的共振峰为起点，寻找与其有关联的 ^{1}H NMR 谱共振峰，也要以 ^{1}H NMR 谱的共振峰为起点寻找与其有关联的 ^{13}C NMR 谱的共振峰，同时还要根据结构进行交叉峰的合理验证；两种方法获得的信息再与有机化学的结构概念结合起来，一般可以达到解析结构的目的。

从 Ravidin A 的 HMBC 谱上可以确定存在如下远程氢-碳相关：δ_H 1.01 与 δ_C 36.7、43.2、45.2 和 55.3；δ_H 1.40 与 δ_C 49.9、57.2 和 59.1；δ_H 1.45 与 δ_C 49.9、55.3、59.1 和 210.5；δ_H 1.60～1.71 与 δ_C 17.6、22.6、27.9、36.7、43.2、49.9、55.3 和 210.5；δ_H 1.73～1.84 与 δ_C 16.5、36.7、45.2、55.3、72.3 和 124.7；δ_H 2.13 与 δ_C 17.6、43.2（$^{5}J_{CH}$）、55.3、57.2 和 59.1；δ_H 2.26 与 δ_C 16.5、22.6（$^{5}J_{CH}$）、36.7、45.2 和 55.3；δ_H 2.65 与 δ_C 45.2、49.9、59.1（$^{4}J_{CH}$）、171.3 和 210.5；δ_H 2.92 与 δ_C 17.6、21.7、22.6、49.9 和 59.1；δ_H 3.02 与 δ_C 36.7、45.2、171.3 和 210.5；δ_H 3.12 与 δ_C 16.5、36.5、36.7、43.2、55.3 和 171.3；δ_H 5.40 与 δ_C 36.7、43.2、108.3、124.7、139.7 和 171.3；δ_H 6.43 与 δ_C 72.3、124.7、139.7 和 143.8；δ_H 7.43 与 δ_C 108.3、124.7 和 139.7；δ_H 7.47 与 δ_C 108.3、124.7 和 143.8。

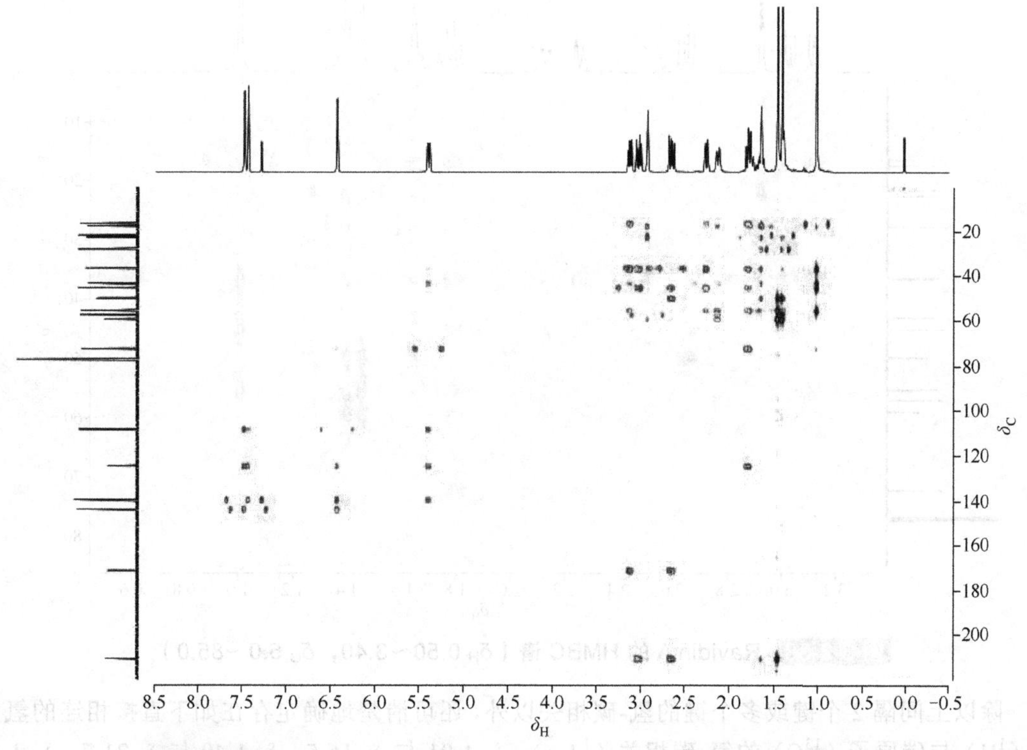

图 3-2-36 Ravidin A 的 HMBC 谱（δ_H-0.5～8.5，δ_C 0.0～220.0）

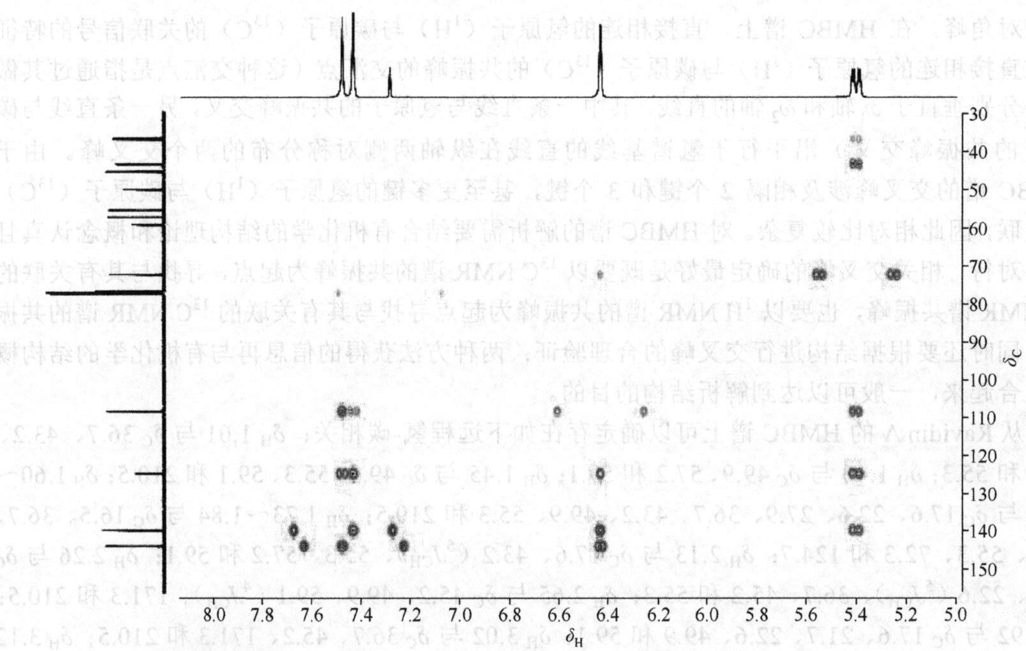

图 3-2-37 Ravidin A 的 HMBC 谱（δ_H 5.0～8.2，δ_C 30.0～155.0）

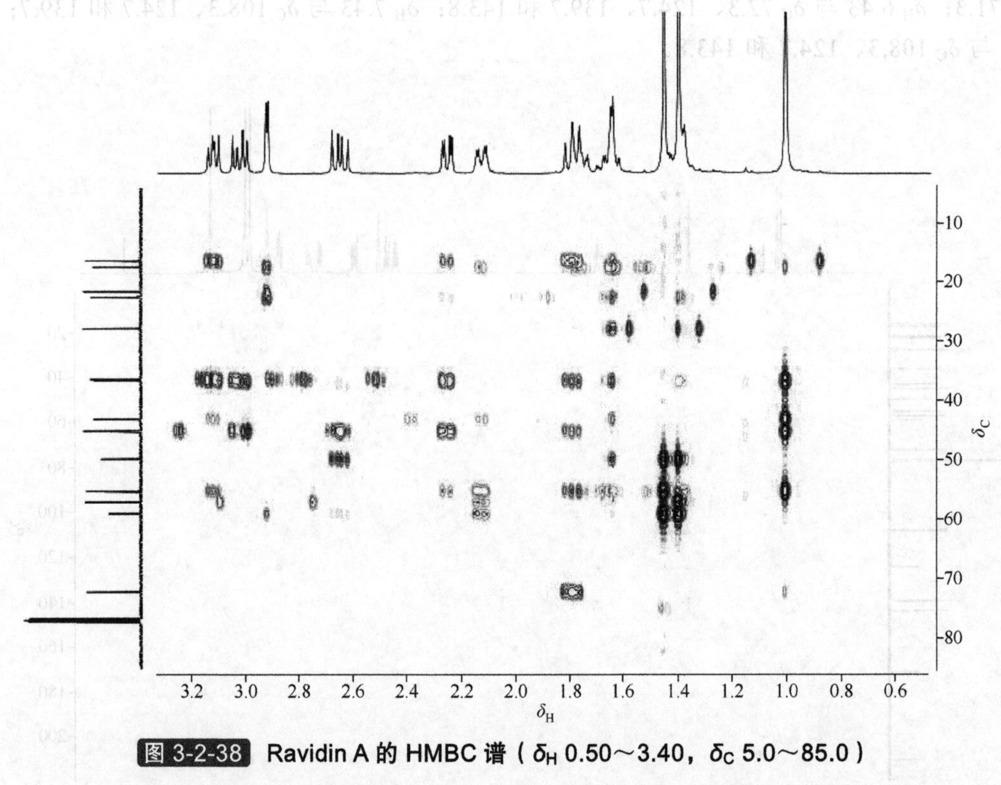

图 3-2-38 Ravidin A 的 HMBC 谱（δ_H 0.50～3.40，δ_C 5.0～85.0）

除以上间隔 2 个键或多个键的氢-碳相关以外，还可清楚地确定存在如下直接相连的氢原子（^1H）与碳原子（^{13}C）的氢-碳相关（$^1J_{CH}$）：δ_H 1.01 与 δ_C 16.5，δ_H 1.40 与 δ_C 21.7，δ_H 1.45 与 δ_C 27.9，δ_H 2.13 与 δ_C 22.6，δ_H 2.26 与 δ_C 43.2，δ_H 2.92 与 δ_C 57.2，δ_H 3.02 和 2.65 与 δ_C 36.5，δ_H 3.12 与 δ_C 45.2，δ_H 5.40 与 δ_C 72.3，δ_H 6.43 与 δ_C 108.3，δ_H 7.43 与 δ_C 143.8，δ_H 7.47 与 δ_C 139.7。

4. HMQC-TOCSY 谱

H-H TOCSY 谱能有效地实现偶合网络内偶合氢核之间相干的任意传递。当复杂分子具有若干独立的自旋系统而在某些区域里谱峰严重重叠时，该方法可较好地辨析各个不同自旋系统内的氢核。

HMQC-TOCSY 是将 H-H TOCSY 与 HMQC 结合起来的一种二维技术，它不但在 ^{1}H NMR 谱方向得到独立自旋系统内每个碳与该系统内所有氢的相关，而且在 ^{13}C NMR 谱方向得到自旋系统内每个氢与该系统内所有碳的相关。这样只要自旋系统内有一个氢(^{1}H)和一个碳(^{13}C)的 NMR 信号与其他系统不重叠，就有可能将各个不同的自旋系统区分开，并对谱线进行明确归属。

图 3-2-39 为 Ravidin A 的 HMQC-TOCSY 谱，测试溶剂为 $CDCl_3$，仪器为 Bruker AV-Ⅲ-500 型核磁共振波谱仪，^{1}H 的共振频率为 500 MHz，^{13}C 的共振频率为 125 MHz。ω_1 轴是 δ_C，ω_2 轴是 δ_H。图 3-2-39 是 δ_H 0.0～10.0 和 δ_C 0.0～220.0 的完整谱。由于部分信号过于拥挤，对全谱上的 δ_H 0.50～3.50 和 δ_C 0.0～75.0 以及 δ_H 6.0～8.0 和 δ_C 100.0～155.0 的区域分别进行了放大，见图 3-2-40 和图 3-2-41；放大图上信号清晰可辨，δ_H 1.37～1.39、1.60～1.71、1.73～1.84、2.13 和 2.92 为自旋系统 CH(10)-CH_2(1)-CH_2(2)-CH(3)的 ^{1}H NMR 谱共振峰，均与同一自旋系统中的 ^{13}C NMR 谱共振峰 δ_C 17.6、22.6、55.3 和 57.2 存在 HMQC-TOCSY 相关峰（δ_H 1.37～1.39 与 δ_C 57.2 的相关峰受到了邻近信号的干扰），δ_H 1.73～1.84、2.26 和 5.40 为自旋系统 CH_2(11)-CH(12) 的 ^{1}H NMR 谱共振峰，均与同一自旋系统中的 ^{13}C NMR 谱共振峰 δ_C 43.2 和 72.3 存在 HMQC-TOCSY 相关峰，δ_H 2.65、3.02 和 3.12 为自旋系统 CH_2(7)-CH(8)的 ^{1}H NMR 谱共振峰，均与同一自旋系统中的 ^{13}C NMR 谱共振峰 δ_C 36.5 和 45.2 存在 HMQC-TOCSY 相关峰，δ_H 6.43、7.43 和 7.47 为共轭自旋系统 CH(15)-CH(14)-[C(13)]-CH(16)的 ^{1}H NMR 谱共振峰，均与同一自旋系统中的 ^{13}C NMR 谱共振峰 δ_C 108.3、139.7 和 143.8 存在 HMQC-TOCSY 相关峰。反过来，上述处于同一自旋系统中的 ^{13}C NMR 谱共振峰也均与同一自旋系统中的 ^{1}H NMR 谱共振峰存在 HMQC-TOCSY 相关峰。

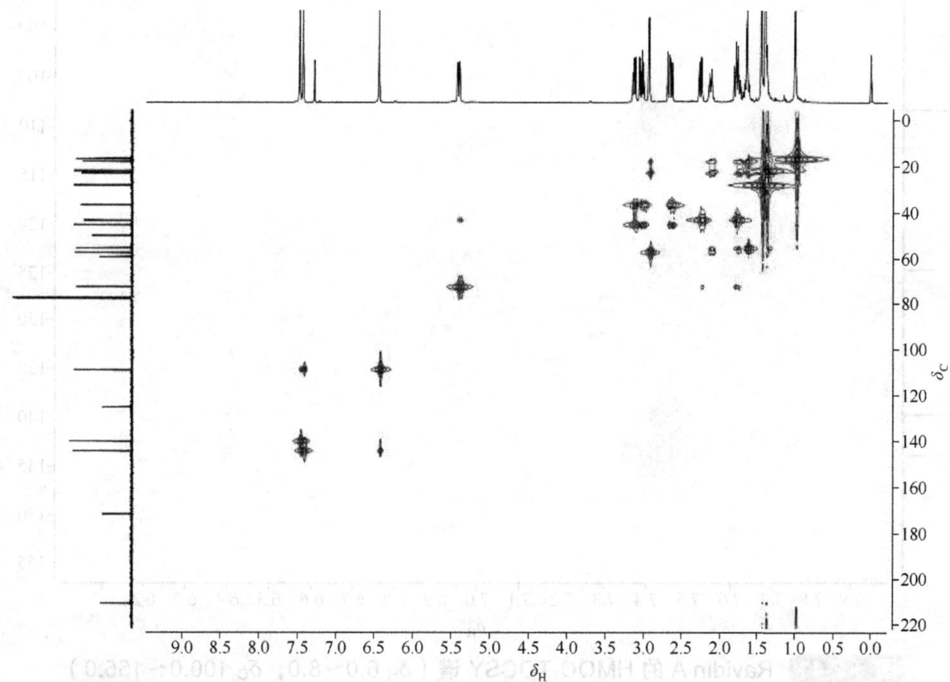

图 3-2-39　Ravidin A 的 HMQC-TOCSY 谱（δ_H 0.0～10.0，δ_C 0.0～220.0）

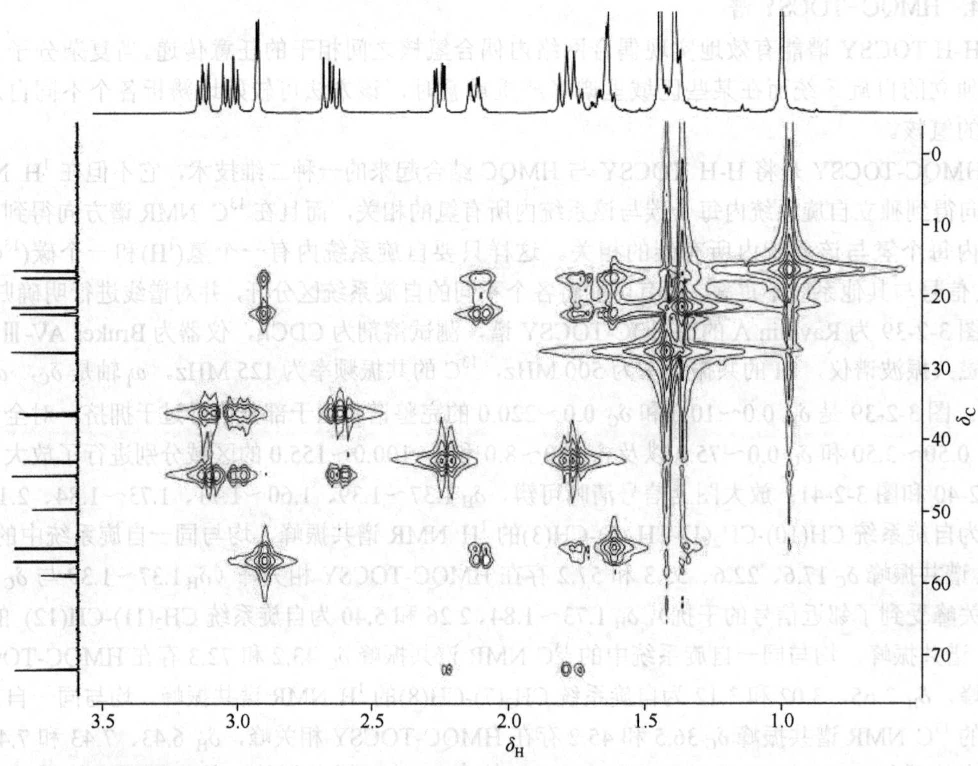

图 3-2-40 Ravidin A 的 HMQC-TOCSY 谱（δ_H 0.50～3.50，δ_C 0.0～75.0）

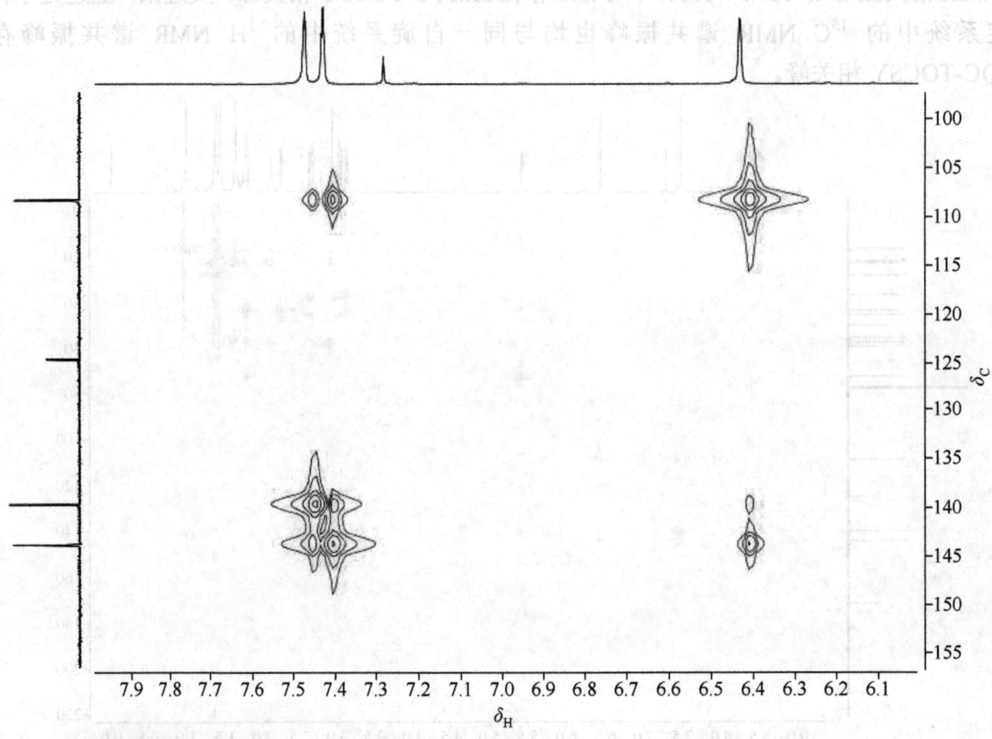

图 3-2-41 Ravidin A 的 HMQC-TOCSY 谱（δ_H 6.0～8.0，δ_C 100.0～155.0）

5. 2D INADEQUATE (Incredible natural abundance double quantum transfer experiment)

2D INADEQUATE 谱是碳-碳同核化学位移相关谱，属于二维双量子实验，在确定碳原子的连接顺序方面是目前比较理想的 NMR 手段。^{13}C 同位素的天然丰度是 1.1%，因此，在有机化合物中，两个 ^{13}C 核直接相连的概率很低，大约为万分之一；三个 ^{13}C 核直接相互连接的概率更低。因此，INADEQUATE 实验只检测直接连接的 ^{13}C-^{13}C 偶合相关的 AX 或 AB 自旋偶合体系，实验的灵敏度很低。

图 3-2-42 和图 3-2-43 分别为真菌类担子菌纲多孔菌目革菌科莲座革菌 *Thelephora vialis* 中的对三联苯类化合物 Vialisyl A 的 ^{13}C NMR 谱和 2D INADEQUATE 谱[2]，测试溶剂为 DMSO-d_6，仪器为 Bruker AV Ⅲ HD 600 型核磁共振波谱仪，^{13}C 的共振频率为 150 MHz。2D INADEQUATE 谱的 ω_1 轴是双量子频率，该频率正比于相互偶合的两个直接连接的 ^{13}C 核的化学位移平均值；ω_2 轴是 δ_C。在 2D INADEQUATE 谱中存在一条准对角线，直接相连的两个 ^{13}C 核的相关峰在同一水平线上左右等距离地分布在准对角线的两侧且 ω_2 分别等于它们的 δ 值处。图 3-2-43 是在 δ_C 30.0～180.0 范围完整的 2D INADEQUATE 谱。为了更清楚地解析，对 δ_C 90.0～160.0 的范围进行了放大，见图 3-2-44；放大图上信号清晰可辨，可以方便地获得如表 3-2-1 所示的碳-碳偶合信息。

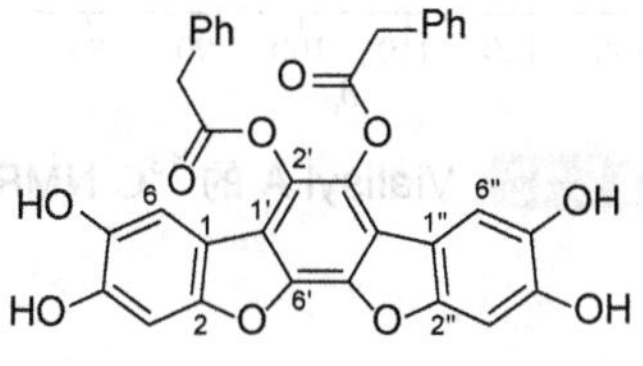

Vialisyl A

表 3-2-1 Vialisyl A 的 ^{13}C NMR 和 2D INADEQUATE 数据[2]

碳原子编号	δ_C	2D INADEQUATE
1, 1″	112.8	106.1, 150.1, 116.7
2, 2″	150.1	112.8, 98.9
3, 3″	98.9	150.1, 147.1
4, 4″	147.1	98.9, 143.4
5, 5″	143.4	147.1, 106.1
6, 6″	106.1	143.4, 112.8
1, 4′	116.7	112.8, 130.7, 137.1
2, 3′	130.7	116.7
6, 5′	137.1	116.7
CO	169.1	39.5
CH_2	39.5	169.1, 133.3
C*ipso*❶	133.3	39.5, 129.8
C_o	129.8	133.3, 128.7
C_m	128.7	129.8, 127.4
C_p	127.4	128.7

❶ *ipso* 表示原位。

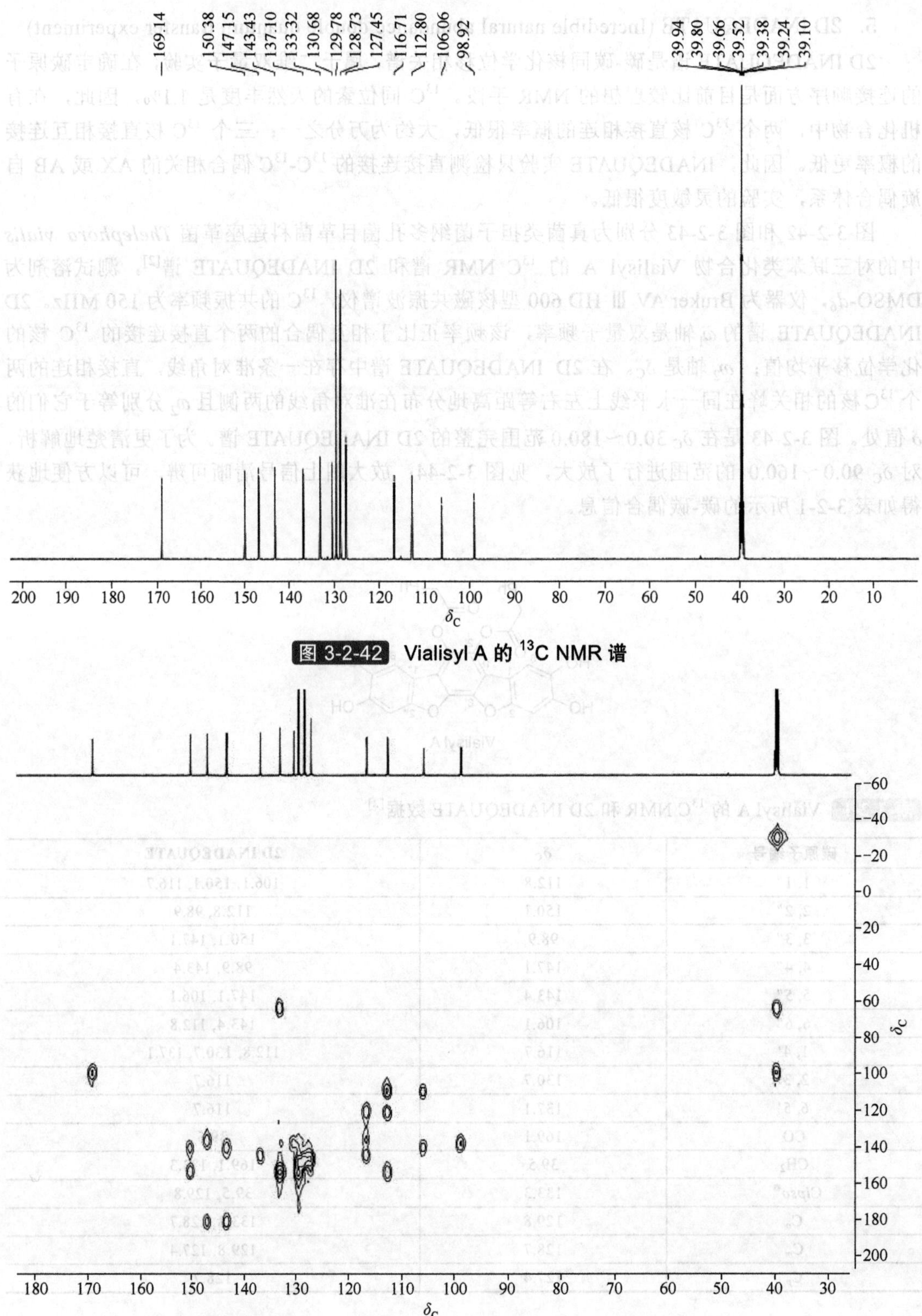

图 3-2-42 Vialisyl A 的 ^{13}C NMR 谱

图 3-2-43 Vialisyl A 的 2D INADEQUATE 谱（δ_C 30.0～180.0）

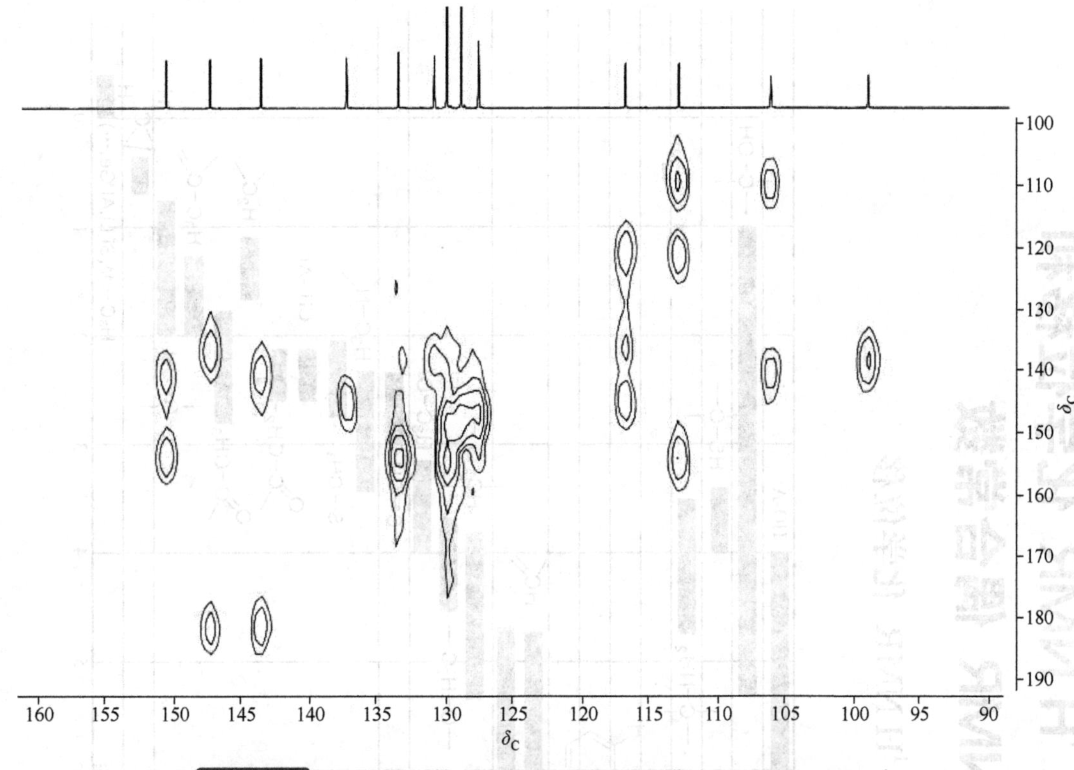

图 3-2-44　Vialisyl A 的 2D INADEQUATE 谱（δ_C 90.0～160.0）

参 考 文 献

[1] Qin H L, Li Z H. Phytochemistry, 2004, 65: 2533.

[2] Liu R, Wang Y N, Xie B J, et al. Helv Chim Acta, 2015, 98 :1075.

第四章　典型有机官能团的 ^{1}H NMR 化学位移和典型偶合体系的 ^{1}H NMR 偶合常数

第一节　典型有机官能团的 ^{1}H NMR 化学位移

表 4-1-1 典型官能团化学位移（δ 值）的大致范围[1]（Ar：芳香基）

酚羟基	HO-Ar
醇羟基	—C—OH
巯基	HS—C—
氨基	—C—NH_2
羧基	HO—C(=O)—
醛基	O=CH—
杂环芳氢	吡啶 C—H
芳氢	苯 C—H
烯氢	HC=；=CH_2
氧化烷基	HC—O—；—O—H_2C—；H_3C—O—
炔氢	—C≡CH
取代烷基	H_3C—N；—S—CH_3；CH_3-Ar；O=C—CH_2—；H_2C；O=C—CH_3；H_3C—C=；X—C—CH_3
环丙基	环丙烷 C—H
甲基金属化合物	H_3C—M(Si,Li,Al,Ge,…)

δ_H：12　11　10　9　8　7　6　5　4　3　2　1　0

表 4-1-2　典型甲基（CH_3R）的 ^{1}H NMR 化学位移值（δ）范围[2,3]（R: 烷基；Ar: 芳香基；Ph: 苯基）

取代基 R	δ	取代基 R	δ	取代基 R	δ
—H	0.23	$—CH(CH_3)—CH(R^1)(R^2)$	0.82～1.02	—OAr	3.67～4.40
$—CH_2CH_3$	0.86	$—CH(CH_3)—C(R^1)(R^2)(R^3)$	0.75～0.97	—X①	2.16～4.26
$—CH_2CH_2R^1$	0.88～1.05	$—CH(CH_3)—C(=O)—R^1$	1.10～1.22	$—N(R^1)(R^2)$	2.25～2.57
$—CH_2CH(R^1)(R^2)$	0.90～1.13	$—CH(Ph)(CH_3)$	1.22～1.25	$—N(R^1)(Ph)$	2.71～3.10 2.87～3.05
$—CH_2C(R^1)(R^2)—R^3$	0.83～1.24	$—CH(CH_2R^1)(OR^2)$	1.12～1.44	$—N(R^1)—C(=O)—R^2$	2.74～3.05
$—CH_2—C(=O)—R^1$	1.05～1.23	$—C((R^1)H)=C(R^2)(R^3)$	1.59～2.14	$—SR^1$	2.02～2.58 2.08～2.12
$—CH_2—N(R^1)(R^2)$	0.97～1.13	$—C(CH_3)_2—CH_2R^1$	0.72～1.02	$—C(=O)—R^1$	1.95～2.68 2.12～2.17
$—CH_3OR^1$	1.20～1.47	$—C(CH_3)_2—Ph$	1.30～1.43	$—C(=O)—OR^1$	1.92～2.25 1.97～2.11
$—CH_3SR^1$	1.20～1.52	$—C(R^1H_2C)(CH_3)—N(R^2)(R^3)$	1.12～1.75	—Ph	2.14～2.76 1.53～2.78
$—CH_3Ph$	1.25～1.30	$—OR^1$	3.33～3.47	$—C(=O)—Ph$	2.45～2.68 2.47～2.59
$—CH(CH_3)—CH_2R^1$	0.82～0.93	$—O—C(=O)—R^1$	3.67～3.87	—C≡	1.83～2.12

❶ X 代表卤素。

表 4-1-3　各种亚甲基和次甲基的 ^{1}H NMR 化学位移值（δ）的计算[2]（R: 烷基；Ar: 芳香基）

$$\delta_{亚甲基}=1.25+\sum_1^2\sigma_i\text{；}\quad \delta_{次甲基}=1.50+\sum_1^3\sigma_i$$

取　代　基	σ_i	取　代　基	σ_i	取　代　基	σ_i
—R	0.0	—OH	1.7	$—NO_2$	3.0
—C═C—	0.8	—OR	1.5	—SR	1.0
—C≡C—	0.9	—OAr	2.3	—CHO	1.2
—Ar	1.3	—OCOR	2.7	—COR	1.2
—Cl	2.0	—OCOAr	2.9	—COOH	0.8
—Br	1.9	$—NH_2$	1.0	—COOR	0.7
—I	1.4	$—NR_2$	1.0	—CN	1.2

表 4-1-4 亚甲基和次甲基的 ^{1}H NMR 化学位移值(δ, ±0.3)[4]

取 代 基	$—CH_2R$	$—CHR_2$	$—C—\overset{*}{C}H_2R$①	$—\overset{*}{C}—CHR_2$①
—R	1.3	1.4	1.3	1.4
—C═C—	1.9	2.2	1.3	1.5
—C≡C—	2.1	2.8	1.5	1.8
—C(═O)—NR^2	2.2	2.4	1.5	1.8
—C(═O)—OR	2.2	2.5	1.7	1.9
—C(═O)—R	2.4	2.6	1.5	2.0
—C(═O)—H	2.2	2.4	1.6	—
—C≡N	2.4	2.9	1.6	2.0
—I	3.1	4.2	1.8	2.1
$—NR_2$	2.5	2.9	1.4	1.7
—SR	2.5	3.0	1.6	1.9
—Ar	2.9	2.9	1.5	1.8
—C(═O)—Ar	2.7	3.4	1.6	1.9
—Br	3.3	3.6	1.8	1.9
—HN—C(═O)—R	3.2	3.8	1.5	1.8
—NHAr	3.1	3.6	1.5	1.8
—Cl	3.6	4.0	1.8	2.0
—OR	3.4	3.6	1.5	1.7
—OH	3.5	3.9	1.5	1.7
—O—C(═O)—R	4.2	5.1	1.6	1.8
—OAr	4.0	4.6	1.5	2.0
—O—C(═O)—Rr	4.3	5.2	1.7	1.8
—F	4.4	4.8	1.8	1.9
$—NO_2$	4.4	4.5	2.0	3.0

① 此处标记星号的 C 为泛指，即可以是 CH_2，也可以是 CHR、CHR_2。

注：R—烷基；Ar—芳基。

表 4-1-5 单取代烷烃的 ^{1}H NMR 化学位移值(δ)[2]

取 代 基	甲基	乙 基		丙 基			异 丙 基		叔丁基
	$—CH_3$	$—CH_2—$	$—CH_3$	$—CH_2—$	$—CH_2—$	$—CH_3$	$—CH<$	$—CH_3$	$—CH_3$
—H	0.23	0.86	0.86	0.91	1.33	0.91	1.33	0.91	0.89
$—HC═CH_2$	1.71	2.00	1.00						1.02
—C≡CH	1.80	2.16	1.15	2.10	1.50	0.97	2.59	1.15	1.22
—Ar	2.35	2.63	1.21	2.59	1.65	0.95	2.89	1.25	1.32
—F	4.27	4.36	1.24						1.34
—Cl	3.06	3.47	1.33	3.47	1.81	1.06	4.14	1.55	1.60
—Br	2.69	3.37	1.66	3.35	1.89	1.06	4.21	1.73	1.76
—I	2.16	3.16	1.88	3.16	1.88	1.03	4.24	1.89	1.95
—OH	3.39	3.59	1.18	3.49	1.53	0.93	3.94	1.16	1.22
—OR	3.24	3.37	1.15	3.27	1.55	0.93	3.55	1.08	1.24

续表

取代基	甲基	乙基		丙基			异丙基		叔丁基
	—CH_3	—CH_2—	—CH_3	—CH_2—	—CH_2—	—CH_3	>CH—	—CH_3	—CH_3
—O—C=C	3.5	3.7	1.3						
—OAr	3.73	3.98	1.38	3.86	1.70	1.05	4.51	1.31	
—O—C(=O)—CH_3	3.67	4.05	1.21	3.98	1.56	0.97	4.94	1.22	1.45
—O—C(=O)—Ar	3.88	4.37	1.38	4.25	1.76	1.07	5.22	1.37	1.58
—OSO_2—*p*-Ts	3.70	4.07	1.30	3.94	1.60	0.95	4.70	1.25	
—NH_2	2.47	2.74	1.10	2.61	1.43	0.93	3.07	1.03	1.15
—NH—C(=O)—CH_3	2.71	3.21	1.12	3.18	1.55	0.96	4.01	1.13	1.28
—NO_2	4.29	4.37	1.58	4.28	2.01	1.03	4.44	1.53	1.59
—SH	2.00	2.44	1.31	2.46	1.57	1.02	3.16	1.34	1.43
—SR	2.09	2.49	1.25	2.43	1.59	0.98	2.93	1.25	1.39
—S—SR	2.30	2.67	1.35	2.63	1.71	1.03			1.32
—CHO	2.20	2.46	1.13	2.42	1.67	0.97	2.39	1.13	1.07
—C(=O)—CH_3	2.09	2.47	1.05	2.32	1.56	0.93	2.54	1.08	1.12
—C(=O)—Ar	2.55	2.92	1.18	2.86	1.72	1.02	3.58	1.22	
—COOH	2.08	2.36	1.16	2.31	1.68	1.00	2.56	1.21	1.23
—C(=O)—OCH_3	2.01	2.28	1.12	2.22	1.65	0.98	2.48	1.15	1.16
—C(=O)—NH_2	2.02	2.23	1.13	2.19	1.68	0.99	2.44	1.18	1.22
—C=N—OH	1.9								
—CN	1.98	2.35	1.31	2.29	1.71	1.11	2.67	1.35	1.37

表 4-1-6 卤代甲烷和卤代乙烷的 ^{1}H NMR 化学位移数据(δ)[5]

化合物类型	F	Cl	Br	I	化合物类型	F	Cl	Br	I
CH_3X	4.27	3.06	2.69	2.16	CHX_2		5.8	5.86	
CH_2X_2	5.45	5.33	4.94	3.90	CH_3		2.1	2.47	
CHX_3	6.49	7.24	6.82	4.91	XCH_2CH_2X		3.7	3.63	3.7
CH_2X	4.36	3.47	3.37	3.16					
CH_3	1.24	1.33	1.66	1.88					

表 4-1-7 共轭烯酮 β 取代烷基的 ^{1}H NMR 化学位移数据(δ)[6]

化合物	*β*-Me		*β*-CH_2		化合物	*β*-Me		*β*-CH_2	
	顺	反	顺	反		顺	反	顺	反
Me_2C=CHCOMe	2.11	1.83	—	—	MePrC=CEtCOMe	1.70	—	—	2.14
Me_2C=CHCOEt	2.09	1.85	—	—	Ee_2C=CMeCOEt	1.74	1.74	—	—
EtMeC=CHCOEt	—	1.85	2.54	—	Et_2C=CMeCOEt	—	—	2.10	2.08
MeEtC=CHCOEt	2.11	—	—	2.14	Mt_2C=CMeCO-*i*-Pr	—	—	2.04	1.95

续表

化合物	β-Me		β-CH_2		化合物	β-Me		β-CH_2	
	顺	反	顺	反		顺	反	顺	反
$Me_2C=CHCOPr$	2.05	1.82	—	—	$Me_2C=CMeCOMe$	1.82	1.72	—	—
$MePrC=CHCOMe$	2.05	—	—	2.05	$EtMeC=CMeCOMe$	—	1.72	2.25	—
$MePrC=CHCOPr$	2.07	—	—	2.08	$MeEtC=CMeCOMe$	1.81	—	—	2.11
$PrMeC=CHCOPr$	—	1.84	2.54	—	$EtHC=CMeCOEt$	—	—	2.24	—
$Me_2C=CEtCOMe$	1.74	1.74	—	—	$HMeC=CMeCOMe$	—	1.72	—	—
$PrMeC=CEtCOMe$	—	1.70	2.14	—					

表 4-1-8 双键氢的 ^{1}H NMR 化学位移(δ)的计算[7]

$$\delta_{烯氢} = 5.25 + Z_{gem} + Z_{cis} + Z_{trans}$$

（取代基位置：R_{cis}、R_{trans}、R_{gem} 相对于 H）

取代基 R	Z_{gem}	Z_{cis}	Z_{trans}	取代基 R	Z_{gem}	Z_{cis}	Z_{trans}
—H	0	0	0	—NHR (R 脂肪族)	0.80	−1.26	−1.21
—烷基	0.45	−0.22	−0.28	—NR_2 (R 脂肪族)	0.80	−1.26	−1.21
—环烷烃①	0.69	−0.25	−0.28	—NHR (R 不饱和)	1.17	−0.53	−0.99
—CH_2-Ar	1.05	−0.29	−0.32	—NRR′ (R 不饱和，R′任意)	1.17	−0.53	−0.99
—CH_2-X (X=F,Cl,Br)	0.70	0.11	−0.04	—NCOR	2.08	−0.57	−0.72
—CHF_2	0.66	0.32	0.21	—N═N-Ph	2.39	1.11	0.67
—CF_3	0.66	0.61	0.32	—NO_2	1.87	1.30	0.62
—CH_2O	0.64	−0.01	−0.02	—SR	1.11	−0.29	−0.13
—CH_2N	0.58	−0.10	−0.08	—SOR	1.27	0.67	0.41
—CH_2S	0.71	−0.13	−0.22	—SO_2R	1.55	1.16	0.93
—CH_2CO、—CH_2CN	0.69	−0.08	−0.06	—SCOR	1.41	0.06	0.02
—C═C (孤立)	1.00	−0.09	−0.23	—SCN	0.80	1.17	1.11
—C═C (共轭②)	1.24	0.02	−0.05	—SF_5	1.68	0.61	0.49
—C≡C	0.47	0.38	0.12	—CHO	1.02	0.95	1.17
—Ar(自由旋转)	1.38	0.36	−0.07	—CO(孤立)	1.10	1.12	0.87
—Ar(旋转受阻③)	1.60	—	−0.05	—CO(共轭②)	1.06	0.91	0.74
—Ar (邻位有取代基)	1.65	0.19	0.09	—COOH(孤立)	0.97	1.41	0.71
—F	1.54	−0.40	−1.02	—COOH(共轭②)	0.80	0.98	0.32
—Cl	1.08	0.18	0.13	—COOR(孤立)	0.80	1.18	0.55
—Br	1.07	0.45	0.55	—COOR(共轭②)	0.78	1.01	0.46
—I	1.14	0.81	0.88	—$CONR_2$	1.37	0.98	0.46
—OR (R 脂肪族)	1.22	−1.07	−1.21	—COCl	1.11	1.46	1.01
—OR (R 不饱和)	1.21	−0.60	−1.00	—CN	0.27	0.75	0.55
—OCOR	2.11	−0.35	−0.64	—$PO(OEt)_2$	0.66	0.88	0.67
—NH_2	0.80	−1.26	−1.21	—$OPO(OEt)_2$	1.33	−0.34	−0.66

① 环烷烃指取代基与双键形成环状物；

② 系指双键或双键取代基与另外取代基共轭；

③ 形成芳香共轭双键，如 1,2-二氢萘。

表 4-1-9 双键氢的 ^{1}H NMR 化学位移(δ)的计算[8]

$$\delta_{烯氢} = 5.28 + Z_{同} + Z_{顺} + Z_{反}$$

取代基 R	$Z_{同}$	$Z_{顺}$	$Z_{反}$	取代基 R	$Z_{同}$	$Z_{顺}$	$Z_{反}$
—H	0	0	0	—CON<	1.37	0.93	0.35
—R	0.44	−0.26	−0.29				
—R(环)	0.71	−0.33	−0.30	—COCl	1.10	1.41	0.99
—CH_2O—、—CH_2I	0.67	−0.02	−0.07	—OR (R 饱和)	1.18	−1.06	−1.28
—CH_2S—	0.53	−0.15	−0.15	—OR (R 共轭)	1.14	−0.65	−1.05
—CH_2Cl、—CH_2Br	0.72	0.12	0.07	—OCOR	2.09	−0.40	−0.67
—CH_2N<	0.66	−0.05	−0.23	—Ar	1.35	0.37	−0.10
—C≡C—	0.50	0.35	0.10	—Br	1.04	0.40	0.55
—C≡N	0.23	0.78	0.58	—Cl	1.00	0.91	0.03
—C═C	0.98	−0.04	−0.21	—F	1.03	−0.89	−1.19
—C═C(共轭)	1.26	0.08	−0.01	—NR_2 (R 饱和)	0.69	−1.19	−1.31
—C═O	1.10	1.13	0.81				
—C═O(共轭)	1.06	1.01	0.95				
—COOH	1.00	1.35	0.74	—NR_2 (R 共轭)	2.30	−0.73	−0.81
—COOH(共轭)	0.69	0.97	0.39				
—COOR	0.84	1.15	0.56				
—COOR(共轭)	0.68	1.02	0.33	—SR	1.00	−0.24	−0.04
—CHO	1.03	0.97	1.21	—SO_2—	1.58	1.15	0.95

表 4-1-10 单取代乙烯双键氢的 ^{1}H NMR 化学位移值(δ)[7]

H_a、H_b 同碳，H_c 与 R 同碳

R	δ_a	δ_b	δ_c	R	δ_a	δ_b	δ_c
—烷基	4.87～8	4.94～7	5.72～8	—COMe	5.90	6.27	6.30
—CH_2X	5.05～17	5.23～9	5.89～6.04	—F	4.03	4.37	6.17
—CH_2COMe	4.98	5.03	5.80	—Cl	5.39	5.48	6.26
—OR'	3.94	4.15～6	6.42～7	—Br	5.97	5.84	6.44
—OCOR'	4.51-6	4.84～8	7.27～30	—I	6.23	6.57	6.53
—Ph	5.20	5.72	6.72	—CN	6.07	6.20	5.73

表 4-1-11 典型单取代乙炔衍生物的 ^{1}H NMR 化学位移值(δ)[9~11]

HC≡C—R

R	δ	R	δ	R	δ
—H	1.80[9]; 2.88[10]	—C≡C	1.7～2.4[9], 1.75～2.27[10]	—CO	2.1～3.3[9]
—Me	1.80[9]	—Ph	2.7～3.4[9], 2.71～3.37[10]	—CH_2SO_3Ph	2.55[9,11]
烷基	1.7～1.9[9]; 1.73～1.88[10]	—OR'	～1.3[9~11]	—CH_2NHCOMe	2.25[9]
—C═C	2.6～3.1[9,10]	—C≡C—C≡C—Me	1.87[11]	—CH_2X①	2～2.4[10]

① X=卤素，S, N, O 等。

表 4-1-12 典型脂环化合物的 ^{1}H NMR 化学位移值(δ, CCl_4)[12]

环碳数目	环烷烃	环烯烃			环烷酮	
		$=CH$	$=CCH_2$	CCH_2C	CH_2CO	CCH_2C
3	0.22(s)	7.01(t)	0.92(t)	—	—	
4	1.96(s)	5.97(s)	2.54(s)	—	3.03(t)	1.96
5	1.51(s)	5.60(t)	2.28(m)	1.90(m)	2.06	2.02
6	1.44(s)	5.59(t)	1.96(m)	1.65(m)	2.22	1.79
7	1.54(s)	5.71(t)	2.11	1.62, 1.49	2.38	1.66
8	1.54(s)	5.56(t)	2.11	1.50	2.30	1.81, 1.50

表 4-1-13 取代基对苯环氢的化学位移值(δ)的影响[13]

(苯环结构式：X 取代，环位置标号 2、3、4) $\delta_H = 7.26 + Z_i$

取代基 X	Z_2	Z_3	Z_4	取代基 X	Z_2	Z_3	Z_4
—H	0	0	0	—$N^+(Me)_3I^-$	0.69	0.36	0.31
—Me	−0.20	−0.12	−0.22	—NHCOMe	0.12	−0.07	−0.28
—Et	−0.14	−0.06	−0.17	—N(Me)COMe	−0.16	0.05	−0.02
—*i*-Pr	−0.13	−0.08	−0.18	—$NHNH_2$	−0.60	−0.08	−0.55
—*t*-Bu	0.02	−0.08	−0.21	—N═N—Ph	0.67	0.20	0.20
—CH_2Cl	0.00	0.00	0.00	—NO	0.58	0.31	0.37
—CF_3	0.32	0.14	0.20	—NO_2	0.95	0.26	0.38
—CCl_3	0.64	0.13	0.10	—SH	−0.08	−0.16	−0.22
—CH_2OH	−0.07	−0.07	−0.07	—SMe	−0.08	−0.10	−0.24
—CH═CH_2	0.06	−0.03	−0.10	—SPh	0.06	−0.09	−0.15
—CH═CH—Ph	0.15	−0.01	−0.16	—SO_3Me	0.60	0.26	0.33
—C≡CH	0.15	−0.02	−0.01	—SO_2Cl	0.76	0.35	0.45
—C≡C—Ph	0.19	0.02	0.00	—CHO	0.56	0.22	0.29
—Ph	0.37	0.20	0.10	—COMe	0.62	0.14	0.21
—F	−0.26	0.00	−0.20	—COEt	0.63	0.13	0.20
—Cl	0.03	−0.02	−0.09	—$COC(Me)_3$	0.44	0.05	0.05
—Br	0.18	−0.08	−0.04	—COPh	0.47	0.13	0.22
—I	0.39	−0.21	0.00	—COOH	0.85	0.18	0.27
—OH	−0.56	−0.12	−0.45	—COOMe	0.71	0.11	0.21
—OMe	−0.48	−0.09	−0.44	—$COOCH(Me)_2$	0.70	0.09	0.19
—OEt	−0.46	−0.10	−0.43	—COOPh	0.90	0.17	0.27
—OPh	−0.29	−0.05	−0.23	—$CONH_2$	0.61	0.10	0.17
—OCOMe	−0.25	0.03	−0.13	—COCl	0.84	0.22	0.36
—OCOPh	−0.09	0.09	−0.08	—COBr	0.80	0.21	0.37
—OSO_2Me	−0.05	0.07	−0.01	—CH═N—Ph	约 0.6	约 0.2	约 0.2
—NH_2	−0.75	−0.25	−0.65	—CN	0.36	0.18	0.28
—NHMe	−0.80	−0.22	−0.68	—$Si(Me)_3$	0.22	−0.02	−0.02
—$N(Me)_2$	−0.66	−0.18	−0.67	—$PO(OMe)_2$	0.48	0.16	0.24

表 4-1-14 取代基对苯环芳氢 ¹H NMR 化学位移值(δ)的影响[14]

$$\delta_{苯环氢} = 7.27 - \Sigma S$$

取代基	$S_{邻}$	$S_{间}$	$S_{对}$	取代基	$S_{邻}$	$S_{间}$	$S_{对}$
—NO_2	−0.95	−0.17	−0.33	—CH_2OH	0.1	0.1	0.1
—CHO	−0.58	−0.21	−0.27	—CH_2NH_2	0.0	0.0	0.0
—COCl	−0.83	−0.16	−0.3	—HC═CHR	−0.13	−0.03	−0.13
—COOH	−0.8	−0.14	−0.2	—F	0.30	0.02	0.22
—COOMe	−0.74	−0.07	−0.20	—Cl	−0.02	0.06	0.04
—Ac	−0.64	−0.09	−0.30	—Br	−0.22	0.13	0.03
—CN	−0.27	−0.11	−0.3	—I	−0.40	0.26	0.03
—Ph	−0.18	0.00	0.08	—OMe	0.43	0.09	0.37
—CCl_3	−0.8	−0.2	−0.2	—OAc	0.21	0.02	
—$CHCl_2$	−0.1	−0.06	−0.1	—OH	0.50	0.14	0.4
—CH_2Cl	0.0	−0.01	0.0	—$OSO_2pC_6H_4Me$	0.26	0.05	
—Me	0.17	0.09	0.18	—NH_2	0.75	0.24	0.63
—Et	0.15	0.06	0.18	—SMe	0.03	0.0	
—*i*-Pr	0.14	0.09	0.18	—NMe_2	0.60	0.10	0.62
—*t*-Bu	−0.01	0.10	0.24	—NHAc	−0.31	−0.06	

表 4-1-15 取代基对苯环芳氢 ¹H NMR 化学位移值(δ)的影响(溶剂：DMSO)[15]

$$\delta_{苯环氢} = 7.41 - \Sigma S$$

取代基	$S_{邻}$	$S_{间}$	$S_{对}$	取代基	$S_{邻}$	$S_{间}$	$S_{对}$
—H	0.00	0.00	0.00	—OR	0.41	0.04	0.37
—Me	0.17	0.07	0.18	—OCOR	0.17	−0.07	0.11
—CH_2R	0.13	0.07	0.15	—NH_2	0.72	0.27	0.84
—CHR_2	0.06	0.02	0.19	—NHR	0.81	0.15	0.87
—CR_3	−0.03	0.05	0.15	—NR_2	0.67	0.17	0.80
—HC═CHR	−0.08	0.03	0.14	—NR_2 (有位阻)	0.36	0.21	0.42
—HC═CHR(共轭)	−0.31	−0.10	−0.03	—$\overset{+}{N}H$	−0.08	−0.14	0.09
—Ph	−0.29	−0.12	0.03	—NHCOR	−0.26	0.00	0.21
—CHO	−0.52	−0.20	−0.31	—N═N—Ar	−0.53	−0.19	−0.06
—COR	−0.54	−0.11	−0.23	—NO_2	−0.78	−0.27	−0.34
—COR(共轭)	−0.42	−0.21	−0.19	—Cl	−0.10	−0.07	−0.03
—COOH(R)	−0.53	−0.12	−0.19	—Br	−0.24	−0.02	−0.01
—CONHR	−0.60	−0.07	−0.16	—I	−0.38	0.20	−0.05
—CN	−0.49	−0.24	−0.32	—$SO_3H(Na)$	−0.34	0.00	0.04
—OH	0.53	0.14	0.58	—SO_2NHR	−0.45	−0.21	−0.22

表 4-1-16 邻位双取代苯衍生物苯环氢的 ¹H NMR 化学位移值(δ)[13]

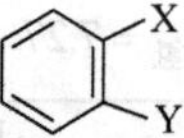

X	Y	δ_3	δ_4	δ_5	δ_6	X	Y	δ_3	δ_4	δ_5	δ_6
Cl	OMe	6.81	7.10	6.80	7.26	Br	CN	7.63	7.43	7.45	7.67
Br	OMe	6.87	7.15	6.73	7.44	CN	CN	7.81	7.75	7.75	7.81
I	OMe	6.71	7.20	6.61	7.69	NO_2	OMe	7.06	7.46	6.96	7.70
OMe	OMe	6.75	6.75	6.75	6.75	Cl	Cl	7.37	7.12	7.12	7.37
Cl	NO_2	7.82	7.41	7.49	7.54	Br	Br	7.55	7.19	7.19	7.55
Br	NO_2	7.78	7.44	7.40	7.71	I	I	7.81	6.96	6.96	7.81
I	NO_2	7.80	7.36	7.29	7.99	Cl	Br	7.53	7.01	7.14	7.38
NO_2	NO_2	7.97	7.87	7.87	7.97	Cl	I	7.79	6.84	7.21	7.37
Cl	CN	7.64	7.38	7.53	7.50	Br	I	7.78	6.88	7.16	7.55

表 4-1-17 典型五元芳杂环化合物芳香氢的 ¹H NMR 化学位移值(δ)

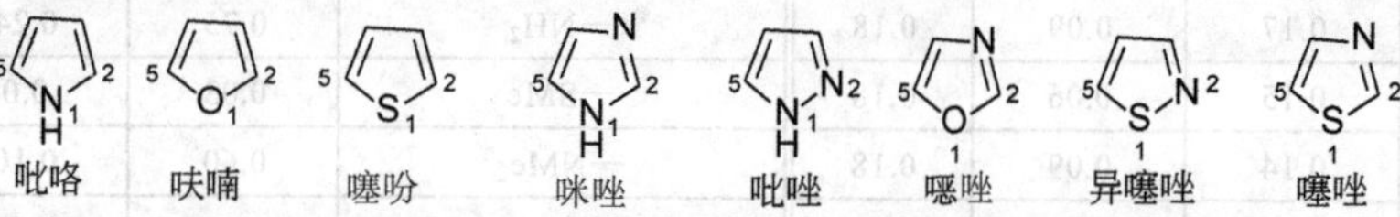

H	吡咯[16]	吡咯[17]	吡咯[18]	吡咯[19]	吡咯($CDCl_3$)[20]	呋喃[16]	呋喃[17]	呋喃[19]	呋喃(DMSO-d_6)[21]
1			8.0	7～12	7.25				
2	6.68	6.62	6.68	6.62	6.68	7.42	7.40	7.38	7.29
3	6.22	6.05	6.22	6.05	6.22	6.37	6.30	6.30	6.24
4	6.22	6.05	6.22	6.05	6.22	6.37	6.30	6.30	6.24
5	6.68	6.62	6.68	6.62	6.68	7.42	7.40	7.38	7.29

H	噻吩[16]	噻吩[17]	噻吩[19]	噻吩(CS_2)[21]	咪唑[19]	吡唑[19]	噁唑[19]	异噻唑[19]	噻唑[19]
1					13.4	13.7			
2	7.30	7.19	7.20	7.18	7.70		7.95		8.88
3	7.10	7.04	6.96	6.99		7.55		8.56	
4	7.10	7.04	6.96	6.99	7.13	6.25	7.09	7.26	7.98
5	7.30	7.19	7.20	7.18	7.13	7.55	7.69	8.72	7.41

表 4-1-18 3-取代呋喃衍生物的 ¹H NMR 化学位移值(δ)[22]

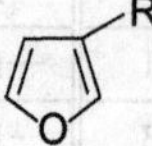

取代基 R	δ_2	δ_4	δ_5	取代基	δ_2	δ_4	δ_5
Me	7.03	6.06	7.14	COOMe	7.83	6.63	7.24
OMe	6.92	6.02	7.01	I	7.25	6.34	7.16
SMe	7.20	6.25	7.23	SCN	7.57	6.49	7.41
CN	7.83	6.52	7.36	HgCl	7.33	6.40	7.67
COMe	7.84	6.66	7.26	COOH	8.27	6.84	7.74
CHO	7.86	6.67	7.31				

表 4-1-19 吡啶及其衍生物的 ^{1}H NMR 化学位移值(δ, 30%DMSO)[18]

取代基	δ_2	δ_3	δ_4	δ_5	δ_6	其他
无	8.29	7.38	7.75	7.38	8.29	
无（$CDCl_3$ 溶液）	8.50	7.06	7.46	7.06	8.50	
2-Me		7.27	7.74	7.22	8.67	
2-Et		7.29	7.76	7.23	8.62	2.81, 1.26 (Et)
2-CH_2Ph		7.50	7.67	7.18	8.61	4.17 (CH_2)
2-CH_2OH		7.75	8.05	7.40	8.65	4.81, 5.60 (CH_2OH)
2-Cl		7.70	8.04	7.67	8.39	
2-CN		8.26	8.13	7.93	8.98	
2-CHO		8.31	8.17	7.87	9.03	10.24 (CHO)
2-Ac		8.20	8.12	7.77	8.87	2.87 (Me)
2-COPh		8.00	8.30	7.70	8.87	
2-COOH		8.35	8.18	7.86	9.01	12.11 (COOH)
2-NH_2		6.70	7.44	6.60	8.11	6.21 (NH_2)
2-NO_2		8.47	8.42	8.12	8.85	
3-Me	8.53		7.69	7.29	8.57	2.29 (Me)
3-Cl	8.77		7.97	7.55	8.66	
3-CN	9.22		8.47	7.81	9.09	
3-CHO	9.04		8.17	7.50	8.79	10.14 (CHO)
3-Ac	9.31		8.43	7.68	8.96	2.73 (Me)
3-OH	8.56		7.38	7.53	8.35	9.99 (OH)
3-NH_2	8.53		7.26	7.40	8.23	5.80 (NH_2)
4-Me	8.60	7.28				2.32 (Me)
4-CH_2Ph	8.59	7.23				3.95 (CH_2)
4-Cl	8.59	7.43				
4-CN	9.05	8.00				
4-CHO	9.04	7.96				10.33 (CHO)
4-Ac	8.99	7.96				2.75 (Me)
4-OH	8.02	6.52				
4-OMe	8.61	7.09				3.94 (Me)
4-NH_2	8.44	6.64				6.2 (NH_2)
2,6-Me_2		7.04	7.58			2.44 (Me)
2,6-$(CN)_2$		8.49	8.52			
2,6-$(Ac)_2$		8.28	8.28			2.61 (Me)
2,6-$(NH_2)_2$		5.90	7.28			5.54 (NH_2)
2,6-$(OH)_2$		6.35	7.92			11.3 (OH)

表 4-1-20 典型活泼氢的 ^{1}H NMR 化学位移值(δ)大致范围(溶剂：$CDCl_3$ 或 CCl_4)[23]

化合物类型	δ 值	化合物类型	δ 值
醇	0.5～5.5	Ar-SH	3～4
酚（分子内缔合）	10.5～16	RSO_3H	11～12
其他酚	4～8	RNH_2, R_2NH	0.4～3.5
烯醇（分子内缔合）	15～19	$ArNH_2$, Ar_2NH, ArNHR	2.9～4.8
羧酸	10～13	$RCONH_2$, $ArCONH_2$	5～6.5
肟	7.4～10.2	RCONHR, ArCONHR	6～8.2
R-SH	0.9～2.5	RCONHAr, ArCONHAr	7.8～9.4

参考文献

[1] 姚新生. 有机化合物波谱解析. 第1版. 北京: 中国医药科技出版社, 1997: 93.
[2] 于德泉, 杨峻山. 分析化学手册第2版: 第七分册. 核磁共振波谱分析. 北京: 化学工业出版社, 1999: 59-61.
[3] 赵天增. 核磁共振氢谱. 北京: 北京大学出版社, 1984, P31.
[4] 赵天增. 核磁共振氢谱. 北京: 北京大学出版社, 1984, P32.
[5] 于德泉, 杨峻山. 分析化学手册第2版: 第七分册. 核磁共振波谱分析. 北京: 化学工业出版社, 1999: 62.
[6] Faulk D D, Fry A. J Org Chem, 1970, 35: 364.
[7] 于德泉, 杨峻山, 分析化学手册第2版: 第七分册. 核磁共振波谱分析. 北京: 化学工业出版社, 1999: 93.
[8] 赵天增. 核磁共振氢谱. 北京: 北京大学出版社, 1984: 35.
[9] 于德泉, 杨峻山. 分析化学手册第2版: 第七分册. 核磁共振波谱分析. 北京: 化学工业出版社, 1999: 96.
[10] 张正行. 有机光谱分析. 北京: 人民卫生出版社, 1995: 145.
[11] 赵天增. 核磁共振氢谱. 北京: 北京大学出版社, 1984: 38.
[12] Wiberg K B, Nist B J. J Am Chem Soc, 1961, 83: 1226.
[13] 于德泉, 杨峻山. 分析化学手册第2版: 第七分册. 核磁共振波谱分析. 北京: 化学工业出版社, 1999: 98.
[14] 赵天增. 核磁共振氢谱. 北京: 北京大学出版社, 1984: 36.
[15] 赵天增. 核磁共振氢谱. 北京: 北京大学出版社, 1984: 37.
[16] 邢其毅, 裴伟伟, 徐瑞秋, 等. 基础有机化学(下册). 第3版. 北京: 高等教育出版社, 2005: 876.
[17] 张正行. 有机光谱分析. 北京: 人民卫生出版社, 1995: 148.
[18] 宁永成. 有机化合物结构鉴定与有机波谱学. 北京: 科学出版社, 2000: 42.
[19] 于德泉, 杨峻山. 分析化学手册. 第2版. 第七分册: 核磁共振波谱分析. 北京: 化学工业出版社, 1999: 109-110.
[20] 胡宏纹. 有机化学(下册). 第3版. 北京: 高等教育出版社, 2006: 426.
[21] 胡宏纹. 有机化学(下册). 第3版. 北京: 高等教育出版社, 2006: 434.
[22] 于德泉, 杨峻山. 分析化学手册第2版: 第七分册. 核磁共振波谱分析. 北京: 化学工业出版社, 1999: 113.
[23] 赵天增. 核磁共振氢谱. 北京: 北京大学出版社, 1984: 40.

第二节 典型偶合体系的 ^{1}H NMR 偶合常数

表 4-2-1 典型烷烃偶合常数[1]

结构	名称	*J* 典型值/Hz	*J* 范围/Hz	备注
C(H)(H)	同碳	12	12～15	取决于 HCH 角
H–C–C–H	邻位	7	6～8	取决于 HCCH 双面夹角
环己烷	*a*, *a*	10	8～14	构象固定时(在构象反转情况下，所有 $J \approx 7$～8Hz)
	a, *e*	5	0～7	
	e, *e*	3	0～5	
环丙烷	顺式	9	6～12	
	反式	6	4～8	
环氧乙烷	顺式	3	2～4	
	反式	4	2～5	
H–C–C–C–H		0	0～7	W型，在张力较大的体系中，有较大的 *J* 值

表 4-2-2 典型烯烃/炔烃偶合常数[2]

结构	名称	*J* 典型值/Hz	*J* 范围/Hz	结构	*J* 典型值/Hz	*J* 范围/Hz
=C(H)(H)	同碳	0	0～5	H–C≡C–H	2	2～3
H/C=C\H (顺)	顺式	10	6～15	HC≡C–CH	2	2～3
H/C=C/H (反)	反式	16	11～18	环丙烯 H…H	2	0～2

续表

结　构	名　称	*J* 典型值/Hz	*J* 范围/Hz
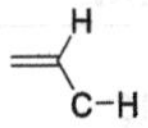 H, C—H	邻 位	5	4～10 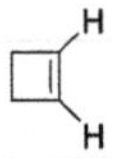
H—C═C═C—CH（丙烯型）	顺式或反式	1	0～3 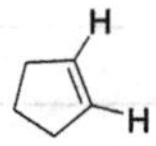
HC═C═C—CH（高丙烯型）		0	0～1.5 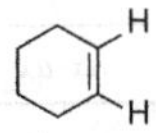
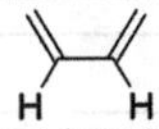 H H		10	9～13

结　构	*J* 典型值/Hz	*J* 范围/Hz
H, H（环丁烯）	4	2～4
H, H（环戊烯）	6	5～7
H, H（环己烯）	10	8～11

表 4-2-3 典型芳环/杂芳环偶合常数[3]

结　构	名　称	*J* 典型值/Hz	*J* 范围/Hz
H, H（苯环）	邻 位	8	6～10
	间 位	3	1～4
	对 位	1	0～2
H_β, $H_{\beta'}$, H_α, $H_{\alpha'}$, O（呋喃）	$\alpha\beta$		1.6～2.0
	$\alpha\beta'$		0.6～1.0
	$\alpha\alpha'$		1.3～1.8
	$\beta\beta'$		3.2～3.8
H_β, $H_{\beta'}$, H_α, $H_{\alpha'}$, N—H（吡咯）	$\alpha\beta$		2.0～2.6
	$\alpha\beta'$		1.5～2.2
	$\alpha\alpha'$		1.8～2.3
	$\beta\beta'$		2.8～4.0

结　构	名　称	*J* 范围/Hz
H_β, $H_{\beta'}$, H_α, $H_{\alpha'}$, S（噻吩）	$\alpha\beta$	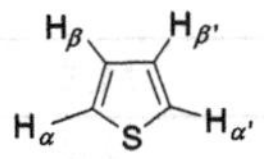 4.6～5.8
	$\alpha\beta'$	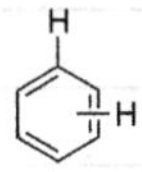 1.0～1.8
	$\alpha\alpha'$	2.1～3.3
	$\beta\beta'$	3.0～4.2
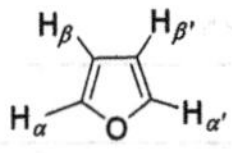 H_γ, H_β, $H_{\beta'}$, H_α, $H_{\alpha'}$, N（吡啶）	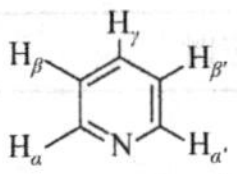 $\alpha\beta$	4.9～5.7
	$\alpha\gamma$	1.6～2.6
	$\alpha\beta'$	0.7～1.1
	$\alpha\alpha'$	0.2～0.5
	$\beta\gamma$	7.2～8.5
	$\beta\beta'$	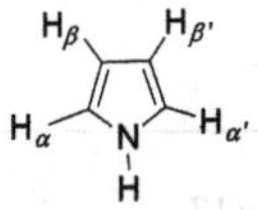 1.4～1.9

表 4-2-4 典型醇/醛偶合常数[4]

结　构	*J* 典型值/Hz	*J* 范围/Hz
H—C—OH（不发生交换）	5	4～10
O, H, CH	2	1～3
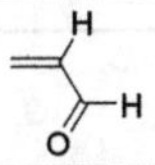 H, O, H	6	5～8

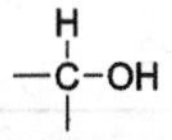

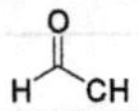

表 4-2-5 质子-其他核偶合常数[4]

结　构	*J* 典型值/Hz	结　构	*J* 典型值/Hz	结　构	*J* 典型值/Hz
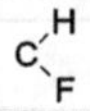 C, H, F	约 60	N—H	约 52	^{13}C—H	100～250
H F, C—C	约 20	H H, C—N	0	sp^3	约 120
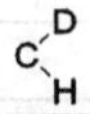 C, D, H	约 2	P—H	约 34	sp^2	约 170
H D, C—C	<1（仅引起峰加宽）	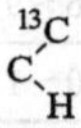 ^{13}C, C, H	约 34	sp	约 250

表 4-2-6 常见官能团的 J 值[5]

结构类型		J_{AB} 数值/Hz	J_{AB} 典型值/Hz
$>C(H_A)(H_B)$		0～-22	-10～-15
CH_ACH_B 自由旋转		6～8	7
CH_A-C-CH_B		0～1	0
环己烷 H_A, H_B	*ax-ax*	7～13	8～11
	ax-eq	2～5	2～3
	eq-eq	2～5	2～3
环戊烷 H_A, H_B	顺式或反式	0～7	4～5
环丁烷 H_A, H_B	顺式或反式	5～10	8
环丙烷 H_A, H_B	顺式	7～12	8
	反式	4～8	6
H_AC-CH_B（三元环含X）（X=N,O,S）	顺式	4～7	4～6
	反式	2～6	2～5
CH_AOH_B 无交换反应时		4～10	5
$>CH_ACH_B(=O)$		1～3	2～3
$=CH_ACH_B(=O)$		5～8	6
$H_A-C=C-H_B$（反式）		12～20	15～17
$>C=C(H_A)(H_B)$		-2～+3	0～2
$H_A-C=C-H_B$（顺式）		6～15	10～11
$H_AC-C=C-CH_B$		0～3	1～2
$>C=C(CH_A)(H_B)$		5～11	7
$H_B-C=C-CH_A$（反式）		-0.5～-3.0	-1.5
$H_B-C=C-CH_A$（顺式）		-0.5～-3.0	-2
$>C=CH_ACH_B=C<$		10～13	11
$CH_AC\equiv CH_B$		-2～-3	
$CH_AC\equiv CCH_B$		2～3	
环烯 $H_A-C=C-H_B$	五元环	3～4	
	六元环	6～9	
	七元环	10～13	

续表

结构类型		J_{AB} 数值/Hz	J_{AB} 典型值/Hz
	$J_{邻位}$	7～9	8
	$J_{间位}$	1～3	2
	$J_{对位}$	0～0.6	0.3
		0～1	0.5
	$J_{2,3}$	5～6	5
	$J_{3,4}$	7～9	8
	$J_{2,4}$	1～2	1.5
	$J_{3,5}$	1～2	1
	$J_{2,5}$	0.7～0.9	0.8
	$J_{2,6}$	0～1	约 0
	$J_{2,3}$	1.7～2.0	1.8
	$J_{3,4}$	3.1～3.8	3.6
	$J_{2,4}$	0.4～1.0	
	$J_{2,5}$	1～2	1.5
	$J_{2,3}$	4.7～5.5	5.0
	$J_{3,4}$	3.3～4.1	3.7
	$J_{2,4}$	1.0～1.5	1.3
	$J_{2,5}$	2.8～3.5	3
	$J_{1,2}$	2～3	
	$J_{1,3}$	2～3	
	$J_{2,3}$	2～3	
	$J_{3,4}$	3～4	
	$J_{2,4}$	1～2	
	$J_{2,5}$	1.5～2.5	
	$J_{4,5}$	4～6	
	$J_{2,5}$	1～2	
	$J_{2,4}$	0～1	
	$J_{4,6}$	?	
	$J_{4,5}$	3～4	
	$J_{2,5}$	1～2	
	$J_{2,4}$	约 0	

$J_{1,1}$=12.0 Hz [6]　$J_{1,1}$=12.0 Hz [7]　$J_{1,1}$=12.0 Hz [8]　$J_{7,7}$= 14.4 Hz [9]　$J_{1',1'}$= 14.9 Hz [10]

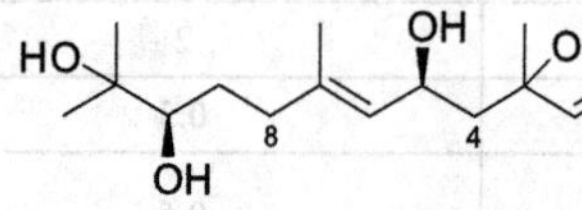

$J_{4,4}$ = 14.4 Hz [11]
$J_{8,8}$ = 13.8 Hz

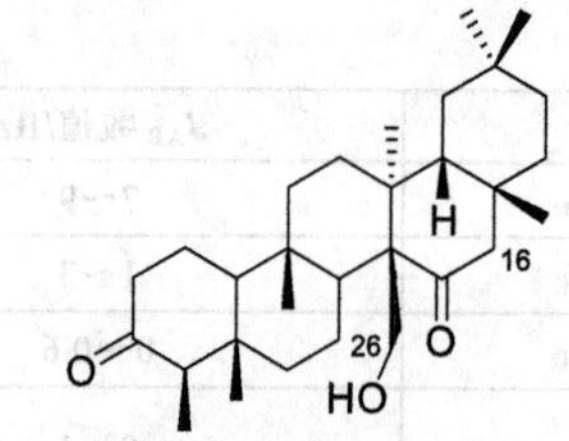

$J_{16,16}$ = 19.2 Hz [12]
$J_{26,26}$ = 12.1 Hz

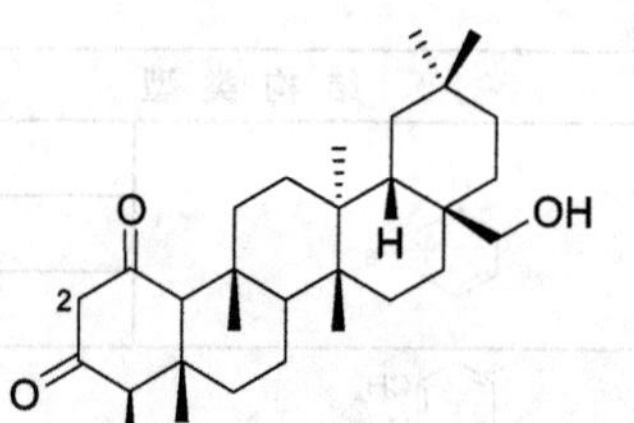

$J_{2,2}$ = 16.0 Hz [13]

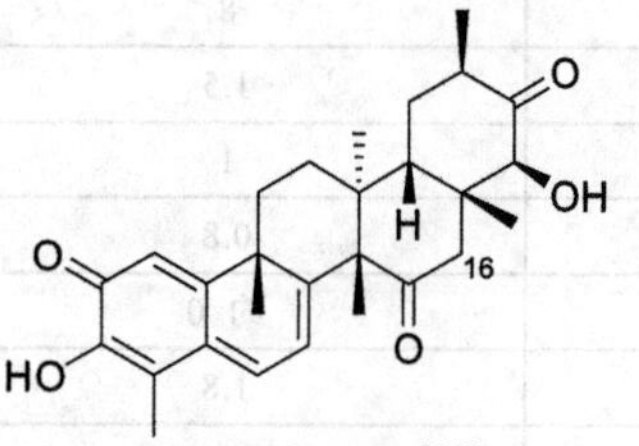

$J_{16,16}$ = 15.8 Hz [12]

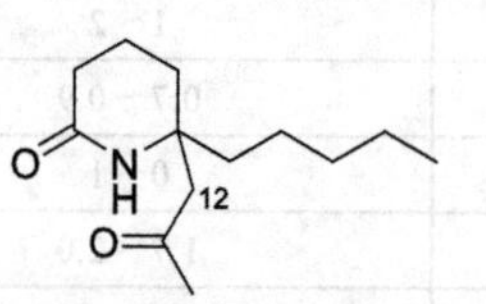

$J_{12,12}$ = 17.7 Hz [14]

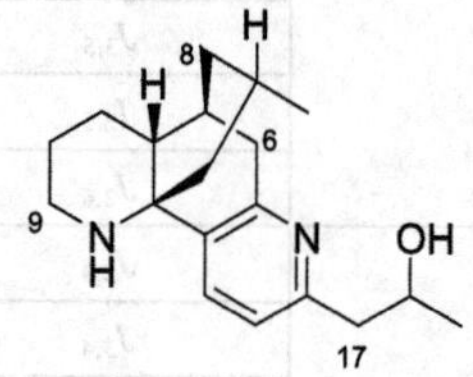

$J_{6,6}$ = 19.0 Hz [15]
$J_{8,8}$ = 12.0 Hz
$J_{9,9}$ = 12.0 Hz
$J_{17,17}$ = 15.0 Hz

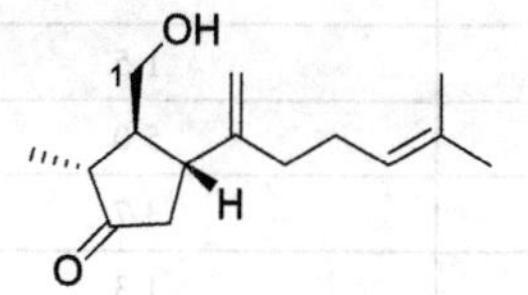

$J_{1,1}$ = 11.1 Hz [16]

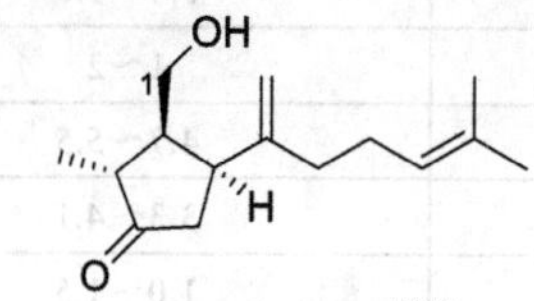

$J_{1,1}$ = 11.1 Hz [16]

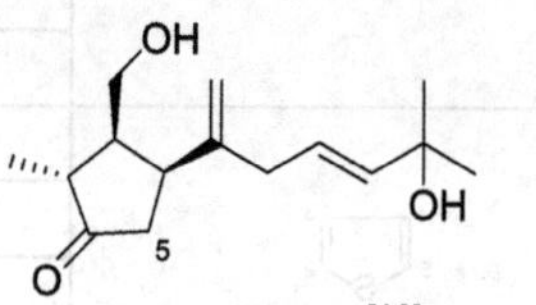

$J_{5,5}$ = 18.4 Hz [16]

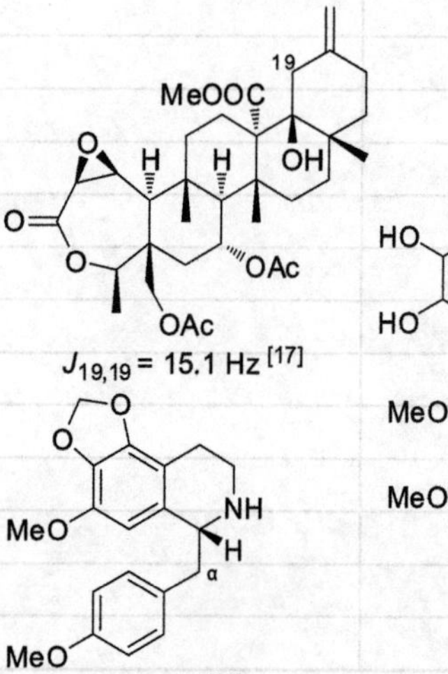

$J_{19,19}$ = 15.1 Hz [17]

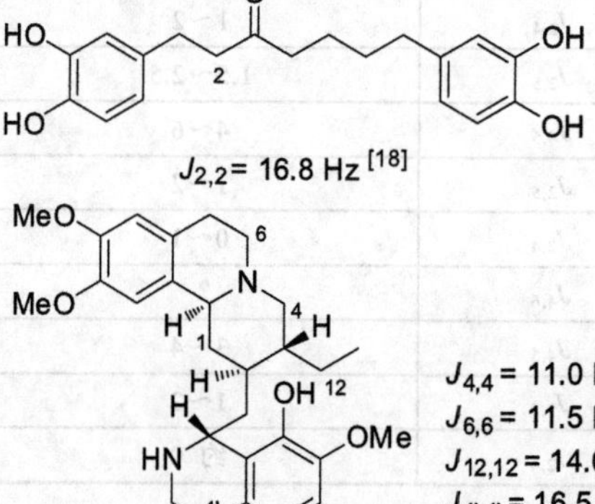

$J_{2,2}$ = 16.8 Hz [18]

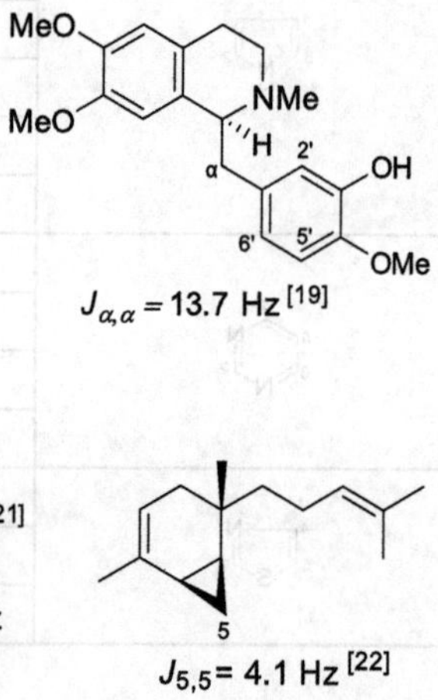

$J_{\alpha,\alpha}$ = 13.7 Hz [19]

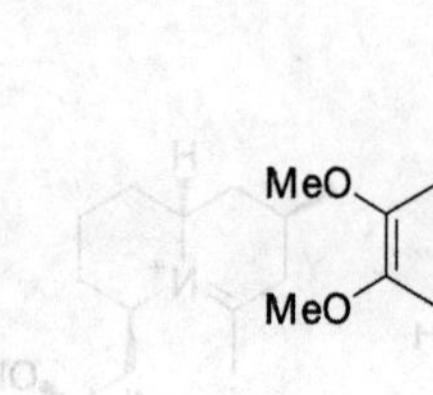

$J_{\alpha,\alpha}$ = 14.0 Hz [20]

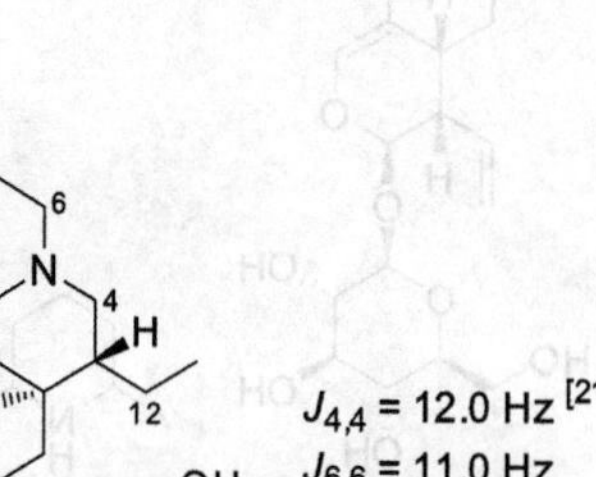

$J_{4,4}$ = 11.0 Hz [21]
$J_{6,6}$ = 11.5 Hz
$J_{12,12}$ = 14.0 Hz
$J_{4',4'}$ = 16.5 Hz

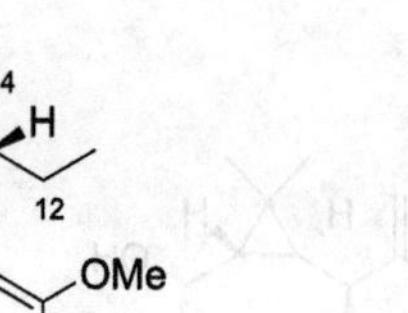

$J_{5,5}$ = 4.1 Hz [22]

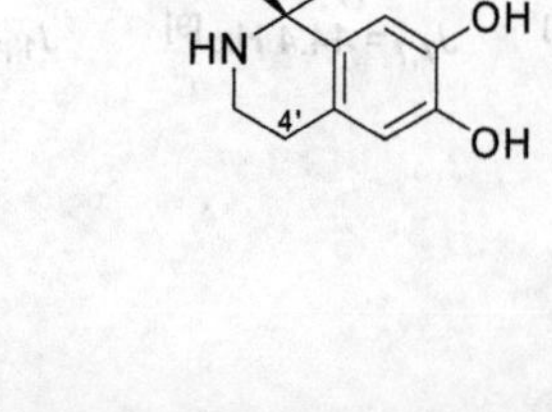

$J_{4,4}$ = 12.0 Hz [21]
$J_{6,6}$ = 11.0 Hz
$J_{12,12}$ = 14.0 Hz
$J_{4',4'}$ = 16.0 Hz

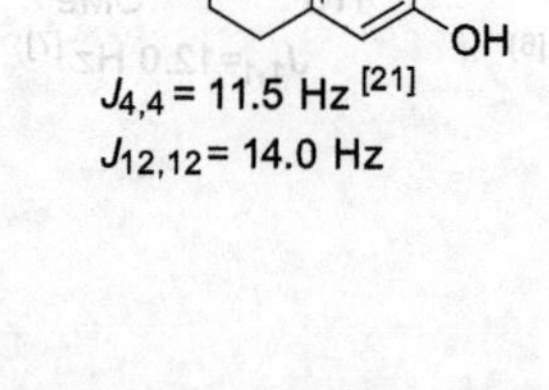

$J_{4,4}$ = 11.5 Hz [21]
$J_{12,12}$ = 14.0 Hz

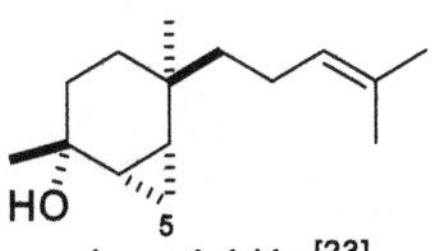

$J_{5,5}$ = 4.4 Hz [23] 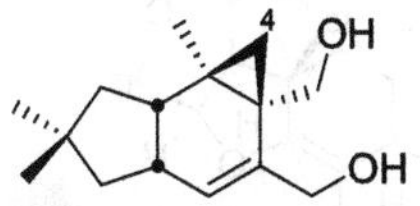　$J_{4,4}$ = 4.2 Hz [24] 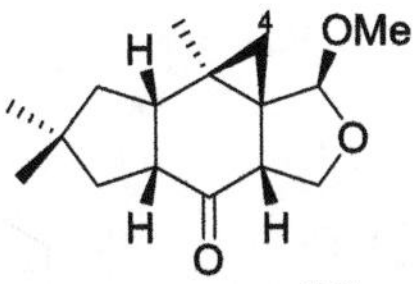　$J_{4,4}$ = 5.3 Hz [25] 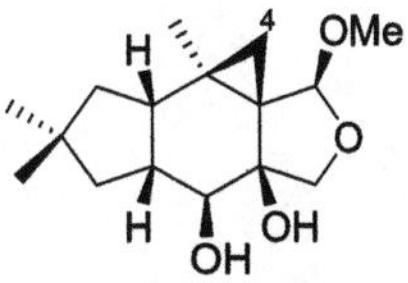　$J_{4,4}$ = 5.1 Hz [26]

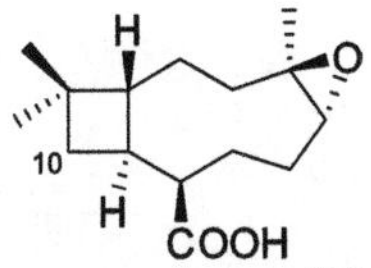

$J_{10,10}$ = 10.4 Hz [27] 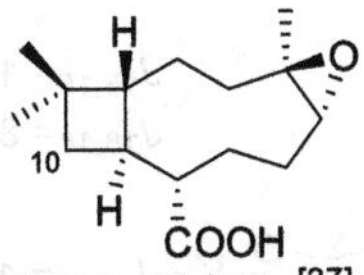　$J_{10,10}$ = 10.8 Hz [27] 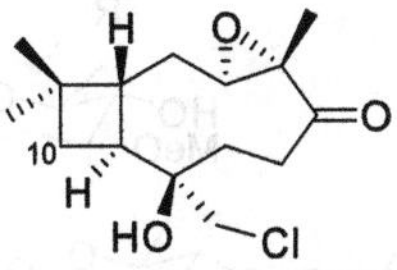　$J_{10,10}$ = 10.4 Hz [28] 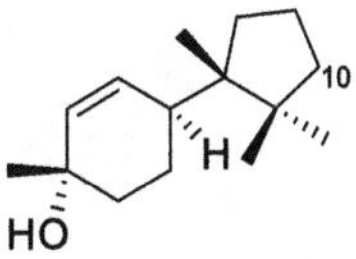　$J_{10,10}$ = 11.7 Hz [29]

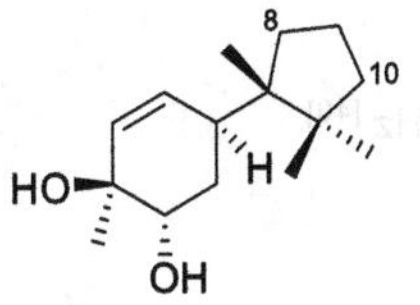

$J_{8,8}$ = 12.6 Hz [29]
$J_{10,10}$ = 12.4 Hz

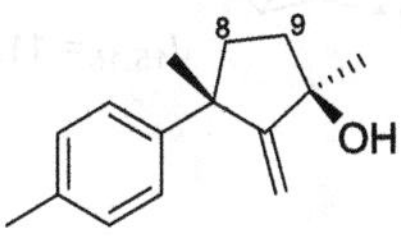

$J_{8,8}$ = 13.0 Hz [30]
$J_{9,9}$ = 13.0 Hz

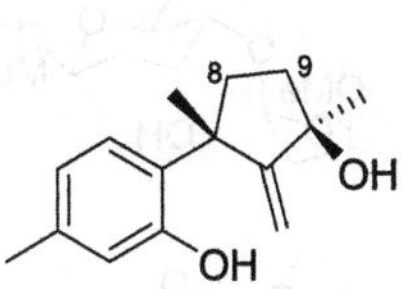

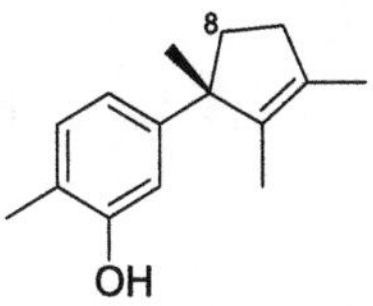

$J_{8,8}$ = 13.0 Hz [30]
$J_{9,9}$ = 13.0 Hz

$J_{8,8}$ = 12.8 Hz [31]

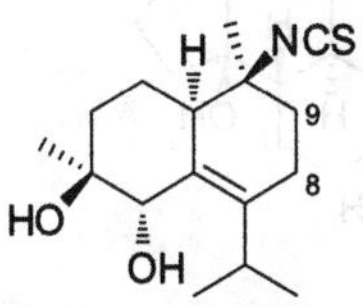

$J_{8,8}$ = 18.1 Hz [32]
$J_{9,9}$ = 13.1 Hz

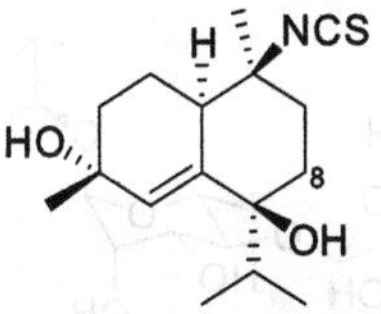

$J_{8,8}$ = 14.0 Hz [32] 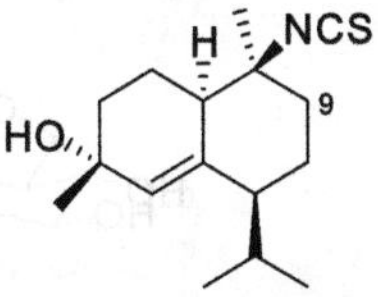　$J_{9,9}$ = 13.5 Hz [32]

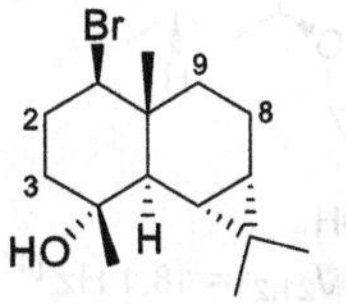

$J_{2,2}$ = 13.0 Hz [33]
$J_{3,3}$ = 13.0 Hz
$J_{8,8}$ = 13.9 Hz
$J_{9,9}$ = 12.1 Hz

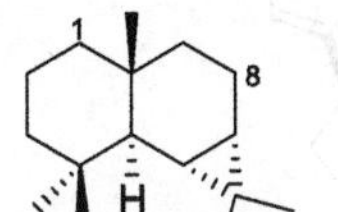

$J_{1,1}$ = 12.9 Hz [34]
$J_{8,8}$ = 15.1 Hz

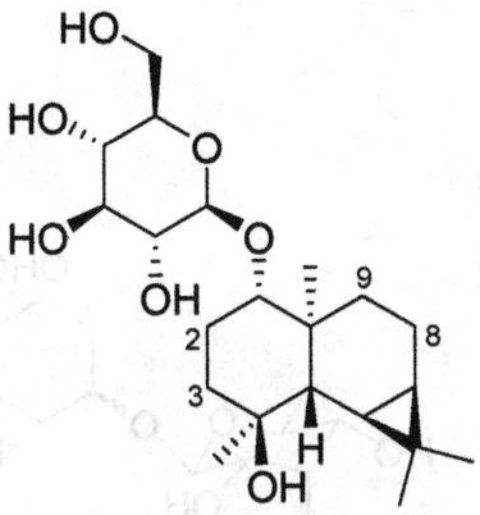

$J_{2,2}$ = 13.0 Hz [35]
$J_{3,3}$ = 13.0 Hz
$J_{8,8}$ = 15.0 Hz
$J_{9,9}$ = 13.0 Hz

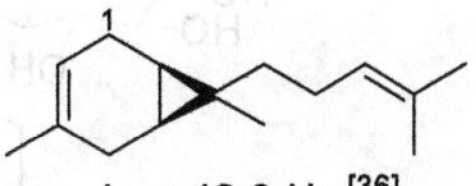

$J_{1,1}$ = 19.0 Hz [36]

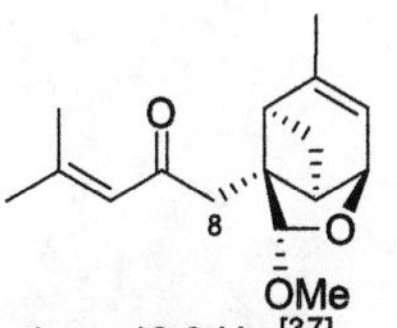

$J_{8,8}$ = 18.0 Hz [37] 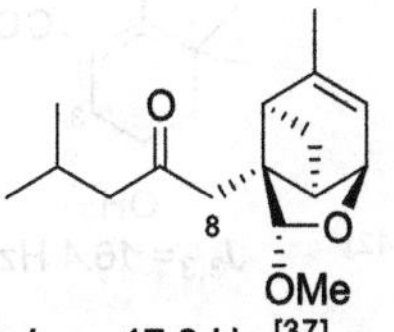　$J_{8,8}$ = 17.8 Hz [37] 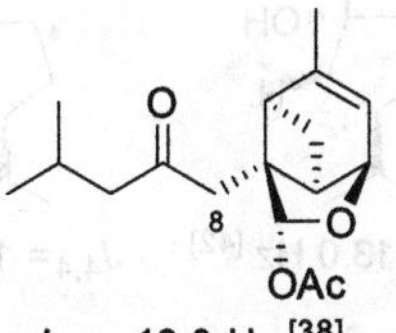　$J_{8,8}$ = 18.0 Hz [38]

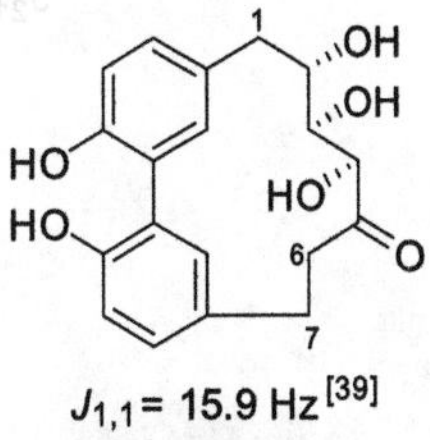

$J_{1,1}$ = 15.9 Hz [39]
$J_{6,6}$ = 20.1 Hz
$J_{7,7}$ = 16.7 Hz

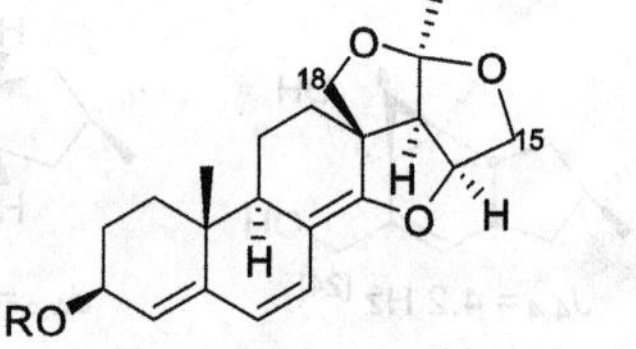

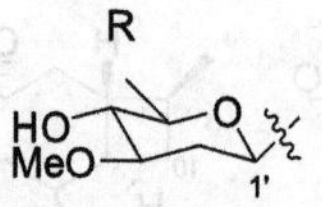

$J_{15,15}$= 10.9 Hz [40]
$J_{18,18}$= 8.4 Hz

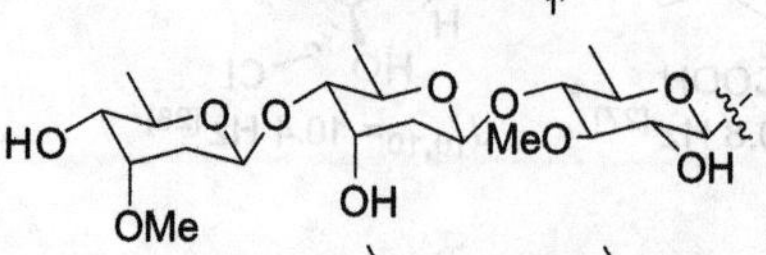

$J_{15,15}$= 11.0 Hz [40]
$J_{18,18}$= 8.0 Hz

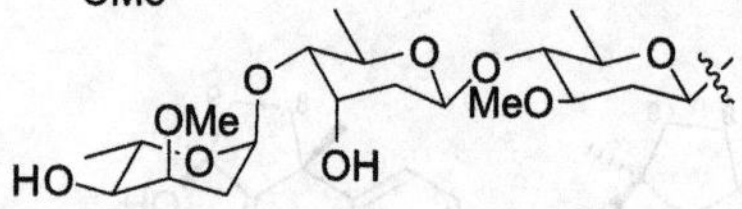

$J_{15,15}$= 11.0 Hz [40]

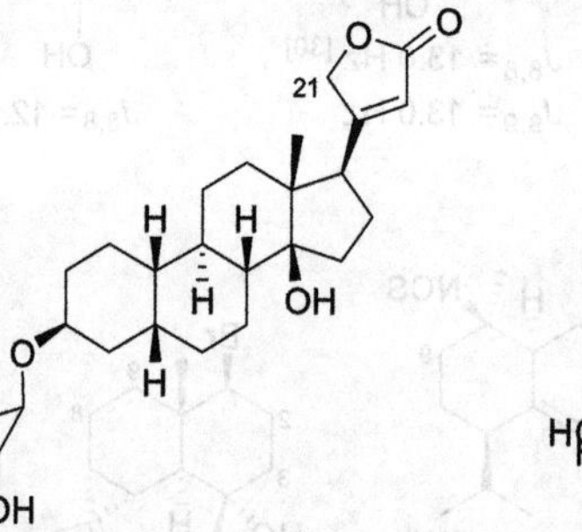

$J_{21,21}$= 18.1 Hz [41]

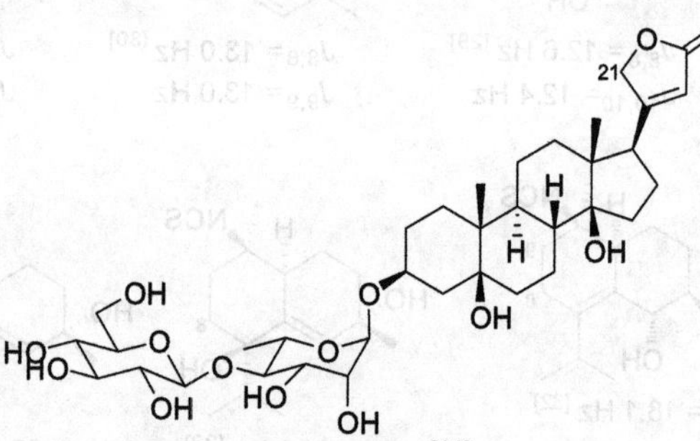

$J_{21,21}$= 18.1 Hz [41]

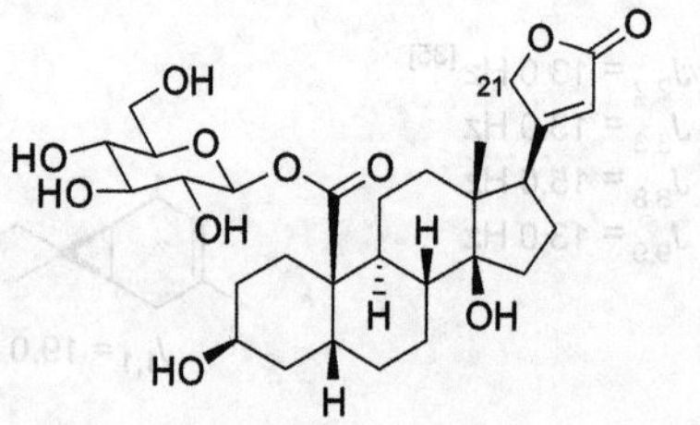

$J_{21,21}$= 18.1 Hz [41]

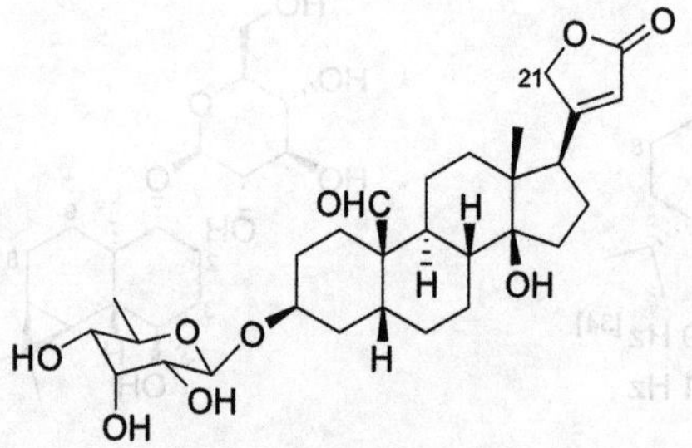

$J_{21,21}$= 18.1 Hz [41]

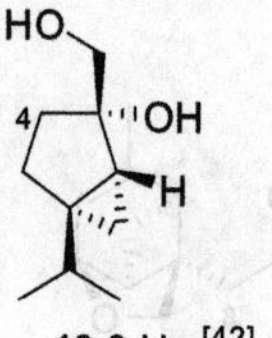

$J_{4,4}$= 13.0 Hz [42]

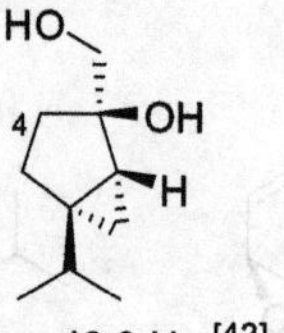

$J_{4,4}$= 13.0 Hz [42]

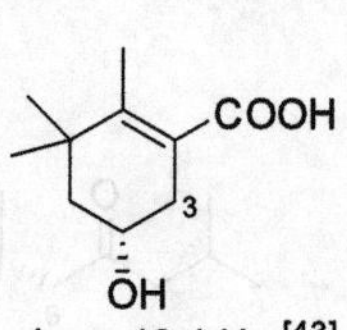

$J_{3,3}$= 16.4 Hz [43]

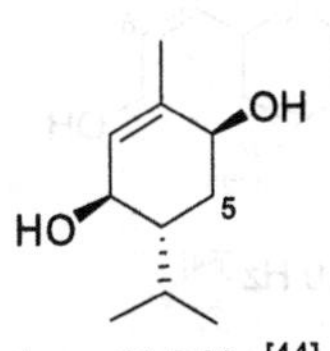

$J_{5,5}$= 13.5 Hz [44]

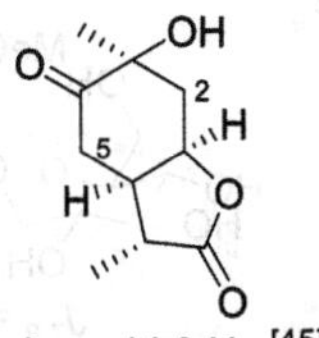

$J_{2,2}$= 14.0 Hz [45]
$J_{5,5}$= 15.0 Hz

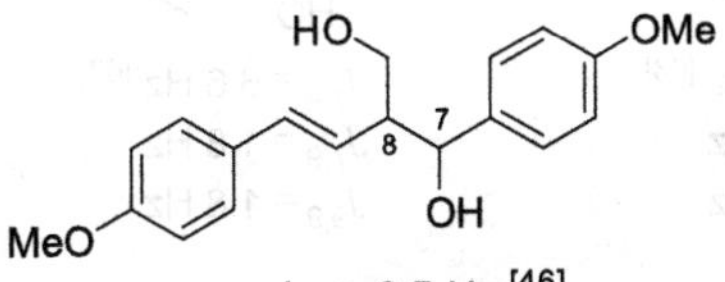

$J_{7,8}$ = 6.5 Hz [46]

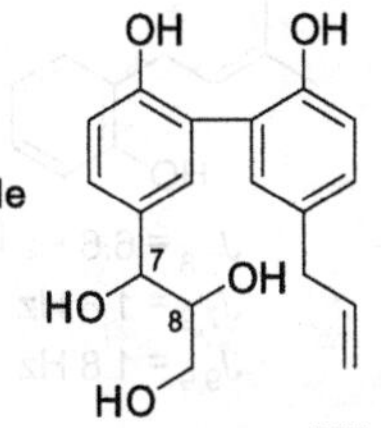

$J_{7,8}$ = 6.0 Hz [47]

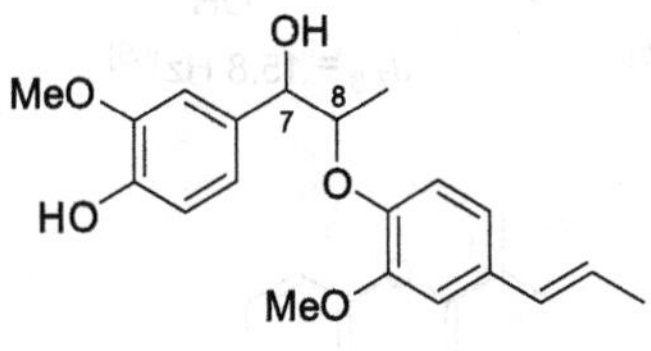

$J_{7,8}$ = 8.3 Hz [48]

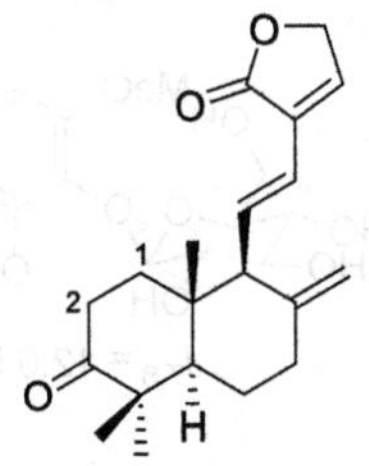

$J_{1a,2a}$ = 13.6 Hz [49]
$J_{1a,2e}$ = 4.5 Hz
$J_{1e,2a}$ = 5.8 Hz
$J_{1e,2e}$ = 3.0 Hz

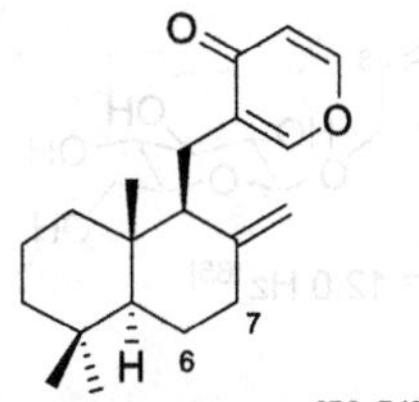

$J_{6a,7a}$ = 13.0 Hz [50,51]
$J_{6a,7e}$ = 4.0 Hz
$J_{6e,7a}$ = 5.0 Hz
$J_{6e,7e}$ = 3.0 Hz

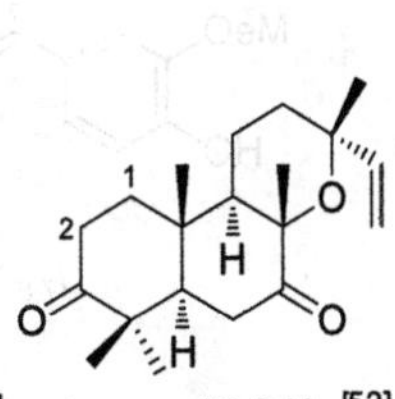

$J_{1a,2a}$ = 10.8 Hz [52]
$J_{1a,2e}$ = 6.6 Hz
$J_{1e,2a}$ = 7.2 Hz
$J_{1e,2e}$ = 3.6 Hz

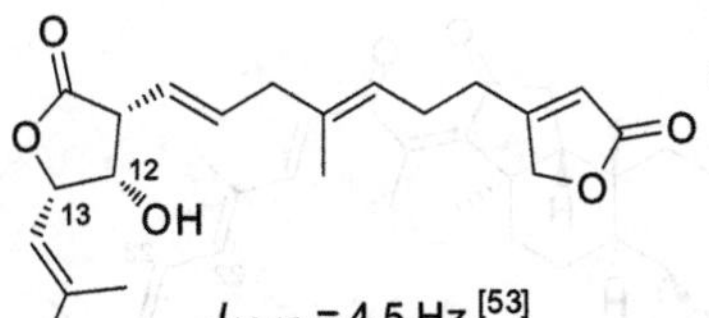

$J_{12,13}$ = 4.5 Hz [53]

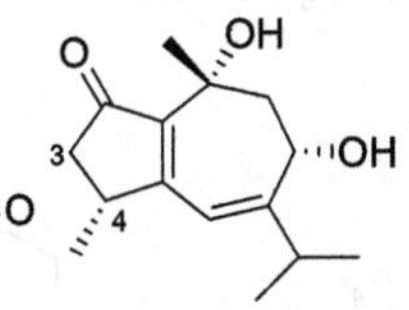

$J_{3\alpha,4}$ = 1.8 Hz [54]
$J_{3\beta,4}$ = 6.4 Hz

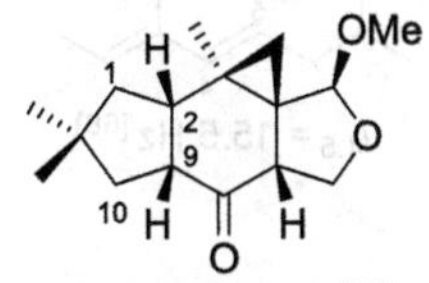

$J_{1\alpha,2}$ = 13.2 Hz [55]
$J_{1\beta,2}$ = 5.6 Hz
$J_{2,9}$ = 7.2 Hz
$J_{9,10\beta}$ =7.6 Hz
$J_{9,10\alpha}$ 未检出

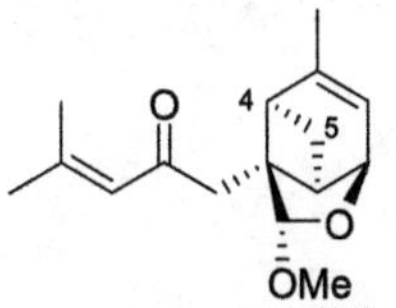

$J_{4,5a}$ = 6 Hz [37]
$J_{4,5b}$ 未检出

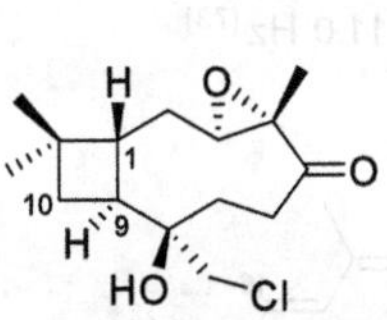

$J_{1,9}$ = 8.0 Hz [56]
$J_{9,10a}$ = 8.0Hz
$J_{9,10b}$ = 8.0Hz

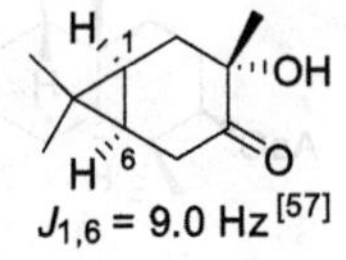

$J_{1,6}$ = 9.0 Hz [57]

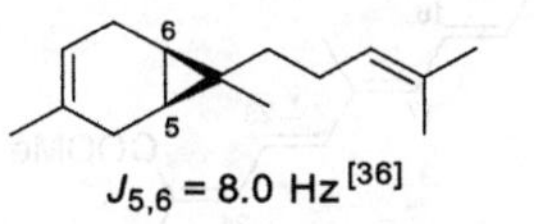

$J_{5,6}$ = 8.0 Hz [36]

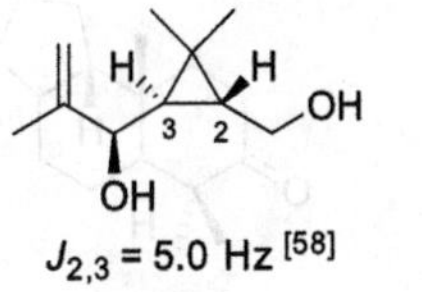

$J_{2,3}$ = 5.0 Hz [58]

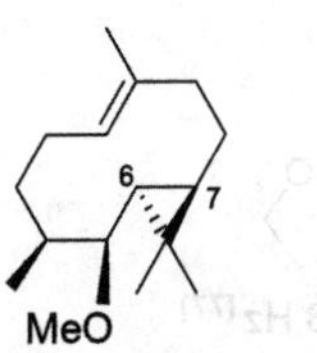

$J_{6,7}$= 6.0 Hz [59]

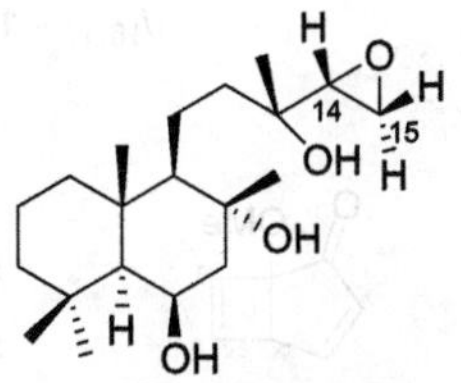

$J_{14,15a}$ = 3.6 Hz [60]
$J_{14,15b}$ = 5.0 Hz

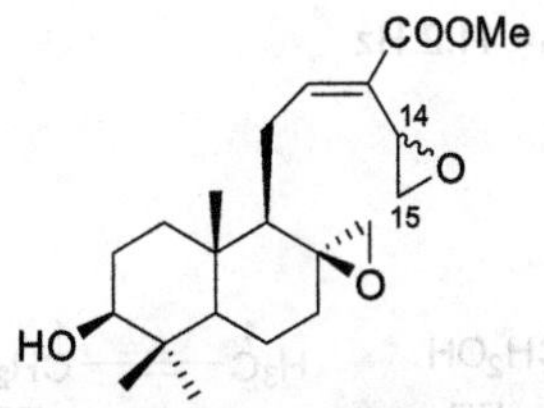

$J_{14,15a}$= 2.8 Hz [61]
$J_{14,15b}$= 4.5 Hz

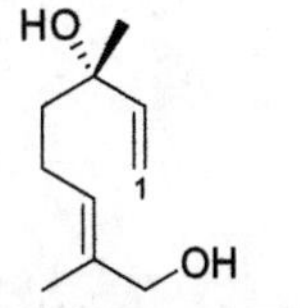

$J_{1,1}$ = 1.3 Hz [62]
$J_{顺(1,2)}$ = 10.8 Hz
$J_{反(1,2)}$ = 17.3 Hz

$J_{7,8}$ = 6.6 Hz [63]
$J_{7,9}$ = 1.8 Hz
$J_{9,9}$ = 1.8 Hz

$J_{7,8}$ = 6.6 Hz [63]
$J_{7,9}$ = 1.8 Hz
$J_{9,9}$ = 1.8 Hz

$J_{7,8}$ = 12.0 Hz [64]

$J_{7,8}$ = 12.0 Hz [65]

$J_{7,8}$ = 12.0 Hz [65]

$J_{7,8}$ = 15.8 Hz [66]

$J_{7,8}$ = 15.7 Hz [67]

$J_{4,5}$ = 15.5 Hz [68]

$J_{7,8}$ = 6.7 Hz [69]

$J_{7,9a}$ = 1.1~1.5 Hz [70]
$J_{7,9b}$ = 1.1~1.5 Hz

J_{CH_3-4} = 0.4 Hz [71]

J_{CH_3-4} = 2.0 Hz [72]

J_{CH_3-4} = 1.8 Hz [72]

$J_{22,23}$ = 11.0 Hz [73]

$J_{16,17}$ = 11.6 Hz [74]
$J_{23,24}$ = 11.2 Hz

$J_{16,17}$ = 10.5 Hz [74]

$J_{1,3}$ = 2.4 Hz [75]

$J_{1,4}$ = 2.5 Hz [75]

$J_{1,2}$ = 4.0 Hz [76]

$J_{1,2}$ = 2.8 Hz [77]

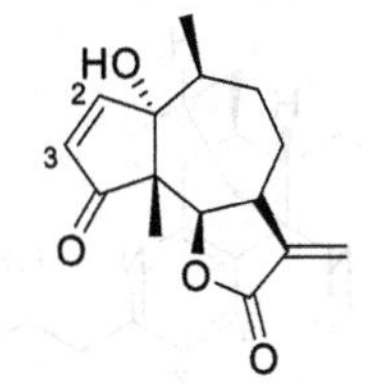

$J_{2,3}$ = 6.2 Hz [78]

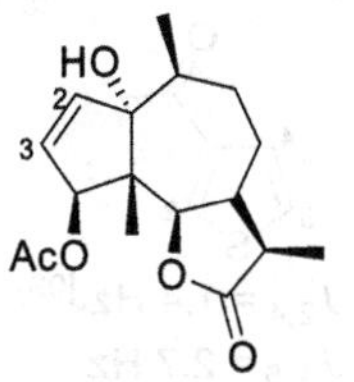

$J_{2,3}$ = 6.1 Hz [78]

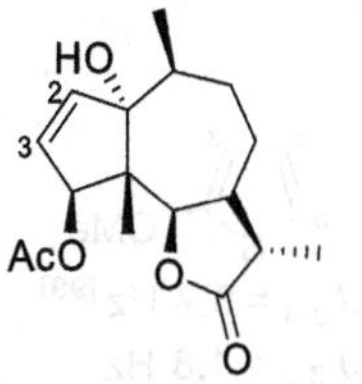

$J_{2,3}$ = 5.9 Hz [78]

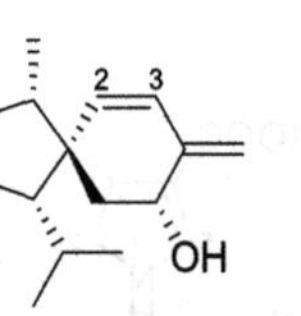

$J_{2,3}$ = 10.1 Hz [79]

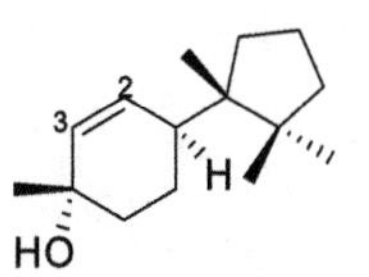

$J_{2,3}$ = 10.6 Hz [80]

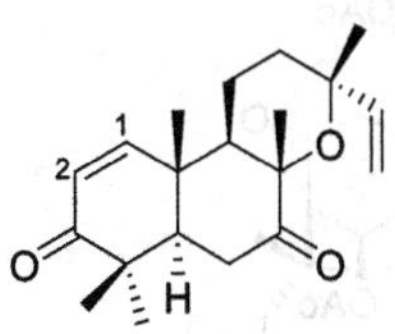

$J_{1,2}$ = 10.8 Hz [81]

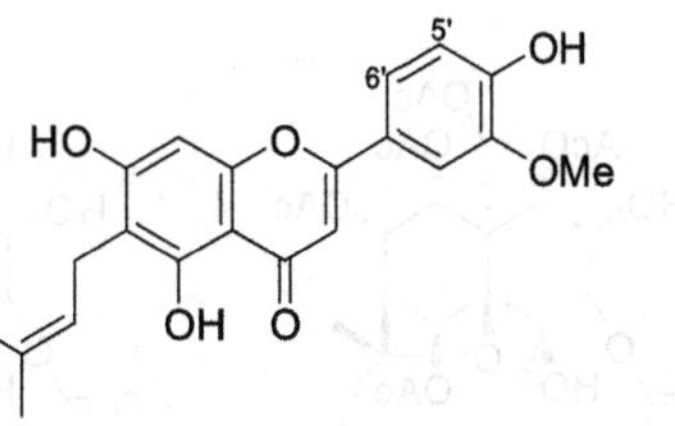

$J_{5',6'}$ = 8.2 Hz [82]

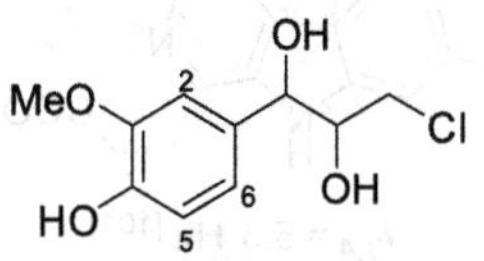

$J_{5,6}$ = 8.0 Hz [83]
$J_{2,6}$ = 2.0 Hz

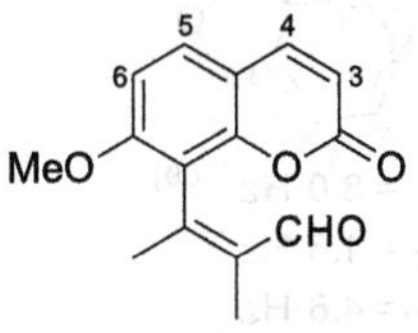

$J_{3,4}$ = 9.4 Hz [84]
$J_{5,6}$ = 8.6 Hz

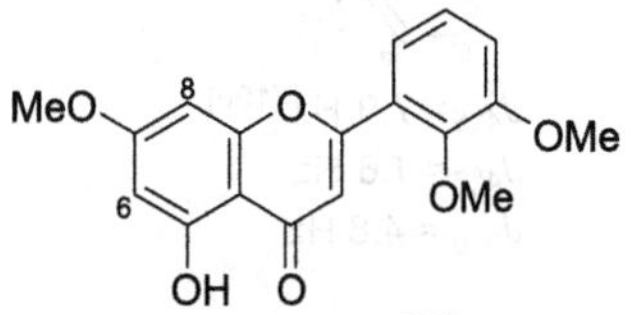

$J_{6,8}$ = 2.2 Hz [85]

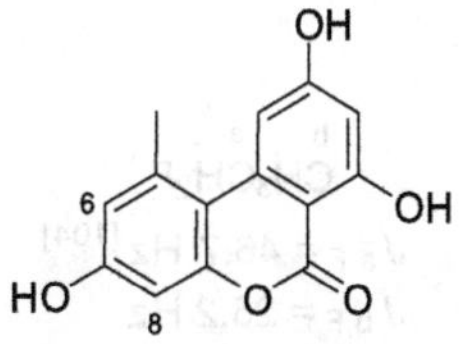

$J_{6,8}$ = 2.4 Hz [86]

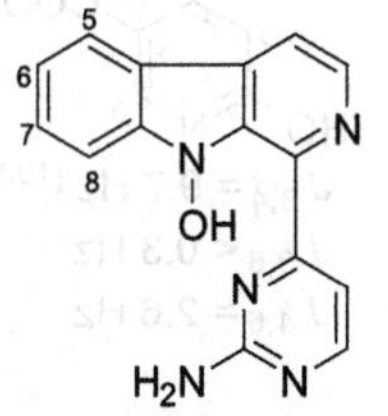

$J_{5,6}$ = 7.9 Hz [87]
$J_{5,7}$ = 1.1 Hz
$J_{5,8}$ = 0.8 Hz
$J_{6,7}$ = 6.5 Hz
$J_{6,8}$ = 1.7 Hz
$J_{7,8}$ = 8.3 Hz

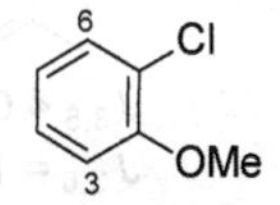

$J_{3,6}$ = 0.31 Hz [88]

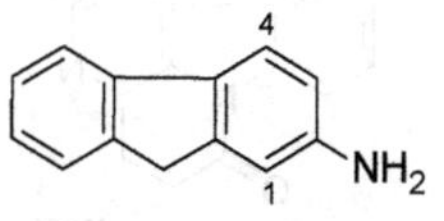

$J_{1,4}$ = 0.21 Hz [89]

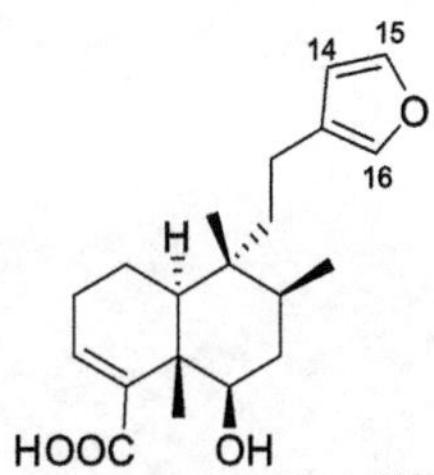

$J_{14,15}$ = 1.67~1.7 Hz [90]
$J_{14,16}$ = 0.8~0.9 Hz
$J_{15,16}$ = 1.4~1.67 Hz

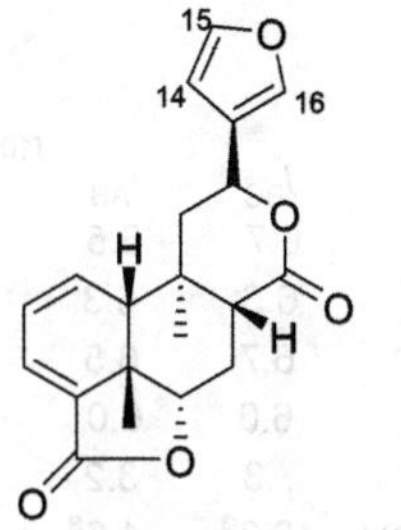

$J_{14,15}$ = 1.7 Hz [91]
$J_{14,16}$ = 0.8 Hz
$J_{15,16}$ = 1.7 Hz

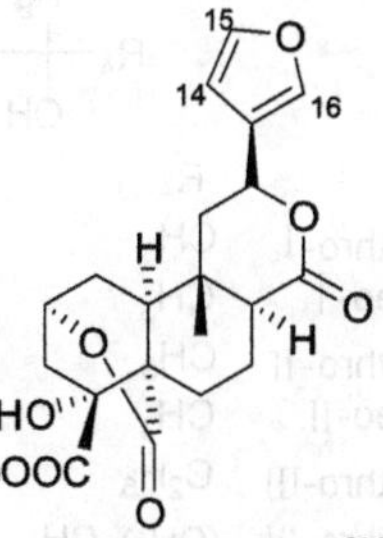

$J_{14,15}$ = 1.9 Hz [92]
$J_{14,16}$ = 0.9 Hz
$J_{15,16}$ = 1.7 Hz

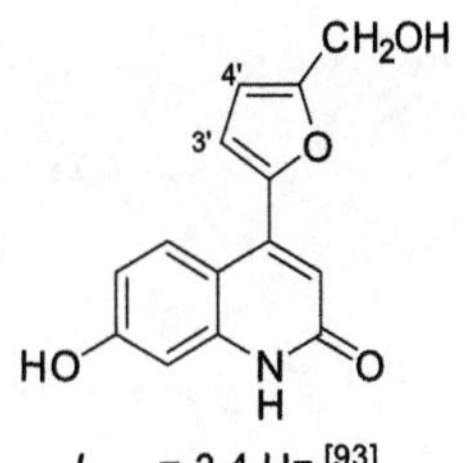

$J_{3',4'}$ = 3.4 Hz [93]

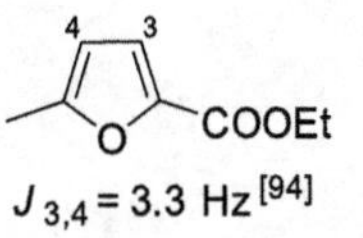

$J_{3,4}$ = 3.3 Hz [94]

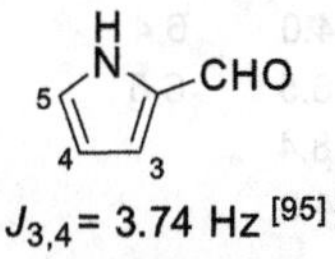

$J_{3,4}$ = 3.74 Hz [95]
$J_{3,5}$ = 1.55 Hz
$J_{4,5}$ = 2.67 Hz

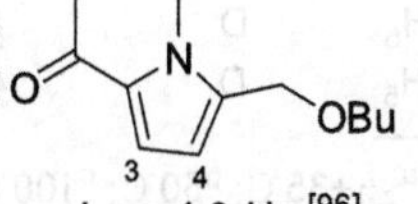

$J_{3,4}$ = 4.0 Hz [96]

$J_{2,4}$ = 1.5 Hz [97]

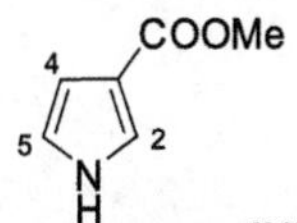

$J_{2,4}$ = 1.40 Hz [98]
$J_{2,5}$ = 1.95 Hz
$J_{4,5}$ = 2.80 Hz

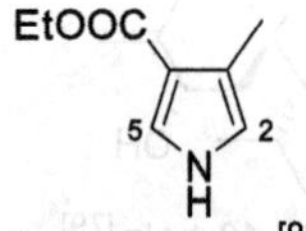

$J_{2,5}$ = 2.20 Hz [98]

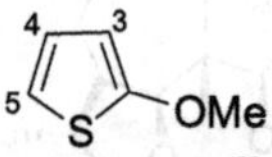

$J_{3,4}$ = 3.7 Hz [99]
$J_{3,5}$ = 1.8 Hz
$J_{4,5}$ = 5.2 Hz

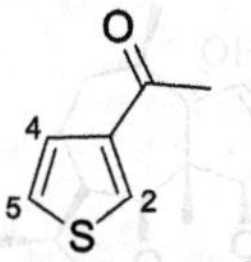

$J_{2,4}$ = 1.4 Hz [99]
$J_{2,5}$ = 2.7 Hz
$J_{4,5}$ = 5.1 Hz

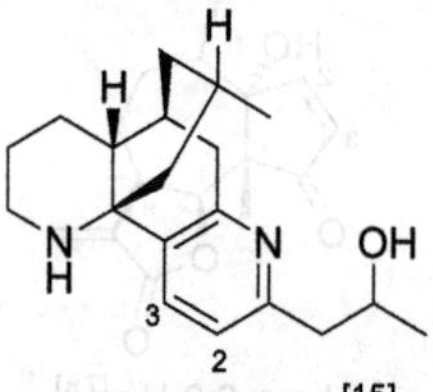

$J_{2,3}$ = 8.0 Hz [15]

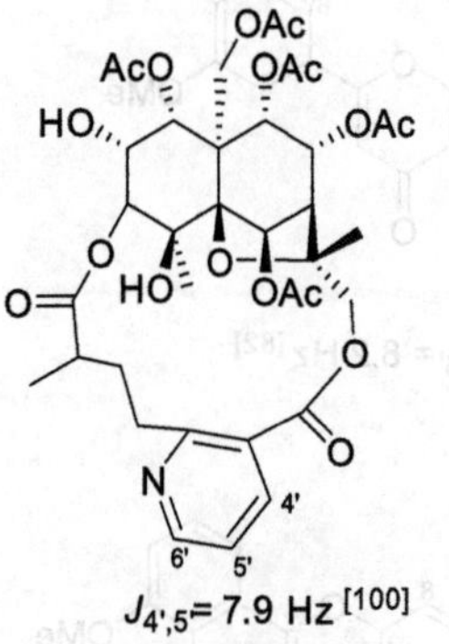

$J_{4',5'}$ = 7.9 Hz [100]
$J_{4',6'}$ = 1.6 Hz
$J_{5',6'}$ = 4.8 Hz

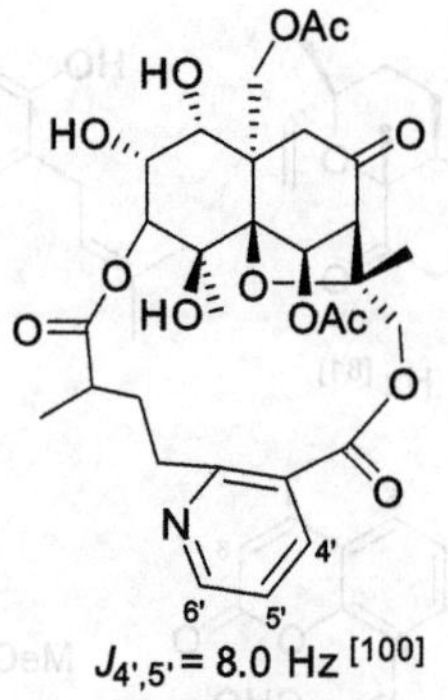

$J_{4',5'}$ = 8.0 Hz [100]
$J_{4',6'}$ = 1.6 Hz
$J_{5',6'}$ = 4.6 Hz

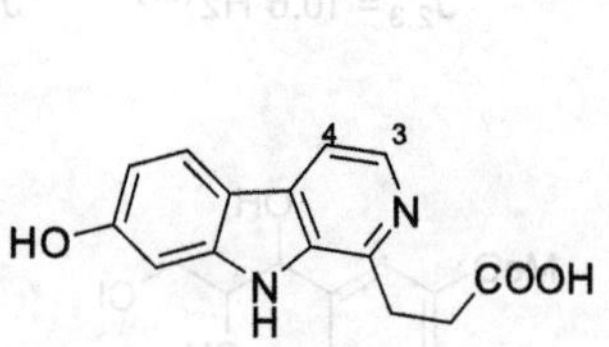

$J_{3,4}$ = 5.3 Hz [101]

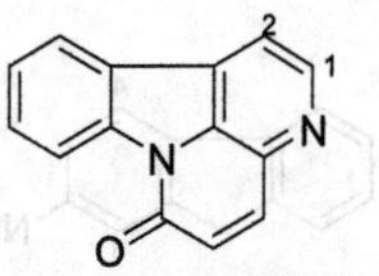

$J_{1,2}$ = 5.0 Hz [102]

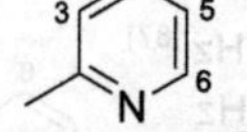

$J_{3,5}$ < 0.5 Hz [103]
$J_{3,6}$ = 1.4 Hz
$J_{5,6}$ = 5.6 Hz

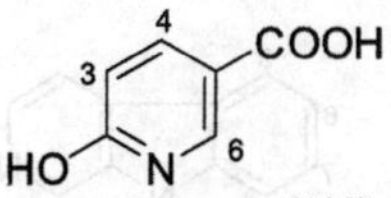

$J_{3,4}$ = 9.7 Hz [103]
$J_{3,6}$ < 0.3 Hz
$J_{4,6}$ = 2.6 Hz

CH_3CH_2F
$J_{a,F}$ = 46.7 Hz [104]
$J_{b,F}$ = 25.2 Hz

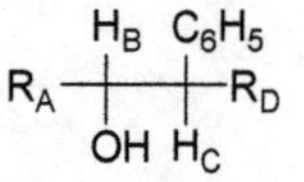

R_A–CH(OH)–CH(C_6H_5)–R_D (H_B, H_C) [105]

	R_A	R_D	J_{BC}	J_{AB}
erythro-Ⅰ	CH_3	CH_3	6.7	6.5
threo-Ⅰ	CH_3	CH_3	6.3	6.3
erythro-Ⅱ	CH_3	C_2H_5	6.7	6.5
threo-Ⅱ	CH_3	C_2H_5	6.0	6.0
erythro-Ⅲ	C_2H_5	C_2H_5	7.3	3.2
erythro-Ⅳ	$(CH_3)_2CH$	$(CH_3)_2CH$	10.3[a]	1.6[a]
			10.2[b]	
			9.5[c]	
threo-Ⅳ	$(CH_3)_2CH$	$(CH_3)_2CH$	3.6[a]	7.6[a]
			3.6[d]	8.4[d]
erythro-Ⅴ[e]	CH_3	CH_3	4.0	6.4
threo-Ⅴ[e]	CH_3	CH_3	6.5	6.5
erythro-Ⅵ	C_6H_5	D	8.4	
threo-Ⅵ	C_6H_5	D	4.9	

[a]正常探头温度，[a]约+35℃; [b]50℃; [c]100℃; [d]-30℃;
[e]环己基取代 C-碳苯基.

参 考 文 献

[1] 赵天增. 核磁共振氢谱. 北京: 北京大学出版社, 1984: 318.

[2] 赵天增. 核磁共振氢谱. 北京: 北京大学出版社, 1984: 319.

[3] 赵天增. 核磁共振氢谱. 北京: 北京大学出版社, 1984: 320.

[4] 赵天增. 核磁共振氢谱. 北京: 北京大学出版社, 1984: 321.

[5] 宁永成. 有机化合物结构鉴定与有机波谱学. 北京: 科学出版社, 2000: 48.

[6] Fattorusso E, Santelia F U, Appendino G, et al. J Nat Prod, 2004, 67: 37.

[7] Dai J Q, Liu Z L, Yang L. Phytochemistry, 2002, 59: 537.

[8] Cambie R C, Lal A R, Rickard C E F, et al. Chem Pharm Bull, 1990, 38: 1857.

[9] Schneider M J, Stermitz F R. Phytochemistry, 1990, 29: 1811.

[10] Morita H, Hirasawa Y, Shinzato T, et al. Tetrahedron, 2004, 60: 7015.

[11] D'Abrosca B, Maria P D, DellaGreca M, et al. Tetrahedron, 2006, 62: 640.

[12] Morikawa T, Kishi A, Pongpiriyadacha Y, et al. J Nat Prod, 2003, 66: 1191.

[13] Chávez H, Estévez-Braun A, Ravelo A G, et al. J Nat Prod, 1998, 61: 82.

[14] Lognay G, Hemptinne J L, Chan F Y, et al. J Nat Prod, 1996, 59: 510.

[15] Ayer W A, Kasitu G C. Can J Chem, 1989, 67: 1077.

[16] Zhang H J, Hung N V, Cuong N M, et al. Planta Med, 2005, 71: 452.

[17] Camacho M D R, Phillipson J D, Croft S L, et al. J Nat Prod, 2002, 65: 1457.

[18] Giang P M, Son P T, Matsunami K, et al. Chem Pharm Bull, 2006, 54: 139.

[19] Blanchfield J T, Sands D P A, Kennard C H L, et al. Phytochemistry, 2003, 63: 711.

[20] Nishiyama Y, Moriyasu M, Ichimaru M, et al. Phytochemistry, 2006, 67: 2671.

[21] Itoh A, Ikuta Y, Baba Y, et al. Phytochemistry, 1999, 52 : 1169.

[22] Tori M, Aoki M, Asakawa Y. Phytochemistry, 1994, 36 : 73.

[23] Tori M, Hamaguchi, T, Aoki, M, et al. Can J Chem, 1997, 75: 634.

[24] Clericuzio M, Sterner O. Phytochemistry, 1997, 45: 1569.

[25] Shao H J, Wang C J, Dai Y, et al. Heterocycles, 2007, 71: 1135.

[26] Yaoita Y, Machida K, Kikuchi M. Chem Pharm Bull, 1999, 47: 894.

[27] Sung P J, Chuang L F, Kuo J, et al. Chem Pharm Bull, 2007, 55: 1296.

[28] Sung P J, Su Y D, Hwang T L, et al. Chem Lett, 2008, 37: 1244.

[29] Nagashima F, Suzuki M, Takaoka S, et al. J Nat Prod, 2001, 64: 1309.

[30] Sun J, Shi D Y, Ma M, et al. J Nat Prod, 2005, 68: 915.

[31] Mao S C, Guo Y W. Helv Chim Acta, 2005, 88: 1034.

[32] Zubía E, Ortega M J, Hernández-Guerrero C J, et al. J Nat Prod, 2008, 71: 608.

[33] Barnekow D E, Cardellina J H, Zektzer A S, et al. J Am Chem Soc, 1989, 111: 3511.

[34] Adio A M, König W A. Phytochemistry, 2005, 66: 599.

[35] Kitajima J, Kimizuka K, Tanaka Y. Chem Pharm Bull, 2000, 48: 77.

[36] Bohlmann F, Fritz U, Robinson H, et al. Phytochemistry, 1979, 18 : 1749.

[37] Perry N B, Burgess E J, Foster L M, et al. J Nat Prod, 2008, 71: 258.

[38] Perry N B, Burgess E J, Foster L M, et al. Tetrahedron Lett, 2003, 44: 1651.

[39] Lee J S, Kim H J, Park H, et al. J Nat Prod, 2002, 65: 1367.

[40] Yu J Q, Deng A J, Qin, H L. Steroids, 2013, 78: 79.

[41] Li X S, Hu M J, Liu J, et al. Fitoterapia, 2014, 97: 71.

[42] Jakupovic J, Schuster A, Bohlmann F, et al. Phytochemistry, 1988, 27:1771.

[43] Li C Y, Wu T S. Chem Pharm Bull, 2002, 50: 1305.

[44] Cuenca M D R, Catalan C A N. J Nat Prod, 1991, 54: 1162.

[45] Hayashi T, Shinbo T, Shimizu M, et al. Tetrahedron Lett, 1985, 26: 3699.

[46] Erdtman H, Harmatha J. Phytochemistry, 1979, 18: 1495.

[47] Yahara S, Nishiyori T, Kohda A, et al. Chem Pharm Bull, 1991, 39: 2024.

[48] Sung S H, Huh M S, Kim Y C. Chem Pharm Bull, 2001, 49: 1192.

[49] Chokchaisiri R, Chaneiam N, Svasti S, et al. J Nat Prod, 2010, 73: 724.

[50] Akiyama K, Kikuzaki H, Aoki T, et al. J Nat Prod, 2006, 69: 1637.

[51] Boukouvalas J, Wang J X. Org Lett, 2008, 10: 3397.

[52] Guo D X, Xiang F, Wang X N, et al. Phytochemistry, 2010, 71: 1573.

[53] Fan X N, Zi J C, Zhu C G, et al. J Nat Prod, 2009, 72: 1184.

[54] Takaya Y, Akasaka M, Takeuji Y, et al. Tetrahedron, 2000, 56: 7679.

[55] Shao H J, Wang C J, Dai Y, et al. Heterocycles, 2007, 71: 1135.

[56] Sung P J, Su Y D, Hwang T L, et al. Chem Lett, 2008, 37: 1244.

[57] Lu T J, Lin C K. J Org Chem, 2011, 76: 1621.

[58] Fattorusso E, Santelia F U, Appendino G, et al. J Nat Prod, 2004, 67: 37.

[59] Nagashima F, Asakawa Y. Phytochemistry, 2001, 56: 347.

[60] Farimani M M, Miran M. Phytochemistry, 2014, 108: 264.

[61] Ayafor J F, Tchuendem M H K, Nyasse B, et al. J Nat

Prod, 1994, 57: 917.

[62] Arslanlan R L, Anderson T, Stermitz F R. J Nat Prod, 1990, 53: 1485.

[63] Moriyama M, Huang J M, Yang C S, et al. Chem Pharm Bull, 2008, 56: 1201.

[64] Ishimaru K, Nonaka G, Nishioka I. Phytochemistry, 1987, 26: 1147.

[65] Dübeler A, Voltmer G, Gora V, et al. Phytochemistry, 1997, 45: 51.

[66] Ito C, Itoigawa M, Otsuka T, et al. J Nat Prod, 2000, 63: 1344.

[67] Sairafianpour M, Kayser O, Christensen J, et al. J Nat Prod, 2002, 65: 1754.

[68] Schulz S, Krückert K, Weldon P J. J Nat Prod, 2003, 66: 34.

[69] He H P, Shen Y M, Chen S T, et al. Helv Chim Acta, 2006, 89: 2836.

[70] Mata R, Rivero-Cruz I, Rivero-Cruz B, et al. J Nat Prod, 2002, 65: 1030.

[71] 于德泉, 杨峻山. 分析化学手册. 第 2 版: 第七分册. 核磁共振波谱分析. 北京: 化学工业出版社, 1999: 193.

[72] 于德泉, 杨峻山. 分析化学手册. 第 2 版: 第七分册. 核磁共振波谱分析. 北京: 化学工业出版社, 1999: 194.

[73] Fouad M, Edrada R A, Ebel R, et al. J Nat Prod, 2006, 69: 211.

[74] McCormick J L, McKee T C, Cardellina II J H, et al. J Nat Prod, 1996, 59: 1047.

[75] 于德泉, 杨峻山. 分析化学手册. 第 2 版: 第七分册. 核磁共振波谱分析. 北京: 化学工业出版社, 1999: 196.

[76] 于德泉, 杨峻山. 分析化学手册. 第 2 版: 第七分册. 核磁共振波谱分析. 北京: 化学工业出版社, 1999: 83.

[77] 于德泉, 杨峻山. 分析化学手册. 第 2 版: 第七分册. 核磁共振波谱分析. 北京: 化学工业出版社, 1999: 84.

[78] Das B, Reddy V S, Krishnaiah M, et al. Phytochemistry, 2007, 68: 2029.

[79] Harinantenaina L, Kurata R, Asakawa Y. Chem Pharm Bull, 2005, 53: 515.

[80] Nagashima F, Suzuki M, Takaoka S, et al. J Nat Prod, 2001, 64: 1309.

[81] Guo D X, Xiang F, Wang X N, et al. Phytochemistry, 2010, 71: 1573.

[82] Ngadjui B T, Abegaz B M, Dongo E, et al. Phytochemistry, 1998, 48: 349.

[83] Kikuzaki H, Hara S, Kawai Y, et al. Phytochemistry, 1999, 52: 1307.

[84] Saied S, Nizami S S, Anis I. J Asian Nat Prod Res, 2008, 10: 515.

[85] Rao Y K, Vimalamma G, Rao C V, et al. Phytochemistry, 2004, 65: 2317.

[86] Souza G D de, Mithöfer A, Daolio Cristina, et al. Molecules, 2013, 18: 2528.

[87] Costa E V, Pinheiro M L B, Xavier C M, et al. J Nat Prod, 2006, 69: 292.

[88] 于德泉, 杨峻山. 分析化学手册. 第 2 版: 第七分册. 核磁共振波谱分析. 北京: 化学工业出版社, 1999: 98.

[89] 于德泉, 杨峻山. 分析化学手册. 第 2 版: 第七分册. 核磁共振波谱分析. 北京: 化学工业出版社, 1999: 108.

[90] Anis I, Anis E, Ahmed S, et al. Helv Chim Acta, 2001, 84: 649.

[91] Tazaki H, Nabeta K, Becker H, et al. Phytochemistry, 1998, 48: 681.

[92] Rakotobe L, Mambu L, Deville A, et al. Phytochemistry, 2010, 71: 1007.

[93] Chen S B, Gao G Y, Li Y S, et al. Planta Med, 2002, 68: 554.

[94] 于德泉, 杨峻山. 分析化学手册. 第 2 版: 第七分册. 核磁共振波谱分析. 北京: 化学工业出版社, 1999: 113.

[95] Jeon K O, Yu J S, Lee C K. Heterocycles, 2003, 60: 2685.

[96] Wang Y F, Lu C H, Lai G F, et al. Planta Med, 2003, 69: 1066.

[97] Uemoto H, Tsuda M, Kobayashi J. J Nat Prod, 1999, 62: 1581.

[98] 于德泉, 杨峻山. 分析化学手册. 第 2 版: 第七分册. 核磁共振波谱分析. 北京: 化学工业出版社, 1999: 111.

[99] 于德泉, 杨峻山. 分析化学手册. 第 2 版: 第七分册. 核磁共振波谱分析. 北京: 化学工业出版社, 1999: 114.

[100] Sousa J R, Silva G D F, Miyakoshi T, et al. J Nat Prod, 2006, 69: 1225.

[101] Kanchanapoom T, Kasai R, Chumsri P, et al. Phytochemistry, 2001, 56 : 383.

[102] Aono H, Koike K, Kaneko J, et al. Phytochemistry, 1994, 37: 579.

[103] 于德泉, 杨峻山. 分析化学手册. 第 2 版: 第七分册. 核磁共振波谱分析. 北京: 化学工业出版社, 1999: 117.

[104] 于德泉, 杨峻山. 分析化学手册. 第 2 版. 第七分册: 核磁共振波谱分析. 北京: 化学工业出版社, 1999: 198.

[105] Kingsbury C A, Thornton W B. J Org Chem, 1966, 31: 1000.

第五章　生　物　碱

第一节　吡咯类生物碱

吡咯类生物碱（pyrroles）是一类以分子结构中含有吡咯（pyrrole）或氢化吡咯（pyrrolidine）为特征的生物碱，根据其结构与来源分型为简单吡咯型生物碱、吡咯烷型生物碱、番杏碱型生物碱、百部碱型生物碱和海洋溴吡咯型生物碱等。

一、简单吡咯型生物碱

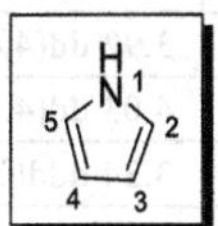

【系统分类】

1*H*-吡咯

1*H*-pyrrole

【典型氢谱特征】

5-1-1 [1]

表 5-1-1　简单吡咯型生物碱 5-1-1 的 ¹H NMR 数据及其特征

H	**5-1-1** ($CDCl_3$)	典型氢谱特征
3①	7.00 dd(3.74, 1.55)	① 母核信号全部在芳香区，偶合常数数据符合五元杂环芳香体系的特征； ② 游离芳香型仲胺质子的特征信号
4①	6.36 dd(3.74, 2.67)	
5①	7.16 dd(2.67, 1.55)	
CHO	9.53	
NH②	9.97	

二、吡咯烷型生物碱

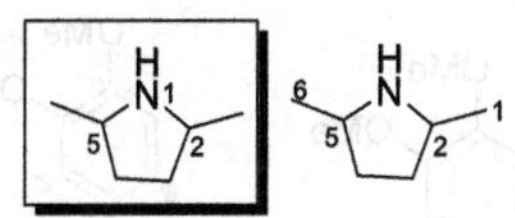

【系统分类】

2,5-二甲基吡咯烷；2,5-二甲基四氢吡咯

2,5-dimethylpyrrolidine；2,5-dimethyl tetrahydropyrrole

【结构多样性】

C(1/6)增碳碳键。

【典型氢谱特征】

5-1-2 [2]　　5-1-3 [3]　　5-1-4 [4]

表 5-1-2 吡咯烷型生物碱 5-1-2～5-1-4 的 ^{1}H NMR 数据及其特征

H	5-1-2 (D_2O)	5-1-3 (D_2O)	5-1-4 (D_2O)	典型氢谱特征
1	1.19 d(6.8)①	1.20 d(6.7)①	3.71 dd(11.7, 6.4)② 3.78 dd(11.7, 5.1)②	整体特征与糖类似，需注意通过元素组成和 ^{13}C NMR 谱或其他手段进行区别。 ① 1 位为甲基时的甲基特征峰峰； ② 1 位为与手性碳相连的氧亚甲基（即氧化甲基或羟甲基）时的特征峰； ③ 6 位为与手性碳相连的氧亚甲基（氧化甲基）的特征峰；化合物 **5-1-4** 的 C(6)增碳碳键，其特征信号发生改变
2	3.53 dq(6.8, 3.7)	2.97 dq(8.3, 6.7)	3.07 ddd(6.4, 5.1, 4.4)	
3	4.02 dd(3.7, 2.0)	3.62 dd(8.3, 7.0)	3.92 dd(4.4, 1.7)	
4	4.27 dd(4.6, 2.0)	3.83 dd(7.0, 7.0)	4.03 dd(4.1, 1.7)	
5	3.60 ddd(7.1, 6.4, 4.6)	3.19 dt(7.0, 7.0, 5.5)	3.34 ddd(7.8, 6.6, 4.1)	
6	3.69 dd(11.2, 7.1)③ 3.81 dd(11.2, 6.4)③	3.68 dd(11.0, 5.5)③ 3.63 dd(11.0, 7.0)③	1.79 m 1.90 m	
7			3.72	

三、番杏碱（mesembrine）型生物碱

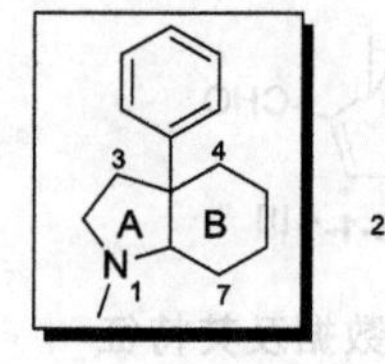

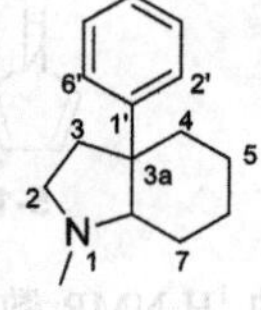

【系统分类】

1-甲基-3a-苯基八氢-1*H*-吲哚

1-methyl-3a-phenyloctahydro-1*H*-indole

【结构多样性】

B 环并吡啶。

【典型氢谱特征】

5-1-5 [5]　　5-1-6 [6]

表 5-1-3 番杏碱型生物碱 5-1-5 和 5-1-6 的 ¹H NMR 数据及其特征

H	5-1-5 ($CDCl_3$)	5-1-6	典型氢谱特征
2α①	3.34 m	2.50 m	① 2 位氮亚甲基（氮化甲基）特征峰；② 7a 位氮次甲基特征峰；③ 芳香区质子信号可区分为 1 个独立的苯环；④ N (1)甲基化的甲基特征峰
2β①	2.50～2.55 ov	2.50 m	
3α	2.43 dd(8.4, 2.4)	1.91 m	
3β	2.21 ddd(12.6, 8.4, 4.2)	2.27 m	
4	6.74 dd(10.1, 2)	α 2.27 m, β 2.50 m	
5	6.11 dd(10.1, 0.8)	α 3.30 m, β 2.94 m	
7α	2.55 br d (8.4)		
7β	2.50 dd(8.4, 4.8)		
7a②	2.65 m	3.30 m	
8		7.56 dd(7.8, 2.0)	
9		7.15 dd(7.8, 5.0)	
10		8.48 dd(5.0, 2.0)	
2′③	6.88 s	6.65 d(2.0)	
5′③	6.89 d(8)	6.70 d(8.0)	
6′③	6.82 d(8)	6.56 dd(8.0, 2.0)	
NMe④	2.32 s	2.34 s	
OMe	3.89 s, 3.90 s	3.71 s, 3.78 s	

四、百部碱型生物碱（*Stemona* alkaloids）

百部碱型生物碱由百部科百部属多种植物的根中分离得到一类以吡咯并[1,2-*a*]氮杂环庚三烯[pyrrolo [1,2-*a*]azepine]为基础结构的生物碱，称为吡咯并[1,2-*a*]氮杂草型生物碱。根据具体结构特征，进一步分型为 3 个亚型。

1. stichoneurine 型生物碱

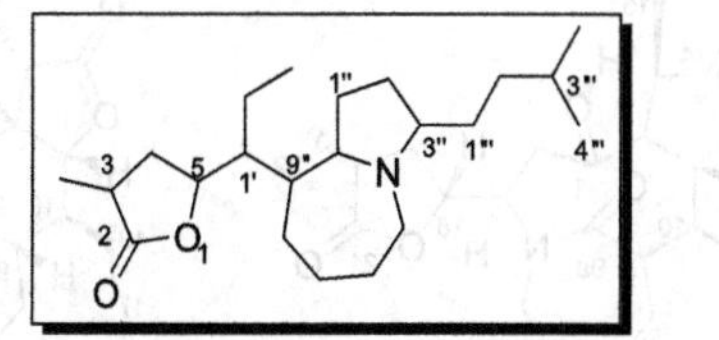

【系统分类】

3-甲基-5-[1-(3-异戊基八氢-1*H*-吡咯并[1,2-*a*]氮杂环庚三烯-9-基)丙基]二氢呋喃-2(3*H*)-酮

5-[1-(3-isopentyloctahydro-1*H*-pyrrolo[1,2-*a*]azepin-9-yl)propyl]-3-methyldihydrofuran-2(3*H*)-one

【结构多样性】

C(1)-C(12)连接，C(18)-C(21)环氧连接；C(8)-C(11)环氧连接；C(9a)-C(12)连接, C(18)-C(21)环氧连接；

C(1)-C(12)连接，C(1)-C(9a)键断裂；C(1)-C(12)连接，C(3)-C(18)键断裂；等等。

【典型氢谱特征】

5-1-7 [7]　　5-1-8 [8]　　5-1-9 [8]

表 5-1-4 stichoneurine 型百部生物碱 5-1-7～5-1-9 的 ^{1}H NMR 数据及其特征

H	5-1-7 ($CDCl_3$)	5-1-8 (DMSO-d_6)	5-1-9 ($CDCl_3$)	典型氢谱特征
1	1.75 m	5.91 d(3.6)	5.80 d(4.7)	
2	1.65 m	6.11 d(3.6)	5.85 d(4.7)	
3	3.30 dd(14.0, 7.7)			
5①	α 3.05 dd β 2.92 dd	3.78 dd(14.4, 11.8) 4.20 dd(14.4, 5.3)	3.70 m 4.18 dd(14.8, 5.3)	
6	1.67 m	1.63 m ,2.00 m	1.50 m, 2.08 m	
7	1.48 m, 1.64 m	1.65 m ,2.20 m	1.80 m, 2.30 m	① 5 位氮亚甲基(氮化甲基)特征峰； ② C(1)-C(12) 连接结构的 11 位连氧次甲基特征峰； ③ 15 位甲基特征峰； ④ 10 位乙基特征峰； ⑤ 含 C(18)-C (21)环氧连接时 18 位氧次甲基特征峰； ⑥ 22 位甲基特征峰
8	1.65 m, 1.91 m	3.68 ddd(9.9, 9.9, 3.6)	3.67 dd(15.2, 3.7)	
9	1.85 m	3.05 dd(20.9, 10.6)	3.20 dd(12.1, 10.0)	
9a	3.17 dd(3.9, 3.8)			
10	1.72 m	2.60 m	2.55 m	
11	4.51 dd(3.3, 3.0)②			
12	2.07 ddd(15.0, 6.7, 3.3)	7.23 d(1.4)	6.75 d(1.6)	
13	2.88 dq(7.1, 6.7)			
15③	1.23 d(7.1)	1.81 d(1.4)	1.98 d(1.6)	
16④	1.35 m, 1.65 m	1.38 m, 1.45 m	1.60 m, 1.80 m	
17④	0.99 t(7.3)	0.79 t(7.6)	0.87 t(7.6)	
18	4.38 ddd(11.2, 7.7, 5.5)⑤	5.52 dd(11.3, 5.4)⑤	1.77 m, 2.00 m	
19	1.45 dd(15.2, 11.2) 2.36 ddd(15.2, 13.3, 5.5)	2.12 m 2.72 m	2.58 m	
20	2.59 ddq(12.1, 7.0, 5.3)	2.80 m	2.68 m	
22⑥	1.26 d(7.0)	1.18 d(6.9)	1.25 d(6.3)	

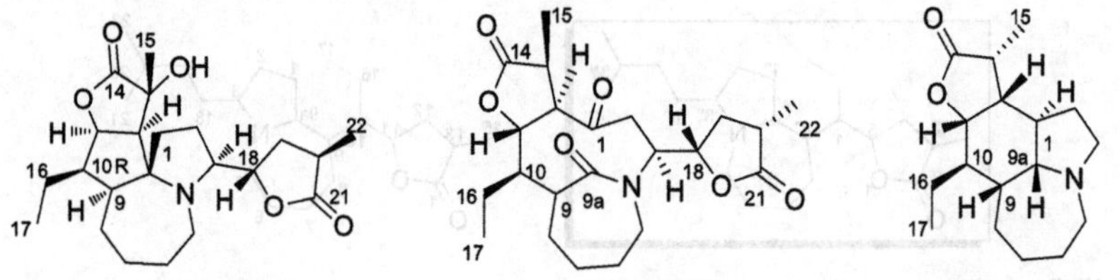

5-1-10 [9]　　5-1-11 [10]　　5-1-12 [11]

表 5-1-5 stichoneurine 型百部生物碱 5-1-10～5-1-12 的 ^{1}H NMR 数据及其特征

H	5-1-10 (CD_3OD)	5-1-11 ($CDCl_3$)	5-1-12 ($CDCl_3$)	典型氢谱特征
1	1.77～1.91 m		1.80～1.85 m	
2	α 1.80～1.90 m β 1.47～1.56 m	α 2.39 dd(12.2, 3.7) β 3.19 dd(12.2, 12.2)	1.95～2.12 m 1.38～1.44 m	① 5 位氮亚甲基（氮化甲基）特征峰； ② 11 位氧次甲基特征峰； ③ 15 位甲基特征峰； ④ 10 位乙基特征峰； ⑤ 含 C(18)-C(21) 环氧连接时 18 位氧次甲基特征峰； ⑥ 22 位甲基特征峰。
3	3.25～3.28 m	5.37 ddd(12.2, 5.7, 3.7)	3.22 dd(15.3, 7.4) 2.42～2.49 m	
5①	α 2.41～2.48 m β 2.83～2.88 m	α 3.81 ddd(12.1, 9.2, 2.9) β 3.51 ddd(12.1, 4.6, 2.6)	2.85～2.91 m 2.34 t(7.9)	
6	1.48～1.57 m 1.71～1.78 m	β 1.77 m α 1.91 m	1.64～1.78 m 1.70～1.79 m	
7	α 1.13～1.21 m β 1.79～1.86 m	α 1.51 m β 1.75 m	1.62～1.74 m	此外，该类化合物的 C(3)氢信号也有一定的特征性
8	α 0.81～0.93 m β 1.59～1.64 m	β 1.52 m α 1.70 m	1.66～1.73 m 1.69～1.80 m	

续表

H	5-1-10 (CD_3OD)	5-1-11 ($CDCl_3$)	5-1-12 ($CDCl_3$)	典型氢谱特征
9	1.99～2.04 m	3.08 ddd(11.0, 9.2, 1.8)	1.71～1.82 m	
9a			2.38～2.45 m	
10	1.98～2.06 m	2.32 m	1.73～1.86 m	
11②	4.95 dd(6.3, 5)	5.08 dd(9.9, 7.1)	4.51 d(2.2)	
12	2.60 d(6.3)	3.56 dd(9.9, 7.7)	2.21～2.30 m	
13		2.91 dq(7.7, 7.0)	2.80～2.87 m	
15③	1.76 s	1.30 d(7.0)	1.21 d(7.2)	
16④	1.46～1.56 m 1.58～1.68 m	1.27 m 1.80 m	1.62～1.74 m 1.38～1.45 m	
17④	0.98 t(7.0)	0.94 dd(7.4, 7.2)	0.99 t(7.4)	
18⑤	4.54 ddd(10.0, 10.0, 5.5)	4.46 ddd(10.9, 5.7, 5.7)		
19	α 1.56～1.61 m β 2.46～2.53 m	α 1.78 m β 2.48 ddd(11.2, 5.7, 5.5)		
20	2.72～2.81 m	2.72 m		
22⑥	1.21 d(7.0)	1.23 d(7.1)		

2. protostemonine 型生物碱

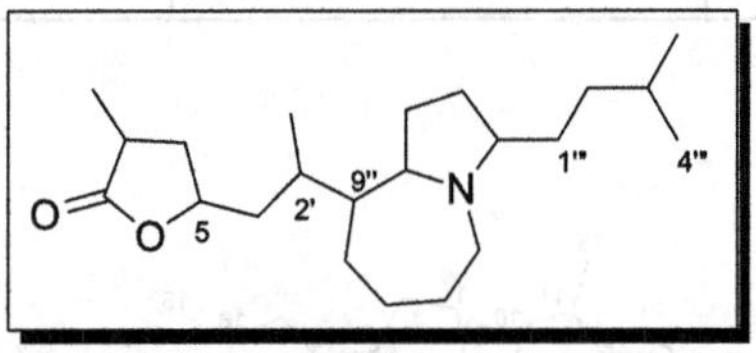

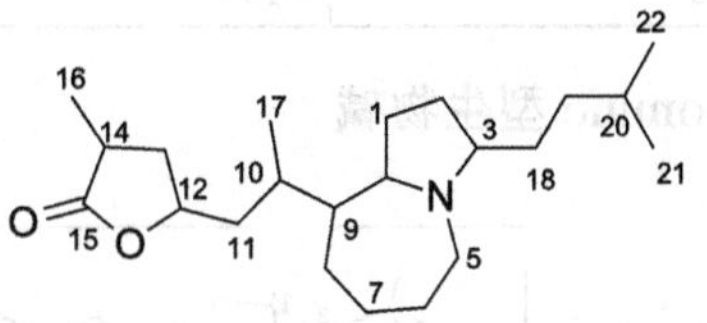

【系统分类】

3-甲基-5-[2-(3-异戊基八氢-1*H*-吡咯并[1,2-*a*]氮杂䓬-9-基)丙基]-二氢呋喃-2(3*H*)-酮

5-(2-(3-isopentyloctahydro-1*H*-pyrrolo[1,2-*a*]azepin-9-yl)propyl)-3-methyldihydrofuran-2(3*H*)-one

【结构多样性】

C(11)-C(8)环氧连接；C(18)-C(21)环氧连接；C(3)-C(18)键断裂；C(22)降碳；C(3)-C(7)连接；等。

【典型氢谱特征】

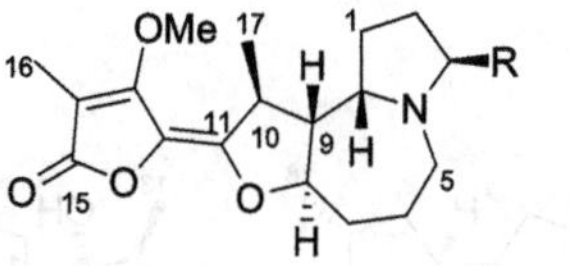

5-1-13 [12] R = H

5-1-14 [12] R =

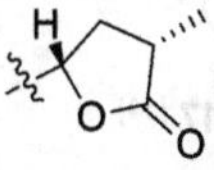

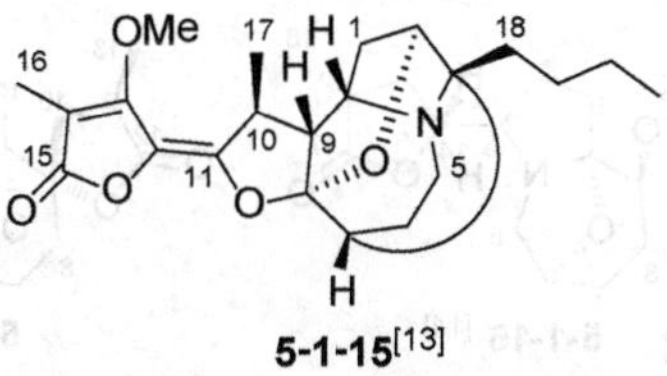

5-1-15[13]

表 5-1-6 protostemonine 型百部生物碱 5-1-13～5-1-15 的 ^{1}H NMR 数据及其特征

H	5-1-13 ($CDCl_3$)	5-1-14 ($CDCl_3$)	5-1-15 (C_5D_5N)	典型氢谱特征
1	1.85 m, 2.24 m	1.55 m, 1.92 m	1.89 m	
2	2.05 m, 2.25 m	1.48 m, 1.89 m	4.13 s	① 5 位氮亚甲基（氮化甲基）特征峰；② 16 位甲基特征峰；③ 17 位甲基特征峰；④ 含 C(18)-C(21) 环氧连接时的 18 位氧次甲基特征峰；⑤ 无 C(18)-C(21) 环氧连接时的 21 位甲基特征峰；化合物 **5-1-13** 的 C(3)-C(18)键断裂，**5-1-14** 的 C(21)形成酯羰基，因此均没有出现 21 位甲基特征峰；⑥ 22 位甲基的特征峰；化合物 **5-1-13** 的 C(3)-C(18)键断裂，**5-1-15** 的 C(22)降碳，因此均没有出现 22 位甲基特征峰
3	3.67 ddd	3.27 ddd		
5①	3.10 ddd(15.8, 6.4, 3.0) 3.35 m	α 3.48 dd(15.5, 4.0) β 2.92 dd(15.2, 7.1)	α 2.99 ddd(14.0, 7.4, 6.7) β 2.93 ddd(14.0, 6.9, 6.6)	
6	1.85 m, 2.14 m	1.50 m, 1.65 m	1.73 m	
7	1.62 m, 2.57 m	1.50 m , 2.32 m	2.64 dd(6.2, 2.7)	
8	4.18 ddd(10.8, 10.7, 3.7)	4.08 ddd(14.3, 10.4, 3.4)		
9	2.22 ddd	2.19 ddd(10.4, 9.5, 4.1)	1.89 dd(3.5, 3.4)	
9a	4.27 m	3.73 m	3.43 m	
10	2.91 dq(10.1, 6.8)	2.89 m	3.14 dq(6.6, 3.5)	
16②	2.05 s	2.04 s	1.91 s	
17③	1.40 d(6.8)	1.41 d(6.6)	1.30 d(6.6)	
18		4.15 ddd(11.1, 5.5, 5.4)④	1.43 m	
19		2.35 m, 1.52 m	1.11 m, 1.42 m	
20		2.60 ddq(12.0, 8.5, 7.0)	1.21 m	
21			0.91 t(6.0)⑤	
22		1.23 d(7.0)⑥		
OMe	4.10 s	4.10 s	3.87 s	

3. croomine 型生物碱

【系统分类】

4-甲基-3′-(4-甲基-5-氧代四氢呋喃-2-基)八氢-3*H*-螺[呋喃-2,9′-吡咯并[1,2-*a*]氮杂䓬]-5(4*H*)-酮

4-methyl-3′-(4-methyl-5-oxotetrahydrofuran-2-yl)octahydro-3*H*-spiro[furan-2,9′-pyrrolo[1,2-*a*]azepin]-5(4*H*)-one

【结构多样性】

C(3)-C(14)键断裂；等。

【典型氢谱特征】

5-1-16 [14]　　**5-1-17** [14]　　**5-1-18** [10]

表 5-1-7 croomine 型百部生物碱 5-1-16～5-1-18 的 ^{1}H NMR 数据及其特征

H	5-1-16 ($CDCl_3$)	5-1-17 ($CDCl_3$)	5-1-18 ($CDCl_3$)	典型氢谱特征
1	1.86 m, 1.91 m	1.88 m, 1.92 m	α 1.90 m, β 2.01 m	① 含 3′-(4-甲基-5-氧代四氢呋喃-2-基)结构时的 3 位次甲基特征峰； ② 5 位氮亚甲基（氮化甲基）特征峰； ③ 13 位甲基特征峰； ④ 含 3′-(4-甲基-5-氧代四氢呋喃-2-基)结构时的 14 位氧次甲基特征峰； ⑤ 含 3′-(4-甲基-5-氧代四氢呋喃-2-基)结构时的 18 位甲基特征峰
2	1.72 m, 1.98 m	1.60 m, 2.15 m	α 2.24 m, β 2.25 m	
3	2.86 ddd(10.8, 8.8, 5.8)①	2.93 ddd(10.8, 7.8, 6.1)①		
5α②	3.00 ddd(10.7, 6.3, 1.4)	3.04 dd(10.4, 6.3)	2.80 ddd(13.2, 12.7, 1.0)	
5β②	3.22 d(10.7)	3.20 d(10.4)	3.83 ddd(13.2, 3.6, 2.9)	
6	4.59 m(6.3, 2.0, 2.0, 1.4)	4.68 ddd(6.3, 2.0, 2.0)	1.29 m, 1.65 m	
7	α 1.81 m(13.5, 12.6, 5.9) β 1.62 br dd(12.6, 5.4, 1.8)	— —	1.51 m 1.90 m	
8	α 1.55 ddt(13.5, 5.9, 1.8, 1.8) β 2.34 dt(13.5, 13.5, 5.4)	—	1.57 m	
9a			3.70 dd(9.8, 6.4)	
10	α 2.61 dd(14.6, 11.6) β 1.70 dd(14.6, 6.3)	α 2.10 dd(13.1, 10.0) β 1.71 dd(13.1, 12.6)	3.77 d(10.2)	
11	2.81 ddq(11.6, 7.7, 6.3)	2.80 ddq(12.6, 10.0, 7.7)	2.49 dq(10.2, 7.0)	
13③	1.34 d(7.7)	1.28 d(7.7)	1.15 d(7.0)	
14	4.26 ddd(11.3, 8.8, 5.4)④	4.14 ddd(11.3, 7.8, 5.4)④		
15α	1.48 ddd(12.6, 12.6, 11.3)	1.58 ddd(12.6, 12.6, 11.3)		
15β	2.36 ddd(12.6, 9.0, 5.4)	2.36 ddd(12.6, 9.0, 5.4)		
16	2.67 ddq(12.6, 9.0, 7.5)	2.66 ddq(12.6, 9.0, 7.5)		
18	1.26 d(7.5)⑤	1.28 d(7.5)⑤		

五、海洋溴吡咯型生物碱

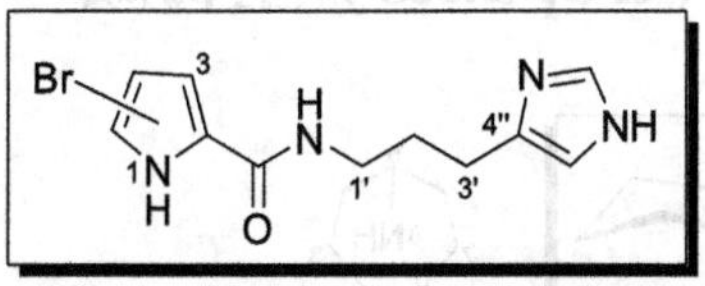

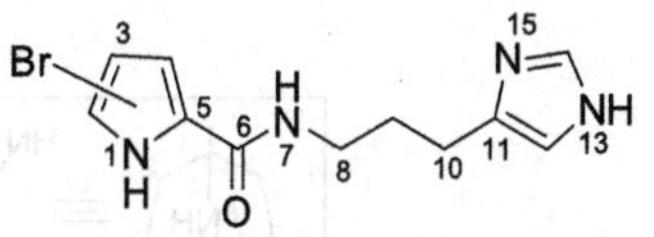

【系统分类】

N-(3-(1*H*-咪唑-4-基)丙基)-*x*-溴代-1*H*-吡咯-2-羧酰胺

N-(3-(1*H*-imidazol-4-yl)propyl)-*x*-bromo-1*H*-pyrrole-2-carboxamide

【典型氢谱数据】

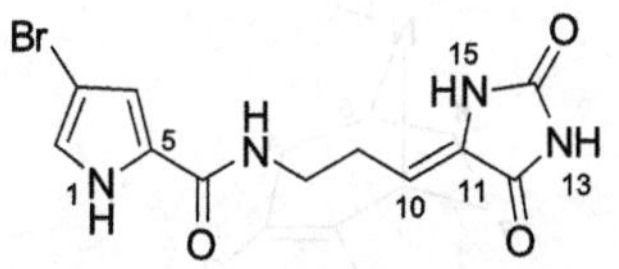

5-1-19 [15] 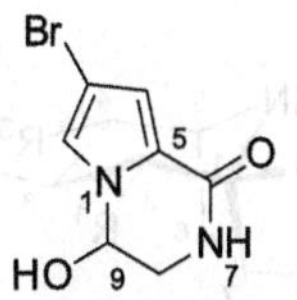　　5-1-20 [15] 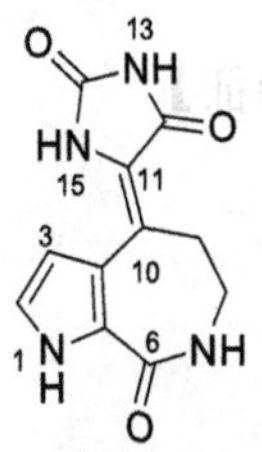　　5-1-21 [16]

表 5-1-8 海洋溴吡咯型生物碱 5-1-19～5-1-21 的 ^{1}H NMR 数据及其特征

H	5-1-19 (DMSO-d_6)	5-1-20 (CD_3OD)	5-1-21 (DMSO-d_6)	典型氢谱特征
1	11.80 br s①		11.77①	① 含吡咯仲胺基时仲胺基质子特征峰；② 芳香区有五元杂环芳香体系芳香质子的宽单峰或小偶合常数的裂分峰；③ 脂肪酰胺基质子特征峰，可与邻位质子显示偶合裂分
2②	6.96 br s	7.17 d(1.5)	6.97	
3			6.53②	
4	6.85 br s②	6.85 d(1.5)②		
7	8.18 t(5.7)③		7.88③	
8	3.34 m	3.56 dd(13.4, 3.5) 3.78 dd(13.4, 3.5)	3.28	
9	2.37 br q(6.7)	5.68 t(3.5)	3.23	
10	5.54 t(7.6)			
13	10.15 br s①		9.41①	
15	10.95 br s①		11.02①	

参考文献

[1] Jeon K O, Yu J S, Lee C K. Heterocycles, 2003, 60: 2685.
[2] Yasuda K, Kizu H, Yamashita T, et al. J Nat Prod, 2002, 65: 198.
[3] Molyneux R J, Pan Y T, Torpea J E, et al. J Nat Prod, 1993, 56: 1356.
[4] Asano N, Kato A, Miyauchi M, et al. J Nat Prod, 1998, 61: 625.
[5] Bastida J, Viladomat F, Llabres J M, et al. J Nat Prod, 1989, 52: 478.
[6] Jeffs P W, Capps T, Johnson D B, et al. J Org Chem, 1974, 39: 2703.
[7] Ye Y, Qin G W, Xu R S. Phytochemistry, 1994, 37: 1201.
[8] Lin L G, Zhong Q X, Cheng T Y, et al. J Nat Prod, 2006, 69: 1051.
[9] Ramli R A, Lie W, Pyne S G. J Nat Prod, 2014, 77: 894.
[10] Lin W H, Ye Y, Xu R S. J Nat Prod, 1992, 55: 571.
[11] Qian J, Zhan Z J. Helv Chim Acta, 2007, 90: 326.
[12] Ye Y, Qin G W, Xu R S. Phytochemistry, 1994, 37: 1205.
[13] 林文翰，徐任生，钟琼芯. 化学快报, 1991, 49: 1034.
[14] Xu R S, Lu Y J, Chu J H. Tetrahedron, 1982, 38: 2667.
[15] Uemoto H, Tsuda M, Kobayashi J. J Nat Prod, 1999, 62: 1581.
[16] Inaba K, Sato H, Tsuda M, et al. J Nat Prod, 1998, 61: 693.

第二节 托品烷类（tropanes）生物碱

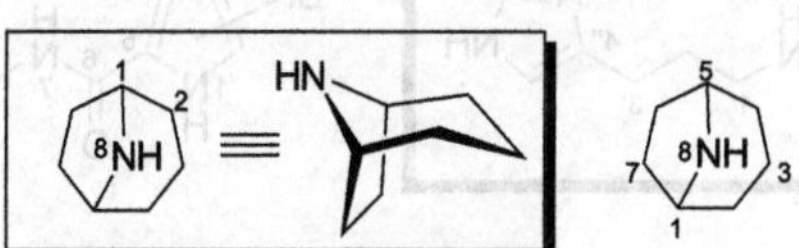

【系统分类】

8-氮杂二环[3.2.1]辛烷

8-azabicyclo[3.2.1]octane

【结构多样性】

N 增氮碳键，C(2)增碳碳键；C(3)增碳碳键；C(6)增碳碳键；等。

【典型氢谱特征】

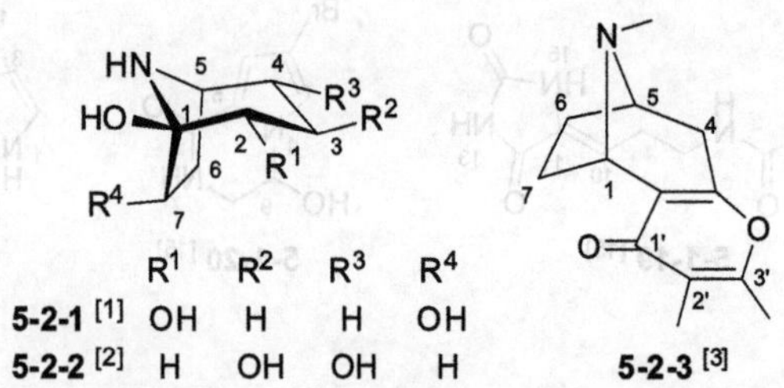

表 5-2-1 托品烷类生物碱 5-2-1～5-2-3 的 ^{1}H NMR 数据及其特征

H	5-2-1 (D_2O)	5-2-2 (D_2O)	5-2-3 ($CDCl_3$)	典型氢谱特征
1			4.14 d(6.0)①	①1 位为氮化仲碳时的氮次甲基特征峰； ②5 位为氮化仲碳时的氮次甲基特征峰； ③8 位仲氨基甲基化为叔氨基后的氮甲基特征峰
2ax	3.697 dd(11.4, 6.2)	1.68 br t(12.3, 11.0)		
2eq		2.26 dd(12.3, 6.4)		
3ax	1.277 m	3.72 m		
3eq	1.974 m			
4	ax 1.56 m eq 1.50 m	ax 3.47 br dd(8.8, 4.0)	α 2.07 d(18.6) β 2.96 dd(18.6, 5.4)	
5②	3.450 m	3.34 dd(7.0, 4.0)	3.42 dd(6.0, 5.4)	
6	ex 1.866 dddd(14.3, 7.7, 3.3, 1.5) en 2.116 dd(14.3, 7.7)	1.76～1.96 (2H)	α 2.19 m β 1.48 m	
7	4.076 dd(7.7, 3.3)	1.76～1.96 (2H)	α 1.78 m, β 2.17 m	
2′-Me			1.90 s	
3′-Me			2.21 s	
NMe			2.30 s③	

5-2-4 [4]　　5-2-5 [5]

表 5-2-2 托品烷类生物碱 5-2-4, 5-2-5 的 ^{1}H NMR 数据及其特征

H	5-2-4 ($CDCl_3$)	5-2-5 (CD_3OD)	典型氢谱特征
1	3.26 br d①		①1 位为氮化仲碳时氮次甲基的特征峰； ②5 位为氮化仲碳时氮次甲基的特征峰； ③8 位仲氨基甲基化为叔氨基后的氮甲基特征峰
2	ex 1.86 m, en 1.96 m	1.96 d(14.8) , 2.82 d(14.8)	
3	β 3.87 dd(8.8)	1.05 s(Me)	
4	ex 4.98 dd(8.8, 3.9)	1.23 s(Me)	
5②	3.37 br d	3.32 dd(9.2, 6.0)	
6	α 1.92 m β 1.92 m	2.54 dd(15.2, 8.8) 2.88 (ov)	
7	α 1.59 m, β 2.08 m		
NMe③	2.42 s	3.06 s	
1′		2.90 ov	
2′		1.90 br dt(1.42, ov)	
3′	6.90 dd(3.9, 2.0)	2.16 br dt(1.28, ov)	
4′	6.11 dd(3.9, 2.4)		
5′	6.80 dd(3.9, 2.0)		
NMe	3.91 s		
1″-Me		1.85 s	

参考文献

[1] Asano N, Kato A, Yokoyama Y, et al. Carbohydr Res, 1996, 284: 169.

[2] Asano N, Kato A, Oseki K, et al. Eur J Biochem, 1995, 229: 369.

[3] Katavic P L, Butler M S, Quinn R J, et al. Phytochemistry, 1999, 52: 529.

[4] Zanolari B, Guilet D, Marston A, et al. J Nat Prod, 2005, 68: 1153.

[5] Kumarasamy Y, Cox P J, Jaspars M, et al. Tetrahedron, 2003, 59: 6403.

第三节 吡咯里西啶类（pyrrolizidines）生物碱

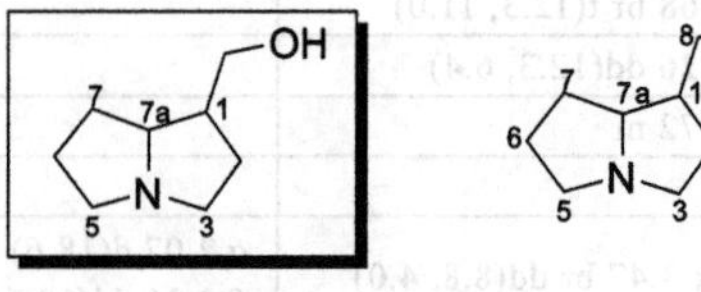

【系统分类】

（六氢-1H-吡咯里嗪-1-基）甲醇

(hexahydro-1H-pyrrolizin-1-yl)methanol

【结构多样性】

C(1)-C(8)键断裂，C(3)增碳碳键；C(5)增碳碳键；等。

【典型氢谱特征】

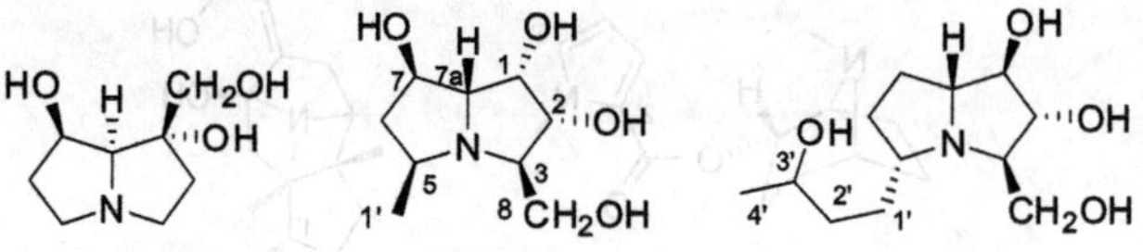

5-3-1 [1]　　5-3-2 [2]　　5-3-3 [2]

表 5-3-1 吡咯里西啶类生物碱 5-3-1～5-3-3 的 ^{1}H NMR 数据及其特征

H	5-3-1 (C_5D_5N)	5-3-2 (D_2O)	5-3-3 (D_2O)	典型氢谱特征
1		4.35 t(4.4)	3.76 t (6.9)	①3 位为氮亚甲基（氮化甲基）或氮次甲基的特征峰； ②5 位为氮亚甲基（氮化甲基）或氮次甲基的特征峰； ③7a 位氮次甲基特征峰； ④8 位氧亚甲基（氧化甲基）特征峰
2	2.70 ddd(12.0, 12.0, 9.0) *ca.* 2.10 m	3.97 dd(7.6, 4.4)	3.96 t (6.9)	
3①	4.21 ddd(11.0, 11.0, 7.2) 3.23 t(10.0)	3.29 ddd(7.6, 5.5, 3.5)	2.18 ddd(6.9, 5.7, 5.0)	
5②	3.37 m , 4.10 m	3.22 m	3.09 m	
6	*ca.* 2.05 m	α 1.68 m, β 2.16 m	α 1.62 m, β 1.93 m	
7	4.85 br s	4.50 m	α 1.87 m, β 1.95 m	
7a③	4.50 d(3.2)	3.45 dd(7.6, 4.4)	3.40 m	
8④	4.37 d(11.0) 4.56 d(11.0)	3.57 dd(11.5, 3.5) 3.63 dd(11.5, 3.5)	3.73 dd (12.0, 5.0) 3.75 dd (12.0, 5.7)	
1′		1.25 d(7.0)	1.46 m, 1.95 m	
2′			1.46 m, 1.62 m	
3′			3.86 m	
4′			1.19 d (6.0)	

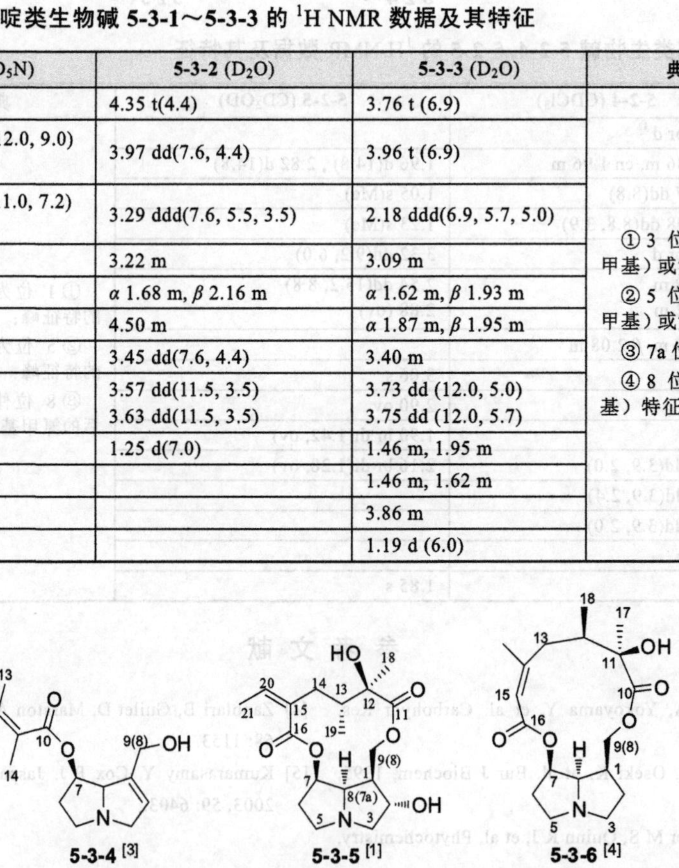

5-3-4 [3]　　5-3-5 [1]　　5-3-6 [4]

表 5-3-2 吡咯里西啶类生物碱 5-3-4～5-3-6 的 ^{1}H NMR 数据及其特征

H	5-3-4 ($CDCl_3$)	5-3-5 ($CDCl_3$)	5-3-6 · HCl ($CDCl_3$)	典型氢谱特征
1		2.50 m	2.94 (dtd)[l] (17.5, 9.0, 3.0)	①3 位氮亚甲基（氮化甲基）特征峰； ②5 位氮亚甲基（氮化甲基）特征峰； ③7a 位氮次甲基特征峰； ④8 位氧亚甲基（氧化甲基）特征峰
2	5.66 m	4.23 m	2.13 (ddd)[l] (14.0, 13.5, 7.0) 2.49 m	
3①	3.48 m 4.02 m	2.92 dd(11.1, 8.1) 3.07 dd(11.4, 7.6)	3.08 dt(11.5, 7.5) 3.88 dt(11.5, 6.5)	
5②	2.75 m 3.36 m	2.58 m 3.27 m	3.12 td(11.5, 6.0) 3.94 ddd(11.0, 8.0, 2.5)	
6	2.16 m	*ca.* 2.0 m, 2.26 m	2.37 m, 2.51 m	
7	5.46 dd(3.5, 2)	5.05 m	5.69 td(4.5, 2.5)	
8(7a)③	4.46 m	3.55 dd(7.9, 3.2)	4.47 dd (8.5, 4.5)	
9(8)④	4.21 s	4.12 d(12.6) 4.90 dd(12.6, 5.2)	4.18 dd (12.0, 3.5) 4.57 dd (12.0, 9.0)	
12	6.11 dq(7.5, 1.5)		2.35 m	
13	1.97 dq(7, 1.5)	*ca.* 1.8 m	2.32 dd (12.0, 9.0) 2.57 br dd (12.0, 4.5)	
14	1.82 dq(1.5, 1.5)	1.94 dd(13.2, 9.6) 2.26 m		
15			5.67 br s	
17			1.33 s	
18		1.34 s	1.03 d (6.5)	
19		0.97 d(6.7)	1.93 d (1.0)	
20		5.78 q(7.1)		
21		1.84 d(7.1)		
OH	3.35 s		3.01 br s(OH)	

参 考 文 献

[1] Were O, Benn M, Munavu R M. J Nat Prod, 1991, 54: 491.
[2] Kato A, Kato N, Adachi I, et al. J Nat Prod, 2007, 70: 993.
[3] Roeder E, Wiedenfeld H, Schraut R. Phytochemistry, 1984, 23: 2125.
[4] Pérez-Castorena A L, Arciniegas A, Alonso R P, et al. J Nat Prod, 1998, 61: 1288.

第四节 哌啶类生物碱

哌啶类（piperidines）生物碱以分子结构中含哌啶（piperidine）结构单元为基本特征；根据哌啶环上取代方式以及分子中含哌啶环的数目等的不同可按系列分型的包括简单哌啶型生物碱、色原酮哌啶型生物碱、双哌啶型生物碱和稠环哌啶型生物碱等。哌啶也称为六氢吡啶（hexahydropyridine）。

一、简单哌啶型生物碱

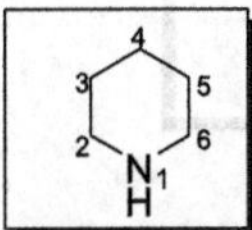

【系统分类】

哌啶

piperidine

【结构多样性】

C(6)增碳碳键； C(6)增双碳碳键；C(2)增碳碳键，C(6)增碳碳键；*N*-酰基化；等。

【典型氢谱特征】

5-4-1 [1]　　5-4-2 [2]　　5-4-3 [3]　　5-4-4 [4]

表 5-4-1 简单哌啶型生物碱 5-4-1～5-4-4 的 ^{1}H NMR 数据及其特征

H	5-4-1 ($CDCl_3$)	5-4-2 ($CDCl_3$)	5-4-3 ($CDCl_3$)	5-4-4 (CD_3COCD_3)	典型氢谱特征
2	2.11～2.20 m①		2.60 dqd(11.0, 6.2, 2.6)①	6.83 d(8.2)①	
3	1.45～1.62 m 1.67～1.79 m	2.30 m	1.0 m 1.35 m	4.97 dd(8.2, 4.0)	
4	1.20～1.34 m 1.67～1.79 m	1.70 m 1.78 m	1.35 m 1.85 m	3.81 d(5.4, OH) 4.15 m	① 2 位为 sp^3 杂化氮亚甲基或氮次甲基的特征峰；或 2 位为 sp^2 杂化氮次甲基的特征峰； ② 6 位为 sp^3 杂化氮亚甲基或氮次甲基的特征峰； 无上述 2 位或 6 位氮亚甲基或氮次甲基的特征峰时，表明其为季碳
5	1.45～1.62 m	1.54 m, 1.57 m	1.49 m	1.78 m	
6	2.90 br d(11.3)②		2.95 dtd(8.1, 5.4, 2.7)②	3.40 ddd(13.0, 8.7, 5.6)② 3.93 dt(13.0, 5.1)②	
7	1.20～1.34 m 1.90～2.02 m	1.60 m 1.73 m	1.47 ddd(14.4, 9.1, 3.3) 1.60 ddd(14.4, 5.6, 3.2)		
8	4.22 dqd(11, 6, 3)	1.10 m, 1.22 m	4.13 qdd(9.2, 6.1, 3.1)	2.76 t(7.3)	
9	1.15 d(6.0)	1.20 m, 1.22 m	1.16 d(6.1)	2.91 t(7.3)	
10		1.22 m, 1.28 m	1.04 d(6.3)		
11		0.85 t(7.0)		7.26 m	
12		2.63 AB q(17.7)		7.26 m	
13				7.17 m	
14		2.10 s		7.26 m	
15				7.26 m	
NH		6.5 br s			
NMe	2.34 s				

二、色原酮哌啶型生物碱

【系统分类】

2-甲基-8-(哌啶-4-基)-4*H*-苯并吡喃-4-酮

2-methyl-8-(piperidin-4-yl)-4*H*-chromen-4-one

【结构多样性】

N 增氮碳键；等。

【典型氢谱特征】

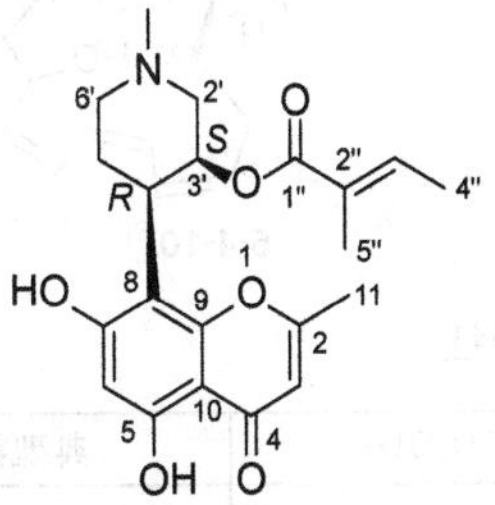

5-4-5[5] 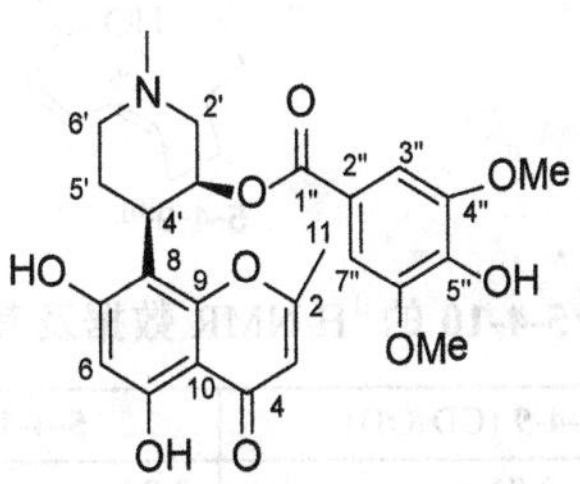　　5-4-6[6] 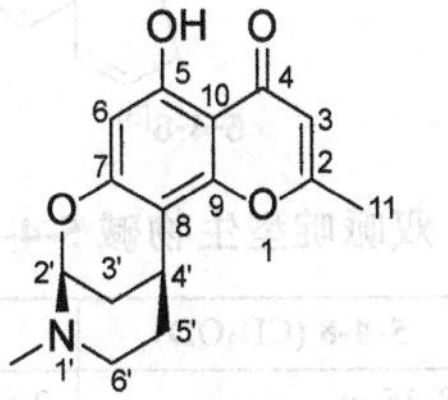　　5-4-7[7]

表 5-4-2 色原酮哌啶型生物碱 5-4-5～5-4-7 的 ^{1}H NMR 数据及其特征

H	5-4-5 (CD_3OD)	5-4-6 (CD_3OD)	5-4-7 ($CDCl_3$)	典型氢谱特征
3①	6.03 s	5.80 s	6.03 s	① 3 位质子的特征峰（由于 3 位质子与苯环质子有相同的共振频率范围，因此，通常需要采用其他手段具体确定不同类型的质子共振峰）； ② 芳香区有苯环氢信号，可区分成 1 个独立的苯环； ③ 9 位甲基特征峰； ④ 2′位氮亚甲基质子特征峰或氮氧化次甲基质子特征峰； ⑤ 6′位氮亚甲基质子特征峰；化合物 **5-4-7** 的 6′位氮亚甲基质子被掩盖； ⑥ 仲氮基甲基化为叔氮基后的氮甲基特征峰
6②	6.20 s	6.16 s	6.28 s	
11③	2.41s	2.23 s	2.36 s	
2′④	2.45 d(12.7) 3.14 d(12.7)	2.55 dd(13.1, 2.2) 3.17 m	5.06 s	
3′	5.17 br s	5.51 br s	1.7～2.8 m	
4′	3.48 d(13.1)	3.57 dt(13.2, 3.2)	3.46 m	
5′	1.81 d(13.1) 3.24 m	1.80 dq(13.2, 2.4) 3.33 qd(13.2, 3.4)	1.7～2.8 m	
6′⑤	2.21 t(11.5) 3.11 m	2.27 td(13.2, 2.2) 3.18 m	1.7～2.8 m	
3″	6.89 br q(6.8)	7.34 s		
4″	1.72 d(6.8)			
5″	1.65 s			
7″		7.34 s		
NMe⑥	2.33 s	2.40 s	2.52 s	
5-OH			12.56 s	
4″-OMe		3.86 s		
6″-OMe		3.86 s		

三、双哌啶型生物碱

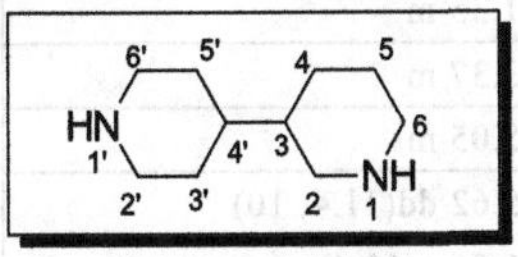

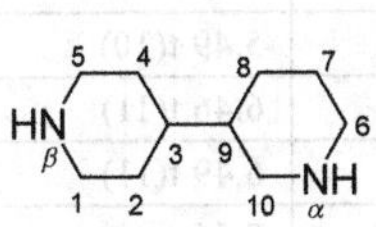

【系统分类】

3,4′-双哌啶

3,4′-bipiperidine

【结构多样性】

N(*α*),C(2)双增碳关环，N(*β*),C(7)双增碳关环。

【典型氢谱特征】

5-4-8[8]　　5-4-9[8]　　5-4-10[8]

表 5-4-3 双哌啶型生物碱 5-4-8～5-4-10 的 ^{1}H NMR 数据及其特征

H	5-4-8 (CD_3OD)	5-4-9 (CD_3OD)	5-4-10 (CD_3OD)	典型氢谱特征
1①	3.25 m	2.89 m, 2.91 m	3.30 m	① 1 位氮亚甲基特征峰； ② 5 位氮亚甲基特征峰； ③ 6 位氮亚甲基特征峰； ④ 10 位氮亚甲基特征峰
2	1.86 m	1.65 m	1.93 m	
3	2.03 m	1.89 m	2.12 m	
4	2.05 m, 2.12 m	1.82 m, 1.99 dd(10, 5)	2.18 m	
5②	3.22 m	2.95 dd(11, 7) 3.19 t(12.6)	3.17 t(11.8) 3.28 m	
6③	2.66 m 3.27 m	2.16 dd(11, 6) 2.83 d(10)	2.64 m 3.44 m	
7	1.91 m	1.52 m	1.98 m	
8	1.26 m 2.32 m	0.91 dd(11, 7) 2.31 d(11)	1.30 m 2.33 m	
9	2.18 m	1.76 br t	2.26 m	
10④	3.08 m, 3.34 m	2.62 d(11), 2.81 t(12)	3.03 t(12.4) , 3.47 m	
11	3.26 m, 3.44 m	3.01 t(8)	3.28 m, 3.46 m	
12	2.55 m 2.65 m	2.44 dd(15, 7) 2.50 dd(15, 6)	1.98 m 2.22 m	
13	5.30 m	5.31 ddd(11, 6, 5.5)	1.38 m	
14	5.70 m	5.59 m	1.52 m	
15	1.94 m, 2.21 m	2.12 m	1.48 m	
16	1.14 m, 1.58 m	2.03 m	1.40 m	
17	1.38 m	1.30 m	1.44 m	
18	1.48 m	1.36 m	1.56 m	
19	1.32 m, 1.46 m	1.45 m	1.60 m	
20	1.44 m	1.98 m	1.14 m, 1.58 m	
21	3.38 m, 3.46 m	2.90 m, 3.08 m	1.44 m	
22	1.31 m, 2.49 m	4.90	1.35 m	
23	5.55 m	5.49 t(10)	3.37 m	
24	6.46 m	6.46 t(11)	5.05 m	
25	2.44 m, 3.09 m	6.49 t(11)	5.62 dd(11.4, 10)	
26	6.44 m	5.56 m	6.55 q(11.4)	
27	5.57 m	1.51 m, 2.56 d(11)	5.68 m	
28	1.42 m, 2.03 m	1.33 m	5.32 ddd(11.5, 11.4, 6.2)	
29	1.48 m	1.45 m	5.71 m	
30	1.42 m	1.33 m	6.49 q(11.4)	
31	1.57 m	1.29 m	2.52 m, 2.67 m	
32	1.48 m, 1.65 m	1.33 m	2.05 m, 2.53 m	

四、二氮杂萘型生物碱

【系统分类】

十氢-2,7-二氮杂萘

decahydro-2,7-naphthyridine

【结构多样性】

N(2),C(8)双增碳关环，N(7),C(8a)双增碳关环，C(5)增碳碳键。

【典型氢谱特征】

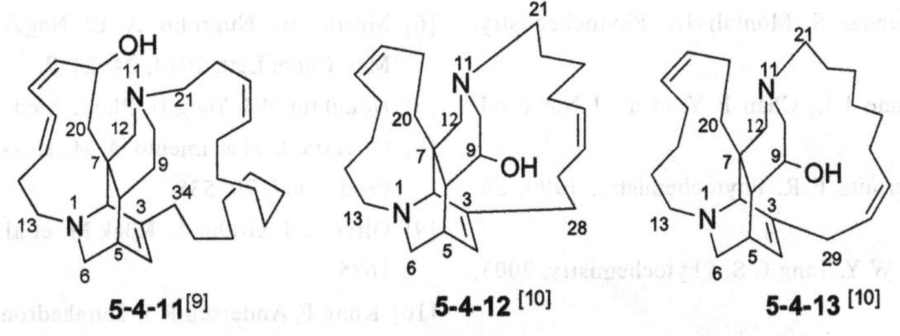

5-4-11[9]　　5-4-12[10]　　5-4-13[10]

表 5-4-4 二氮杂萘型哌啶生物碱 5-4-11～5-4-13 的 ^{1}H NMR 数据及其特征

H	5-4-11 (CD_3OD)	5-4-12 (CD_3OD)	5-4-13 (CD_3OD)	典型氢谱特征
2①	2.95	3.14 d(1.3)	3.12 br s	
4	6.09 m	5.85 d(6.5)	5.90 d(6.3)	
5	2.40 m	2.64 m	2.70	
6②	1.96 m 3.10 m	1.71 dd(9.2, 2.9) 2.84 dd(9.2, 1.9)	1.86 dd(9.1, 2.6) 2.91 dd(9.1, 1.8)	
8	1.28 m	0.69 dd(10.1, 2.1)	0.77 dd(9.9, 2.0)	
9	1.30 m, 1.79 m	3.27 ddd(11.8, 10.1, 4.8)	3.32 ddd(11.9, 10.1, 4.7)	
10③	3.15 m	2.46 t(12.0) 2.61 dd(12.0, 4.8)	2.57 t(12.2) 2.68 dd(12.2, 4.7)	
12④	2.24 m 3.35 m	1.98 d(10.8) 2.26 d(10.8)	2.25 d(11.3) 2.42 d(11.3)	① C(8)形成氮次甲基，其信号有一定的特征性；
13	2.33 m 2.72 m	2.21 m 2.97 td(12.6, 5.2)	2.30 td(12.6, 4.2) 2.99 td(12.6, 5.0)	② 6 位氮亚甲基特征峰； ③ 3 位氮亚甲基特征峰；
14	2.07 m, 2.47 m	1.27 m, 1.48	1.28, 1.53	④ 1 位氮亚甲基特征峰
15	5.64 m(9.5, 5.4)	1.50, 1.58	1.52, 1.60	
16	6.37 q(10.6)	1.54, 2.41	1.57, 2.40	
17	6.33 q(10.6)	5.63	5.64	
18	5.37 m(9.0, 5.6)	5.63	5.64	
19	4.78 ddd(9.7, 5.5, 3.9)	1.73, 2.34	1.78, 2.33	
20	1.46 m, 1.82 m	1.71, 1.82	1.78	
21	2.98 m(8.3, 4.3) 3.15 m(8.1, 4.3)	2.19 3.04 ddd(14.1, 8.2, 6.1)	2.47 dt(14.1, 5.0) 2.99	
22	2.27 m, 2.65 m	1.35, 1.64	1.43, 1.50	
23	5.33 m	1.34, 1.48	1.35, 1.39	

续表

H	5-4-11 (CD_3OD)	5-4-12 (CD_3OD)	5-4-13 (CD_3OD)	典型氢谱特征
24	5.72 dd(10.3, 8.2)	1.95, 2.18	1.40	
25	1.96 m, 2.24 m	5.22 tt(10.8, 2.9)	1.32, 1.53	
26	1.40 m	5.36 m	1.79, 2.33	
27	1.24 m	2.08, 2.31	5.54 td(10.8, 4.4)	
28	1.24 m	2.28, 2.35	5.67 td(10.8, 4.4)	
29	1.02 m		2.72, 3.09 dd(18.1, 10.7)	
30	1.28 m			
31	1.44 m			
32	1.59 m			
33	2.05 m, 2.15 m			
34	1.36 m, 2.05 m			

参考文献

[1] Schneider M J, Brendze S, Montali JA. Phytochemistry, 1995, 39: 1387.

[2] Lognay G, Hemptinne J L, Chan F Y, et al. J Nat Prod, 1996, 59: 510.

[3] Schneider M J, Stermitz F R. Phytochemistry, 1990, 29: 1811.

[4] Dragull K, Yoshida W Y, Tang C S. Phytochemistry, 2003, 63: 193.

[5] Ismail I S, Nagakura Y, Hirasawa Y, et al. J Nat Prod, 2009, 72: 1879.

[6] Morita H, Nugroho A E, Nagakura Y, et al. Bioorg Med Chem Lett, 2014, 24: 2437.

[7] Houghton P J, Yang H. Planta Med, 1987, 53: 262.

[8] Oliveira J, Nascimento A M, Kossuga M H, et al. J Nat Prod, 2007, 70: 538.

[9] Oliveira J, Grube A, Köck M, et al. J Nat Prod, 2004, 67: 1685.

[10] Kong F, Andersen R J. Tetrahedron, 1995, 51: 2895.

第五节 石松类生物碱

石松类（licopodium）生物碱的分类依据是其主要来源于蕨类植物石松，其共同的结构特征是含有C(7)增碳碳键的十氢喹啉母核，但基本骨架可进一步分为$C_{16}N$和$C_{16}N_2$的三环或四环结构。个别化合物骨架为$C_{22}N_2$和$C_{27}N_3$等。根据基本骨架中原子连接和断开的不同，已报道的具有系列结构特征的石松类生物碱分型包括石松碱型生物碱、石松定碱型生物碱和伐斯替明碱型生物碱。

一、石松碱型生物碱

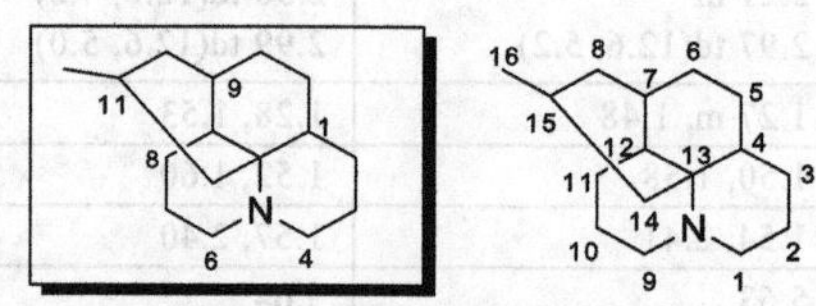

【系统分类】

11-甲基十二氢-1,9-桥亚乙基吡啶并[2,1-*j*]喹啉

11-methyldodecahydro-1,9-ethanopyrido[2,1-*j*]quinoline

【结构多样性】

N-甲基化；C(4)-C(10)连接；C(8)-C(15)键断裂，C(10)-C(15)连接；((8)-C(15)键断裂，

C(12)-C(15)连接；二聚；等。

【典型氢谱特征】

5-5-1 [1]　　5-5-2 [2]　　5-5-3 [3]

表 5-5-1 石松碱型生物碱 5-5-1～5-5-3 的 ^{1}H NMR 数据及其特征

H	5-5-1 ($CDCl_3$)	5-5-2 ($CDCl_3$)	5-5-3 (CD_3OD)	典型氢谱特征
1①	α 2.89 dd(13.3, 4.5) β 3.58 td(13.7, 4.9)	2.56 m 3.35 ddd(14.0, 14.0, 3.9)	3.25 dd(14.2, 1.8) 3.82 dd(14.2, 6.9)	
2	α 1.81 qt(14.1, 4.6) β 1.90 br d(14.3)	1.44 m 2.28 ddddd(13.7, 13.7, 13.7, 5.2, 5.2)	4.33 m	
3	α 2.16 br d(15.5) β 1.64 qd(15.5, 4.7)	1.73 m 2.17 m	1.58 m 3.08 dd(15.9, 8.9)	
4	2.84 dd(12.0, 3.1)			
5			3.95 d(8.6)	
6	α 2.59 dd(17.0, 6.1) β 2.38 dd(17.0, 1.3)	2.23 dd(15.9, 2.1) 3.29 ddd(15.9, 5.8, 1.5)	1.42 d(16.2) 2.57 ddd(16.2, 8.1, 8.1)	
7	2.04 br s	2.10 m	2.20 m	① 1 位氮亚甲基特征峰； ② 9 位氮亚甲基特征峰； ③ 16 位甲基特征峰
8	ex 2.07 td(13.1, 3.5) en 1.29 dt(13.4, 1.9)	1.37 m 2.00 dddd(12.4, 12.4, 4.1, 1.4)	1.14 ddd (13.0, 13.0, 3.0) 1.65 m	
9②	α 3.01 dt(12.7, 4.8) β 4.03 td(12.7, 3.5)	2.55 m 3.99 ddd(13.1, 10.9, 4.6)	3.04 d(11.4) 4.66 ddd(11.4, 3.8, 3.8)	
10	α 2.97 q(13.5, 4.5) β 1.74 br d(14.1)	1.73 m 2.10 m	2.30 m	
11	α 1.61 dd(13.4, 5.0) β 2.21 td(13.4, 4.4)	1.44 m 2.91 ddd(13.1, 13.1, 5.2)	1.62 m 1.89 br d(13.9)	
12			2.37 m	
14	ex 2.72 t(13.2) en 1.86 dd(13.0, 5.6)	1.54 dd(13.1, 13.1) 2.10 m	1.37 dd(12.6, 12.4) 1.93 dd(12.6, 5.3)	
15	1.31 m	1.44 m	2.70 m	
16③	0.92 d(6.2)	0.85 d(6.1)	1.01 d(6.4)	
NMe			3.00 s	

5-5-4 [4]　　5-5-5 [4]　　5-5-6 [4]

表 5-5-2 石松碱型生物碱 5-5-4～5-5-6 的 ^{1}H NMR 数据及其特征

H	5-5-4 (CD_3OD)	5-5-5 (CD_3OD)	5-5-6 (CD_3OD)	典型氢谱特征
1①	3.41 br d(9.1)（2H）	2.57 ddd(14.3, 4.3, 4.3) 3.15 ddd(14.3, 11.2, 3.8)	3.43 dt(17.0, 13.2, 3.8)	① 1 位氮亚甲基特征峰； ② 9 位氮亚甲基特征峰； ③ 16 位甲基特征峰
2	1.76 m, 2.06 m	1.48 m, 1.59 m	1.94 m, 2.08 m	
3	1.65 dddd(13.4, 3.3, 3.3, 3.3) 1.90 m	1.48 m 1.59 m	1.83 dd(8.2, 3.3)	
4	2.03 m	1.90 m	2.30 m	
5	4.21 ddd(11.8, 6.6, 5.2)	4.53 d(6.0)	4.75 dd(8.9, 4.3)	
6	1.52 m 2.53 m	2.07 d(12.5) 2.40 ddd(12.5, 6.0, 5.8)	2.67 m 3.07 m	
7	3.49 ddd(14.1, 3.1, 3.1)	2.87 d(5.8)	6.10 t(3.7)	
9②	3.01 d(12.1) 3.14 br d(12.1)	2.63 dd(11.2, 10.5) 2.68 dd(11.2, 4.8)	3.80 d(4.6) 3.87 m	
10	2.55 m	3.83 ddd(10.5, 8.4, 4.8)	5.79 m	
11	6.42 dd(6.9, 2.5)	3.30 m	6.40 d (10.2)	
14	1.94 m 2.06 m	1.80 dd(11.4, 11.1) 1.86 dd(11.4, 8.6)	1.76 dd(13.8, 2.1) 2.44 t(13.1)	
15	1.85 m	2.81 m	2.67 m	
16③	1.19 d(7.1)	1.28 d(7.4)	1.20 d(6.6)	
17	3.77 s			

5-5-7[5]

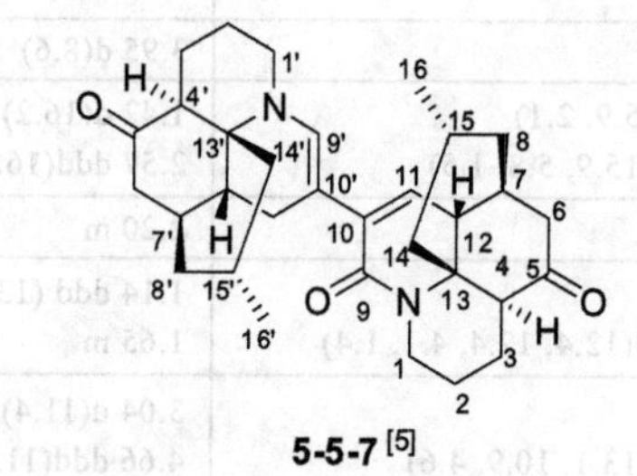

表 5-5-3 石松碱型生物碱 5-5-7 的 ^{1}H NMR 数据及其特征

H	5-5-7 (CD_3OD)	H	5-5-7 (CD_3OD)	典型氢谱特征
1①	3.08 ddd(13.2, 13.2, 2.4) 4.42 dd(13.6, 5.3)	1′①	2.92 dd(13.8, 4.8) 3.37 ddd(13.8, 13.8, 3.0)	化合物 **5-5-7** 为二聚石松碱型生物碱； ① 1 位和 1′位双氮亚甲基特征峰； ② 9 位 sp^3 杂化氮亚甲基信号的缺失表明其形成季碳，而 C(9′)形成烯次甲基，其信号有特征性； ③ 16 位和 16′位双甲基特征峰
2	1.49 m, 1.65 m	2′	1.52 m (2H)	
3	1.68 m, 2.04 m	3′	1.62 m, 2.04 m	
4	2.70 m	4′	2.62 m	
6	2.29 m, 2.59 m	6′	2.23 m, 2.75 m	
7	2.50 m	7′	2.31 m	
8	1.38 ddd(12.6, 12.6, 4.2) 1.78 m	8′	1.30 ddd(12.6, 12.6, 3.6) 1.75 m	
9②		9′	7.22 s②	
11	5.96 d(2.3)	11′	2.19 m, 2.55 m	
12	2.73 m	12′	1.99 m	
14	1.16 t(12.6), 2.59 m	14′	0.91 m, 2.56 m	
15	1.55 m	15′	1.50 m	
16③	0.91 d(6.2)	16′③	0.87 d(6.2)	

二、石松定碱型生物碱

【系统分类】

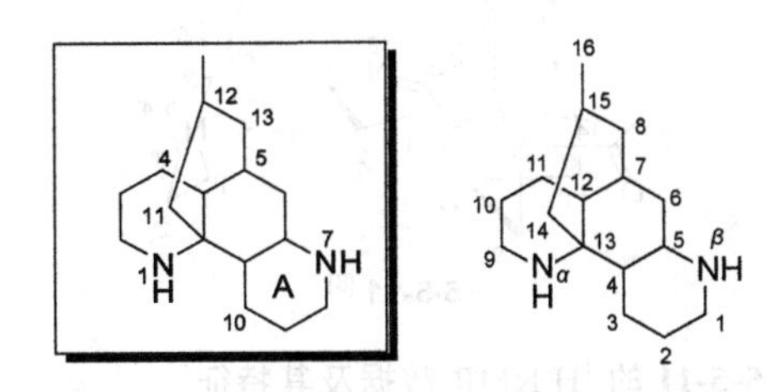

12-甲基十二氢-1*H*-5,10b-桥亚丙基-1,7-二氮杂菲

12-methyldodecahydro-1*H*-5,10b-propano-1,7-phenanthroline

【结构多样性】

N(α)增氮碳键，C(4)-C(10)连接；C(9)-C(10)键断裂；C(1)增碳碳键；C(2)增碳碳键；C(4)-C(13)键断裂(马尾杉碱)，C(6)-N(α)连接；等。

【典型氢谱特征】

5-5-8 [6]　**5-5-9** [7]　**5-5-10** [6]

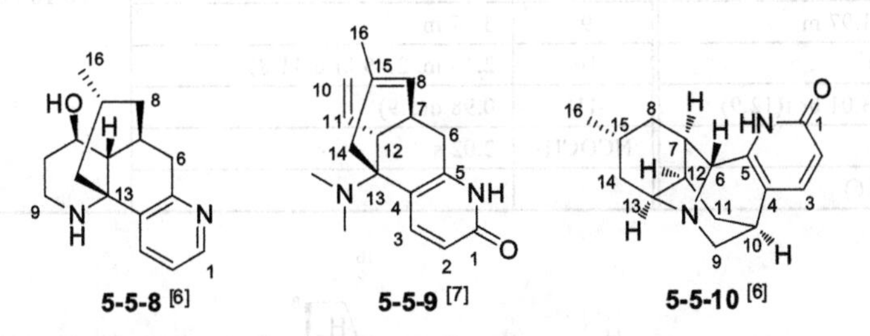

表 5-5-4 石松定碱型生物碱 **5-5-8**～**5-5-10** 的 ^{1}H NMR 数据及其特征

H	**5-5-8** ($CDCl_3$)	**5-5-9** ($CDCl_3$)	**5-5-10** (CD_3OD)	典型氢谱特征
1	8.33 dd(4.7, 1.3)①			①A 环芳构化后 1 位 sp^2 杂化氮次甲基特征峰；该特征峰缺失，则表明形成季碳； ②9 位氮亚甲基特征峰；化合物 **5-5-9** 的 C(9)可以认为是 C(9)-C(10)键断裂后形成的氮甲基； ③16 位甲基特征峰
2	7.11 dd(7.7, 4.7)	6.43 d(9.4)	6.35 d(8.9)	
3	7.78 dd(7.7, 1.1)	7.64 d(9.4)	7.42 d(8.9)	
6	2.76 m 3.24 dd(18.9, 7.2)	α 3.96 dd(17.4, 4.8) β 2.77 d(17.4)	4.19 br s	
7	2.76 d(18.5)	2.40 (ov)	2.25 br d(4.4)	
8	1.30 dt(12.2, 3.5) 1.84 m	5.34 d(4.1)	1.05 t(13.0) 1.94 m	
9②	2.46 dt(13.4, 2.4) 2.87 br d(13.4)		2.88 d(13.7) 3.55 dd(13.7, 3.1)	
10	1.48 m 1.86 m	5.03 dd(9.9, 1.2) 5.17 dd(17.1,1.2)	2.81 m	
11	3.37 dt(10.7, 4.5)	5.93 ddd(17.1, 10.0, 9.9)	1.74 br d(13.9) 2.14 ddd(13.9, 5.6, 3.9)	
12	1.45 dd(10.7, 2.3)	2.83 dd(10.0, 3.8)	2.04 m	
13			3.54 d(2.7)	
14	1.18 t(11.6) 1.52 br d(11.6)	en 1.59 d(17.2) ex 2.39 ov	1.18 t(12.1) 2.07 m	
15	1.23 m		1.86 m	
16③	0.78 d(6.0)	1.52 s	0.95 d(6.4)	
NMe		2.40 s		
NH		12.85 br s		

5-5-11 [8]

表 5-5-5 石松定碱型生物碱 5-5-11 的 ^{1}H NMR 数据及其特征

H	5-5-11 (CD_3OD)	H	5-5-11 (CD_3OD)	典型氢谱特征
1①	4.09 m	1′	3.19 m, 3.33 m	①1 位氮亚甲基的一个氢被取代后形成氮次甲基的特征峰； ②9 位氮亚甲基特征峰； ③16 位甲基特征峰
2	1.75 m, 2.29 m	2′	1.82 m, 1.93 m	
3	1.80 m, 1.96 m	3′	1.54 m, 1.82 m	
6	2.35 m, 2.79 m	4′	1.55 m, 1.93 m	
7	2.35 br s	5′	3.24 m	
8	1.30 m, 1.65 m	6′	1.19 br q(13.2), 1.90 m	
9②	3.34 m, 3.80 m	7′	1.92 m	
10	2.70 br s	8′	1.65 m, 1.95 m	
11	1.73 m, 1.97 m	9′	3.77 m	
12	2.57 br s	10′	2.10 m, 2.49 br d(11.8)	
14	1.78 m, 3.01 br t(12.9)	11′	0.98 d(5.9)	
15	1.26 m	$NCOCH_3$	2.02 s	
16③	0.96 d(4.6)			

5-5-12 [9]　　**5-5-13** [10]

表 5-5-6 石松定碱型生物碱 5-5-12 和 5-5-13 的 ^{1}H NMR 数据及其特征

H	5-5-12 ($CDCl_3$)	5-5-13 (CD_3OD)	典型氢谱特征
1①		9.07 s	①A 环芳构化后 1 位 sp^2 杂化氮次甲基的特征峰；若该特征峰缺失，则表明形成季碳； ②9 位氮亚甲基特征峰； ③16 位甲基特征峰
2	6.96 d(8)		
3	7.71 d(8)	8.50 s	
6	2.66 d(19), 3.09 dd(19, 7)	2.86 d(19.8), 3.28 m	
7	2.06 m	2.34 m	
8	1.33 dddd(12, 12, 4, 1) 1.77 br d(12)	1.47 ddd(12.6, 12.6, 3.6) 1.88 m	
9②	2.43 dddd(12, 12, 3, 1) 2.77 dm(12)	2.83 ddd(13.2, 13.2, 4.2) 3.21 br d(13.2)	
10	1.46～1.60 m(2H)	1.84 m(2H)	
11	1.17～1.27 m(2H)	1.29 m, 1.71 br d(13.8)	
12	1.46～1.60 m	2.05 br d(12.6)	
14	1.13 dd(12, 11) 1.43 ddd(12, 3.5, 2)	1.60 dd(12.0, 12.0) 1.83 m	

续表

H	5-5-12 (CDCl$_3$)	5-5-13 (CD$_3$OD)	典型氢谱特征
15	1.17～1.28 m	1.23 m	
16③	0.78 d(6)	0.88 d(6.6)	
17	2.71 dd(15, 3) 2.89 dd(15, 3)		
18	4.21 ddq(9, 6, 3)	3.39 m (2H)	
19	1.27 d(6)	2.78 t (6.0)	
21		3.68 s	

三、伐斯替明碱型生物碱

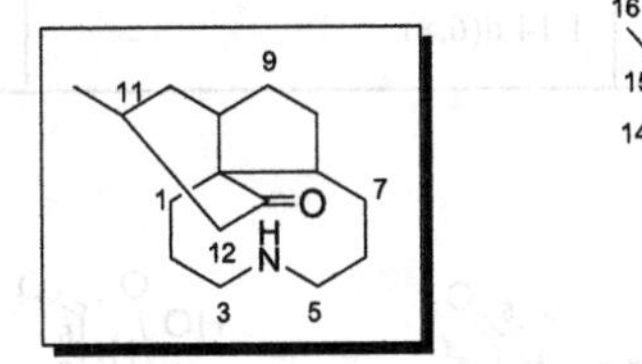

【系统分类】

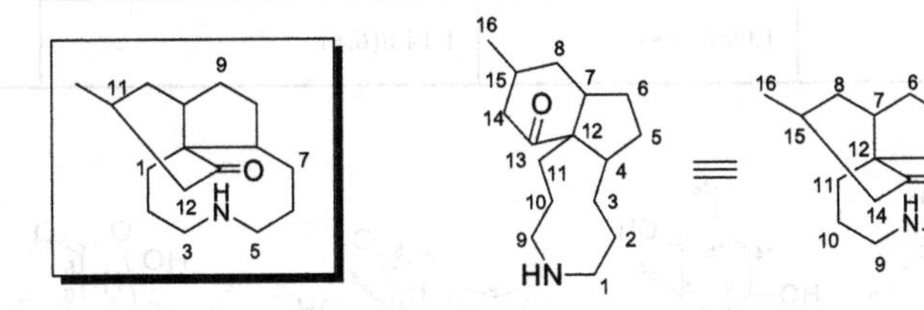

11-甲基十四氢-1*H*-茚并[1,7a-*e*]氮杂环壬烯-13(2*H*)-酮

11-methyldodecahydro-1*H*-indeno[1,7a-*e*]azonin-13(2*H*)-one

【结构多样性】

N-C(13)连接；C(12)-C(13)键断裂；C(7)-C(12)键断裂；C(7)-C(12)环氧；N-C(4)连接；C(4)-C(5)键断裂；C(5)被氧替换；*N*-甲基化且 N(甲基)-C(4)连接。

【典型氢谱特征】

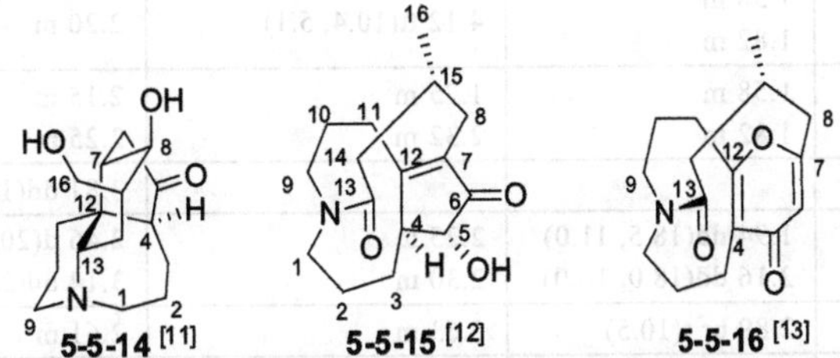

5-5-14 [11]　5-5-15 [12]　5-5-16 [13]

表 5-5-7 伐斯替明碱型生物碱 5-5-14～5-5-16 的 ^{1}H NMR 数据及其特征

H	5-5-14 (CD$_3$OD)	5-5-15 (CDCl$_3$)	5-5-16 (CDCl$_3$)	典型氢谱特征
1①	2.81 br d(15.4) 3.20 m	*α* 2.45 td(13.8, 2.0) *β* 3.91 dt(13.8, 3.2)	*α* 2.64 ddd(14.3, 8.2, 3.3) *β* 4.09 ddd(14.3, 8.3, 3.5)	①1 位氮亚甲基特征峰； ②9 位氮亚甲基特征峰； ③16 位甲基特征峰；化合物 **5-5-14** 的 C(16)形成氧亚甲基（氧化甲基），其信号具有特征性
2	1.80 m (2H)	*α* 2.10 ov *β* 1.51 ov	*α* 1.88 dddd(15.1, 8.4, 5.1, 3.3) *β* 2.01 ov	
3	1.67 dd(12.3, 12.3) 2.20 m	*α* 2.40 ov *β* 2.09 ov	*α* 3.22 ddd(14.1, 8.5, 5.6) *β* 2.38 dt(14.6, 5.6)	
4	2.29 dd(12.4, 3.1)	2.66 br s		
5		3.84 d(1.5)		
6	2.36 d(18.1) 2.75 dd(18.1, 7.2)		6.02 s	
7	1.86 d(10.2)			
8	3.23 m	en 2.44 dd(12.7, 2.0) ex 1.94 t(12.7)	en 2.74 dd(13.0, 5.3) ex 1.99 dd(12.8, 10.1)	

续表

H	5-5-14 (CD_3OD)	5-5-15 ($CDCl_3$)	5-5-16 ($CDCl_3$)	典型氢谱特征
9②	3.04 m 3.14 ddd(13.6, 13.6, 3.6)	α 3.11 br d(13.9) β 4.03 td(13.9, 3.3)	α 3.75 ddd(15.3, 5.6, 4.8) β 3.17 ddd(15.4, 10.0, 5.4)	
10	1.59 m 1.94 m	α 1.96 br d(13.1) β 2.40 qt(12.8, 4.4)	α 2.01 (ov) β 2.46 (ov)	
11	1.57 ddd(13.1, 13.1, 3.2) 2.01 d(13.1)	α 2.41 br d(13.7) β 2.99 td(13.7, 4.4)	α 2.61 dt(15.0, 5.7) β 2.99 ddd(15.0, 10.0, 5.0)	
13	3.07 m			
14	1.77 m 2.13 ddd(13.5, 13.5, 4.6)	1.95 br d(13.6) 2.53 dd(13.6, 11.2)	en 1.97 dd(14.8, 1.7) ex 2.50 dd(15.1, 10.1)	
15	2.17 m	2.25 m	en 2.82 m	
16③	3.71 dd(10.9, 8.9) 3.90 dd(10.9, 5.8)	1.09 d(6.8)	1.14 d(6.8)	

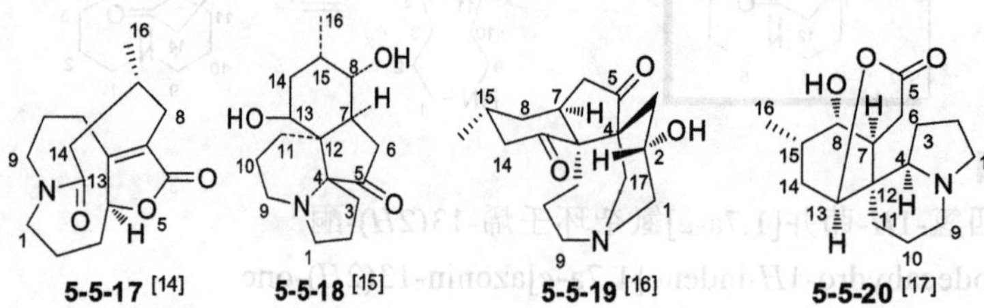

表 5-5-8 伐斯替明碱类生物碱 5-5-17～5-5-20 的 ^{1}H NMR 数据及其特征

H	5-5-17 ($CDCl_3$)	5-5-18 ($CDCl_3$)	5-5-19 ($CDCl_3$)	5-5-20 (CD_3OD)	典型氢谱特征
1①	α 2.40 td(14.0, 1.3) β 3.94 dt(14.0, 3.1)	2.39 dd(11.5, 8.0) 2.64 dt(9.0, 8.5)	2.71 dd(13.5, 10.4) 2.99 dd(13.5, 5.1)	3.35 m 3.54 ddd(9.2, 9.2, 9.2)	
2	α 2.21 qd(13.8, 3.0) β 1.34 m	1.58 m 1.82 m	4.12 tt(10.4, 5.1)	2.20 m	
3	α 1.91 t(14.2) β 2.53 m	1.58 m 1.82 m	1.75 m 2.32 m	2.15 m 2.25 m	
4	4.79 br d(3.8)			3.81 dd(10.9, 6.0)	
6		1.94 dd(18.5, 11.0) 2.16 dd(18.0, 10.0)	2.25 m 2.30 m	2.46 d(20.0) 3.14 dd(20.0, 8.0)	
7		2.89 br t(10.5)	2.63 m	2.61 m	
8	α 2.01 t(12.1) β 2.41 dd(12.1, 3.2)	3.53 m 4.40 d(4.0)(OH)	1.65 m 1.83 br d(11.4)	3.77 t(3.4)	① 1 位氮亚甲基特征峰； ② 9 位氮亚甲基特征峰； ③ 16位甲基特征峰
9②	α 3.10 br d(14.2) β 4.02 td(14.2, 3.2)	2.08 m 2.55 br d(13.0)	2.83 ddd(13.9, 6.7, 3.4) 3.06 m	2.98 dt(13.0, 3.5) 3.26 m	
10	α 2.15 qd(13.9, 3.0) β 1.89 br d(13.9)	1.33 br d(13.0) 1.82 m	1.65 m 1.75 m	1.84 m 2.03 m	
11	α 2.41 dd(14.0, 1.3) β 2.91 td(14.0, 4.1)	0.91 dt(13.5, 4.0) 2.06 m	2.05 dd(14.7, 9.5) 2.20 m	1.40 dt(13.6, 3.3) 2.83 br d(13.6)	
13		3.32 m 4.49 d(4.0, OH)		4.32 br d(2.7)	
14	en 1.99 dd(12.9, 3.0) ex 2.56 dd(12.9, 11.2)	1.15 dt(14.0, 3.0) 1.63 m	2.30 m (2H)	1.83 m	
15	2.48 m	2.06 m	2.17 m	1.78 m	
16③	1.10 d(6.2)	0.84 d(7.0)	1.03 d(6.6)	1.01 d(6.4)	
17			2.57 d(14.2), 3.09 d(14.2)		

参考文献

[1] Tan C H, Zhu D Y. Helv Chim Acta, 2004, 87: 1963.

[2] Takayama H, Katakawa K, Kitajima M, et al. Chem Pharm Bull, 2003, 51: 1163.

[3] Morita H, Hirasawa Y, Kobayashi J, et al. J Nat Prod, 2005, 68: 1809.

[4] Koymam K, Morita H, Hirasawa Y, et al. Tetrahedron, 2005, 61: 3681.

[5] Ishiuchi K, Kubota T, Mikami Y, et al. Bioorg Med Chem, 2007, 15: 413.

[6] Kobayashi J, Hirasawa Y, Yoshida N, et al. J Org Chem, 2001, 66: 5901.

[7] Liu J S, Huang M F. Phytochemistry, 1994, 37: 1759.

[8] Morita H, Hirasawa Y, Kobayashi J. J Org Chem, 2003, 68: 4563.

[9] Ayer W A, Kasitu G C. Can J Chem, 1989, 67: 1077.

[10] Ishiuchi K, Kubota T, Hayashi S, et al. Tetrahedron Lett, 2009, 50: 4221.

[11] Hirasawa Y, Morita H, Kobayashi J. Tetrahedron, 2002, 58: 5483.

[12] Tan C H, Ma X Q, Chen G F, et al. Can J Chem, 2003, 81: 315.

[13] Tan C H, Jiang S H, Zhu D Y, et al. Tetrahedron Lett, 2000, 41: 5733.

[14] Tan C H, Chen G F, Ma X Q, et al. J Nat Prod, 2002, 65: 1021.

[15] Zhou B N, Zhu D Y, Huang M F, et al. Phytochemistry, 1993, 34: 1425.

[16] Takayama H, Katakawa K, Kitajima M, et al. Tetrahedron Lett, 2002, 43: 8307.

[17] Morita H, Arisaka M, Yoshida N, et al. J Org Chem, 2000, 65: 6241.

第六节 吲哚里西啶类生物碱

吲哚里西啶类（indolizidines）生物碱以分子结构中含四氢吡咯并[1,2-*a*]哌啶结构单元为基本特征，其中，四氢吡咯并[1,2-*a*]哌啶又称为八氢吲嗪（octahydroindolizine）。根据四氢吡咯并[1,2-*a*]哌啶（当哌啶环芳构化后为四氢吡咯并[1,2-*a*]吡啶）取代方式或拼合方式的不同可分型为简单吲哚里西啶型生物碱、萘并吲哚里西啶型生物碱、菲并吲哚里西啶型生物碱、桥环吲哚里西啶型生物碱（一叶萩碱类）和螺环吲哚里西啶型生物碱等。

一、简单吲哚里西啶型生物碱

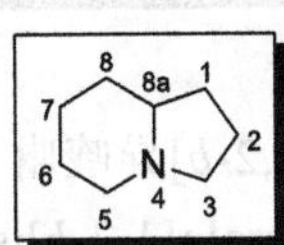

【系统分类】

八氢吲嗪

octahydroindolizine

【结构多样性】

C(3)增碳碳键；C(5)增碳碳键；C(6)增碳碳键；C(7)增碳碳键；C(8)增碳碳键；等。

【典型氢谱特征】

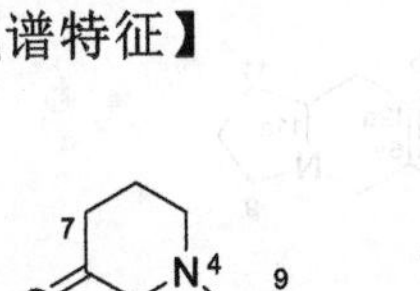

5-6-1 [1] 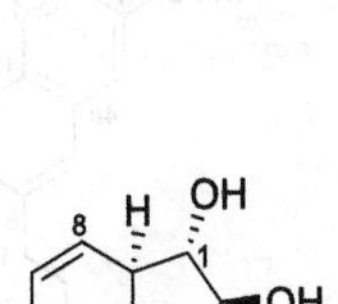　5-6-2 [2] 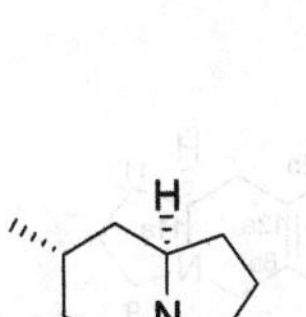　5-6-3 [3] 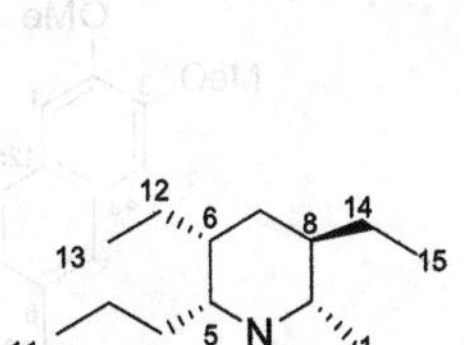　5-6-4 [4]

表 5-6-1 简单吲哚里西丁型生物碱 5-6-1～5-6-4 的 ^{1}H NMR 数据及其特征

H	**5-6-1** (C_5D_5N)	**5-6-2** (D_2O)	**5-6-3** ($CDCl_3$)	**5-6-4**·DCl (D_2O)	典型氢谱特征
1	7.19 d(4.0)	3.72 dd(6.8, 4.5)	1.5～1.9 m	α 1.56 m, β 2.28 m	
2	6.33 d(4.0)	4.06 dt(7.2, 4.9)	1.5～1.9 m	α 1.97 m, β 1.88 m	
3①		2.71 dd(11.1, 4.9) 2.98 dd(11.1, 7.2)	2.80 m 3.10 m	α 3.58 dt(9.6, 2.7) β 2.95 q(9.1)	
5②	3.95 t(6.0)	2.61 ddd(12.3, 9.0, 5.1) 2.80 ddd(12.3, 5.7, 3.9)	2.38 m	3.15 dt(11.0, 3.6)	① 3 位 sp^3 杂化氮亚甲基的特征峰；化合物 **5-6-1** 的 C(3)形成 sp^2 杂化氮化叔碳，该信号消失； ② 5 位氮亚甲基或氮次甲基的特征峰； ③ 8a 位氮次甲基的特征峰；化合物 **5-6-1** 的 C(8a)形成 sp^2 杂化氮化叔碳，该信号消失
5-Me			1.00 d(6.0)		
6	1.96 m	1.90～1.98 dm(18.2) 2.10～2.21 dm(18.2)	1.5～1.9 m	1.93 m	
7	2.48 t(6.5)	5.81 ddq(10.2, 2.9, 1.0)	1.5～1.9 m	α 2.04 m β 1.20 m	
7-Me			0.88 d(6.3)		
8		5.73 dq(10.2, 2.0)	0.90～0.95 m 1.5～1.9 m	1.55 m	
8a		3.05 dquint(7.0, 2.5)③	3.18 m③	2.86 dt(11.5, 6.0)③	
9	4.43 s			1.52, 1.68	
10	3.39 t(7.2)			1.15, 1.34	
11	1.50 m			0.81 或 0.84 或 0.86	
12	1.31 m			1.12, 1.44	
13	0.82 t(7.4)			0.81 或 0.84 或 0.86	
14				1.17, 1.39	
15				0.81 或 0.84 或 0.86	

二、萘并吲哚里西啶型生物碱

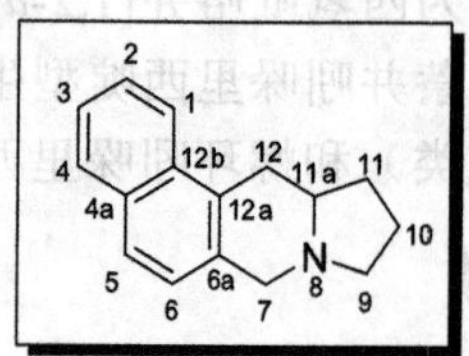

【系统分类】

7,9,10,11,11a,12-六氢苯并[*f*]吡咯并[1,2-*b*]异喹啉

7,9,10,11,11a,12-hexahydrobenzo[*f*]pyrrolo[1,2-*b*]isoquinoline

【结构多样性】

C(6)增碳碳键。

【典型氢谱特征】

5-6-5 [5]　　**5-6-6** [6]

表 5-6-2 吲哚里西啶型生物碱 5-6-5 和 5-6-6 的 ^{1}H NMR 数据及其特征

H	5-6-5 ($CDCl_3$)	5-6-6 ($CDCl_3$)	典型氢谱特征
1①	7.15 s	7.14 s	① 具有芳香区质子信号，通常可以区分成两个独立的苯环； ② 7 位氮亚甲基的特征峰； ③ 9 位氮亚甲基的特征峰； ④ 11a 位氮次甲基的特征峰； ⑤ 12 位（苯甲位）亚甲基的特征峰
4①	7.11 s	7.06 s	
5①	7.56 s	7.34 s	
7②	3.43 d(15), 4.28 d(15)	3.45 d(14.9) , 4.29 d(14.9)	
9③	2.35 q(9), 3.37 m	2.39 m	
10	1.90 m, 2.01 m	1.95 m	
11	1.72 m, 2.23 m	1.25 m, 2.22 m	
11a④	2.43 m	3.28 m	
12⑤	2.87 dd(15, 11), 3.37 m	2.86 m, 3.30 m	
13	4.70 s	2.91 m	
14		2.82 m	
16		2.15 s	
2-OMe	4.02 s	3.98 s	
3-OMe	4.00 s	4.00 s	

三、菲并吲哚里西啶型生物碱

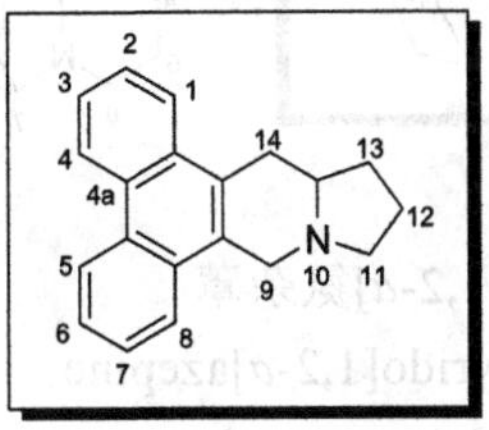

【系统分类】

9,11,12,13,13a,14-六氢二苯并[*f*,*h*]吡咯并[1,2-*b*]异喹啉

9,11,12,13,13a,14-hexahydrodibenzo[*f*,*h*]pyrrolo[1,2-*b*]isoquinoline

【典型氢谱特征】

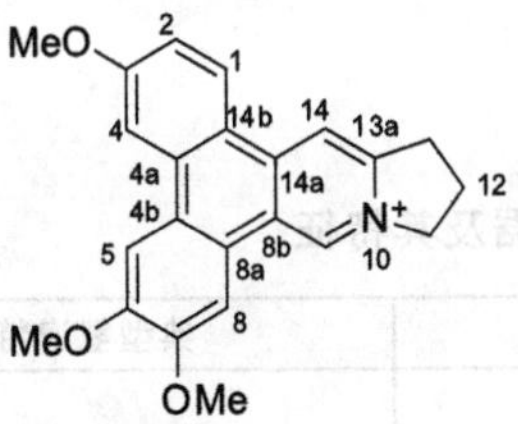

5-6-7 [7] 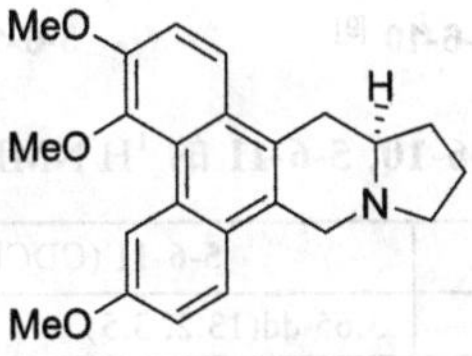　5-6-8 [8] 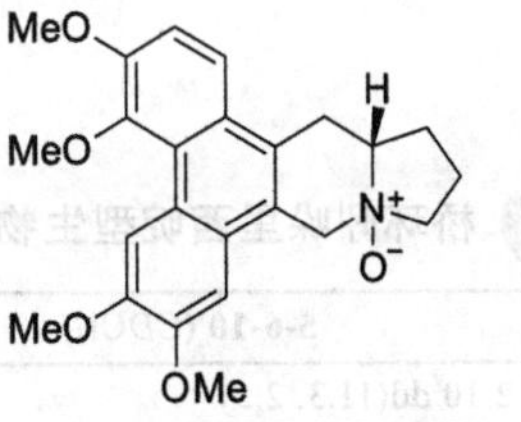　5-6-9 [8]

表 5-6-3 菲并吲哚里西啶型生物碱 5-6-7～5-6-9 的 ^{1}H NMR 数据及其特征

H	5-6-7 (DMSO-d_6)	5-6-8 (CD_3COCD_3)	5-6-9 (CD_3OD)	典型氢谱特征
1①	8.70 d(9.2)	7.83 d(8.4)	7.87 d(9.4)	① 具有芳香区质子信号，通常可以区分成两个苯环；但需注意另外还有一个六取代苯环，由于苯环上的氢全部被取代，其信号没有显现；
2①	7.34 dd(9.2, 2.5)	7.49 d(8.4)	7.47 d(9.4)	
4	7.85 d(2.5)①			
5①	7.78 s	9.31 d(2.8)	9.34 s	
7		7.25 dd(7.2, 2.8)①		
8①	7.99 s	7.87 d(7.2)	7.25 s	

续表

H	5-6-7 (DMSO-d_6)	5-6-8 (CD_3COCD_3)	5-6-9 (CD_3OD)	典型氢谱特征
9②	10.36 s	3.57 d(14.6) 4.58 d(14.6)	4.81 d(15.8) 5.18 d(15.8)	② 9 位氮亚甲基的特征峰；而化合物 **5-6-7** 的 C(9)芳构化后形成的亚胺盐次甲基的化学位移出现在较低场； ③ 11 位氮亚甲基的特征峰； ④ 13a 位氮次甲基的特征峰；化合物 **5-6-7** 的 C(13a)形成烯型季碳，该信号消失（芳构化后信号消失）； ⑤ 14 位（苯甲位）亚甲基的特征峰；而化合物 **5-6-7** 的 C(14)芳构化后形成的烯型次甲基的化学位移出现在较低场
11③	4.92 m	2.41 q(14.8) 3.25 td(14.8, 3.2)	3.29 q(19.2) 3.80 td(19.2, 3.1)	
12	2.54 m	1.82 m, 2.01 m	1.84 m, 2.59 m	
13	3.53 m	1.70 m, 2.20 m	2.16 m, 2.32 m	
13a④		2.34 m	4.08 m	
14⑤	8.98 s	2.94 dd(15.0, 11.0) 3.32 dd(15.0, 3.0)	3.29 dd(16.0, 2.0) 3.53 dd(16.0, 8.0)	
OMe	4.03 s 4.04 s 4.05 s	3.98 s(3-OMe) 4.05 s(4-OMe) 3.92 s(6-OMe)	4.02 s (3-OMe) 4.02 s (4-OMe) 3.91 s (6-OMe) 4.04 s (7-OMe)	

四、桥环吲哚里西啶型生物碱

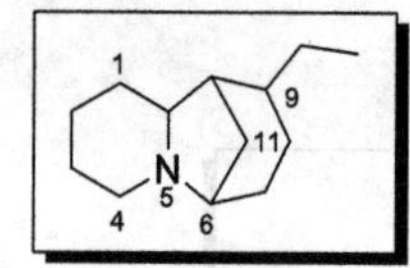

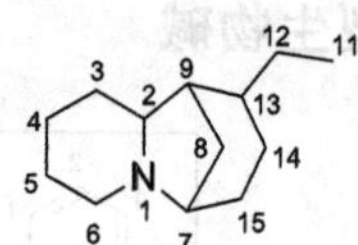

【系统分类】

9-乙基十氢-6,10-亚甲基吡啶并[1,2-*a*]氮杂草

9-ethyldecahydro-6,10-methanopyrido[1,2-*a*]azepine

【结构多样性】

【典型氢谱特征】

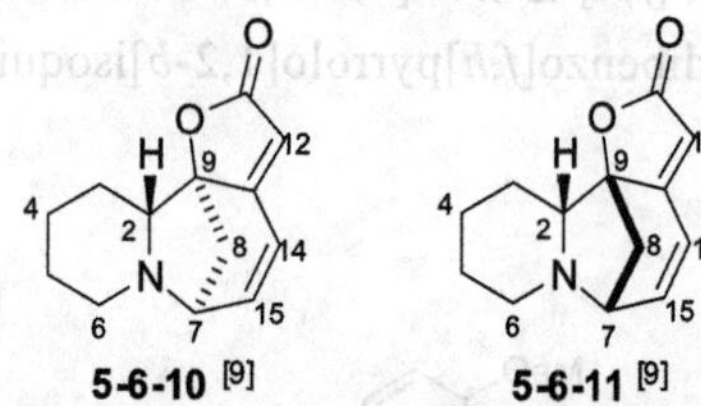

5-6-10 [9]　　**5-6-11** [9]

表 5-6-4 桥环吲哚里西啶型生物碱 **5-6-10, 5-6-11** 的 ^{1}H NMR 数据及其特征

H	5-6-10 ($CDCl_3$)	5-6-11 ($CDCl_3$)	典型氢谱特征
2①	2.10 dd(11.3, 2.5)	3.65 dd(13.2, 3.5)	① 2 位氮次甲基特征峰； ② 6 位氮亚甲基特征峰； ③ 7 位氮次甲基特征峰
3	1.48～1.67 m	ax 1.15 m, eq 1.34 m	
4	1.24 m, 1.88 m	1.42 m, 1.70 m	
5	1.48～1.67 m	1.70 m	
6②	ax 2.42 ddd(10.5, 7.5, 7.0) eq 2.97 dt(10.5, 3.7, 3.7)	2.75 m	
7③	3.83 dd(5.3, 4.1)	3.91 dd(5.3, 4.4)	
8	1.78 d(9.2), 2.50 dd(9.2, 4.1)	1.93 d(9.8), 2.68 dd(9.8, 4.4)	
12	5.56 s	5.73 s	
14	6.61 d(9.2)	6.66 d(9.1)	
15	6.43 dd(9.2, 5.3)	6.83 dd(9.1, 5.3)	

参考文献

[1] Wang Y F, Lu C H, Lai G F, et al. Planta Med, 2003, 69: 1066.

[2] Cardona F, Moreno G, Guarna F, et al. J Org Chem, 2005, 70: 6552.

[3] Bollena A D S, Gelas-Mialhe Y, Gramain J C, et al. J Nat Prod, 2004, 67: 1029.

[4] Pu X T, Ma D W. J Org Chem, 2003, 68: 4400.

[5] Subramaniam G, Ang K K H, Ng S, et al. Phytochemistry Lett, 2009, 2: 88.

[6] An T Y, Huang R Q, Yang Z, et al. Phytochemistry, 2001, 58: 1267.

[7] Huang X S, Gao S, Fan L H, et al. Planta Med, 2004, 70: 441.

[8] Damu A G, Kuo P C, Shi L S, et al. J Nat Prod, 2005, 68: 1071.

[9] Livant P D, Beutler J A. Tetrahedron, 1987, 43: 2915.

第七节 喹诺里西啶类生物碱

喹诺里西啶类（quinolizidines）生物碱以分子结构中含哌啶并[1,2-*a*]哌啶［即喹诺里西啶或称八氢喹嗪（octahydro-1*H*-quinolizine）］为基本特征。根据具体结构（分子中含喹诺里西啶单元的数目、与其他分子组成部分的连接和稠合方式等）的不同可分型为羽扇豆碱型生物碱、金雀花碱型生物碱、鹰爪豆碱型生物碱、苦参碱型生物碱、苦豆碱型生物碱和三环型喹诺里西啶生物碱。前述的石松碱也可分属于喹诺里西啶类生物碱。

一、羽扇豆碱型生物碱

进一步分为简单喹诺里西啶型生物碱、双喹诺里西啶型生物碱和硫杂螺烷喹诺里西啶型生物碱。

1. 简单喹诺里西啶型生物碱

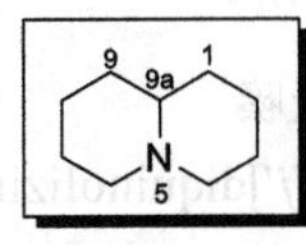

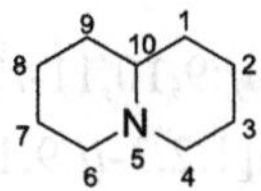

【系统分类】

八氢-1*H*-喹嗪

octahydro-1*H*-quinolizine

【结构多样性】

C(1)增碳碳键，C(4)增碳碳键, C(6)增碳碳键，C(8)增碳碳键等。

【典型氢谱特征】

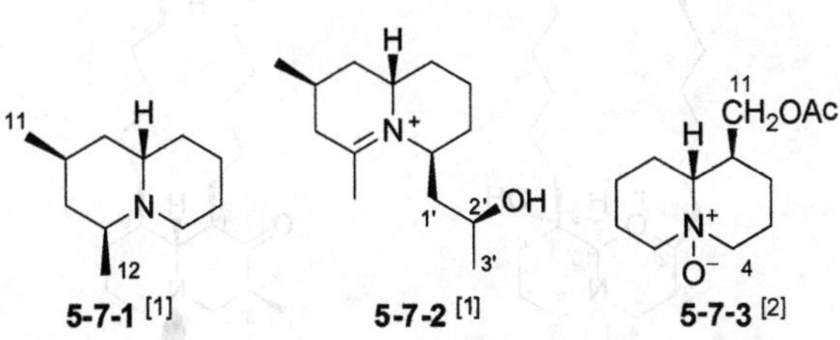

表 5-7-1 简单喹诺里西啶型生物碱 5-7-1～5-7-3 的 ^{1}H NMR 数据及其特征

H	5-7-1 (CD_3OD)	5-7-2 (CD_3OD)	5-7-3 ($CDCl_3$)	典型氢谱特征
1	1.62 m, 2.17 br q(13.3)	1.89 m	2.44 m	① 4 位氮亚甲基或氮次甲基特征峰；② 6 位氮亚甲基或氮次甲基特征峰；化合物 **5-7-2** 的 C(6)形成 sp^2 杂化季碳，该特征峰的消失；③ 10 位氮次甲基特征峰
2	1.65 m, 1.94 m	1.75 m, 2.01 m		
3	1.69 m, 1.79 m	1.89 m, 1.98 m		
4①	3.08 ddd(13.7, 13.5, 2.7) 3.65 br d(13.7)	4.90 ddd(10.5, 4.9, 4.4)	ax 3.07 m eq 3.36 t(13.5)	
6②	3.82 m		ax 3.07 m eq 3.36 t(13.5)	
7	1.21 q(13.2), 1.95 m	2.52 dd(20.8, 9.9) 3.04 dd(20.8, 2.9)		
8	1.96 m	2.02 m		
9	1.56 ddd(14.1, 14.1, 5.1) 1.79 m	1.72 m, 1.84 br d(14.1)		
10③	3.60 br d(13.2)	4.17 m	2.86 dt(11.4, 2.3)	
11	0.95 d(6.2)	1.04 d(6.6)	4.02 dd(11.5, 3.6) 4.06 dd(11.5, 4.4)	
12	1.31 d(6.3)	2.58 s		
13			2.06 s	
1′		1.65 ddd(14.9, 10.6, 4.4) 2.39 ddd(14.9, 10.5, 2.6)		
2′		3.54 ddq(10.6, 2.6, 6.1)		
3′		1.24 d(6.1)		

2. 双喹诺里西啶型生物碱

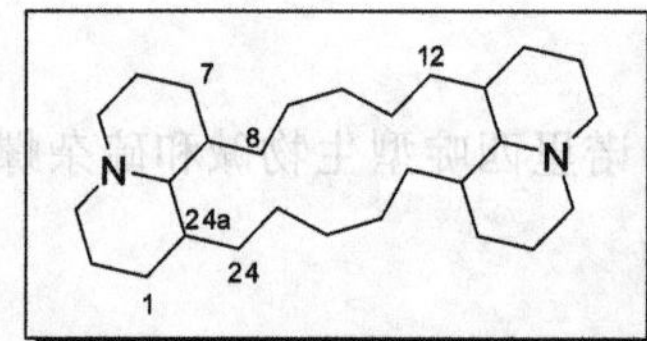

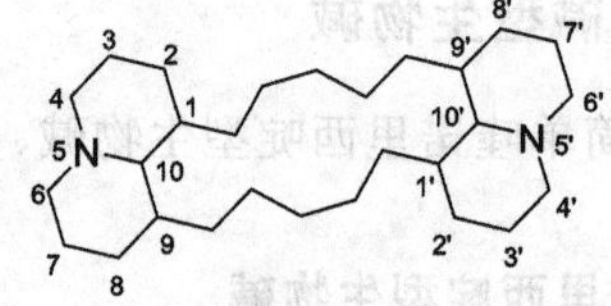

【系统分类】

二十八氢环十六烷并[1,2,3-*ij*:9,10,11-*i′j′*]双喹嗪

octacosahydrocyclohexadeca[1,2,3-*ij*:9,10,11-*i′j′*]diquinolizine

【结构多样性】

C(1)取代基迁移至 C(2),C(1)氧杂；C(1′)取代基迁移至 C(2′),C(1′)氧杂；C(3)增碳碳键；C(3′)增碳碳键；等。

【典型氢谱特征】

5-7-4 [3]　　**5-7-5** [4]

表 5-7-2　双喹诺里西啶型生物碱 5-7-4, 5-7-5 的 ^{1}H NMR 数据及其特征

H	5-7-4 ($CDCl_3$)	5-7-5 ($CDCl_3$)	典型氢谱特征
1		2.58 ov	① 4 位氮亚甲基特征峰； ② 6 位氮亚甲基特征峰； ③ 10 位氮次甲基特征峰； ④ 4′位氮亚甲基特征峰； ⑤ 6′位氮亚甲基特征峰； ⑥ 10′位氮次甲基特征峰
2	2.95～3.20 m		
3		*ca*.2.87 m	
4	α 2.64 br t(13.0) β 2.87 br dd(13.0, 4.5)	α *ca*.1.84 ov① β *ca*.3.00 ov①	
6	α 2.95～3.20 m, β 2.36 br t(10.0)	α *ca*.1.86 ov, β *ca*.2.91 ov②	
8		0.72 ov, 1.88 ov	
9		*ca*.1.43 ov	
10		*ca*.1.77 br d(9.4)③	
3-CH_3	0.68 d(6.5)	0.94 d(6.6)	
1′		2.75 br s	
2′	3.56 br t(10.6)		
3′		*ca*.2.64 ov	
4′	2.95～3.20 m	α *ca*.2.64 ov, β *ca*.3.06 m④	
6′	α 2.95～3.20 m, β 2.36 br t(10)	α 2.54 m, β *ca*.2.98 ov⑤	
9′		1.62 (ov)	
10′		2.75 br s⑥	
3′-CH_3		0.94 d(6.0)	

注：化合物 **5-7-4** 为双喹诺里西丁型生物碱类似物。

3. 硫杂螺烷喹诺里西啶型生物碱

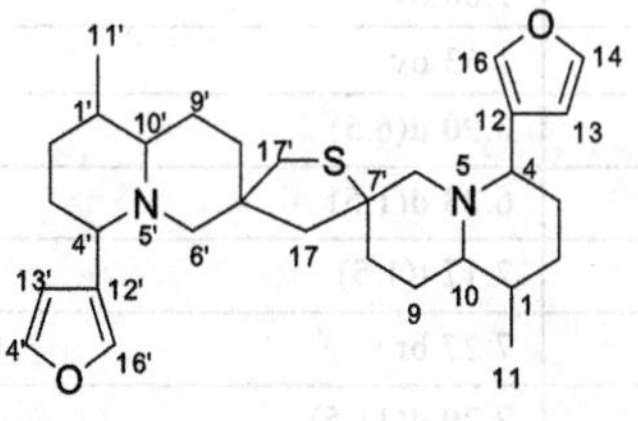

【典型氢谱特征】

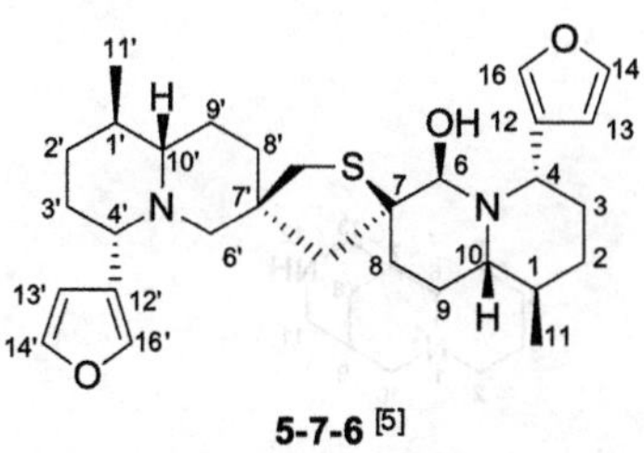

5-7-6 [5] 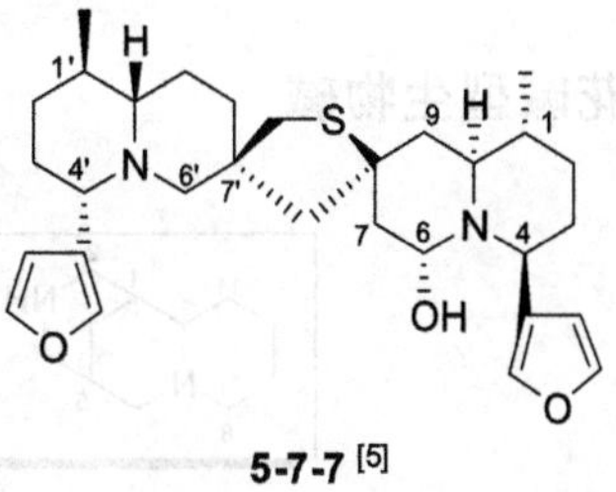　　**5-7-7** [5]

表 5-7-3　硫杂螺烷型喹诺里西啶型生物碱 5-7-6 和 5-7-7 的 ^{1}H NMR 数据及其特征

H	5-7-6 (CD_3OD)	5-7-7 (CD_3OD)	典型氢谱特征
1	1.26 ov	1.18 ov	
2α	1.64 ov	1.56 ov	
2β	1.09 ov	1.04 ov	
3	1.66 ov	1.48 ov, 1.60 ov	
4①	3.63 dd(10.5, 4.5)	3.63 dd(11.5, 3.0)	
6②	3.77 s	3.85 s	

续表

H	5-7-6 (CD_3OD)	5-7-7 (CD_3OD)	典型氢谱特征
8α	1.31 ov	1.70 ov	① 4 位氮次甲基特征峰； ② 6 位氮亚甲基氧化后的 6 位氧化氮次甲基特征峰； ③ 10 位氮次甲基特征峰； ④ 11 位甲基特征峰； ⑤ 3-取代呋喃环的特征峰（化学位移和偶合常数数据符合五元杂环芳香体系的特征）； ⑥ 17 位亚甲基的同碳偶合 AB 自旋系统特征峰； ⑦ 4′位氮次甲基特征峰； ⑧ 6′位氮亚甲基特征峰； ⑨ 11′位甲基特征峰； ⑩ 3′-取代呋喃环的特征峰（化学位移和偶合常数数据符合五元杂环芳香体系的特征）； ⑪ 17′位亚甲基的同碳偶合 AB 自旋系统特征峰
8β	1.84 ov	1.88 ov	
9α	1.26 ov	1.77 ov	
9β	1.80 ov	1.53 ov	
10③	2.28 ov	2.31 ov	
11④	0.90 d(6.0)	0.87 d(6.5)	
13⑤	6.43 d(1.7)	6.44 d(1.5)	
14⑤	7.41 t(1.7)	7.40 t(1.5)	
16⑤	7.35 br s	7.41 br s	
17α⑥	1.63 d(13.5)	1.62 d[l]	
17β⑥	2.07 d(13.5)	1.69 d[l]	
1′	1.50 d(2.9)	1.36 ov	
2′α	1.72 ov	1.63 ov	
2′β	1.16 ov	1.11 ov	
3′	1.66 ov, 1.79 ov	1.58 ov	
4′⑦	2.92 d[l]	2.92 dd(10.5, 3.5)	
6′α⑧	2.92 d(11.5)	2.68 d(11.0)	
6′β⑧	1.52 d(11.5)	1.53 d(11.0)	
8′α	1.53 ov	1.20 ov	
8′β	1.19 ov	1.76 ov	
9′α	1.31 ov	1.20 ov	
9′β	1.89 ov	1.88 ov	
10′	1.53 ov	1.53 ov	
11′⑨	0.94 d(6.5)	0.90 d(6.5)	
13′⑩	6.41 d(1.7)	6.23 d(1.5)	
14′⑩	7.46 t(1.7)	7.17 t(1.5)	
16′⑩	7.43 br s	7.27 br s	
17′α⑪	2.25 d(12.0)	2.20 d(11.5)	
17′β⑪	2.30 d(12.0)	2.39 d(11.5)	

二、金雀花碱型生物碱

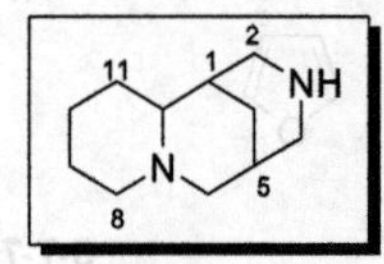

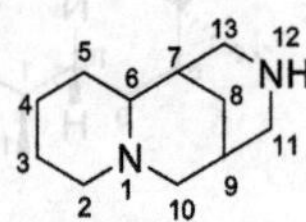

【系统分类】

十氢-1*H*-1,5-亚甲基吡啶并[1,2-*a*][1,5]二氮杂环辛(四烯)

decahydro-1*H*-1,5-methanopyrido[1,2-*a*][1,5]diazocine

【结构多样性】

C(11)增碳碳键，N(12)增氮碳键等。

【典型氢谱特征】

5-7-8 [6]　　5-7-9 [7]　　5-7-10 [8]

表 5-7-4 金雀花碱型生物碱 5-7-8～5-7-10 的 ^{1}H NMR 数据及其特征

H	5-7-8 ($CDCl_3$)	5-7-9 ($CDCl_3$)	5-7-10 ($CDCl_3$)	典型氢谱特征
2①	ax 2.44 dt(12.9, 12.9, 3.1) eq 4.83 dm(13.5)	6.85 d(7.14)		① 2 位 sp^3 杂化氮亚甲基特征峰；C(2)形成 sp^2 杂化氮次甲基后，其共振信号移至低场（如 **5-7-9**）；若该信号消失，表明其形成不含氢原子的碳原子[**5-7-10** 的 C(2)为内酰胺羰基]； ② 6 位氮次甲基特征峰； ③ 10 位氮亚甲基特征峰；若该信号消失，表明其形成不含氢原子的碳原子[**5-7-8** 的 C(10)为内酰胺羰基]； ④ 11 位氮亚甲基或氮次甲基特征峰； ⑤ 13 位氮亚甲基特征峰
3	1.40～1.49 m, 1.76 dm(10)	4.93 d(7.14)	2.36 m	
4	1.40～1.49 m, 1.93 m		1.55～1.62 m, 1.85～1.90 m	
5	ax 1.54 dq(12, 12, 12, 3.5) eq 1.69 dm(12.5)		1.76～1.81 m, 2.09～2.15 m	
6②	3.36 ddd(11.4, 5.3, 2.5)	3.60 dt(16.8, 3.8, 3.6)	3.43 ddd(11.0, 2.0, 2.0)	
7	1.78 m		1.61 m	
8	1.91 dt(12.8, 2.6, 2.6) 1.99 br d(5.5)		1.67 dddd(13.0, 2.5, 2.5, 2.5) 2.09～2.15 m	
9	2.55 br s		1.81 m	
10③		—	2.79 dd(13.0, 2.5) 4.76 dt(13.7, 2.0, 2.0)	
11④	2.78 dd(13.4, 2.5) 3.27 br d(13.5)	—	4.26 ddd(8.0, 8.0)	
13⑤	2.89 dd(12.7, 2.7) 3.20 br d(13)	—	2.94 dd(14.0, 2.0) 4.50 ddd(14.0, 3.0, 3.0)	
1′			2.28 m, 2.38 m	
2′			5.69 dddd(17.0, 10.0, 7.0, 7.0)	
3′		5.75 m	*trans* 5.04 dm(15.0) *cis* 5.02 dm(10.0)	
4′		4.79 m		
OMe			3.60 s	

三、鹰爪豆碱型生物碱

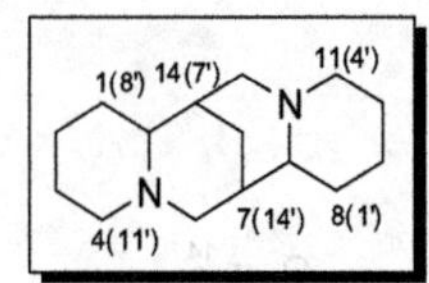

【系统分类】

十四氢-7,14-亚甲基二吡啶并[1,2-*a*:1′,2′-*e*][1,5]二氮杂环辛(四烯)

tetradecahydro-7,14-methanodipyrido[1,2-*a*:1′,2′-*e*][1,5]diazocine

【结构多样性】

C(15)增碳碳键；C(2)-C(3 键)断裂；等。

【典型氢谱特征】

5-7-11 [9]　　5-7-12 [10]　　5-7-13 [11]

表 5-7-5 鹰爪豆碱型生物碱 5-7-11～5-7-13 的 ^{1}H NMR 数据及其特征

H	5-7-11 ($CDCl_3$)	5-7-12 (CD_3OD)	5-7-13 (CD_3OD)	典型氢谱特征
2①	ax 3.66 ddd(13.1, 8.1, 3.9) eq 3.77 ddd(12.9, 4.3, 1.8)		ax 4.34 dd(11.8, 2.6) eq 4.60 d(11.7)	
3	1.63～1.77 m	6.41 dd(9.0, 1.3)	2.19 dd(7.0, 1.3)	
4	ax 2.11 ddd(14.1, 5.0, 1.8) eq 2.07 dd(13.9, 4.9)	7.47 dd(8.9, 7.0)	ax 1.54 m eq 1.60 dd(6.4, 1.7)	① 2 位氮亚甲基特征峰；若该信号消失，表明其形成不含氢原子的碳原子[**5-7-12** 的 C(2)为内酰胺羰基]； ② 6 位氮次甲基具有一定的特征性；当其信号消失时，表明形成氮化叔碳(**5-7-11**，**5-7-12**)或其他不含氢原子的碳原子； ③ 10 位氮亚甲基特征峰；若该信号消失，表明其形成不含氢原子的碳原子[**5-7-11** 的 C(10)为内酰胺羰基]； ④ 11 位氮次甲基特征峰； ⑤ 15 位氮亚甲基或氮次甲基特征峰； ⑥ 17 位氮亚甲基特征峰
5	4.77 dd(5.7, 1.8)	6.30 dd(7.0, 1.2)	1.54 m, 2.24 m	
6②			3.72 d(12.8)	
7	2.56 d[1]	3.12 br s	ax 1.79 br s	
8	ax 1.63～1.77 m eq 1.83 dd(11.8, 3.6)	α 1.85 br d(13.2) β 2.15 br d(13.2)	ax 1.68 m eq 1.79 br s	
9	2.43 br s	2.29 m	eq 1.73 s	
10③		α 4.13 d(15.4) β 3.92 dd(15.4, 6.3)	ax 3.33 td(12.2, 1.8) eq 4.12 dd(12.8, 2.6)	
11④	3.09 m	2.96 br d(12.5)	eq 3.10 t(6.4)	
12	ax 1.22～1.47 m eq 1.87 m	α 1.94 m(q[1])(12.5) β 1.56 m(ov)	ax 1.54 m eq 1.74 m	
13	4.11 t(2.7)	3.75 m	1.71 m, 1.98 d(13.7)	
14	ax 1.22～1.47 m eq 1.63～1.77 m	α 1.36 m(q[1])(12.5) β 1.58 m(ov)	ax 1.94 d(9.2) eq 2.30 dd(10.4, 3.1)	
15⑤	ax 2.82 ddd(12.9, 12.9, 1.9) eq 2.78 ddd(12.9, 2.1, 2.1)	2.36 ddd(12.3, 8.5, 2.1)	ax 2.96 td(13.0, 1.3) eq 3.13 t(9.5)	
17⑥	ax 2.33 d(11.3) eq 3.36 dd(11.3, 2.6)	α 3.06 dd(11.2, 2.0) β 2.74 dd(11.4, 2.1)	ax 3.36 d(13.4) eq 3.50 d(13.4)	
1′		3.57 m		
2′		0.99 d(6.2)		

四、苦参碱型生物碱

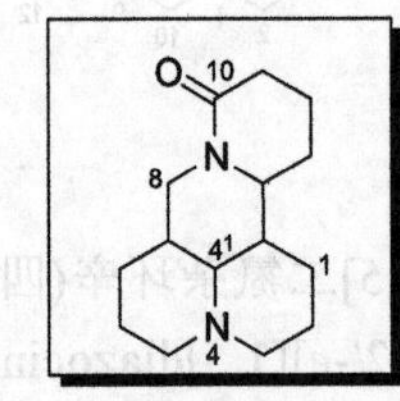

【系统分类】

十二氢-1*H*-二吡啶并[2,1-*f*:3',2',1'-*ij*][1,6]二氮杂萘-10(4^{1}*H*)-酮

dodecahydro-1*H*-dipyrido[2,1-*f*:3',2',1'-*ij*][1,6]naphthyridin-10(4^{1}*H*)-one

【典型氢谱特征】

5-7-14 [12]　　5-7-15 [13]　　5-7-16 [14]

表 5-7-6 苦参碱型生物碱 5-7-14～5-7-16 的 ^{1}H NMR 数据及其特征

H	5-7-14 ($CDCl_3$)	5-7-15 ($CDCl_3$)	5-7-16 ($CDCl_3$)	典型氢谱特征
2①	2.80 dm(12.8)	2.76 br d(11.23)	α 2.62 br d(10.4) β 1.94 t(11.1)	
5			2.74 br s	① 2 位氮亚甲基特征峰； ② 10 位氮亚甲基特征峰； ③ 11 位氮次甲基特征峰；当其信号消失时，表明形成氮化叔碳(**5-7-16**)或其他不含氢原子的碳原子； ④ 17 位氮亚甲基特征峰
6			1.99 br s	
8			2.47 br d(13.6)	
10②	2.80 dm(12.8)	2.85 br d(11.47)	α 1.94 t(11.1) β 2.72 br s	
11	3.82 ddd(10.4, 10.4, 5.5)③	3.98 dd(18.80, 7.81)③		
12		2.63 ddd(19.53, 5.13, 5.13)	6.40 dd(7.2, 1.2)	
13		6.49 ddd(9.77, 4.40, 4.40)	7.13 dd(8.9, 7.2)	
14	5.20 dd(11.9, 5.5) 2.12 s(OAc)	5.92 ddd(9.77, 1.70, 1.70)	6.19 dd(8.9, 1.2)	
17④	3.09 dd(12.8, 12.8) 4.32 dd(12.8, 4.9)	α 4.15 d(14.00) β 3.35 d(14.00)	α 3.61 dd(14.2, 13.0) β 3.99 dd(14.2, 7.0)	

五、苦豆碱型生物碱

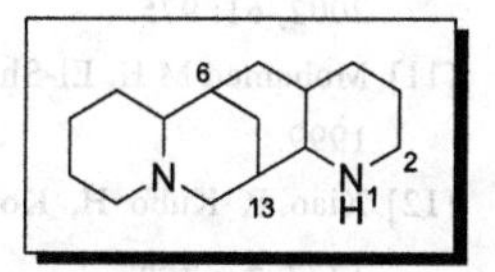
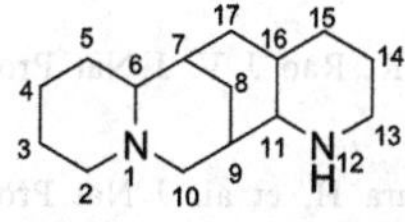

【系统分类】

十四氢-1*H*-6,13-亚甲基二吡啶并[1,2-*a*:3′,2′-*e*] 氮杂环辛(四烯)

tetradecahydro-1*H*-6,13-methanodipyrido[1,2-*a*:3′,2′-*e*]azocine

【结构多样性】

C(9)增碳碳键；N(12)增碳碳键；等。

【典型氢谱特征】

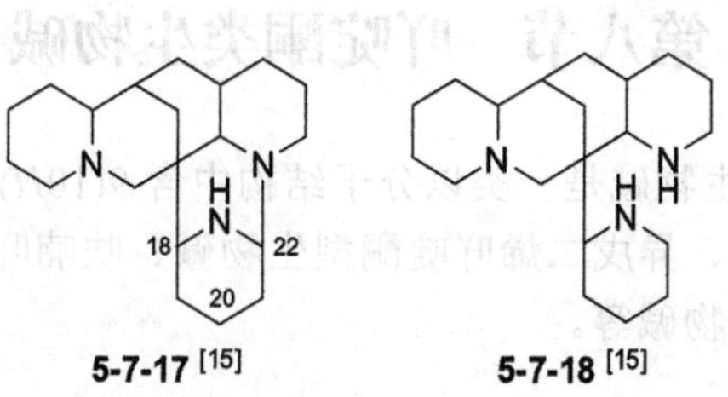

5-7-17 [15]　　5-7-18 [15]

表 5-7-7 苦豆碱型生物碱 5-7-17 和 5-7-18 的 ^{1}H NMR 数据及其特征

H	5-7-17	5-7-18	典型氢谱特征
2①	2.12, 2.87	2.19, 2.83	
3	1.60	1.57	
4	1.31, 1.72	1.34, 1.71	
5	1.33, 1.54	1.36	
6	1.82	1.94	
7	1.65	1.57	
8	1.07, 1.79	1.05, 1.63	
10②	2.53, 2.82	2.55	① 2 位氮亚甲基特征峰； ② 10 位氮亚甲基特征峰； ③ 11 位氮次甲基特征峰； ④ 13 位氮亚甲基特征峰
11③	2.63	2.21	
13④	2.36, 2.68	2.55, 3.08	
14	1.64	1.57	
15	0.98, 1.65	0.98, 1.64	
16	1.81	1.99	
17	1.14, 1.45	1.02, 1.39	
18	2.77	2.39	
19	1.91	1.22, 1.66	
20	1.65, 1.92	1.40, 1.57	
21	1.69, 2.17	1.29, 1.84	
22	3.61	2.45, 3.07	

参考文献

[1] Morita H, Hirasawa Y, Shinzato T, et al. Tetrahedron, 2004, 60: 7015.

[2] Takamatsu S, Saito K, Murakoshi I, et al. J Nat Prod, 1991, 54: 477.

[3] Venkateswarlu Y, Reddy M V R, Rao J V. J Nat Prod, 1994, 57: 1283.

[4] Iwagawa T, Kaneko M, Okamura H, et al. J Nat Prod, 2000, 63: 1310.

[5] Yoshikawa M, Murakami T, Wakao S, et al. Heterocycles, 1997, 45: 1815.

[6] Veen G, Greinwald R, Witte L, et al. Phytochemistry, 1991, 30: 1891.

[7] Mohamed M H, Saito K, Kadry H A, et al. Phytochemistry, 1991, 30: 3111.

[8] Veen G, Schmidt C, Witte L, et al. Phytochemistry, 1992, 31: 4343.

[9] Mohamed M H, Hassanean H A. Phytochemistry, 1997, 46: 365.

[10] Sagen A L, Gertsch J, Becker R, et al. Phytochemistry, 2002, 61: 975.

[11] Mohamed M H, El-Shorbagi A N A. J Nat Prod, 1993, 56: 1999.

[12] Xiao P, Kubo H, Komiya H, et al. Chem Pharm Bull, 1999, 47: 448.

[13] Saito K, Arai N, Sekine T, et al. Planta Med, 1990, 56: 487.

[14] Rahman-Atta-ur A, Choudhary M I, Parvez K, et al. J Nat Prod, 2000, 63: 190.

[15] Bhacca N S, Balandrin M F, Kinghorn A D, et al. J Am Chem Soc, 1983, 105: 2538.

第八节 吖啶酮类生物碱

吖啶酮类（acridones）生物碱是一类以分子结构中含 9(10*H*)-吖啶酮为特征的生物碱，细分型为简单吖啶酮型生物碱、异戊二烯吖啶酮型生物碱、呋喃吖啶酮型生物碱、吡喃吖啶酮型生物碱和二聚吖啶酮型生物碱等。

一、简单吖啶酮型生物碱

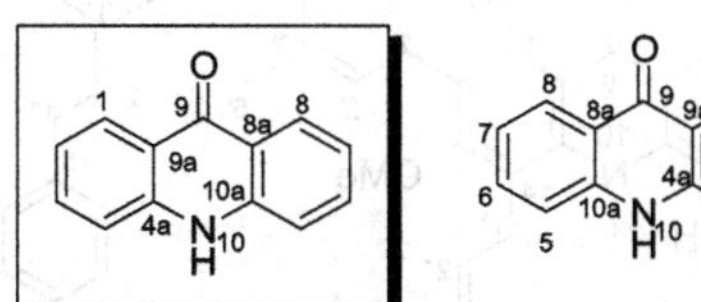

【系统分类】

9(10*H*)-吖啶酮

acridin-9(10*H*)-one

【结构多样性】

N(10)增氮碳键等。

【典型氢谱特征】

5-8-1 [1]

5-8-2 [2] R = H

5-8-3 [3] R = OMe

表 5-8-1 简单吖啶酮型生物碱 5-8-1～5-8-3 的 ^{1}H NMR 数据及其特征

H	5-8-1 (CD_3COCD_3)	5-8-2 ($CDCl_3$)	5-8-3	典型氢谱特征
1	14.15 s(OH)①			① 1 位氢键缔合酚羟基特征峰；通常，在分子中含有 1 位羟基而该信号消失时，则与测试条件有关（**5-8-2**，**5-8-3**）； ② 母核信号全部在芳香环区，通常可以区分成两个独立的苯环； ③ N(10)增氮碳键后的烃基信号有特征性
2②	6.21 s	6.67 d(8.4)	6.33 s	
3	9.13 s(OH)	7.55 dd(8.4, 8.4)②	3.90 s(OMe)	
4	3.79 s(OMe)	6.84 d(8.4)②	6.33 s②	
5	3.86 s(OMe)	7.50 d(8.4)②	7.48 d(8.7)②	
6	9.13 s(OH)	7.73 ddd(8.4, 6.8, 1.6)①	7.72 dtd(8.7, 1.7, 1.6)②	
7②	6.94 d(9.2)	7.28 dd(8.4, 6.8)	7.29 t(7.2, 0.6)	
8②	7.93 d(9.2)	8.44 dd(8.4, 1.6)	8.46 dd(1.7, 1.6)	
NMe③	3.81 s	3.89 s	3.78 s	

二、异戊二烯吖啶酮型生物碱

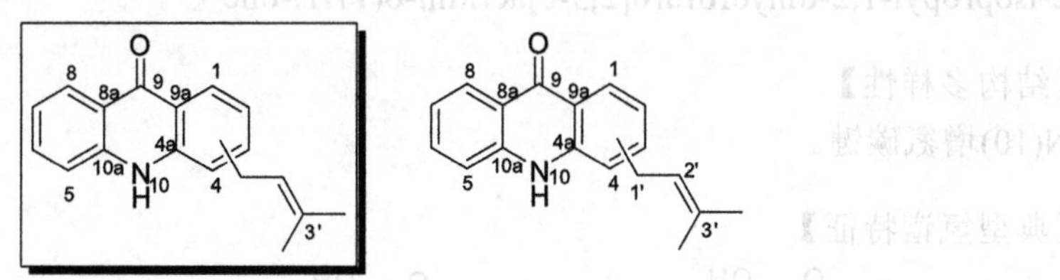

【系统分类】

x-(3-甲基-2-丁烯-1-基)-9(10*H*)-吖啶酮

x-(3-methylbut-2-en-1-yl)acridin-9(10*H*)-one

【结构多样性】

N(10)增氮碳键；C(2)增碳碳键；C(4)增碳碳键；等。

【典型氢谱特征】

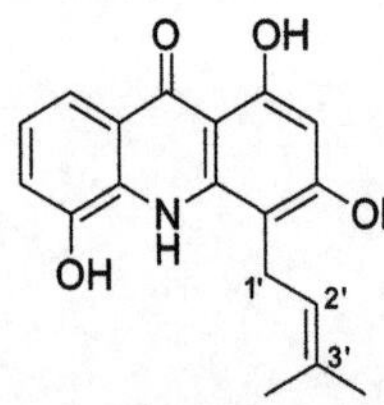

5-8-4 [4] 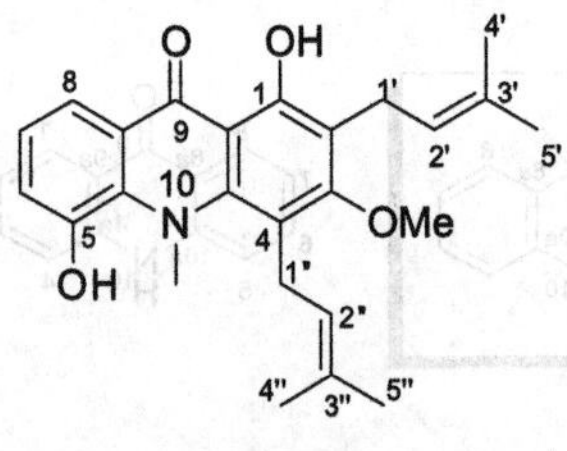　　5-8-5 [1] 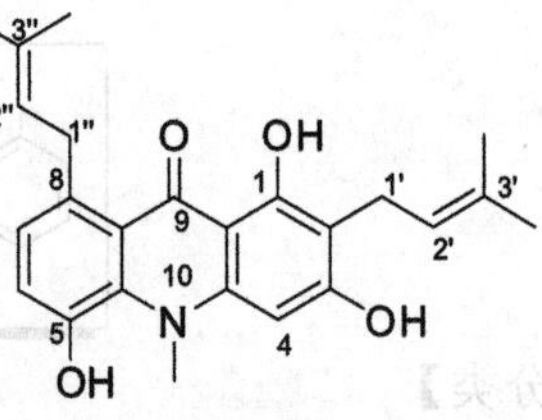　　5-8-6 [5]

表 5-8-2 异戊二烯吖啶酮型生物碱 5-8-4～5-8-6 的 ^{1}H NMR 数据及其特征

H	5-8-4 (CD_3OD)	5-8-5 (CD_3COCD_3)	5-8-6 (DMSO-d_6)	典型氢谱特征
1	14.10 s(OH)	14.38 s(OH)	15.07 s(OH)	
2	6.19 s			
3	10.72 br s(OH)	3.84 s(OMe)		该型化合物具有表 5-8-1 中简单吖啶酮型生物碱的典型氢谱特征；此外，图谱上显示一组（或多组）3-甲基-2-丁烯-1基的特征峰： ① 3-甲基-2-丁烯-1-基 1 位(苯甲位)亚甲基特征峰； ② 3-甲基-2-丁烯-1-基 2 位 sp^2 杂化次甲基特征峰； ③ 3-甲基-2-丁烯-1-基与双键连接的两个甲基特征峰
4			6.28 s	
5	10.72 br s(OH)	9.23 s(OH)		
6	7.17 d(2.5)	7.28 dd(8.0, 1.6)	7.07 d(8.2)	
7	7.10 d(8.2)	7.16 t(8.0)	6.84 d(8.2)	
8	7.59 dd(8.2, 2.5)	7.78 dd(8.0, 1.6)		
1′①	3.50 d(8.2)	3.39 d(6.8)	3.21 d(6.57)	
2′②	5.10 t(8.2)	5.28 br t(6.8)	5.21 br t(6.83)	
4′, 5′③	1.78 s, 1.98 s	1.65 br s, 1.75 br s	1.73 s, 1.61 s	
1″		3.64 d(6.2)①	3.93 d(6.96)①	
2″		5.33 br t(6.2)②	5.33 br t(6.87)②	
4″, 5″		1.66 br s③, 1.79 br s③	1.64 s, 1.68 s	
NMe		3.71 s	3.77 s	

三、角型呋喃吖啶酮型生物碱

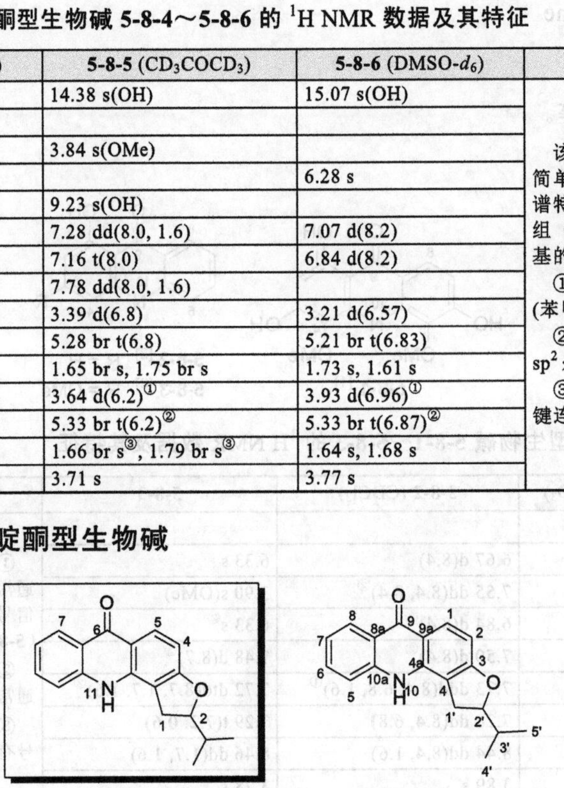

【系统分类】

1,2-二-2-异丙基呋喃并[2,3-*c*]-6(11*H*)-吖啶酮

2-isopropyl-1,2-dihydrofuro[2,3-*c*]acridin-6(11*H*)-one

【结构多样性】

N(10)增氮碳键。

【典型氢谱特征】

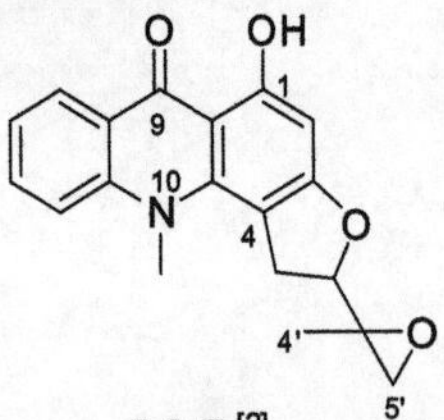

5-8-7 [2] 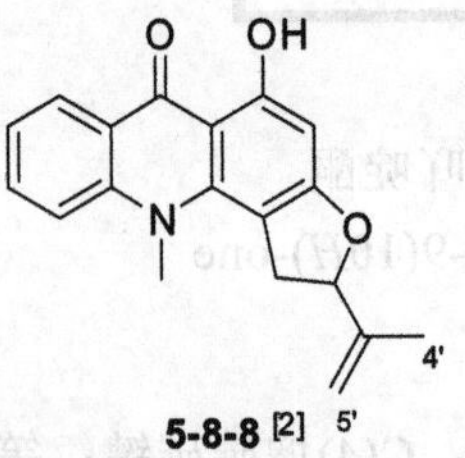　　5-8-8 [2] 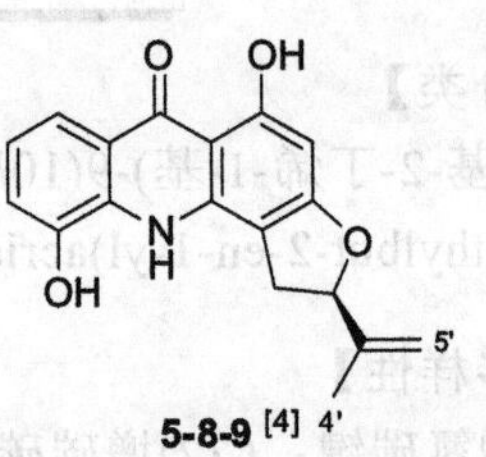　　5-8-9 [4]

表 5-8-3 角型呋喃吖啶酮型生物碱 5-8-7～5-8-9 的 ^{1}H NMR 数据及其特征

H	5-8-7 ($CDCl_3$)	5-8-8 ($CDCl_3$)	5-8-9 (CD_3OD)	典型氢谱特征
1	14.85 s(OH)	15.20 s(OH)	14.50 s(OH)	该型化合物有表 5-8-1 中简单吖啶酮型生物碱的典型氢谱特征；此外，图谱上显示一组与苯环稠并的 2-(丙烯-2-基)-2,3-二氢呋喃或其类似取代基的特征峰： ① 1′苯甲位亚甲基特征峰； ② 2′位氧化次甲基特征峰； ③ 4′位甲基特征峰； ④ 5′位氧亚甲基（氧化甲基）或烯亚甲基特征峰（该信号改变，表明杂化状态或取代模式改变）
2	6.22 s	6.09 s	6.12 s	
5	7.40 d(8.8)	7.23 br d(8.4)	10.10 s(OH)	
6	7.71 ddd(8.8, 7.4, 1.3)	7.58 m	7.12 dd(7.9, 1.2)	
7	7.29 dd(7.9, 7.4)	7.13 m	7.10 t(7.9)	
8	8.38 dd(7.9, 1.3)	8.21 ddd(8.0, 1.2, 0.6)	7.71 dd(7.7, 1.2)	
1′①	3.69 m	3.59 m	3.13 dd(14.5, 7.6) 3.51 dd(14.5, 9.7)	
2′②	4.94 t(8.9)	5.11 m	5.40 dd(9.7, 7.6)	
4′③	1.39 s	1.78 s	1.79 s	
5′④	3.69 m	4.95 m, 5.10 m	4.94 s, 5.12 s	
NMe	3.99 s	3.80 s		

四、线型呋喃吖啶酮型生物碱

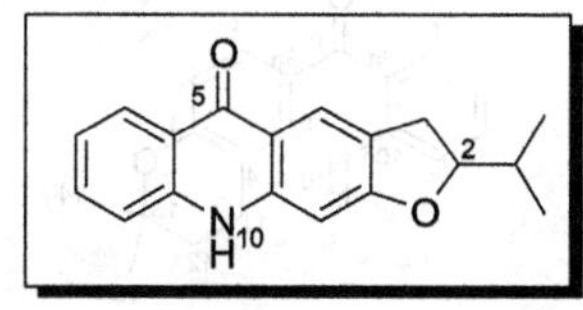

【系统分类】

2,3-二氢-2-异丙基呋喃并[3,2-*b*]-5(10*H*)-吖啶酮

2-isopropyl-2,3-dihydrofuro[3,2-*b*]acridin-5(10*H*)-one

【结构多样性】

N(10)增氮碳键。

【典型氢谱特征】

5-8-10 [6]　　5-8-11 [4]　　5-8-12 [1]

表 5-8-4 线型呋喃吖啶酮型生物碱 5-8-10～5-8-12 的 ^{1}H NMR 数据及其特征

H	5-8-10 ($CDCl_3$)	5-8-11 (CD_3OD)	5-8-12 (CD_3COCD_3)	典型氢谱特征
1	14.05 s(OH)	14.53 s(OH)	14.49 s(OH)	该型化合物有表 5-8-1 中简单吖啶酮型生物碱的典型氢谱特征；此外，图谱上显示一组（或多组）与苯环稠并的 2-(丙-2-基)-2,3-二氢呋喃或其类似取代基的特征峰：
2	6.37 s			
3	3.95 s(OMe)			
4	3.77 s(OMe)	6.21 s		
5	3.99 s(OMe)	9.98 br s(OH)	9.82 s(OH)	
6		7.06 dd(7.6, 2.4)	7.20 dd(8.0, 1.2)	
7		7.08 t(7.9)	7.08 t(8.0)	
8	8.11 s	7.92 dd(6.1, 2.4)	7.74 dd(8.0, 1.2)	

续表

H	5-8-10 ($CDCl_3$)	5-8-11 (CD_3OD)	5-8-12 (CD_3COCD_3)	典型氢谱特征
1′①	5.48 d(4.4)	3.05 dd(14.2, 6.9) 3.39 dd(14.2, 9.8)	3.16 dd(15.2, 9.2) 3.21 dd(15.2, 8.0)	① 1′苯甲位亚甲基特征峰；该信号改变，表明取代模式改变（如 **5-8-10**）； ② 2′位氧次甲基特征峰； ③ 4′位甲基特征峰；该信号改变，表明杂化状态或取代模式改变（例如 **5-8-11** 脱氢）； ④ 5′位甲基特征峰
2′②	4.52 d(4.4)	5.38 dd(9.8, 6.9)	4.79 dd(9.2, 8.0)	
4′③	1.36 s	4.95 s, 5.11 s	1.28 br s	
5′④	1.40 s	1.72 s	1.25 br s	
1″			3.55 d(6.8)	
2″			5.21 m	
4″			1.99 br s	
5″			1.68 br s	
OH			3.82 s(3′-OH)	
NH			9.02 s	
NMe	3.77 s			

五、吡喃吖啶酮型生物碱

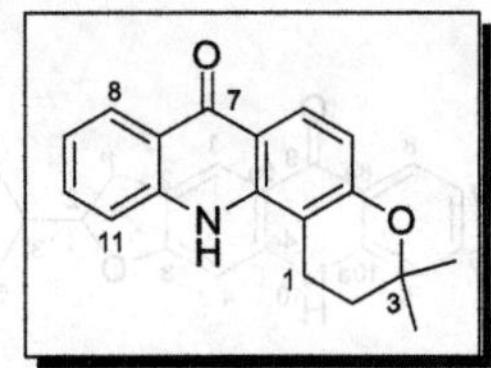

【系统分类】

2,3-二氢-3,3-二甲基-1*H*-吡喃并[2,3-*c*]7(12*H*)-吖啶酮

3,3-dimethyl-2,3-dihydro-1*H*-pyrano[2,3-*c*]acridin-7(12*H*)-one

【结构多样性】

N(10) 增氮碳键；C(2)增碳碳键；C(11)增碳碳键；等。

【典型氢谱特征】

5-8-13 [4]　**5-8-14** [1]　**5-8-15** [7]　**5-8-16** [8]

表 5-8-5 吡喃吖啶酮型生物碱 **5-8-13**～**5-8-16** 的 ^{1}H NMR 数据及其特征

H	5-8-13 (CD_3OD)	5-8-14 (CD_3COCD_3)	5-8-15 (DMSO-d_6)	5-8-16 (CD_3COCD_3)	典型氢谱特征
1	14.86 s(OH)[a]	14.80 s(OH)	15.43 s(OH)	14.42 br(OH)	
2	6.28 s		6.10 s	6.10 s	
5	10.10 br s(OH)[a]	7.70 dd(4.0, 1.2)[b]	7.88 d(8)		
6	6.68 dd(7.5, 1.3)	7.70 dd(4.0, 1.2)[b]	7.85 t(8)	7.33 d(7.6)	

续表

H	5-8-13 (CD_3OD)	5-8-14 (CD_3COCD_3)	5-8-15 (DMSO-d_6)	5-8-16 (CD_3COCD_3)	典型氢谱特征
7	6.95 t(7.9)	7.28 dt(8.0, 4.0)	7.45 t(8)	7.21 t(7.6)	该型化合物有表5-8-1中简单吖啶酮型生物碱的典型氢谱特征； 此外，图谱上显示一组与苯环稠并的2,2-二甲基-2*H*-吡喃或其类似结构的特征峰： ① 14/14′位甲基特征峰； ② 15/15′位甲基特征峰；化合物的C(15)形成氧亚甲基（氧化甲基），其信号有特征性
8	7.55 dd(7.9, 1.3)	8.26 d(8.0)	8.23 d(8)	7.78 d(7.6)	
10		9.84 s(NH)	12.88 s(NH)	3.84 s(NMe)	
11	5.31 dd(12.0, 7.1)	6.74 d(10.0)		6.82 d(10)	
12	2.14 dd(13.8, 12.0) 2.29 dd(13.8, 7.1)	5.67 d(10.0)	4.27 d(5) 6.19 d(5, OH)	5.66 d(10)	
14①	1.45 s	1.46 br s	1.47 s	1.47 s	
15②	1.34 s	1.46 br s	1.33 s	3.64 d(12), 3.76 d(12)	
1′	14.35 s(OH)	3.53 d(6.8)			
2′		5.15 br t(6.8)			
4′		1.87 br s			
5′	10.10 br s(OH)	1.68 br s			
6′	6.64 dd(7.5, 0.9)				
7′	6.93 t(7.5)				
8′	7.52 dd(8.2, 0.9)				
11′	2.92 m, 2.99 m				
12′	1.84 m, 1.88 m				
14′①	1.39 s				
15′②	1.51 s				

[a] DMSO为溶剂；[b] 遵循文献数据。

参考文献

[1] Wu T S, Chen C M. Chem Pharm Bull, 2000, 48: 85.

[2] Wu T S, Shi L S, Wang J J, et al. J Chin Chem Soc, 2003, 50: 171.

[3] Simpson D S, Jacobs H. Biochem Syst Ecology, 2005, 33: 841 (supporting information).

[4] Wansi J D, Wandji J, Meva'a L M, et al. Chem Pharm Bull, 2006, 54: 292.

[5] Weniger B, Um B H, Valentin A, et al. J Nat Prod, 2001, 64: 1221.

[6] Ito C, Kondo Y, Wu T S, et al. Chem Pharm Bull, 2000, 48: 65.

[7] Minh N T, Michel S, Tillequin F, et al. Z Naturforsch, 2003, 58b: 1234.

[8] Teng W Y, Huang Y L, Shen C C. J Chin Chem Soc, 2005, 52: 1253.

第九节 苯丙胺类生物碱

苯丙胺类（phenylpropanamines）生物碱主要是指一类以1-苯基-2-丙胺为母核结构的生物碱。

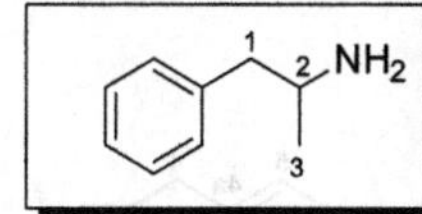

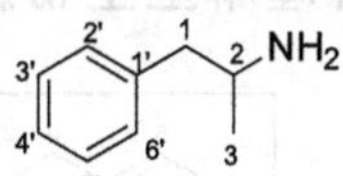

【系统分类】

1-苯基-2-丙胺

1-phenylpropan-2-amine

【结构多样性】

N增氮碳键；等。

【典型氢谱特征】

5-9-1 [1]　　5-9-2 [2]　　5-9-3 [3]

表 5-9-1　苯丙胺型生物碱 5-9-1～5-9-3 的 ^{1}H NMR 数据及其特征

H	5-9-1 (D_2O)	5-9-2 (DMSO-d_6)	5-9-3 (DMSO-d_6)	典型氢谱特征
1①	4.19 d(8.0)	5.15 d(4.0)	4.50 d (5.5)	① 1 位通常氧化为次氧甲基，其信号有特征性；当存在赤式和苏式异构体时，J 值在 4.0-5.5 Hz 左右为赤式，J 值在 8.0 Hz 左右为苏式； ② 3 位甲基特征峰；当 C(2)为不连接氢原子的碳原子（如化合物 **5-9-2** 为亚胺仲碳）时，表现为单峰；当 C(2)为氮化仲碳时（**5-9-1** 和 **5-9-3**），表现有偶合的峰形； ③ 单取代苯环特征峰； ④ 2 位含羟基取代时的羟基特征峰； ⑤ 氮上质子特征峰，根据脂肪胺基、亚胺基和酰胺基的不同，具有相应的特征； ⑥ 氨基甲基化后的甲基特征峰
2	2.82 m		3.86～3.92 m	
3②	0.92 d(6.4)	1.54 s	0.98 d (7.0)	
1″			7.70 br s	
3″			1.98 dd (10.5, 6.5)	
4″			1.48～1.50 m 2.04～2.06 m	
5″			3.92～3.96 m	
Ar-H③	7.10～7.50 m (5H)	7.23～7.33 m	7.20～7.23 m (1H) 7.28～7.32 m (4H)	
OH④	2.50～2.70 br	5.80 d (4.0)	5.43 br s	
NH⑤	2.50～2.70 br	10.59 s	7.83 d (8.5)	
NCH_3	2.42 s⑥			

参 考 文 献

[1] 王锋鹏. 生物碱化学.北京：化学工业出版社，2008: 159.

[2] Zhao W, Deng A J, Du G H, et al. J Asian Nat Prod Res, 2009, 11: 168.

[3] Zhang D, Deng A J, Ma L, et al. J Asian Nat Prod Res, DOI. 10.1080/10286020.2015.1070831.

第十节　苄基四氢异喹啉类生物碱

苄基四氢异喹啉类（benzyltetrahydroisoquinolines）生物碱细分达十五型之多，但主要是简单苄基四氢异喹啉型生物碱及其二聚衍生物（双苄基四氢异喹啉型生物碱）、吗啡烷型生物碱、阿朴菲型生物碱、原阿朴菲型生物碱、原小檗碱型生物碱、普罗托品型生物碱以及苯菲啶型生物碱。

一、简单苄基四氢异喹啉型生物碱

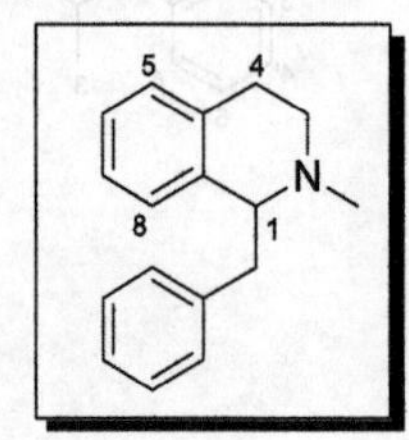

【系统分类】

2-甲基-1-苄基-1,2,3,4-四氢异喹啉

1-benzyl-2-methyl-1,2,3,4-tetrahydroisoquinoline

【结构多样性】

N 降碳；脱氢（二氢苄基异喹啉型生物碱，苄基异喹啉型生物碱）；C(2′/6′)-C(3)连接（帕文类）；C(2′/6′)-C(4)连接（异帕文类）等。此外，二聚衍生物（双苄基四氢异喹啉型生物碱）也较常见。

【典型氢谱特征】

5-10-1 [1]　　5-10-2 [2]　　5-10-3 [3]

表 5-10-1 简单苄基四氢异喹啉型生物碱 5-10-1～5-10-3 的 ^{1}H NMR 数据

H	5-10-1 ($CDCl_3$)	5-10-2 ($CDCl_3$)	5-10-3 (CD_3OD)	典型氢谱特征
1	3.67 dd(7.8, 5.2)①	4.09 dd(9.5, 4.5)①		① 四氢苄基异喹啉型结构的 1 位氮次甲基特征峰； ② 四氢苄基异喹啉型结构的 3 位氮亚甲基特征峰； ③ 若形成苄基异喹啉型结构，3 位和 4 位双键质子的信号有特征性； ④ 四氢苄基异喹啉型结构的 4 位（苯甲位）亚甲基特征峰； ⑤⑦ 母核苯环质子信号在芳香区，通常可以区分为两个苯环单位； ⑥ α 苯甲位亚甲基质子特征峰； ⑧ N-甲基特征峰。 除上述特征外，简单苄基四氢异喹啉型生物碱常含有的芳香甲氧基或亚甲二氧基的信号有特征性
3	2.73～2.78 m(ov)② 3.14～3.2 m(ov)②	2.91 dd(12.5, 6.0)② 3.21 td(12.5, 6.0)②	8.28 d(7.0)③	
4	2.57 dt(16, 4.5)④ 2.80～2.86 m(ov)④	2.65 br t(6.0)④	8.10 d(7.0)③	
5	6.53 s⑤		7.64 s⑤	
8⑤	6.03 s	6.34 s	7.75 s	
α⑥	2.68 dd(13.7, 7.9) 3.11 dd(13.7, 5.2)	2.88 dd(14.0, 9.5) 3.14 dd(14.0, 4.5)	4.80 s	
2′⑦	6.75 d (2.07)	7.16 d-like(9.0)	6.54 d(2.0)	
3′		6.87 d^{l} (9.0)⑦		
5′⑦	6.70 d(8.17)	6.87 d^{l} (9.0)	6.86 d(8.5)	
6′⑦	6.50 dd(8.17, 2.07)	7.16 d^{l} (9.0)	6.46 dd(8.5, 2.0)	
OMe	3.54 s(7-OMe) 3.80 s(6-OMe) 3.82 s(4′-OMe)	3.80 s(4′-OMe) 3.85 s (7-OMe)	3.80 s(4′-OMe) 4.16 s(6-OMe)	
OCH_2O		5.96 s		
NMe	2.49 s⑧		4.28 s⑧	

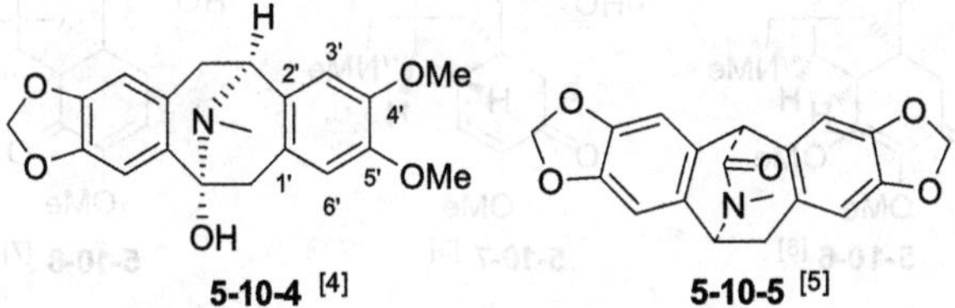

5-10-4 [4]　　5-10-5 [5]

表 5-10-2 简单苄基四氢异喹啉型生物碱 5-10-4, 5-10-5 的 ^{1}H NMR 数据

H	5-10-4 ($CDCl_3$)	5-10-5 ($CDCl_3$)	典型氢谱特征
1①	7.14 br s(OH)	4.39 dd(4.2, 2.6)	与化合物 **5-10-1** 和 **5-10-2** 比较，化合物 **5-10-4** 和 **5-10-5** 的苄基苯环 2′位分别与四氢异喹啉的 3 位和 4 位连接。 ① 1 位氮次甲基质子信号有特征性；若形成氧化氮化仲碳，则该峰消失（**5-10-4**）；
3	4.08 d(5)②		
4	α 3.24 dd(15.6, 5)③ β 2.45 d(15.6)③	4.25 s	
5④	6.35 s	6.73 s	
8④	6.55 s	6.75 s	

续表

H	5-10-4 ($CDCl_3$)	5-10-5 ($CDCl_3$)	典型氢谱特征
α⑤	α 3.08 d(16.2) β 2.59 d(16.2)	α 2.95 dd(17.3, 2.6) β 3.33 dd(17.3, 4.2)	② 苄基苯环 2′位与四氢异喹啉母核的 3 位连接时的 3 位氮次甲基特征峰； ③ 苄基苯环 2′位与四氢异喹啉母核的 3 位连接时的 4 位（苯甲位）亚甲基特征峰； ④ 母核苯环质子信号在芳香区，通常可以区分为两个苯环单位； ⑤ α 位（苯甲位）亚甲基特征峰； ⑥ N 甲基特征峰。 除上述特征外，简单苄基四氢异喹啉型生物碱常含有的芳甲氧基或亚甲二氧基的信号有特征性
3′④	6.95 s	6.69 s	
6′④	5.98 s	6.46 s	
OMe	3.82 s(4′-OMe) 3.75 s(5′-OMe)		
OCH_2O	5.75, 5.89 d(1.6)	5.89, 5.93 d(1.4)（6,7-OCH_2O） 5.85, 5.87 d(1.4)（4′,5′-OCH_2O）	
NMe⑥	2.49 s	3.10 s	

二、吗啡烷型生物碱

吗啡烷型生物碱可细分为青藤碱型生物碱、吗啡型生物碱、二聚吗啡型生物碱、青防己碱型生物碱和莲花烷型生物碱等。

1. 青藤碱型和莲花烷型生物碱

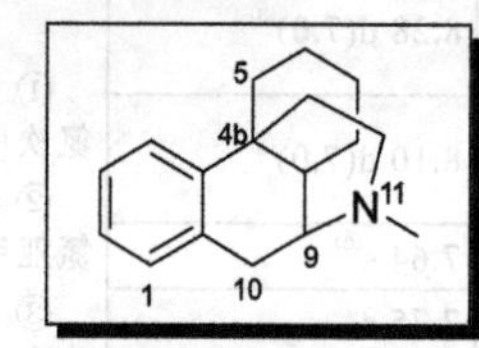

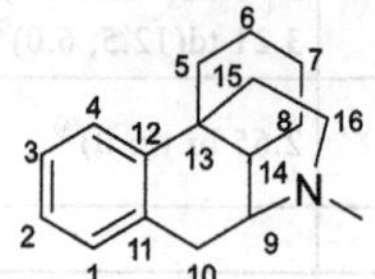

【系统分类】

6,7,8,8a,9,10-六氢-11-甲基-5*H*-9,4b-(桥亚氨基亚乙基)菲

11-methyl-6,7,8,8a,9,10-hexahydro-5*H*-9,4b-(epiminoethano)phenanthrene

【结构多样性】

二聚；N-C(9)键断裂，N-C(14)连接（莲花烷型生物碱）

【典型氢谱特征】

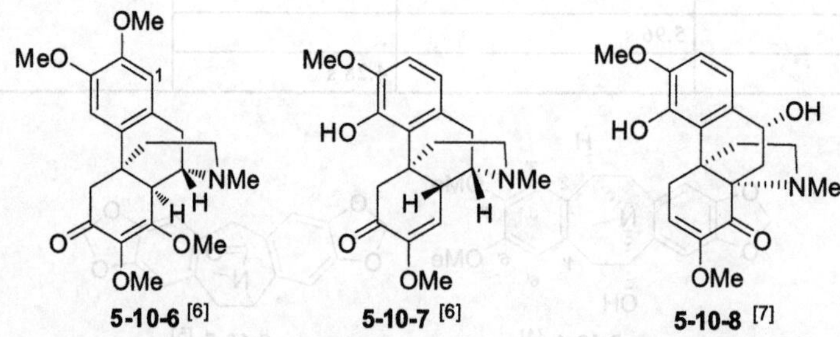

表 5-10-3 青藤碱型和莲花烷型生物碱 5-10-6～5-10-8 的 ^{1}H NMR 数据

H	5-10-6 ($CDCl_3$)	5-10-7 ($CDCl_3$)	5-10-8 ($CDCl_3$)	典型氢谱特征
1①	6.54 s	6.66 d(8.6)	6.94 d(8.3)	① 苯环质子信号出现在芳香区，可区分为 1 个苯环； ② 9 位氮次甲基特征峰；化合物 **5-10-8** 的氮-碳键重排在 N-C(14) 位置，9 位特征信号变化位亚甲基的特征；
2	3.82 s(OMe)	6.73 d(8.6)①	6.84 d(8.3)①	
3	3.81 s(OMe)	3.87 s(OMe)	3.92 s(OMe)	
4	6.63 s①		6.15 br s(OH)	
5	2.49 d(15.9) 3.17 d(15.9)	2.67 d(17.6) 4.23 d(17.6)	2.47 m 3.54 dd(17.8, 7.1)	

续表

H	5-10-6 ($CDCl_3$)	5-10-7 ($CDCl_3$)	5-10-8 ($CDCl_3$)	典型氢谱特征
6			5.77 dd(7.1, 2.8)	
7	3.32 s(OMe)	3.71 s(OMe)	3.64 s(OMe)	
8	4.01 s(OMe)	5.76 d (2.1)		
9	3.52 dd(5.3, 3.1)②	3.13 dd (6.1, 2.1)②	1.88 dd(14.9, 4) 2.57 dd(14.9, 2.8)	③ 16 位氮亚甲基特征峰； ④ N 甲基特征峰。 除上述特征外，青藤碱型和莲花烷型生物碱常含有甲氧基，其信号具有特征性
10	2.65 dd(18.3, 5.8) 2.94 d(18.3)	2.84 ddd (18.0, 6.1, 0.9) 3.14 d(18.0)	4.60 dd(4.0, 2.8)	
14	3.06 d(3.1)	2.97 br s		
15	1.49 ddd(12.5, 3.4, 1.8) 1.90 ddd(12.5, 12.2, 4.9)	1.57 ddd(12.8, 3.1, 1.5) 2.19 ddd(12.8, 12.3, 4.8)	2.42 ov 2.76 m	
16③	2.15 ddd(12.2, 11.9, 3.4) 2.48 ddd(11.9, 4.9, 1.8)	2.04 ddd(12.3, 11.9, 3.1) 2.41 ddd(11.9, 4.8, 1.5)	2.42 ov 2.98 m	
NMe④	2.45 s	2.36 s	2.56 s	

2. 吗啡型和二聚吗啡型生物碱

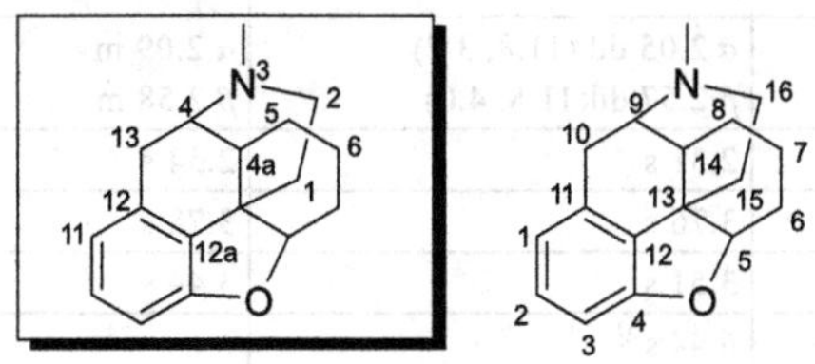

【系统分类】

2,3,4,4a,5,6,7,7a-八氢-3-甲基-1*H*-4,12-亚甲基苯并呋喃并[3,2-*e*]异喹啉

3-methyl-2,3,4,4a,5,6,7,7a-octahydro-1*H*-4,12-methanobenzofuro[3,2-*e*]isoquinoline

【结构多样性】

O-C(5)键断裂；二聚（二聚吗啡型生物碱）；等。

【典型氢谱特征】

5-10-9 [8]

5-10-10 [9]

5-10-11 [9]

表 5-10-4 吗啡型和二聚吗啡型生物碱 5-10-9～5-10-11 的 ^{1}H NMR 数据

H	5-10-9 (DMSO-d_6)	5-10-10 ($CDCl_3$)	5-10-11 ($CDCl_3$)	典型氢谱特征
1	6.57 d(8.2)①	6.44 s①		
2	6.50 d(8.2)①		6.38 s①	
5α		2.48 d(15.6)	2.47 d(15.6)	
5β	4.68 d(6.2)	4.42 d(15.6)	4.39 d(15.6)	
6	4.08 m			
7	5.27 ddd(9.5, 3.0, 2.9)			
8	5.54 br d(9.5)	5.27 d(2.0)	5.37 d(2.0)	
9②	3.19 dd(6.5, 3.0)	2.98 t(2.0)	3.09 t(4.0)	
10	2.07 dd(17.5, 6.5) 2.79 d(17.5)	α 2.53 d(18.8) β 1.75 dd(18.8, 5.2)	α 2.62 d(18.8) β 1.80 dd (18.8, 5.2)	
14	2.50 m	2.99 br d(2.0)	2.98 br s	
15	1.61 br d(11.2) 1.93 ddd(11.2, 11.0, 3.8)	α 2.01 dd(12.4, 3.7) β 1.91 dd (12.4, 4.0)	α 2.01 m β 1.92 m	① 苯环质子信号出现在芳香区，可区分为 1 个苯环；若为二聚吗啡型生物碱，则区分为两个苯环（**5-10-9～5-10-11** 均为二聚吗啡型生物碱）； ② 9/9′位氮次甲基特征峰； ③ 16/16′位氮亚甲基特征峰； ④ *N*/*N*′-甲基特征峰。 除上述特征外，吗啡型和二聚吗啡型生物碱常含有的甲氧基信号在分析图谱时有特征性
16③	2.25 ddd(11.2, 11.0, 3.8) 2.44 dd(11.2, 3.8)	α 2.05 dd (11.8, 3.7) β 2.57 dd(11.8, 4.0)	α 2.09 m β 2.58 m	
NMe④	2.28 s	2.31 s	2.34 s	
3-OMe		3.76 s	3.78 s	
7-OMe		3.51 s	3.44 s	
1′		6.44 s①		
2′	5.87 s①		6.47 s①	
5′α		2.48 d(15.6)	2.29 d(15.2)	
5′β	4.74 d(6.2)	4.42 d(15.6)	4.37 d(15.2)	
6′	4.13 m			
7′	5.31 ddd(9.5, 3.0, 2.9)	—	3.92 dd(10.0, 6.8)	
8′	5.57 br d(9.5)	5.27 d(2.0)	α 1.53 dd(12.4, 10.0) β 2.07 m	
9′②	3.29 dd(6.5, 3.0)	2.98 t(2.0)	2.81 br s	
10′	2.27 dd(17.6, 6.5) 2.94 d(17.6)	α 2.53 d(18.8) β 1.75 dd(18.8, 5.2)	α 2.52 m β 2.48 m	
14′	2.58 m	2.99 br d(2.0)	2.35 m	
15′	1.66 br d(11.2) 2.01 ddd(11.2, 11.0, 3.8)	α 1.91 dd(12.4, 4.0) β 2.01 dd(12.4, 3.7)	α 2.00 m β 1.99 m	
16′③	2.28 ddd(11.2, 11.0, 3.8) 2.48 dd(11.2, 3.8)	α 2.05 dd(11.8, 3.7) β 2.57 dd(11.8, 4.0)	α 2.06 m β 2.57 m	
NMe④	2.28 s	2.31 s	2.31 s	
3′-OMe		3.76 s	3.81 s	
7′-OMe		3.51 s	3.46 s	

3. 青防己碱型生物碱

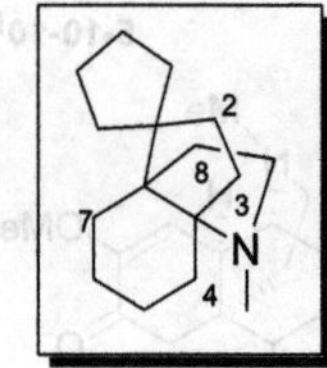

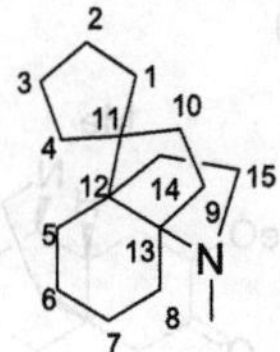

【系统分类】

10-甲基六氢螺[3a,7a-(桥亚氨基亚乙基)茚-1,1′-环戊烷]

10-methylhexahydrospiro[3a,7a-(epiminoethano)indene-1,1′-cyclopentane]

【结构多样性】

氮甲基降碳等。

【典型氢谱特征】

5-10-12 [10]　　5-10-13 [11]　　5-10-14 [12]

表 5-10-5 青防己碱型生物碱 5-10-12～5-10-14 的 ^{1}H NMR 数据

H	5-10-12 (C_5D_5N)	5-10-13 (C_5D_5N)	5-10-14 (C_5D_5N)	典型氢谱特征
1	5.00 s	4.90 s	4.54 s	
3	5.58 s	5.53 s	5.20 s	
5	2.50 d(15) 3.02 d(15)	2.66 d(17.7) 3.44 d(17.7)	2.10 d(15.1) 2.87 d(15.1)	
9	2.64 dd(12, 7) 3.14 dd(12, 12)	2.62 dd(12.1, 6.7) 3.08 dd(12.1, 12.1)	1.23 m 2.29 m	① 15 位氮亚甲基特征峰； ② 含 *N*-甲基时，其信号有特征性。 此外，青防已碱型生物碱常含有的甲氧基信号在分析图谱时有特征性
10	5.16 dd(12, 7)	4.87 dd(12.1, 6.7)	1.80 m, 2.57 m	
14	1.61 m 2.65 m	2.32 ddd(12.7, 11.3, 6.2) 2.40 dd(4.5, 12.7)	1.97 m 2.18 m	
15①	2.43 m 2.65 m	2.86 ddd(11.3, 9.6, 4.5) 2.98 dd(9.6, 6.2)	2.41 m 2.93 m	
16②	2.38 s (NMe)		2.33 s (NMe)	
2-OMe	3.71 s	3.64 s	3.85 s	
7-OMe	3.78 s	3.89 s	3.63 s	
8-OMe	4.03 s	4.06 s	4.02 s	
OH		8.15 br s		

三、阿朴菲型生物碱

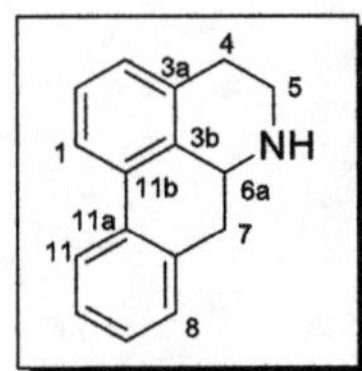

【系统分类】

5,6,6a,7-四氢-4*H*-二苯并[*de*, *g*]喹啉

5,6,6a,7-tetrahydro-4*H*-dibenzo[*de*, *g*]quinoline

【结构多样性】

N 增氮碳键；C(7)增碳碳键；等。

【典型氢谱特征】

5-10-15 [13]　　5-10-16 [13]　　5-10-17 [14]

表 5-10-6 阿朴菲型生物碱 5-10-15～5-10-17 的 ^{1}H NMR 数据

H	5-10-15 (CD_3OD)	5-10-16 (CD_3OD)	5-10-17 ($CDCl_3$)	典型氢谱特征
3①	6.42 s	6.69 s	6.97 s	① 母核苯环质子信号在芳香区，通常可以区分为两个苯环单位；② 4 位（苯甲位）亚甲基特征峰；③ 5 位氮亚甲基特征峰；④ 6a 位氮次甲基特征峰；化合物 **5-10-17** 的 C(6a)形成烯胺叔碳，其特征消失；⑤ 7 位亚甲基特征峰；⑥⑦ 含仲胺基时的氨基质子信号或氮甲基化后的氮甲基信号均有特征性。除上述特征外，阿朴菲型生物碱常含有的芳香甲氧基或亚甲二氧基信号在分析图谱时有特征性
4②	2.58 m, 2.91 m	2.76 m, 2.82 m	3.15 t(6.8)	
5③	2.91 m, 3.26 m	2.80 m, 3.21 m	3.63 dt(6.8, 2.8)	
6a④	3.80 dd(9.7, 4.6)	3.31 dd(9.5, 4.3)		
7⑤	2.52 dd(14.1, 4.9) 2.70 dd(14.1, 4.9)	2.45 dd(13.8,4.3) 3.18 dd(13.8,4.3)	10.46 s(CHO)	
8①	6.59 s	7.05 d(8.2)	7.82 d(9.0)	
9	3.74 s(OMe)	6.95 d(8.2)①	7.21 d(9.0)①	
10		3.88 s(OMe)	5.95 s(OH)	
11	7.54 s①	3.61 s(OMe)		
OMe		3.44 s(1-OMe)	3.61 s	
OCH_2O	5.81 br s, 5.95 br s		6.17 s	
NH			10.97 br s⑥	
NMe		2.70 s⑦		

四、原阿朴菲型生物碱

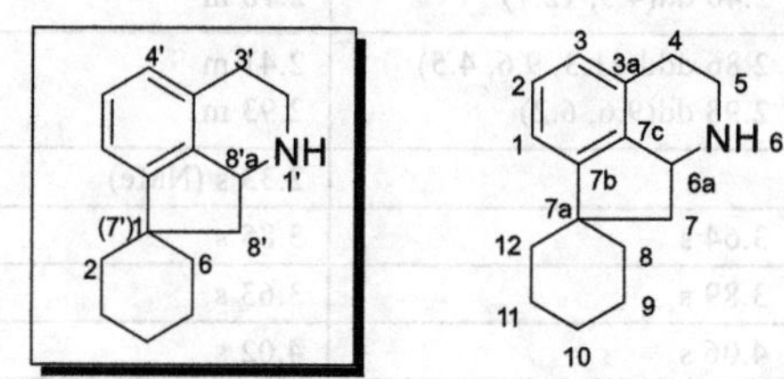

【系统分类】

2′,3′,8′,8a′-四氢-1′*H*-螺[环己烷-1,7′-环戊二烯并[*ij*]异喹啉]

2′,3′,8′,8a′-tetrahydro-1′*H*-spiro[cyclohexane-1,7′-cyclopenta[*ij*]isoquinoline]

【结构多样性】

N 增氮碳键，四氢吡啶环芳构化等。

【典型氢谱特征】

5-10-18 [15]　　5-10-19 [15]　　5-10-20 [15]

表 5-10-7 原阿朴菲型生物碱 5-10-18～5-10-20 的 ^{1}H NMR 数据

H	5-10-18 ($CDCl_3$)	5-10-19 ($CDCl_3$)	5-10-20 ($CDCl_3$)	典型氢谱特征
3①	6.58 s	7.15 s	6.68 s	① 母核苯环质子信号在芳香区，通常可以区分为 1 个苯环单位； ② 4 位（苯甲位）亚甲基特征峰；化合物 **5-10-19** 的四氢吡啶环芳构化，其 C(4)形成烯次甲基，信号有特征性； ③ 5 位氮亚甲基特征峰；化合物 **5-10-19** 的四氢吡啶环芳构化，其 C(5)形成烯次甲基，信号有特征性； ④ 6a 位氮次甲基特征峰；化合物 **5-10-19** 的四氢吡啶环芳构化，其 C(6a)形成亚胺仲碳，特征性消失。 除上述特征外，原阿朴菲型生物碱常含有的芳香甲氧基或/和氮甲基的信号在分析图谱时有特征性
4②	2.77 dd(17.2, 5.6) 2.95 m	7.67 d(5.6)	2.77 br s	
5③	2.45 ddd(11.6, 11.6, 5.6) 3.08 dd(11.6, 6.8)	8.77 d(5.6)	3.07 m 3.62 m	
6a	3.39 t(8)④		4.14 m④	
7	1.63 dd(19.2, 12)		2.20 m	
8	2.59 dd(7.6, 4.8) 4.71 s	5.49 dd(10, 3.2)	2.66 m 6.76 d(10.4)	
9	5.66 d(8)	6.25 dd(10, 3.2)	6.01 d(10.4)	
10	5.83 d(8)	4.44 m		
11	2.09 m	2.29 m	2.74 m, 2.85 m	
12	1.57 dd(8.8, 4.8) 2.63 dd(10.8, 6.8)	2.06 m 2.29 m	2.03 m 3.07 m	
1-OMe	3.82 s	3.72 s[a]	3.77 s	
2-OMe	3.80 s	4.02 s	3.85 s	
NMe	2.36 s			

[a] 遵从文献数据，疑有误。

五、原小檗碱型生物碱

原小檗碱型生物碱主要有三种类型，分别是亚胺型季铵盐原小檗碱型生物碱、二氢原小檗碱型生物碱和四氢原小檗碱型生物碱。以四氢原小檗碱型生物碱为结构基础，其母核结构和系统命名为：

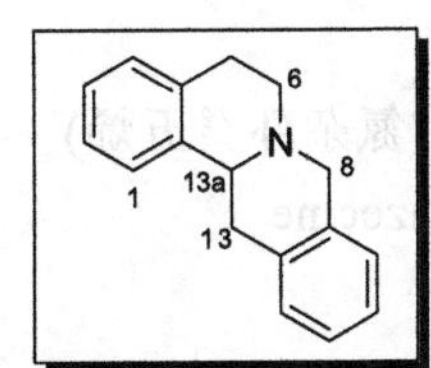

【系统命名】

6,8,13,13a-四氢-5*H*-异喹啉并[3,2-*a*]异喹啉

6,8,13,13a-tetrahydro-5*H*-isoquinolino[3,2-*a*]isoquinoline

【结构多样性】

C 环脱氢(二氢原小檗碱型生物碱和亚胺型季铵盐原小檗碱型生物碱)，C(13)增碳碳键（紫堇碱型）等。

【典型氢谱特征】

5-10-21 [16]　　5-10-22 [17]　　5-10-23 [18]

表 5-10-8 原小檗碱型生物碱 5-10-21～5-10-23 的 ^{1}H NMR 数据

H	5-10-21 ($CDCl_3$)	5-10-22 ($CDCl_3$)	5-10-23 (DMSO-d_6-CF_3COOD)	典型氢谱特征
1		7.08 s①	7.60 s①	① 母核苯环质子信号在芳香区，通常可以区分为两个苯环单位；② 二氢原小檗碱型生物碱和 7,8-亚胺型季铵盐原小檗碱型生物碱的 5 位（苯甲位）亚甲基和 6 位氮亚甲基特征峰；③ 7,8-亚胺型季铵盐原小檗碱型生物碱的 C(13)没有取代基时的 13 位氢特征峰（二氢原小檗碱型生物碱的 C(13)没有取代基时的 13 位氢信号也有显著的特征性）；除上述特征外，原小檗碱型生物碱常含有的芳香甲氧基或亚甲二氧基的信号有特征性
4①	6.74 s	6.79 s	6.81 s	
5	α 3.12 m, β 2.62 m	2.86 t(5.7)②	3.09 t(5.7)②	
6	α 2.67 m, β 3.09 m	4.23 t(5.7)②	4.68 t(5.7)②	
8	α 3.63 d(15) β 4.03 d(15)		9.37 s	
9			7.65 s①	
11	6.67 d(8)①	7.51 d(8.7)①		
12①	6.57 d(8)	7.39 d(8.7)	7.40 s	
13	2.83 qd(7, 3)		8.62 s③	
14	4.29 d(3)			
13-Me	0.89 d(7)	2.57 s		
OMe	3.92 s(3-OMe)	3.91 s, 3.96 s 3.97 s, 4.02 s	3.91 s(2-OMe) 3.97 s(10-OMe)	
OCH_2O	5.94 d(2), 5.91 d(2)			

六、普罗托品型生物碱

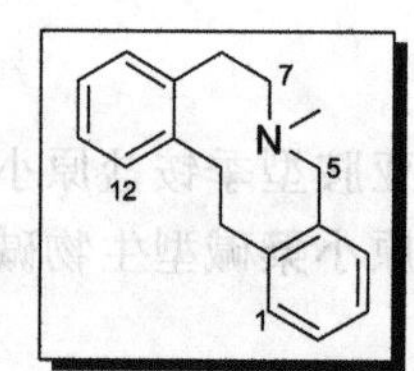

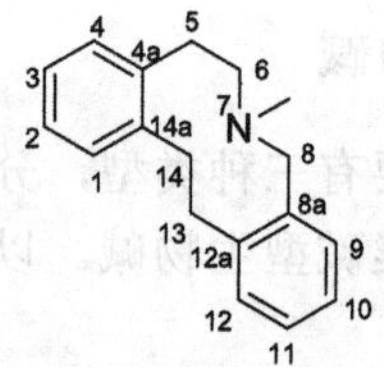

【系统分类】

5,6,7,8,13,14-六氢-6-甲基-二苯并[*c*,*g*]吖庚因(氮杂环癸五烯)

6-methyl-5,6,7,8,13,14-hexahydrodibenzo[*c*,*g*]azecine

【结构多样性】

N-甲基降碳等。

【典型氢谱特征】

5-10-24 [19]　　5-10-25 [20]　　5-10-26 [21]

表 5-10-9 普罗托品型生物碱 5-10-24～5-10-26 的 ^{1}H NMR 数据

H	5-10-24 (CD_3OD)	5-10-25 ($CDCl_3$)	5-10-26 (CD_3OD)	典型氢谱特征
1①	7.21 d(8.75)	7.02 s	7.03 s	①② 母核苯环质子信号在芳香区，通常可以区分为两个苯环单位；
2	6.73 dd(8.75, 2.44)①			
4①	7.75 d(2.44)	6.71 s	6.70 s	
5	2.86 t(8.40)	2.11 m	3.00～3.50 m	

续表

H	5-10-24 (CD_3OD)	5-10-25 ($CDCl_3$)	5-10-26 (CD_3OD)	典型氢谱特征
6	3.90 t(8.40)	2.83 m	3.00～3.50 m	③氮甲基特征峰；氮甲基降碳后，该特征峰消失（**5-10-24**）。 除上述特征外，若该类苄基四氢异喹啉类生物碱含有芳香甲氧基或亚甲二氧基，其信号在分析图谱时有特征性
8	8.06 s	3.09 m	2.79 br s	
9	6.94 d(2.50)②		—	
11②	6.75 dd(8.70, 2.50)	6.71 m	6.87 d(8)	
12②	7.17 d(8.70)	6.71 m	6.67 d(8)	
13	4.08 br s	3.75 m	4.17 br s	
OMe		3.92 s(2-OMe) 3.92 s(3-OMe)	3.85 s(10-OMe)	
OCH_2O		5.95 s	5.95 s	
NMe		2.21 s③	2.50 s③	

七、苯菲啶型生物碱

苯菲啶型生物碱主要有三种类型，分别是亚胺型季铵盐苯菲啶型生物碱、二氢苯菲啶型生物碱和六氢苯菲啶型生物碱。下面以游离亚胺型结构为例，其母核结构和系统命名为：

【系统分类】

苯并[*c*]菲啶

benzo[*c*]phenanthridine

【结构多样性】

N增碳氮键；氢化［二氢苯菲啶型生物碱（六氢苯菲啶型生物碱未收录）］；二聚（未收录）；C(6)-C(6a)键断裂；等。

【典型氢谱特征】

5-10-27 [22]　**5-10-28** [23]　**5-10-29** [24]

表 5-10-10 苯菲啶型生物碱 5-10-27～5-10-29 的 ^{1}H NMR 数据

H	5-10-27 ($CDCl_3$)	5-10-28 (CF_3COOD)	5-10-29 (DMSO-d_6)	典型氢谱特征
1①	7.11 s	7.55 s	7.45 s	①③④母核苯环质子信号在芳香区，通常可以区分为三个苯环单位； ② **5-10-27** 为二氢苯菲啶型生物碱，**5-10-28** 为亚胺型季铵盐苯菲啶型生物碱，二者6位质子均有特征性；**5-10-29** 的C(6)-C(6a)键断裂，并形成C(6)醛基，醛基氢信号有特征性；
4①	7.68 s	8.14 s	7.01 s	
6②	4.20 s	9.42 s	7.96 s	
7		7.80 s③	3.35 s(OMe)	
8		4.28 s(OMe)	3.69 s(OMe)	
9	6.85 d(8.1)③	4.32 s(OMe)	6.56 d(8.8)③	

续表

H	5-10-27 ($CDCl_3$)	5-10-28 (CF_3COOD)	5-10-29 (DMSO-d_6)	典型氢谱特征
10③	7.30 d(8.1)	8.26 s	6.73 d(8.8)	⑤ 该类化合物的氮常被甲基化，氮甲基信号有特征性。 除上述特征外，苯菲啶型生物碱常含有的芳香甲氧基或亚甲二氧基的信号在分析图谱时有特征性
11④	7.69 d(8.5)	8.57 d(9)	7.23 d(8.3)	
12④	7.49 d(8.5)	8.21 d(9)	7.80 d(8.3)	
NMe⑤	2.62 s	5.05 s	2.89 s	
OH			8.90 br s	
OCH_2O	6.03 s(C-7,8) 6.05 s(C-2,3)	6.30 s	6.18 s	

参考文献

[1] Blanchfield J T, Sands D P A, Kennard C H L, et al. Phytochemistry, 2003, 63: 711.

[2] Nishiyama Y, Moriyasu M, Ichimaru M, et al. Phytochemistry, 2006, 67: 2671.

[3] Tanahashi T, Su Y , Nagakura N, et al. Chem Pharm Bull, 2000, 48: 370.

[4] Wu T S, Lin F W. J Nat Prod, 2001, 64: 1404.

[5] Gözler B, Önür M A, Bilir S. Helv Chim Acta, 1992, 75: 260.

[6] Kashiwaba N, Morooka S, Kimura M, et al. J Nat Prod, 1996, 59: 476.

[7] Zhang H, Yue J M. J Nat Prod, 2005, 68: 1201.

[8] Morimoto S, Suemori K, Taura F, et al. J Nat Prod, 2003, 66: 987.

[9] Jin H Z, Wang X L, Wang H B, et al. J Nat Prod, 2008, 71: 127.

[10] Sugimoto Y, Inanaga S, Kato M, et al. Phytochemistry, 1998, 49: 1293.

[11] Sugimoto Y, Babiker H A A, Saisho T, et al. J Org Chem, 2001, 66: 3299.

[12]Yu B W, Chen J Y, Wang Y P, et al. Phytochemistry, 2002, 61: 439.

[13] Yang J H, Li L, Wang Y S, et al. Helv Chim Acta, 2005, 88: 2523.

[14] Chen J J, Tsai I L, Ishikawa T, et al. Phytochemistry, 1996, 42: 1479.

[15] Wu T S, Lin F W. J Nat Prod, 2001, 64: 1404.

[16] Li H L, Zhang W D, Zhang W, et al. Chin Chem Lett, 2005, 16: 367.

[17] Ito C, Mizuno T, Wu T S, et al. Phytochemistry, 1990, 29: 2044.

[18] Chen B, Feng C, Li B G, et al. Nat Prod Res, 2003, 17: 397.

[19] Rastrelli L, Capasso A, Pizza C, et al. J Nat Prod, 1997, 60: 1065.

[20] Rahman A U, Ahmad S, Bhatti M K, et al. Phytochemistry, 1995, 40: 593.

[21] Rücker G, Breitmaier E, Zhang G L, et al. Phytochemistry, 1994, 36: 519.

[22] Oechslin S M, König G M, Oechslin-Merkel K, et al. J Nat Prod, 1991, 54: 519.

[23] Krane B D, Fagbule M O, Shamma M. J Nat Prod, 1984, 47: 1.

[24] Hsiao J J, Chiang H C. Phytochemistry, 1995, 39: 899.

第十一节 苯乙基四氢异喹啉类生物碱

苯乙基四氢异喹啉类（phenethyltetrahydroisoquinolines）生物碱分型为简单苯乙基四氢异喹啉型生物碱、双苯乙基四氢异喹啉型生物碱、秋水仙碱型生物碱、粗榧碱型（三尖杉碱型）生物碱、高刺桐碱型生物碱、高阿朴菲型生物碱、高原朴菲型生物碱和高吗啡二烯酮型生物碱等。

一、简单苯乙基四氢异喹啉型生物碱

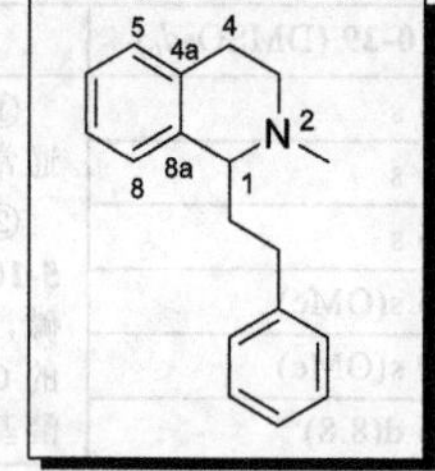

【系统分类】

2-甲基-1-苯乙基-1,2,3,4-四氢异喹啉

2-methyl-1-phenethyl-1,2,3,4-tetrahydroisoquinoline

【典型氢谱特征】

5-11-1 [1]　　5-11-2 [1]　　5-11-3 [1]

表 5-11-1　简单苯乙基四氢异喹啉型生物碱 5-11-1～5-11-3 的 ^{1}H NMR 数据

H	5-11-1 ($CDCl_3$)	5-11-2 ($CDCl_3$)	5-11-3 ($CDCl_3$)	典型氢谱特征
1①	3.47 t(5.2)	3.48 t(5.1)	3.59 t(5.4)	① 1 位氮次甲基特征峰；②③ 母核苯环质子信号在芳香区，通常可以区分为两个苯环单位；④ 氮甲基特征峰。除上述特征外，简单苯乙基四氢异喹啉型生物碱常含有的芳香甲氧基的信号在分析图谱时有特征性
3	2.76 m, 3.20 m	2.77 m, 3.19 m	2.92 m, 3.31 m	
4	2.65 m, 2.76 m	2.68 m, 2.77 m	2.76 m, 2.83 m	
5②	6.63	6.65	6.58	
6			3.86 s(OMe)	
7	3.83 s(OMe)	3.84 s(OMe)		
8②	6.49	6.49	6.64	
9	2.01 m, 2.49 m	2.01 m, 2.10 m	2.02 m, 2.23 m	
10	2.54 m, 2.65 m	2.57 m, 2.68 m	2.63 m, 2.83 m	
12, 16③	7.01 d(8.2)	7.12 d(8.2)	7.14 d(8.2)	
13, 15③	6.72 d(8.2)	6.83 d(8.2)	6.81 d(8.2)	
NMe④	2.48 s	2.58 s	2.58 s	
OMe		3.79 s	3.77 s	

二、秋水仙碱型生物碱

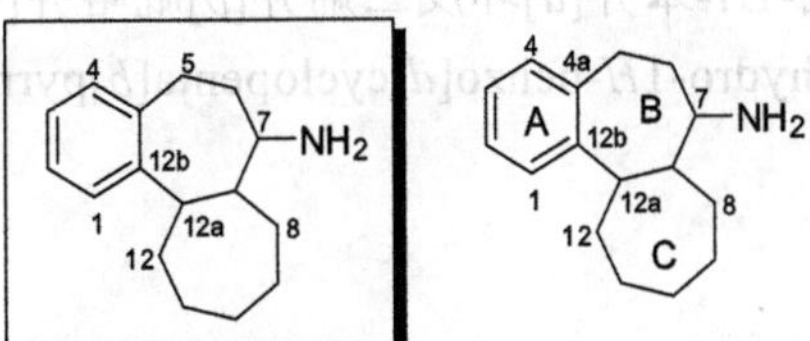

【系统分类】

5,6,7,7a,8,9,10,11,12,12a-十氢-7-苯并[*a*]庚间三烯并庚间三烯胺

5,6,7,7a,8,9,10,11,12,12a-decahydrobenzo[*a*]heptalen-7-amine

【结构多样性】

N 增碳氮键；脱氢；N-C(4a)连接；等。

【典型氢谱特征】

5-11-4 [2]　　5-11-5 [3]　　5-11-6 [4]

表 5-11-2 秋水仙碱类生物碱 5-11-4～5-11-6 的 ^{1}H NMR 数据

H	5-11-4 ($CDCl_3$)	5-11-5 ($CDCl_3$)	5-11-6 ($CDCl_3$)	典型氢谱特征
1	3.58 s(OMe)	3.62 s(OMe)	4.14 s(OMe)	① 母核苯环质子信号在芳香区，通常可以区分为 1 个苯环单位；② 7 位氮次甲基特征峰；③ C 环常形成环庚三烯酮结构，其共振峰（包括化学位移和偶合常数）有特征性。化合物 **5-11-6** 的苯环形成环己二烯酮结构，但上述特征还存在，需注意区别
3	3.89 s(OMe)	3.89 s(OMe)		
4①	6.49 s	6.48 s	5.25 s	
5	1.90～2.50 m	1.85～2.50 m	1.69 m, 2.43 m	
6	1.90～2.50 m	1.85～2.50 m	1.85 m, 2.04 m	
7②	4.67 m	4.61 m	4.31 dd(2, 2)	
8③	7.57 s	7.54 s	7.16 s	
10	3.95 s(OMe)	3.97 s(OMe)	3.93 s(OMe)	
11③	6.84 d(10.8)	6.83 d(10.8)	6.66 d(11)	
12③	7.31 d(10.8)	7.30 d(10.8)	7.11 d(11)	
NH	7.74 d	7.75 d		
NMe			3.03 s	
Ac		1.93 s		
$COCH_2OH$	3.98, 4.12, 5.92 (OH)			

三、粗榧碱型（三尖杉碱型）生物碱

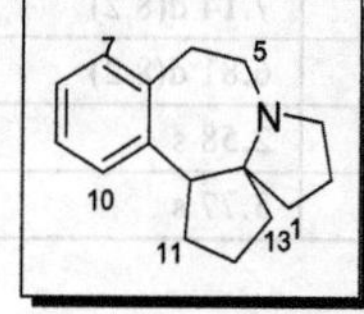
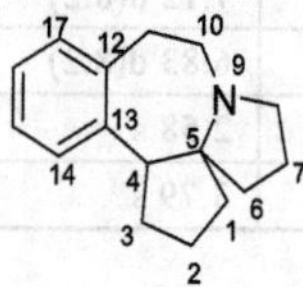

【系统分类】

2,3,5,6,10b,11,12,13-八氢-1*H*-苯并[*d*]环戊二烯并[*b*]吡咯并[1,2-*a*]氮杂䓬

2,3,5,6,10b,11,12,13-octahydro-1*H*-benzo[*d*]cyclopenta[*b*]pyrrolo[1,2-*a*]azepine

【结构多样性】

二聚等。

【典型氢谱特征】

5-11-7 [5]　　5-11-8 [6]

表 5-11-3 三尖杉碱型生物碱 5-11-7 和 5-11-8 的 ^{1}H NMR 数据

H	**5-11-7** ($CDCl_3$)	**5-11-8** ($CDCl_3$)	典型氢谱特征
1	4.75 s	1.55 d(14.0), 2.67 d(14.0)	① 8 位氮亚甲基特征峰； ② 10 位氮亚甲基特征峰； ③ C(11)（苯甲位）常氧化成氧次甲基，其信号有特征性； ④ 母核苯环质子信号在芳香区，通常可以区分为 1 个苯环单位
3	5.78 d(8.1)	5.23 d(9.5)	
4	3.57 d(8.1)	3.56 d(9.5)	
6	α 1.87 m, β 2.03 m	2.04 m, 2.19 m	
7	α 1.77 m, β 1.68 m	1.77 m	
8①	α 2.87 m, β 2.91 m	2.41 dd(17.5, 8.6), 3.05 m	
10②	α 3.25 dd(14.5, 7.5) β 3.32 dd(14.5, 10.5)	2.97 d(13.1) 3.11 dd(13.1, 4.9)	
11③	α 4.88 ddd(11.5, 10.5, 7.5) β 4.16 br d(11.5, OH)	4.86 d(4.9)	
14④	6.52 s	6.45 s	
17④	7.07 s	6.78 s	
18	5.86 d(1.5), 5.92 d(1.5)	5.87 s, 5.91 s	
19	3.68 s	3.41 s	
3′	2.53 d(16.5), 2.91 d(16.5)	1.96 d(16.5), 2.29 d(16.5)	
5′	3.68 s	3.67 s	
1″	1.21 m	1.45 m	
2″	0.73 m, 0.87 m	1.15 m, 1.45 m	
3″	1.27 m	1.37 m	
4″	0.75 d(6.5)		
5″	0.75 d(6.5)	1.18 s	
6″		1.17 s	

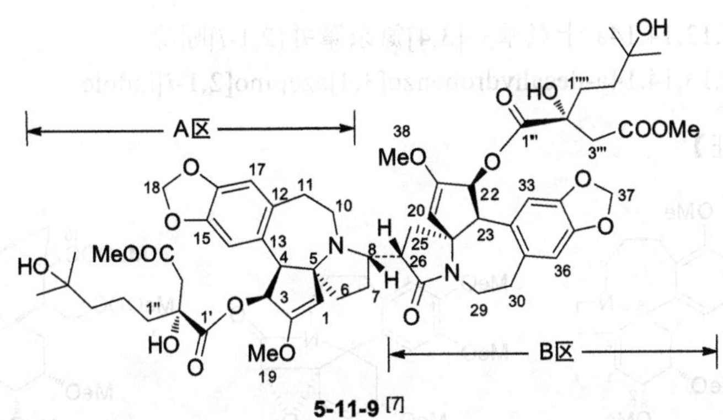

5-11-9 [7]

表 5-11-4 三尖杉碱型生物碱 5-11-9 的 ^{1}H NMR 数据

H	5-11-9 ($CDCl_3$) A 区	5-11-9 ($CDCl_3$) B 区	典型氢谱特征
1(20)	4.96 s	4.69 s	① 8 位氮亚甲基特征峰；化合物 **5-11-9** 为二聚三尖杉碱型生物碱，其另一部分 C(8)形成羰基，该信号消失； ② 10 位氮亚甲基特征峰（包括 B 区对应的部分）； ③ 11 位（苯甲位）亚甲基特征峰（包括 B 区对应的部分）； ④ 母核苯环质子信号在芳香区，通常可以区分为 2 个苯环单位（包括 B 区对应的部分）。
3(22)	5.95 d(10.0)	5.89 d(9.2)	
4(23)	3.68 m	3.52 m	
6(25)	1.70 m	1.46 m, 1.60 m	
7(26)	0.79 m, 1.54 m	2.68 m	
8(27)	3.29 m①		
10(29)②	2.60 m, 2.68 m	3.04 m, 3.83 m	
11(30)③	2.31 m, 3.06 m	2.54 m, 3.17 m	
14(33)④	6.54 s	6.51 s	

续表

H	5-11-9 (CDCl$_3$)		典型氢谱特征
	A 区	B 区	
17(36)④	6.56 s	6.56 s	因为多数信号区域分布未堆积在一起，粗榧碱型生物碱当 11 位（苯甲位）未氧化成氧次甲基时，10 位（及其对应位置）氮亚甲基和 11 位（及其对应位置）亚甲基的信号特征性仍然存在
18(37)	5.86 d(1.3) 5.97 d(1.3)	5.86 d(1.4) 5.89 d(1.4)	
19(38)	3.66 s	3.62 s	
3′(3‴)	1.90 d(16.4) 2.24 d(16.4)	2.05 d(16.4) 2.34 d(16.4)	
5′(5‴)	3.55 s	3.56 s	
1″(1⁗)	1.38 m	1.57 m	
2″(2⁗)	1.17 m, 1.37 m	1.52 m	
3″(3⁗)	1.38 m		
4″(4⁗)		1.13 s	
5″(5⁗)	1.16 s	1.12 s	
6″(6⁗)	1.16 s		

四、高刺桐碱型生物碱

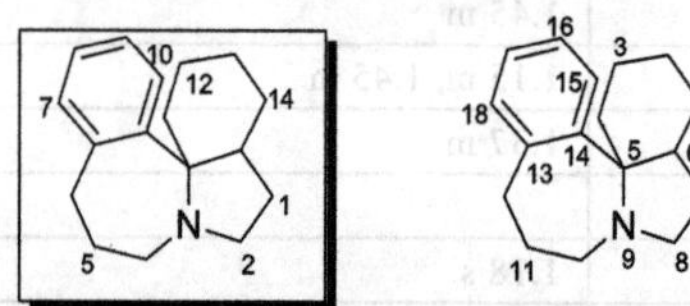

【系统分类】

1,2,4,5,6,11,12,13,14,14a-十氢苯并[3,4]氮杂䓬并[2,1-*i*]吲哚

1,2,4,5,6,11,12,13,14,14a-decahydrobenzo[3,4]azepino[2,1-*i*]indole

【典型氢谱特征】

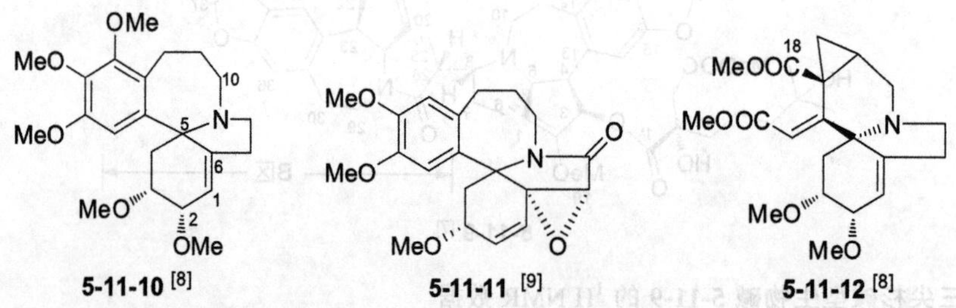

5-11-10 [8]　5-11-11 [9]　5-11-12 [8]

表 5-11-5 高刺桐碱型生物碱 5-11-10～5-11-12 的 ^{1}H NMR 数据

H	5-11-10 (CDCl$_3$)	5-11-11 (CDCl$_3$)	5-11-12 (CDCl$_3$)	典型氢谱特征
1	5.70 br s	5.76 dd(10.4, 2.4)	5.72 br s	① 8 位氮亚甲基特征峰；化合物 **5-11-11** 的 C(8)形成酰胺羰基，该信号消失； ② 10 位氮亚甲基特征峰；
2	3.36 s(OMe) 4.40 dd(6, 2)	6.26 td(10.4, 1.5)	3.82 s(OMe) 4.42 d(8, 3)	
3	3.30 s(OMe) 3.98 m	3.31 s(OMe) 3.47 m	3.33 s(OMe) 3.67 m	
4	ax 1.78 m eq 2.60 m		ax 1.90 t(12) eq 2.62 dd(12, 4)	
7	1.23～2.00 m	3.83 br s	2.48 m	
8	3.42 m①		2.96 m①	

续表

H	5-11-10 (CDCl₃)	5-11-11 (CDCl₃)	5-11-12 (CDCl₃)	典型氢谱特征
10②	ax 3.74 dd(15, 9) eq 3.46 t(5)[a]	α 3.21 dd(12.4, 2.0) β 4.46 td(12.4, 3.2)	3.04 dd(15, 5) 3.44 dd(15, 9)	
11	1.23～2.00 m	α 1.64 m, β 1.99 m	1.60 m	③ 母核苯环质子信号在芳香区，可以区分为 1 个苯环单位；化合物 **5-11-12** 的苯环已经不存在，该特征消失
12	1.23～2.00 m	α 2.86 dd(15.6, 6.8) β 3.18 dd(15.6, 2.4)	0.92 dd(9, 5) 1.07 dd(5.8, 5.0)	
15	6.62 s③	7.07 s③	6.90 s	
16	3.84 s(OMe)	3.83 s(OMe)	3.92 s(OMe)	
17	3.76 s(OMe)	3.88 s(OMe)		
18	3.86 s(OMe)	6.64 s③	3.46 s(OMe)	

[a] 遵循文献数据，疑有误。

五、高阿朴菲型生物碱

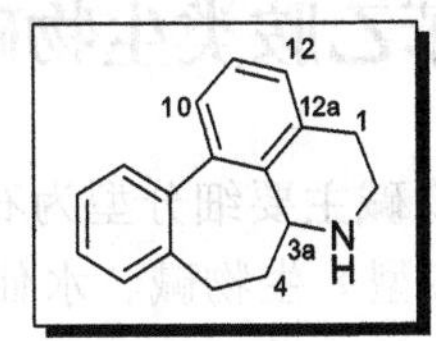

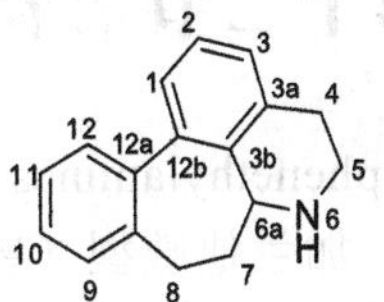

【系统分类】

1,2,3,3a,4,5-六氢苯并[6,7]环庚三烯并[1,2,3-*ij*]异喹啉

1,2,3,3a,4,5-hexahydrobenzo[6,7]cyclohepta[1,2,3-*ij*]isoquinoline

【结构多样性】

N 增氮碳键等。

【典型氢谱特征】

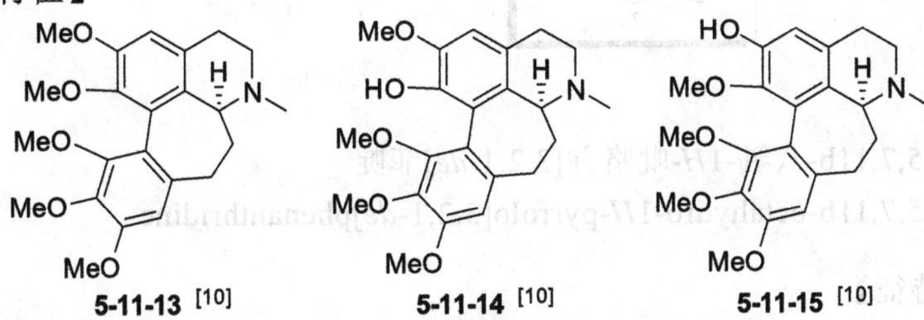

表 5-11-6 高阿朴菲型生物碱 5-11-13～5-11-15 的 ^{1}H NMR 数据

H	5-11-13 (CDCl₃)	5-11-14 (CDCl₃)	5-11-15 (CDCl₃)	典型氢谱特征
1	3.54 s(OMe)		3.31 s(OMe)	① 母核苯环质子信号在芳香区，通常可以区分为两个苯环单位； ② 6a 位氮次甲基特征峰； ③ 高阿朴菲型生物碱母核仲氮基常甲基化，氮甲基峰有特征性。 除上述特征外，高阿朴菲型生物碱常含有的芳香甲氧基的信号有特征性
2	3.88 s(OMe)	3.92 s(OMe)		
3①	6.70	6.68	6.74	
4	α 3.03 m, β 2.67 m	α 3.09 m, β 2.78 m	α 2.99 m, β 2.60 m	
5	α 2.85 m, β 3.19 m	α 3.02 m, β 3.31 m	α 2.80 m, β 3.13 m	
6a②	3.32 dd(11.0, 6.4)	3.49 dd(11.2, 5.8)	3.29 m	
7	α 2.28 m, β 1.99 m	α 2.30 m, β 2.09 m	α 2.20 m, β 2.03 m	
8	α 2.45 m, β 2.28 m	α 2.53 m, β 2.30 m	α 2.51 m, β 2.33 m	
9①	6.56	6.63	6.60	
10	3.91 s(OMe)	3.92 s(OMe)	3.92 s(OMe)	
11	3.90 s(OMe)	3.92 s(OMe)	3.91 s(OMe)	
12	3.66 s(OMe)	3.69 s(OMe)	3.56 s(OMe)	
NMe③	2.45	2.53	2.41	

参考文献

[1] Tojo E, Önür M A, Freyer A J, et al. J Nat Prod, 1990, 53: 634.

[2] 何红平，胡琳，刘复初. 化学研究与应用，1999, 11(5): 509.

[3] 何红平，刘复初，胡琳，等. 云南植物研究，1999, 21(3): 364.

[4] Alali F Q, El-Elimat T, Li Chen, et al. J Nat Prod, 2005, 68: 173.

[5] Takano I, Yasuda I, Nishijima M, et al. J Nat Prod, 1996, 59: 1192.

[6] Morita H, Arisaka M, Yoshida N, et al. Tetrahedron, 2000, 56: 2929.

[7] Yoshiaga M, Morita H, Dota T, et al. Tetrahedron, 2004, 60: 7861.

[8] Aladesanmi A J, Hoffmann J J. Phytochemistry, 1994, 35: 1361.

[9] Wang L W, Su H J, Yang S Z, et al. J Nat Prod, 2004, 67: 1182.

[10] Tojo E, Zarga M H A, Sabri S S, et al. J Nat Prod, 1989, 52: 1055.

第十二节 苄基苯乙胺类生物碱

苄基苯乙胺类（benzylphenethylamines）生物碱主要细分型为石蒜碱型生物碱、文殊兰碱型（网球花碱型）生物碱、加兰他敏型（雪花胺型）生物碱、水仙花碱型生物碱、石蒜宁碱型生物碱和猛他宁型生物碱。该类生物碱的苄基部分通常保留芳环结构，而苯乙胺部分的苯环结构通常被还原或部分还原。

一、石蒜碱型生物碱

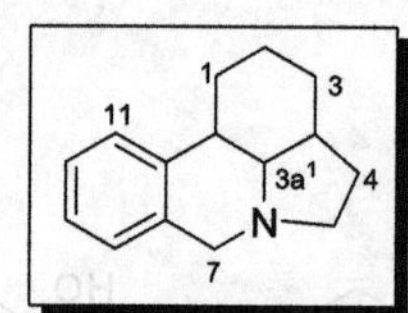

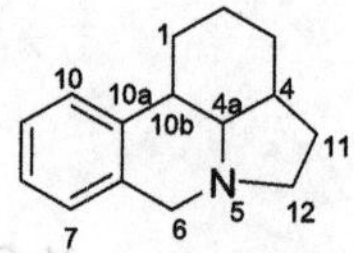

【系统分类】

2,3,3a,3a^1,4,5,7,11b-八氢-1*H*-吡咯并[3,2,1-*de*]菲啶

2,3,3a,3a^1,4,5,7,11b-octahydro-1*H*-pyrrolo[3,2,1-*de*]phenanthridine

【典型氢谱特征】

5-12-1 [1]　　5-12-2 [2]　　5-12-3 [3]

表 5-12-1 石蒜碱型生物碱 5-12-1～5-12-3 的 ^{1}H NMR 数据

H	5-12-1 ($CDCl_3$)	5-12-2 ($CDCl_3$)	5-12-3 ($CDCl_3$)	典型氢谱特征
1	4.55 br s(3.0, 2.9, 0.8)	4.66 m	3.48 br s(2.5, 2.3, 1.8)	① 4a 位氮次甲基特征峰；② 6 位氮亚甲基特征峰；③ 母核苯环质子信号在芳香区，通常可以区分为 1 个苯环单位；
2	3.91 br s(2.9, 1.2)	3.36～4.18 m		
3	3.44 br s(1.2, 0.8)	4.66 m	3.41 br ddd(11.8, 5.4, 2.3)	
4			5.56 br s(2.3, 2.3)	
4a①	3.52 d(13.4)	3.36～4.18 m	4.08 br s(3.7, 3.4, 2.5)	

续表

H	5-12-1 ($CDCl_3$)	5-12-2 ($CDCl_3$)	5-12-3 ($CDCl_3$)	典型氢谱特征
6②	α 4.31 d(13.0) β 4.71 d(13.0)	α 3.54 d(13.0) β 4.09 d(13.0)	3.79 d(16.7) 4.33 d(16.7)	④ 12 位氮亚甲基特征峰。 需要注意，由于母核存在氧取代，4a 位和 12 位氮化基团的特征信号常与其他氧化基团上的质子信号出现在相同的共振频率范围内。 除上述特征外，石蒜碱型生物碱常含有的芳香甲氧基或亚甲二氧基的信号在分析图谱时有特征性
7③	6.97 s	6.68 s	6.45 s	
10③	6.95 s	6.88 s	6.54 s	
10b	2.60 dd(13.4, 3.0)	2.70 d(11.0)	3.28 br s(1.8)	
11	α 2.04 dd(13.1, 5.3) β 3.38 ddd(14.2, 13.1, 7.2)	5.56 br s	1.56 ddd(12.9, 11.8, 3.7) 2.14 ddd(12.9, 5.4, 3.4)	
12④	α 3.76 ddd(14.2, 10.8, 5.3) β 4.08 dd(10.8, 7.2)	3.36～4.18 m	3.02 d(11.2) 3.07 dd(11.2, 2.2)	
2-OMe	3.57 s	3.44 s	3.43 s	
8-OMe	3.90 s	3.82 s		
9-OMe	3.92 s	3.86 s		
OCH_2O			5.86 d(1.1), 5.88 d(1.1)	

二、文殊兰碱型（网球花碱型）生物碱

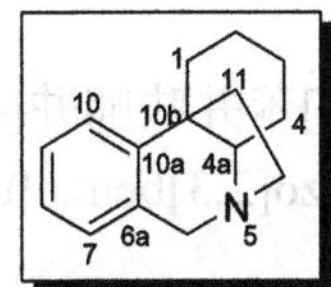

【系统分类】

1,2,3,4,4a,6-六氢-5,10b-桥亚乙基菲啶

1,2,3,4,4a,6-hexahydro-5,10b-ethanophenanthridine

【典型氢谱特征】

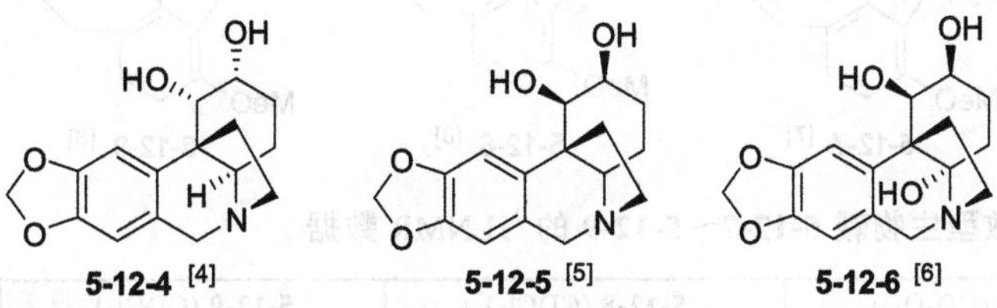

5-12-4 [4]　　5-12-5 [5]　　5-12-6 [6]

表 5-12-2 文殊兰碱型生物碱 5-12-4～5-12-6 的 ^1H NMR 数据

H	5-12-4 (DMSO-d_6)	5-12-5 ($CDCl_3$)	5-12-6 (CD_3OD)	典型氢谱特征
1	4.32 br s	4.05 d(4.5)	3.98 d(4.2)	① 4a 位氮次甲基特征峰；化合物 **5-12-6** 的 C(4a)形成氧化氮化仲碳，该特征峰消失； ② 6 位氮亚甲基特征峰； ③ 母核苯环质子信号在芳香区，可以区分为 1 个苯环单位； ④ 12 位氮亚甲基特征峰。
2	3.88 br d(11.2)	4.15 ddd(4.5, 3.5, 2.5)	4.08 ddd(4.2, 3.2, 2.7)	
3	α 1.48 m β 1.61 m	ax 1.53 dddd(14.0, 12.5, 3.5, 2.5) eq 2.02 dddd(14.0, 3.5, 3.5, 3.0)	α 2.02 dddd(10.7, 10.1, 3.6 ,2.7) β 2.01 dddd(10.1, 6.9, 3.2, 3.0)	
4	α 1.56 m β 1.25 dddd(12.7, 12.1, 12.1, 0.8)	ax 1.75 dddd(14.0, 12.5, 11.5, 3.5) eq 1.58 dddd(14.0, 5.0, 3.5, 3.0)	α 1.83 ddd(13.4, 3.6, 3.0) β 2.42 ddd(13.4, 10.7, 6.9)	
4a①	3.05 dd(12.1, 5.7)	2.98 dd(11.5, 5.0)		
6α②	4.13 d(16.6)	4.37 d(16.5)	4.69 d(15.2)	
6β②	3.59 d(16.6)	3.75 d(16.5)	4.18 d(15.2)	
7③	6.51 s	6.42 s	6.63 s	

续表

H	5-12-4 (DMSO-d_6)	5-12-5 ($CDCl_3$)	5-12-6 (CD_3OD)	典型氢谱特征
10③	6.79 s	7.47 s	7.64 s	需要注意，由于母核通常存在氧取代结构，4a位和12位氮化基团的特征信号常与其他氧化基团上的质子信号出现在相同的共振频率范围内
11	α 2.06 ddd(16.4, 5.9, 5.6) β 1.67 m	en 1.97 ddd(12.0, 8.5, 4.0) ex 2.75 ddd(12.0, 9.0, 6.0)	α 3.29 ddd(13.5, 11.5, 6.6) β 2.05 ddd(13.5, 9.5, 4.0)	
12④	α 3.13 m β 2.62 ddd(14.2, 6.1, 5.9)	en 2.80 ddd(12.5, 8.5, 6.0) ex 3.43 ddd(12.5, 9.0, 4.0)	α 3.75 ddd(12.5, 11.5, 4.0) β 3.34 ddd(12.5, 9.5, 6.6)	
OCH_2O	5.89 s, 5.91 s	5.88 s	5.93, 5.92 AB(1.4)	

三、加兰他敏型（雪花胺型）生物碱

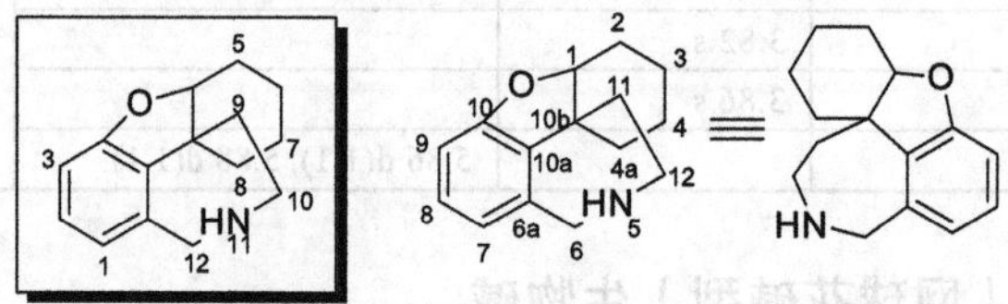

【系统分类】

5,6,7,8,9,10,11,12-八氢-4a*H*-苯并[2,3]苯并呋喃并[4,3-*cd*]氮杂草

5,6,7,8,9,10,11,12-octahydro-4a*H*-benzo[2,3]benzofuro[4,3-*cd*]azepine

【典型氢谱特征】

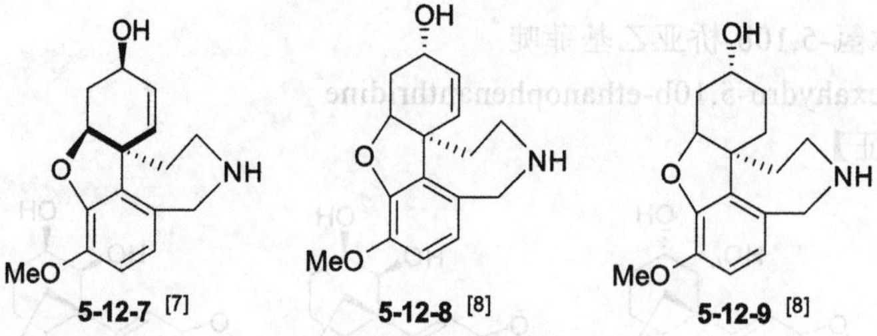

表 5-12-3 加兰他敏型生物碱 5-12-7～5-12-9 的 ^1H NMR 数据

H	5-12-7 (CD_3OD)	5-12-8 ($CDCl_3$)	5-12-9 ($CDCl_3$)	典型氢谱特征
1①	4.67 m	4.62 br s	4.37 t(3.0)	①1 位氧次甲基特征峰；②6 位氮亚甲基特征峰；③母核苯环质子信号在芳香区，可以区分为1个苯环单位；④12 位氮亚甲基特征峰
2α	2.24 ddd(15.5, 5.4, 3.3)	2.04 ddd(15.7, 5, 2.4)	1.88 m	
2β	2.60 dm(15.5)	2.68 dd(15.7, 3.5)	2.50 ddd(15.9, 1.5, <1)	
3	4.28 m	4.15 m	4.09 m	
4	6.06 ddd(10.5, 4.8, 1.4)	5.98 d(10.4)	1.54-1.70 m	
4a	6.23 dt (10.5, 1.2)	6.05 d(10.4)	1.73 m, 1.95 m	
6②	α 4.21 d(15) β 4.44 d(15)	α 3.93 d(15.6) β 4.04 d(15.6)	3.98 s	
7③	6.84 d(8.4)	6.62 d(8)	6.65 d(8.1)	
8③	6.90 d(8.4)	6.68 d(8)	6.62 d(8.1)	
9	3.91 s(OMe)	3.84 s(OMe)	3.85 s(OMe)	
11	2.08 m	α 1.88 dt(13.5, 3.2) β 1.80 td(13.5, 13.5, 3.6)	1.70～1.87 m	
12α④	3.42 m	3.22 m	3.19 dt(13, <1)	
12β④	3.57 m	3.38 dt(14.7, 3.6)	3.43 m	

四、水仙花碱型生物碱

【系统分类】

2,3,4,4a,5,6,6a,8-八氢-1*H*-异色烯（异苯并吡喃）并[3,4-*c*]吲哚

2,3,4,4a,5,6,6a,8-octahydro-1*H*-isochromeno[3,4-*c*]indole

【结构多样性】

N 增氮碳键等。

【典型氢谱特征】

5-12-10 [9]　　5-12-11 [10]　　5-12-12 [11]

表 5-12-4 水仙花碱型生物碱 **5-12-10**～**5-12-12** 的 ^{1}H NMR 数据

H	5-12-10 (CD_3OD)	5-12-11 ($CDCl_3$)	5-12-12 (CD_3OD)	典型氢谱特征
1	5.78 dd(10.2, 1.1)	5.78 d(10)	5.51 dt(10.0, 2.0)	① 4a 位氮次甲基特征峰； ② 6 位氧亚甲基特征峰；化合物 **5-12-12** 的 C(6)形成缩醛，其信号同样有特征性； ③ 母核苯环质子信号在芳香区，可以区分为 1 个苯环单位； ④ 11 位氧次甲基特征峰；化合物 **5-12-10** 和 **5-12-11** 的 C(11)均形成半缩酮，该特征峰消失（碳谱可以显示）； ⑤ 12 位氮亚甲基特征峰
2	6.34 ddd(10.2, 5.1, 0.9)	6.20 dd(10, 3.5)	5.86 br d(10.5)	
3	4.16 m	3.45 s(OMe) 3.89 ddd(7, 4, 3.5)	3.41 s(OMe) 4.14 m	
4	α 1.88 ddd(15.0, 4.1, 1.9) β 2.14 dt(15.0, 1.9)	1.93 ddd(15, 7, 3) 2.09 ddd(15, 4, 3)	α 2.49 m β 1.74 ddd(13.5, 9.5, 2.0)	
4a①	3.05 t(1.7)	2.95 t(3)	2.91 br s	
6②	4.67 d(14.9) 5.01 d(14.9)	4.68 d(15) 4.94 d(15)	3.53 s(OMe) 5.56 s	
7③	6.59 s	6.55 s	6.75 s	
10③	6.60 s	6.52 s	6.73 s	
11④			4.23 dd(11.0, 7.5)	
12⑤	2.74 d(11.2) 3.38 d(11.2)	2.83 d(10.5) 3.30 d(10.5)	α 2.98 t(10.5) β 2.64 dd(10.0, 7.5)	
NMe	2.48 s	2.38 s	2.47 s	
OCH_2O	5.918 d(1.1), 5.921 d(1.1)	5.92 s	5.88 d(1.5), 5.89 d(1.5)	

五、石蒜宁碱型生物碱

【系统分类】

1,2,3,3a,4,5,5a,7,11b,11c-十氢异色烯（异苯并吡喃）并[3,4-*g*]吲哚

1,2,3,3a,4,5,5a,7,11b,11c-decahydroisochromeno[3,4-*g*]indole

【结构多样性】

N 增氮碳键；O-C(1)键断裂，O-C(10b)连接。

【典型氢谱特征】

5-12-13 [12]　　**5-12-14** [12]　　**5-12-15** [13]

表 5-12-5　石蒜宁碱型生物碱 5-12-13～5-12-15 的 ^{1}H NMR 数据

H	5-12-13 ($CDCl_3$)	5-12-14 ($CDCl_3$)	5-12-15 ($CDCl_3$)	典型氢谱特征
1①	4.65 dd(6.6, 5.0)	4.21 dd(12.6, 4.1)	2.27 d(9.0, OH)[a], 3.74 d(9.0)	① 1 位氧次甲基特征峰；化合物 **5-12-15** 的 O-C(1)键断裂，但 1 位仍为氧次甲基； ② 4a 位氮次甲基特征峰； ③ 母核苯环质子信号在芳香区，可以区分为 1 个苯环单位； ④ 12 位氮亚甲基特征峰； ⑤ 氮甲基特征峰。 **5-12-13～5-12-15** 的 C(6)均被氧化成为酯羰基，氢谱中没有特征信号。 除上述特征外，石蒜宁碱型生物碱常含有的芳香甲氧基或亚甲二氧基的信号在分析图谱时有特征性
2	3.96 ddd(9.9, 6.6, 5.0)	5.40 ddd(4.1, 4.1, 2.8)	3.49 s(OMe), 3.80 s	
3	1.62 m 2.02 m	1.99 ddd(15.9, 7.1, 4.1) 2.26 ddd(15.9, 2.8, 2.8)	3.55 s	
4	2.27 m	2.52 m		
4a②	2.67 dd(5.8, 5.0)	2.94 dd(9.0, 6.5)	3.04 s	
7③	7.53 s	7.50 s	7.29 s	
10③	7.05 s	7.70 s	7.16 s	
10b	3.34 dd(5.0, 5.0)	3.25 dd(12.6, 9.0)		
11	1.62 m 2.00 m	1.93 m 2.11 dddd(12.9, 9.0, 4.6, 4.6)	*α* 2.37 m *β* 1.84 ddd(13.9, 6.7, 1.8)	
12④	2.30 m 3.24 ddd(13.6, 8.0, 4.2)	2.56 m 3.28 ddd(13.4, 9.0, 5.0)	*α* 3.07 dt(8.4, 1.6) *β* 2.50 m	
2′		2.51 d(6.2)		
3′		4.21 m		
4′		1.24 d(6.3)		
NMe⑤	2.24 s	2.55 s	1.66 s	
OMe			3.93 s, 3.97 s	
OCH_2O	6.05 br s	6.04(1.4), 6.05 d(1.4)		

[a] 加入 D_2O 后 2.27 d(9.0)的峰消失，而 3.74 d(9.0)的峰变为 3.74 s。

六、猛他宁型生物碱

【系统分类】

1,2,3,4,4a,6,11,11a-八氢-5,11-亚甲基二苯并[*b*,*e*]氮杂䓬

1,2,3,4,4a,6,11,11a-octahydro-5,11-methanodibenzo[*b*,*e*]azepine

【结构多样性】

C(11)-C(12)键断裂等。

【典型氢谱特征】

5-12-16 [14]　　**5-12-17** [15]

表 5-12-6 猛他宁型生物碱 5-12-16, 5-12-17 的 ^{1}H NMR 数据

H	5-12-16 (CD_3OD)	5-12-17 (DMSO-d_6)	典型氢谱特征
1	5.52 dt(3.5, 2.5)	5.37 dddd(1.8, 1.8, 1.8, 1.0)	① 4a 位氮次甲基特征峰； ② 6 位氮亚甲基特征峰； ③ 母核苯环质子信号在芳香区，可以区分为 1 个苯环单位； ④⑤ 12 位氮亚甲基特征峰；当 C(12)-C(11)键断裂后，形成氮甲基，氮甲基峰有特征性。 除上述特征外，猛他宁型生物碱常含有的芳香甲氧基或亚甲二氧基的信号在分析图谱时有特征性
2	α 2.05 ddt(18.0, 9.0, 3.5) β 2.57 dddd(18.0, 7.0, 3.5, 2.0)	3.73 dddd(6.0, 1.8, 1.6, 1.0) 4.76 d(6.0, OH)	
3	3.62 ddd(9.0, 9.0, 7.0)	3.65 ddddd(3.8, 3.0, 2.3, 1.8, 1.6) 4.71 d(3.0, OH)	
4	3.31 t(9.0)	ax 1.36 ddd(12.0, 11.5, 2.3)	
		eq 1.83 ddd(4.5, 3.8, 1.0)	
4a①	3.16 br d(9.0)	3.20 ddd(11.5, 4.5, 1.8)	
6α②	4.32 d(16.5)	3.63 br d(16.5)	
6β②	3.83 d(16.5)	4.16 br d(16.5)	
7③	6.51 s	6.60 br s	
10③	6.56 s	6.67 br s	
11	3.33 br d(2.5)	3.25 br s	
12④	ax 3.03 d(11.0) eq 2.94 dd(11.0, 2.0)		
NMe⑤		2.86 s	
OCH_2O	5.85～5.86 d(1.5)	5.88 d(1.0), 5.93 d(1.0)	

参 考 文 献

[1] Kihara M, Xu L, Konishi K, et al. Chem Pharm Bull, 1994, 42: 289.

[2] Kihara M, Ozaki T, Kobayashi S, et al. Chem Pharm Bull, 1995, 43: 318.

[3] Evidente A, Andolfi A, Abou-Donia A H, et al. Phytochemistry, 2004, 65: 2113.

[4] Likhitwitayawuid K, Angerhofer C K, Chai H, et al. J Nat Prod, 1993, 56: 1331.

[5] Nair J J, Machocho A K, Campbell W E, et al. Phytochemistry, 2000, 54: 945.

[6] Pham L H, Döpke W, Wagner J, et al. Phytochemistry, 1998, 48: 371.

[7] Bastida J, Viladomat F, Llabrés J M, et al. Planta Med, 1990, 56: 123.

[8] Bastida J, Viladomat F, Bergoñon S, et al. Phytochemistry, 1993, 34: 1656.

[9] Ünver N, Noyan S, Gözler T, et al. Planta Med, 1999, 65: 347.

[10] Razafimbelo J, Andriantsiferana M, Baudouin G, et al. Phytochemistry, 1996, 41: 323.

[11] Cabezas F, Ramírez A, Viladomat F, et al. Chem Pharm Bull, 2003, 51: 315.

[12] Evidente A, Abou-Donia A H, Darwish F A, et al. Phytochemistry, 1999, 51: 1151.

[13] Latvala A, Önür M A, Gözler T, et al. Phytochemistry, 1995, 39: 1229.

[14] Labraña J, Machocho A K, Kricsfalusy V, et al. Phytochemistry, 2002, 60: 847.

[15] Ail A A, Mesbah M K, Frahm A W. Planta Med, 1984, 50: 188.

第十三节 吐根碱类生物碱

根据具体结构特征将吐根碱类（emetines）生物碱分型为四氢异喹啉型吐根碱生物碱（Ⅰ型）、简单裂环环烯醚萜型吐根碱生物碱（Ⅱ型）和吡啶并吲哚型吐根碱生物碱（Ⅲ型）等。

一、四氢异喹啉型（Ⅰ型）吐根碱生物碱

【系统分类】

3-乙基-2-[(1,2,3,4-四氢异喹啉-1-基)甲基]-2,3,4,6,7,11b-六氢-1*H*-吡啶并[2,1-*a*]异喹啉

3-ethyl-2-[(1,2,3,4-tetrahydroisoquinolin-1-yl)methyl]-2,3,4,6,7,11b-hexahydro-1*H*-pyrido[2,1-*a*]isoquinoline

【典型氢谱特征】

5-13-1 [1]　　5-13-2 [1]　　5-13-3 [1]

表 5-13-1 Ⅰ型吐根碱生物碱 5-13-1～5-13-3 的 ^{1}H NMR 数据

H	5-13-1 ($CDCl_3$)	5-13-2 (CD_3OD)	5-13-3 (CD_3OD)	典型氢谱特征
1	1.36 br q(12.0) 2.68 dt(12.0, 4.0)	1.17 br q(13.0) 2.62 dt(13.0, 3.5)	1.10～1.25 m 2.64 dt(13.0, 3.0)	① 4 位氮亚甲基特征峰； ② 6 位氮亚甲基特征峰； ③ 7 位（苯甲位）亚甲基特征峰； ④⑨ 母核苯环质子信号在芳香区，可以区分为两个苯环单位； ⑤ 11b 位氮次甲基特征峰； ⑥ 13 位甲基特征峰； ⑦ 1′位氮次甲基特征峰； ⑧ 3′位氮亚甲基特征峰。
2	1.57～1.70 m	1.51～1.63 m	1.51～1.60 m	
3	1.39～1.48 m	1.42 br q(10.0)	1.39～1.48 m	
4①	2.04 br t(11.0) 3.08 dd(11.0, 4.0)	2.16 br t(12.0) 3.11 dd(12.0, 4.0)	2.11 t(11.5) 3.03～3.13 m	
6②	2.51 td(11.5, 4.5) 3.00 ddd(11.5, 6.0, 2.5)	2.54 td(11.0, 6.0) 3.00～3.08 m	2.48～2.55 m 3.03～3.13 m	
7③	3.03～3.10 m 2.61～2.71 m	2.68～2.77 m 3.08～3.15 m	2.67～2.73 m 3.03～3.13 m	
8④	6.58 s	6.69 s	6.66 s	
11④	6.80 s	6.84 s	6.88 s	
11b⑤	3.15 dd(11.0, 4.0)	3.21 br d(11.0)	3.03～3.13 m	

续表

H	5-13-1 ($CDCl_3$)	5-13-2 (CD_3OD)	5-13-3 (CD_3OD)	典型氢谱特征
12	1.14 dq(14.0, 7.0) 1.66 dqd(14.0, 7.0, 3.0)	1.12～1.22 m 1.73 dqd(14.0, 7.5, 3.0)	1.10～1.25 m 1.71 dqd(14.0, 7.5, 3.0)	除上述特征外，I 型吐根碱生物碱常含有芳香甲氧基，其信号有特征性
13⑥	0.90 t(7.0)	0.95 t(7.5)	0.94 t(7.5)	
14	1.57～1.70 m 2.11 br t(11.0)	1.51～1.63 m 2.10 br t(11.0)	1.51～1.60 m 2.07～2.20 m	
1′⑦	4.42 br d(11.0)	4.20 br d(11.0)	4.38 br d(10.5)	
3′⑧	3.04 ddd(13.0, 6.0, 3.0) 3.09～3.20 m	3.00～3.08 m 3.28 dt(13.0, 7.0)	3.03～3.13 m 3.10～3.20 m	
4′	2.61～2.71 m 2.79 ddd(16.5, 10.0, 6.0)	2.68～2.77 m 2.81 ddd(16.0, 7.0, 6.0)[a]	2.76～2.84 m 2.84～2.92 m	
5′⑨	6.60 d(8.0)	6.53 s	6.59 s	
6′	6.70 d(8.0)⑨			
8′		6.57 s⑨	6.70 s⑨	
OMe	3.84 s, 3.85 s, 3.85 s	3.78 s, 3.79 s	3.80 s, 3.82 s	

[a] 文献中多出一个氢信号 2.83 dt(15.5, 7.0)也归属为 H-4′，疑有误—编者注。

二、简单裂环环烯醚萜型（Ⅱ型）吐根碱生物碱

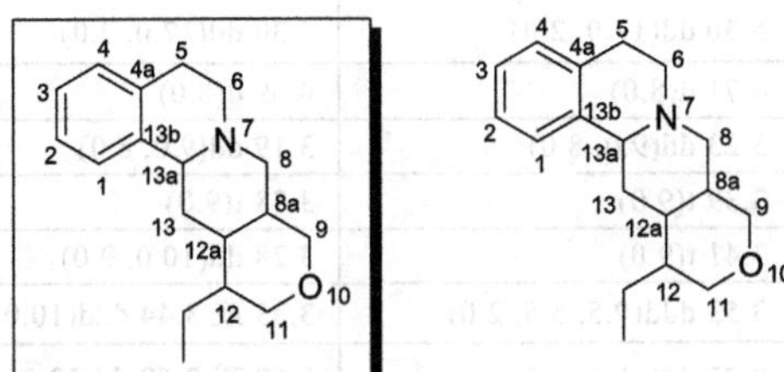

【系统分类】

12-乙基-5,6,8,8a,9,11,12,12a,13,13a-十氢吡喃并[4′,3′:4,5]吡啶并[2,1-*a*]异喹啉

3-ethyl-2-[(1,2,3,4-tetrahydroisoquinolin-1-yl)methyl]-2,3,4,6,7,11b-hexahydro-1*H*-pyrido[2,1-*a*]isoquinoline

【结构多样性】

N-C(8)断裂

【典型氢谱特征】

5-13-4 [2]　　5-13-5 [2]　　5-13-6 [3]

表 5-13-2 Ⅱ型吐根碱生物碱 5-13-4～5-13-6 的 ^{1}H NMR 数据

H	5-13-4 (CD_3OD)	5-13-5 (CD_3OD)	5-13-6 (CD_3OD)	典型氢谱特征
1①	6.79 s	6.69 s	7.10 s	
4①	6.59 s	6.69 s	6.63 s	
5②	2.60 dt(15.5, 3.0) 2.73 ddd(15.5, 11.5, 4.5)	2.66 dt(15.5, 3.0) 2.76 ddd(15.5, 11.0, 4.5)	2.64 dt(16.0, 3.5) 2.73 ddd(16.0, 11.0, 3.5)	
6③	2.87 ddd(12.5, 11.5, 3.0) 4.72 ddd(12.5, 4.5, 3.0)	2.89 ddd(12.5, 11.0, 3.0) 4.70 ddd(12.5, 4.5, 3.0)	2.88 ddd(12.5, 11.0, 3.5) 4.71 dt(12.5, 3.5)	
9④	7.41 d(2.5)	7.41 d(2.5)	7.41 d(2.5)	
11⑤	5.42 d(1.5)	5.42 d(1.5)	5.49 d(2.0)	
12	2.73 ddd(10.0, 5.5, 1.5)	2.71 ddd(10.0, 5.5, 1.5)	2.71 ddd(10.0, 5.5, 2.0)	① 母核苯环质子信号在芳香区，可以区分为 1 个苯环单位； ② 5 位（苯甲位）亚甲基特征峰； ③ 6 位氮亚甲基特征峰； ④ 9 位常形成烯醇醚型 sp^2 杂化次甲基（氧化烯次甲基），其信号有特征性； ⑤ 11 位常形成缩醛次甲基，其信号有特征性； ⑥ 13a 位氮次甲基特征峰； ⑦ 12 位上的乙基形成单取代乙烯基，其信号有特征性
12a	3.20 dddd(13.0, 5.5, 3.5, 2.5)	3.18 dddd(13.0, 5.5, 3.5, 2.5)	3.20 dddd(13.0, 5.5, 3.5, 2.5)	
13	1.39 td(13.0, 11.5) 2.38 dt(13.0, 3.5)	1.36 td(13.0, 11.5) 2.31 dt(13.0, 3.5)	1.36 td(13.0, 11.5) 2.41 dt(13.0, 3.5)	
13a⑥	4.77 dd(11.5, 3.5)	4.72 dd(11.5, 3.5)	4.75 dd(11.5, 3.5)	
14⑦	5.53 dt(17.0, 10.0)	5.51 dt(17.0, 10.0)	5.52 dt(17.0, 10.0)	
15⑦	5.20 dd(10.0, 1.5) 5.31 dd(17.0, 1.5)	5.19 dd(10.0, 2.0) 5.30 dd(17.0, 2.0)	5.19 dd(10.0, 2.0) 5.30 dd(17.0, 2.0)	
1′	4.73 d(8.0)	4.71 d(8.0)	4.69 d(8.0)	
2′	3.23 dd(9.0, 8.0)	3.23 dd(9.0, 8.0)	3.19 dd(9.0, 8.0)	
3′	3.40 t(9.0)	3.39 t(9.0)	3.38 t(9.0)	
4′	3.43 t(9.0)	3.41 t(9.0)	3.28 dd(10.0, 9.0)	
5′	3.54 ddd(9.0, 4.5, 2.0)	3.53 ddd(9.5, 5.5, 2.0)	3.33 或 3.44 ddd(10.0, 6.0, 2.0)	
6′	3.80 dd(11.0, 2.0) 3.97 dd(11.0, 4.5)	3.77 dd(11.0, 2.0) 3.91 dd(11.0, 5.0)	3.67 或 3.69 dd(12.0, 6.0) 3.90 或 3.92 dd(12.0, 2.0)	
1″	4.87 d(3.5)	4.80 d(3.5)	4.72 d(7.5)	
2″	3.40 dd(9.5, 3.5)	3.36 dd(9.5, 3.5)	3.49 dd(9.0, 7.5)	
3″	3.66 t(9.5)	3.59 dd(9.5, 9.0)	3.46 t(9.0)	
4″	3.33 t(9.5)	3.47 ddd(10.5, 9.0, 5.5)	3.37 dd(10.0, 9.0)	
5″	3.69 ddd(9.5, 5.0, 2.0)	3.54 dd(10.5, 5.5) 3.58 t(10.5)	3.33 或 3.44 ddd(10.0, 6.0, 2.0)	
6″	3.70 dd(11.5, 5.0) 3.81 dd(11.5, 2.0)		3.67 或 3.69 dd(12.0, 6.0) 3.90 或 3.92 dd(12.0, 2.0)	
OMe	3.84 s	3.83 s		

三、吡啶并吲哚型（Ⅲ型）吐根碱生物碱

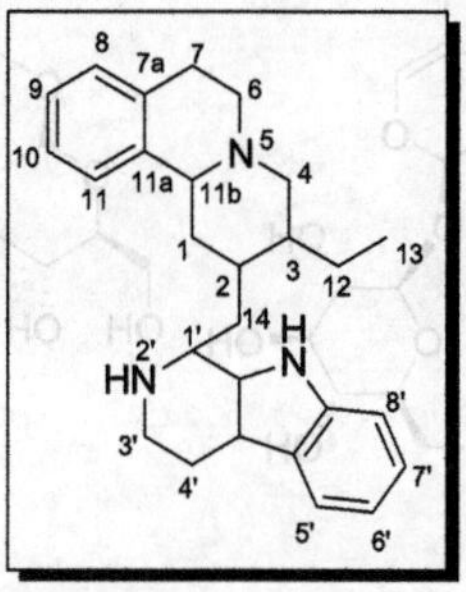

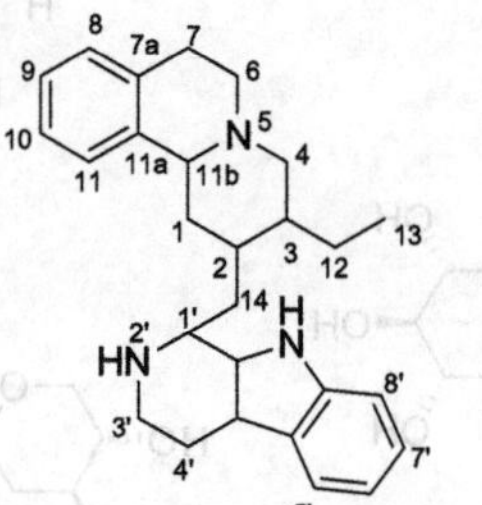

【系统分类】

3-乙基-2-[(2,3,4,4a,9,9a-六氢-1*H*-吡啶并[3,4-*b*]吲哚-1-基)甲基]-2,3,4,6,7,11b-六氢-1*H*-吡啶并[2,1-*a*]异喹啉

3-ethyl-2-[(2,3,4,4a,9,9a-hexahydro-1*H*-pyrido[3,4-*b*]indol-1-yl)methyl]-2,3,4,6,7,11b-hexahydro-1*H*-pyrido[2,1-*a*]isoquinoline

【典型氢谱特征】

5-13-7 [4]　　**5-13-8** [5]　　**5-13-9** [6]

表 5-13-3 Ⅲ型吐根碱生物碱 **5-13-7**～**5-13-9** 的 ^{1}H NMR 数据

H	**5-13-7** (DMSO-d_6)	**5-13-8** (CD$_3$OD)	**5-13-9** (CD$_3$OD)	典型氢谱特征
1	1.04 (12.2, 12.2, 12.2) 2.61 m	1.17 dt(13.5, 11.5) 2.03 ddd(13.5, 4.0, 3.0)	1.28～1.41 m(ov) 1.90～2.00 m(ov)	① 4 位氮亚甲基特征峰； ② 6 位氮亚甲基特征峰； ③ 7 位（苯甲位）亚甲基特征峰； ④⑨ 母核苯环质子信号在芳香区，可以区分为两个苯环单位； ⑤ 11b 位氮次甲基特征峰； ⑥ 13 位甲基特征峰； ⑦ 1′位氮次甲基特征峰；化合物 **5-13-8** 和 **5-13-9** 的 C(1′)形成亚氨基仲碳，该特征信号消失（可从碳谱判断）； ⑧ 3′位氮亚甲基特征峰；化合物 **5-13-9** 的 C(3′)形成吡啶型烯胺次甲基碳，其共振峰也有特征性。 除上述特征外，Ⅲ型吐根碱生物碱常含有甲芳香氧基，其信号有特征性
2	1.66 m	1.81 m	1.90～2.00 m(ov)	
3	1.25 m	1.55 m	1.68 m	
4①	1.99 (11.2, 11.2) 2.96 m	2.10 t(11.5) 3.11 dd(11.5, 4.0)	2.20 dd(11.6, 11.6) 3.00～3.14 m(ov)	
6②	2.37 (11.2, 10.6, 6.1) 2.90 m	2.50 m 2.99～3.18 m	2.56 m 3.00～3.14 m(ov)	
7③	2.58 m	2.65 dt(14.0, 4.0)	2.67 m	
8④	2.93 m 6.60 s	2.99～3.18 m 6.61 s	3.00～3.14 m(ov) 6.59 s	
11④	6.27 s	6.19 s	6.06 s	
11b⑤	2.99 m	2.99～3.18 m	3.00～3.14 m(ov)	
12	1.10 (14.2, 7.6, 7.6) 1.57 m	1.24～1.32 m 1.85 dqd(13.5, 7.5, 3.0)	1.28～1.41 m(ov) 1.90～2.00 m(ov)	
13⑥	0.86 (7.6)	1.00 t(7.5)	1.01 t(7.4)	
14	1.53 m 1.54 (12.0, 12.0)	1.24～1.32 m	2.93 dd(13.3, 9.6) 3.49 dd(13.3, 3.8)	
1′⑦	4.11 (12.0)			
3′⑧	2.90 m 3.11 m	3.78 m 3.92 dt(15.0, 7.0)	8.20 d(5.4)	
4′	2.52 m	2.96 m	7.87 d(5.4)	
5′⑨	6.66 (2.4)	6.92 dd(2.5, 0.5)	7.51 d(2.3)	
7′⑨	6.77 (2.4, 8.6)	6.90 dd(8.5, 2.5)	7.10 dd(8.8, 2.3)	
8′⑨	7.01 (8.6)	7.28 dd(8.5, 0.5)	7.41 d(8.8)	
OMe	3.70 s(9-OMe) 3.70 s(10-OMe)	3.72 s(9-OMe) 3.27 s(10-OMe)	3.17 s(9-OMe) 3.71 s(10-OMe)	

参 考 文 献

[1] Itoh A, Ikuta Y, Baba Y, et al. Phytochemistry, 1999, 52 : 1169.

[2] Itoh A, Tanahashi T, Nagakura N. Phytochemistry, 1997, 46: 1225.

[3] Itoh A, Baba Y, Tanahashi T, et al. Phytochemistry, 2002, 59: 91.

[4] Ma W W, Anderson J E, Mckenzie A T, et al. J Nat Prod, 1990, 53: 1009.

[5] Itoh A, Ikuta Y, Tanahashi T, et al. J Nat Prod, 2000, 63: 723.

[6] Ito A, Lee Y H, Chai H B, et al. J Nat Prod, 1999, 62: 1346.

第十四节 β-卡波林类生物碱

根据具体结构特征将 β-卡波林类（β-carbolins）生物碱分型为吡啶并吲哚型(Ⅰ型)β-卡波林生物碱、吲哚并喹嗪型(Ⅱ型) β-卡波林生物碱、吲哚并十氢二氮杂萘型(Ⅲ型) β-卡波林生物碱等。

一、吡啶并吲哚型（Ⅰ型）β-卡波林生物碱

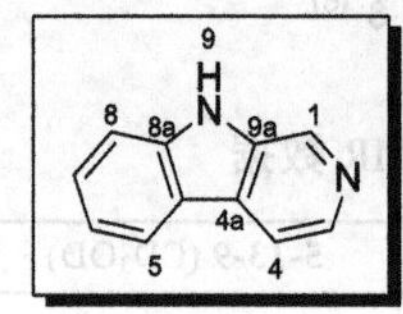

【系统分类】

9*H*-吡啶并[4,3-*b*]吲哚

9*H*-pyrido[4,3-*b*]indole

【结构多样性】

C(1)增碳碳键等。

【典型氢谱特征】

5-14-1 [1]　　5-14-2 [2]　　5-14-3 [3]

表 5-14-1 Ⅰ型 β-卡波林生物碱 5-14-1～5-14-3 的 ^{1}H NMR 数据

H	5-14-1 ($CDCl_3$)	5-14-2 (DMSO-d_6)	5-14-3 (DMSO-d_6)	典型氢谱特征
3	8.02 s①	8.13 d(5.3)①		①1 个吡啶环单位的质子特征峰；②1 个苯环单位的质子特征峰；③仲氨基质子特征峰。注：由于吡啶环质子与苯环质子有相同的共振频率范围，因此，通常需要采用全面的核磁共振技术确定不同类型的质子共振峰
4		7.74 d(5.3)①	8.81 s①	
5②	8.18 d(9.5)	7.93 d(8.6)	8.36 或 7.73 d(7.0)	
6②	6.88 dd(9.5, 2.0)	6.69 dd(8.6, 2.0)	7.29 或 7.58 m	
7			7.29 或 7.58 m②	
8②	6.85 d(2.0)	6.90 d(2.0)	8.36 或 7.73 d(7.0)	
9③	9.92 s	11.28 br s	11.70 br s	
1′	7.17 dd(17.2, 11.0)	2.82 t(7.3)	5.26 m	
2′	5.46 dd(11.0, 1.5) 6.23 dd(17.6, 1.5)	3.27 t(7.3)	1.57 d(7.4)	
OMe	3.80 s, 4.08 s			

二、吲哚并喹嗪型(Ⅱ型) β-卡波林生物碱

【系统分类】

1,2,3,4,6,7,12,12b-八氢吲哚并[2,3-*a*]喹嗪

1,2,3,4,6,7,12,12b-octahydroindolo[2,3-*a*]quinolizine

【结构多样性】

C(3)增碳碳键；C(1′)增碳碳键；C(2′)增碳碳键；C(3′)增碳碳键；C(3′)-C(4′)并碳环；等。

【典型氢谱特征】

5-14-4 [4]　　5-14-5 [5]　　5-14-6 [6]

表 5-14-2 Ⅱ型 β-卡波林生物碱 5-14-4～5-14-6 的 ^{1}H NMR 数据

H	5-14-4 (DMSO-d_6)	5-14-5 (DMSO-d_6)	5-14-6 ($CDCl_3$-CD_3OD)	典型氢谱特征
1			3.54 d(11.3)①	① 1 位氮次甲基特征峰；化合物 **5-14-4** 和 **5-14-5** 的 C(1)形成亚氨基仲碳，该信号消失； ②③ 3 位和 4 位质子根据具体结构显示不同的特征，化合物 **5-14-4** 为 ABX 自旋系统特征，化合物 **5-14-5** 为吡啶环芳香型 AB 自旋系统特征，化合物 **5-14-6** 为 ABCD 自旋系统特征； ④ 母核苯环质子信号在芳香区，可以区分为 1 个苯环单位
3②	5.89 dd(6.1, 1.2)	8.93 d(6.7)	2.45 m, 3.61 m	
4③	3.55 dd(16.8, 6.1) 3.84 dd(16.8, 1.2)	8.75 d(6.7)	2.84 m, 2.94 m	
5④	7.74 br d(8.0)	8.40 d(8.1)	7.14 d(7.8)	
6④	7.17 ddd(8.0, 7.1, 0.9)	7.40 t(7.7)	7.03 t(7.3)	
7④	7.34 ddd(8.2, 7.1, 0.7)	7.67 td(8.1, 1.0)	7.10 t(7.3)	
8④	7.64 dt(8.2, 0.9)	7.86 d(8.1)	7.33 t(8.3)	
1′		9.02 d(8.7)	1.77 m, 2.29 m	
2′		8.32 d(8.7)	1.39 m, 1.97 m	
3′			2.23 m	
4′	8.84 s	9.30 s	2.32 m	
5′	2.84 s	2.93 q(7.5)	1.55 m, 2.37 m	
6′	2.96 q(7.6)	1.37 t(7.5)	2.21 m, 2.91 m	
7′	1.21 t(7.6)			
8′	2.47 s		5.41 br s	
9′			3.97 br s	
9-NH	11.75 s			

三、吲哚并十氢二氮杂萘型(Ⅲ型) β-卡波林生物碱

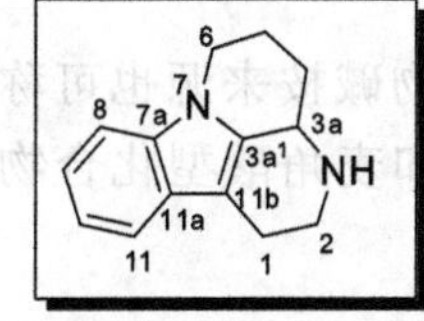

【系统分类】

2,3,3a,4,5,6-六氢-1*H*-吲哚并[3,2,1-*de*][1,5]二氮杂萘

2,3,3a,4,5,6-hexahydro-1*H*-indolo[3,2,1-*de*][1,5]naphthyridine

【结构多样性】

C(5)增碳碳键等。

【典型氢谱特征】

5-14-7 [7]　　5-14-8 [8]　　5-14-9 [9]

表 5-14-3　Ⅲ型卡波林类生物碱 5-14-7～5-14-9 的 ^{1}H NMR 数据

H	5-14-7 ($CDCl_3$)	5-14-8 (DMSO-d_6)	5-14-9 (DMSO-d_6)	典型氢谱特征
1①	7.59 d(5.0)	4.25 s(OMe)	8.78 d(5.0)	①② A 环常芳构化成吡啶环，1 位和 2 位显示吡啶 α 和 β 位质子特征；
2②	8.56 d(5.0)	8.65 s	8.17 d(5.0)	
4③	7.77 d(9.7)	8.05 d(9.9)	8.02 br s	③④ 4 位和 5 位常与 6 位共同形成 α,β-不饱和羰基（酰胺）结构，4 位和 5 位质子显示相应的特征；化合物 **5-14-9** 的 C(5)增碳碳键，因此仅有 4 位质子的单峰；
5④	6.75 d(9.7)	6.79 d(9.9)		
8⑤	8.28 d(7.7)	8.20 d(8.8)	8.09 d(2.3)	
9	7.45 t(7.7)⑤	7.25 d(8.8)⑤	3.93 s(OMe)	⑤ 母核苯环质子信号在芳香区，可以区分为 1 个苯环单位。
10	7.28 t(7.7)⑤	—	7.20 dd(8.7, 2.3)⑤	
11	7.73 d(7.7)⑤	3.90 s(OMe)	8.29 d(8.7)⑤	注：由于吡啶环质子与苯环质子有相同的共振频率范围，因此，通常需要采用全面的核磁共振技术确定不同类型的质子共振峰
CH_2OH			4.60 br d(5.4) 5.55 t(5.4, OH)	

参考文献

[1] Krebs H C, Rakotoarimanga J V, Rasoanaivo P, et al. J Nat Prod, 1997, 60: 1183.

[2] Kanchanapoom T, Kasai R, Chumsri P, et al. Phytochemistry, 2001, 56 : 383.

[3] Sun B, Morikawa T, Matsuda H, et al. J Nat Prod, 2004, 67: 1464.

[4] Koike K, Ohmoto T, Uchida A, et al. Heterocycles, 1994, 38: 1413.

[5] Steele J C P, Veitch N C, Kite G C, et al. J Nat Prod, 2002, 65: 85.

[6] Duan J A, Williams I D, Che C T, et al. Tetrahedron Lett, 1999, 40: 2593.

[7] Aono H, Koike K, Kaneko J, et al. Phytochemistry, 1994, 37: 579.

[8] Ouyang Y, Mitsunaga K, Koike K, et al. Phytochemistry, 1995, 39: 911.

[9] Kuo P C, Shi L S, Damu A G, et al. J Nat Prod, 2003, 66: 1324.

第十五节　半萜吲哚碱类生物碱

半萜吲哚碱类（semiterpenoid indoles）生物碱按来源也可称为麦角类生物碱。根据具体结构特征，分型为克勒文型（棒麦角素型）和麦角酸型化合物，并存在变形麦角碱型化合物。

【系统分类】

9-甲基-4,6,6a,7,8,9,10,10a-八氢吲哚并[4,3-*fg*]喹啉（克勒文型）

9-methyl-4,6,6a,7,8,9,10,10a-octahydroindolo[4,3-*fg*]quinoline

【结构多样性】

N(6)增氮碳键等。

【典型氢谱特征】

5-15-1 [1] R = H
5-15-2 [3] R = OMe
5-15-3 [2]

表 5-15-1 半萜吲哚碱类生物碱 5-15-1～5-15-3 的 ^{1}H NMR 数据

H	5-15-1 (C_6D_6)	5-15-2 (C_5D_5N)	5-15-3 (CD_3OD)	典型氢谱特征
2			7.025 dd	① 4 位（烯丙位）亚甲基特征峰；② 7 位氮亚甲基特征峰；③ 母核苯环质子信号在芳香区，可以区分为 1 个苯环单位；④ 17 位甲基特征峰；化合物 **5-15-3** 的 C(17)形成酰胺羰基，该信号消失，需通过碳-13 谱予以鉴别；⑤ 氮甲基特征峰
4①	α 2.57 dd(15.0, 11.0) β 3.24 dd(15.0, 4.5)	2.94 dd(15.0, 11.0) 3.32 dd(15.0, 4.5)	ax 2.984 ddd(14.1, 1.7) eq 3.257 ddd(0.4)	
5	1.88 ddd(11.0, 9.5, 4.5)	2.38 ddd(10.5, 11.0, 4.5)	2.579 dd(11.9, 4.5)	
7②	α 2.70 ddd(11.0, 4.0, 1.8) β 1.59 t(11.0, 11.0)	3.10 dq(11.5, 1.9) 2.06 t(11.5)	ax 3.755 dd(1.3) eq 2.999 dd(17.0, 2.4)	
8	1.83 m	2.24 m		
9	α 2.38 ddt(12.5, 4.0, 4.0, 1.8) β 0.92 q(12.5, 12.5, 12.5, 12.5)	2.50 ddd(12.5, 3.8, 5.7) 1.03 q(12.5)	7.512 dd	
10	2.86 dddd(12.5, 9.5, 4.0, 1.8)	3.29 ddd(12.5, 10.5, 3.8)		
12③	6.82 dt(6.7, 1.8, 0.9)	6.99 dt(6.4,1.5)	7.279 dd(0.7)	
13③	7.19 dd(8.0, 6.7)	7.33 dd(7.9, 6.4)	7.093 dd(7.2, 8.1)	
14③	6.93 dd(8.0, 1.8)	7.37 dd(7.9, 1.5)	7.303 dd	
17④	0.80 d(6.4)	0.86 d(6.5)		
NMe⑤	2.17 s	2.59 s	2.551 s	
NH	6.77 br s			
OMe		4.02 s		

参 考 文 献

[1] Makarieva T N, Ilyin S G, Stonik V A, et al. Tetrahedron Lett, 1999, 40: 1591.

[2] Flieger M, Sedmera P, Havlíček V. J Nat Prod, 1993, 56: 810

[3] Makarieva T N, Dmitrenok A S, Dmitrenok P S, et al. J Nat Prod, 2001, 64: 1559.

第十六节 单萜吲哚碱类生物碱

单萜吲哚碱类（monoterpenoid indoles）生物碱由色胺和单萜两部分组成，分型为重排单萜吲哚型生物碱、非重排单萜吲哚型生物碱、二聚单萜吲哚型生物碱及与单萜吲哚碱相关的生物碱等。其中重排单萜吲哚型生物碱又根据单萜部分的不同重排特征细分为多种型。

一、重排单萜吲哚型生物碱

1. 柯南因-士的宁型生物碱

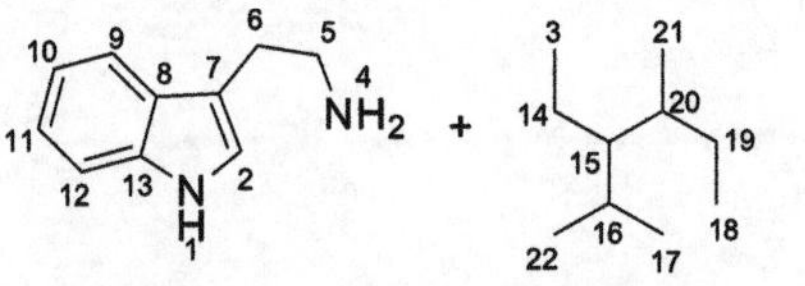

（1）C(2)-C(3)连接，C(3)-N(4)连接，C(21)-N(4)连接

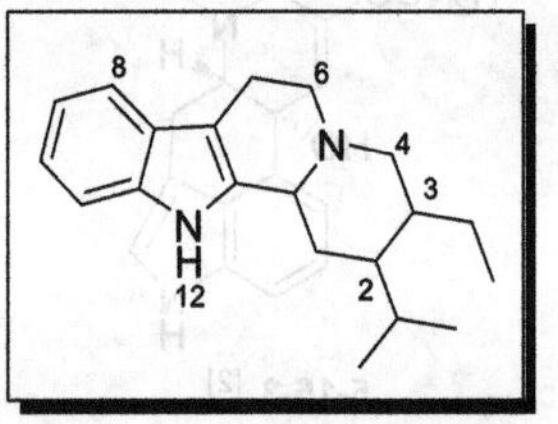

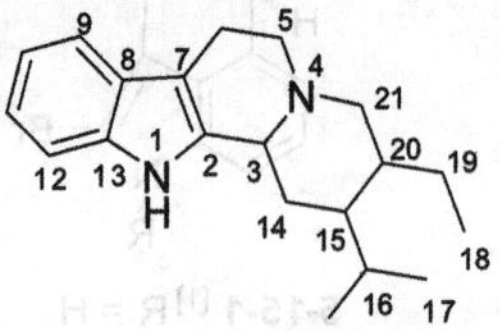

【系统分类】

3-乙基-2-异丙基-1,2,3,4,6,7,12,12b-十氢吲哚并[2,3-*a*]喹啉

3-ethyl-2-isopropyl-1,2,3,4,6,7,12,12b-octahydroindolo[2,3-*a*]quinolizine

【结构多样性】

C(16)-C(5)连接；C(22)降碳；N(4)甲基化（形成季铵盐）；C(16)-C(7)连接；等。

【典型氢谱特征】

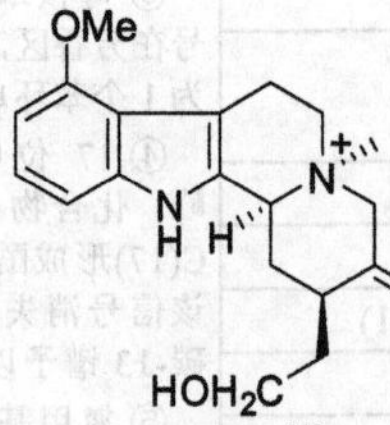

5-16-1 [1] 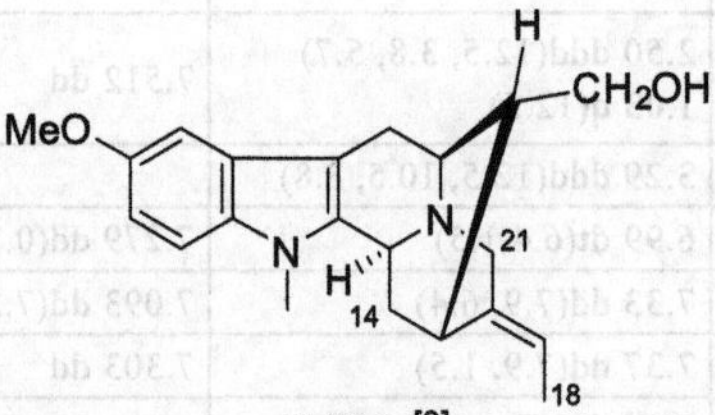 5-16-2 [2] 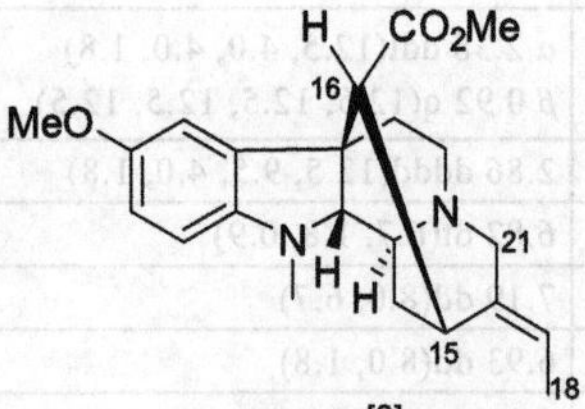 5-16-3 [2]

表 5-16-1 柯南因-士的宁型生物碱 5-16-1～5-16-3 的 ^{1}H NMR 数据

H	5-16-1 (CD_3OD)	5-16-2 ($CDCl_3$)	5-16-3 ($CDCl_3$)	典型氢谱特征
2			2.44 s	①3 位氮次甲基特征峰；②5 位氮亚甲基或氮次甲基特征峰；③6 位（N-*β* 位）亚甲基特征峰；
3①	4.63 br s	4.20 dd(10, 2)	4.12 d(5)	
5②	3.77 m 3.82 m	2.79 m	2.64 m 3.88 td(14, 5)	
6③	3.32 m 3.42 m	2.59 dd(15, 1) 3.04 dd(15, 5)	1.45 dd(15, 5) 3.07 ddd(15, 14, 5)	

续表

H	5-16-1 (CD_3OD)	5-16-2 ($CDCl_3$)	5-16-3 ($CDCl_3$)	典型氢谱特征
9		6.92 d(1)④	6.61 d(1)④	④ 母核苯环质子信号在芳香区，可以区分为 1 个苯环单位； ⑤ 17 位甲基常形成氧亚甲基（氧化甲基），其信号有特征性；化合物 **5-16-3** 的 C(17) 形成酯羰基，该信号消失； ⑥ 18 位甲基特征峰； ⑦ 19 位常形成烯次甲基，其信号与 18 位甲基一起有特征性； ⑧ 21 位氮亚甲基特征峰。 除上述特征外，柯南因-士的宁型生物碱常含有的甲氧基和氮甲基的信号有特征性
10	6.54 d(8)④			
11④	7.09 t(8)	6.83 dd(8, 1)	6.63 dd(8, 1)	
12④	6.98 d(8)	7.17 d(8)	6.53 d(8)	
14	2.3 m 2.65 m	1.67 ddd(12, 4, 2) 2.01 ddd(12, 10, 2)	1.61 dd(14, 3) 2.37 ddd(14, 5, 3)	
15	3.23 m	1.79 m	3.60 br s	
16	1.44 m, 1.62 m	1.81 tdd(8, 6, 1)	2.94 d(4)	
17⑤	3.51 m	3.54 m		
18⑥	1.84 d(5.6)	1.63 dt(7, 2)	1.50 dd(7, 3)	
19⑦	5.99 q	5.40 br q(7)	5.41 br q(7)	
21⑧	3.71 d(14) 4.35 d(14)	3.54 m	2.94 d(16) 3.95 br d(16)	
9-OMe	3.9 s			
10-OMe		3.85 s	3.73 s	
16-CO_2Me			3.77 s	
N(1)-Me		3.59 s	2.65 s	
N(4)-Me	3.19 s			

（2）C(3)-C(7)连接，C(3)-N(4)连接，C(21)-N(4)连接

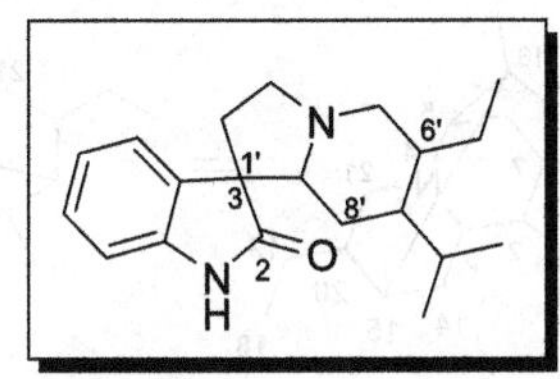

【系统分类】

6′-乙基-7′-异丙基-3′,5′,6′,7′,8′,8a′-六氢-2′*H*-螺[二氢吲哚-3,1′-中氮茚]-2-酮

6′-ethyl-7′-isopropyl-3′,5′,6′,7′,8′,8a′-hexahydro-2′*H*-spiro[indoline-3,1′-indolizin]-2-one

【结构多样性】

C(22)降碳等。

【典型氢谱特征】

5-16-4 [3]　**5-16-5** [3]　**5-16-6** [3]

表 5-16-2 柯南因-士的宁型生物碱 5-16-4～5-16-6 的 ^{1}H NMR 数据

H	5-16-4 ($CDCl_3$)	5-16-5 ($CDCl_3$)	5-16-6 ($CDCl_3$)	典型氢谱特征
3①	2.58 dd(12, 2.2)	2.71 dd(13, 2)	2.76 dd(12, 3)	① 3 位氮次甲基特征峰； ② 5 位氮亚甲基特征峰； ③ 6 位（N-*β* 位）亚甲基特征峰；
5*α*②	2.47 m	2.48 m	2.51 q(9)	
5*β*	3.37 m	3.38 m	3.30 td(9, 2)	
6*α*③	2.03 m	2.06 m	2.06 dt(12.9, 9)	

续表

H	5-16-4 ($CDCl_3$)	5-16-5 ($CDCl_3$)	5-16-6 ($CDCl_3$)	典型氢谱特征
6β	2.47 m	2.48 m	2.39 ddd(12.9, 9, 2)	④ 母核苯环质子信号在芳香区，可以区分为1个苯环单位； ⑤ 17位甲基常形成氧化甲基（羟甲基或氧亚甲基），其信号有特征性； ⑥ 18位甲基特征峰； ⑦ C(19)常形成烯次甲基，其信号与18位甲基一起有特征性； ⑧ 21位氮化甲基特征峰
9④	7.21 d(7.5)	7.25 d(7.5)	7.38 d(7.5)	
10④	7.03 td(7.5, 1)	7.06 td(7.5, 1)	7.01 td(7.5, 1.1)	
11④	7.19 td(7.5, 1)	7.18 td(7.5, 1)	7.17 td(7.5, 1.1)	
12④	6.90 d(7.5)	6.92 d(7.5)	6.87 d(7.5)	
14α	1.24 br d(12)	1.09 dt(13, 2)	1.13 dt(12, 3)	
14β	1.75 td(12, 5.5)	1.70 td(13, 5.1)	1.19 td(12, 5.4)	
15	2.91 dt(10.0, 5.5)	3.03 br d(11.5)	2.85 m	
16	1.44 m 1.77 m	2.87 ddd(11.5, 7.6, 3.9)	1.57 m 1.80 ddt(13.9, 9.5, 6.5)	
17⑤	3.48 dt(10.5, 6.5) 3.52 dt(10.5, 6.5)	3.65 m	3.51 dt(10.7, 6.5) 3.57 dt(10.5, 6.5)	
18⑥	1.59 dd(6.8, 1.3)	1.61 dd(6.8, 1.5)	1.59 dd(6.8, 1.7)	
19⑦	5.46 q(6.8)	5.59 q(6.8)	5.45 q(6.8)	
21α⑧	2.84 d(11.5)	2.84 d(11.5)	2.94 d(11.9)	
21β	3.43 d(11.5)	3.48 d(11.5)	3.36 d(11.9)	
NH	9.03 br s	9.31 br s	8.56 br s	
CO_2Me		3.09 s		

（3）C(3)-C(2)连接，C(3)-N(4)连接，C(16)-C(5)连接，C(17)-C(7)连接，C(21)-N(4)连接

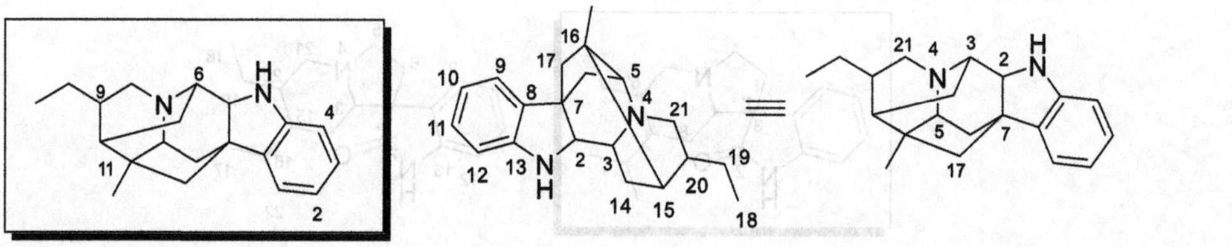

【系统分类】

11-甲基-9-乙基-5a,6,8,9,10,11,11a,12-八氢-5*H*-6,10:11,12a-二亚甲基吲哚并[3,2-*b*]喹嗪

9-ethyl-11-methyl-5a,6,8,9,10,11,11a,12-octahydro-5*H*-6,10:11,12a-dimethanoindolo[3,2-*b*]quinolizine

【结构多样性】

C(3)-C(2)键断裂；C(22)降碳；等。

【典型氢谱特征】

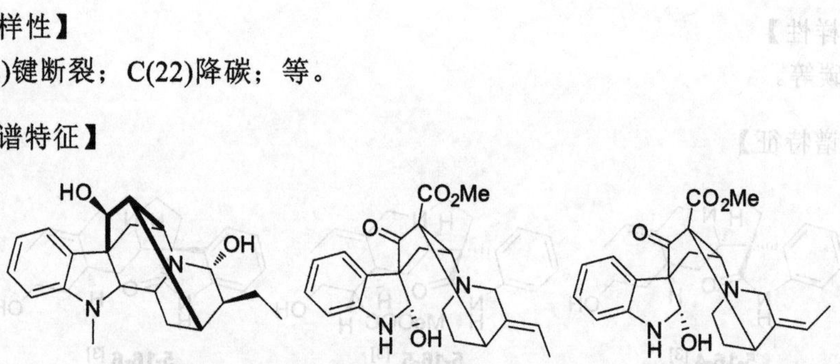

5-16-7 [4]　**5-16-8** [5]　**5-16-9** [5]

表 5-16-3　柯南因-士的宁型生物碱 5-16-7～5-16-9 的 ^1H NMR 数据

H	5-16-7 (DMSO-d_6)	5-16-8 ($CDCl_3$)	5-16-9 ($CDCl_3$)	典型氢谱特征
2①	2.505 s	4.91 s	4.93 s	① 2位氮次甲基或当C(3)-C(2)键断裂并形成2位氧化氮化甲基时的质子特征峰；
3②	3.389 d(10)	α 3.96 d(15.0) β 2.96 d(15.0)	α 4.10 d(16.0) β 3.08 d(16.0)	

续表

H	5-16-7 (DMSO-d_6)	5-16-8 ($CDCl_3$)	5-16-9 ($CDCl_3$)	典型氢谱特征
5③	2.790 dd(5.9)	3.64 m	3.67 m	
6	ax 1.787 dd(11.7, 5.6) eq 1.700 d(11.7)	α 2.39 d(13.0) β 2.07 d(13.0)	α 2.31 m β 2.03 d(14.0)	
9④	7.410 dd(7.3, 1.3)	7.25 d(7.7)	7.27 d(7.5)	
10④	6.651 ddd(7.5, 7.5, 1.2)	6.84 m	6.86 m	② 3 位氮次甲基或当 C(3)-C(2)键断裂并形成 3 位氮亚甲基时的质子特征峰； ③ 5 位氮次甲基特征峰； ④ 母核苯环质子信号在芳香区，可以区分为 1 个苯环单位； ⑤ 18 位甲基特征峰； ⑥ 21 位氮亚甲基或形成 21 位氧化氮化甲基时的质子特征峰
11④	7.010 ddd(7.8, 7.5, 1.2)	7.09 m	7.08 m	
12④	6.601 br d(7.8)	6.56 d(7.8)	6.58 d(7.4)	
14	ax 1.547 dd(12.9, 10.4) eq 1.441 dd(12.9, 5.3)	α 2.60 m β 2.29 m	α 2.40 m β 2.29 m	
15	2.086 m	α 2.86 dd(12.8, 5.8)	α 2.82 dd(12.1, 3.6)	
16	1.840 m			
17	4.203 s			
18⑤	0.903 t(7.2)	1.51 dd(7.0, 2.4)	1.53 dd(7.0, 2.4)	
19	1.330 m	5.45 q(7.1)	5.49 q(7.0)	
20	1.197 dddd(11.3, 7.9, 3.2, 1.2)			
21⑥	3.988 s	α 4.11 d(16.5) β 3.03 d(16.5)	α 3.78 d(18.0) β 3.56 d(18.0)	
NMe	2.627 s			
COOMe		3.57 s	3.58 s	
NH		7.7 s	7.8 s	

（4）C(3)-C(7)连接，C(16)-C(5)连接, C(21)-N(4)连接

【系统分类】

10,10-二甲基-9-乙基-7-氮杂螺（二环[4.3.1]癸烷-4,3′-二氢吲哚）

9-ethyl-10,10-dimethyl-7-azaspiro（bicyclo[4.3.1]decane-4,3′-indoline）

【典型氢谱特征】

5-16-10 [6]　　5-16-11 [6]　　5-16-12 [6]

表 5-16-4 柯南因-士的宁型生物碱 5-16-10～5-16-12 的 ^{1}H NMR 数据

H	5-16-10 ($CDCl_3$-CD_3OD)	5-16-11 ($CDCl_3$)	5-16-12 ($CDCl_3$)	典型氢谱特征
3①	3.71 d(6.3)	3.55 d(8.5)	3.65 d(6.6)	① C(3)常形成氧次甲基，其信号有特征性； ② 5 位氮次甲基特征峰； ③ 母核苯环质子信号在芳香区，可以区分为 1 个苯环单位； ④ 17 位甲基形成氧化伯碳，其信号有特征性； ⑤ 18 位甲基特征峰； ⑥ C(19) 常形成烯次甲基，其信号有特征性； ⑦ 21 位氮化甲基特征峰
5②	3.39 ov	3.72 m	3.98 m	
6	1.81 dd(15.5, 7.4) 2.47 dd(15.5, 4.4)	2.19 dd(15.9, 4.3) 2.45 dd(15.9, 3.4)	1.78 ov 2.44 dd(10.0, 4.8)	
9③	7.30 d(7.6)	7.43 d(7.6)	7.17 d(8.2)	
10③	7.18 dd(7.6, 7.6)	7.14 dd(7.6, 7.6)	6.63 dd(8.2, 2.2)	
11	7.40 dd(7.6, 7.6)③	7.31 dd(7.6, 7.6)③	3.85 s(OMe)	
12③	7.06 d(7.6)	6.98 d(7.6)	6.61 d(2.2)	
14	2.45 ov	2.31 m 2.45 dd(15.2, 7.6)	2.39 dd(15.1, 5.8) 2.53 ddd(15.1, 11.8, 6.6)	
15	2.91 m	2.62 m	2.86 m	
16	2.59 m	2.24 m	2.34 m	
17④	4.08 dd(11.2, 3.8) 4.20 d(11.2)	4.05 dd(10.8, 4.6) 4.33 d(10.8)	4.05 dd(11.3, 4.1) 4.15 d(11.3)	
18⑤	1.76 d(6.8)	1.61 d(6.8)	1.74 d(6.9)	
19⑥	5.68 q(6.8)	5.24 q(6.8)	5.60 m	
21⑦	4.31 d(16.1) 4.63 d(16.1)	3.32 d(16.8) 3.89 d(16.8)	4.24 d(16.4) 4.64 d(16.4)	
NOMe	3.99 s	4.00 s	3.96 s	
1′	3.39 ov		3.46 m	
3′	7.23 s		7.21 s	
5′	3.63 d(6.0)		3.71 d(6.3)	
6′	4.73 dd(6.0, 4.2)		4.82 br dd(6.3, 4.7)	
7′	3.87 dd(11.5, 4.2)		1.78 ov 2.13 br dd(14.0, 6.8)	
8′	1.70 m		2.01 m	
10′	1.10 d(6.9)		1.04 d(6.8)	

（5）C(3)-C(2)连接，C(3)-N(4)连接，C(17)-C(18)连接，C(17)-N(4)连接

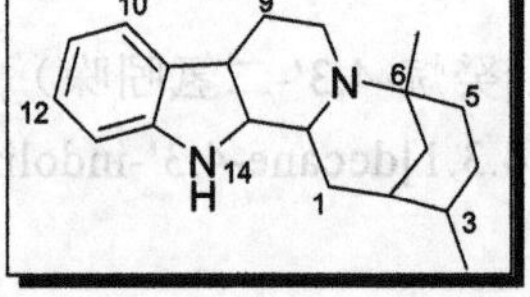

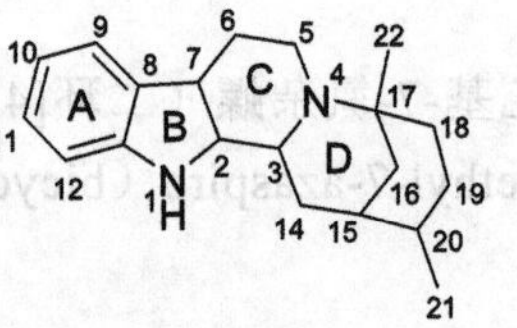

【系统分类】

3,6-二甲基-1,2,3,4,5,6,8,9,9a,14,14a,14b-十二氢-2,6-亚甲基吖辛因（氮杂环辛四烯）并[1′,2′:1,2]吡啶并[3,4-*b*]吲哚

3,6-dimethyl-1,2,3,4,5,6,8,9,9a,14,14a,14b-dodecahydro-2,6-methanoazocino[1′,2′:1,2]pyrido[3,4-*b*]indole

【结构多样性】

C(22)降碳

【典型氢谱特征】

5-16-13[7]　　5-16-14[7]

表 5-16-5 柯南因-士的宁型生物碱 5-16-13 和 5-16-14 的 ^{1}H NMR 数据

H	5-16-13 (CD_3OD)	5-16-14 (CD_3OD)	典型氢谱特征
5①	8.51 d(6.5)	8.49 d(6.5)	①② C 环芳构化后 5 位和 6 位显示吡啶 α 位和 β 位质子特征（注意通过偶合常数进行鉴别）；③ 母核苯环质子信号在芳香区，可以区分为 1 个苯环单位；④ C(22)降碳后 17 位氮次甲基特征峰；⑤ 21 位甲基形成氧亚甲基（氧化甲基）后的特征峰
6②	8.40 d(6.5)	8.39 d(6.5)	
9③	8.38 m	8.34 m	
10③	7.46 m	7.43 m	
11③	7.79 m	7.75 m	
12③	7.79 m	7.78 m	
14ex	3.97 dd(19.9, 7.3)	4.00 dd(19.9, 7.3)	
14en	3.50 br d(19.9)	3.55 br d(19.9)	
15	2.71 br s	2.66 br s	
16	2.25 d(14.2) 2.43 dddd(14.2, 3.6, 2.0, 1.9)	2.12～2.35 m 2.46 dddd(14.2, 3.6, 2.0, 1.9)	
17④	5.10 br s	5.16 br s	
18ex	2.19 dddd(16.0, 15.0, 4.9, 2.6)	2.12-2.35 m	
18en	1.92 dddd(16.0, 5.5, 2.5, 1.0)	1.94 dddd(16.0, 5.5, 2.5, 1.0)	
19ex	1.64 ddd(14.5, 4.9, 2.5)	1.60 dddm(14.5, 4.9, 2.5)	
19en	1.21 dddd(15.0, 14.5, 5.5, 5.0)	1.29 dddd(15.0, 14.5, 5.5, 5.0)	
20	2.03 ddd(7.5, 7.5, 5.0)	2.12～2.35 m	
21⑤	3.75 dd(11.5, 7.5) 3.83 dd(11.5, 7.5)	4.31 dd(11.5, 7.5) 4.38 dd(11.5, 7.5)	
COMe		2.10 (s)	

（6）C(3)-C(2)连接，C(3)-N(4)连接，C(16)-C(5)连接，C(17)-C(7)连接，C(19)-N(4)连接

【系统分类】

8,9,11-三甲基-5a,6,8,9,10,11,11a,12-八氢-5*H*-6,10:11,12a-二亚甲基吲哚并[3,2-*b*]喹嗪

8,9,11-trimethyl-5a,6,8,9,10,11,11a,12-octahydro-5*H*-6,10:11,12a-dimethanoindolo[3,2-*b*]quinolizine

【典型氢谱特征】

5-16-15[8]　　5-16-16[8]

表 5-16-6 柯南因-士的宁型生物碱 5-16-15 和 5-16-16 的 ^{1}H NMR 数据

H	5-16-15 (CD_3OD)	5-16-16 (CD_3OD)	典型氢谱特征
3①	4.52 d(9.8)	5.16 d(9.2)	① 3 位氮次甲基特征峰； ② 5 位氮次甲基特征峰； ③ 6 位(N-β 位)亚甲基特征峰； ④ 母核苯环质子信号在芳香区，可以区分为 1 个苯环单位； ⑤ 18 位甲基特征峰； ⑥ 19 位氮次甲基特征峰。 此外，化合物 **5-16-15** 和 **5-16-16** 的 C(21)形成了羧羰基，其特征信号消失
5②	4.30 dd(6.0, 5.0)	4.27 dd(6.0, 5.0)	
6③	2.46 d(13.0) 2.91 m	2.60 d(13.0) 2.90 dd(13.0, 4.3)	
9④	7.62 d(7.5)	7.74 d(7.8)	
10④	7.31 t(7.5)	7.58 t(7.8)	
11④	7.43 t(7.5)	7.62 t(7.8)	
12④	7.61 d(7.5)	7.79 d(7.8)	
14	2.07 dd(14.5, 5.0) 2.60 dd(14.5, 9.8)	2.14 dd(14.4, 4.0) 2.64 dd(14.4, 9.2)	
15	2.83 m	2.85 m	
16	3.08 m	3.07 m	
17	4.99 s	5.11 d(1.0)	
18⑤	1.54 d(6.5)	1.39 d(6.3)	
19⑥	4.08 m	4.15 m	
20	2.88 m	2.79 d(9.5)	
17-OAc	2.19 s	2.19 s	

（7）C(3)-C(2)连接，C(3)-N(4)连接，C(19)-N(1)连接

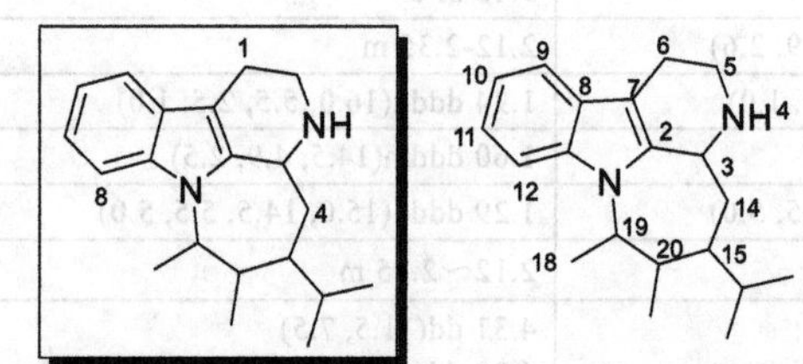

【系统分类】

6,7-二甲基-5-异丙基-1,2,3,3a,4,5,6,7-八氢-3,7a-二氮杂环庚三烯并[*jk*]芴

5-isopropyl-6,7-dimethyl-1,2,3,3a,4,5,6,7-octahydro-3,7a-diazacyclohepta[*jk*]fluorene

【典型氢谱特征】

5-16-17 [9]　　**5-16-18** [9]

表 5-16-7 柯南因-士的宁型生物碱 5-16-17 和 5-16-18 的 ^{1}H NMR 数据

H	5-16-17 ($CDCl_3$)	5-16-18 ($CDCl_3$)	典型氢谱特征
9①	7.18～7.60 m	7.03～7.63 m	① 母核苯环质子信号在芳香区，可以区分为 1 个苯环单位； ②③⑥ C(16)、C(17)、C(21)与 C(15)及 C(20)一起氮化芳构化而显示吡啶 α 和 β 位质子特征；
10①	7.18～7.60 m	7.03～7.63 m	
11①	7.18～7.60 m	7.03～7.63 m	
12①	7.18～7.60 m	7.03～7.63 m	
14		5.51 s	

续表

H	5-16-17 ($CDCl_3$)	5-16-18 ($CDCl_3$)	典型氢谱特征
16②	7.10 d(5)	6.96 d(5)	④ 18 位甲基特征峰； ⑤ 19 位氮次甲基特征峰。 注：文献未给出其他信号
17③	8.54 d(5)	8.27 d(5)	
18④	1.66 d(7)	1.43 d(7)	
19⑤	5.78 q(7)	5.70 q(7)	
21⑥	8.61 s	8.37 s	
NMe	2.53 s	3.15 s	

（8）C(3)-C(2)连接，C(3)-N(4)连接，C(21)-N(1)连接

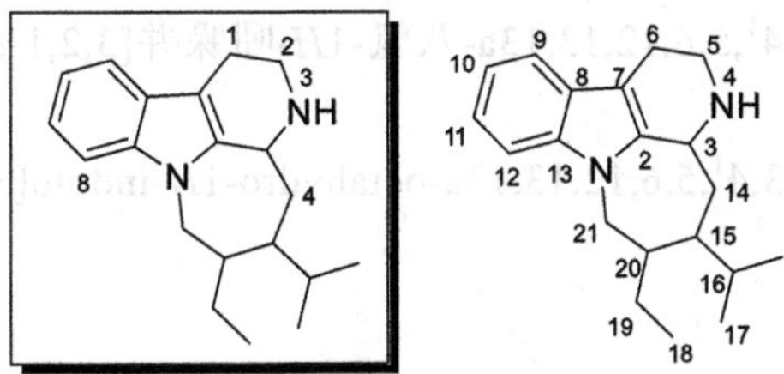

【系统分类】

6-乙基-5-异丙基-1,2,3,3a,4,5,6,7-八氢-3,7a-二氮杂环庚三烯并[*jk*]芴

6-ethyl-5-isopropyl-1,2,3,3a,4,5,6,7-octahydro-3,7a-diazacyclohepta[*jk*]fluorene

【典型氢谱特征】

5-16-19 [10]

表 5-16-8 柯南因-士的宁型生物碱 5-16-19 的 ^{1}H NMR 数据

H	5-16-19 ($CDCl_3$)	H	5-16-19 ($CDCl_3$)	典型氢谱特征
3①	3.44 m	14β	2.16 ddd(13.5, 10.2, 5.0)	① 3 位氮次甲基特征峰； ② 5 位氮亚甲基特征峰； ③ 6 位(N-β 位)亚甲基特征峰； ④ 母核苯环质子信号在芳香区，可以区分为 1 个苯环单位； ⑤ 18 位甲基特征峰； ⑥ C(21)形成烯胺氮次甲基后的特征峰
5α②	2.68 ddd(11.8, 10.5, 4.0)	15	3.08 m	
5β②	3.14 ddd(11.8, 4.0, 2.5)	16α	2.15 ddd(12.9, 12.1, 4.0)	
6α③	2.75 dddd(15.5, 5.0, 2.5, 2)	16β	1.78 ddd(12.9, 4.0, 1.8)	
6β③	2.92 dddd(15.5, 10.5, 5.0, 2.5)	17	4.89 dd(4.0, 1.8)	
9④	7.48 br d(7.6)	18⑤	1.47 d(6.2)	
10④	7.15 dd(7.6, 7.6)	19	4.54 q(6.2)	
11④	7.21 ddd(8.1, 7.6, 1.1)	21⑥	6.90 s	
12④	7.33 d(8.1)	OMe	3.45 s	
14α	2.10 ddd(13.5, 3.5, 2.0)	NMe	2.52 s	

2. 白坚木型生物碱

（1）C(21)-C(2)连接，C(21)-N(4)连接，C(3)-N(4)连接, C(16)-N(1)连接

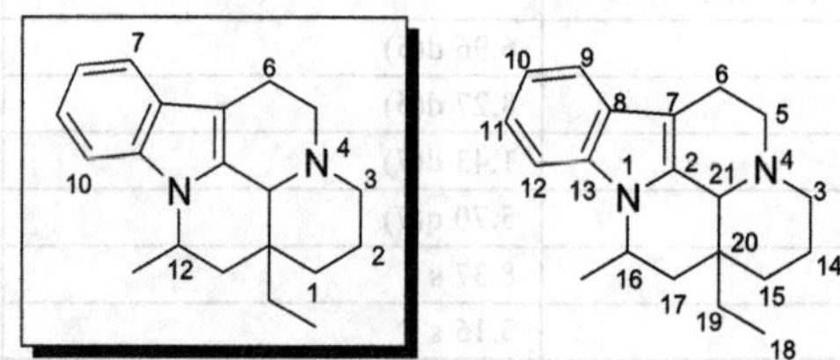

【系统分类】

12-甲基-13a-乙基-2,3,4[1],5,6,12,13,13a-八氢-1*H*-吲哚并[3,2,1-*de*]吡啶并[3,2,1-*ij*][1,5]二氮杂萘

13a-ethyl-12-methyl-2,3,4[1],5,6,12,13,13a-octahydro-1*H*-indolo[3,2,1-*de*]pyrido[3,2,1-*ij*][1,5]naphthyridine

【结构多样性】

C(22)降碳等。

【典型氢谱特征】

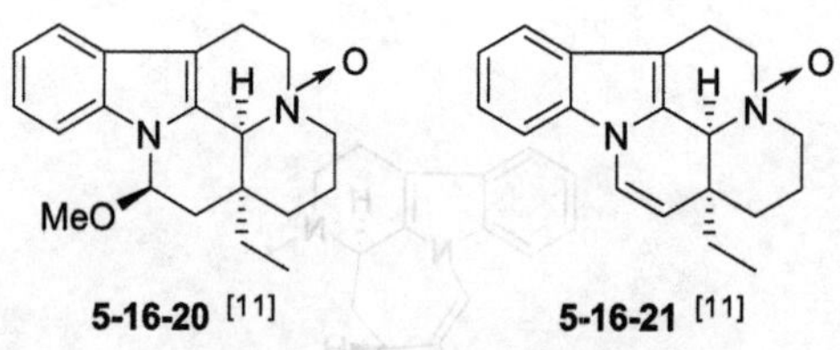

5-16-20 [11]　　5-16-21 [11]

表 5-16-9 白坚木型生物碱 5-16-20 和 5-16-21 的 ^{1}H NMR 数据

H	**5-16-20** ($CDCl_3$)	**5-16-21** ($CDCl_3$)	典型氢谱特征
3①	3.09 m, 3.32 m	3.16 br d(11.5), 3.48 m	① 3 位氮亚甲基特征峰； ② 5 位氮亚甲基特征峰； ③ 6 位(N-*β* 位)亚甲基特征峰； ④ 母核苯环质子信号在芳香区，可以区分为 1 个苯环单位； ⑤ C(16)形成烯胺氮次甲基或氧化氮化次甲基后的特征峰； ⑥ 18 位甲基特征峰； ⑦ 21 位（烯丙位）氮次甲基特征峰
5②	3.82 m, 3.93 m	3.86 m, 3.98 m	
6③	3.04 m, 3.06 m	3.04 m, 3.11 m	
9④	7.45 d(8.0)	7.45 d(7.8)	
10④	7.14 t(8.0)	7.24 t(7.8)	
11④	7.23 t(8.0)	7.14 t(7.8)	
12④	7.25 d(8.0)	7.33 d(7.8)	
14	1.39 br d(13.6), 2.59 m	1.46 br d(14.2), 2.66 m	
15	1.47 br d(14.0) 1.93 m	1.24 dd(14.0, 3.5) 1.59 br d(14.0)	
16⑤	5.42 d(3.4)	6.93 d(7.8)	
17	1.96 dd(15.2, 4.4) 2.18 br d(15.2)	5.03 d(7.8)	
18⑥	0.99 t(7.3)	1.07 t(7.4)	
19	2.25 q(7.3), 2.60 q(7.3)	1.88 q(7.4), 2.78 q(7.4)	
21⑦	4.43 s	4.78 s	
16-OMe	3.50 s		

（2）C(21)-C(2)连接，C(21)-N(4)连接，C(3)-N(4)连接, C(16)-C(2)连接

【系统分类】

12-甲基-13a-乙基-2,3,4^1,5,6,6a,11,12,13,13a-十氢-1*H*-环戊二烯并[*ij*]吲哚并[2,3-*a*]喹嗪

13a-ethyl-12-methyl-2,3,4^1,5,6,6a,11,12,13,13a-decahydro-1*H*-cyclopenta[*ij*]indolo[2,3-*a*]quinolizine

【典型氢谱特征】

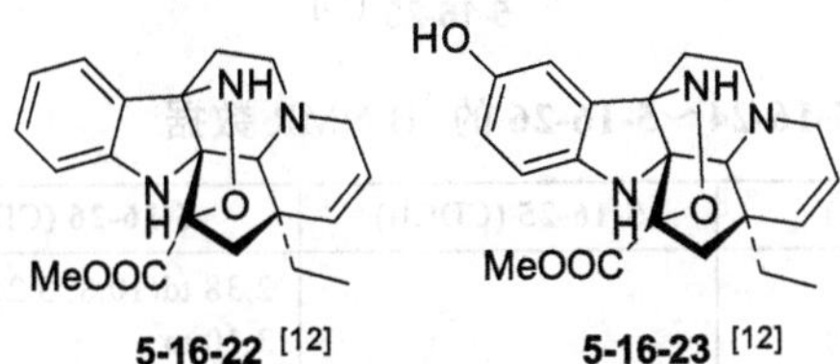

5-16-22 [12]　　5-16-23 [12]

表 5-16-10 白坚木型生物碱 5-16-22 和 5-16-23 的 ^{1}H NMR 数据

H	5-16-22 ($CDCl_3$)	5-16-23 ($CDCl_3$)	典型氢谱特征
3①	2.71 ddd(16.0, 2.5, 1.2) 3.21 ddd(16.0, 5.6, 1.2)	2.71 br d(16.1) 3.23 dd(16.1, 4.5)	① 3 位氮亚甲基特征峰； ② 5 位氮亚甲基特征峰； ③ 6 位(N-*β* 位)亚甲基特征峰； ④ 母核苯环质子信号在芳香区，可以区分为 1 个苯环单位； ⑤ 18 位甲基特征峰； ⑥ 21 位氮次甲基特征峰
5②	1.92 ddd(12.0, 12.0, 2.8) 2.72 ddd(12.0, 4.0, 0.5)	—	
6③	2.49 ddd(13.5, 12.0, 4.9) 2.59 ddd(13.5, 2.8, 0.5)	—	
9④	7.21 dd(7.5, 1.2)	6.80 m	
10	6.82 ddd(7.5, 1.2, 1.1)④	—	
11④	7.19 ddd(7.5, 1.2, 1.1)	6.68 dt(7.8, 2.2)	
12④	6.63 dd(7.5, 1.1)	6.52 dd(7.8, 0.9)	
14	5.80 ddd(10.0, 5.6, 1.2)	5.81 ddd(10.2, 4.5, 1.2)	
15	5.62 ddd(10.0, 2.5, 1.2)	5.58 br dd(10.2, 1.45)	
17	2.32 dd(13.8, 1.0) 2.61 dd(13.8, 1.0)	2.30 d(13.3) 2.63 dd(13.3, 1.0)	
18⑤	1.00 t(7.4)	0.99 t(7.3)	
19	1.74 q(7.4)	1.74 q(7.3)	
21⑥	2.29 d(1.0)	2.31 s	
16-OMe	3.66 s	3.63 s	
NH	6.89 br s(1-NH) 4.17 br s	3.94 br s	

（3）C(21)-C(7)连接，C(21)-N(4)连接，C(3)-N(4)连接，C(16)-C(2)连接

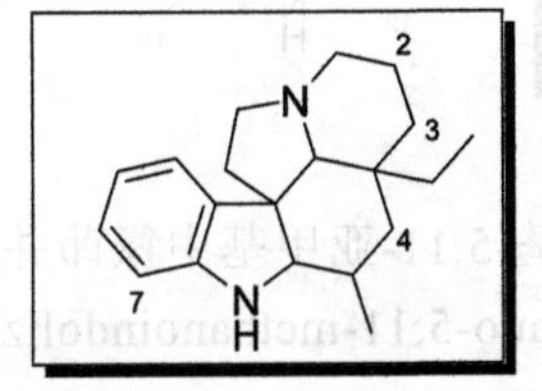

【系统分类】

5-甲基-3a-乙基-2,3,3a,3a^{1},4,5,5a,6,11,12-十氢-1*H*-中氮茚并[8,1-*cd*]咔唑

3a-ethyl-5-methyl-2,3,3a,3a^{1},4,5,5a,6,11,12-decahydro-1*H*-indolizino[8,1-*cd*]carbazole

【典型氢谱特征】

5-16-24 [13]　　5-16-25 [13]　　5-16-26 [13]

表 5-16-11 白坚木型生物碱 5-16-24～5-16-26 的 ^{1}H NMR 数据

H	5-16-24 (CDCl$_3$)	5-16-25 (CDCl$_3$)	5-16-26 (CDCl$_3$)	典型氢谱特征
3①	3.16 br d(16) 3.45 ddd(16, 4.6, 1.3)		2.38 td(10.8, 3.2) 3.10 m	① 3 位氮亚甲基特征峰；当 C(3)形成羰基时，该信号消失； ② 5 位氮亚甲基特征峰； ③ 6 位(N-β 位)亚甲基特征峰； ④ 母核苯环质子信号在芳香区，可以区分为 1 个苯环单位； ⑤ C(18)-C(19) 乙基特征峰； ⑥21 位氮次甲基特征峰
5②	2.68 ddd(11.5, 7, 4.3) 3.02 t(7)	3.35 td(12, 5) 4.29 dd(12, 7)	2.52 ddd(11.5, 8, 4.5) 2.89 dd(8, 6.7)	
6③	1.76 dd(11.5, 4.3) 2.06 td(11.5, 7)	1.86 dd(12, 5) 1.94 td(12, 7)	1.66 dd(11.5, 4.5) 2.03 td(11.5, 6.7)	
9④	6.89 s	6.87 s	6.84 s	
12④	6.45 s	6.52 s	6.43 s	
14	5.78 ddd(10.0, 4.6, 1.5)	5.95 d(10.0)	1.53 m, 1.81 m	
15	5.70 dt(10.0, 1.3)	6.44 d(10.0)	1.25 m, 1.81 m	
17	2.42 d(15) 2.53 dd(15, 1.5)	2.04 dd(15.5, 1.5) 2.59 d(15.5)	2.27 dd(15.1, 1.5) 2.70 d(15.1)	
18⑤	0.64 t(7.3)	0.71 t(7)	0.57 t(7)	
19⑤	0.86 dq(14, 7.3) 1.00 dq(14, 7.3)	1.00 dq(14, 7) 1.08 dq(14, 7)	0.63 dq(14, 7) 0.98 dq(14, 7)	
21⑥	2.60 s	3.92 s	2.36 d(1.5)	
NH	8.87 br s	8.91 br s	8.77 br s	
10-OH	5.36 br s	5.59 br s	5.37 br s	
11-OMe	3.87 s	3.89 s	3.86 s	
16-COOMe	3.76 s	3.77 s	3.75 s	

（4）C(21)-C(7)连接，C(21)-N(4)连接，C(3)-N(4)连接，C(22)-C(6)连接，C(16)-C(2)连接，C(18)-C(2)连接

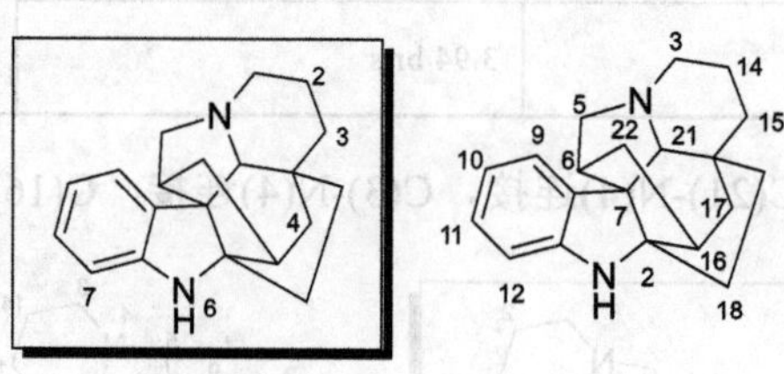

【系统分类】

2,3,3a^{1},4,5,6,11,12-八氢-1*H*-3a,5a-桥亚乙基-5,11-亚甲基中氮茚并[8,1-*cd*]咔唑

2,3,3a^{1},4,5,6,11,12-octahydro-1*H*-3a,5a-ethano-5,11-methanoindolizino[8,1-*cd*]carbazole

【典型氢谱特征】

5-16-27 [14]　　5-16-28 [14]　　5-16-29 [14]

表 5-16-12 白坚木型生物碱 5-16-27～5-16-29 的 ^{1}H NMR 数据

H	5-16-27 ($CDCl_3$)	5-16-28 ($CDCl_3$)	5-16-29 ($CDCl_3$)	典型氢谱特征
3①	2.91 td(13, 4) 4.22 dd(13, 5)	2.91 td(13, 4) 4.23 dd(13, 5)	2.90 td(13, 4) 4.23 dd(13, 5)	① 3 位氮亚甲基特征峰； ② 母核苯环质子信号在芳香区，可以区分为 1 个苯环单位； ③ 21 位氮次甲基特征峰。 除上述特征外，白坚木型生物碱苯环上含有甲氧基和亚甲二氧时，其信号有特征性
6	2.91 s	2.92 s	3.00 s	
9②	6.72 d(8)	6.67 d(8)	6.89 d(8)	
10②	6.63 d(8)	6.35 d(8)	6.73 d(8)	
14	1.51 m, 1.65 m	1.53 m, 1.63 m	1.53 m, 1.61 m	
15	1.46 m, 1.65 m	1.46 m, 1.63 m	1.43 td(14, 5), 1.61 m	
17	1.61 br d(15) 2.13 dd(15, 3)	1.50 br d(15) 1.99 dd(15, 3)	1.61 br d(15) 2.12 dd(15, 3)	
18	1.70 m 2.56 ddd(13.5, 12, 4.5)	1.75 m 2.09 td(13, 4.5)	1.68 m 2.52 ddd(13.5, 12, 4.5)	
19	1.43 m 1.80 td(12, 4.5)	1.43 m 1.73 m	1.35 m 1.77 m	
21③	3.62 d(2)	3.66 br s	3.54 d(1.5)	
11-OMe			3.88 s	
12-OMe			3.80 s	
16-OH	7.09 br s		6.93 s	
NCOOMe	3.82 s		3.77 s	
OCH_2O	5.94 d(1.5) 5.96 d(1.5)	5.86 d(1.5) 5.91 d(1.5)		

（5）C(21)降碳，C(20)-N(4)连接，C(3)-N(4)连接，C(18)-C(2)连接，C(16)-C(2)连接

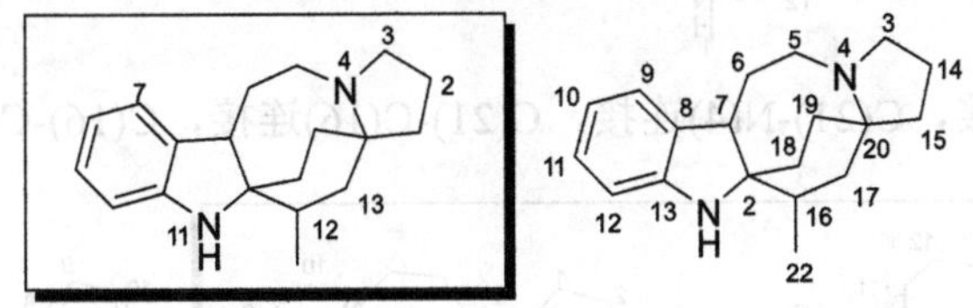

【系统分类】

12-甲基-2,3,5,6,6a,11,12,13-八氢-1*H*-11a,13a-桥亚乙基吡咯并[1′,2′:1,8]吖辛因（氮杂环辛四烯）并[5,4-*b*]吲哚

12-methyl-2,3,5,6,6a,11,12,13-octahydro-1*H*-11a,13a-ethanopyrrolo[1′,2′:1,8]azocino[5,4-*b*]indole

【典型氢谱特征】

5-16-30 [15]　　5-16-31 [15]　　5-16-32 [15]

表 5-16-13　白坚木型生物碱 5-16-30～5-16-32 的 ^{1}H NMR 数据

H	5-16-30 ($CDCl_3$)	5-16-31 ($CDCl_3$)	5-16-32 ($CDCl_3$)	典型氢谱特征
3①	2.73 m, 2.99 m			① 3 位氮亚甲基特征峰；当 C(3)形成羰基时，该信号消失； ② 5 位氮亚甲基特征峰； ③ 6 位(N-β 位)亚甲基特征峰； ④ 母核苯环质子信号在芳香区，可以区分为 1 个苯环单位
5②	3.13 m	3.29 dd(15.4, 11.8) 4.46 dd(15.5, 5.5)	3.15 dd(16, 12) 4.52 dd(16, 6)	
6③	2.78 t(5) 2.85 dd(15.4, 7.7)	1.91 dd(16, 12) 3.15 dd(16, 6.5)	2.25 m 2.91 dd(16, 6)	
9④	7.00 d(7.7)	7.18 dd(7.7, 1)	7.40 m	
10④	6.88 td(7.7, 1)	7.07 td(7.7, 1)	7.12 t(7.5)	
11④	7.14 td(7.7, 1)	7.28 td(7.7, 1)	7.40 m	
12④	7.51 br s	7.53 br d(7.7)	7.58 br s	
14	1.73 m	6.00 d(5.9)	6.07 d(5.9)	
15	1.54 m, 1.70 m	6.98 d(5.9)	6.82 d(5.9)	
16	3.17 m	3.03 t(8.6)	3.97 m	
17	1.85 dd(15, 10) 2.40 m	1.43 dd(14, 9) 2.75 dd(14.9, 9)	2.02 d(15.4) 2.64 m	
18	1.54 m 1.70 m	2.46 dd(14.9, 5.4) 3.45 m	1.91 m 2.40 m	
19	1.85 dd(15, 10) 2.54 m	1.67 m 2.31 ddd(16, 8.6, 1.8)	1.60 m 2.23 m	
21-OMe	3.51 s	3.57 s		
COOMe	2.94 s	3.52 s		
NCOOMe	3.91 s	3.77 s	3.90 s	

3. 依波加明型生物碱

（1）C(3)-N(4)连接，C(21)-N(4)连接，C(21)-C(16)连接，C(16)-C(2)连接

【系统分类】

6-甲基-7-乙基-5a,6,6a,7,8,9,10,12,13,13a-十氢-5*H*-6,9-亚甲基吡啶并[1′,2′:1,2]氮杂环庚三烯并[4,5-*b*]吲哚

7-ethyl-6-methyl-5a,6,6a,7,8,9,10,12,13,13a-decahydro-5*H*-6,9-methanopyrido[1′,2′:1,2

]azepino[4,5-*b*]indole

【结构多样性】

C(17)-C(21)断裂

【典型氢谱特征】

MeOOC 5-16-33 [16] HO MeOOC 5-16-34 [16]

表 5-16-14 依波加明型生物碱 5-16-33, 5-16-34 的 ^{1}H NMR 数据

H	5-16-33 ($CDCl_3$)	5-16-34 ($CDCl_3$)	典型氢谱特征
9①	7.47 br d(7.3)	7.28 d(8.5)	该类化合物应具有 3 位氮亚甲基特征峰；5 位氮亚甲基特征峰和 6 位(N-β 位)亚甲基特征峰，这些数据文献没有给出。 本表中的数据均是其他特征峰： ① 母核苯环质子信号在芳香区，可以区分为 1 个苯环单位； ② 18 位甲基特征峰； ③ 21 位氮次甲基特征峰
10①	7.07 ddd(7.3, 7.3, 1.0)	6.63 dd(8.5, 2.1)	
11	7.14 ddd(7.3, 7.3, 1.0)①		
12①	7.24 dd(7.3, 1.0)	6.69 d(2.1)	
18②	0.89 t(7.4)	0.89 t(7.3)	
21③	3.55 s	3.52 s	
CO_2Me	3.70 s	3.71 s	
NH	7.75 br s	7.60 br s	

（2）C(3)-C(2)连接，C(3)-N(4)连接，C(21)-N(4)连接，C(16)-N(1)连接

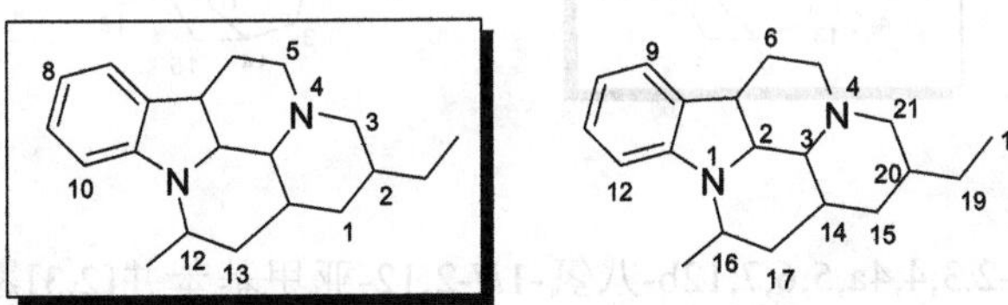

【系统分类】

12-甲基-2-乙基-2,3,4^{1},5,6,6a,6a^{1},12,13,13a-十氢-1*H*-吲哚并[3,2,1-*de*]吡啶并[3,2,1-*ij*][1,5]二氮杂萘

2-ethyl-12-methyl-2,3,4^{1},5,6,6a,6a^{1},12,13,13a-decahydro-1*H*-indolo[3,2,1-*de*]pyrido[3,2,1-*ij*][1,5]naphthyridine

【结构多样性】

C(22)降碳等。

【典型氢谱特征】

MeOOC HO 5-16-35 [17] O 5-16-36 [17]

表 5-16-15 依波加明型生物碱 5-16-35 和 5-16-36 的 ^{1}H NMR 数据

H	5-16-35 ($CDCl_3$)	5-16-36 ($CDCl_3$)	典型氢谱特征
3①	4.70 br s	4.63 br s	① 3 位氮次甲基特征峰；② 5 位氮亚甲基特征峰；③ 6 位(N-β 位)亚甲基特征峰；④ 母核苯环质子信号在芳香区，可以区分为 1 个苯环单位；⑤ 18 位甲基特征峰；⑥ 21 位氮亚甲基特征峰
5②	3.95 m, 3.98 m	3.86 m, 3.88 m	
6③	3.10 m, 3.10 m	3.04 m, 3.04 m	
9④	7.50 d(7.5)	7.44 d(8)	
10④	7.19 m	7.32 t(8)	
11④	7.21 m	7.38 t(8)	
12④	7.16 dd(7.5, 0.8)	8.38 d(8)	
14	3.18 m	3.24 m	
15	1.23 q(13) 1.80 br d(13.5)	0.61 q(13) 1.77 br d(13.5)	
17	2.32 dd(15, 3) 2.58 dd(15, 4)	2.73 dd(17, 5) 2.95 dd(17, 5)	
18⑤	0.88 t(7.5)	0.85 t(7.5)	
19	1.11 m, 1.16 m	1.07 m, 1.14 m	
20	2.45 m	2.51 m	
21⑥	2.88 t(12), 3.16 m	2.80 t(11.5), 3.04 m	
COOMe	3.83 s		

（3）C(21)-N(4)连接，C(3)-N(1)连接，C(16)-C(2)连接，C(16)-C(21)连接

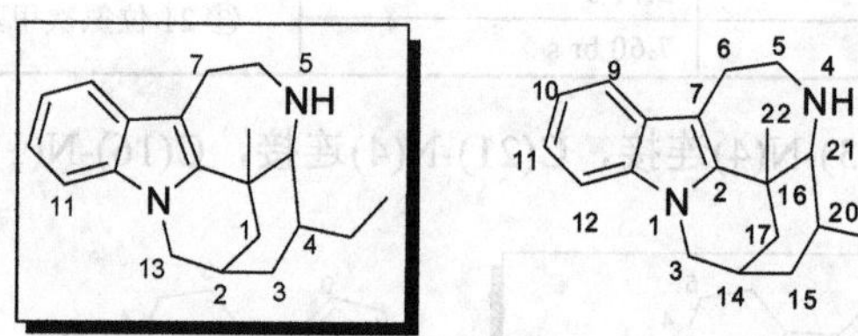

【系统分类】

12b-甲基-4-乙基-2,3,4,4a,5,6,7,12b-八氢-1*H*-2,12-亚甲基苯并[2,3]氮杂环庚三烯并[4,5-*b*]吲哚

4-ethyl-12b-methyl-2,3,4,4a,5,6,7,12b-octahydro-1*H*-2,12-methanobenzo[2,3]azepino[4,5-*b*]indole

【典型氢谱特征】

5-16-37 [18]　　5-16-38 [18]　　5-16-39 [18]

表 5-16-16 依波加明型生物碱 5-16-37～5-16-39 的 ^{1}H NMR 数据

H	5-16-37 ($CDCl_3$)	5-16-38 ($CDCl_3$)	5-16-39 ($CDCl_3$)	典型氢谱特征
3①	5.47 m	5.61 m	5.58 m	① 3 位常形成氧化氮化伯碳，其信号有特征性；
5②	2.70 td(14, 1.5) 2.79 dt(14, 3)	2.59 br t(12) 2.83 br dd(12, 3.5)	2.79 m 2.93 m	

续表

H	5-16-37 ($CDCl_3$)	5-16-38 ($CDCl_3$)	5-16-39 ($CDCl_3$)	典型氢谱特征
6③	2.54 td(14, 3) 2.66 ddd(14, 3, 1.5)	2.65 td(12, 1.5) 2.76 br dd(12, 3.5)	2.74 m 2.79 m	② 5 位氮亚甲基特征峰； ③ 6 位(N-β 位)亚甲基特征峰； ④ 母核苯环质子信号在芳香区，可以区分为 1 个苯环单位； ⑤ 18 位甲基特征峰； ⑥ 21 位氮次甲基特征峰
9④	7.32 d(8)	7.52 ddd(7.3, 1.5, 0.7)	7.56 ddd(7, 1.5, 0.6)	
10④	6.84 dd(8, 2)	7.20 td(7.3, 1.5)	7.20 td(7, 1.5)	
11	3.87 s(OMe)	7.24 td(7.3, 1.5)④	7.23 td(7, 1.5)④	
12④	7.00 d(2)	7.48 ddd(7.3, 1.5, 0.7)	7.53 ddd(7, 1.5, 0.6)	
14	2.34 m	2.49 m	2.46 m	
15α	1.17 ddd(14, 12, 6)	1.81 ddd(13, 11.5, 6)	1.23 ddd(14, 11, 6)	
15β	1.64 ddt(14, 6, 2.5)	1.74 ddt(13, 6, 2.5)	1.67 ddt(14, 5.5, 2.5)	
17α	2.56 dt(13, 2.5)	2.64 dt(13, 2.5)	2.68 dt(13, 2.5)	
17β	1.74 br dd(13, 4)	1.98 ddd(13, 4, 0.7)	2.02 br dd(13, 4)	
18⑤	0.92 d(6)	2.05 s	0.93 d(6)	
19	3.50 dq(7, 6)		3.27 dq(9, 6)	
20	0.89 dddd(12, 11, 7, 2.5)	2.08 td(11.5, 6)	0.67 tdd(11, 9, 5.5)	
21⑥	3.19 d(11)	3.49 d(11.5)	3.44 d(11)	
23α			4.62 d(10.5)	
23β			4.41 d(10.5)	
COOMe	3.77 s	3.82 s	3.80 s	

二、非重排单萜吲哚型生物碱

(1) C(18)-N(10)连接, C(12)-C(9)连接

【系统分类】

3-{(4,4,8-三甲基-3-氮杂二环[3.3.1]壬烷-2-基)甲基}-1*H*-吲哚

3-{(4,4,8-trimethyl-3-azabicyclo[3.3.1]nonan-2-yl)methyl}-1*H*-indole

【典型氢谱特征】

5-16-40 [19]　　5-16-41 [19]

表 5-16-17 非重排单贴吲哚类生物碱 5-16-40, 5-16-41 的 ^{1}H NMR 数据

H	5-16-40 (CDCl$_3$)	5-16-41 (CD$_3$OD)	典型氢谱特征
2①	—[a]	7.14 s	
4②	7.58 d(7.5)	7.55 d(8.0)	① 2 位吲哚烯胺次甲基特征峰； ② 母核苯环质子信号在芳香区，可以区分为 1 个苯环单位； ③ 9 位氮次甲基特征峰； ④ 17 位、19 位和 20 位三个甲基特征峰；当甲基形成羟甲基（氧化甲基）时，氧化伯碳上的质子同样有特征性[如化合物 **5-16-40** 的 C(17)]
5②	7.12 t(7.5)	7.04 t(8.0)	
6②	7.03 t(7.5)	7.14 t(8.0)	
7②	7.33 d(7.5)	7.38 d(8.0)	
8	2.53 d(7.5)	2.97 dd(15.0, 11.0) 3.11 dd(15.0, 4.0)	
9③	3.33 td(7.5, 2.5)	3.67 ddd(11.0, 4.0, 3.5)	
12	2.11 ddd(3.5, 3.0, 2.0)	1.87 dt(6.0, 3.5)	
13	1.34 dt(13.0, 3.0) 1.85 ddd(13.0, 3.5, 3.0)	1.83 ddd(13.0, 6.0, 2.0) 2.43 dt(13.0, 3.5)	
14	1.31 qd(3.0, 1.5)	1.48 dddd(6.0, 5.0, 3.5, 2.0)	
15	ax1.91 ddd(16.0, 3.5, 3.0) eq2.14 ddd(16.0, 3.5, 1.5)	1.98 ddd(15.0, 6.0, 1.5) 2.15 dt(15.0, 5.0)	
16	5.85 t(3.5)	3.27 dd(5.0, 1.5)	
17④	3.90 (AB 型,14.0)		
OH, NH	3.00 s		
Me④	0.87 s, 0.97 s	1.02 s, 1.10 s, 1.52 s	

[a] 文献有数据缺失。

参考文献

[1] Penelle J, Tits M, Christen P, et al. Phytochemistry, 2000, 53: 1057.

[2] Kam T S, Iek I H, Choo Y M. Phytochemistry, 1999, 51: 839.

[3] Lim K H, Sim K M, Tan G H, et al. phytochemistry, 2009, 70: 1182.

[4] Crouch R C, Martin G E. J Heterocyclic Chem, 1995, 32: 1665.

[5] Rahman A, Khanum S. Heterocycles, 1987, 26: 405.

[6] Kogure N, Kobayashi H, Ishii N, et al. Tetrahedron Lett, 2008, 49: 3638.

[7] Borris R P, Guggisberg A, Hesse M. Helv Chim Acta, 1984,67:455.

[8] Feng T, Li Y, Cai X H, et al. J Nat Prod, 2009, 72: 1836.

[9] Rolfsen W N A, Olaniyi A A, Verpoorte R, et al. J Nat Prod, 1981, 44: 415.

[10] Verpoorte R, Rolfsen W, Bohlin L. J Chem Soc Perkin Trans 1, 1984 , 7: 1455.

[11] Feng T, Cai X H, Liu Y P, et al. J Nat Prod, 2010, 73: 22.

[12] Palmisano G, Danieli B, Lesma G, et al. J Org Chem, 1988, 53: 1056.

[13] Lim K H, Hiraku O, Komiyama K, et al. J Nat Prod, 2008, 71: 1591.

[14] Kam T S, Subramaniam G, Chen W, et al. Phytochemistry, 1999, 51: 159.

[15] Yap W S, Gan C Y, Low Y Y, et al. J Nat Prod, 2011, 74: 1309.

[16] Beek T A, Verpoorte R, Svendsen A B. Tetrahedron, 1984, 40: 737.

[17] Sim D S Y, Chong K W, Nge C E, et al. J Nat Prod, 2014, 77: 2504.

[18] Kam T S, Sim K M. Heterocycles, 2001, 55: 2405.

[19] Quirion J C, Kan C, Husson H P. J Nat Prod, 1990, 53: 713.

第十七节 喹啉类生物碱

喹啉类（quinolines）生物碱根据结构特点和来源分型为简单喹啉型（包括呋喃喹啉型和吡喃喹啉型等）生物碱、奎宁型（也称为金鸡纳碱型）生物碱和喜树碱型生物碱。

一、简单喹啉型生物碱

1. 喹啉-2-酮型生物碱

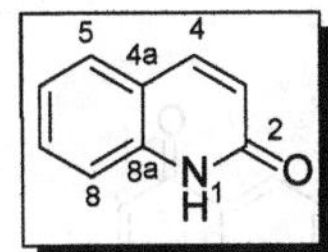

【系统分类】

喹啉-2(1*H*)-酮

quinolin-2(1*H*)-one

【结构多样性】

C(3)增碳碳键，N(1)增氮碳键，等。

【典型氢谱特征】

5-17-1 [1]　　5-17-2 [2]　　5-17-3 [3]

表 5-17-1 喹啉-2-酮型生物碱 5-17-1～5-17-3 的 ^{1}H NMR 数据

H	5-17-1 ($CDCl_3$)	5-17-2 ($CDCl_3$)	5-17-3 (DMSO-d_6)	典型氢谱特征
1①	3.71 s(NMe)	10.25 br s(NH)	3.30 s(NMe)	① 1 位仲胺基质子或氮甲基化后的氮甲基信号有特征性；②③ 3 位和 4 位 *α*, *β*-不饱和羰基烯次甲基质子信号有特征性，但，由于常在 C(3)和 C(4)上有取代基，因而特征信号消失；化合物 **5-17-3** 的 C(3)和 C(4)被氢化，分别形成氧化叔碳和氧化仲碳，因而 C(4)位氢信号有特征性；④ 母核苯环质子信号在芳香区，可以区分为 1 个苯环单位
3②			5.15 br s(OH)	
4③	3.90 s(OMe)	4.10 s(OMe)	4.54 d(4.8) 5.65 d(4.8, OH)	
5④	7.84 dd(8.3, 1.5)	7.73 d(8.8)	7.38 d(7.8)	
6④	7.27 ddd(8.3, 7.3, 1.5)	6.81 dd(8.8, 2.4)	7.05 t(7.8)	
7	7.58 ddd(8.3, 7.3, 1.5)④	3.89 s(OMe)	7.28 t(7.8)④	
8④	7.39 br d(8.3)	6.61 d(2.4)	7.06 d(7.8)	
1′	3.85 s	4.54 s	2.15 dd(15.0, 7.7) 2.30 dd(15.0, 7.7)	
2′			5.04 br t(7.7)	
3′	2.90 sept(6.8)	3.47 s		
4′	1.23 d(6.8)		1.55 s	
5′	1.23 d(6.8)		1.37 s	

2. 喹啉-4-酮型生物碱

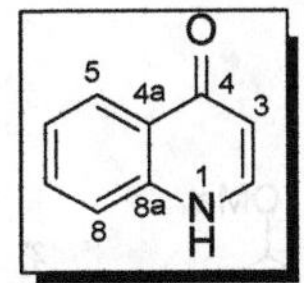

【系统分类】

喹啉-4(1*H*)-酮

quinolin-4(1*H*)-one

【结构多样性】

C(2)增碳碳键，C(3)增碳碳键，N(1)增氮碳键，等。

【典型氢谱特征】

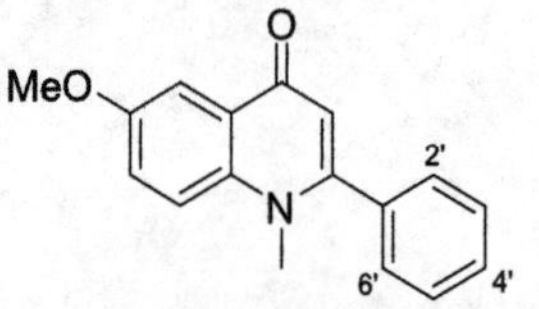

5-17-4 [4] 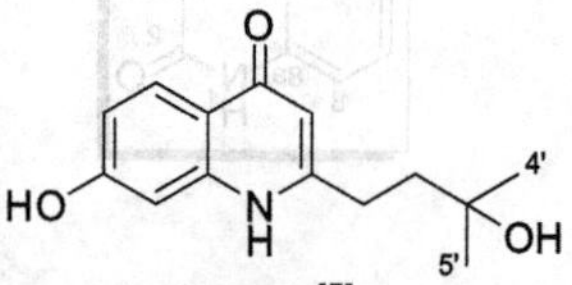　　5-17-5 [5] 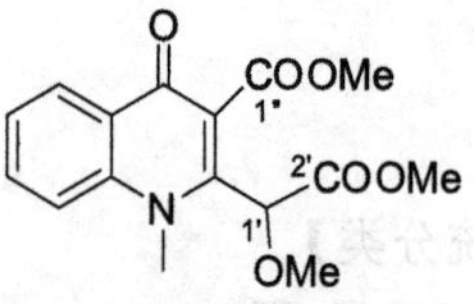　　5-17-6 [6]

表 5-17-2 喹啉-4-酮型生物碱 5-17-4～5-17-6 的 ^{1}H NMR 数据

H	5-17-4 ($CDCl_3$)	5-17-5 (DMSO-d_6)	5-17-6 ($CDCl_3$)	典型氢谱特征
1①	3.60 s(NMe)	10.50 br s(NH)	3.78 s(NMe)	① 1 位仲胺质子或氮甲基的信号有特征性； ② 2 位和 3 位 α,β-不饱和羰基烯次甲基信号应有特征性，但当在 C(2)或/和 C(3)上有取代基时，相应特征信号消失； ③ 母核苯环质子信号在芳香区，可以区分为 1 个苯环单位
3②	6.32 s	6.68 s		
5③	6.89 d(2.1)	7.90 d(9.0)	8.45 dd(8.8, 1.5)	
6	3.90 s(OMe)	7.43 dd(9.0, 2.5)③	7.42 td(8.8, 1.5)③	
7	7.03 dd(8.9, 2.1)③		7.71 td(8.8, 1.5)③	
8③	8.42 d(8.9)	7.47 d(2.5)	7.53 dd(8.8, 1.5)	
1′		2.91 t(8.3)	5.28 s 3.55 s(OMe)	
2′	7.40 m	1.80 t(8.3)	3.94 s(OMe)	
3′	7.51 m	4.01 br s(OH)		
4′	7.51 m	1.17 s		
5′	7.51 m	1.17 s		
6′	7.40 m			
1″			3.78 s(OMe)	

3. 呋喃并喹啉型生物碱

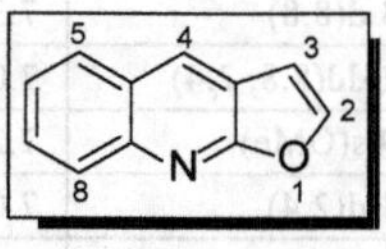

【系统分类】

呋喃并[2,3-*b*]喹啉

furo[2,3-*b*]quinoline

【结构多样性】

C(2)增碳碳键等。

【典型氢谱特征】

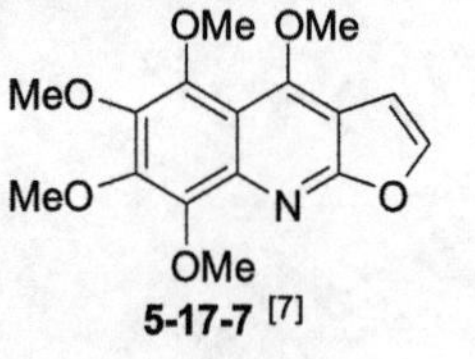

5-17-7 [7] 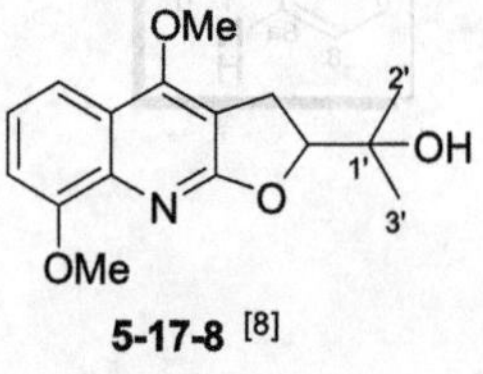　　5-17-8 [8] 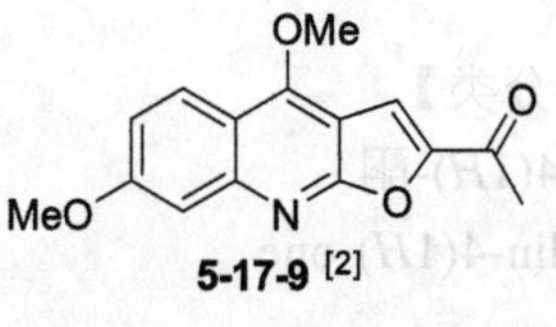　　5-17-9 [2]

表 5-17-3 呋喃喹啉型生物碱 5-17-7～5-17-9 的 ^{1}H NMR 数据

H	5-17-7 ($CDCl_3$)	5-17-8 ($CDCl_3$)	5-17-9 ($CDCl_3$)	典型氢谱特征
2①	7.60 d(2.7)	4.63 t(8.6)	2.67 s(Ac)	①② 2 位和 3 位烯醚次甲基信号通常有特征性，偶合常数数据符合五元杂环芳香体系的特征，但由于常在 C(2)上有取代基，因而 2 位特征信号消失；化合物 **5-17-8** 的 C(2)和 C(3)被氢化，分别形成氧化仲碳和氧 β 位亚甲基，相应信号有特征性； ③ 母核苯环质子信号在芳香区，可以区分为 1 个苯环单位；化合物 **5-17-7** 的苯环氢全部被取代，因而相应特征信号消失（需注意采用其他手段进行鉴别） 除上述特征外，呋喃并喹啉型生物碱常含有的甲氧基信号有特征性
3②	7.05 d(2.7)	3.60 d(8.6)	7.82 s	
4③	4.44 s(OMe)	4.24 s(OMe)	4.49 s(OMe)	
5	4.15 s(OMe)	7.62 dd(8.4, 1.2)④	8.17 d(9.4)④	
6	3.99 s(OMe)	7.26 dd(8.4, 8.0)④	7.11 dd(9.4, 2.6)④	
7	3.91 s(OMe)	6.98 dd(8.0, 1.2)④	3.96 s(OMe)	
8	4.26 s(OMe)	4.00 s(OMe)	7.32 d(2.6)④	
1′		1.95 br s(OH)		
2′		1.26 s		
3′		1.42 s		

4. 吡喃并喹啉型生物碱

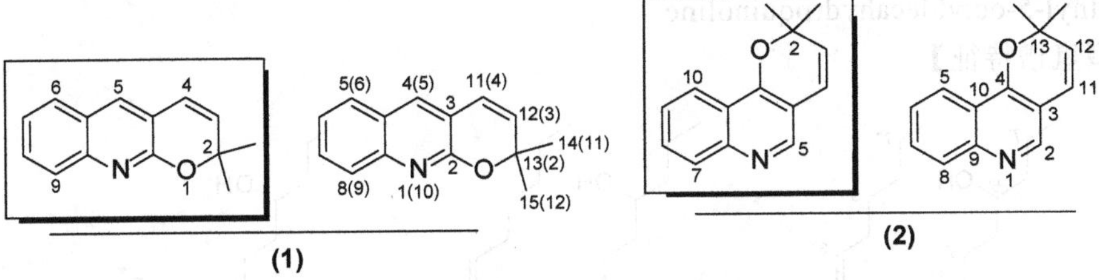

(1)　　(2)

【系统分类】

（1）2,2-二甲基-2*H*-吡喃并[2,3-*b*]喹啉

2,2-dimethyl-2*H*-pyrano[2,3-*b*]quinoline

（2）2,2-二甲基-2*H*-吡喃并[3,2-*c*]喹啉

2,2-dimethyl-2*H*-pyrano[3,2-*c*]quinoline

【典型氢谱特征】

5-17-10 [9]　　5-17-11 [10]　　5-17-12 [11]

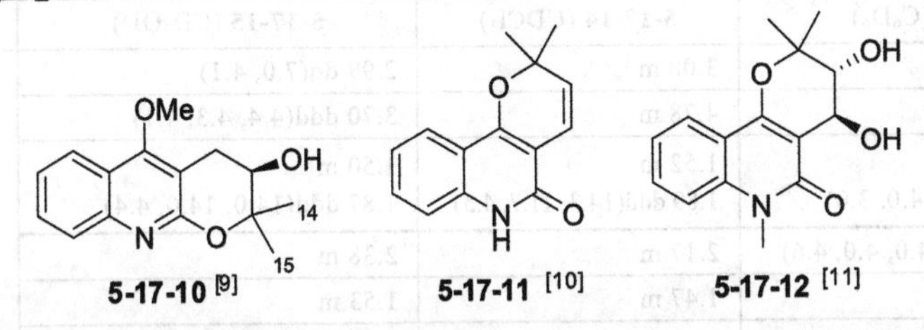

表 5-17-4 呋喃喹啉型生物碱 5-17-10～5-17-12 的 ^{1}H NMR 数据

H	5-17-10 ($CDCl_3$)	5-17-11 ($CDCl_3$)	5-17-12	典型氢谱特征
1		11.5 s	3.74 s	（1）化合物 **5-17-10** 4 位质子信号有特征性，其信号消失表明其被取代； ① 母核苯环质子信号在芳香区，可以区分为 1 个苯环单位； ② 14 位和 15 位甲基特征峰。 由于 C(11)位和 C(12)位存在双键被氢化和各种取代等复杂情况，其特征性需要具体判断。 （2）化合物 **5-17-11** 和 **5-17-12** ① 母核苯环质子信号在芳香区，可以区分为 1 个苯环单位； ② 14 位和 15 位甲基特征峰。 由于 C(11)位和 C(12)位存在双键被氢化和各种取代等复杂情况，其特征性需要具体判断
4	4.23 s(OMe)			
5①	7.98 d(8.0)	7.89 d(7.5)	8.00 br d(8.1)	
6①	7.29 dd(8.0, 6.8)	7.19 t(7.5)	7.27 dd(8.1, 8.1)	
7①	7.54 dd(8.0, 6.8)	7.48 t(7.5)	7.60 dd(8.1, 8.1)	
8①	7.72 d(8.0)	7.33 d(7.5)	7.35 br d(8.1)	
11	3.56 m, 3.64 m	6.77 d(9.9)	4.75 d(7.7)	
12	4.64 dd(8.4, 8.0)	5.56 d(9.9)	3.84 d(7.7)	
14②	1.28 s	1.54 s	1.63 s	
15②	1.43 s	1.54 s	1.32 s	
OH	4.23 s		2.82 br s, 5.56 br s	

5. 十氢喹啉型生物碱

【系统分类】

2-甲基-5-辛基十氢喹啉

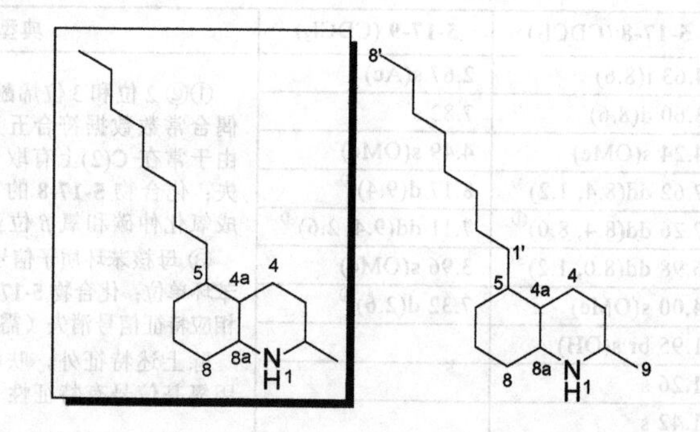

2-methyl-5-octyldecahydroquinoline

【典型氢谱特征】

5-17-13 [12]　5-17-14 [13]　5-17-15 [13]

表 5-17-5 十氢喹啉型生物碱 5-17-13～5-17-15 的 ^{1}H NMR 数据

H	5-17-13 (C_6D_6)	5-17-14 ($CDCl_3$)	5-17-15 (CD_3OD)	典型氢谱特征
2①	2.84 qd(6.6, 1.8)	3.08 m	2.99 dq(7.0, 4.1)	① 2 位氮次甲基特征峰；② 8a 位氮次甲基特征峰；③ 9 位甲基特征峰；④ 8′位甲基特征峰
3	5.00 br s	4.78 m	3.70 ddd(4.4, 4.3, 4.1)	
4	α 1.35 m β 1.82 ddd(13.8, 4.0, 3.0)	1.52 m 1.89 ddd(14.3, 11.7, 4.5)	1.50 m 1.87 ddd(14.0, 14.0, 4.4)	
4a	2.17 dddd(13.8, 4.0, 4.0, 4.6)	2.17 m	2.38 m	
5	1.35 m	1.47 m	1.53 m	
6	α 0.80 dddd(13.2, 13.2, 13.2, 3.6) β 1.24 m	1.09 m，1.38 m	1.12 dddd(12.5, 12.5, 12.5, 3.3)，1.38 m	
7	α 1.65 m β 1.13 m	1.66 m，1.13 m,	1.79 m	
8	α 1.58 dddd(13.2, 13.2, 12.6, 4.2) β 1.48 m	1.55 m 1.68 m	1.66 dddd(12.2, 12.5, 12.5, 3.8) 1.72 m	
8a②	2.81 ddd(12.6, 4.6, 4.2)	2.95 m	3.03 ddd(12.2, 6.0, 4.9)	
9③	1.08 d(6.6)	1.19 d(6.8)	1.28 d(7.0)	
1′	1.10 m	1.26 m	1.34 m	
2′	1.21 m	1.26 m	1.50 m	
3′	1.38 m	1.46 m	1.47 m	
4′	1.32 m	1.40 m	1.49 m	
5′	3.42 tt(6.5, 5.4)	3.56 m	3.56 m	
6′	1.30 m	1.40 m	1.44 m	

续表

H	5-17-13 (C_6D_6)	5-17-14 ($CDCl_3$)	5-17-15 (CD_3OD)	典型氢谱特征
7′	1.30 m, 1.43 m	1.39 m	1.40 m, 1.51 m	
8′④	0.90 t(6.6)	0.90 t(7.0)	0.97 t(7.0)	
2″	6.00 dt(15.6, 1.2)	5.83 d(15.4)		
3″	7.19 dt(15.6, 7.2)	6.99 ddd(15.4, 6.8, 6.8)		
4″	1.89 ddt(1.2, 7.2, 7.2)	2.20 m		
5″	1.18 m	1.26 m, 1.40 m		
6″	1.08 m	1.29 m		
7″	1.13 m	1.31 m		
8″	0.81 t(6.5)	0.90 t(6.8)		

6. 苯并喹啉型生物碱

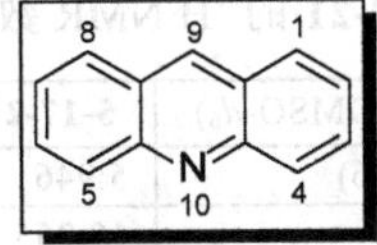

【系统分类】

吖啶

acridine

【典型氢谱特征】

5-17-16 [14]　　5-17-17 [14]　　5-17-18 [14]

表 5-17-6 苯并喹啉型生物碱 5-17-16～5-17-18 的 ^{1}H NMR 数据

H	5-17-16 ($CDCl_3$)	5-17-17 ($CDCl_3$)	5-17-18 ($CDCl_3$)	典型氢谱特征
1	15.05 s(OH)	4.046 s 或 3.927 s (OMe)	3.90 s 或 3.99 s (OMe)	①② 母核苯环质子信号在芳香区，可以区分为 2 个苯环单位，但当 1 个苯环上的氢全部被取代后，其特征信号消失； ③ 10 位吡啶氮常被还原，并甲基化，氮甲基峰有特征性 除上述特征外，苯并喹啉型生物碱常含有芳香甲氧基或亚甲二氧基，其信号有特征性
2	3.96 s(OMe)	3.927 s 或 4.046 s (OMe)	6.39 s①	
3		4.035 s(OMe)	3.90 s 或 3.99 s (OMe)	
4		6.627 s①	3.90 s 或 3.99 s (OMe)	
5②	7.07～7.81 m	7.448 dd(8.6, 0.7)	7.04～7.76 m	
6②	7.07～7.81 m	7.665 ddd(8.6, 7.0, 1.6)	7.04～7.76 m	
7②	7.07～7.81 m	7.270 ddd(8.0, 7.0, 0.7)	7.04～7.76 m	
8②	8.35 dd(7.9, 1.6)	8.513 dd(8.0, 1.6)	8.35 dd(7.8, 1.4)	
NMe③	4.00 s	3.851 s	3.70 s	
OCH_2O	5.99 s			

二、喜树碱型生物碱

【系统分类】

8-甲基-7-仲丁基中氮茚并[1,2-*b*]喹啉-9(11*H*)-酮

7-(*sec*-butyl)-8-methylindolizino[1,2-*b*]quinolin-9(11*H*)-one

【典型氢谱特征】

5-17-19 [15]　　**5-17-20** [15]　　**5-17-21** [15]

表 5-17-7　喜树碱型生物碱 5-17-19～5-17-21 的 ^{1}H NMR 数据

H	5-17-19 (DMSO-d_6)	5-17-20 (DMSO-d_6)	5-17-21 (CF_3COOD)	典型氢谱特征
5①	5.266	5.179 d(4.6)	5.946	① 5 位氮亚甲基特征峰； ② 7 位吡啶环次甲基特征峰； ③ 母核苯环质子信号在芳香区，可以区分为 1 个苯环单位； ④ 14 位吡啶环次甲基特征峰； ⑤ C(17)常形成氧亚甲基(氧化甲基)，其信号有特征性； ⑥ 18 位甲基特征峰 化合物的 C(21)均形成酯羰基，其特征信号消失
7②	8.671	8.437	10.255	
9	8.109 dd(8.1, 1.8)③	7.483③		
10	7.696 ddd(8.1, 7, 2)③		8.912 d(9.52)③	
11	7.852 ddd(8.7, 7, 1.8)③		8.463 dd(9.52, 8.06)③	
12③	8.155 dd(8.7, 2)	7.483	8.949 d(8.06)	
14④	7.338	7.234	8.463	
17⑤	5.418	5.395	5.825 ABq	
18⑥	0.877 t(6.97)	0.864 t	1.189 t(7.33)	
19	1.877 q(6.97)	1.848 m(A_2B_3 型)	2.211 d(7.33)	
OH	6.509			
OCH_2O		6.265		

三、奎宁型生物碱（金鸡纳碱型生物碱）

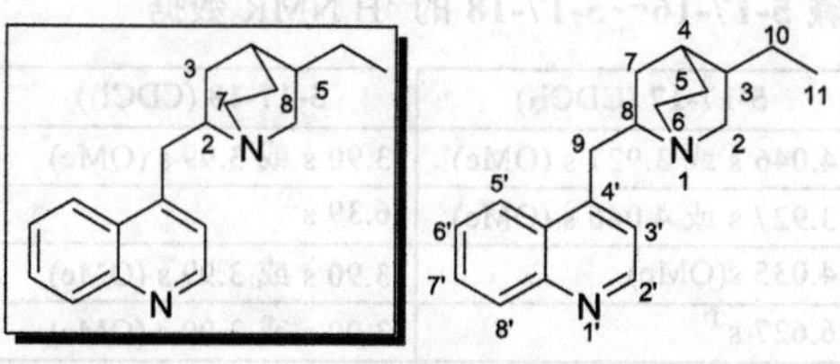

【系统分类】

5-乙基-2-(喹啉-4-基甲基)奎宁

5-ethyl-2-(quinolin-4-yl methyl)quinuclidine

【典型氢谱特征】

5-17-22 [16]　　**5-17-23** [16]　　**5-17-24** [16]

表 5-17-8 奎宁型生物碱 5-17-22～5-17-24 的 ^{1}H NMR 数据

H	5-17-22 ($CDCl_3$)	5-17-23 ($CDCl_3$)	5-17-24 ($CDCl_3$)	典型氢谱特征
2 *trans*①	3.27 dd(13.3, 10.2)	2.93 m	3.28 m	①2 位氮亚甲基特征峰；②6 位氮亚甲基特征峰；③8 位氮次甲基特征峰；④9 位无论是亚甲基还是次甲基，其信号均有特征性；⑤3 位连接的侧链无论是乙基还是乙烯基，其信号均有特征性；⑥⑦ 2′位和 3′位喹啉上的吡啶氢信号在芳香区，偶合常数数据符合六元杂环芳香体系的特征；⑧ 母核喹啉苯环质子信号在芳香区，可以区分为 1 个苯环单位
2 *cis*①	3.10 br d(13.7)	3.38 m	4.26 t(10.1)	
3	2.57 m	2.24 m	2.51 q(8.5)	
4	1.96 m	1.74 br s	1.94 m	
5	ex 1.74 m en 2.02 m	*cis* 1.50 m	ex 1.84 m en 1.66 m	
6 ex②	3.00 ddd(11.9, 11.8, 5.0)	2.78 m	3.08 m	
6 en②	4.17 m	2.93 m	3.28 m	
7 ex	1.22 m	1.50 m	2.32 t(11.8)	
7 en	1.96 m	1.14 m	0.95 m	
8③	3.36 t(8.6)	3.11 m	3.28 m	
9④	5.83 s	5.77 d(4.4)	6.33 br s($W_{1/2}$=8.9 Hz)	
10⑤	5.53 ddd(17.1, 10.4, 7.0)	5.91 ddd(17.8, 10.2, 7.1)	6.03 ddd(16.6, 10.8, 7.5)	
11*cis*⑤	4.98 d(17.2)	5.00 d(16.3)	5.22 d(15.8)	
11*trans*⑤	4.94 d(10.4)	4.98 d(11.2)	5.21 d(11.6)	
2′⑥	8.55 d(4.5)	8.84 d(4.5)	8.72 d(4.4)	
3′⑦	7.57 d(4.6)	7.56 d(4.5)	7.67 d(4.4)	
5′⑧	7.13 d(2.6)	8.05 d(9.8)	7.04 br s	
6′		7.44 t(8.5)⑧	3.81 s(OMe)	
7′⑧	7.27 dd(9.1, 2.5)	7.61 t(8.2)	7.21 d(9.1)	
8′⑧	7.88 d(9.1)	7.96 d(7.4)	7.99 d(8.9)	
OAc	1.98 s			
NCH_2CH_3			1.29 t(7.0), 2.94 q(7.1)	

参考文献

[1] Noshita T, Tando M, Suzuki K, et al. Biosci Biotechnol Biochem, 2001, 65: 710.

[2] Chen I S, Chen H F, Cheng M J, et al. J Nat Prod, 2001, 64: 1143.

[3] Ito C, Itoigawa M, Otsuka T, et al. J Nat Prod, 2000, 63: 1344.

[4] Simpson D S, Jacobs H. Biochem Sys Ecol, 2005, 33: 841.

[5] Linma M P, Rosas L V, Silva M F G F, et al. Phytochemistry, 2005, 66: 1560.

[6] Fokialakis N, Magiatis P, Skaltsounis A L, et al. J Nat Prod, 2000, 63: 1004.

[7] Chaturvedula V S P, Schilling J K, Miller J S, et al. J Nat Prod, 2003, 66: 532.

[8] Chen J J, Duh C Y, Huang H Y, et al. Planta Med, 2003, 69: 542.

[9] Moura N F, Morel A F, Dessoy E C, et al. Planta Med, 2002, 68: 534.

[10] Moraes V R S, Tomazela D M, Ferracin R J, et al. J Braz Chem Soc, 2003, 14: 380.

[11] Ito C, Itoigawa M, Furukama A, et al. J Nat Prod, 2004, 67: 1800.

[12] Davis R A, Carroll A R, Quinn R J. J Nat Prod, 2002, 65: 454.

[13] Wright A D, Goclik E, König G M, et al. J Med Chem, 2002, 45: 3067.

[14] Funayama S, Cordell G A. J Nat Prod, 1984, 47: 285.

[15] Ezell E L, Smith L L. J Nat Prod, 1991, 54: 1645.

[16] Ruiz-Mesia L, Ruiz-Mesia W, Reina M, et al. J Agric Food Chem, 2005, 53: 1921.

第十八节 单萜类生物碱

单萜类生物碱（monoterpenoid alkaloids）根据单萜碳骨架的结构特点分型为环烯醚萜型单萜生物碱、裂环环烯醚萜型单萜生物碱和其他。

一、环烯醚萜型单萜生物碱

1. 吡啶环型环烯醚萜型单萜生物碱

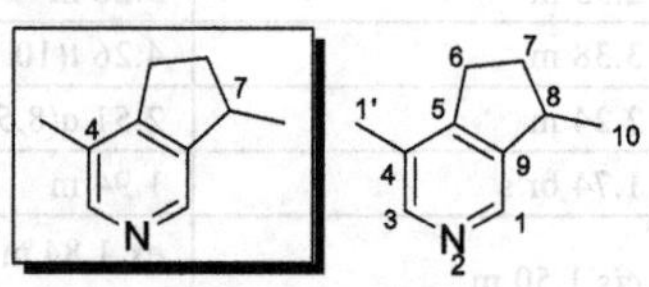

【系统分类】

4,7-二甲基-6,7-二氢-5*H*-环戊二烯并[*c*]吡啶

4,7-dimethyl-6,7-dihydro-5*H*-cyclopenta[*c*]pyridine

【结构多样性】

C(11)增碳碳键等。

【典型氢谱特征】

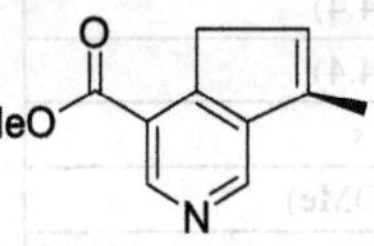

5-18-1 [1] 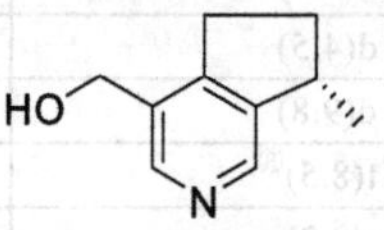　　**5-18-2** [2] 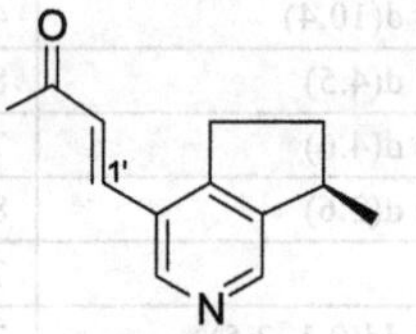　　**5-18-3** [3]

表 5-18-1 吡啶环型环烯醚萜型单萜生物碱 **5-18-1～5-18-3** 的 ^{1}H NMR 数据

H	**5-18-1** ($CDCl_3$)	**5-18-2** ($CDCl_3$)	**5-18-3** ($CDCl_3$)	典型氢谱特征
1①	8.79 s	8.36 br s	8.41 s	① 1 位吡啶亚胺氮次甲基质子特征峰； ② 3 位吡啶亚胺氮次甲基质子特征峰； ③ 10 位甲基质子特征峰； ④ C(1′)甲基本身有特征性，当其形成氧亚甲基（氧化甲基）或烯次甲基时，其信号也有特征性；但当该信号消失时，表明其形成不连氢的碳原子（如羰基）；化合物 **5-18-3** 的 C(1′)增碳碳键，需注意区分该信号
3②	8.40 s	8.36 br s	8.59 s	
6	3.50 m	2.91 ddd(17, 9, 1) 3.02 ddd(17, 9, 4)	2.97 m 3.11 m	
7	6.15 m	1.69 m, 2.38 m	1.63 m, 2.42 m	
8		3.30 qdd(7, 6, 1)	3.32 q	
10③	2.15 d(2)	1.34 d(7)	1.30 d(7.0)	
OMe	3.87 s			
1′④		4.72 s	7.57 d(16.5)	
2′			6.75 d(16.5)	
4′			2.39 s	

2. 哌啶环型环烯醚萜型单萜生物碱

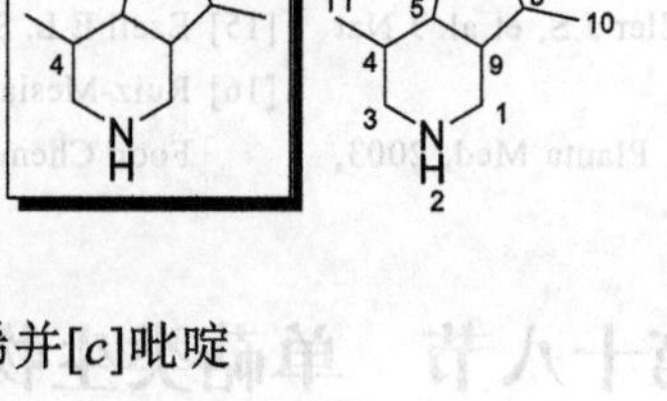

【系统分类】

4,7-二甲基八氢-1*H*-环戊二烯并[*c*]吡啶

4,7-dimethyloctahydro-1*H*-cyclopenta[*c*]pyridine

【结构多样性】

N 增氮碳键等。

【典型氢谱特征】

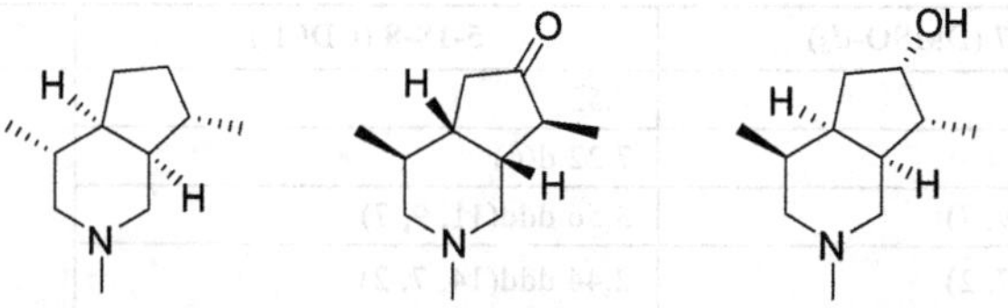

5-18-4 [4]　　5-18-5 [4]　　5-18-6 [5]

表 5-18-2 哌啶环型环烯醚萜型单萜生物碱 5-18-4～5-18-6 的 ^{1}H NMR 数据

H	5-18-4 ($CDCl_3$)	5-18-5 ($CDCl_3$)	5-18-6 ($CDCl_3$)	典型氢谱特征
1 ax①	1.38～1.51 m	2.13 dd(12.2, 4.0)	2.68 ddd(12, 6, 2)	① 1 位氮亚甲基（氮化甲基）特征峰； ② 3 位氮亚甲基（氮化甲基）特征峰； ③ 10 位甲基特征峰； ④ 11 位甲基特征峰； ⑤ 仲氨基常被甲基化，其甲基质子有特征性
1 eq①	2.65 dd(9.7, 2.0)	2.90 dt(12.2, 2.0)	1.56 t(12)	
3 ax②	2.22 dd(11.6, 4.0)	1.59 t(11.0)	1.67 t(12)	
3 eq②	2.79 dt(11.6, 1.1)	2.73 ddd(11.0, 3.5, 2.0)	2.51 ddd(11.5, 5, 2)	
4	2.07 m	1.48 m	2.08 m	
5	1.38～1.51 m	1.66 m	2.41 ddd(12, 6, 2)	
6	1.38～1.51 m 1.70 m	2.28 m	1.50 br q(13, 7, 5) 1.80 m	
7	1.15 m, 1.93 m		4.31 td(6.5, 2)	
8	1.38～1.51 m	2.49 sext(7.5)	1.82 m	
9	1.38～1.51 m	1.85 m	1.93 pent(12, 6, 6)	
10③	0.81 d(6.2)	1.05 d(7.5)	1.02 d	
11④	0.96 d(6.8)	0.88 d(6.8)	0.86 d	
NMe⑤	2.21 s	2.26 s	2.27 s	

3. 二氢吡啶环型环烯醚萜型单萜生物碱

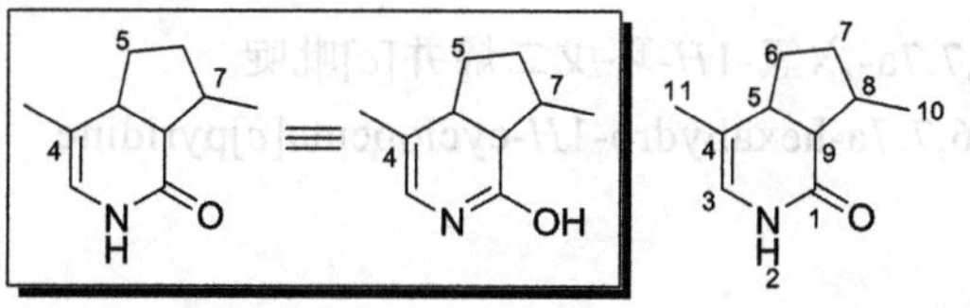

【系统分类】

4,7-二甲基-2,4a,5,6,7,7a-六氢-1*H*-环戊二烯并[*c*]吡啶-1-酮

4,7-dimethyl-2,4a,5,6,7,7a-hexahydro-1*H*-cyclopenta[*c*]pyridin-1-one

【结构多样性】

N 增氮碳键等。

【典型氢谱特征】

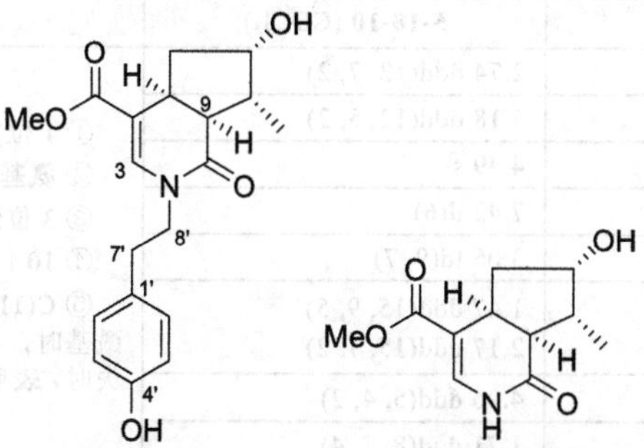

5-18-7 [6]　　5-18-8 [6]

表 5-18-3 二氢吡啶环型环烯醚萜型单萜生物碱 5-18-7 和 5-18-8 的 ^{1}H NMR 数据

H	5-18-7 (DMSO-d_6)	5-18-8 (CDCl$_3$)	典型氢谱特征
2		7.52	① 3 位烯胺氮次甲基信号有特征性； ② 10 位甲基特征峰 C(11)甲基的信号本身有特征性，但当该信号消失时，表明其形成不连氢的碳原子（如羰基）
3①	7.15 s	7.22 d(6)	
5	3.26 ddd(11, 9, 7)	3.56 ddd(11, 9, 7)	
6	2.11 ddd(14, 7, 2) 1.38 ddd(14, 9, 4)	2.44 ddd(14, 7, 2) 1.62 ddd(14, 9, 4)	
7	3.78 td(4, 4, 2)	4.14 td(4, 4, 2)	
8	1.98 dqd(8, 7, 4)	2.30 dqd(8, 7, 4)	
9	2.49 dd(11, 8)	2.71 dd(11, 8)	
10②	1.05 d(7)	1.31 d(7)	
OMe	3.60 s	3.77 s	
2′, 6′	6.95 d(8)		
3′, 5′	6.64 d(8)		
4′-OH	9.15 d		
7′	2.64 t(7)		
8′	3.55 t(7)		

4. 四氢吡啶环型环烯醚萜型单萜生物碱

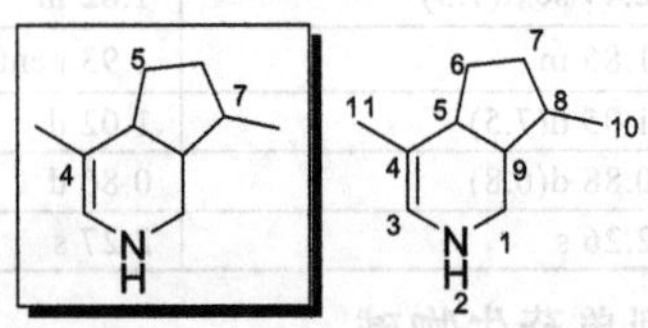

【系统分类】

4,7-二甲基-2,4a,5,6,7,7a-六氢-1*H*-环戊二烯并[*c*]吡啶

4,7-dimethyl-2,4a,5,6,7,7a-hexahydro-1*H*-cyclopenta[*c*]pyridine

【典型氢谱特征】

5-18-9 [7]　　5-18-10 [1]

表 5-18-4 四氢吡啶环型环烯醚萜型单萜生物碱 5-18-9 和 5-18-10 的 ^{1}H NMR 数据

H	5-18-9 (CDCl$_3$)	5-18-10 (CDCl$_3$)	典型氢谱特征
1ax①	2.88 dd(12.5, 12.0)	2.74 ddd(12, 7, 2)	① 1 位氮亚甲基特征峰； ② 氨基质子特征峰； ③ 3 位烯胺氮次甲基特征峰； ④ 10 位甲基特征峰； ⑤ C(11)甲基本身有特征性，当其形成甲酰基时，其信号也有特征性；但当该信号消失时，表明其形成不连氢的碳原子（如羰基）
1eq①	3.23 dt(12.5, 5)	3.18 ddd(12, 5, 2)	
2②	5.48 br s	4.49 s	
3③	7.10 d(6.5)	7.42 d(6)	
5	2.93 td(9, 6)	3.05 td(9, 7)	
6	1.3 m	1.47 ddd(15, 9, 5) 2.17 ddd(15, 7, 2)	
7	1.93 m, 2.30 m	4.06 ddd(5, 4, 2)	
8	2.30 m	1.71 dqd(8, 7, 4)	

续表

H	5-18-9 ($CDCl_3$)	5-18-10 ($CDCl_3$)	典型氢谱特征
9	1.93 m	1.88 dddd(9, 8, 7, 5)	
10④	1.0 d(7.0)	1.00 d(7)	
11⑤	8.95 s		
OMe		3.60 s	

二、裂环环烯醚萜型单萜生物碱

1. 吡啶环并 δ-内酯环型裂环环烯醚萜型单萜生物碱

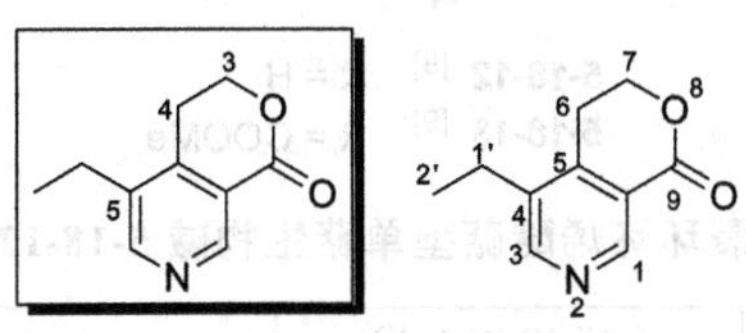

【系统分类】

5-乙基-3,4-二氢-1*H*-吡喃并[3,4-*c*]吡啶-1-酮

5-ethyl-3,4-dihydro-1*H*-pyrano[3,4-*c*]pyridin-1-one

【典型氢谱特征】

5-18-11 [8]

表 5-18-5 吡啶环并 δ-内酯环型裂环环烯醚萜型单萜生物碱 5-18-11 的 ^1H NMR 数据

H	5-18-11 ($CDCl_3$)	典型氢谱特征
1①	8.89 s	① 1 位吡啶亚胺氮次甲基质子特征峰； ② 3 位吡啶亚胺氮次甲基质子特征峰； ③ 7 位氧亚甲基（氧化甲基）特征峰； ④ 4 位连接的侧链无论是乙基还是乙烯基，其信号均有特征性
3②	9.22 s	
6	3.12 t(6.0)	
7③	4.60 t(6.0)	
1′④	5.63 d(11.2)	
2′④	5.85 d(17.5) 6.82 dd(17.5, 11.2)[a]	

[a] 此处按原文献归属，但根据数据判断应该与 1′位数据交换归属。

2. 吡啶环并 δ-内酰胺型裂环环烯醚萜型单萜生物碱

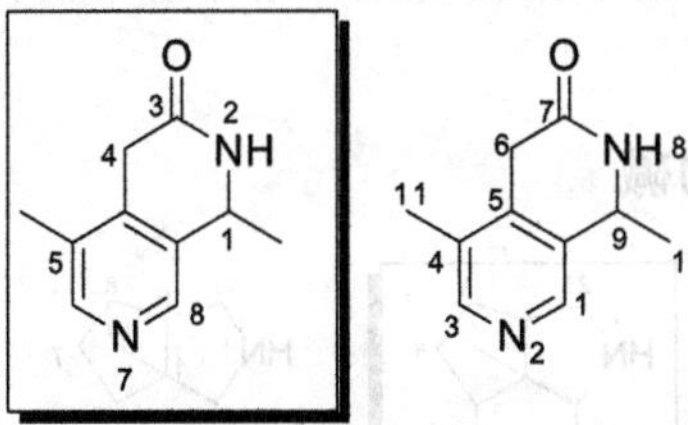

【系统分类】

1,5-二甲基-1,2-二氢-2,7-二氮杂萘-3(4*H*)-酮

1,5-dimethyl-1,2-dihydro-2,7-naphthyridin-3(4*H*)-one

【结构多样性】

C(11)降碳等。

【典型氢谱特征】

5-18-12 [9] R = H
5-18-13 [9] R = COOMe

表 5-18-6 吡啶环并 *δ*-内酰胺型裂环环烯醚萜型单萜生物碱 5-18-12 和 5-18-13 的 ^{1}H NMR 数据

H	5-18-12 ($CDCl_3$)	5-18-13 ($CDCl_3$)	典型氢谱特征
1①	8.45 m	8.59 s	① 1 位吡啶亚胺氮次甲基质子特征峰； ② 3 位吡啶亚胺氮次甲基质子特征峰； ③ 在 C(11)降碳的情况下，3 位和 4 位吡啶氢信号偶合常数数据符合六元杂环芳香体系的特征； ④ 6 位（羰基 α 位/芳甲位）亚甲基特征峰； ⑤ 9 位氮次甲基特征峰； ⑥ 10 位甲基特征峰； ⑦ 酰胺氮基质子特征峰
3②	8.45 m	9.04 s	
4	7.07 d(4.9)③		
6④	3.58 s	4.05 m	
9⑤	4.72 q(7)	4.78 q(7)	
10⑥	1.58 d(6.7)	1.56 d(7)	
COOMe		3.95 s	
NH⑦	7.60 br s	7.70 br s	

参 考 文 献

[1] Skaltsounis A-L, Michel S, Tillequin F, et al. Helv Chim Acta, 1985, 68: 1679.

[2] Ranarivelo Y, Hotellier F, Skaltsounis A-L, et al. Heterocycles, 1990, 31: 1727.

[3] 吉腾飞，冯孝章. 中草药, 2002, 33: 967.

[4] Cid M M, Pombo-Villar E. Helv Chim Acta, 1993, 76: 1591.

[5] Chi Y M, Yan W M, Chen D C, et al. Phytochemrstry, 1992, 31: 2930.

[6] Michel S, Skaltsounis A L, Tillequin F, et al. J Nat Prod, 1985, 48: 86.

[7] Saad H E A, Anton R, Quirion J C, et al. Tetrahedron Lett, 1988, 29: 615.

[8] 杨婕，马骥，周东星，等. 中草药, 2006, 37: 187.

[9] Ripperger H. Phytochemistry, 1978, 17: 1069.

第十九节 倍半萜类生物碱

倍半萜类（sesquiterpenoid alkaloids）生物碱根据来源和倍半萜碳骨架差异分型为石斛碱型倍半萜生物碱、萍蓬草碱型倍半萜生物碱、吲哚倍半萜碱型倍半萜生物碱和 *β*-二氢沉香呋喃型倍半萜生物碱等。

一、石斛碱型倍半萜生物碱

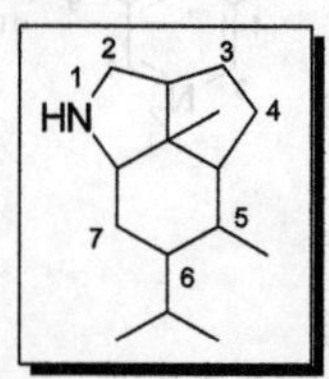

【系统分类】

2a^1,5-二甲基-6-异丙基-十氢-1*H*-环戊二烯并[*cd*]吲哚

6-isopropyl-2a^1,5-dimethyldecahydro-1*H*-cyclopenta[*cd*]indole

【结构多样性】

N 增氮碳键等。

【典型氢谱特征】

5-19-1 [1]　**5-19-2** [1]　**5-19-3** [2]

表 5-19-1　石斛碱型倍半萜生物碱 5-19-1～5-19-3 的 ^{1}H NMR 数据

H	5-19-1 ($CDCl_3$-CD_3OD(9:1))	5-19-2 ($CDCl_3$-CD_3OD(9:1))	5-19-3 ($CDCl_3$)	典型氢谱特征
2①	3.47 s	3.35 s	3.18 d(3.5)	① 2 位氮次甲基特征峰；② 10 位甲基特征峰；③ 11 位氮亚甲基（氮化甲基）特征峰；④ 4 位异丙基特征峰。此外，15 位甲基由于形成内酯羰基，其甲基特征信号消失。化合物 **5-19-3** 的 C(11)形成酰胺羰基，其特征信号也消失
3	4.77 d(2.4)	3.92 m	4.73 dd(5.5, 3)	
4	2.10 m	2.17 m	2.25	
5	2.45 t(5.0)	2.50 m	2.53 dd(5.5, 4.5)	
6	2.00 m	1.88 m	2.27	
7	2.03 m, 2.15 m	1.43 m, 1.97 m	1.84, 2.05	
8	1.42 m, 1.90 m	1.64 m, 1.70 m	2.02, 2.25	
9	2.49 m	2.49 m		
10②	1.32 s	1.33 s	1.37 s	
11	2.93 t(10.0)③，3.15 t(10.0)③	3.40 m③，3.45 m③		
12④	1.58 m	1.78 m	2.07	
13④	0.87 d(6.4)	0.87 d(7.0)	1.03 d(6.5)	
14④	0.89 d(6.4)	1.01 d(7.0)	1.04 d(6.5)	
NMe		3.03 s	2.88 s	
OMe		3.63 s		
OH			3.43 br s	

二、萍蓬草碱型倍半萜生物碱

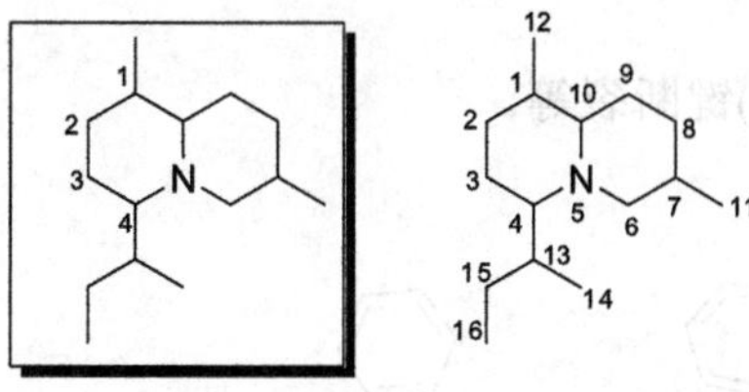

【系统分类】

1,7-二甲基-4-仲丁基-十氢-1*H*-喹嗪

4-(*sec*-butyl)-1,7-dimethyloctahydro-1*H*-quinolizine

【结构多样性】

N(5)-C(6)键断裂；二聚（见硫杂螺烷型喹诺里西啶生物碱）；等。

【典型氢谱特征】

5-19-4 [3]　　5-19-5 [3]　　5-19-6 [3]

表 5-19-2　萍蓬草碱型倍半萜生物碱 5-19-4～5-19-6 的 ^{1}H NMR 数据

H	5-19-4 ($CDCl_3$)	5-19-5 ($CDCl_3$)	5-19-6 ($CDCl_3$)	典型氢谱特征
4ax①	2.78～2.95 m	3.08～3.00 m	—	① 4 位氮次甲基特征峰； ② 6 位氮亚甲基特征峰；化合物 **5-19-6** 的 N(5)-C(6)键断裂，形成 6 位甲基峰，其信号有特征性； ③ 10 位氮次甲基特征峰； ④ 11 位甲基特征峰；化合物 **5-19-6** 的 C(11)形成氧化甲基（羟甲基或氧亚甲基），其信号有特征性； ⑤ 12 位甲基特征峰； ⑥ 4 位仲丁基常形成呋喃环，因此有 *β*-呋喃基的特征峰
6eq②	2.78～2.95 m	2.68 dd(11.0, 2.3)	1.69 s	
8	—	—	5.43 br t	
10③	—	—	3.57 dd(11.5, 2.6)	
11④	0.73 d(6.0)	1.21 s	3.99 s	
12⑤	0.91 d(5.8)	0.90 d(6.7)	0.92 d(6.4)	
14,16⑥	7.31 br s, 7.35 m	7.33 m	7.34 m	
15⑥	6.45 br s	6.35 br s	6.39 br s	
其他	1.1～2.1 (12H)	1.0～2.0 (10H)	1.0～2.5 (8H)	

三、吲哚倍半萜碱型倍半萜生物碱

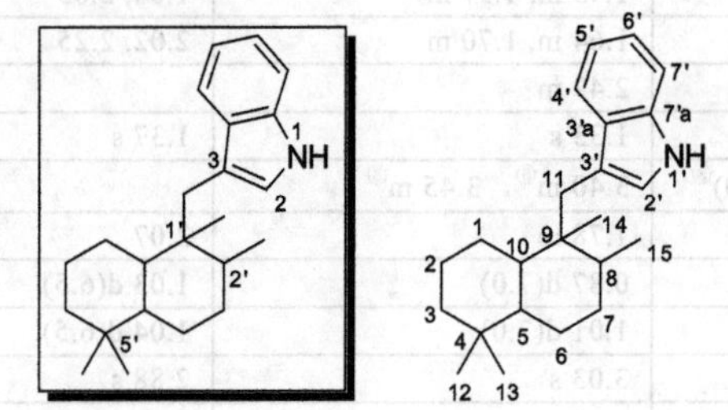

【系统分类】

3-[(1,2,5,5-四甲基十氢萘-1-基)甲基]-1*H*-吲哚

3-[(1,2,5,5-tetramethyldecahydronaphthalen-1-yl)methyl]-1*H*-indole

【结构多样性】

C(2′)-C(1)连接，C(3)-C(4)键断裂等。

【典型氢谱特征】

5-19-7 [4]　　5-19-8 [4]　　5-19-9 [4]

表 5-19-3 吲哚倍半萜碱型倍半萜生物碱 5-19-7～5-19-9 的 ^{1}H NMR 数据

H	5-19-7 (CD_3OD)	5-19-8 (CD_3OD)	5-19-9(CD_3OD)	典型氢谱特征
1	4.90 dd(2.4, 2.4)	3.84 m	1.55 [a]	①11 位亚甲基特征峰； ②12 位甲基特征峰； ③13 位甲基特征峰； ④14 位甲基特征峰； ⑤15 位甲基特征峰； ⑥吲哚 2′位烯胺氮次甲基特征峰(化合物 **5-19-8** 的 C(1)-C(2′)连接，该特征峰消失)； ⑦吲哚苯环氢在芳香区，可以区分为 1 个苯环单位。 化合物 **5-19-9** 的 C(3)-C(4)键断裂，但上述特征仍然存在
2	1.82 m 1.86 m	1.90 ddd(11.6, 11.4, 1.8) 2.49 ddd(11.4, 4.7, 1.8)	1.25 m 1.36 [a]	
3	3.23 dd(9.4, 5.9)	3.64 br d(1.8)	3.46 t(6.2)	
5	2.18 br d(12.6)			
6	1.29 m, 1.90 m	2.04 m, 2.12 m	1.96 m, 2.66[a]	
7	1.63 m, 1.69 m	1.44m, 1.57 m	1.51 [a]	
8	1.47 m	1.65 m	1.91 m	
10			2.64 [a]	
11①	2.64 d(14.3) 2.93 d(14.3)	2.43 d(14.7) 2.56 d(14.7)	2.63 d [a] 2.74 d(14.4)	
12②	0.71 s	1.11 s	1.41 s	
13③	0.98 s	0.98 s	1.72 s	
14④	1.00 s	1.13 s	0.98 s	
15⑤	1.12 d(6.8)	1.10 d(7.0)	1.01 d(7.0)	
2′	6.82 s⑥		7.01 s⑥	
4′⑦	7.46 d(7.9)	7.33 d(7.6)	7.46 d(7.9)	
5′⑦	6.94 t(7.3)	6.94 t(7.6)	6.97 t(7.0)	
6′⑦	7.00 t(7.3)	7.01 t(7.9)	7.05 t(7.3)	
7′⑦	7.26 d(8.2)	7.27 d(8.2)	7.31 d(8.2)	

[a] 信号被遮掩。

四、β-二氢沉香呋喃型倍半萜生物碱

1. 烟酸基丁酸二酯-β-二氢沉香呋喃型倍半萜生物碱

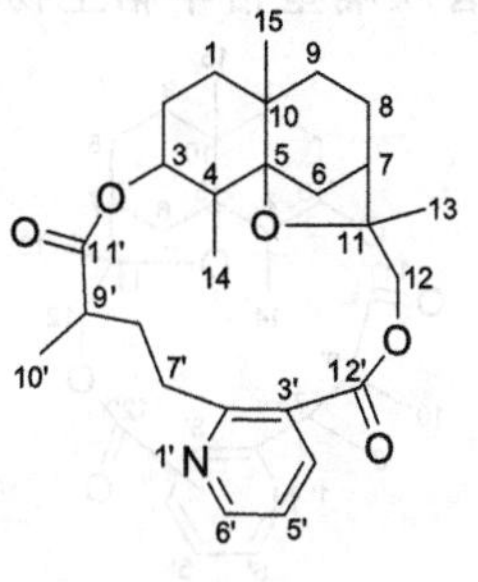

【典型氢谱特征】

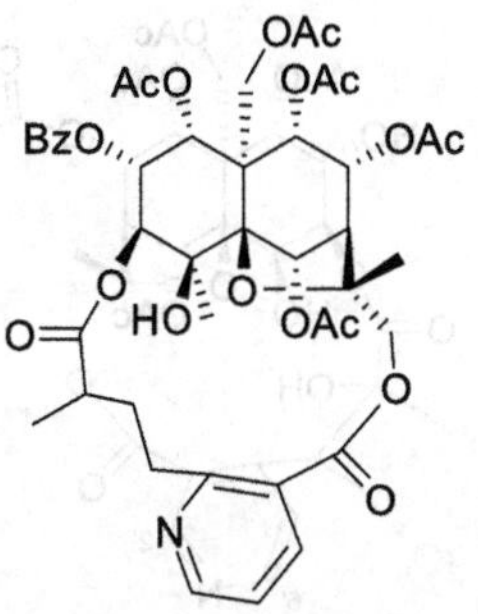

5-19-10 [5] 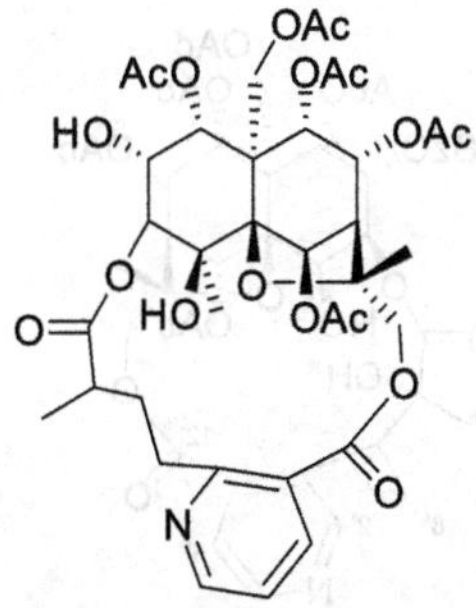　　5-19-11 [6] 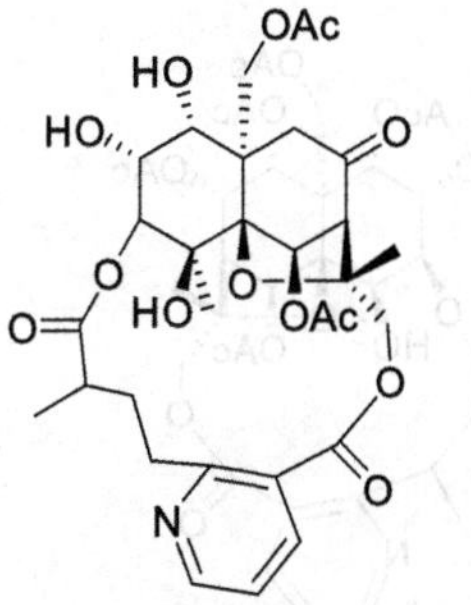　　5-19-12 [6]

表 5-19-4 烟酸基丁酸二酯-*β*-二氢沉香呋喃型倍半萜生物碱 5-19-10～5-19-12 的 ^{1}H NMR 数据

H	5-19-10 ($CDCl_3$)	5-19-11 ($CDCl_3$)	5-19-12 ($CDCl_3$)	典型氢谱特征
1	5.60 d(4)	5.64 d(3.4)	4.51 d(4.8)	
2	5.18 t(3.4)	4.10 dd(3.4, 2.9)	4.29 dd(4.8, 2.8)	
3	4.92 d(3.5)	5.10 d(2.4)	5.02 d(2.8)	
6	6.90 s	6.39 br s	6.58 br s	
7	2.35 d(3.8)	2.35 d(4.3)	3.09 s	
8	5.54 dd(4.6)	5.57 dd(5.4, 3.9)		
9	5.34 d(5.8)	5.35 d(5.4)	ax 2.30 ABd(12.8) eq 2.55 ABd(12.8)	
12①	3.76 ABq(11.7) 5.74 ABq(11.7)	3.89 AXd(11.7) 5.75 AXd(11.7)	3.99 AXd(12.0) 5.49 AXd(12.0)	① 12 位氧亚甲基（氧化甲基）特征峰； ② 13 位甲基特征峰； ③ 14 位甲基特征峰； ④ 母核 15 位常形成氧亚甲基（氧化甲基），其信号有特征性； ⑤⑥⑦ 吡啶环 4′位、5′位和 6′位质子特征峰； ⑧ 10′位甲基特征峰
13②	1.56 s	1.66 s	1.68 s	
14③	1.65 s	1.54 s	1.59 s	
15④	4.45 ABq(13.5) 5.23 ABq(13.5)	4.46 AXd(12.7) 5.26 AXd(12.7)	3.89 ABd(12.8) 4.01 ABd(12.8)	
4′⑤	8.33 dd(7.9, 4.6)	8.30 dd(7.9, 1.6)	8.27 dd(8.0, 1.6)	
5′⑥	7.41 dd(7.9, 1.8)	7.27 dd(7.9, 4.8)	7.25 dd(8.0, 4.6)	
6′⑦	8.72 dd(4.6, 1.8)	8.74 dd(4.8, 1.6)	8.71 dd(4.6, 1.6)	
7′	4.23 m	2.87～3.92 m	3.09～3.58 m	
8′	2.35 m, 2.47 m	1.90～2.18 m	2.09～2.43 m	
9′	2.48 m	2.36 m	2.22 m	
10′⑧	1.18 d(6.8)	1.22 d(6.9)	1.22 d(6.8)	
4-OH	5.06 s			
Ac	1.68, 1.82, 1.98, 2.13, 2.21, 2.30	1.88 s(1-OAc) 2.28 s(6-OAc) 2.00 s(8-OAc) 1.89 s(9-OAc) 2.19 s(15-OAc)	2.16 s(6-OAc) 2.16 s(15-OAc)	

2. 烟酸基丙酸二酯-*β*-二氢沉香呋喃型倍半萜生物碱

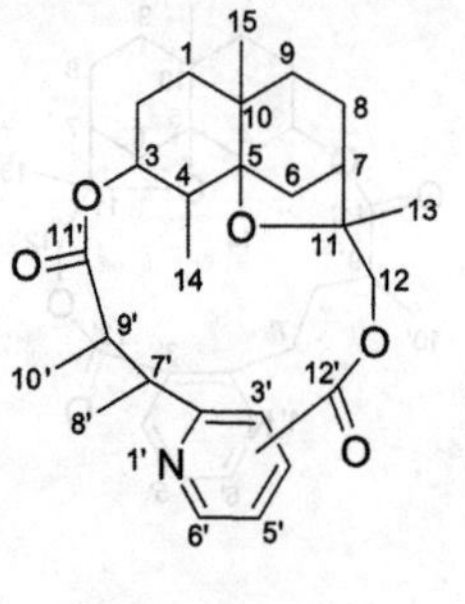

【典型氢谱特征】

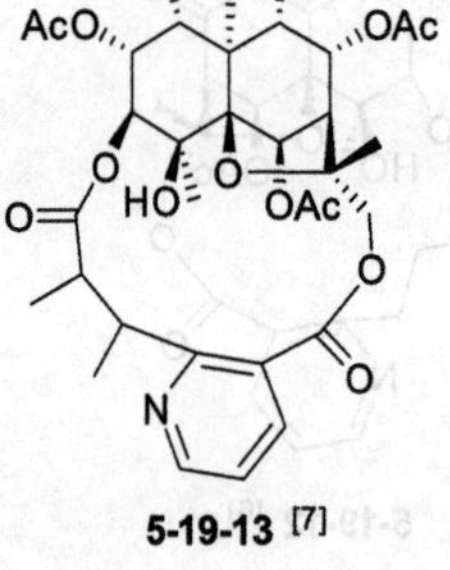

5-19-13 [7] 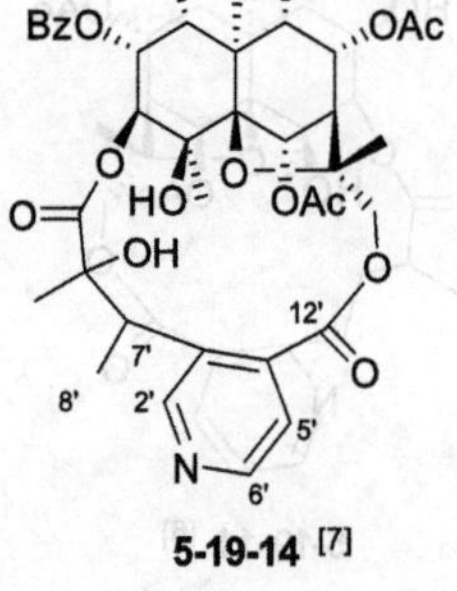　　5-19-14 [7] 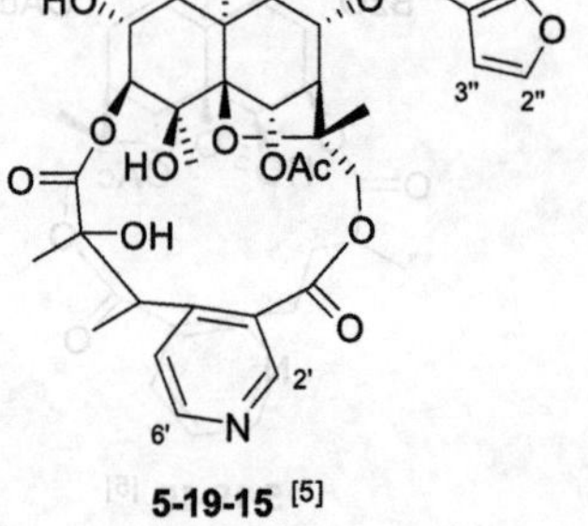　　5-19-15 [5]

表 5-19-5 烟酸基丙酸二酯-β-二氢沉香呋喃型倍半萜生物碱 5-19-13～5-19-15 的 ^{1}H NMR 数据

H	5-19-13 ($CDCl_3$)	5-19-14 ($CDCl_3$)	5-19-15 ($CDCl_3$)	典型氢谱特征
1	5.50 d(3.4)	5.78 d(3.3)	5.58 d(4)	① 12 位氧亚甲基（氧化甲基）特征峰； ② 13 位甲基特征峰； ③ 14 位甲基特征峰； ④ 母核 C(15)常形成氧亚甲基（氧化甲基），其信号有特征性； ⑤ 母核吡啶环质子特征峰； ⑥ 8′位甲基特征峰； ⑦ 10′位甲基特征峰
2	3.97 t(3.0)	5.45 t(3.0)	5.20 t(3.3)	
3	5.01 d(2.6)	5.06 d(2.6)	4.95 d(3.6)	
6	6.91 s	6.88 s	7.18 s	
7	2.40 d(3.8)	2.40 d(4.0)	2.82 d(3.8)	
8	5.50 dd(5.9, 4.0)	5.55 dd(6.0, 4.0)	5.68 dd(4.6)	
9	5.39 d(5.9)	5.40 d(6.0)	5.48 d(5.9)	
12①	3.80 ABq(11.9) 5.75 ABq(11.9)	3.76 ABq(12) 5.80 ABq(12)	5.01 ABq(12.0) 5.05 ABq(12.0)	
13②	1.62 s	1.76 s	1.61 s	
14③	1.52 s	1.56 s	1.65 s	
15④	5.42 ABq(13.5) 4.60 ABq(13.5)	5.56 ABq(13.2) 4.40 ABq(13.2)	4.24 ABq(11.7) 5.20 ABq(13.4)	
2′		9.01 s⑤	8.98 s⑤	
4′	8.10 dd(7.9, 1.8) ⑤			
5′⑤	7.20 dd(7.9, 4.6)	7.80 d(5.5)	7.82 d(5.5)	
6′⑤	8.76 dd(4.6, 1.8)	8.70 d(5.5)	8.69 d(5.5)	
7′	4.74 q(7.0)	4.25 q(7.3)	4.23 q(7.3)	
8′⑥	1.15 d(7.0)	1.18 s[a]	1.20 d(7.3)	
9′	2.42 d(7.1)[a]	3.08 s(OH)	3.43 s(OH)	
10′⑦	1.36 d(7.0)	1.38 s	1.36 s	
4-OH	5.08 s	5.08 s	3.40 s	
Ac	1.68, 1.83, 1.98, 2.15, 2.20, 2.32	1.82, 1.96, 2.08, 2.15, 2.20	1.78, 1.90, 1.93, 2.15, 2.28	
Bz		8.07 d(7.3)(H-2″,6″) 7.63 t(7.3)(H-4″) 7.51 t(7.3)(H-3″,5″)		
2″			7.50 d(5.5)	
3″			6.99 d(1.8)	
5″			8.53 s	

[a] 遵循文献数据，疑有误。

参 考 文 献

[1] Morita H, Fujiwara M, Yoshida N, et al. Tetrahedron, 2000, 56: 5801.

[2] Wang H, Zhao T. J Nat Prod, 1985, 48: 796.

[3] Miyazawa M, Yoshio K, Ishikawa Y, et al. J Agric Food Chem, 1998, 46: 1059.

[4] Williams R B, Hu J F, Olsin K M, et al. J Nat Prod, 2010, 73: 1008.

[5] 林绥, 李援朝, 樱井信子, 等. 药学学报, 2001, 36: 116.

[6] Sousa J R, Silva G D F, Miyakoshi T, et al. J Nat Prod, 2006, 69: 1225.

[7] 林绥, 李援朝, 樱井信子, 等. 药学学报, 1995, 30: 513.

第二十节　二萜类生物碱

二萜类（diterpenoid alkaloids）生物碱的结构和分型均比较复杂。本书根据结构差异分型为 C_{18} 二萜型生物碱、C_{19} 二萜型生物碱、C_{20} 二萜型生物碱和双二萜型生物碱。

一、C_{18}二萜型生物碱

【系统分类】

十四氢-1*H*-3,6a,12-(桥乙烷[1,1,2]三基)-7,9-亚甲基萘并[2,3-*b*]氮杂环辛（四烯）

tetradecahydro-1*H*-3,6a,12-(epiethane[1,1,2]triyl)-7,9-methanonaphtho[2,3-*b*]azocine

【结构多样性】

N-增碳碳键等。

【典型氢谱特征】

5-20-1 [1]　　5-20-2 [2]　　5-20-3 [3]

表 5-20-1 C_{18}二萜型生物碱 5-20-1～5-20-3 的 ^{1}H NMR 数据

H	5-20-1 ($CDCl_3$)	5-20-2 ($CDCl_3$)	5-20-3 ($CDCl_3$)	典型氢谱特征
1	3.15 dt (9.9, 6.9)	3.06 dd(10, 6.5)	3.65 t(8.0)	① 19 位氮亚甲基特征峰；②③ 仲氨基质子常被乙基化，乙基信号有特征性 此外，C(1)、C(14)、C(16)常形成氧次甲基，其氢谱信号可作为解析图谱时的辅助参考
2	2.22 m	α 1.85 m, β 1.16 m	α 2.36 m, β 1.98 m	
3	3.70 br d(10.7)	α 2.73 dd(15, 9) β 2.04 dd(15, 7)	4.05 t(3.5)	
4	1.74 br s	1.55 br s		
5	1.79 m	1.85 br s	2.61 d(8.0)[a]	
6α	2.21 m	1.69 d(12)	3.15 dd(15.2, 8.0)	
6β	1.41 dd(14.3, 7.6)	1.38 dd(12)	1.68 dd(14.8, 7.5)	
7	2.20 m	1.68 br s		
9	2.28 m	2.54 br s		
10	1.67 dd(13.8, 8.3)	2.29 br s	2.09 dd (12.4, 4.4)	
12	1.83 m	α 2.13 d(9.5) β 1.93 d(9.5)	α 2.42 dd(10.8, 4.4) β 2.05 m (ov)	
13	2.34 br s	3.20 br s	2.39 m (ov)	
14	4.15 t(4.0)	4.74 t(4.6)	3.48 d(4.6)	
15α	2.43 dd(17.1, 8.6)	1.84 m	2.99 ov	
15β	2.07 d(17.1)	2.30 m	1.74 dd(14.0, 8.0)	
16	3.40 d(8.6)	3.19 m	3.28 d(8.0)	
17	3.08 s	2.77 s	2.78 s	
19①	2.30 m 2.99 d(12.0)	α 2.44 dd(11.4, 7) β 2.49 dd(11.4, 5)	α 3.26 d(8.0) β 2.97 ov	

续表

H	5-20-1 ($CDCl_3$)	5-20-2 ($CDCl_3$)	5-20-3 ($CDCl_3$)	典型氢谱特征
20②	2.48 br m	2.35 q(7.0)	2.93 m, 3.03 m	
21③	1.08 t(6.9)	1.00 t(7.0)	1.09 t(7.2)	
OMe	3.27 s (1-OMe) 3.34 s (16-OMe)	3.22 s 3.26 s	3.39 s (14-OMe) 3.31 s (16-OMe)	
OAc		1.88 s, 1.98 s		

[a] 文献值为 δ 26.1，存在明显错误，疑为 2.61。

二、C_{19}二萜型生物碱

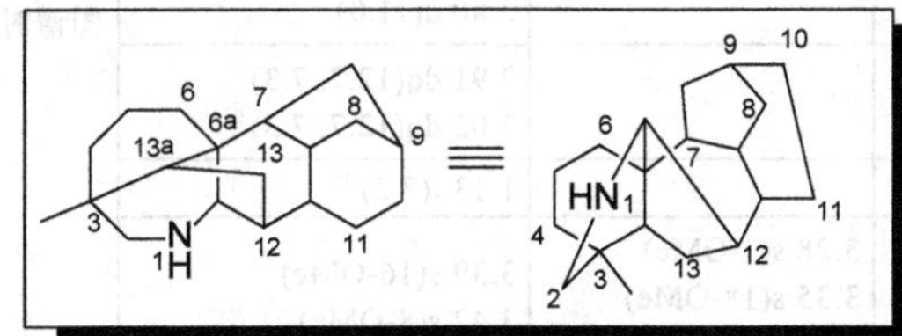

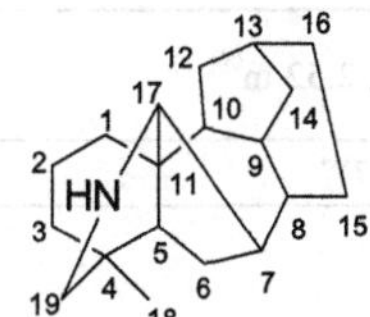

【系统分类】

3-甲基十四氢-1*H*-3,6a,12-(桥乙烷[1,1,2]三基)-7,9-亚甲基萘并[2,3-*b*]氮杂环辛(四烯)

3-methyltetradecahydro-1*H*-3,6a,12-(epiethane[1,1,2]triyl)-7,9-methanonaphtho[2,3-*b*]azocine

【结构多样性】

N 增氮碳键等。

【典型氢谱特征】

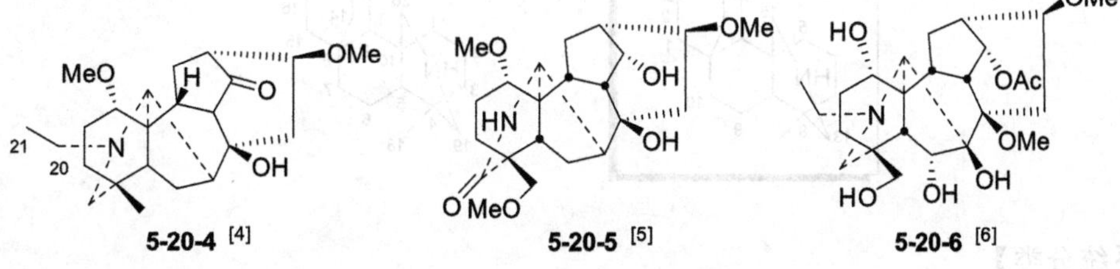

表 5-20-2 C_{19}二萜型生物碱 5-20-4～5-20-6 的 ^{1}H NMR 数据

H	5-20-4 ($CDCl_3$)	5-20-5 ($CDCl_3$)	5-20-6 ($CDCl_3$)	典型氢谱特征
1	3.90 dd(10.6, 7)	3.25 m	3.66 br s	① 18 位甲基或氧亚甲基（氧化甲基）特征峰；② 19 位氮亚甲基（氮化甲基）特征峰；化合物 **5-20-5** 的 C(19)形成酰胺羰基，该特征信号消失；③④ 仲氨基质子常被乙基化，乙基信号有特征性（化合物 **5-20-5** 的仲胺基质子未被乙基化，因此没有该特征峰）。
2	2.00 m 2.33 m	α 1.80 m β 2.22 m	α 1.60 m β 1.49 m	
3	1.21 dddd(14.5, 13.5, 4.5, 2.5) 1.60 m	α 1.70 m β 2.04 m	α 1.62 m β 1.66 m	
5	1.64 d(7.2)	2.32 m	2.16 d(6.9)	
6	1.54 dd(14.8, 7.8) 2.33 m	α 1.67 m (ov) β 2.09 m	4.48 d(6.9)	
7	2.21 d(7.5)	2.14 m		
9	2.24 br s	2.34 m	2.30 t(6.0)	
10		2.06 m	1.92 m	
12	1.92 dd(15.6, 8) 2.58 br d(15.6)	α 1.89 m β 1.85 m (ov)	α 1.81 dd(14.3, 4.6) β 2.07 m	

续表

H	5-20-4 (CDCl$_3$)	5-20-5 (CDCl$_3$)	5-20-6 (CDCl$_3$)	典型氢谱特征
13	2.74 br t(6.4)	1.86 m (ov)	2.48 dd(7.2, 4.6)	
14		4.14 t(4.8)	4.76 t(4.5)	
15	1.81 d(16.9) 2.50 dd(16.9, 6)	α 2.18 m β 2.38 m	1.97 dd(14.6, 8.1) 2.64 dd(14.6, 8.5)	
16	3.88 t(6)	3.47 m	3.45 t(8.5)	
17	3.46 br s	3.63 br s	2.75 s	
18①	0.80 s	3.57 ABq(10.0) 3.64 ABq(10.0)	3.54 d(10.6) 3.89 d(10.6)	此外，C(1)、C(14)、C(16)常形成氧次甲基，其氢谱信号可作为解析图谱时的辅助参考
19②	2.10 br d(11) 2.50 d(11)		2.35 d(11.0) 2.80 d(11.0)	
20	2.41 m, 2.52 m③		2.91 dq(12.7, 7.3)③ 3.02 dq(12.7, 7.3)③	
21	1.09 t (7)④		1.13 t(7.2)④	
OMe	3.31 s 3.34 s	3.28 s(1-OMe) 3.35 s(18-OMe) 3.36 s(16-OMe)	3.39 s(16-OMe) 3.42 s(8-OMe)	
14-OAc			2.05 s	

三、C₂₀二萜型生物碱

1. 阿替生二萜型生物碱

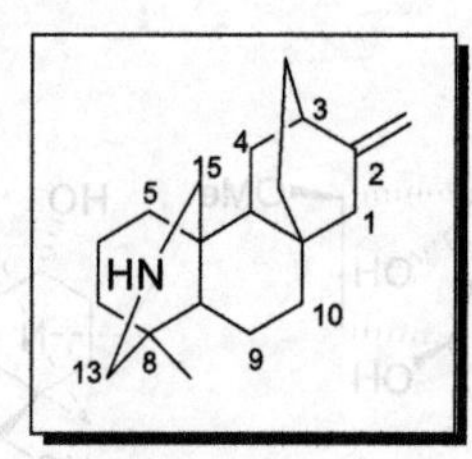

【系统分类】

8-甲基-2-亚甲基十二氢-3,10a-桥亚乙基-4b,8-(亚甲基亚氨基亚甲基)菲

8-methyl-2-methylenedodecahydro-3,10a-ethano-4b,8-(methanoiminomethano)phenanthrene

【结构多样性】

N增氮碳键等。

【典型氢谱特征】

5-20-7 [7]　　5-20-8 [8]　　5-20-9 [9]

表 5-20-3 阿替生二萜型生物碱 5-20-7～5-20-9 的 ^{1}H NMR 数据

H	5-20-7 ($CDCl_3$)	5-20-8 ($CDCl_3$) [a]	5-20-9 ($CDCl_3$)	典型氢谱特征
1	α 2.88 m β 1.90 m	1.66 m 1.38～1.59 m	1.00 m 1.70 m	① 17 位烯亚甲基特征峰； ② 18 位甲基特征峰； ③ 19 位氮亚甲基特征峰；化合物 **5-20-8** 的 C(19)形成亚胺碳，其信号有特征性； ④ 20 位氮亚甲基特征峰；化合物 **5-20-8** 的 C(20)形成氮氧次甲基，其信号有特征性； ⑤⑥ 当仲氨基质子被乙基化，无论 C(22)形成醛基还是形成氧化甲基（氧亚甲基），其信号均有特征性；化合物 **5-20-9** 的氨基没有烃基化，因此没有该特征峰
2	α 1.86 br d β 1.03 m	1.38～1.59 m 1.25～1.38 m	1.27 m 1.50 m	
3	α 1.63 m β 1.40 br d	1.38～1.59 m 1.25～1.38 m	1.28 m 1.49 m	
5	1.64 br s($W_{1/2}$=5.2)	1.25 m	0.98 m	
6	α 1.60 m β 1.21 dd(12.3, 2.1)	4.40 br s	0.99 m 1.56 m	
7	3.84 br d	3.75 d(4.8)	1.12 br dt(13.5, 3) 1.68 m	
9	2.14 d(3.7)	1.64 d(8.4)	1.58 m	
11	α 1.91 dd(12.3, 3.1) β 1.50 m	1.07 ddd(13.6, 13.6, 7.2) 1.38～1.59 m	1.36 ddd(12.5, 7.7, 2) 1.72 m	
12	2.37 br s	2.27 m	2.34 br s	
13	α 1.80 m β 1.91 m	1.25～1.58 m 2.61 m	1.57 m（×2）	
14	α 1.90 m β 1.82 m	1.38～1.59 m 2.15 m	α 2.14 ddd(15, 11, 4.5) β 0.92 dddd(15, 11, 7.2)	
15	4.26 d(3.8)	2.15 m, 3.46 d(15.6)	3.61 br t(2)	
17①	5.02 br s, 5.10 br s	4.74 s, 4.88 s	5.04 t(1.5), 5.10 t(1.5)	
18②	0.84 s	— [b]	1.07 s	
19③	3.40 d(10.9) 3.75 d(10.9)	2.35 d(11.6) 2.69 d(11.6)	7.43 br s	
20④	4.10 br s	4.71 s	3.42 dd(19, 3) 3.92 dt(19, 2)	
21⑤	3.60 m 3.85 m	2.91 dt(14.0, 5.6) 3.16 dt(14.0, 5.6)		
22⑥	8.74 s	3.85 m, 3.90 m		
OH		6.47 br s(6-OH) br s(22-OH)		

[a] 文献存在错误，其中 1 位、11 位和 14 位各列出三个化学位移值；

[b] 文献没有数据。

2. 光翠雀碱二萜型生物碱

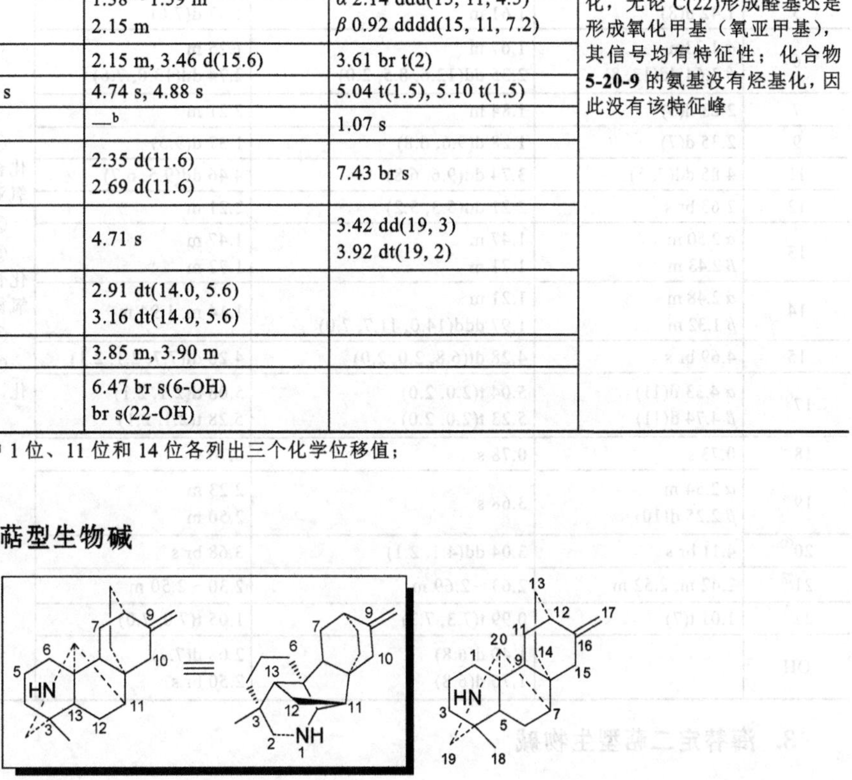

【系统分类】

3-甲基-9-亚甲基十二氢-1*H*-3,6a,11-(桥乙烷[1,1,2]三基)-8,10a-桥亚乙基茚并[2,1-*b*]氮杂环辛(四烯)

3-methyl-9-methylenedodecahydro-1*H*-3,6a,11-(epiethane[1,1,2]triyl)-8,10a-ethanoindeno[2,1-*b*]azocine

【结构多样性】

N增氮碳键等。

【典型氢谱特征】

5-20-10 [10]　　5-20-11 [11]　　5-20-12 [11]

表 5-20-4 光翠雀碱二萜型生物碱 5-20-10～5-20-12 的 ¹H NMR 数据

H	5-20-10 (C_5D_5N)	5-20-11 ($CDCl_3$)	5-20-12 ($CDCl_3$)	典型氢谱特征
1	4.30 dd(11, 6)	4.19 d(5.3)	4.17 dt(10.8, 6.9)	① 17位烯亚甲基特征峰；化合物 **5-20-10** 的 C(17)形成氧亚甲基，其信号有特征性； ② 18位甲基特征峰； ③ 19位氮亚甲基特征峰；化合物 **5-20-11** 的 C(19)形成氧氮次甲基，信号有特征性； ④ 20位氮次甲基特征峰； ⑤ 当仲氨基质子被乙基化，乙基信号有特征性
2	α 2.86 br d(11) β 2.06 m	1.24 m 1.83 m	1.82 m 2.35 m	
3	α 1.60 m β 1.35 m	1.56 m 1.63 m	1.32 m 1.64 m	
5	1.42 d(8)	1.61 m	1.37 d(7.6)	
6	α 1.33m β 3.64 dd(13, 8)	1.67 m 2.35 dd(12.6, 8.5, 2.0)	1.25 m 2.74 dd(13.0, 7.6)	
7	2.23 d(5)	1.84 m	2.21 m	
9	2.35 d(7)	1.28 d(9.6, 6.8)	1.37 d(9.5)	
11	4.85 dd(7, 5)	3.74 dd(9.6, 6.8)	4.46 dd(9.5, 6.7)	
12	2.63 br s	2.21 dd(5.3, 5.2)	2.21 m	
13	α 2.50 m β 2.43 m	1.47 m 1.71 m	1.47 m 1.72 m	
14	α 2.48 m β 1.32 m	1.21 m 1.97 ddd(14.0, 11.7, 7.0)	1.14 m, 1.94 m	
15	4.69 br s	4.28 dt(6.8, 2.0, 2.0)	4.28 dt(7.7, 2.1, 2.1)	
17①	α 4.33 d(11) β 4.74 d(11)	5.04 t(2.0, 2.0) 5.23 t(2.0, 2.0)	5.08 d(2.1, 2.1) 5.28 t(2.1, 2.1)	
18②	0.73 s	0.78 s	0.70 s	
19③	α 2.54 m β 2.25 d(10)	3.68 s	2.23 m 2.50 m	
20④	4.11 br s	3.04 dd(4.1, 2.1)	3.68 br s	
21⑤	2.42 m, 2.52 m	2.63～2.69 m	2.30～2.50 m	
22⑤	1.01 t(7)	0.99 t(7.3, 7.3)	1.05 t(7.0, 7.0)	
OH		1.40 d(6.8) 1.76 d(6.8)	2.08 d(7.7) 2.50 br s	

3. 海替定二萜型生物碱

【系统分类】

1-甲基-8-亚甲基十二氢-2*H*-4a,9a,7-(桥乙烷[1,1,2]三基)-5,1-(桥亚氨基亚甲基)二苯并[*a*,*d*][7]轮烯

1-methyl-8-methylenedodecahydro-2*H*-4a,9a,7-(epiethane[1,1,2]triyl)-5,1-(epiminomethano) dibenzo[*a*,*d*][7]annulene

【结构多样性】

N 增氮碳键等。

【典型氢谱特征】

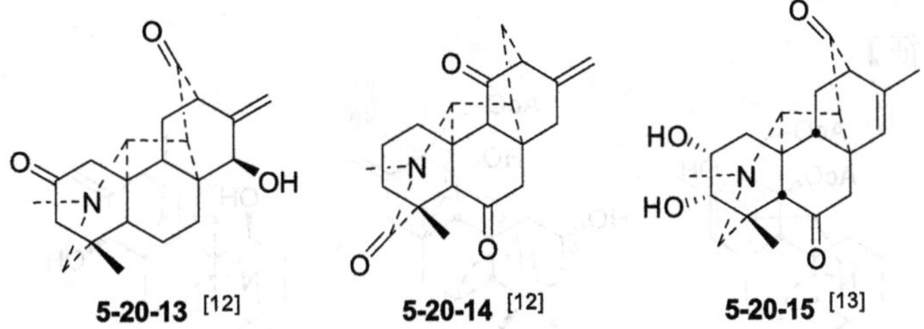

表 5-20-5 海替定二萜型生物碱 5-20-13～5-20-15 的 ^{1}H NMR 数据

H	5-20-13 ($CDCl_3$)	5-20-14 ($CDCl_3$)	5-20-15 ($CDCl_3$)	典型氢谱特征
1	α 3.26 d(13) β 1.30 d(13)	α 2.01 dd(12, 5) β 1.60 br d(12)	α 2.14 dd(14.2, 2.0) β 1.82 dd(14.2, 4.4)	① 17 位烯亚甲基特征峰；化合物 **5-20-15** 的 C(17)形成烯甲基，其信号有特征性； ② 18 位甲基特征峰； ③ 19 位氮亚甲基特征峰；化合物 **5-20-14** 的 C(19)形成酰胺羰基，该特征信号消失； ④ 20 位氮次甲基特征峰； ⑤ 当仲氨基质子被甲基化，甲基信号有特征性
2		α 1.75 m β 1.40 m	3.92 sept($W_{1/2}$=2.0)	
3	α 2.90 d(12) β 1.90 d(12)	α 1.85 m β 1.40 m	3.35 d(5.6)	
5	1.86 br s	2.50 s	1.85 s	
6	α 2.85 m, β 1.60 m			
7	α 2.75 m β 1.65 m	α 2.75 d(18) β 2.25 d(18)	2.79 br s	
9	2.04 dd(7, 4)	1.66 s	1.76 dt(10.4, 2.0)	
11	α 1.80 m β 2.35 m		α 1.99 ddd(14.0, 3.0, 1.6) β 1.55 ddd(14.0, 10.4, 2.0)	
12	2.60 br d(3)	2.30 br s	2.98 m($W_{1/2}$=5.7)	
13		α 1.90 m β 1.40 m		
14	1.65 m	1.80 m	2.30 d(2.8)	
15	3.95 br s	α 2.26 d(14) β 2.38 d(14)	5.50 s	
17①	4.97 t(1.5) 5.01 t(1.5)	4.78 br s 4.97 br s	1.86 d(2.0)	
18②	1.00 s	1.50 s	1.16 s	
19③	α 2.16 d(13) β 1.98 d(13)		1.88 ABq(12.4) 2.64 ABq(12.4)	
20④	2.97 br s	2.02 d(3)	3.06 d(3.2)	
NMe⑤	2.37 s	2.50 s	2.45 s	

4. 海替生二萜型生物碱

【系统分类】

3a-甲基-12-亚甲基十二氢-1*H*-5,7,10b-(桥甲烷三基)-6a,9-桥亚乙基二苯并[*cd,f*]吲哚

3a-methyl-12-methylenedodecahydro-*1H*-5,7,10b-(epimethanetriyl)-6a,9-ethanodibenzo[*cd,f*]indole

【典型氢谱特征】

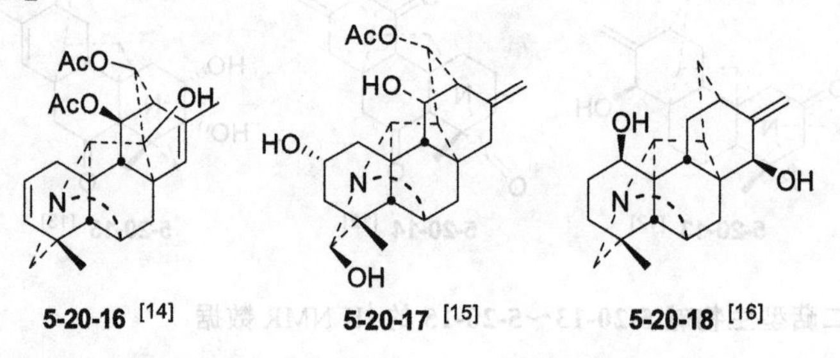

5-20-16 [14]　　5-20-17 [15]　　5-20-18 [16]

表 5-20-6 海替生型二萜生物碱 5-20-16～5-20-18 的 ^{1}H NMR 数据

H	5-20-16 ($CDCl_3$)	5-20-17 ($CDCl_3$)	5-20-18 ($CDCl_3$)	典型氢谱特征
1	α 2.61～2.69 m β 2.02～2.10 m	α 2.66 br d(15.0) β 1.82 dd(15.0, 4.0)	4.19 br s	
2	5.48～5.54 m	4.18 br s	α 1.79 m β 1.77 m	
3	5.64 d(8.5)	α 1.98 br d(7.8) β 1.55 dd(7.8, 2.1)	α 1.25 m β 1.74 m	
5	1.61 br s	1.45 s	1.89 s	
6①	2.74 br s	3.55 br s($W_{1/2}$=4.0)	3.40 br s($W_{1/2}$=6)	
7α	2.24 d(13.8)	1.71 dd(14.0, 2.7)	1.68 dd(13.2, 3.1)	
7β	1.77 dd(13.8, 2.1)	1.56 m	2.02 dd(13.2, 2.4)	
9	1.89 d(9.3)	1.91 d(9.0)	2.01 d(11.5)	① 6 位氮次甲基特征峰； ② 17 位烯亚甲基特征峰；化合物 **5-20-16** 的 C(17)形成烯甲基，其信号有特征性； ③ 18 位甲基特征峰； ④ 19 位氮亚甲基特征峰；化合物 **5-20-17** 的 C(19)形成氮氧次甲基，其信号有特征性； ⑤ 20 位氮次甲基特征峰
11	4.84 dd(9.3, 1.4)	4.23 d(9.0)	α 1.92 dd(14.2, 4.2) β 1.76 m	
12	2.68～2.70 m	2.42 d(2.5)	2.21 m	
13	4.88 t(2.0)	5.00 br d(9.0)	α 1.07 dt(13.2, 2.7) β 1.80 m	
14		2.38 d(9.0)	1.90 m	
15	5.27 t(1.4)	α 2.03 AB(18.0) β 2.18 AB(18.0)	4.00 s	
17②	1.86 s	α 4.86 s β 4.70 s	*E* 4.94 s *Z* 4.97 s	
18③	1.08 s	1.00 s	1.02 s	
19④	α 2.72 d (10.5) β 2.23 d (10.5)	4.71 s	α 2.39 d (12.5) β 2.56 d (12.5)	
20⑤	3.10 s	3.28 s	2.49 s	
OAc	2.04 s (11-OAc) 2.08 s (13-OAc)	2.22 s (13-OAc)		

5. C(19):N-断海替生二萜型生物碱

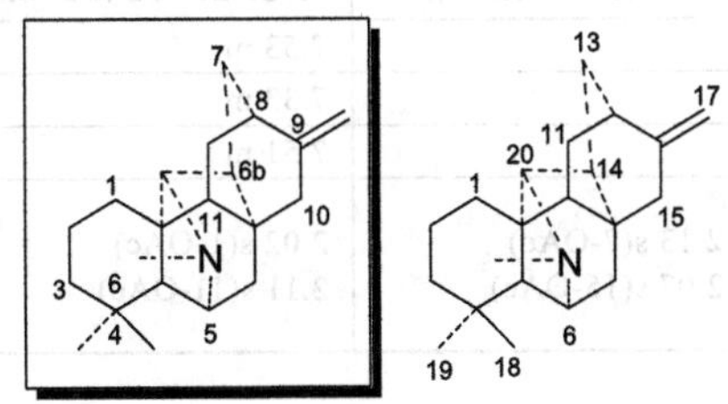

【系统分类】

4,4,6-三甲基-9-亚甲基十四氢-5,10a:8,11-二亚甲基茚并[1,2-*c*]异吲哚

4,4,6-trimethyl-9-methylenetetradecahydro-5,10a:8,11-dimethanoindeno[1,2-*c*]isoindole

【典型氢谱特征】

5-20-19[17]　　5-20-20[18]　　5-20-21[19]

表 5-20-7 C(19):*N*-断海替生二萜型生物碱 **5-20-19～5-20-21** 的 ^{1}H NMR 数据

H	**5-20-19** ($CDCl_3$)	**5-20-20** ($CDCl_3$)	**5-20-21** (CD_3OD-$CDCl_3$)	**典型氢谱特征**
1	*α* 2.98 dd(15.1, 3.6) *β* 1.86 dd(15.1, 3.6)	*α* 2.23 br d(14.5) *β* 1.95 dd(15.0, 3.6)	5.93 d(3.2)	
2	5.51 m	5.55 m	5.76 m	
3	*α*2.29 br d(15.5) *β*1.49 dd(15.5, 3.2)	*α*2.47 br s *β*1.53 dd(15.5, 3.2)	*α*2.01 s *β*1.81 dd(16.0, 4.0)	
5	2.04 s	2.08 s	2.54 s	
6①	3.05 d(3.3)	3.18 d(3.3)	3.18 d(4.0)	
7	5.28 d(3.6)	5.30 d(3.5)	4.37 d(4.0)	
9	3.01 br s	2.76 d(2.2)	2.97 dd(9.2, 2.0)	① 6 位氮次甲基特征峰；
11	5.57 dd(9.0, 2.6)	4.14 d(4.5)	5.35 dd(10.0, 2.4)	② 17 位烯亚甲基特征峰；
12	2.81 d(2.6)	3.34 d(4.5)	2.67 d(2.4)	③ 18 位甲基特征峰；
13	5.14 m		5.37 d(9.6)	④ 19 甲基形成甲酰基，
14	2.91 dd(9.7, 1.9)	2.51 br d(2.3)	3.26 dt(10.0, 2.0)	其信号有特征性；
15	5.68 s	5.94 s	4.58 t(2.0)	⑤ 20 位氮次甲基特征峰；
17②	5.23 s 5.36 s	5.38 s 5.53 s	5.26 d(2.4)[a] 5.41 d(1.2)[a]	⑥ 氮甲基特征峰
18③	1.00 s	1.05 s	1.07 s	
19④	9.37 s	9.50 s	8.93 br s	
20⑤	3.67 s	3.38 br s	3.90 s	
NMe⑥	2.43 s	2.40 s	2.47 s	
2′, 6′	7.62 dd(7.3, 1.1)	7.89 dd(7.2, 1.1)	7.75 dd(8.4, 1.2)	
3′, 5′	7.33 ov	7.44 ov	7.06 t(7.6)	
4′	7.49 m	7.57 m	7.30 m	

续表

H	**5-20-19** ($CDCl_3$)	**5-20-20** ($CDCl_3$)	**5-20-21** (CD_3OD-$CDCl_3$)	典型氢谱特征
2″, 6″	7.75 dd(7.5, 1.2)		7.53 m	
3″, 5″	7.08 ov		7.33 m	
4″	7.33 ov		7.51 m	
OAc	2.17 s(7-OAc) 2.09 s(11-OAc) 2.07 s(15-OAc)	2.13 s(7-OAc) 2.07 s(15-OAc)	2.02 s(1-OAc) 2.11 s(11-OAc)	

[a] 遵循文献数据，疑有误。

6. 纳哌啉二萜型生物碱

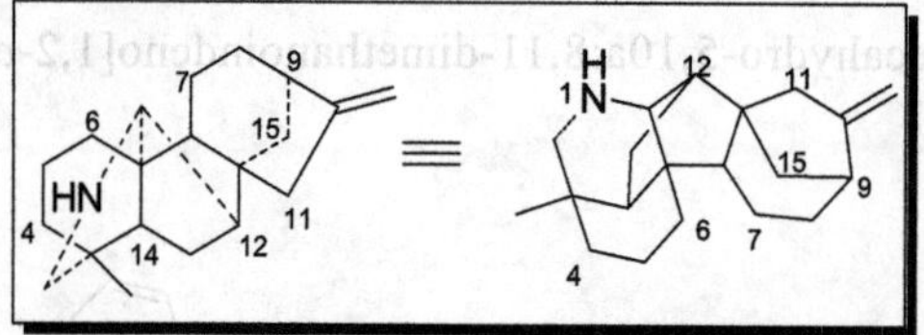

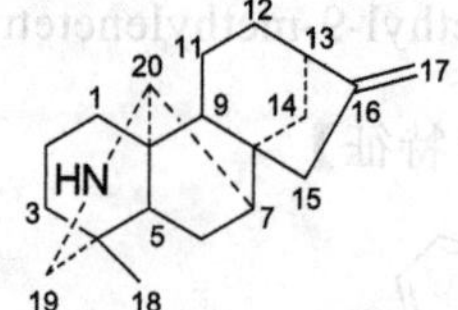

【系统分类】

3-甲基-10-亚甲基十四氢-3,6a,12-(桥乙烷[1,1,2]三基)-9,11a-亚甲基薁并[2,1-*b*]氮杂环辛（四烯）

3-methyl-10-methylenetetradecahydro-3,6a,12-(epiethane[1,1,2]triyl)-9,11a-methanoazuleno[2,1-*b*]azocine

【结构多样性】

N 增氮碳键等。

【典型氢谱特征】

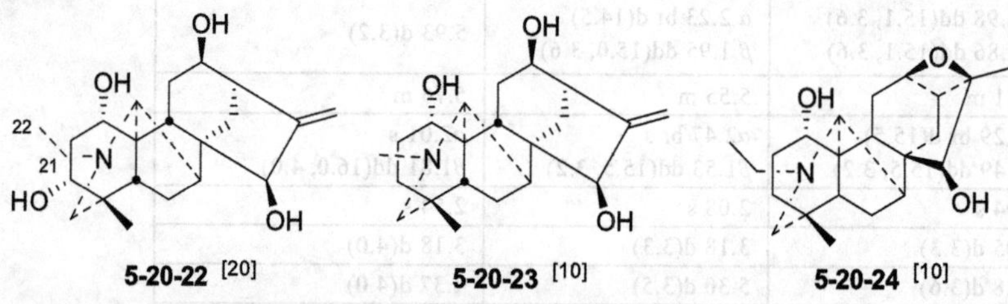

5-20-22 [20]　**5-20-23** [10]　**5-20-24** [10]

表 5-20-8 纳哌啉型二萜生物碱 5-20-22～5-20-24 的 ^1H NMR 数据

H	**5-20-22** ($CDCl_3$)	**5-20-23** ($CDCl_3$)	**5-20-24** ($CDCl_3$)	典型氢谱特征
1	3.76 br	3.91 dd(8, 6)	3.88 dd(8, 7)	① 17 位烯亚甲基特征峰；化合物 **5-20-24** 的 C(17)形成甲基，其信号有特征性； ② 18 位甲基特征峰； ③ 19 位氮亚甲基特征峰； ④ 20 位氮次甲基特征峰； ⑤ 当仲氨基质子被乙基化或甲基化时，乙基信号或甲基信号均有特征性
2	*α* 1.86 m *β* 1.52 m	*α* 1.99 m *β* 1.87 m	*α* 2.22 m *β* 1.91 m	
3	3.78 br	*α* 1.66 m *β* 1.33 m	*α* 1.61 dt(13, 4) *β* 1.33 m	
5	1.32 m	1.35 br s	1.35 d(8)	
6*α*	2.40 d(8.0)	1.36 m	1.29 dd(13, 5)	
6*β*	1.29 m	2.32 dd(13, 8)	2.56 dd(13, 8)	
7	2.11 m	2.11 d(5)	2.07 d(5)	
9	2.07 m	1.84 m	1.94 d(7)	
11*α*	2.40 m	2.16 dd(14, 5)	2.11 m	
11*β*	1.67 ddd(14.4, 6.8, 2.0)	1.62 m	1.86 m	
12	4.18 dt(8.8, 2.0)	4.19 dd(9, 6)	4.82 dd(8, 4)	

续表

H	**5-20-22** ($CDCl_3$)	**5-20-23** ($CDCl_3$)	**5-20-24** ($CDCl_3$)	典型氢谱特征
13	2.81 dd(8.8, 3.2)	2.80 dd(9, 4)	2.72 dd(8, 4)	
14*α*	1.13 dd(12.0, 3.2)	1.75 d(12)	1.77 d(13)	
14*β*	1.81 d(12.0)	1.09 dd(12, 4)	1.06 m	
15	4.25 br	4.23 br s	3.51 s	
17①	5.10 br, 5.29 br	5.12 br s, 5.34 br s	1.38 s	
18②	0.76 s	0.76 s	0.74 s	
19*α*③	2.42 m	2.38 d(11)	2.47 d(11)	
19*β*③	2.15 m	2.26 d(11)	2.18 m	
20④	3.24 br	3.19 br s	3.42 br s	
21⑤	2.48 m, 2.58 m	2.29 s	2.38 m, 2.51 m	
22⑤	1.17 t(7.2)		1.04 t(7)	

7. 其他二萜型生物碱

（1）C10 型二萜生物碱

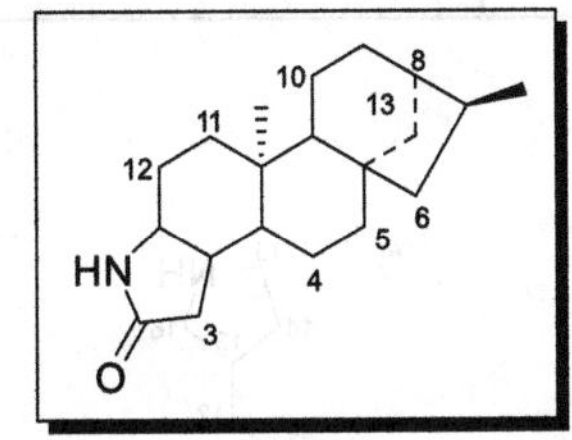

【系统分类】

7,10b-二甲基十六氢-2*H*-5a,8-亚甲基环庚三烯并[3,4]苯并[1,2-*e*]吲哚-2-酮

7,10b-dimethylhexadecahydro-2*H*-5a,8-methanocyclohepta[3,4]benzo[1,2-*e*]indol-2-one

【典型氢谱特征】

5-20-25 [21]　　5-20-26 [21]　　5-20-27 [21]

表 5-20-9 C10 型二萜生物碱 5-20-25～5-20-27 的 ^{1}H NMR 数据

H	**5-20-25** (C_5D_5N)	**5-20-26** (C_5D_5N)	**5-20-27** (C_5D_5N)	典型氢谱特征
1	1.84 m 2.35 dd(17.5, 6.7)	0.97 td(13.7, 3.7) 1.68 m	1.08 m 1.76 m	① 3 位氮次甲基特征峰；当 C(3)形成不连氢的碳原子时（如氧化氮化仲碳，氮化烯型叔碳），该特征峰消失； ② C(17)常形成氧亚甲基（氧化甲基），其信号有特征性； ③ 20 位甲基特征峰； ④ 仲酰胺基质子特征峰
2	5.48 d(6.7)	1.47 m, 2.14 m	2.33 m, 2.36 m	
3①		3.90 dd(10.9, 7.2)		
4			2.24 dd(11.7, 6.6)	
5	2.21 dt(11.8, 2.3)	1.88 m	0.97 t(12.1)	
6	1.44 m 1.71 m	1.46 m 1.51 m	1.22 td(11.9, 3.1) 1.42 m	
7	1.56 td(13.0, 3.6) 1.66 dt(13.0, 3.0)	1.53 m 1.64 m	1.36 m 1.61 m	
9	1.26 d(8.7)	1.15 d(8.8)	0.93 d(7.2)	
11	1.48 m, 1.71 m	1.49 m, 1.71 m	1.56 m, 1.70 m	

续表

H	**5-20-25** (C_5D_5N)	**5-20-26** (C_5D_5N)	**5-20-27** (C_5D_5N)	典型氢谱特征
12	1.49 m, 1.89 m	1.47 m, 1.87 m	1.49 m, 1.90 m	
13	2.46 d^{l} (3.0)	2.45 d^{l} (2.9)	2.47 s^{l}	
14	1.94 d(11.6) 2.05 dd(11.6, 4.5)	1.96 d(11.4) 2.05 dd(11.4, 4.1)	2.00 d(10.9) 2.05 dd(10.9, 3.3)	
15	1.72 d(13.6) 1.85 d(13.6)	1.73 dd(14.3, 1.3) 1.85 d(14.3)	1.72 d(14.0) 1.84 d(14.0)	
17②	4.07 dd(10.9, 5.3) 4.15 dd(10.9, 5.3)	4.06 dd(10.9, 5.2) 4.15 dd(10.9, 5.2)	4.06 dd(10.7, 4.5) 4.15 dd(10.7, 4.5)	
18	5.98 s	5.83 s	2.35 m 3.21 dd(16.4, 6.5)	
20③	0.93 s	0.71 s	1.04 s	
NH④	10.83 s	8.87 s	9.16 s	
3-OH			7.35 s	
16-OH	5.22 s	5.22 s	5.17 s	
17-OH	6.13 t(5.3)	6.12 t(5.2)	6.15 t(4.5)	

（2）M 型二萜生物碱

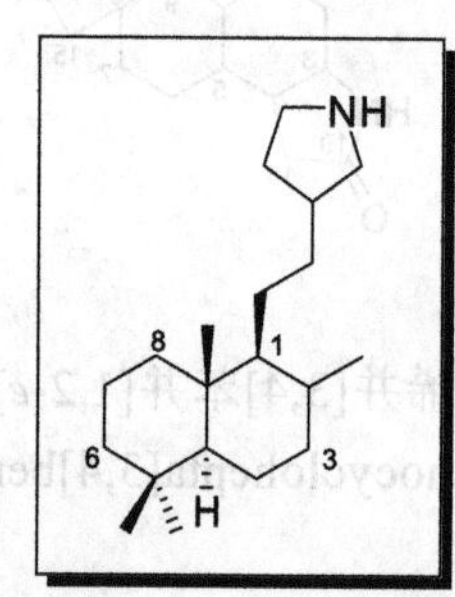

【系统分类】

3-[2-(2,5,5,8a-四甲基十氢萘-1-基)乙基]吡咯烷

3-[2-(2,5,5,8a-tetramethyldecahydronaphthalen-1-yl)ethyl]pyrrolidine

【典型氢谱特征】

5-20-28 [22]　　5-20-29 [22]　　5-20-30 [23]

表 5-20-10 M 型二萜生物碱 5-20-28～5-20-30 的 ^{1}H NMR 数据

H	**5-20-28** (CD_3OD)	**5-20-29** (CD_3OD)	**5-20-30** (DMSO-d_6)	典型氢谱特征
1α	1.83 dd(13.3, 12.3)	1.90 dd(12.8, 12.1)	1.31 t(12.0)	① 17位甲基或其衍生的烯亚甲基特征峰； ② 18位甲基特征峰；
1β	2.29 dd(13.3, 4.2)	2.47 dd(12.8, 4.2)	2.06 ddd(12.0, 4.0, 1.5)	
2	4.22 ddd(12.3, 11.0, 4.2)	4.28 ddd(12.1, 11.0, 4.2)	4.33 tt(12.0, 4.0)	

续表

H	**5-20-28** (CD_3OD)	**5-20-29** (CD_3OD)	**5-20-30** (DMSO-d_6)	典型氢谱特征
3	3.79 d(11.0)	3.78 d(11.0)	α 1.45 t(12.0) β 1.81 ddd(12.0, 4.0, 1.5)	③ 19 位甲基特征峰； ④ 20 位甲基特征峰
5	2.34 s	2.55 s	1.11 br d(4.0)	
6			4.23 m	
7α	2.56 d(18.7)	5.81 dd(2.8, 1.3)	2.15 br d(13.0)	
7β	2.72 d(18.7)		2.26 dd(13.0, 2.5)	
9	2.26 dd(9.0, 7.7)	2.50 dddd(7.0, 2.8, 2.0, 1.3)	1.63 m	
11	α 2.20 ddd(12.9, 9.0, 5.7) β 1.73 ddd(12.9, 10.1, 7.7)	α 1.72 dt(15.2, 7.0) β 1.61 ddd(15.2, 7.5, 2.0)	1.63 m 1.36 ddd(11.5, 10.5, 6.0)	
12	4.33 ddd(10.1, 5.7, 4.3)	4.25 ddd(7.5, 7.0, 2.4)	4.00 dddd(10.5, 5.5, 5.0, 2.5)	
13	3.12 ddd(9.1, 5.1, 4.3)	3.13 ddd(9.2, 4.7, 2.4)	2.86 ddd(9.5, 4.5, 2.5)	
14	α 2.75 dd(18.0, 9.1) β 2.64 dd(18.0, 5.1)	α 2.66 dd(17.8, 9.2) β 2.79 dd(17.8, 4.7)	2.54 dd(17.5, 5.0) 2.45 dd(17.5, 9.5)	
17①	1.29 s	2.04 t(1.3)	4.86 br s 4.82 br s	
18②	1.41 s	1.39 s	0.97 s	
19③	1.23 s	1.25 s	1.17 s	
20④	1.08 s	0.95 s	0.94 s	
NH			11.01 s	
OH			4.15 d(3.5) (6-OH) 4.91 d(5.0) (12-OH)	

参 考 文 献

[1] Csupor D, Forgo P, Wenzig E M, et al. J Nat Prod, 2008, 71: 1779.

[2] 丁立生，陈维新. 药学学报, 1990, 25: 441.

[3] 彭崇胜，王锋鹏，王建忠等. 药学学报, 2000, 35: 201.

[4] Díaz J G, Ruiza J G, Herz W. Phytochemistry, 2005, 66: 837.

[5] Cai L, Chen D L, Liu S Y, et al. Chem Pharm Bull, 2006, 54: 779.

[6] Hohmann J, Forgo P, Haidú Z, et al. J Nat Prod, 2002, 65: 1069.

[7] Mericli F, Mericli A H, Ulubelen A, et al. J Nat Prod, 2001, 64: 787.

[8] Wu T S, Hwang C C, Kuo P C, et al. Heterocycles, 2002, 57: 1495.

[9] Díaz J G, Ruíz J G, Fuente G D L. J Nat Prod, 2000, 63: 1136.

[10] Zhang F, Peng S L, Liao X, et al. Planta Med, 2005, 71: 1073.

[11] Feng F, Liu J H, Zhao S X. Phytochemistry, 1998, 49: 2557.

[12] Mericli A H, Mericli F, Doğru E, et al. Phytochemistry, 1999, 51: 337.

[13] Peng C S, Jian X X, Wang F P, et al. Chin Chem Lett, 2000, 11: 411.

[14] Yang C H, Wang X C, Tang Q F, et al, Helv Chim Acta, 2008, 91: 759.

[15] Venkateswarlu V, Srivastava S K, Joshi B S, et al. J Nat Prod, 1995, 58: 1527.

[16] Reina M, Gavín J A, Madinaveitia A, et al. J Nat Prod, 1996, 59: 145.

[17] Li L, Zhao J F, Wang Y B, et al. Helv Chim Acta, 2004, 87: 866.

[18] Wang Y B, Huang R, Zhang H B, et al. Helv Chim Acta, 2005, 88: 1081.

[19]Zhou X L, Chen D L, Chen Q H, et al. J Nat Prod, 2005, 68: 1076.

[20] Gao L M, Wei X M, Jin X L, et al. Heterocycles, 2004, 63: 1181.

[21] Nishimura K, Hitotsuyanagi Y, Sugeta N, et al. J Nat Prod, 2007, 70: 758.

[22] Uddin M J, Kokubo S, Suenaga K, et al. Heterocycles, 2000, 54: 1039.

[23] Uddin M J, Kokubo S, Ueda K, et al. J Nat Prod, 2001, 64: 1169.

第二十一节 三萜类生物碱

三萜类（triterpenoid alkaloids）生物碱根据来源分型为虎皮楠三萜型生物碱和黄杨三萜

型生物碱等。下面总结了虎皮楠三萜型生物碱的结构类型及氢谱特征。

1. 苯并[*e*]薁-Ⅰ型虎皮楠三萜型生物碱

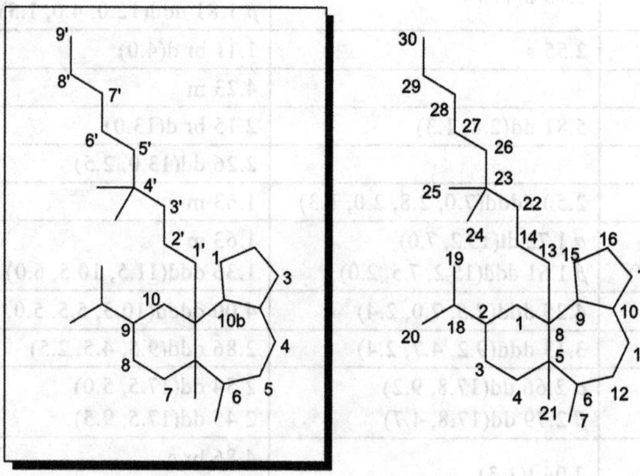

【系统分类】

6,6a-二甲基-10a-(4,4-二甲基壬基)-9-异丙基-十四氢苯并[*e*]薁

10a-(4,4-dimethylnonyl)-9-isopropyl-6,6a-dimethyltetradecahydrobenzo[*e*]azulene

【结构多样性】

（1）daphniphylline 型三萜生物碱 [C(1), C(7), C(10)-桥叔氨基]

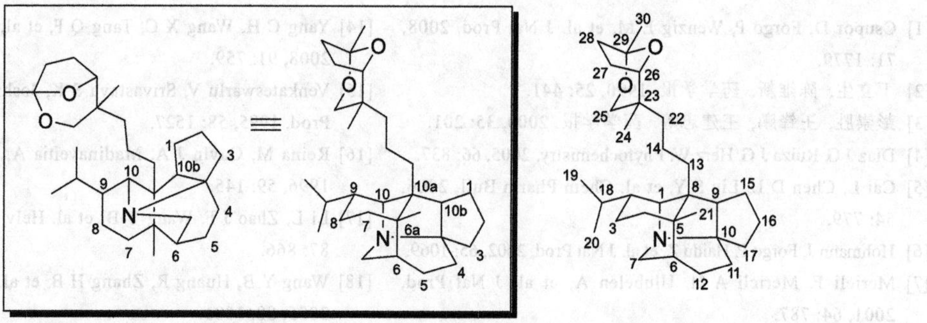

【典型氢谱特征】

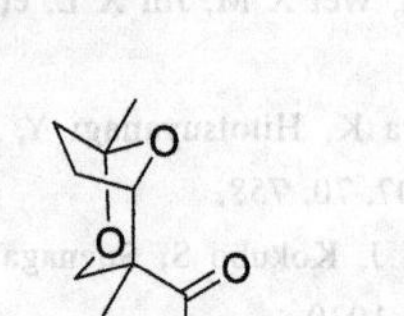

5-21-1 [1] 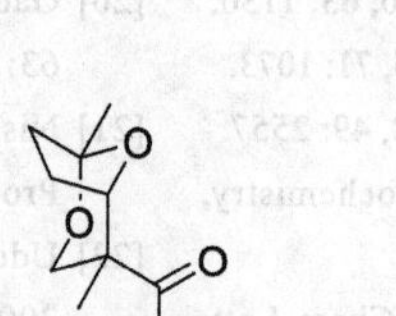　　5-21-2 [2] 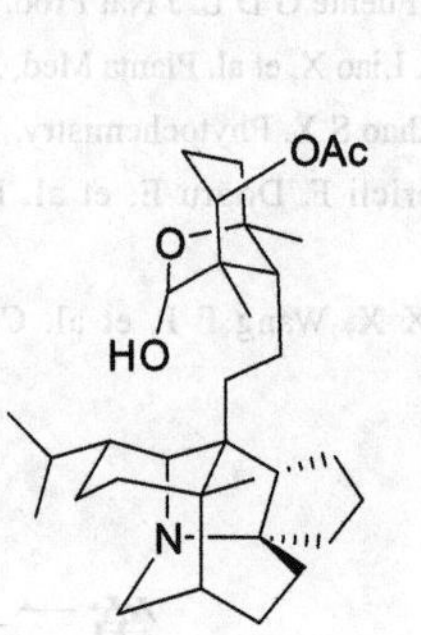　　5-21-3 [3]

表 5-21-1 daphniphylline 型三萜生物碱 5-21-1～5-21-3 的 ^{1}H NMR 数据

H	**5-21-1** (CD_3OD)	**5-21-2** ($CDCl_3$)	**5-21-3** ($CDCl_3$)	典型氢谱特征
1①	2.87 d(4.8)	3.69 br s	3.33 br s	① 1 位氮次甲基特征峰； ② 7 位氮亚甲基特征峰； ③ 2 位连接的异丙基特征峰； ④ 21 位甲基特征峰； ⑤ 24 位甲基特征峰； ⑥ 25 位氧亚甲基（氧化甲基）或缩醛次甲基特征峰； ⑦ 26 位氧次甲基特征峰； ⑧ 30 位甲基特征峰
2	1.54 m	1.76 m	1.44～1.48 m	
3	1.54 m 1.90 m	1.88 m 2.02 m	1.27～1.29 m 1.90～1.92 m	
4	1.35 m 1.72 m	1.64 m 1.99 m	1.61～1.62 m 1.96～2.00 m	
6	1.33 m	1.92 m	1.71～1.76 m	
7②	2.68 dd(15.7, 3.7) 3.27 br d(14.2)	4.15 br m	3.34 br d(13.5) 3.54 br d(13.7)	
9	2.39 dd(10.3, 7.3)	2.49 m	1.61～1.66 m	
11	1.50 m 1.80 m	1.79 m 1.96 m	1.74～1.79 m 1.86～1.87 m	
12	1.59 m 1.92 m	1.61 m	1.63～1.69 m 2.18 dd(15.7, 9.4)	
13	1.07 dd(15.8, 7.2) 2.71 br d(14.0)	1.55 m 2.64 dd(15.7, 3.2)	1.35～1.39 m 2.08 dd(14.0, 9.1)	
14	4.85 dd(7.2, 3.7)	5.61 dd(12.5, 3.2)	1.00～1.02 m 1.97～1.98 m	
15	1.40 m 2.04 m	1.53 m 2.36 m	1.42～1.44 m 1.90～1.95 m	
16	1.39 m 1.70 m	1.38 m 1.89 m	1.42～1.45 m 1.90～1.94 m	
17	1.39 dd(14.4, 8.4) 2.01 m	1.82 m 2.48 m	1.93～1.96 m 2.27 dd(14.0, 6.3)	
18③	1.65 m	2.27 m	1.91～1.96 m	
19③	0.98 d(6.4)	0.90 d(6.4)	0.93 d(6.4)	
20③	0.99 d(6.3)	1.09 d(6.2)	1.10 d(6.4)	
21④	0.93 s	1.04 s	1.08 s	
22			2.44 dd(10.1, 7.2)	
24⑤	0.90 s	0.89 s	1.02 s	
25⑥	3.70 d(12.7) 4.53 dd(12.7, 1.8)	3.71 d(13.3) 4.46 dd(13.3, 1.7)	4.83 s	
26⑦	4.78 br d(5.9)	4.53 d(6.8)	4.75 d(5.2)	
27	2.00 m	1.94 m 2.02 m	1.60～1.65 m 1.90～1.95 m	
28	1.83 m 2.10 m	1.89 m 2.08 m	1.30～1.36 m 1.44～1.48 m	
30⑧	1.35 s	1.45 s	1.29 s	
OAc		2.09 s	2.05 s	

（2）*seco*-daphniphylline 型三萜生物碱［C(1), C(7)-桥亚氨基，C(10)-C(7)连接］

【典型氢谱特征】

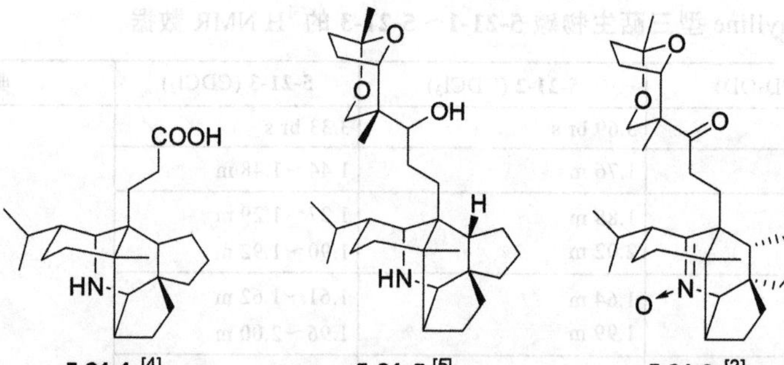

5-21-4 [4]　　5-21-5 [5]　　5-21-6 [2]

表 5-21-2 *seco*-daphniphylline 型三萜生物碱 5-21-4～5-21-6 的 ^{1}H NMR 数据

H	5-21-4 (CD_3OD)	5-21-5 (CD_3OD)	5-21-6 ($CDCl_3$)	典型氢谱特征
1	3.46 s①	3.09 br s①		① 1 位氮次甲基特征峰；化合物 **5-21-6** 的 C(1)形成亚胺次甲基，其特征消失； ② 7 位氮次甲基特征峰； ③ 2 位连接的异丙基特征峰； ④ 21 位甲基特征峰； ⑤ 24 位甲基特征峰； ⑥ 25 位氧亚甲基（氧化甲基）特征峰； ⑦ 26 位氧次甲基特征峰； ⑧ 30 位甲基特征峰 化合物 **5-21-4** 的 C(14)-C(23)键断裂，因此特征⑤⑥⑦⑧消失
2	1.42 m	1.13 m	2.26 dt(3.4, 11.5)	
3	a1.41 m	1.51 m (2H)	a1.65 m	
3	b1.83 m		b2.01 m	
4a	1.37 m	1.68 m	1.09 dd(14.9, 4.7)	
4b	1.77 m	1.16 m	1.87 m	
6	2.18 t(4.5)	1.90 m	2.19 br q(3.0)	
7②	3.15 d(4.5)	2.52 d(4.5)	4.02 d(4.8)	
9	2.03 t(16.0)	1.71 m	1.75 t(8.0)	
11a	1.75 m	1.69 m	1.60 m	
11b	1.86 m	1.52 m	1.85 m	
12	a1.63 m	1.54 m (2H)	1.67 m (2H)	
12	b1.84 m			
13a	1.67 m		1.88 m	
13b	1.78 m	1.68 m	2.34 ddd(15.1, 11.4, 4.1)	
14a	2.23 m	1.26 m	2.86 m	
14b	2.43 m	1.04 m	3.14 ddd(18.5, 11.2, 5.1)	
15a	1.29 m	1.76 m	1.33 m	
15b	1.58 m	1.62 m	1.91 m	
16a	1.57 m	1.80 m	1.38 m	
16b	1.82 m	1.44 m	1.64 m	
17a	1.74 m	1.82 m	1.78 m	
17b	1.81 m	1.51 m	1.83 m	
18③	1.47 m	1.49 m	2.84 m	
19③	1.05 d(6.0)	0.89 d(6.8)	0.83 d(6.8)	
20③	1.01 d(6.0)	0.90 d(6.8)	1.05 d(6.6)	
21④	0.94 s	0.69 s	0.95 s	
22		3.41 d(9.8)		
24		1.03 s⑤	0.82 s⑤	
25a		3.33 d(11.3)⑥	3.55 d(12.2)⑥	
25b		3.27 d(11.3)⑥	4.29 dd(12.2, 1.7)⑥	
26		4.10 d(6.3)⑦	4.69 d(6.1)⑦	
27a		1.95 m	1.95 m	
27b		2.13 m	2.10 m	
28a		1.98 m	1.93 m	
28b		1.88 m	2.08 m	
30		1.40 s⑧	1.43 s⑧	

（3）yuzurimine 型三萜生物碱 [C(22)-C(23)键断裂，C(14)-C(15)连接，C(1),C(7),C(19)-桥叔氨基]

【典型氢谱特征】

5-21-7 [6]　　5-21-8 [7]　　5-21-9 [8]

表 5-21-3 yuzurimine 型三萜生物碱 5-21-7～5-21-9 的 ^{1}H NMR 数据

H	5-21-7 ($CDCl_3$)	5-21-8 ($CDCl_3$)	5-21-9 ($CDCl_3$)	典型氢谱特征
2	2.13 m	2.16 m	2.38 m	① 7 位氮亚甲基特征峰； ② 19 位氮亚甲基或其衍生的氮氧次甲基特征峰； ③ 20 位甲基特征峰； ④ 21 位甲基特征峰； ⑤ 22 位常形成羧酸甲酯，甲氧基信号有特征性，可作为分析氢谱时的辅助信号
3	1.50 m	1.75 dd(13.7, 6.4) 2.03 m	1.60 m 1.88 m	
4	α 1.42 m β 1.65 dt(13.5, 7.0)	3.21 m	3.86 dd(11.4, 7.4)	
6	1.90 m	2.49 m	2.34 m	
7①	α 3.19 dd(12.5, 9.0) β 3.31 d(12.5)	3.02 dd(14.3, 8.9) 3.44 dd(14.3, 9.8)	3.21 m	
11	α 2.01 m, β 2.41 m	1.60 m, 1.97 m	2.07 m, 2.82 m	
12	α 1.37 m, β 2.08 m	2.16 m	1.53 m, 1.83 m	
13	α 2.42 dd(14.5, 10.0) β 2.62 dd(14.5, 4.5)	2.28 dd(13.6, 8.6) 2.49 m	3.03 br s	
14	3.04 td(10.5, 4.0)	3.14 dt(11.4, 8.4)		
15	3.53 m	3.71 m		
16	α 1.84 m, β 1.35 m	1.20 m, 1.84 m	2.61 m, 2.71 m	
17	α 2.67 m β 2.31 dd(15.0, 8.5)	2.20 m 2.49 m	2.88 m 2.93 m	
18	2.77 m	2.41 m	2.78 m	
19②	α 3.60 m β 2.26 dd(11.5, 7.5)	4.30 br s	2.21 dd(11.9, 6.0) 3.59 dd(11.9, 10.6)	
20③	1.03 d(7.5)	1.14 d(6.9)	1.08 d(7.4)	
21④	1.12 s	0.97 s	0.99 s	
23⑤	3.63 s	3.63 s	3.68 s	

（4）yuzurine 型三萜生物碱 [C(22)-C(23)键断裂，C(14)-C(15)连接，C(1)-C(2)键断裂，C(1),C(7)-桥亚氨基，N 增氮碳键]

【典型氢谱特征】

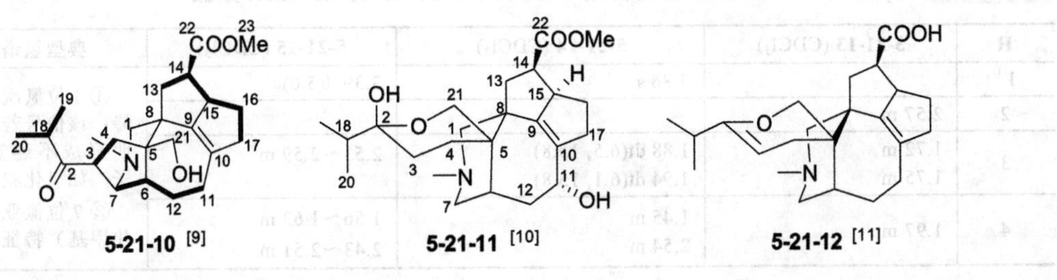

5-21-10 [9]　　5-21-11 [10]　　5-21-12 [11]

表 5-21-4 yuzurine 型三萜生物碱 5-21-10～5-21-12 的 ^{1}H NMR 数据

H	5-21-10 (CD_3OD)	5-21-11 (CD_3OD)	5-21-12 (CD_3OD)	典型氢谱特征
1①	α 2.62 br d(11.7) β 2.08 br d(11.7)	α 2.32 d(11.7) β 2.30 d(11.7)	3.04 d(12.2) 3.11 d(12.2)	① 1 位氮亚甲基特征峰； ② 7 位氮亚甲基或次甲基特征峰； ③ 2 位连接的异丙基特征峰； ④ C(21) 常形成氧亚甲基(氧化甲基)，其 ABq 信号有特征性； ⑤ 氮甲基特征峰
3	3.25 dd(9.2, 5.4)	α 1.69 m, β 1.41 m	4.46 dd(5.0, 1.5)	
4	α 1.51 dd(13.4, 9.2) β 2.15～2.21 m	α 1.97 m β 1.69 m	2.02 d(16.9) 2.29 d(16.9)	
6	2.00～2.04 m	2.39 m	2.26 m	
7②	2.86～2.87 m	α 2.57 dd(12.9, 3.5) β 2.66 d(12.9)	3.35 dd(14.2, 5.9) 3.45 d(13.6)	
11	α 2.21～2.24 m β 1.89～1.93 m	3.98 t(3.1)	2.35 m 2.41 m	
12	α 2.27～2.29 m β 1.71～1.74 m	α 1.86 m β 2.39 m	1.67 m 2.32 m	
13	α 1.65 dd(14.0, 8.7) β 2.45 dd(14.0, 6.9)	α 1.76 m β 2.82 dd(15.0, 2.5)	1.78 dd(14.9, 9.1) 2.56 dd(14.9, 2.6)	
14	2.91～2.97 m	2.95 ddd(9.7, 7.4, 2.5)	2.84 m	
15	3.50～3.53 m	3.48 m	3.57 m	
16	α 1.92～1.95 m β 1.28～1.32 m	α 1.39 m β 1.86 m	1.60 m 1.93 m	
17	α 2.54～2.59 m β 2.31～2.35 m	α 2.45 dd(15.0, 8.2) β 2.88 m	2.42 m 2.70 m	
18③	2.80～2.86 m	1.72 m	2.22 m	
19③	1.09 d(7.0)	0.92 d(6.9)	1.02 d(6.9)	
20③	1.06 d(7.0)	0.92 d(6.9)	1.02 d(6.9)	
21④	α 3.85 br d(11.5) β 3.59 br d(11.5)	α 3.57 d(12.6) β 4.32 d(12.6)	4.06 br d(11.9) 4.42 dd(11.9, 2.6)	
23	3.62 s	3.61 s		
NMe⑤	2.27 s	2.25 s	2.84 s	

（5）daphnilactone B 型三萜生物碱 [C(22)-C(23)键断裂，C(1), C(7), C(19)-桥叔氨基]

【典型氢谱特征】

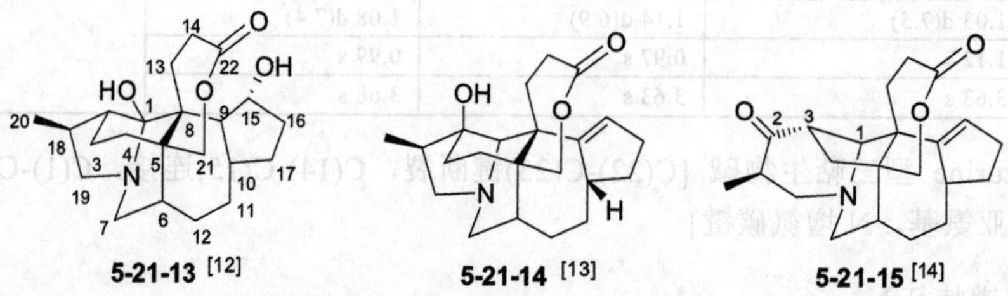

5-21-13 [12]　　5-21-14 [13]　　5-21-15 [14]

表 5-21-5 daphnilactone B 型三萜生物碱 5-21-13～5-21-15 的 ^{1}H NMR 数据

H	5-21-13 ($CDCl_3$)	5-21-14 ($CDCl_3$)	5-21-15 ($CDCl_3$)	典型氢谱特征
1①		3.86 s	3.39 d(5.0)	① 1 位氮次甲基特征峰；该信号若消失，表明形成不连氢的碳原子，如氧化叔碳； ② 7 位氮亚甲基（氮化甲基）特征峰；
2	2.57 m			
3	1.72 m 1.75 m	1.88 dt(6.5, 15.8) 1.94 dt(6.1, 15.8)	2.53～2.59 m	
4	1.97 m	1.45 m 2.54 m	1.56～1.62 m 2.43～2.51 m	

续表

H	5-21-13 ($CDCl_3$)	5-21-14 ($CDCl_3$)	5-21-15 ($CDCl_3$)	典型氢谱特征
6	2.26 m	2.29 m	1.63～1.66 m	
7②	3.01 d(13.6) 3.21 m	3.30 dd(10.3, 14.4) 3.67 d(14.4)	2.20～2.27 m	
9	3.26 m			
10	2.59 m	3.07 m	2.74～2.81 m	
11	1.74 m	1.74 m 2.22 m	1.43～1.52 m 2.05～2.09 m	
12	1.45 m	1.45 m, 1.68 m	1.36～1.43 m	
13	2.11 m，2.25 m	2.52 m	1.68～1.75 m	③ 19 位氮亚甲基(氮化甲基）特征峰； ④ 20 位甲基特征峰； ⑤ C(21)常形成氧亚甲基(氧化甲基)，其 ABq 型信号有特征性
14	2.43 m 2.59 m	1.76 m 3.06 t(13.5)	2.36～2.42 m 2.47～2.59 m	
15	4.25 br	6.03 s	5.46 br s	
16	2.33 m	2.24 m 2.45 m	2.07～2.13 m 2.31～2.37 m	
17	1.63 m	1.70 m, 1.76 m	2.11～2.19 m	
18	2.42 m	2.41 m	2.29～2.39 m	
19③	2.31 m 3.26 m	2.42 m 4.29 m	2.15～2.21 m 3.50～3.54 m	
20④	1.14 d(7.1)	1.11 d(6.5)	0.94 d(7.0)	
21⑤	3.81 d(11.2) 4.27 d(11.2)	3.74 d(13.1) 4.94 d(13.1)	3.79 d(13.5) 4.75 d(13.5)	

（6）daphmanidine A 型三萜生物碱 [C(22)-C(23 键)断裂，C(14)-C(15)连接，C(7)-C(2)连接，C(1),C(19)-桥亚胺叔氮]

【典型氢谱特征】

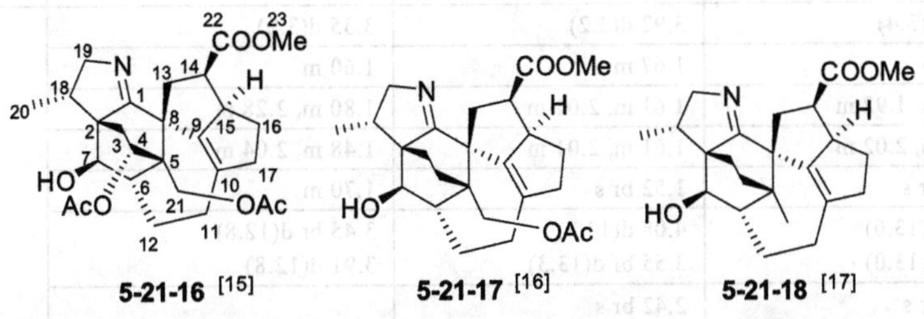

5-21-16 [15]　5-21-17 [16]　5-21-18 [17]

表 5-21-6　daphmanidine A 型三萜生物碱 5-21-16～5-21-18 的 ^{1}H NMR 数据

H	5-21-16 (CD_3OD)	5-21-17 (CD_3OD)	5-21-18 ($CDCl_3$)	典型氢谱特征
3	1.98 m	1.30 m, 2.14 m	1.20 m, 2.06 m	
4	4.89 dd(9.6, 6.1)	1.44 m 1.62 br t(11.4)	1.27 m 1.41 m	① 19 位氮亚甲基（氮化甲基）特征峰； ② 20 位甲基特征峰； ③ 21 位甲基或其衍生的氧亚甲基(氧化甲基)特征峰； ④ 22 位常形成羧酸甲酯，甲氧基信号可作为分析氢谱时的辅助特征信号
6	2.39 m	2.10 m	1.56 m	
7	4.02 m	4.02 br d(6.0)	4.00 d(5.9)	
11	2.27 m	1.98 m	2.12 m	
12	1.90 m, 2.05 m	2.18 m, 2.24 m	1.88 m, 2.12 m	
13	2.42 m 3.03 dd(13.8, 4.3)	2.37 m 2.63 dd(14.1, 4.1)	2.31 dd(13.6, 9.4) 2.53 dd(13.6, 5.0)	
14	3.15 dt(10.0, 4.3)	3.12 dt(4.1, 9.2)	3.13 m	
15	3.54 m	3.55 m	3.54 m	

续表

H	5-21-16 (CD_3OD)	5-21-17 (CD_3OD)	5-21-18 ($CDCl_3$)	典型氢谱特征
16	1.27 m, 1.89 m	1.23 m, 1.73 m	1.16 m, 1.81 m	
17	2.36 m 2.56 m	2.38 m 2.55 m	2.27 dd(14.6, 8.6) 2.48 m	
18	2.11 m	2.07 m	2.01 m	
19①	3.46 d(15.3) 4.01 dd(15.3, 6.9)	3.42 dd(15.2, 1.1) 3.97 dd(15.2, 7.0)	3.42 dd(15.6, 1.4) 3.93 dd(15.6, 6.8)	
20②	1.01 d(7.1)	1.00 d(7.2)	0.97 d(6.9)	
21③	4.30 d(11.6) 4.38 d(11.6)	4.24 d(14.6) 4.32 d(14.6)	1.04 s	
23④	3.62 s	3.63 s	3.66 s	
4-OAc	1.97 s			
21-OAc	2.00 s	2.04 s		

（7）daphnezomine A 型三萜生物碱 [C(22)-C(23 键)断裂，C(9)-C(10)键断裂，C(9)-C(11)连接，C(1), C(7), C(10)-桥叔氨基]

【典型氢谱特征】

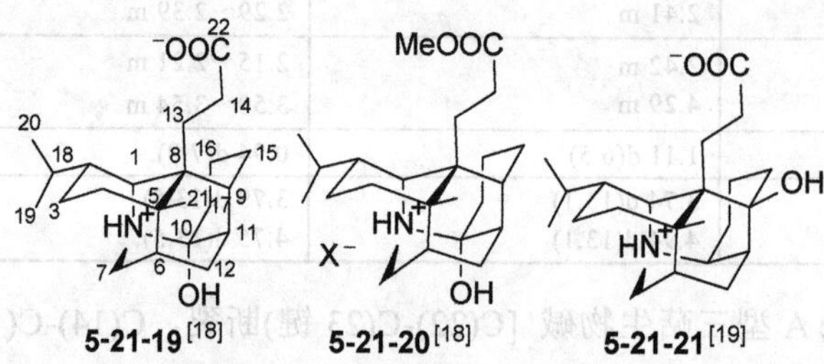

5-21-19[18]　5-21-20[18]　5-21-21[19]

表 5-21-7 daphnezomine A 型三萜生物碱 5-21-19～5-21-21 的 ^1H NMR 数据

H	5-21-19 ($CDCl_3$-CD_3OD)	5-21-20 ($CDCl_3$)	5-21-21 ($CDCl_3$-CD_3OD)	典型氢谱特征
1①	3.79 d(3.4)	3.92 d(3.2)	3.35 d(3.2)	①1 位氮次甲基特征峰； ②7 位氮亚甲基特征峰； ③2 位连接的异丙基特征峰； ④21 位甲基特征峰
2	1.67 m	1.67 m	1.60 m	
3	1.56 m, 1.92 m	1.61 m, 2.01 m	1.80 m, 2.28 m	
4	1.51 m, 2.02 m	1.61 m, 2.01 m	1.48 m, 2.04 m	
6	1.41 br s	1.52 br s	1.70 m	
7②	3.44 d(13.0) 3.97 d(13.0)	4.08 d(13.3) 3.55 br d(13.3)	3.45 br d(12.8) 3.91 d(12.8)	
9	2.39 br s	2.42 br s		
10			3.89 d(6.4)	
11	1.81 m	1.94 m	2.32 m	
12	1.81 m, 2.17 m	1.84 m 2.30 dt(13.4, 2.9)	1.41 m 1.92 m	
13	1.24 m, 2.13 m	1.46 m, 2.18 m	1.33 m, 2.06 m	
14	2.16 m, 2.26 m	2.22 m, 2.46 m	2.16 m, 2.29 m	
15	1.72 m, 1.81 m	1.81 m	1.57 m, 1.92 m	
16	2.08 m, 2.34 m	2.39 m, 2.50 m	1.38 m, 2.63 m	
17	1.70 m, 1.81 m	1.80 m, 1.91 m	1.39 m, 1.80 m	
18③	1.88 m	1.86 m	1.58 m	
19③	0.90 d(6.6)	0.95 d(6.7)	0.93 d(5.0)	
20③	0.91 d(6.2)	0.96 d(6.9)	1.00 d(5.1)	
21④	1.03 s	1.08 s	0.96 s	
23		3.71 s		

（8）daphnilongeranin A 型三萜生物碱 [C(22)-C(23)键断裂，C(14)-C(15)连接，C(17)-C(10)键断裂，C(4), C(7), C(19)-桥叔氨基]

【典型氢谱特征】

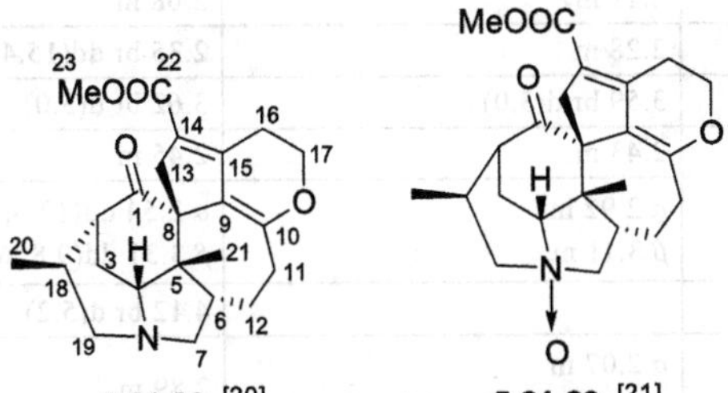

5-21-22 [20]　　5-21-23 [21]

表 5-21-8 daphnilongeranin A 型三萜生物碱 5-21-22 和 5-21-23 的 ^{1}H NMR 数据

H	5-21-22 (CD_3OD)	5-21-23 ($CDCl_3$)	典型氢谱特征
2	2.31 br d(3.9)	2.33 br	① 4 位氮次甲基特征峰； ② 7 位氮亚甲基特征峰； ③ 19 位氮亚甲基特征峰； ④ 20 位甲基特征峰； ⑤ 21 位甲基特征峰； ⑥ C(22)形成羧酸甲酯，甲氧基信号可作为分析氢谱时的辅助特征信号
3	α 2.12 dd(15.4, 3.9) β 2.33 m	2.41～2.50 m	
4①	3.51 m	3.99～4.02 m	
6	2.29 m	3.24～3.30 m	
7②	2.89 m	3.13～3.17 m 3.35～3.42 m	
11	α 2.39 m β 1.96 ddd(16.3, 6.4, 2.0)	1.97～2.03 m 2.22～2.29 m	
12	α 1.79 m β 1.87 m	1.76～1.83 m 1.97～2.05 m	
13	α 2.75 d(17.5) β 3.35 d(17.5)	2.72 d(16.8) 3.26 d(16.8)	
16	α 3.07 m β 2.72 m	2.69～2.76 m 3.09～3.15 m	
17	α 4.15 ddd(10.8, 5.0, 5.0) β 3.94 ddd(10.8, 10.8, 3.7)	3.97 ddd(10.8, 10.8, 3.6) 4.18 ddd(10.8, 5.2, 5.2)	
18	2.73 m	2.54～2.60 m	
19③	α 2.65 dd(13.8, 10.9) β 2.91 dd(13.6, 6.9)	3.14 dd(13.8, 4.8) 3.62 dd(13.8, 7.3)	
20④	1.04 d(6.7)	1.16 d(6.7)	
21⑤	1.26 s	1.42 s	
23⑥	3.69 s	3.70 s	

（9）calyciphylline 型三萜生物碱 [C(14)-C(22)键断裂(或 C(22)-C(23)断裂)，C(14)-C(15)连接，C(4), C(7), C(19)-桥叔氨基]

【典型氢谱特征】

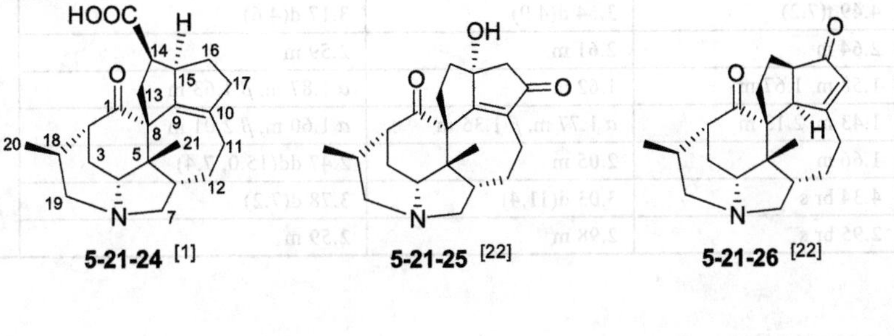

5-21-24 [1]　　5-21-25 [22]　　5-21-26 [22]

表 5-21-9 calyciphylline A 型三萜生物碱 5-21-24～5-21-26 的 ^{1}H NMR 数据

H	**5-21-24** ($CDCl_3$)	**5-21-25** ($CDCl_3$)	**5-21-26** ($CDCl_3$)	典型氢谱特征
2	2.24 m	2.34 br d(4.0)	2.17 br d(3.9)	①4 位氮次甲基特征峰； ②7 位氮亚甲基特征峰； ③19 位氮亚甲基特征峰； ④20 位甲基特征峰； ⑤21 位甲基特征峰
3α	2.06 m	2.11 m	2.08 m	
3β	2.39 m	2.28 m	2.35 br dd(15.4, 4.8)	
4①	3.73 br s	3.59 br d(3.0)	3.62 br d(5.0)	
6	2.35 m	2.43 m	2.45 m	
7②	α 2.52 br t(11.4) β 3.23 dd(10.6, 6.8)	α 2.92 m β 3.11 m	α 2.54 dd(12.6, 9.8) β 3.31 dd(9.8, 6.2)	
9			4.12 br d(5.2)	
11	α 1.94 m β 2.11 m	α 2.07 m β 2.46 ddd(15.9, 5.7, 2.9)	2.89 m	
12α	1.55 m	1.87 m	1.74 m	
12β	1.94 m	1.72 m	2.04 m	
13α	2.25 m	2.23 m	1.90 m	
13β	2.73 dd(13.2, 9.1)	2.63 dd(12.5, 8.0)	1.77 m	
14	2.66 m	α 2.23 m β 1.43 td(14.7, 8.0)	α 1.25 m β 1.88 m	
15	3.43 m		2.73 dd(9.7, 5.6)	
16α	1.98 m	2.72 d(17.7)		
16β	1.47 m	2.44 d(17.7)		
17	α 2.31 m, β 2.68 m		6.08 d(1.5)	
18	2.71 m	2.83 m	2.85 m	
19α③	2.87 m	2.96 dd(14.0, 7.4)	2.95 dd(13.9, 7.7)	
19β③	2.68 m	2.68 m	2.64 dd(13.9, 10.5)	
20④	1.08 d(6.0)	1.08 d(6.8)	1.08 d(6.6)	
21⑤	1.42 s	1.25 s	1.23 s	

（10）deoxycalyciphylline B 型三萜生物碱

【典型氢谱特征】

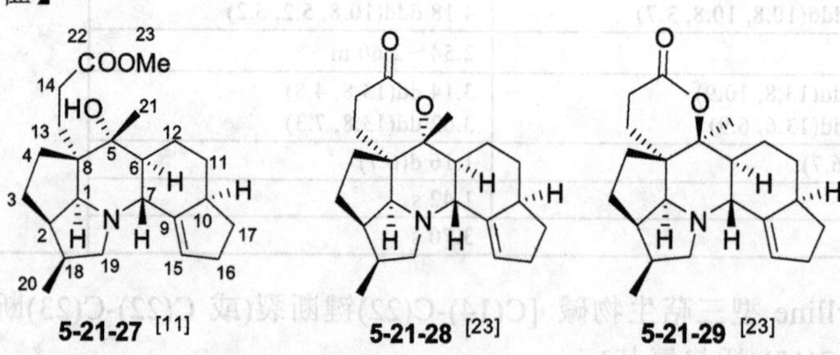

表 5-21-10 deoxycalyciphylline B 型三萜生物碱 5-21-27～5-21-29 的 ^{1}H NMR 数据

H	**5-21-27** ($CDCl_3$)	**5-21-28** ($CDCl_3$)	**5-21-29** ($CDCl_3$)	典型氢谱特征
1①	4.49 t(7.2)	3.64 d(4.9)	3.17 d(4.6)	①1 位氮次甲基特征峰； ②7 位氮次甲基特征峰； ③19 位氮亚甲基特征峰；
2	2.64 m	2.61 m	2.59 m	
3	1.58 m, 1.67 m	1.62 m	α 1.87 m, β 1.63 m	
4	1.43 m, 2.13 m	α 1.77 m, β 1.35 m	α 1.60 m, β 2.01 m	
6	1.66 m	2.05 m	2.47 dd(15.0, 7.4)	
7②	4.34 br s	3.03 d(11.4)	3.78 d(7.2)	
10	2.95 br s	2.98 m	2.59 m	

续表

H	5-21-27 ($CDCl_3$)	5-21-28 ($CDCl_3$)	5-21-29 ($CDCl_3$)	典型氢谱特征
11	0.87 dd(22.9, 11.5) 2.11 m	α 1.97 m β 1.32 m	α 1.90 m β 1.10 ddd(23.7, 12.2, 3.4)	
12	1.65 m 1.80 m	α 1.81 dd(12.7, 8.0) β 1.04 m	1.75 m	
13	1.65 m, 1.92 m	1.62 m	α 1.92 m, β 1.63 m	
14	2.23 m, 2.62 m	2.46 m	2.75 m	
15	5.81 s	5.49 br d(2.0)	5.59 br s	④ 20 位甲基特征峰； ⑤ 21 位甲基特征峰
16	2.32 m, 2.38 m	2.32 m	2.26 m	
17	1.34 m, 2.17 m	α 2.21 m, β 1.41 m	α 2.12 m, β 1.45 m	
18	2.53 m	2.41 dd(12.3, 6.3)	2.39 m	
19③	2.77 dd(20.9, 10.3) 3.81 m	α 3.12 dd(8.5, 6.1) β 2.02 dd(11.7, 8.5)	α 3.08 dd(9.8, 7.5) β 2.51 br d(10.0)	
20④	0.98 d(6.7)	1.02 d(6.8)	1.03 d(6.7)	
21⑤	1.39 s	1.29 s	1.49 s	
23	3.67 s			

2. 苯并[*e*]薁-Ⅱ型虎皮楠三萜型生物碱

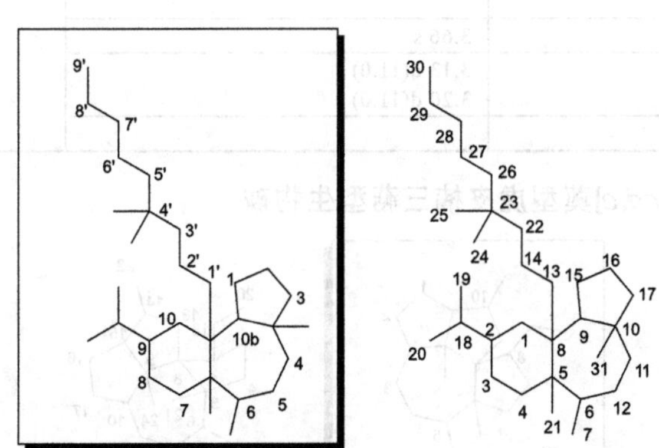

【系统分类】

3a,6,6a-三甲基-10a-(4,4-二甲基壬基)-9-异丙基-十四氢苯并[*e*]薁

10a-(4,4-dimethylnonyl)-9-isopropyl-3a,6,6a-trimethyltetradecahydrobenzo[*e*]azulene

【结构多样性】

C(1)-C(2)键断裂，C(22)-C(23)键断裂，C(1), C(7), C(31)-桥叔氨基。

【典型氢谱特征】

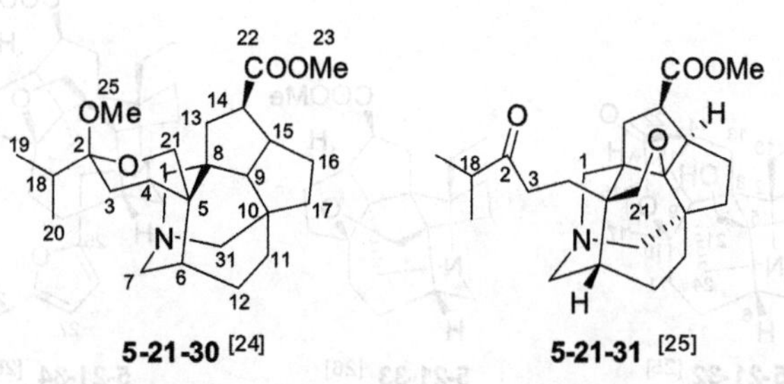

5-21-30 [24]　　5-21-31 [25]

表 5-21-11 苯并[*e*]薁-Ⅱ型虎皮楠三萜型生物碱 5-21-30 和 5-21-31 的 ^{1}H NMR 数据

H	5-21-30 ($CDCl_3$)	5-21-31 ($CDCl_3$)	典型氢谱特征
1①	3.81 d(12.5) 3.85 d(12.5)	α 3.27 d(11.0) β 2.89 d(11.0)	① 1 位氮亚甲基特征峰； ② 7 位氮亚甲基特征峰； ③ 2 位连接的异丙基特征峰； ④ C(21) 常形成氧亚甲基(氧化甲基)，其信号有特征性； ⑤ C(22)常形成羧酸甲酯，甲氧基信号可作为分析氢谱时的辅助特征信号； ⑥ 31 位氮亚甲基特征峰
3	1.27 m, 1.56 m	2.36 m	
4	1.52 m, 1.83 m	α 1.67 m, β 1.86 m	
6	2.20 m	1.88 m	
7②	3.40 m 3.57 m	α 2.97 d(11.4) β 3.56 dd(11.4, 4.4)	
9	2.79 m		
11	1.59 m, 2.20 m	α 1.58 m, β 2.08 t(10.0)	
12	1.99 m, 2.20 m	α 1.69 m, β 2.19 t(10.4)	
13	1.52 m, 2.60 m	α 1.62 m, β 2.80 m	
14	2.80 m	2.77 m	
15	3.38 m	2.63 m	
16	1.19 m, 1.78 m	α 1.84 m, β 1.94 m	
17	2.22 m, 2.60 m	α 1.74 m, β 1.81 m	
18③	1.96 m	2.60 m	
19③	0.77 d(7.0)	1.10 d(1.5)	
20③	0.86 d(7.0)	1.07 d(1.5)	
21④	3.86 dd(12.0, 3.0) 4.11 m	3.62 d(6.8) 3.88 d(6.8)	
23⑤	3.56 s	3.66 s	
31⑥	3.82 d(14.0) 3.86 d(14.0)	3.13 d(11.0) 3.20 d(11.0)	
25	3.09 s		

3. 二环戊二烯并[*cd,e*]薁型虎皮楠三萜型生物碱

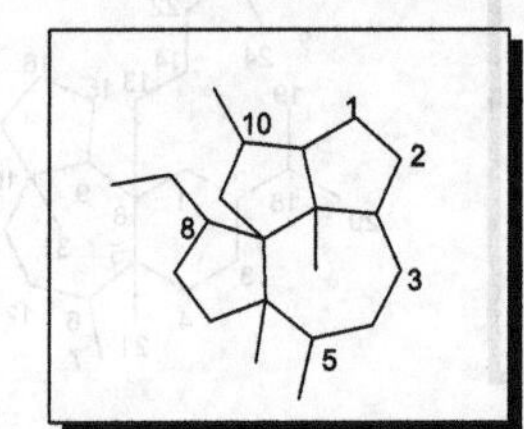

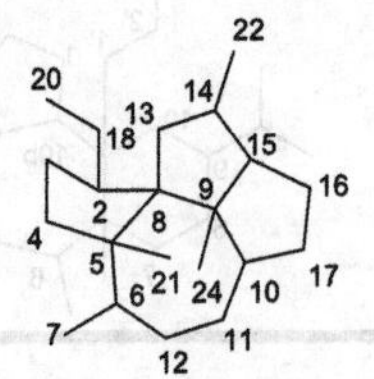

【系统分类】

2a^{1},5,5a,10-四甲基-8-乙基-十四氢二环戊二烯并[*cd,e*]薁

8-ethyl-2a^{1},5,5a,10-tetramethyltetradecahydrodicyclopenta[*cd,e*]azulene

【结构多样性】

C(2), C(7), C(24)-桥叔氨基。

【典型氢谱特征】

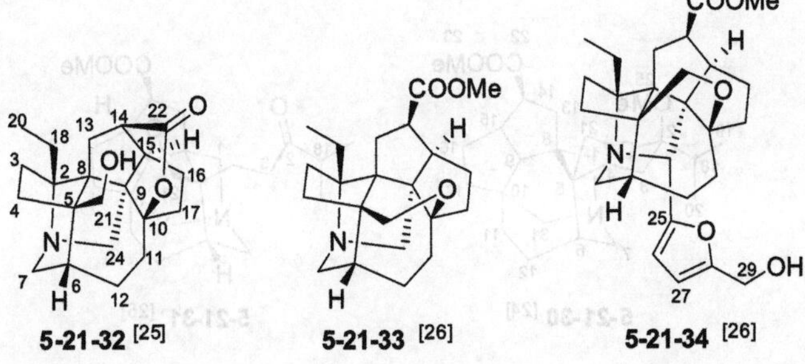

5-21-32 [25] **5-21-33** [26] **5-21-34** [26]

表 5-21-12 二环戊二烯并[*cd,e*]薁型虎皮楠三萜型生物碱 5-21-32～5-21-34 的 ^{1}H NMR 数据

H	5-21-32 ($CDCl_3$)	5-21-33 ($CDCl_3$)	5-21-34 (C_5D_5N)	典型氢谱特征
3	1.50 m	α 1.67 m, β 2.36 m	α 1.65 m, β 2.45 m	① 7 位氮亚甲基特征峰； ② 2 位连接的乙基特征峰； ③ C(21)形成氧亚甲基（氧化甲基），其信号有特征性； ④ 24 位氮亚甲基或其衍生的氮次甲基特征峰
4	1.92 m	α 1.50 m, β 1.62 m	α 1.38 m, β 1.49 m	
6	2.11 m	1.68 m	1.54 m	
7α①	2.76 d(6.5)	2.47 d(15.0)	3.37 d(15.3)	
7β①	3.68 t(6.5)	3.73 dd(15.0, 10.0)	3.68 m	
11	α 2.17 m, β 2.02 m	1.91～2.02 m	α 1.46 m, β 1.69 m	
12	α 1.47 m, β 2.06 m	α 1.24 m, β 2.14 m	1.97 m	
13	α 1.91 m, β 1.95 m	α 1.52 m, β 2.32 m	α 1.62 m, β 2.51 t(13.0)	
14	3.04 t(4.5)	3.18 m	3.28 m	
15	2.60 dd(9.0, 5.0)	2.54 dd(18.0, 9.0)	3.13 dd(18.4, 9.2)	
16	α 1.81 m, β 1.63 m	α 1.57 m, β 1.46 m	α 1.67 m, β 1.85 m	
17	α 1.72 m, β 2.15 m	α 1.43 m, β 1.69 m	α 2.42 m, β 1.75 m	
18②	α 1.42 m, β 1.81 m	1.23 m, 1.57 m	1.25 m, 1.77 m	
20②	0.96 t(7.3)	0.93 t(7.2)	1.06 t(7.0)	
21③	3.64 d(10.3) 4.29 d(10.3)	3.96 d(9.6) 4.08 d(9.6)	3.88 d(9.5) 3.99 d(9.5)	
23		3.63 s	3.72 s	
24④	3.16 d(13.6) 2.73 d(13.6)	3.26 d(14.1) 3.16 d(14.1)	4.61 s	
26			6.44 d(3.1)	
27			6.38 br s	
29			4.89 s	

参 考 文 献

[1] Yang S P, Zhang H, Zhang C R, et al. J Nat Prod, 2006, 69: 79.

[2] Morita H, Yoshida N, Kobayashi J. Tetrahedron, 1999, 55: 12549.

[3] Yang S P, Yue J M. Helv Chim Acta, 2006, 89: 2783.

[4] Morita H, Kobayashi J. Tetrahedron, 2002, 58: 6637.

[5] Zhan Z J, Zhang C R, Yue J M. Tetrahedron, 2005, 61: 11038.

[6] Di Y T, He H P, Li C S, et al. J Nat Prod, 2006, 69: 1745.

[7] Saito S, Kubota T, Kobayashi J. Tetrahedron Lett, 2007, 48: 3809.

[8] Zhang C R, Yang S P, Yue J M. J Nat Prod, 2008, 71: 1663.

[9] Li L, He H P, Di Y T, et al. Tetrahedron Lett, 2006, 47: 6259.

[10] Li L, He H P, Di Y T, et al. Helv Chim Acta, 2006, 89: 1457.

[11] Chen X, Zhan Z J, Yue J M. Helv Chim Acta, 2005, 88: 854.

[12] Mu S Z, Wang Y, He H P, et al. J Nat Prod, 2006, 69: 1065.

[13] Morita H, Yoshida N, Kobayashi J. Tetrahedron, 2000, 56: 2641.

[14] Di Y T, He H P, Liu H Y, et al. Tetrahedron Lett, 2006, 47: 5329.

[15] Kubota T, Matsuno Y, Morita H, et al. Tetrahedron, 2006, 62: 4743.

[16] Mu S Z, Wang Y, He H P, et al. J Nat Prod, 2006, 69: 1065.

[17] Yahata H, Kubota T, Kobayashi J. J Nat Prod, 2009, 72, 148.

[18] Morita H, Yoshida N, Kobayashi J. J Org Chem, 1999, 64: 7208.

[19] Zhang Y, Di Y T, Mu S Z, et al. J Nat Prod, 2009, 72: 1325.

[20] Yang S P, Zhang H, Zhang C R, et al. J Nat Prod, 2006, 69: 79.

[21] Zhang Y, Di Y T, Liu H Y, et al. Helv Chim Acta, 2008, 91: 2153.

[22] Zhang H, Yang S P, Fan C Q, et al. J Nat Prod, 2006, 69: 553.

[23] Yang S P, Yue J M. J Org Chem, 2003, 68: 7961.

[24] Mu S Z, Li C S, He H P, et al. J Nat Prod, 2007, 70: 1628.

[25] Li C S, Di Y T, Mu S Z, et al. J Nat Prod, 2008, 71: 1202.

[26] Li C S, He H P, Di Y T, et al. Tetrahedron Lett, 2007, 48: 2737.

第二十二节 孕甾烷（C_{21}）类生物碱

孕甾烷（C_{21}）类生物碱（pregnane alkaloids）根据结构特点分为简单孕甾烷型生物碱和螺二氢异吲哚酮孕甾烷型生物碱等。

一、简单孕甾烷型生物碱

【系统命名】

10,13-二甲基-17-(1-氨基乙基)-十六氢-1*H*-环戊二烯并[*a*]-3-萘胺

17-(1-aminoethyl)-10,13-dimethylhexadecahydro-1H-cyclopenta[*a*]phenanthren-3-amine

【结构多样性】

C(3)-N 键断裂；等。

【典型氢谱特征】

5-22-1 [1]　　5-22-2 [2]　　5-22-3 [2]

表 5-22-1 简单孕甾烷型生物碱 5-22-1～5-22-3 的 ^{1}H NMR 数据

H	5-22-1 ($CDCl_3$)	5-22-2 ($CDCl_3$)	5-22-3 ($CDCl_3$)	典型氢谱特征
1	1.38, 1.55	1.35 m, 2.20 m	1.15 m, 2.20 m	① 3 位氮次甲基或氧次甲基信号可作为分析氢谱时的辅助特征峰 [简单孕甾烷型生物碱的 C(3)常形成氮次甲基或氧次甲基]； ② 18 位甲基特征峰； ③ 19 位甲基特征峰； ④ 20 位氮次甲基特征峰； ⑤ 21 位甲基特征峰 此外，简单孕甾烷型生物碱的羟基和氨基常被甲基化，氮甲基和氧甲基的信号有特征性，可作为辅助特征信号
2	1.40, 1.75	1.75 m, 1.80 m	4.14 br s	
3①	2.66 m	3.04 m	3.11 br s	
4	1.35, 1.48	2.11 m, 2.55 m	2.15 m, 2.55 m	
5	1.58			
6	1.69, 1.87	5.36 br s	5.39 br s	
7	1.21, 1.77	2.00 m, 2.60 m	2.00 m, 2.60 m	
8	1.78	2.38	1.65	
9	1.67	1.27	1.00	
11	1.41, 1.44	1.20 m, 1.60 m	1.20 m, 1.60 m	
12	1.30, 1.82	1.40 m, 1.70 m	1.40 m, 1.70 m	
14		2.14	1.35	
15	5.54 br s	1.65 m, 2.10 m	1.70 m, 2.10 m	
16	1.67, 1.81	5.55 br s	5.64 br s	
17	2.00			
18②	0.77 s	0.84 s	0.86 s	

续表

H	5-22-1 ($CDCl_3$)	5-22-2 ($CDCl_3$)	5-22-3 ($CDCl_3$)	典型氢谱特征
19③	0.79 s	1.03 s	1.21 s	
20④	2.76 m	3.08 d(6.6)	2.90 q(6.6)	
21⑤	1.02 d(6.5)	1.17 d(6.5)	1.14 d(6.5)	
NH<u>Me</u>	2.33 s	2.33 s		
NMe_2	2.15 s		2.28 s	
3-OMe		3.34 s	3.38 s	

二、螺二氢异吲哚酮孕甾烷型生物碱

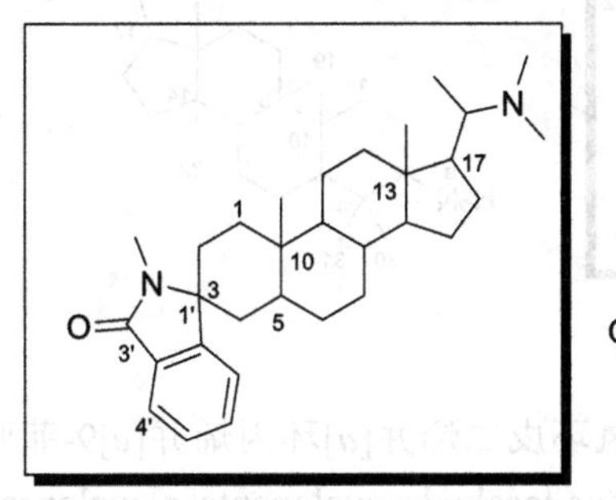

【系统分类】

2′,10,13-三甲基-17-[1-(二甲氨基)乙基]-1,2,4,5,6,7,8,9,10,11,12,13,14,15,16,17-十六氢螺[环戊二烯并[*a*]菲-3,1′-异二氢吲哚]-3′-酮

17-[1-(dimethylamino)ethyl]-2′,10,13-trimethyl-1,2,4,5,6,7,8,9,10,11,12,13,14,15,16,17-hexadecahydrospiro[cyclopenta[*a*]phenanthrene-3,1′-isoindolin]-3′-one

【典型氢谱特征】

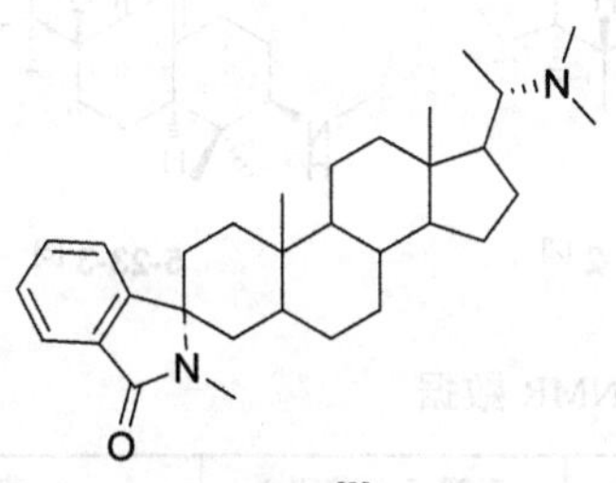

5-22-4 [3]　　**5-22-5** [3]

表 5-22-2　螺二氢异吲哚酮孕甾烷型生物碱 5-22-4 和 5-22-5 的 ^1H NMR 数据

H	5-22-4 ($CDCl_3$)	5-22-5 ($CDCl_3$)	典型氢谱特征
ArH①	7.386～7.768 m	7.445～7.865 m	① 母核苯环质子信号在芳香区，可以区分为 1 个苯环单位； ② 18 位甲基特征峰； ③ 19 位甲基特征峰； ④ 21 位甲基特征峰； ⑤ 氮基常被甲基化，氮甲基的信号有特征性 此外，20 位氮亚甲基的信号有特征性，但文献中没有给出数据
18②	0.687 s	0.696 s	
19③	1.079 s	0.974 s	
21④	0.878 d(6.4)	0.900 d(6.4)	
NMe⑤	3.380 s	3.045 s	
$NMe_2$⑤	2.174 s	2.194 s	

参 考 文 献

[1] Choudhary M I, Devkota K P, Nawaz S A, et al. Helv Chim Acta, 2004, 87: 1099.

[2] Rahman A U, Haq Z U, Feroz F, et al. Helv Chim Acta, 2004, 87: 439.

[3] Chiu M, Nie R, Li Z, et al. Phytochemistry, 1990, 29: 3927.

第二十三节 环孕甾烷(C_{24})类生物碱(cyclonepregnane alkaloids)

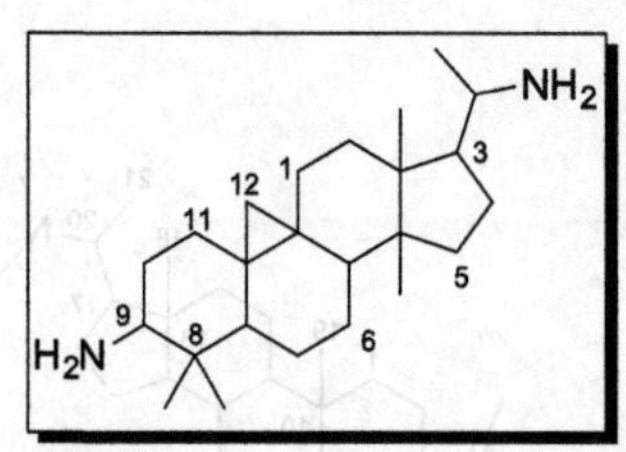

【系统分类】

2a,5a,8,8-四甲基-3-(1-氨基乙基)-十六氢环戊二烯并[*a*]环丙烯并[*e*]9-菲胺

3-(1-aminoethyl)-2a,5a,8,8-tetramethylhexadecahydrocyclopenta[*a*]cyclopropa[*e*]phenanthren-9-amine

【结构多样性】

C(9)-C(10)键断裂；等。

【典型氢谱特征】

5-23-1 [1]　　5-23-2 [2]　　5-23-3 [3]

表 5-23-1 环孕甾烷类生物碱 5-23-1～5-23-3 的 ^{1}H NMR 数据

H	5-23-1 ($CDCl_3$)	5-23-2 ($CDCl_3$)	5-23-3 ($CDCl_3$)	典型氢谱特征
1	—	5.58 d(9.9)	—	① C(3)形成氮次甲基的特征峰可作为分析氢谱时的辅助特征信号；② 18 位、30 位、31 位和 32 位甲基信号有特征性；化合物 **5-23-1** 的 C(31)形成氧亚甲基（氧化甲基），其信号有特征性；③ C(19)形成环丙烷亚甲基时或烯次甲基，其信号均有特征性；
2	—	6.25 dd(10.2, 1.9)	—	
3①	2.62 m	3.42 m	—	
11		5.71 m	5.52 br s	
16	4.02 sept(10.0, 7.2, 2.8)	—	4.45 m	
18②	—			
19③	*α* 0.31 d(4.0) *β* 0.58 d(4.0)	6.11 s	5.92 s	
20④		—	—	
21⑤	1.25 d(6.6)	1.32 d(7.3)	1.19 d(6.5)	
31②	3.74 d(10.8)，3.30 d(10.8)			

续表

H	5-23-1 ($CDCl_3$)	5-23-2 ($CDCl_3$)	5-23-3 ($CDCl_3$)	典型氢谱特征
Me②	—	0.71 s, 0.80 s, 0.89 s, 0.93 s	0.61 s, 0.66 s, 1.01 s, 1.17 s	
N_aMe		2.13 s	2.23 br s	④ 20位氮次甲基与甲基直接连接，其信号有特征性，但文献没有给出数据；⑤ 21位甲基特征峰
N_bMe		2.80 s	2.37 br s	
1′	4.27 q(5.4)		3.87 d(10.8)，4.10 d(10.8)	
2′	1.28 d(5.6)			

参 考 文 献

[1] Du J, Chiu M H, Nie R L. J Asian Nat Prod Res, 1999, 1: 239.

[2] Rahman A U, Asif E, Ali S S, et al. J Nat Prod, 1992, 55: 1063.

[3] Rahman A U, Naz S, Ata A, et al. Heterocycles, 1998, 48: 519.

第二十四节 胆甾烷（C_{27}）类生物碱

胆甾烷（C_{27}）类生物碱（cholestane alkaloids）根据结构特点分型为胆甾烷型生物碱和异胆甾烷型生物碱。

一、胆甾烷型生物碱

1. 哌啶胆甾烷型生物碱

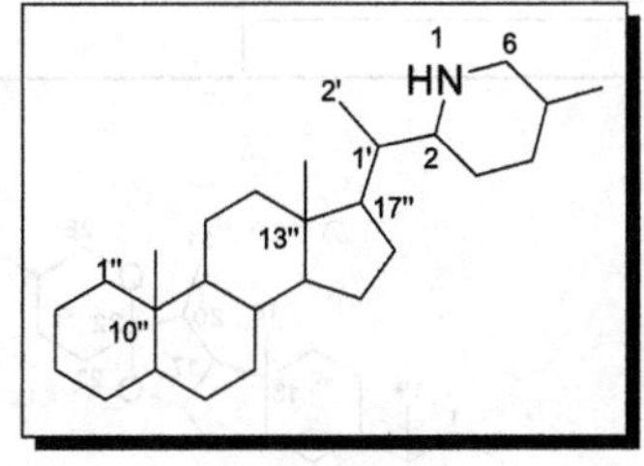

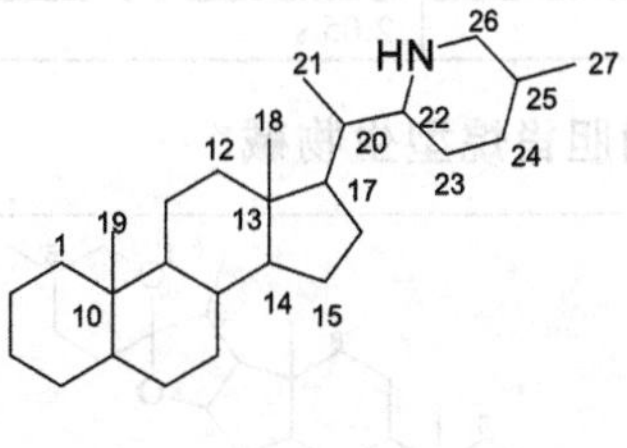

【系统分类】

5-甲基-2-[1-(10,13-二甲基十六氢-1*H*-环戊二烯并[*a*]菲-17-基)乙基]-哌啶

2-[1-(10,13-dimethylhexadecahydro-1*H*-cyclopenta[*a*]phenanthren-17-yl)ethyl]-5-methyl-piperidine

【典型氢谱特征】

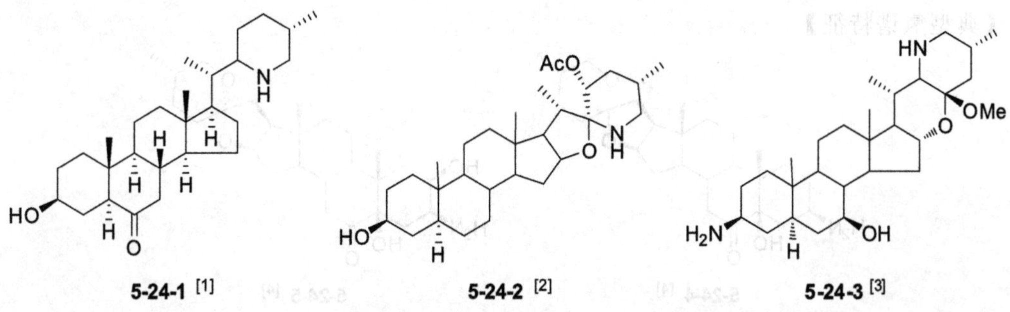

5-24-1 [1]　5-24-2 [2]　5-24-3 [3]

表 5-24-1 哌啶胆甾烷型生物碱 5-24-1～5-24-3 的 ^{1}H NMR 数据

H	5-24-1 ($CDCl_3$)	5-24-2 ($CDCl_3$)	5-24-3 ($CDCl_3$)	典型氢谱特征
1	1.24 m, 1.78 m			
2	1.40 m, 1.84 m			
3①	3.56 br m	3.59 m	2.66 br	
4	1.48 m, 1.90 m			
5	2.19 dd(12.5, 2.8)			
7	1.94 t(12.7) 2.32 dd(12.7, 4.5)		ax 3.32 m	
8	1.79 m			① C(3)常形成氧次甲基或氮次甲基，其信号有特征性，可最为分析氢谱时的辅助特征信号； ② 18 位甲基特征峰； ③ 19 位甲基特征峰； ④ 21 位甲基特征峰； ⑤ 26 位氮亚甲基（氮化甲基）特征峰； ⑥ 27 位甲基特征峰 此外，22 位氮次甲基的化学位移通常也有一定的特征性
9	1.22 m			
11	1.37 m, 1.62 m			
12	1.21 m, 2.03 m			
14	1.22 m			
15	1.36 m, 1.78 m			
16	1.09 m, 1.54 m	4.70 m	4.08 ddd(10, 10, 5)	
17	1.26 m			
18②	0.68 s	0.82 或 0.83	0.81 s	
19③	0.75 s	0.82 或 0.83	0.76 s	
20	1.51 m			
21④	0.90 d(6.8)	0.97 d(7.0)	0.98 d(6)	
22	2.45 m			
23	1.12 m, 1.48 m	4.81 dd(9.2, 4.4)		
24	0.97 m, 1.80 m			
25	1.43 m			
26⑤	2.27 m	2.66 m	eq 3.04 dd(12, 4)	
27⑥	0.81 d(6.6)	0.88 d(6.6)	0.83 d(6)	
OMe			3.13 s	
OAc		2.05 s		

2. 四氢吡喃胆甾烷型生物碱

【系统分类】

5′,6a,8a,9-四甲基二十二氢螺{萘并[2′,1′:4,5]茚并[2,1-*b*]呋喃-10,2′-吡喃}-4-胺

5′,6a,8a,9-tetramethyldocosahydrospiro {naphtho[2′,1′:4,5]indeno[2,1-*b*]furan-10,2′-pyran}-4-amine

【典型氢谱特征】

5-24-4 [4]

5-24-5 [4]

表 5-24-2 四氢吡喃胆甾烷型生物碱 5-24-4 和 5-24-5 的 ^{1}H NMR 数据

H	5-24-4 ($CDCl_3$)	5-24-5 ($CDCl_3$)	典型氢谱特征
3①	α 3.95 m	α 3.97～4.10 m	① C(3)常形成氮次甲基，其信号有特征性； ② 16 位氧次甲基特征峰； ③ 18 位甲基特征峰； ④ 19 位甲基特征峰； ⑤ 21 位甲基特征峰； ⑥ 26 位氧亚甲基（氧化甲基）特征峰； ⑦ 27 位甲基特征峰
16②	α 4.41 m	α 4.41 m	
18③	0.77 s	0.77 s	
19④	0.77 s	0.72 s	
21⑤	0.98 d(6.7)	0.97 d(6.6)	
26⑥	ax 3.36 t(10.8) eq 3.49 dd(10.7, 3.9)	ax 3.36 t(10.4) eq 3.49 dd(10.4, 4.4)	
27⑦	0.78 d(6.4)	0.80 d(6.4)	

二、异胆甾烷型生物碱

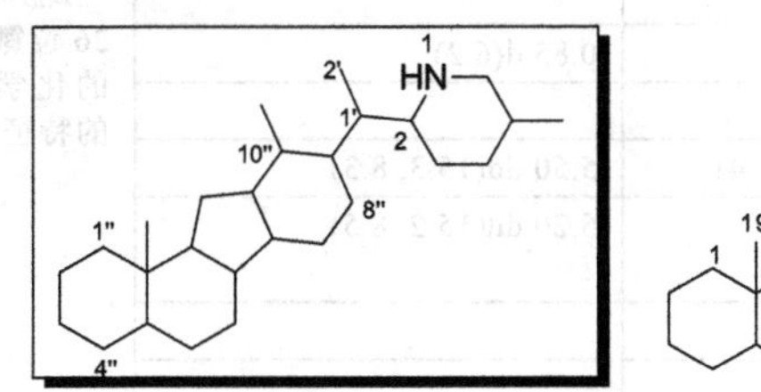

【系统分类】

5-甲基-2-{1-(10,11b-二甲基十六氢-1*H*-苯并[*a*]芴-9-基)乙基}-哌啶

2-{1-(10,11b-dimethylhexadecahydro-1*H*-benzo[*a*]fluoren-9-yl)ethyl}-5-methyl-piperidine

【结构多样性】

N-C(18)连接等。

【典型氢谱特征】

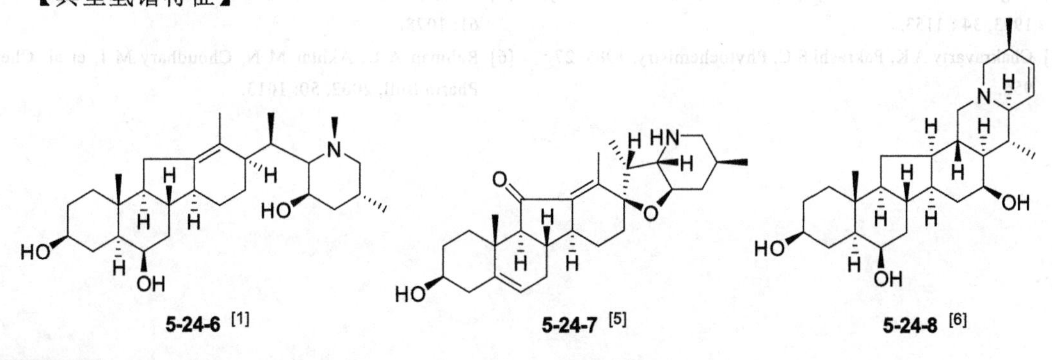

5-24-6 [1]　　**5-24-7** [5]　　**5-24-8** [6]

表 5-24-3 异胆甾烷型生物碱 5-24-6～5-24-8 的 ^{1}H NMR 数据

H	5-24-6 (DMSO-d_6)	5-24-7 ($CDCl_3$)	5-24-8 ($CDCl_3$)	典型氢谱特征
1	1.04 m 1.37 m	1.19 td(14, 4) 2.58 dt(14, 3.5)		① C(3)常形成氧次甲基，其信号有特征性，可作为分析氢谱时的辅助特征信号； ② 18 位甲基特征峰；化合物 **5-24-8** 的 C(18)形成氮化甲基，其信号有特征性（但文献没有给出数据）；
2	1.32 m 1.65 m	1.55 m 1.86 br d(13)		
3①	3.41 br m	3.52 tt(11.0, 4.5)	3.50 br m($W_{1/2}$=23.0)	
4	1.49 m, 1.60 m	2.17 m, 2.36 m		
5	1.03 m			
6	3.67 br m	5.38 br d(5)	3.72 br d($W_{1/2}$=8.0)	

续表

H	5-24-6 (DMSO-d_6)	5-24-7 ($CDCl_3$)	5-24-8 ($CDCl_3$)	典型氢谱特征
7	1.18 m, 1.89 m	1.89 m, 2.36 m		
8	1.35 m	1.60 m		
9	1.10 m	1.66 d(12)		
11	1.93 m, 2.21 m			
14	1.62 m	1.95 m		
15	0.92 m 1.67 m	1.37 br t(12.5) 1.94 m		
16	1.29 m, 1.71 m	1.52 m, 1.92 m	3.75 m($W_{1/2}$=7.6)	
17	2.30 m			③ 19 位甲基特征峰； ④ 21 位甲基特征峰； ⑤ 27 位甲基特征峰
18②	1.59 s	2.17 s	—[a]	
19③	0.90 s	1.01 s	0.95 s	
20	2.29 m	2.52 dq(9, 7)		此外，22 位氮次甲基和 26 位氮亚甲基（氮化甲基）的化学位移通常也有一定的特征性
21④	0.70 d(6.8)	0.96 d(7)	0.85 d(6.2)	
22	2.78 dd(10.4, 2.6)	2.72 t(9)		
23	3.80 br m	3.30 ddd(11.5, 9, 4)	5.50 dd(15.3, 8.3)	
24	1.17 m 1.86 m	1.21 q(11.5) 2.19 dt(11.5, 4)	5.20 dd(15.2, 8.5)	
25	2.14 br m	1.61 m		
26	2.21 m 2.29 m	2.33 t(12) 3.08 dd(12, 4)		
27⑤	0.75 d(6.6)	0.95 d(6.5)	1.02 d(7.0)	
NMe	2.47 s			

[a] 文献没有给出数据。

参考文献

[1] Jiang Y, Li H J, Li P, et al. J Nat Prod, 2005, 68: 264.

[2] Nagaoka T, Yoshihara T, Ohra J, et al. Phytochemistry, 1993, 34 : 1153.

[3] Chakravarty A K, Pakrashi S C. Phytochemistry, 1988, 27 : 956.

[4] Rivera D G, León F, Coll F, et al. Steroids, 2006, 71(1) : 1.

[5] Tezuka Y, Kikuchi T, Zhao W J, et al. J Nat Prod, 1998, 61: 1078.

[6] Rahman A U, Akhtar M N, Choudhary M I, et al. Chem Pharm Bull, 2002, 50: 1013.

第六章 黄 酮

黄酮类化合物主要包括了由丙烷（或烯）[1,2]二基双苯或丙烷（或烯）[1,3]二基双苯组成的含有 15 个碳原子的一大类化合物，一些 1,2-双苯基乙烷（或烯）衍生物、2-甲基（或亚甲基）丙烷[1,3]二基双苯衍生物或丁烷（烯-2）[1,2]二基双苯衍生物等通常也在黄酮类化合物中一并讨论。根据具体结构特征，通常分类为黄酮类（2-苯基-4*H*-苯并吡喃-4-酮类）黄酮、异黄酮类（3-苯基-4*H*-苯并吡喃-4-酮类）黄酮、查耳酮类黄酮、橙酮类黄酮、花青素类黄酮和黄烷类黄酮等。大多数类别中有进一步的分型。

第一节 2-苯基-4*H*-色烯(苯并吡喃)-4-酮类黄酮

进一步的分型为简单 2-苯基-4*H*-苯并吡喃-4-酮型黄酮、3-羟基-2-苯基-4*H*-苯并吡喃-4-酮型黄酮、2-苯基-苯并四氢吡喃-4-酮型黄酮和 2-苯基-3-羟基-苯并四氢吡喃-4-酮型黄酮。

一、简单 2-苯基-4*H*-色烯（苯并吡喃）-4-酮型黄酮（flavones）

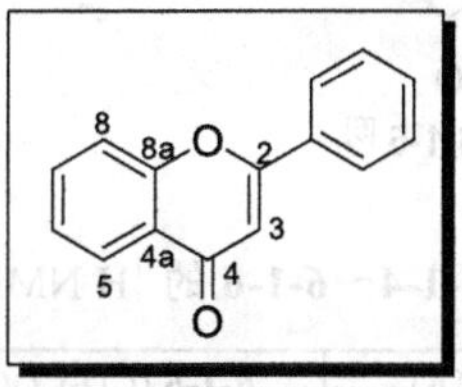

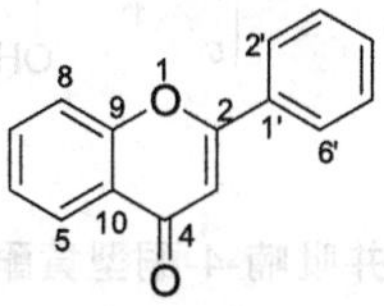

【系统分类】

2-苯基-4*H*-苯并吡喃-4-酮

2-phenyl-4*H*-chromen-4-one

【结构多样性】

C(3)增碳碳键；C(6)增碳碳键；C(8)增碳碳键；C(3′)增碳碳键；等。

【典型氢谱特征】

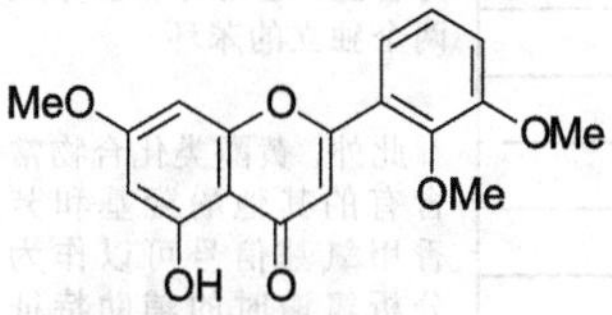

6-1-1 [1] 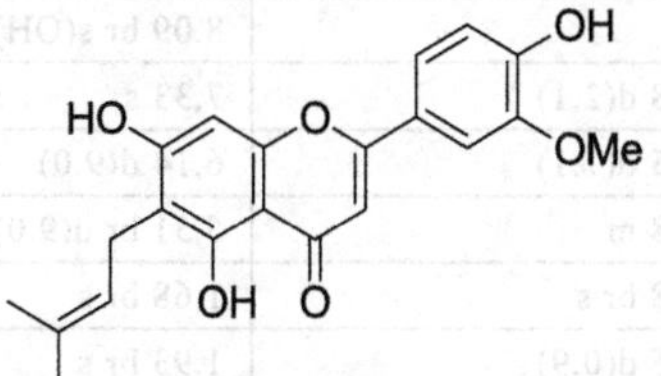　6-1-2 [2] 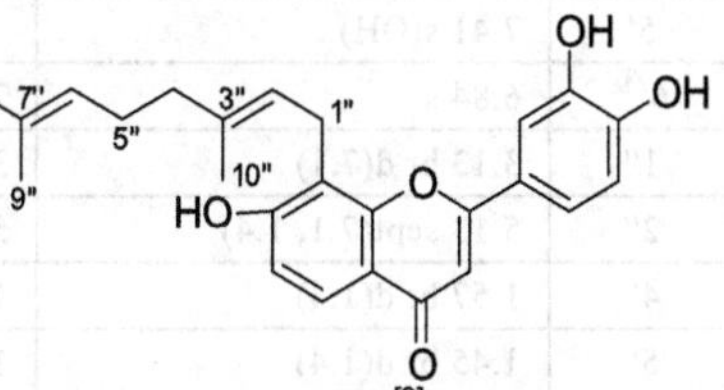　6-1-3 [3]

表 6-1-1 简单 2-苯基-4*H*-苯并吡喃-4-酮型黄酮 6-1-1～6-1-3 的 ^{1}H NMR 数据

H	6-1-1 ($CDCl_3$)	6-1-2 (CD_3COCD_3)	6-1-3 ($CDCl_3$-CD_3OD 10:1)	典型氢谱特征
3①	6.98 s	6.57 s	6.71 s	① 3 位质子特征峰（但需注意，3 位质子与苯环质子有相同的共振频率范围）；
5	12.82 s(OH)②	13.24 s(OH)②	7.49 d(8.4)③	
6	6.36 d(2.2)③		6.66 d(8.4)③	
7	3.89 s(OMe)			

续表

H	6-1-1 ($CDCl_3$)	6-1-2 (CD_3COCD_3)	6-1-3 ($CDCl_3$-CD_3OD 10:1)	典型氢谱特征
8	6.44 d(2.2)③	6.65 s③		② 5 位有羟基取代时的羟基特征峰； ③④ 母体芳香氢信号全部在芳环区；可以区分成两个独立的苯环单位 此外，黄酮类化合物常含有的其他酚羟基和芳香甲氧基信号可以作为分析氢谱时的辅助特征信号
2′	3.92 s(OMe)	7.55 d(2.1)④	7.39 d(2.2)④	
3′	3.86 s(OMe)	3.96 s(OMe)		
4′	7.07 dd(8.1, 1.5)④			
5′④	7.21 dd(8.1, 7.9)	6.95 d(8.2)	6.90 d(8.3)	
6′④	7.33 dd(7.9, 1.5)	7.54 dd(8.2, 2.1)	7.45 dd(8.3, 2.2)	
1″		3.30 d(7.0)	3.54 d(7.3)	
2″		5.23 br t(7.0)	5.38 td(7.3, 1.2)	
4″		1.60 s 或 1.78 s	1.99 m	
5″		1.60 s 或 1.78 s	2.01 m	
6″			5.05 td(6.7, 1.4)	
8″			1.60 s	
9″			1.53 s	
10			1.87 s	

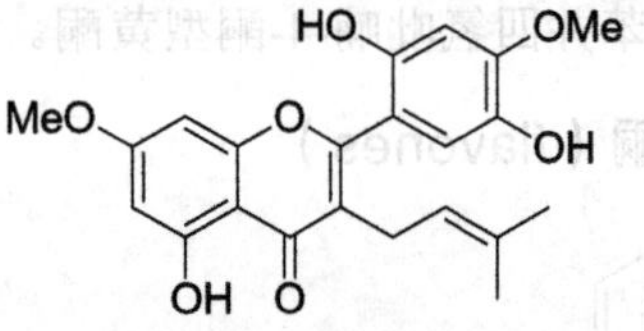

6-1-4 [4] 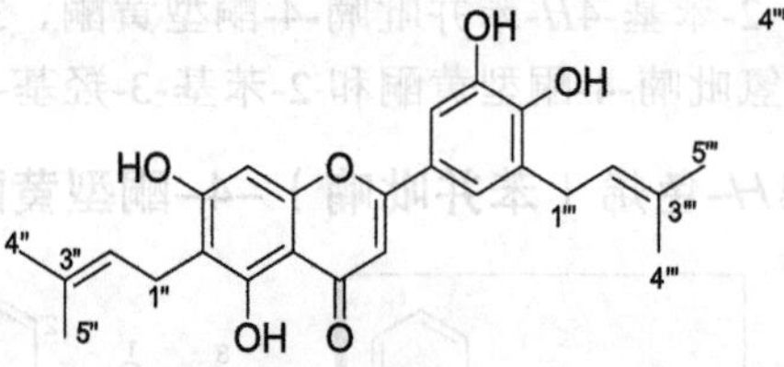　　6-1-5 [5] 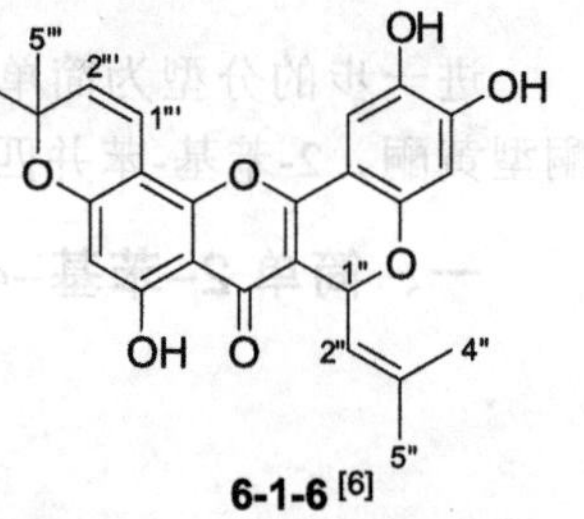　　6-1-6 [6]

表 6-1-2 简单 2-苯基-4*H*-苯并吡喃-4-酮型黄酮 6-1-4～6-1-6 的 ^{1}H NMR 数据

H	6-1-4 (CD_3COCD_3)	6-1-5 (CD_3COCD_3)	6-1-6 (CD_3COCD_3)	典型氢谱特征
3①		6.53 s		① 3 位质子特征峰；当 3 位质子的特征峰消失时，表明 C(3)有取代基； ② 5 位有羟基时的羟基特征峰； ③④ 母体信号全部在芳香区；通常可以区分成两个独立的苯环 此外，黄酮类化合物常含有的其他酚羟基和芳香甲氧基信号可以作为分析氢谱时的辅助特征信号
5②	13.10 s(OH)	13.31 s(OH)	13.00 s(OH)	
6	6.29 d(2.3)③		6.15 s③	
7	3.88 s(OMe)			
8	6.45 d(2.3)③	6.56 s③		
2′	8.29 s(OH)	7.37 d(2.1)④		
3′	6.67 s④		6.46 s④	
4′	3.87 s(OMe)		8.89 br s(OH)a	
5′	7.41 s(OH)		8.09 br s(OH)a	
6′④	6.84 s	7.38 d(2.1)	7.33 s	
1″	3.13 br d(7.1)	3.35 d(7.1)	6.14 d(9.0)	
2″	5.13 sept(7.1, 1.4)	5.28 m	5.51 br d(9.0)	
4″	1.57 br d(1.4)	1.78 br s	1.68 br s	
5″	1.45 br d(1.4)	1.65 d(0.9)	1.93 br s	
1‴		3.42 d(7.3)	6.86 d(10.0)	
2‴		5.40 m	5.78 d(10.0)	
4‴		1.76 br s	1.47 s	
5‴		1.75 d(1.1)	1.47 s	

a 具体归属不确定。

6-1-7 [7] **6-1-8** [8] **6-1-9** [6]

表 6-1-3 简单 2-苯基-4*H*-苯并吡喃-4-酮型黄酮 **6-1-7～6-1-9** 的 ^{1}H NMR 数据

H	**6-1-7** ($CDCl_3$)	**6-1-8** ($CDCl_3$)	**6-1-9** (DMSO-d_6)	典型氢谱特征
3①	7.23 s	6.62 s	6.75 s	① 3 位质子特征峰； ②④ 母体信号全部在芳香区；通常可以区分成两个独立的苯环； ③ 5 位有羟基时的羟基特征峰；当 5 位为芳香氢信号时，表明 5 位不存在羟基取代 此外，黄酮类化合物常含有的其他酚羟基和芳香甲氧基信号可以作为分析氢谱时的辅助特征信号
5	8.16 d(9.0)②	13.64 s(OH)③	13.11 s(OH)③	
6	7.54 d(9.0)②		6.23 s②	
8		7.14 d(0.8)②		
2′	3.95 s(OMe)	7.40 d(1.8)④	7.48 br s④	
3′	6.99 d(9.0)④		9.75 br s(OH)	
4′	7.04 dd(9.0, 3.0)④		9.75 br s(OH)	
5′	3.91 s(OMe)	6.98 d(8.5)④	6.92 d(8.6)④	
6′④	7.50 d(3.0)	7.54 dd(8.5, 1.8)	7.47 br d(8.6)	
1″			6.84 d(10.0)	
2″	7.75 d(2.0)	7.62 d(2.0)	5.83 d(10.0)	
3″	7.16 d(2.0)	7.04 dd(2.0, 0.8)		
4″			1.46 s	
5″			1.46 s	
OCH_2O		6.03 s		

6-1-10 [9,10] **6-1-11** [11] **6-1-12** [12]

表 6-1-4 简单 2-苯基-4*H*-苯并吡喃-4-酮型黄酮 **6-1-10～6-1-12** 的 ^{1}H NMR 数据

H	**6-1-10** ($CDCl_3$)	**6-1-11** (C_5D_5N)	**6-1-12** ($CDCl_3$)	典型氢谱特征
3①	6.72 s	6.89 s	6.46 s	① 3 位质子特征峰； ② 5 位有羟基取代时的羟基特征峰；若 5 位羟基被烃基化，则羟基特征峰消失； ③④ 母核苯环氢信号全部在芳香区；通常可以区分成两个独立的苯环 此外，黄酮类化合物常含有的其他酚羟基和芳香甲氧基信号可以作为分析氢谱时的辅助特征信号
5	3.97 s(OMe)	14.13 s(OH)②		
6	6.35 s③			
8		6.81 s③	6.34 s③	
2′④	7.78 m	7.91 dd(9.0, 2.0)	7.60 d(8.9)	
3′④	7.47～7.49 m	7.23 dd(9.0, 2.0)	6.85 d(8.9)	
4′	7.47～7.49 m④			
5′④	7.47～7.49 m	7.23 dd(9.0, 2.0)	6.85 d(8.9)	
6′④	7.78 m	7.91 dd(9.0, 2.0)	7.60 d(8.9)	
1″	6.63 d(4.6) 1.97 s(OAc)	5.01 dd(7.2, 5.1) 5.29 s(OH)	6.62 d(10.0)	
2″	5.30 d(4.6) 2.13 s(OAc)	α 3.56 dd(13.8, 5.1) β 3.48 dd(13.8, 7.2)	5.54 d(10.0)	
4″	1.46 s 或 1.51 s	1.12 s	1.40 s	
5″	1.46 s 或 1.51 s	1.13 s	1.40 s	

6-1-13[4] 6-1-14[13]

表 6-1-5 简单 2-苯基-4*H*-苯并吡喃-4-酮型黄酮 6-1-13 和 6-1-14 的 ^{1}H NMR 数据

H	6-1-13 (CD_3COCD_3)	6-1-14 (CD_3COCD_3)	典型氢谱特征
3		6.41 s①	① 3 位质子特征峰；当 3 位质子的特征峰消失时，表明 C(3)有取代基（**6-1-13**）； ② 5 位有羟基取代时的羟基特征峰；若 5 位有羟基，但特征峰消失，则与测试条件有关； ③④ 母核苯环氢信号全部在芳香区；通常可以区分成两个独立的苯环 此外，黄酮类化合物常含有的其他酚羟基和芳香甲氧基信号可以作为分析氢谱时的辅助特征信号
5②	13.21 s(OH)		
6③	6.24 d(2.1)	6.23 d(1.5)	
8③	6.50 d(2.1)	6.51 d(1.5)	
3′	6.55 s④		
4′	3.90 s(OMe)		
5′		6.62 d(7.5)④	
6′		7.67 d(7.5)④	
1″	2.43 dd(16.0, 6.6) 3.39 dd(16.0, 1.6)	6.18 d(9.5)	
2″	4.00 br d(6.6)	5.46 d(9.5)	
4″	4.26 m, 4.63 m	1.66 s	
5″	1.76 m	1.92 s	

二、2-苯基-3-羟基-4*H*-苯并吡喃-4-酮型黄酮（黄酮醇类，flavonols）

【系统分类】

2-苯基-3-羟基-4*H*-苯并吡喃-4-酮

3-hydroxy-2-phenyl-4*H*-chromen-4-one

【结构多样性】

C(6)增碳碳键；C(8)增碳碳键；C(2′)增碳碳键；C(3′)增碳碳键；等。

【典型氢谱特征】

6-1-15[14] 6-1-16[15] 6-1-17[16]

表 6-1-6 2-苯基-3-羟基-4*H*-苯并吡喃-4-酮型黄酮 **6-1-15**～**6-1-17** 的 ^{1}H NMR 数据

H	**6-1-15** (DMSO-d_6)	**6-1-16** (DMSO-d_6)	**6-1-17** (DMSO-d_6)	典型氢谱特征
3①			3.78 s(OMe)	① 与 2-苯基-4*H*-苯并吡喃-4-酮型黄酮比较，2-苯基-3-羟基-4*H*-苯并吡喃-4-酮型黄酮的显著特征是不含有 3 位质子的特征峰； ② 5 位有羟基时的羟基特征峰；若 5 位有羟基，但特征峰消失，则与测试条件有关； ③④ 母核苯环氢信号全部在芳香区；通常可以区分成两个独立的苯环；当其中一个苯环上的芳香质子信号全部消失时，表明其全部芳香质子被取代，可通过其他信息予以判断 此外，黄酮类化合物常含有的其他酚羟基和芳香甲氧基信号可以作为分析氢谱时的辅助特征信号
5②		12.44 s(OH)	12.95 s(OH)	
6		6.13 s③	2.13 s(Me)	
8			2.33 s(Me)	
2′④	7.68 d(8.2)	8.37 d(8.8)	7.70 d(2.3)	
3′	6.62 d(8.2)④	6.89 d(8.8)④		
4′	3.75 s(OMe)			
5′④	6.62 d(8.2)	6.89 d(8.8)	6.92 d(8.6)	
6′④	7.68 d(8.2)	8.37 d(8.8)	7.60 dd(8.6, 2.3)	

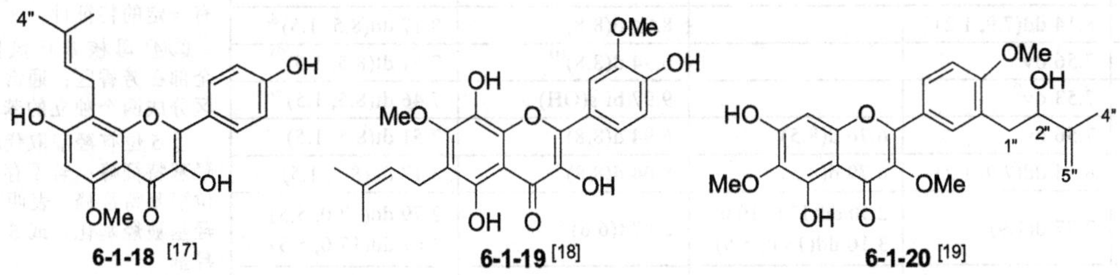

6-1-18 [17]　**6-1-19** [18]　**6-1-20** [19]

表 6-1-7 2-苯基-3-羟基-4*H*-苯并吡喃-4-酮型黄酮 **6-1-18**～**6-1-20** 的 ^{1}H NMR 数据

H	**6-1-18** (DMSO-d_6)	**6-1-19** (DMSO-d_6)	**6-1-20** (CDCl$_3$)	典型氢谱特征
3①	8.57 br s(OH)	9.46 s(OH)	3.82 s(OMe)	① 不存在 3 位质子的特征峰(但 3 位羟基信号有一定的特征性)； ② 5 位有羟基取代时的羟基特征峰；若 5 位羟基被烃基化，则羟基特征峰消失（如 **6-1-18**)； ③④ 母核苯环氢信号全部在芳香区；通常可以区分成两个独立的苯环；当其中一个苯环上的芳香质子信号全部消失时，表明其全部芳香质子被取代，可通过其他信息予以判断 此外，黄酮类化合物常含有的其他酚羟基和芳香甲氧基信号可以作为分析氢谱时的辅助特征信号
5②	3.80 s(OMe)	12.41 s(OH)	12.94 s(OH)	
6	6.45 s③		4.01 s(OMe)	
7	10.53 br s(OH)	3.85 s(OMe)		
8		10.24 s(OH)	6.54 s③	
2′④	7.99 d(8.8)	7.78 d(2.0)	7.90 d(2.3)	
3′	6.92 d(8.8)④	3.86 s(OMe)		
4′	9.94 br s(OH)	9.48 s(OH)	3.91 s(OMe)	
5′④	6.92 d(8.8)	6.98 d(8.4)	6.98 d(8.7)	
6′④	7.99 d(8.8)	7.73 dd(8.4, 2.0)	7.99 dd(8.7, 2.3)	
1″	3.46 d(6.3)	3.28 d(7.2)	3.02 dd(13.7, 4.3) 2.84 dd(13.7, 8.3)	
2″	5.18 t[1] (6.0)	5.18 t(7.2)	4.33 dd(8.3, 4.3)	
4″	1.63 s	1.63 s 或 1.74 s	1.82 s	
5″	1.76 s	1.63 s 或 1.74 s	4.83 s, 4.90 s	

6-1-21 [20]　**6-1-22** [21]

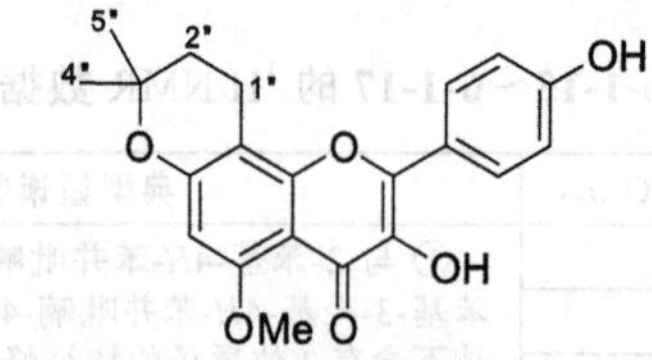

6-1-23 [22]

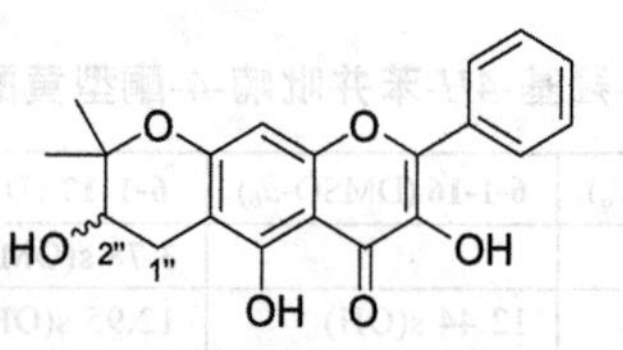

6-1-24 [23]

表 6-1-8 2-苯基-3-羟基-4*H*-苯并吡喃-4-酮型黄酮 6-1-21～6-1-24 的 ^{1}H NMR 数据

H	6-1-21 ($CDCl_3$)	6-1-22 (CD_3OD)	6-1-23 (DMSO-d_6)	6-1-24 ($CDCl_3$)	典型氢谱特征
3①	3.93 s(OMe)	3.57 s(OMe)	8.70 br s(OH)	6.65 s(OH)	①不存在3位质子的特征峰；但3位羟基信号有一定的特征性； ②④母核苯环氢信号全部在芳香区；通常可以区分成两个独立的苯环。 ③5位有羟基取代时的羟基特征峰；若不存在5位羟基特征峰，表明C(5)羟基被烃基化，或5位无羟基 此外，黄酮类化合物常含有的其他酚羟基和芳香甲氧基信号可以作为分析氢谱时的辅助特征信号
5	7.56 s②	12.79 s(OH)[a]③	3.81 s(OMe)	11.95 s(OH)③	
6	4.11 s(OMe)	6.19 d(2.0)②	6.33 s②		
8		6.26 d(2.0)②		6.48 s②	
2′	8.14 dd(7.9, 1.2)④		8.04 d(8.8)④	8.17 dd(8.5, 1.5)④	
3′	7.56 ov④		6.94 d(8.8)④	7.51 dt(8.5, 1.5)④	
4′	7.53 ov④		9.97 br s(OH)	7.46 dt(8.5, 1.5)④	
5′④	7.56 ov	6.76 d(8.5)	6.94 d(8.8)	7.51 dt(8.5, 1.5)	
6′④	8.14 dd(7.9, 1.2)	6.79 d(8.5)	8.04 d(8.8)	8.17 dd(8.5, 1.5)	
1″	7.77 d(1.9)	2.50 dd(13.0, 10.0) 3.10 dd(13.0, 5.5)	2.87 t(6.6)	2.79 dd(17.0, 5.5) 3.01 dd(17.0, 5.5)	
2″	7.18 d(1.9)	1.93 dd(10.0, 5.5)	1.88 t(6.6)	3.90 t(5.5) 1.82 br s(OH)	
4″		4.92 br s	1.35 s	1.42 s	
5″		1.75 m, 1.53 m	1.35 s	1.38 s	
6″		1.44 m, 0.97 m			
8″		0.73 s 或 0.87 s			
9″		0.73 s 或 0.87 s			
10″		1.05 s			

a 在 CD_3COCD_3 中测定。

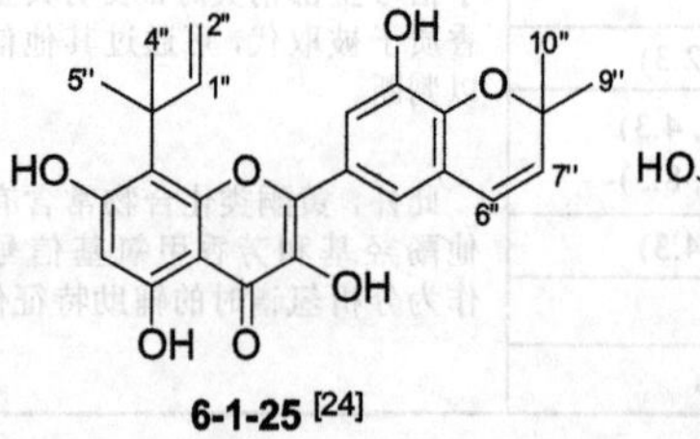

6-1-25 [24]

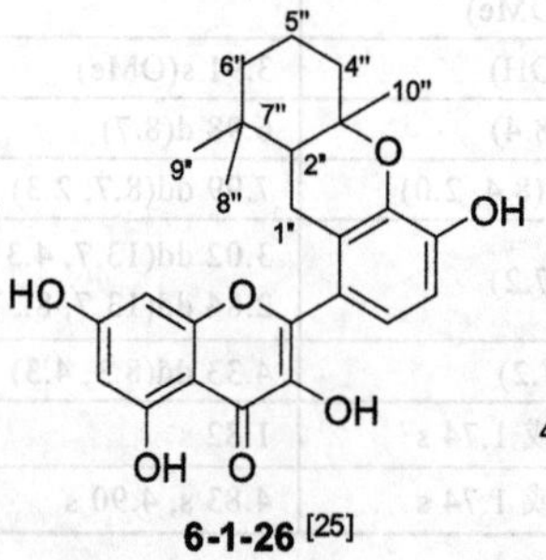

6-1-26 [25]

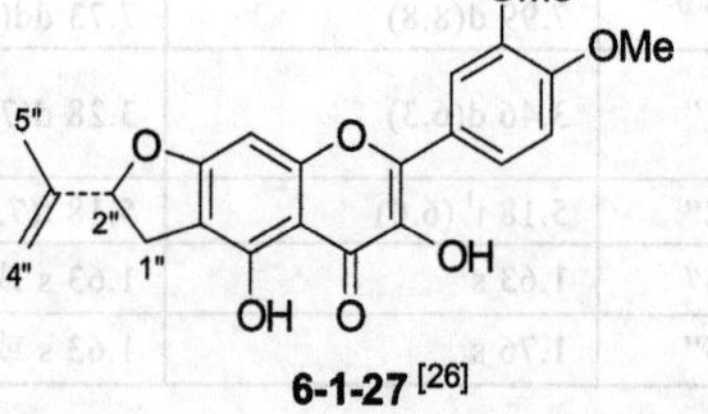

6-1-27 [26]

表 6-1-9 2-苯基-3-羟基-4*H*-苯并吡喃-4-酮型黄酮 6-1-25～6-1-27 的 ^{1}H NMR 数据

H	6-1-25 (CD_3COCD_3)	6-1-26 (CD_3OD)	6-1-27 ($CDCl_3$)	典型氢谱特征
3①	7.80 s(OH)			①不存在3位质子的特征峰；但3位羟基信号有一定的特征性；若化合物本身含3位羟基，但图谱上未出现3位羟基信号，则与测试条件有关；
5	12.52 s(OH)②			
6	6.33 s③	6.22 d(1.6)③		
8		6.37 s③	6.48 s③	
2′	7.71 d(2.1)④		7.78 d(2.0)④	
3′	7.80 s(OH)		3.98 s(OMe)	
4′			3.97 s(OMe)	

续表

H	6-1-25 (CD_3COCD_3)	6-1-26 (CD_3OD)	6-1-27 ($CDCl_3$)	典型氢谱特征
5′		6.80 d(8.4)④	7.01 d(8.6)④	②5 位有羟基取代时的羟基特征峰；若化合物本身含 5 位羟基，但图谱上未出现 5 位羟基信号，则与测试条件有关；③④ 母核苯环氢信号全部在芳香区；通常可以区分成两个独立的苯环 此外，黄酮类化合物常含有的其他酚羟基和芳香甲氧基信号可以作为分析氢谱时的辅助特征信号
6′④	7.51 d(2.1)	6.90 d(8.4)	7.83 dd(8.6, 2.0)	
1″	6.35 dd(17.5, 10.0)	2.27 m 3.32 d(14.2)	3.03 dd(15.7, 7.4) 3.39 dd(15.7, 9.6)	
2″	4.88 d(10.0) 4.93 d(17.5)	1.54 m	5.35 m	
4″	1.68 s	1.31 m, 1.45 m	4.95 br s, 5.10 br s	
5″	1.68 s	1.67 m	1.78 s	
6″	6.47 d(9.6)	1.54 m, 2.28 m		
7″	5.82 d(9.6)			
8″		1.30 s		
9″	1.46 s	0.91 s		
10″	1.46 s	1.52 s		

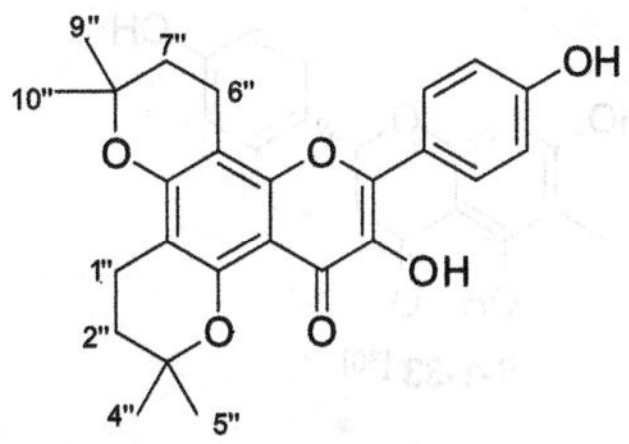

6-1-28 [22] 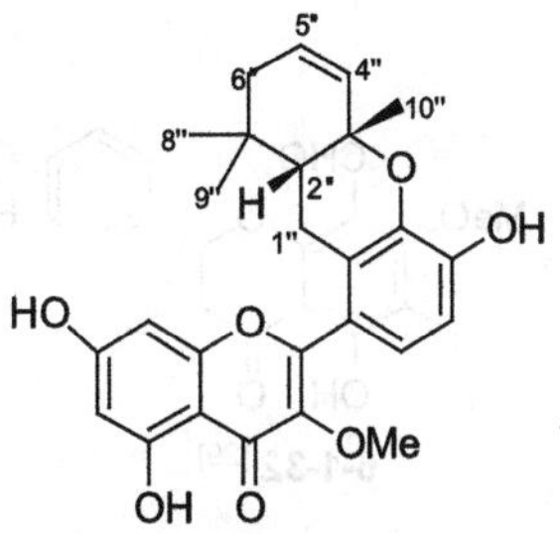　　6-1-29 [21] 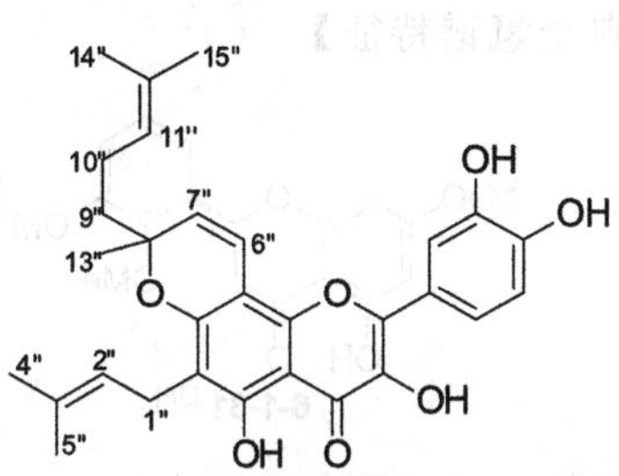　　6-1-30 [27]

表 6-1-10 2-苯基-3-羟基-4*H*-苯并吡喃-4-酮型黄酮 6-1-28～6-1-30 的 ^1H NMR 数据

H	6-1-28 (CD_3COCD_3)	6-1-29 (CD_3COCD_3)	6-1-30 ($CDCl_3$-CD_3OD 9:1)	典型氢谱特征
3①	7.76 br s(OH)	3.66 s(OMe)		① 不存在 3 位质子的特征峰；但 3 位羟基信号有一定的特征性；若化合物本身含 3 位羟基，但图谱上未出现 3 位羟基信号，则与测试条件有关；② 5 位有羟基取代时的羟基特征峰；若不存在 5 位羟基特征峰，表明 C(5)羟基被烃基化，或 5 位不存在羟基；③④ 母核苯环氢信号全部在芳香区；通常可以区分成两个独立的苯环；当其中一个苯环上的芳香质子信号全部消失时，表明其全部芳香质子被取代 此外，黄酮类化合物常含有的其他酚羟基和芳香甲氧基信号可以作为分析氢谱时的辅助特征信号
5		12.73 br s(OH)②		
6		6.24 d(2.0)③		
7				
8		6.36 d(2.0)③		
2′	8.14 d(8.9)④		7.72 d(2.1)④	
3′	7.02 d(8.9)④			
4′	8.84 br s(OH)			
5′④	7.02 d(8.9)	6.76 d(8.5)	6.90 d(8.5)	
6′④	8.14 d(8.9)	6.95 d(8.5)	6.58 dd(8.5, 2.1)	
1″	2.63 t(6.8)	2.93 d(18.0) 3.05 dd(18.0, 8.0)	3.28 d(7.2)	
2″	1.82 t(6.8)	1.85 d(8.0)	5.17 t(7.2)	
4″	1.37 s	5.76 d(10.0)	1.62 s	
5″	1.37 s	5.81 m	1.75 s	
6″	2.97 t(6.8)	1.85 dd(18.0, 6.0) 1.99 d(18.0)	6.81 d(10.0)	
7″	1.95 t(6.8)		5.48 d(10.0)	
8″		0.79 s 或 0.97 s		
9″	1.41 s	0.79 s 或 0.97 s	1.62 m, 1.76 m	
10″	1.41 s	1.36 s	2.05 m	
11″			5.03 t(7.1)	
13″			1.38 s	
14″			1.51 s	
15″			1.60 s	

三、2-苯基-苯并四氢吡喃-4-酮型黄酮（二氢黄酮类，flavanones）

【系统分类】

2-苯基-苯并四氢吡喃-4-酮

2-phenylchroman-4-one

【结构多样性】

C(3)增碳碳键；C(6)增碳碳键；C(8)增碳碳键；C(2′)增碳碳键；C(3′)增碳碳键；等。

【典型氢谱特征】

6-1-31 [28]　6-1-32 [29]　6-1-33 [30]

表 6-1-11 2-苯基-苯并四氢吡喃-4-酮型黄酮 6-1-31～6-1-33 的 ^{1}H NMR 数据

H	6-1-31 ($CDCl_3$)	6-1-32 ($CDCl_3$)	6-1-33 (DMSO-d_6)	典型氢谱特征
2①	5.76 dd(13.2, 2.7)	5.50 dd(12.8, 2.9)	5.32 dd(12.4, 2.8)	① 2 位次甲基和 3 位亚甲基构成的 ABX 自旋系统的化学位移与偶合常数均有显著的特征性； ② 5 位有羟基取代时的羟基特征峰； ③④ 除 2 位次甲基和 3 位亚甲基的特征信号外，母核其他信号全部在芳香区；通常可以区分成两个独立的苯环；当其中一个苯环上的芳香质子信号全部消失时，表明其全部芳香质子被取代，可通过其他手段予以判断 此外，黄酮类化合物常含有的其他酚羟基和芳香甲氧基信号可以作为分析氢谱时的辅助特征信号
3①	α 3.04 dd(17.2, 13.2) β 2.80 dd(17.2, 2.7)	ax 3.12 dd(16.9, 12.8) eq 2.82 dd(16.9, 2.9)	ax 3.12 dd(17.0, 12.4) eq 2.60 dd(17.0, 2.8)	
5②	12.08 s(OH)	12.70 s(OH)	12.47 s(OH)	
6	6.08 d(2.1)③	2.08 s(Me)	1.83 s(Me)	
7	3.80 s(OMe)	3.90 s(OMe)		
8	6.05 d(2.1)③	10.20 s(CHO)	5.82 s③	
2′	3.87 s(OMe)	7.60 m④	7.29 d(8.3)④	
3′	3.89 s(OMe)	7.45 m④	6.77 d(8.3)④	
4′④	7.13 d(8.1)④	7.45 m④		
5′④	6.94 t(8.1)	7.45 m	6.77 d(8.3)	
6′④	7.13 d(8.1)	7.60 m	7.29 d(8.3)	

6-1-34 [31]　6-1-35 [32]

6-1-36 [33]　6-1-37 [11]

表 6-1-12 2-苯基-苯并四氢吡喃-4-酮型黄酮 **6-1-34～6-1-37** 的 ^{1}H NMR 数据

H	**6-1-34** (CD$_3$COCD$_3$)	**6-1-35** (CD$_3$COCD$_3$)	**6-1-36** (CD$_3$COCD$_3$)	**6-1-37** (CDCl$_3$)	典型氢谱特征
2①	5.58 d (3.1)	5.60 dd(12.0, 4.0)	5.42 dd(13.2, 2.7)	5.30 dd(12.6, 3.2)	① 2 位次甲基和 3 位亚甲基构成的 ABX 自旋系统的化学位移与偶合常数均有显著的特征；3 位有取代，则 ABX 自旋系统的特征消失，但转化成其他特征（如 **6-1-34**）； ② 5 位有羟基取代时的羟基特征峰；当 5 位为芳香氢信号时，表明 5 位不存在羟基取代； ③④ 除 2 位次甲基和 3 位亚甲基（或次甲基）的特征信号外，母核其他芳香氢信号全部在芳香区；通常可以区分成两个独立的苯环 此外，黄酮类化合物常含有的其他酚羟基和芳香甲氧基信号可以作为分析氢谱时的辅助特征信号
3①	2.74 dq(7.4, 3.1)	2.73 dd (17.0, 4.0) 3.18 dd (17.0, 4.0)	2.71 dd(17.0, 2.7) 3.04 dd(17.0, 13.2)	3.00 dd(17.2, 12.6) 2.70 dd(17.2, 3.2)	
5	12.18 s(OH)②	12.08 s(OH)②	7.73 d(8.5)③	12.29 s(OH)②	
6	5.98 d(1.6)③	5.94 d (2.0)③	6.85 dd(8.5, 2.5)③	1.94 s(Me)	
8	6.04 d(1.6)③	6.01 d (2.0)③	6.42 d(2.5)③		
2′	7.33 d(8.4)④		7.06 d(2.0)④	7.32 d(8.8)④	
3′	6.88 d(8.4)④		3.89 s(OMe)	6.89 d(8.8)④	
5′	6.88 d(8.4)④	6.85 d(8.4)④		6.89 d(8.8)④	
6′④	7.33 d(8.4)	7.07 d(8.4)	6.92 d(2.0)	7.32 d(8.8)	
4′/7	9.55 br s, 8.50 br s				
1″		3.30 d(8.0)	3.35 d(7.2)	3.31 d(7.2)	
2″		5.20 t(7.9)	5.35 t(7.2)	5.18 t(7)	
4″		1.75 s 或 1.78 s	1.71 s	1.77 s	
5″		1.75 s 或 1.78 s	1.70 s	1.70 s	
Me	0.96 d(7.4)				

6-1-38 [2]　　**6-1-39** [34]　　**6-1-40** [35]

表 6-1-13 2-苯基-苯并四氢吡喃-4-酮型黄酮 **6-1-38～6-1-40** 的 ^{1}H NMR 数据

H	**6-1-38** (CDCl$_3$)	**6-1-39** (CDCl$_3$)	**6-1-40** (CDCl$_3$)	典型氢谱特征
2①	5.26 dd(12.6, 3.1)	5.53 dd(13, 3)	5.46 dd(13.1, 3.1)	① 2 位次甲基和 3 位亚甲基构成的 ABX 自旋系统的化学位移与偶合常数均有显著的特征； ② 5 位有羟基取代时的羟基特征峰；当 5 位为芳香氢信号时，表明 5 位不存在取代基； ③④ 除 2 位次甲基和 3 位亚甲基的特征信号外，母核其他信号全部在芳香区；通常可以区分成两个独立的苯环；当其中一个苯环上的芳香质子信号全部消失时，表明其全部芳香质子被取代，可通过其他信息予以判断 此外，黄酮类化合物常含有的其他酚羟基和芳香甲氧基信号可以作为分析氢谱时的辅助特征信号
3①	ax 3.00 dd(17.1, 12.6) eq 2.78 dd(17.1, 3.1)	ax 3.10 dd(17, 13) eq 2.90 dd(17, 3)	ax 3.02 dd(16.8, 13.1) eq 2.84 dd(16.8, 3.1)	
5	12.26 s(OH)②	7.89 d(9)③	7.28 s③	
6		7.20 dd(9, 1)③	3.87 s(OMe)	
2′④	6.95 d(1.8)	7.05 d(2)	7.39 m	
3′			7.39 m④	
4′			7.39 m④	
5′④	6.88 d(8.2)	6.87 d(8)	7.39 m	
6′④	6.85 dd(8.2, 1.8)	6.97 dd(8, 2)	7.39 m	
1″	3.31 d(7.2)		6.65 d(9.9)	
2″	5.20 br t(7.2)	7.60 d(2)	5.60 d(9.9)	
3″		6.93 dd(2, 1)		
4″, 5″	1.71 或 1.75 或 1.81 s		1.58 s, 1.58 s	
1‴	3.31 d(7.2)			
2‴	5.20 br t(7.2)			
4‴, 5‴	1.71 或 1.75 或 1.81 s			
OCH$_2$O		6.03 s		

四、2-苯基-3-羟基-苯并四氢吡喃-4-酮型黄酮（二氢黄酮醇类，flavanonols）

【系统分类】

2-苯基-3-羟基-苯并四氢吡喃-4-酮

3-hydroxy-2-phenylchroman-4-one

【结构多样性】

C(6)增碳碳键；C(8)增碳碳键；C(3′)增碳碳键；等。

【典型氢谱特征】

6-1-41 [36]　　6-1-42 [37]　　6-1-43 [38]

表 6-1-14 2-苯基-3-羟基-苯并四氢吡喃-4-酮型黄酮 6-1-41～6-1-43 的 ^{1}H NMR 数据

H	6-1-41 (CD_3COCD_3)	6-1-42 (CD_3OD)	6-1-43 ($CDCl_3$)	典型氢谱特征
2①	5.05 d(11.9)	5.26 d(2.1)	5.33 d(11.8)	①2位和3位次甲基构成的AB自旋系统的特征峰（两个手性碳的构型不同导致偶合常数的差别）； ②④ 除2位和3位次甲基的特征信号外，母核其他信号全部在芳香区；通常可以区分成两个独立的苯环；当其中一个苯环上的芳香质子信号全部消失时，表明其全部芳香质子被取代，可通过其他信息予以判断； ③5位有羟基取代时的羟基特征峰；当5位存在芳香氢信号时，表明5位不存在羟基；如5位有羟基取代，但特征峰消失，则与测试条件有关； 此外，黄酮类化合物常含有的其他酚羟基和芳香甲氧基信号可以作为分析氢谱时的辅助特征信号
3①	4.61 d(11.9)	4.20 d(2.1)	4.47 d(11.8)	
5	7.73 d(8.6)②		11.94 s(OH)③	
6	6.63 dd(8.6, 2.2)②	5.92 br s②	3.74 s(OMe)	
7			10.25 s(OH)	
8	6.41 d(2.2)②	5.97 br s②		
2′	7.24 d(1.9)④	6.56 br s④		
3′	3.89 s(OMe)		6.65 d(8.5)④	
4′		3.80 br s(OMe)	6.62 dd(8.8, 2.8)④	
5′	6.88 d(8.3)④			
6′④	7.05 dd(8.3, 1.9)	6.56 br s	6.90 d(2.6)	
1″			3.10 d(7.3)	
2″			5.04 t	
4″			1.51 s	
5″			1.49 s	

6-1-44 [39]　　6-1-45 [35]　　6-1-46 [40]

表 6-1-15 2-苯基-3-羟基-苯并四氢吡喃-4-酮型黄酮 6-1-44～4-1-46 的 ^{1}H NMR 数据

H	6-1-44 ($CDCl_3$)	6-1-45 ($CDCl_3$)	6-1-46 (CD_3COCD_3)	典型氢谱特征
2①	5.02 d(12)	5.44 d(9.6)	5.08 d(12)	① 2 位和 3 位次甲基构成的 AB 自旋系统特征峰； ② 5 位有羟基取代时的羟基特征峰；当 5 位存在芳香氢信号时，表明 5 位不存在羟基；若不存在 5 位羟基特征峰，表明 C(5)羟基被烃基化； ③④ 除 2 位和 3 位次甲基的特征信号外，母核其他信号全部在芳香区；通常可以区分成两个独立的苯环；当其中一个苯环上的芳香质子信号全部消失时，表明其全部苯环质子被取代 此外，黄酮类化合物常含有的其他酚羟基和芳香甲氧基信号可以作为分析氢谱时的辅助特征信号
3①	4.56 d(12)	4.09 d(9.6) 3.44 s(OMe)	4.59 dd(12, 3) 4.39 d(3, OH)	
5	11.60 s(OH)②		7.64 d(8.5)③	
6			6.52 br d(8.5)③	
8	6.00 s③			
2′④	7.42 d (8)	7.45 m	7.35 d(2)	
3′	6.84 d (8)④	7.45 m④		
4′		7.45 m④	8.42 br s(OH)	
5′④	6.84 d (8)	7.45 m	6.89 d(8)	
6′④	7.42 d (8)	7.45 m	7.28 dd(8, 2)	
1″	3.38 br d	6.87 d(2.2)	6.52 br d(10)	
2″	5.10 m	7.58 d(2.2)	5.71 d(10)	
4″	1.82 br s		1.42 或 1.44 s	
5″			1.42 或 1.44 s	
6″				
7″	5.10 m			
9″	1.62 br s			
10″	1.56 br s			
OMe		3.97 s, 4.07 s		
1‴			3.36 br d(7)	
2‴			5.39 br t(7)	
4‴			1.70 s 或 1.71 s	
5‴			1.70 s 或 1.71 s	

参 考 文 献

[1] Rao Y K, Vimalamma G, Rao C V, et al. Phytochemistry, 2004, 65: 2317.

[2] Ngadjui B T, Abegaz B M, Dongo E, et al. Phytochemistry, 1998, 48: 349.

[3] Jayasinghe L, Rupasinghe G K, Hara N, et al. Phytochemistry, 2006, 67: 1353.

[4] Syah Y M, Achmad S A, Ghisalberti E L, et al. Phytochemistry, 2002, 61 : 949.

[5] Bai H, Li W, Koike K, et al. Heterocycles, 2004, 63: 2091.

[6] Wang Y H, Hou A J, Chen L, et al. J Nat Prod, 2004, 67: 757.

[7] Sritularak B, Likhitwitayawuid K, Conrad J, et al. J Nat Prod, 2002, 65: 589.

[8] Li L Y, Li X, Shi C, et al. Phytochemistry, 2006, 67: 1347.

[9] Carcache-Blanco E J, Kang Y H, Park E J, et al. J Nat Prod, 2003, 66: 1197.

[10] Carcache-Blanco E J, Kang Y H, Park E J, et al. J Nat Prod, 2004, 67: 126.

[11] Narváez-Mastache J M, Garduño-Ramírez M L, Alvarez L, et al. J Nat Prod, 2006, 69: 1687.

[12] Waffo A F K, Coombes P H, Mulholland D A, et al. Phytochemistry, 2006, 67: 459.

[13] Wang L, Yang Y, Liu C, et al. J Asian Nat Prod Res, 2010, 12: 431.

[14] Ponce M A, Scervino J M, Erra-Balsells R, et al. Phytochemistry, 2004, 65: 3131.

[15] Huang Y L, Chen C C, Hsu F L, et al. J Nat Prod, 1998, 61: 1194.

[16] Ibewuike J C, Ogundaini A O, Ogungbamila F O, et al. Phytochemistry, 1996, 43: 687.

[17] Woo E R, Kwak J H, Kim H J, et al. J Nat Prod, 1998, 61: 1552.

[18] Sultana N, Hartley T G, Waterman P G. Phytochemistry, 1999, 50: 1249.

[19] Anis I, Ahmed S, Malik A, et al. Chem Pharm Bull, 2002, 50: 515.

[20] Kamperdick C, Phuong N M, Sung T V, et al. Phytochemistry, 1998, 48: 577.

[21] Huang Y L, Yeh P Y, Shen C C, et al. Phytochemistry, 2003, 64: 1277.

[22] Ding P L, Chen D F, Bastow K F, et al. Helv Chim Acta, 2004, 87: 2574.
[23] Thanh V T T, Mai H D T, Pham V C, et al. J Nat Prod, 2012, 75: 2012.
[24] Zhang P C, Wang S, Wu Y, et al. J Nat Prod, 2001, 64: 1206.
[25] Huang Y C, Hwang T L, Chang C S, et al. J Nat Prod, 2009, 72: 1273.
[26] Branco A, Braz-Filho R, Kaiser C A, et al. Phytochemistry, 1998, 47: 471.
[27] Tsopmo A, Tene M, Kamnaing P, et al. Phytochemistry, 1998, 48: 345.
[28] Rao Y K, Damu A G, Rao A J, et al. Chem Pharm Bull, 2003, 51: 1374.
[29] Ye C L, Lu Y H , Wei D Z. Phytochemistry, 2004, 65: 447.
[30] Nobakht M, Grkovic T, Trueman S J, et al. Molecules, 2014, 19: 17682.
[31] Kondo H, Nakajima S, Yamamoto N, et al. J Antibiot, 1990, 43: 1533.
[32] Zhao L Y, Li Y L. Organic Preparations and Procedures Int., 1996, 28: 165.
[33] Yenesew A, Induli M, Derese S, et al. Phytochemistry, 2004, 65: 3029.
[34] Magalhães A F, Tozzi A M A, Magalhães E G, et al. Phytochemistry, 2000, 55: 787.
[35] Magalhães A F, Tozzi A M G A, Sales B H L N, et al. Phytochemistry, 1996, 42: 1459.
[36] Morikawa T, Xu F M, Matsuda H, et al. Chem Pharm Bull, 2006, 54: 1530.
[37] Nakagawa H, Takaishi Y, Fujimoto Y, et al. J Nat Prod, 2004, 67: 1919.
[38] Jenkins T, Bhattacharyya J, Majetich G, et al. Phytochemistry, 1999, 52: 723.
[39] Bruno M, Savona G, Lamartina L, et al. Heterocycles, 1985, 23: 1147.
[40] Fukai T, Cai B S, Maruno K, et al. Phytochemistry, 1998, 49: 2005.

第二节 3-苯基-4*H*-色烯(苯并吡喃)-4-酮类黄酮（异黄酮）

进一步分型为简单异黄酮型异黄酮、二氢异黄酮型异黄酮、苯并呋喃并[2,3-*b*]-4*H*-苯并吡喃-4-酮型异黄酮、鱼藤酮型异黄酮、去氢鱼藤酮型异黄酮、紫檀烷醇型异黄酮、紫檀烯型异黄酮、3-芳基香豆素型异黄酮、苯并呋喃并[3,2-*c*]苯并吡喃-6-酮型异黄酮、2-苯基苯并呋喃型异黄酮、高异黄酮型异黄酮和二氢高异黄酮型异黄酮等。

一、简单异黄酮型异黄酮（isoflavones）

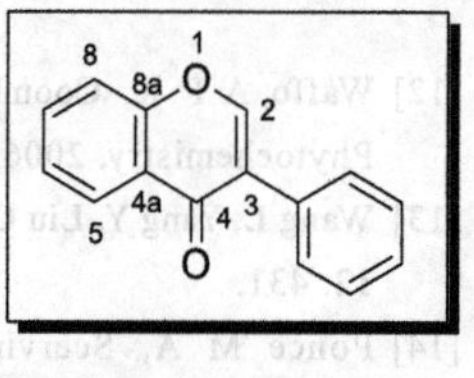

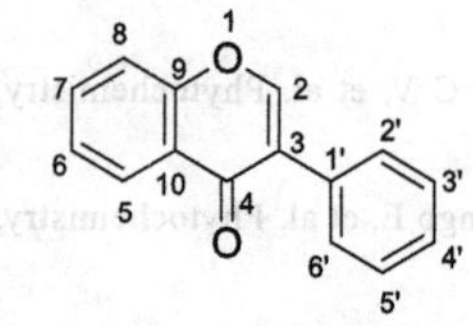

【系统分类】

3-苯基-4*H*-色烯(苯并吡喃)-4-酮

3-phenyl-4*H*-chromen-4-one

【结构多样性】

C(6)增碳碳键；C(8)增碳碳键；C(2′/6′)增碳碳键；C(3′/5′)增碳碳键；等。

【典型氢谱特征】

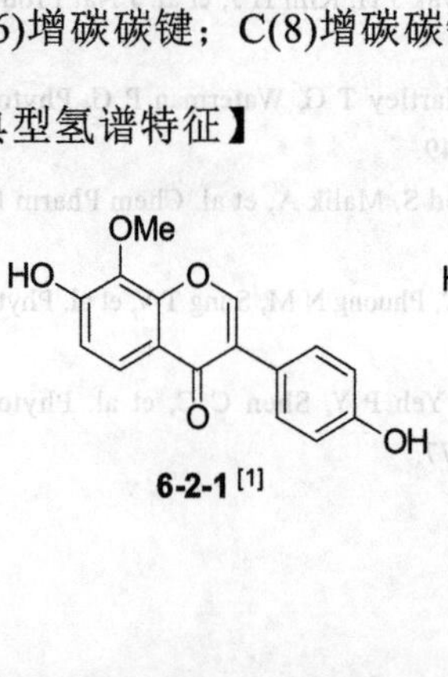

6-2-1 [1] 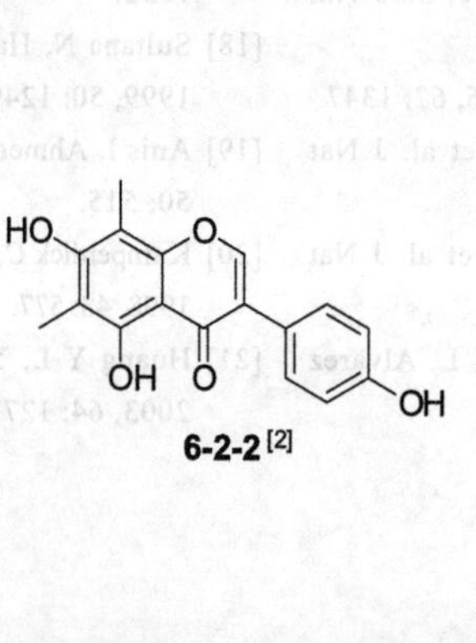　　6-2-2 [2] 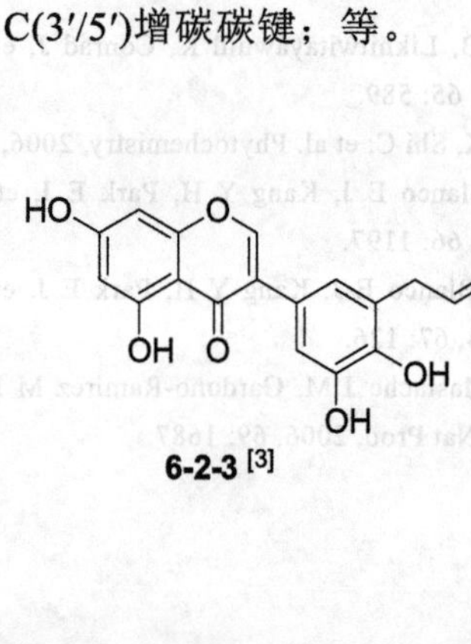　　6-2-3 [3]

表 6-2-1 简单异黄酮型异黄酮 6-2-1～6-2-3 的 ^{1}H NMR 数据

H	6-2-1 (DMSO-d_6)	6-2-2 (DMSO-d_6)	6-2-3 (CD_3COCD_3)	典型氢谱特征
2①	8.28 s	8.35 s	8.09 s	① 2 位质子特征峰； ②④ 母体其他信号全部在芳香区；通常可以区分成两个独立的苯环；当其中一个苯环上的芳香质子信号全部消失时，表明该苯环全部芳香质子被取代，可通过其他特征予以判断，如酚羟基信号、芳甲氧基信号、苯甲基信号等； ③ 5 位有羟基取代时的羟基特征峰；当 5 位存在芳香氢信号时，表明 5 位不存在羟基取代 此外，异黄酮类化合物常含有的其他酚羟基和芳香甲氧基信号可以作为分析氢谱时的辅助特征信号
5	7.63 d(9.0)②	13.13 (OH)③	13.07 br s(OH)③	
6	6.93 d(9.0)②	2.17 s(Me)	6.28 br s②	
8	3.84 s(OMe)	2.04 s(Me)	6.40 br s②	
2′④	7.36 d(8.5)	7.36 d(8)	7.02 d(1.2)	
3′	6.79 d(8.5)④	6.80 d(8)④		
5′	6.79 d(8.5)④	6.80 d(8)④		
6′④	7.36 d(8.5)	7.36 d(8)	6.84 d(1.2)	
1″			3.37 d(7.3)	
2″			5.37 m	
4″			1.73 s	
5″			1.70 s	

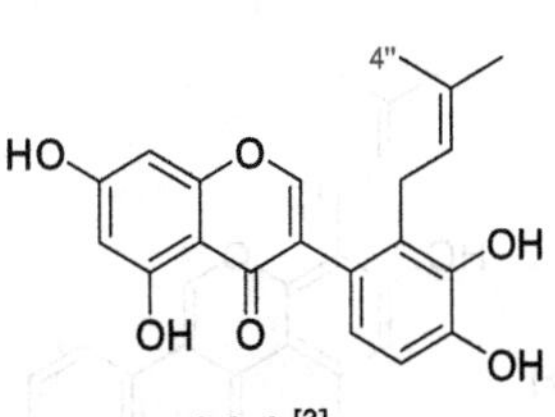

6-2-4 [3] 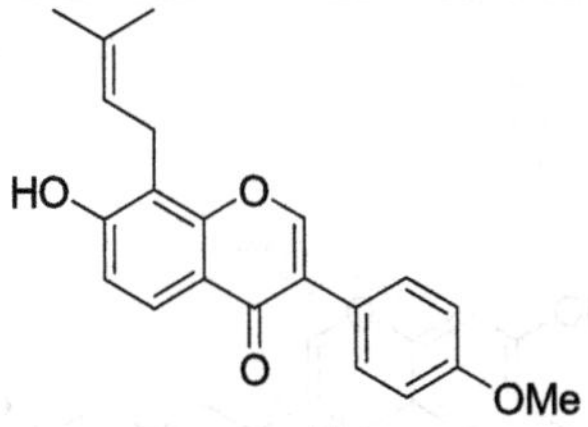　　6-2-5 [4] 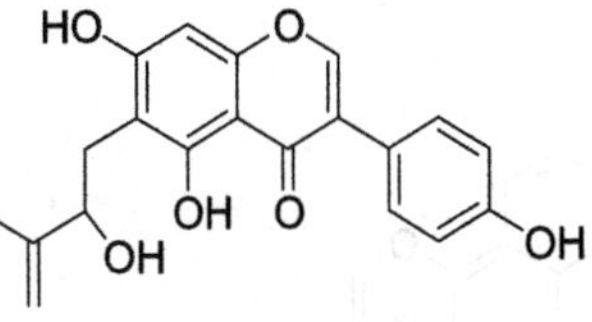　　6-2-6 [5]

表 6-2-2 简单异黄酮型异黄酮 6-2-4～6-2-6 的 ^{1}H NMR 数据

H	6-2-4 (CD_3COCD_3)	6-2-5 (CD_3OD)	6-2-6 (CD_3OD)	典型氢谱特征
2①	7.89 s	8.22 s	8.15 s	① 2 位质子特征峰； ② 5 位有羟基取代时的羟基特征峰；当 5 位存在芳香氢信号时，表明 5 位不存在羟基取代；若 5 位本身有羟基，但羟基特征峰消失，则与测试条件有关； ③④ 母体其他信号全部在芳香区；通常可以区分成两个独立的苯环 此外，异黄酮类化合物常含有其他酚羟基和甲氧基，其信号有特征性，可作为分析氢谱时的辅助特征信号
5	13.00 s(OH)②	7.90 d(8.8)③		
6	6.29 d(1.3)③	6.92 d(8.8)③		
8	6.43 d(1.3)③		6.51 s③	
2′		7.46 d(8.8)④	7.45 d(8.5)④	
3′		6.96 d(8.8)④	6.91 d(8.5)④	
4′		3.83 s(OMe)		
5′④	6.76 d(8.0)	6.96 d(8.8)	6.91 d(8.5)	
6′④	6.56 d(8.0)	7.46 d(8.8)	7.45 d(8.5)	
1″	3.30 d(6.0)	3.56 d(7.0)	2.93 dd(14.0, 7.5) 3.06 dd(14.0, 3.5)	
2″	5.08 m	5.25 t(7.0)	4.43 dd(7.5, 3.5)	
4″	1.43 s	1.85 s	4.75 br s, 4.93 br s	
5″	1.52 s	1.69 s	1.83 br s	

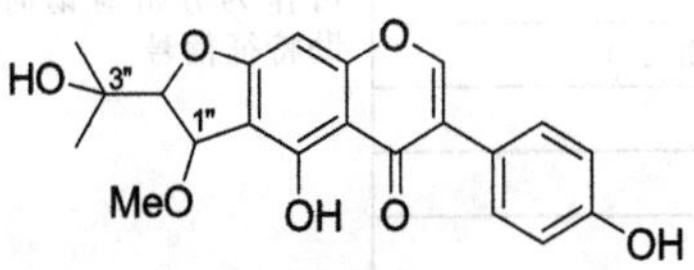

6-2-7 [5] 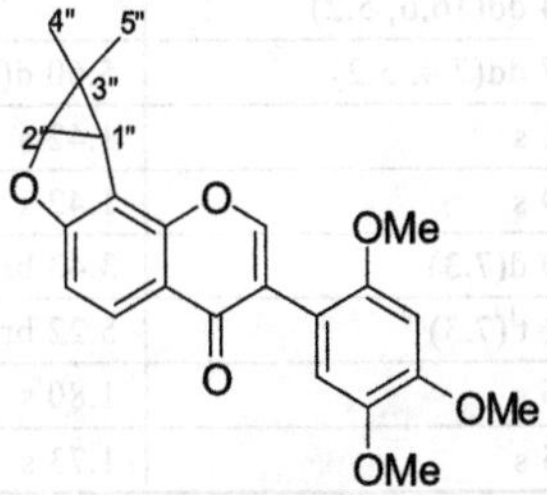　　6-2-8 [6] 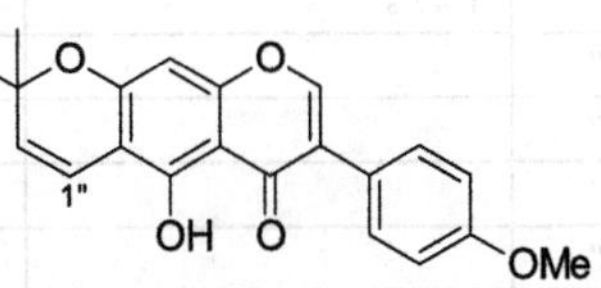　　6-2-9 [7]

表 6-2-3 简单异黄酮型异黄酮 6-2-7～6-2-9 的 ^{1}H NMR 数据

H	6-2-7 (CD_3OD)	6-2-8 ($CDCl_3$)	6-2-9 ($CDCl_3$)	典型氢谱特征
2①	8.09 s	7.96 s	7.82 s	①2 位质子特征峰； ②④ 母体其他信号全部在芳香区；通常可以区分成两个独立的苯环； ③5 位有羟基取代时的羟基特征峰；当 5 位存在芳香氢信号时，表明 5 位不存在羟基取代；若 5 位本身有羟基，但羟基特征峰消失，则与测试条件有关 此外，异黄酮类化合物常含有其他酚羟基和甲氧基，其信号有特征性，可作为分析氢谱时的辅助特征信号
5		8.09 d(8.7)②	13.15 s(OH)③	
6③		6.90 d(8.7)②		
8③	6.41 s②		6.32 d(0.7)②	
2′	7.37 d(8.7)④		7.45 d(9)④	
3′④	6.84 d(8.7)	6.63 s	6.97 d(9)	
5′	6.84 d(8.7)④		6.97 d(9)④	
6′④	7.37 d(8.7)	6.95 s	7.45 d(9)	
1″	5.15 d(2.6)	2.74 d(5.6)	6.72 dd(10, 0.7)	
2″	4.45 d(2.6)	4.62 d(5.6)	5.62 d(10)	
4″	1.16 s	1.20 s	1.47 s	
5″	1.26 s	0.79 s	1.47 s	
OMe	3.52 s	3.93 s, 3.86 s, 3.79 s	3.84 s	

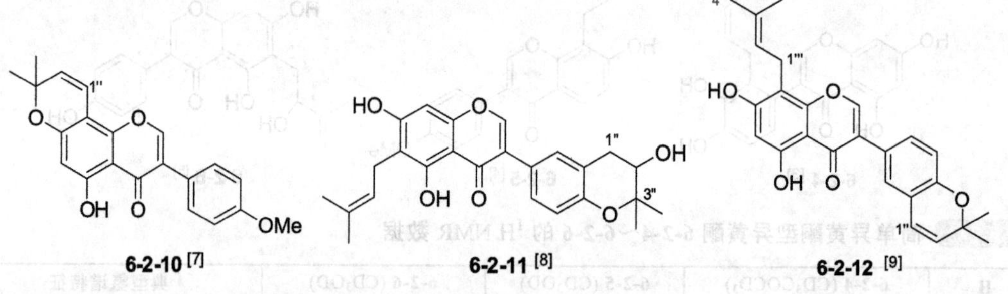

6-2-10 [7]　6-2-11 [8]　6-2-12 [9]

表 6-2-4 简单异黄酮型异黄酮 6-2-10～6-2-12 的 ^{1}H NMR 数据

H	6-2-10 ($CDCl_3$)	6-2-11 (CD_3OD)	6-2-12 ($CDCl_3$)	典型氢谱特征
2①	7.88 s	8.00 s	7.89 s	①2 位质子特征峰； ②5 位有羟基取代时的羟基特征峰；如 5 位本身有羟基，但羟基特征峰消失，则与测试条件有关； ③④ 母体其他信号全部在芳香区；通常可以区分成两个独立的苯环 此外，异黄酮类化合物常含有其他酚羟基和甲氧基，其信号有特征性，可作为分析氢谱时的辅助特征信号
5②	12.91 s(OH)		12.79 s(OH)	
6	6.28 d(0.7)③		6.27 s③	
7			7.92 s(OH)	
8		6.35 s③		
2′④	7.47 d(9)	7.24 d(2.0)	7.21 m	
3′	6.97 d(9)④			
4′	3.84 s(OMe)			
5′④	6.97 d(9)	6.78 d(8.4)	6.80 br d(8.5)	
6′④	7.47 d(9)	7.21 dd(8.4, 2.0)	7.21 m	
1″	6.68 dd(10, 0.7)	2.75 dd(16.6, 7.4) 3.04 dd(16.6, 5.2)	6.34 d(9.4)	
2″	5.57 d(10)	3.77 dd(7.4, 5.2)	5.60 d(9.8)	
4″	1.47 s	1.71 s	1.42 s	
5″	1.47 s	1.69 s	1.42 s	
1‴		3.30 d(7.3)	3.43 br d(6.7)	
2‴		5.21 t(7.3)	5.22 br t	
4‴		1.76 s	1.80 s	
5‴		1.65 s	1.73 s	

二、二氢异黄酮型异黄酮（isoflavanones）

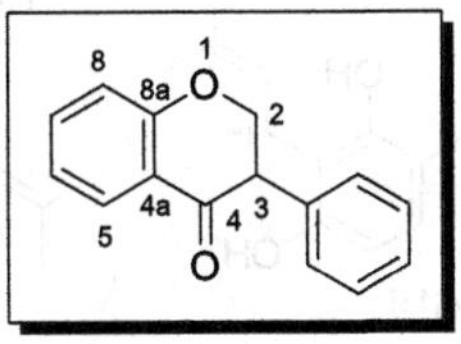

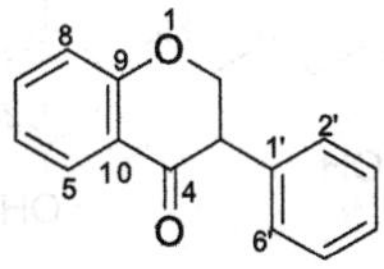

【系统分类】

3-苯基-苯并四氢吡喃-4-酮

3-phenylchroman-4-one

【结构多样性】

C(6)增碳碳键，C(8)增碳碳键，C(3′/5′)增碳碳键等。

【典型氢谱特征】

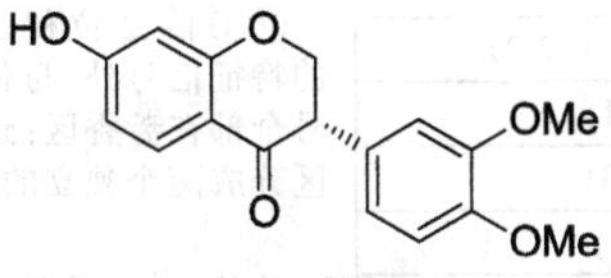

6-2-13 [10] 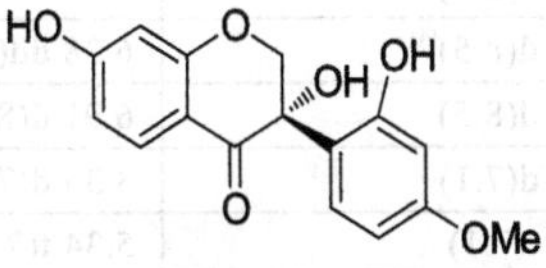　　6-2-14 [11] 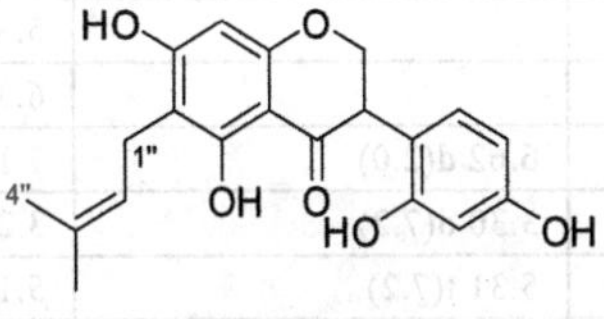　　6-2-15 [12]

表 6-2-5　二氢异黄酮型异黄酮 6-2-13～6-2-15 的 ^{1}H NMR 数据

H	6-2-13 (DMSO-d_6)^a	6-2-14 (DMSO-d_6)	6-2-15 ($CDCl_3$)	典型氢谱特征
2①	4.15 dd(11, 5) 4.51 dd(11, 11)	ax 4.04 d(12) eq 4.70 d(12)	4.76 dd(12.6, 4.3) 4.63 dd(12.6, 4.6)	① 2 位亚甲基和 3 位次甲基构成的 ABX 自旋系统的化学位移与偶合常数有显著的特征性；若 3 位氢被取代，则 2 位亚甲基的 AB 自旋系统的化学位移与偶合常数单独也有显著的特征； ②④ 除 2 位和 3 位质子的特征信号外，母体其他信号全部在芳香区；通常可以区分成两个独立的苯环； ③ 5 位有羟基时的羟基特征峰当 5 位存在芳香氢信号时，表明 5 位不存在羟基取代 此外，二氢异黄酮型异黄酮常含有其他酚羟基和甲氧基，其信号有特征性，可作为分析氢谱时的辅助特征信号
3	4.41 dd(11, 5)①		3.93 t(4.6)①	
5	7.67 d(9)②	7.66 d(8.6)②	12.02 s(OH)③	
6	6.51 dd(9, 2)②	6.52 dd(8.6, 2.1)②		
7	10.5 s(OH)			
8②	6.33 d(2)	6.30 d(2.1)	5.94 s	
2′	6.57 d(2)④			
3′		6.29 d(2.3)④	6.42 d(2.4)④	
4′		3.68 s(OMe)		
5′④	6.47 dd(9, 2)	6.43 dd(8.5, 2.3)	6.37 dd(8.2, 2.4)	
6′④	6.97 d(9)	7.36 d(8.5)	7.23 d(8.2)	
1″			3.26 d(7.0)	
2″			5.17 br t(7.0)	
4″			1.75 s	
5″			1.69 s	
OH		9.60 br, 10.53 br	5.00, 6.31, 7.77	
OMe	3.71 s, 3.74 s			

a 文献中结构式存在错误，根据 NMR 和 MS 判断 C-3′应为 OMe 取代。

6-2-16 [13]　　6-2-17 [13]　　6-2-18 [14]

表 6-2-6　二氢异黄酮型异黄酮 6-2-16～6-2-18 的 ^{1}H NMR 数据

H	**6-2-16** (CD_3COCD_3)	**6-2-17** (CD_3COCD_3)	**6-2-18** (CD_3COCD_3)	典型氢谱特征
2①	4.52 dd(11.4, 6.3) 4.53 dd(11.4, 4.7)	4.62 dd(11.8, 9.0) 4.79 dd(11.8, 4.4)	4.48 dd(11.0, 5.5) 4.53 t^1 (11.0)	
3①	3.76 t(6.3)	3.89 dd(9.0, 4.5)	4.14 dd(11.0, 5.5)	① 2 位亚甲基和 3 位次甲基构成的 ABX 自旋系统的化学位移与偶合常数有显著的特征性； ② 5 位有羟基时的羟基特征峰；当 5 位存在芳香氢信号时，表明 5 位不存在羟基取代； ③④ 除 2 位和 3 位质子的特征信号外，母体其他信号全部在芳香区；通常可以区分成两个独立的苯环 此外，二氢异黄酮型异黄酮常含有其他酚羟基和甲氧基，其信号有特征性，可作为分析氢谱时的辅助特征信号
5	12.31 s(OH)②	11.3 s(OH)②	7.55 s③	
6	5.93 d(2.1)③	5.89 s③		
8	5.94 d(2.1) ③			
2′	6.67 d(2.0)④	7.71 s(OH)	3.75 s(OMe)	
3′			6.50 d(2.2)④	
4′		5.30 s(OH)		
5′		6.32 d(8.5)④	6.38 dd(8.1, 2.2)④	
6′④	6.62 d(2.0)	7.10 d(8.5)	6.91 d(8.1)	
1″	3.30 d(7.2)	3.23 d(7.1)	3.35 d(7.3)	
2″	5.31 t(7.2)	5.14 t(7.1)	5.34 t(7.3)	
4″	1.68 s	1.74 s	1.71 s	
5″	1.68 s	1.67 s	1.76 s	
1‴		3.38 d(7.1)	3.40 d(7.3)	
2‴		5.14 t(7.1)	5.20 t(7.3)	
4‴		1.74 s	1.75 s	
5‴		1.67 s	1.66 s	

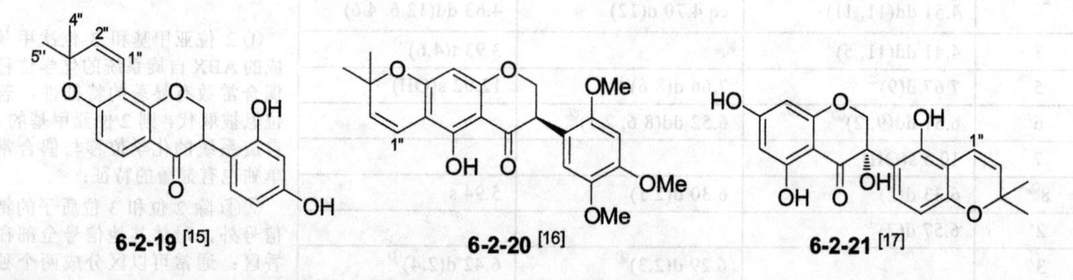

6-2-19 [15]　　6-2-20 [16]　　6-2-21 [17]

表 6-2-7　二氢异黄酮型异黄酮 6-2-19～6-2-21 的 ^{1}H NMR 数据

H	**6-2-19** (CD_3COCD_3)	**6-2-20** ($CDCl_3$)	**6-2-21** (DMSO-d_6)	典型氢谱特征
2①	ax 4.72 dd(11.0, 10.3) eq 4.60 dd(11.0, 5.5)	ax 4.54 dd(11.9, 10.9) eq 4.41 dd(10.9, 5.6)	4.58 d(11.7) 4.06 d(11.7)	① 2 位亚甲基和 3 位次甲基构成的 ABX 自旋系统的化学位移与偶合常数有显著的特征性；当 3 位氢被取代后，2 位亚甲基的 AB 自旋系统的化学位移与偶合常数单独也有显著的特征性； ②④ 除 2 位和 3 位质子的特征信号外，母体其他信号全部在芳香区；通常可以区分成两个独立的苯环；
3	ax 4.16 dd(10.3, 5.5)①	4.27 dd(11.9, 5.6)①		
5	7.70 d(8.8)②	12.54 s(OH)③	11.60 s(OH)③	
6	6.49 d(8.8)②		5.68 s②	
8		5.93 s②	5.68 s②	
3′	6.43 d(2.3)④	6.57 s④		
5′	6.32 dd(8.4, 2.3)④		6.26 d(8.4)④	
6′④	6.93 d(8.4)	6.67 s	7.15 d(8.4)	

续表

H	6-2-19 (CD_3COCD_3)	6-2-20 ($CDCl_3$)	6-2-21 (DMSO-d_6)	典型氢谱特征
1″	6.64 d(10.0)	6.62 d(10.1)	6.62 d(10.2)	③ 5 位有羟基取代时的羟基特征峰；当 5 位存在芳香氢信号时，表明 5 位不存在羟基取代 此外，二氢异黄酮型异黄酮常含有其他酚羟基和甲氧基，其信号有特征性，可作为分析氢谱时的辅助特征信号
2″	5.75 d(10.0)	5.50 d(10.1)	5.62 d(10.2)	
4″	1.44 s 或 1.45 s	1.45 s	1.33 s	
5″	1.44 s 或 1.45 s	1.45 s	1.33 s	
OMe		3.89 s, 3.81 s, 3.78 s		
OH	8.23 br s, 8.54 br s			

三、苯并呋喃并[2,3-*b*]-4*H*-苯并吡喃-4-酮型异黄酮（coumaronochromones）

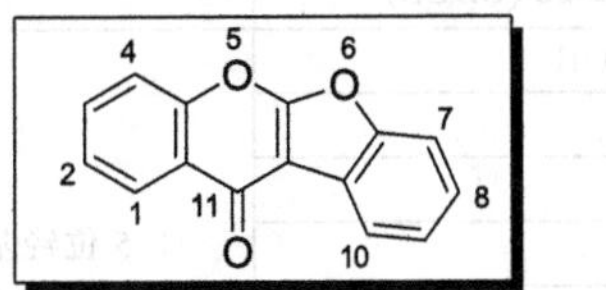

【系统分类】

11*H*-苯并呋喃并[2,3-*b*]色烯(苯并吡喃)-11-酮

11*H*-benzofuro[2,3-*b*]chromen-11-one

【结构多样性】

C(6)增碳碳键；C(8)增碳碳键；C(3′/5′)增碳碳键；等。

【典型氢谱特征】

6-2-22 [18]　6-2-23 [19]　6-2-24 [20]

表 6-2-8 苯并呋喃并[2,3-*b*]-4*H*-苯并吡喃-4-酮型异黄酮 **6-2-22～6-2-24** 的 ^{1}H NMR 数据

H	6-2-22 (DMSO-d_6)	6-2-23 ($CDCl_3$)	6-2-24 (CD_3COCD_3)	典型氢谱特征
5	12.91 s(OH)①	8.24 d(8.6)②	12.95 s(OH)①	① 5 位有羟基取代时的羟基特征峰；当 5 位存在芳香氢信号时，表明 5 位不存在羟基取代； ②③ 母体其他信号全部在芳香区；通常可以区分成两个独立的苯环 此外，异黄酮类化合物常含有的其他酚羟基和甲氧基，其信号有特征性，可作为分析氢谱时的辅助特征信号
6②	6.30 d(2.2)	6.98 d(8.6)	6.40 s	
8	6.56 d(2.2)②			
3′	7.18 s③	7.11 s③		
5′	3.88 s(OMe)			
6′③	7.37 s	7.66 s	7.34 s	
1″		3.31 dd(15.9, 7.9) 3.65 dd(15.9, 9.8)	3.52 br d(7.3)	
2″		5.45 br t(8.9)	5.26 br t(7.3)	
4″		5.16 br s, 5.00 br s	1.68 s[a]	
5″		1.83 br s	1.70 s[a]	
1‴			3.62 br d(7.3)	
2‴			5.38 br t(7.3)	
4‴			1.86 s[a]	
5‴			1.89 s[a]	
OH	9.53 br s, 10.94 br s		7.53 s, 8.77 s, 9.69 s	
OMe		4.00 s, 3.96 s		

[a] 归属上可以互相交换。

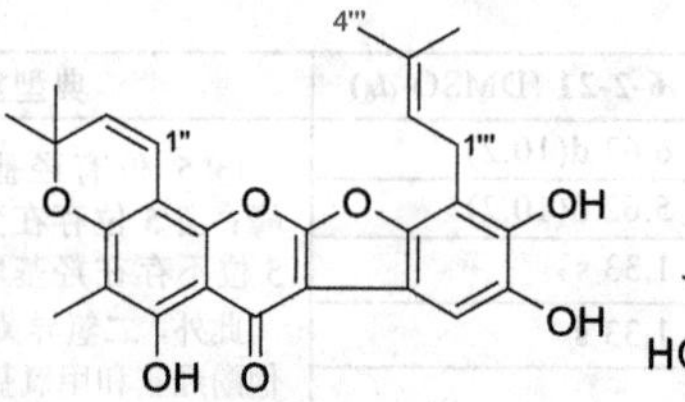

6-2-25 [21] 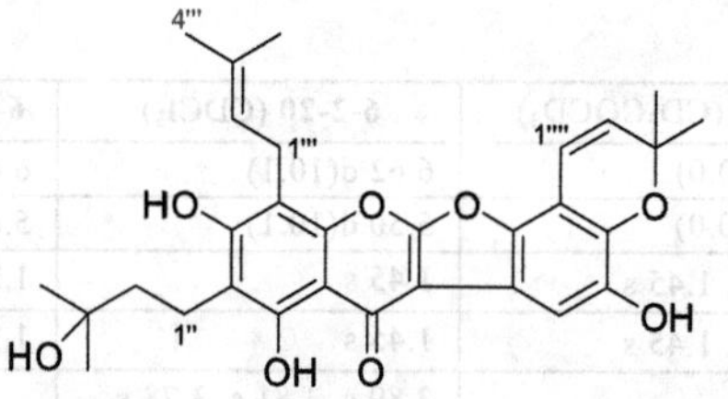　　6-2-26 [22]

表 6-2-9 苯并呋喃并[2,3-*b*]-4*H*-苯并吡喃-4-酮型异黄酮 6-2-25 和 6-2-26 的 ^{1}H NMR 数据

H	**6-2-25** (DMSO-d_6)	**6-2-26** ($CDCl_3$)	典型氢谱特征
5①	13.33 br s(OH)	12.94 s(OH)	① 5 位羟基特征峰； ② 母体其他信号全部在芳香区；通常可以区分成两个独立的苯环，但当其中一个苯环上的芳香质子信号全部消失时，表明其全部芳香质子被取代，可通过其他特征予以判断，如 5 位羟基质子信号、其他酚羟基信号、苯甲基质子信号等 此外，异黄酮类化合物常含有其他酚羟基和甲氧基，其信号有特征性，可作为分析氢谱时的辅助特征信号
6	2.07 s(Me)		
4′	8.65 br s(OH)		
5′	9.66 br s(OH)		
6′②	7.19 s	7.29 s	
1″	6.73 d(9.9)	2.69 t(6.8)	
2″	5.81 d(9.9)	1.65 t(6.8)	
4″, 5″	1.44 s, 1.44 s	1.19 s, 1.19 s	
1‴	3.47 d(7.0)	3.45 d(7.0)	
2‴	5.27 t(7.0)	5.14 t(7.0)	
4‴	1.77 s	1.78 s	
5‴	1.64 s	1.59 s	
1⁗		6.65 d(10.0)	
2⁗		5.72 d(10.0)	
4⁗, 5⁗		1.42 s, 1.42 s	

四、鱼藤酮型异黄酮（rotenoids）

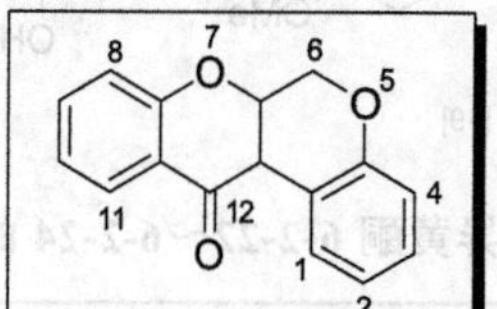

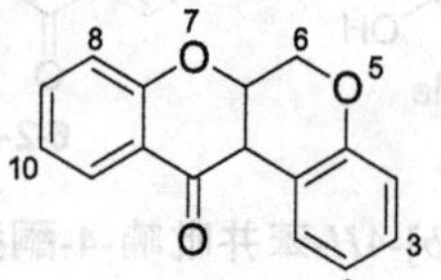

【系统分类】

6,6a-二氢色烯（苯并吡喃）并[3,4-*b*]色烯（苯并吡喃）-12(12a*H*)-酮

6,6a-dihydrochromeno[3,4-*b*]chromen-12(12a*H*)-one

【结构多样性】

C(8)增碳碳键。

【典型氢谱特征】

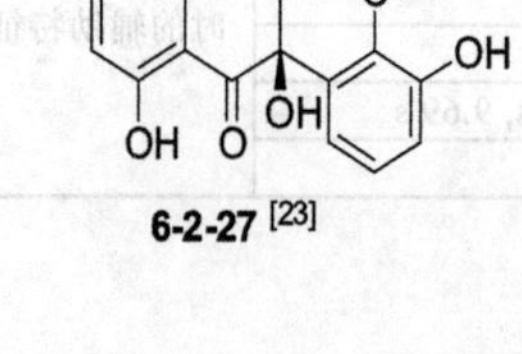

6-2-27 [23] 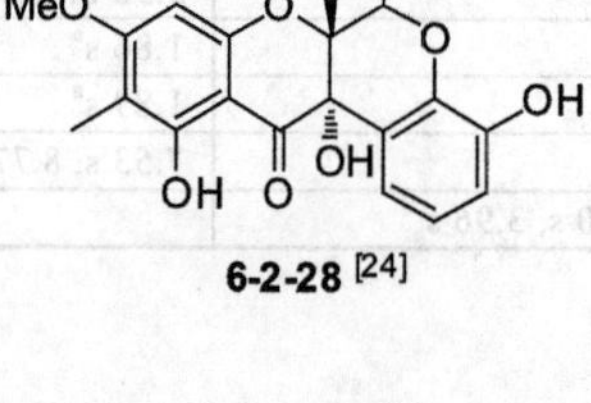　　6-2-28 [24] 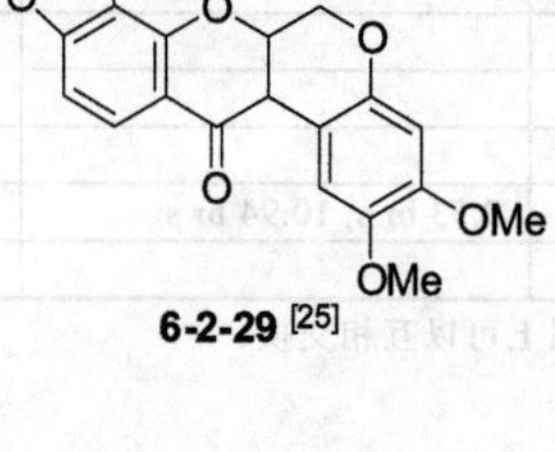　　6-2-29 [25]

表 6-2-10 鱼藤酮型异黄酮 6-2-27～6-2-29 的 ^{1}H NMR 数据

H	6-2-27 (CD_3COCD_3)	6-2-28 (C_5D_5N)	6-2-29 ($CDCl_3$)	典型氢谱特征
1①	7.8 dd(6.5, 3.0)	8.33 dd(8.1, 1.5)	6.81 s	①③ 母体芳香氢信号全部在芳香区；通常可以区分成两个独立的苯环； ② 由 6 位氧亚甲基（或有时为氧次甲基）、6a 次甲基和 12a 次甲基（有时为氧化叔碳）组成的自旋系统的特征信号 此外，异黄酮类化合物常含有的其他酚羟基和甲氧基，其信号有特征性，可作为分析氢谱时的辅助特征信号
2	6.84～6.86 m①	7.05 t(8.1)①	3.84 s(OMe)	
3	6.84～6.86 m①	7.28 dd(8.1, 1.5)①	3.84 s(OMe)	
4			6.50 s①	
6	α 4.44 dd(10, 5.5)② β 4.48 t(10, 10)②	6.06 d(8.2)② 3.66 s(OMe)	α 4.76 dd(12.0, 3.5)② β 4.23 dd(12.0, 1.0)②	
6a②	4.77 dd(10, 5.5)	4.90 d(8.2)	5.10 m	
8	6.01 d(2.0)③	6.34 s③		
9		3.67 s(OMe)		
10	6.02 d(2.0)③	2.11 s(Me)	7.18 dd(9.0, 0.5)③	
11			7.93 d(9.0)③	
12a			3.97 d(3.5)②	
1′			6.95 dd(2.0, 1.5)	
2′			7.60 d(2.0)	

五、去氢鱼藤酮型异黄酮（dehydroretenoids）

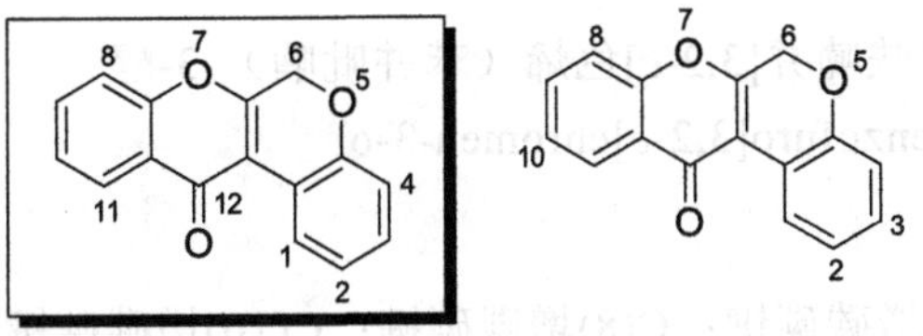

【系统分类】

色烯（苯并吡喃）并[3,4-*b*]色烯（苯并吡喃）-12(6*H*)-酮

chromeno[3,4-*b*]chromen-12(6*H*)-one

【结构多样性】

C(8)增碳碳键等。

【典型氢谱特征】

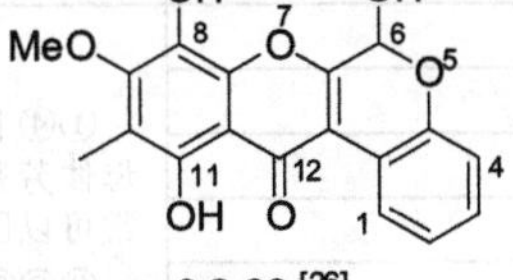

6-2-30 [26] 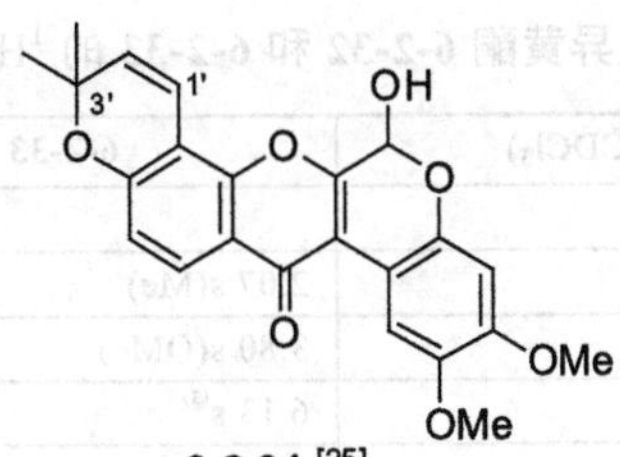　　6-2-31 [25]

表 6-2-11 去氢鱼藤酮型异黄酮 6-2-30 和 6-2-31 的 ^{1}H NMR 数据

H	6-2-30 (CD_3OD)	6-2-31 ($CDCl_3$)	典型氢谱特征
1①	8.75 d(7.5)	8.47 s	①③ 母体芳香氢全部在芳香区；通常可以区分成两个独立的苯环；当其中一个苯环上的芳香质子信号全部消失时，表明其全部芳香质子被取代，可通过其他特征予以判断，如酚羟基信号、芳甲氧基信号、苯甲基质子信号等；
2	7.02 t(7.5)①	3.90 s(OMe)	
3	7.19 t(7.5)①	3.84 s(OMe)	
4①	6.97 d(7.5)	6.61 s	

续表

H	6-2-30 (CD_3OD)	6-2-31 ($CDCl_3$)	典型氢谱特征
6②	6.12 s	6.23 d(9.0) 4.51 s(OH)	② 6 位半缩醛次甲二氧基特征峰；若 6 位为氧亚甲基（氧化甲基）组成的 AB 自旋系统，其信号也有特征性 此外，异黄酮类化合物常含有的其他酚羟基和甲氧基，其信号有特征性，可作为分析氢谱时的辅助特征信号
9	3.80 s(OMe)		
10	2.01 s(Me)	6.84 d(8.4)③	
11		7.93 d(8.4)③	
1′		6.84 d(10.2)	
2′		5.74 d(10.2)	
4′, 5′		1.52 s, 1.52 s	

六、紫檀烷醇型异黄酮（pterocarpanols）

【系统分类】

6a,11a-二氢-6*H*-苯并呋喃并[3,2-*c*]色烯（苯并吡喃）-3-醇

6a,11a-dihydro-6*H*-benzofuro[3,2-*c*]chromen-3-ol

【结构多样性】

C(2)增碳碳键；C(4)增碳碳键；C(8)增碳碳键；C(10)增碳碳键；等。

【典型氢谱特征】

6-2-32 [27]　　6-2-33 [28]

表 6-2-12　紫檀烷醇型异黄酮 6-2-32 和 6-2-33 的 ^1H NMR 数据

H	6-2-32 ($CDCl_3$)	6-2-33 (CD_3OD)	典型氢谱特征
1	7.06 s①		①④ 除 6、6a、11a 质子信号外，母体芳香氢信号全部在芳香区；通常可以区分成两个独立的苯环； ②③⑤ 由 6 位氧亚甲基（氧化甲基）、6a 位次甲基和 11a 位氧次甲基组成的自旋系统的特征信号 此外，紫檀烷醇型异黄酮常含有的其他酚羟基和甲氧基，其信号有特征性，可作为分析氢谱时的辅助特征信号
2		2.07 s(Me)	
3	3.86 s(OMe)	3.80 s(OMe)	
4	6.46 s①	6.13 s①	
6②	3.65 t(11.0) 4.22 dd(11.0, 4.5)	3.50 dd(11.0, 10.4) 4.22 dd(10.4, 4.4)	
6a③	3.49 m	3.43 ddd(11.0, 6.6, 4.4)	
7④	6.57 s	7.12 d(8.2)	
8	3.99 s(OMe)	6.36 dd(8.2, 2.2)④	
9	3.90 s(OMe)		
10		6.33 d(2.2)④	
11a⑤	5.43 d(7.0)	5.65 d(6.6)	

6-2-34 [29]　　6-2-35 [30]　　6-2-36 [31]

表 6-2-13 紫檀烷醇型异黄酮 6-2-34～6-2-36 的 ^{1}H NMR 数据

H	**6-2-34** (CD_3COCD_3)	**6-2-35** ($CDCl_3$)	**6-2-36** (C_6D_6)	典型氢谱特征
1①	7.33 d(8.8)	7.25 s	7.35 d(8.4)	①④ 除 6、6a、11a 质子信号外，母体芳香氢信号全部在芳香区；通常可以区分成两个独立的苯环； ②③⑤ 由 6 位氧亚甲基(氧化甲基)、6a 位次甲基和 11a 位氧次甲基组成的自旋系统的特征信号；化合物 **6-2-34** 的 6a 位形成氧化的叔碳，剩余 6 位氧亚甲基和 11a 位氧次甲基的信号有特征性 此外，紫檀烷醇型异黄酮常含有其他酚羟基和甲氧基，其信号有特征性，可作为分析氢谱时的辅助特征信号
2	6.55 dd(8.8, 2.2)①		6.37 d(8.4)①	
3	3.81 s(OMe)			
4	6.31 d(2.2)①	6.41 s①		
6②	4.06 d(11.7) 4.14 d(11.7)	3.60 t^l (11.0) 4.21 dd(11.0, 5.1)	3.52 t^l (10.8) 4.02 dd(10.8, 5.2)	
6a		3.50 m③	3.09 m③	
7④	7.21 d(8.1)	6.99 d(8.1)	6.53 s	
8	6.57 d(8.1)④	6.40 d(8.1)④		
10			6.79 s④	
11a⑤	5.30 s	5.47 d(6.6)	5.31 d(6.8)	
1′	2.66 dd(13.2, 9.5) 2.82 dd(13.2, 3.7)	3.35 d(7.3)	3.67 d(8.0)	
2′	3.51 dd(9.5, 3.7)	5.34 t(7.3)	5.52 t(8.0)	
4′	1.17 s	1.79 s 或 1.80 s	1.69 s 或 1.80 s	
5′	1.12 s	1.79 s 或 1.80 s	1.69 s 或 1.80 s	
1″		2.68 dd(17.6, 5.9) 2.98 dd(17.6, 5.1)	6.24 d(9.6)	
2″		3.80 dd(5.9, 5.1)	5.32 d(9.6)	
4″		1.34 s	1.37 s 或 1.41 s	
5″		1.33 s	1.37 s 或 1.41 s	
OH	4.97 br s, 8.51 br s	2.64 br s, 5.27 s	4.85	

七、紫檀烯型异黄酮（pterocarpenes）

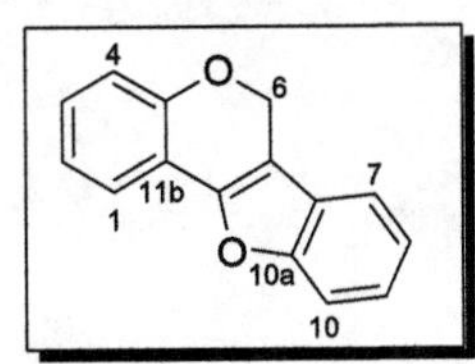

【系统分类】

6*H*-苯并呋喃并[3,2-*c*]色烯

6*H*-benzofuro[3,2-*c*]chromene

【结构多样性】

(2)增碳碳键；(10)增碳碳键；等。

【典型氢谱特征】

6-2-37 [32]　　6-2-38 [33]

表 6-2-14 紫檀烯型异黄酮 6-2-37 和 6-2-38 的 ^{1}H NMR 数据

H	6-2-37 ($CDCl_3$)	6-2-38 ($CDCl_3$)	典型氢谱特征
1	7.23 s①	3.93 s(OMe)	①③ 母体芳香氢信号全部在芳香区；通常可以区分成两个独立的苯环； ② 6 位氧亚甲基（氧化甲基）特征峰 此外，紫檀烯型异黄酮常含有其他酚羟基和甲氧基，其信号有特征性，可作为分析氢谱时的辅助特征信号
2		6.11 d(2.0)①	
4①	6.42 s	6.12 d(2.0)	
6②	5.51 s	5.44 s	
7③	7.09 d(8.3)	7.05 d(8.5)	
8③	6.85 d(8.3)	6.74 d(8.5)	
9	3.89 s(OMe)		
1′	3.34 d(7.3)	6.89 d(10.0)	
2′	5.345 t(7.3)	5.73 d(10.0)	
4′, 5′	1.80 s, 1.80 s	1.47 s, 1.47 s	
1″	3.63 d(7.3)		
2″	5.353 t(7.3)		
4″	1.89 s		
5″	1.69 s		

八、3-芳基香豆素型异黄酮（3-arylcoumarins）

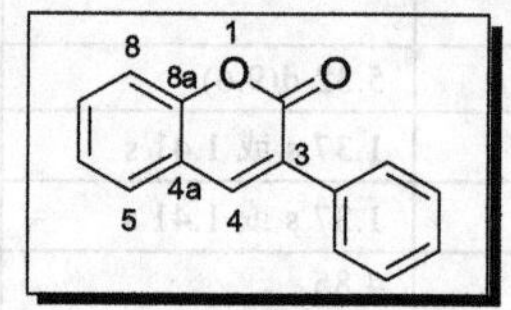

【系统分类】

3-苯基-2*H*-色烯-2-酮

3-phenyl-2*H*-chromen-2-one

【结构多样性】

C(6)增碳碳键等。

【典型氢谱特征】

6-2-39 [34]　　6-2-40 [35]

表 6-2-15 3-芳基香豆素型异黄酮 6-2-39 和 6-2-40 的 ^{1}H NMR 数据

H	6-2-39 (CD_3COCD_3)	6-2-40 (CD_3COCD_3)	典型氢谱特征
4①	8.03 s	7.97 s	① 4 位烯次甲基特征峰； ②③ 母体芳香氢信号全部在芳香区；通常可以区分成两个独立的苯环 此外，3-芳基香豆素型异黄酮常含有其他酚羟基和甲氧基，其信号有特征性，可作为分析氢谱时的辅助特征信号
5	3.94 s (OMe)	3.91 s (OMe)	
6	6.45 d (1.6)②		
8②	6.42 d (1.6)	6.52 s	
3′③	6.47 d (2.4)	6.47 d (2)	
5′③	6.44 dd (8.3, 2.4)	6.43 dd (8.5, 2)	
6′③	7.19 d (8.3)	7.21 d (8.5)	
1″		2.76 dd (17, 8) 3.08 dd (17, 5)	
2″		3.87 m 4.42 d(5, OH)	
4″		1.32 s 或 1.38 s	
5″		1.32 s 或 1.38 s	

九、苯并呋喃并[3,2-*c*]色烯（苯并吡喃）-6-酮型异黄酮（coumestans）

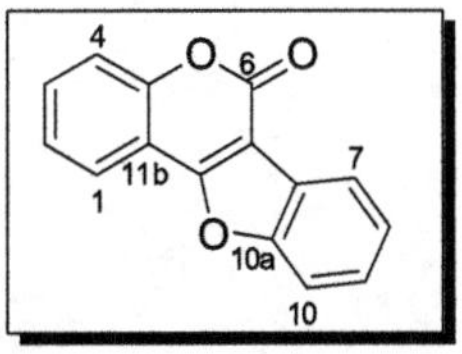

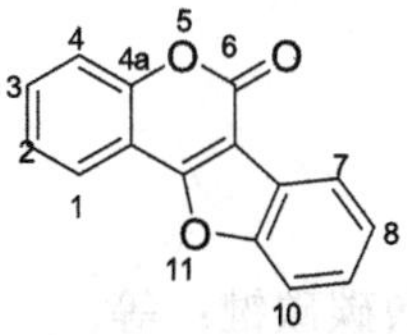

【系统分类】

6*H*-苯并呋喃并[3,2-*c*]色烯-6-酮

6*H*-benzofuro[3,2-*c*]chromen-6-one

【结构多样性】

C(8)增碳碳键；C(10)增碳碳键；等。

【典型氢谱特征】

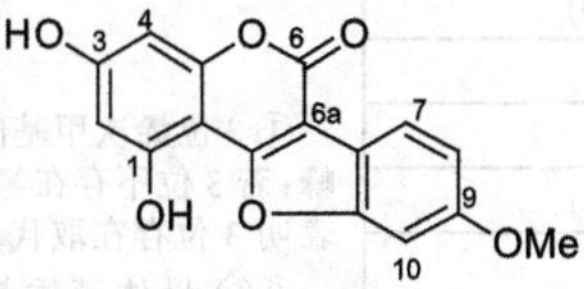

6-2-41 [36] 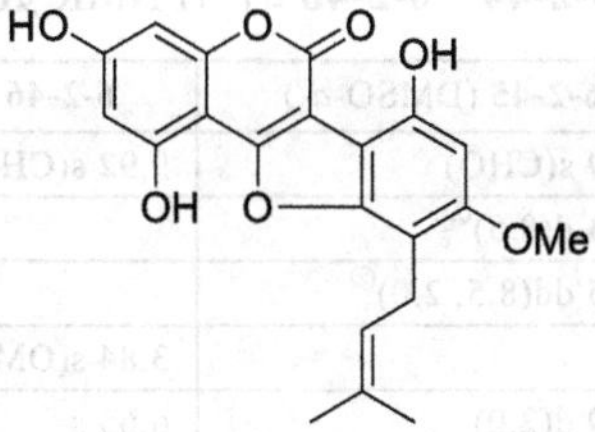　　6-2-42 [36] 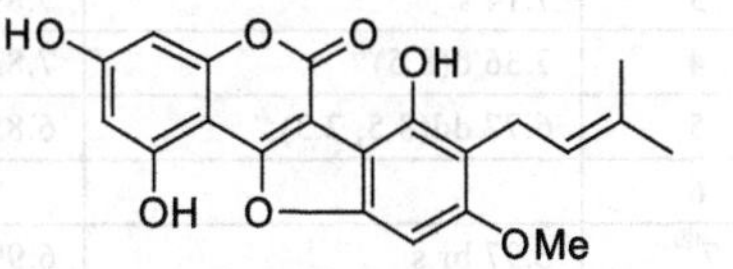　　6-2-43 [36]

表 6-2-16 苯并呋喃并[3,2-*c*]色烯（苯并吡喃）-6-酮型异黄酮 6-2-41～6-2-43 的 ^{1}H NMR 数据

H	6-2-41 (DMSO-d_6)	6-2-42 (DMSO-d_6)	6-2-43 (CD_3COCD_3)	典型氢谱特征
2①	6.39 d(1.8)	6.49 d(2.1)	6.53 d(1.8)	①② 母体芳香氢信号全部在芳香区；通常可以区分成两个独立的苯环。
4①	6.42 d(1.8)	6.50 d(2.1)	6.55 d(1.8)	
7	7.76 d(8.4)②			
8	7.08 dd(8.4, 2.1)②	6.44 s②		
9	3.86 s(OMe)	3.85 s(OMe)	3.91 s(OMe)	

续表

H	**6-2-41** (DMSO-d_6)	**6-2-42** (DMSO-d_6)	**6-2-43** (CD_3COCD_3)	典型氢谱特征
10	7.50 d(2.1)②		6.87 s②	此外，苯并呋喃并[3,2-*c*]苯并吡喃-6-酮型异黄酮常含有其他酚羟基和甲氧基，其信号有特征性，可以作为分析氢谱时的辅助特征信号
1′		3.47 d(7.5)	3.38 d(7.2)	
2′		5.26 t(7.5)	5.23 m	
4′		1.80 s	1.78 s	
5′		1.60 s	1.63 s	
OH	10.97 s, 10.53 s		9.31 s, 9.62 s	

十、2-苯基苯并呋喃型异黄酮（2-phenylbenzofurans）

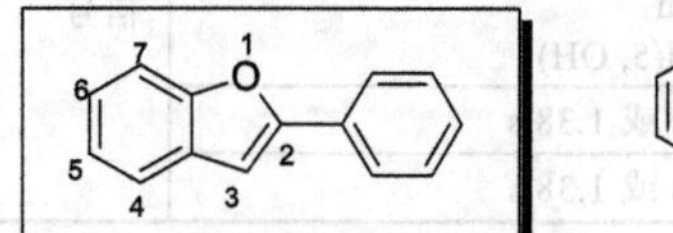

【系统分类】

2-苯基苯并呋喃

2-phenylbenzofuran

【结构多样性】

C(3)增碳碳键；C(5)增碳碳键；等。

【典型氢谱特征】

6-2-44 [37]　　6-2-45 [38]　　6-2-46 [39]

表 6-2-17 2-苯基苯并呋喃型异黄酮 6-2-44～6-2-46 的 ^{1}H NMR 数据

H	**6-2-44** (CD_3COCD_3)	**6-2-45** (DMSO-d_6)	**6-2-46** (CD_3OD)	典型氢谱特征
3	7.14 s①	9.89 s(CHO)	9.92 s(CHO)	① 3 位烯次甲基的特征峰；若 3 位不存在氢信号，表明 3 位存在取代基； ②③ 母体芳香氢信号全部在芳香区；通常可以区分成两个独立的苯环 此外，2-苯基苯并呋喃型异黄酮常含有其他酚羟基和甲氧基，其信号有特征性，可作为分析氢谱时的辅助特征信号
4	7.36 d(8.5)②	7.83 d(8.5)②		
5	6.77 dd(8.5, 2.3)②	6.85 dd(8.5, 2.0)②		
6			3.84 s(OMe)	
7②	6.97 br s	6.99 d(2.0)	6.65 s	
2′		3.77 s(OMe)	3.84 s(OMe)	
3′③	6.56 d(2.3)	6.61 d(2.0)	6.62 d(1.9)	
5′③	6.50 dd(8.5, 2.3)	6.55 dd(8.0, 2.0)	6.57 dd(8.5, 1.9)	
6′③	7.72 d(8.5)	7.46 d(8.0)	7.43 d(8.5)	
OH	8.41 br s, 9.10 br s			
1″			3.37 d(7.0)	
2″			5.22 t(7.0)	
4″			1.66 s	
5″			1.79 s	

十一、高异黄酮型异黄酮（homoisoflavonoids）

【系统分类】

3-苄基-4*H*-色烯(苯并吡喃)-4-酮

3-benzyl-4*H*-chromen-4-one

【结构多样性】

C(6)增碳碳键，C(8)增碳碳键等。

【典型氢谱特征】

6-2-47 [40]　　6-2-48 [40]

表 6-2-18 高异黄酮型异黄酮 6-2-47 和 6-2-48 的 ^{1}H NMR 数据

H	6-2-47 ($CDCl_3$)	6-2-48 ($CDCl_3$)	典型氢谱特征
2①	7.55 s	7.52 s	① 2 位质子特征峰； ② 5 位有羟基取代时的羟基特征峰； ③⑤ 母体其他芳香氢信号全部在芳香区；通常可以区分成两个独立的苯环；但是，当其中一个苯环上不存在芳香氢信号时，表明这个苯环的全部芳香氢被取代，可通过其他特征予以判断，如酚羟基信号、芳甲氧基信号、苯甲基信号等； ④ 11 位亚甲基特征峰 此外，高异黄酮型异黄酮常含有其他酚羟基、芳香甲氧基或亚甲二氧基，其信号有特征性，可作为分析氢谱时的辅助特征信号
5②	13.75 s(OH)	13.76 s(OH)	
6③	10.19 s(CHO)	10.20 s(CHO)	
7③	12.95 s(OH)	12.95 s(OH)	
8③	2.09 s(Me)	2.08 s(Me)	
11④	3.71 s	3.72 s	
2′⑤	6.72 s	7.17 d(8.5)	
3′		6.85 d(8.5)⑤	
4′		3.78 s(OMe)	
5′⑤	6.72 s[a]	6.85 d(8.5)	
6′⑤	6.72 s[a]	7.17 d(8.5)	
OCH_2O	5.92 s		

a 遵循文献数据，疑有误。

十二、二氢高异黄酮型异黄酮

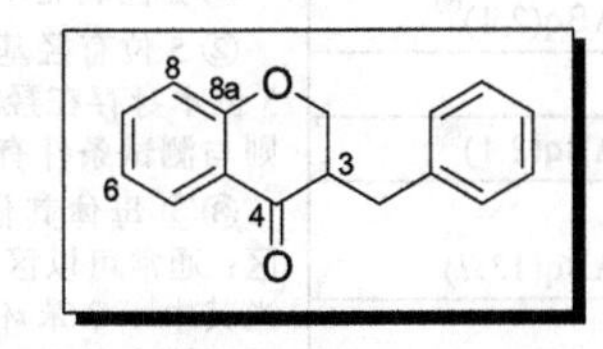

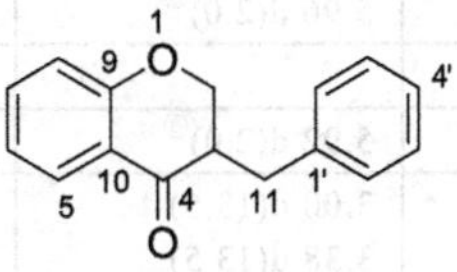

【系统分类】

3-苄基苯并二氢吡喃-4-酮

3-benzylchroman-4-one

【结构多样性】

C(6)增碳碳键；C(8)增碳碳键；C(3)-C(6′)连接；等。

【典型氢谱特征】

6-2-49 [41]　　6-2-50 [42]　　6-2-51 [42]

表 6-2-19 二氢高异黄酮型异黄酮 **6-2-49**～**6-2-51** 的 ^{1}H NMR 数据

H	**6-2-49** (DMSO-d_6)	**6-2-50** ($CDCl_3$)	**6-2-51** ($CDCl_3$)	典型氢谱特征
2①	4.05 dd(11.0, 7.5) 4.23 dd(11.0, 4.5)	4.22 dd(11.1, 10.8) 4.55 dd(11.1, 5.0)	4.12 dd(11.1, 6.9) 4.29 dd(11.1, 3.8)	①④ 由2位氧亚甲基（氧化甲基）、3位（羰基α位）次甲基和11位（苯甲位）亚甲基组成的自旋系统的特征信号； ② 5位有羟基取代时的羟基特征峰； ③⑤ 母体其他芳香氢信号全部在芳香区；通常可以区分成两个独立的苯环；但，当其中一个苯环上不存在芳香氢信号时，表明这个苯环的全部芳香氢被取代，可通过其他特征予以判断，如酚羟基信号、芳甲氧基信号、苯甲基信号等。 此外，二氢高异黄酮型异黄酮常含有其他酚羟基和甲氧基，其信号有特征性，可作为分析氢谱时的辅助特征信号
3①	2.90 m	3.10 m	2.79 m	
5②	12.24 s(OH)	11.91 s(OH)	12.38 s(OH)	
6	3.67 s(OMe)	2.04 s(Me)	2.03 s(Me)	
7		6.62 s(OH)	5.43 br s(OH)	
8	5.95 s③	3.85 s(OMe)	2.07 s(Me)	
11④	2.53 dd(13.5, 9.0) 2.94 dd(13.5, 5.0)	2.89 dd(14.7, 5.9) 2.99 dd(14.7, 5.3)	2.69 dd(13.5, 10.3) 3.16 dd(13.5, 3.8)	
2′	6.62 d(2.0)⑤		6.74 d(1.8)⑤	
3′		6.46 d(2.6)⑤	3.88 s(OMe)	
4′		3.76 s(OMe)		
5′⑤	6.67 d(8.0)	6.42 dd(8.2, 2.6)	6.86 d(7.9)	
6′⑤	6.48 dd(8.0, 2.0)	6.93 d(8.2)	6.72 dd(7.9, 1.8)	

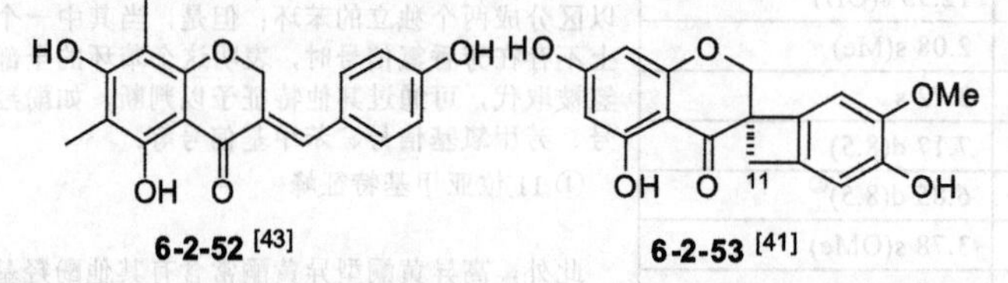

6-2-52 [43]　　6-2-53 [41]　　6-2-54 [44]

表 6-2-20 二氢高异黄酮型异黄酮 **6-2-52**～**6-2-54** 的 ^{1}H NMR 数据

H	**6-2-52** (DMSO-d_6)	**6-2-53** (DMSO-d_6)	**6-2-54** (CD_3OD)	典型氢谱特征
2①	5.34 d(1.6)	4.54 d(11.0) 4.59 d(11.0)	4.50, 4.53 ABq(11.8)	化合物的**6-2-52**～**6-2-54**的C(3)形成季碳，与**6-2-49**～**6-2-51**比较，其特征发生变化。 ① 2位氧亚甲基（氧化甲基）特征峰； ② 5位有羟基取代时的羟基特征峰；如5位本身存在羟基，但羟基特征峰消失，则与测试条件有关； ③⑤ 母体其他芳香氢信号全部在芳香区；通常可以区分成两个独立的苯环；但当其中一个苯环上不存在芳香氢信号时，表明这个苯环的全部芳香氢被取代，可通过其他特征予以判断，如酚羟基信号、芳甲氧基信号、苯甲基信号等； ④ 11位亚甲基或烯次甲基特征峰。
5②	13.07 s(OH)	12.31 br s(OH)		
6	1.97 s(Me)	5.96 d(2.0)③	5.90 ABq(2.1)③	
7	10.13 br s(OH)			
8	1.94 s(Me)	5.92 d(2.0)③	5.92 ABq(2.1)③	
11④	7.67 br s	3.00 d(13.5) 3.38 d(13.5)	2.97 3.45 ABq(13.7)	
2′⑤	7.33 d(8.6)	6.70 或 6.66 s	6.56 s	
3′	6.88 d(8.6)⑤	3.69 s(OMe)		
4′	9.67 br s(OH)			
5′⑤	6.88 d(8.6)	6.70 或 6.66 s	6.73 s	

续表

H	6-2-52 (DMSO-d_6)	6-2-53 (DMSO-d_6)	6-2-54 (CD_3OD)	典型氢谱特征
6′	7.33 d(8.6)⑤			此外，二氢高异黄酮型异黄酮常含有其他酚羟基、甲氧基和亚甲二氧基，其信号有特征性，可作为分析氢谱时的辅助特征信号
OCH_2O			5.87 s	

参考文献

[1] 史海明, 黄志勤, 温晶, 等. 中国天然药物, 2006, 4: 30.

[2] Calderón A I, Terreaux C, Schenk K, et al. J Nat Prod, 2002, 65: 1749.

[3] Salem M M, Werbovetz K A. J Nat Prod, 2006, 69: 43.

[4] Halabalaki M, Alexi X, Aligiannis N, et al. Planta Med, 2006, 72: 488.

[5] Lee S J, Wood A R, Maier C G A, et al. Phytochemistry, 1998, 49: 2573

[6] Wangensteen H, Alamgir M, Rajia S, et al. Planta Med, 2005, 71: 754.

[7] Mizuno M, Tanaka T, Tamura K, et al. Phytochemistry, 1990, 29: 2663.

[8] Sekine T, Inagaki M, Ikegami F, et al. Phytochemistry, 1999, 52: 87.

[9] Russell G B, Sirat H M, Sutherland O R W. Phytochemistry, 1990, 29: 1287.

[10] Umehara K, Nemoto K, Matsushita A, et al. J Nat Prod, 2009, 72: 2163.

[11] Chan S C, Chang Y S, Wang J P, et al. Planta Med, 1998, 64: 153.

[12] Tsanuo M K, Hassanali A, Hooper A M, et al. Phytochemistry, 2003, 64: 265.

[13] Bojase G, Wanjala C C W, Majinda R R T. Phytochemistry, 2001, 56: 837.

[14] Tanaka H, Oh-Uchi T, Etoh H, et al. Phytochemistry, 2003, 64: 753.

[15] Kinoshita T, Tamura Y, Mizutani K. Chem Pharm Bull, 2005, 53: 847.

[16] Yenesew A, Midiwo J O, Heydenreich M, et al. Phytochemistry, 2000, 55: 457.

[17] Zhang G P, Xiao Z Y, Rafique J, et al. J Nat Prod, 2009, 72: 1265.

[18] Mizuno M, Baba K, Iinuma M, et al. Phytochemistry, 1992, 31: 361.

[19] Lawson M A, Kaouadji M, Chulia A J. Tetrahedron Lett, 2008, 49: 2407.

[20] Mizuno M, Tanaka T, Tamura K-I, et al. Phytochemitry, 1989, 28: 2518.

[21] Xiang W, Li R T, Mao Y L, et al. J Agric Food Chem, 2005, 53: 267.

[22] Lo W L, Chang F R, Hsieh T J, et al. Phytochemistry, 2002, 60: 839.

[23] Santos A S, Caetano L C, Sant'ana A E G. Phytochemistry, 1998, 49: 255.

[24] Yang S W, Ubillas R, Mcalpine J, et al. J Nat Prod, 2001, 64: 313.

[25] Ngandeu F, Bezabih M, Ngamga D, et al. Phytochemistry, 2008, 69: 258.

[26] Ahmed-Belkacem A, Macalou S, Borrelli F, et al. J Med Chem, 2007, 50: 1933.

[27] Kikuchi H, Ohtsuki T, Koyano T, et al. J Nat Prod, 2007, 70: 1910.

[28] Guchu S M, Yenesew A, Tsanuo M K, et al. Phytochemistry, 2007, 68: 646.

[29] Tanaka H, Etoh H, Shimizu H, et al. Planta Med, 2000, 66: 578.

[30] Tanaka H, Etoh H, Watanabe N, et al. Phytochemistry, 2001, 56: 769.

[31] Cottiglia F, Casu L, Bonsignore L, et al. Planta Med, 2005, 71: 254.

[32] Tanaka H, Hirata M, Eoth H, et al. Heterocycles, 2001, 55: 2341.

[33] He J, Chen L, Heber D, et al. J Nat Prod, 2006, 69: 121.

[34] Han H Y, Wen P, Liu H W, et al. Chem Pharm Bull, 2008, 56: 1338.

[35] Hatano T, Takagi M, Ito H, et al. Chem Pharm Bull,1997, 45: 1485.

[36] Wang W, Zhao Y Y, Liang H, et al. J Nat Prod, 2006, 69: 876.

[37] Tanaka H, Hattori H, Sato M, et al. Heterocycles, 2007, 71: 1779.

[38] Jang D S, Kim J M, Lee Y M, et al. Chem Pharm Bull, 2006, 54: 1315.

[39] Halabalaki M, Alexi X, Aligiannis N, et al. J Nat Prod, 2008, 71: 1934.

[40] Zhu Y X, Yan K D, Tu G S. Phytochemistry, 1987, 26: 2873.

[41] Nishida Y, Eto M, Miyashita H, et al. Chem Pharm Bull, 2008, 56: 1022.

[42] Anh N T H, Sung T V, Porzel A, et al. Phytochemistry, 2003, 62: 1153.

[43] Zhang H, Yang F, Qi J, et al. J Nat Prod, 2010, 73: 548.

[44] Barone G, Corsaro M M, Lanzetta R, et al. Phytochemistry, 1988, 27: 921.

第三节 查耳酮型化合物

通常分型为简单查耳酮型化合物、二氢查耳酮型化合物和狄尔斯-阿尔德查耳酮型化合物等。

一、简单查耳酮型化合物（chalcones）

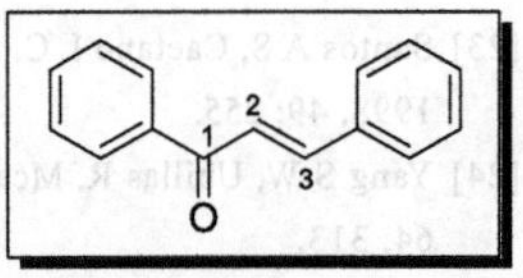

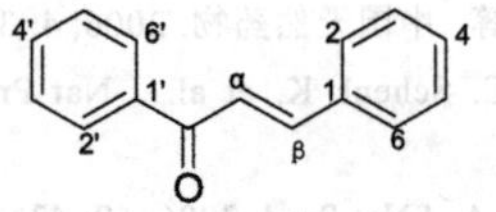

【系统分类】

(*E*)-1,3-二苯基-2-丙烯-1-酮

(*E*)-1,3-diphenyl-prop-2-en-1-one[(*E*)-chalcone]

【结构多样性】

C(3/5)增碳碳键；(3′/5′)增碳碳键；等。

【典型氢谱特征】

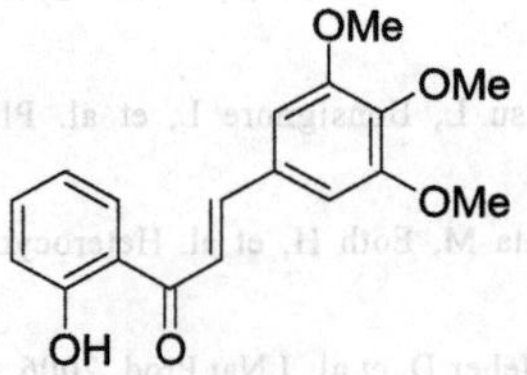

6-3-1 [1] 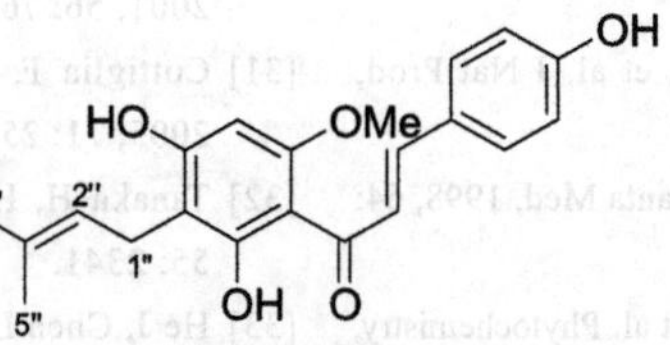　　6-3-2 [2] 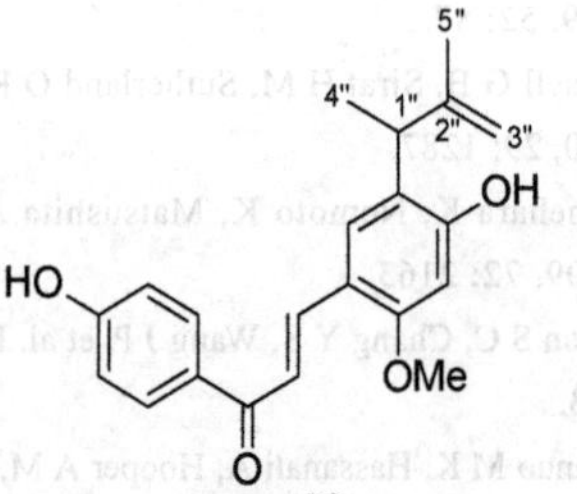　　6-3-3 [3]

表 6-3-1 简单查耳酮型化合物 6-3-1～6-3-3 的 ^{1}H NMR 数据

H	6-3-1 ($CDCl_3$)	6-3-2 (CD_3OD)	6-3-3 (CD_3COCD_3)	典型氢谱特征
2	6.92 s①	7.50 d(8.6)①	3.83 s(OMe)	①③ 母体芳香氢信号全部在芳香区；通常可以区分成两个独立的苯环； ② 2′位有羟基取代时的羟基特征峰；如 2′位本身有羟基，但羟基特征峰消失，则与测试条件有关；当 2′位存在芳香氢信号时，表明 2′位不存在羟基取代； ④ α 位和 β 位质子构成的 AB 自旋系统特征峰（尽管 α 位和 β 位质子与苯环质子有相同的共振频率范围，但其偶合常数明显与苯环氢不同）。 此外，简单查耳酮型化合物常含有其他酚羟基和甲氧基，其信号有特征性，可作为分析氢谱时的辅助特征信号
3		6.87 d(8.6)①	6.64 s①	
5		6.87 d(8.6)①		
6①	6.92 s	7.50 d(8.6)	7.47 s	
2′	12.88 s(OH)②		7.96 d(8.7)③	
3′	7.06 dd(8.5, 1.1)③		6.93 d(8.7)③	
4′	7.53③			
5′③	6.98 dd(8.1, 1.1)	6.02 s	6.93 d(8.7)	
6′	7.92 dd(8.1, 1.5)③	3.90 s(OMe)	7.96 d(8.7)③	
α④	7.56 d(15.4)	7.79 d(15.7)	7.62 d(15.5)	
β④	7.87 d(15.4)	7.67 d(15.7)	8.00 d(15.5)	
1″		3.23 d(7.2)	3.84 m	
2″		5.20 t(7.2)		
3″			4.89 d(16)[a]	
4″		1.75 s 或 1.63 s	1.34 d(7)	
5″		1.75 s 或 1.63 s	1.67 s	
OMe	3.95 s, 3.96 s, 3.96 s			

[a] 遵循原文献数据，疑有误。

6-3-4 [4]　　6-3-5 [5]　　6-3-6 [6]

表 6-3-2 简单查耳酮型化合物 6-3-4～6-3-6 的 ^{1}H NMR 数据

H	6-3-4 (CD_3COCD_3)	6-3-5 (CD_3COCD_3)	6-3-6 (CD_3OD)	典型氢谱特征
2①	7.11 或 7.19 d(2.0)	7.58 d(2.0)	7.53 d(8.7)	①③ 母体芳香氢信号全部在芳香区；通常可以区分成两个独立的苯环； ② 2′位有羟基取代时的羟基特征峰；如 2′位本身有羟基，但羟基特征峰消失，则与测试条件有关； ④ α 位和 β 位质子构成的 AB 自旋系统特征峰（尽管 α 位和 β 位质子与苯环质子有相同的共振频率范围，但其偶合常数明显与苯环氢不同）。 此外，简单查耳酮型化合物常含有其他酚羟基和甲氧基，其信号有特征性，可作为分析氢谱时的辅助特征信号
3			6.85 d(8.6)①	
5		6.94 d(8.2)①	6.85 d(8.6)①	
6①	7.11 或 7.19 d(2.0)	7.55 dd(8.3, 2.0)	7.53 d(8.7)	
2′②	13.68 s(OH)	13.48 s(OH)		
3′	6.35 d(2.6)③	6.37 s③		
5′	6.46 dd(9.3, 2.6)③		6.46 d(8.5)③	
6′③	8.05 d(9.3)	7.99 s	7.49 d(8.6)	
α④	7.63 d(15.4)	7.74 d(15.3)	7.57 d(15.2)	
β④	7.74 d(15.4)	7.82 d(15.3)	7.59 d(15.4)	
1″	3.36 d	3.38 d(7.3)	2.64 dd(17.2, 7.0) 2.97 dd(17.2, 5.5)	
2″	5.37 t(7.2)	5.39 br t(7.4)	3.85 dd(7.0, 5.5)	
4″	1.65 s 或 1.72 s	1.77 s	1.37 s 或 1.42 s	
5″	1.65 s 或 1.72 s	1.76 s	1.37 s 或 1.42 s	
1‴		2.86 dd(14.4, 8.3) 2.94 dd(14.4, 3.4)		
2‴		4.43 dd(8.2, 3.2)		
4‴		4.82 br s, 5.00 br s		
5‴		1.84 s		

6-3-7 [7]　　6-3-8 [8]

表 6-3-3 简单查耳酮型化合物 6-3-7, 6-3-8 的 ^{1}H NMR 数据

H	6-3-7 (CD_3OD)	6-3-8 (CD_3COCD_3)	典型氢谱特征
2	7.502 d(8.5)①	3.83 s(OMe)	①③ 母体芳香氢信号全部在芳香区；通常可以区分成两个独立的苯环； ② 2′位本身存在羟基取代，但特征峰消失，与测试条件有关；当 5 位存在芳香氢信号时，表明 5 位不存在羟基取代； ④ α 位和 β 位质子构成的 AB 自旋系统特征峰。
3	6.829 d(8.5)①		
5①	6.829 d(8.5)	6.65 dd(8.5, 0.5)	
6①	7.502 d(8.5)	7.77 d(8.5)	
2′	—②	8.08 d(8.5)③	
3′		6.98 d(8.5)③	
5′③	5.930 s	6.98 d(8.5)	

续表

H	6-3-7 (CD_3OD)	6-3-8 (CD_3COCD_3)	典型氢谱特征
6′		8.08 d(8.5)③	此外，简单查耳酮型化合物常含有其他酚羟基，其信号有特征性，可作为分析氢谱时的辅助特征信号
α④	7.935 d(15.6)	7.77 d(15.5)	
β④	7.629 d(15.6)	7.98 d(15.5)	
1″	2.513 dd(16.9, 6.9) 2.848 dd(16.9, 5.5)	6.67 dd(10.0, 0.5)	
2″	3.790 dd(6.9, 5.5)	5.84 d(10.0)	
4″	1.387 s	1.45 s	
5″	1.447 s	1.45 s	

二、二氢查耳酮型化合物（dihydrochalcones）

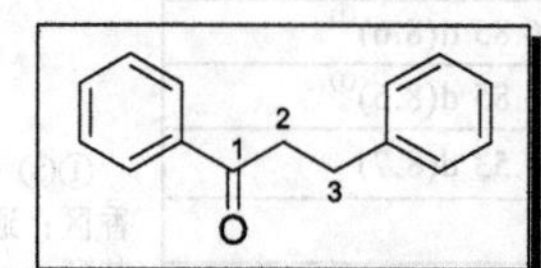

【系统分类】

1,3-二苯基丙-1-酮

1,3-diphenylpropan-1-one

【结构多样性】

C(3/5)增碳碳键；C(β)增碳碳键；C(3′/5′)增碳碳键；二聚；等。

【典型氢谱特征】

6-3-9 [9]　　6-3-10 [10]　　6-3-11 [11]

表 6-3-4　二氢查耳酮型化合物 6-3-9～6-3-11 的 ^{1}H NMR 数据

H	6-3-9 (CD_3COCD_3)	6-3-10 (CD_3OD)	6-3-11 (DMSO-d_6)	典型氢谱特征
2①	7.28 m	7.05 d(8.6)	7.10 d(8.3)	①③ 母体芳香氢信号全部在芳香区；通常可以区分成两个独立的苯环； ② 2′位有羟基取代时的羟基特征峰；若不存在5位羟基特征峰，表明C(5)羟基被烃基化； ④ α位和β位亚甲基质子构成的 A_2X_2 自旋系统的特征峰。
3①	7.28 m	6.73 d(8.6)	6.69 d(8.3)	
4	7.19 m①		9.18 s(OH)	
5①	7.28 m	6.73 d(8.6)	6.69 d(8.3)	
6①	7.28 m	7.05 d(8.6)	7.10 d(8.3)	
2′②	13.69 s(OH)		13.48 s(OH)	
3′	3.68 s(OMe)		6.46 s③	
4′③	3.95 s(OMe)	3.88 s(OMe)	4.02 s(OMe)	
5′	6.29 s③	6.57 d(8.9)③		
6′	3.96 s(OMe)	7.56 d(8.9)③		
α④	3.33 t(7.4)	3.23 t(7.7)	3.47 t(7.6)	
β④	2.96 t(7.4)	2.86 t(7.7)	2.88 t(7.6)	

续表

H	6-3-9 (CD_3COCD_3)	6-3-10 (CD_3OD)	6-3-11 (DMSO-d_6)	典型氢谱特征
1″		2.66 t(6.9)		此外，二氢查耳酮型化合物常含有其他酚羟基和甲氧基，其信号有特征性，可作为分析氢谱时的辅助特征信号
2″		1.84 t(6.9)	7.02 s	
3″			9.17 s(OH)	
4″		1.36 s	9.07 s(OH)	
5″		1.36 s	7.27 s	

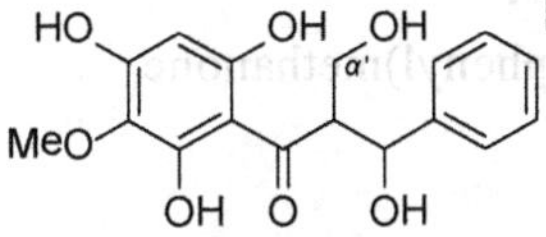

6-3-12[12] 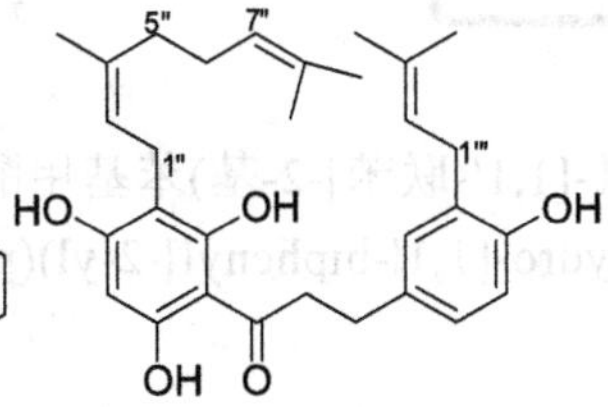　6-3-13[13] 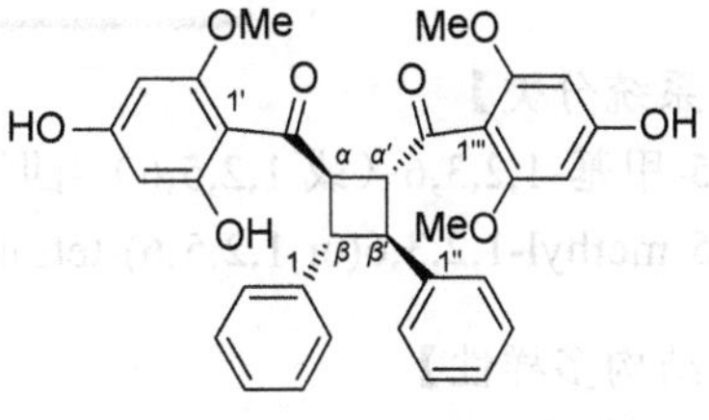　6-3-14[14]

表 6-3-5 二氢查耳酮型化合物 6-3-12～6-3-14 的 ^{1}H NMR 数据

H	6-3-12 ($CDCl_3$-DMSO-d_6)	6-3-13 (CD_3COCD_3)	6-3-14 (C_5D_5N)	典型氢谱特征
2①	7.26～7.39 m	7.00 d(2.1)	7.58 m	①③ 母体芳香氢信号全部在芳香区；通常可以区分成两个独立的苯环； ② 2′位有羟基取代时的羟基特征峰；如 2′位本身存在羟基，但羟基特征峰消失，则与测试条件有关； ④ α 位和 β 位质子构成的自旋系统的特征峰；当 α 位和 β 位有取代时，特征峰的特征相应变化；由于查耳酮型化合物的 α 位和 β 位双键是其活性位点，易发生结构变化，因此，需要根据具体情况进行特征识别。 注：化合物 6-3-14 为查耳酮二聚体，其信号呈现双查耳酮特征。 此外，二氢查耳酮型化合物常含有其他酚羟基和甲氧基，其信号具有特征性，可作为分析氢谱时的辅助特征信号
3	7.26～7.39 m①		7.31 m①	
4	7.26～7.39 m①		7.21 m①	
5①	7.26～7.39 m	6.74 d(8.1)	7.31 m	
6①	7.26～7.39 m	6.91 dd(8.1, 2.1)	7.58 m	
2′	12.14 s(OH)②		3.26 s(OMe)	
3′	3.93 s(OMe)		6.11 d(2)③	
5′③	6.01 s	6.07 s	6.48 d(2)	
α④	3.07 ddd(10.7, 5.1, 4.0)	2.87 t(8.0)	5.31 t(9)	
α′	4.49 dd(11.2, 10.7)(H_a)		4.81 t(9)④	
α′	4.23 dd(11.4, 5.1)(H_b)			
α′	6.50 br s(OH)			
β④	5.61 br s	3.34 t(8.0)	4.50 t(9)	
β(OH)	2.53 d(4.1)			
β′			4.22 t(9)④	
1″		3.25 d(7.5)		
2″		5.23 br t(7.5)	7.54 m①	
3″			7.31 m①	
4″			7.21 m①	
5″		2.00～2.15 m	7.31 m①	
6″		2.00～2.15 m	7.54 m①	
7″		5.11 br t(7.5)		
1‴		3.30 d(7.5)		
2‴		5.36 br t(7.5)	3.53 s(OMe)	
3‴			6.38 s③	
5‴			6.38 s③	
6‴			3.53 s(OMe)	
OH		14.00 br s,② 9.57 br s, 9.10 br s, 8.00 br s		
Me		1.74 s, 1.71 s, 1.63 s, 1.63 s, 1.57 s		

三、狄尔斯-阿尔德查耳酮型化合物

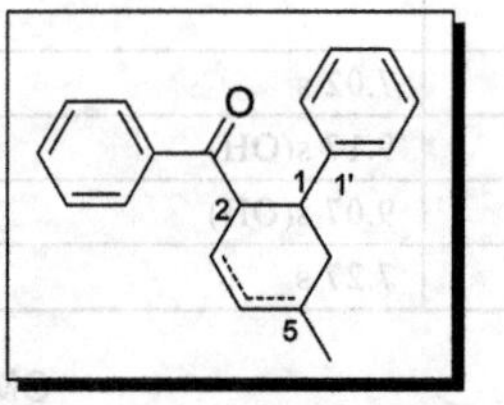

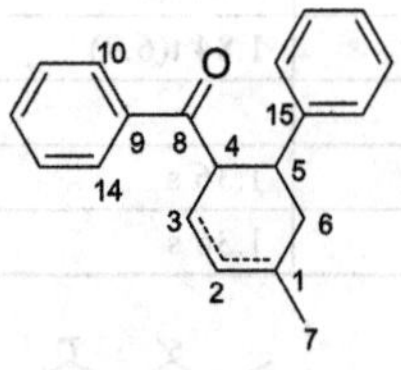

【系统分类】

(5-甲基-1,2,3,6（或 1,2,5,6）-四氢-[1,1′-联苯]-2-基)苯基甲酮

(5-methyl-1,2,3,6(or 1,2,5,6)-tetrahydro-[1,1′-biphenyl]-2-yl)(phenyl)methanone

【结构多样性】

C(3)增碳碳键；C(11/13)增碳碳键；等。

【典型氢谱特征】

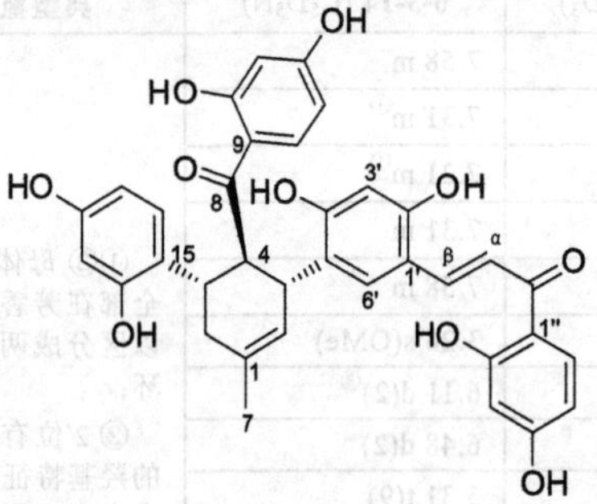

6-3-15 [15]

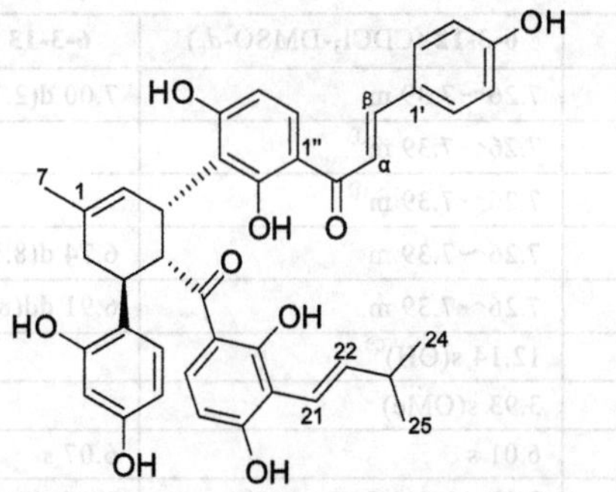

6-3-16 [16]

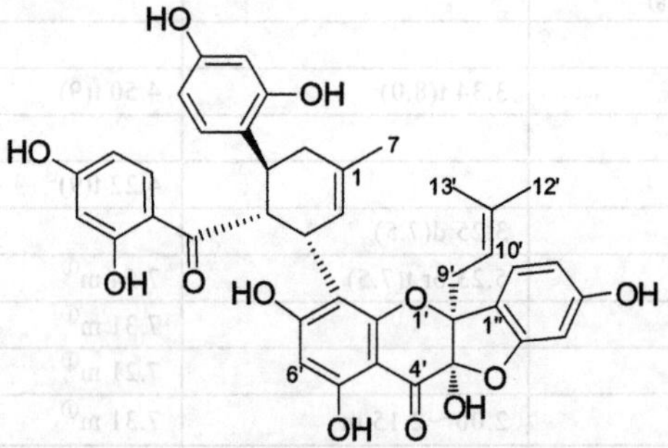

6-3-17 [17]

表 6-3-6 狄尔斯-阿尔德查耳酮型化合物 6-3-15～6-3-17 的 ^{1}H NMR 数据

H	6-3-15 (CD_3COCD_3)	6-3-16 (CD_3COCD_3)	6-3-17 (DMSO-d_6)	典型氢谱征
2	5.38 s	5.68 br s	5.23 br s	①7位甲基特征峰； ②10 位有羟基取代时的羟基特征峰；如 10 位本身存在羟基，但羟基特征峰消失，则与测试条件有关；
3	4.37 br s	4.19 br s	4.20 br s	
4	4.72 br s	4.68 dd(5, 4)	4.04 t(7)	
5	3.63 br s	3.81 m	3.82 m	
6	2.19 m 2.58 m	2.22 dd(17, 4) 2.52 br d(17)	2.15 m 2.48 m	
7①	1.77 s	1.94 br s	1.51 s	

续表

H	6-3-15 (CD_3COCD_3)	6-3-16 (CD_3COCD_3)	6-3-17 (DMSO-d_6)	典型氢谱征
10	13.07 s(OH)②	13.40 s(OH)②		③④ 母体芳香氢信号全部在芳香区；通常单独的狄尔斯-阿尔德查耳酮可以区分成两个独立的苯环。 此外，狄尔斯-阿尔德查耳酮型化合物常含有其他酚羟基，其信号有特征性，可作为分析氢谱时的辅助特征信号。 狄尔斯-阿尔德查耳酮型化合物的结构中通常包含两个查耳酮或其类似结构的结构单元，因此有些典型特征通常被掩盖。但实际上，二氢查耳酮的特征信号仍然存在，需要仔细分析。但要注意，在 α 位和 β 位碳上均有取代基，导致其均为次甲基，图谱信号比较复杂
11	6.09 d(2.5)③		6.29 d(2)③	
13③	5.97 dd(8.5, 2.5)	6.48 d(9)	6.42 dd(8, 2)	
14③	7.80 d(8.5)	8.34 d(9)	6.97 d(8)	
17④	6.22 d(2.5)	6.51 d(2)	6.22 d(2)	
19④	6.11 dd(8.5, 2.5)	6.30 dd(8, 2)	6.10 dd(8, 2)	
20④	6.94 d(8.5)	6.96 d(8)	6.77 d(8)	
21		6.54 d(16)		
22		6.65 d(16)		
23		2.38 m		
24		1.03 d(7)		
25		1.03 d(7)		
2′		7.70 d(9)		
3′	6.36 s	6.90 d(9)		
5′		6.90 d(9)		
6′	7.62 s	7.70 d(9)	5.65 s	
9′			2.64 dd(15, 7.5) 2.93 dd(15, 6.9)	
10′			5.23 br s[a]	
12′			1.46 s 或 1.67 s	
13′			1.46 s 或 1.67 s	
2″	13.79 s(OH)	14.20 s(OH)		
3″	6.38 d(2.5)		6.00～6.03 m	
5″	6.53 dd(9.0, 2.5)	6.37 d(9)	6.00～6.03 m	
6″	7.92 d(9.0)	7.93 d(9)	7.39 d(8)	
α	7.79 d(15.0)	7.69 d(15)		
β	8.12 d(15.0)	7.77 d(15)		

a 遵循文献数据，疑有误。

6-3-18[18]

6-3-19 [19]

表 6-3-7 狄尔斯-阿尔德查耳酮型化合物 6-3-18 和 6-3-19 的 ^{1}H NMR 数据

H	6-3-18 (CD_3COCD_3)	6-3-19 (C_5D_5N)	典型氢谱征
2	5.40 s	5.73 br s	① 7 位甲基特征峰； ② 10 位有羟基取代时的羟基特征峰；若不存在 10 位羟基特征峰，表明 C(10)羟基被烃基化或发生了其他结构变化，导致没有 10 位羟基形成的氢键；
3	4.31 br s	3.45 br s	
4	4.37 br s	2.80 br dd(12.1, 5.9)	
5	3.67 br s	3.00 br dd(12.1, 5.9)	
6	2.19 m 2.59 m	2.28 br dd(18.1, 5.4) 2.36 br dd(18.1, 5.5)	

续表

H	**6-3-18** (CD_3COCD_3)	**6-3-19** (C_5D_5N)	典型氢谱征
7①	1.77 s	1.73 s	③④ 母体芳香氢信号全部在芳香区；通常单独的狄尔斯-阿尔德查耳酮型化合物可以区分成两个独立的苯环。 此外，狄尔斯-阿尔德查耳酮型化合物常含有其他酚羟基和甲氧基，其信号有特征性，可作为分析氢谱时的辅助特征信号。 狄尔斯-阿尔德查耳酮型化合物的结构中通常包含两个查耳酮或其类似结构的结构单元，因此有些典型特征通常被掩盖。但实际上，二氢查耳酮的特征信号仍然存在，需要仔细分析。但要注意，在 α 位和 β 位碳上均有取代基，导致其均为次甲基，图谱信号比较复杂
8		5.74 br d(5.7)	
10	13.48 s(OH)②	3.73 s(OMe)	
11		6.84 br s③	
13③	5.94 d(9.5)	6.81 br d(8.1)	
14③	7.05 d(9.5)	7.36 br d(8.1)	
16		7.26 br s④	
17	6.22 d(2.5)④		
19④	6.08 dd(9.0, 2.5)	7.24 br d(8.0)	
20④	6.88 d(9.0)	6.87 dd(8.0, 1.4)	
21	6.46 d(10.0)		
22	5.54 d(10.0)		
24	1.33 s		
25	1.32 s		
2′	5.01 d(10.0)		
3′	4.52 d(10.0)	6.28 d(9.4)	
4′		7.68 d(9.4)	
5′	7.74 d(9.0)	7.30 s	
6′	6.63 d(9.0, 2.5)		
8′	6.44 d(2.5)	6.92 s	
3″	6.59 d(8.0)		
4″	7.06 dd(8.0, 2.0)		
6″	7.56 d(2.0)		

参考文献

[1] Krohn K, Steingröver K, Rao M S. Phytochemistry, 2002, 61: 931.

[2] Nookandeh A, Frank N, Steiner F, et al. Phytochemistry, 2004, 65: 561.

[3] Yoon G, Jung Y D, Cheon S H. Chem Pharm Bull, 2005, 53: 694.

[4] Yenesew A, Induli M, Derese S, et al. Phytochemistry, 2004, 65: 3029.

[5] Ngameni B, Ngadjui B T, Folefoc G N, et al. Phytochemistry, 2004, 65: 427.

[6] Abegaz B M, Ngadjui B T, Dongo E, et al. Phytochemistry, 2002, 59: 877.

[7] Chadwick L R, Nikolic D, Burdette J E, et al. J Nat Prod, 2004, 67: 2024.

[8] Li W, Asada Y, Yoshikawa T. Phytochemistry, 2000, 55: 447.

[9] Lien T P, Porzel A, Schmidt J, et al. Phytochemistry, 2000, 53: 991.

[10] Akihisa T, Tokuda H, Hasegawa D, et al. J Nat Prod, 2006, 69: 38.

[11] Yao G M, Ding Y, Zuo J P, et al. J Nat Prod, 2005, 68: 392.

[12] Lopez S N, Sierra M G, Gattuso S J, et al. Phytochemistry, 2006, 27: 2152.

[13] Carbonetti M T A, Monache G D, Monache F D, et al. Fitoterapia, 2004, 75: 99.

[14] Katerere D R, Gray A I, Kennedy A R, et al. Phytochemistry, 2004, 65: 433.

[15] Dai S J, Mi Z M, Ma Z B, et al. Planta Med, 2004, 70: 758.

[16] Shinomiya K, Aida M, Hano Y, et al. Phytochemistry, 1995, 40: 1317.

[17] Shen R C, Lin M. Phytochemistry, 2001, 57: 1231.

[18] Dai S J, Ma Z B, Wu Y, et al. Phytochemistry, 2004, 65: 3135.

[19] Shirota O, Takizawa K, Sekita S, et al. J Nat Prod, 1997, 60: 997.

第四节 橙酮型化合物

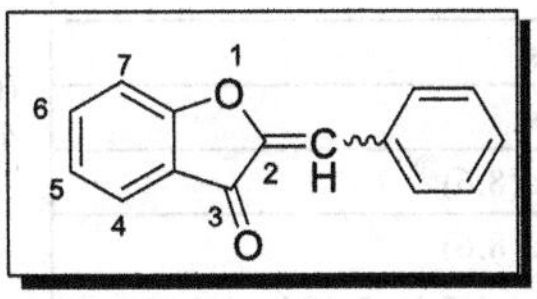

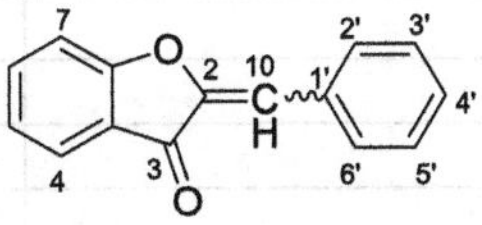

【系统分类】

2-亚苄基苯并呋喃-3(2*H*)-酮

2-benzylidenebenzofuran-3(2*H*)-one

【结构多样性】

C(5)增碳碳键；C(7)增碳碳键；C(2′)增碳碳键；C(5′)增碳碳键；等。

【典型氢谱特征】

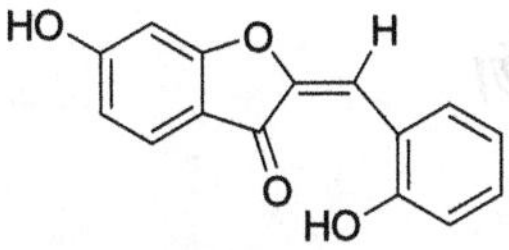

6-4-1 [1] 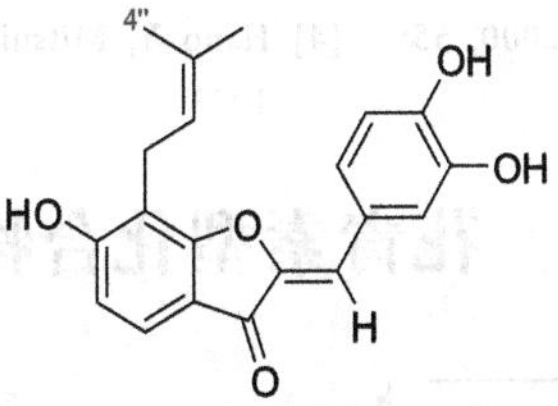　6-4-2 [2] 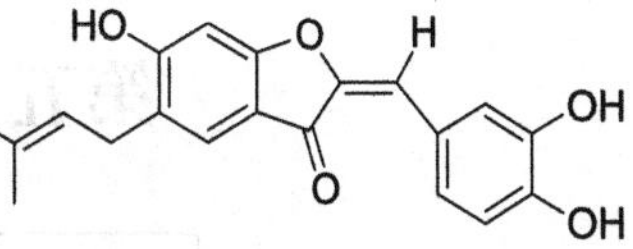　6-4-3 [3]

表 6-4-1 橙酮型化合物 6-4-1～6-4-3 的 ^{1}H NMR 数据

H	6-4-1 (CD_3COCD_3)	6-4-2 (CD_3COCD_3)	6-4-3 (CD_3COCD_3)	典型氢谱特征
4①	7.62 d(8.5)	7.46 d(8.5)	7.44 s	①③ 母体芳香氢信号全部在芳香区；通常可以区分成两个独立的苯环； ② 10 位烯次甲基的特征峰。 此外，橙酮型化合物常含有其他酚羟基，其信号有特征性，可作为分析氢谱时的辅助特征信号
5	6.76 dd(8.5, 2)①	6.83 d(8.5)①		
7	6.69 d(2)①		6.85 s①	
10②	7.34 s	6.64 s	6.60 s	
2′		7.61 d(2.5)③	7.56 d(2.0)③	
3′	6.98 dd(8.0, 1.5)③			
4′	7.29 br dt(7.5, 2)③			
5′③	6.92 br dt(7.5, 1.5)	6.96 d(8.5)	6.92 d(8.2)	
6′③	8.59 dd(8, 2)	7.42 dd(8.5, 2.5)	7.31 dd(8.2, 2.0)	
1″		3.56 d(7)	3.32 d(7.4)	
2″		5.41 m	5.36 m	
4″		1.69 d(0.5)	1.75 s 或 1.76 s	
5″		1.88 d(0.5)	1.75 s 或 1.76 s	

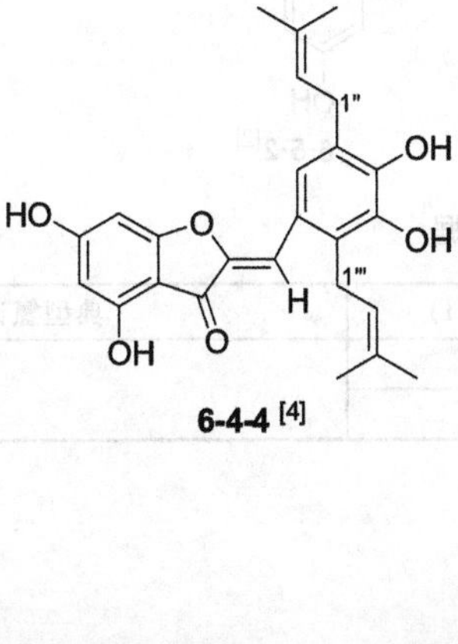

6-4-4 [4] 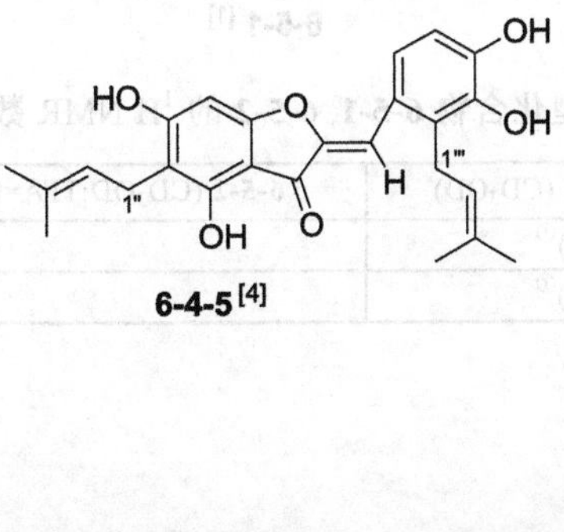　6-4-5 [4]

表 6-4-2 橙酮类化合物 6-4-4 和 6-4-5 的 ^{1}H NMR 数据

H	6-4-4 (CD_3COCD_3)	6-4-5 (CD_3COCD_3)	典型氢谱特征
5	6.13 d(1.8)①		①③ 母体芳香氢信号全部在芳香区；通常可以区分成两个独立的苯环； ② 10 位烯次甲基的特征峰 此外，橙酮型化合物常含有其他酚羟基，其信号有特征性，可作为分析氢谱时的辅助特征信号
7①	6.28 d(1.8)	6.39 s	
10②	6.83 s	6.87 s	
5′		6.85 d(8.6)③	
6′③	7.71 s	7.67 d(8.6)	
1″, 1‴	3.39 br d(7.3), 3.57 br d(6.8)	3.31 br d(7.1), 3.60 br d(6.8)	
2″	5.10 m 或 5.40 m	5.13 m 或 5.25 m	
2‴	5.10 m 或 5.40 m	5.13 或 5.25 m	
Me	1.66 br s, 1.78 br s, 1.81 br s, 1.86 br s	1.65 s, 1.67 s, 1.76 s, 1.88 s	

参考文献

[1] Botta B, Monache G D, Rosa M C D, et al. Heterocycles, 1996, 43: 1415.

[2] Li W, Asada Y, Yoshikawa T. Phytochemistry, 2000, 55: 447.

[3] Fang S C, Shieh B J, Lin C N. Phytochemistry, 1994, 37: 851.

[4] Hano Y, Mitsui P , Nomura T. Heterocycles, 1990, 30: 1023.

第五节 花青素型化合物

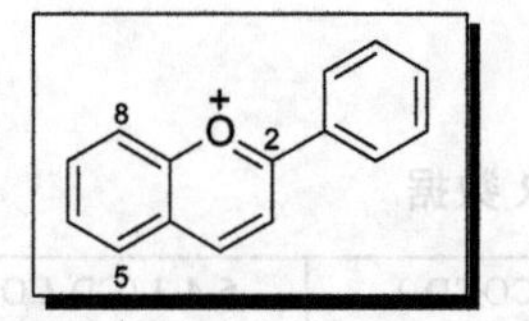

【系统分类】

2-苯基-2*H*-色烯（苯并吡喃）-1,2-氧𬭩离子

2-phenyl-2*H*-chromene-1,2-oxonium ion

【典型氢谱特征】

6-5-1 [1]

6-5-2 [2]

表 6-5-1 花青素型化合物 6-5-1, 6-5-2 的 ^{1}H NMR 数据

H	6-5-1 (CD_3OD)	6-5-2 (CD_3OD:TFA=9:1)	典型氢谱特征
3	7.36 d(8)①		
4	8.20 d(8)①		

续表

H	6-5-1 (CD_3OD)	6-5-2 (CD_3OD:TFA=9:1)	典型氢谱特征
4a		7.94 s	①3位和4位烯次甲基构成的AB自旋系统的特征峰；当图谱上不存在3位和4位烯次甲基的特征峰时，表明3位和/或4位有取代； ②③母体其他芳香氢信号全部在芳香区；通常可以区分成两个独立的苯环。 此外，花青素型化合物常含有其他酚羟基，其信号有特征性，可作为分析氢谱时的辅助特征信号
5	4.05 s(OMe)		
6		7.15 s②	
8②	6.55 br s	7.10 s	
2′③	7.48 d(2)	7.84 d(2.1)	
5′③	7.10 d(9)	6.96 d(8.5)	
6′③	7.60 dd(9, 3)	7.88 dd(8.5, 2.0)	
2″, 6″		8.12 d(8.5)	
3″, 5″		7.02 d(8.5)	
Glu-1		4.79 d(7.7)	

参考文献

[1] Zorn B, Garcia-Pineres A J, Castro V, et al. Phytochemistry, 2001, 56: 831.

[2] Lu Y R, Foo L Y, Sun Y. Tetrahedron Lett, 2002, 43: 7341.

第六节　黄烷型化合物

黄烷型化合物通常分型为简单黄烷型化合物、异黄烷型化合物和异黄烯型化合物等。

一、简单黄烷型化合物（flavans）

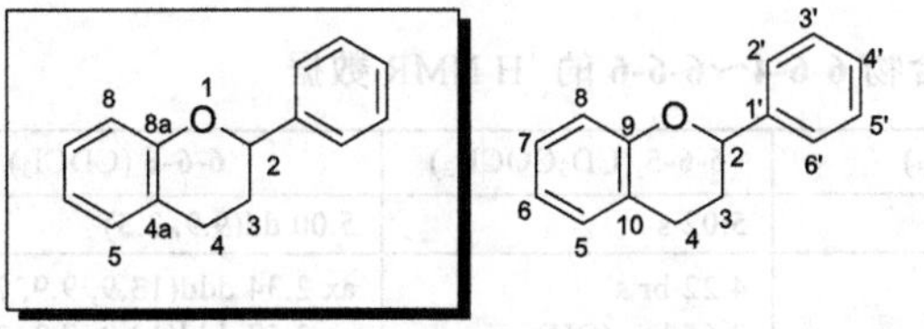

【系统分类】

2-苯基苯并四氢吡喃

2-phenylchroman

【结构多样性】

C(6)增碳碳键；C(8)增碳碳键；C(2′/6′)增碳碳键；C(3′/5′)增碳碳键；等。

【典型氢谱特征】

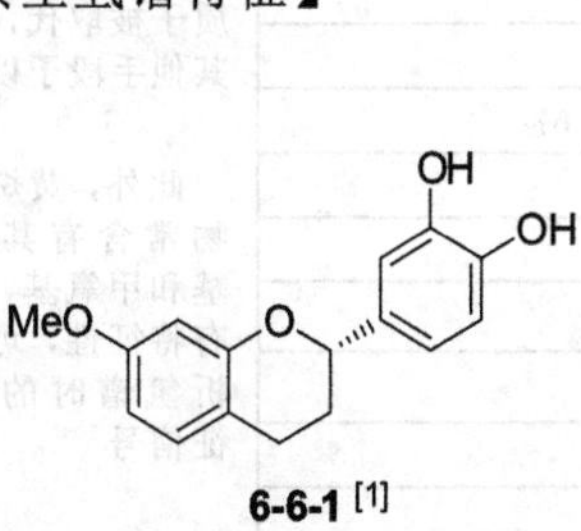

6-6-1 [1] 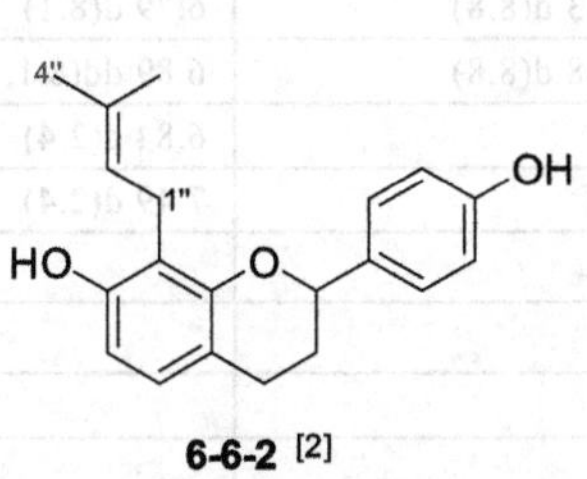　　6-6-2 [2] 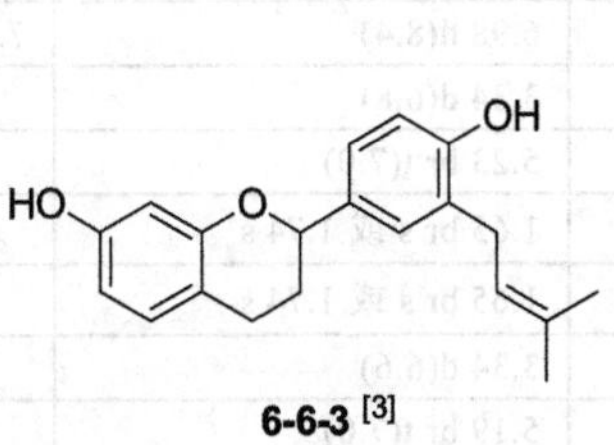　　6-6-3 [3]

表 6-6-1 简单黄烷型化合物 6-6-1～6-6-3 的 ^{1}H NMR 数据

H	6-6-1 (DMSO-d_6)	6-6-2 ($CDCl_3$)	6-6-3 (CD_3OD)	典型氢谱特征
2①	4.86 dd(10, 2.2)	4.98 dd(10.1, 2.4)	4.83 dd(9.6, 2.2)	①2 位氧次甲基特征峰；此外，在图谱中可找到由 2 位、3 位和 4 位质子构成的自旋系统的综合信号，具有一定的特征性； ②③母体其他芳香氢信号全部在芳香区；通常可以区分成两个独立的苯环。 此外，黄烷型化合物常含有其他酚羟基和甲氧基，其信号有特征性，可作为分析氢谱时的辅助特征信号
3	1.87 m, 2.03 m	1.98 m, 2.15 m	1.93 m, 2.04 m	
4	2.62 m, 2.82 m	α 2.72 ddd(16.3, 5.2, 3.4) β 2.92 ddd(16.3, 11.0, 5.6)	2.62 m, 2.80 m	
5②	6.95 d(8.3)	6.82 d(8.2)	6.83 d(8.2)	
6②	6.41 dd(8.3, 2.4)	6.40 d(8.2)	6.30 dd(8.2, 2.4)	
7	3.66 s(OMe)	5.20 s(OH)		
8	6.43 d(2.4)②		6.24 d(2.3)②	
2′③	6.77 d(1.9)	7.29 d(8.7)	7.06 d(1.8)	
3′		6.84 d(8.7)③		
5′③	6.70 d(8)	6.84 d(8.7)	6.73 d(8.1)	
6′③	6.64 dd(8, 1.9)	7.29 d(8.7)	7.01 dd(8.2, 2.0)	
1″		3.41 d(7.2)	3.28 d(7.3)	
2″		5.27 t(7.2)	5.30 m	
4″		1.74 s	1.68 s	
5″		1.72 s	1.71 s	

6-6-4 [4]　　**6-6-5** [5]　　**6-6-6** [6]

表 6-6-2 简单黄烷型化合物 6-6-4～6-6-6 的 ^{1}H NMR 数据

H	6-6-4 ($CDCl_3$)	6-6-5 (CD_3COCD_3)	6-6-6 ($CDCl_3$)	典型氢谱特征
2①	5.03 dd(10.5, 1.9)	5.02 s	5.00 dd(9.9, 3.3)	①2 位氧次甲基特征峰；此外，在图谱中可找到由 2 位、3 位和 4 位质子构成的自旋系统的综合信号，具有一定的特征性； ②③母体其他芳香氢信号全部在芳香区；通常可以区分成两个独立的苯环；当其中一个苯环上的芳香质子信号全部消失时，表明其全部芳香质子被取代，可通过其他手段予以判断。 此外，黄烷型化合物常含有其他酚羟基和甲氧基，其信号有特征性，可作为分析氢谱时的辅助特征信号
3	1.96～2.20 m	4.22 br s 3.65 br s(OH)	ax 2.34 ddd(13.9, 9.9, 7.2) eq 2.57 ddd(13.9, 7.2, 3.3)	
4	2.94 ddd(16.1, 11.3, 5.4) 2.71 ddd(16.1, 5.4, 3.1)	α 2.73 dd(16.2, 4.4) β 3.14 dd(16.2, 4.4)	4.92 t(7.2) 3.38 s(OMe)	
5	6.45 s②	6.71 d(8.2)②	4.02 s(OMe)或 4.05 s(OMe)	
6	3.82 s(OMe)	6.32 d(8.2)②		
7	5.61 s(OH)	8.00 br s(OH)		
8		2.01 s(Me)	4.02 s(OMe)或 4.05 s(OMe)	
2′		7.38 d(8.8)③	6.98 d(1.6)③	
3′	5.47 s(OH)[a]	6.83 d(8.8)③		
4′	5.42 br s(OH)	8.35 br s(OH)		
5′③	6.78 d(8.4)	6.83 d(8.8)	6.79 d(8.1)	
6′③	6.98 d(8.4)	7.38 d(8.8)	6.89 dd(8.1, 1.6)	
1″	3.34 d(6.8)		6.84 d(2.4)	
2″	5.23 br t(7.0)		7.49 d(2.4)	
4″	1.65 br s 或 1.74 s			
5″	1.65 br s 或 1.74 s			
1‴	3.34 d(6.6)			
2‴	5.19 br t(7.0)			

续表

H	6-6-4 ($CDCl_3$)	6-6-5 (CD_3COCD_3)	6-6-6 ($CDCl_3$)	典型氢谱特征
4‴	1.67 s 或 1.80 s			
5‴	1.67 s 或 1.80 s			
OCH_2O			5.96 s	

[a] 文献有错，已改正。

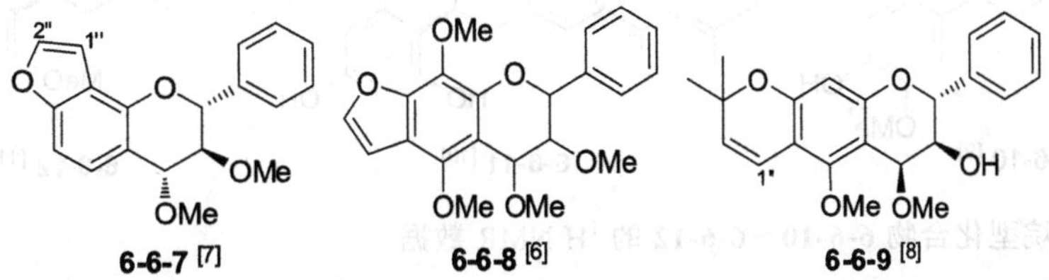

6-6-7 [7]　6-6-8 [6]　6-6-9 [8]

表 6-6-3 简单黄烷型化合物 6-6-7～6-6-9 的 ^{1}H NMR 数据

H	6-6-7 ($CDCl_3$)	6-6-8 ($CDCl_3$)	6-6-9 ($CDCl_3$)	典型氢谱特征
2①	5.03 d(9.3)	5.03 d(6.6)	5.05 d(10.3)	① 2 位氧次甲基特征峰；此外，在图谱中可找到由 2 位、3 位和 4 位质子构成的自旋系统的综合信号，具有一定的特征性； ②③ 母体其他芳香氢信号全部在芳香区；通常可以区分成两个独立的苯环；当其中一个苯环上的芳香质子信号全部消失时，表明其全部芳香质子被取代，可通过其他特征予以判断，如芳甲氧基信号等。 此外，黄烷型化合物常含有其他甲氧基，其信号有特征性，可作为分析氢谱时的辅助特征信号
3	3.71 dd(9.3, 7.5)	3.90 dd(6.6, 4.3) 3.28 s(OMe)	3.97 m	
4	4.73 dd(9.3, 7.5)	4.79 d(4.3) 3.35 s(OMe)	4.60 d(3.4) 3.60 s(OMe)	
5	7.34 d(9)②	4.06 s(OMe)	3.83 s(OMe)	
6	7.18 dd(9, 1)②			
8		4.04 s(OMe)	6.21 s②	
2′③	7.4～7.5 m	7.47 br d(8.0)	7.49 m	
3′③	7.4～7.5 m	7.34 m	7.49 m	
4′③	7.4～7.5 m	7.34 m	7.49 m	
5′③	7.4～7.5 m	7.34 m	7.49 m	
6′③	7.4～7.5 m	7.47 br d(8.0)	7.49 m	
1″	6.81 dd(2, 1)	6.86 d(2.2)	6.53 d(9.9)	
2″	7.56 d(2)	7.50 d(2.2)	5.56 d(9.9)	
4″, 5″			1.43 s, 1.43 s	
OMe	3.00 s, 3.60 s			

二、异黄烷型化合物（isoflavans）

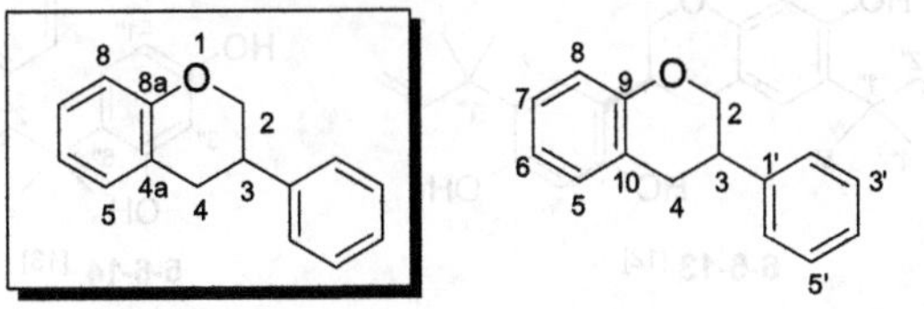

【系统分类】

3-苯基苯并四氢吡喃

3-phenylchroman

【结构多样性】

C(4)增碳碳键；C(6)增碳碳键；C(8)增碳碳键；C(3′/5′)增碳碳键；等。

【典型氢谱特征】

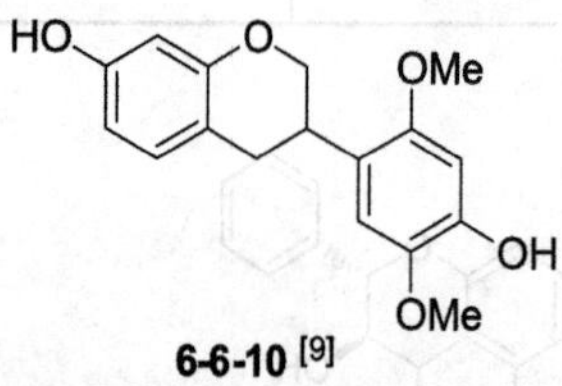

6-6-10 [9] 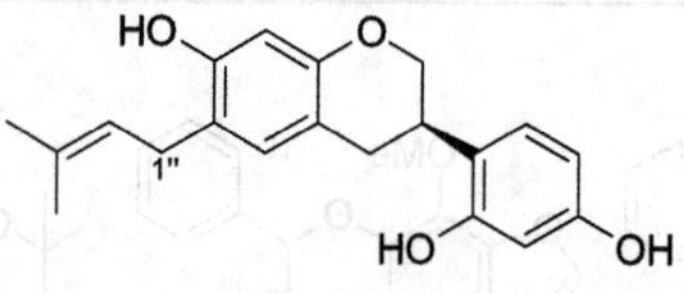　　6-6-11 [10] 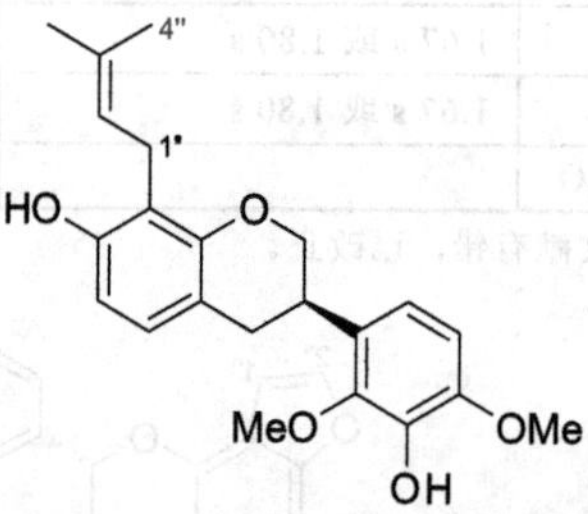　　6-6-12 [11]

表 6-6-4 异黄烷型化合物 6-6-10～6-6-12 的 ^{1}H NMR 数据

H	6-6-10 (CD_3COCD_3)	6-6-11 ($CDCl_3$)	6-6-12 ($CDCl_3$)	典型氢谱特征
2①	3.96 t-like(10.3) 4.17 ddd(10.3, 3.4, 2.0)	ax 3.98 t(10.2) eq 4.28 br d(10.2)	α 4.33 ddd(10.4, 3.6, 2.0) β 3.97 t(10.4, 10.4)	① 由 2 位[氧化甲基（氧亚甲基）]、3 位(苯甲位)和 4 位(苯甲位)质子构成的自旋系统的特征峰； ②③ 母体其他芳香氢信号全部在芳香区；通常可以区分成两个独立的苯环。 此外，异黄烷型化合物常含有其他酚羟基和甲氧基，其信号有特征性，可作为分析氢谱时的辅助特征信号
3①	3.47 m	3.46 m	3.53 m	
4①	2.77 ddd(15.6, 5.4, 2.0) 2.96 dd(15.6, 11.2)	ax 2.96 dd(15.6, 10.4) eq 2.85 br dd(15.6, 5.2)	α 2.89 ddd(15.6, 5.8, 2.0) β 2.93 ddd(15.6, 10.8, 1.0)	
5②	6.89 d(8.1)	6.77 s	6.81 d(8.2)	
6	6.36 dd(8.1, 2.4)②		6.40 d(8.2)②	
7			5.15 br s(OH)	
8	6.28 d(2.4)②	6.33 s②		
2′	3.78 s(OMe)		3.90 s(OMe)	
3′	6.57 s③	6.29 d(2.4)③	5.57 s(OH)	
4′			3.88 s(OMe)	
5′	3.77 s(OMe)	6.37 dd(8.2, 2.4)③	6.60 d(8.6)③	
6′③	6.85 s	6.93 d(8.2)	6.64 d(8.6)	
1″		3.26 d(7.1)	3.40 d(7.1)	
2″		5.28 br t(7.1)	5.27 t(7.1, 1.5)	
4″		1.75 s 或 1.76 s	1.81 m	
5″		1.75 s 或 1.76 s	1.74 m	
OH	7.54 s, 8.07 br s			

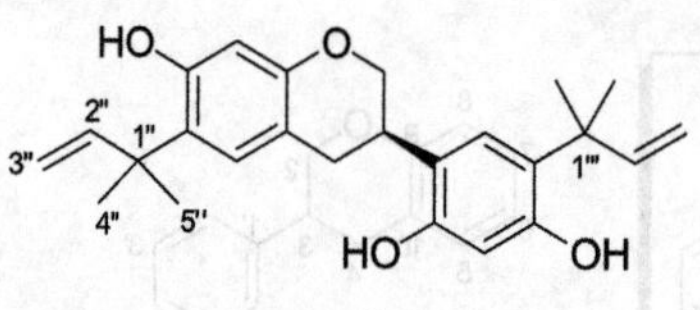

6-6-13 [12] 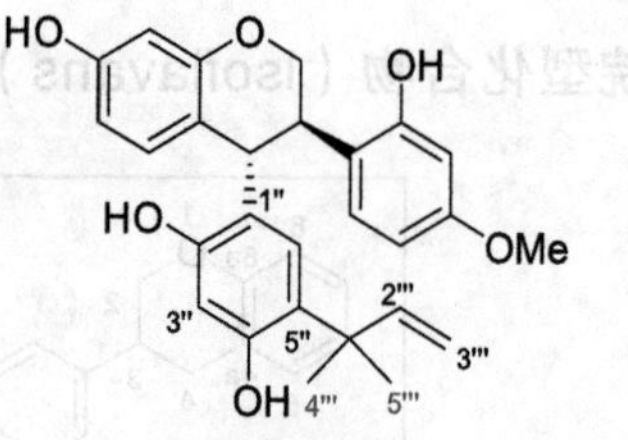　　6-6-14 [13]

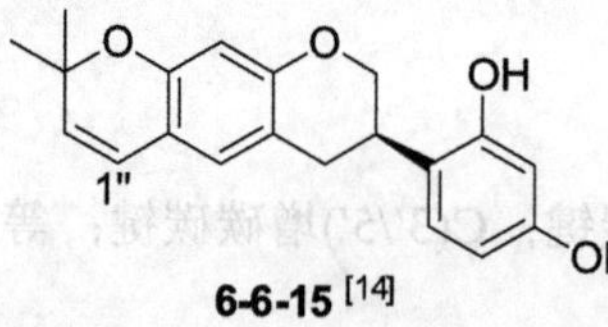

6-6-15 [14] 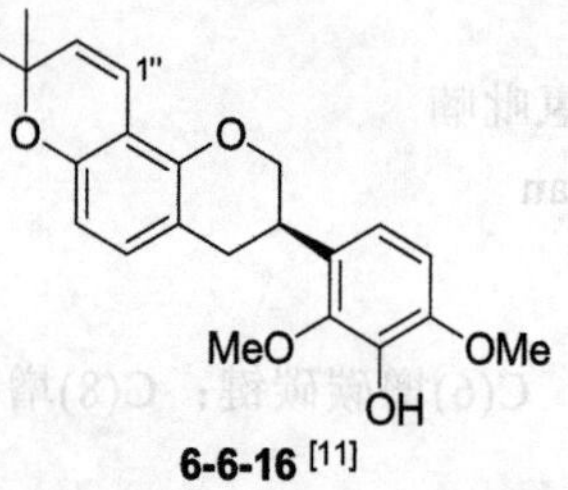　　6-6-16 [11]

表 6-6-5 异黄烷类化合物 6-6-13～6-6-16 的 ^{1}H NMR 数据

H	6-6-13 ($CDCl_3$)	6-6-14 (DMSO-d_6)	6-6-15 ($CDCl_3$)	6-6-16 ($CDCl_3$)	典型氢谱特征
2①	ax 4.04 t(10.1) eq 4.31 br d(10.1)	4.18 dd(10.8, 6.0) 4.24 dd(10.8, 3.8)	4.02 t-like(10.3) 4.31 ddd(10.3, 3.4, 2.0)	α 4.35 ddd(10.4, 3.6, 2.0) β 3.99 t(10.4, 10.4)	① 由2位[氧化甲基（氧亚甲基)]、3位(苯甲位)和 4 位（苯甲位）质子构成的自旋系统的特征峰； ②③ 母体其他芳香氢信号全部在芳香区；通常可以区分成两个独立的苯环。 此外，异黄烷型化合物常含有其他酚羟基和甲氧基，其信号有特征性，可作为分析氢谱时的辅助特征信号
3①	3.49 m	3.65 m	3.48 m	3.55 m	
4①	ax 3.03 dd(15.6, 10.4) eq 2.90 br dd(15.6, 4.2)	4.56 d(7.0)	2.86 ddd(15.6, 5.4, 1.5) 2.95 dd(15.6,10.7)	α 2.87 ddd(15.7, 5.5, 2.0) β 2.93 ddd(15.7, 11.0, 1.0)	
5②	6.94 s	6.62 d(8.2)	6.69 s	6.83 d(8.2)	
6		6.31 dd(8.2, 2.5)②		6.39 dd(8.2, 0.7)②	
8	6.36 s②	6.33 d(2.5)②	6.32 s②		
2′				3.91 s(OMe)	
3′	6.28 s③	6.43 d(2.5)③	6.31 d(2.4)③	5.59 s(OH)	
4′		3.67 s(OMe)		3.90 s(OMe)	
5′		6.29 dd(8.5, 2.5)③	6.38 dd(8.3, 2.4)③	6.62 d(8.6)③	
6′③	6.94 s	7.17 d(8.5)	6.95 d(8.3)	6.65 d(8.6)	
1″			6.25 d(9.8)	6.67 dd(9.9, 0.7)	
2″	6.14 dd(17.7, 10.6)		5.49 d(9.8)	5.58 d(9.9)	
3″	5.27 d(10.6), 5.32 d(17.7)	6.41 s			
4″	1.33 s 或 1.34 s		1.41 s	1.43 s 或 1.45 s	
5″	1.33 s 或 1.34 s		1.41 s	1.43 s 或 1.45 s	
6″		6.72 s			
2‴	6.16 dd(17.7, 10.6)	6.16 dd(17.6, 10.6)			
3‴	5.28 d(10.6) 5.33 d(17.7)	4.84 d(10.6) 4.88 d(17.6)			
4‴	1.39 s 或 1.40 s	1.30 s			
5‴	1.39 s 或 1.40 s	1.30 s			
OH			4.73 s, 4.90 s		

三、异黄烯型化合物（isoflavenes）

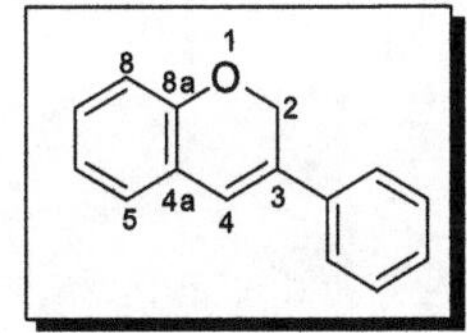

【系统分类】

3-苯基-2*H*-色烯（苯并吡喃）

3-phenyl-2*H*-chromene

【典型氢谱特征】

6-6-17 [15]

表 6-6-6 异黄烯型化合物 6-6-17 的 ^{1}H NMR 数据

H	**6-6-17** (CD_3COCD_3)	H	**6-6-17** (CD_3COCD_3)	典型氢谱特征
2①	5.07 d(1.5)	2′④	7.36 d(8.5)	①2 位氧亚甲基（氧化甲基）特征峰； ②4 位烯次甲基特征峰； ③④ 母体其他芳香氢信号全部在芳香区；通常可以区分成两个独立的苯环
4②	6.74 br s	3′④	6.87 d(8.5)	
5③	6.94 d(8)	5′④	6.87 d(8.5)	
6③	6.41 dd(8, 2)	6′④	7.36 d(8.5)	
8③	6.33 d(2)			

参考文献

[1] Ramadan M A, Kamel M S, Ohtani K, et al. Phytochemistry, 2000, 54: 891.

[2] Torres S L, Arruda M S P, Arruda A C, et al. Phytochemistry, 2000, 53: 1047.

[3] Lee D, Bhat K P L, Fong H H S, et al. J Nat Prod, 2001, 64: 1286.

[4] Kanokmedhakul S, Kanokmedhakul K, Nambuddee K, et al. J Nat Prod, 2004, 67: 968.

[5] Pan W B, Wei L M, Wei L L, et al. Chem Pharm Bull, 2006, 54: 954.

[6] Magalhães A F, Tozzi A M G A, Sales B H L N, et al. Phytochemistry, 1996, 42: 1459.

[7] Magalhães A F, Tozzi A M A, Magalhães E G, et al. Phytochemistry, 2000, 55: 787.

[8] Borges-Argáez R, Peña-Rodríguez L M, Waterman P G. Phytochemistry, 2002, 60: 533.

[9] Tanaka H, Sudo M, Hirata M, et al. Heterocycles, 2005, 65: 871.

[10] Zeng J F, Wei H X, Li G L, et al. Phytochemistry, 1998, 47: 903.

[11] Sairafianpour M, Kayser O, Christensen J, et al. J Nat Prod, 2002, 65: 1754.

[12] Zeng J F, Li G L, Shen J K, et al. J Nat Prod, 1997, 60: 918.

[13] Zeng J F, Tan C H, Zhu D Y. J Asian Nat Prod Res, 2004, 6: 45.

[14] Tanaka H, Hirata M, Eoth H, et al. Heterocycles, 2001, 55: 2341.

[15] Miyase T, Sano M, Nakai H, et al Phytochemistry, 1999, 52: 303.

第七章　苯　丙　素

苯丙素类化合物主要包括了由一个或一个以上的丙基苯单元组成母体的一大类化合物。根据具体结构特征，通常分类为简单苯丙素、香豆素和木脂素等。各类别中还有进一步的分型。

第一节　简单苯丙素

简单苯丙素是一类由一个丙基苯单元组成母体的化合物。根据丙基部分的结构特征进一步分型为苯丙烷型苯丙素、苯丙烯型苯丙素、烯丙基苯型苯丙素、苯丙烯酸型苯丙素、苯丙酸型苯丙素和肉桂醛型苯丙素等。

一、苯丙烷型苯丙素

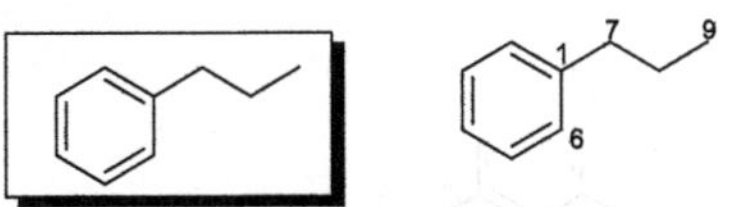

【系统分类】

丙基苯

Propylbenzene

【结构多样性】

C(4) 增碳碳键等。

【典型氢谱特征】

7-1-1 [1]　　7-1-2 [2]　　7-1-3 [2]

表 7-1-1　苯丙烷型苯丙素 7-1-1～7-1-3 的 ^{1}H NMR 数据

H	7-1-1 (CD_3COCD_3)	7-1-2 (CD_3OD)	7-1-3 (CD_3OD)	典型氢谱特征
2①	7.04 d(2.0)	7.53 d(8.5)	7.06 d(8.5)	① 芳香区信号可以区分成 1 个独立的苯环； ② 高场区或较高场区存在一组由丙基单元的不同取代模式组成的自旋系统的特征峰
3		6.93 d(8.5)①	7.44 d(8.5)①	
5①	6.79 d(8.0)	6.93 d(8.5)	7.44 d(8.5)	
6①	6.85 dd(8.0, 2.0)	7.53 d(8.5)	7.06 d(8.5)	
7②	4.64 dd(5.0, 4.5)	4.54 d(5.3)	4.52 d(5.3)	
8②	3.81m	3.92 dq(5.3, 7.0)	3.89 dq(5.3, 7.0)	
9②	3.37 dd(11.5, 6.5) 3.62 dd(11.5, 4.5)	1.33 d(6.26)	1.31 d(7.0)	
1′			2.67 m	
2′			1.95 m, 1.55 m	
3′			1.07 t(7.5)	

续表

H	7-1-1 (CD_3COCD_3)	7-1-2 (CD_3OD)	7-1-3 (CD_3OD)	典型氢谱特征
4′			1.24 d(6.3)	
OMe	3.84 s	3.73 s		
4-OH	7.55 s			
7-OH	4.45 d(4.5)			
8-OH	4.32 d(5.0)			

二、苯丙烯型苯丙素

1. *E*-苯丙烯型苯丙素

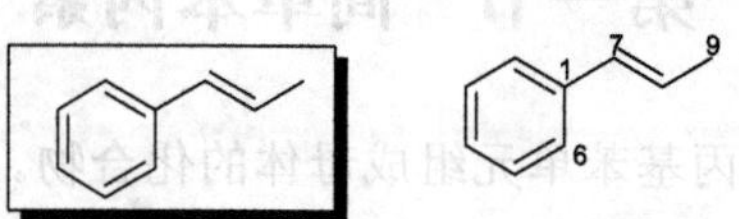

【系统分类】

E-1-丙烯基苯

(*E*)-prop-1-en-1-ylbenzene

【典型氢谱特征】

7-1-4 [3]　7-1-5 [4] R = H　7-1-6 [4] R = OMe

表 7-1-2 *E*-苯丙烯型苯丙素 7-1-4～7-1-6 的 ^{1}H NMR 数据

H	7-1-4 ($CDCl_3$)	7-1-5 ($CDCl_3$)	7-1-6 ($CDCl_3$)	典型氢谱特征
2	6.92 d(1.8)①	6.60 d(1.9)①	3.79 s(OMe)	① 芳香区信号可以区分成 1 个独立的苯环；② 7 位双键质子特征峰；③ 8 位双键质子特征峰；注：7 位和 8 位反式双键的偶合常数有显著的特征型；④ 9 位甲基特征峰；化合物 7-1-4 的 C(9)形成氧亚甲基(氧化甲基)，其信号有特征性
3	3.86 s(OMe)	5.71 s(OH)	5.70 s(OH)	
4		3.88 s(OMe)	3.90 s(OMe)	
5	6.80 d(8.4)①	3.87 s(OMe)	3.85 s(OMe)	
6①	6.88 dd(8.4, 1.8)	6.44 d(1.9)	6.49 s	
7②	6.53 d(15.8)	6.28 dq(15.7, 1.7)	6.61 dq(15.8, 1.7)	
8③	6.22 dt(15.8, 5.9)	6.13 dq(15.7, 6.5)	6.18 dq(15.8, 6.5)	
9④	4.29 d(5.9)	1.86 dd(6.5, 1.7)	1.90 dd(6.6,1.7)	
1′	4.56 d(6.6)			
2′	5.49 m			
4′	1.75 s			
5′	1.71 s			

2. *Z*-苯丙烯型

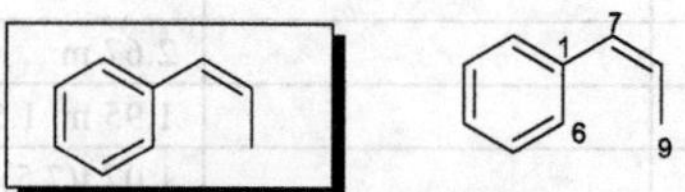

【系统分类】

Z-丙烯基苯

(Z)-prop-1-en-1-ylbenzene

【典型氢谱特征】

7-1-7 [5]　　7-1-8 [6]　　7-1-9 [6]

表 7-1-3 Z-苯丙烯型苯丙素 7-1-7～7-1-9 的 ¹H NMR 数据

H	7-1-7 (CD_3COCD_3+D_2O)	7-1-8 (CD_3OD)	7-1-9 (CD_3OD)	典型氢谱特征
2①	6.90 d(2.0)	6.75 d(2.0)	6.54 s	① 芳香区信号可以区分成1个独立的苯环； ② 7 位双键质子特征峰； ③ 8 位双键质子特征峰； 注：7 位和 8 位顺式双键的偶合常数有显著的特征性； ④ 9 位甲基均形成氧亚甲基（氧化甲基），其信号有特征性
3	3.84 s(OMe)	3.78 s(OMe)	3.85 s(OMe)	
5	7.15 d(8.0)①	6.68 d(8.5)①	3.85 s(OMe)	
6①	6.78 dd(8.0, 2.0)	6.61 dd(8.5, 2.0)	6.54 s	
7②	6.42 br d(12.0)	6.43 d(12.0)	6.50 d(12.0)	
8③	5.80 dt(12.0, 6.0)	5.65 dt(12.0, 6.0)	5.80 dt(12.0, 6.0)	
9④	4.35 br d(6.0)	4.33 ddd(12.0, 6.0, 2.0) 4.57 ddd(12.0, 6.0, 2.0)	4.35 dd(6.0, 2.0)	
1′	4.96 d(8.0)	4.25 d(8.0)	4.89 d(8.0)	
2′		3.42 m	3.39 m	
3′		3.20 m		
4′		3.42 m	3.41 m	
5′		3.20 m	3.20 m	
6′		3.55 dd(12.0, 5.0) 3.74 dd(12.0, 2.0)	3.69 dd(12.0, 5.0) 3.79 dd(12.0, 4.0)	

三、烯丙基苯型苯丙素

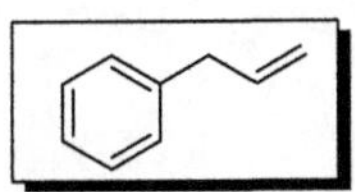

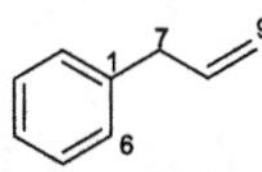

【系统分类】

烯丙基苯

allylbenzene

【结构多样性】

C(3)增碳碳键；等。

【典型氢谱特征】

7-1-10 [7]　　7-1-11 [8]　　7-1-12 [8]

表 7-1-4 烯丙基苯型苯丙素 7-1-10～7-1-12 的 ^{1}H NMR 数据

H	7-1-10 (C_5D_5N)	7-1-11 (C_6D_6)	7-1-12 ($CDCl_3$)	典型氢谱特征
2①	6.59 s	6.96 d(2.2)	7.05 d(2.2)	① 芳香区信号可以区分成 1 个独立的苯环； ② 7 位(苯甲位)亚甲基特征峰； ③ 8 位双键质子特征峰； ④ 9 位烯亚甲基特征峰； 注：末端单取代乙烯基的偶合常数有显著的特征
5		6.50 d(8.1)①	6.77 d(8.4)①	
6①	6.59 s	6.85 dd(8.1, 2.2)	6.99 dd(8.4, 2.2)	
7②	3.37 d(6.7)	3.20 dd(6.6, 1.8)	3.33 d(7.0)	
8③	6.07 m	5.91 ddt(16.8, 10.2, 6.6)	5.97 ddt(16.8, 10.3, 7.0)	
9④	5.18 m	4.99 dt(10.2, 1.8) 5.02 dt(16.8, 1.8)	5.06 dd(16.8, 1.3) 5.08 dd(10.3, 1.3)	
1′	4.86 dd(10.0, 3.2) 4.43 dd(10.0, 8.2)	3.32 d(7.3)		
2′	4.28 dd(8.2, 3.2)	5.34 tq(7.3, 1.5)	6.19 dd(17.6, 10.6)	
3′			5.32 dd(17.6, 0.7) 5.32 dd(10.6, 0.7)	
4′	1.52 s	1.56 br s	1.40 s	
5′	1.54 s	1.56 br s	1.40 s	
OMe	3.72 s			
OH			5.70 s	

四、苯丙烯酸型苯丙素

1. 肉桂酸型（*E*-苯丙烯酸型）

【系统分类】

E-3-苯基丙烯酸

(*E*)-3-phenylacrylic acid

【典型氢谱特征】

7-1-13 [3]　7-1-14 [9]　7-1-15 [10]

表 7-1-5 肉桂酸型苯丙素 7-1-13～7-1-15 的 ^{1}H NMR 数据

H	7-1-13 ($CDCl_3$)	7-1-14 ($CDCl_3$)	7-1-15 ($CDCl_3$)	典型氢谱特征
2①	7.07 d(1.8)	7.44 d(8.7)	7.70 d(2)	① 芳香区信号可以区分成 1 个独立的苯环； ② 7 位双键质子特征峰； ③ 8 位双键质子特征峰； 注：7 位和 8 位反式双键的偶合常数有显著的特征性。
3	3.91 s(OMe)	6.82 d(8.7)①	9.95 s（CHO）	
5①	6.88 d(8.4)	6.82 d(8.7)	7.03 d(8.8)	
6①	7.11 dd(8.4, 1.8)	7.44 d(8.7)	7.72 dd(8.8, 2)	
7②	7.73 d(15.7)	7.63 d(16.0)	7.66 d(16)	
8③	6.31 d(15.7)	6.31 d(16.0)	6.37 d(16)	

续表

H	7-1-13 ($CDCl_3$)	7-1-14 ($CDCl_3$)	7-1-15 ($CDCl_3$)	典型氢谱特征
1′	4.63 d(6.6)	4.20 t		此外，肉桂酸型苯丙素若含有酚羟基和甲氧基，其信号有特征性
2′	5.51 m			
4′	1.78 s			
5′	1.75 s			
2′～21′		1.27～1.70 m		
22′		0.89 t		
OMe			3.80 s	

2. *Z*-苯丙烯酸型

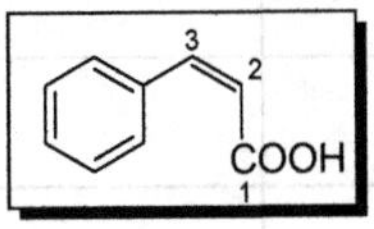

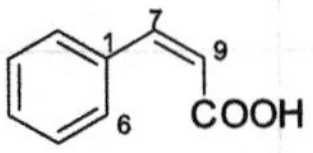

【系统分类】

Z-3-苯基丙烯酸

(*Z*)-3-phenylacrylic acid

【典型氢谱特征】

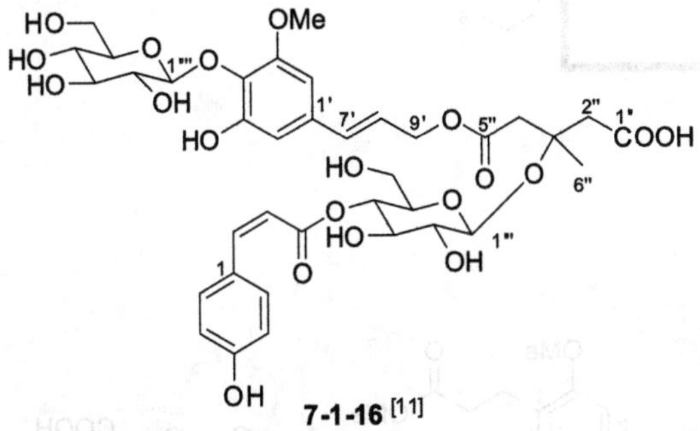

7-1-16 [11] 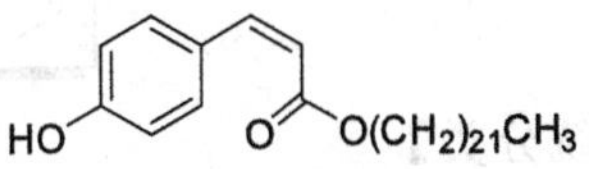　7-1-17 [9] 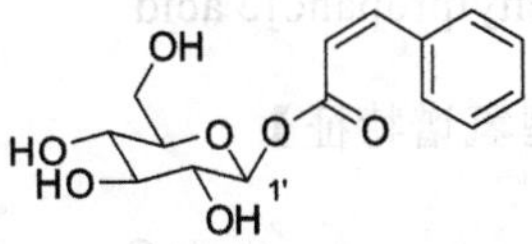　7-1-18 [12]

表 7-1-6 *Z*-苯丙烯酸型苯丙素 7-1-16～7-1-18 的 ^{1}H NMR 数据

H	7-1-16 (CD_3OD)	7-1-17 ($CDCl_3$)	7-1-18 (CD_3OD)	典型氢谱特征
2①	7.67 d(9.0)	7.64 d(8.6)	7.66 m	① 芳香区信号可以区分成1个独立的苯环；② 7位双键质子特征峰；③ 8位双键质子特征峰；注：7位和8位顺式双键的偶合常数有显著的特征性
3①	6.75 d(9.0)	6.87 d(8.6)	7.33 m	
4			7.33 m①	
5①	6.75 d(9.0)	6.87 d(8.6)	7.33 m	
6①	7.67 d(9.0)	7.64 d(8.6)	7.66 m	
7②	6.90 d(12.5)	5.86 d(12.8)	7.08 d(13)	
8③	5.79 d(12.5)	6.82 d(12.8)	6.01 d(13)	
1′		4.15 t	5.53 d(8)	
2′	6.63 d(1.5)		3.44～3.31 m	
3′～5′			3.44～3.31 m	
6′	6.61 d(1.5)		3.84 dd(12, 2) 3.68 dd(12, 5)	
7′	6.57 d(16.0)			
8′	6.26 dt(16.0, 6.5)			
9′	4.73 d(6.5)			
2′～21′		1.27～1.31 m		

续表

H	7-1-16 (CD_3OD)	7-1-17 ($CDCl_3$)	7-1-18 (CD_3OD)	典型氢谱特征
22′		0.89 t		
2″	2.89 m, 2.89 m			
4″	2.98 m, 2.98 m			
6″	1.50 s			
1‴	4.68 d(8.0)			
3‴	3.65 t(9.5)			
4‴	4.81 m			
6‴	3.58 d(12.0)[a]			
1⁗	4.68 d(8.0)			
3⁗	3.42t(9.0)			
6⁗	3.79 dd(12.0, 2.5) 3.72 dd(12.0, 4.5)			
OMe	3.85 s			

[a] 遵循文献数据，疑有误。

五、苯丙酸型苯丙素

【系统分类】

3-苯基苯丙酸

3-phenylpropanoic acid

【典型氢谱特征】

7-1-19 [13]　　7-1-20 [14]　　7-1-21 [15]

表 7-1-7 苯丙酸型苯丙素 7-1-19～7-1-21 的 ^{1}H NMR 数据

H	7-1-19 (DMSO-d_6)	7-1-20 ($CDCl_3$)	7-1-21 (D_2O)	典型氢谱特征
2	6.57 d(2.0)①	3.81 s (OMe)	7.19 d(8.8)①	① 芳香区信号可以区分成 1 个独立的苯环； ② 7 位亚甲基特征峰； ③ 8 位亚甲基或次甲基特征峰。 此外，苯丙酸型苯丙素若含有酚羟基和甲氧基，其信号有特征性
3		6.66 s①	6.84 d(8.8)①	
4		3.81 s (OMe)		
5	6.58 d(8.0)①	3.73 s (OMe)	6.84 d(8.8)①	
6	6.41 dd(8.0, 2.0)①	6.80 s①	7.19 d(8.8)①	
7②	2.73 m 2.64 m	2.81 t(7.7)	3.07 dd(14.2, 5.4) 2.99 dd(14.2, 6.8)	
8③	4.09 m	2.52 t(7.7)	4.69 dd(6.8, 5.4)	
1′	3.98 t(6.0)			
2′	1.48 m			
3′	1.26 m			
4′	0.85 t			
OMe		3.61 s (COOMe)		

六、肉桂醛型苯丙素

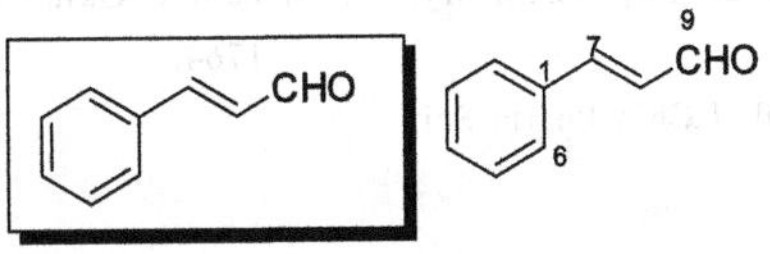

【系统分类】

E-3-苯基丙烯醛

(*E*)-3-phenylacrylaldehyde

【典型氢谱特征】

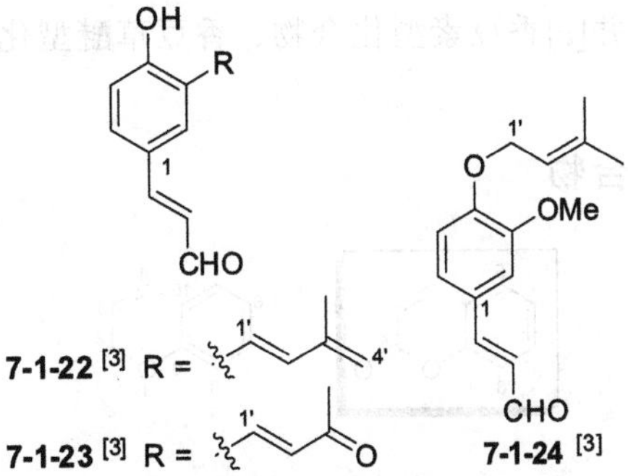

7-1-22[3] R =

7-1-23[3] R =

7-1-24[3]

表 7-1-8 肉桂醛型苯丙素 7-1-22～7-1-24 的 ^{1}H NMR 数据

H	7-1-22 ($CDCl_3$)	7-1-23 (CD_3COCD_3)	7-1-24 ($CDCl_3$)	典型氢谱特征
2①	7.65 d(2.0)	8.02 d(2.4)	7.08 br s	① 芳香区信号可以区分成 1 个独立的苯环； ② 7 位双键质子特征峰； ③ 8 位双键质子特征峰； 注：7 位和 8 位反式双键的偶合常数有显著的特征性 ④ 9 位醛基质子特征峰。 此外，肉桂醛型苯丙素常若含有酚羟基和甲氧基，其信号有特征性
5①	6.87 d(8.4)	7.04 d(8.7)	6.90 d(8.4)	
6①	7.35 dd(8.4, 2.0)	7.61 dd(8.7, 2.4)	7.14 br d(8.4)	
7②	7.44 d(15.8)	7.57 d(15.8)	7.41 d(15.8)	
8③	6.64 dd(15.8, 7.7)	6.68 dd(15.8, 7.7)	6.61 dd(15.8, 7.7)	
9④	9.65 d(7.7)	9.61 d(7.7)	9.66 d(7.7)	
1′	6.92 d(16.1)	7.84 d(16.5)	4.64 d(6.6)	
2′	6.75 d(16.1)	6.94 d(16.5)	5.51 m	
4′	5.16 br s, 5.13 br s	2.28 s	1.75 s	
5′	2.00 s		1.79 s	
OMe			3.91 s	
OH	6.27 br s			

参考文献

[1] Kikuzaki H, Hara S, Kawai Y, et al. Phytochemistry, 1999, 52: 1307.

[2] Delazar A, Biglari F, Esnaashari S, et al. Phytochemistry, 2006, 67: 2176.

[3] Ito C, Itoigawa M, Otsuka T, et al. J Nat Prod, 2000, 63: 1344.

[4] Sairafianpour M, Kayser O, Christensen J, et al. J Nat Prod, 2002, 65: 1754.

[5] Ishimaru K, Nonaka G, Nishioka I. Phytochemistry, 1987, 26: 1147.

[6] Duübeler A, Voltmer G, Gora V, et al. Phytochemistry, 1997, 45: 51.

[7] He H P, Shen Y M, Chen S T, et al. Helv Chim Acta, 2006, 89: 2836.

[8] Moriyama M, Huang J M, Yang C S, et al. Chem Pharm Bull, 2008, 56: 1201.

[9] Juma B F, Yenesew A, Midiwo J O, et al. Phytochemistry, 2001, 57: 571.

[10] Erazo S, Negrete R, Zaldívar M, et al. Planta Med, 2002, 68: 66.

[11] Cuendet M, Potterat O, Hostettmann K. Phytochemistry, 2001, 56: 631.
[12] Hiradate S, Morita S, Sugie H, et al. Phytochemistry, 2004, 65: 731.
[13] Wang Z J, Zhao Y Y, Wang B, et al. J Chin Pharm Sci, 2000, 9: 128.
[14] Ioset J R, Marston A, Gupta M P, et al. J Nat Prod, 2000, 63: 424.
[15] Ishii T, Okino T, Suzuki M, et al. J Nat Prod, 2004, 67: 1764.

第二节　香豆素类化合物

香豆素是一类由一个与 *Z*-3-(2-羟基苯基)丙烯酸相关的内酯单元[即 2*H*-色烯(苯并吡喃)-2-酮]组成母体的化合物。根据 2*H*-色烯（苯并吡喃）-2-酮及其进一步衍生的结构特征分型为简单香豆素型化合物、苯并[*c*]香豆素型化合物、香豆草醚型化合物、呋喃香豆素型化合物和吡喃香豆素型化合物等。

一、简单香豆素型化合物

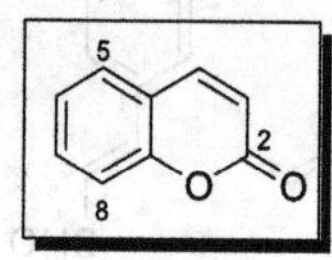

【系统分类】

2*H*-色烯（苯并吡喃）-2-酮

2*H*-chromen-2-one

【结构多样性】

C(6)增碳碳键；C(8)增碳碳键；等。

【典型氢谱特征】

7-2-1 [1]　　7-2-2 [2]　　7-2-3 [3]

表 7-2-1　简单香豆素型化合物 7-2-1～7-2-3 的 ^{1}H NMR 数据

H	7-2-1 (CD_3OD)	7-2-2($CDCl_3$)	7-2-3 ($CDCl_3$)	典型氢谱特征
3①	6.23 d(9.5)	6.19 d(9.4)	6.20 d(9.4)	① 3 位烯次甲基特征峰； ② 4 位烯次甲基特征峰；来自于吡喃酮环内顺式双键组成的(*α*,*β*-不饱和羰基型)C(3)和 C(4) AB 自旋系统的两个次甲基的化学位移和偶合常数有显著的特征性； ③ 芳香区信号可以区分成 1 个独立的苯环
4②	7.67 d(9.5)	7.61 d(9.4)	7.60 d(9.4)	
5③	7.51 d(8.6)	7.42 d(8.6)	7.34 s	
6	6.90 dd(8.6, 2.4)③	6.87 d(8.6)③		
8	6.89 d(2.4)③		6.78 s③	
1′	4.66 d(6.7)		2.46 dd(14.0, 1.6) 2.95 dd(14.0, 10.2)	
2′	5.49 br t(6.7)		3.70 dd(10.2, 1.6)	
3′		1.76 s		
4′	2.09～2.12 m		1.25 s	

续表

H	7-2-1 (CD_3OD)	7-2-2($CDCl_3$)	7-2-3 ($CDCl_3$)	典型氢谱特征
5′	1.60～1.67 m		1.20 s	
6′	3.97 br t(6.4)			
8′	4.89 br s, 4.80 br s			
9′	1.70 s			
10′	1.78 s			
1″		2.40 s		
OMe		3.80 s	3.88 s, 3.25 s	
CHO		10.19 s		

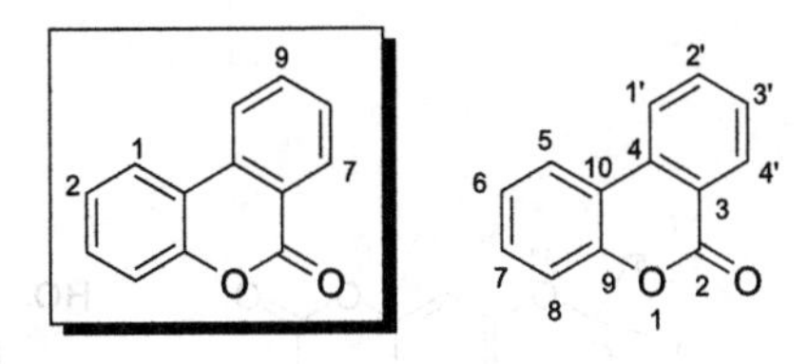

二、苯并[*c*]香豆素型化合物

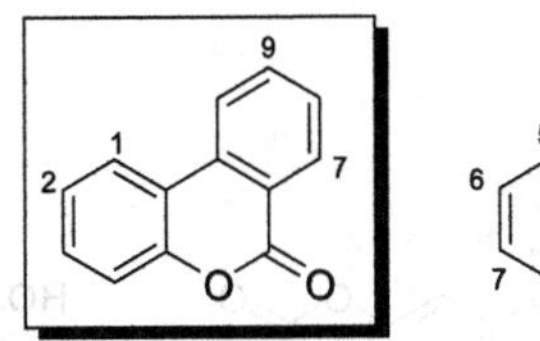

【系统分类】

6*H*-苯并[*c*]色烯(苯并吡喃)-6-酮

6*H*-benzo[*c*]chromen-6-one

【结构多样性】

C(5)增碳碳键等。

【典型氢谱特征】

表 7-2-2　苯并[*c*]香豆素型化合物 7-2-4～7-2-6 的 ^{1}H NMR 数据

H	7-2-4 (CD_3COCD_3)	7-2-5 (C_4D_8O)[a]	7-2-6 ($CDCl_3$)	典型氢谱特征
5	8.69 d(8.4)①			因为苯并[*c*]香豆素型化合物中存在苯并[*c*]苯并吡喃的结构，香豆素的C(3)和C(4) AB自旋系统的次甲基的化学位移和偶合常数的特征不存在。①②母核芳香质子信号全部在芳香区，可以区分成2个独立的苯环；③4′位有羟基取代时的羟基特征峰
6①	7.20 br t(8.4)	8.05 d(8.4)	6.73 d(2.4)	
7	7.10 d(7.8)①	7.30 d(8.4)①		
8			6.68 d(2.4)①	
1′			7.28 d(2.0)②	
2′	7.48 d (9.0)②	7.69 d(9.0)②		
3′②	6.97 d (9.0)	7.23 d(9.0)	6.42 d(2.0)	
4′③	11.30 s(OH)	10.86 s(OH)	11.86 s(OH)	
5-Me			2.78 s	

三、香豆草醚型化合物

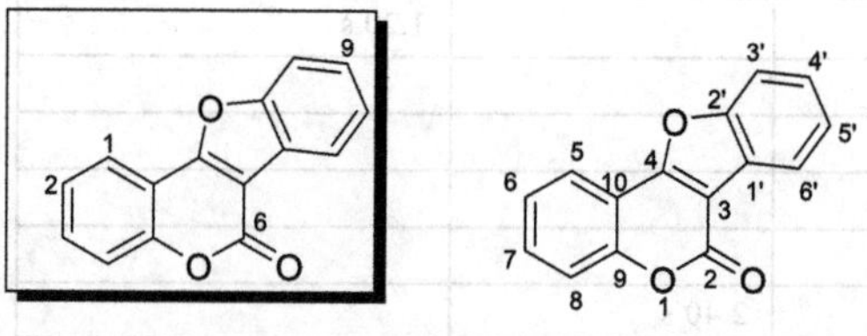

【系统分类】

6*H*-苯并呋喃并[3,2-*c*]色烯(苯并吡喃)-6-酮

6*H*-benzofuro[3,2-*c*]chromen-6-one

【结构多样性】

C(6)增碳碳键等。

【典型氢谱特征】

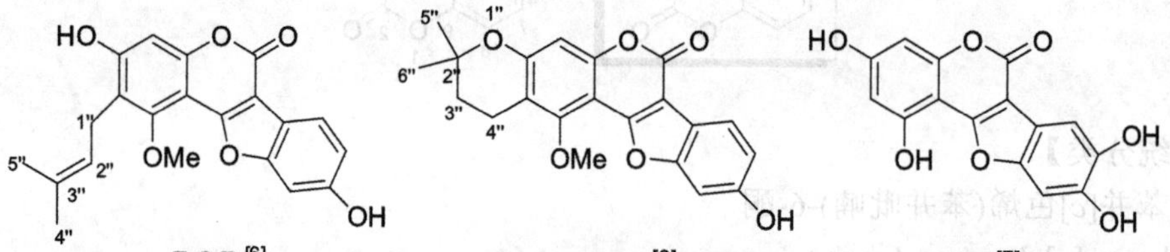

7-2-7 [6]　　7-2-8 [6]　　7-2-9 [7]

表 7-2-3 香豆草醚型化合物 7-2-7～7-2-9 的 ^{1}H NMR 数据

H	7-2-7 (DMSO-d_6)	7-2-8 (DMSO-d_6)	7-2-9 (DMSO-d_6)	典型氢谱特征
6			6.33 d①	因为香豆草醚型化合物中存在苯并呋喃并[3,2-*c*]苯并吡喃的结构，香豆素的 C(3)和C(4) AB 自旋系统的次甲基的化学位移和偶合常数的特征不存在。 ①② 母核芳香质子信号全部在芳香区，可以区分成 2 个独立的苯环
8①	6.77 s	6.72 s	6.37 br s	
3′②	7.17 d(2.0)	7.16 d(2.1)	7.13 s	
5′	6.95 dd(8.3, 2.0)②	6.95 dd(8.6, 2.3)②		
6′②	7.71 d(8.55)	7.70 d(8.6)	7.21s	
1″	3.33(与水峰重叠)			
2″	5.19 t			
3″		1.84 t(13.4,6.6)		
4″	1.65 s	2.80 t(13.4,6.8)		
5″	1.76 s	1.34 s		
6″		1.34 s		
OMe	3.90 s	3.95 s		

四、呋喃香豆素型化合物

1. 线形呋喃香豆素型{呋喃并[3,2-*g*]色烯（苯并吡喃）-7-酮}

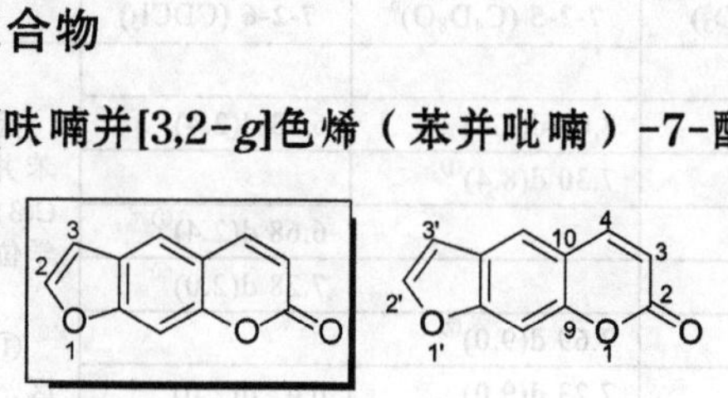

【系统分类】

7*H*-呋喃并[3,2-*g*]色烯（苯并吡喃）-7-酮

7*H*-furo[3,2-*g*]chromen-7-one

【结构多样性】

C(3)增碳碳键；二聚；等。

【典型氢谱特征】

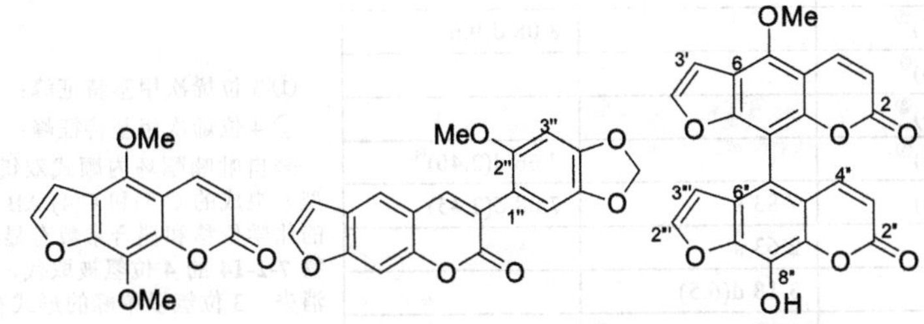

7-2-10 [8]　　7-2-11 [9]　　7-2-12 [10]

表 7-2-4 线形呋喃香豆素型化合物 7-2-10～7-2-12 的 ^{1}H NMR 数据

H	7-2-10 ($CDCl_3$)	7-2-11 ($CDCl_3$)	7-2-12 (C_5D_5N)	典型氢谱特征
3	6.30 d(9.6)①		6.50 d(9.9)①	① 3 位烯次甲基特征峰； ② 4 位烯次甲基特征峰； 来自吡喃酮环内顺式双键（α,β-不饱和羰基型）组成的 C(3)和 C(4) AB 自旋系统的次甲基的化学位移和偶合常数有显著的特征性；化合物 **7-2-11** 的 3 位氢被取代，因此，3 位氢信号消失，4 位氢以单峰的形式存在； ③④ 当 5 位和/或 8 位芳香氢未被取代时，芳香区信号可以区分成 1 个独立的苯环；当苯环上的芳香氢信号全部消失时，表明其全部苯环质子被取代； ⑤ 2′位呋喃环 α 质子特征峰； ⑥ 3′位呋喃环 β 质子特征峰； 两个呋喃环质子偶合常数数据符合五元杂环芳香体系的特征
4②	8.13 d(9.6)	7.69 s	8.22 d(9.9)	
5		7.67 s③		
8		7.49 br s④		
2′⑤	7.63 d(2.1)	7.69 d(2.2)	7.91 d(2.2)	
3′⑥	7.00 d(2.1)	6.85 dd(2.2, 1)	7.37 d(2.2)	
3″		6.62 s	6.64 d(9.8)	
4″			8.70 d(9.8)	
6″		6.89 s		
2‴			7.76 d(2.2)	
3‴			6.11 d(2.2)	
OMe	4.17 s, 4.17 s	3.77 s	4.29 s	
OCH_2O		5.96 s		

2. 角形呋喃香豆素 I 型{呋喃并[2,3-*h*]色烯（苯并吡喃）-2-酮型}

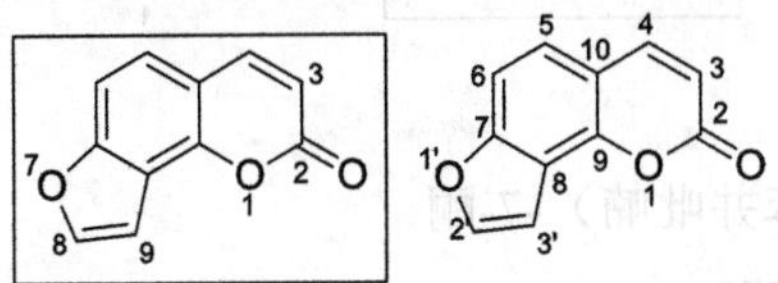

【系统分类】

2*H*-呋喃并[2,3-*h*]色烯（苯并吡喃）-2-酮

2*H*-furo[2,3-*h*]chromen-2-one

【结构多样性】

C(4)增碳碳键，C(6)增碳碳键等。

【典型氢谱特征】

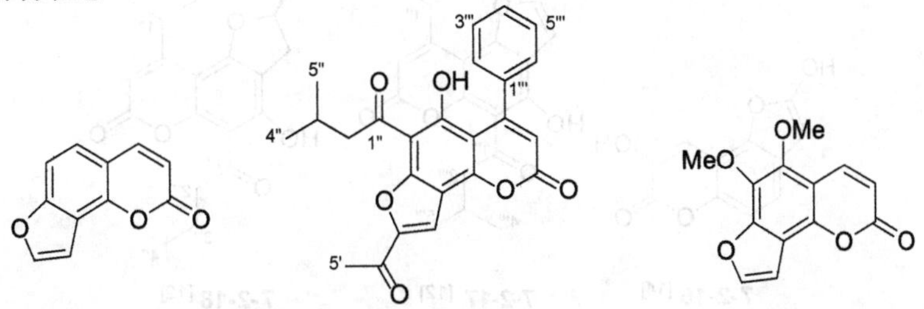

7-2-13 [11]　　7-2-14 [12]　　7-2-15 [13]

表 7-2-5 角形呋喃香豆素Ⅰ型化合物 7-2-13～7-2-15 的 ^{1}H NMR 数据

H	7-2-13 ($CDCl_3$)	7-2-14 ($CDCl_3$)	7-2-15 ($CDCl_3$)	典型氢谱特征
3①	7.63 d(9.5)	6.22 s	6.37 d(10.0)	① 3 位烯次甲基特征峰； ② 4 位烯次甲基特征峰； 来自吡喃酮环内顺式双键（α,β-不饱和羰基型）组成的 C(3)和 C(4) AB 自旋系统的次甲基的化学位移和偶合常数有显著的特征性；化合物 **7-2-14** 的 4 位氢被取代，因此，4 位氢信号消失，3 位氢以单峰的形式存在； ③ 当 5 位和/或 6 位芳香氢未被取代时，芳香区信号可以区分成 1 个独立的苯环；当母核苯环上的芳香质子信号全部消失时，表明其全部苯环质子被取代； ④ 2′位呋喃环 α 质子特征峰；化合物 **7-2-14** 的 2′位氢被取代，因此，2′位氢信号消失； ⑤ 3′位呋喃环 β 质子特征峰； 两个呋喃环质子若存在偶合，则偶合常数数据符合五元杂环芳香体系的特征
4	6.21 d(9.5)②		8.08 d(9.62)②	
5	7.19 d(8.6)③			
6	7.25 d(8.6)③			
2′	7.52 d(2.1)④		7.66 d(2.40)④	
3′⑤	6.95 d(1.8)	7.83 s	7.08 d(2.45)	
5′		2.63 s		
2″		3.18 d(6.5)		
3″		2.29 m		
4″		1.07 d(6.5)		
5″		1.07 d(6.5)		
2‴		7.37 m		
3‴		7.45 m		
4‴		7.45 m		
5‴		7.45 m		
6‴		7.37 m		
OMe-5			4.03 s	
OMe-6			4.14 s	

3. 角形呋喃香豆素Ⅱ型{呋喃并[2,3-*f*]色烯（苯并吡喃）-7-酮型}

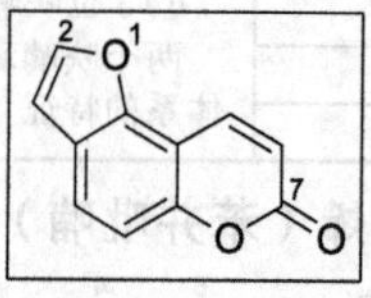

【系统分类】

7*H*-呋喃并[2,3-*f*]色烯（苯并吡喃）-7-酮

7*H*-furo[2,3-f]chromen-7-one

【结构多样性】

C(4)增碳碳键；C(8)增碳碳键；等。

【典型氢谱特征】

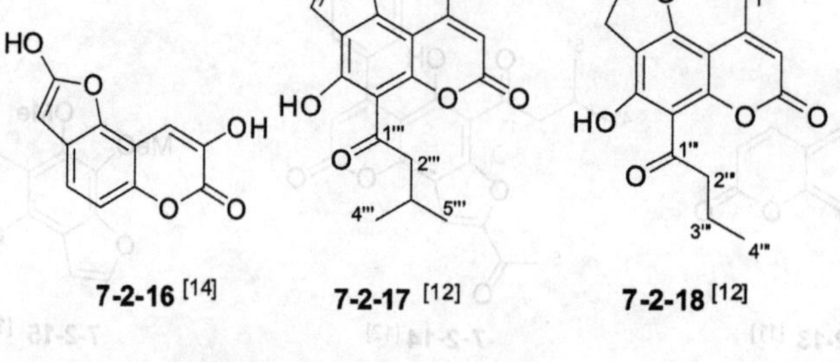

7-2-16 [14]　　7-2-17 [12]　　7-2-18 [12]

表 7-2-6 角形呋喃香豆素Ⅱ型化合物 7-2-16～7-2-18 的 ^{1}H NMR 数据

H	7-2-16 ($CDCl_3$)	7-2-17 ($CDCl_3$)	7-2-18 ($CDCl_3$)	典型氢谱特征
3		6.22 s①	6.07 s①	① 3 位烯次甲基特征峰； ② 4 位烯次甲基特征峰； 当来自吡喃酮环内顺式双键(α,β-不饱和羰基型)的 C(3)和 C(4) 次甲基的信号以单峰形式存在时，表明 C(3)和 C(4)中有一个存在取代基； ③ 当 7 位和/或 8 位芳香氢未被取代时，芳香区信号可以区分成 1 个独立的苯环；当母核苯环上的芳香质子信号全部消失时，表明其全部苯环质子被取代； ④ 2′位呋喃环 α 质子特征峰； ⑤⑦ 当呋喃环的 2′位和 3′位被氢化后，2′位和 3′位的 sp^3 杂化次甲基和亚甲基组成的 A_2X 自旋系统信号有特征性； ⑥ 3 位呋喃环 β 质子特征峰； 两个呋喃环质子若存在偶合，则偶合常数数据符合五元杂环芳香体系的特征
4	7.04 br s②			
7	7.40 d(8.8)③			
8	6.78 d(8.8)③			
2′		7.31 d(2.0)④	4.52 t(9.0)⑤	
3′	7.42 s⑥	6.96 d(2.0)⑥	β 2.93 dd(15.5, 9.0)⑦	
			α 3.08 dd(15.5, 10.0)⑦	
5′			1.01 s	
6′			0.94 s	
2″, 6″	7.42 m		7.32 m	
3″, 5″	7.50 m		7.44 m	
4″	7.50 m		7.44m	
2‴		3.30 d(7.0)	3.31 t(7.0)	
3‴		2.37 m	1.81 m	
4‴		1.09 d(7.0)	1.07 t(7.5)	
5‴		1.09 d(7.0)		

五、吡喃香豆素型化合物

1. 线形吡喃香豆素型

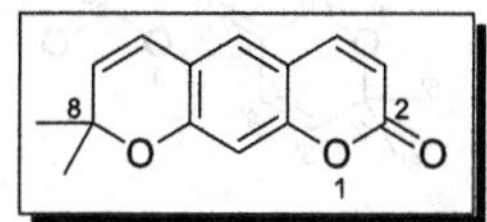

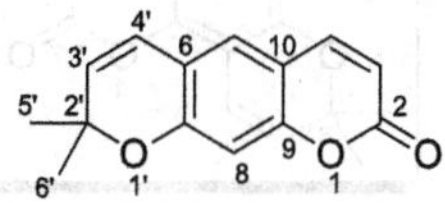

【系统分类】

8,8-二甲基吡喃并[3,2-*g*]色烯（苯并吡喃）-2(8*H*)-酮

8,8-dimethylpyrano[3,2-*g*]chromen-2(8*H*)-one

【结构多样性】

C(4)增碳碳键；C(8)增碳碳键；等。

【典型氢谱特征】

7-2-19 [15]　　7-2-20 [16]　　7-2-21 [17]

表 7-2-7 线形吡喃香豆素型化合物 7-2-19～7-2-21 的 ^{1}H NMR 数据

H	7-2-19 (CD_3OD)	7-2-20 ($CDCl_3$)	7-2-21 (CD_3OD)	典型氢谱特征
3①	6.21 d(9.8)	6.62 s	6.36 d(9.6)	① 3 位烯次甲基特征峰；
4	7.85 d(9.8)②		8.04 d(9.6)②	② 4 位烯次甲基特征峰；

续表

H	7-2-19 (CD_3OD)	7-2-20 ($CDCl_3$)	7-2-21 (CD_3OD)	典型氢谱特征
5			8.11 s③	来自吡喃酮环内顺式双键（*α*, *β*-不饱和羰基型）组成的 C(3)和 C(4) AB 自旋系统的次甲基的化学位移和偶合常数有显著的特征性；化合物 **7-2-20** 的 4 位氢被取代，因此，4 位氢信号消失，3 位氢以单峰的形式存在； ③ 当 5 位和/或 8 位芳香氢未被取代时，芳香区信号可以区分成 1 个独立的苯环；当苯环上的芳香质子信号全部消失时，表明其全部苯环质子被取代； ④ 3′位吡喃环质子特征峰； ⑤ 化合物 **7-2-21** 的 3′位和 4′位被氢化后，由于 4′位形成酮羰基且 3′位形成氧次甲基，因此，3′位次甲基信号在相对低场以单峰形式存在，有特征性； ⑥ 4′位吡喃环质子特征峰； ⑦ 5′位甲基特征峰； ⑧ 6′位甲基特征峰
8	6.57 s③		6.90 s③	
3′	5.71 d(10.0)或 6.58 d(10.0)④	5.59 d(10.0)④	5.71 s⑤	
4′	5.71 d(10.0)或 6.58 d(10.0)⑥	6.74 d(10.0)⑥		
5′⑦	1.47 s	1.52 s	1.58 s	
6′⑧	1.47 s	1.57 s	1.39 s	
2″		3.27 t(7.2)	5.85 br s	
3″		1.78 d[a]		
4″		1.04 t(7.4)	1.97 d(1.2)	
5″			2.20 d(1.1)	
1‴		5.43 d(7.2)		
2‴		1.92 d[a] 1.47ddd(15.2, 8.1, 4.1)		
3‴		1.12 t(7.3)		
OMe	3.87 s			

[a] 文献没有给出偶合常数值。

2. 吡喃并[2,3-*h*]色烯(苯并吡喃)角形吡喃香豆素型

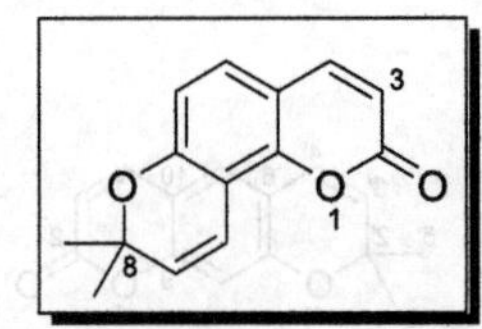

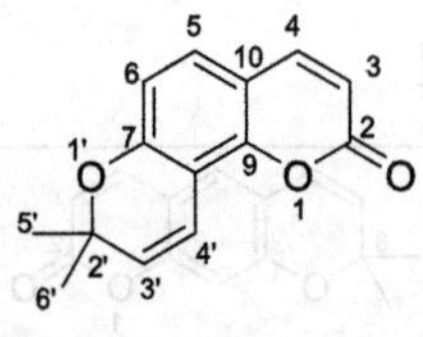

【系统分类】

8,8-二甲基吡喃并[2,3-*h*]色烯（苯并吡喃）-2(8*H*)-酮

8,8-dimethylpyrano[2,3-*h*]chromen-2(8*H*)-one

【结构多样性】

C(4)增碳碳键；C(6)增碳碳键；等。

【典型氢谱特征】

7-2-22 [18]　　**7-2-23** [19]　　**7-2-24** [20]

表 7-2-8 吡喃并[2,3-*h*]色烯角形吡喃香豆素型化合物 7-2-22～7-2-24 的 ^{1}H NMR 数据

H	7-2-22 ($CDCl_3$)	7-2-23 ($CDCl_3$)	7-2-24 ($CDCl_3$)	典型氢谱特征
3①	6.19 d(9.4)	6.16 d(9.6)	6.20 s	① 3 位烯次甲基特征峰； ② 4 位烯次甲基特征峰；
4	7.53 d(9.4)②	7.54 d(9.6)②		
5	6.73 s③	7.02 s③	15.60 s(OH)	

续表

H	7-2-22 ($CDCl_3$)	7-2-23 ($CDCl_3$)	7-2-24 ($CDCl_3$)	典型氢谱特征
3′④	5.69 d(10.0)	5.68 d(10.2)	5.61 d(10.0)	来自吡喃酮环内顺式双键（α, β-不饱和羰基型）组成的C(3)和C(4) AB自旋系统的次甲基的化学位移和偶合常数有显著的特征性；化合物**7-2-24**的4位氢被取代，因此，4位氢信号消失，3位氢以单峰的形式存在； ③ 当5位和/或6位芳香氢未被取代时，芳香区信号可以区分成1个独立的苯环；当苯环上的芳香质子信号全部消失时，表明其全部母核苯环质子被取代； ④ 3′位吡喃环质子特征峰； ⑤ 4′位吡喃环质子特征峰； ⑥ 5′位甲基特征峰； ⑦ 6′位甲基特征峰
4′⑤	6.81 d(10.0)	6.84 d(10.2)	6.82 d(10.0)	
5′⑥	1.47 s	1.44 s	1.56 s	
6′⑦	1.47 s	1.44 s	1.55 s	
1″		3.24 d(7.2)		
2″		5.22 t(7.2)	3.09 br t(7.4)	
3″			1.75 sext(7.4)	
4″		1.70 s	1.03 t(7.4)	
5″		1.72 s		
1‴			6.53 dd(8.4, 2.6)	
2‴			2.01 ddq(14.4, 7.3, 2.6) 1.65 ddq(14.4, 7.3, 8.4)	
3‴			1.04 t(7.3)	
OMe	3.83 s			
OAc			2.16 s	

3. 吡喃并[2,3-*f*]色烯(苯并吡喃)角形吡喃香豆素型

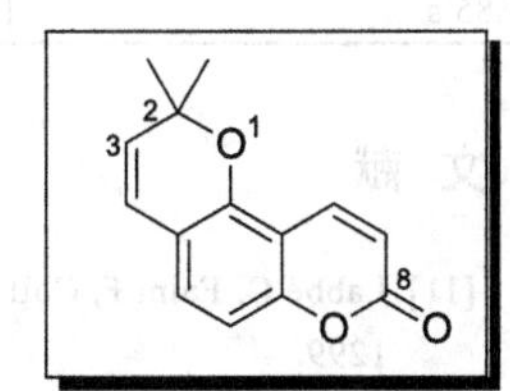

【系统分类】

2,2-二甲基吡喃并[2,3-*f*]色烯（苯并吡喃）-8(2*H*)-酮

2,2-dimethylpyrano[2,3-f]chromen-8(2*H*)-one

【结构多样性】

C(4) 增碳碳键；C(8)增碳碳键；C(6′)增碳碳键；等。

【典型氢谱特征】

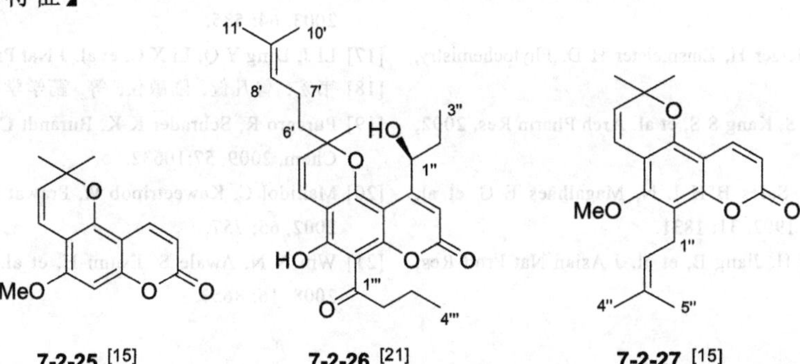

7-2-25 [15]　　**7-2-26** [21]　　**7-2-27** [15]

表 7-2-9 吡喃并[2,3-*f*]色烯(苯并吡喃)角形吡喃香豆素型化合物 7-2-25～7-2-27 的 ^{1}H NMR 数据

H	7-2-25 (CD_3OD)	7-2-26 ($CDCl_3$)	7-2-27 (CD_3OD)	典型氢谱特征
3①	6.16 d(9.8)	6.61 s	6.23 d(9.8)	① 3位烯次甲基特征峰； ② 4位烯次甲基特征峰；
4	7.96 d(9.8)②		8.00 d(9.8)②	
8	6.36 s③			

续表

H	7-2-25 (CD_3OD)	7-2-26 ($CDCl_3$)	7-2-27 (CD_3OD)	典型氢谱特征
3′④	5.55 d(10.0)或 6.62 d(10.0)	5.54 d(10.0)	5.62 d(10.0)或 6.55 d(10.0)	来自吡喃酮环内顺式双键（α, β-不饱和羰基型）组成的C(3)和C(4) AB自旋系统的次甲基的化学位移和偶合常数有显著的特征性；化合物**7-2-26**的4位氢被取代，因此，4位氢信号消失，3位氢以单峰的形式存在； ③ 当7位和/或8位芳香氢未被取代时，芳香区信号可以区分成1个独立的苯环；当苯环上的芳香质子信号全部消失时，表明其全部母核苯环质子被取代； ④ 3′位吡喃环质子特征峰； ⑤ 4′位吡喃环质子特征峰； ⑥ 5′位甲基特征峰； ⑦ 6′位甲基特征峰；化合物**7-2-26**的C(6′)增碳碳键，该甲基特征峰发生相应变化
4′⑤	5.55 d(10.0)或 6.62 d(10.0)	6.79 d(10.0)	5.62 d(10.0)或 6.55 d(10.0)	
5′⑥	1.47 s	1.51 s	1.48 s	
6′	1.47 s⑦	1.90 m	1.48 s⑦	
7′		2.09 m		
8′		5.07 t(7.1)		
10′		1.64 s		
11′		1.55 s		
1″		5.43 d(8.1)	3.50 d(7.2)	
2″		1.50 m, 1.97 m	5.33 t(7.2)	
3″		1.13 t(7.4)		
4″			1.72 s	
5″			1.83 s	
2‴		3.27 t(7.1)		
3‴		1.79 m		
4‴		1.05 m		
OMe	3.87 s		3.85 s	

参考文献

[1] Jeong S H, Han X H, Hong S S, et al. Arch Pharm Res, 2006, 29: 1119.

[2] Saied S, Nizami S S, Anis I. J Asian Nat Prod Res, 2008, 10: 515.

[3] Rahman A U, Sultana N, Khan M R, et al. Nat Prod Lett, 2002, 16: 305.

[4] Tang W W, Xu H H, Zeng D Q, et al. Fitoterapia, 2012, 83: 513.

[5] Souza G D de, Mithöfer A, Daolio Cristina, et al. Molecules, 2013, 18: 2528.

[6] Ryu Y B, Kim J H, Park S J, et al. Bioorg Med Chem Lett., 2010, 20: 971.

[7] Brinkmeier E, Geiger H, Zinsmeister H D. Phytochemistry, 1999, 52: 297.

[8] Yoo S W, Kim J S, Kang S S, et al. Arch Pharm Res, 2002, 25: 824.

[9] Magalhaes A F, Sales B H L N, Magalhães E G, et al. Phytochemistry, 1992, 31: 1831.

[10] Niu X M, Li S H, Jiang B, et al. J Asian Nat Prod Res, 2002, 4: 33.

[11] Labbé C, Faini F, Coll J, et al. Phytochemistry, 1996, 42: 1299.

[12] Guilet D, Hélesbeux J J, Séraphin D, et al. J Nat Prod, 2001, 64: 563.

[13] Dincel D, Hatípoğlu S D, Gören A C, et al. Turk J Chem , 2013, 37: 675.

[14] Tracanna M, Fortuna A M, Cárdenas A V C, et al. Phytother Res, 2015, 29: 393.

[15] Ju Y, Still C C, Sacalis J N, et al. Phytother Res, 2001, 15: 441.

[16] Lee K H, Chai H B, Tamez P A, et al. Phytochemistry, 2003, 64: 535.

[17] Li J, Ding Y Q, Li X C, et al. J Nat Prod, 2009, 72: 983.

[18] 韦宏，曾凡健，陆敏仪，等. 药学学报, 1998, 33: 688.

[19] Purcaro R, Schrader K K, Burandt C, et al. J Agric Food Chem, 2009, 57:10632.

[20] Mahidol C, Kaweetripob W, Prawat H, et al. J Nat Prod, 2002, 65: 757.

[21] Win N N, Awale S, Esumi H, et al. Bioorg Med Chem, 2008, 16: 8653.

第三节 木 脂 素

木脂素是一类由两个或两个以上的丙基苯单元通过不同的结合方式连接组成母体的化合物。根据分子中丙基苯单元的数目和连接方式可分型为木脂烷型木脂素、环木脂烷型木脂素、新木脂烷型木脂素、环新木脂烷型木脂素、氧新木脂烷型木脂素和多新木脂烷型木脂素等。

一、木脂烷型木脂素（lignanes）

1. 简单木脂烷型木脂素

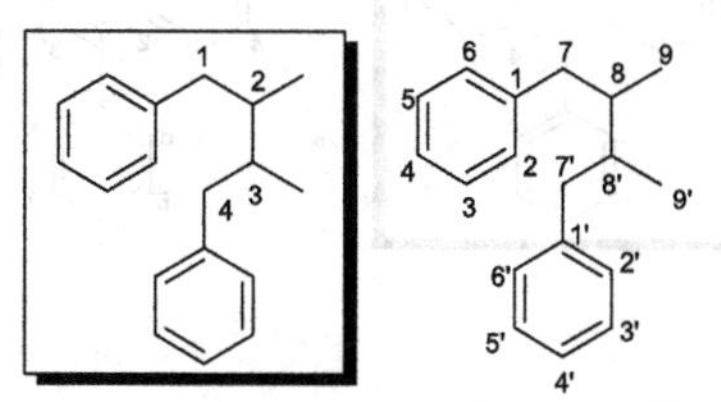

【系统分类】

(2,3-二甲基丁烷-1,4-二基)双苯

(2,3-dimethylbutane-1,4-diyl)dibenzene

【典型氢谱特征】

OMe MeO HO OH

7-3-1 [1]　**7-3-2** [2]　**7-3-3** [3]

表 7-3-1 简单木脂烷型木脂素 7-3-1～7-3-3 的 ^{1}H NMR 数据

H	7-3-1 ($CDCl_3$)	7-3-2 ($CDCl_3$)	7-3-3 ($CDCl_3$)	典型氢谱特征
2①	6.81 s	5.58 d(1.4)	6.86 m	①④ 芳香区质子信号可以区分成2个独立的苯环； ② 7 位（苯甲位）亚甲基或次甲基特征峰（结合 HMBC 实验非常容易判断）； ③ 9 位甲基特征峰； ⑤ 7′位（苯甲位）亚甲基或次甲基特征峰（结合 HMBC 实验非常容易判断）； ⑥ 9′位甲基特征峰。 此外，简单木脂烷型化合物常含有其他酚羟基、甲氧基和亚甲二氧基等，其信号有特征性，可作为分析氢谱时的辅助特征信号
5①	6.93 d(8.0)	6.73 d(7.9)	6.76 m	
6①	6.79 dd(8.0, 1.2)	6.54 dd(7.9, 1.6)	6.77 m	
7②	4.01 d(7.2)	2.34 dd(13.6, 8.3) 2.55 dd(13.6, 6.1)	4.41 d(9.5)	
8	1.74 m	1.73 m	1.82 ddq(9.5, 2.9, 7.1)	
9③	1.04 d(6.8)	0.81 d(6.7)	0.61 d(7.1)	
2′④	6.46	6.64 d(1.5)	6.72 d(1.6)	
5′④	6.67 d(8.0)	6.71 d(7.9)	6.73 d(6.6)	
6′④	6.44 dd(8.0, 1.2)	6.60 dd(8.0, 1.5)	6.65 dd(6.6, 1.6)	
7′⑤	2.73 dd(13.6, 3.6) 2.11 dd(13.6, 11.2)	2.26 dd(13.4, 9.3) 2.71 dd(13.4, 4.8)	2.84 dd(13.1, 3.8) 2.13 dd(13.1, 11.6)	
8′	1.56 m	1.73 m	2.32 dddq(11.6, 3.8, 2.9, 6.9)	
9′⑥	0.76 d(6.8)	0.83 d(6.7)	0.88 d(6.9)	
OMe	3.89 s(3-OMe)			
	3.19 s(7-OMe)			
OCH_2O	5.89 dd(4.4, 1.6)	5.92 br s	5.963 d(1.5), 5.960 d(1.5), 5.927 d(1.4), 5.925 d(1.4)	
OH	5.59 s		1.86 br s	

2. 木脂烷-9 羧, 9'γ-内酯型木脂素

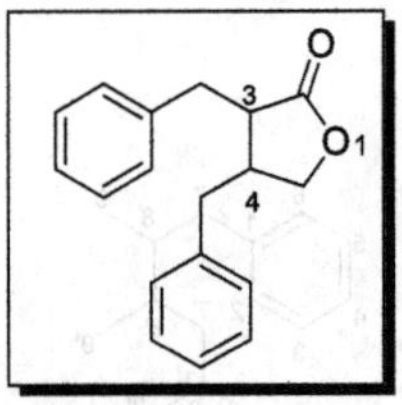

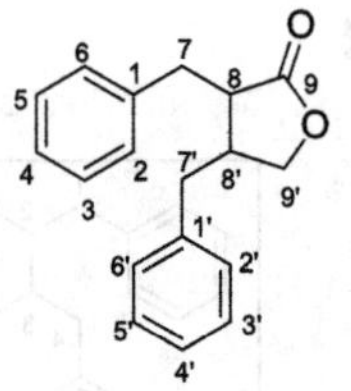

【系统分类】

3,4-双苄基二氢呋喃-2(3*H*)-酮

3,4-dibenzyldihydrofuran-2(3*H*)-one

【典型氢谱特征】

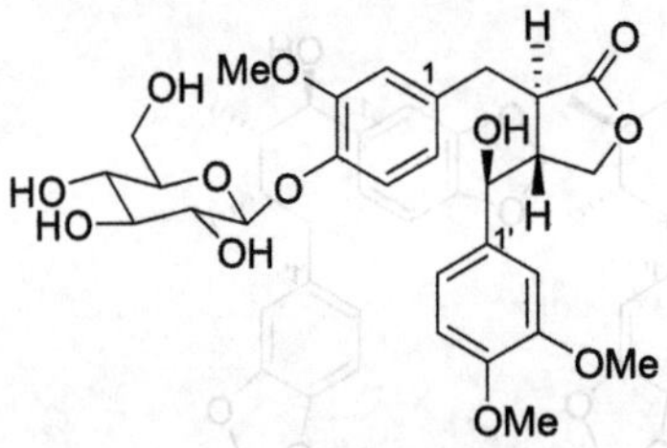

7-3-4 [4] 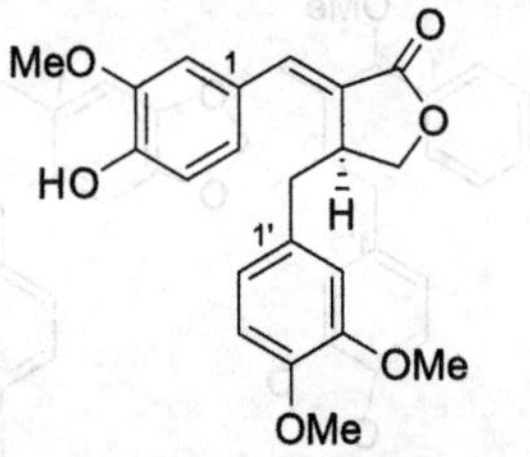　　7-3-5 [5] 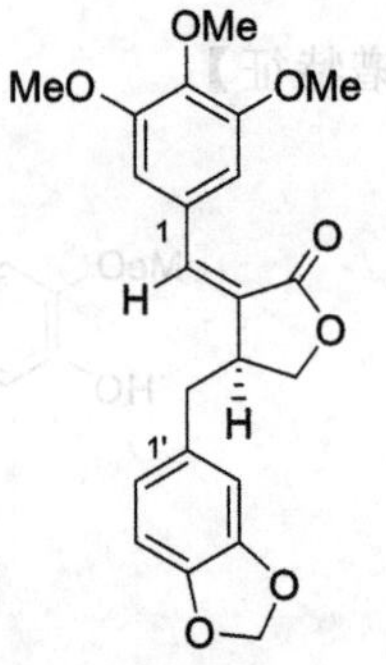　　7-3-6 [6]

表 7-3-2 木脂烷-9 羧, 9'γ-内酯型木脂素 7-3-4～7-3-6 的 ^{1}H NMR 数据

H	7-3-4 (CD_3OD)	7-3-5 ($CDCl_3$)	7-3-6 ($CDCl_3$)	典型氢谱特征
2①	6.53 d(2.3)	7.03 d(2.0)	6.62 s	①③ 芳香区质子信号可以区分成 2 个独立的苯环；② 7 位（苯甲位）亚甲基或次甲基特征峰（结合 HMBC 实验非常容易判断）；④ 7'位（苯甲位）亚甲基或次甲基特征峰（结合 HMBC 实验非常容易判断）；⑤ 9'位氧亚甲基（氧化甲基）特征峰。 此外，木脂烷-9 羧，9'γ-内酯型木脂素常含有其他酚羟基、甲氧基和亚甲二氧基等，其信号有特征性，可作为分析氢谱时的辅助特征信号
5	6.49 d(8.1)①	6.99 d(8.0)①		
6①	6.69 dd(7.8, 2.0)	7.22 dd(8.0, 2.0)	6.62 s	
7②	2.71 dd(13.4, 6.4) 2.91 dd(13.4, 4.2)	7.53 d(2.0)	6.64 d(1.8)	
8	2.31 m			
2'③	6.64 d(1.7)	6.67 d(2.0)	6.71 d(1.8)	
5'③	6.69 d(7.0)	6.81 d(8.0)	6.78 d(7.8)	
6'③	7.0 dd(7.4, 2.0)	6.74 dd(8.0, 2.0)	6.66 dd(7.8, 1.8)	
7'④	5.19 d(7.0)	3.08 dd(14.5, 4.2) 2.65 dd(14.5, 10.0)	2.82 dd(13.8, 9.0) 2.97 dd(13.8, 6.6)	
8'	2.73 m	3.83 m	3.42 m	
9'⑤	4.17 dd(12.0, 4.0)	4.28 d(4.0)	4.13 dd(9.0, 3.6) 4.36 dd(9.0, 7.2)	
1"	4.87 d(8.1)			
2"	3.31 d(7.8)[a]			
3"	3.39 t(7.8)			
4"	3.49 t(7.8)			
5"	3.34 ddd(10.8, 7.8, 1.7)			
6"	3.59 dd(11.0, 1.7) 3.62 dd(10.5, 1.8)			

续表

H	7-3-4 (CD_3OD)	7-3-5 ($CDCl_3$)	7-3-6 ($CDCl_3$)	典型氢谱特征
OMe	3.47 s(3-OMe) 3.48 s(3′-OMe) 3.78 s(4′-OMe)	3.92 s(3-OMe) 3.86 s(3′, 4′-OMe)	3.91 s(3,5-OMe) 3.93 s(4-OMe)	
OCH_2O			5.97 d(1.2) 5.98 d(1.2)	
OH		5.9 br s		

[a] 遵循文献数据，疑有误。

3. 7,7′-环氧木脂烷型木脂素

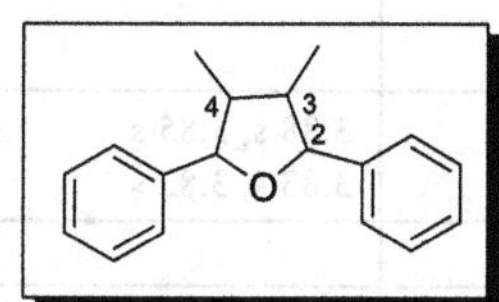

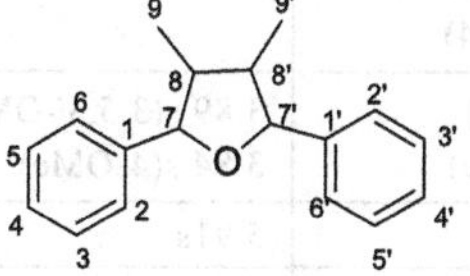

【系统分类】

3,4-二甲基-2,5-二苯基四氢呋喃

3,4-dimethyl-2,5-diphenyltetrahydrofuran

【典型氢谱特征】

7-3-7 [7]

7-3-8 [8]

7-3-9 [9]

表 7-3-3 7,7′-环氧木脂烷型木脂素 7-3-7～7-3-9 的 ^{1}H NMR 数据

H	7-3-7 (CD_3OD)	7-3-8 ($CDCl_3$)	7-3-9 ($CDCl_3$)	典型氢谱特征
2①	6.70 s	6.73 d(2.2)	6.57 s	①④ 芳香区质子信号可以区分成 2 个独立的苯环； ② 7 位（苯甲位）氧次甲基特征峰； ③ 9 位甲基特征峰；化合物 7-3-7 的 C (9)形成氧亚甲基（氧化甲基），其信号有特征性；
5			6.51 s①	
6	6.70 s①	6.73 d(2.2)①		
7②	4.75 d(4.0)	4.38 d(6.6)	4.57 d(9.6)	
8	3.12 m	1.78 m	1.97～2.05 m	
9③	3.86～3.92 m 4.24～4.30 m	1.07 d(6.6)	1.17 d(6.3)	
2′④	6.65 s	6.55 d(2.1)	6.77 d(2.0)	
5′			6.85 d(8.1)④	
6′④	6.65 s	6.60 d(2.1)	6.78 dd(8.1, 2.0)	

续表

H	7-3-7 (CD_3OD)	7-3-8 ($CDCl_3$)	7-3-9 ($CDCl_3$)	典型氢谱特征
7′⑤	4.70 d(4.0)	5.08 d(6.6)	5.15 d(8.6)	⑤ 7′位（苯甲位）氧次甲基特征峰； ⑥ 9′位甲基特征峰；化合物 **7-3-7** 的 C(9′)形成氧亚甲基（氧化甲基），其信号有特征性。 此外，7,7′-环氧木脂烷型化合物常含有其他甲氧基和亚甲二氧基等，其信号有特征性，可作为分析氢谱时的辅助特征信号
8′	3.12 m	2.23 m	2.21～2.31 m	
9′⑥	3.86～3.92 m 4.24～4.30 m	0.69 d(6.9)	0.71 d(7.1)	
1″	4.76 d(7.2)			
2″	3.47 m			
3″	3.40 t(7.2)			
4″	3.41 t(7.2)			
5″	3.19 m			
6″	3.66 dd(12.0, 4.8) 3.77 dd(12.0, 2.4)			
OMe	3.83 s(3,5-OMe) 3.84 s(3′,5′-OMe)	3.89 s(3,5,3′-OMe) 3.84 s(4-OMe)	3.88 s, 3.85 s 3.83 s, 3.82 s	
OCH_2O		5.91s		
OH			8.17 s	

4. 9,9′-环氧木脂烷型木脂素

【系统分类】

3,4-双苄基四氢呋喃

3,4-dibenzyltetrahydrofuran

【典型氢谱特征】

7-3-10 [10]　**7-3-11** [10]　**7-3-12** [11]

表 7-3-4 9,9′-环氧木脂烷型木脂素 7-3-10～7-3-12 的 ^{1}H NMR 数据

H	7-3-10 ($CDCl_3$)	7-3-11 ($CDCl_3$)	7-3-12 (CD_3COCD_3)	典型氢谱特征
2①	6.45 d(1.5)	6.56 d(1.5)	6.64 s	①⑤ 芳香区质子信号可以区分成 2 个独立的苯环； ② 7 位（苯甲位）亚甲基或次甲基特征峰（结合 HMBC 实验非常容易判断）；
5	6.61 d(8.5)①	6.66 d(8.0)①		
6①	6.44 dd(8.5, 1.5)	6.52 dd(8.0, 1.5)	6.64 s	
7②	2.37 m 2.60 dd(13.7, 7.5)	2.37 m 2.52 m	4.79 d(6.0)	
8③	2.07 m	1.93 m	2.32 m	

续表

H	7-3-10 ($CDCl_3$)	7-3-11 ($CDCl_3$)	7-3-12 (CD_3COCD_3)	典型氢谱特征
9④	5.15 d(1.5)	5.15 d(4.5)	α 3.73 dd(10.2, 6.3) β 3.87 dd(10.2, 7.2)	③ 8 位次甲基特征峰； ④ 9 位氧亚甲基（氧化甲基）特征峰； ⑥ 7′位（苯甲位）亚甲基特征峰（结合 HMBC 实验非常容易判断）； ⑦ 8′位次甲基特征峰； ⑧ 9′位氧亚甲基（氧化甲基）特征峰。 此外，9,9′-环氧木脂烷型木脂素常含有其他酚羟基、甲氧基和亚甲二氧基等，其信号有特征性，可作为分析氢谱时的辅助特征信号
2′⑤	6.51 d(1.5)	6.67 d(2.0)	6.52 s	
5′	6.63 d(7.5)⑤	6.66 d(8.0)⑤		
6′⑤	6.49 dd(7.5, 1.5)	6.62 dd(8.0, 2.0)	6.52 s	
7′⑥	2.50 m 2.52 m	2.50 m 2.70 dd(14.0, 10.0)	α 2.54 dd(13.2, 11.1) β 2.95 dd(13.2, 4.8)	
8′⑦	2.07 m	2.37 m	2.71 m	
9′⑧	3.73 dd(8.5, 8.0) 3.93 dd(8.5, 7.0)	3.50 dd(8.5, 7.5) 4.03 t(8.5)	α 3.69 dd(8.1, 7.1) β 3.96 dd(8.1, 6.6)	
OMe			3.80 s(3, 3′, 5, 5′-OMe)	
OCH_2O	5.85 d($W_{1/2}$=1.5)(×4)	5.85 d($W_{1/2}$=1.5) (×4)		
OH	1.72 br s	2.86 br s		

5. 7,9′-环氧木脂烷型木脂素

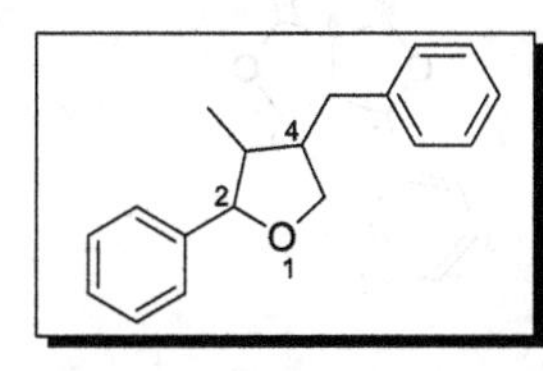

【系统分类】

3-甲基-4-苄基-2-苯基四氢呋喃

4-benzyl-3-methyl-2-phenyltetrahydrofuran

【典型氢谱特征】

7-3-13 [12]　7-3-14 [13]　7-3-15 [14]

表 7-3-5 7,9′-环氧木脂烷型木脂素 7-3-13～7-3-15 的 ^{1}H NMR 数据

H	7-3-13 ($CDCl_3$)	7-3-14 (CD_3OD)	7-3-15 ($CDCl_3$)	典型氢谱特征
2①	6.88 s	6.91 d(1.2)	6.97 d(1.5)	①④ 芳香区质子信号可以区分成 2 个独立的苯环； ② 7 位（苯甲位）氧次甲基特征峰； ③ C(9)形成氧亚甲基（氧化甲基），其信号有特征性； ⑤ 化合物 **7-3-13** 和 **7-3-14** 的 C(7′)（苯甲位）形成氧次甲基，其信号有特征性；化合物 **7-3-15** 的 C(7′)（苯甲位）形成酮羰基，相应信号消失；
5①	6.83 d(7.8)	6.74 d(7.9)	6.77 d(8.0)	
6①	6.87 m	6.79 dd(7.9, 1.2)	6.85 dd(8.0, 1.5)	
7②	4.94 d(7.0)	4.61 d(7.4)	4.57 d(9.0)	
8	2.27 m	1.88 m	2.85 m	
9③	3.90 m 3.99 dd(11.3, 3.7)	α 3.21 dd(11.3, 5.5) β 3.29 m	3.63 dd(11.0, 6.5) 3.73 dd(11.0, 5.0)	
2′	6.89 s④	6.86 s④		
4′		6.73 s④		

续表

H	7-3-13 ($CDCl_3$)	7-3-14 (CD_3OD)	7-3-15 ($CDCl_3$)	典型氢谱特征
5′	6.82 d(8.0)④		6.59 d(8.5)④	⑥ 9′位氧亚甲基（氧化甲基）特征峰。 此外，7,9′-环氧木脂烷型木脂素常含有其他酚羟基、甲氧基和亚甲二氧基等，其信号有特征性，可作为分析氢谱时的辅助特征信号
6′④	6.87 m	6.73 s	7.27 d(8.0)	
7′⑤	5.09 d(3.7)	4.47 d(8.5)		
8′	2.80 m	2.52 m	4.03 m	
9′⑥	α 4.05 t(8.3) β 4.14 t(8.6)	α 3.92 dd(8.6, 8.0) β 4.24 dd(8.6, 4.3)	4.17 dd(9.0, 6.0) 4.22 t(9.0)	
OMe	3.858 s, 3.864 s 3.869 s, 3.873 s		4.11 s	
3,4-OCH_2O			5.95 s	
3′,4′-OCH_2O			6.03 s	

6. 7,9′：7′,9-双环氧木脂烷型木脂素

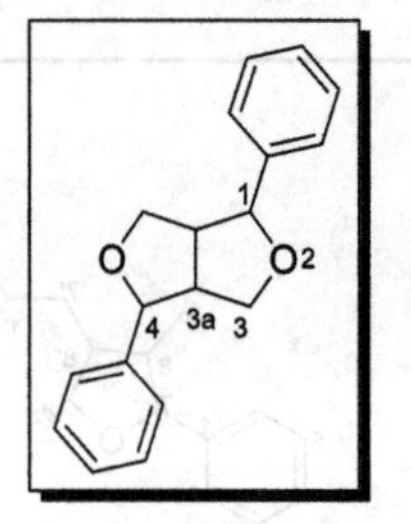

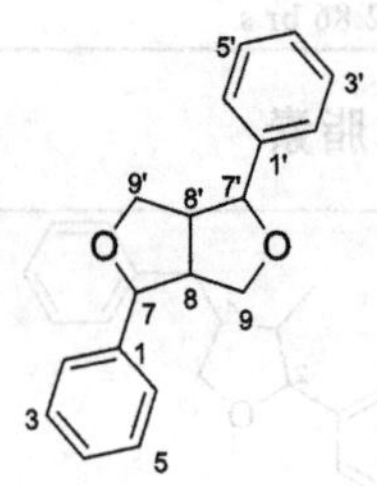

【系统分类】

1,4-双苯基六氢呋喃并[3,4-*c*]呋喃

1,4-diphenylhexahydrofuro[3,4-*c*]furan

【结构多样性】

C(9)增碳碳键等。

【典型氢谱特征】

7-3-16 [15]　　7-3-17 [16]　　7-3-18 [17]

表 7-3-6 7,9′:7′,9-双环氧木脂烷型木脂素 7-3-16～7-3-18 的 ^{1}H NMR 数据

H	7-3-16 ($CDCl_3$)	7-3-17 ($CDCl_3$)	7-3-18 ($CDCl_3$)	典型氢谱特征
2①	6.87 s	6.94 br s	6.89 d(1.5)	①⑤ 芳香区质子信号可以区分成2个独立的苯环；当一苯环上的芳香质子信号全部消失时，表明其全部苯环质子被取代； ② 7位（苯甲位）氧次甲基特征峰； ③ 8位次甲基特征峰；
5①	6.78 d(8.0)	6.83 d(8.0)	6.88 d(8.2)	
6①	6.82 d(8.0)	6.72 br d(8.0)	6.82 dd(8.2, 1.5)	
7②	4.75 d(6.6)	4.11 br s	4.76 m	
8③	3.12 m	3.05 b rs	3.11 m	
9④	3.85 m 4.12 dd(8.4, 7.3)	4.97 br s	ax 3.87 m eq 4.26 m	

续表

H	7-3-16 ($CDCl_3$)	7-3-17 ($CDCl_3$)	7-3-18 ($CDCl_3$)	典型氢谱特征
10		3.89 dd(12.0, 4.0) 3.46 dd(12.0, 9.0)		
2′		6.62 s⑤	7.21 d(8.4)⑤	④ 9 位氧亚甲基（氧化甲基）特征峰； ⑥ 7′位（苯甲位）氧次甲基特征峰； ⑦ 8′位次甲基特征峰； ⑧ 9′位氧亚甲基（氧化甲基）特征峰。 此外，7,9′:7′,9-双环氧木脂烷型木脂素常含有其他酚羟基、甲氧基和亚甲二氧基等，其信号有特征性，可作为分析氢谱时的辅助特征信号
3′			6.80 d(8.4)⑤	
5′			6.80 d(8.4)⑤	
6′		6.62 s⑤	7.21 d(8.4)⑤	
7′⑥	5.25 d(6.4)	4.76 br s	4.76 m	
8′⑦	3.35 m	3.11 br s	3.11 m	
9′⑧	3.85 m 4.12 dd(8.4, 7.3)	4.31 dd(11.6, 6.3) 3.96 dd(11.6, 4.7)	ax 3.87 m eq 4.26 m	
OMe	3.81 s(2′-OMe) 3.90 s(5′-OMe) 3.93 s(6′-OMe)	3×3.87 s	3.90 s	
3,4-OCH_2O	5.94 s			
3′,4′-OCH_2O	5.91 s			
OH			5.28 s(4′-OH) 5.63 s(4-OH)	

7. 9-降木脂烷型木脂素

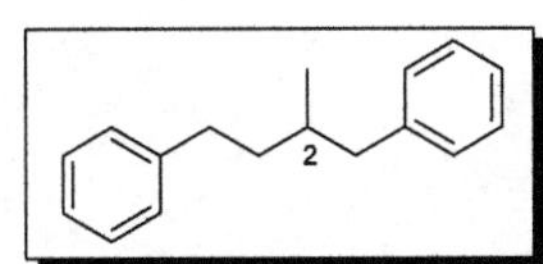

【系统分类】

（2-甲基丁烷-1,4-二基）双苯

(2-methylbutane-1,4-diyl)dibenzene

【典型氢谱特征】

7-3-19[18]　　7-3-20[19]　　7-3-21[20]

表 7-3-7 9-降木脂烷型木脂素 7-3-19～7-3-21 的 ^1H NMR 数据

H	7-3-19 ($CDCl_3$)	7-3-20 ($CDCl_3$)	7-3-21 ($CDCl_3$)	典型氢谱特征
2①	6.52 d(1.6)	6.82～7.27[a]	7.51 d(1.7)	①② 芳香区质子信号可以区分成 2 个独立的苯环； ③ C(9′)常形成氧亚甲基（氧化甲基），其信号有特征性。
3		6.82～7.27[a]①		
5①	6.46 d(7.8)	6.82～7.27[a]	6.89 d(8.0)	
6①	6.61 dd(7.8, 1.6)	6.82～7.27[a]	7.70 dd(8.0, 1.7)	
7		6.47 d(16.0)		
8		5.97 dd(16.0, 9.0)	3.44 dd(18.0, 6.2)[b]	
2′②	6.65 d(1.6)	6.82～7.27[a]	7.44 d(1.7)	
3′		6.82～7.27[a]②		
5′②	6.44 d(8.1)	6.82～7.27[a]	6.85 d(8.0)	

续表

H	7-3-19 ($CDCl_3$)	7-3-20 ($CDCl_3$)	7-3-21 ($CDCl_3$)	典型氢谱特征
6′②	6.56 dd(8.1, 1.6)	6.82～7.27 [a]	7.61 dd(8.0, 1.7)	此外，9-降木脂烷型木脂素常含有其他甲氧基和亚甲二氧基等，其信号有特征性，可作为分析氢谱时的辅助特征信号
7′	2.69 d(13.4) 2.75 d(13.4)	4.79 d(6.5)		
8′		2.62 m	4.24 m	
9′③	3.33 m	3.64 d(6.0)	3.89 dd(6.8, 5.2) [b]	
OMe		3.77 s(×2)		
OCH_2O	5.64 s, 5.68 s		6.03 s, 6.02 s	
OH	2.32 br s, 3.19 br s			

[a] 文献没有明确归属；[b] 遵循文献数据。

8. C(1)～C(6)-六降木脂烷型木脂素

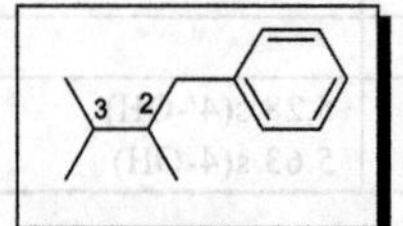

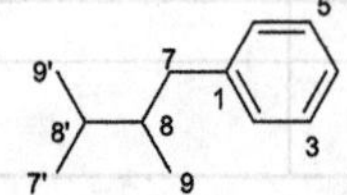

【系统分类】

(2,3-二甲基丁基)苯

(2,3-dimethylbutyl)benzene

【典型氢谱特征】

7-3-22 [21] R = Me

7-3-23 [21] R = H

表 7-3-8 C(1)～C(6)-六降木脂烷型木脂素化合物 7-3-22 和 7-3-23 的 ^{1}H NMR 数据

H	7-3-22 ($CDCl_3$)	7-3-23 ($CDCl_3$)	典型氢谱特征
2①	6.50 s	6.50 s	① 芳香区质子信号可以区分成1个独立的苯环； ② 7位（苯甲位）形成氧次甲基，其信号有特征性； ③ 8位次甲基特征峰； ④ C(9)形成氧亚甲基（氧化甲基），其信号有特征性； ⑤ 8′位次甲基特征峰； ⑥ C(9′) 形成氧亚甲基（氧化甲基），其信号有特征性； 注：化合物 **7-3-22** 和 **7-3-23** 的 C(7′)均形成酯羰基，原甲基特征峰消失。 此外，C(1)～C(6)-六降木脂烷型木脂素常含有其他酚羟基和甲氧基，其信号有特征性
6①	6.50 s	6.50 s	
7②	4.94 d(5.6)	4.94 d(5.5)	
8③	3.38 m	3.38 m	
9④	3.98 dd(9.5, 6.8) 4.52 d(9.5)	3.97 dd(9.5, 6.6) 4.52 d(9.5)	
8′⑤	3.40 m	3.38 m	
9′⑥	3.83 ov 4.10 dd(10.0, 8.3)	3.86 dd(9.5, 3.9) 4.09 dd(9.5, 8.2)	
OMe	3.86 s(3,5-OMe) 3.85 s(4-OMe)	3.89 s(3,5-OMe)	

二、环木脂烷型木脂素（cyclolignanes）

1. 2,7′-环木脂烷型木脂素

（1）简单 2,7′-环木脂烷型木脂素

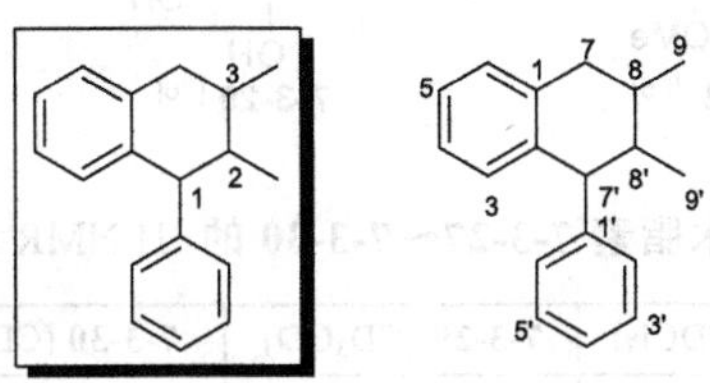

【系统分类】

2,3-二甲基-1-苯基-1,2,3,4-四氢萘

2,3-dimethyl-1-phenyl-1,2,3,4-tetrahydronaphthalene

【结构多样性】

C(9)降碳；C(9′)降碳；芳构化；等。

【典型氢谱特征】

7-3-24 [22]　**7-3-25** [22]　**7-3-26** [23]

表 7-3-9 简单 2,7′-环木脂烷型木脂素 7-3-24～7-3-26 的 ^{1}H NMR 数据

H	7-3-24 (CD_3COCD_3)	7-3-25 (CD_3COCD_3)	7-3-26 (CD_3OD)	典型氢谱特征
3	6.47 s①	6.49 s①		①③ 芳香区质子信号可以区分成 2 个独立的苯环；②9 位甲基特征峰；化合物 7-3-26 的 C(9)形成甲酰基，其信号有特征性；④ 7′位（双苯甲位）次甲基特征峰；⑤ 9′位甲基特征峰；化合物 7-3-26 的 C(9′)形成氧亚甲基（氧化甲基），其信号有特征性。此外，简单 2,7′-环木脂烷型木脂素常含有其他酚羟基和甲氧基，其信号有特征性，可作为分析氢谱时的辅助特征信号
6			6.96 s①	
7	6.43 d(1.2)	5.21 s	7.48 s	
9②	1.80 d(1.2)	1.58 s	9.46 s	
2′③	6.39 s	7.03 s	6.28 s	
6′③	6.39 s	7.03 s	6.28 s	
7′④	3.64 d(3.0)	4.09 s	4.79 d(1.1)	
8′	2.04 dq(7.0, 3.0)		3.20 ddd(10.1, 4.2, 1.1)	
9′⑤	1.02 d(7.0)	1.20 s	3.46 dd(10.1, 4.2) 3.08 t(10.1)	
OMe	3.79 s(6-OMe) 3.72 s(4-OMe) 3.68 s(3′,5′-OMe)	3.86 s(6-OMe) 3.75 s(3′, 5′-OMe) 3.62 s(4-OMe)	3.93 s(5-OMe) 3.69 s(3′,5′-OMe) 3.55 s(3-OMe)	

7-3-27 [24]　7-3-28 [25]　7-3-29 [26]　7-3-30 [27]

表 7-3-10 简单 2,7′-环木脂烷型木脂素 **7-3-27**～**7-3-30** 的 ^{1}H NMR 数据

H	**7-3-27** ($CDCl_3$)	**7-3-28** ($CDCl_3$)	**7-3-29** (CD_3OD)	**7-3-30** ($CDCl_3$)	典型氢谱特征
3			6.26 s①		①②④⑥ 通常，芳香区质子信号可以区分成 2 个独立的苯环；化合物 **7-3-28** 和 **7-3-29** 均芳构化，因此芳香区数据为 3 个苯环； ③ 化合物 **7-3-27** 的 C(9)降碳，化合物 **7-3-29** 的 C(9)形成酯羰基，其甲基信号均消失；化合物 **7-3-28** 的 C(9)形成甲酰基，化合物 **7-3-30** 的 C(9)形成氧亚甲基（氧化甲基），其信号均有特征性； ⑤ 7′位（双苯甲位）次甲基特征峰；化合物 **7-3-28** 和 **7-3-29** 均芳构化，因此 7′位次甲基特征峰消失； ⑦ 化合物 **7-3-28** 和 **7-3-29** 的 C(9′)降碳，9′位甲基信号均消失；化合物 **7-3-27** 和 **7-3-30** 的 C(9′)形成氧亚甲基（氧化甲基），其信号均有特征性。 此外，简单 2,7′-环木脂烷型木脂素常含有其他酚羟基和甲氧基，其信号有特征性，可作为分析氢谱时的辅助特征信号
5		7.39 d(8.8)①			
6①	7.44 s	7.83 d(8.8)	7.27 s	6.38 s	
7		8.27 d(1.5)②	8.28 d(1.7)②	2.52 br d(7.1)	
8	α 2.46 dd(17.6, 1.9) β 2.77 dd(17.6, 5.7)			1.64 m	
9③		10.12 s		3.57 m, 3.68 m	
2′④	6.25 s	7.03 d(1.9)	6.88 d(2.1)	6.29 s	
5′		6.93 d(8.2)④	6.89 d(7.9)④		
6′④	6.25 s	7.06 d(8.2, 1.9)	6.77 dd(7.9, 2.1)	6.29 s	
7′⑤	4.63 d(2.6)			3.51 d(10.0)	
8′	2.53 m	7.83 d(1.5)⑥	7.64 d(1.7)⑥	1.60 m	
9′⑦	3.66 d(6.3)			3.65 m	
2″			5.63 dd(7.0, 4.6)	1.29 s	
3″			3.03 m	1.33 s	
OMe	3.94 s(3-OMe) 3.92 s(4-OMe) 3.49 s(5-OMe) 3.74 s(3′, 5′-OMe) 3.81 s(4′-OMe)	3.12 s(3-OMe) 3.90 s(3′-OMe) 3.97 s(4′-OMe)		3.09 s(3-OMe) 3.85 s(5-OMe) 3.80 s(3′,5′-OMe)	
OH		6.32			

（2）呋喃 2,7′-环木脂烷型木脂素

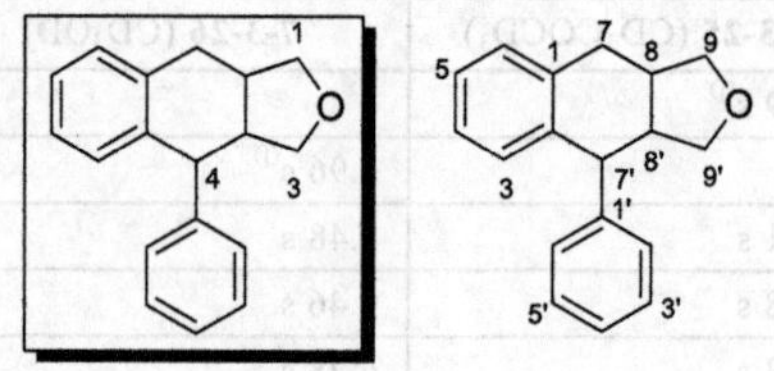

【系统分类】

4-苯基-1,3,3a,4,9,9a-六氢萘并[2,3-*c*]呋喃

4-phenyl-1,3,3a,4,9,9a-hexahydronaphtho[2,3-*c*]furan

【结构多样性】

C(9)酮型；C(9′)酮型；C(1)-C(7)键断裂；C(7)-C(8)键断裂；C(2′)-C(3′)键断裂；C(3′)-C(4′)键断裂；等。

【典型氢谱特征】

7-3-31 [28]　7-3-32 [29]　7-3-33 [30]

表 7-3-11 呋喃 2,7′-环木脂烷型木脂素 7-3-31～7-3-33 的 ^{1}H NMR 数据

H	7-3-31 ($CDCl_3$)	7-3-32 ($CDCl_3$)	7-3-33 ($CDCl_3$)	典型氢谱特征
3	6.44 s①			①④ 芳香区质子信号可以区分成 2 个独立的苯环； ② 7 位（苯甲位）亚甲基或氧次甲基特征峰； ③ 9 位氧亚甲基（氧化甲基）特征峰；化合物 **7-3-31** 的 C(9) 形成酯羰基，该信号消失； ⑤ 7′位（苯甲位）次甲基特征峰；化合物 **7-3-32** 的 C(7′) 形成烯季碳，该信号消失； ⑥ 9′位氧亚甲基（氧化甲基）特征峰；化合物 **7-3-32** 的 C(9′) 形成酯羰基，该信号消失。 此外，呋喃 2,7′-环木脂烷型木脂素常含有其他酚羟基和甲氧基，其信号有特征性，可作为分析氢谱时的辅助特征信号
5		6.80 d(8.1)①		
6①	6.66 s	6.85 dd(8.1, 1)	6.77 s	
7②	3.09 d(16.9) 3.16 d(16.9)	3.00 dd(14.7, 5.7) 2.66 dt(15.0, 1)	6.11 d(2.5)	
8		3.28 ddt(15, 9, 5.7)	2.25 m	
9③		4.68 t(8.9) 4.03 t(8.7)	α 4.06 br t(7.9) β 3.48 dd(10.7, 7.9)	
2′	6.60 d(1.83)④		6.32 s④	
5′	6.88 d(8.1)④	6.74 d(8.1)④		
6′④	6.69 dd(8.1, 1.8)	6.87 d(8.1)	6.32 s	
7′⑤	4.15 d(11.4)		3.77 d(8.0)	
8′	2.53 m		2.60 m	
9′⑥	4.11 dd(8.4, 7.0) 4.34 dd(10.6, 8.4)		3.94 br t(7.6) 3.59 dd(10.4, 7.6)	
10′		5.40 d(12.5) 5.14 d(12.5)		
OMe	3.83 s(3′-OMe) 3.89 s(4-OMe)	3.85 s(4-OMe)	3.15 s(3-OMe) 3.76 s(4-OMe) 3.79 s(3′, 5′-OMe) 3.81 s(4′-OMe) 3.86 s(5-OMe)	
OCH_2O		6.03 d(1.6)		
OAc			2.12 s	
OH	2.31 s, 5.42 s, 5.57 s			

7-3-34 [31]　7-3-35 [32]　7-3-36 [33]

表 7-3-12 呋喃 2,7′-环木脂烷型木脂素 7-3-34～7-3-36 的 ^{1}H NMR 数据

H	7-3-34 ($CDCl_3$)	7-3-35 ($CDCl_3$)	7-3-36 (DMSO-d_6)	典型氢谱特征
1	6.32 d(1.5)①			①⑥ 芳香区质子信号可以区分成 2 个独立的苯环； ②③④⑤⑦ 化合物 7-3-34～7-3-36 均存在碳碳键断裂或形成双键等结构特征，因此出现较为复杂的结构信息，与正常的呋喃 2,7′-环木脂烷型木脂素的特征信号有较大的差异，如有遇到，需慎重对待； ⑧ 7′位（双苯甲位）次甲基特征峰； ⑨ 9′位甲基特征峰；化合物 7-3-34 的 C(9′)形成氧亚甲基（氧化甲基），其信号有特征性；化合物 7-3-36 的 C(9′)形成羧羰基，该信号消失。 此外，呋喃 2,7′-环木脂烷型木脂素常含有其他酚羟基、甲氧基和亚甲二氧基，其信号有特征性，可作为分析氢谱时的辅助特征信号
3①	6.52 d(1.5)	6.99 s	6.39 s	
6		7.24 s①	6.78 s①	
7	0.94 d(7.2)②	10.31 s③	7.10 s④	
8	2.34 m			
9		2.02 s⑤		
2′	6.47 d(1.2)⑥	6.72 d(2.0)⑥		
5′		6.72 d(8.5)⑥	6.54 d(6.5)⑦	
6′	6.40 d(1.2)⑥	6.78 dd(8.5, 2.0)⑥	6.69 d(6.5)⑦	
7′⑧	3.56 d(11.4)	5.08 d(11.5)	4.56 br d(1.2)	
8′	2.87 m	3.38 dq(11.5, 7.0)	3.57 br d(1.2)	
9′⑨	4.29 dd(9.3, 7.5) 3.80 ov	1.02 d(7.0)		
OMe	3.83 s(6-OMe) 3.85 s(5-OMe) 3.89 s(5′-OMe)	3.76 s(3′-OMe) 3.78 s(4′-OMe) 3.84 s(5-OMe)		
OCH_2O	5.92 m			
OH-4		6.08 br s		

2. 2,2′-环木脂烷型木脂素

（1）简单 2,2′-环木脂烷型木脂素

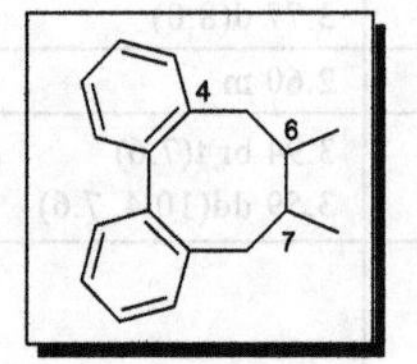

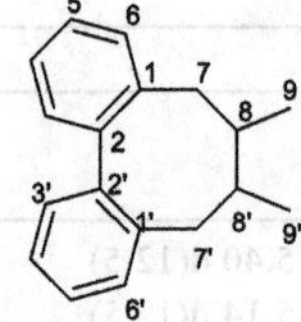

【系统分类】

6,7-二甲基-5,6,7,8-四氢双苯并[*a*,*c*][8]轮烯

6,7-dimethyl-5,6,7,8-tetrahydrodibenzo[*a*,*c*][8]annulene

【结构多样性】

C(1′)-C(7′)键断裂；等。

【典型氢谱特征】

OH, MeO, HO, MeO, MeO, OH

7-3-37 [34]

OH, MeO, MeO, MeO, OH

7-3-38 [35]

MeO, MeO, OAc

7-3-39 [36]

表 7-3-13 简单 2,2′-环木脂烷型木脂素 7-3-37～7-3-39 的 ^{1}H NMR 数据

H	7-3-37 (C_5D_5N)	7-3-38 ($CDCl_3$)	7-3-39 (CD_3OD)	典型氢谱特征
6①	6.34 s	6.34 s	6.51 s	①④ 芳香区质子信号可以区分成 2 个独立的苯环；②7 位（苯甲位）亚甲基或氧次甲基特征峰（结合 HMBC 实验非常容易判断）；③9 位甲基特征峰；⑤7′位（苯甲位）亚甲基或氧次甲基特征峰（结合 HMBC 实验非常容易判断）；⑥9′位甲基特征峰。此外，简单 2,2′-环木脂烷型木脂素常含有其他酚羟基、甲氧基和亚甲二氧基等，其信号有特征性，可作为分析氢谱时的辅助特征信号
7②	α 2.07 d(13.0) β 2.48 dd(13.2, 9.2)	4.61 d(11.7)	2.13 dd(13.5, 9.5) 2.01 m	
8	1.82～1.87(ov)	1.91 m	1.94 m	
9③	0.89 d(6.8)	1.16 d(6.9)	1.03 d(7.0)	
6′④	7.02 s	6.67 s	6.71 s	
7′⑤	α 2.63 dd(13.4, 7.0) β 2.67 d(13.3)	2.59 m	5.45 d(1.0)	
8′	1.82～1.87 (ov)	2.07 m	2.00 m	
9′⑥	0.77 d(6.8)	0.93 d(7.5)	0.76 d(7.0)	
OMe	3.84 s 3.89 s 3.90 s	3.63 s(3′-OMe) 3.79 s(3-OMe) 3.95 s(4′-OMe)	3.75 s(3-OMe) 3.80 s(3′-OMe)	
OCH_2O		5.97 s	5.95 d(1.2) (4,5-OCH_2O) 5.96 d(1.2) (4,5-OCH_2O) 5.98 d(1.2) (4′,5′-OCH_2O) 5.99 d(1.2) (4′,5′-OCH_2O)	
OAc			2.04 s	
OH	10.43 s, 10.61 s, 11.16 s	5.76 s(5′-OH)		

7-3-40 [37]　　7-3-41 [38]　　7-3-42 [39]

表 7-3-14 简单 2,2′-环木脂烷型木脂素 7-3-40～7-3-42 的 ^{1}H NMR 数据

H	7-3-40 ($CDCl_3$)	7-3-41 ($CDCl_3$)	7-3-42 ($CDCl_3$)	典型氢谱特征
6①	6.34 s	6.50 s	6.54 s	①④ 芳香区质子信号可以区分成 2 个独立的苯环；②7 位（苯甲位）亚甲基或氧次甲基特征峰（结合 HMBC 实验非常容易判断）；③9 位甲基特征峰；⑤7′位（苯甲位）氧次甲基特征峰（结合 HMBC 实验非常容易判断）；⑥9′位甲基特征峰；化合物 **7-3-41** 的 C(9′)形成烯亚甲基，其信号有特征性。
7②	4.66 br s	β 2.53 dd(2.0, 2.0) α 2.25 dd(6.8, 6.8)	5.70 s	
8	2.14 m	2.64 m	2.18 q(7.2)	
9③	1.14 d(7.1)	1.23 d(4.4)	1.30 d(7.2)	
6′④	6.71 s	6.75 s	6.65 s	
7′⑤	5.81 d(7.0)	6.46 s	5.73 s	
8′	2.14 m			
9′⑥	0.95 d(7.1)	5.06 s, 4.78 s	1.33 s	
2″		7.63 d(5.2)		
3″	6.21 m	7.32 t	5.93 q(6.6)	
4″	1.67 s	7.48 t	1.81 d(6.6)	
5″	1.61 s	7.32 t	1.29 s	
6″		7.63 d(5.2)		

续表

H	7-3-40 ($CDCl_3$)	7-3-41 ($CDCl_3$)	7-3-42 ($CDCl_3$)	典型氢谱特征
OMe	3.64 s 3.76 s 3.90 s	3.79 s 3.59 s	3.53 s(3-OMe) 3.81 s(4-OMe) 3.86 s(5-OMe) 3.92 s(4′-OMe) 3.93 s(5′-OMe)	此外，简单2,2′-环木脂烷型木脂素常含有其他酚羟基、甲氧基和亚甲二氧基等，其信号有特征性，可作为分析氢谱时的辅助特征信号
OCH_2O	5.95 d(1.4) 5.98 d(1.4)	5.97 d(8.0)		
OCH_2O		5.83 s, 5.75 s		
OAc			1.54 s	

7-3-43 [34]　**7-3-44** [40]　**7-3-45** [41]

表 7-3-15　简单2,2′-环木脂烷型木脂素 7-3-43～7-3-45 的 ^{1}H NMR 数据

H	7-3-43 (C_5D_5N)	7-3-44 ($CDCl_3$)	7-3-45 ($CDCl_3$)	典型氢谱特征
6①	6.77 s	6.30 s	6.39 s	①④ 芳香区质子信号可以区分成2个独立的苯环；
7②	*α* 2.62 d(10.8) *β* 2.51 dd(14.6, 6.6)	4.90 s	4.75 s	② 7位（苯甲位）亚甲基或氧次甲基特征峰（结合HMBC实验非常容易判断）；
8	2.17 m	2.06 qd(6.9, 6.9)	2.08 ov	
9③	0.72 d(8.8)	1.05 d(6.9)	1.20 d(7.2)	③ 9位甲基特征峰；
6′④	7.02 s	6.49 s	6.46 s	
7′⑤	*α* 2.83 d(13.8) *β* 3.22 d(13.1)	4.33 d(6.9)	2.89 dd(14.0, 10.9) 2.35 d(14.0)	⑤ 7′位（苯甲位）亚甲基或氧次甲基特征峰（结合HMBC实验非常容易判断）；
8′		2.66 qdd(6.9, 6.9, 6.9)	2.08 ov	
9′⑥	1.39 s	1.05 d(6.9)	3.64 dd(8.5, 4.3) 3.26 d(8.5)	⑥ 9′位甲基特征峰；化合物**7-3-45**的C(9′)形成氧亚甲基(氧化甲基)，其信号有特征性。
OMe	3.70s，3.88s 3.89s，3.90s	3.48 s(3′-OMe) 3.85 s(3-OMe) 3.90 s(4′,5′-OMe)	3.51 s, 3.55 s 3.84 s, 3.88 s 3.90 s, 3.90 s	此外，简单2,2′-环木脂烷型木脂素常含有其他酚羟基、甲氧基和亚甲二氧基等，其信号有特征性，可作为分析氢谱时的辅助特征信号
OCH_2O		5.93 s, 5.95 s		
OH	5.01, 10.26, 11.05 s			

7-3-46 [42]　**7-3-47** [42]　**7-3-48** [43]

表 7-3-16 简单 2,2′-环木脂烷型木脂素 7-3-46～7-3-48 的 ^{1}H NMR 数据

H	7-3-46 ($CDCl_3$)	7-3-47 ($CDCl_3$)	7-3-48 (C_6D_6)	典型氢谱特征
3	6.76 s①	6.75 s①		①④ 芳香区质子信号可以区分成 2 个独立的苯环； ② 7 位（苯甲位）亚甲基或氧次甲基特征峰（结合 HMBC 实验非常容易判断）； ③ 9 位甲基特征峰；化合物 **7-3-46** 和 **7-3-47** 的 C(9) 形成氧亚甲基（氧化甲基），其信号有特征性； ⑤ 7′位（苯甲位）亚甲基特征峰（结合 HMBC 实验非常容易判断）；化合物 **7-3-48** 的 C(1′)-C(7′)键断裂，C(7′)形成酯羰基，该信号消失； ⑥ 9′位甲基特征峰；化合物 **7-3-46** 和 **7-3-47** 的 C(9′) 形成酯羰基，该信号消失。 此外，简单 2,2′-环木脂烷型木脂素常含有其他甲氧基和亚甲二氧基等，其信号有特征性，可作为分析氢谱时的辅助特征信号
6①	6.80 s	6.83 s	6.55 s	
7②	5.96 d(8.3)	α 2.70 dd(14.2, 6.1) β 3.05 d(14.2)	5.50 d(7.4)	
8	3.09 dddd(13.3, 11.3, 8.3, 7.8)	2.50 m	2.04 sext(7.4, 7.4, 7.4)	
9③	α 4.24 dd(9.0, 7.8) β 4.05 dd(11.3, 9.0)	3.43 dd(9.0, 7.6) 3.01 dd(9.0, 8.1)	0.78 d(7.4)	
1′			6.42 d(1.8)④	
3′			6.33 d(1.8)④	
5′		6.45 s④		
6′	6.51 s④			
7′	α 3.28 dd(16.3, 7.5)⑤ β 2.70 dd(16.3, 11.0)⑤	α 2.19 dd(14.0, 2.0)⑤ β 3.17 dd(14.5, 6.5)⑤		
8′	2.37 ddd(13.3, 11.0, 7.4)	2.79 br d(6.5)	2.39 q(7.4)	
9′			1.18 d(7.4)⑥	
3″	6.16 q(6.1)			
OMe	3.59 s(3′-OMe) 3.88 s(5′-OMe) 3.90 s(4′-OMe)	3.34 s(9-OMe) 3.35 s(3′-OMe) 3.61 s(9′-OMe) 3.78 s(6′-OMe) 3.90 s(4′-OMe)	3.83 s(3-OMe) 3.839 s(4′-OMe) 3.840 s(6′-OMe) 3.91 s(5′-OMe)	
OCH_2O	6.05 d(1.3), 6.03 d(1.3)	6.01 d(6.3)	6.00 s	
Me	2.00 m(2″, 3″-Me)			

（2）苯并呋喃 2, 2′-环木脂烷型（高 2, 2′-环木脂烷型）木脂素

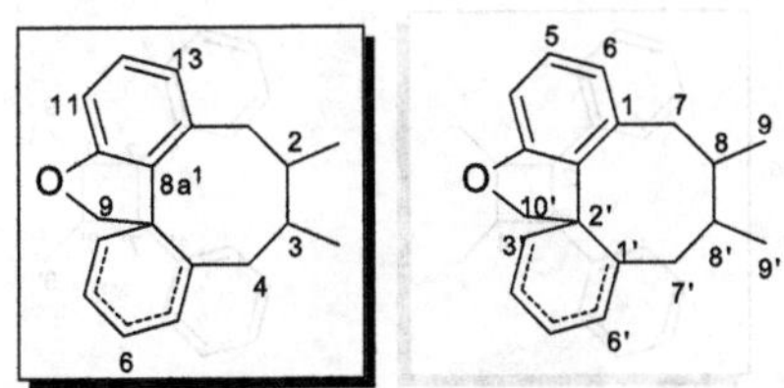

【系统分类】

2,3-二甲基-1,2,3,4,4a,5,6,7,8,9-十氢苯并[1,8]环辛四烯并[1,2,3-*cd*]苯并呋喃

2,3-dimethyl-1,2,3,4,4a,5,6,7,8,9-decahydrobenzo[1,8]cycloocta[1,2,3-*cd*]benzofuran

【结构多样性】

C(4′)-C(5′)键断裂；等。

【典型氢谱特征】

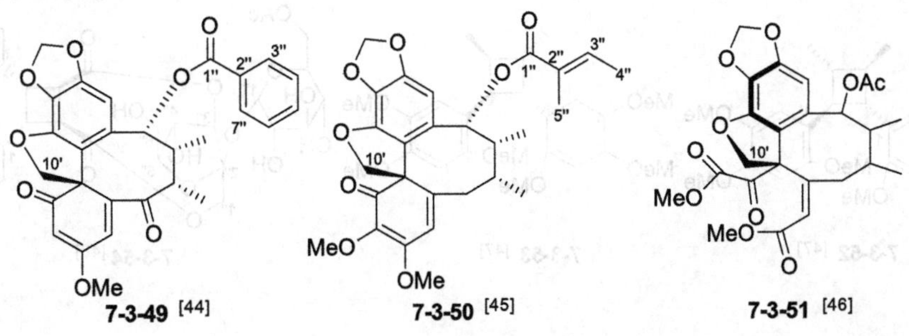

表 7-3-17 苯并呋喃 2,2′-环木脂烷型木脂素 7-3-49～7-3-51 的 ^{1}H NMR 数据

H	7-3-49 ($CDCl_3$)	7-3-50 ($CDCl_3$)	7-3-51 ($CDCl_3$)	典型氢谱特征
6①	6.58 s	6.39 s	6.30 s	① 6 位苯环质子特征峰代表一个苯环； ② 7 位氧次甲基特征峰； ③ 9 位甲基特征峰； ④ C(1′)～C(6′)的芳香性被破坏，但由于剩余氢为烯次甲基氢，因此其特征类似于代表一个独立的苯环，需注意通过其他手段予以区分； ⑤ 7′位亚甲基特征峰；化合物 **7-3-49** 的 C(7′)形成酮羰基，该特征消失； ⑥ 9′位甲基特征峰
7②	5.98 d(4.9)	5.58 d(7.0)	5.82 s	
8	1.96～1.99 m	1.99 dq(7.0, 2.8)	1.94 m	
9③	1.12 d(7.0)	1.02 d(7.4)	1.02 d(7.5)	
4′	5.96 s④			
6′④	6.72 s	6.08 d(2.2)	6.09 s	
7′		2.26 dd(15.7, 12.0)⑤ 2.58 ddd(15.7, 5.7, 2.4)⑤	2.24 m⑤	
8′	3.06～3.15 m	1.85 m	2.04 m	
9′⑥	1.08 d(6.7)	0.89 d(6.8)	1.02 d(7.5)	
10′	4.81, 4.39 AB(9.4)	4.45, 4.24 ABq(8.7)	4.68, 5.92 Abq(10.2)	
3″	7.73 d(7.4)	6.44 dq(7.0, 1.3)		
4″	7.22 t(7.4)	1.72 d(7.4)		
5″	7.45 t(7.4)	1.69 m		
6″	7.22 t(7.4)			此外，苯并呋喃 2,2′-环木脂烷型木脂素常含有其他甲氧基和亚甲二氧基等，其信号有特征性，可作为分析氢谱时的辅助特征信号
7″	7.73 d(7.4)			
OMe	3.83 s(5′-OMe)	3.65 s(4′-OMe) 4.01 s(5′-OMe)	3.57 s(4′-OMe) 3.68 s(5′-OMe)	
OCH_2O	6.00, 6.04 AB(1.6)	5.95, 6.01 ABq(1.5)	5.98 s	
OAc			2.00 s	

3. 7,7′-环木脂烷型木脂素

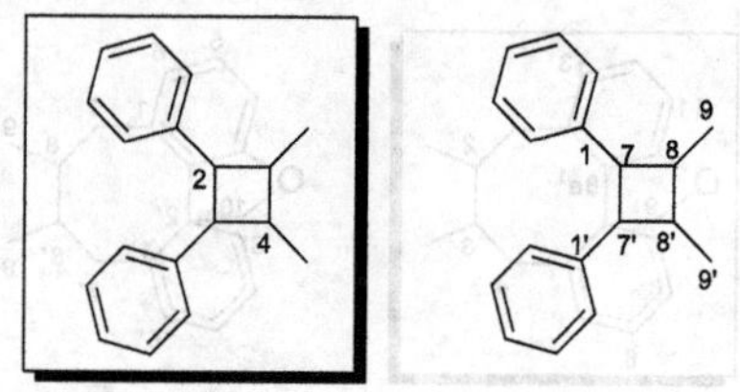

【系统分类】

(3,4-二甲基环丁烷-1,2-二基)双苯

(3,4-dimethylcyclobutane-1,2-diyl)dibenzene

【典型氢谱特征】

7-3-52 [47]　　7-3-53 [47]　　7-3-54 [48]

表 7-3-18 7,7′-环木脂烷型木脂素 7-3-52～7-3-54 的 ^{1}H NMR 数据

H	7-3-52 ($CDCl_3$)	7-3-53 ($CDCl_3$)	7-3-54 (C_5D_5N)	典型氢谱特征
2			6.76 br s①	①④ 芳香区质子信号可以区分成 2 个独立的苯环； ② 7 位（苯甲位）次甲基特征峰（结合 HMBC 实验非常容易判断）； ③ 9 位甲基特征峰；化合物 **7-3-54** 的 C(9) 形成酯羰基，9 位甲基特征峰消失； ⑤ 7′位（苯甲位）次甲基特征峰（结合 HMBC 实验非常容易判断）； ⑥ 9′位甲基特征峰；化合物 **7-3-54** 的 C(9′) 形成酯羰基，9′位甲基特征峰消失。 此外，7,7′-环木脂烷型木脂素常含有其他甲氧基和酚羟基等，其信号有特征性，可作为分析氢谱时的辅助特征信号
3	6.46 s①	6.30 s①		
5			7.03 d(8.0)①	
6①	6.94 s	6.55 s	6.94 br d(8.0)	
7②	3.26 d(9.03)	3.80 br s	4.57 dd(9.6, 5.2)	
8	1.75 br s	2.72 br s	4.49 dd(11.2, 5.2)	
9	1.19 d(5.5)③	1.17 dd(4.56, 2.04)③		
2′			6.88 br s②	
3′	6.46 s④	6.30 s④		
5′			6.97 d(8.0)④	
6′④	6.94 s	6.55 s	6.71 br d(8.0)	
7′⑤	3.26 d(9.03)	3.80 br s	4.80 dd(9.6, 5.2)	
8′	1.75 br s	2.72 br s	4.37 dd(11.2, 5.2)	
9′	1.19 d(5.5)⑥	1.17 dd(4.56, 2.04)⑥		
1″			5.26 d(12.0) 4.33 d(12.0)	
3″			5.68 s	
4″			4.66 br s	
5″			5.13 dd(5.6, 3.8)	
6″			4.47 dd(12.4, 3.8) 4.50 dd(12.4, 4.4)	
1‴			6.18 d(3.2)	
2‴			4.22 dd(8.8, 3.2)	
3‴			4.78 dd(8.8, 8.4)	
4‴			4.28 dd(8.8, 8.4)	
5‴			5.24 ddd(8.8, 4.4, 3.2)	
6‴			4.93 dd(12.0, 4.4) 5.26 dd(12.0, 3.2)	
OMe	3.68 s (×2) 3.84 s (×2) 3.86 s (×2)	3.51 s (×2) 3.64 s (×2) 3.79 s (×2)	3.61 s(3′-OMe) 3.73 s(3-OMe)	
OAc			1.88 s	

三、新木脂烷型木脂素（neolignanes）

1. 8,3′-新木脂烷型木脂素

（1）简单 8,3′-新木脂烷型木脂素

【系统分类】

1-(1-苯基丙-2-基)-3-丙基苯

1-(1-phenylpropan-2-yl)-3-propylbenzene

【典型氢谱特征】

7-3-55 [49]　7-3-56 [50]　7-3-57 [51]

表 7-3-19 简单 8,3′-新木脂烷型木脂素 7-3-55～7-3-57 的 ^{1}H NMR 数据

H	7-3-55 (CD_3COCD_3)	7-3-56 ($CDCl_3$)	7-3-57 ($CDCl_3$)	典型氢谱特征
2①	7.07 d(8.0)	6.79～6.85 m	6.89～7.03 m	①③ 芳香区质子信号可以区分成 2 个独立的苯环；化合物 **7-3-56** 的 C(1′)～C(6′)类似于取代苯环的互变异构体；② 9 位甲基特征峰；化合物 **7-3-55** 的 C(9)形成烯亚甲基，其信号有特征性；④ 9′位甲基特征峰；化合物 **7-3-56** 的 C(9′)形成烯亚甲基，其信号有特征性。此外，简单 8,3′-新木脂烷型木脂素常含有其他亚甲二氧基、甲氧基和酚羟基等，其信号有特征性，可作为分析氢谱时的辅助特征信号
3	6.77 d(8.0)①		6.89～7.03 m①	
5①	6.77 d(8.0)	6.79～6.85 m	6.89～7.03 m	
6①	7.07 d(8.0)	6.79～6.85 m	6.89～7.03 m	
7	3.74 br s	4.82 d(4.4)	2.70～3.00 m	
8		3.09～3.24 m	3.19～3.58 m	
9②	5.05 m	1.11 d(7.1)	1.15 d(7)	
2′③	7.05 d(2.0)	6.11 s	6.62～6.77 m	
5′③	6.89 d(8.0)	5.68 s	6.62～6.77 m	
6′	7.20 dd(8.0, 2.0)③		6.62～6.77 m③	
7′	6.28 dm(16.0)	2.44～2.62 m	2.52 t(8)	
8′	6.06 dq(16.0, 6.0)	5.30～5.43 m	1.40～1.80 m	
9′④	1.79 dd(6.0, 2.0)	4.98～5.06 m	0.92 t(7.5)	
OMe	3.71 s(4-OMe) 3.84 s(4′-OMe)	2.96 s(1′-OMe) 3.79 s(4′-OMe)	3.75 s	
OH		2.85 br s(7-OH)	4.71 br s	
OCH_2O		5.90 s		

（2）苯并呋喃 8,3′-新木脂烷型木脂素

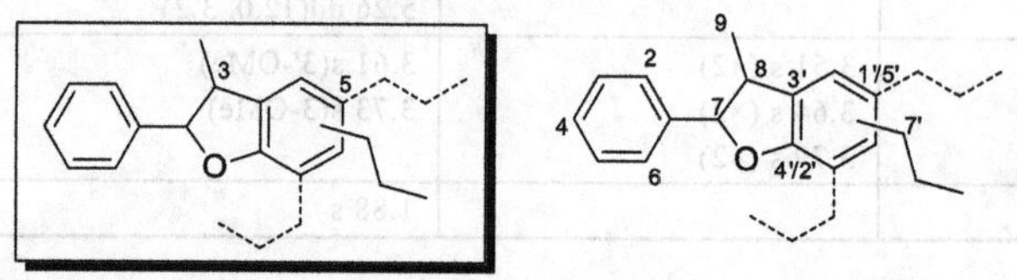

【系统分类】

3-甲基-2-苯基-5/7-丙基-2,3-二氢苯并呋喃

3-methyl-2-phenyl-5-propyl-2,3-dihydrobenzofuran

【结构多样性】

C(9)降碳；C(8′),C(9′)二降碳；C(9),C(9′)二降碳；等。

【典型氢谱特征】

7-3-58 [52]　7-3-59 [53]　7-3-60 [54]

表 7-3-20 苯并呋喃 8,3′-新木脂烷型木脂素 **7-3-58**～**7-3-60** 的 ^{1}H NMR 数据

H	**7-3-58** ($CDCl_3$)	**7-3-59** (CCl_4)	**7-3-60** ($CDCl_3$)	典型氢谱特征
2	7.21 d(8.4)①	6.68～6.90 m①		①④ 芳香区质子信号可以区分成 2 个独立的苯环； ② 7 位(苯甲位)氧次甲基特征峰(结合 HMBC 实验非常容易判断)；化合物 **7-3-60** 的 C(7)形成氧化烯叔碳，7 位氧次甲基特征峰信号消失； ③ 9 位甲基特征峰；化合物 **7-3-58** 的 C(9)形成氧亚甲基（氧化甲基），其信号有特征性；化合物 **7-3-60** 的 C(9)降碳，9 位甲基信号消失； ⑤ 7′位（苯甲位）亚甲基或次甲基特征峰(结合 HMBC 实验非常容易判断)； ⑥9′位具有结构多样性的基团特征峰；化合物 **7-3-58** 的 C(9′)形成醛基，**7-3-59** 的 C(9′)形成烯亚甲基，**7-3-60** 的 C(9′)形成氧化甲基，其信号均有特征性。 此外，苯并呋喃 8,3′-新木脂烷型木脂素常含有其他亚甲二氧基、甲氧基和酚羟基等，其信号有特征性，可作为分析氢谱时的辅助特征信号
3	6.80 d(8.4)①		6.15 d(1.5)①	
5①	6.80 d(8.4)	6.68～6.90 m	6.17 d(1.5)	
6	7.21 d(8.4)①	6.68～6.90 m①		
7②	5.60 d(6.3)	4.93 d(8.0)		
8	3.59 m	3.10～3.50 m	6.89 d(1.0)	
9	3.93 m③	1.35 d(7.0)③		
2′	7.45 s④		7.42 d(1.5)④	
4′		6.42 s④		
5′	6.88 d(8.5)④		7.40 br d(8.0)④	
6′	7.41 d(8.5)④		7.11 dd(8.0, 1.5)④	
7′⑤	7.40 d(15.8)	3.38 d(6.0)	2.80 m	
8′	6.68 dd(15.8, 7.8)	5.60～6.20 m	1.80～1.90 m	
9′⑥	9.62 d(7.8)	4.80～5.20 m	3.60 dt(5. 5)	
OMe		3.83 s	3.81 s	
OH		5.51 s	3.50 t(5.0, 9′-OH) 8.41 br s 8.64 br s	
OCH_2O		5.90 s		

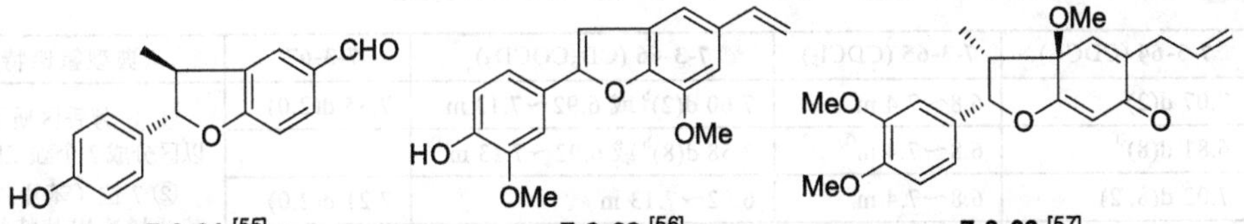

7-3-61 [55]　**7-3-62** [56]　**7-3-63** [57]

表 7-3-21 苯并呋喃 8,3′-新木脂烷型木脂素 **7-3-61**～**7-3-63** 的 ^{1}H NMR 数据

H	**7-3-61** (C_6D_6)	**7-3-62** ($CDCl_3$)	**7-3-63** ($CDCl_3$)	典型氢谱特征
2①	6.98 d(8.5)	7.37 d(2.0)	6.74～6.89 m	化合物 **7-3-61**～**7-3-63** 是异常的苯并呋喃 8,3′-新木脂烷型木脂素类化合物，分子中存在降碳或类似烯丙基芳醚的 Claisen 重排产物结构，其特征与正常的苯并呋喃 8,3′-新木脂烷型木脂素有一定的区别。 ①④ 化合物 **7-3-61** 和 **7-3-62** 芳香区质子信号可以区分成 2 个独立的苯环； ② 7 位（苯甲位）氧次甲基特征峰（结合 HMBC 实验非常容易判断）；化合物 **7-3-62** 的 C(7)形成氧化烯叔碳，7 位氢信号消失； ③ 9 位甲基特征峰；化合物 **7-3-62** 的 C(9)降碳，甲基特征信号消失； ⑤ 化合物 **7-3-63** 的 C(1′)～C(6′)苯环有类似烯丙基芳醚的 Claisen 重排产物结构，相关氢信号有特征性； ⑥ 当 C(9′)不存在降碳结构时，9′位氢信号有特征性。 此外，苯并呋喃 8,3′-新木脂烷型木脂素常含有其他甲氧基和酚羟基等，其信号有特征性，可作为分析氢谱时的辅助特征信号
3	6.60 d(8.5)①		3.87 s(OMe)	
5①	6.60 d(8.5)	6.98 d(8.0)	6.74～6.89 m	
6①	6.98 d(8.5)	7.40 dd(8.0, 2.0)	6.74～6.89 m	
7	4.85 d(8.7)②		6.10 d(4.5)②	
8	3.01 sept(7.4)	6.85 s	2.67 dq(7.5, 4.6)	
9	0.91 d(6.8)③		0.49 d(7.5)③	
2′	7.54 d(1.2)④	7.17 d(1.6)④	6.25 br s⑤	
5′	6.67 d(8.2)④		5.91 s⑤	
6′	7.34 d(8.2, 1.2)④	6.89 d(1.6)④		
7′	9.65 s	6.79 dd(17.6, 10.8)	3.13 m	
8′		5.23 dd(10.8, 0.8) 5.72 dd(17.6, 0.8)	5.88 m	
9′			5.07～5.14 m⑥	
OMe		4.00 s(3-OMe)	3.16 s(3′-OMe)	
		4.07 s(5′-OMe)	3.88 s(4-OMe)	
OH		5.76 br s		

2. 3,3′-新木脂烷型木脂素

【系统分类】

3,3′-二丙基-1,1′-联苯

3,3′-dipropyl-1,1′-biphenyl

【典型氢谱特征】

7-3-64 [58] 7-3-65 [59] 7-3-66 [58] 7-3-67 [60]

表 7-3-22 3,3′-新木脂烷型木脂素 7-3-64～7-3-67 的 ^{1}H NMR 数据

H	7-3-64 ($CDCl_3$)	7-3-65 ($CDCl_3$)	7-3-66 (CD_3COCD_3)	7-3-67[a]	典型氢谱特征
2①	7.07 d(2)	6.8～7.4 m	7.60 d(2)[b] 或 6.92～7.13 m	7.35 d(2.0)	①④ 芳香区质子信号可以区分成2个独立的苯环； ② 7位（苯甲位）亚甲基或烯次甲基特征峰（结合 HMBC 实验非常容易判断）； ③ C(9)形成烯亚甲基、氧亚甲基(氧化甲基)或醛基的特征峰；化合物 **7-3-67** 的 C(9)形成羧羰基，9位信号消失； ⑤ 7′位（苯甲位）亚甲基或烯次甲基特征峰（结合 HMBC 实验非常容易判断）； ⑥ C(9′)形成烯亚甲基的特征峰；化合物 **7-3-67** 的 C(9′)形成羧羰基，9′位信号消失
5	6.81 d(8)①	6.8～7.4 m①	7.58 d(8)[b] 或 6.92～7.13 m①		
6①	7.02 d(8, 2)	6.8～7.4 m	6.92～7.13 m	7.21 d(2.0)	
7②	3.35 br d(7)	6.61 d(16.5)	7.62 d(16)	7.64 d(15.9)	
8	5.94 ddt(18, 11, 7)	6.18 dt(16.5, 6.0)	6.65 dd(16, 8)	6.42 d(15.9)	
9	5.01 br d(11)③ 5.06 br d(18)③	4.25 d(6)③	9.61 d(8)③		
2′④	7.07 d(2)	6.8～7.4 m	7.60 d(2)[b] 或 6.92～7.13 m	7.35 d(2.0)	
5′	6.81 d(8)④	6.8～7.4 m④	7.58 d(8)[b] 或 6.92～7.13 m④		
6′④	7.02 d(8, 2)	6.8～7.4 m	6.92～7.13 m	7.21 d(2.0)	
7′⑤	3.35 br d(7)	3.32 d(7.0)	3.35 d(7)	7.64 d(15.9)	
8′	5.94 ddt(18, 11, 7)	6.05 m	5.98 ddt(18, 10, 7)	6.42 d(15.9)	
9′	5.01 br d(11)⑥ 5.06 br d(18)⑥	5.10 m⑥	5.02 br d(10)⑥ 5.06 br d(18)⑥		
OMe				3.97 s(×2)	
OH		1.90 br s(9-OH)	4.60 br s(×2)		

[a] 溶剂为：CD_3COCD_3: D_2O=9:1；[b] 文献中没有明确归属，此处仅作参考。

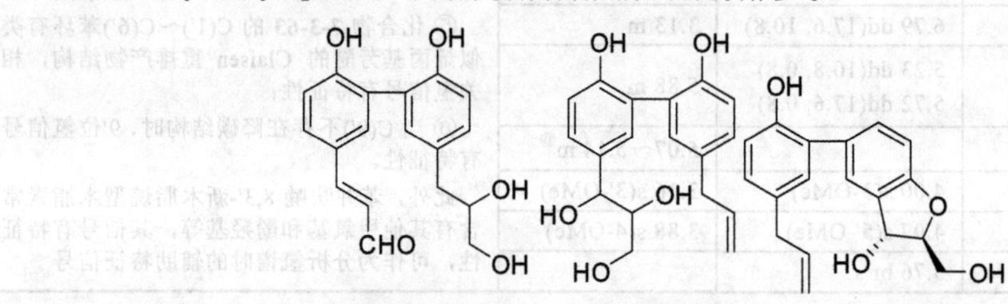

7-3-68 [58] 7-3-69 [58] 7-3-70 [58]

表 7-3-23 3,3′-新木脂烷型木脂素 7-3-68～7-3-70 的 ^{1}H NMR 数据

H	7-3-68 (CD_3COCD_3)	7-3-69 (CD_3COCD_3)	7-3-70 (CD_3COCD_3)	典型氢谱特征
2①	6.97～7.20 m 或 7.62 m	7.11 d(2)或 7.31 d(2)[a]	7.08 d(2)	①④ 芳香区质子信号可以区分成 2 个独立的苯环；②7 位（苯甲位）亚甲基或氧次甲基或烯次甲基特征峰（结合 HMBC 实验非常容易判断）；③ C(9)形成烯亚甲基、氧亚甲基（氧化甲基）或醛基的特征峰；⑤ 7′位（苯甲位）亚甲基或氧次甲基特征峰(结合 HMBC 实验非常容易判断)；⑥ C(9′)形成烯亚甲基或氧亚甲基（氧化甲基）的特征峰
5①	6.97～7.20 m 或 7.62 m	6.90 d(8)或 6.92 d(8)[a]	6.94 d(8)	
6①	6.97～7.20 m 或 7.62 m	7.07 dd(8, 2)或 7.56 dd(8, 2)[a]	6.96 dd(8, 2)	
7②	7.70 d(16)	4.65 d(6)	3.32 br d(6)	
8	6.66 dd(16, 8)	3.70 m	5.98 ddt(18, 11, 6)	
9③	9.62 d(8)	3.52 m	5.03 br d(11) 5.05 br d(18)	
2′④	6.97～7.20 m 或 7.62 m	7.11 d(2)或 7.31 d(2)[a]	7.56 d(2)	
4′			7.42 dd(8, 2)④	
5′④	6.97～7.20 m 或 7.62 m	6.90 d(8)或 6.92 d(8)[a]	6.77 d(8)	
6′	6.97～7.20 m 或 7.62 m④	7.07 dd(8, 2)或 7.56 dd(8, 2)[a]④		
7′⑤	2.65 dd(14, 8) 2.84 dd(14, 5)	3.35 br d(6)	5.28 br s	
8′	3.80 m	5.99 ddt(18, 11, 6)	4.53 dd(10, 6)	
9′⑥	3.56 m	5.01 br d(11) 5.06 br d(18)	3.75 d(6)	

[a] 文献中没有明确归属，此处仅作参考。

3. 8,1′-新木脂烷型木脂素

（1）简单 8,1′-新木脂烷型木脂素

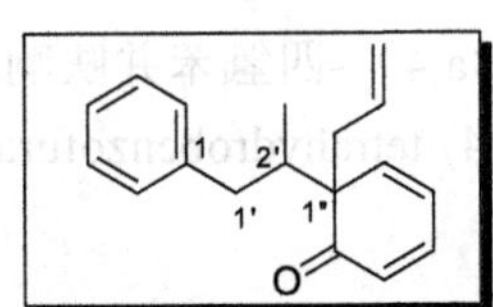

【系统分类】

6-烯丙基-6-(1-苯基丙-2-基)环己-2,4-二烯酮

6-allyl-6-(1-phenylpropan-2-yl)cyclohexa-2,4-dienone

【典型氢谱特征】

7-3-71 [61]　　7-3-72 [61]　　7-3-73 [62]

表 7-3-24 简单 8,1′-新木脂烷型木脂素 7-3-71～7-3-73 的 ^{1}H NMR 数据

H	7-3-71 ($CDCl_3$)	7-3-72 ($CDCl_3$)	7-3-73 ($CDCl_3$)	典型氢谱特征
2①	6.61 d(1.2)	6.63 br s	6.63 d(1.4)	化合物 **7-3-71～7-3-73** 是异常的简单 8,1′-新木脂烷型木脂素，分子中存在烯丙基芳醚的 Claisen 重排产物结构，其特征类似于正常的新木脂烷型木脂素。
5①	6.68 d(7.8)	6.82 d(7.7)	6.70 d(7.8)	
6①	6.56 dd(7.8, 1.2)	6.61 d(7.7, 1.7)	6.55 dd(7.8, 1.4)	
7②	2.05 t(12.5) 2.92 dd(12.5, 2)	2.08 t(12.5) 2.96 dd(12.5, 2.6)	2.07 dd(13.1, 11.8) 2.94 dd(11.8, 2.0)	
8	2.18 ddq(12.5, 2.0, 6.3)	2.19 ddq(12.5, 2.6, 6.5)	2.12 m	

续表

H	7-3-71 (CDCl$_3$)	7-3-72 (CDCl$_3$)	7-3-73 (CDCl$_3$)	典型氢谱特征
9③	0.63 d(6.3)	0.64 d(6.5)	0.69 d(6.1)	①④⑤ 芳香区质子信号可以区分成2个独立的苯环；但④和⑤代表的是烯丙基芳醚的 Claisen 重排结构； ② 7位（苯甲位）亚甲基特征峰（结合HMBC实验非常容易判断）； ③ 9位甲基特征峰； ⑥ 7′位（苯甲位）亚甲基特征峰（结合HMBC实验非常容易判断）； ⑦ 8′位烯氢特征峰； ⑧ 9′位烯亚甲基特征峰。 此外，简单8,1′-新木脂烷型木脂素常含有其他亚甲二氧基、甲氧基和酚羟基等，其信号有特征性，可作为分析氢谱时的辅助特征信号
3′④	5.46 s	5.64 s	5.19 s	
6′⑤	5.61 s	5.50 s	5.50 s	
7′⑥	2.45 dd(13.2, 7.3) 2.68 dd(13.2, 7.3)	2.49 dd(13.1, 7.2) 2.72 dd(13.1, 7.2)	2.46 dd(12.0, 7.0) 2.75 dd(12.0, 7.0)	
8′⑦	5.53 m(ov)	5.58 ov	5.53～5.59 m	
9′⑧	4.95 dd(16.8, 1.8) 5.02 dd(10, 1.8)	4.97 dd(10, 1.3) 5.05 dd(17, 1.3)	4.94～5.05 m	
OMe		3.88 s	3.75 s(4′-OMe) 3.80 s(5′-OMe)	
OCH$_2$O	5.89 s 5.81 s	5.82 s	5.91 s	

（2）呋喃8,1′-新木脂烷型木脂素

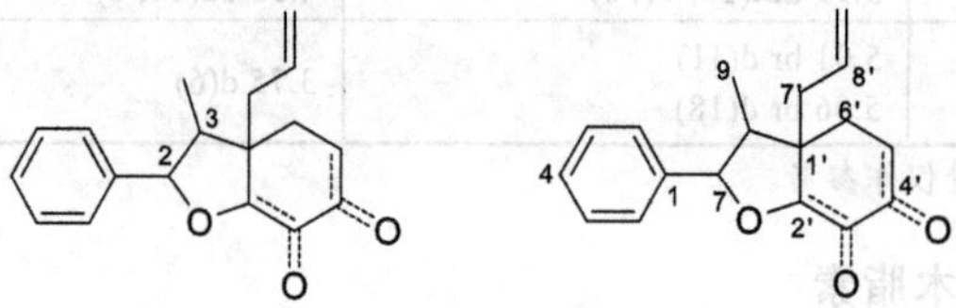

【系统分类】

3-甲基-3a-烯丙基-2-苯基-3,3a,4,5（或2,3,3a,4）-四氢苯并呋喃-6(2*H*)[或7(7a*H*)]-酮

3a-allyl-3-methyl-2-phenyl-3,3a,4,5-(or 2,3,3a,4)-tetrahydrobenzofuran-6(2*H*)[or 7(7a*H*)]-one

【典型氢谱特征】

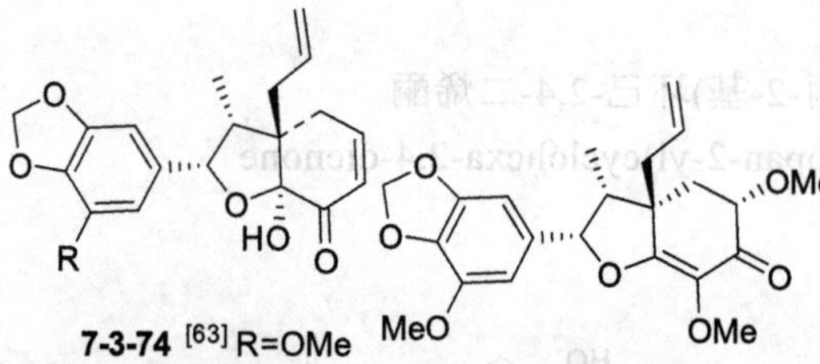

7-3-74 [63] R=OMe
7-3-75 [63] R=H
7-3-76 [63]

表7-3-25 呋喃8,1′-新木脂烷型木脂素7-3-74～7-3-76的 ^{1}H NMR数据

H	7-3-74 (CDCl$_3$)	7-3-75 (CDCl$_3$)	7-3-76 (CDCl$_3$)	典型氢谱特征
2①	6.40 br s	6.72 br s	6.15 s	① 芳香区质子信号可以区分成1个独立的苯环； ② 7位（苯甲位）氧次甲基特征峰； ③ 9位甲基特征峰； ④ 8′位烯氢特征峰； ⑤ 9′位烯亚甲基特征峰。
5		6.72 br s[a]①		
6①	6.40 br s	6.72 br s[a]	6.15 s	
7②	5.34 d(10)	5.38 d(10)	5.82 d(5.5)	
8	2.84 dd(10, 8)[a]	2.85 dd(10, 8)[a]	2.6 m	
9③	0.76 d(8)	0.76 d(8)	0.56 d(7.5)	
4′	6.24 dd(10, 3)	6.22 dd(10, 3)		
5′	6.95 ddd(10, 5, 3)	6.93 ddd(10, 5, 3)	3.94 dd(12, 5)	
6′ ax	2.06 dd(13, 5)	2.01 dd(13, 5)	1.84 t(12)	
6′ eq	2.49 dt(13, 3, 3)[a]	2.45 dt(13, 3, 3)[a]	2.20 dd(12, 5)	

续表

H	7-3-74 ($CDCl_3$)	7-3-75 ($CDCl_3$)	7-3-76 ($CDCl_3$)	典型氢谱特征
7′	2.1～2.4 m	2.1～2.4 m	2.4～2.7 dd(14.7, 7)	呋喃 8,1′-新木脂烷型木脂素分子中存在类似烯丙基芳醚的Claisen重排产物结构，由于同时存在部分氢化，其特征有别于其他芳环结构。 此外，呋喃 8,1′-新木脂烷型木脂素常含有其他亚甲二氧基和甲氧基，其信号有特征性，可作为分析氢谱时的辅助特征信号
8′④	5.4～5.8 m	5.4～5.8 m	5.7～6.1 m	
9′⑤	4.8～5.2 m	4.8～5.2 m	5.2～5.4 m	
OMe	3.85 s		3.90 s(3-OMe) 3.80 s(3′-OMe) 3.62 s(5′-OMe)	
OCH_2O	5.93 s	5.96 s	6.00 s	
OH	4.7 br s	4.7 br s		

[a] 遵循原文献数据。疑有误。

4. 7′,8-新木脂烷型木脂素

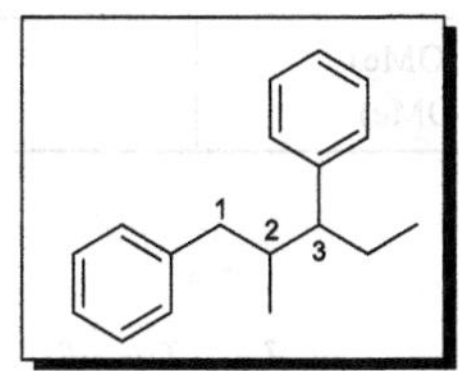

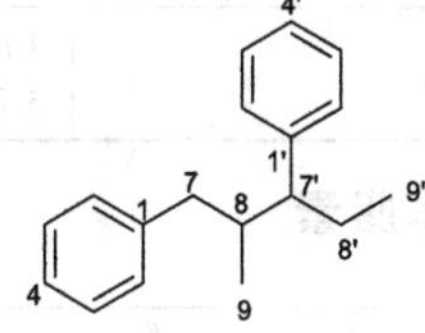

【系统分类】

(2-甲基戊烷-1,3-二基)双苯

(2-methylpentane-1,3-diyl)dibenzene

【结构多样性】

C(9)降碳等。

【典型氢谱特征】

7-3-77 [64]　7-3-78 [65]　7-3-79 [66]　7-3-80 [67]

表 7-3-26 7′,8-新木脂烷型木脂素 7-3-77～7-3-80 的 ^{1}H NMR 数据

H	7-3-77 (CD_3COCD_3)	7-3-78 (CD_3OD)	7-3-79(CD_3COCD_3)	7-3-80 (C_5D_5N)	典型氢谱特征
2①	7.19 dd(8.1, 1.7)	7.21 d(8.5)	7.02 d(1.6)	7.12 或 7.14 或 7.45 或 7.55 d(8)	
3	6.83 dd(8.1, 1.7)①	6.77 d(8.5)①		7.12 或 7.14 或 7.45 或 7.55 d(8)①	该类化合物常见 C(9)降碳。
5①	6.83 dd(8.1, 1.7)	6.77 d(8.5)	6.75 d(8.0)	7.12 或 7.14 或 7.45 或 7.55 d(8)	①④ 芳香区质子信号可以区分成2个独立的苯环;
6①	7.19 dd(8.1, 1.7)	7.21 d(8.5)	6.86 dd(8.2, 1.8)	7.12 或 7.14 或 7.45 或 7.55 d(8)	
7②	6.50 d(11.4)	4.97 d(4.2)	4.88 br s	5.85 m	

续表

H	**7-3-77** (CD_3COCD_3)	**7-3-78** (CD_3OD)	**7-3-79**(CD_3COCD_3)	**7-3-80** (C_5D_5N)	典型氢谱特征
8③	5.71 dd(11.4, 10.5)	4.29 dd(5.5, 4.4)	4.18 dd(4.8, 3.5)	6.14 dd(5, 2)	② C(7)常形成氧次甲基或烯次甲基，其信号有特征性；③ C(8) 常形成氧次甲基或烯次甲基，其信号有特征性；⑤ C(8′) 常形成氧次甲基或烯次甲基，其信号有特征性；⑥ C(9′) 常形成氧亚甲基（氧化甲基）或烯亚甲基，其信号有特征性
2′④	6.78 d(1.5)	7.24 d(8.5)	6.36 d(2.0)	7.12 或 7.14 或 7.45 或 7.55 d(8)	
3′		6.73 d(8.5)④		7.12 或 7.14 或 7.45 或 7.55 d(8)④	
5′④	6.82 d(8.4)	6.73 d(8.5)	6.65 d(8.0)	7.12 或 7.14 或 7.45 或 7.55 d(8)	
6′④	6.72 dd(8.4, 1.5)	7.24 d(8.5)	6.51 d(8.0, 2.0)	7.12 或 7.14 或 7.45 或 7.55 d(8)	
7′	4.53 dd(10.5, 6.3)	3.48 t(6.4)	3.25 dd(4.8, 2.8)		
8′⑤	6.04 dq(16.8, 10.5, 6.3)	4.58 m	4.23 br s	6.25 t(2, 2)	
9′⑥	5.10 d(10.5) 5.15 d(16.8)	3.57 dd(11.7, 5.4) 3.53 dd(11.7, 3.7)	4.04 dd(9.2, 4.4) 3.84 dd(9.2, 2.7)	4.08 dd(12, 7) 4.34 dd(12, 3)	
OMe	3.78 s		3.68 s(3′-OMe) 3.78 s(3-OMe)		

5. 8,9′-新木脂烷型木脂素

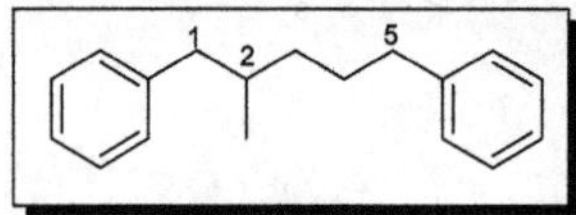

【系统分类】

（2-甲基戊烷-1,5-二基）双苯

(2-methylpentane-1,5-diyl)dibenzene

【结构多样性】

C(9)降碳等。

【典型氢谱特征】

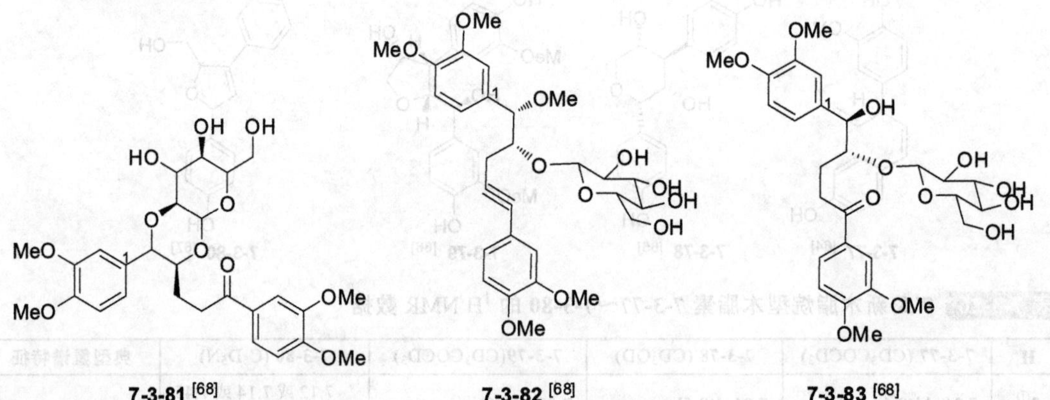

表 7-3-27 8,9′-新木脂烷型木脂素 7-3-81～7-3-83 的 ^{1}H NMR 数据

H	**7-3-81** ($CDCl_3/CD_3OD$=4:1)	**7-3-82**($CDCl_3$)	**7-3-83** ($CDCl_3/CD_3OD$=4:1)	典型氢谱特征
2①	7.03 d(1.6)	6.90 d(1.4)	6.86 d(1.6)	该类化合物常见C(9)降碳。
5①	6.87 d(8.6)	6.82 d(8.6)	6.76 d(8.2)	
6①	7.03 dd(8.6, 1.6)	6.87 dd(8.6, 1.4)	6.83 dd(8.2, 1.6)	
7②	4.70 d(5.6)	4.38 d(4.2)	4.40 d(8.3)	

续表

H	7-3-81 ($CDCl_3/CD_3OD$=4:1)	7-3-82($CDCl_3$)	7-3-83 ($CDCl_3/CD_3OD$=4:1)	典型氢谱特征
8③	4.57 m	4.05 m	3.80 m	①④ 芳香区质子信号可以区分成2个独立的苯环； ② C(7) 常形成氧次甲基，其信号有特征性； ③ C(8) 常形成氧次甲基，其信号有特征性。 此外，8,9′-新木脂烷型木脂素常含有其他甲氧基，其信号有特征性，可作为分析氢谱时的辅助特征信号
2′④	7.50 d(1.3)	6.88 d(1.7)	7.36 d(1.9)	
5′④	6.92 d(8.4)	6.74 d(8.4)	6.80 d(8.6)	
6′④	7.62 dd(8.4, 1.3)	6.96 dd(8.4, 1.7)	7.47 dd(8.6, 1.9)	
8′	3.09 m, 3.19 m		2.92 m, 3.07 m	
9′	1.89 m 2.18 m	2.74 dd(17.0, 7.6) 2.53 dd(17.0, 5.3)	1.61 q(7.2)	
Glu-1″	4.84 d(8.1)	4.52 d(7.7)	4.41 d(7.8)	
2″	3.64 dd(9.2, 8.1)		3.30～3.39 m	
3″	3.44		3.30～3.39 m	
4″	3.44		3.30～3.39 m	
5″	3.60 m		3.30～3.39 m	
6″	3.77 dd(11.8, 4.9) 3.89	3.80 m 3.70 m	3.67 dd(12.1, 4.6) 3.80 m	
OMe	3.88 s, 3.90 s, 3.92 s, 3.95 s	3.28 (7-OMe), 3.85 s, 3.83 s(×3)	3.78 s, 3.82 s, 3.84 s, 3.94 s	

6. 2,9′-新木脂烷型木脂素

【系统分类】

1-(3-苯基丙基)-2-丙基苯

1-(3-phenylpropyl)-2-propylbenzene

【典型氢谱特征】

7-3-84[69]　　7-3-85[69]

表 7-3-28 2,9′-新木脂烷型木脂素 7-3-84 和 7-3-85 的 ^{1}H NMR 数据

H	7-3-84 (D_2O)	7-3-85 (D_2O)	典型氢谱特征
6①	6.96 s	6.94 s	①⑤ 芳香区质子信号可以区分成2个独立的苯环； ②③ C(7)和 C(8)形成反式双键，其信号有特征性；
7②	6.68 d(15.9)	6.71 d(15.1)	
8③	6.12～6.24 m	6.15 m	
9④	4.14 d(5.2)	4.43 d(7.6)	
2′⑤	6.49 s	6.47 s	
6′⑤	6.49 s	6.47 s	

续表

H	7-3-84 (D_2O)	7-3-85 (D_2O)	典型氢谱特征
7′[⑥]	6.15 d(13.7)	6.04 d(15.1)	④ C(9)形成氧亚甲基（氧化甲基），其信号有特征性； ⑥⑦ C(7′)和 C(8′)形成反式双键，其信号有特征性； ⑧ 9′位（苯甲位）亚甲基特征峰 此外，2,9′-新木脂烷型木脂素常含有其他甲氧基，其信号有特征性，可作为分析氢谱时的辅助特征信号
8′[⑦]	6.12～6.24 m	6.15 m	
9′[⑧]	3.38 d(5.2)	—[a]	
Glu-1″	5.02 d(7.3), 4.80 d(7.3)	4.58 d(7.3), 4.50 d(7.3)	
2″		2.60 d(14.6), 2.51 d(14.6)	
4″		2.72 d(16.2), 2.67 d(16.2)	
6″		1.32 s	
OMe	3.81 s(5-OMe) 3.76 s(3-OMe) 3.66 s(3′,5′-OMe)	3.81 s(5-OMe) 3.76 s(3-OMe) 3.68 s(3′, 5′-OMe)	

[a] 文献没有给出数据。

7. 3,4′-新木脂烷型木脂素

【系统分类】

3,4′-二丙基-1,1′-联苯

3,4′-dipropyl-1,1′-biphenyl

【典型氢谱特征】

7-3-86 [70]

7-3-87 [71] R = OMe

7-3-88 [71] R = H

表 7-3-29 3,4′-新木脂烷型木脂素 7-3-86～7-3-88 的 ^{1}H NMR 数据

H	7-3-86 (CD_3OD)	7-3-87 (C_5D_5N)	7-3-88 (C_5D_5N)	典型氢谱特征
2[①]	7.28 br s	7.33 s	7.32 s	①⑤ 芳香区质子信号可以区分成 2 个独立的苯环； ②③ C(7)和 C(8)形成反式双键，其信号有特征性； ④ C(9)形成氧亚甲基（氧化甲基）或醛基，其信号有特征性； ⑥ 7′位（苯甲位）氧次甲基特征峰； ⑦ C(8′)常形氧次甲基，其信号有特征性； ⑧ C(9′)形氧亚甲基（氧化甲基），其信号有特征性。 此外，3,4′-新木脂烷型木脂素常含有其他甲氧基和酚羟基，其信号有特征性，可作为分析氢谱时的辅助特征信号
6[①]	7.23 d(1.5)	7.15 s	7.14 s	
7[②]	7.61 d(15.8)	6.91 d(15.9)	6.91 d(15.9)	
8[③]	6.70 dd(15.8, 7.7)	6.57 dt(15.9, 5.3)	6.57 dt(15.9, 5.3)	
9[④]	9.58 d(7.7)	4.59 d(5.3)	4.59 d(5.3)	
2′[⑤]	6.68 s	7.10 s	7.32 s	
5′			7.22 s[⑤]	
6′[⑤]	6.68 s	7.10 s	7.22 s	
7′[⑥]	5.61 d(6.6)	6.11 d(7.0)	6.08 d(6.7)	
8′[⑦]	3.57 ddd(7.0, 6.6, 5.9)	4.08 br ddd(6.2, 6.2, 6.2)	3.97 br ddd(6.2, 6.2, 6.2)	
9′[⑧]	3.85 dd(10.7, 7.0) 3.86 dd(10.7, 5.9)	4.26 dd(10.8, 6.6) 4.31 dd(10.8, 5.3)	4.22 dd(10.7, 6.7) 4.27 dd(10.7, 5.5)	
OMe	3.92 s(5-OMe) 3.81 s(3′,5′-OMe)	3.86 s(5-OMe) 3.73 s(3′,5′-OMe)	3.58 s(5-OMe) 3.66 s(3′-OMe)	

8. 4,4′-新木脂烷型木脂素

【系统分类】

4,4′-二丙基-1,1′-联苯

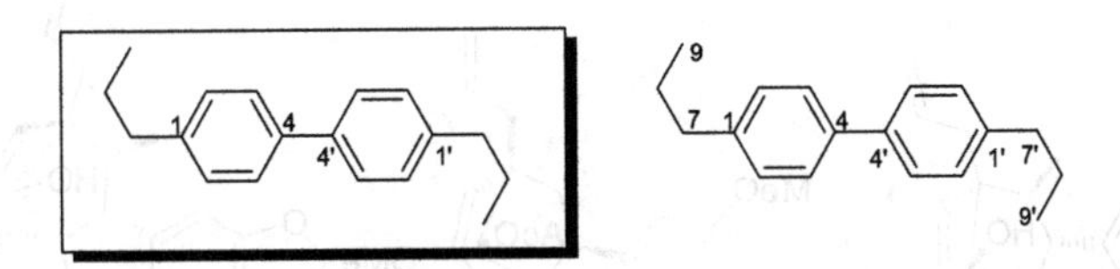

4,4′-dipropyl-1,1′-biphenyl

【典型氢谱特征】

7-3-89 [72]

表 7-3-30 4,4′-新木脂烷型木脂素 7-3-89 的 ^{1}H NMR 数据

H	7-3-89	H	7-3-89	典型氢谱特征
2①	6.90 d(1.8)	2′⑤	6.70 d(1.8)	①⑤ 芳香区质子信号可以区分成 2 个独立的苯环； ② C(7) 和 C(8)形成反式双键的特征峰； ④ C(9) 形成醛基的特征峰； ⑥ C(7′) 形成氧次甲基的特征峰； ⑦ C(9′) 形成氧亚甲基（氧化甲基）的特征峰。 此外，4,4′-新木脂烷型木脂素常含有其他甲氧基和酚羟基，其信号有特征性，可作为分析氢谱时的辅助特征信号
6①	6.76 d(1.8)	6′⑤	6.57 d(1.8)	
7②	7.35 d(15.6)	7′⑥	4.90 d(8.2)	
8③	6.60 dd(15.6. 7.9)	8′	4.05 ddd(8.2, 3.3, 3.3)	
9④	9.66 d(7.6)	9′⑦	3.60 m, 3.90 ov	
OH	5.56 br s(3, 3′-OH) 2.30 s(9′-OH)	OMe	3.92 s(5-OMe) 3.90 s(5′-OMe)	

四、环新木脂烷型木脂素（cycloneneolignanes）

1. 二环[3.2.1]辛烷型环新木脂烷木脂素

（1）7-甲基-1-丙基-6-苯基型

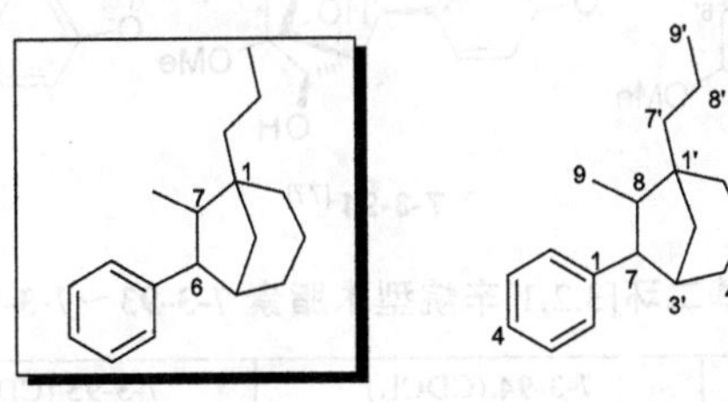

【系统分类】

7-甲基-1-丙基-6-苯基二环[3.2.1]辛烷

7-methyl-6-phenyl-1-propylbicyclo[3.2.1]octane

【典型氢谱特征】

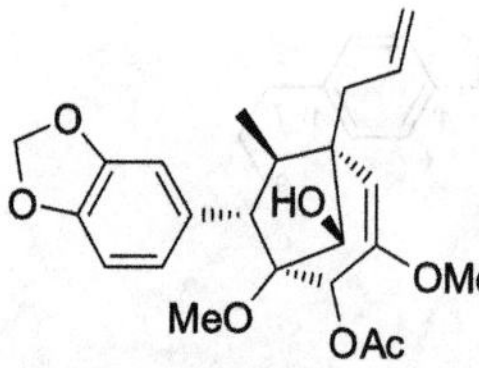

7-3-90 [73] 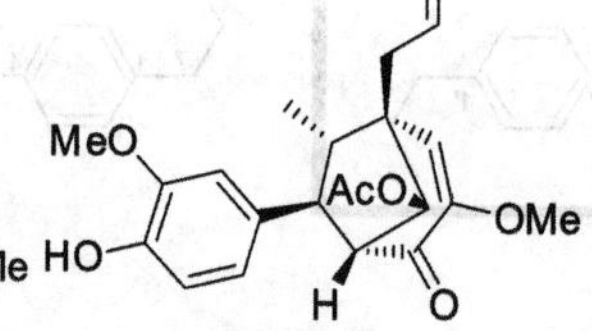　　7-3-91 [74] 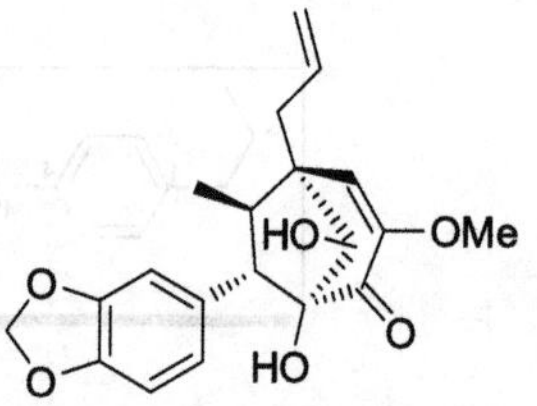　　7-3-92 [75]

表 7-3-31 7-甲基-1-丙基-6-苯基二环[3.2.1]辛烷型木脂素 7-3-90～7-3-92 的 ^{1}H NMR 数据

H	7-3-90 ($CDCl_3$)	7-3-91 ($CDCl_3$)	7-3-92 ($CDCl_3$)	典型氢谱特征
2①	6.84 d(1.5)	6.76 d(1.0)	6.96 s	① 芳香区质子信号可以区分成1个独立的苯环； ② 9 位甲基特征峰； ③④ 8′位和 9′位常形成末端双键型单取代乙烯，其信号有特征性。 此外，7-甲基-1-丙基-6-苯基二环[3.2.1]辛烷型木脂素常含有其他甲氧基、酚羟基和亚甲二氧基，其信号有特征性，可作为分析氢谱时的辅助特征信号
5①	6.70 d(8)	6.81 d(8.0)	6.696 s[a]	
6①	6.77 dd(8, 1.5)	6.81 dd(8.0, 1.0)	6.694 s[a]	
7	3.24 dd(7, 2)	2.57 d(8.0)	2.40 d(8.9)	
8	2.48 dq(7, 1)	2.45 dt(8.0, 6.5)	2.62 dq(8.9, 7.0)	
9②	1.12 d(7)	1.01 d(6.5)	0.87 d(6.4)	
2′	3.88 d(1)	5.17 s	3.98 d(1.6)	
3′		3.04 s		
4′	6.03 dd(2, 1)			
5′				
6′	4.88 d(1)	5.66 s	5.66 s	
7′	2.59 ddt(14, 8, 1) 2.26 ddt(14, 6.5, 1.5)	2.38 d(12.5)[a]	2.42 m 2.60 m	
8′③	5.87 m	5.85 dd(12.5, 5.5)[a]	5.86 m	
9′④	5.21 br d(17) 5.13 br d(10)	5.10 d(5.5)[a]	5.24 dd(17.0, 0.9) 5.15 dd(10.5, 1.1)	
OMe	3.34 s(3′-OMe) 3.51 s(5′-OMe)	3.68 s(5′-OMe) 3.88 s(3-OMe)	3.67 s(5′-OMe)	
OCH_2O	5.89 s		5.92 d(1.6), 5.93 d(1.6)	
OAc	1.49 s	2.14 s		
OH		5.55 s	2.37 d(1.9)	

a 遵循文献数据，疑有误。

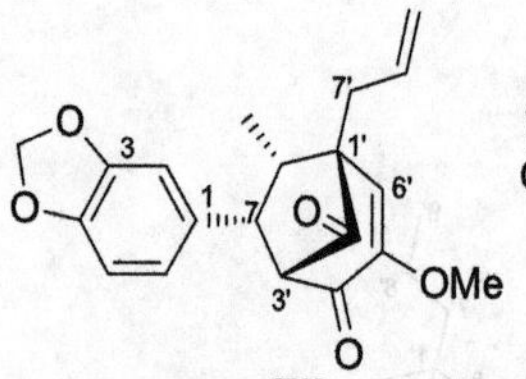

7-3-93 [76] 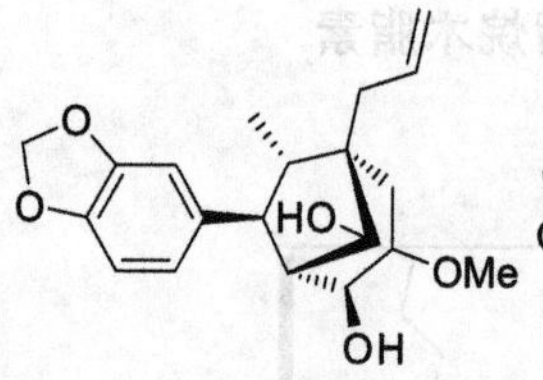　　7-3-94 [77] 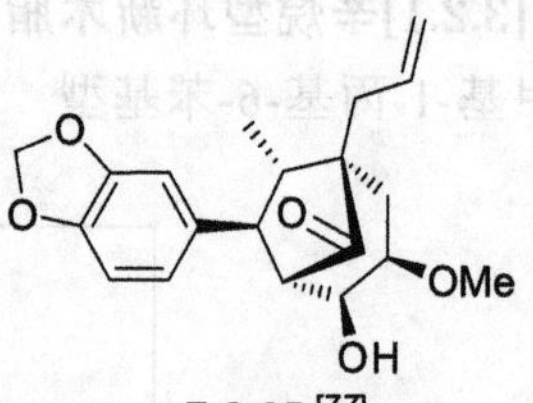　　7-3-95 [77]

表 7-3-32 7-甲基-1-丙基-6-苯基二环[3.2.1]辛烷型木脂素 7-3-93～7-3-95 的 ^{1}H NMR 数据

H	7-3-93 ($CDCl_3$)	7-3-94 ($CDCl_3$)	7-3-95 ($CDCl_3$)	典型氢谱特征
2①	6.52 d(2.0)	7.10 d(1.6)	6.48～6.67 m	① 芳香区质子信号可以区分成 1 个独立的苯环；
5①	6.70 d(7.6)	6.68 d(7.9)	6.48～6.67 m	
6①	6.54 dd(7.6, 1.6)	6.78 dd(7.9, 1.6)	6.48～6.67 m	
7	3.11 dd(7.2, 6.0)	2.84 dd(8.7, 1.7)	3.23 dd(7.0, 1.5)	
8	2.53 dq(7.2, 6.0)	2.04 dq(8.1, 6.9)	1.77 dq(7.0, 7.3)	

续表

H	7-3-93 ($CDCl_3$)	7-3-94 ($CDCl_3$)	7-3-95 ($CDCl_3$)	典型氢谱特征
9②	1.14 d(7.2)	0.92 d(6.9)	1.07 d(6.8)	② 9 位甲基特征峰； ③④ 8′位和 9′位常形成末端双键型单取代乙烯，其信号有特征性。 此外，7-甲基-1-丙基-6-苯基二环[3.2.1]辛烷型木脂素常含有其他亚甲二氧基，其信号有特征性，可作为分析氢谱时的辅助特征信号
2′		4.17 s		
3′	3.74 d(7.2)	2.16 dd(4.0, 1.7)	2.41 dd(4.0, und)	
4′		4.00 ddd(3.5, 2.0, und)	4.42 ddd(4.3, 2.0, 1.7)	
5′		3.23 dd(7.0, und)	3.26 dd(7.0, und)	
6′	6.26 s	ax1.85 dd(7.0, 1.4) eq 1.68 ddd(14, 7.5, 1.2)	ax1.94～2.02 m eq 2.21 dd(13, 6.8)	
7′	2.61 dd(14.8, 7.2) 2.44 dd(14.8, 6.8)	1.97～2.34 m	1.94～2.32 m	
8′③	5.95 ddt(16.8, 10.4, 7.0)	5.85～6.10 m	5.73～5.93 m	
9′④	5.29 md(16.8) 5.27 md(10.4)	5.07～5.15 m	4.94～5.01 m	
OMe	3.68 s	3.34 s	3.39 s	
OCH_2O	5.91 s	5.89 s	5.89 s	

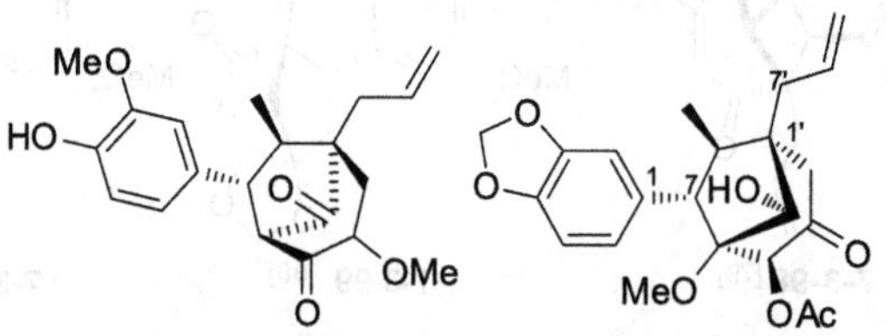

7-3-96 [78]　　7-3-97 [73]

表 7-3-33 7-甲基-1-丙基-6-苯基二环[3.2.1]辛烷型木脂素 **7-3-96, 7-3-97** 的 ^1H NMR 数据

H	7-3-96 (CCl_4)	7-3-97 ($CDCl_3$)	典型氢谱特征
2①	6.3～6.8 m	6.77 d(1.5)	① 芳香区质子信号可以区分成 1 个独立的苯环； ② 9 位甲基特征峰； ③④ 8′位和 9′位常形成末端双键型单取代乙烯，其信号有特征性。 此外，7-甲基-1-丙基-6-苯基二环[3.2.1]辛烷型木脂素常含有其他亚甲二氧基，其信号有特征性，可作为分析氢谱时的辅助特征信号
5①	6.3～6.8 m	6.71 d(8)	
6①	6.3～6.8 m	6.65 dd(8, 1.5)	
7	2.0～3.0 m	3.26 dd(9, 2)	
8	2.0～3.0 m	2.15 br q(7.5)	
9②	1.18 d(7)	1.08 d(7)	
2′		4.16 d(1)	
3′	2.0～3.0 m		
4′		5.55 dd(2, 1)	
5′	4.3～4.7 m		
6′	2.0～3.0 m	2.52 dd(16, 1) 2.37 d(16)	
7′	2.0～3.0 m	2.76 ddt(13.5, 6.5, 1) 2.06 dd(13.5, 8)	
8′③	5.4～6.1 m	5.89 m	
9′④	4.8～5.4 m	5.20 br d(14.5) 5.19 br d(11.5)	
OMe	3.88 s(3-OMe) 3.58 s(5′-OMe)	3.31 s(3′-OMe)	
OCH_2O		5.90 s	
OAc		1.76 s	

（2）6-甲基-1-丙基-7-苯基型

【系统分类】

6-甲基-1-丙基-7-苯基二环[3.2.1]辛烷

6-methyl-7-phenyl-1-propylbicyclo[3.2.1]octane

【典型氢谱特征】

7-3-98 [79]　　7-3-99 [80]　　7-3-100 [80]

表 7-3-34　6-甲基-1-丙基-7-苯基型木脂素 7-3-98～7-3-100 的 ^{1}H NMR 数据

H	7-3-98 ($CDCl_3$)	7-3-99 ($CDCl_3$)	7-3-100 ($CDCl_3$)	典型氢谱特征
2①	6.43 br s	6.12 d(1.7)	6.24 d(1.7)或 6.26 d(1.7)[a]	① 芳香区质子信号可以区分成 1 个独立的苯环；② 9 位甲基特征峰；③④ 8′位和 9′位常形成末端双键型单取代乙烯，其信号有特征性。此外，6-甲基-1-丙基-7-苯基二环[3.2.1]辛烷型木脂素常含有其他亚甲二氧基，其信号有特征性，可作为分析氢谱时的辅助特征信号
5	6.67 d(8.5)①			
6①	6.47 br d(8.5)	6.12 d(1.7)	6.24 d(1.7)或 6.26 d(1.7)[a]	
7	3.73 s	3.37 d(11.9)	2.68 d(5.9)	
8		2.87 dq(11.9, 7.4)	2.48 dq(13.7)	
9②	1.63 s	0.85 d(7.4)	1.16 d(6.9)	
2′	2.26 s	2.06 d(10.5) 2.26 d(10.5)	2.08 dd(10.8, 1.3) 2.34 d(10.8)	
5′	4.86 s	5.57 s	5.43 s	
7′	2.90 m 2.65 m	2.05 dd(14.2, 8.9) 2.56 ddd(14.1, 5.8, 1.4)	2.07 dd(14.2, 8.9) 2.67 ddd(13.9, 5.8, 1.3)	
8′③	6.05 m	5.75 m	5.65～5.85 m	
9′④	5.26 br d(17.1) 5.23 br d(10.4)	5.06 m	5.07～5.18 m	
OMe	3.80 s(3-OMe) 3.79 s(4-OMe) 3.39 s(3′-OMe) 3.50 s(4′-OMe)	3.93 s(5-OMe)	3.86 s(5-OMe)	
3,4-OCH_2O		5.87 d(1.5), 5.89 d(1.5)	5.90 d(1.4), 5.92 d(1.4)	
3′,4′-OCH_2O		5.63 d(0.3), 5.67 d(0.3)	5.46 d(0.3), 5.73 d(0.3)	

[a] 文献中没有具体归属。

（3）6-甲基-3-丙基-7-苯基型

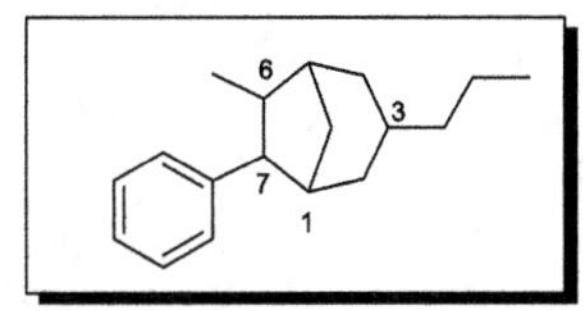

【系统分类】

6-甲基-3-丙基-7-苯基二环[3.2.1]辛烷

6-methyl-7-phenyl-3-propylbicyclo[3.2.1]octane

【典型氢谱特征】

表 7-3-35 6-甲基-3-丙基-7-苯基二环[3.2.1]辛烷型木脂素 **7-3-101**～**7-3-103** 的 ^{1}H NMR 数据

H	**7-3-101** ($CDCl_3$)	**7-3-102** ($CDCl_3$)	**7-3-103** (C_6D_6)	典型氢谱特征
2①	6.57 d(2.0)	6.58 d(2.0)	6.78 s	① 芳香区质子信号可以区分成 1 个独立的苯环； ② 9 位甲基特征峰； ③④ 8′位和 9′位常形成末端双键型单取代乙烯，其信号有特征性。 此外，6-甲基-3-丙基-7-苯基二环[3.2.1]辛烷型木脂素常含有其他亚甲二氧基和甲氧基，其信号有特征性，可作为分析氢谱时的辅助特征信号
5①	6.79 d(8.0)	6.73 d(8.0)	6.80 d(9.0)	
6①	6.66 dd(8.0, 2.0)	6.57 dd(8.0, 2.0)	6.84 d(9.0)	
7	2.46(ov)	2.45 d(8.0)	2.41 d(8.5)	
8	2.46(ov)	2.41 dq(8.0, 6.5)	2.73 dt(8.5, 7.0)[a]	
9②	1.07 d(6.0)	1.06 d(6.5)	0.98 d(7.0)	
2′	7.04 br s	7.03 br s	6.83 s	
4′			5.29 s	
5′	3.52 s	3.59 s	2.98 s	
7′	3.20 mdd(16.4, 7.2) 3.07 mdd(16.4, 6.8)	3.12 mdd(16.5, 7.0) 3.07 mdd(16.5, 7.0)	3.01 d(6.5)	
8′③	5.86 ddt(16.0, 10.8, 6.8)	5.85 ddt(16.5, 10.5, 7.0)	5.82 ddd(13.5, 6.5, 1.0)[a]	
9′④	5.18 md(10.8) 5.17 md(16.0)	5.18 d(10.5) 5.17 d(16.5)	5.10 dd(13.5, 1.0)[a]	
OMe	3.63 s 3.84 s 3.85 s	3.63 s	3.35 s(3′-OMe) 3.84 s(3-OMe) 3.84 s(4-OMe)	
OCH_2O		5.94 s		
OAc			2.14 s	

[a] 遵循文献数据，疑有误。

2. 环丁烷型环新木脂烷木脂素

【系统分类】

(2,4-二甲基环丁烷-1,3-二基)双苯

(2,4-dimethylcyclobutane-1,3-diyl)dibenzene

【典型氢谱特征】

7-3-104 [81]　7-3-105 [82]　7-3-106 [83]

表 7-3-36 环丁烷型环新木脂烷木脂素 7-3-104～7-3-106 的 ^{1}H NMR 数据

H	7-3-104 ($CDCl_3$)	7-3-105 ($CDCl_3$)	7-3-106 (CD_3OD)	典型氢谱特征
2①	6.82 d(2.0)	6.24 s	6.74 d(1.9)	①④ 芳香区质子信号可以区分成2个独立的苯环；② 7位次甲基特征峰；③ 8位次甲基特征峰；⑤ 7′位次甲基特征峰；⑥ 8′位次甲基特征峰；化合物 7-3-104～7-3-106 的 C(9)和 C(9′)均形成了酰胺羰基或酯羰基，其甲基特征信号消失，需通过碳谱予以鉴别。此外，环丁烷型环新木脂烷木脂素常含有其他酚羟基和甲氧基，其信号有特征性，可作为分析氢谱时的辅助特征信号
5	6.77 d(8.4)①		6.73 d(8.2)①	
6①	6.89 dd(8.4, 2.0)	6.24 s	6.62 dd(8.2, 1.9)	
7②	4.75 dd(11.2, 8.0)	4.17 dd(9.2, 5.7)	3.65 t(9.8)	
8③	4.89 dd(11.2, 8.0)	4.73 m	3.11 t(9.8)	
2′④	6.82 d(2.0)	6.12 d(1.4)	6.74 d(1.9)	
5′	6.77 d(8.4)④		6.73 d(8.2)④	
6′④	6.89 dd(8.4, 2.0)	6.33 d(1.4)	6.62 dd(8.2, 1.9)	
7′⑤	4.75 dd(11.2, 8.0)	4.11 dd(9.2, 5.7)	3.65 t(9.8)	
8′⑥	4.89 dd(11.2, 8.0)	4.73 m	3.11 t(9.8)	
3″	5.77 br d(9.6)	5.95 dt(9.6, 2.0) 或 5.96 dt(9.6, 2.0)		
4″	6.65 m	6.87 dt(9.6, 4.0) 或 6.88 dt(9.6, 4.0)		
5″	1.64 m, 2.05 m	2.40 m		
6″	3.45 m，3.76 m	3.99 t(6.6)或 4.00 t(6.6)		
3‴	5.77 br d(9.6)	5.95 dt(9.6, 2.0) 或 5.96 dt(9.6, 2.0)		
4‴	6.65 m	6.87 dt(9.6, 4.0) 或 6.88 dt(9.6, 4.0)		
5‴	1.64 m, 2.05 m	2.40 m		
6‴	3.45 m, 3.76 m	3.99 t(6.6) 或 4.00 t(6.6)		
OMe	3.84 s(3,3′-OMe) 3.86 s(4,4′-OMe)	3.69 s(3′-OMe) 3.71 s(3, 5-OMe) 3.74 s(4-OMe)		
OCH_2O		5.84 d(1.4)		
OMe			3.72 s	

五、氧新木脂烷型木脂素（oxyneolignanes）

1. 8,4′-氧新木脂烷型木脂素

【系统分类】

4-丙基-1-(1-苯基-丙-2-基)氧基苯

1-[(1-phenylpropan-2-yl)oxy]-4-propylbenzene

【典型氢谱特征】

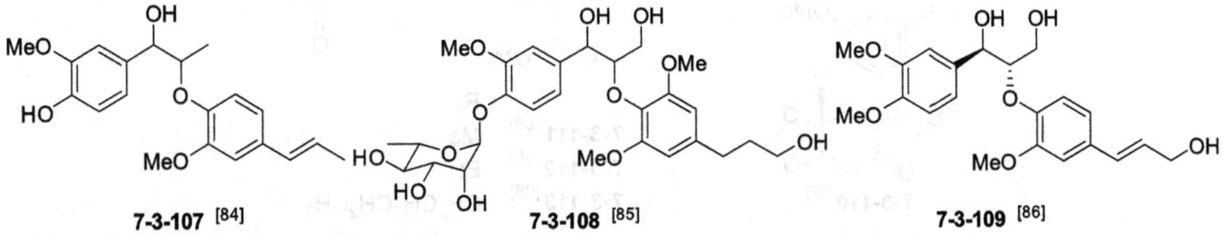

7-3-107 [84]　　7-3-108 [85]　　7-3-109 [86]

表 7-3-37 8,4′-氧新木脂烷型木脂素 7-3-107～7-3-109 的 ^{1}H NMR 数据

H	7-3-107 ($CDCl_3$)	7-3-108 (CD_3OD)	7-3-109 ($CDCl_3$)	典型氢谱特征
2①	6.82～6.97	7.11 br s	6.97 (ov)	①⑤ 芳香区质子信号可以区分成 2 个独立的苯环； ② 7 位常形成氧次甲基，其信号有特征性； ③ 8 位氧次甲基特征峰； ④ 9 位甲基特征峰；化合物 **7-3-108** 和 **7-3-109** 的 C(9)形成氧亚甲基（氧化甲基），其信号有特征性； ⑥ 9′位甲基特征峰；化合物 **7-3-108** 和 **7-3-109** 的 C(9′)形成氧亚甲基（氧化甲基），其信号有特征性。 此外，8,4′-氧新木脂烷型木脂素含有其他酚羟基和甲氧基，其信号有特征性，可作为分析氢谱时的辅助特征信号
5①	6.82～6.97	7.08 d(8.0)	6.84 d(8.4)	
6①	6.82～6.97	6.93 d(8.0)	6.901 dd(8.4, 2.0)	
7②	4.59 d(8.3)	4.99 d(5.2)	4.99 d(4.8)	
8③	4.06 m	4.22 m	4.17 m	
9④	1.14(6.1)	3.57 m	3.68 br d(11.6) 3.93 dd(12.0, 5.6)	
2′⑤	6.82～6.97	6.57 br s	6.97 ov	
5′	6.82～6.97⑤		6.904 d(8.0)⑤	
6′⑤	6.82～6.97	6.57 br s	6.92 dd(8.0, 2.0)	
7′	6.34 dd(16.3, 1.5)	2.65 t(8.0)	6.57 d(15.6)	
8′	6.12 m	1.82 m	6.29 dt(15.6, 6.0)	
9′⑥	1.86 dd(6.6, 1.5)	3.57 m	4.33 d(5.6)	
1″		5.38 br s		
2″		4.12 br s		
3″		3.95 m		
4″		3.48 t(9.5)		
5″		3.91 m		
6‴		1.26 d(5.9)		
OMe	3.88 s 3.90 s	3.83 s(3′, 5′-OMe) 3.85 s(3-OMe)	3.875 s(4-OMe) 3.882 s(3-OMe) 3.907 s(3′-OMe)	
OH	5.59 br s			

2. 3,4′-氧新木脂烷型

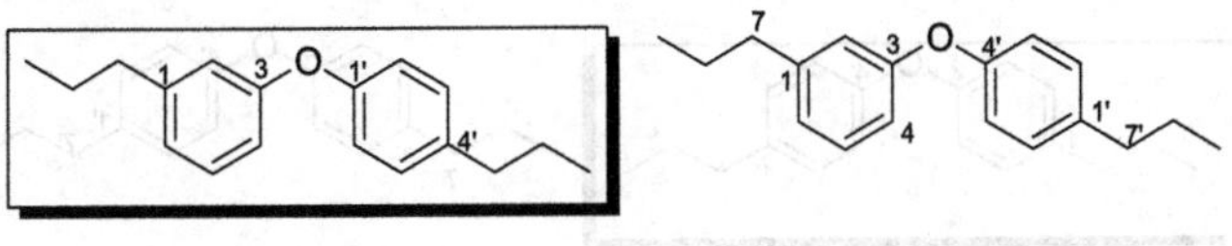

【系统分类】

1-丙基-3-(4-丙基苯氧基)苯

1-propyl-3-(4-propylphenoxy)benzene

【典型氢谱特征】

7-3-110[87]

7-3-111[88] R = Me
7-3-112[88] R = Et
7-3-113[88] R = $CH_2CH_2CH_2CH_3$

表 7-3-38 3,4′-氧新木脂烷型木脂素 **7-3-110～7-3-113** 的 ^{1}H NMR 数据

H	**7-3-110** ($CDCl_3$)	**7-3-111** ($CDCl_3$)	**7-3-112** ($CDCl_3$)	**7-3-113** ($CDCl_3$)	典型氢谱特征
1	2.47 m				除化合物 **7-3-110** 异常外，化合物 **7-3-111～7-3-113** 均为正常的 3,4′-氧新木脂烷型木脂素。这些正常的 3,4′-氧新木脂烷型木脂素的典型氢谱特征如下： ①③ 芳香区质子信号可以区分成 2 个独立的苯环； ② 9 位甲基应具有显著特征，但化合物 **7-3-111～7-3-113** 的 C(9)均形成酯羰基，甲基特征消失，需通过碳谱鉴别； ④ 7′位（苯甲位）亚甲基特征峰（结合 HMBC 实验非常容易判断）； ⑤ 9′位甲基应具有显著特征，但化合物 **7-3-111～7-3-113** 的 C(9′)均形成酯羰基，甲基特征消失，需通过碳谱鉴别。 化合物 **7-3-110** 分子中存在类似烯丙基芳醚的 Claisen 重排产物结构，由于同时存在部分氢化，其特征有别于其他芳环结构
2	3.05 br d(14.4) 2.17 dd(14.4, 8.0)	6.98 d(2.0)①	6.98 d(2.0)①	6.98 d(2.0)①	
5	5.57 br s	7.03 d(8.0)①	7.03 d(8.0)①	7.03 d(8.0)①	
6		7.20 dd(8.0, 2.0)①	7.20 dd(8.0, 2.0)①	7.20 dd(8.0, 2.0)①	
7	2.60 m, 2.40 m	7.52 d(16.0)	7.52 d(16.0)	7.52 d(16.0)	
8	5.54 m	6.17 d(16.0)	6.17 d(16.0)	6.17 d(16.0)	
9	4.82 br d(10.1)② 4.46 br d(17.0)				
2′③	6.74 d(2.2)	7.21 d(8.4)	7.21 d(8.4)	7.21 d(8.4)	
3′		6.96 d(8.4)③	6.96 d(8.4)③	6.96 d(8.4)③	
5′③	7.30 d(8.1)	6.96 d(8.4)	6.96 d(8.4)	6.96 d(8.4)	
6′③	6.70 dd(8.1, 2.2)	7.21 d(8.4)	7.21 d(8.4)	7.21d(8.4)	
7′④	3.35 d(6.4)	2.96 t(8.0)	2.96 t(8.0)	2.96 t(8.0)	
8′	5.94 m	2.65 t(8.0)	2.65 t(8.0)	2.65 t(8.0)	
9′⑤	5.09 br s, 5.07 br s				
1″			4.13 q(7.2)	4.09 t(6.8)	
2″			1.25 t(7.2)	1.61 m	
3″				1.55 m	
4″				0.92 t(7.4)	
OMe	3.77 s	3.67 s(9-OMe) 3.75 s(9′- OMe)	3.75 s	3.75 s	
OCH_2O	5.56 br s, 5.49 br s				

3. 4,4′-氧新木脂烷型

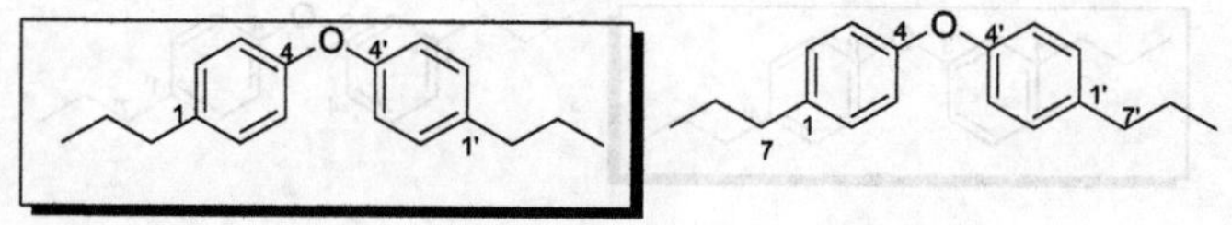

【系统分类】

4,4′-氧双(丙基苯)

4,4′-oxybis(propylbenzene)

【典型氢谱特征】

7-3-114 [89]

7-3-115 [90]

7-3-116 [91]

表 7-3-39 4,4′-氧新木脂烷型木脂素 7-3-114～7-3-116 的 ^{1}H NMR 数据

H	7-3-114 (CD_3OD)	7-3-115 ($CDCl_3$)	7-3-116 ($CDCl_3$)	典型氢谱特征
2	7.48 d(8.6)①	6.70 d(1.5)①		①⑤ 芳香区质子信号可以区分成 2 个独立的苯环； ② 7 位（苯甲位）亚甲基或烯次甲基特征峰（结合 HMBC 实验非常容易判断）； ③ 8 位亚甲基或烯次甲基特征峰； ④ 化合物 **7-3-116** 的 C(8)和 C(9)形成单取代乙烯基，其信号有特征性；化合物 **7-3-114** 和 **7-3-115** 的 C(9)形成羧羰基或酯羰基，不能表现出共振信号； ⑥ 7′位（苯甲位）亚甲基或烯次甲基特征峰（结合 HMBC 实验非常容易判断）； ⑦ 8′位亚甲基或烯次甲基特征峰； ⑧ 化合物 **7-3-116** 的 C(8′)和 C(9′)形成单取代乙烯基，其信号有特征性；化合物 **7-3-114** 和 **7-3-115** 的 C(9′)形成羧羰基或酯羰基，不能表现出共振信号
3	6.82 d(8.6)①		6.35 d(2)①	
5①	6.82 d(8.6)	6.83 d(8.0)	6.95 dd(9, 2)	
6①	7.48 d(8.6)	6.68 dd(8.0, 1.5)	7.17 dd(9, 2)^a	
7②	7.57 d(15.9)	2.88 t(7.5)	3.23 d(5)或 3.40 d(5)	
8③	6.59 d(15.9)	2.59 t(7.5)	5.95 m	
9			5.10 m④	
2′⑤	7.48 d(8.6)	7.05 d(9.0)	6.65 d(2)	
3′	6.82 d(8.6)⑤	6.75 d(9.0)⑤		
5′⑤	6.82 d(8.6)	6.75 d(9.0)	6.95 dd(9, 2)	
6′⑤	7.48 d(8.6)	7.05 d(9.0)	7.17 dd(9, 2)^a	
7′⑥	7.57 d(15.9)	2.88 t(7.5)	3.23 d(5)或 3.40 d(5)	
8′⑦	6.59 d(15.9)	2.61 t(7.5)	5.95 m	
9′			5.10 m⑧	
OMe		3.87 s(3-OMe) 3.67 s(9-OMe) 3.67 s(9′-OMe)		
OH			5.75 br s, 5.70 br s	

^{a} 遵循文献数据，疑有误。

4. 2,4′-氧新木脂烷型

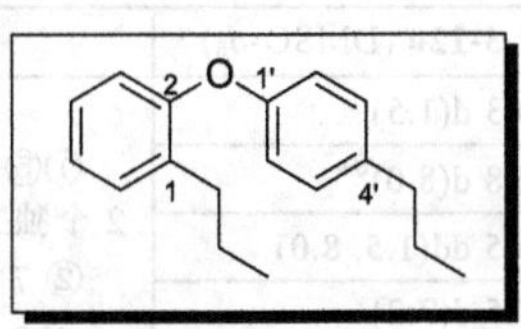

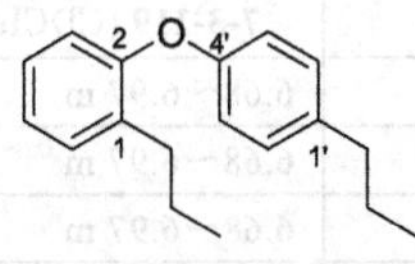

【系统分类】

1-丙基-2-(4-丙基苯氧基)苯

1-propyl-2-(4-propylphenoxy)benzene

【典型氢谱特征】

7-3-117 [90]

表 7-3-40 2,4′-氧新木脂烷型木脂素 **7-3-117** 的 ^{1}H NMR 数据

H	**7-3-117** (CD_3OD)	H	**7-3-117** (CD_3OD)	典型氢谱特征
3①	7.21 ov	2′④	6.82 d(2.0)	①④ 芳香区质子信号可以区分成 2 个独立的苯环； ② 7 位（苯甲位）亚甲基特征峰（结合 HMBC 实验非常容易判断）； ③ 8 位亚甲基特征峰； ⑤ 7′位（苯甲位）亚甲基特征峰（结合 HMBC 实验非常容易判断）； ⑥ 8′位亚甲基特征峰。 化合物 **7-3-117** 的 C(9)和 C(9′)形成羧羰基，不能表现出共振信号
4①	7.23 ov	5′④	6.67 d(8.0)	
5①	7.12 m	6′④	6.63 dd(8.0, 2.0)	
6①	7.21 ov	7′⑤	2.82 t(7.8)	
7②	2.89 t(7.6)	8′⑥	2.41 t(7.8)	
8③	2.44 t(7.6)	OMe	3.87 s	

5. 7,3′-环氧-8,4′-氧新木脂烷型

【系统分类】

2-甲基-6-丙基-3-苯基-2,3-二氢苯并[*b*][1,4]二噁烯

2-methyl-3-phenyl-6-propyl-2,3-dihydrobenzo[*b*][1,4]dioxine

【典型氢谱特征】

7-3-118 [92]　　**7-3-119** [93]　　**7-3-120** [94]

表 7-3-41 7,3′-环氧-8,4′-氧新木脂烷型木脂素 **7-3-118**～**7-3-120** 的 ^{1}H NMR 数据

H	**7-3-118** (C_5D_5N)	**7-3-119** ($CDCl_3$)	**7-3-120** (DMSO-d_6)	典型氢谱特征
2①	7.04 d(1.8)	6.68～6.97 m	7.03 d(1.5)	①⑤ 芳香区质子信号可以区分成 2 个独立的苯环； ② 7 位(苯甲位)氧次甲基特征峰； ③ 8 位氧次甲基特征峰； ④ 9 位甲基或氧亚甲基(氧化甲基)特征峰； ⑥⑦ C(7′)和 C(8′)常形成反式双键，其信号有特征性； ⑧ 9′位甲基特征峰；化合物 **7-3-118** 的 C(9′)形成醛基，化合物 **7-3-120** 的 C(9′)形成氧亚甲基（氧化甲基），其信号均有特征性。 此外，7,3′-环氧-8,4′-氧新木脂烷型木脂素含有其他酚羟基和甲氧基，其信号有特征性，可作为分析氢谱时的辅助特征信号
5		6.68～6.97 m①	6.98 d(8.0)①	
6①	7.39 d(1.8)	6.68～6.97 m	6.65 dd(1.5, 8.0)	
7②	5.47 d(7.9)	4.83 d(3.2)	4.75 d(7.2)	
8③	4.43 ddd(7.9, 3.7, 2.8)	4.35 dq(6.3, 3.2)	4.29 m	
9④	4.26 dd(12.7, 2.8) 3.99 dd(12.7, 3.7)	1.16 d(6.3)	3.80 br d(12.0)[a]	
2′⑤	7.20 d(1.8)	6.68～6.97 m	7.02 d(1.6)	
6′⑤	7.01 d(1.8)	6.68～6.97 m	6.83 d(1.6)	
7′⑥	7.52 d(15.8)	6.39 d(15.7)	6.44 d(15.7)	
8′⑦	6.94 dd(15.8, 4.0)	6.10 dq(5.0, 15.7)	6.23 dt(15.7, 5.7)	
9′⑧	9.82 d(4.0)	1.87 d(5.0)	4.07 br d(5.7)	
1″			4.85 d(7.8)	
OMe	3.79 s(3-OMe) 3.87 s(5′-OMe)	3.87 s(3,5′-OMe)	3.77 s 3.71 s	
OH		5.62 br s		

[a] 遵循文献数据，疑有误。

6. 7,4′-环氧-8,3′-氧新木脂烷型

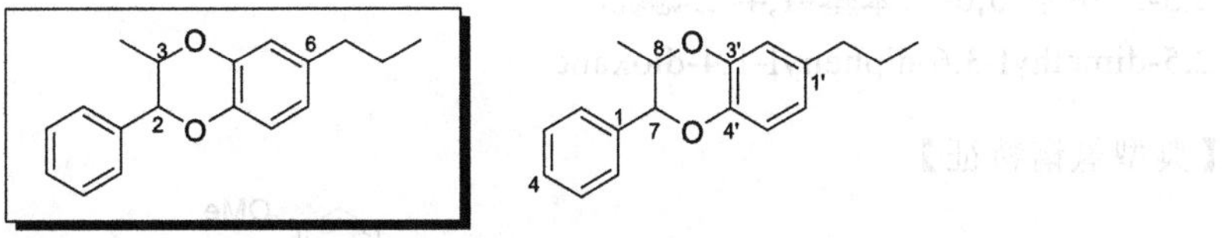

【系统分类】

3-甲基-6-丙基-2-苯基-2,3-二氢苯并[*b*][1,4]二噁烯

3-methyl-2-phenyl-6-propyl-2,3-dihydrobenzo[*b*][1,4]dioxine

【典型氢谱特征】

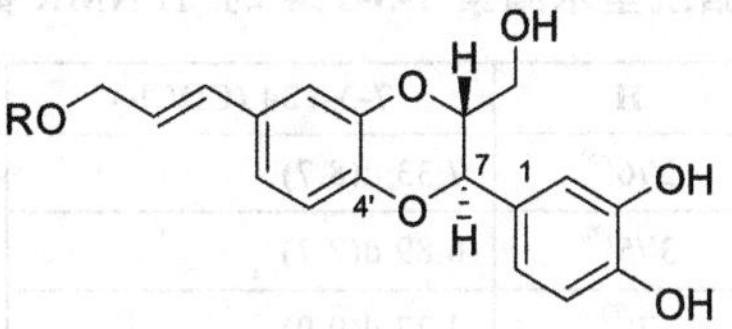

7-3-121 [95]R = CH_3

7-3-122 [95]R = CH_3CH_2

7-3-123 [95]R = $CH_3CH_2CH_2CH_2$

表 7-3-42 7,4′-环氧-8,3′-氧新木脂烷型木脂素 7-3-121～7-3-123 的 ^{1}H NMR 数据

H	7-3-121 (CD_3OD)	7-3-122 (CD_3OD)	7-3-123 (CD_3OD)	典型氢谱特征
2①	6.85 s	6.80 s	6.85 s	①⑤ 芳香区质子信号可以区分成 2 个独立的苯环； ② 7 位（苯甲位）氧次甲基特征峰； ③ 8 位氧次甲基特征峰； ④ C(9)形成氧亚甲基(氧化甲基)，其信号有特征性； ⑥⑦ C(7′)和 C(8′)常形成反式双键，其信号有特征性； ⑧ C(9′)形成氧亚甲基（氧化甲基），其信号有特征性
5①	6.81 d(8.3)	6.72 d(8.5)	6.80 d(8.3)	
6①	6.75 d(8.5)	6.74 d(8.5)	6.76 d(8.5)	
7②	4.78 d(8.0)	4.77 d(8.2)	4.79 d(8.1)	
8③	3.96 m	3.92 br s	3.99 m	
9④	3.65 d(11.4) 3.46 dd(12.2, 3.7)	3.71 d(11.4) 3.49 dd(12.2, 3.7)	3.67 d(11.4) 3.48 dd(12.2, 3.7)	
2′⑤	6.94 s	6.93 s	6.94 s	
5′⑤	6.91 d(8.5)	6.83 d(8.3)	6.91 d(8.5)	
6′⑤	6.89 d(8.4)	6.84 d(8.4)	6.89 d(8.4)	
7′⑥	6.49 d(15.9)	6.46 d(16.0)	6.50 d(15.9)	
8′⑦	6.13 dd(15.8, 6.2)[a]	6.10 dd(14.0, 7.8)[a]	6.16 dd(15.8, 6.2)[a]	
9′⑧	4.01 d(6.1)	4.07 d(6.2)[a] 4.02 d(6.2)[a]	4.08 ddd(6.2, 6.2, 6.1)[a]	
1″	3.34 s	3.48 q(6.4)	3.48 m	
2″		1.23 t(6.3)	1.57m	
3″			1.41 q(7.7)	
4″			0.94 t(7.3)	

[a] 遵循文献数据，疑有误。

7. 7,8′-环氧-8,7′-氧新木脂烷型

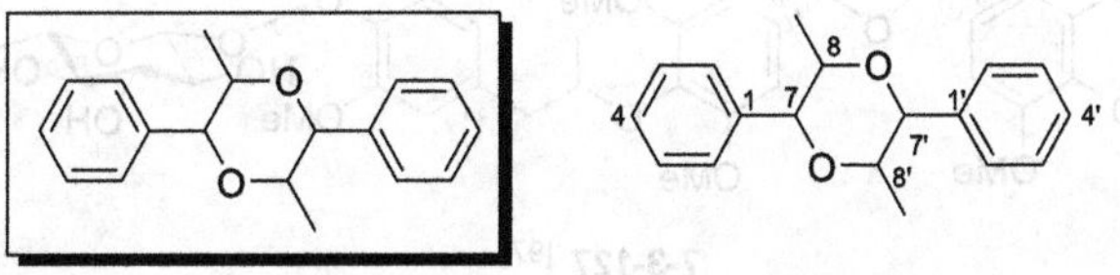

【系统分类】

2,5-二甲基-3,6-二苯基-1,4-二噁烷

2,5-dimethyl-3,6-diphenyl-1,4-dioxane

【典型氢谱特征】

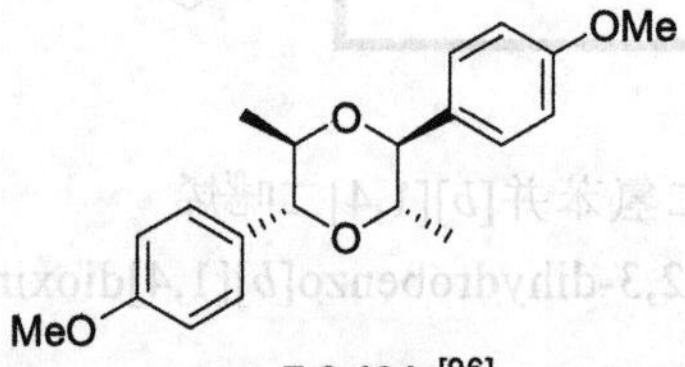

7-3-124 [96]

表 7-3-43 7,8′-环氧-8,7′-氧新木脂烷型木脂素 7-3-124 的 ^{1}H NMR 数据

H	7-3-124 ($CDCl_3$)	H	7-3-124 ($CDCl_3$)	典型氢谱特征
2/6①	7.33 d(8.7)	2′/6′⑤	7.33 d(8.7)	①⑤ 芳香区质子信号可以区分成 2 个独立的苯环； ② 7 位（苯甲位）氧次甲基特征峰； ③ 8 位氧次甲基特征峰； ④ 9 位甲基特征峰； ⑥ 7′位（苯甲位）氧次甲基特征峰； ⑦ 8′位氧次甲基特征峰； ⑧ 9′位甲基特征峰
3/5①	6.89 d(8.7)	3′/5′⑤	6.89 d(8.7)	
7②	4.27 d(9.0)	7′⑥	4.27 d(9.0)	
8③	3.72 dq(9.0, 6.3)	8′⑦	3.72 dq(9.0, 6.3)	
9④	1.00 d(6.3)	9′⑧	1.00 d(6.3)	
4-OMe	3.81 s	4′-OMe	3.81 s	

六、多新木脂烷型木脂素（polyneolignanes）

1. 倍半新木脂烷型木脂素（sesquineolignanes）

（1）4′,8″-氧-8,8′-倍半新木脂烷型

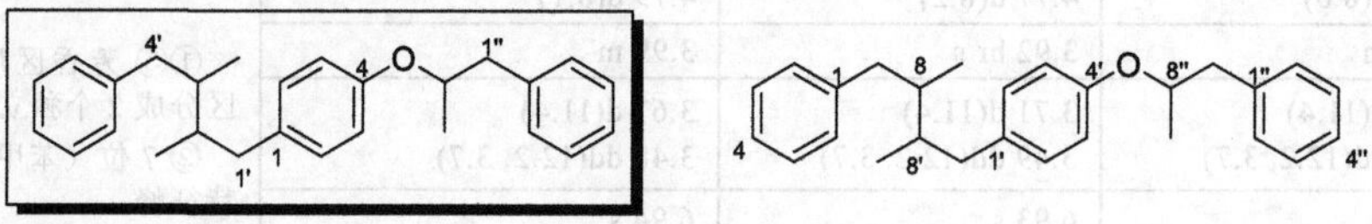

【系统分类】

1-(2,3-二甲基-4-苯基丁基)-4-[(1-苯基丙-2-基)氧]苯

1-(2,3-dimethyl-4-phenylbutyl)-4-[(1-phenylpropan-2-yl)oxy]benzene

【典型氢谱特征】

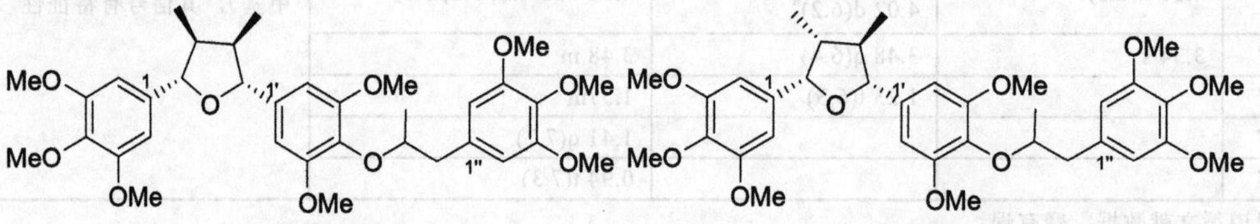

7-3-125 [97]

7-3-126 [97]

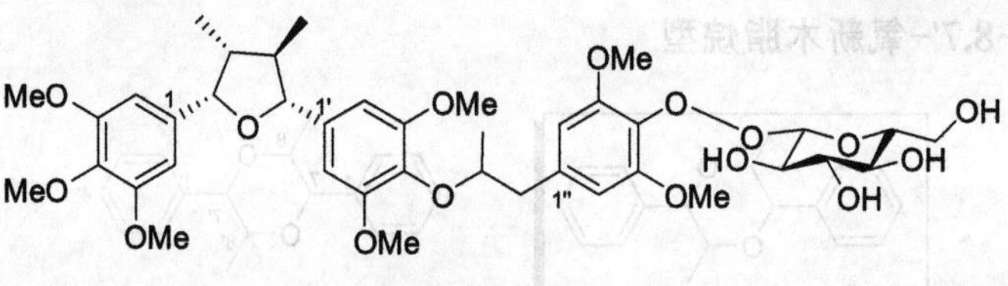

7-3-127 [97]

表 7-3-44　4′,8″-氧-8,8′-倍半新木脂烷型木脂素 7-3-125～7-3-127 的 ^{1}H NMR 数据

H	7-3-125 ($CDCl_3$)	7-3-126 ($CDCl_3$)	7-3-127 ($CDCl_3$)	典型氢谱特征
2/6①	6.67 s	6.56 s	6.56 s	①④⑦ 芳香区质子信号可以区分成 3 个独立的苯环； ② C(7)（苯甲位）常形成氧次甲基，其信号有特征性； ③ 9 位甲基特征峰； ⑤ C(7′)（苯甲位）常形成氧次甲基，其信号有特征性； ⑥ 9′位甲基特征峰； ⑧ 7″位（苯甲位）亚甲基特征峰（结合 HMBC 实验非常容易判断）； ⑨ 8″位氧次甲基特征峰； ⑩ 9″甲基特征峰。 此外，4′,8″-氧-8,8′倍半新木脂烷型木脂素常含有甲氧基，其信号有特征性，可作为分析氢谱时的辅助特征信号
7②	4.52 m	5.12 d(8.5)	5.11 d(8.5)	
8	2.36 m	2.27 ddq(6.5, 8.5, 7.0)	2.26 m	
9③	1.07 d(6.4)	0.70 d(7.0)	0.70 d(6.9)	
2′/6′④	6.66 s	6.74 s	6.73 s	
7′⑤	4.52 m	4.43 d(9.3)	4.42 d(8.9)	
8′	2.36 m	1.82 ddq(6.5, 9.3, 6.5)	1.81 m	
9′⑥	1.08 d(6.4)	1.12 d(6.5)	1.12 d(6.4)	
2″/6″⑦	6.47 s	6.48 s	6.54 s	
7″⑧	2.75 m 3.12 m	2.75 dd(13.2, 7.8) 3.12 dd(13.2, 5.4)	2.79 dd(13.6, 7.0) 3.10 dd(13.6, 5.3)	
8″⑨	4.39 m	4.41 m	4.42 m	
9″⑩	1.23 d(6.2)	1.24 d(6.4)	1.26 d(6.2)	
1‴			4.53 d(7.6)	
2‴			3.68 t(8.5)	
3‴			3.59 m	
4‴			3.64 m	
5‴			3.38 m	
6‴			3.77～3.95 m	
OMe	3.79～3.86(24H)	3.80～3.85(24H)	3.78～3.87(21H)	

（2）8,8′:3′8″-倍半新木脂烷型

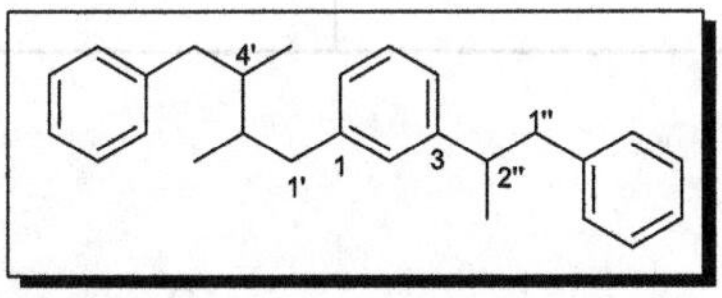

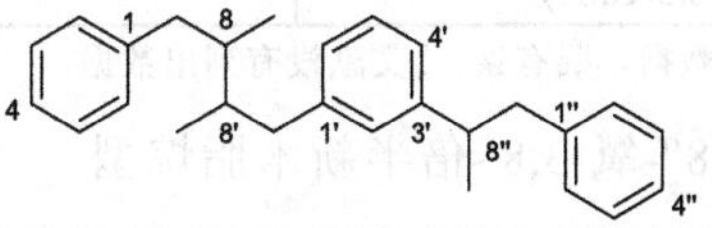

【系统分类】

1-(2,3-二甲基-4-苯基丁基)-3-(1-苯基丙-2-基)苯

1-(2,3-dimethyl-4-phenylbutyl)-3-(1-phenylpropan-2-yl)benzene

【典型氢谱特征】

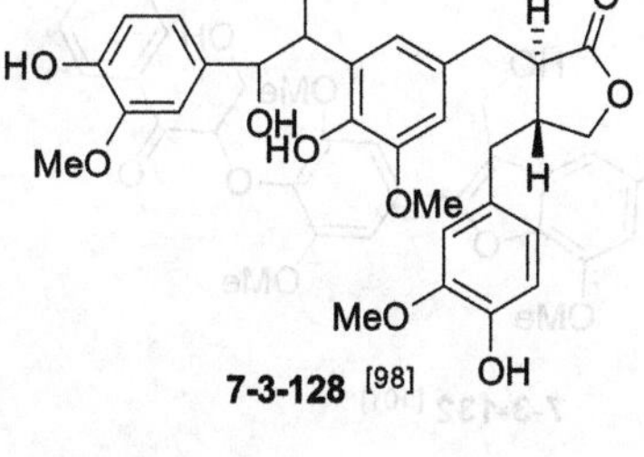

7-3-128 [98] 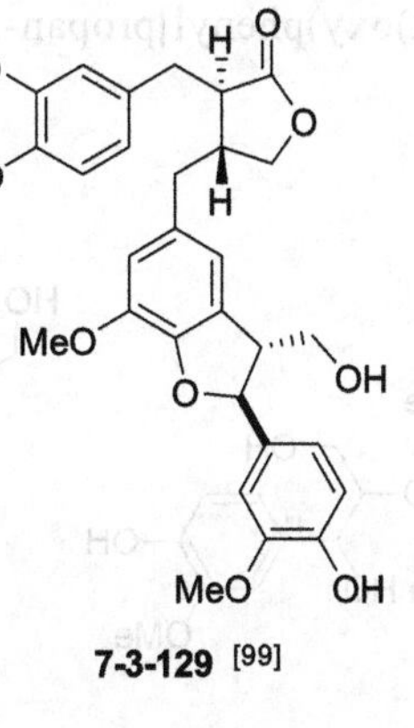　　7-3-129 [99] 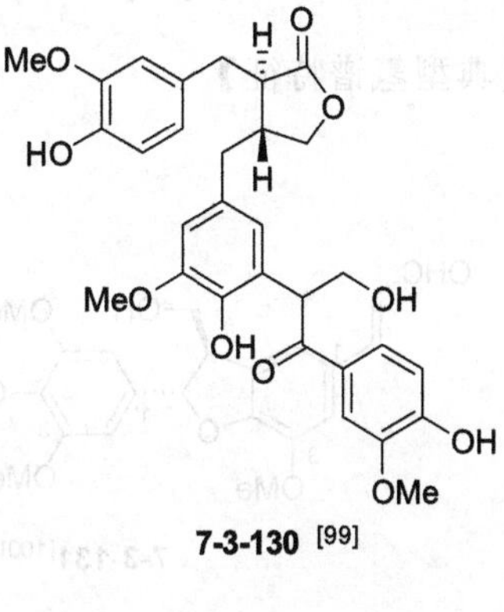　　7-3-130 [99]

表 7-3-45 8,8′:3′8″-倍半新木脂烷型木脂素 **7-3-128**～**7-3-130** 的 ^{1}H NMR 数据

H	**7-3-128** (CD_3COCD_3)	**7-3-129** ($CDCl_3$)	**7-3-130** ($CDCl_3$)	典型氢谱特征
2①	6.69 d(1.8)	6.68 d(2)	6.56 d(2)	①④⑦ 芳香区质子信号可以区分成 3 个独立的苯环； ② 7 位（苯甲位）亚甲基特征峰（结合 HMBC 实验非常容易判断）； ③⑥ C(9)或 C(9′)常形成氧亚甲基（氧化甲基），其信号有特征性； ⑤ 7′位（苯甲位）亚甲基特征峰（结合 HMBC 实验非常容易判断）； ⑧ C(7″)（苯甲位）常形成氧次甲基，其信号有特征性；化合物 **7-3-130** 的 C(7″)形成羰基，C(7″)位质子信号消失； ⑨ 8″位氧次甲基特征峰； ⑩ C(9″)常形成氧亚甲基（氧化甲基），其信号有特征性。 此外，8,8′:3′8″-倍半新木脂烷型木脂素含有其他甲氧基和酚羟基，其信号有特征性，可作为分析氢谱时的辅助特征信号
5①	6.72 d(9.6)	6.81 d(8)	6.75 d(8)	
6①	6.55 dd(9.6, 1.8)	6.61 dd(8, 2)	6.37 dd(8, 2)	
7②	2.48 dd(15.0, 9.6) 2.59 dd(15.0, 7.8)	2.90 dd(14, 7) 2.97 dd(14, 5)	2.70 dd(14, 5.5) 2.76 dd(14, 6.5)	
8	2.42 m	2.57 ddd(12, 7, 5)	2.40 m	
9	3.84 dd(9.0, 6.0)③ 3.99 dd(9.0, 7.5)③			
2′④	6.65 d(1.8)	6.42 brs	6.30 d(2)	
6′④	6.53 d(1.8)	6.42 brs	6.33 d(2)	
7′⑤	2.74 dd(14.2, 6.5) 2.76 dd(14.2, 5.5)	2.54 dd(13.5, 8) 2.64 dd(13.5, 5.5)	2.38 dd(13.5, 8) 2.49 dd(13.5, 6.5)	
8′	2.53 m	2.49 m	2.31 m	
9′		3.90 dd(9, 6)⑥ 4.17 dd(9, 7)⑥	3.72 dd(9, 8)⑥ 3.97 dd(9, 7.5)⑥	
2″⑦	6.82 d(1.8)	6.92 d(2)	7.57 d(2)	
5″⑦	6.67d(9.6)	6.87 d(8)	6.78 d(8)	
6″⑦	6.75dd(9.6, 1.8)	6.89 dd(8, 2)	7.57 dd(8, 2)	
7″	5.53 d(5.6)⑧	5.50 d(7)⑧		
8″⑨	3.44 dd(6.8, 5.6)[a]	3.55 dt(7, 6)	5.18 dd(8, 4.5)	
9″⑩	3.72 dd(10.5, 6.8)[a] 4.02 dd(10.5, 6.8)[a]	—[b]	4.17 dd(11, 8)[a]	
OMe	3.68 s(3″-OMe) 3.74 s(3′-OMe) 3.79 s(3-OMe)			

[a] 遵循文献数据，疑有误；[b] 文献没有列出数据。

（3）4′,8″-氧-3,8′-倍半新木脂烷型

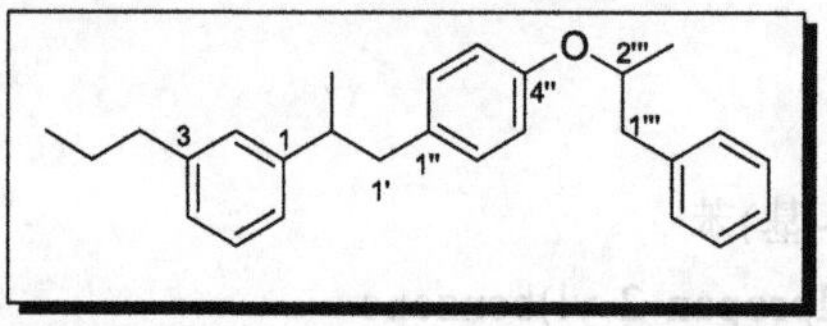

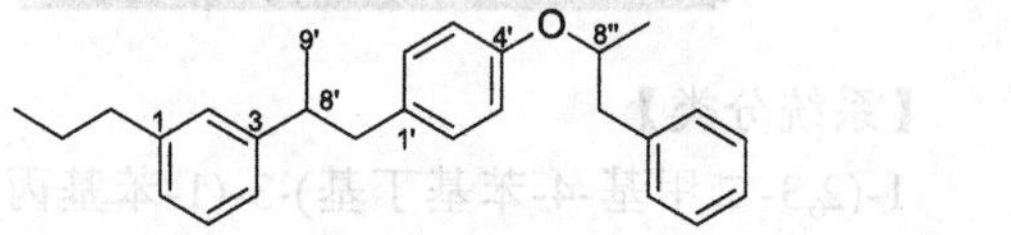

【系统分类】

1-{1-[4-((1-苯丙-2-基)氧)苯基]丙-2-基}-3-丙基苯

1-{1-[4-((1-phenylpropan-2-yl)oxy)phenyl]propan-2-yl}-3-propylbenzene

【典型氢谱特征】

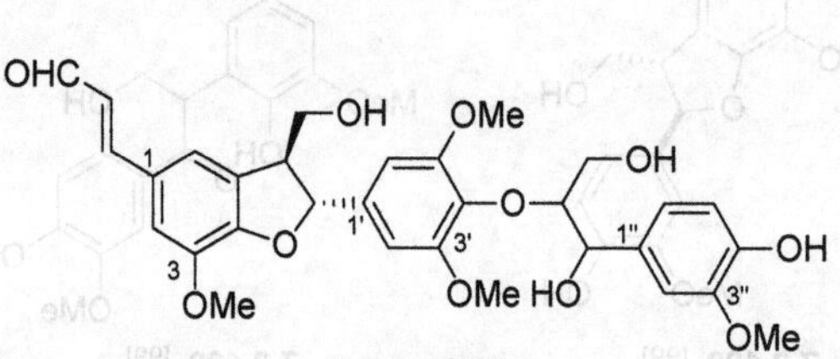

7-3-131[100] 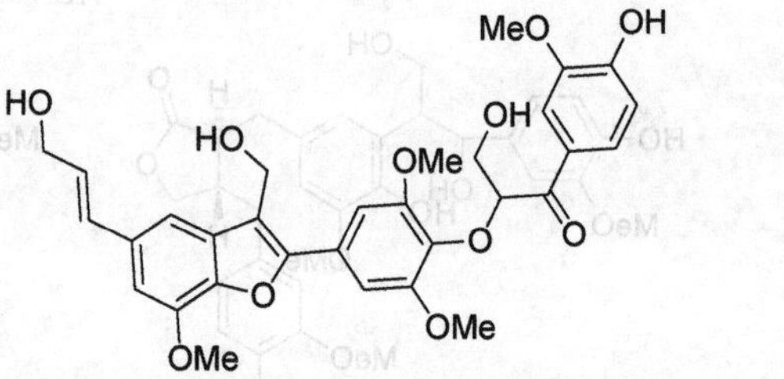　**7-3-132**[101]

表 7-3-46 4′,8″-氧-3,8′-倍半新木脂烷型木脂素 7-3-131 和 7-3-132 的 ^{1}H NMR 数据

H	7-3-131 (CD_3OD)	7-3-132 (CD_3OD)	典型氢谱特征
2①	7.20 s	7.02 d(1.0)	①⑤⑦ 芳香区质子信号可以区分成 3 个独立的苯环； ②③ C(7)和 C(8)形成反式双键时，其信号有特征性； ④ C(9)形成氧亚甲基(氧化甲基)或醛基时，其信号有特征性； ⑥ C(9′) 形成氧亚甲基（氧化甲基）时，其信号有特征性； ⑧ 8″位氧次甲基特征峰； ⑨ C(9″)形成氧亚甲基（氧化甲基）时，其信号有特征性 此外，4′,8″-氧-3,8′倍半新木脂烷型木脂素常含有甲氧基和酚羟基，其信号有特征性，可作为分析氢谱时的辅助特征信号
6①	7.24 s	7.33 br s	
7②	7.88 d(15..6)	6.70 d(16.0)	
8③	6.67 m	6.36 m	
9④	9.50 d(7.8)	4.25 br d(5.0)	
2′/6′⑤	6.68 s	7.23 s	
7′	5.63 m		
8′	3.52 m		
9′⑥	3.87 m, 3.81 m	4.85 br s	
2″⑦	6.94 s	7.64 br s	
5″⑦	6.70 d(8.0)	6.87 d(8.0)	
6″⑦	6.82 d(8.0)	7.66 dd(7.5, 2.0)	
7″	4.88 m		
8″⑧	4.25 m	5.43 t(5.5)	
9″⑨	3.86 m, 3.45 m	3.97 m	
OMe	3.90 s(3-OMe) 3.78 s(3′,5′-OMe) 3.80 s(3″-OMe)	3.91 s(3″-OMe) 3.82 s(3′, 5′-OMe) 4.03 s(3-OMe)	

2. 二新木脂烷型木脂素（dineolignanes）

（1）8,8′:3,8″:3′,8‴-二新木脂烷型

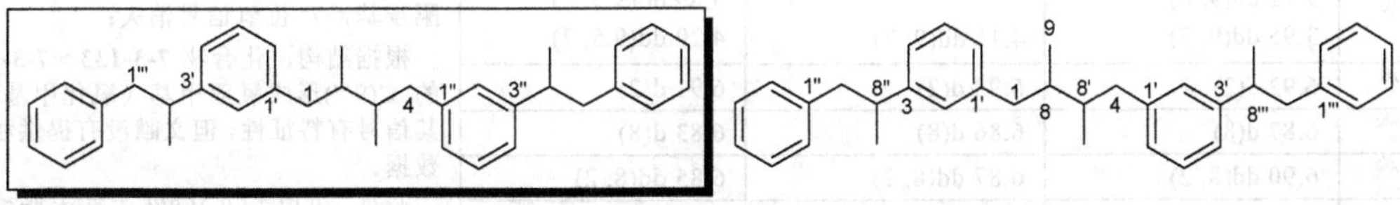

【系统分类】

3,3′-(2,3-二甲基丁-1,4-二基)双(1-苯基丙-2-基)苯

3,3′-(2,3-dimethylbutane-1,4-diyl)bis [(1-phenylpropan-2-yl)benzene]

【典型氢谱特征】

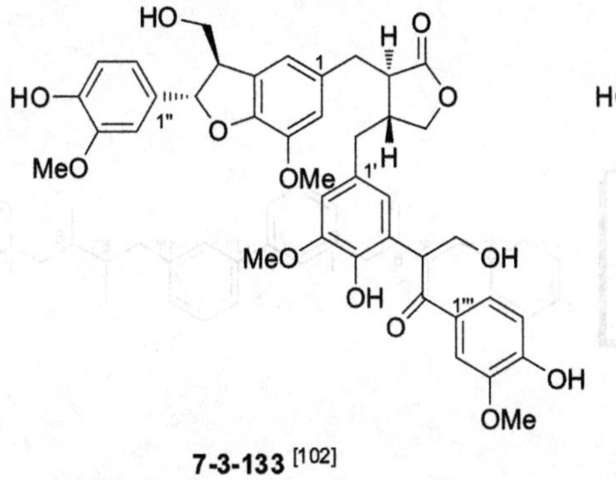

7-3-133 [102]

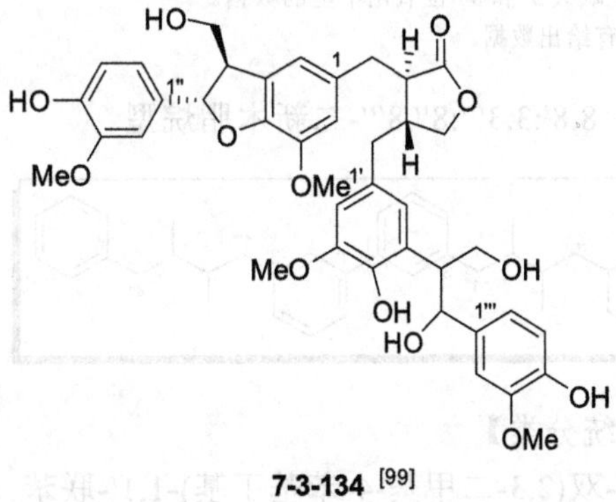

7-3-134 [99]

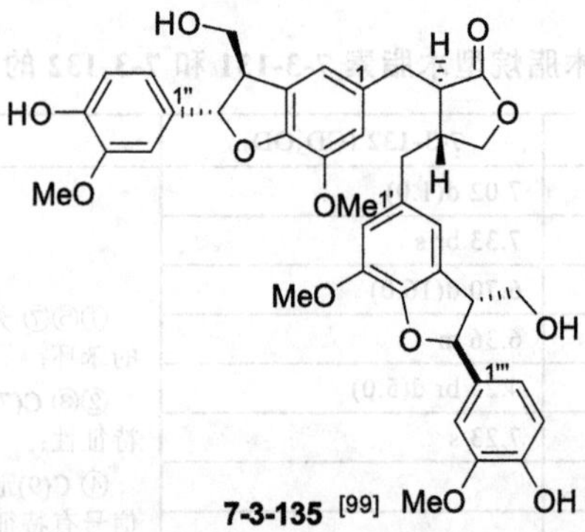

7-3-135 [99]

表 7-3-47 8,8′:3,8″:3′,8‴-二新木脂烷型木脂素 7-3-133～7-3-135 的 ^{1}H NMR 数据

H	7-3-133 ($CDCl_3$)	7-3-134 ($CDCl_3$)	7-3-135 ($CDCl_3$)	典型氢谱特征
2①	6.55 d(2)	6.53 d(2)	6.50 d(2)	①③⑤⑦ 芳香区质子信号可以区分成 4 个独立的苯环； ② 7 位（苯甲位）亚甲基特征峰； ④ 9′位氧亚甲基（氧化甲基）特征峰； ⑥ C(7″)常形成氧次甲基，其信号有特征性； ⑧ C(7‴)形成氧次甲基时，其信号有特征性；化合物 **7-3-133** 的 C(7‴)形成酮羰基，7‴位氢信号消失； 根据结构，化合物 **7-3-133～7-3-135** 的 C(9‴)形成氧亚甲基（氧化甲基），其信号有特征性，但文献没有提供相关数据。 此外，8,8′:3,8″:3′,8‴-二新木脂烷型木脂素含有甲氧基和酚羟基时，其信号有特征性，可作为分析氢谱时的辅助特征信号
6①	6.58 d(2)	6.65 d(2)	6.62 d(2)	
7②	2.79 dd(14, 7) 2.85 dd(14, 5)	2.85 dd(14, 7) 2.99 dd(14, 5)	2.84 dd(14, 7.5) 2.98 dd(14.5, 5)	
8	2.43 m	—[a]	2.55 ov	
2′③	6.40 d(2)	6.51 d(2)	6.55 d(2)	
6′③	6.38 d(2)	6.40 d(2)	6.44 d(2)	
7′	2.35 dd(13, 8) 2.48 dd(13, 8)	—[a]	—[a]	
8′	2.43 m	—[a]	2.51 ov	
9′④	3.72 dd(9, 8) 3.95 dd(9, 7)	—[a] 4.11 dd(9, 7)	3.89 dd(9.5, 6) 4.20 dd(9.5, 7)	
2″⑤	6.92 d(2)	6.93 d(2)	6.91 d(2)	
5″⑤	6.87 d(8)	6.86 d(8)	6.83 d(8)	
6″⑤	6.90 dd(8, 2)	6.87 dd(8, 2)	6.85 dd(8, 2)	
7″⑥	5.48 d(7)	5.44 d(7)	5.44 d(7)	
8″	3.59 dt(7, 6)	3.54 dt(7, 6)	3.55 dt(7, 6)	
2‴⑦	7.56 d(2)	6.84 d(2)	6.93 d(2)	
5‴⑦	6.80 d(8)	6.81 d(8)	6.84 d(8)	
6‴⑦	7.55 d(8, 2)	6.78 d(8, 2)	6.85 d(8, 2)	
7‴⑧		5.11 d(7)	5.46 d(7)	
8‴	5.18 dd(8, 5)	3.43 dt(7, 6)	3.55 dt(7, 6)	

注：文献中缺失 9″和 9‴位氧化甲基的数据。

[a] 文献中没有给出数据。

（2）8,8′:3,3‴:8″,8‴-二新木脂烷型

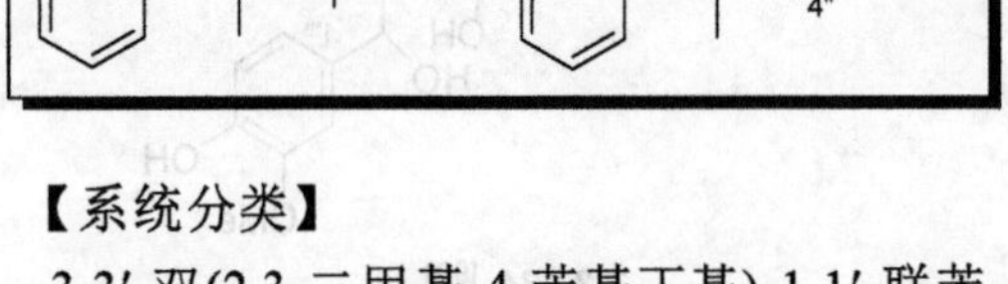

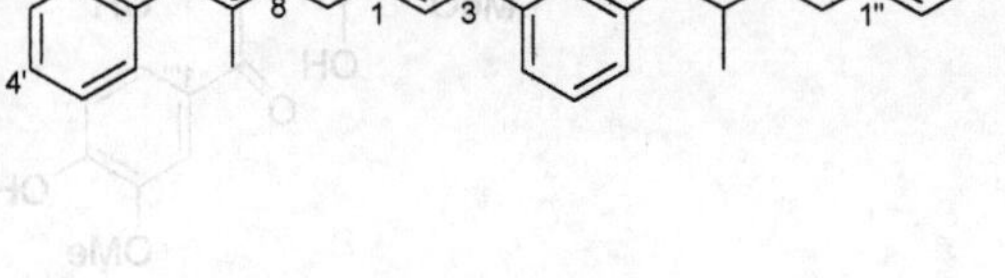

【系统分类】

3,3′-双(2,3-二甲基-4-苯基丁基)-1,1′-联苯

3,3′-bis (2,3-dimethyl-4-phenylbutyl)-1,1′-biphenyl

【典型氢谱特征】

7-3-136 [103]

7-3-137 [103]

7-3-138 [104]

表 7-3-48 8,8′:3,3‴:8″,8‴-二新木脂烷型木脂素 7-3-136～7-3-138 的 ^{1}H NMR 数据

H	7-3-136 (CD_3OD)	7-3-137 (CD_3OD)	7-3-138 ($CDCl_3$)	典型氢谱特征
2①	6.67 d(3.1)	6.66 d(1.8)	6.72 d(1.8)	①④⑦⑩ 芳香区质子信号可以区分成4个独立的苯环； ② 7位（苯甲位）亚甲基特征峰； ③ 9位甲基特征峰；化合物 **7-3-136** 和 **7-3-137** 的C(9)均形成氧亚甲基（氧化甲基），其信号有特征性； ⑤ 7′位（苯甲位）亚甲基特征峰； ⑥ 9′位甲基特征峰；化合物 **7-3-136** 和 **7-3-137** 的C(9′)均形成酯羰基，9′位氢信号消失； ⑧ 7″位（苯甲位）亚甲基特征峰； ⑨ 9″位甲基特征峰；化合物 **7-3-136** 的C(9″)形成酯羰基，9″位氢信号消失；**7-3-137** 的C(9″)形成氧亚甲基（氧化甲基），9″位氢信号有特征性； ⑪ 7‴位（苯甲位）亚甲基特征峰； ⑫ 9‴位甲基特征峰；化合物 **7-3-136** 的C(9‴)形成氧亚甲基（氧化甲基），其信号有特征性；化合物 **7-3-137** 的C(9‴)形成酯羰基，9‴位氢信号消失。 此外，8,8′:3,3‴:8″,8‴-二新木脂烷型木脂素常含有甲氧基和酚羟基，其信号有特征性，可作为分析氢谱时的辅助特征信号
6①	6.69 d(3.1)	6.69 d(1.8)	6.66 br s	
7②	2.53 m 2.82 dd(12.5, 7.9)	2.55 m 2.82 m	2.31 dd(13.6, 9.3) 2.76 dd(13.6, 4.8)	
8	2.46 m	2.58 m	1.77 m	
9③	4.04 m	4.05 m	0.84 d(6.7)	
2′④	6.70 d(1.8)	6.68 d(1.8)	6.66 br s	
5′④	6.66 d(8.0)	6.65 d(7.9)	6.70 d(7.9)	
6′④	6.55 dd(8.0, 1.8)	6.55 dd(7.9, 1.8)	6.60 dd(7.9, 1.6)	
7′⑤	2.87 d(13.0) 3.10 d(13.0)	2.86 d(13.7) 3.10 d(13.7)	2.27 dd(13.7, 9.3) 2.73 dd(13.7, 4.9)	
8′			1.77 m	
9′			0.87 d(6.8)⑥	
2″⑦	6.70 d(1.8)	6.62 d(1.8)	6.66 br s	
5″⑦	6.66 d(8.0)	6.64 d(7.9)	6.70 d(7.9)	
6″⑦	6.55 dd(8.0, 1.8)	6.56 dd(7.9, 1.8)	6.60 dd(7.9, 1.6)	
7″⑧	2.87 d(13.0) 3.10 d(13.0)	2.52 m 2.85 m	2.27 dd(13.7, 9.3) 2.73 dd(13.7, 4.9)	
8″		2.48 m	1.77 m	
9″⑨		4.07 m	0.87 d(6.8)	
2‴⑩	6.67 d(3.1)	6.70 d(1.8)	6.72 d(1.8)	
6‴⑩	6.69 d(3.1)	6.72 d(1.8)	6.66 br s	
7‴⑪	2.53 m 2.82 dd(12.5, 7.9)	2.90 d(13.4) 3.17 d(13.4)	2.31 dd(13.6, 9.3) 2.76 dd(13.6, 4.8)	
8‴	2.46 m		1.77 m	

续表

H	7-3-136 (CD_3OD)	7-3-137 (CD_3OD)	7-3-138 ($CDCl_3$)	典型氢谱特征
9‴⑫	4.04 m		0.84 d(6.7)	
OMe	3.69 s(3′,3″-OMe) 3.86 s(5,5‴-OMe)	3.62 s(5-OMe) 3.68 s(3′-OMe) 3.86 s(3″-OMe) 3.83 s(5‴-OMe)	3.91 s	
OCH_2O			5.98 br d(1.4)	

参考文献

[1] Kwon H S, Kim M J, Jeong H J, et al. Bioorg Med Chem Lett, 2008, 18: 194.

[2] Filleur F, Bail J C L, Duroux J L, et al. Planta Med, 2001, 67: 700.

[3] Barros L F L, Barison A, Salvador M J, et al. J Nat Prod, 2009, 72: 1529.

[4] Kousar F, Noomrio M H, Talpur M M A, et al. J Asian Nat Prod Res, 2008, 10: 285.

[5] Matsumoto T, Hosono-Nishiyama K, Yamada H. Planta Med, 2006, 72: 276.

[6] Jeong G S, Kwon O K, Park B Y, et al. Biol Pharm Bull, 2007, 30: 1340.

[7] Góngora L, Máñez S, Giner R M, et al. Phytochemistry, 2002, 59: 857.

[8] Martins R C C, Latorre L R, Sartorelli P, et al. Phytochemistry, 2000, 55: 843.

[9] Filho A A D S, Albuquerque S, Silva M L A E, et al. J Nat Prod, 2004, 67: 42.

[10] Pascoli I C, Nascimento I R, Lopes L M X. Phytochemistry, 2006, 67: 735.

[11] Ma J, Dey M, Yang H, et al. Phytochemistry, 2007, 68 :1172.

[12] Lee J, Lee D, Jang D S, et al. Chem Pharm Bull, 2007, 55: 137.

[13] Jiang R W, Zhou J R, Hon P M, et al. J Nat Prod, 2007, 70: 283.

[14] Sridhar C, Rao K V, Subbaraju G V. Phytochemistry, 2005, 66: 1707.

[15] Venkataraman R, Gopalakrishnan S. Phytochemistry, 2002, 61: 963.

[16] Siddiqui B S, Butabayeva K Z, Burasheva G S, et al. Tetrahedron, 2010, 66: 1716.

[17] Hosokawa A, Sumino M, Nakamura T, et al. Chem Pharm Bull, 2004, 52: 1265.

[18] Huang Y L, Chen C C, Hsu F L, et al. J Nat Prod, 1998, 61: 1194.

[19] Erdtman H, Harmatha J. Phytochemistry, 1979, 18: 1495.

[20] Susplugas S, Hung N V, Bignon J, et al. J Nat Prod, 2005, 68: 734.

[21] Ma C M, Nakamura N, Min B S, et al. Chem Pharm Bull, 2001, 49: 183.

[22] Gan L S, Yang S P, Fan C Q, et al. J Nat Prod, 2005, 68: 221.

[23] Han L, Huang X S, Dahse H M, et al. Planta Med, 2008, 74: 432.

[24] Wang B G, Ebel R, Wang C Y, et al. Tetrahedron lett, 2002, 43: 5783.

[25] Kawazoe K, Yutani A, Takaishi Y. Phytochemistry, 1999, 52: 1657.

[26] Cullmann F, Schmidt A, Schuld F, et al. Phytochemistry, 1999, 52: 1647.

[27] Han L, Huang X S, Sattler I, et al. J Asian Nat Prod Res, 2007, 9: 327.

[28] Kawamura F, Kawai S, Ohashi H, et al. Phytochemistry, 1997, 44: 1351.

[29] Schmidt T J, Vößing S, Klaes M, et al. Planta Med, 2007, 73: 1574.

[30] Wang B G, Ebel R, Nugroho B W, et al. J Nat Prod, 2001, 64: 1521.

[31] Xu S, Li N, Ning M M, et al. J Nat Prod, 2006, 69: 247.

[32] Silva T D, Lopes L M X. Phytochemistry, 2004, 65: 751.

[33] Tazaki H, Adam K P, Becker H. Phytochemistry, 1995, 40: 1671.

[34] Yang G Y, Li Y K, Wang R R, et al. J Nat Prod, 2010, 73: 915.

[35] Li H R, Feng Y L, Yang Z G, et al. Chem Pharm Bull, 2006, 54: 1022.

[36] Ban N K, Thanh B V, Kiem P V, et al. Planta Med, 2009, 75: 1253.

[37] Chen Y G, Xie Y Y, Cheng K F, et al. Phytochemistry, 2001, 58: 1277.

[38] Choi Y W, Takamatsu S, Khan S I, et al. J Nat Prod, 2006, 69: 356.

[39] Shen Y C, Lin Y C, Cheng Y B, et al. Phytochemistry, 2009, 70: 114.

[40] Liu J S, Li L. Phytochemistry, 1995, 38: 241.

[41] Song Q, Fronczek F R, Fischer N H. Phytochemistry, 2000, 55: 653.

[42] Wickramaratne D B M, Pengsuparp T, Mar W, et al. J Nat Prod, 1993, 56: 2083.

[43] Carroll A R, Taylor W C. Aust J Chem, 1991, 44: 1705.

[44] Lu Y, Chen D F. Helv Chim Acta, 2006, 89: 895.

[45] Chen M, Jia Z W, Chen D F. J Asian Nat Prod Res, 2006, 8: 643.

[46] Kuo Y H, Huang H C, Kuo L M Y, et al. J Org Chem, 1999, 64: 7023.

[47] Ryu J H, Son H J, Lee S H, et al. Bioorg Med Chem Lett, 2002, 12: 649.

[48] Lee D Y, Han K M, Song M C, et al. J Asian Nat Prod Res, 2008, 10: 299.
[49] Achenbach H, Utz W, Usubillaga A, et al. Phytochemistry, 1991, 30: 3753.
[50] Singh S K, Prasad A K, Olsen C E, et al. Phytochemistry, 1996, 43: 1355.
[51] Dominguez X A, Rombold C, Star J V, et al. Phytochemistry, 1987, 26: 1821.
[52] Lee T H, Yeh M H, Chang C I, et al. Chem Pharm Bull, 2006, 54: 693.
[53] Yanez R X, Diaz A M P D, Diaz D P P. Phytochemistry, 1986, 25: 1953.
[54] Achenbach H, Utz W, Lozano B, et al. Phytochemistry, 1996, 43: 1093.
[55] Chauret D C, Bernard C B, Arnason J T, et al. J Nat Prod, 1996, 59: 152.
[56] Cheng H I, Lin W Y, Duh C Y, et al. J Nat Prod, 2001, 64: 1502.
[57] Prasad A K, Tyagi O D, Wengel J, et al. Phytochemistry, 1995, 39, 655.
[58] Yahara S, Nishiyori T, Kohda A, et al. Chem Pharm Bull, 1991, 39: 2024.
[59] El-Feraly F S. Phytochemistry, 1984, 23: 2329.
[60] Ralph J, Quideau S, Grabber J H, et al. J Chem Soc, Perkin Trans 1, 1994: 3485.
[61] Green T P, Wiemer D F. Phytochemistry, 1991, 30: 3759.
[62] Prasad A K, Tyagi O D, Wengel J, et al. Tetrahedron, 1994, 50: 10579.
[63] Andrade C H S, Filho R B, Gottlieb O R. Phytochemistry, 1980, 19: 1191.
[64] Yang C X, Huang S S, Yang X P, et al. Planta Med, 2004, 70:446.
[65] Zhang Y M, Tan N H, Zeng G Z, et al. Fitoterapia, 2009, 80: 361.
[66] Dong L B, He J, Wang Y Y, et al. J Nat Prod, 2011, 74: 234.
[67] Takahashi K, Yasue M, Ogiyama K. Phytochemistry, 1988, 27: 1550.
[68] Chang W L, Chen C H, Lee S S. J Nat Prod, 1999, 62: 734.
[69] Yuda M, Ohtani K, Mizutani K, et al. Phytochemistry, 1990, 29: 1989.
[70] Mitsunaga K, Ouyang Y, Koike K, et al. Nat Med, 1996, 50: 325.
[71] Morita H, Kishi E, Takeya K, et al. Phytochemistry, 1992, 31: 3993.
[72] Tiew P, Takayama H, Kitajima M, et al. Tetrahedron lett, 2003, 44: 6759.
[73] Gomes M C C P, Yoshida M, Gottlieb O R, et al. Phytochemistry, 1983, 22: 269.
[74] Zhang S X, Chen K, Liu X J, et al. J Nat Prod, 1995, 58: 540.
[75] Chaturvedula V S P, Hecht S M, Gao Z J, et al. J Nat Prod, 2004, 67: 964.
[76] Kuroyanagi M, Yoshida K, Yamamoto A, et al. Chem Pharm Bull, 2000, 48: 832.
[77] David J M, Yoshida M, Gottlieb O R. Phytochemistry, 1994, 36: 491.
[78] Martinez V J C, Maia J G S, Yoshida M, et al. Phytochemistry, 1980, 19: 474.
[79] Li J, Tanaka M, Kurasawa K, et al. Chem Pharm Bull, 2005, 53: 235.
[80] Drewes S E, Horn M M, Sehlapelo B M, et al. Phytochemistry, 1995, 38: 1505.
[81] Lee F P, Chen Y C, Chen J J, et al. Helv Chim Acta, 2004, 87: 463.
[82] Tsai L I, Lee F P, Wu C C, et al. Planta Med, 2005, 71: 535.
[83] Wang N, Yao X, Ishii R, et al. Phytochemistry, 2003, 62: 741.
[84] Sung S H, Huh M S, Kim Y C. Chem Pharm Bull, 2001, 49: 1192.
[85] Zhang Z Z, Elsohly H N, Li X C, et al. J Nat Prod, 2003, 66: 548.
[86] Lee J, Seo E K, Jang D S, et al. Chem Pharm Bull, 2009, 57: 298.
[87] Cao S G, Radwn M M, Norris A, et al. J Nat Prod, 2006, 69, 284.
[88] Wu T S, Hwang C C, Kuo P C, et al. Chem Pharm Bull, 2004, 52: 1227.
[89] Huang J, Ogihara Y, Gonda R, et al. Chem Pharm Bull, 2000, 48: 1228.
[90] Dellagreca M, Marino C D, Previtera L, et al. Tetrahedron, 2005, 61: 11924.
[91] Nitao J K, Nair M G, Thorogood D L, et al. Phytochemistry, 1991, 30: 2193.
[92] Matsuo Y, Mimaki Y. Chem Pharm Bull, 2010, 58: 587.
[93] Magri F M M, Kato M J, Yoshida M. Phytochemistry, 1996, 43: 669.
[94] Su B N, Yang L, Jia Z J. Phytochemistry, 1997, 45: 1271.
[95] Zhao P J, Shen Y M. Chin Chem Lett, 2004, 15: 921.
[96] Sy L K, Brown G D. J Nat Prod, 1998, 61: 987.
[97] Tofern B, Jenett-Siems K, Siems K, et al. Phytochemistry, 2000, 53: 119.
[98] Park S Y, Hong S S, Han X H, et al. Chem Pharm Bull, 2007, 55: 150.
[99] Umehara K, Sugawa A, Kuroyanagi M, et al. Chem Pharm Bull, 1993, 41: 1774.
[100] Yang X W, Zhao P J, Ma Y L, et al. J Nat Prod, 2007, 70: 521.
[101] Ma Z J, Zhang X Y, Cheng L, et al. Fitoterapia, 2009, 80: 320.
[102] Umehara K, Nakamura M, Miyase T, et al. Chem Pharm Bull, 1996, 44: 2300.
[103] Wang L Y, Unehara N, Kitanaka S. Chem Pharm Bull, 2005, 53: 1348.
[104] Filleur F, Pouget C, Allais D P, et al. Nat Prod Lett, 2002, 16: 1.

第八章　醌

天然醌类化合物分类为苯醌、萘醌、蒽醌和菲醌。根据具体结构特征，各类别中有进一步的分型。

第一节　苯　　醌

一、烃基取代对苯醌型化合物

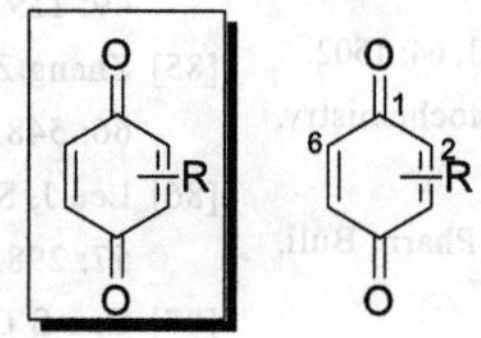

【系统分类】

苯醌

benzoquinone

【结构多样性】

C(2)增碳碳键；C(3)增碳碳键；C(5)增碳碳键；C(6)增碳碳键；二聚。

【典型氢谱特征】

8-1-1 [1]　　8-1-2 [1]　　8-1-3 [1]

表 8-1-1　烃基取代对苯醌型化合物 8-1-1～8-1-3 的 ^{1}H NMR 数据

H	8-1-1 ($CDCl_3$)	8-1-2 ($CDCl_3$)	8-1-3 ($CDCl_3$)	典型氢谱特征
2	3.81 s(OMe)	3.80 s(OMe)	3.81 s(OMe)	由于通常存在双取代、三取代和四取代的结构特征，烃基取代苯醌型化合物的醌质子常显示单峰或丙烯型远程偶合的裂分峰，图谱上还有烃基取代基的特征信号。 ① 醌烯质子特征峰：醌烯质子处于两个均属 *α*,*β*-不饱和羰基的羰基中间，其化学位移在约 δ 5.86～6.69 之间，并常呈现单峰或与取代烃基存在丙烯型远程偶合的裂分峰； ② 烃基质子峰可以作为分析氢谱时的辅助特征信号
3①	5.89 d(2.5)	5.86 d(2.3)	5.86 d(2.5)	
5①	6.69 dt(2.5, 1.2)	6.29 dt(2.3, 1.6)	6.47 dt(2.5, 1.3)	
1′	4.69 m②		2.41 dt(7.9, 1.4)②	
2′②	1.7 m	7.19 br d(6.7)	1.49 m	
3′②	1.38 m	7.31 br t(7.1)	1.24 m	
4′②	1.38 m	7.24 tt(7.3, 1.4)	1.24 m	
5′②	0.89 t(7.3)	7.31 br t(7.1)	1.24 m	
6′		7.19 br d(6.7)②	1.24 m②	
7′		3.74 d(1.4)②	1.24 m②	
8′～18′			1.24 m②	
19′			0.87 t(6.9)②	

8-1-4[2] 8-1-5[3] 8-1-6[4]

表 8-1-2 烃基取代对苯醌型化合物 8-1-4～8-1-6 的 ^{1}H NMR 数据

H	8-1-4 ($CDCl_3$)	8-1-5 ($CDCl_3$)	8-1-6 ($CDCl_3$)	典型氢谱特征
3		6.42 s①	6.50 s①	由于通常存在双取代、三取代和四取代的结构特征，烃基取代苯醌型化合物的醌质子常显示单峰或丙烯型远程偶合的裂分峰，图谱上还有烃基取代基的特征信号。 ① 醌烯质子特征峰； ② 烃基质子峰可以作为分析氢谱时的辅助特征信号
5	3.79 s(OMe)	6.50 s①		
6	5.92 s①		6.59 q(1.5)①	
7②	1.97 s	2.00 s	2.03 d(1.5)	
1'②	3.65 s	3.07 d(7.5)	3.11 d(7.5)	
2'		5.10 br t(7.5)②	5.15 t(7.5)②	
3'	2.26 s②			
4'		1.69 s②	2.08 m②	
5'		1.58 s②	2.12 m②	
6'			5.12 m[a]②	
8'			2.02 m②	
9'			2.16 m②	
10'			5.31 t(7.0)②	
12'			2.13 m②	
13'			2.12 m②	
14'			5.11 m[a]②	
16'			1.69 s②	
17'			1.61 s②	
18'			4.12 s②	
19'			1.61 s②	
20'			1.62 s②	

[a] 信号归属不确定，可以互相交换。

8-1-7[5] 8-1-8[5] 8-1-9[6]

表 8-1-3 烃基取代对苯醌型化合物 8-1-7～8-1-9 的 ^{1}H NMR 数据

H	8-1-7 ($CDCl_3$)	8-1-8 ($CDCl_3$)[a]	8-1-9 ($CDCl_3$)	典型氢谱特征
3	6.56 s①			① 醌烯质子特征峰；在苯醌母核上的 4 个醌烯质子全部被取代的情况下，醌烯质子特征峰全部消失； ② 烃基质子峰
6		3.95 s (OMe)		
7②	2.03 m	2.01 s	1.35 s	
8②	2.03 m	1.93 s	2.04 s	
9	2.03 m②		2.05 s②	
1'		2.44 t(7.0)②	1.68 m②, 2.02 m②	
2'		1.59 quint(7.0)②	1.59 m②, 1.92 m②	
3'		1.28 m②	—	
4'		1.28 m②	1.58 m②, 1.65 m②	

续表

H	8-1-7 ($CDCl_3$)	8-1-8 ($CDCl_3$)[a]	8-1-9 ($CDCl_3$)	典型氢谱特征
5′～9′		1.28 m②	—	化合物 **8-1-9** 是一个醌烯键被饱和的对苯醌型化合物，由于全部醌质子被取代，因此不显示醌质子的信号，需注意通过其他手段鉴别
10′		3.62 t(6.5)②		
11′～14′			—	
16′			0.85 d(6.7)②	
17′			0.84 d(6.7)②	
18′			0.82 d(6.7)②	
19′			0.83 d(6.7)②	
20′			1.31 s②	
OH			3.79 s(OH)	

[a] 文献没有归属数据，本归属仅做参考。

8-1-10[7]　　8-1-11[7]　　8-1-12[7]

表 8-1-4 烃基取代对苯醌型化合物 8-1-10～8-1-12 的 ^{1}H NMR 数据

H	8-1-10 ($CDCl_3$)	8-1-11 ($CDCl_3$)	8-1-12 ($CDCl_3$)	典型氢谱特征
2	7.80 s(OH)	7.04 s(OH)	7.50 s(OH)	① 烃基质子峰； ② 醌烯质子特征峰。 在苯醌母核上的 4 个醌烯质子全部被取代的情况下，醌烯质子特征峰全部消失
3-$CH_2$①	2.43 t(15.1, 7.1)[a]	2.44 t(15.4, 7.2)[a]	2.40 t(15.3, 7.6)[a]	
5	7.80 s(OH)		7.50 s(OH)	
6			6.0 s②	
2′	7.80 s(OH)	7.04 s(OH)	7.50 s(OH)	
3′-$CH_2$①	2.43 t(15.1, 7.1)[a]	2.44 t(15.4, 7.2)[a]	2.40 t(15.3, 7.6)[a]	
5′	7.80 s(OH)		1.94 s(Me)①	
6′			6.45 s②	
n$CH_2$①	1.20～1.50 m	1.20～1.50 m	1.20～1.50 m	
Me①	0.88 t(13.3, 6.2)[a]①	0.88 t(13.2, 6.4)[a]①		
CH-Me①	4.40 q(7.5)	4.00 q(7.6)		
CH-Me①	1.58 d(7.5)	1.30 d(7.4)		

[a] 遵循文献数据，疑有误。

二、邻苯醌和烃基取代邻苯醌型化合物

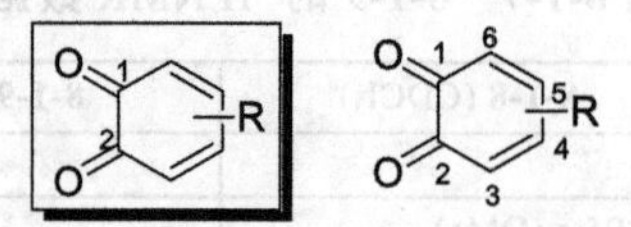

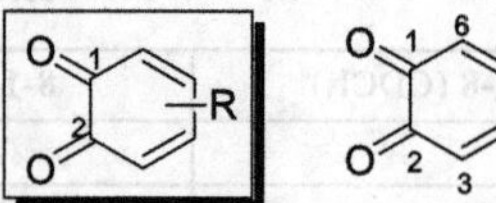

【系统分类】

3,5-环己二烯-1,2-双酮

cyclohexa-3,5-diene-1,2-dione

【结构多样性】

C(3)增碳碳键；C(5)增碳碳键；C(6)增碳碳键；等。

【典型氢谱特征】

8-1-13 [8] 8-1-14 [8] 8-1-15 [8]

表 8-1-5 邻苯醌型化合物 8-1-13～8-1-15 的 ^{1}H NMR 数据

H	8-1-13 ($CDCl_3$)	8-1-14 ($CDCl_3$)	8-1-15 ($CDCl_3$)	典型氢谱特征
3	6.438 dd(10.0, 1.6)①	6.235 dd(2.1, 0.9)①		① 醌烯质子特征峰； ② 烃基质子峰可以作为分析氢谱时的辅助特征信号
4	7.110 dd(10.0, 6.0)①		6.825 m①	
5①	7.110 dd(10.0, 6.0)	6.943 dd(10.0, 2.1)	7.021 dd(10.2, 6.0)	
6①	6.438 dd(10.0, 1.6)	6.346 dd(10.0, 0.9)	6.309 dd(10.0, 1.4)	
Me		2.195 s②	2.018 s②	

三、苯并吡喃（酮）取代苯醌型化合物

1. 苯并吡喃-2-基取代苯醌型

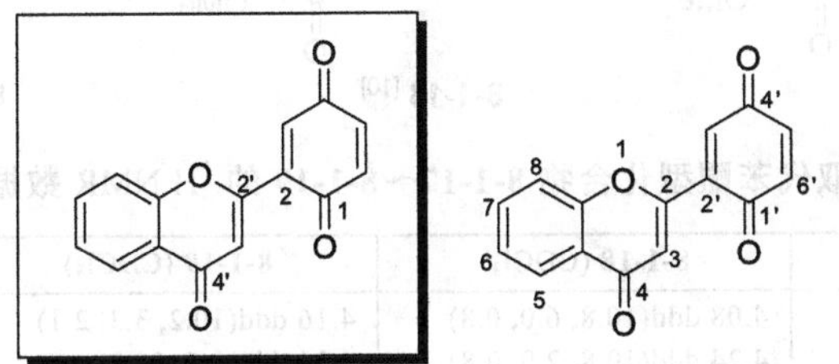

【系统分类】

2-(4-氧代-4*H*-色烯（苯并吡喃）-2-基)环己-2,5-二烯-1,4-二酮

2-(4-oxo-4*H*-chromen-2-yl)cyclohexa-2,5-diene-1,4-dione

【典型氢谱特征】

8-1-16 [9]

表 8-1-6 苯并吡喃（酮）-2-基取代苯醌型化合物 8-1-16 的 ^{1}H NMR 数据

H	8-1-16 ($CDCl_3$)^a	典型氢谱特征
3①	6.05 s	① 3 位质子特征峰； ② 苯环质子出现在芳香区，通常可以区分成 1 个苯环单位； ③ 醌烯质子特征峰
6②	6.47 d(2.3)	
8②	6.38 d(2.3)	
3′③	7.38 s	
6′③	7.30 s	
OMe	3.89 s, 3.91 s, 3.96 s	

^{a}文献没有归属数据，本归属仅作参考。

2. 苯并吡喃-3-基取代苯醌型

【系统分类】

2-(苯并二氢吡喃-3-基)环己-2,5-二烯-1,4-二酮

2-(chroman-3-yl)cyclohexa-2,5-diene-1,4-dione

【典型氢谱特征】

8-1-17 [10]　　8-1-18 [10]　　8-1-19 [10]

表 8-1-7 苯并吡喃-3-基取代苯醌型化合物 8-1-17～8-1-19 的 ^{1}H NMR 数据

H	**8-1-17** ($CDCl_3$)	**8-1-18** ($CDCl_3$)	**8-1-19** ($CDCl_3$)	典型氢谱特征
2①	4.05 ddd(10.5, 5.7, 1.2) 4.22 ddd(10.5, 3.0, 0.9)	4.08 ddd(10.8, 6.0, 0.8) 4.24 ddd(10.8, 2.9, 0.8)	4.16 ddd(10.2, 3.3, 2.1) 4.34 dd(10.5, 10.3)	①②③ 由 2 位氧亚甲基（氧化甲基）、3 位次甲基和 4 位亚甲基组成的自旋系统的特征峰； ④ 苯环质子出现在芳香区，通常可以区分成 1 个苯环单位； ⑤ 醌烯质子特征峰；在苯醌母核上的 4 个醌烯质子全部被取代的情况下，醌烯质子特征峰全部消失
3②	3.49 m	3.42 m	3.55 m	
4③	2.71 dd(16.4, 6.0) 3.03 dd(16.4, 6.0)	2.67 dd(16.2, 6.2) 3.01 dd(16.2, 6.2)	2.61 ddd(16.2, 5.2, 1.8) 3.11 ddd(15.6, 11.9, 1.0)	
5④	6.53 s	6.30 s	6.29 s	
6	3.83 s(OMe)	3.81 s(OMe)	3.76 s(OMe)	
7	3.83 s(OMe)	5.51 s(OH)	3.85 s 或 3.88 s(OMe)	
8	6.39 s④	3.87 s(OMe)	3.85 s 或 3.99 s(OMe)	
3′	6.38 d(1.2)⑤	6.33 d(1.2)⑤	3.96 s(OMe)	
5′	4.02 s(OMe)	3.99 s 或 4.00 s(OMe)	4.01 s(OMe)	
6′	4.02 s(OMe)	3.99 s 或 4.00 s (OMe)	3.96 s (OMe)	

四、呋喃并苯醌型化合物

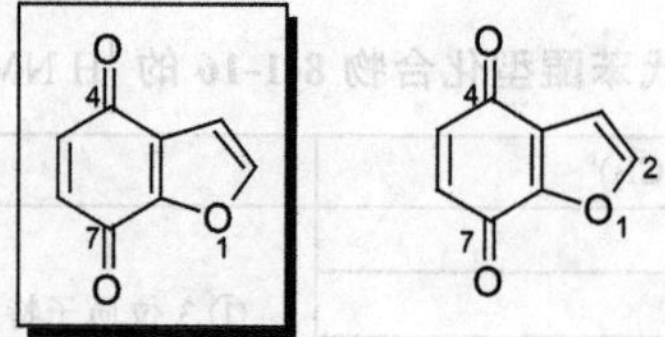

【系统分类】

苯并呋喃-4,7-双酮

benzofuran-4,7-dione

【结构多样性】

C(2)增碳碳键；C(5)增碳碳键；C(2)-C(3)并苯；等。

【典型氢谱特征】

8-1-20 [11]　　8-1-21 [12]　　8-1-22 [13]

表 8-1-8 呋喃并苯醌型化合物 8-1-20～8-1-22 的 ^{1}H NMR 数据

H	8-1-20 ($CDCl_3$)	8-1-21 ($CDCl_3$)[a]	8-1-22 ($CDCl_3$)[a]	典型氢谱特征
2		7.67 d(1.8)①		① 呋喃环 2 位和 3 位质子特征峰，在 2 位和 3 位均不存在取代的情况下，显示五元杂环芳香体系的偶合特征；若 2 位和 3 位均存在取代，则信号消失；若仅存在一个质子被取代，则显示另一个质子的单峰； ② 醌烯质子特征峰
3	6.46 q(0.6)①	6.84 d(1.8)①		
5	6.65 s②			
6	6.65 s②	6.49 t(1.3)②	6.58 t(1.3)②	
1′	2.44 d(0.6)	2.50 td(7.6, 1.3)	2.57 td(7.7, 1.3)	
2′		1.49～1.57 m	1.57 ap quint(7.5)	
3′		1.36～1.45 m	1.44 ap sext(7.3)	
4′		0.95 t(7.3)	0.97 t(7.3)	
1″			8.18 d(8.4)	
2″			7.31 t(7.8, 7.6)	
3″			7.55 t(8.4, 7.6)	
4″			7.67 d(8.4)	

[a] 文献没有归属数据，本表中的归属仅作参考。

五、双呋喃并苯醌型化合物

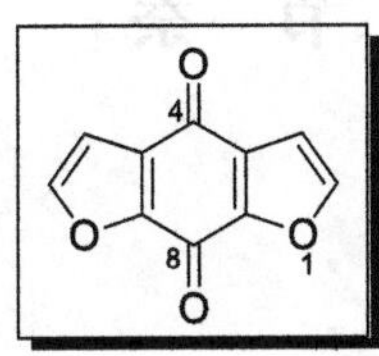

【系统分类】

苯并[1,2-*b*:5,4-*b*′]双呋喃-4,8-双酮

benzo[1,2-*b*:5,4-*b*′]difuran-4,8-dione

【结构多样性】

C(2)增碳碳键；C(5)增碳碳键；等。

【典型氢谱特征】

8-1-23 [14]

表 8-1-9 双呋喃并苯醌型化合物 8-1-23 的 ^{1}H NMR 数据

H	8-1-23 ($CDCl_3$)	典型氢谱特征
3[①]	6.73 s	由于醌烯质子全部被取代，双呋喃并苯醌型化合物缺失醌烯质子特征信号。 ① 呋喃环 β 位质子峰； ② 呋喃环 α 位质子峰
6[②]	7.48 d(1.0)[a]	
2′	2.12 s	
3′	5.30 s, 5.88 s	
4′	2.32 d(1.0)	

[a] 遵循文献数据，疑有误。

参考文献

[1] Gunatilaka A A L, Berger J M, Evans R, et al. J Nat Prod, 2001, 64: 2.

[2] Wang H J, Gloer K B, Gloer J B. J Nat Prod, 1997, 60: 629.

[3] Drewes S E, Khan F, Vuuren S F V, et al. Phytochemistry, 2005, 66: 1812.

[4] Su J H, Ahmed A F, Sung P J, et al. J Nat Prod, 2005, 68: 1651.

[5] Damien D Y, Arce P M, Schoenfeld R A, et al. Bioorg Med Chem, 2010, 18: 6429.

[6] Lin W Y, Kuo Y H, Chang Y L, et al. Planta Med, 2003, 69: 757.

[7] Manguro L O A, Midiwo J O, Kraus W, et al. Phytochemistry, 2003, 64: 855.

[8] Hollenstein R, Philipsborn W V. Helv Chim Acta, 1973, 56: 21.

[9] Laroche M F, Marchand A, Duflos A, et al. Tetrahedron Lett, 2007, 48: 9056.

[10] Kuo S C , Chen S C , Chen L H , et al. Planta Med, 1995, 61: 307.

[11] Cherkaoui O, Nebois P, Fillion H. Tetrahedron, 1996,52: 9499.

[12] Irvine S, Kerr W J, McPherson A R, et al. Tetrahedron, 2008, 64: 926.

[13] Anderson J C, Denton R M, Hichin H G, et al. Tetrahedron, 2004, 60: 2327.

[14] Morimoto M, Fujii Y, Komai K. Phytochemistry, 1999, 51: 605.

第二节 萘 醌

一、1,4-萘醌型化合物

1. 简单 1,4-萘醌型化合物

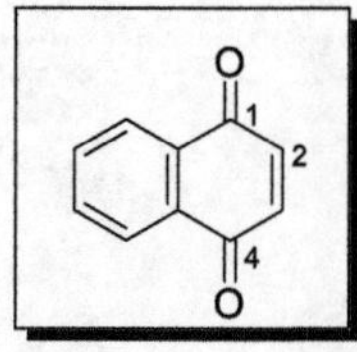

【系统分类】

萘-1,4-双酮

naphthalene-1,4-dione

【结构多样性】

C(2)增碳碳键；C(3)增碳碳键；C(5)增碳碳键；C(6)增碳碳键；C(8)增碳碳键；二聚；等。

【典型氢谱特征】

8-2-1 [1]　8-2-2 [2]　8-2-3 [3]

表 8-2-1 简单 1,4-萘醌型化合物 8-2-1～8-2-3 的 ^{1}H NMR 数据

H	8-2-1 ($CDCl_3$)	8-2-2 ($CDCl_3$)	8-2-3 (D_2O)	典型氢谱特征
2	2.38 s(Me)	3.91 s(OMe)		① 醌烯质子特征峰峰；在醌母核上的 2 个醌烯质子全部被取代的情况下，醌烯质子特征峰全部消失； ② 5 位有羟基取代时的羟基特征峰；当 5 位存在芳香氢信号时，表明 5 位不存在羟基； ③ 母核苯环质子全部在芳香区，可以区分成一个独立的苯环
3		6.09 s①		
5	11.78 s(OH)②	12.49 s(OH)②	7.23 d(2.3)③	
6	7.26 dd(8.0,1.5)③			
7	7.62 t(8.0)③	2.33 s(Me)	6.93 d(2.3)③	
8	7.66 dd(8.0, 1.5)③	7.50 s③		
2′			2.64 t(7.5)	
3′			1.45 tq(7.5)	
4′			0.73 t(7.5)	

8-2-4 [4]　8-2-5 [5]　8-2-6 [6]

表 8-2-2 简单 1,4-萘醌型化合物 8-2-4～8-2-6 的 ^{1}H NMR 数据

H	8-2-4 ($CDCl_3$)	8-2-5 (DMSO-d_6)	8-2-6 ($CDCl_3$)	典型氢谱特征
2	2.19 d(1.5, Me)	10.68 s(OH)	7.37 br s(OH)	① 醌烯质子特征峰峰；在醌母核上的 2 个醌烯质子全部被取代的情况下，醌烯质子特征峰全部消失； ② 5 位有羟基取代时的羟基特征峰；当 5 位不显示羟基特征峰且不存在芳香氢信号时，表明 C(5)有其他取代基； ③ 母核苯环质子全部在芳香区，可以区分成一个独立的苯环
3	6.79 q(1.5)①	1.88 s(Me)		
5	12.31 s(OH)②		12.82 s(OH)②	
6		7.24 s③	7.26 d(9.4)③	
7	7.77 d(7.8)③	11.06 s(OH)	7.14 d(9.4)③	
8	7.67 d(7.8)③	10.16 s(CHO)	11.46 s(OH)	
1′	4.92 q(6.4)	4.31 sept(6.8)	3.28 br d(7.3)	
2′	1.43 d(6.4)	1.17 d(6.8)	5.16 tqq(7.3, 1.4, 1.4)	
3′	3.40 dq(9.2, 7.0) 3.46 dq(9.2, 7.0)	1.17 d(6.8)		
4′	1.23 t(7.0)		1.67 br s	
5′			1.76 br s	

8-2-7 [4]　8-2-8 [4]　8-2-9 [4]

表 8-2-3 简单 1,4-萘醌型化合物 **8-2-7**～**8-2-9** 的 ^{1}H NMR 数据

H	**8-2-7** ($CDCl_3$)	**8-2-8** ($CDCl_3$)	**8-2-9** ($CDCl_3$)	典型氢谱特征
2	1.94 s(Me)	2.23 s(Me)	2.36 s(Me)	化合物 **8-2-7**～**8-2-9** 均是二聚简单 1,4-萘醌型化合物。 ① 5（5′）位有羟基取代时的羟基特征峰； ② 母核苯环质子全部在芳香区，可以区分成两个苯环； ③ 醌烯质子峰；在醌母核上的醌烯质子全部被取代的情况下，醌烯质子特征峰全部消失
5①	11.88 s(OH)	11.85 或 11.95 s(OH)	12.05 s(OH)	
6②	7.26 dd(8.1, 1.1)	7.26 或 7.28 dd(7.5, 1.0)	7.20 dd(7.8, 1.1)	
7②	7.64 t(8.1)	7.62 或 7.64 t(7.5)	7.55 t(7.8)	
8②	7.73 dd(8.1, 1.1)	7.68 或 7.69 dd(7.5, 1.0)	7.60 dd(7.8, 1.1)	
2′	2.08 d(1.5)(Me)		2.36 s(Me)	
3′	6.85 q(1.5)③	6.59 t(1.7)③		
5′①	12.49 s(OH)	11.85 或 11.95 s(OH)	12.05 s(OH)	
6′②	7.38 d(8.5)	7.26 或 7.28 dd(7.5, 1.0)	7.20 dd(7.8, 1.1)	
7′②	7.34 d(8.5)	7.62 或 7.64 t(7.5)	7.55 t(7.8)	
8′		7.68 或 7.69 dd(7.5, 1.0)②	7.60 dd(7.8, 1.1)②	
CH_2		3.94 br d(1.7)		
<u>CH</u>CH₃			4.62 q(7.5)	
CH<u>CH₃</u>			1.76 d(7.5)	

2. 萘醌并呋喃型化合物

（1）C(2)-C(3)并[*b*]呋喃型

【系统分类】

萘并[2,3-*b*]呋喃-4,9-双酮

naphtho[2,3-*b*]furan-4,9-dione

【结构多样性】

C(2)增碳碳键；等。

【典型氢谱特征】

8-2-10 [7]　**8-2-11** [8]　**8-2-12** [9]

表 8-2-4 C(2)-C(3)并[*b*]呋喃型萘醌 **8-2-10**～**8-2-12** 的 ^{1}H NMR 数据

H	**8-2-10** ($CDCl_3$)	**8-2-11** ($CDCl_3$)	**8-2-12** ($CDCl_3$)	典型氢谱特征
2	7.78 d(1.5)①			萘醌并呋喃型化合物母核醌烯质子全部被取代，因此不存在醌烯质子信号。 ① 呋喃环 α 位质子峰； ② 呋喃环 β 位质子峰；在呋喃环 α 位质子被取代的情况下，β 位质子显示单峰；
3②	7.01 d(1.5)	6.83 s	6.79 s	
5③	8.21 m	8.11 d(8.4)	8.11 s	
6	7.77 m③	7.13 dd(8.4, 2.6)③		
7	7.77 m③			
8	8.24 m③	7.60 d(2.6)③	12.23 s(OH)④	

续表

H	8-2-10 ($CDCl_3$)	8-2-11 ($CDCl_3$)	8-2-12 ($CDCl_3$)	典型氢谱特征
1′		5.34 br s, 5.95 br s	6.84 d(2.4)	③ 母核苯环质子全部在芳香区，可以区分成一个苯环； ④ 8 位有羟基取代时的羟基特征峰；当 8 位存在芳香氢信号时，表明 8 位不存在羟基
2′		2.14 br s	7.68 d(2.4)	
3′			5.36 br s, 5.85 br s	
4′			2.14 s	

（2）C(2)-C(3)并 *c* 呋喃型

【系统分类】

萘并[2,3-*c*]呋喃-4,9-双酮

naphtho[2,3-*c*]furan-4,9-dione

【典型氢谱特征】

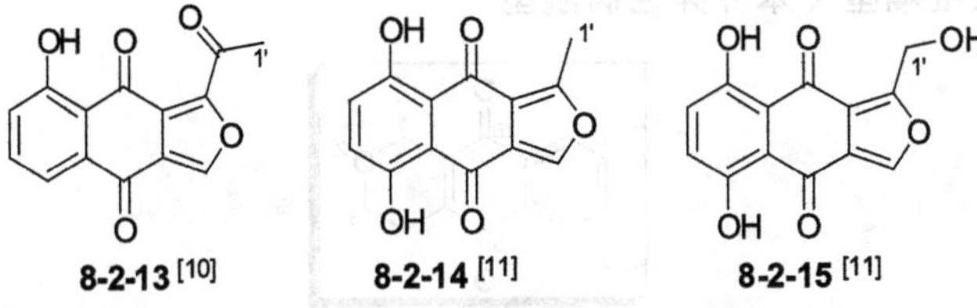

表 8-2-5 C(2)-C(3)并[*c*]呋喃型萘醌 8-2-13～8-2-15 的 ^{1}H NMR 数据

H	8-2-13 ($CDCl_3$)	8-2-14 ($CDCl_3$)	8-2-15 ($CDCl_3$)	典型氢谱特征
1①	8.96 s	8.07	8.14	萘醌并呋喃型化合物母核醌烯质子全部被取代，因此不存在醌烯质子信号。 ① 1 位质子特征峰； ② 5 位有羟基取代时的羟基特征峰； ③ 母核苯环质子全部在芳香区，可以区分成一个苯环； ④ 8 位有羟基取代时的羟基特征峰；当 8 位存在芳香氢信号时，表明 8 位不存在羟基
5②	12.45 s(OH)	12.97 或 12.82 (OH)	12.81 或 12.60 (OH)	
6③	7.38 dd(8.0, 1.0)	7.25	7.30	
7③	7.81 dd(8.0, 8.0)	7.25	7.30	
8	7.69 dd(8.0, 1.0)③	12.97 或 12.82 (OH)④	12.81 或 12.60 (OH)④	
1′	2.75 s	2.78	4.98	

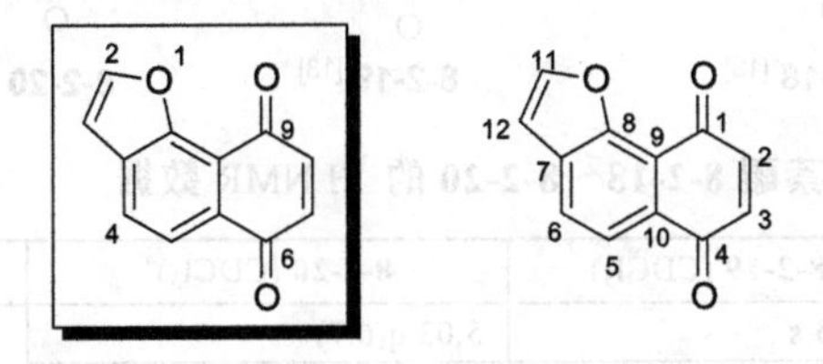

（3）C(5)-C(6)并[*b*]呋喃型

【系统分类】

萘并[1,2-*b*]呋喃-6,9-双酮

naphtho[1,2-*b*]furan-6,9-dione

【典型氢谱特征】

8-2-16 [12]　　8-2-17 [12]

表 8-2-6 C(5)-C(6)并[*b*]呋喃型萘醌 **8-2-16** 和 **8-2-17** 的 ^{1}H NMR 数据

H	**8-2-16** ($CDCl_3$)	**8-2-17** (C_5D_5N)	典型氢谱特征
2	3.93 s(OMe)	3.70 s(OMe)	① 3 位醌烯质子特征峰； ② 5 位有羟基取代时的羟基特征峰； ③ 11 位和 12 位呋喃环双键被氢化后的饱和结构特征峰； ④ 呋喃环 *β* 位质子峰（当呋喃环 *α* 位或 *β* 位有一个氢被取代后，剩余的一个质子呈现单峰）； 若苯环质子信号全部消失，表明其全部苯环质子被取代
3①	6.06 s	6.23 s	
5②	12.85 s(OH)	12.90 s(OH)	
6	2.37 s(Me)	2.13 s(Me)	
11	2.53 br s(Me)	5.07 m③ 1.40 d(7.6)(Me)	
12	6.40 br s④	2.50 dd(17.0, 8.0)③ 3.10 dd(17.0, 9.0)③	

3. 萘醌并二氢吡喃型（苯并异色满醌型）

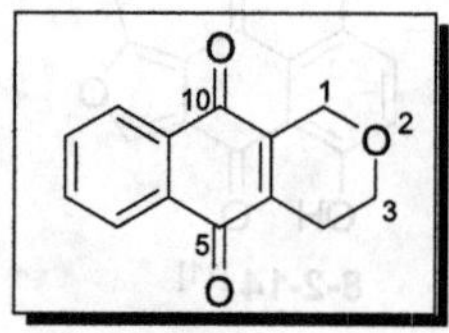

【系统分类】

3,4-二氢-1*H*-苯并[*g*]异苯并吡喃-5,10-双酮

3,4-dihydro-1*H*-benzo[*g*]isochromene-5,10-dione

【结构多样性】

C(1)增碳碳键；C(3)增碳碳键；等。

【典型氢谱特征】

8-2-18 [13]　　8-2-19 [13]　　8-2-20 [14]

表 8-2-7 萘醌并二氢吡喃型萘醌 **8-2-18**～**8-2-20** 的 ^{1}H NMR 数据

H	**8-2-18** ($CDCl_3$)	**8-2-19** ($CDCl_3$)	**8-2-20** ($CDCl_3$)^a	典型氢谱特征
1①	4.70 dt, 4.80 dt	6.05 s	5.03 q(6.7)	① 1 位氧亚甲基（氧化甲基）特征峰；在 1 位有取代的情况下，氧次甲基信号也有特征性；
3②	5.49 t	4.01～4.08 m 4.20～4.29 m	3.98 m	
4③	2.73 dq, 2.83 dq	2.66～2.70 m	2.27 ddd(18.9, 10.2, 2.1) 2.72 dd(19.1, 3.5)	

续表

H	8-2-18 ($CDCl_3$)	8-2-19 ($CDCl_3$)	8-2-20 ($CDCl_3$)[a]	典型氢谱特征
6④	8.03～8.12 m	8.09～8.13 m	7.76 d(7.6)[b]	② 3 位氧亚甲基（氧化甲基）特征峰；在 3 位有取代的情况下，氧次甲基信号有特征性； ③ 鉴于该型化合物在高场区信号较少，4 位（苯甲位）亚甲基的信号也有特征性； ④ 母核苯环质子全部在芳香区，可以区分成一个独立的苯环
7④	7.56～7.79 m	7.75～7.77 m	7.66 dd(8.1, 7.6)	
8④	7.56～7.79 m	7.75～7.77 m	7.29 d(8.5)[b]	
9	8.03～8.12 m④	8.09～8.13 m④	4.01 s(OMe)	
11			1.55 d(6.7)[c]	
12			1.36 d(6.1)[c]	

[a] 文献没有归属数据，表 8-2-7 的归属仅作参考；[b,c] 同一栏目中带有相同上标的归属可以互换。

4. 香豆素萘醌型化合物

（1）萘醌 5-6 香豆素型

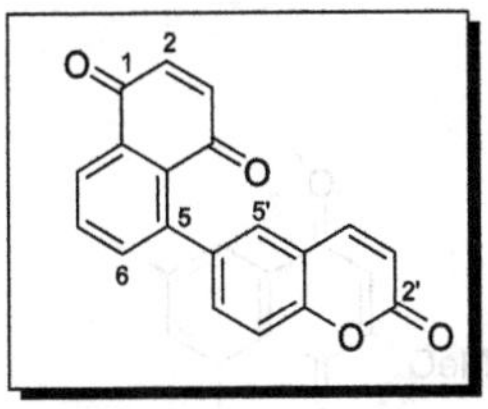

【系统分类】

5-(2-氧代-2*H*-苯并吡喃-6-基)萘-1,4-双酮

5-(2-oxo-2*H*-chromen-6-yl)naphthalene-1,4-dione

【结构多样性】

C(7)增碳碳键；等。

【典型氢谱特征】

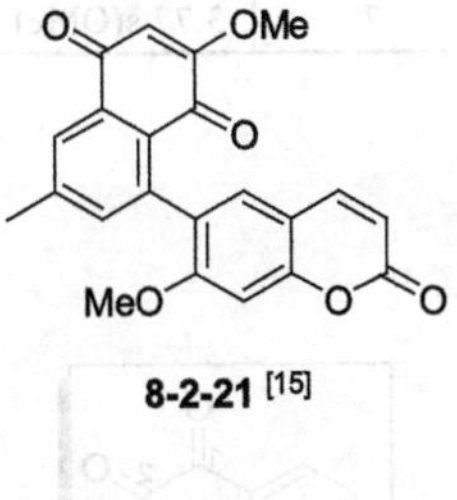

8-2-21 [15]

表 8-2-8 萘醌 5-6 香豆素型化合物 8-2-21 的 ^{1}H NMR 数据

H	8-2-21 ($CDCl_3$)	H	8-2-21 ($CDCl_3$)	典型氢谱特征
2①	6.16 s	3′③	6.30 d(9.5)	① 2 位醌烯质子特征峰； ② 母核苯环质子全部在芳香区，可以区分成两个苯环； ③④ 香豆素 3 位和 4 位双键 AB 自旋系统特征峰
3	3.78 s 或 3.86 s(OMe)	4′④	7.65 d(9.5)	
6②	7.28 s	5′②	7.18 s	
7	2.53 br s(Me)	7′	3.78 s 或 3.86 s(OMe)	
8②	8.00 s	8′②	6.85 s	

（2）萘醌 5-8 香豆素型

【系统分类】

5-(2-氧代-2*H*-苯并吡喃-8-基)萘-1,4-双酮

5-(2-oxo-2*H*-chromen-8-yl)naphthalene-1,4-dione

【结构多样性】

C(7)增碳碳键；等。

【典型氢谱特征】

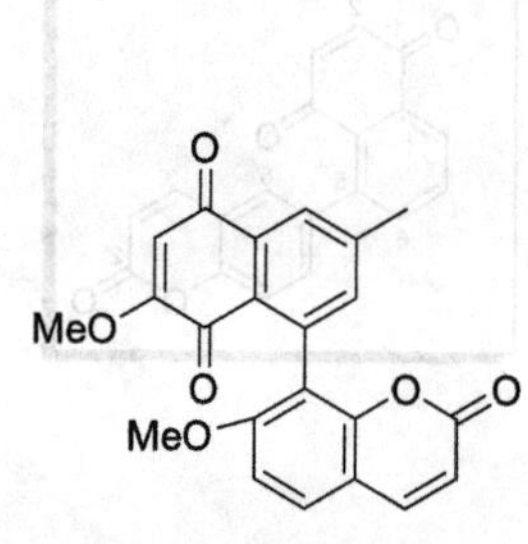

8-2-22 [16]

表 8-2-9 萘醌 5-8 香豆素型化合物 8-2-22 的 ^{1}H NMR 数据

H	8-2-22 ($CDCl_3$)	H	8-2-22 ($CDCl_3$)	典型氢谱特征
2①	6.12 s	3′③	6.21 d(9.8)	① 2 位醌烯质子特征峰； ② 母核苯环质子全部在芳香区，可以区分成两个苯环； ③④ 香豆素 3 位和 4 位双键 AB 自旋系统特征峰
3	3.81 s(OMe)	4′④	7.68 d(9.8)	
6②	7.29 d(2.0)	5′②	7.49 d(8.8)	
7	2.51 s(Me)	6′②	6.94 d(8.8)	
8②	8.02 d(2.0)	7′	3.77 s(OMe)	

二、1,2-萘醌型化合物

1. 简单 1,2-萘醌型

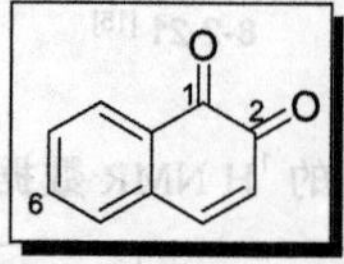

【系统分类】

1,2-萘二酮

naphthalene-1,2-dione

【结构多样性】

C(3)增碳碳键；C(7)增碳碳键；等。

【典型氢谱特征】

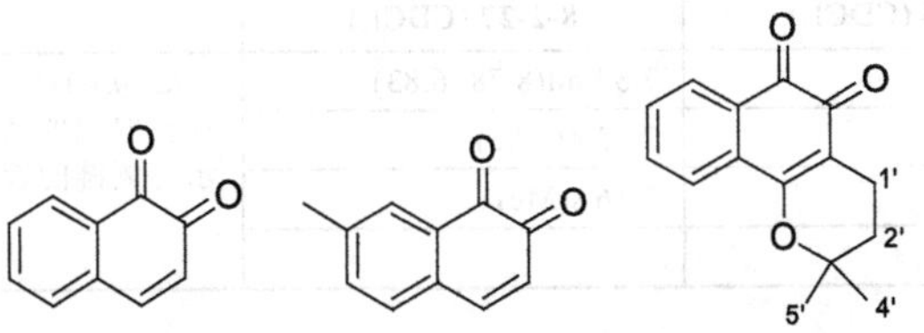

8-2-23 [17] 8-2-24 [17] 8-2-25 [18]

表 8-2-10 简单 1,2-萘醌型化合物 8-2-23～8-2-25 的 ^{1}H NMR 数据

H	8-2-23 ($CDCl_3$)[a]	8-2-24 ($CDCl_3$)[a]	8-2-25 ($CDCl_3$)[a]	典型氢谱特征
3	7.4 d(10.3)[b①]	7.42 d(9.8)[b①]		①② 在 3 位和 4 位均不存在取代的情况下，3 位和 4 位 AB 自旋系统的信号非常特征；在 3 位和 4 位均存在取代的情况下，3 位和 4 位 AB 自旋系统的信号消失；③ 母核苯环质子全部在芳香区，可以区分成一个苯环
4	6.4 d(10.3)[b②]	6.4 d(9.8)[b②]		
5③	7.35 d(7.7)[c]	7.44 d(7)[c]	8.07 dd(1.8)[e]	
6③	7.65 t(7.7)[d]	7.28 d(7)[c]	7.53 dt(1.8)[e]	
7	7.5 t(7.7)[d③]	2.4 s(Me)	7.64 dt(1.8)[e③]	
8③	8.1 d(7.7)[c]	7.9 s	7.82 dd(1.8)[e]	
1′			2.58 t(6.6)	
2′			1.86 t(6.5)	
4′, 5′			1.47 s, 1.47 s	

[a] 文献没有归属数据，表 8-2-10 的归属仅做参考；[b,c,d] 同一栏目中带有相同上标的归属可以互换；[e] 具体数值和偶合裂分均遵循文献数据。

2. 萘醌 C(3)-C(4)并[*b*]呋喃型

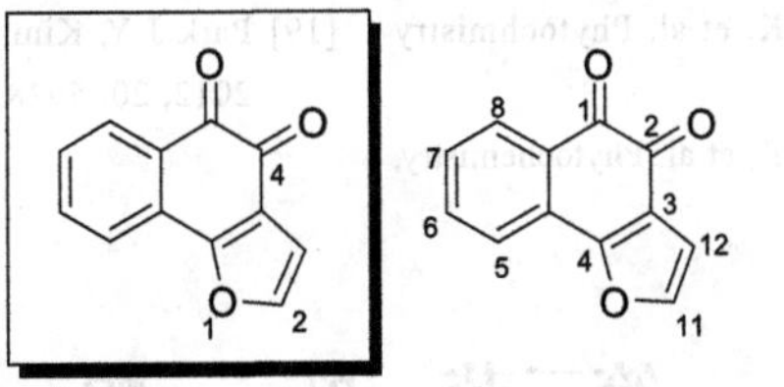

【系统分类】

萘并[1,2-*b*]呋喃-4,5-双酮

naphtho[1,2-*b*]furan-4,5-dione

【典型氢谱特征】

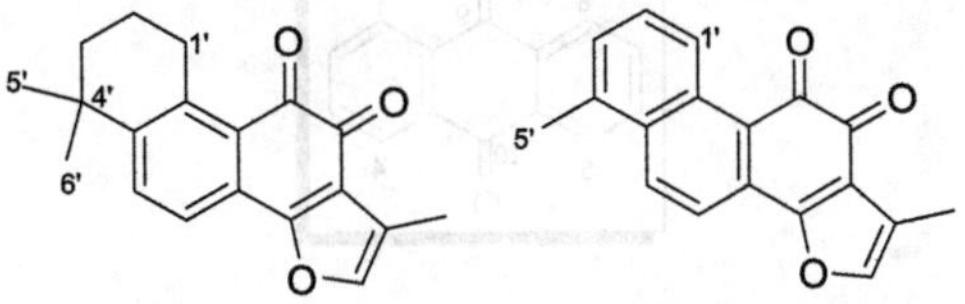

8-2-26 [19] 8-2-27 [19]

表 8-2-11 萘醌 C(3)-C(4)并[*b*]呋喃型化合物 8-2-26 和 8-2-27 的 ^{1}H NMR 数据

H	8-2-26 ($CDCl_3$)	8-2-27 ($CDCl_3$)	典型氢谱特征
5①	7.52 d(8.29)	7.42 d(8.78)	萘醌 C(3)-C(4)并[*b*]呋喃型化合物的醌烯质子全部被取代，因此不存在醌烯质子的信号。① 母核苯环质子全部在芳香区，可以区分成一个苯环；
6①	7.60 d(8.29)	8.27 d(8.78)	
11②	7.19 s	7.27 d(1.46)	
12	2.23 s(Me)	3.02 s(Me)	
1′	3.15 t(6.34)	9.21 d(8.78)	

续表

H	8-2-26 ($CDCl_3$)	8-2-27 ($CDCl_3$)	典型氢谱特征
2′	1.78 m	7.52 dd(8.78, 6.83)	② 呋喃环 α 位质子特征峰；在呋喃环 β 位存在取代的情况下，α 位质子为宽单峰或显示与侧链的远程偶合
3′	1.63 m	7.32 d(6.83)	
5′	1.28 s	3.16 s(Me)	
6′	1.28 s		

参考文献

[1] Higa M, Ogihara K, Yogi S. Chem Pharm Bull, 1998, 46: 1189.
[2] Alemayehu G, Abegaz B, Snatzke G, et al. Phytochemistry, 1993, 32: 1273.
[3] Takahashi D, Maoka T, Tsushima M, et al. Chem Pharm Bull, 2002, 50: 1609.
[4] Higa M, Noha N, Yokaryo H, et al. Chem Pharm Bull, 2002, 50: 590.
[5] Kishore P H, Reddy M V B, Gunasekar D, et al. J Asian Nat Prod Res, 2003, 5: 227.
[6] Hasan A F M F, Furumoto T, Begum S, et al. Phytochemistry, 2001, 58: 1225.
[7] Ito C, Katsuno S, Kondo Y, et al. Chem Pharm Bull, 2000, 48: 339.
[8] Gormann R, Kaloga M, Li X C, et al. Phytochemistry, 2003, 64: 583.
[9] Kishore N, Mishra B B, Tiwari V K, et al. Phytochmistry Lett, 2010, 3: 62.
[10] Yamamoto Y, Kinoshita Y, Thor G R, et al. Phytochemistry, 2002, 60: 741.
[11] Bezabih M, Motlhagodi S, Abegaz B M. Phytochemistry, 1997, 46: 1063.
[12] Kimura Y, Shimada A, Nakajima H, et al. Agric Biol Chem, 1988, 52: 1253.
[13] Jacobs J, Claessens S, Kimpe N D. Tetrahedron, 2008, 64: 412.
[14] Fernandes R A, Chavan V P , Ingle A B. Tetrahedron Lett, 2008, 49: 6341.
[15] Reisch J, Bathe A. Liebigs Ann Chem, 1988, 543.
[16] Makino M, Kazama S, Kamiya M. Chem Pharm Bull, 1993, 41: 1.
[17] Cavallotti C, Orsini F, Sello G.. Tetrahedron, 1999, 55: 4467.
[18] Bian J L, Deng B, Zhang X J, et al. Tetrahedron Lett, 2014, 55: 1475.
[19] Park J Y, Kim J H, Kim Y M, et al. Bioorg Med Chem, 2012, 20: 5928.

第三节 蒽 醌

一、简单蒽醌型化合物

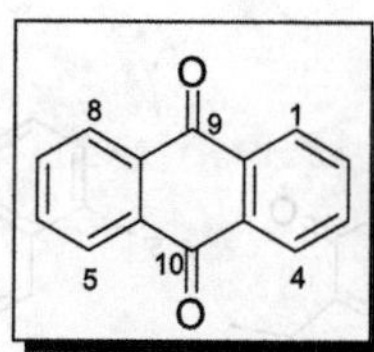

【系统分类】

蒽-9,10-双酮

anthracene-9,10-dione

【结构多样性】

C(1/4)增碳碳键；C(2/7)增碳碳键；C(3/6)增碳碳键；等。

【典型氢谱特征】

8-3-1 [1] 8-3-2 [2] 8-3-3 [2]

表 8-3-1 简单蒽醌型化合物 8-3-1～8-3-3 的 ^{1}H NMR 数据

H	8-3-1 ($CDCl_3$)	8-3-2 ($CDCl_3$- CD_3OD)	8-3-3 ($CDCl_3$)	典型氢谱特征
1①	13.20 s(OH)		13.14 br s(OH)	根据结构，简单蒽醌型化合物的 1 位、4 位、5 位和 8 位如果存在羟基取代，往往由于与酮羰基形成氢键而在 δ 13 左右显示特征的单峰。 ① 1 位有羟基取代时的羟基特征峰；若 1 位（也包括 4 位、5 位和 8 位）存在羟基取代，但特征峰消失，则与测定条件有关； ② 母核苯环质子全部在芳香区，可以区分成 2 个苯环。 此外，简单蒽醌型化合物常含有的其他芳甲基、酚羟基和甲氧基的信号有特征性
2	4.02 s(OMe)	6.62 d(2.3)②	4.13 s(OMe)	
3	7.15 d(8.4)②		6.50 br s(OH)	
4②	7.86 d(8.4)	7.22 d(2.3)	7.47 s	
5②	7.73 d(2.4)	7.56 d(2.6)	8.14 d(7.9)	
6	4.00 s(OMe)		7.55 dd(7.9, 0.5)②	
7	7.25 dd(8.8, 2.4)②	7.17 dd(8.4, 2.4)②	2.52 s(Me)	
8②	8.26 d(8.8)	8.14 d(8.4)	8.07 d(0.5)	

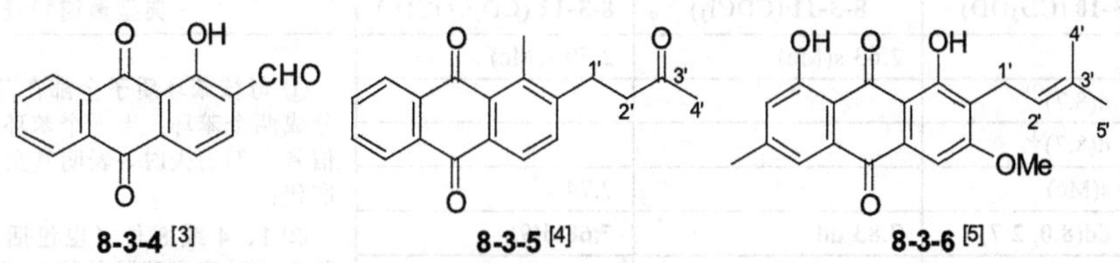

8-3-4 [3] 8-3-5 [4] 8-3-6 [5]

表 8-3-2 简单蒽醌型化合物 8-3-4～8-3-6 的 ^{1}H NMR 数据

H	8-3-4 ($CDCl_3$)	8-3-5 ($CDCl_3$)	8-3-6 ($CDCl_3$)	典型氢谱特征
1	13.26 s(OH)①	2.78 s(Me)	12.12 s(OH)①	① 1 位和 8 位有羟基取代时的羟基特征峰； ② 母核苯环质子全部在芳香区，可以区分成 2 个苯环。 此外，简单蒽醌型化合物常含有的其他芳甲基、酚羟基和甲氧基的信号有特征性
2	10.63 s(CHO)			
3	8.23 d(8.0)②	7.58 d(8.3)②	4.00 s(OMe)	
4②	7.89 d(8.0)	8.18 d(8.3)	7.35 s	
5②	8.32 m	8.25 m	7.55 br s	
6	7.88 m②	7.75 m②	2.44 s(Me)	
7②	7.88 m	7.75 m	7.02 br s	
8	8.35 m②	8.25 m②	12.40 s(OH)①	
1′		3.06 t(7.2)	3.40 d(7.0)	
2′		2.75 t(7.2)	5.18 t(7.0)	
4′		2.18 s	1.69 s	
5′			1.80 s	

8-3-7 [6] 8-3-8 [7] 8-3-9 [8]

表 8-3-3 简单蒽醌型化合物 8-3-7～8-3-9 的 ^{1}H NMR 数据

H	8-3-7 (DMSO-d_6)	8-3-8 (CDCl$_3$)	8-3-9(DMSO-d_6-CDCl$_3$)	典型氢谱特征
1	7.51 s①			① 母核苯环质子全部在芳香区，可以区分成二个苯环。 此外，简单蒽醌型化合物常含有的其他芳甲基和酚羟基的信号有特征性，可以作为分析氢谱时的辅助特征信号。 1位或5位（也包括4位和8位）存在羟基取代时应出现羟基特征峰；若1位或5位存在羟基但特征峰消失，则与测定条件有关
2	10.95 s(OH)	7.10 br d(1.0)①	7.07 br s①	
3		2.42 br s(Me)	2.43 s(Me)	
4①	8.22 s	7.67 br d(1.0)	7.60 br s	
5	8.06 d(8.5)①			
6①	7.21 dd(8.5, 2.5)	7.30 dd(9. 1.0)	6.63 d(2.5)	
7	10.87 s(OH)	7.68 t(9.0)①		
8①	7.47 d(2.5)	7.83 dd(9, 1.0)	7.30 d(2.5)	
1′	4.59 s			

8-3-10 [9]　8-3-11 [10]　8-3-12 [10]

表 8-3-4 简单蒽醌型化合物 8-3-10～8-3-12 的 ^{1}H NMR 数据

H	8-3-10 (CD$_3$OD)	8-3-11 (CDCl$_3$)	8-3-12 (CD$_3$COCD$_3$)	典型氢谱特征
1		2.63 s(Me)	2.70 s(Me)	① 母核苯环质子全部在芳香区，可以区分成两个苯环；当一个苯环上的芳香质子信号全部消失时，表明其全部苯环质子被取代； ② 1、4或8位（也包括5位）存在羟基取代时应出现羟基特征峰；若存在这类羟基但特征峰消失，则与测定条件有关。 此外，简单蒽醌型化合物常含有的其他芳甲基和酚羟基的信号有特征性，可以作为分析氢谱时的辅助特征信号
2	7.21 d(8.7)①			
3	7.49 d(8.7)①			
4	2.60 s(Me)		7.74 s①	
5①	6.76 dd(8.0, 2.7)	7.83 dd	7.68 d(9)	
6①	6.74 br d(8.0)^a	7.65 t	7.20 d(9)	
7	6.70 dd(8.0, 2.7)①	7.33 dd①		
8			13.10 s(OH)②	
OMe		3.98 s, 4.09 s	3.94 s	
OH		12.90 s②, 13.70 s②		

^{a}遵循文献数据，疑有误。

二、四氢蒽醌型化合物

【系统分类】

1,2,3,4-四氢蒽-9,10-双酮

1,2,3,4-tetrahydroanthracene-9,10-dione

【结构多样性】

C(3)增碳碳键；等。

【典型氢谱特征】

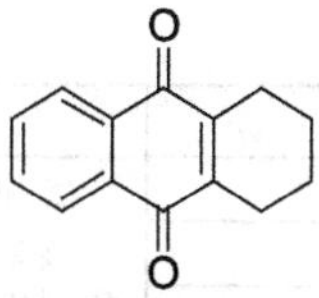

8-3-13 [11] 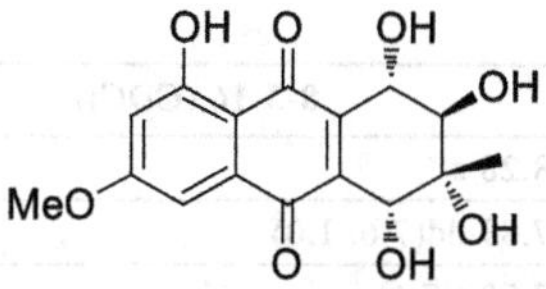　　8-3-14 [12]

表 8-3-5 四氢蒽醌型化合物 8-3-13 和 8-3-14 的 ^{1}H NMR 数据

H	8-3-13 ($CDCl_3$)	8-3-14 (CD_3OD)	典型氢谱特征
1①	2.38～2.77 m	4.73 d(7.5)	由于结构特殊性，简单的四氢蒽醌型化合物在 ^{1}H NMR 图谱上的高场区和低场区的信号均有特征性。 ① 1 位、2 位、3 位和 4 位亚甲基或存在取代时的次甲基（连氢基团）特征峰； ② 母核苯环质子全部在芳香区，可以区分成一个苯环。 此外，四氢蒽醌型化合物常含有的其他芳甲基和酚羟基的信号有特征性，可以作为分析氢谱时的辅助特征信号
2①	1.59～1.97 m	3.84 d(7.5)	
3	1.59～1.97 m①	1.43 s(Me)	
4①	2.38～2.77 m	4.51 s	
5②	7.88～8.15 m	7.12 d(2.5)	
6	7.57～7.82 m②	3.90 s(OMe)	
7②	7.57～7.82 m	6.71 d(2.5)	
8	7.88～8.15 m②		

三、蒽醌并吡喃型化合物

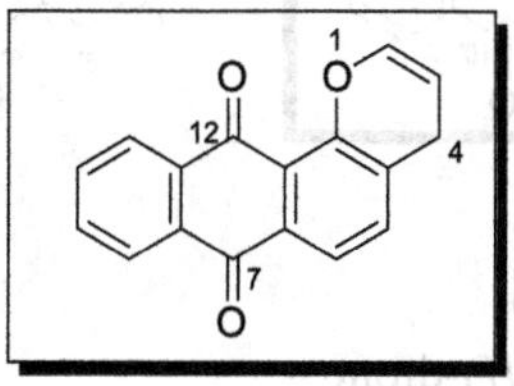

【系统分类】

4*H*-萘并[2,3-*h*]苯并吡喃-7,12-双酮

4*H*-naphtho[2,3-*h*]chromene-7,12-dione

【结构多样性】

C(2)增碳碳键；C(5)增碳碳键；C(9)增碳碳键；等。

【典型氢谱特征】

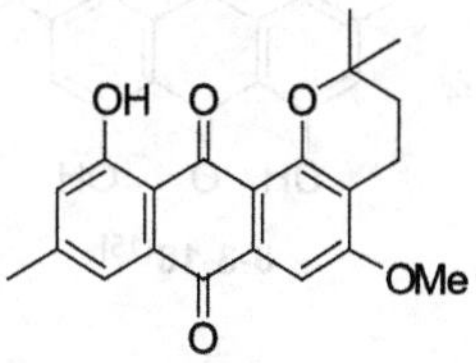

8-3-15 [13] 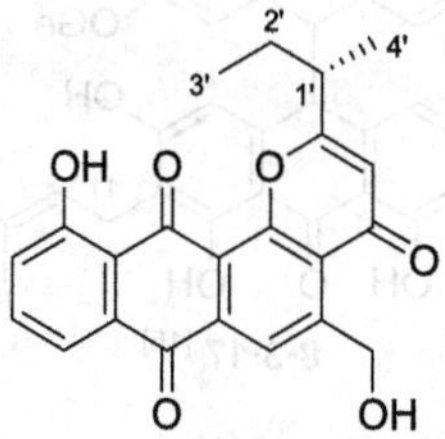　　8-3-16 [14]

表 8-3-6 蒽醌并吡喃型化合物 8-3-15 和 8-3-16 的 ^{1}H NMR 数据

H	8-3-15 ($CDCl_3$)	8-3-16 ($CDCl_3$)	典型氢谱特征
2	1.46 s(Me×2)		由于吡喃环的结构变化较大，其特征信号不固定。 ① 吡喃环被氢化后，在高场区有相应的特征信号；
3	1.85 t(7.0)①	6.39 s②	
4	2.73 t(7.0)①		
5	3.99 s(OMe)	5.07 s(CH_2)	

续表

H	8-3-15 ($CDCl_3$)	8-3-16 ($CDCl_3$)	典型氢谱特征
6③	7.35 s	8.28 s	② 吡喃环的双键氢信号在低场区；该型化合物的其他氢谱特征与简单蒽醌型化合物相似：③ 母核苯环质子全部在芳香区，可以区分成两个苯环；④ 11 位有羟基时的羟基特征峰。此外，蒽醌并吡喃型化合物常含有的其他甲氧基和芳甲基的信号有特征性，可以作为分析氢谱时的辅助特征信号
8③	7.49 br s	7.83 dd(7.6, 1.0)	
9	2.40 (Me)	7.70 t(7.6)③	
10③	7.00 br s	7.38 dd(8.4, 1.0)	
1′		2.80 m	
2′		1.99 m, 1.83 m	
3′		1.00 t(7.5)	
4′		1.45 d(7.0)	
OH	13.21 s④	4.67 s(CH_2OH), 12.8 s(11-OH)④	

四、9,9′-双蒽酮型化合物

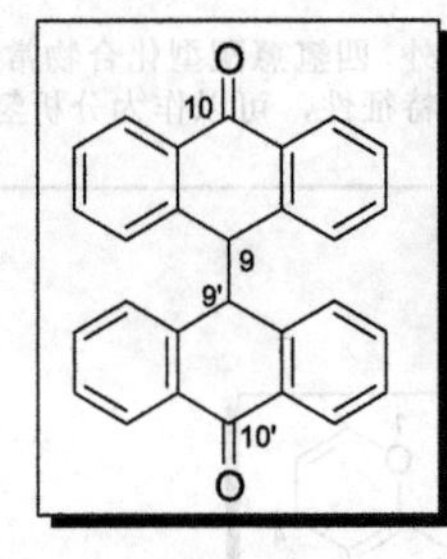

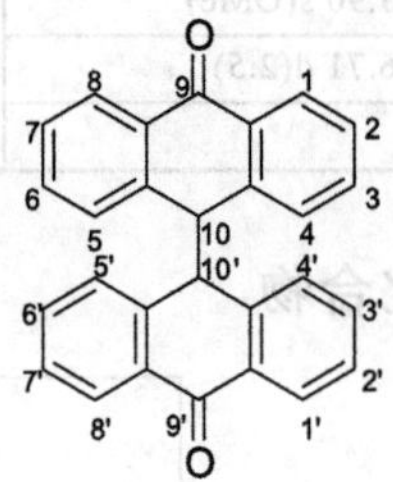

【系统分类】

[9,9′-双蒽]-10,10′(9*H*,9′*H*)-双酮

[9,9′-bianthracene]-10,10′(9*H*,9′*H*)-dione

【结构多样性】

C(3,3′)双增碳碳键；等。

【典型氢谱特征】

8-3-17[15]

8-3-18[15]

8-3-19[16]

Ge(=geranyl)=

表 8-3-7 9,9′-双蒽酮型化合物 8-3-17～8-3-19 的 ^{1}H NMR 数据

H	8-3-17 (DMSO-d_6)	8-3-18 ($CDCl_3$)	8-3-19 ($CDCl_3$)	典型氢谱特征
1①	12.37 s(OH)[a,b]	12.10 s(OH)[a,b]	12.10 s(OH)[a]	① 1 位、8 位、1′位和 8′位有羟基时的羟基特征峰； ② 母核苯环质子全部在芳香区，可以区分成四个苯环； ③④ 10 位和 10′位（双苯甲位）次甲基特征峰 此外，9,9′-双蒽酮型化合物常含有的其他芳甲基、芳甲氧基和酚羟基的信号有特征性，可以作为分析氢谱时的辅助特征信号
2②	6.10 d(2.5)	6.35 d(2.2)	6.33 d(2.5)	
3			2.26 s(Me)	
4②	6.30 d(2.5)	6.00 d(2.2)	5.88 d(2.0)	
5②	6.60 d(1.8)	6.12 br s	6.10 d(8.3)	
6	2.25 s(Me)	2.31 s(Me)	6.68 d(8.3)②	
7	6.20 d(1.8)②	6.69 br s②	3.78 s(OMe)	
8①	11.84 (OH)[a,b]	11.90 s(OH)[a,b]	11.88 s(OH)[a]	
10③	4.50 s	4.33 s	4.34 br s	
11	4.64 d(6.0)	4.54 d(6.6)		
12	5.46 t(6.0)	5.47 t(6.6)		
14	2.05 m	2.12 m		
15	2.05 m[c]	2.14 m		
16	5.30 t(8)	5.12 m		
18	1.81 s	1.79 br s		
19	1.60 s[d]	1.70 br s[d]		
20	1.62 s[d]	1.63 br s[d]		
1′①	12.05 s (OH)[b,e]	12.10 s(OH)[b,e]	12.15 s(OH)[b]	
2′		6.35 d(2.2)②	6.36 d(2.5)②	
3′	9.54 s(OH)		2.27 s(Me)	
4′②	6.27 s	6.00 d(2.2)	6.0 d(2.0)	
5′②	6.66 d(2.5)	6.12 br s	6.10 d(8.3)	
6′	2.25 s(Me)	2.31 s(Me)	6.68 d(8.3)②	
7′	6.37 d(2.5)②	6.69 br s②	3.80 s(OMe)	
8′①	11.74 s(OH)[b,e]	11.90 s(OH)[b,e]	11.80 s(OH)[b]	
10′④	4.50 s	4.33 s	4.34 br s	
11′	3.35 d(7.9)	—		
12′	5.10 t(7.9)	—		
14′	1.86 s	—		
15′	1.86 s	—		
16′-20′		—		

a,d,e 同一栏目中带有相同上标的归属可以互换；b 可以重水交换；c 文献表述不清楚，仅作参考。

五、1,1′-双蒽醌型化合物

【系统分类】

(1,1′-双蒽)- 9,9′,10,10′-四酮

(1,1′-bianthracene)-9,9′,10,10′-tetraone

【结构多样性】

C(2,2′)双增碳碳键；C(3,3′)双增碳碳键；等。

【典型氢谱特征】

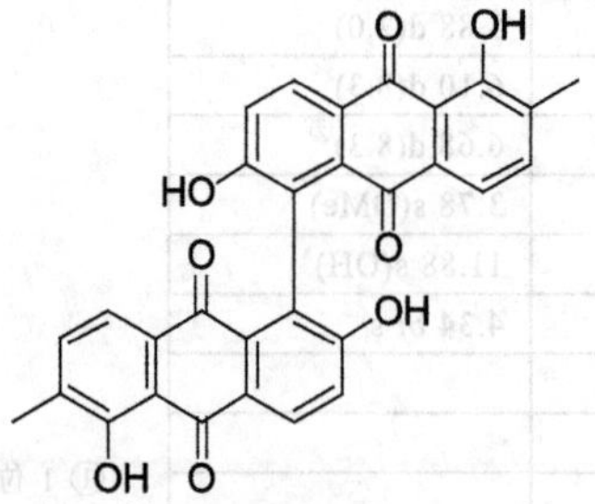

8-3-20 [17] 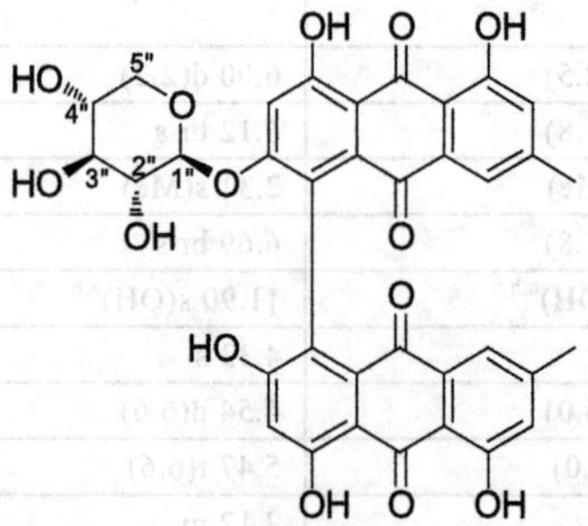　　8-3-21 [18]

表 8-3-8 1,1′-双蒽醌型化合物 8-3-20 和 8-3-21 的 ^{1}H NMR 数据

H	**8-3-20** (DMSO-d_6)	**8-3-21** (CD_3OD)	典型氢谱特征
1①	13.18 s(OH)		① 1 位和 1′位存在羟基取代时的羟基特征峰；1 位或 1′位（也包括 4 位、4′位、8 位和 8′位）存在羟基取代时应出现羟基特征峰；若存在羟基取代但特征峰消失，则与测定条件有关； ② 母核苯环质子全部在芳香区，可以区分成四个苯环。 此外，1,1′-双蒽醌型化合物常含有的其他芳甲基和酚羟基的信号有特征性，可以作为分析氢谱时的辅助特征信号
2	2.29 s(Me)	7.08 d(2.0)②	
3	7.34 d(7.6)②	2.34 或 2.37 s (Me)	
4②	7.57 d(7.6)	7.35 d(2.0)	
7②	7.36 d(8.5)	7.02 s	
8	8.27 d(8.5)②		
1′①	13.18 s(OH)		
2′	2.29 s(Me)	7.02 d(2.0)②	
3′	7.34 d(7.6)②	2.34 或 2.37 s(Me)	
4′②	7.57 d(7.6)	7.30 d(2.0)	
7′②	7.36 d(8.5)	6.62 s	
8′	8.27 d(8.5)②		
1″		4.86 d(7.5)	
2″		3.03 dd(8.5, 7.5)	
3″		3.26 dd(9.0, 8.5)	
4″		3.40 m	
5″		3.43 m 3.92 dd(11.0, 6.0)	

六、2,2′-双蒽醌型化合物

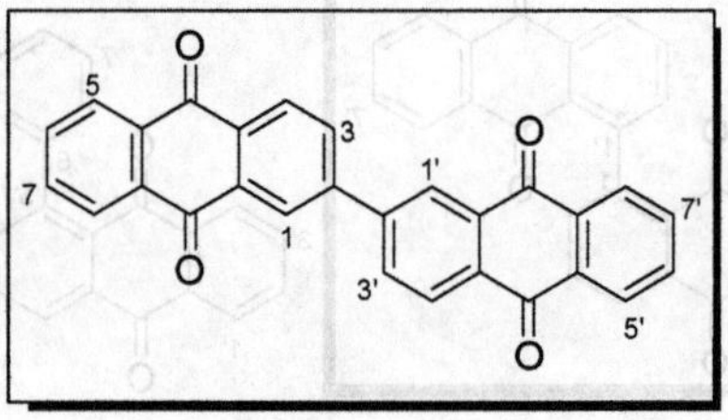

【系统分类】

(2,2′-双蒽)- 9,9′,10,10′-四酮

(2,2′-bianthracene)-9,9′,10,10′-tetraone

【结构多样性】

C(3,6′)双增碳碳键；等。

【典型氢谱特征】

8-3-22 [19]

8-3-23 [20]

表 8-3-9 2,2′-双蒽醌型化合物 8-3-22 和 8-3-23 的 ^{1}H NMR 数据

H	8-3-22 ($CDCl_3$)	8-3-23 (DMSO-d_6)	典型氢谱特征
1	7.77 s①	13.25 s(OH)②	① 母核苯环质子信号全部在芳香区，可以区分成 4 个苯环； ② 1 位、1′位和 8′位存在羟基取代时的羟基特征峰。 此外，2,2′-双蒽醌型化合物常含有的其他芳甲基和酚羟基信号有特征性，可以作为分析氢谱时的辅助特征信号
3		2.23 s(Me)	
4		7.67 s①	
5①	7.9 m 或 8.29 m	7.71 d(7.4)	
6①	7.9 m 或 8.29 m	7.87 t(7.4)	
7①	7.9 m 或 8.29 m	7.90 d(7.4)	
8	7.9 m 或 8.29 m①		
1′	7.77 s①	12.33 s(OH)②	
3′		7.75 d(7.6)①	
4′		7.83 d(7.6)①	
5′①	7.9 m 或 8.29 m	7.56 br s	
6′	7.9 m 或 8.29 m①	2.45 s(Me)	
7′①	7.9 m 或 8.29 m	7.21 br s	
8′	7.9 m 或 8.29 m①	11.77 s(OH)②	
1″		5.16 d(7.5)	
2″		3.29 m	
3″		3.45 m	
4″		3.34 m	
5″		3.20 m	
6″		3.47 m, 3.72 m	

七、1,2′-双蒽醌型化合物

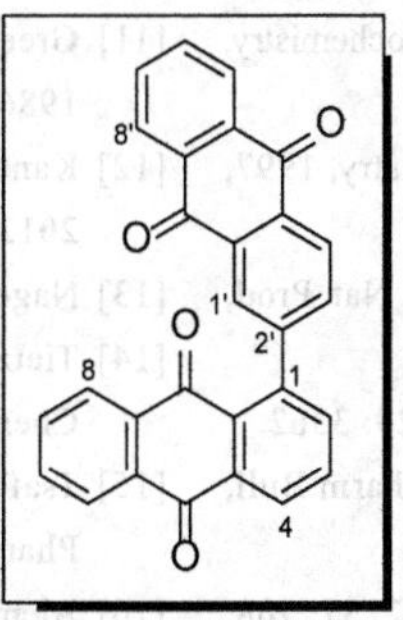

【系统分类】

(1,2′-双蒽)-9,9′,10,10′-四酮

(1,2′-bianthracene)-9,9′,10,10′-tetraone

【典型氢谱特征】

8-3-24 [21,22]

表 8-3-10 1,2′-双蒽醌型化合物 **8-3-24** 的 ^{1}H NMR 数据

H	**8-3-24** ($CDCl_3$)	典型氢谱特征
2	3.82 s(OMe)[a]	① 母核苯环质子信号全部在芳香区，可以区分成四个苯环； ② 4 位、5 位、1′位和 8′位有羟基取代时的羟基特征峰。 此外，1,2′-双蒽醌型化合物常含有的其他芳甲基、芳甲氧基和酚羟基信号有特征性，可以作为分析氢谱时的辅助特征信号
3①	6.83 s	
4②	12.05 s(OH)	
5②	12.10 s(OH)	
6①	7.04 d(2)	
7	2.35 s(Me)	
8①	7.42 d(2)	
1′②	13.10 s(OH)	
3′	3.85 s(OMe)[a]	
4′①	7.57 s	
5′①	7.67 d(2)	
6′	2.45 s(Me)	
7′①	7.06 d(2)	
8′②	12.20 s(OH)	

[a] 文献信号归属不确定，可以交换。

参考文献

[1] Wu T S, Lin D M, Shi L S, et al. Chem Pharm Bull, 2003, 51: 948.

[2] El-Gamal A A, Takeya K, Itokawa H, et al. Phytochemistry, 1995, 40: 245.

[3] Ismail N H, Ali A M, Aimi N, et al. Phytochemistry, 1997, 45: 1723.

[4] Kumar U S, Tiwari A K, Reddy S V, et al. J Nat Prod, 2005, 68: 1615.

[5] Nagem T J, Faria T D J. Phytochemistry, 1990, 29: 3362.

[6] Ling S K, Komorita A, Tanaka T, et al. Chem Pharm Bull, 2002, 50: 1035.

[7] Lu X Z, Xu W H, Naoki H. Phytochemistry, 1992, 31: 708.

[8] Hemlata, Kalidhar S B. Phytochemistry, 1993, 32: 1616.

[9] Jaki B, Heilmann J , Sticher O. J Nat Prod, 2000, 63: 1283.

[10] Mammo W, Dagne E , Steglich W. Phytochemistry, 1992, 31: 3577.

[11] Greenland H, Pinhey J T , Sternhell S. Aust J Chem, 1986, 39: 2067.

[12] Kanamaru S, Honma M, Murakami T, et al. Chirality, 2012, 24:146.

[13] Nagem T J, Faria T D S. Phytochemistry, 1990, 29: 3362.

[14] Tietze L F, Gericke K M, Singidi R R, et al. Org Biomol Chem, 2007, 5: 1191.

[15] Tsaffack M, Nguemeving J R, Kuete V, et al. Chem Pharm Bull, 2009, 57: 1113.

[16] Alemayehu G, Abegaz B, Snatzke G, et al. Phytochemistry, 1993, 32: 1273.

[17] Montoya S C N, Agnese A M, Cabrera J L. J Nat Prod, 2006, 69: 801.

[18] Don M J, Huang Y J, Huang R L, et al. Chem Pharm Bull, 2004, 52: 866.
[19] Arrieta-Baez D, Roman R, Vazquez-Duhalt R, et al. Phytochemistry, 2002, 60:567.
[20] Li C, Shi J G, Zhang Y P, et al. J Nat Prod, 2000, 63: 653.
[21] Abegaz B M, Bezabeh M, Alemayehu G, et al. Phytochemistry, 1994, 35: 465.
[22] Alemayehu G, Abegaz B M. Phytochemistry, 1996, 41: 919.

第四节 菲 醌

一、1,4-菲醌型化合物

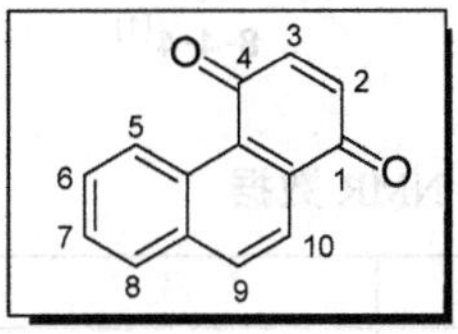

【系统分类】
1,4-菲二酮
phenanthrene-1,4-dione

【典型氢谱特征】

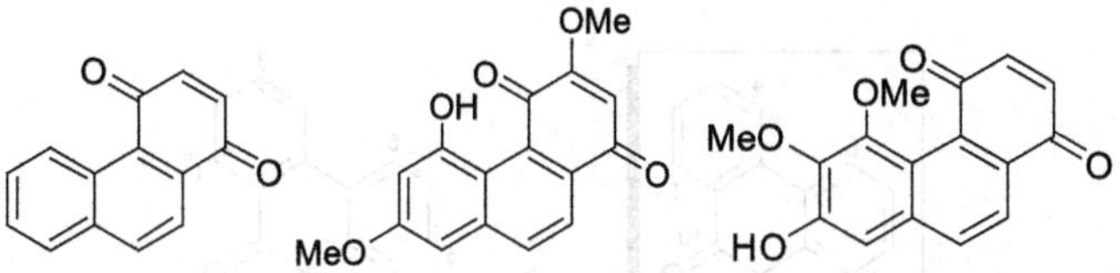

8-4-1 [1]　8-4-2 [2]　8-4-3 [3]

表 8-4-1 1,4-菲醌型化合物 8-4-1～8-4-3 的 ^{1}H NMR 数据

H	8-4-1 (DMSO-d_6)[a]	8-4-2 ($CDCl_3$)	8-4-3 ($CDCl_3$)	典型氢谱特征
2①	7.03 s[b]	6.16 s	6.83 d(10.1)	由于醌烯质子与苯环质子有相同的共振频率范围，因此，通常需要采用全面的核磁共振技术确定不同类型的质子共振峰。 ① 2 位和 3 位醌烯质子特征峰（当 2 位和/或 3 位存在取代基时，该特征发生相应变化）； ② 母核苯环质子全部在芳香区，可以区分成 2 个苯环。 此外，1,4-菲醌型化合物常含有的其他芳甲氧基和酚羟基信号有特征性，可以作为分析氢谱时的辅助特征信号
3①	7.03 s[b]	3.98 s(OMe)	7.06 d(10.1)	
5	9.38 dd(7.0, 2.0)②	10.99 s(OH)	3.91 s(OMe)	
6	7.71 m②	6.94 d(2.7)②	4.06 s(OMe)	
7	7.71 m②	3.94 s(OMe)	6.29 s(OH)	
8②	8.01 d(8.6)	6.83 d(2.7)	7.12 s	
9②	8.01 d(8.6)	8.07 d(8.6)	7.86 d(8.7)	
10②	8.30 d(8.6)	8.14 d(8.6)	7.97 d(8.7)	

[a] 文献中的化合物结构式上没有原子编号，表 8-4-1 的归属仅作参考；[b] 遵循文献数据。

二、3,4-菲醌型化合物

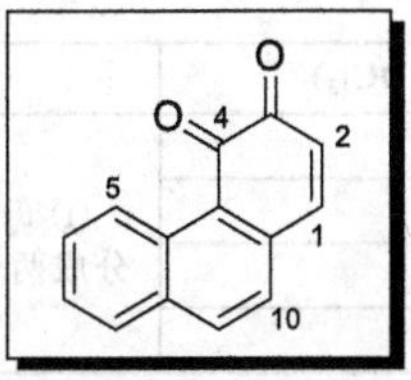

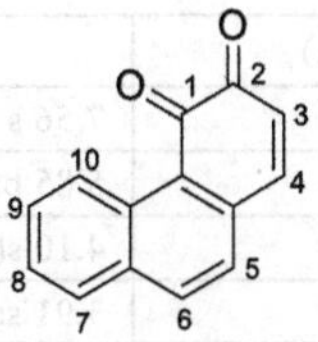

【系统分类】

3,4-菲二酮

phenanthrene-3,4-dione

【典型氢谱特征】

8-4-4[1]

表 8-4-2 3,4-菲醌型化合物 8-4-4 的 ^{1}H NMR 数据

H	8-4-2 (二噁烷-d_6)	典型氢谱特征
3①	6.47 d(10.5)	① 3 位醌烯质子特征峰（偶合常数数据非常特殊）； ② 4 位醌烯质子特征峰（偶合常数数据非常特殊）； 注：当 3 位和/或 4 位存在取代基时，该特征发生相应变化； ③ 母核苯环质子全部在芳香区，可以区分成 2 个苯环
4②	8.28 d(10.5)	
5, 6③	7.63 m 或 7.85～8.40 m	
7～10③	7.63 m 或 7.85～8.40 m	

三、9,10-菲醌型化合物

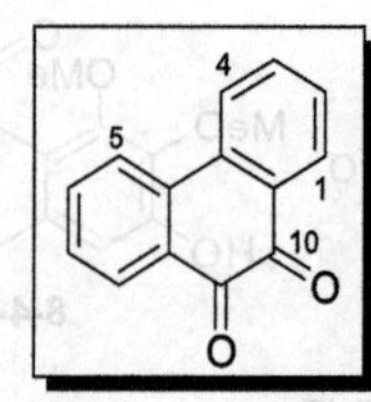

【系统分类】

9,10-菲二酮

phenanthrene-9,10-dione

【典型氢谱特征】

8-4-5[4]　　8-4-6[5]

表 8-4-3 9,10-菲醌型化合物 8-4-5 和 8-4-6 的 ^{1}H NMR 数据

H	8-4-5 ($CDCl_3$)	8-4-6 ($CDCl_3$)	典型氢谱特征
1①	7.21 d(2.3)	7.56 s	① 母核苯环质子全部在芳香区，可以区分成两个苯环。
2	3.85 s(OMe)	5.85 br s(OH)	
3	6.71 d(2.3)①	4.10 s(OMe)	
4	3.91 s(OMe)	3.91 s(OMe)	

续表

H	8-4-5 ($CDCl_3$)	8-4-6 ($CDCl_3$)	典型氢谱特征
5①	8.58 d(9.1)	8.64 d(9)	此外，9,10-菲醌型化合物常含有的其他芳甲氧基和酚羟基信号有特征性，可以作为分析氢谱时的辅助特征信号
6①	7.07 dd(9.1, 3.0)	7.18 dd(3, 9)	
7	3.85 s(OMe)	3.85 s(OMe)	
8①	7.51 d(3.0)	7.60 d(3)	

参考文献

[1] Ishii H, Hanaoka T, Asaka T, et al. Tetrahedron, 1976, 32: 2693.

[2] Lin T H, Chang S J, Chen C C, et al. J Nat Prod, 2001, 64: 1084.

[3] Bae E Y, Oh H, Oh W K, et al. Planta Med, 2004, 70: 869.

[4] Ju J H, Yang J S, Li J, et al. Chin Chem Lett, 2000, 11: 37.

[5] Hinkley S F R, Lorimer S D. Planta Med, 1999, 65: 394.

第九章 单 萜

单萜类化合物是由 2 个 C_5 单元（异戊二烯）通过不同的结合方式连接组成碳架的含有10个碳原子的一类化合物。根据分子中是否存在碳环及其碳环的数目等结构特征，通常分类为无环单萜、单环单萜、双环单萜等。各类别中还有进一步的分型。

第一节 无 环 单 萜

一、2,6-二甲基辛烷型（月桂烷型）单萜

【系统分类】

2,6-二甲基辛烷

2,6-dimethyloctane

【典型氢谱特征】

9-1-1 [1]　　9-1-2 [2]　　9-1-3 [3]

表 9-1-1 2,6-二甲基辛烷型单萜 **9-1-1**～**9-1-3** 的 ^{1}H NMR 数据

H	**9-1-1** ($CDCl_3$)	**9-1-2** ($CDCl_3$)	**9-1-3** (CD_3OD)	典型氢谱特征
1①	1.70 d(7.6)	5.04 dd(10.8, 1.3) 5.19 dd(17.3, 1.3)	4.13 d(6.3)	① 1 位甲基特征峰；化合物 **9-1-2** 的 C(1)形成烯亚甲基，**9-1-3** 的 C(1)形成氧亚甲基（氧化甲基），其信号均有特征性； ② 8 位甲基特征峰；化合物 **9-1-2** 的 C(8)形成氧亚甲基（氧化甲基），其信号有特征性； ③ 9 位甲基特征峰； ④ 10 位甲基特征峰
2	5.44 q(7.6)	5.90 dd(17.3, 10.8)	5.54 t(6.3)	
4	6.04 d(15.5)	1.56 m	3.81 t(6.6)	
5	5.54 dt(15.5, 7.5)	2.06 m	1.50 dd(6.8, 6.6)	
6	1.97 br t	5.40 ddq(5.7, 1.3)	1.56 dd(6.8, 6.6)	
7	1.63 m			
8②	0.89 d(7.6)	3.96 m	1.17 s	
9③	0.89 d(7.6)	1.27 s[a]	1.16 s	
10④	1.73 br s	1.64 br s[a]	1.65 s	

[a] 文献中的结构式没有编号，本表中化合物 **9-1-2** 的 9 位和 10 位甲基的化学位移归属仅作参考。

二、2,3,6-三甲基庚烷型（薰衣草烷型）单萜

【系统分类】

2,3,6-三甲基庚烷

2,3,6-trimethylheptane

【典型氢谱特征】

9-1-4 [4]　　9-1-5 [5]

表 9-1-2 2,3,6-三甲基庚烷型单萜 **9-1-4** 和 **9-1-5** 的 ^{1}H NMR 数据

H	9-1-4	9-1-5 (CDCl$_3$)	典型氢谱特征
1①	3.59 dd(10.7, 7.1) 3.67 dd(10.7, 7.5)	3.58 dd(10.5, 6.8) 3.59 dd(10.5, 6.9)	① C(1)形成氧亚甲基（氧化甲基），其信号有特征性； ② 6 位甲基特征峰； ③ 7 位甲基特征峰；化合物 **9-1-5** 的 C(7)形成烯亚甲基，其信号有特征性； ④ 化合物 **9-1-4** 和 **9-1-5** 的 C(9)均形成烯亚甲基，其信号有特征性； ⑤ 10 位甲基特征峰
2	2.90 ddd(7.5, 7.5, 7.1)	2.53 dddd(7.3, 7.3, 6.9, 6.8)	
3	5.58 dd(15.8, 7.5)	1.65, 1.60[a]	
4	5.75 d(15.8)	4.07 dd(9.6, 3.2)	
6②	1.33 s	1.74 s	
7③	1.33 s	4.97 s, 4.83 t(1.1)	
9④	4.82 s, 4.92 s	4.87 s, 4.94 t(1.6)	
10⑤	1.73 s	1.73 s	

[a] 遵循文献数据，未给出峰形。

三、2,3,5-三甲基庚烷型单萜

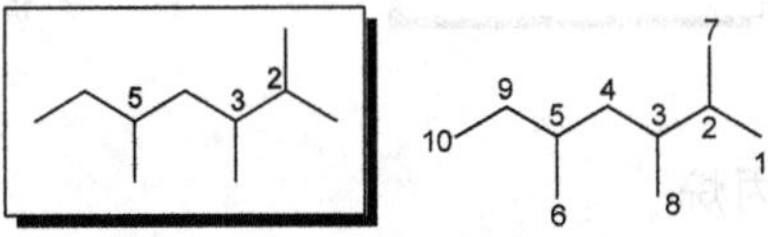

【系统分类】

2,3,5-三甲基庚烷

2,3,5-trimethylheptane

【典型氢谱特征】

9-1-6 [6]　　9-1-7 [7]　　9-1-8 [7]

表 9-1-3 2,3,5-三甲基庚烷型单萜 **9-1-6**～**9-1-8** 的 ^{1}H NMR 数据

H	9-1-6 (DMSO-d_6)	9-1-7 (CDCl$_3$)	9-1-8 (CDCl$_3$)	典型氢谱特征
3		1.92 m	2.57 m	化合物 **9-1-6**～**9-1-8** 的 C(1)和 C(6)均形成酯羰基，其甲基特征信号消失。 ① 7 位甲基特征峰；
4	2.82 dt(17.1, 2.3)[a] 3.01 dt(17.1, 2.3)[a]	α 1.91 dd(14.7, 4.2) β 2.47 dd(14.7, 14.1)	α 2.11 dd(14.7, 6.6) β 1.87 dd(14.7, 3.9)	
7①	1.31 s	1.58 s	1.59 s	
8②	4.43 s	0.97 d(6.6)	1.16 d(7.2)	
9	6.39 qt(7.3, 2.3)	4.37 q(6.9)	3.03 q(5.4)	

续表

H	9-1-6 (DMSO-d_6)	9-1-7 ($CDCl_3$)	9-1-8 ($CDCl_3$)	典型氢谱特征
10③	2.07 dt(7.3, 2.3)	1.67 d(6.9)	1.44 d(5.4)	② 8 位甲基特征峰；化合物 9-1-6 的 C(8)形成氧亚甲基（氧化甲基），其信号有特征性；③ 10 位甲基特征峰
2-OH	6.24 s			
OAc		2.08 s		
OMe		3.84 s	3.81 s	

a 遵循文献数据，疑有误。

参考文献

[1] Schulz S, Krückert K, Weldon P J. J Nat Prod, 2003, 66: 34.

[2] Arslanlan R L, Anderson T, Stermitz F R. J Nat Prod, 1990, 53: 1485.

[3] Fan W Z, Tezuka Y, Ni K M, et al. Chem Pharm Bull, 2001, 49: 396.

[4] Sy L K, Brown G D. Phytochemistry, 2001, 58: 1159.

[5] Brown G D, Liang G Y, Sy L K. Phytochemistry, 2003, 64: 303.

[6] Zhang C F, Li N, Li L, et al. Chin Chem Lett, 2009, 20: 598.

[7] Chen J J, Li W X, Gao K, et al. J Nat Prod, 2012, 75: 1184.

第二节 单环单萜

一、环丙烷型（菊花烷型）单萜

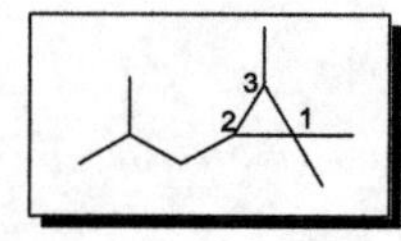

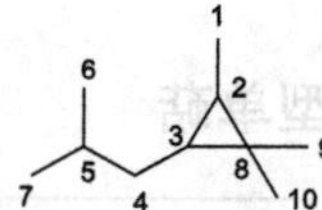

【系统分类】

1,1,3-三甲基-2-异丁基环丙烷

2-isobutyl-1,1,3-trimethylcyclopropane

【典型氢谱特征】

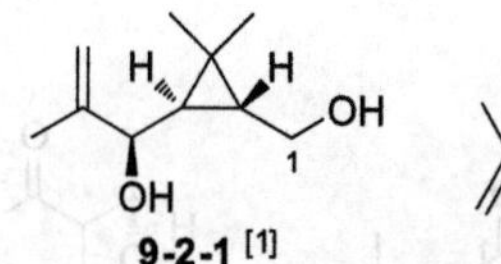

表 9-2-1 环丙烷型单环单萜 9-2-1 和 9-2-2 的 ^1H NMR 数据

H	9-2-1 ($CDCl_3$)	9-2-2 ($CDCl_3$)	典型氢谱特征
1	3.52 dd(12.0, 11.0)① 3.69 dd(12.0, 5.5)①	3.62 s(OMe)	① 化合物 9-2-1 的 C(1)形成氧亚甲基（氧化甲基），其信号有特征性；化合物 9-2-2 的 C(1)形成酯羰基，其甲基特征信号消失；② C(6)形成烯亚甲基，其信号有特征性；③ 7 位甲基特征峰；④ 9 位甲基特征峰；⑤ 10 位甲基特征峰
2	0.80 ddd(11.0, 5.5, 5.0)	1.16～1.59 m	
3	0.70 dd(10.0, 5.0)	1.16～1.59 m	
4	3.68 d(10.0)	2.38 d(7)	
6②	4.80 br s, 4.98 br s	4.74 m	
7③	1.70 s	1.75 br s	
9④	1.22 s	1.17 s	
10⑤	1.12 s	1.19 s	

二、环戊烷型（光樟烷型）单萜

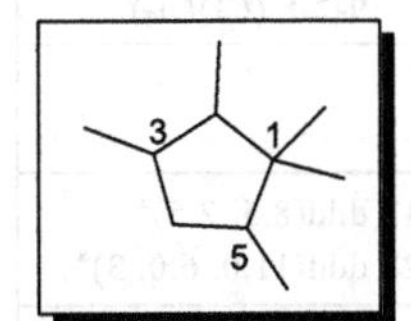

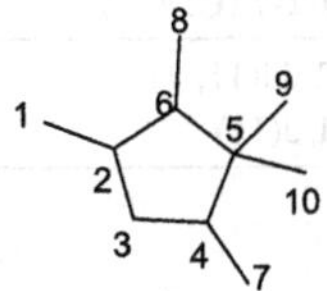

【系统分类】

1,1,2,3,5-五甲基环戊烷

1,1,2,3,5-pentamethylcyclopentane

【典型氢谱特征】

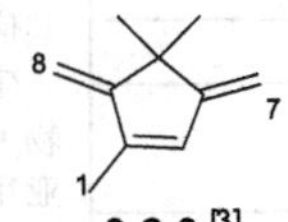

9-2-3 [3]

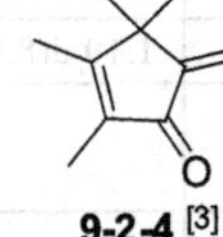

9-2-4 [3]

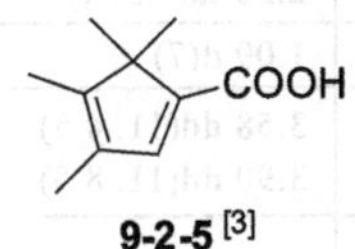

9-2-5 [3]

表 9-2-2 环戊烷型单环单萜 9-2-3～9-2-5 的 ^{1}H NMR 数据

H	9-2-3 ($CDCl_3$)	9-2-4 ($CDCl_3$)	9-2-5 ($CDCl_3$)	典型氢谱特征
1①	1.91 d(1.55)	1.77 d(0.80)	1.86 m	① 1 位甲基特征峰； ② 化合物 **9-2-3** 和 **9-2-4** 的 C(7)形成烯亚甲基，其信号有特征性；化合物 **9-2-5** 的 C(7)形成羧羰基，其甲基特征信号消失； ③ 8 位甲基特征峰；化合物 **9-2-3** 的 C(8)形成烯亚甲基，其信号有特征性； ④ 9 位甲基特征峰； ⑤ 10 位甲基特征峰
3	6.20 s		7.24 s	
7②	4.74 d(1.51), 4.86 s	5.27 s, 5.99 s		
8③	4.64 s, 4.82 s	1.97 d(0.80)	1.79 m	
9④	1.11 s	1.22 s	1.16 s	
10⑤	1.11 s	1.22 s	1.16 s	

三、环烯醚萜型单萜

1. 简单环烯醚萜型

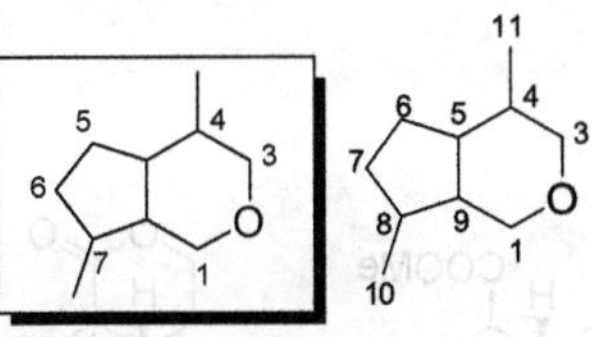

【系统分类】4,7-二甲基八氢环戊二烯并[c]吡喃

4,7-dimethyloctahydrocyclopenta[c]pyran

【结构多样性】

C(11)降碳；等。

【典型氢谱特征】

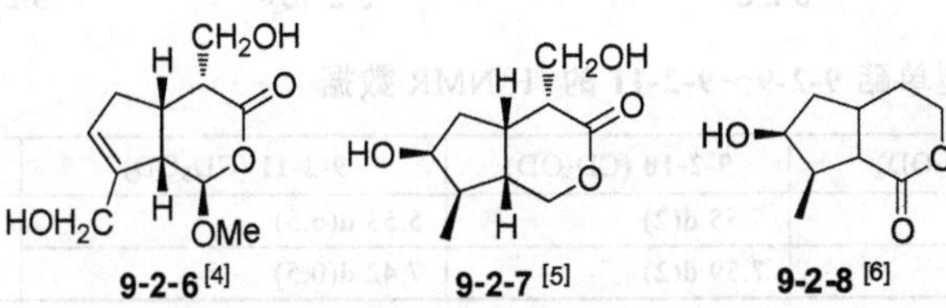

9-2-6 [4]　　9-2-7 [5]　　9-2-8 [6]

表 9-2-3 简单环烯醚萜型单萜 9-2-6～9-2-8 的 ^{1}H NMR 数据

H	**9-2-6** ($CDCl_3$)	**9-2-7** ($CDCl_3$)	**9-2-8** ($CDCl_3$)	典型氢谱特征
1①	α 4.81 d(8.3)	ax 4.32 dd(11, 4) eq 4.21 d(11)		① 母核的 C(1)为氧亚甲基（氧化甲基），化合物 **9-2-7** 的 1 位氧亚甲基显示其特征信号；但在化合物 **9-2-6** 中，C(1)形成缩醛次甲基，其信号有特征性；在化合物 **9-2-8** 中，C(1)形成酯羰基，特征峰消失； ② 母核的 C(3)为氧亚甲基（氧化甲基），化合物 **9-2-8** 的 3 位氧亚甲基显示特征信号；但在化合物 **9-2-6** 和 **9-2-7** 中，C(3)形成酯羰基，特征峰消失； ③ 10 位甲基特征峰；化合物 **9-2-6** 的 C(10)形成氧亚甲基（氧化甲基），其信号有特征性； ④ 母核的 C(11)为甲基，在化合物 **9-2-6** 和 **9-2-7** 中，C(11)形成氧亚甲基（氧化甲基），其信号有特征性；在 **9-2-8** 中，C(11)降碳，特征峰消失
3②			4.17 ddd(8.5, 2.5)[a] 4.28 ddd(11.0, 6.0, 3)[a]	
4	2.33 ddd(5.8, 5.2, 4)	2.88 ddd(8.5, 4.5, 4)	1.18 m, 1.44 m	
5	2.59 m	2.98 m	2.85 m	
6	α 2.01 m β 2.70 m	α 1.26 ddd(13, 10.5, 2.5) β 1.85 dd(13, 7.5)	1.45 ddd(11.0)[a] 2.04 ddd(14.0, 8.0, 0.5)[a]	
7	α 5.70 s	4.11 dd(3, 2.5)	4.10 m	
8		1.92 m	2.20 ddq(10, 7.7, 4.0)	
9	2.36 t(8.3)	2.20 td(9.5, 4)	2.63 t(10.0)	
10③	4.20 s	1.09 d(7)	1.19 d(8.0)	
11④	3.49 dd(12, 5.2) 3.95 dd(12, 5.8)	3.58 dd(11, 4.5) 3.90 dd(11, 8.5)		
OMe	3.71 s			

[a] 遵循文献数据，疑有误。

2. 裂环烯醚萜型

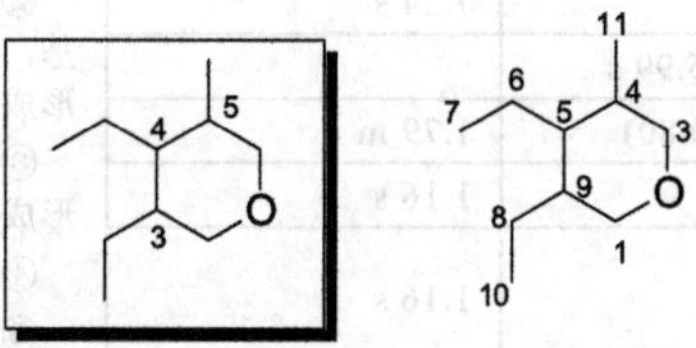

【系统分类】

5-甲基-3,4-二乙基四氢-2*H*-吡喃

3,4-diethyl-5-methyltetrahydro-2*H*-pyran

【典型氢谱特征】

9-2-9[7] **9-2-10**[8] **9-2-11**[9]

表 9-2-4 裂环烯醚萜型单萜 9-2-9～9-2-11 的 ^{1}H NMR 数据

H	**9-2-9** (CD_3OD)	**9-2-10** (CD_3OD)	**9-2-11** (CD_3OD)	典型氢谱特征
1①	5.79 br s	5.55 d(2)	5.53 d(6.5)	
3②	7.58 s	7.59 d(2)	7.42 d(0.5)	

续表

H	9-2-9 (CD_3OD)	9-2-10 (CD_3OD)	9-2-11 (CD_3OD)	典型氢谱特征
5	3.82 dd(9.5, 4.5)	3.15 ddt(12, 6, 2)	2.98 br q(6.5)	① C(1)常形成缩醛次甲基，其信号有特征性； ② C(3)常形成烯醚次甲基，其信号有特征性； ③ C(7)形成氧亚甲基（氧化甲基）或缩醛次甲基，其信号有特征性；化合物 **9-2-9** 的 C(7)形成酯羰基，特征信号消失； ④ C(10)形成氧亚甲基（氧化甲基）或烯亚甲基，其信号有特征性
6	2.57 dd(14.5, 9.0) 2.67 dd(14.5, 4.5)	1.70 dq(12,4) 1.77 ddt(12, 5, 2)	1.73 ddd(13.5, 6.5, 4.5) 1.88 ddd(13.5, 7.5, 6.0)	
7③		4.36 dt(12,2) 4.45 dq(12, 2)	4.64 dd(6.0, 4.5)	
8	6.19 t(7.0)	5.55 dt(17, 10)	5.75 ddd(17.5, 10.5, 8.5)	
9		2.70 ddd(10, 6, 2)	2.64 dt(8.5, 6.5)	
10④	3.98 dd(10.0, 7.5) 4.16 dd(13.5, 7.5)	5.27 dd(10, 2) 5.31 dd(17, 2)	5.24 br d(10.5) 5.28 br d(17.5)	
COOMe	3.66 s		3.69 s	
1′	4.98 d(7.8)	4.68 d(8)	4.69 d(7.5)	
2′	3.18 dd(9.5, 8)	3.19 t(8)	3.19 dd(9.0, 7.5)	
3′	3.25 dd(9.5, 9.0)	3.37 t(8)	3.36 t(9.0)	
4′	3.36 dd(10.0, 9.5)	3.27 t(8)	3.28 t(9.0)	
5′	3.52 m	3.31 ddd(8, 6, 2)	3.31 m	
6′	3.66 dd(12.0, 5.7) 3.82 dd(12.0, 1.8)	3.66 dd(12, 6) 3.89 dd(12, 2)	3.67 dd(12.0, 5.5) 3.89 dd(12.0, 2)	
α	4.24 t(7.0)			
β	2.87 t(7.0)			
1″			3.71 ddd(13.0, 11.0, 2.5) 4.00 ddd(11.0, 5.0, 1.5)	
2″	6.95 d(2.0)		1.44 dtd(13.0, 2.5, 1.5) 1.54 tdd(13.0, 11.0, 5)	
3″			3.69 m	
4″			1.15 d(6.0)	
5″	6.63 d(8.0)			
6″	6.51 dd(8, 2)			

四、环己烷型单萜

1. 1,1,2,3-四甲基环己烷型（环香叶烷型）

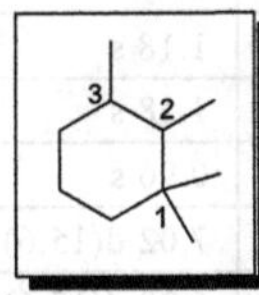

【系统分类】

1,1,2,3-四甲基环己烷

1,1,2,3-tetramethylcyclohexane

【结构多样性】

C(10)增碳碳键；等。

【典型氢谱特征】

9-2-12[10]　9-2-13[11]　9-2-14[10]

表 9-2-5 环香叶烷型单环单萜 9-2-12～9-2-14 的 ^{1}H NMR 数据

H	9-2-12 ($CDCl_3$)	9-2-13 (CD_3COCD_3)	9-2-14 ($CDCl_3$)	典型氢谱特征
1			1.99 t(3.6)	① 7 位甲基特征峰；化合物 9-2-12 的 C(7) 以羧基形式存在，甲基特征峰消失； ②③ 8 位和 9 位偕二甲基特征峰； ④ 10 位甲基或其形成氧亚甲基（氧化甲基）的特征峰
3	ax 1.88 dd(16.4, 9.6) eq 2.23 dd(16.4, 6.0)	5.79 s	5.98 s	
4	3.93 dddd(9.6, 8.0, 6.0, 3.6)			
5	ax 1.38 t(8.0) eq 1.67 dd(8.0, 3.6)	ax 2.80 d(17.2) eq 2.03 d(17.2)	ax 2.05 d(17.2) eq 2.63 d(17.2)	
7①		1.99 s	2.03 s[a]	
8②	1.22 s	1.10 s	1.03 s[a]	
9③	1.12 s	1.01 s	1.15 s[a]	
10④	1.68 s(Me)	3.76 d(11.2) 3.80 d(11.2)	3.88 dd(11.6, 3.6) 3.95 dd(11.6, 3.6)	
OH		4.34 br, 3.99 br		

[a] 文献中的化合物结构式上没有原子编号，本表中化合物 9-2-14 的 3 个甲基的归属仅作参考。

9-2-15 [12]　　9-2-16 [12]　　9-2-17 [13]

表 9-2-6 环香叶烷型单环单萜 9-2-15～9-2-17 的 ^{1}H NMR 数据

H	9-2-15 ($CDCl_3$)	9-2-16 ($CDCl_3$)	9-2-17 ($CDCl_3$)	典型氢谱特征
1	2.05 m			
3	5.90 s	ax 2.01 dd(16.5, 10.0) eq 2.34 dd(16.5, 5.5)	ax 1.64 dd(14.4, 9.2) eq 2.38 dd(14.4, 4.8)	
4		3.97 m	3.89 m	① 7 位甲基特征峰； ②③ 8 位和 9 位偕二甲基特征峰； ④ C(10)甲基增碳碳键后的烃基取代基末端甲基特征峰
5	4.18 s	ax 1.45 t(12) eq 1.77 ddd(12, 3.5, 2.5)	ax 1.26 ov eq 1.61 ov	
7①	2.02 d(1.2)	1.69 s	1.18 s	
8②	0.88 s	1.04 s	1.18 s	
9③	1.23 s	1.03 s	0.96 s	
10	1.27 m, 1.55 m	6.01 d(16.5)	7.02 d(15.6)	
11	1.58 m	5.50 dd(16.5, 6.3)	6.28 d(15.6)	
12	3.78 m	4.38 m		
13④	1.22 d(6.0)	1.31 d(6.0)	2.28 s	

2. 1,1,2,5-四甲基环己烷型（异环香叶烷型）

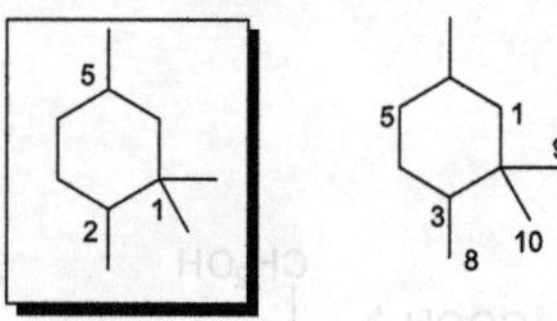

【系统分类】

1,1,2,5-四甲基环己烷

1,1,2,5-tetramethylcyclohexane

【典型氢谱特征】

9-2-18 [14]

表 9-2-7 异环香叶烷型单环单萜 9-2-18 的 ^{1}H NMR 数据

H	9-2-18 ($CDCl_3$)	H	9-2-18 ($CDCl_3$)	典型氢谱特征
1	5.35 s	9③	1.20 s	① 7 位甲基特征峰； ② 8 位甲基形成醛基，其信号有特征性； ③ 9 位和 10 位偕二甲基特征峰
4	6.71 d(5.7)	10③	1.30 s	
5	6.16 d(5.7)	3′	6.11 qq(7.1, 1.5)	
7①	1.96 s	4′	1.96 dq(7.1, 1.5)	
8②	9.42 s	5′	1.83 dq(1.5, 1.5)	

3. 4-甲基-1-异丙基环己烷型（对薄荷烷型）

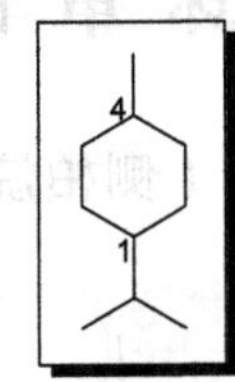

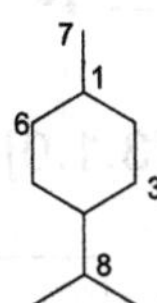

【系统分类】

4-甲基-1-异丙基环己烷

1-isopropyl-4-methylcyclohexane

【典型氢谱特征】

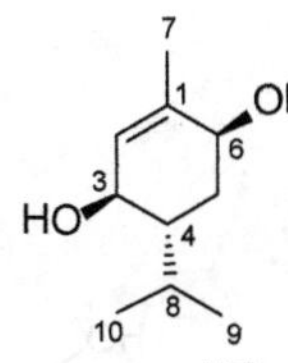

9-2-19 [15]

9-2-20 [16]

表 9-2-8 对薄荷烷型单环单萜 9-2-19 和 9-2-20 的 ^{1}H NMR 数据

H	9-2-19 (CD_3OD)	9-2-20 ($CDCl_3$)	典型氢谱特征
2	5.46 br s	α 2.61 dd(14, 6) β 1.89 dd(14, 11)	① 7 位甲基特征峰； ② 8 位次甲基特征峰； ③ 9 位甲基特征峰； ④ 10 位甲基特征峰；化合物 9-2-20 的 C(10)形成酯羰基，特征信号消失
3	3.84 br d(10)	4.93 ddd(11, 6, 6)	
4	1.58 dddd(13.5, 10, 3, 2.7)	2.77 br ddd(12, 8, 6)	
5	1.37 ddd(13.5, 13.5, 3) 1.71 ddd(13.5, 3, 2.7)	α 2.94 dd(15, 8) β 2.64 dd(15, 2)	
6	3.90 t(3)		
7①	1.76 br s	1.26 d(7)	
8②	2.10 sept d(7, 3)	2.38 dq(12, 7)	
9③	0.97 d(7)	1.47 s	
10④	0.82 d(7)		
OH		3.84 s	

参 考 文 献

[1] Fattorusso E, Santelia F U, Appendino G, et al. J Nat Prod, 2004, 67: 37.
[2] Torii S, Inokuchi T, Oi R. J Org Chem, 1983, 48: 1944.
[3] Baldovini N, Lavoine-Hanneguelle S, Ferrando G, et al. Phytochemistry, 2005, 66: 1651.
[4] Dai J Q, Liu Z L, Yang L. Phytochemistry, 2002, 59: 537.
[5] Topcu G, Che C T, Cordell G A, et al. Phtochemistry, 1990, 29: 3197.
[6] Bianco A, Luca A D, Mazzei R A, et al. Phytochemistry, 1994, 35: 1485.
[7] Hosny M. Phytochemistry, 1998, 47: 1569.
[8] Cambie R C, Lal A R, Rickard C E F, et al. Chem Pharm Bull, 1990, 38: 1857.
[9] Itoh A, Fujii K, Tomatsu S, et al. J Nat Prod, 2003, 66: 1212.
[10] Li C Y, Wu T S. Chem Pharm Bull, 2002, 50: 1305.
[11] Li C Y, Lee E J, Wu T S. J Nat Prod, 2004, 67: 437.
[12] D'Abrosca B, DellaGreca M, Fiorentino A, et al. Phytochemistry, 2004, 65: 497.
[13] 陆瑶，李志宏，马林，等. 中国中药杂志，2014, 39: 3777.
[14] Barrero A F, Haidour A, Reyes F. J Nat Prod, 1998, 61: 506.
[15] Cuenca M D R, Catalan C A N. J Nat Prod, 1991, 54: 1162.
[16] Hayashi T, Shinbo T, Shimizu M, et al. Tetrahedron Lett, 1985, 26: 3699.

第三节　双 环 单 萜

一、4-甲基-1-异丙基双环[3.1.0]己烷型（侧柏烷型）单萜

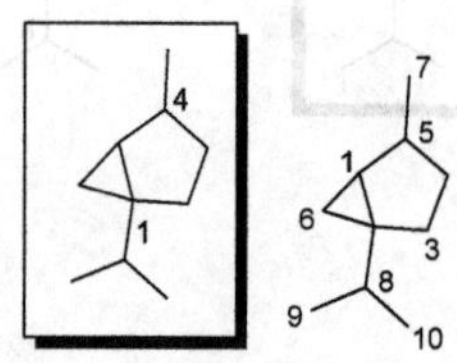

【系统分类】

4-甲基-1-异丙基双环[3.1.0]己烷

1-isopropyl-4-methylbicyclo[3.1.0]hexane

【典型氢谱特征】

HO OH HO H　9-3-1 [1]

HO OH H　9-3-2 [2]

HO OH H　9-3-3 [2]

表 9-3-1 侧柏烷型双环单萜 **9-3-1**～**9-3-3** 的 ^{1}H NMR 数据

H	**9-3-1** ($CDCl_3$)	**9-3-2** ($CDCl_3$)	**9-3-3** ($CDCl_3$)	典型氢谱特征
1	1.20 dd(8.5, 3.5)	1.19 dd(8.5, 3.5)	1.13 dd(8.5, 3.5)	① 6 位亚甲基特征峰； ② 7 位甲基特征峰；化合物 **9-3-2** 和 **9-3-3** 的 C(7)形成氧亚甲基（氧化甲基），其信号有特征性；
3	3.91 d(6.5)	1.59 ddd(13, 13, 8) 1.72 dd(13, 8)	1.23 ddd(13, 13, 8) 1.67 dd(13, 8)	
4	3.42 d(6.5)	1.20 dd(13, 8) 1.90 ddd(13, 13, 8)	1.56 ddd(13, 13, 8) 1.64 dd(13, 8)	
6①	α 0.93 dd(6.5, 3.5) β 0.44 dd(8.5, 6.5)	α 0.73 dd(5, 3.5) —	α 0.25 dd(5, 3.5) β 0.42 dd(8.5, 5)	

续表

H	9-3-1 (CDCl$_3$)	9-3-2 (CDCl$_3$)	9-3-3 (CDCl$_3$)	典型氢谱特征
7②	1.22	3.50 d(11), 3.55 d(11)	3.54 d(11), 3.58 d(11)	③ 8 位异丙基次甲基的特征峰； ④ 9 位甲基特征峰； ⑤ 10 位甲基特征峰
8③	1.46	1.33 qq(7, 7)	1.47 qq(7, 7)	
9④	0.93	0.88 d(7)	0.91 d(7)	
10⑤	0.99	0.91 d(7)	1.00 d(7)	

二、3,7,7–三甲基双环[4.1.0]庚烷型单萜

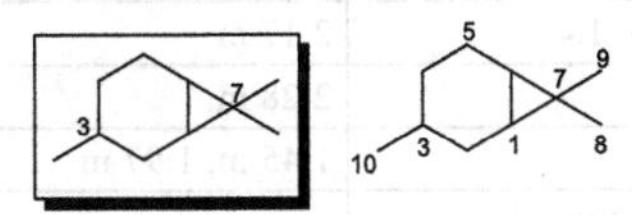

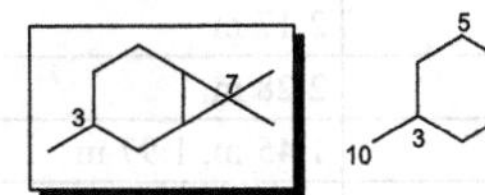

【系统分类】

3,7,7-三甲基双环[4.1.0]庚烷

3,7,7-trimethylbicyclo[4.1.0]heptane

【典型氢谱特征】

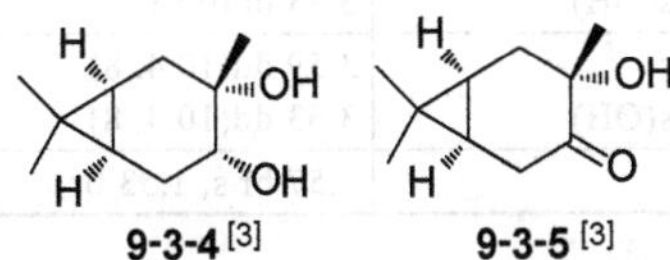

9-3-4 [3]　　9-3-5 [3]

表 9-3-2 3,7,7-三甲基双环[4.1.0]庚烷型双环单萜 9-3-4 和 9-3-5 的 ^{1}H NMR 数据

H	9-3-4 (CDCl$_3$)	9-3-5 (CDCl$_3$)	典型氢谱特征
1①	0.55 td(9, 4.2)	0.88 td(9.0, 6.0)	① 1 位次甲基特征峰； ② 6 位次甲基特征峰； ③④ 8 位和 9 位偕二甲基特征峰； ⑤ 10 位甲基特征峰
2	1.14 dd(15.6, 4.8) 2.02 dd(15.6, 9.6)	1.37 dd(15.6, 6.0) 2.32 dd(15.6, 8.4)	
3	2.35 s(OH)	2.62 s(OH)	
4	2.57 d(7.8, OH) 3.10 dd(16.8, 7.8)		
5	1.64 ddd(14.4, 9.6, 8.4) 1.94 dd(14.4, 7.2)	2.21 dd(16.8, 3.6) 2.82 dd(16.8, 8.4)	
6②	0.77 t(8.4)	1.15 td(9.0, 3.6)	
8③	0.92 s	1.06 s	
9④	0.82 s	0.90 s	
10⑤	1.12 s	1.18 s	

三、2,6,6–三甲基双环[3.1.1]庚烷型（蒎烷型）单萜

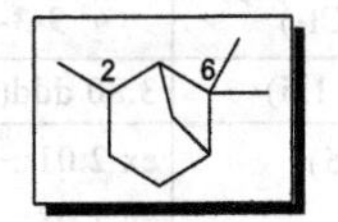

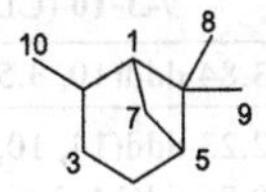

【系统分类】

2,6,6-三甲基双环[3.1.1]庚烷

2,6,6-trimethylbicyclo[3.1.1]heptane

【典型氢谱特征】

HO OH O HO HO HO HO

9-3-6 [4] 9-3-7 [5] 9-3-8 [5]

表 9-3-3 蒎烷型双环单萜 9-3-6～9-3-8 的 ^{1}H NMR 数据

H	9-3-6 ($CDCl_3$)	9-3-7 ($CDCl_3$)	9-3-8 ($CDCl_3$)	典型氢谱特征
1	2.07 t(6.1)	2.28 m(6, 1.4)	2.17 m	①8位甲基特征峰； ②9位甲基特征峰；化合物 9-3-7和9-3-8的C(9)形成氧亚甲基（氧化甲基），其信号有特征性； ③C(10)常形成氧亚甲基（氧化甲基），其信号有特征性。 此外，7位桥亚甲基的信号也有一定的特征性
2			2.28 m	
3		5.52 m	1.45 m, 1.97 m	
4	2.60 s	2.21 dm(20) 2.35 dm(20)	1.93 m	
5	2.08 m	2.23 m	2.02 m	
7	1.82 d(11.0) 2.49 m	1.23 d(9) 2.35 m(9)	0.99 m(9.9) 2.32 d(9.9)	
8①	0.90 s	0.91 s	1.06 s	
9②	1.38 s	3.80 br s 1.62 br s(OH)	3.62 d(10.9) 3.73 d(10.9)	
10③	3.37 d(12.0) 4.07 d(12.0)	3.98 br s 1.51 br s(OH)	3.59 dd(10.4, 8) 3.53 dd(10.4, 8)	
OH			1.57 br s, 1.53 br s	

四、1,7,7-三甲基双环[2.2.1]庚烷型（莰烷型）单萜

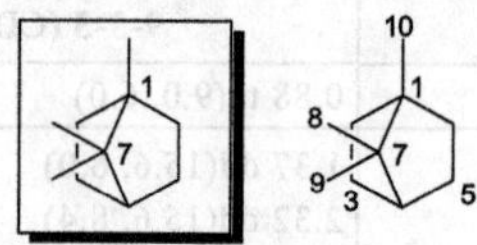

【系统分类】

1,7,7-三甲基双环[2.2.1]庚烷

1,7,7-trimethylbicyclo[2.2.1]heptane

【典型氢谱特征】

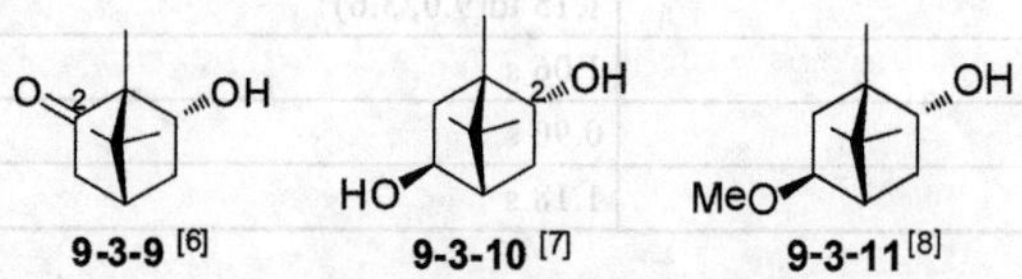

9-3-9 [6] 9-3-10 [7] 9-3-11 [8]

表 9-3-4 莰烷型双环单萜 9-3-9～9-3-11 的 ^{1}H NMR 数据

H	9-3-9 ($CDCl_3$)	9-3-10 ($CDCl_3$)	9-3-11 ($CDCl_3$)	典型氢谱特征
2		3.84 ddd(10, 3.5, 1.5)	3.80 ddd(9.5, 3.5, 1.5)	①8位甲基特征峰； ②9位甲基特征峰； ③10位甲基特征峰
3	ex 2.43 ddd(18.5, 5, 3) en 1.98 d(18.5)	2.23 ddd(14, 10, 5) 0.75 dd(14, 3.5)	ex 2.01～2.40 m en 1.08～1.29 m	
4	2.14 br dd(5, 4.5)	1.67 d(5)	1.79 d(5)	
5	ex 2.54 dddd(13.5, 10, 4.5, 3) en 1.33 dd(13.5, 2.5)	3.83 dd(8, 4)	3.25 dd(8.5, 3.5)	
6	4.16 br dd(10, 2.5)	2.30 dd(14, 8) 1.34 ddd(14, 4, 1.5)	ex 1.48～1.70 m en 2.01～2.40 m	

续表

H	9-3-9 ($CDCl_3$)	9-3-10 ($CDCl_3$)	9-3-11 ($CDCl_3$)	典型氢谱特征
8①	0.96 s	1.06 s	0.72 s	
9②	0.82 s	0.84 s	0.78 s	
10③	0.96 s	0.81 s	0.92 s	
OMe			3.15 s	

五、2,2,3-三甲基双环[2.2.1]庚烷型（异莰烷型）单萜

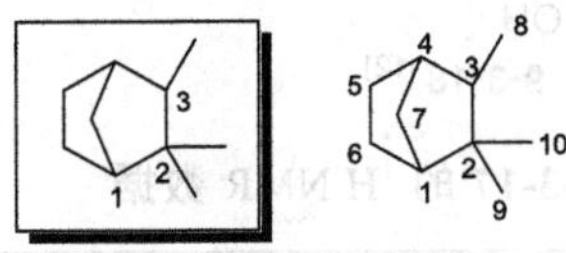

【系统分类】

2,2,3-三甲基双环[2.2.1]庚烷

2,2,3-trimethylbicyclo[2.2.1]heptane

【典型氢谱特征】

H OH R OH HO

9-3-12 [9] R= COOH

9-3-13 [9] R = CH_2OH

9-3-14 [10]

表 9-3-5 异莰烷型双环单萜 9-3-12～9-3-14 的 ^1H NMR 数据

H	9-3-12 ($CDCl_3$)	9-3-13 (DMSO-d_6)	9-3-14 (CD_3COCD_3)	典型氢谱特征
1	2.53 br s	1.73 d(1.8)	1.66 br s	① 7 位桥亚甲基特征峰； ② 8 位甲基特征峰；化合物 **9-3-14** 的 C(8)形成氧亚甲基(氧化甲基)，其信号有特征性； ③ 9 位甲基特征峰； ④ 10 位甲基特征峰；化合物 **9-3-12** 的 C(10)形成羧基，特征信号消失；化合物 **9-3-13** 的 C(10)形成氧亚甲基（氧化甲基），其信号有特征性
3		4.18 br s(OH)	1.50 m	
4	2.07 d(3.6)	1.83 d(4.2)	2.23 m	
5	1.34 m, 1.47 m	1.28 m	1.84 m, 1.06 m	
6	1.34 m, 1.47 m	1.18 m, 1.44 m	4.02 d(6.4)	
7①	1.23 d(10.2), 2.17 d(10.2)	0.91 d(9.6), 2.06 d(9.6)	1.44 br d(9.6), 1.62 br d(9.6)	
8②	1.30 s	1.08 s	3.44 dd(10.0, 8.8) 3.47 dd(10.0, 7.6)	
9③	1.21 s	0.84 s	0.83 s	
10④		3.17 dd(10.5, 6.6) 3.48 dd(10.5, 4.5) 4.14 dd(6.6, 4.5, OH)	0.98 s	

六、1,3,3-三甲基双环[2.2.1]庚烷型（葑烷型）单萜

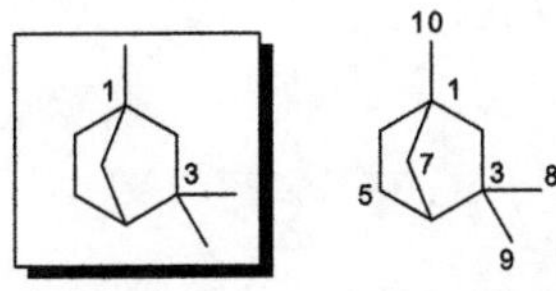

【系统分类】

1,3,3-三甲基双环[2.2.1]庚烷

1,3,3-trimethylbicyclo[2.2.1]heptane

【典型氢谱特征】

9-3-15 [11]　9-3-16 [12]　9-3-17 [12]

表 9-3-6 葑烷型双环单萜 9-3-15～9-3-17 的 ^{1}H NMR 数据

H	9-3-15 (C_5D_5N)	9-3-16 (C_5D_5N)	9-3-17 (C_5D_5N)	典型氢谱特征
4	2.55 br d(3.0)	2.55 br s	2.56 br d(4.5)	①7位桥亚甲基特征峰； ②8位甲基特征峰； ③9位甲基特征峰；化合物 **9-3-15** 和 **9-3-17** 的 C(9)均形成氧亚甲基(氧化甲基)，其信号有特征性； ④10位甲基特征峰；化合物 **9-3-15** 的 C(10)形成氧亚甲基（氧化甲基），其信号有特征性
5	en 2.21 dddd(12.5, 12.5, 3.0, 3.0) ex 1.74 m	4.69 m	en 2.94 ddd(13.0, 6.5, 3.0) ex 2.22 ddd(13.0, 4.5, 4.5)	
6	en 1.46 m ex 1.93 ddd(12.5, 12.5, 3.0)	en 1.92 m ex 1.91 dd(12.5, 2.0)	4.38 dd(6.5, 4.5)	
7①	1.75 dd(10.5, 1.5) 2.23 dd(10.5, 1.5)	1.64 br d(10.5) 2.23 dd(10.5, 1.5)	1.73 br d(10.5) 2.12 dd(10.5, 2)	
8②	1.38 s	0.99 s	1.31 s	
9③	3.94 d(11.0), 3.98 d(11.0)	0.95 s	3.79 d(11.0), 3.84 d(11.0)	
10④	4.01 d(11.5), 4.34 d(11.5)	1.07 s	1.45 s	
Glu-1		5.03 d(7.5)	4.91 d(8.0)	

参 考 文 献

[1] Ahmed A A, El-Moghazy S A, El-Shanawany M A, et al. J Nat Prd, 2004, 67: 1705.

[2] Jakupovic J, Schuster A, Bohlmann F, et al. Phytochemistry, 1988, 27:1771.

[3] Lu T J, Lin C K. J Org Chem, 2011, 76: 1621.

[4] Furukawa M, Makino M, Ohkoshi E, et al. Phytochemistry, 2011, 72: 2244.

[5] Kraus R, Spiteller G. Phytochemistry, 1991, 30: 1203.

[6] Marco J A, Sanz-Cervera J F, García-Lliso V, et al. Phytochemistry, 1997, 45: 755.

[7] Ahmed A A. Phytochemistry, 1991, 30: 1207.

[8] Mahmood U, Singh S B, Thakur R S. Phytochemistry, 1983, 22: 774.

[9] Ou-Yang D W, Wu L, Li Y L, et al. Phytochemistry, 2011, 72: 2197.

[10] Zhao X, Zheng G W, Niu X M, et al. J Agric Food Chem, 2009, 57: 478.

[11] Ishikawa T, Tanaka Y, Kitajima J, et al. Chem Pharm Bull, 1999, 47: 805.

[12] Ishikawa T, Kitajima J, Tanaka Y. Chem Pharm Bull, 1998, 46: 1599.

第十章　倍　半　萜

倍半萜类化合物是由 3 个 C_5 单元（异戊二烯）通过不同的结合方式连接组成碳架的含有 15 个碳原子的一类化合物。倍半萜类化合物与其他萜类化合物一样，是天然有机化合物的一个重要分支，类型多且在结构方面很有特点。根据分子中是否存在碳环及其碳环的数目等结构特征，通常分类为无环倍半萜、单环倍半萜、双环倍半萜、三环倍半萜和多环倍半萜等。各类别中还有进一步的分型。

第一节　无环和单环倍半萜

一、金合欢烷型(法呢烷型)倍半萜

【系统分类】

2,6,10-三甲基十二烷

2,6,10-trimethyldodecane

【典型氢谱特征】

10-1-1 [1]　　10-1-2 [2]　　10-1-3 [2]

表 10-1-1　金合欢烷型倍半萜 10-1-1～10-1-3 的 ^{1}H NMR 数据

H	**10-1-1** ($CDCl_3$)	**10-1-2** (CD_3OD)	**10-1-3** (CD_3OD)	典型氢谱特征
1α①	5.05 d(10.7)	5.11 dd(10.8, 1.8)	5.01 dd(10.8, 1.5)	
1β①	5.20 d(17.2)	5.30 dd(17.4, 1.8)	5.19 dd(17.4, 1.5)	① 化合物 **10-1-1**～**10-1-3** 的 C(1)全部形成烯亚甲基，其信号有特征性； ② 12 位甲基特征峰；化合物 **10-1-1** 的 C(12)形成烯亚甲基，其信号有特征性； ③ 13 位甲基特征峰； ④ 14 位甲基特征峰； ⑤ 15 位甲基特征峰
2	5.93 dd(17.0, 10.7)	5.95 dd(17.4, 10.8)	5.94 dd(17.4, 10.8)	
4	2.28 ddd(19, 13.3, 5.5)[a]	1.55 dd(14.4, 3.3) 1.75 dd(14.4, 9.9)	2.22 d(7.2)	
5	5.61 m	4.60 ddd(9.9, 8.7, 3.3)	5.64 dt(15.6, 7.2)	
6	5.59 s[a]	5.21 d(8.7)	5.54 d(15.6)	
8	1.49 m	2.30 ddd(13.8, 9.9, 4.8) 2.01 ddd(13.8, 9.9, 6.6)	1.35 m	
9	1.65 m	1.33 m, 1.60 m	1.61 m	
10	5.14 t(6.6)	3.22 dd(10.5, 1.5)	3.21 d(10.5)	
12②	4.88 s, 4.93 s	1.16 s	1.14 s	
13③	1.70 s	1.12 s	1.12 s	
14④	1.27 s	1.65 d(1.2)	1.22 s	
15⑤	1.27 s	1.24 s	1.25 s	
OAc	2.05 s			

[a] 遵循文献数据，疑有误。

二、环橙花烷型倍半萜

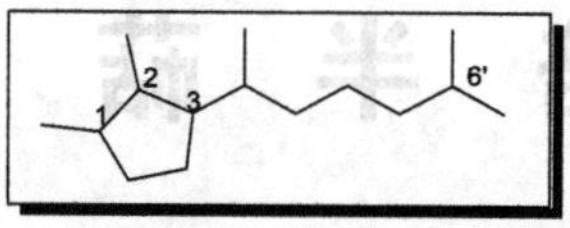

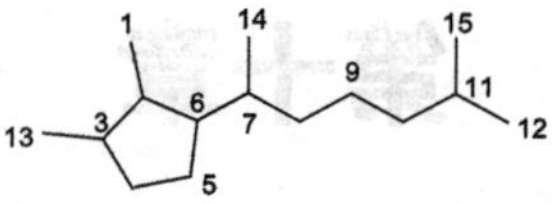

【系统分类】

1,2-二甲基-3-(6′-甲基庚-2′-基)环戊烷

1,2-dimethyl-3-(6′-methylheptan-2′-yl)cyclopentane

【典型氢谱特征】

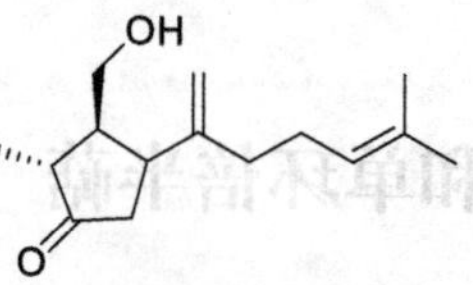

10-1-4[3] 6α
10-1-5[3] 6β
10-1-6[3] 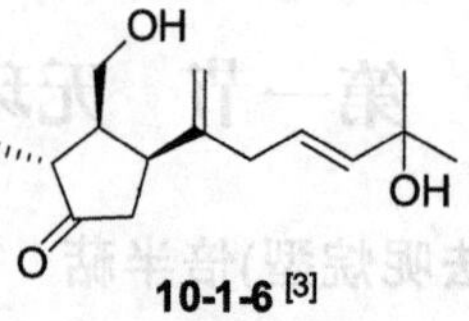

表 10-1-2 环橙花烷型倍半萜 **10-1-4～10-1-6** 的 ^{1}H NMR 数据

H	10-1-4 ($CDCl_3$)	10-1-5 ($CDCl_3$)	10-1-6 ($CDCl_3$)	典型氢谱特征
1①	3.73 dd(11.1, 4.2) 3.77 dd(11.1, 3.7)	3.58 dd(11.1, 5.9) 3.64 dd(11.1, 6.5)	3.58 dd(11.0, 6.1) 3.64 dd(11.1, 6.5)	① 化合物 **10-1-4～10-1-6** 的 C(1)全部 C(1)形成氧亚甲基（氧化甲基），其信号有特征性； ② 12 位甲基特征峰； ③ 13 位甲基特征峰； ④ 化合物 **10-1-4～10-1-6** 的 C(14)形成烯亚甲基，其信号有特征性； ⑤ 15 位甲基特征峰
2	1.84 tt(11.2, 3.8)	2.20 quint(6.2)	2.20 quint(6.4)	
3	2.16 br dq(11.5, 6.9)	2.32 br quint(7.2)	2.32 br quint(7.3)	
5	2.52 dd(18.6, 8.1) 2.10 dd(18.2, 11.8)	2.49 ddd(18.4, 8.6, 1.7) 2.31 dd(18.2, 8.1)	2.50 ddd(18.4, 8.7, 1.6) 2.31 dd(18.4, 8.1)	
6	2.70 td(11.4, 8.2)	3.06 br q(7.8)	3.06 br q(8.0)	
8	2.02 br t(7.2)	2.08 br t(6.9)	2.79 dd(16.1, 7.1) 2.87 dd(15.5, 5.7)	
9	2.14 br q(7.8)	2.14 m	5.59 dt(15.5, 6.8)	
10	5.08 t sept(6.8, 1.1)	5.09 t sept(6.9, 1.3)	5.68 d(15.6)	
12②	1.66 s	1.60 s	1.309 s	
13③	1.11 dd(7.0, 0.8)	1.14 d(7.4)	1.13 d(7.5)	
14④	4.90 br s, 4.95 br s	4.78 br s, 4.95 br s	4.78 br s, 4.96 br s	
15⑤	1.59 s	1.58 s	1.306 s	

三、甜没药烷型倍半萜

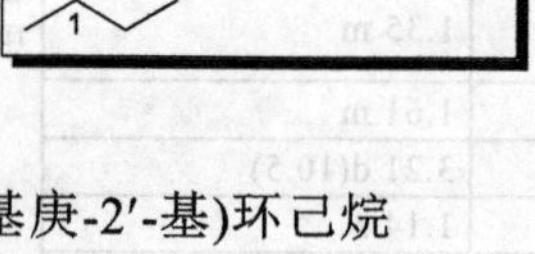

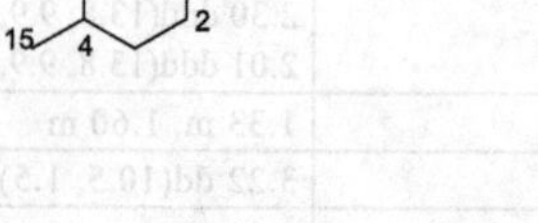

【系统分类】

1-甲基-4-(6′-甲基庚-2′-基)环己烷

1-methyl-4-(6′-methylheptan-2′-yl)cyclohexane

【结构多样性】

C(15)迁移(4→5)；等。

【典型氢谱特征】

10-1-7 [4]　　10-1-8 [5]　　10-1-9 [6]

表 10-1-3 甜没药烷型倍半萜 10-1-7～10-1-9 的 ^{1}H NMR 数据

H	10-1-7 ($CDCl_3$)	10-1-8 ($CDCl_3$)	10-1-9 (C_6D_6)	典型氢谱特征
2		6.92 br d(8.1)	7.33 d(8.2)	① 12 位甲基特征峰； ② 13 位甲基特征峰； ③ 14 位甲基特征峰；化合物 **10-1-9** 的 C(14)形成烯亚甲基，其信号有特征性； ④ 15 位甲基特征峰；化合物 **10-1-8** 和 **10-1-9** 是重排的甜没药烷型倍半萜，有 C(15)迁移(4→5)的结构特征，但仅考虑 15 位甲基特征峰，其特征信号与未重排的甜没药烷型倍半萜一致。 此外，化合物 **10-1-7**～**10-1-9** 的 C(1)～C(6)环己烷单元芳构化，氢谱上显示 1 个苯环的特征信号
3	6.40 s	6.68 d(8.1)	7.01 d(7.9)	
5			7.01 d(7.9)	
6	6.83 s	6.96 br s	7.33 d(8.2)	
7	2.84 d(6.0)[a]	3.23 m		
8	1.51～1.55 m 1.85～1.87 m	2.61 dd(15.4, 7.7) 2.69 dd(15.4, 6.8)	2.44 t(7.5)	
9	2.43～2.49 m 2.58～2.61 m		1.40～1.50 m	
10		6.03 s	1.16 q(6.9)	
11	2.62～2.65 m		1.40～1.50 m	
12①	1.12 t(6.6)	1.86 s	0.82 d(6.6)	
13②	1.12 t(6.6)	2.10 s	0.82 d(6.6)	
14③	1.24 d(7.2)	1.22 d(6.9)	5.05 d(1.3) 5.34 d(1.6)	
15④	2.18 s	2.22 s	2.12 s	
OH		5.01 br s		

[a] 遵循文献数据，疑有误。

四、榄香烷型倍半萜

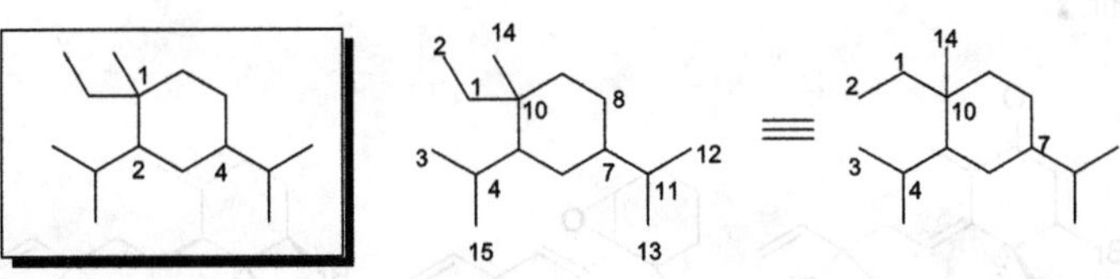

【系统分类】

1-甲基-1-乙基-2,4-二异丙基环己烷

1-ethyl-2,4-diisopropyl-1-methylcyclohexane

【典型氢谱特征】

10-1-10 [7]　　10-1-11 [7]　　10-1-12 [8]

表 10-1-4 榄香烷型倍半萜 10-1-10～10-1-12 的 ^{1}H NMR 数据

H	10-1-10 ($CDCl_3$)	10-1-11 ($CDCl_3$)	10-1-12 ($CDCl_3$)	典型氢谱特征
1	5.74 dd(17.2, 10.8)	5.72 dd(17.6, 10.8)	5.73 dd(17.5, 10.8)	① 化合物 **10-1-10～10-1-12** 的 C(2)全部形成烯亚甲基，其信号有特征性； ② 化合物 **10-1-10** 和 **10-1-11** 的 C(3)形成烯亚甲基，化合物 **10-1-12** 的 C(3)形成环氧乙烷氧亚甲基（氧化甲基），其信号均有特征性； ③ 化合物 **10-1-10** 和 **10-1-11** 的 C(13)形成氧亚甲基(氧化甲基)，化合物 **10-1-12** 的 C(13)形成烯亚甲基，其信号均有特征性； ④ 14 位甲基特征峰； ⑤ 15 位甲基特征峰。 化合物 **10-1-10～10-1-12** 的 C(11)均形成不连氢的碳原子（烯型季碳或氧化叔碳），C(12)均形成酯羰基，导致异丙基特征峰发生相应改变
2①	4.96 d(10.8) 5.02 d(17.2)	4.97 d(10.8) 5.00 d(17.6)	5.02 d(17.5) 5.00 d(10.8)	
3②	4.73 br s 5.00 br s	4.59 br s 4.88 br s	2.60 br s	
5	2.12 dd(13.6, 4.0)	1.95 dd(13.6, 4.0)	1.07 dd(12.4, 4.1)	
6	α 2.59 dd(14.4, 13.6) β 2.83 dd(14.4, 4.0)	α 1.46 m β 1.50 m	2.31 m	
7		2.34 m	3.31 m	
8	4.89 dd(11.7, 6.1)	5.02 ddd(11.7, 12.0, 1.9)	4.78 m	
9	α 1.42 dd(12.4, 11.7) β 2.26 dd(12.4, 6.1)	α 1.42 dd(16.0, 12.0) β 2.09 dd(16.0, 1.9)	1.96 dd(13.2, 13.2) 1.86 dd(13.2, 5.8)	
13③	4.40 br s	3.73 d(12.0) 4.06 d(12.0)	5.61 d(3.1) 6.32 d(3.1)	
14④	1.18 s	1.03 s	1.15 s	
15⑤	1.76 s	1.71 s	1.25 s	
OH		3.23 br d(11.4)(13-OH) 3.69 br s(11-OH)		

五、单环金合欢烷型（单环法呢烷型）倍半萜

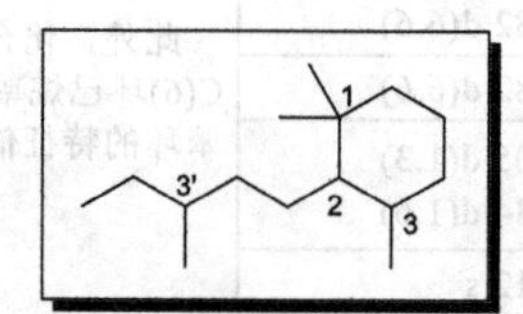

【系统分类】

1,1,3-三甲基-2-(3′-甲基戊基)环己烷

1,1,3-trimethyl-2-(3′-methylpentyl)cyclohexane

【典型氢谱特征】

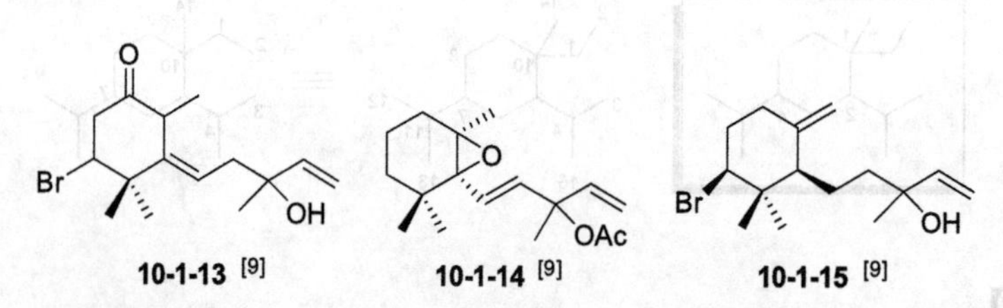

10-1-13 [9] 10-1-14 [9] 10-1-15 [9]

表 10-1-5 单环金合欢烷型倍半萜 10-1-13～10-1-15 的 ^{1}H NMR 数据

H	10-1-13 ($CDCl_3$)	10-1-14 ($CDCl_3$)	10-1-15 ($CDCl_3$)	典型氢谱特征
2	4.43 t(3.5)	0.85 m, 1.23 m	4.12 dd(11.5, 4.5)	① 化合物 **10-1-13～10-1-15** 的 C(11)均形成烯亚甲基，其信号有特征性； ② 12 位甲基特征峰； ③ 13 位甲基特征峰； ④ 14 位甲基特征峰；化合物 **10-1-15** 的 C(14)形成烯亚甲基，其信号有特征性； ⑤ 15 位甲基特征峰
3	1.88 dd(3.5, 13) 2.01 dd(3.5, 13)	1.60 m, 1.78 m	2.01 m, 2.23 m	
4		1.91 m, 2.08 m	2.02 m, 2.32 m	
5	2.35 m			
6			1.71 m	
7	5.33 d(2)	6.18 d(10)	1.28 m, 1.55 m	
8	—[a]	6.72 d(10)	1.63 m, 1.75 m	

续表

H	10-1-13 ($CDCl_3$)	10-1-14 ($CDCl_3$)	10-1-15 ($CDCl_3$)	典型氢谱特征
10	5.95 dd(17.5, 10.5)	5.97 dd(17, 10)	5.90 dd(17.5, 10.5)	
11①	5.02 dd(10.5, 1.5) 5.11 dd(17.5,1.5)	5.17 br d(10) 5.29 br d(17)	5.06 br d(10.5) 5.21 br d(17.5)	
12②	1.24 s	1.24 s	0.82 s	
13③	1.22 s	1.22 s	1.16 s	
14④	0.89 d(7)	1.37 s	4.60 br s, 4.91 br s	
15⑤	1.31 s	1.62 s	1.27 s	
OAc		1.89 s		

[a] 文献中没有给出数据。

六、吉玛烷型倍半萜

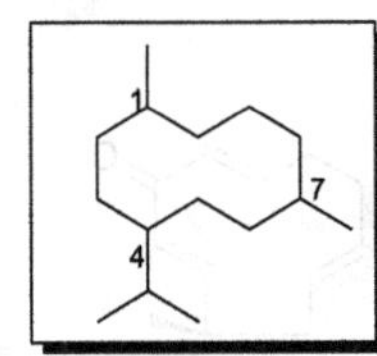

【系统分类】

1,7-二甲基-4-异丙基环癸烷

4-isopropyl-1,7-dimethylcyclodecane

【典型氢谱特征】

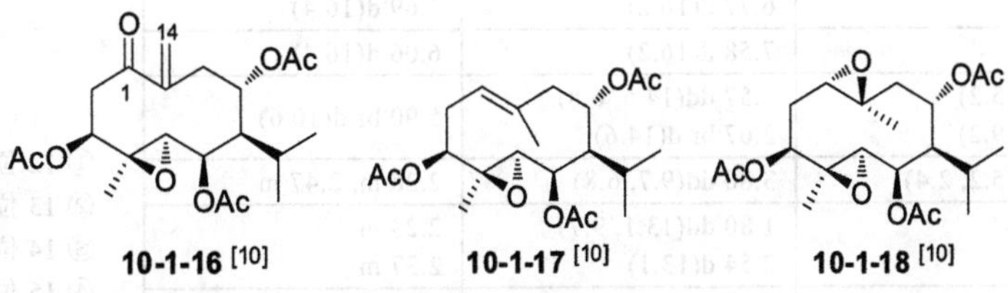

10-1-16 [10]　　10-1-17 [10]　　10-1-18 [10]

表 10-1-6 吉玛烷型倍半萜 10-1-16～10-1-18 的 ^{1}H NMR 数据

H	10-1-16 ($CDCl_3$)	10-1-17 ($CDCl_3$)	10-1-18 ($CDCl_3$)	典型氢谱特征
1		5.35 m	3.13 d(10.6)	① C(7)连接的异丙基特征峰； ② 14 位甲基特征峰；化合物 **10-1-16** 的 C(14)形成烯亚甲基，其信号有特征性； ③ 15 位甲基特征峰
2	α 3.32 dd(13.6, 3.8) β 2.80 dd(13.6, 3.8)	α 2.52 m β 2.25 dd(12.0, 3.0)	α 2.08 m β 1.70 m	
3	5.17 t(3.8)	5.05 t(3.0)	5.08 t(2.5)	
5	3.07 d(7.2)	3.00 d(6.8)	3.19 d(6.8)	
6	4.82 d(7.2)	4.83 d(6.8)	4.83 d(6.8)	
7	1.47 br d(8.6)	1.32 br d(7.0)	1.47 br d(8.7)	
8	5.41 dd(11.2, 2.8)	5.35 m	5.35 dd(12.0, 5.6)	
9	α 2.54 t(12.0) β 2.90 dd(11.4, 2.8)	α 1.99 m β 2.52 m	α 1.70 m β 2.08 m	
11①	1.81 m	1.80 m	1.70 m	
12①	1.13 d(6.4)	0.99 d(6.4)	1.00 d(6.4)	
13①	0.85 d(6.4)	0.80 d(6.4)	0.82 d(6.4)	
14②	5.99 s, 6.05 s	1.65 br s	1.32 s	
15③	1.37 s	1.10 s	1.20 s	
OAc	2.06 s, 2.06 s, 1.97 s	1.92 s, 1.95 s, 2.00 s	1.86 s, 1.91 s, 1.93 s	

七、葎草烷型（蛇麻烷型）倍半萜

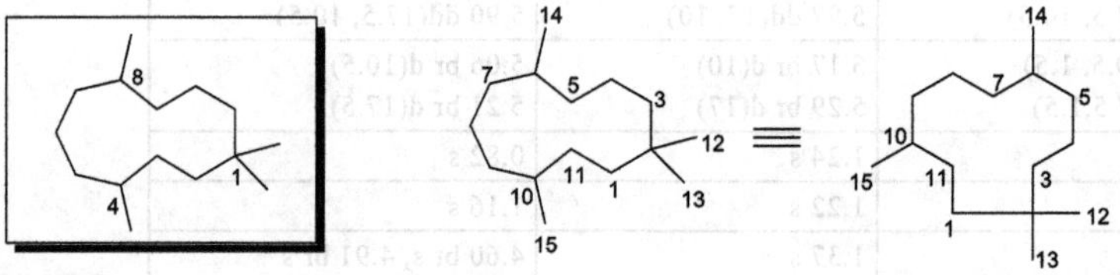

【系统分类】

1,1,4,8-四甲基环十一烷

1,1,4,8-tetramethylcycloundecane

【典型氢谱特征】

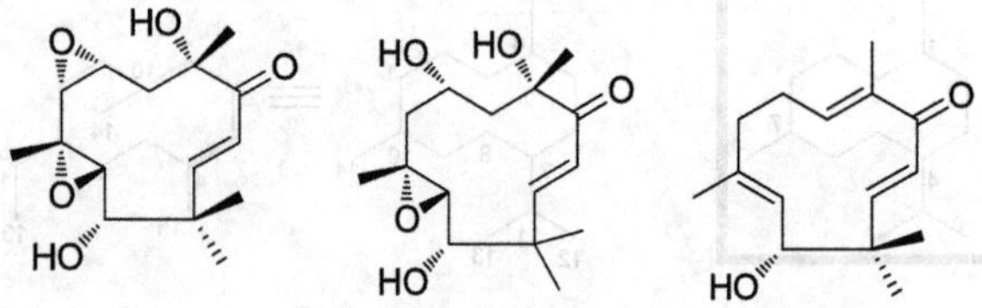

10-1-19 [11]　　10-1-20 [11]　　10-1-21 [12]

表 10-1-7 葎草烷型倍半萜 10-1-19～10-1-21 的 ^{1}H NMR 数据

H	10-1-19 (CD_3OD)	10-1-20 (CD_3OD)	10-1-21 ($CDCl_3$)	典型氢谱特征
1	3.34 d(10.0)	3.62 d(9.5)	4.22 d(10.6)	① 12 位甲基特征峰； ② 13 位甲基特征峰； ③ 14 位甲基特征峰； ④ 15 位甲基特征峰
3	6.20 d(16.1)	6.77 d(16.2)	5.69 d(16.4)	
4	7.11 d(16.1)	7.58 d(16.2)	6.06 d(16.4)	
7	1.23 dd(13.4, 5.2) 2.52 dd(13.4, 9.2)	2.57 dd(14.6, 6.8) 2.67 br d(14.6)	5.90 br d(10.6)	
8	2.43 ddd(9.2, 5.2, 2.4)	3.80 dd(9.7, 6.8)	2.28 m, 2.47 m	
9	2.68 d(2.4)	1.80 dd(13.1, 9.7) 2.54 d(13.1)	2.23 m 2.37 m	
11	2.81 d(10.0)	3.25 d(9.5)	5.25 br d(10.6)	
12①	1.22 s	1.43 s	1.14 s	
13②	1.13 s	1.32 s	1.14 s	
14③	1.40 s	2.05 s	1.79 br s	
15④	0.95 s	1.34 s	1.62 br s	

参考文献

[1] Triana J, Eiroa J L, Ortega J J, et al. J Nat Prod, 2008, 71: 2015.

[2] D'Abrosca B, Maria P D, DellaGreca M, et al. Tetrahedron, 2006, 62: 640.

[3] Zhang H J, Hung N V, Cuong N M, et al. Planta Med, 2005, 71: 452.

[4] Ma B, Lu Z Q, Guo H F, et al. Helv Chim Acta, 2007, 90: 52.

[5] Zeng Y C, Qiu F, Takahashi K, et al. Chem Pharm Bull, 2007, 55: 940.

[6] Adio A M, König W A. Phytochemistry, 2005, 66: 599.

[7] Fu B, Su B N, Takaishi Y, et al. Phytochemistry, 2001, 58: 1121.

[8] Su B N, Takaishi Y, Yabuuchi T, et al. J Nat Prod, 2001, 64: 466.

[9] Topcu G, Aydogmus Z, Imre S, et al. J Nat Prod, 2003, 66: 1505.

[10] Li Y, Wu Y Q, Du X, et al. Planta Med, 2003, 69: 782.

[11] Luo D Q, Gao Y, Yang X L, et al. Helv Chim Acta, 2007, 90: 1112.

[12] Luo D Q, Gao Y, Gao J M, et al. J Nat Prod, 2006, 69: 1354.

第二节 双环倍半萜

一、黎烷型倍半萜

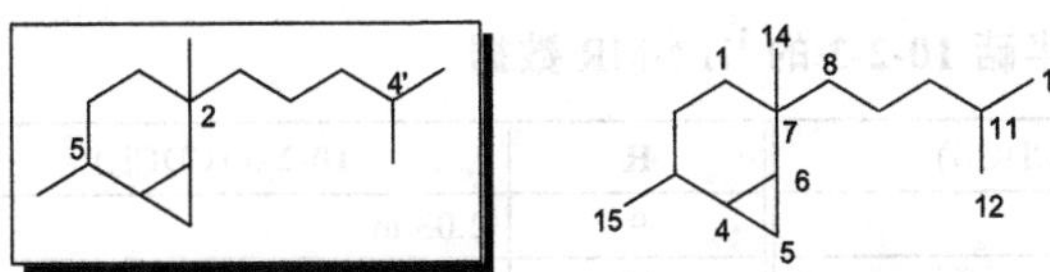

【系统分类】

2,5-二甲基-2-(4-甲基戊基)双环[4.1.0]庚烷

2,5-dimethyl-2-(4-methylpentyl)bicyclo[4.1.0]heptane

【典型氢谱特征】

10-2-1 [1]　　**10-2-2** [2]

表 10-2-1 **黎烷型倍半萜 10-2-1 和 10-2-2 的 ^{1}H NMR 数据**

H	10-2-1 ($CDCl_3$)	10-2-2 ($CDCl_3$)	典型氢谱特征
1		1.05 ddd (11, 8, 2.3) 1.20 m (H-1 或 H-2)[a]	① 5 位环丙烷亚甲基特征峰； ② 12 位甲基特征峰； ③ 13 位甲基特征峰； ④ 14 位甲基特征峰； ⑤ 15 位甲基特征峰
2	4.98 dq (7, 1.5)	1.27 m, 1.35 m (H-1 或 H-2)[a]	
4		1.10 ddd (7.4, 7.4, 4.4)	
5①	*α* 0.73 td (8.3, 4.1) *β* 0.51 dt (5.7, 4.1)	0.34 ddd (4.4, 4.4, 4.4) 0.44 ddd (7.4, 7.4, 4.4)	
6		0.92 m	
8a		1.43 m	
8b		1.33 m	
9		1.98 m	
10	5.10 tt (6.8, 1.5)	5.12 t (6.8)	
12②	1.60 s	1.62 s	
13③	1.67 s	1.69 s	
14④	1.03 s	0.94 s	
15⑤	1.80 br s	1.41 s	

[a] 文献归属不确定。

二、倍半蒈烷型倍半萜

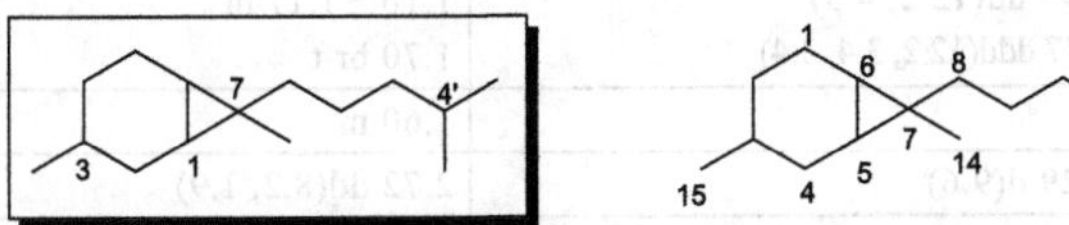

【系统分类】

3,7-二甲基-7-(4′-甲基戊基)双环[4.1.0]庚烷

3,7-dimethyl-7-(4′-methylpentyl)bicyclo[4.1.0]heptane

【典型氢谱特征】

10-2-3 [3]

表 10-2-2 倍半蒈烷型倍半萜 **10-2-3** 的 ^{1}H NMR 数据

H	**10-2-3** ($CDCl_3$)	H	**10-2-3** ($CDCl_3$)	典型氢谱特征
1α	2.16 br dd(19, 8)	9	2.03 m	① 12 位甲基特征峰； ② 13 位甲基特征峰； ③ 14 位甲基特征峰； ④ 15 位甲基特征峰
1β	1.86 br d(19)	10	5.12 br t(7)	
2	5.25 br s	12①	1.59 br s	
4α	2.34 br d(8)	13②	1.67 br s	
4β	2.03 m	14③	1.02 s	
5	0.66 dd(8, 8)	15④	1.59 br s	
6	0.78 dd(8, 8)			

三、双环吉玛烷型倍半萜

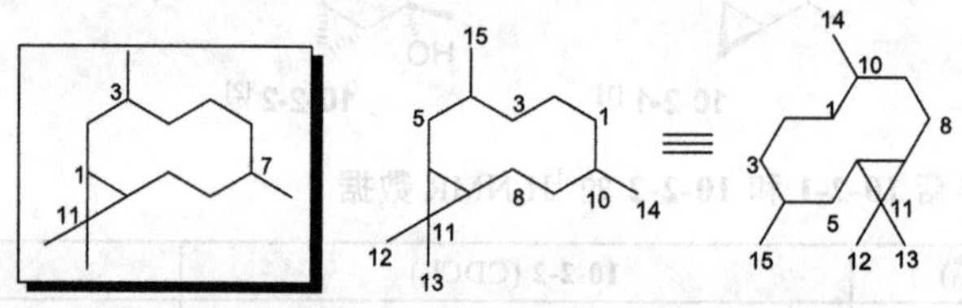

【系统分类】

3,7,11,11-四甲基双环[8.1.0]十一烷

3,7,11,11-tetramethylbicyclo[8.1.0]undecane

【典型氢谱特征】

10-2-4 [4] 10-2-5 [5] 10-2-6 [6]

表 10-2-3 双环吉玛烷型倍半萜 **10-2-4**～**10-2-6** 的 ^{1}H NMR 数据

H	**10-2-4** ($CDCl_3$)	**10-2-5** ($CDCl_3$)	**10-2-6** ($CDCl_3$)	典型氢谱特征
1	5.00 dd(11.0, 5.5)	5.07 dd(11.2, 5.2)	5.38 br s	① 12 位甲基特征峰；化合物 **10-2-5** 的 C(12)形成氧亚甲基（氧化甲基），其信号有特征性； ② 13 位甲基特征峰； ③ 14 位甲基特征峰； ④ 15 位甲基特征峰；化合物 **10-2-4** 和 **10-2-5** 的 C(15)形成甲酰基，其信号有特征性
2	2.07 m, 2.16 m	2.12 m, 2.20 m	1.83 br q, 2.14 br s	
3	1.94 m, 2.74 m	1.99 dd(12.2, 4.5) 2.77 ddd(12.2, 3.4, 3.4)	1.10～1.17 m 1.70 br t	
4			1.60 m	
5	6.24 d(9.5)	6.29 d(9.6)	2.72 dd(8.2, 1.9)	
6	1.43 t(9.5, 9.5)	1.65 dd(9.6, 9.6)	0.15 dd(8.2, 6.0)	
7	0.90 m	1.07 m	0.14 dd(10.2, 5.5)	
8	0.81 m, 1.78 m	0.90 m 1.85 dddd(11.4, 5.0, 2.4, 2.4)	1.10～1.17 m, 1.98 m	

续表

H	**10-2-4** (CDCl₃)	**10-2-5** (CDCl₃)	**10-2-6** (CDCl₃)	典型氢谱特征
9	1.96 m, 2.13 m	2.07 ddd(12.5, 12.5, 2.4) 2.15 m	1.96 m 2.30 br d(12.9)	
12①	1.13 s	3.42 d(11.0), 3.51 d(11.0)	1.06 s	
13②	1.10 s	1.28 s	1.00 s	
14③	1.19 s	1.25 s	1.59 s	
15④	9.20 s	9.28 d(0.8)	1.01 d(7.1)	
OMe			3.29 s	

四、佛手柑烷型倍半萜

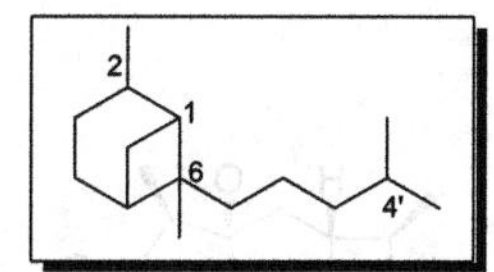

【系统分类】

2,6-二甲基-6-(4′-甲基戊基)双环[3.1.1]庚烷

2,6-dimethyl-6-(4′-methylpentyl)bicyclo[3.1.1]heptane

【典型氢谱特征】

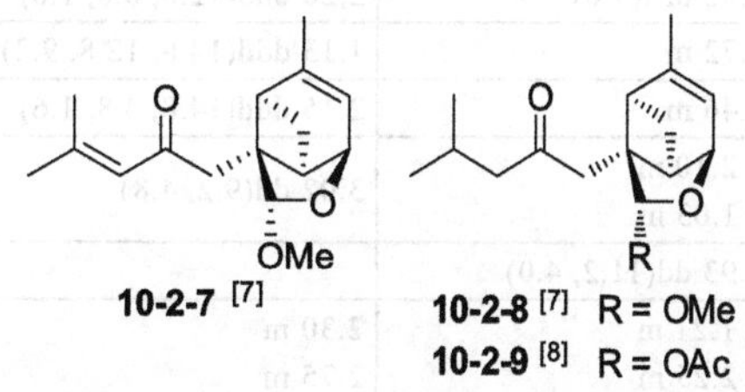

表 10-2-4 佛手柑烷型倍半萜 10-2-7～10-2-9 的 ^{1}H NMR 数据

H	**10-2-7** (CDCl₃)	**10-2-8** (CDCl₃)	**10-2-9** (CDCl₃)	典型氢谱特征
1	4.74 t(5)	4.73 dd(5.0, 4.8)	4.80 dd(5, 4)	① 12 位甲基特征峰； ② 13 位甲基特征峰； ③ 化合物 **10-2-7** 和 **10-2-8** 的 C(14)形成缩醛次甲基，化合物 **10-2-9** 的 C(14)形成酯化的半缩醛次甲基，其信号均有特征性； ④ 15 位甲基特征峰
2	5.42 br m	5.41 br m	5.48 br m	
4	2.43 td(6, 2)	2.39 td(5.7, 1.8)	2.3 m	
5	1.33 d(9) 2.35 ddd(10, 6, 5)	1.34 d(9) 2.32 m	1.39 d(8) 2.35 m	
6	2.50 br q(5)	2.49 br q(5.5)	2.56 br q(6)	
8	2.77 d(18) 3.07 d(18)	2.69 d(17.8) 3.04 d(17.8)	2.89 d(18) 3.06 d(18)	
10	6.06 br m	2.2～2.3 m	2.3 m	
11		2.13 m	2.12 m	
12①	1.87 d(1)	0.91 d(6.6)	0.90 d(7)	
13②	2.10 d(1)	0.91 d(6.6)	0.91 d(7)	
14③	4.71 s	4.65 s	5.90 s	
15④	1.81 d(2)	1.80 d(2)	1.80 d(1)	
OMe	3.32 s	3.30 s		
OAc			1.95 s	

五、石竹烷型（丁香烷型）倍半萜

【系统分类】

2,6,10,10-四甲基双环[7.2.0]十一烷

2,6,10,10-tetramethylbicyclo[7.2.0]undecane

【典型氢谱特征】

10-2-10 [9] R = β-COOH
10-2-11 [9] R = α-COOH
10-2-12 [10]

表 10-2-5 石竹烷型倍半萜 10-2-10～10-2-12 的 ^{1}H NMR 数据

H	**10-2-10** (CDCl$_3$)	**10-2-11** (CDCl$_3$)	**10-2-12** (CDCl$_3$)	典型氢谱特征
1	1.91 br t(9.6)	1.92 br t(9.6)	2.20 ddd(12.8, 8.0, 1.6)	① 12 位甲基特征峰； ② 化合物 **10-2-10** 和 **10-2-11** 的 C(13)形成羧羰基，甲基特征信号消失；化合物 **10-2-12** 的 C(13)形成氯亚甲基（氯化甲基），其信号有特征性； ③ 14 位甲基特征峰； ④ 15 位甲基特征峰
2α	1.72 m	1.72 m	1.13 ddd(14.8, 12.8, 9.2)	
2β	1.46 m	1.46 m	2.15 ddd(14.8, 4.8, 1.6)	
3	α 2.09 m β 1.02 m	α 2.10 m β 1.03 m	3.02 dd(9.2, 4.8)	
5	2.93 dd(11.2, 4.0)	2.93 dd(11.2, 4.0)		
6	α 1.21 m β 2.26 m	α 1.21 m β 2.25 m	2.30 m 2.75 m	
7	α 2.11 m β 1.79 m	α 2.12 m β 1.79 m	2.38 m 2.82 dd(9.6, 3.2)	
8	2.56 dt(6.4, 6.0)	2.58 m		
9	2.51 m	2.52 m	1.85 ddd(8.0, 8.0, 8.0)	
10α	1.51 dd(10.4, 8.0)	1.52 dd(10.8, 8.0)	1.60 dd(10.4, 8.0)	
10β	1.42 d(10.4)	1.41 d(10.8)	1.92 dd(10.4, 8.0)	
12①	1.29 s	1.30 s	1.65 s	
13②			3.49 br s	
14③	0.96 s	0.97 s	1.04 s	
15④	0.98 s	0.98 s	0.93 s	

六、愈创木烷型倍半萜

【系统分类】

1,4-二甲基-7-异丙基-十氢薁

7-isopropyl-1,4-dimethyldecahydroazulene

【典型氢谱特征】

10-2-13 [11]　　10-2-14 [11]　　10-2-15 [11]

表 10-2-6 愈创木烷型倍半萜 10-2-13～10-2-15 的 ^{1}H NMR 数据

H	10-2-13 ($CDCl_3$)	10-2-14 ($CDCl_3$)	10-2-15 ($CDCl_3$)	典型氢谱特征
3α	2.03 dd(18.8, 1.8)	2.021 dd(18.9, 1.8)	2.06 dd(18.7, 1.8)	① C(11)、C(12)和 C(13)异丙基单元的特征峰；化合物 **10-2-14** 和 **10-2- 15** 的 C(11)形成氧化叔碳，异丙基特征信号为 12 位甲基单峰特征峰和 13 位甲基单峰特征峰；② 14 位甲基特征峰；③ 15 位甲基特征峰
3β	2.62 dd(18.8, 6.4)	2.65 dd(18.9, 6.4)	2.67 dd(18.7, 7.0)	
4	2.75 ddq(7.0, 6.4, 1.8)	2.80 ddq(7.0, 6.4, 1.8)	2.84 ddq(7.3, 7.0, 1.8)	
6	5.87 s	6.33 s	6.29 s	
8	4.52 br t(5.2)	2.33 ddd(16.8, 11.0, 1.2) 2.43 br dd(16.8, 8.8)	2.36 ddd(17.2, 10.3, 1.8) 2.45 br dd(17.2, 7.0)	
9	2.10 br d(5.2)	1.75 ddd(13.7, 8.8, 1.2) 2.019 ddd(13.7, 11.0, 0.9)	1.74 br dd(13.9, 7.0) 2.04 ddd(13.9, 10.3, 1.5)	
11①	3.02 sept(6.7)			
12①	1.18 d(6.7)	1.41 s	1.42 s	
13①	1.14 d(6.7)	1.44 s	1.43 s	
14②	1.26 d(7.0)	1.23 d(7.0)	1.20 d(7.0)	
15③	1.46 s	1.45 s	1.44 s	

七、假愈创木烷型倍半萜

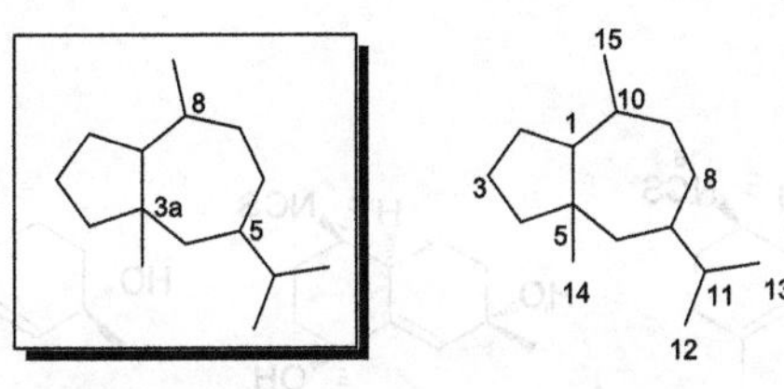

【系统分类】

3a,8-二甲基-5-异丙基-十氢薁

7-isopropyl-1,4-dimethyldecahydroazulene

【典型氢谱特征】

10-2-16 [12]　　10-2-17 [12] α-Me　10-2-18 [12] β-Me

表 10-2-7 假愈创木烷型倍半萜 10-2-16～10-2-18 的 ^{1}H NMR 数据

H	10-2-16 ($CDCl_3$)	10-2-17 ($CDCl_3$)	10-2-18 ($CDCl_3$)	典型氢谱特征
2	7.48 d(6.2)	6.05 dd(5.9, 2.1)	5.97 dd(6.1, 2.1)	化合物 **10-2-16～10-2-18** 的C(12)与 6 位羟基形成γ内酯，因此，12 位甲基信号消失。 ① 13 位甲基特征峰；化合物 **10-2-16** 的 C(13)形成烯亚甲基，其信号有特征性； ② 14 位甲基特征峰； ③ 15 位甲基特征峰。 注：化合物 **10-2-17** 和 **10-2-18** 的 11 位次甲基信号与 13 位甲基信号有关联
3	6.15 d(6.2)	5.89 dd(5.9, 1.4)	5.92 dd(6.1, 1.5)	
4		6.12 dd(2.1, 1.4)	6.15 dd(2.1, 1.5)	
6	4.98 d(8.2)	5.22 d(9.0)	4.82 d(9.0)	
7	3.46 m	2.54 m	3.05 m	
8	2.18～2.37 m	1.86 m, 2.02～2.09 m	1.51 m, 1.76 m	
9	1.63 m, 1.84 m	1.62 m, 2.02～2.09 m	1.67 m, 2.08 m	
10	2.10 m	2.21 m	2.21 m	
11		2.36 m	2.84 m	
13①	5.56 d(2) 6.24 d(2)	1.23 d(7)	1.16 d(7)	
14②	1.24 s	1.08 s	1.07 s	
15③	1.12 d(7)	1.09 d(7)	1.10 d(7)	
OAc		2.13 s	2.13 s	

八、杜松烷型倍半萜

1. 简单杜松烷型倍半萜

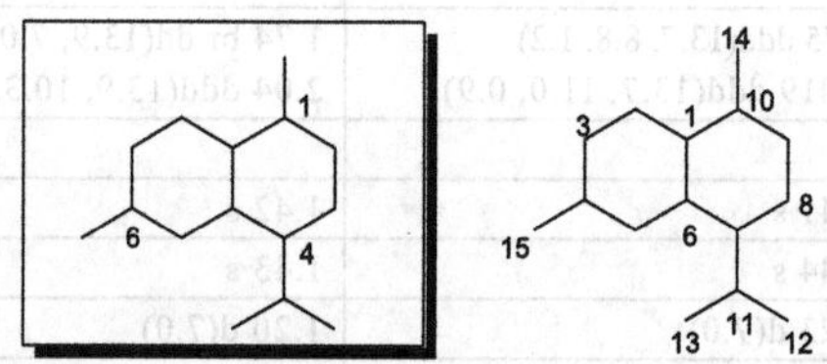

【系统分类】

1,6-二甲基-4-异丙基十氢萘

4-isopropyl-1,6-dimethyldecahydronaphthalene

【典型氢谱特征】

10-2-19 [13]　　10-2-20 [13]　　10-2-21 [13]

表 10-2-8 简单杜松烷型倍半萜 10-2-19～10-2-21 的 ^{1}H NMR 数据

H	10-2-19 ($CDCl_3$)	10-2-20 ($CDCl_3$)	10-2-21 ($CDCl_3$)	典型氢谱特征
1	2.39 br d(12.5)	2.08 m	2.00 m	① C(11)、C(12)和 C(13)异丙基单元的特征峰； ② 14 位甲基特征峰； ③ 15 位甲基特征峰
2	ax 1.50 m eq 1.87 dddd(13.4, 4.5, 4.5, 2.7)	ax 1.72 m eq 1.99 dddd(13.4, 5.7, 5.7, 3.4)	ax 1.69 m eq 1.97 m	
3	ax 1.92 ddd(13.7, 13.4, 4.5) eq 1.60 m	ax 1.51 ddd(12.3, 12.3, 3.4) eq 1.92 m	ax 1.53 ddd(12.4, 12.4, 3.2) eq 1.92 dddd(12.4, 5.5, 3.4, 1.0)	
5	4.47 s	5.94 dd(1.5, 1.5)	5.57 d(1.0)	
7			1.69 m	
8	ax 2.24 dddd(18.1, 9.4, 5.3, 2.7) eq 2.08 dddd(18.1, 5.3, 5.1, 1.5)	ax 1.63 ddd(14.0, 14.0, 3.4) eq 2.08 m	ax 1.44 m eq 1.73 m	

续表

H	10-2-19 ($CDCl_3$)	10-2-20 ($CDCl_3$)	10-2-21 ($CDCl_3$)	典型氢谱特征
9	ax 1.63 ddd(13.1, 9.4, 5.3) eq 1.99 ddd(13.1, 5.3, 5.1)	ax 1.69 m eq 1.92 m	ax 1.61 ddd(13.5, 13.2, 3.7) eq 2.05 ddd(13.5, 3.2, 3.2)	
11①	3.07 sept(6.8)	1.90 m	2.15 sept d(6.8, 3.3)	
12①	1.01 d(6.8)	0.77 d(6.9)	0.98 d(6.8)	
13①	1.04 d(6.8)	0.96 d(6.9)	0.92 d(6.8)	
14②	1.43 s	1.41 s	1.38 s	
15③	1.31 s	1.41 s	1.41 s	

2. 1,4-萘醌杜松烷型倍半萜

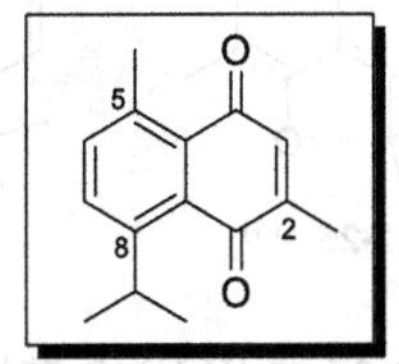

【系统分类】

2,5-二甲基-8-异丙基萘-1,4-双酮

8-isopropyl-2,5-dimethylnaphthalene-1,4-dione

【典型氢谱特征】

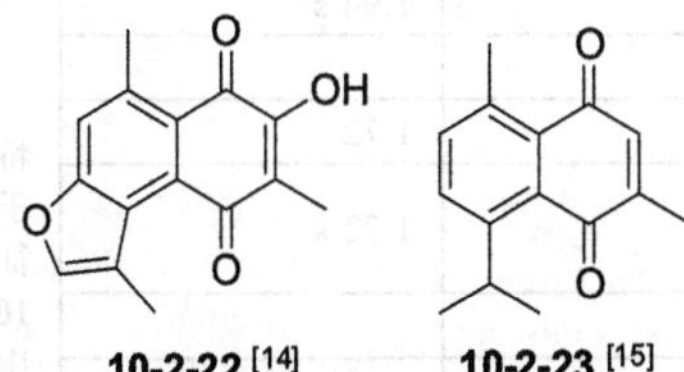

表 10-2-9 1,4-萘醌杜松烷型倍半萜 10-2-22 和 10-2-23 的 ^{1}H NMR 数据

H	10-2-22 ($CDCl_3$)	10-2-23 ($CDCl_3$)	典型氢谱特征
2①		6.68 q(1.5)	① 2 位醌烯质子特征峰；化合物 **10-2-22** 的 2 位质子被取代，不存在醌烯质子的信号； ② 母核苯环质子可以区分成 1 个苯环； ③ C(9)、C(10)和 C(11)异丙基单元特征峰；化合物 **10-2-22** 的 C(9)与 C(10)形成烯键，且 C(10)形成烯醇醚氧次甲基，C(9)、C(10)和 C(11)异丙基的峰形为 11 位甲基与 10 位烯醇醚氧次甲基间存在丙烯偶合的特征峰； ④ 12 位甲基特征峰； ⑤ 13 位甲基特征峰
6		7.44 d(8.5)②	
7②	7.48 bs	7.64 d(8.5)	
9③		4.12 sept(7.0)	
10③	7.53 q(1.26)	1.30 d(7.0)	
11③	2.51 d(1.26)	1.30 d(7.0)	
12④	2.82 s	2.68 s	
13⑤	2.09 s	2.16 d(1.5)	

3. 1,2-萘醌杜松烷型倍半萜

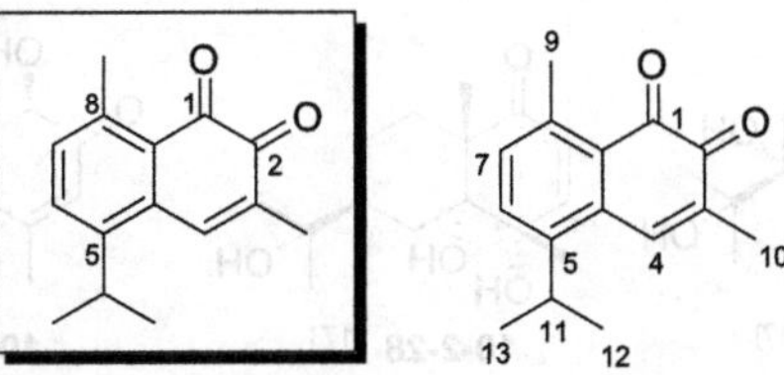

【系统分类】

3,8-二甲基-5-异丙基萘-1,2-双酮

5-isopropyl-3,8-dimethylnaphthalene-1,2-dione

【结构多样性】

C(6)增碳碳键；等。

【典型氢谱特征】

10-2-24 [16] **10-2-25** [14] **10-2-26** [15]

表 10-2-10 1,2-萘醌杜松烷型倍半萜 **10-2-24**～**10-2-26** 的 ^{1}H NMR 数据

H	**10-2-24** ($CDCl_3$)	**10-2-25** ($CDCl_3$)	**10-2-26** ($CDCl_3$)	典型氢谱特征
4①	7.52 d(1.2)			① 4 位醌烯质子特征峰；化合物 **10-2-25** 和 **10-2-26** 的 4 位质子被取代，不存在醌烯质子的信号； ② 母核苯环质子可以区分成 1 个苯环； ③ 9 位甲基特征峰； ④ 10 位甲基特征峰； ⑤ C(11)、C(12)和 C(13)异丙基单元的特征峰在化合物 **10-2-25** 和 **10-2-26** 中由于C(11)形成氧化叔碳而变为 12 位甲基特征峰和 13 位甲基特征峰；在化合物 **10-2-24** 中由于 C(13)形成氧化甲基（氧亚甲基）而显示相应氧亚甲基特征峰
6		3.97 s(OMe)	7.32 s②	
7②	6.95 s	6.69 s	7.32 s	
9③	2.62 s	2.69 s	2.70 s	
10④	2.09 d(1.2)	1.91 s	1.94 s	
11⑤	α 3.01 br q(6.9)			
12⑤	1.40 d(6.9)	1.72 s	1.72 s	
13⑤	α 3.97 dd(11.7, 2.4) β 3.79 dd(11.7, 1.2)	1.72 s	1.72 s	
14	1.53 s			
15	1.57 s			

九、桉叶烷型倍半萜

【系统分类】

1,4a-二甲基-7-异丙基十氢萘

7-isopropyl-1,4a-dimethyldecahydronaphthalene

【典型氢谱特征】

10-2-27 [17] **10-2-28** [17] **10-2-29** [17]

表 10-2-11 桉叶烷型倍半萜 10-2-27～10-2-29 的 ^{1}H NMR 数据

H	10-2-27 (CD_3OD)	10-2-28 (CD_3OD)	10-2-29 (CD_3OD)	典型氢谱特征
1	6.97 d(9.7)		4.45 s	① C(11)、C(12)和 C(13)异丙基单元特征峰； 在化合物 10-2-27～10-2-29 中由于 C(11)形成氧化叔碳而变为 12 位甲基单峰特征峰和 13 位甲基单峰特征峰； ② 14 位甲基特征峰； ③ 15 位甲基特征峰
2	6.21 d(9.7)	5.78 d(10.3)		
3		6.42 d(10.3)	5.91 s	
6	α 3.00 d(14.4) β 2.53 d(14.4)	α 1.59 m β 1.86 m	α 2.07 br d(*ca.* 13) β 1.55 br t(*ca.* 13)	
7		1.84 m	1.08 m	
8	α 1.68 m β 2.09 ddd(14.0, 14.0, 4.7)	1.30 m 1.71 m	1.23 m 1.58 m	
9	1.65 m, 1.76 m	1.62 m, 2.02 m	1.73 br d(13.5), 1.20 m	
12①	1.30 s	1.20 s	1.17 s	
13①	1.30 s	1.19 s	1.17 s	
14②	1.25 s	1.22 s	1.26 s	
15③	1.91 s	1.44 s	2.02 s	

十、β-二氢沉香呋喃型倍半萜

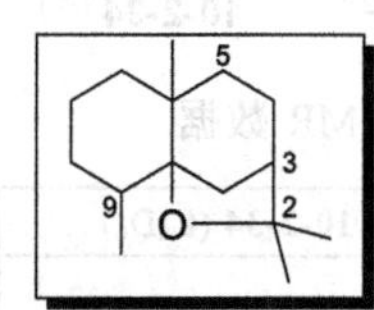

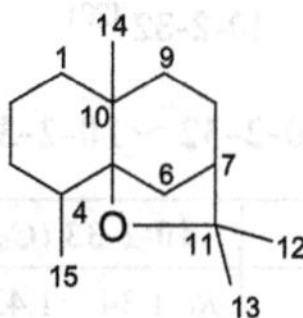

【系统分类】

2,2,5a,9-四甲基八氢-2*H*-3,9a-亚甲基苯并[*b*]氧杂环庚三烯

2,2,5a,9-tetramethyloctahydro-2*H*-3,9a-methanobenzo[*b*]oxepine

【典型氢谱特征】

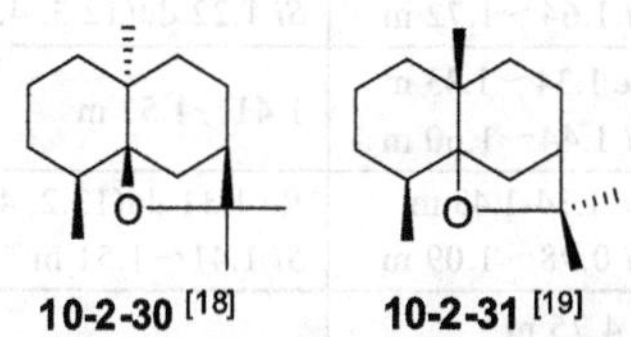

表 10-2-12 β-二氢沉香呋喃型倍半萜 10-2-30 和 10-2-31 的 ^{1}H NMR 数据

H	10-2-30 ($CDCl_3$)	10-2-31 ($CDCl_3$)	H	10-2-30 ($CDCl_3$)	10-2-31 ($CDCl_3$)	典型氢谱特征
1α		1.70 m	7		1.82 m	① 12 位甲基特征峰； ② 13 位甲基特征峰； ③ 14 位甲基特征峰； ④ 15 位甲基特征峰
1β		1.20 ddd(8.7, 1.1, 0.6)	8α		1.50 dd(7.4, 3.2)	
2α		1.37 ddd(9.7, 3.2, 1.1)	8β		1.64 m	
2β		1.70 m	9α		1.64 m	
3α		1.64 m	9β		1.09 dd(7.6, 4.9)	
3β		1.43 m	12①	1.15 s[a]	1.17 s	
4	1.79 m	α 1.74 m	13②	1.37 s[a]	1.34 s	
6α	2.07 dd(11.9, 4.6)	2.15 dd(11.8, 1.9)	14③	0.99 s	0.96 s	
6β		1.72 m	15④	0.88 d(6.6)	1.10 d(10.0)[b]	

[a] 数据归属不确定，可以交换；[b] 遵循文献值。

十一、珊瑚烷型倍半萜

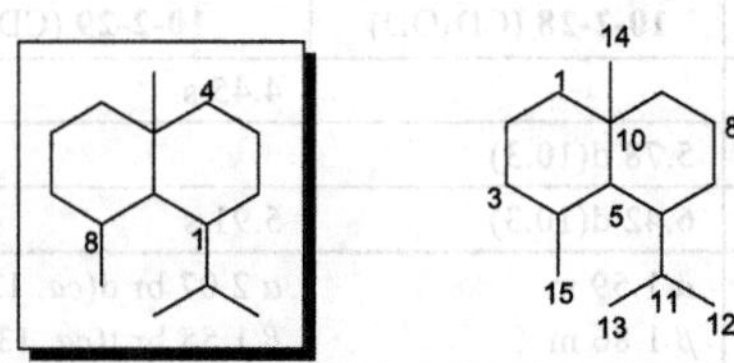

【系统分类】

4a,8-二甲基-1-异丙基十氢萘

1-isopropyl-4a,8-dimethyldecahydronaphthalene

【典型氢谱特征】

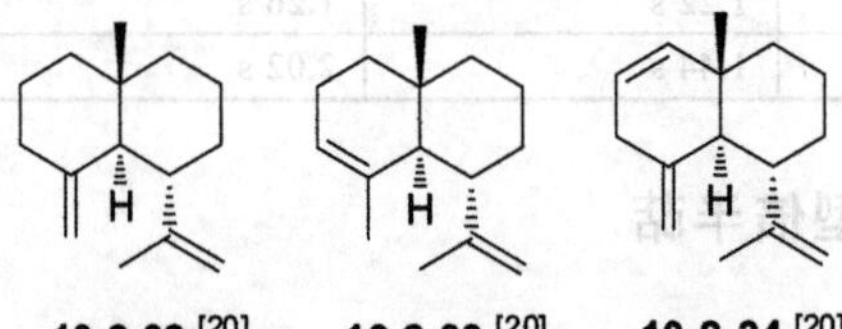

10-2-32 [20]　　10-2-33 [20]　　10-2-34 [20]

表 10-2-13 珊瑚烷型倍半萜 **10-2-32～10-2-34** 的 ¹H NMR 数据

H	**10-2-32** (C_6D_6)	**10-2-33** (C_6D_6)	**10-2-34** (C_6D_6)	典型氢谱特征
1	*Re* 1.31～1.38 m *Si* 1.18 ddd(13.2, 4.4, 4.4)	*Re* 1.34～1.43 m *Si* 1.27～1.31 m	5.40～5.47 m	① C(11)、C(12)和 C(13)异丙基单元特征峰在化合物 **10-2-32～10-2-34** 中由于 C(11)和 C(12)形成乙烯基结构而显示为 12 位烯亚甲基特征峰和 13 位甲基单峰特征峰； ② 14 位甲基特征峰； ③ 15 位甲基特征峰；化合物 **10-2-33** 的 C(15)为烯甲基，**10-2-32** 和 **10-2-34** 的 C(15)形成烯亚甲基，其信号有特征性
2	1.47～1.60 m	1.98～2.10 m	5.40～5.47 m	
3	*Re* 1.90 ddd(12.9, 5.4, 5.4) *Si* 2.21 m	5.37 br s	2.51～2.55 m 2.76～2.81 m	
5	1.76 d(11.7)	2.15 br s	2.11 d(11.7)	
6	2.32 m	2.15 br s	2.41 ddd(11.7, 11.7, 3.8)	
7	*Re* 1.66～1.71 m *Si* 1.26 m	*Re* 1.19～1.25 m *Si* 1.64～1.72 m	*Re* 1.65～1.69 m *Si* 1.22 dd(12.3, 4.7)	
8	*Re* 1.40～1.44 m *Si* 1.47～1.60 m	*Re* 1.34～1.43 m *Si* 1.44～1.60 m	1.41～1.51 m	
9	*Re* 1.09 ddd(13.2, 4.1, 4.1) *Si* 1.31～1.38 m	*Re* 1.34-1.43 m *Si* 0.98～1.09 m	*Re* 1.31 dd(13.2, 4.4) *Si* 1.41～1.51 m	
12①	*Z* 4.77～4.80 m *E* 4.81～4.82 m	*Z* 4.75 m *E* 4.79 s	4.79～4.81 m	
13①	1.61 s	1.64 s	1.58 s	
14②	0.82 s	0.88 s	0.94 s	
15③	*Z* 4.77～4.80 m *E* 4.88 br s	1.83 d(1.5)	*Z* 4.86 d(1.9) *E* 4.95 br s	

十二、β-檀香烷型倍半萜

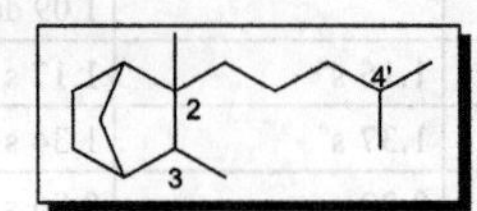

【系统分类】

2,3-二甲基-2-(4'-甲基戊基)双环[2.2.1]庚烷

2,3-dimethyl-2-(4′-methylpentyl)bicyclo[2.2.1]heptane

【典型氢谱特征】

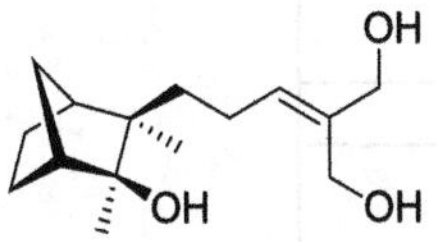

10-2-35 [21] 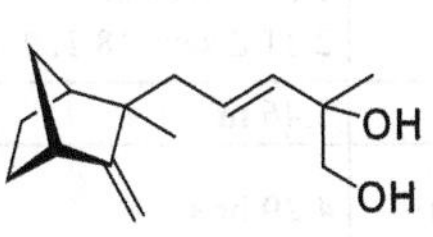 10-2-36 [22] 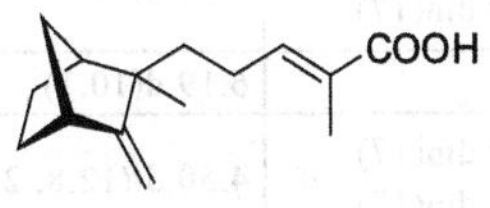 10-2-37 [22]

表 10-2-14 檀香烷型倍半萜 10-2-35～10-2-37 的 ^{1}H NMR 数据

H	10-2-35 ($CDCl_3$)	10-2-36 ($CDCl_3$)	10-2-37 ($CDCl_3$)	典型氢谱特征
1	1.89 m	2.68 d(4.2)	2.68 br d(4.2)	①12 位甲基特征峰；化合物 10-2-35 和 10-2-36 的 C(12)形成氧亚甲基（氧化甲基），其信号有特征性；②13 位甲基特征峰；化合物 10-2-35 的 C(13)形成氧亚甲基（氧化甲基），其信号有特征性；化合物 10-2-37 的 C(13)形成羧羰基，不存在 C(13)甲基特征信号；③14 位甲基特征峰；化合物 10-2-36 和 10-2-37 的 C(14)形成烯亚甲基，其信号有特征性；④15 位甲基特征峰
4	1.82 br d(1.8)	2.06 br s	2.11 br d(4.2)	
5α	1.25 dddd(12.6, 9.6, 6.0, 3.6)	1.41 m	1.42 m	
5β	1.55 dddd(12.6, 9.6, 7.2, 1.8)	1.62 m	1.69 m	
6α	1.34 dddd(12.0, 9.6, 6.0, 2.4)	1.23 m	1.26 m	
6β	1.42 dddd(12.0, 9.6, 7.2, 3.6)	1.65 m	1.68 m	
7	1.06 br d(10.2) 2.01 m	1.19 d(9.6) 1.69 m	1.20 m 1.66 m	
8	1.31 m 1.53 m	1.98 m 2.15 m	1.32 m 1.49 m	
9	2.05 br dd(12.2, 6.6) 2.18 br dd(12.2, 6.6)	5.78 m	2.18 m	
10	5.59 br t(7.2)	5.49 m	6.88 m	
12①	4.34 d(12) 4.19 d(12)	3.50 d(10.8) 3.43 d(10.8)	1.84 d(0.6)	
13②	4.18 s	1.28 s		
14③	1.21 s	4.45 s, 4.77 s	4.47 s, 4.76 s	
15④	0.89 s	1.02 d(1.8)	1.06 s	

十三、菖蒲烷型倍半萜

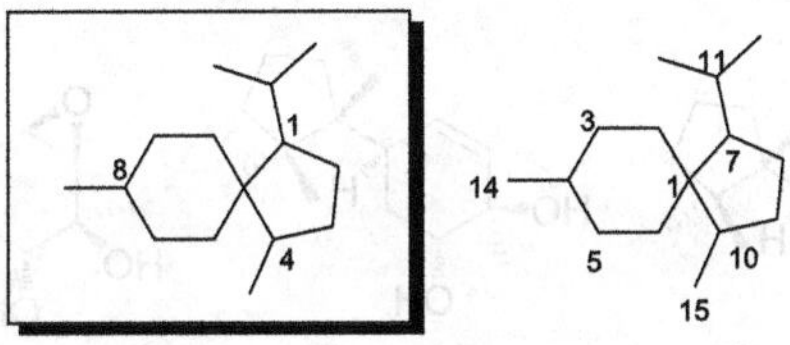

【系统分类】

4,8-二甲基-1-异丙基螺[4.5]癸烷

1-isopropyl-4,8-dimethylspiro[4.5]decane

【典型氢谱特征】

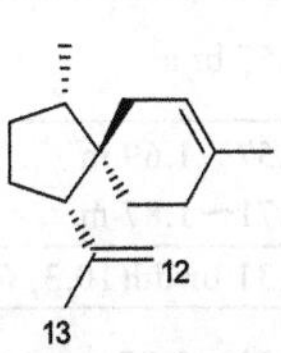

10-2-38 [23] 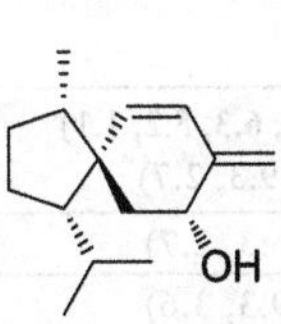 10-2-39 [24] 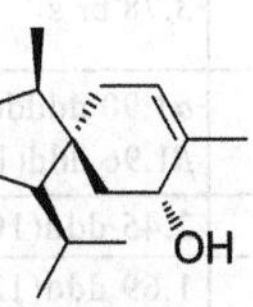 10-2-40 [25]

表 10-2-15 菖蒲烷型倍半萜 10-2-38～10-2-40 的 ^{1}H NMR 数据

H	10-2-38 (C_6D_6)	10-2-39 ($CDCl_3$)	10-2-40 ($CDCl_3$)	典型氢谱特征
2	ax 2.00 br dm(17) eq 1.88 br dm(17)	5.54 d(10.1)	1.69～1.74 m 2.31 d sext(18.1, 2.7)	① C(11)、C(12)和 C(13)异丙基单元特征峰；在化合物 **10-2-38** 中由于 C(11)和 C(12)形成乙烯结构而显示 12 位烯亚甲基特征峰和 13 位甲基单峰特征峰； ② 14 位甲基特征峰；化合物 **10-2-39** 的 C(14)形成烯亚甲基，其信号有特征性； ③ 15 位甲基特征峰
3	5.38 br s	6.19 d(10.1)	5.46 m	
5	eq 2.00 br dm(17) ax 1.88 br dm(17)	4.50 dt(12.8, 2.1)	4.29 br s	
6	1.44 dd(6.8, 6.0)	1.76 dd(12.8, 2.1) 1.92 t(12.8)	1.43 dd(13.2, 9.9) 1.99 ddd(13.2, 6.3, 1.9)	
7	2.14 dd(9.8, 8.3)	1.40 m	1.27 m	
8	α 1.78 m, β 1.64 m	1.47 m	1.30～1.41 m, 1.69～1.74 m	
9	α 1.29 m, β 1.69 m	1.25 m, 1.78 m	1.30～1.41 m, 1.62～1.68 m	
10	1.68 m	1.89 m	1.62～1.68 m	
11①		1.63 dd(13.7, 6.7)	1.62～1.68 m	
12①	4.80 s, 4.90 s	0.88 d(6.7)	0.87 d(6.6)	
13①	1.74 s	0.85 d(6.7)	0.95 d(6.6)	
14②	1.62 br s	4.95 br m 5.20 br m	1.75 sext(1.6)	
15③	0.93 d(6.7)	0.88 d(6.7)	0.93 d(6.9)	

十四、花侧柏烷型倍半萜

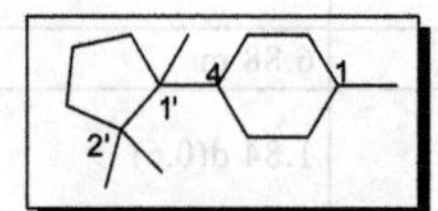

【系统分类】

1-甲基-4-(1′,2′,2′-三甲基环戊基)环己烷

1-methyl-4-(1′,2′,2′-trimethylcyclopentyl)cyclohexane

【典型氢谱特征】

10-2-41 [25]　10-2-42 [25]　10-2-43 [25]

表 10-2-16 花侧柏烷型倍半萜 10-2-41～10-2-43 的 ^{1}H NMR 数据

H	10-2-41 ($CDCl_3$)	10-2-42 ($CDCl_3$)	10-2-43 ($CDCl_3$)	典型氢谱特征
1	5.50 dt(10.6, 1.8)	5.75 ddd(10.4, 2.5, 1.4)	3.33 dd(4.0, 1.1)	① 12 位甲基特征峰； ② 13 位甲基特征峰； ③ 14 位甲基特征峰； ④ 15 位甲基特征峰
2	5.60 ddd(10.6, 2.6, 1.8)	5.64 ddd(10.4, 2.7, 1.6)	2.92 dd(4.0, 1.1)	
4	1.54～1.76 m 1.82～1.91 m	3.78 br s	3.57 br s	
5	1.48 m 1.82～1.91 m	α1.90 dddd(13.7, 6.3, 5.2, 1.1) β1.96 ddd(13.7, 9.3, 2.7)	1.57～1.69 m 1.71～1.87 m	
6	2.25 m	2.45 ddd(10.4, 6.3, 2.7)	2.31 br dd(10.3, 6.2)	
8	1.54～1.76 m	1.69 ddd(12.6, 9.3, 3.6) 1.79 br q	1.71～1.87 m	

续表

H	**10-2-41** ($CDCl_3$)	**10-2-42** ($CDCl_3$)	**10-2-43** ($CDCl_3$)	典型氢谱特征
9	1.54～1.76 m	1.57～1.65 m	1.57～1.69 m	
10	1.35 ddd(11.7, 11.7, 8.4) 1.54～1.76 m	1.38 ddd(12.4, 8.8, 3.6) 1.72 br q	1.38 br q 1.76 m	
12①	0.98 s	1.02 s	1.00 s	
13②	0.95 s	0.98 s	0.97 s	
14③	0.75 s	0.80 s	0.97 s	
15④	1.27 s	1.33 s	1.37 s	
OH			2.58 s	

十五、异花侧柏烷型倍半萜

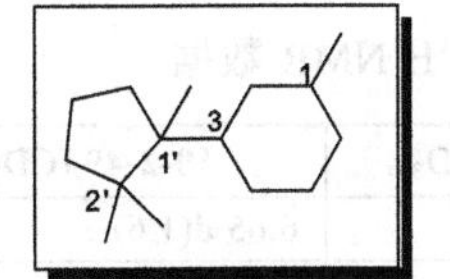

【系统分类】

1-甲基-3-(1′,2′,2′-三甲基环戊基)环己烷

1-methyl-3-(1′,2′,2′-trimethylcyclopentyl)cyclohexane

【典型氢谱特征】

10-2-44 [26] **10-2-45** [26] **10-2-46** [26]

表 10-2-17 异花侧柏烷型倍半萜 **10-2-44**～**10-2-46** 的 ^{1}H NMR 数据

H	**10-2-44** ($CDCl_3$)	**10-2-45** ($CDCl_3$)	**10-2-46** ($CDCl_3$)	典型氢谱特征
2	6.69 d(8.2)	6.74 d(8.0)		① 12 位甲基特征峰；化合物 **10-2-46** 的 C(12)形成氧亚甲基（氧化甲基），其信号有特征性； ② 13 位甲基特征峰；化合物 **10-2-44** 的 C(13)形成氧亚甲基（氧化甲基），其信号有特征性； ③ 14 位甲基特征峰；化合物 **10-2-45** 的 C(14)形成氧亚甲基（氧化甲基），其信号有特征性； ④ 15 位甲基特征峰。 化合物 **10-2-44**～**10-2-46** 的环己烷单元芳构化，芳香区信号可以区分为 1 个苯环
3	6.92 ddq(8.2, 2.1, 0.6)	6.92 ddq(8.2, 2.1, 0.8)	6.72 d(1.9)	
5	7.02 d(2.1)	6.96 d(2.1)	6.81 d(1.9)	
8	2.05 m, 2.37 m	1.84 m, 2.45 m	1.73 m, 2.61 m	
9	1.82 m	1.93 m	1.76 m	
10	1.52 m, 1.61 m	1.27 m, 1.45 m	1.53 m, 1.65 m	
12①	2.27 d(0.6)	2.27 d(0.8)	4.34 s	
13②	3.78 d(10.7) 4.40 d(10.7)	1.56 s	1.41 s	
14③	0.86 s	3.28 d(11.3) 3.37 d(11.3)	0.73 s	
15④	1.24 s	1.23 s	1.17 s	
OMe			3.37 s	

十六、月桂烷型倍半萜

【系统分类】

1-甲基-4-(1′,2′,3′-三甲基环戊基)环己烷

1-methyl-4-(1′,2′,3′-trimethylcyclopentyl)cyclohexane

【典型氢谱特征】

10-2-47 [27] **10-2-48** [27] **10-2-49** [28]

表 10-2-18 月桂烷型倍半萜 10-2-47～10-2-49 的 ^{1}H NMR 数据

H	**10-2-47** (CD_3COCD_3)	**10-2-48** (CD_3COCD_3)	**10-2-49** ($CDCl_3$)	典型氢谱特征
1	7.25 d(8.0)		6.65 d(1.6)	① 12 位甲基特征峰：化合物**10-2-47**和**10-2-48**的 C(12)形成烯亚甲基，其信号有特征性；② 13 位甲基特征峰；③ 14 位甲基特征峰；④ 15 位甲基特征峰。化合物 **10-2-47**～**10-2-49** 的环己烷单元芳构化，芳香区信号可以区分为 1 个苯环
2	7.07 d(8.0)	6.67 s		
4	7.07 d(8.0)	6.54 d(8.0)	7.03 d(7.6)	
5	7.25 d(8.0)	7.13 d(8.0)	6.74 dd(7.6, 1.6)	
8	1.93 ddd(13.0, 7.0, 6.5) 2.01 ddd(13.0, 6.5, 6.5)	1.98 ddd(13.0, 7.0, 6.5) 2.37 ddd(13.0, 6.5, 6.5)	1.93 ddd(12.8, 9.2, 7.7) 1.93 ddd(12.8, 8.2, 5.7)	
9	1.58 ddd(13.0, 7.0, 6.5) 1.81 ddd(13.0, 6.5, 6.5)	1.59 ddd(13.0, 7.0, 6.5) 1.77 ddd(13.0, 6.5, 6.5)	2.29 m	
12①	4.88 s, 5.40 s	4.89 s, 5.46 s	1.39 q(1.2)	
13②	2.26 s	2.20 s	2.22 s	
14③	1.44 s	1.57 s	1.38 s	
15④	1.28 s	1.32 s	1.71 q(1.2)	
OH	3.59 br s	8.12 br s(1-OH) 3.51 br s(10-OH)	4.59 s	

十七、艾里莫芬烷型倍半萜

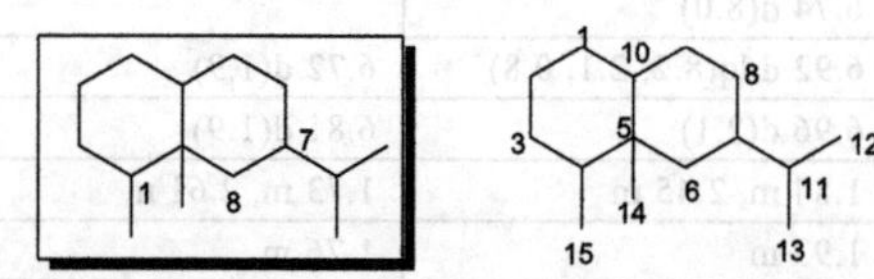

【系统分类】

1,8a-二甲基-7-异丙基十氢萘

7-isopropyl-1,8a-dimethyldecahydronaphthalene

【典型氢谱特征】

10-2-50 [29] **10-2-51** [29] **10-2-52** [30]

表 10-2-19 艾里莫芬烷型倍半萜 10-2-50～10-2-52 的 ^{1}H NMR 数据

H	10-2-50 (C_6D_6)[a]	10-2-51 (C_6D_6)	10-2-52 ($CDCl_3$)	典型氢谱特征
1	3.76 m 3.71 m(少量)	1.66 m(14.5) 2.24 m(14.5)	5.95 br d(9.6)	① C(11)、C(12)和 C(13)异丙基单元特征峰；在化合物 **10-2-50** 和 **10-2-51** 中由于 C(11)形成不连氢的烯碳原子而显示 12 位烯甲基单峰特征峰和 13 位烯甲基单峰特征峰；在化合物 **10-2-52** 中由于 C(11)和 C(12)形成乙烯结构，C(13)形成氧亚甲基（氧化甲基）结构而显示 12 位烯亚甲基特征峰和 13 位氧亚甲基（氧化甲基）特征峰； ② 14 位甲基特征峰； ③ 15 位甲基特征峰
2	1.26 m 1.74 m	1.75 m(14.5) 1.89 m(14.5)	5.72 br dd(9.6, 5.1)	
3	1.07 m 1.74 m	4.93 m(3.2)	1.88 m 2.10 ddd(13, 13, 5.1)	
4	1.09 m	1.12 dd(7.2, 3.3)	1.90 m	
6	1.90 d(13.6) 2.70 d(13.6)	1.81 d(13.6) 2.66 d(13.6)	3.18 s	
8			4.71 br s	
9	5.78 s 5.63 s(少量)	5.90 s	5.25 br d(2.4)	
12①	2.29 s	2.27 s	4.18 br d(13) 4.31 dd(13, 0.9)	
13①	1.55 s	1.54 s	5.30 br s 5.33 br d(0.9)	
14②	1.05 s	1.01 s	0.95 s	
15③	0.73 d(6.7) 0.63 d(6.5)（少量）	0.73 d(7.1)	1.03 d(6.8)	
OAc		1.65 s		
OH	0.67 m			

[a] 1α/β 差向异构体（1:2）的混合物。

参考文献

[1] Tori M, Aoki M, Asakawa Y. Phytochemistry, 1994, 36: 73.

[2] Tori M, Hamaguchi, T, Aoki, M, et al. Can J Chem, 1997, 75: 634.

[3] Bohlmann F, Fritz U, Robinson H, et al. Phytochemistry, 1979, 18: 1749.

[4] Guo Y Q, Xu J, Li Y S, et al. Planta Med, 2008, 74: 1767.

[5] Wu T S, Chan Y Y, Leu Y L. Chem Pharm Bull, 2000, 48: 357.

[6] Nagashima F, Asakawa Y. Phytochemistry, 2001, 56: 347.

[7] Perry N B, Burgess E J, Foster L M, et al. J Nat Prod, 2008, 71: 258.

[8] Perry N B, Burgess E J, Foster L M, et al. Tetrahedron Lett, 2003, 44: 1651.

[9] Sung P J, Chuang L F, Kuo J, et al. Chem Pharm Bull, 2007, 55: 1296.

[10] Sung P J, Su Y D, Hwang T L, et al. Chem Lett, 2008, 37: 1244.

[11] Takaya Y, Akasaka M, Takeuji Y, et al. Tetrahedron, 2000, 56: 7679.

[12] Das B, Reddy V S, Krishnaiah M, et al. Phytochemistry, 2007, 68: 2029.

[13] Zubía E, Ortega M J, Hernández-Guerrero C J, et al. J Nat Prod, 2008, 71: 608.

[14] Puckhaber L S, Stipanovic R D. J Nat Prod, 2004, 67: 1571.

[15] Nozoe T, Takekuma S, Doi M, et al. Chem Lett, 1984, 627.

[16] Boonsri S, Karalai C, Ponglimanont C, et al. J Nat Prod, 2008, 71: 1173.

[17] Kawaguchi Y, Ochi T, Takaishi Y, et al. J Nat Prod, 2004, 67: 1893.

[18] Barrero A F, Arteaga P, Quílez J F, et al. J Nat Prod, 1997, 60: 1026.

[19] Cavalli J F, Tomi F, Bernardini A F, et al. Magn Reson Chem, 2004, 42: 709.

[20] Hackl T, König W A, Muhle H. Phytochemistry, 2004, 65: 2261.

[21] Kim T H, Ito H, Hatano T, et al. Tetrahedron, 2006, 62: 6981.

[22] Kim T H, Ito H, Hatano T, et al. J Nat Prod, 2005, 68: 1805.

[23] Cool L G. Phytochemistry, 2005, 66: 249.

[24] Harinantenaina L, Kurata R , Asakawa Y. Chem Pharm Bull, 2005, 53: 515.

[25] Nagashima F, Suzuki M, Takaoka S, et al. J Nat Prod, 2001, 64: 1309.

[26] Irita H, Hashimoto T, Fukuyama Y, et al. Phytochemistry, 2000, 55: 247.

[27] Sun J, Shi D Y, Ma M, et al. J Nat Prod, 2005, 68: 915.

[28] Mao S C, Guo Y W. Helv Chim Acta, 2005, 88: 1034.

[29] Sørensen D, Raditsis A,Trimble L A, et al. J Nat Prod, 2007, 70: 121.

[30] Che Y S, Gloer J B, Wicklow D T. J Nat Prod, 2002, 65: 399.

第三节 三环倍半萜

一、乌药烷型倍半萜

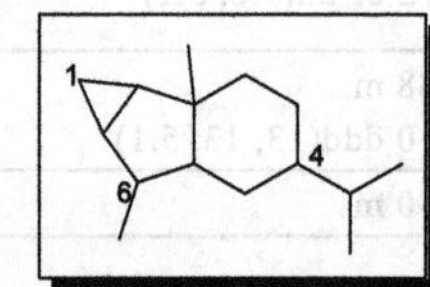

【系统分类】

1b,6-二甲基-4-异丙基十氢环丙烯并[*a*]茚

4-isopropyl-1b,6-dimethyldecahydrocyclopropa[*a*]indene

【典型氢谱特征】

10-3-1 [1]　　10-3-2 [2]　　10-3-3 [3]

表 10-3-1 乌药烷型倍半萜 10-3-1～10-3-3 的 ^{1}H NMR 数据

H	10-3-1 (C_5D_5N)	10-3-2 ($CDCl_3$)	10-3-3 ($CDCl_3$)	典型氢谱特征
1	1.30 dt(3.5, 7.5)	0.85 m	1.70 m	① 化合物 10-3-1～10-3-3 的 7 位异丙基 C(11)形成不连氢的烯碳，C(12)形成酯羰基，化合物 10-3-1 和 10-3-3 显示 13 位甲基特征峰，10-3-2 的 C(13)形成氧亚甲基（氧化甲基），其信号有特征性； ② 14 位甲基特征峰； ③ 15 位甲基特征峰；化合物 10-3-1 和 10-3-2 的 C(15)形成烯亚甲基，其信号有特征性。 此外，2 位环丙烷亚甲基信号有一定的特征性。 C(12)形成酯羰基，甲基特征信号消失
2	0.79 m 1.08 td(7.5, 3.5)	0.93 m 1.38 ddd(8, 8, 3.5)	en 0.23 ddd(4.0, 4.0, 4.0) ex 0.75 ddd(4.0, 8.0, 8.0)	
3	2.01 m	1.97 dd(8, 3.5)	1.70 m	
5	3.00 td (11.7, 2.0)	2.55 dddd(13.5, 3, 2, 2)		
6	5.19 dd(11.7, 1.3)	*α* 2.11 dd(13.5, 3) *β* 2.88 dd(13.5, 13.5)	3.24 d(14.0) 2.68 d(14.0)	
8		5.11 dd(12, 6.5)		
9	1.97 d(13.0) 2.74 d(13.0)	*α* 1.58 dd(12, 12) *β* 2.67 dd(12, 6.5)	3.87 s	
13①	2.38 d(1.3)	4.39 br d(6.0)	1.81 s	
14②	1.23 d(1.8)	0.79 s	1.40 s	
15③	5.28 d(1.8) 5.81 d(1.8)	4.75 br s 5.02 br s	1.76 s	
OH		2.72 t(6.0)		

二、马拉烷型（小皮伞烷型）倍半萜

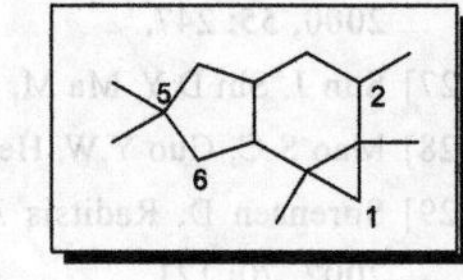

【系统分类】

1a,2,5,5,6b-五甲基十氢环丙烯并[*e*]茚

1a,2,5,5,6b-pentamethyldecahydrocyclopropa[*e*]indene

【典型氢谱特征】

10-3-4 [4]　　10-3-5 [5]　　10-3-6 [6]

表 10-3-2 马拉烷型倍半萜 10-3-4～10-3-6 的 ^{1}H NMR 数据

H	10-3-4 ($CDCl_3$)	10-3-5 ($CDCl_3$)	10-3-6 ($CDCl_3$)	典型氢谱特征
1α	1.34 dd(1.4)	0.95 dd(13.2, 12.4)	1.44 dd(13.2, 12.7)	① 4 位环丙烷亚甲基特征峰；② 化合物 **10-3-4** 的 C(5) 形成氧亚甲基（氧化甲基），**10-3-5** 和 **10-3-6** 的 C(5)形成缩醛次甲基，其信号均有特征性；③ 12 位甲基特征峰；④ 化合物 **10-3-4**～**10-3-6** 的 C(13)全部形成氧亚甲基（氧化甲基），其信号有特征性；⑤14 位甲基特征峰；⑥15 位甲基特征峰
1β	1.76 dd(7.8)	1.57 dd(12.4, 5.6)	1.58 dd(12.7, 6.8)	
2	2.43 m(7.8, 1.4)	2.88 ddd(13.2, 7.2, 5.6)	2.54 ddd(13.2, 6.8, 6.6)	
4α①	0.61 d(4.2)	0.89 d(5.3)	0.56 d(5.1)	
4β①	0.87 d(4.2)	1.16 d(5.3)	0.85 d(5.1)	
5②	α 3.50 d(12.4)[a] β 4.17 d(12.4)[a]	4.62 s	4.63 s	
7		3.00 dd(9.1, 5)		
8	5.22 s		3.18 dd(11.7, 9.3)	
9	2.43 m	2.55 dd(7.6, 7.2)	1.77 m	
10α	1.28 s	2.31 d(13.5)	1.74 dd(14.1, 1.7)	
10β	1.63 m	1.24 dd(13.5, 7.6)	1.54 dd(14.1, 7.8)	
12③	1.29 s	1.11 s	1.07 s	
13α④	4.21 d(11.5)	4.36 dd(8.9, 5)	4.27 d(9.5)	
13β④	4.35 d(11.5)	4.15 dd(9.1, 8.9)	3.95 d(9.5)	
14⑤	1.01 s	1.06 s	1.01 s	
15⑥	1.01 s	1.00 s	1.11 s	
OH			1.81 d(9.3)	
OMe		3.34 s	3.36 s	

[a] 遵循文献数据，疑有误。

三、橄榄烷型倍半萜

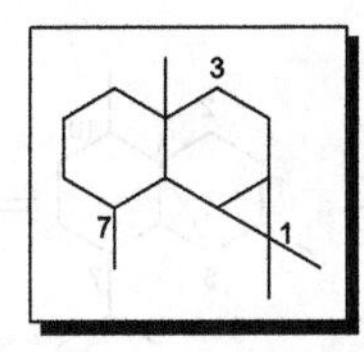

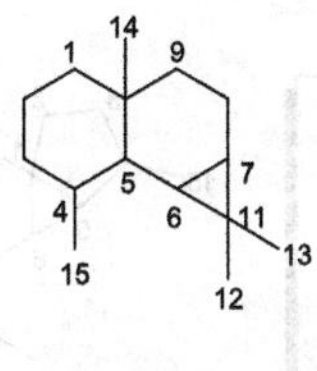

【系统分类】

1,1,3a,7-四甲基十氢-1*H*-环丙烯并[*a*]萘

1,1,3a,7-tetramethyldecahydro-1*H*-cyclopropa[*a*]naphthalene

【典型氢谱特征】

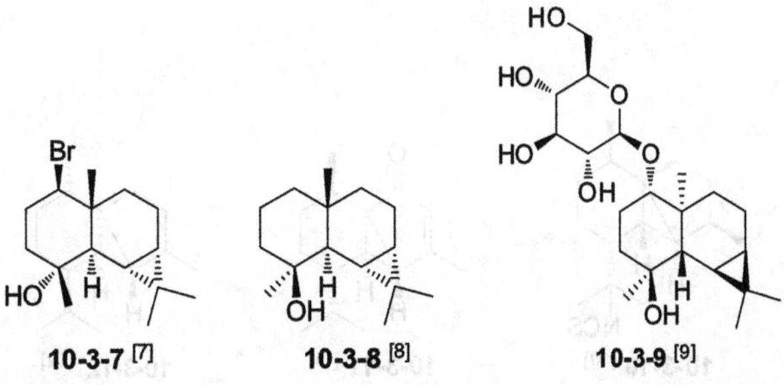

10-3-7 [7]　　10-3-8 [8]　　10-3-9 [9]

表 10-3-3 橄榄烷型倍半萜 10-3-7～10-3-9 的 ^{1}H NMR 数据

H	10-3-7 (C_6D_6)	10-3-8 (C_6D_6)[a]	10-3-9 (C_5D_5N)	典型氢谱特征
1	3.55 dd(13.0, 3.8)	0.90 dt(12.9, 3.5) 1.32～1.40 m	3.58 t(7.0)	
2	1.90 dq(3.8, 13.0) 2.50 dq(13.0, 3.8)	1.32～1.40 m 1.92～2.01 m	α 1.98 br ddd(13.0, 7.0, 3.0) β 2.42 dddd(13.0, 12.0, 7.0, 3.0)	
3	1.05 dt(3.8, 13.0) 1.28 dt(13.0, 3.8)	1.10 dd(13.2, 8.8) 1.20 dt(13.8, 4.4)	α 1.94 ddd(13.0, 12.0, 3.0) β 1.85 br dd(13.0, 3.0)	
5	0.44 d(4.0)	0.54～0.59 m	1.38 d(6.0)	
6	0.53 dd(9.2, 4.0)	0.54～0.59 m	0.85 dd(9.0, 6.0)	
7	0.45 m	0.64～0.71 m	0.56 t(9.0)	
8	1.43 ddd(13.9, 6.0, 4.0) 1.73 m(13.9, 6.0)[b]	1.52 dd(15.1, 7.9) 1.79～1.88 m	α 1.55 dd(15.0, 7.5) β 1.75 m	① 12 位甲基特征峰； ② 13 位甲基特征峰； ③ 14 位甲基特征峰； ④ 15 位甲基特征峰
9	0.45 dd(12.1, 6.0) 1.82 ddd(12.1, 6.0, 4.0)	0.64～0.71 m 1.56～1.61 m	α 2.44 m β 0.91 ddd(13.0, 13.0, 7.5)	
12①	0.75 s	0.86 s	1.04 s	
13②	0.95 s	1.02 s	1.07 s	
14③	1.30 s	1.17 s	1.17 s	
15④	0.85 s	1.02 s	1.45 s	
1′			4.90 d(7.5)	
2′			4.04 dd(7.5, 7.0)	
3′			4.26 t(7.0)	
4′			4.27 t(7.0)	
5′			3.98 m	
6′			4.42 dd(12.0, 5.0) 4.55 dd(12.0, 2.5)	

[a] 文献中结构式没有原子编号，本表中的归属供参考；[b] 遵循文献数据。

四、苹橙茄烷型倍半萜

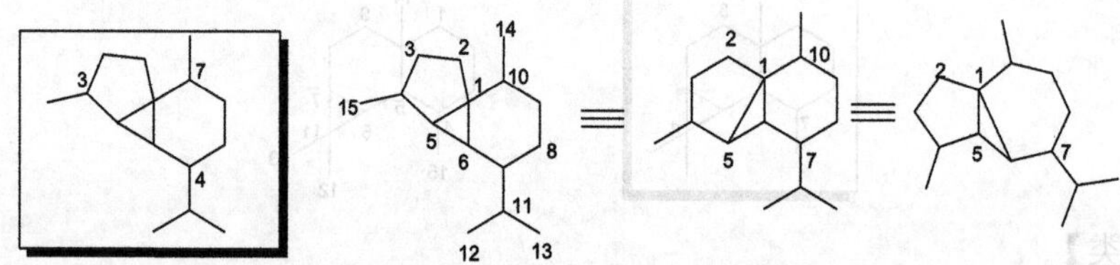

【系统分类】

3,7-二甲基-4-异丙基-八氢-1*H*-环戊二烯并[1,3]环丙烯并[1,2]苯

4-isopropyl-3,7-dimethyloctahydro-1*H*-cyclopenta[1,3]cyclopropa[1,2]benzene

【典型氢谱特征】

10-3-10 [10] **10-3-11** [11] **10-3-12** [12]

表 10-3-4 荜橙茄烷型倍半萜 10-3-10～10-3-12 的 ^{1}H NMR 数据

H	10-3-10 ($CDCl_3$)	10-3-11 ($CDCl_3$)	10-3-12 (C_6D_6)	典型氢谱特征
2	1.71 m 1.72 m		2.26～2.35 m 2.62～2.70 m	① C(11)、C(12)和 C(13)异丙基单元特征峰；在化合物 **10-2-10** 中，C(11)形成氮化叔碳（异硫氰酸酯），12 位和 13 位甲基均显示单峰特征峰； ② 14 位甲基特征峰； ③ 15 位甲基特征峰
3	0.72 m, 1.54 m	5.31 s	4.98 d(1.5)	
4	2.26 m			
5	1.06 d(4.2)	1.89 d(3)	1.26～1.30 m	
6	0.83 d(4.2)	1.31 t(3)	0.55～0.59 m	
7	1.92 m	1.07 m	1.37～1.46 m	
8	0.92 m 1.52 m	0.88 dq(14, 2) 1.41 m	0.64～0.72 m 1.37～1.46 m	
9	0.90 m 1.62 m	0.64 br q(12) 1.74 m	0.89～1.04 m 1.46～1.53 m	
10	1.81 qd(6.9, 6.6)	2.44 sept(6)	1.82～1.92 m	
11①		1.54 octet(7)	1.37～1.46 m	
12①	1.41 s	0.84 d(7)	0.93 d(6.1)	
13①	1.41 s	0.89 d(7)	1.02 d(5.9)	
14②	1.01 d(6.9)	0.89 d(6)	1.07 d(7.1)	
15③	1.00 d(6.6)	2.10 s	1.79 dd(4.0, 2.0)	

五、罗汉柏烷型（斧柏烷型）倍半萜

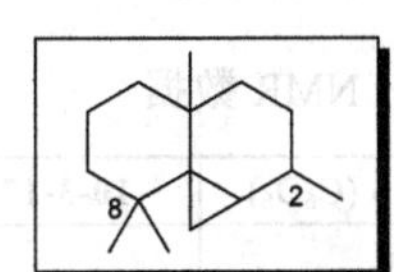

【系统分类】

2,4a,8,8-四甲基十氢环丙烯并[*d*]萘

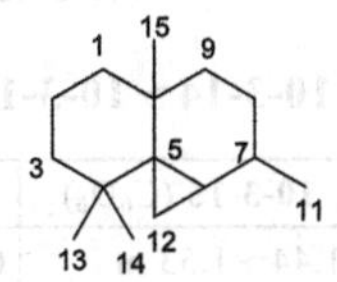

2,4a,8,8-tetramethyldecahydrocyclopropa[*d*]naphthalene

【典型氢谱特征】

10-3-13 [13]

表 10-3-5 罗汉柏烷型倍半萜 10-3-13 的 ^{1}H NMR 数据

H	10-3-13 ($CDCl_3$)	H	10-3-13 ($CDCl_3$)	典型氢谱特征
1	α 1.53～1.57 β 1.26 td(13.3, 4.1)	9	2.76 d(4.2)	① 11 位甲基特征峰； ② 12 位环丙烷亚甲基特征峰； ③ 13 位甲基特征峰； ④ 14 位甲基特征峰； ⑤ 15 位甲基特征峰
		11①	1.41 s	
2	α 1.76 qt(13.7, 3.3) β 1.55～1.60	12②	α 1.06 dd(6.0, 4.5) β 0.17 dd(9.9, 4.5)	
3	α 1.48～1.53 β 1.18 td(13.4, 3.6)	13③	0.99 s	
		14④	0.52 s	
6	1.31 ddd(9.9, 6.0, 1.8)	15⑤	1.33 s	
8	3.05 dd(4.2, 1.9)			

六、香木榄烷型倍半萜

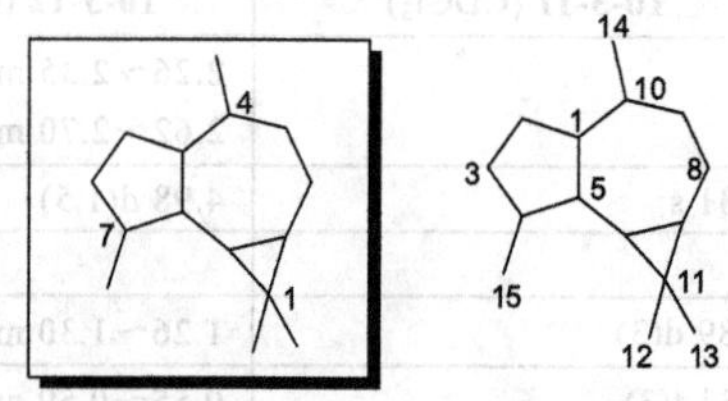

【系统分类】

1,1,4,7-四甲基十氢-1*H*-环丙烯并[*e*]薁

1,1,4,7-tetramethyldecahydro-1*H*-cyclopropa[*e*]azulene

【结构多样性】

C(5),C(10)连接；C(1)-C(10)键断裂；C(2)-C(3)键断裂；等。

【典型氢谱特征】

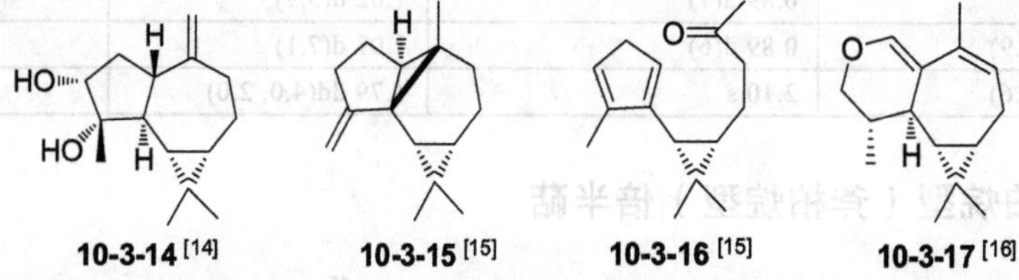

10-3-14[14] **10-3-15**[15] **10-3-16**[15] **10-3-17**[16]

表 10-3-6 香木榄烷型倍半萜 **10-3-14～10-3-17** 的 ^{1}H NMR 数据

H	**10-3-14** ($CDCl_3$)	**10-3-15** (C_6D_6)	**10-3-16** (C_6D_6)	**10-3-17** (C_6D_6)	典型氢谱特征
1	2.12 m	1.44～1.53 m	6.04 br s		① 12 位甲基特征峰；② 13 位甲基特征峰；③ 14 位甲基特征峰；化合物 **10-3-14** 的 C(14) 形成烯亚甲基，其信号有特征性；④ 15 位甲基特征峰；化合物 **10-3-15** 的 C(15) 形成烯亚甲基，其信号有特征性。化合物 **10-3-15** 存在 C(5),C(10)连接的结构特征；**10-3-16** 存在 C(1)-C(10)键断裂的结构特征；**10-3-17** 存在 C(2)-C(3)键断裂的结构特征；但上述香木榄烷型倍半萜的主要氢谱特征仍然存在
2	1.84 ddd (12.2, 11.0, 9.1) 1.91 dd(12.2, 5.9)	1.44～1.53 m 1.85 m	2.76 t(1.7)	6.78 s	
3	3.65 dd(9.1, 5.9)	2.16 m 2.51 br t(14.7)	6.01 br s	3.49 dd(10.4, 5.05) 3.78 dd(10.4, 2.5)	
4				1.52～1.58 m	
5	1.44 dd(11.2, 10.4)			1.96 dd(11.0, 4.1)	
6	0.47 dd(11.2, 9.6)	1.22 d(9.5)	1.27 dd(8.7, 1.9)	0.49 dd(11.0, 9.5)	
7	0.71 ddd (11.3, 9.6, 6.2)	0.53 td(9.2, 8.8)	0.70 td(8.5, 6.3)	0.97～0.99 m	
8	1.00 ov, 1.97 ov	0.72 m, 1.62 m	1.61 m, 1.88 m	2.30 t(7.6)	
9	2.01 t(13.1) 2.42 dd(13.1, 5.9)	1.44～1.53 m	2.12 m	5.44 t(6.3)	
12①	1.04 s	1.02 s	0.95 s	0.92 s	
13②	1.02 s	1.05 s	1.09 s	0.99 s	
14③	4.65 d(2) 4.66 d(2)	0.99 s	1.67 s	1.77 s	
15④	1.22 s	5.09 s, 5.12 s	1.95 d(1.0)	0.89 d(7.3)	

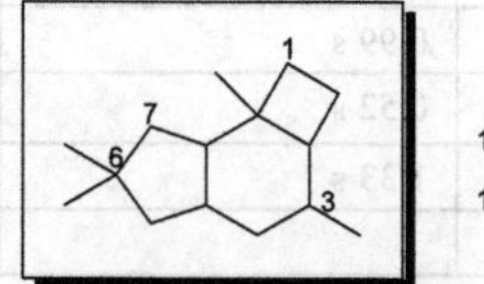

七、原伊鲁烷型倍半萜

【系统分类】

3,6,6,7b-四甲基十氢-1*H*-环丁二烯并[*e*]茚

3,6,6,7b-tetramethyldecahydro-1*H*-cyclobuta[*e*]indene

【典型氢谱特征】

10-3-18 [17]　　**10-3-19** [18]　　**10-3-20** [19]

表 10-3-7　原伊鲁烷型倍半萜 10-3-18～10-3-20 的 ^{1}H NMR 数据

H	**10-3-18** ($CDCl_3$)	**10-3-19** ($CDCl_3$)[a]	**10-3-20** (DMSO-d_6)	典型氢谱特征
1*α*	1.61 t[b]	1.46 (12.6, 10.2, 0.8)	1.24 dd(13.0, 12.5)	
1*β*	1.86 ddd(12.8, 2.8)	1.56 (12.6, 8.3, 1.8)	1.33 dd(12.5, 6.6)	
2	2.47 dd(13.0, 7.5)	2.48 (11.9, 10.2, 8.3)	1.99 m(13.0, 6.6, 6.5)	
4	1.27～1.40 m	2.82	3.92 s	
5	*α* 1.90～2.01 m *β* 2.10 ddd(12.8, 8.6, 3.6)			
6			1.73 s	① 12 位甲基特征峰； ② 化合物 **10-3-18**～**10-3-20** 的 C(13)全部形成氧亚甲基（氧化甲基），其信号有特征性； ③ 14 位甲基特征峰； ④ 15 位甲基特征峰
7	3.33 ddd(1.4)			
8		4.24 (9.1, 1.9, 1.6)	3.38 d(11.2)	
9		2.44 (11.9, 11.3, 9.1, 7.2)	1.96 m(11.2, 7.2, 6.5, <0.5)	
10*α*	1.95 br d(14.4)	1.22 (12.3, 11.3, 0.8)	1.79 dd(13.8, <0.5)	
10*β*	1.57 dd(14.4)	1.85 (12.3, 7.2, 1.8)	1.46 dd(13.8, 7.2)	
12①	1.23 s	1.17	0.87 s	
13②	4.08 dd(11.4, 7.2) 4.17 dd(11.4, 5.8)	4.50 (17.6, 1.9) 4.54 (17.6, 1.6)	3.66 d(11.0) 3.78 d(11.0)	
14③	1.13 s	1.14	1.08 s	
15④	1.20 s	0.99	0.97 s	
OH		3.00, 3.80		

[a] 文献中没有给出峰形；[b] 文献中没有给出偶合常数。

八、雪松烷型（柏木烷型）倍半萜

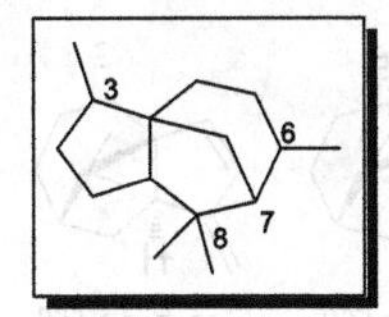

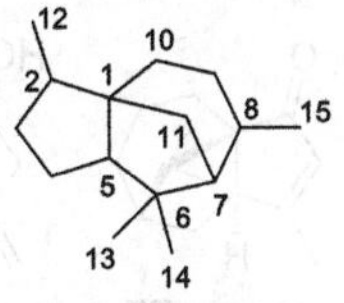

【系统分类】

3,6,8,8-四甲基八氢-1*H*-3a,7-亚甲基薁

3,6,8,8-tetramethyloctahydro-1*H*-3a,7-methanoazulene

【典型氢谱特征】

10-3-21 [20]　　10-3-22 [20]　　10-3-23 [21]

表 10-3-8 雪松烷型倍半萜 10-3-21～10-3-23 的 ^{1}H NMR 数据

H	10-3-21 ($CDCl_3$)	10-3-22 ($CDCl_3$)	10-3-23 ($CDCl_3$)	典型氢谱特征
2	1.83 qd(7.0, 5.0)	1.82 m	1.70	① 12 位甲基特征峰；化合物 **10-3-22** 的 C(12)形成氧亚甲基（氧化甲基），其信号有特征性； ② 13 位甲基特征峰； ③ 14 位甲基特征峰； ④ 15 位甲基特征峰；化合物 **10-3-23** 的 C(15)形成氧亚甲基（氧亚甲基），其信号有特征性
3	4.32 ddd(5.0, 5.0, 5.0)	1.58 m, 1.83 m	1.29, 1.89	
4	1.59 m	1.41 m, 1.58 m	1.41, 1.54	
5	1.94 dd(8.5, 8.5)	1.75 m	1.75	
7	1.76 br d(3.6)	1.77 d(3.7)	1.73	
9	5.20 br s	5.18 br s	1.57, 1.69	
10	α 2.20 br d(14.6) β 1.88 br d(14.6)	α 2.28 br d(16.3) β 1.78 m	1.61, 1.40	
11	α 1.64 m β 1.46 br d(11.0)	α 1.72 m β 1.48 br d(10.6)	1.57 1.90	
12①	0.88 d(7.0)	3.67 dd(10.9, 6.9) 3.47 dd(10.9, 8.1)	0.86 d(7.3)	
13②	1.03 s	1.01 s	1.13 s	
14③	0.95 s	0.95 s	1.01 s	
15④	1.66 br s	1.66 br s	3.59 d(10.8) 3.67 d(10.8)	

九、香附烷型倍半萜

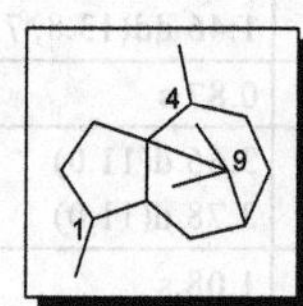

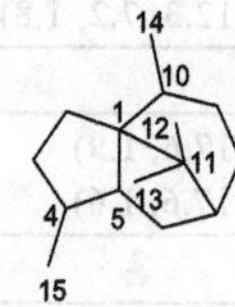

【系统分类】

1,4,9,9-四甲基八氢-1*H*-3a,7-亚甲基薁

1,4,9,9-tetramethyloctahydro-1*H*-3a,7-methanoazulene

【典型氢谱特征】

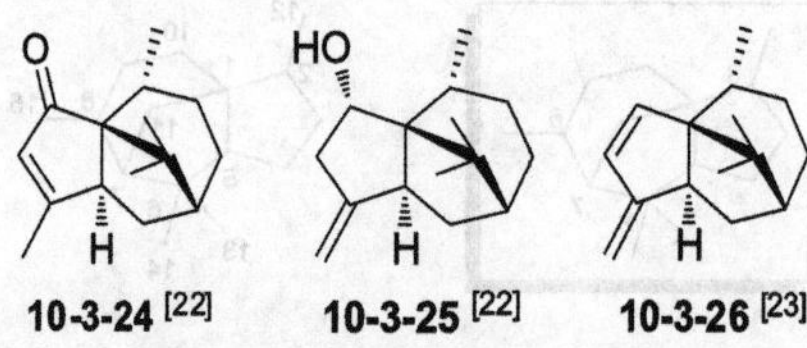

10-3-24 [22]　　10-3-25 [22]　　10-3-26 [23]

表 10-3-9 香附烷型倍半萜 10-3-24～10-3-26 的 ^{1}H NMR 数据

H	10-3-24 ($CDCl_3$)	10-3-25 ($CDCl_3$)	10-3-26 (C_6D_6)	典型氢谱特征
2		3.84 dd(9.3, 6.9)	6.17 d(5.6)[a]	① 12 位甲基特征峰； ② 13 位甲基特征峰；
3	5.65 q(1.2)	2.05-2.14 m 2.69 dd(15.3, 6.9)	5.69 dd(5.6, 1.0)[a]	

续表

H	10-3-24 ($CDCl_3$)	10-3-25 ($CDCl_3$)	10-3-26 (C_6D_6)	典型氢谱特征
5	2.33 d(3.6)	2.18 d(4.2)	3.03 m	
6	1.75 ddd(11.2, 3.6, 3.6) 1.94 d(11.2)	1.58 m 1.72 dd(12.3, 3.2)	1.68 m 2.10 m	
7	1.91～1.99 m	1.61 m	1.85 m	
8	1.49 dd(11.2, 4.4) 1.70 dd(11.2, 5.2)	1.40 m 1.59 m	1.51 dt(14.8, 6.1) 1.86 m	③ 14 位甲基特征峰； ④ 15 位甲基特征峰； 化合物 **10-3-25** 和 **10-3-26** 的 C(15)形成烯亚甲基，其信号有特征性
9	1.62 dd(10.4, 5.2) 1.94 m	1.42 m 1.90 m	1.03 m 1.29 m	
10	1.69 ddd(8.4, 7.1, 4.8)[b]	1.61 m	2.12 dddd(13.2, 6.1, 6.1, 6.1)[b]	
12①	1.01 s	0.96 s	0.99 s	
13②	1.14 s	1.01 s	1.01 s	
14③	1.29 d(7.1)	1.14 d(7.5)	0.77 d(6.6)	
15④	1.98 d(1.2)	4.55 dd(3.0, 3.0) 4.59 td(3.0, 0.9)	4.98 m 4.98 m	

[a] 文献有误，已更正；[b] 遵循文献数据，疑有误。

十、广藿香烷型倍半萜

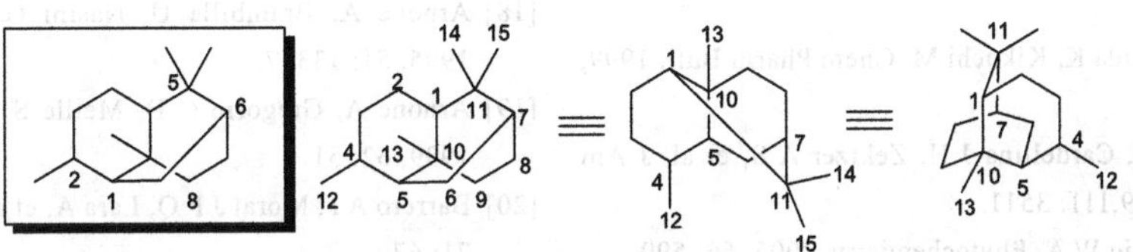

【系统分类】

2,5,5,8a-四甲基十氢-1,6-亚甲基萘

2,5,5,8a-tetramethyldecahydro-1,6-methanonaphthalene

【典型氢谱特征】

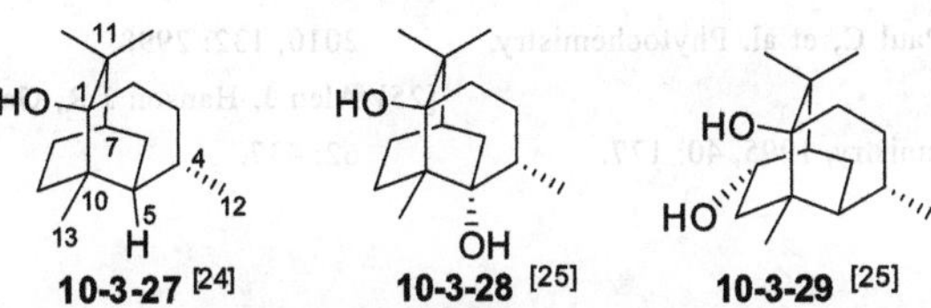

10-3-27 [24]　**10-3-28** [25]　**10-3-29** [25]

表 10-3-10 广藿香烷型倍半萜 10-3-27～10-3-29 的 ^{1}H NMR 数据

H	10-3-27 ($CDCl_3$)	10-3-28 ($CDCl_3$)[a]	10-3-29 ($CDCl_3$)[a]	典型氢谱特征
2	1.511 dd(5.9, 3.6) 1.720 dd(12.6, 5.6)		1.79 ddd(14.0, 11.3, 3.4) 1.26 ddd(14.0, 6.0, 1.5)	
3	1.373 dt(12.3, 5.9) 1.481 t(5.4)			
4	1.967 dq(6.6, 3.0)	1.81 br dd(12.1, 6.4)[b]	1.96 m	① 12 位甲基特征峰； ② 13 位甲基特征峰； ③ 14 位甲基特征峰； ④ 15 位甲基特征峰
5	1.447 ddd(8.7, 5.4, 3.0)			
6	1.298 dd(10.8, 3.6) 1.833 dd(11.4, 6.6)	1.48 dd(13.8, 6.8) 1.73 dd(13.8, 6.2)	1.73 ddd(14.1, 8.3, 5.8)	
7	1.195 br s	1.18 br dd(6.8, 6.2)		
8	1.268 dt(10.2, 3.0) 1.467 m		4.24 br dd(9.0, 4.5)	

续表

H	10-3-27 ($CDCl_3$)	10-3-28 ($CDCl_3$)[a]	10-3-29 ($CDCl_3$)[a]	典型氢谱特征
9	1.043 t(13.8) 1.821 dd(11.4, 7.2)	1.11 br dd(11.8, 3.7) 1.95 ddd(14.8, 11.8, 2.9)	0.91 dd(15.5) 2.30 dd(15.5, 9.0)	
12①	0.796 d(6.6)	0.85 d(6.4)	0.80 d(6.6)	
13②	0.848 s	0.84 s	0.86 s	
14③	1.070 s	1.09 s	1.13 s	
15④	1.082 s	1.04 s	1.03 s	

[a] 文献数据不完整；[b] 遵循文献数据，疑有误。

参考文献

[1] Kouno I, Hirai A, Fukushige A, et al. J Nat Prod, 2001, 64: 286.
[2] Bohlmann F, Zdero C, Robinson H, et al. Phytochemistry, 1981, 20: 1631.
[3] Zhu L P, Li Y, Yang J Z, et al. J Asian Nat Prod Res, 2008, 10: 541.
[4] Clericuzio M, Sterner O. Phytochemistry, 1997, 45: 1569.
[5] Shao H J, Wang C J, Dai Y, et al. Heterocycles, 2007, 71: 1135.
[6] Yaoita Y, Machida K, Kikuchi M. Chem Pharm Bull, 1999, 47: 894.
[7] Barnekow D E, Cardellina J H, Zektzer A S, et al. J Am Chem Soc, 1989,111: 3511.
[8] Adio A M, König W A. Phytochemistry, 2005, 66: 599.
[9] Kitajima J, Kimizuka K, Tanaka Y. Chem Pharm Bull, 2000, 48: 77.
[10] Mitome H, Shirato N, Miyaoka H, et al. J Nat Prod, 2004, 67: 833.
[11] McPhail K L, Davies-Coleman M T, Starmer J. J Nat Prod, 2001, 64: 1183.
[12] Kasali A A, Ekundayo O, Paul C, et al. Phytochemistry, 2002, 59: 805.
[13] Cool L G, Jiang K. Phytochemistry, 1995, 40: 177.
[14] Liu H J, Wu C L, Becker H, et al. Phytochemistry, 2000, 53: 845.
[15] Reuβ S H V, Wu C L, Muhle H, et al. Phytochemistry, 2004, 65: 2277.
[16] Adio A M, König W A. Phytochemistry, 2005, 66: 599.
[17] Clericuzio M, Mella M, Toma L, et al. Eur J Org Chem, 2002: 988.
[18] Arnone A, Brambilla U, Nasini G, et al. Tetrahedron, 1995, 51: 13357.
[19] Arnone A, Gregorio C D, Meille S V, et al. J Nat Prod, 1999, 62: 51.
[20] Barrero A F, Moral J F Q, Lara A, et al. Planta Med, 2005, 71: 67.
[21] Brown G D, Liang G Y, Sy L K. Phytochemistry, 2003, 64: 303.
[22] Aguilar-Guadarrama A B, Rios M Y. J Nat Prod, 2004, 67: 914.
[23] Sonwa M M, König W A. Phytochemistry, 2001, 58: 799.
[24] Faraldos J A, Wu S Q, Chappell J, et al. J Am Chem Soc, 2010, 132: 2998.
[25] Aleu J, Hanson J R, Galán R H, et al. J Nat Prod, 1999, 62: 437.

第四节 多环倍半萜

一、长叶蒎烷型倍半萜

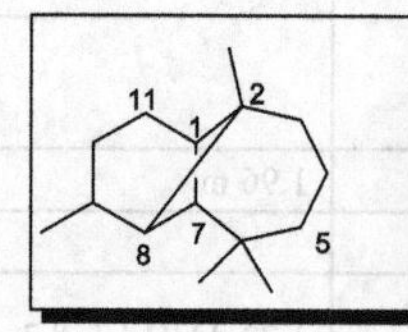

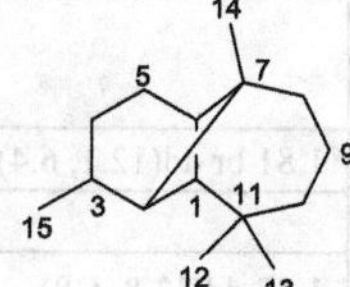

【系统分类】

2,6,6,9-四甲基三环[$5.4.0.0^{2,8}$]十一烷

2,6,6,9-tetramethyltricyclo[$5.4.0.0^{2,8}$]undecane

【典型氢谱特征】

10-4-1 [1]　　10-4-2 [1]　　10-4-3 [1]

表 10-4-1 长叶蒎烷型倍半萜 10-4-1～10-4-3 的 ^{1}H NMR 数据

H	10-4-1 ($CDCl_3$)	10-4-2 ($CDCl_3$)	10-4-3 ($CDCl_3$)	典型氢谱特征
1	1.32 s	1.26 s	1.69 s	① 12 位甲基特征峰； ② 13 位甲基特征峰； ③ 化合物 **10-4-1** 的 C(14)形成酯羰基，甲基特征信号消失，**10-4-2** 和 **10-4-3** 的 C(14)形成氧亚甲基（氧化甲基），其信号有特征性； ④ 15 位甲基特征峰；化合物 **10-4-3** 的 C(15)形成环氧乙烷氧亚甲基（氧化甲基），其信号有特征性
2	1.99 m	1.92 d(6.0)	2.02 d(6.5)	
3	2.23 q(7.2)	1.96 q(7.0)		
5α	2.10 d(12.6)	1.89 d(12.0)	2.65 dd(19.6, 2.8)	
5β	2.18 dd(12.6, 6.0)	2.30 dd(12.0, 6.0)	2.75 d(19.6)	
6	2.34 dd(6.0, 6.0)	2.26 m	2.53 m	
8	1.99 m	1.25 m	1.80 m	
9	1.67 m	1.57 m	1.70 m	
10	1.44 m	1.39 m	1.50 m	
12①	0.92 s	0.90 s	0.98 s	
13②	0.92 s	0.89 s	0.95 s	
14③		3.74 s	3.95 d(11.8) 3.98 d(11.8)	
15④	0.96 d(7.2)	1.08 d(7.0)	2.72 d(6.1) 3.28 d(6.1)	
14-OAc			2.05 s	

二、长松叶烷型倍半萜

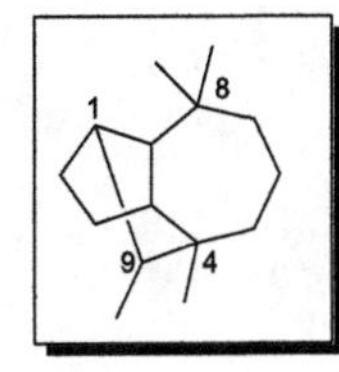

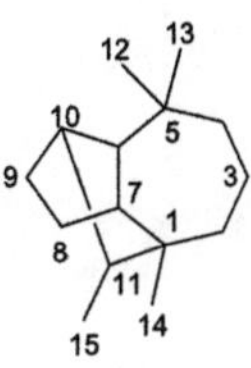

【系统分类】

4,8,8,9-四甲基十氢-1,4-亚甲基薁

4,8,8,9-tetramethyldecahydro-1,4-methanoazulene

【结构多样性】

C(15)增碳碳键；等。

【典型氢谱特征】

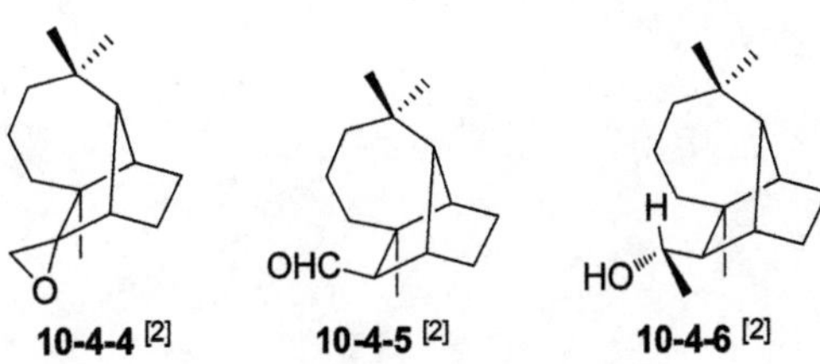

10-4-4 [2]　　10-4-5 [2]　　10-4-6 [2]

表 10-4-2 长松叶烷型倍半萜 10-4-4～10-4-6 的 ^{1}H NMR 数据

H	**10-4-4**($CDCl_3$)	**10-4-5** ($CDCl_3$)	**10-4-6**($CDCl_3$)	典型氢谱特征
2	1.34～1.45 m	1.39～1.46 m 2.12～2.22 m	1.33～1.40 m 2.04～2.11 m	
3	1.46～1.54 m 1.59～1.69 m	1.34～1.45 m 1.54～1.65 m	1.43～1.49 m 1.56～1.65 m	
4	1.25～1.31 dd(14.3, 7.8) 1.41～1.49 m	1.10～1.20 m 1.54～1.65 m	1.23～1.29 m 1.37～1.44 m	
6	1.49～1.52 m	1.48 s	1.30 s	① 12 位甲基特征峰； ② 13 位甲基特征峰； ③ 14 位甲基特征峰； ④ 化合物 **10-4-4** 的 C(15)形成环氧乙烷氧亚甲基（氧化甲基），**10-4-5** 的 C(15)形成甲酰基，信号均有特征性；化合物 **10-4-6** 存在 C(15)增碳碳键的结构特征，C(15)形成氧次甲基，不存在甲基特征峰
7	2.10～2.14 m	2.01～2.07 s	1.95 d(4.4)	
8 *exo*	1.42～1.52 m	1.38～1.47 m	1.33～1.41 m	
8 *endo*	1.79～1.85 m	1.66～1.74 m	1.63～1.70 m	
9 *exo*	1.47～1.56 m	1.05～1.12 m	1.52～1.60 m	
9 *endo*	1.66～1.74 m	1.65～1.73 m	1.10～1.16 m	
10	1.77～1.81 m	2.65～2.70 m	1.88 d(4.4)	
11		1.78 s	1.01 d(10.4)	
12①	0.96 s	0.95 s	0.86 s	
13②	1.03 s	0.97 s	0.95 s	
14③	0.81 s	1.21 s	1.06 s	
15④	2.83 d(4.8) 3.00 d(4.8)	9.94 s	4.16 dq(10.4, 6.2)	
16			1.22 d(6.2)	

参考文献

[1] Zhang J Z, Fan P H, Zhu R X, et al. J Nat Prod, 2014, 77: 1031.

[2] Dimitrov V, Rentsch G H, Linden A, et al. Helv Chim Acta, 2003, 86: 106.

第十一章 二 萜

二萜类化合物是由 4 个 C_5 单元（异戊二烯）通过不同的结合方式连接组成碳架的含有20个碳原子的一类化合物。二萜类化合物同样具有类型多且在结构方面特点明确的特征。根据分子中是否存在碳环及其碳环的数目等结构特征，通常分类为链状二萜、单环二萜、双环二萜、三环二萜、四环二萜、五环二萜和大环二萜以及一些特殊分类的二萜等。各类别中还有进一步的分型。

第一节 链状和单环二萜

一、植烷型（phytanes）二萜

【系统分类】

2,6,10,14-四甲基十六烷

2,6,10,14-tetramethylhexadecane

【典型氢谱特征】

11-1-1 [1]

11-1-2 [1]

11-1-3 [1]

表 11-1-1 植烷型二萜 11-1-1～11-1-3 的 ^1H NMR 数据

H	11-1-1 ($CDCl_3$)	11-1-2 (CD_3COCD_3)	11-1-3 (CD_3COCD_3)	典型氢谱特征
2	5.84 s	5.84 t(2)	5.85 s	① 16 位甲基特征峰； ② 17 位甲基特征峰；化合物 **11-1-1**～**11-1-3** 的 C(15)均形成不连氢的烯碳，因此，16 位甲基和 17 位甲基显示单峰特征峰；
4	2.45 t(7)	2.55 m	2.53 m	
5	2.31 dt(14, 7)[a]	1.82 m, 1.91 m	2.35 m	
6	5.13 t(7)	4.17 dt(7, 5)	5.26 td(7, 1)	
8	2.16 t(7)	2.22 dt(15, 7.5) 2.33 dt(15, 7.5)	2.75 d(7)	

续表

H	11-1-1 ($CDCl_3$)	11-1-2 (CD_3COCD_3)	11-1-3 (CD_3COCD_3)	典型氢谱特征
9	2.26 dt(14, 7)[a]	2.42 m	5.70 dt(15, 7)	③ 19位甲基特征峰；化合物 **11-1-2** 的 C(19)形成烯亚甲基，其信号有特征性； ④ 化合物 **11-1-1**～**11-1-3** 的 C(20)均形成氧亚甲基（氧化甲基），其信号有特征性（母核碳架的20位甲基）； 化合物 **11-1-1**～**11-1-3** 的 C(1)和C(18)均形成酯羰基，甲基特征信号消失
10	6.66 m	6.57 m	5.57 dd(15, 8.5)	
11			3.49 dd(8.5, 4.5)	
12	2.48 m 3.03 dd(17, 5)	2.52 m 3.15 dd(16.5, 3.5)	4.14 ddd(4.5, 4.5, 2)	
13	5.21 dt(7, 4)	5.26 m	5.15 dd(9, 4.5)	
14	5.22 d(4)	5.26 m	5.47 d(9)	
16①	1.75 s	1.75 s	1.75 s	
17②	1.77 s	1.75 s	1.76 s	
19③	1.63 s	4.88 br s, 5.12 br s	1.64 s	
20④	4.73 s	4.83 d(2)[a]	4.81 d(2)	
OH		4.05 d(5)[a]	4.44 d(2)	

[a] 遵循文献数据，疑有误。

二、环植烷型（cyclonephytanes）二萜

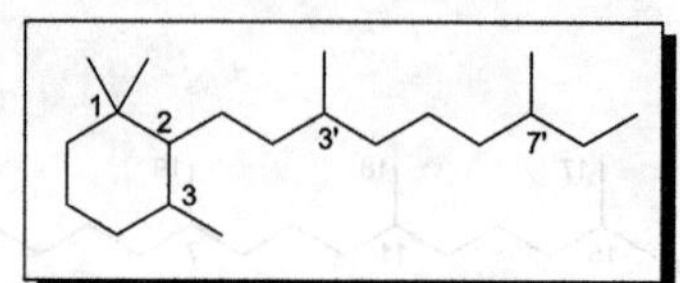

【系统分类】

1,1,3-三甲基-2-(3,7-二甲基壬基)-环己烷

2-(3,7-dimethylnonyl)-1,1,3-trimethylcyclohexane

【典型氢谱特征】

11-1-4 [2]　　**11-1-5** [3]

表 11-1-2 环植烷型二萜 **11-1-4** 和 **11-1-5** 的 ^{1}H NMR 数据

H	11-1-4 ($CDCl_3$)	11-1-5 ($CDCl_3$)	典型氢谱特征
3	—	1.56 m	① 化合物 **11-1-4** 的 C(15)形成烯亚甲基，化合物 **11-1-5** 的 C(15)形成烯醇醚氧次甲基，信号有特征性； ② 16位甲基特征峰； ③ 17位甲基特征峰； ④ 18位甲基特征峰； ⑤ 19位甲基特征峰； ⑥ 20位甲基特征峰；化合物 **11-1-5** 的 C(20)形成烯醇醚氧次甲基，信号有特征性
4	—	1.42～1.56 m	
5	—	1.83 dt(3.4, 12.8), 1.95 m	
6	—	1.32 dt(3.4, 12.8), 1.45 m	
7	—	5.38 br s	
8	—	1.94 m	
10	—	5.13 t(6.8)	
11	—	2.21 q(7.7)	
12	—	2.47 t(7.7)	
14	5.94 dd(12, 10)	6.25 br s	
15①	5.05 d(10), 5.20 d(12)	7.32 br s	
16②	0.86 s	1.01 s	
17③	0.88 s	1.60 s	
18④	0.83 d(3)	0.93 d(6.8)	
19⑤	0.85 d(3)	1.56 s	
20⑥	1.28 s	7.19 br s	

三、异戊甜没药烷型（prenylbisabolanes）二萜

【系统分类】

4-甲基-1-(6,10-二甲基十一烷-2-基)环己烷

1-(6,10-dimethylundecan-2-yl)-4-methylcyclohexane

【结构多样性】

C(15)增碳碳键（烯键）；等。

【典型氢谱特征】

11-1-6 [4]　　**11-1-7** [4]

表 11-1-3 异戊甜没药烷型二萜 **11-1-6** 和 **11-1-7** 的 ^{1}H NMR 数据

H	**11-1-6** ($CDCl_3$)	**11-1-7** ($CDCl_3$)	典型氢谱特征
2	7.10 d(8.5)	5.61 br d(5.5)	
3	7.06 d(8.5)	5.57 d(5.5)	
5	7.06 d(8.5)	2.06 s[a]	
6	7.10 d(8.5)	2.06 s[a]	
7①	2.31 s	1.76 s	① 7 位甲基特征峰； ② 17 位甲基特征峰； ③ 18 位甲基特征峰； ④ 19 位甲基特征峰； ⑤ 20 位甲基特征峰 化合物 **11-1-6** 和 **11-1-7** 均具有 C(15)均增碳碳双键的结构特征，形成的烯亚甲基信号可作为分析氢谱时的辅助特征信号
8	2.65 sext(6.9)	2.15 sext(7)	
9	1.50～1.65 m	1.43 br q(7)	
10	1.83～1.94 m	1.92 br q(7.5)	
11	5.11 br t(7.3)	5.12 br t(7.5)	
13	2.08 s[a]	2.09 s[a]	
14	2.08 s[a]	2.09 s[a]	
16	2.24 sept(6.8)	2.24 sept(6.8)	
17②	1.02 d(6.8)	1.02 d(6.8)	
18③	1.02 d(6.8)	1.02 d(6.8)	
19④	1.53 br s	1.59 br s	
20⑤	1.21 d(6.9)	1.00 d(7)	
21	4.67 br s 4.73 br s	4.67 br s 4.73 br s	

[a] 遵循文献数据，疑有误。

参 考 文 献

[1] Fan X N, Zi J C, Zhu C G, et al. J Nat Prod, 2009, 72: 1184.

[2] Garg H S, Agrawal S. Tetrahedron Lett, 1995, 36: 9035.

[3] Tasdemir D, Concepción G P, Mangalindan G C, et al. Tetrahedron, 2000, 56: 9025.

[4] Barrero A F, Sánchez J F, Altarejos J, et al. Phytochemistry, 1992, 31: 1727.

第二节 双环二萜

一、半日花烷型二萜

半日花烷型二萜的结构特征是在十氢萘双环结构的C(4)（按系统命名为1）位连有偕二甲基，在C(8)（按系统命名为6）和C(10)（按系统命名为4a）位各连有一个仲甲基，在C(9)(按系统命名为5)位连接一个3-甲基戊基的六碳单元侧链；在具体结构特征上有多种分型。

1. 简单半日花烷型二萜

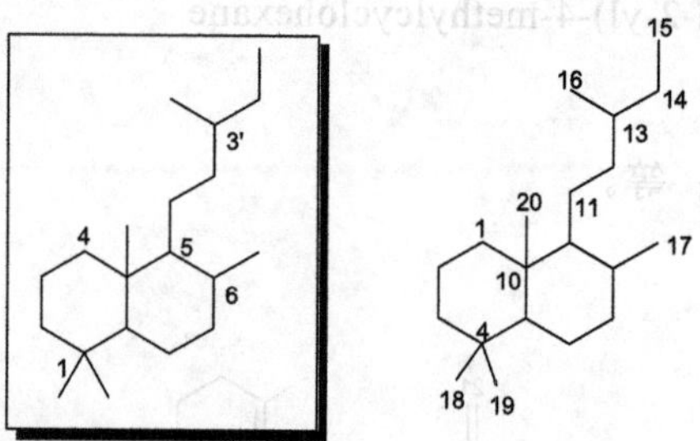

【系统分类】

1,1,4a,6-四甲基-5-(3-甲基戊基)十氢萘

1,1,4a,6-tetramethyl-5-(3-methylpentyl)decahydronaphthalene

【结构多样性】

C(14)和C(15)双降碳；C(14)、C(15)、C(16)三降碳；C(13)、C(14)、C(15)、C(16)四降碳；C(8)-C(9)键断裂；C(8)-C(9)键断裂，C(7),C(9)连接；C(7)-C(8)键断裂，C(2),C(8)连接；等。

【典型氢谱特征】

11-2-1 [1]　　11-2-2 [2]　　11-2-3 [3]

表 11-2-1 简单半日花烷型二萜 11-2-1～11-2-3 的 ^{1}H NMR 数据

H	11-2-1	11-2-2 ($CDCl_3$)	11-2-3 ($CDCl_3$)	典型氢谱特征
1	α 0.99 m β 1.71 m	1.00 ddd(13.4, 3.4, 3.4) 1.85 m	1.18 dd(12.5, 11.7) 2.10 dd(12.5, 4.6)	①化合物 **11-2-1**～**11-2-3** 的 C(14) 和 C(15)全部形成单取代乙烯基，其信号有特征性； ② 16位甲基特征峰； ③ 17位甲基特征峰； 化合物 **11-2-3** 的 C(15)形成烯亚甲基，其信号有特征性；
2	α 1.55 m, β 1.44 m	1.45 m, 1.53 m	3.69 ddd(11.7, 9.6, 4.3)	
3	α 0.96 m, β 1.77 m	1.16 ddd(13.1, 3.7, 3.7), 1.41 m	3.02 d(9.6)	
5	1.11 dd(12.3, 2.0)	1.19 dd(12.2, 4.9)	1.19 dd(12.5, 2.7)	
6	α 1.74 m, β 1.30 m	1.87 m, 1.97 m	1.40 dddd(12.5, 12.5, 12.5, 4.3), 1.71 m	
7	α 1.40 m, β 1.85 dt(12.1, 3.0)	5.42 ddd(4.0, 1.5, 1.5)	1.99 m, 2.39 ddd(12.8, 4.0, 2.4)	
9	1.33 m	1.89 m	1.76 br d(10.7)	
11	2.20 m 2.43 m	2.11 ddd(16.5, 7.6, 7.6) 2.29 ddd(16.5, 4.0, 1.8)	2.17 dd(11.0, 6.7) 2.34 br dd(11.0, 5.5)	

续表

H	11-2-1	11-2-2 ($CDCl_3$)	11-2-3 ($CDCl_3$)	典型氢谱特征
12	5.49 t(7.4)	5.51 br t(6.7)	5.38 dd(6.1, 6.1)	④ 18位甲基特征峰；⑤ 19 位甲基特征峰；化合物 **11-2-1** 的 C(19)形成氧亚甲基（氧化甲基），其信号有特征性；⑥ 20 位甲基特征峰
14	6.88 ddd(17.3, 10.8, 0.8)	6.35 dd(17.4, 10.7)	6.29 dd(17.4, 11.0)	
15①	5.12 d(10.8), 5.21 d(17.3)	4.89 d(10.7), 5.04 d(17.4)	4.86 d(11.0), 5.02 d(17.4)	
16②	1.80 br s	1.74 s	1.72 d(0.9)	
17③	1.18 s	1.60 s	4.47 br d(1.2), 4.85 br d(1.2)	
18④	0.98 s	0.86 s	1.01 s	
19⑤	3.44 d(11.1), 3.69 d(11.1)	0.88 s	0.80 s	
20⑥	0.83 s	0.79 s	0.78 s	

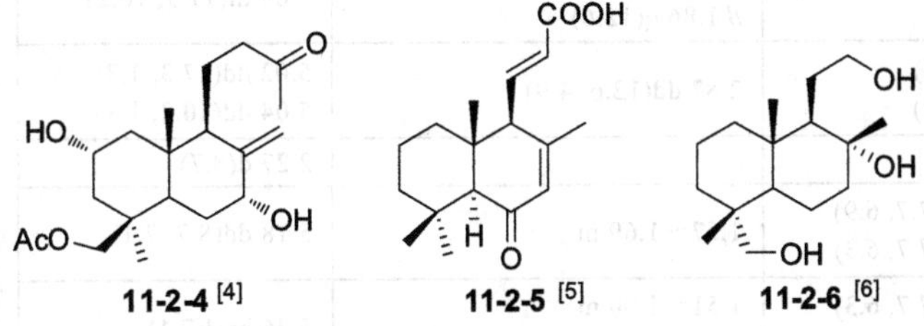

表 11-2-2 简单半日花烷型二萜 **11-2-4**～**11-2-6** 的 ^1H NMR 数据

H	11-2-4 ($CDCl_3$)	11-2-5 ($CDCl_3$)	11-2-6 ($CDCl_3$)	典型氢谱特征
1	1.04 m, 2.06 m	1.52 m	α 0.93 br t(11.0), β 1.66 m	化合物 **11-2-4** 具有 C(14)和 C(15)双降碳的结构特征；**11-2-5** 和 **11-2-6** 分别具有 C(14)、C(15)、C(16)三降碳和 C(13)、C(14)、C(15)、C(16)四降碳的结构特征，有关氢谱特征发生相应改变，包括相应 15 位或 15 位和 16 位甲基特征峰的消失。 ① 化合物 **11-2-4** 的 16 位甲基特征峰； ② 17 位甲基特征峰；化合物 **11-2-4** 的 C(17)形成烯亚甲基，其信号有特征性； ③ 18 位甲基特征峰；化合物 **11-2-6** 的 C(18)形成氧亚甲基（氧化甲基），其信号有特征性； ④ 19 位甲基特征峰；化合物 **11-2-4** 的 C(19)形成氧亚甲基（氧化甲基），其信号有特征性； ⑤ 20 位甲基特征峰
2	3.88 m	1.44 m	α 1.46 m, β 1.51 m	
3	1.00 m, 2.04 m	1.22 m	α 1.21 m, β 1.43 m	
5	1.26 m	2.09 s	1.29 m	
6	1.26 m, 2.17 m		α 1.57 m, β 1.29 m	
7	3.88 m	5.85 s	α 1.39 dd(12.5, 10.5) β 1.89 br d(10.5)	
9	1.58 dd(10.4, 10.4)	3.01 d(7.0)	1.33 m	
11	1.62 m, 1.88 m	6.94 dd(15.8, 9.8)	1.64 m	
12	2.30 m, 2.55 m	6.01 d(15.8)	α 3.78 m, β 3.46 m	
16	2.08 br s①			
17②	4.65 br s, 5.21 br s	1.79 s	1.19 s	
18③	1.03 s	1.13 s	3.09 d(11.0) , 3.43 d(11.0)	
19④	3.77 d(11.1) , 4.12 d(11.1)	1.16 s	0.73 s	
20⑤	0.71 s	1.01 s	0.83 s	
OAc	2.03 s		2.07 s, 2.10 s[a]	

[a] 应为乙酰化的 **11-2-6** 的乙酰基信号，文献的论述中已明确，但数据列表中有错误。

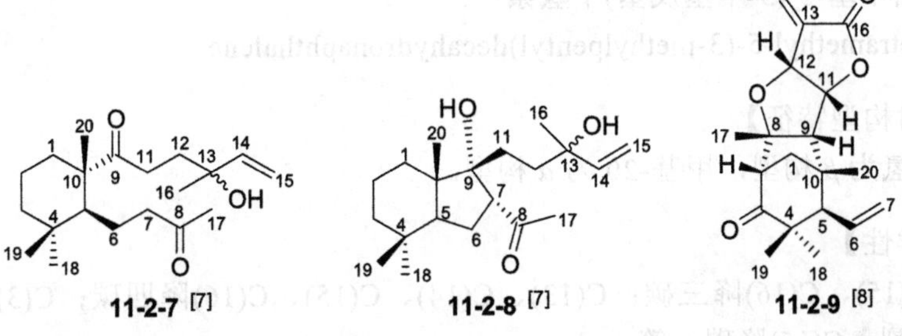

表 11-2-3 简单半日花烷型二萜 11-2-7～11-2-9 的 ^{1}H NMR 数据

H	11-2-7 ($CDCl_3$)	11-2-8 ($CDCl_3$)	11-2-9 ($CDCl_3$)	典型氢谱特征
1	1.39 m 1.47 m	1.34 dt(12.9, 3.3) 1.57～1.69 m	1.76 dd(12.9, 4.5) 2.31 d(12.9)	
2	1.49 m 1.56 tt-like	1.51～1.60 m	2.72 d(4.5)	（简单）半日花烷型二萜 **11-2-7**、**11-2-8** 和 **11-2-9** 在结构上分别具有 C(8)-C(9)键断裂、C(8)-C(9) 键断裂且 C(7)与 C(8)连接、C(7)-C(8) 键断裂且 C(2)与 C(8)连接的特点，氢谱特征发生相应改变，但主要简单半日花烷型二萜的氢谱特征仍然存在。 ① 15 位甲基特征峰；化合物 **11-2-7** 和 **11-2-8** 的 C(15)形成烯亚甲基，其信号有特征性； ② 16 位甲基特征峰；化合物 **11-2-9** 的 C(16)形成酯羰基，甲基特征信号消失； ③ 17 位甲基特征峰； ④ 18 位甲基特征峰； ⑤ 19 位甲基特征峰； ⑥ 20 位甲基特征峰
3	1.16～1.23 m 1.41 m	α 1.11 ddd (13.2, 13.2, 4.9) β 1.40 dt(13.2, 3.6)		
5	1.72 t(4.7)	2.07 dd(12.6, 8.0)	2.26 d(10.2)	
6	1.16～1.23 m 1.61 m	α 1.57～1.69 m β 1.86 q(12.6)	5.69 dt(17.3, 10.2)	
7	2.39 tt(17.5, 5.5) 2.44 tt(17.3, 5.5)	2.87 dd(12.6, 4.9)	5.02 dd(17.3, 1.8) 5.04 dd(10.2, 1.8)	
9			2.27 d(8.7)	
11	2.56 ddd(18.1, 7.7, 6.9) 2.61 ddd(18.1, 7.7, 6.3)	1.57～1.69 m	5.18 dd(8.7, 7.1)	
12	1.73 ddd(14.6, 7.7, 6.3) 1.82 ddd(14.6, 8.0, 6.9)	1.51～1.60 m 1.57～1.69 m	5.26 br d(7.1)	
14	5.83 dd(17.3, 10.7)	5.86 dd(17.3, 10.7)	7.10 qd(7.2, 1.9)	
15①	5.07 dd(10.7, 1.4) 5.23 dd(17.3, 1.4)	5.06 dd(10.7, 1.4) 5.20 dd(17.3, 1.4)	1.98 d(7.2)	
16②	1.29 s	1.26 s		
17③	2.09 s	2.23 s	1.42 s	
18④	0.91 s	0.87 s	0.83 s	
19⑤	0.92 s	0.89 s	1.04 s	
20⑥	1.22 s	0.85 s	1.21 s	
OH		4.95 s		

2. 对映半日花烷型二萜

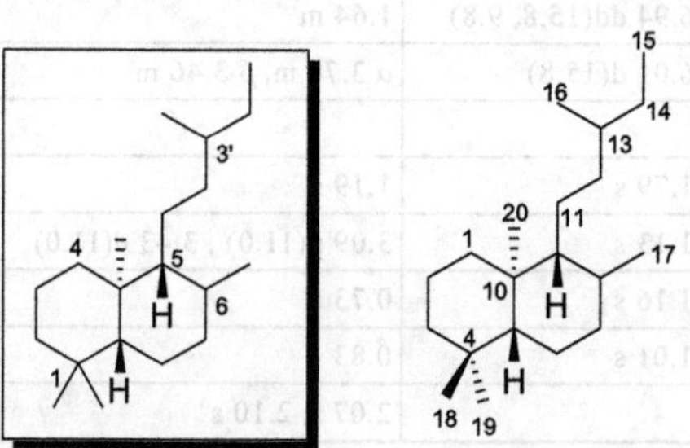

【系统分类】

1,1,4a,6-四甲基-5-(3-甲基戊基)十氢萘

1,1,4a,6-tetramethyl-5-(3-methylpentyl)decahydronaphthalene

【主要相对构型特征】

5-氢和 9-氢为 β 构型，甲基-20 为 α 构型。

【结构多样性】

C(14)、C(15)、C(16)降三碳；C(13)、C(14)、C(15)、C(16)降四碳；C(3)-C(4)键断裂；C(3)-C(4)键断裂、C(15)降碳；等。

【典型氢谱特征】

11-2-10 [9]　　11-2-11 [10]

表 11-2-4 对映半日花烷型二萜 11-2-10 和 11-2-11 的 ^{1}H NMR 数据

H	11-2-10 ($CDCl_3$)	11-2-11 (C_5D_5N)	典型氢谱特征
1	3.62 br s	1.03 dt(13.2, 3.6), 1.68～1.71 m	① 化合物 **11-2-10** 的 C(14)和C(15)形成单取代乙烯基，化合物 **11-2-11** 的 C(15)形成氧亚甲基（氧化甲基），其信号有特征性；② 化合物 **11-2-10** 的 C(16)形成烯亚甲基，化合物 **11-2-11** 的 C(16)形成氧亚甲基（氧化甲基），其信号有特征性；③ 17 位甲基特征峰；化合物 **11-2-11** 的 C(17)形成烯亚甲基，其信号有特征性；④ 18 位甲基特征峰；⑤ 19 位甲基特征峰；化合物 **11-2-11** 的 C(19)形成氧亚甲基（氧化甲基），其信号有特征性；⑥20 位甲基特征峰
2	1.45 m, 2.00 tdd(14.5, 4.0, 2.5)	1.41～1.44 m, 1.59 br d(12.0)	
3	1.14 ddd(13.5, 4.0, 3.0), 1.60 m	1.00 dt(13.2, 3.6), 2.21 br d(13.2)	
5	1.30 dd(11.5, 2.5)	1.23 dd(12.0, 2.1)	
6	1.52 m (2H)	1.38～1.41 m, 1.80～1.83 m	
7	1.49 m, 1.70 dt(13.0, 3.0)	1.96 dt(12.6, 4.8), 2.37 br d(12.6)	
9	1.54 m	1.73 br d(10.8)	
11	1.53 m (2H)	1.66～1.70 ov, 1.83～1.85 m	
12	2.34 m, 2.46 m	2.24～2.27 m, 2.70 br t(12.5)	
14	6.36 dd(17.5, 11.0)①	5.96 t(6.6)	
15①	5.06 d(11.0), 5.28 d(17.5)	4.55 d(6.3), 4.59 d(6.3)	
16②	5.01 br s, 5.03 br s	4.65 br s, 4.66 br s	
17③	1.19 s	4.78 s, 4.91 s	
18④	0.89 s	1.18 s	
19⑤	0.83 s	3.59 d(10.2), 3.98 d(10.2)	
20⑥	0.94 s	0.71 s	

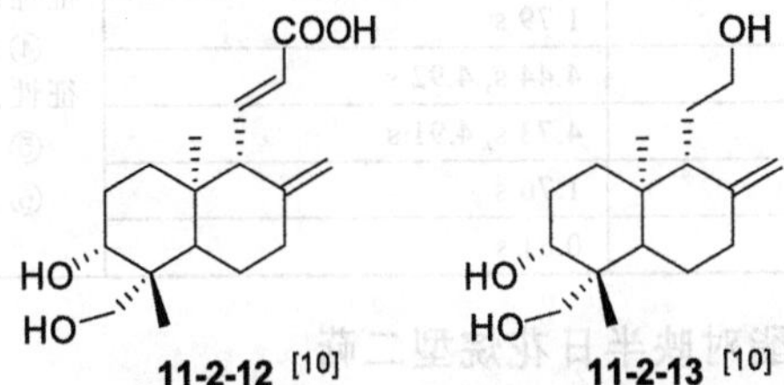

11-2-12 [10]　　11-2-13 [10]

表 11-2-5 对映半日花烷型二萜 11-2-12 和 11-2-13 的 ^{1}H NMR 数据

H	11-2-12 (C_5D_5N)	11-2-13 (C_5D_5N)	典型氢谱特征
1	1.11 dt(13.2, 3.6), 1.37～1.41 m	1.21 dt(12.8, 4.0), 1.73～1.77 m	化合物 **11-2-12** 存在 C(14)、C(15)、C(16)降三碳的结构特征，**11-2-13** 是 C(13)、C(14)、C(15)、C(16)降四碳对映半日花烷型二萜，氢谱特征发生相应改变，包括相应 15 位和 16 位甲基特征峰的消失等。① 化合物 **11-2-12** 和 **11-2-13** 的 C(17)形成烯亚甲基，其信号有特征性；
2	1.87～1.91 m, 1.94 dd(12.0, 4.5)	1.89～1.95 ov, 2.04～2.08 m	
3	3.62～3.66 ov	3.60～3.63 ov	
5	1.19 br d(13.2)	1.24 dd(12.0, 4.4)	
6	1.41～1.43 m, 1.76 br d(13.2)	1.32～1.37 m, 1.77～1.80 m	
7	2.00 dt(13.5, 4.5), 2.37 br d(13.5)	1.94～1.98 ov, 2.35 br d(12.8, 4.0)	
9	2.51 br d(10.2)	1.96 br d(9.4)	
11	7.35 dd(15.6, 10.2)	1.79～1.81 m, 1.94～1.98 ov	
12	6.25 d(15.6)	3.77～3.83 m, 3.99～4.03 m	
17①	4.64 s, 4.83 s	4.69 br s, 4.89 br s	

续表

H	11-2-12 (C_5D_5N)	11-2-13 (C_5D_5N)	典型氢谱特征
18②	1.19 s	1.48 s	② 18 位甲基特征峰； ③ C(19)形成氧亚甲基（氧化甲基），其信号有特征性； ④ 20 位甲基特征峰
19③	3.63 ov, 4.46 d(10.8)	3.60～3.63 ov, 4.47 d(10.8)	
20④	0.85 s	0.72 s	

11-2-14 [11]　　11-2-15 [11]

表 11-2-6　对映半日花烷型二萜 11-2-14 和 11-2-15 的 ^{1}H NMR 数据

H	11-2-14 ($CDCl_3$)	11-2-15 ($CDCl_3$)	典型氢谱特征
1	1.66 m, 1.71 dd(16, 4)	1.71 m, 1.86 dd(12.0, 4.4)	对映半日花烷型二萜 **11-2-14** 和 **11-2-15** 在结构上分别具有 C(3)-C(4)键断裂和 C(3)-C(4)键断裂且 C(15)降碳的特点，氢谱特征发生相应改变，但主要对映半日花烷型二萜的氢谱特征仍然存在。 ① 化合物 **11-2-14** 的 C(15)形成氧亚甲基（氧化甲基），其信号有特征性；化合物 **11-2-15** 的 C(15)降碳，甲基信号消失； ② 16 位甲基特征峰； ③ C(17)形成烯亚甲基，其信号有特征性； ④ C(18)形成烯亚甲基，其信号有特征性； ⑤ 19 位甲基特征峰； ⑥ 20 位甲基特征峰
2	2.45 ddd (16, 12.4, 4.0) 2.77 ddd (16, 12.4, 5.2)	2.23 dd(12.8, 5.2) 2.52 dd(12.8, 5.6)	
5	2.31 dd(12.4, 4.0)	2.28 dd(12.4, 4.4)	
6	1.62 m, 1.66 m	1.62 m	
7	2.03 dt(12.8, 4.8) 2.36 ddd(12.8, 3.6, 2.4)	2.02 dd(12.8, 4.8) 2.41 dt(12.8, 2.4)	
9	2.30 t(10.8)	2.07 dd(10.0, 6.0)	
11	1.77 (ov), 1.88 dd(14.4, 10.8)	2.48 m	
12	4.16 d(8)	6.38 t(6.0)	
14	5.59 dd(4.0, 1.4)	9.35 s	
15①	4.28 dd(16, 1.4), 4.70 dd(16, 4.0)		
16②	1.85 s	1.79 s	
17③	4.55 s, 4.92 s	4.44 s, 4.92 s	
18④	4.70 s, 4.87 s	4.73 s, 4.91 s	
19⑤	1.74 s	1.76 s	
20⑥	0.73 s	0.81 s	

3. 内酯半日花烷型/内酯对映半日花烷型二萜

（1）15 羧,16γ 内酯半日花烷/对映半日花烷型二萜

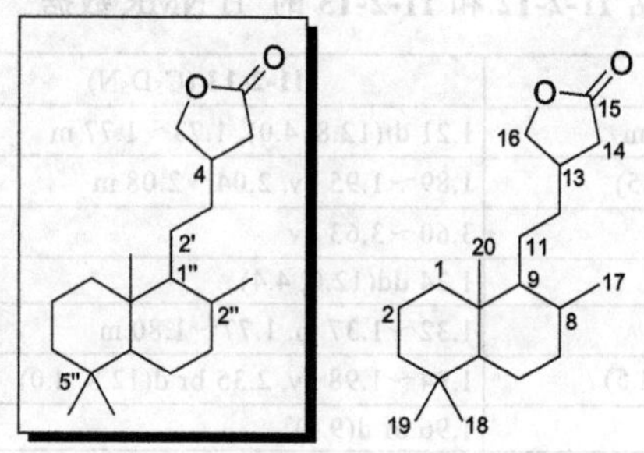

【系统分类】

4-[2-(2,5,5,8a-四甲基十氢萘-1-基)乙基]二氢呋喃-2(3*H*)-酮

4-(2-(2,5,5,8a-tetramethyldecahydronaphthalen-1-yl)ethyl)dihydrofuran-2(3*H*)-one

【典型氢谱特征】

11-2-16 [12]　**11-2-17** [13]　**11-2-18** [14]

表 11-2-7 15 羧,16γ 内酯半日花烷/对映半日花烷型二萜 **11-2-16～11-2-18** 的 ^{1}H NMR 数据

H	**11-2-16** ($CDCl_3$)	**11-2-17** ($CDCl_3$)	**11-2-18** ($CDCl_3$)	典型氢谱特征
1	1.35 ddd(14.9, 12.7, 3.2) 1.91 br d(14.9)	1.49 m, 1.65 m	β 1.06 ddd(12.2, 5.1, 2.2) α 1.81 m	① 16 位氧亚甲基(氧化甲基）特征峰；化合物 **11-2-17** 的 C(16)形成酯化的醛水合物次甲基，其信号有特征性； ② 17 位甲基特征峰；化合物 **11-2-18** 的 C(17)形成烯亚甲基，其信号有特征性； ③ 18 位甲基特征峰； ④ 19 位甲基特征峰；化合物 **11-2-18** 的 C(19)形成酯羰基，甲基特征信号消失； ⑤ 20 位甲基特征峰
2	1.62 m	1.58 m, 1.62 m	α 1.81 dddd(12.2, 12.2, 5.1, 2.2) β 1.52 m	
3	1.26 m, 1.51 br d(14.9)	1.10 m, 1.34 m	α 2.18 br d(12.2), β 1.06 dt(12.2)	
5	1.71 dd(14.4, 3.7)	2.93 s	1.29 dd(12.8, 2.7)	
6	2.40 br d(14.4), 2.52 m		α 2.01 dq(12.8, 3.0), β 1.78 m	
7		3.88 d(10.7)	α 2.41 ddd(12.8, 3.0, 2.0) β 1.86 m	
8		1.88 m		
9			1.62 m	
11	2.50 m	1.82 m, 1.99 m	1.63 m, 1.81 ddd(12.0, 7.7, 6.6)	
12	2.50 m	2.41 m, 2.62 m	2.26 ddd(12.0, 7.7, 6.6) 2.55 ddd(12.0, 7.7, 6.6)	
14	5.93 s	5.89 br s	5.82 br d(1.3)	
16①	4.78 d(1.5)	6.03 br s	4.78 d(1.4)	
17②	1.77 s	1.24 d(6.5)	4.42 br s, 4.88 br s	
18③	0.93 s	0.99 s	1.20 s	
19④	0.90 s	1.28 s		
20⑤	1.12 s	0.90 s	0.58 s	
OMe			3.61 s	

（2）16 羧, 15γ 内酯半日花烷/对映半日花烷型二萜

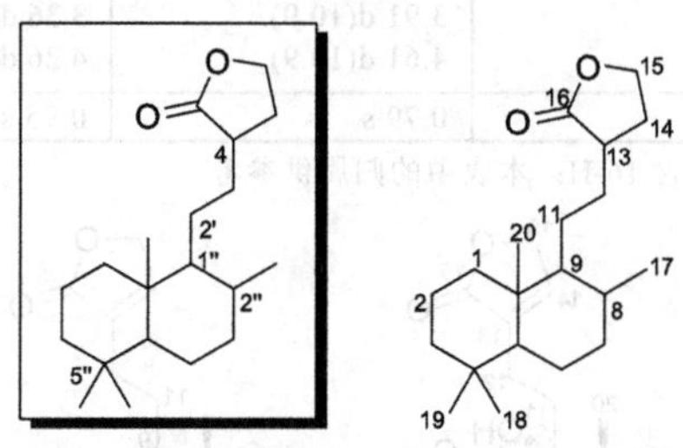

【系统分类】

3-[2-(2,5,5,8a 四甲基十氢萘-1-基)乙基]二氢呋喃-2(3*H*)-酮

3-[2-(2,5,5,8a-tetramethyldecahydronaphthalen-1-yl)ethyl]dihydrofuran-2(3*H*)-one

【结构多样性】

C(8)-C(9)键断裂；C(8)-C(9)键断裂，C(7),C(9)连接；等。

【典型氢谱特征】

11-2-19 [12]　11-2-20 [15]　11-2-21 [10]　11-2-22 [16]

表 11-2-8 16 羧,15γ 内酯半日花烷/对映半日花烷型二萜 11-2-19～11-2-22 的 ^{1}H NMR 数据

H	11-2-19 ($CDCl_3$)	11-2-20($CDCl_3$)	11-2-21(C_5D_5N)	11-2-22 ($CDCl_3$)	典型氢谱特征
1	1.45 m	1.20 m 1.72 m	1.21 dt(12.9, 4.2) 1.72～1.76 m	1.53 m 2.20 m	① 15 位氧亚甲基（氧化甲基）特征峰； ② 17 位甲基特征峰；化合物 **11-2-20** 的 C(17)形成氧亚甲基（氧化甲基），化合物 **11-2-21** 的 C(17)形成烯亚甲基，其信号均有特征性； ③ 18 位甲基特征峰；化合物 **11-2-21** 的 C(18)形成氧亚甲基（氧化甲基），其信号有特征性； ④ 19 位甲基特征峰；化合物 **11-2-21** 和 **11-2-22** 的 C(19)均形成氧亚甲基（氧化甲基），其信号均有特征性； ⑤ 20位甲基特征峰
2	1.55 m	1.61 m 1.77 m	2.09～2.13 ov 2.16～2.25 m	1.77 m	
3	1.20 m	3.23 dd(11.6, 4.2)	4.41 br d(10.8)	3.44 d(9.3)	
5	2.03 dd(13.9, 3.2)	1.15 dd(12.6, 1.8)	2.05 br d(13.6)	0.98 m	
6	2.29 t(13.9) 2.40 dd(13.9, 3.2)	1.52 m 1.76 m	1.51～1.53 m 2.09～2.13 ov	1.44 m 1.53 m	
7		1.89 m	2.02～2.04 m 2.36 br d(12.6)	1.04 m 1.77 m	
8	2.72 q(6.6)				
9			1.72 br s	1.53 m	
11	1.90 m	1.89 m 2.42 m	1.63～1.66 m 1.78～1.82 m	2.01 dd(8.3, 4.6) 2.43 dd(8.3, 4.6)	
12	2.40 m	4.24 dd(9.8, 1.2)	2.16 br d(12.6) 2.51 br t(12.6)	4.68 t(4.6)	
14	7.14 br s	7.39 tt(1.5, 1.5)	7.15 br s	7.29 s	
15①	4.78 br s	4.82 t(1.5), 4.83 d(1.8)	4.70 br s, 4.92 br s[a]	4.81 s	
17②	1.11 d(6.0)	4.03 ABd(15.3) 4.06 ABd(15.3)	4.74 br s	1.10 s	
18③	0.88 s	1.02 s	4.17 d(10.9) 4.83 d(10.9)	1.25 s	
19④	0.90 s	1.02 s	3.91 d(10.9) 4.61 d(10.9)	3.36 d(10.8) 4.26 d(10.8)	
20⑤	1.17 s	0.83 s	0.79 s	0.95 s	

[a] 文献归属为 16-H，但分子结构不含 16-H；本表中的归属供参考。

11-2-23 [17]　11-2-24 [17]

表 11-2-9 16 羧,15γ 内酯半日花烷/对映半日花烷型二萜 **11-2-23** 和 **11-2-24** 的 ^{1}H NMR 数据

H	**11-2-23** (C_6D_6)	**11-2-24** ($CDCl_3$)	典型氢谱特征
1	1.40 m, 2.08 dd(12.7, 5.0)	1.36 m, 1.56 m	16 羧,15γ-内酯半日花烷/对映半日花烷型二萜 **11-2-23** 和 **11-2-24** 在结构上分别存在 C(8)-C(9)键断裂且 C(7)与 C(9)连接和 C(8)-C(9)键断裂的特点，氢谱特征发生相应改变，但主要 16 羧,15γ-内酯半日花烷/对映半日花烷型二萜的氢谱特征仍然存在。 ① 15 位氧亚甲基（氧化甲基）特征峰； ② 17 位甲基特征峰； ③ 18 位甲基特征峰； ④ 19 位甲基特征峰； ⑤ 20 位甲基特征峰
2	1.59 m	1.60 m, 1.70 m	
3	1.17 m, 1.40 m	1.42 m, 1.48 m	
5	2.32 dd(12.9, 8.1)	1.72 m	
6	1.45 m, 1.55 m	1.25 m, 1.32 m	
7	2.60 dd(12.2, 5.0)	2.42 dd(8.2, 8.2)	
11	1.80 m 1.82 m	2.74 dt (18.0, 7.2) 2.86 dt(18.0, 7.2)	
12	2.34 m, 2.52 td(7.0, 5.0)	2.56 t(7.2)	
14	5.94 s	7.16 s	
15①	3.80 s	4.75 s	
17②	1.84 s	2.02 s	
18③	0.88 s	0.91 s	
19④	0.87 s	0.92 s	
20⑤	0.76 s	1.21 s	

（3）19 羧,6γ 内酯半日花烷/对映半日花烷型二萜

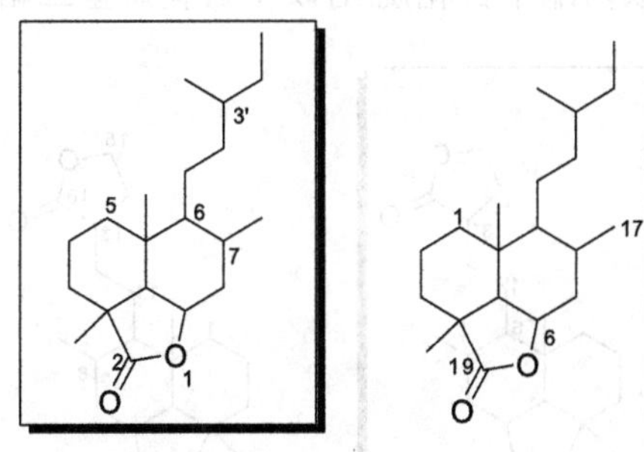

【系统分类】

2a,5a,7-三甲基-6-(3-三甲基戊基)十氢-2*H*-萘并[1,8-*bc*]呋喃-2-酮

2a,5a,7-trimethyl-6-(3-methylpentyl)decahydro-2*H*-naphtho[1,8-*bc*]furan-2-one

【结构多样性】

C(14)和 C(15)双降碳；等。

【典型氢谱特征】

11-2-25 [18] **11-2-26** [19]

表 11-2-10 19 羧,6γ 内酯半日花烷/对映半日花烷型二萜 **11-2-25** 和 **11-2-26** 的 ^{1}H NMR 数据

H	**11-2-25** ($CDCl_3$)	**11-2-26** ($CDCl_3$)	典型氢谱特征
1	—	1.28 m, 1.74 m	① 6 位氧次甲基特征峰； ② 化合物 **11-2-25** 的 C(14) 和 C(15)形成单取代乙烯基，其信号有特征性；化合物 **11-2-26** 的 C(14)和 C(15)双降碳，相应信号消失； ③ 16 位甲基特征峰；化合物 **11-2-26** 的 C(16) 形成羧羰基，甲基特征信号消失； ④ 17 位甲基特征峰；化合物 **11-2-25** 的 C(17)形成烯亚甲基，其信号有特征性； ⑤ 18 位甲基特征峰； ⑥ 20 位甲基特征峰
2	—	1.48 m, 1.71 m	
3	—	1.44 m, 2.11 m	
5	1.68 d(4)	2.24 d(4.4)	
6①	4.79 ddd(8.5, 4, 4)	4.74 dd(5.6, 4.4)	
7	α 2.90 dd(16, 4)，β 2.66 dd(16, 8.5)	1.65 m, 2.14 m	
8		2.05 m	
9	1.92 dd(9, 3.5)		
11	2.20 ddd(15, 9, 7), 2.35 ddd(15, 7, 3.5)	1.33, 1.48	
12	5.47 t-like(7)	1.72 m, 1.77 m	
13		2.39 t(6.4)	
14	6.35 dd(17, 11)		
15	*cis* 4.93 d(11)②		
16③	1.73 br s		
17④	4.73 s, 4.95 s	0.92 d(6)	
18⑤	1.28 s	1.29 s	
20⑥	0.92 s	1.04 s	

（4）16 羧,15γ:19 羧,6γ 双内酯半日花烷/对映半日花烷型二萜

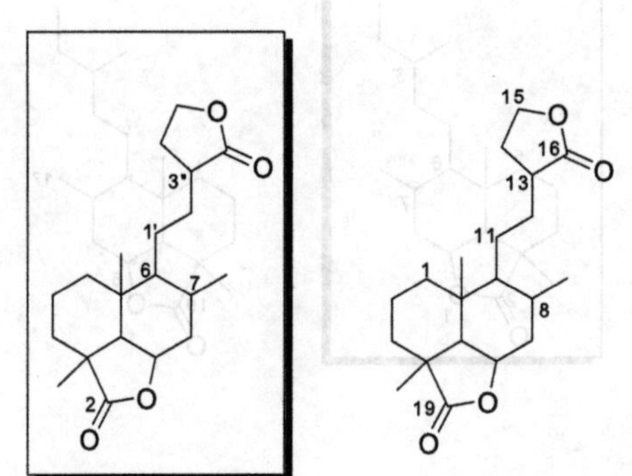

【系统分类】

2a,5a,7-三甲基-6-(2-(2-氧代四氢呋喃-3-基)乙基)十氢-2*H*-萘并[1,8-*bc*]呋喃-2-酮

2a,5a,7-trimethyl-6-(2-(2-oxotetrahydrofuran-3-yl)ethyl)decahydro-2*H*-naphtho[1,8-*bc*]furan-2-one

【典型氢谱特征】

11-2-27 [20] R = H
11-2-28 [21] R = OMe

表 11-2-11 16 羧，15γ: 19 羧，6γ 双内酯半日花烷/对映半日花烷型二萜 **11-2-27** 和 **11-2-28** 的 ^{1}H NMR 数据

H	11-2-27 ($CDCl_3$)	11-2-28 ($CDCl_3$)	典型氢谱特征
1	1.60 ddd(13.0, 9.9, 4.4) 2.20 ddd(13.3, 11.3, 4.3)	1.60 2.18 ddd(14.8, 12.1, 5.9)	① 15 位氧亚甲基（氧化甲基）特征峰；化合物 **11-2-28** 的 C(15)形成酯化的半缩醛次甲基，其信号有特征性(甲氧基信号可以作为分析氢谱时的辅助特征信号)； ② 17 位甲基特征峰； ③ 18 位甲基特征峰； ④ 20 位甲基特征峰
2	2.44～2.60	2.54～2.62 ov	
5	—	2.79 d(4.3)	
6	—	4.61 t(5.1)	
7	7b: 2.81 d(4.4)	1.76 ov, 2.08 ov	
8	4.62 t(5.1)[a]	2.03 ov	
11	1.80, 2.09 dd(14.4, 5.8)	1.65 ov, 1.81 ov	
12	1.80, 2.04	2.51～2.41 ov	
14	7.14 br s[b]	6.78 br s	
15①	4.80 d(1.4)[c]	5.73 br s，3.58 s(OMe)	
17		0.96 d(5.1)②	
18	—	1.46 s③	
20	—	0.89 s④	

a 遵循文献数据（文献数据与结构明显不一致）。

b 文献中的数据表将 7.14 归属为 H-16a，而 H-14 的数据为 2.49，与结构明显不一致，本表中的数据来自结果与讨论部分。

c 文献的数据表将 4.80 归属为 H-17，与结构明显不一致，本表中的数据来自结果与讨论部分。

4. 环氧半日花烷/环氧对映半日花烷型二萜

（1）8,13-环氧半日花烷/环氧对映半日花烷型二萜

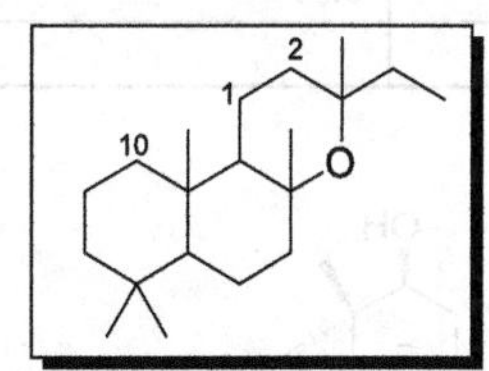

【系统分类】

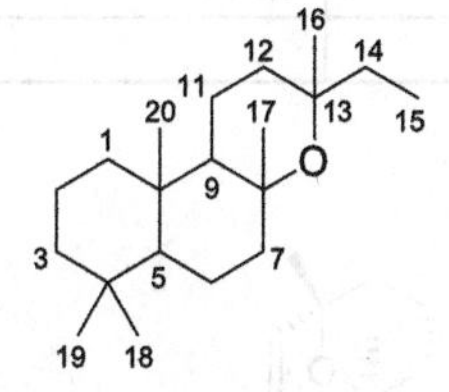

3,4a,7,7,10a-五甲基-3-乙基-十二氢-1*H*-苯并[*f*]苯并吡喃

3-ethyl-3,4a,7,7,10a-pentamethyldodecahydro -1*H*-benzo[*f*]chromene

【结构多样性】

C(19)迁移(4→3)；C(2)-C(3)键断裂；C(3)-C(4)键断裂；C(2)-C(3)键和 C(3)-C(4)键双断裂；等。

【典型氢谱特征】

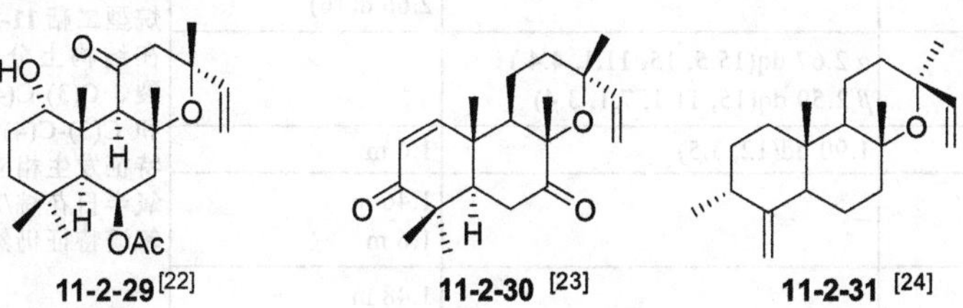

11-2-29[22] **11-2-30** [23] **11-2-31** [24]

表 11-2-12 8,13-环氧半日花烷/环氧对映半日花烷型二萜 **11-2-29**～**11-2-31** 的 ^{1}H NMR 数据

H	11-2-29 ($CDCl_3$)	11-2-30 ($CDCl_3$)	11-2-31 ($CDCl_3$)	典型氢谱特征
1	4.42 dd(3.4, 2.5)	7.06 d(10.8)	α 1.30 ddd(13.9, 13.3, 4.6) β 1.52 m	

续表

H	11-2-29 ($CDCl_3$)	11-2-30 ($CDCl_3$)	11-2-31 ($CDCl_3$)	典型氢谱特征
2	α 1.47 m β 2.09 dddd(14.6, 13.5, 3.9, 2.5)	5.93 d(10.8)	α 1.37 m β 1.82 dddd(13.9, 13.7, 5, 4.8)	① 化合物 **11-2-29**～**11-2-31** 的 C(14)与(15)形成单取代乙烯基，其信号有特征性； ② 16 位甲基特征峰； ③ 17 位甲基特征峰； ④ 18 位甲基特征峰；化合物 **11-2-31** 的 C(18)形成烯亚甲基，其信号有特征性； ⑤ 19 位甲基特征峰；化合物 **11-2-29** 存在 C(19)迁移(4→3)的结构特征，其信号有特征性； ⑥20 位甲基特征峰
3	α 1.64 ddd(14.6, 13.5, 3.6) β 1.09 ddd(14.6, 3.9, 2.5)		2.51 m	
5	1.50 d(2.7)	2.12 dd(14.4, 2.4)	2.04 br d(10.5)	
6	5.57 ddd(3.4, 2.9, 2.7)	α 2.44 dd(14.4, 2.4) β 2.80 t(14.4)	α 1.43 m β 1.50 m	
7	α 1.88 dd(14.6, 3.4) β 2.23 dd(14.6, 2.9)		α 1.44 m β 1.78 br dd(8.9, 3.4)	
9	3.43 s	2.02 dd(11.4, 4.8)	1.38 m	
11		1.91 m	α 1.46 m, β 1.58 m	
12α	2.63 d(18.1)	1.84 m	1.52 m	
12β	2.70 d(18.1)	1.91 m	2.24 ddd(13.3, 3, 3)	
14①	5.94 dd(17.4, 10.7)	5.92 dd(17.4, 10.8)	6.03 ddd(17.8, 11, 1.1)[a]	
15①	5.04 dd(10.7, 0.9) 5.15 dd(17.4, 0.9)	4.99 dd(10.8, 1.2) 5.23 dd(17.4, 1.2)	4.92 dd(17.8, 1.1)[a] 4.98 dd(11, 1.1)[a]	
16②	1.28 s	1.36 s	1.24 s	
17③	1.47 s	1.57 s	1.16 s	
18④	0.95 s	1.15 s	4.40 t(1.6), 4.73 t(1.6)	
19⑤	0.97 s	1.11 s	1.09 d(7.3)	
20⑥	1.37 s	1.29 s	0.53 s	
OAc	2.04 s			

[a] 遵循文献数据。

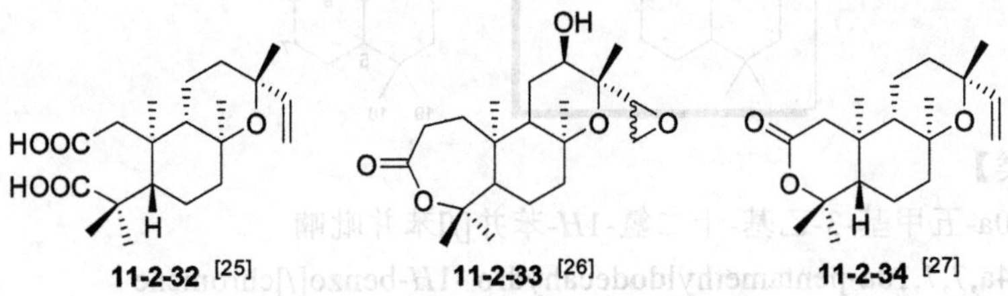

表 11-2-13 8,13-环氧半日花烷/对映半日花烷型二萜 11-2-32～11-2-34 的 ^{1}H NMR 数据

H	11-2-32 ($CDCl_3$)	11-2-33 ($CDCl_3$)	11-2-34 ($CDCl_3$)	典型氢谱特征
1	2.45 d(19) 2.52 d(19)	—	1.93 d(16) 2.66 d(16)	8,13-环氧半日花烷/对映半日花烷型二萜 **11-2-32**. **11-2-33** 和 **11-2-34** 在结构上分别存在 C(2)-C(3)键断裂、C(3)-C(4)键断裂、C(2)-C(3)键和 C(3)-C(4)键双断裂的特点，氢谱特征发生相应改变，但主要 8,13-环氧半日花烷/对映半日花烷型二萜的氢谱特征仍然存在。 ① 化合物 **11-2-32** 和化合物 **11-2-34** 的 C(14)与(15)形成单取代乙烯基，化合物 **11-2-33** 的 C(14)与(15)形成环氧乙烷结构，其信号均有特征性；
2		α 2.67 dq(15.5, 15, 11.1, 4.4) β 2.59 dq(15, 11.1, 7.1, 3.4)		
5	2.60 dd(12, 2)	1.90 dd(12, 3.5)	1.6 m	
6	1.79 dd(9, 3) —	—	1.46 m 1.6 m	
7	1.83 dd(9, 3) —	—	1.48 m 1.84 m	
9	2.15 dd(11, 7.5)	—	1.26 m	
11	—	—	1.42 m, 1.56 m	
12	2.40 m	3.70 br s	1.52 m, 2.27 m	
14①	5.99 dd(18, 11)	3.02 t(3.2)[a]	6.00 dd(18, 11)	

续表

H	11-2-32 (CDCl$_3$)	11-2-33 (CDCl$_3$)	11-2-34 (CDCl$_3$)	典型氢谱特征
15①	4.92 d(11) 4.96 d(18)	2.81 t(4.5) 2.85 dd(4.5, 3.2)	4.94 d(11) 5.00 d(18)	② 16 位甲基特征峰； ③ 17 位甲基特征峰； ④ 18 位甲基特征峰； ⑤ 19 位甲基特征峰； ⑥ 20 位甲基特征峰
16②	1.13 s	1.26 s	1.14 s	
17③	1.22 s	1.29 s	1.25 s	
18④	1.14 或 1.32 s	1.49 s	1.43 s	
19⑤	1.14 或 1.32 s	1.41 s	1.32 s	
20⑥	0.82 s	1.01 s	0.89 s	

[a] 遵循文献数据，疑有误。

（2）9,13-环氧半日花烷/对映半日花烷型二萜

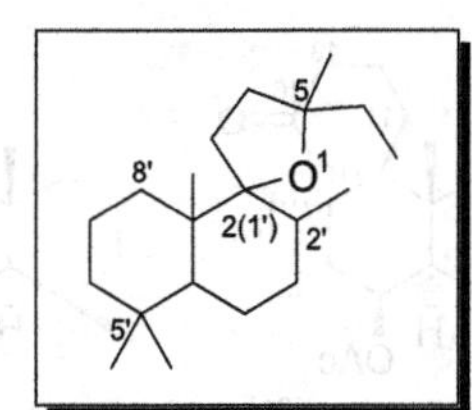

【系统分类】

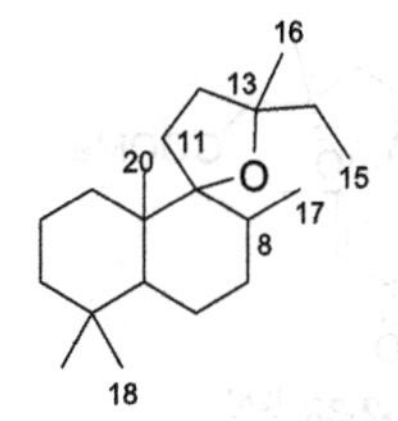

2′,5,5′,5′,8a′-五甲基-5-乙基-十氢-2′*H*,3*H*-螺[呋喃-2,1′-萘]

5-ethyl-2′,5,5′,5′,8a′-pentamethyldecahydro-2′*H*,3*H*-spiro[furan-2,1′-naphthalene]

【结构多样性】

C(16)降碳；C(19)降碳；C(14)和 C(15)降双碳；C(14)、C(15)和 C(16)降三碳；等。

【典型氢谱特征】

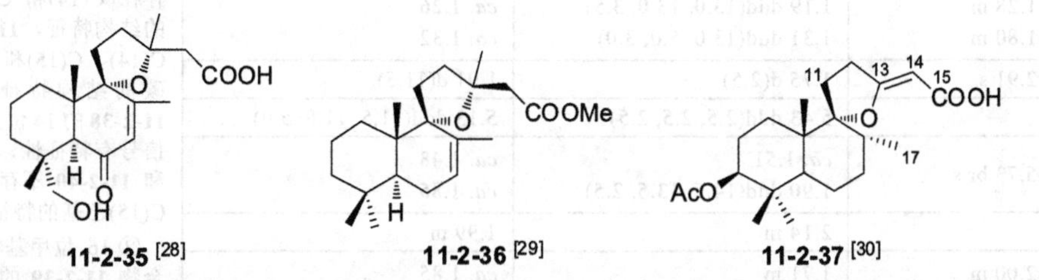

表 11-2-14 9,13-环氧半日花烷/对映半日花烷型二萜 11-2-35～11-2-37 的 ^{1}H NMR 数据

H	11-2-35 (CDCl$_3$)	11-2-36 (CDCl$_3$)	11-2-37 (CDCl$_3$)	典型氢谱特征
1	1.58 m, 1.80 m	1.86 m, 2.20 m	1.37 m	① 化合物 **11-2-35**～**11-2-37** 的 C(15)分别形成羧羰基或酯羰基，甲基特征信号消失，**11-2-35** 和 **11-2-36** 的 14 位亚甲基 ABq 信号有特征性，**11-2-37** 的 14 位烯氢信号也有特征性； ② 16 位甲基特征峰；化合物 **11-2-37** 存在 C(16)降碳的结构特征，甲基特征信号消失；
2	1.50 m, 2.10 m[a]	1.50 m	1.70 m	
3	2.05 m, 1.75 m[a]	1.41 m	4.48 dd(12.0, 4.2)	
5	2.98 s	1.63 dd(11.8, 5.1)	1.58 m	
6		1.35 m, 1.59 m	1.40 m, 1.63 m	
7	5.76 br s	5.51 m	1.35 m, 1.56 m	
8			1.79 m	
11	2.05 m, 2.18 m	—	1.80 m, 2.09 m	
12	1.98 m, 2.25 m	1.82 ddd(12.0, 4.6, 2.1) 2.02 m	3.02 m 3.14 m	
14①	2.52 d(14.0) 2.65 d(14.0)	2.61 d(14.4) 2.75 d(15.0)	5.29 s	

续表

H	11-2-35 ($CDCl_3$)	11-2-36 ($CDCl_3$)	11-2-37 ($CDCl_3$)	典型氢谱特征
15		3.65 s(COOMe)①		③ 17 位甲基特征峰； ④ 18 位甲基特征峰；化合物 **11-2-35** 的 C(18)形成氧亚甲基（氧化甲基），其信号有特征性； ⑤19 位甲基特征峰； ⑥20 位甲基特征峰
16②	1.44 s	1.33 s		
17③	2.02 s	1.76 s	0.78 d(6.6)	
18④	3.31 d(12.0) 3.55 d(12.0)	0.90 s	0.87 s	
19⑤	1.06 s	0.87 s	0.89 s	
20⑥	0.97 s	0.81 s	0.96 s	
OAc			2.05 s	

[a] 文献将 δ 2.10 m 和 1.75 m 均归属为 H-2b，与实际不符；本表中的归属可以互相交换，仅作参考。

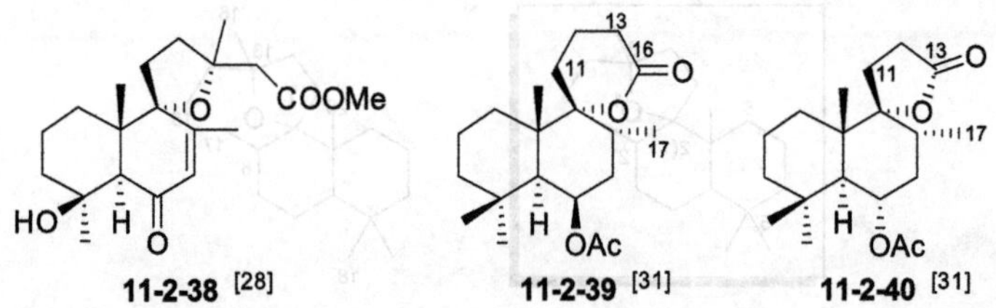

11-2-38 [28]　　11-2-39 [31]　　11-2-40 [31]

表 11-2-15 9,13-环氧半日花烷/对映半日花烷型二萜 11-2-38～11-2-40 的 ^{1}H NMR 数据

H	11-2-38 ($CDCl_3$)	11-2-39 ($CDCl_3$)	11-2-40 ($CDCl_3$)	典型氢谱特征
1	1.55 m 1.70 m	1.12 ddd(12.5, 12.5, 3.5) *ca.* 1.51	*ca.* 1.30 1.38 dddd(12.5, 3.5, 3.5, 1.0)	① 化合物 **11-2-38** 的 C(15) 形成酯羰基，**11-2-39** 存在 C(14)和 C(15)降双碳的结构特征，**11-2-40** 存在 C(14)、C(15)和 C(16)降三碳的结构特征，因此，**11-2-38** 的 14 位亚甲基 ABq 信号有特征性，而 **11-2-39** 和 **11-2-40** 不存在 C(14)和 C(15)乙基的特征信号； ② 16 位甲基特征峰；化合物 **11-2-39** 的 C(16)形成酯羰基，且存在 C(14)和 C(15)降双碳的结构特征；**11-2-40** 存在 C(14)、C(15) 和 C(16)降三碳的结构特征，因此均不存在 16 位甲基特征峰； ③ 17 位甲基特征峰； ④ 18 位甲基特征峰； ⑤ 19 位甲基特征峰；化合物 **11-2-38** 存在 C(19) 降碳结构，甲基特征信号消失； ⑥ 20 位甲基特征峰
2	1.70 m	*ca.* 1.51 *ca.* 1.63	*ca.* 1.48 1.57 ddddd(12.5, 12.5, 12.5, 3.5, 3.5)	
3	1.28 m 1.80 m	1.19 ddd(13.0, 13.0, 3.5) 1.31 ddd(13.0, 5.0, 3.0)	*ca.* 1.26 *ca.* 1.32	
5	2.91 s	1.75 d(2.5)	1.91 d(11.5)	
6		5.43 ddd(2.5, 2.5, 2.5)	5.13 ddd(11.5, 11.5, 5.0)	
7	5.73 br s	*ca.* 1.51 1.90 ddd(14.5, 13.5, 2.5)	*ca.* 1.48 *ca.* 1.85	
8		2.14 m	1.99 m	
11	2.00 m 2.20 m	1.71 m 1.99 ddd(13.5, 13.5, 5.5)	*ca.* 1.85 2.19 ddd(13.5, 11.5, 7.5)	
12	2.05 m 2.30 m	*ca.* 1.82 *ca.* 1.84	2.49 ddd(19.0, 11.5, 5.5) 2.56 ddd(19.0, 11.5, 7.5)	
13		2.18 ddd(17.0, 12.5, 5.5) 2.54 m		
14①	2.59 d(14.0) 2.75 d(14.0)			
15①	3.68 s(COOMe)			
16②	1.41 s			
17③	1.99 br s	0.94 d(6.5)	0.89 d(6.5)	
18④	1.36 s	1.00 s	0.90 s	
19⑤		0.98 s	1.04 s	
20⑥	1.10 s	1.28 s	1.00 s	
OAc		2.05 s	2.03 s	

（3）8,17-环氧半日花烷/对映半日花烷型二萜

【系统分类】

5,5,8a-三甲基-1-(3-甲基戊基)八氢-1*H*-螺[萘-2,2′-环氧乙烷]

5,5,8a-trimethyl-1-(3-methylpentyl)octahydro-1*H*-spiro[naphthalene-2,2′-oxirane]

【典型氢谱特征】

11-2-41 [32]　　11-2-42 [33]　　11-2-43 [34]

表 11-2-16 8,17-环氧半日花烷/对映半日花烷型二萜 11-2-41～11-2-43 的 ^{1}H NMR 数据

H	11-2-41(CD_3OD)	11-2-42 ($CDCl_3$)	11-2-43 ($CDCl_3$)	典型氢谱特征
1	ax 1.03 td(12.9, 3.1) eq 1.83 dd(12.7, 3.6)	0.90 m 1.70 m	1.15 dd(11, 3.8) 1.80 ov	
2	ax 1.48 dq(13.6, 3.4) eq 1.65 m	1.40 m 1.55 (ov)	1.70 ov	
3	ax 1.24 td(13.5, 3.7) eq 1.43 dtd(13.1, 3.2, 1.5)	1.15 m 1.35 br t	3.30 m	① 化合物 **11-2-41**～**11-2-43** 的 C(15)全部形成氧亚甲基(氧化甲基)，其信号有特征性； ② 化合物 **11-2-41** 和 **11-2-42** 的 C(16)形成氧亚甲基(氧化甲基)，其信号有特征性；**11-2-43** 的 C(16)形成酯羰基，甲基特征信号消失； ③ 17 位环丙烷氧亚甲基(氧化甲基)特征性峰； ④ 18 位甲基特征峰； ⑤ 19 位甲基特征峰； ⑥ 20 位甲基特征峰
5	1.10 dd(12.3, 2.3)	1.45 br s	1.10 ov	
6	ax 1.61 m, eq 1.72 m	1.60 ov	1.50 ov, 2.10 ov	
7	ax 1.31 dq(13.9, 2.6) eq 1.97 td(13.7, 5)	1.30 ov 1.85 m	3.70 ov	
9	1.60 d(10.6)	1.45 br s	1.60 ov	
11	1.78 br t(8.3) 1.98 m	1.80 m	2.00 ov 2.20 ov	
12	5.44 ddd(8.1, 4.7, 1)	5.55 dd(7.4, 5)	6.75 dd(11.7, 11.7)	
14	4.6 dd(7.8, 4.3)	5.65 dd(8.3, 3.9)	2.60 m	
15①	3.5 dd(11.3, 7.6) 3.6 dd(11.3, 4.6)	4.1 ov	3.75 ov	
16②	4.04 d(12.9) 4.15 d(12.9)	4.35 d(12.2) 4.55 d(12.2)	3.80 s(COOMe)	
17③	2.27 d(4.1) 2.69 d(4.1)	2.20 d(3.8) 2.58 d(3.8)	2.45 d(4.1) 2.95 d(4.1)	
18④	0.92 s	0.80 s	1.10 s	
19⑤	0.88 s	0.70 s	0.85 s	

续表

H	11-2-41(CD_3OD)	11-2-42 ($CDCl_3$)	11-2-43 ($CDCl_3$)	典型氢谱特征
20⑥	0.92 s	0.85 s	0.95 s	
OAc		2.01 s(14-OAc) 2.00 s(15-OAc) 1.99 s(16-OAc)		

（4）14,15-环氧半日花烷/对映半日花烷型二萜

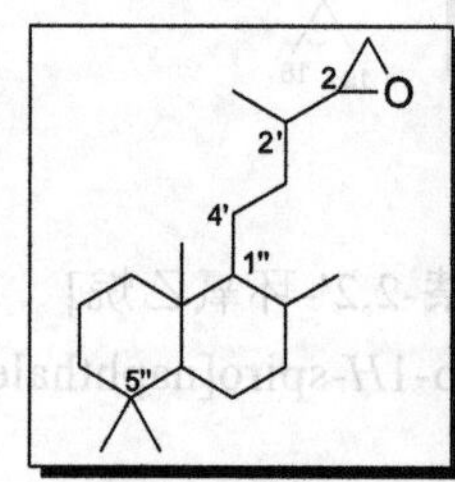

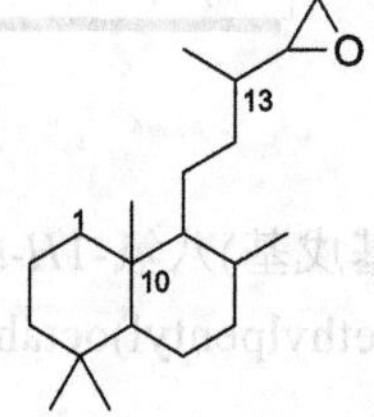

【系统分类】

2-[4-(2,5,5,8a-四甲基十氢萘-1-基)丁-2-基]环氧乙烷

2-[4-(2,5,5,8a-tetramethyldecahydronaphthalen-1-yl)butan-2-yl]oxirane

【典型氢谱特征】

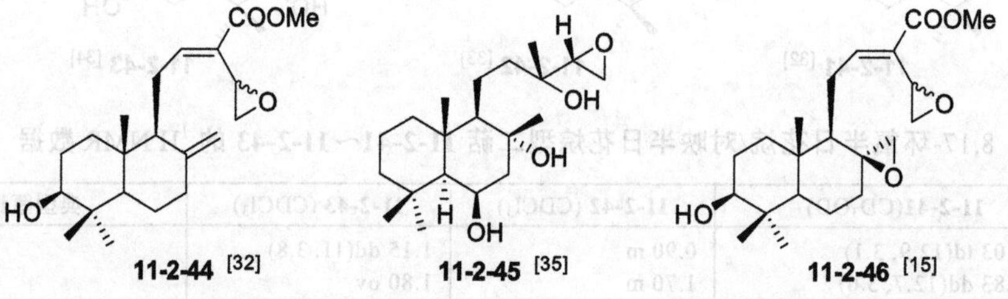

表 11-2-17 14,15-环氧半日花烷/对映半日花烷型二萜 11-2-44～11-2-46 的 ^1H NMR 数据

H	11-2-44 ($CDCl_3$)	11-2-45 ($CDCl_3$)	11-2-46 ($CDCl_3$)	典型氢谱特征
1	ax 1.27 td(13.1, 3.5) eq 1.79 dd(13.1, 3.5)	α 0.87 ov β 1.60 ov	1.92 m 1.38 m	
2	ax 1.60 qd(13.3, 3.4) eq 1.72 dq(13.3, 3.7)	α 1.62 ov β 1.37 ov	1.56～1.73 m	① 14 位环氧乙烷氧次甲基特征峰； ② 15 位环氧乙烷氧亚甲基特征峰； ③ 16 位甲基特征峰；化合物 **11-2-44** 和 **11-2-46** 的 C(16)形成酯羰基，甲基特征信号消失； ④17 位甲基特征峰；化合物 **11-2-44** 的 C(17)形成烯亚甲基，**11-2-46** 的 C(17)形成环氧乙烷氧亚甲基（氧化甲基），其信号有特征性； ⑤ 18 位甲基特征峰； ⑥ 19 位甲基特征峰； ⑦ 20 位甲基特征峰
3	3.27 dd(11.7, 4.3)	α 1.06 ov β 1.26 ov	3.25 dd(11.5, 4.6)	
5	1.12 dd(12.5, 2.6)	0.86 ov	1.01 m	
6	ax 1.41 qd(13.1, 4.2) eq 1.75 m	4.40 br d(2.3)	1.56～1.73 m	
7	ax 2.00 td(13, 4.9) eq 2.41 dq(13, 2.3)	α 1.53 ov β 1.91 br d(13.8)	1.12 td(4, 13.1) 1.83 dt(3.5, 16.6)	
9	1.77 m	1.08 ov	1.55 d(8.3)	
11	2.50 ddd(16, 11.6, 7.6) 2.61 ddd(16.6, 6.3, 2.8)	α 1.54 ov β 1.40 ov	2.04 dt(17.5, 8.2) 2.34 dd(17.5, 6.1)	
12	6.87 t(7)	1.55 ov	6.78 t(6.7)	
14①	3.65 t(3.4)	2.83 dd(5, 3.6)	3.59 m	
15②	2.78 dd(5.5, 2.8) 3.00 dd(5.5, 4.4)	2.63 dd(7, 3.6) 2.74 dd(7, 5)	2.70 dd(5.5, 2.8) 2.98 dd(5.4, 4.5)	

续表

H	11-2-44 (CDCl$_3$)	11-2-45 (CDCl$_3$)	11-2-46 (CDCl$_3$)	典型氢谱特征
16③		1.18 s		
17④	4.49 d(0.9) 4.86 d(0.9)	1.32 s	2.32 d(4) 2.53 d(4)	
18⑤	0.79 s	0.90 s	1.03 s	
19⑥	1.00 s	1.11 s	0.84 s	
20⑦	0.74 s	1.10 s	0.95 s	
OMe	3.73 s		3.75 s	

（5）8,12:13,14-双环氧半日花烷/对映半日花烷型二萜

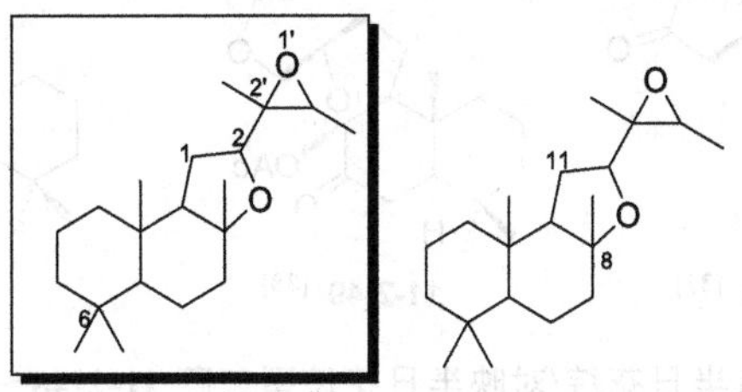

【系统分类】

3a,6,6,9a-四甲基-2-(2,3-二甲基环氧乙烷-2-基)-十二氢萘并[2,1-*b*]呋喃

2-(2,3-dimethyloxiran-2-yl)-3a,6,6,9a-tetramethyldodecahydronaphtho[2,1-*b*]furan

【典型氢谱特征】

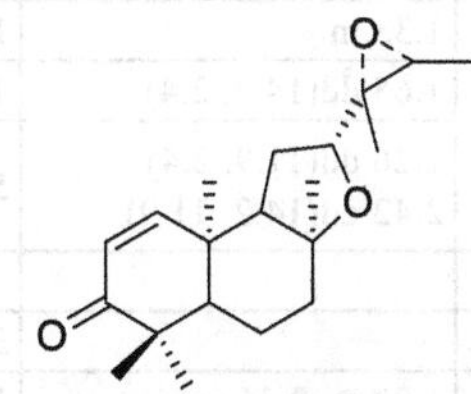

11-2-47 [36]

表 11-2-18 8,12:13,14-双环氧半日花烷/对映半日花烷型二萜 11-2-47 的 ^{1}H NMR 数据

H	11-2-47 (CDCl$_3$)	H	11-2-47 (CDCl$_3$)	典型氢谱特征
1	6.91 d(10.1)	14②	2.86 q(5.4)	① 12 位氧次甲基特征峰；
2	5.78 d(10.1)	15③	1.25 d(5.4)	② 14 位环氧丙烷氧次甲基特征峰；
5	1.76 m	16④	1.30 s	③ 15 位甲基特征峰；
6	*α* 1.46 m, *β* 1.75 m	17⑤	1.15 s	④ 16 位甲基特征峰；
7	*α* 1.96 m, *β* 1.44 m	18⑥	1.10 s	⑤ 17 位甲基特征峰；
9	1.74 m	19⑦	1.02 s	⑥ 18 位甲基特征峰；
11	*α* 1.73 m, *β* 1.78 m	20⑧	1.03 s	⑦ 19 位甲基特征峰；
12①	4.06 dt(7.4, 3.3)			⑧ 20 位甲基特征峰

（6）9,13:15,16-双环氧半日花烷/对映半日花烷型二萜

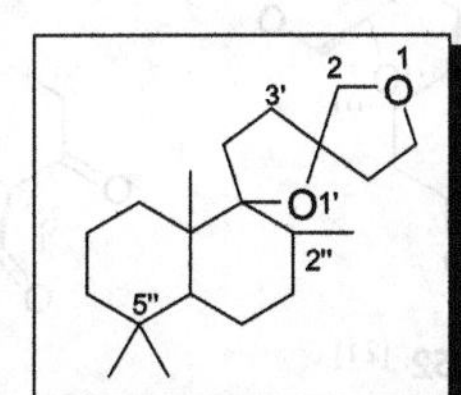

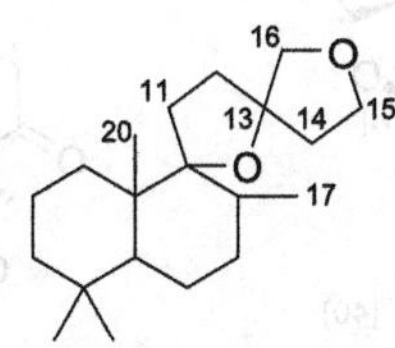

【系统分类】

2″,5″,5″,8a″-四甲基十二氢-2*H*,2″*H*-二螺[呋喃-3,2′-呋喃-5′,1″-萘]

2″,5″,5″,8a″-tetramethyldodecahydro-2*H*,2″*H*-dispiro[furan-3,2′-furan- 5′,1″-naphthalene]

【结构多样性】

19 羧,20*δ* 内酯；19 羧,6*γ* 内酯；等。

【典型氢谱特征】

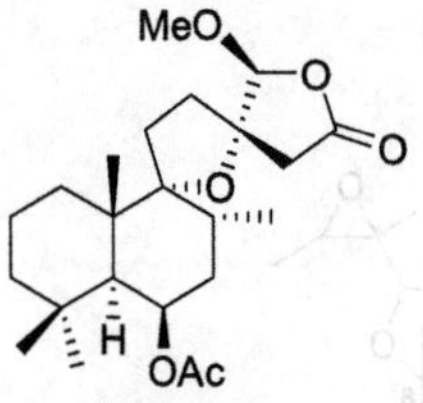

11-2-48 [37] 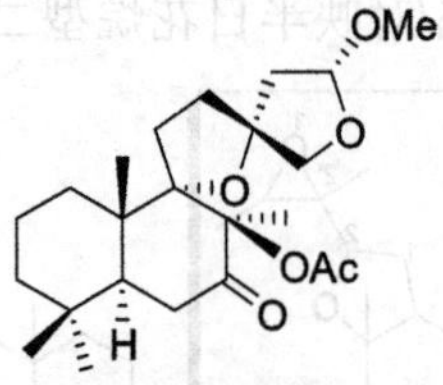　　11-2-49 [38] 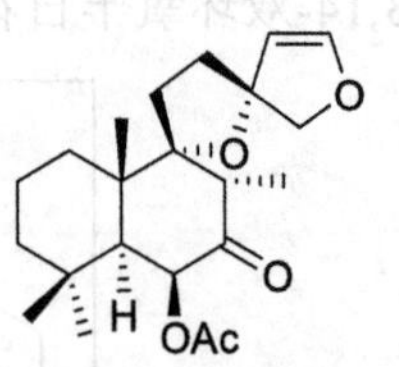　　11-2-50 [39]

表 11-2-19 9,13:15,16-双环氧半日花烷/对映半日花烷型二萜 **11-2-48**～**11-2-50** 的 ^{1}H NMR 数据

H	**11-2-48** ($CDCl_3$)	**11-2-49** ($CDCl_3$)	**11-2-50** ($CDCl_3$)	典型氢谱特征
1	*ca.* 1.32 1.42 dddd(12.0, 3.0, 3.0, 3.0)	1.42 m	1.58 m	① 化合物 **11-2-48** 的 C(15) 形成酯羰基，甲基特征信号消失；化合物 **11-2-49** 的 C(15)形成缩醛次甲基，**11-2-50** 的 C(15)形成烯醇醚氧次甲基，其信号有特征性； ② 16 位氧亚甲基（氧化甲基）特征峰；化合物 **11-2-48** 的 C(16)形成酯化的半缩醛次甲基，其信号有特征性； ③ 17 位甲基特征峰； ④ 18 位甲基特征峰； ⑤ 19 位甲基特征峰； ⑥ 20 位甲基特征峰
2	1.51 ddddd(13.0, 3.0, 3.0, 3.0, 3.0) *ca.* 1.63	1.57 m	1.41 m	
3	1.17 ddd(13.5, 13.5, 3.0), *ca.* 1.32	1.33 m	1.34 m, 1.42 m	
5	1.45 d(3.0)	1.65 dd(14.2, 2.4)	1.76 d(2.4)	
6	5.38 ddd(3.0, 3.0, 3.0)	2.26 dd(11.9, 2.4) 2.42 dd(14.2, 11.9)	5.36 d(2.4)	
7	1.48 ddd(14.0, 3.0, 3.0), *ca.* 1.62			
8	*ca.* 2.13		3.30 q(6.5)	
11	1.72 ddd(13.5, 9.0, 2.5), *ca.* 2.10	1.90 m, 2.16 m	1.83 m, 2.27 m	
12	1.86 ddd(13.5, 9.0, 9.0) 2.48 ddd(13.5, 9.0, 2.5)	2.11 t(5.1)	2.04 m 2.19 m	
14	2.67 d(17.5), 2.83 d(17.5)	2.07 m, 2.16 m	5.08 d(2.6)	
15①		4.85 t(4.9)	6.40 d(2.6)	
16②	5.33 s	3.49 d(8.1) 3.82 d(8.1)	4.03 d(10.5) 4.44 d(10.5)	
17③	0.83 d(6.5)	1.25 s	0.98 d(6.5)	
18④	0.95 s	0.82 s	0.99 s	
19⑤	0.98 s	0.76 s	1.06 s	
20⑥	1.22 s	1.12 s	1.41 s	
OMe	3.52 s	3.29 s		
OAc	2.04 s	1.99 s	2.07 s	

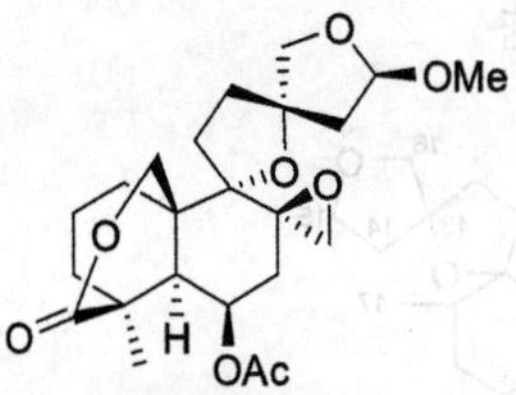

11-2-51 [40] 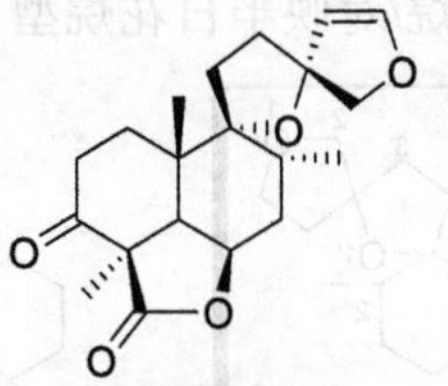　　11-2-52 [21] 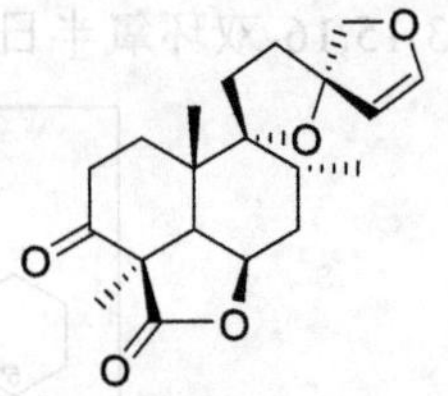　　11-2-53 [21]

表 11-2-20 9,13:15,16-双环氧半日花烷/对映半日花烷型二萜 **11-2-51**～**11-2-53** 的 ^{1}H NMR 数据

H	**11-2-51** ($CDCl_3$)	**11-2-52** ($CDCl_3$)	**11-2-53** ($CDCl_3$)	典型氢谱特征
1	1.68 m, 1.78 m	1.65 ov, 2.11 ov	1.64 ov, 1.93 ov	① 化合物 **11-2-51** 的 C(15) 形成缩醛次甲基，化合物 **11-2-52** 和 **11-2-53** 的 C(15)形成烯醇醚氧次甲基，信号有特征性； ② 16 位氧亚甲基(氧化甲基)特征峰； ③ 17 位甲基特征峰；化合物 **11-2-51** 的 C(17)形成环氧乙烷氧亚甲基（氧化甲基），其信号有特征性； ④ 18 位甲基特征峰； ⑤ 20 位甲基特征峰；化合物 **11-2-51** 的 C(20)形成氧亚甲基（氧化甲基），其信号有特征性。 由于化合物 **11-2-51**～**11-2-53** 的 C(19)均形成酯羰基，因此不存在 19 位甲基特征信号
2	1.78 m	2.50～2.62 ov	2.50～2.60 ov	
3	1.56 m, 1.95 m			
5	2.05 dd(6.3, 1.5)	2.58 d(4.3)	2.63 d(4.7)	
6	5.20 ddd(6.3, 3.4, 2.7)	4.56 t(5.1)	4.58 t(5.1)	
7	1.62 dd(15.4, 2.7) 2.62 dd(15.4, 3.4)	1.74 ov 2.05 ov	1.74 ov 2.09 ov	
8		2.05 ov	2.02 ov	
11	1.46 ddd(14.5, 9.6, 6.0) 1.74 m	1.78 ov 2.07 ov	1.87 ov 2.04 ov	
12	2.10 ddd(12.5, 9.6, 6.5) 2.11 ddd(12.5, 6.0, 3.0)	2.00～2.15 ov	1.96 ov 2.21 ov	
14	α 2.33 dd(13.5, 5.6) β 1.87 dd(13.5, 2.3)	5.13 d(2.4)	5.10 d(2.4)	
15①	5.11 dd(5.6, 2.3) 3.35 s(OMe)	6.48 d(2.4)	6.49 d(2.4)	
16②	α 3.95 d(9.3) β 3.78 d(9.3)	4.09 d(10.6) 4.44 d(10.6)	4.04 d(10.2) 4.39 d(10.2)	
17③	2.36 d(3.8), 2.66 d(3.8)	0.88 d(6.3)	0.94 d(6.2)	
18④	1.15 s	1.44 s	1.44 s	
20⑤	3.99 dd(11.5, 1.5) 5.07 dd(11.5, 2.0)	0.89 s	0.91 s	
OAc	2.03 s			

（7）16 羧,15γ 内酯: 8,17-环氧半日花烷/对映半日花烷型二萜

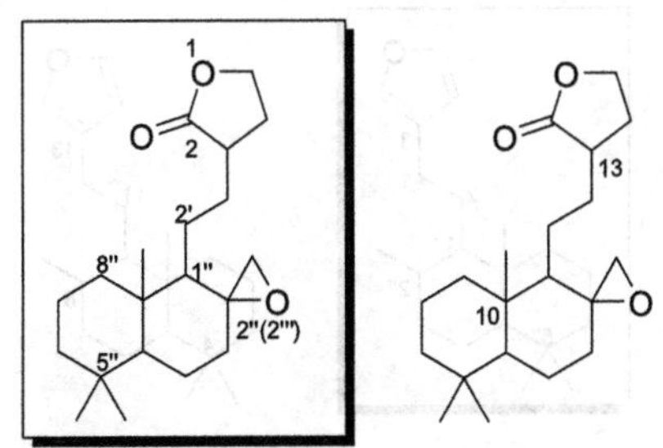

【系统分类】

3-{2-(5,5,8a-三甲基八氢-1*H*-螺[萘-2,2′-环氧乙烷]-1-基)乙基}二氢呋喃-2(3*H*)-酮

3-{2-(5,5,8a-trimethyloctahydro-1*H*-spiro[naphthalene-2,2′-oxiran]-1-yl)ethyl}dihydrofuran-2(3*H*)-one

【典型氢谱特征】

11-2-54 [32] R = H
11-2-55 [32] R = OH
11-2-56 [34]

表 11-2-21 16 羧,15γ 内酯:8,17-环氧半日花烷/对映半日花烷型二萜 **11-2-54**～**11-2-56** 的 ^{1}H NMR 数据

H	**11-2-54** ($CDCl_3$)	**11-2-55** ($CDCl_3$-CD_3OD)	**11-2-56** ($CDCl_3$)	典型氢谱特征
1	ax 1.15 td(12.9, 3.9) eq 1.79 dt(12.9, 3.4)	ax 1.12 dd(12.9, 3.7) eq 1.73 dt(13.1, 3.6)	1.65 ov 1.80 ov	①15 位氧亚甲基（氧化甲基）特征峰； ②17 位环丙烷氧亚甲基（氧化甲基）特征峰； ③18 位甲基特征峰； ④19 位甲基特征峰； ⑤20 位甲基特征峰
2	ax 1.62 qd(13.3, 3.6) eq 1.69 m	ax 1.60 m eq 1.65 m	1.65 ov	
3	3.27 dd(11.5, 4.4)	3.12 dd(11.2, 4.6)	3.27 dd(11.4, 4.6)	
5	1.02 dd(12.5, 3.5)	0.94 d(1.9)	1.06 ov	
6	1.72 m	4.46 td(3, 1.8)	1.50 ov, 2.05 ov	
7	ax 1.40 ddd(13.9, 3.7, 2.6) eq 1.94 td(13.9, 5.8)	ax 1.15 dd(14.8, 2.5) eq 2.18 dd(14.8, 3.6)	3.70 dd(11.6, 5.1)	
9	1.66 m	1.66 m	1.60 ov	
11	2.08 ddd(16.5, 9.1, 7.8) 2.27 br dd(16.5, 6.8)	2.10 m 2.31 d(6.6)	1.90 ov 2.15 ov	
12	6.85 td(7.1, 1.6)	6.77 td(6.9, 1.8)	6.55 m	
14	5.03 t(5.6)[a]	4.92 d(6.1)[a]	2.85 m	
15①	4.27 dd(10.4, 2)[a] 4.47 dd(10.4, 6.1)[a]	4.18 dd(10.2, 4.6)[a] 4.41 dd(10.2, 6.2)[a]	4.40 t(7.4)	
17②	2.34 d(3.6), 2.73 d(3.6)	2.27 d(3.5), 2.75 d(3.5)	2.8 d(4.1), 2.95 d(4.1)	
18③	1.04 s	1.06 s	1.05 s	
19④	0.85 s	1.22 s	0.85 s	
20⑤	0.95 s	1.17 s	0.90 s	

[a] 遵循文献数据，疑有误。

（8）呋喃半日花烷/对映半日花烷型二萜

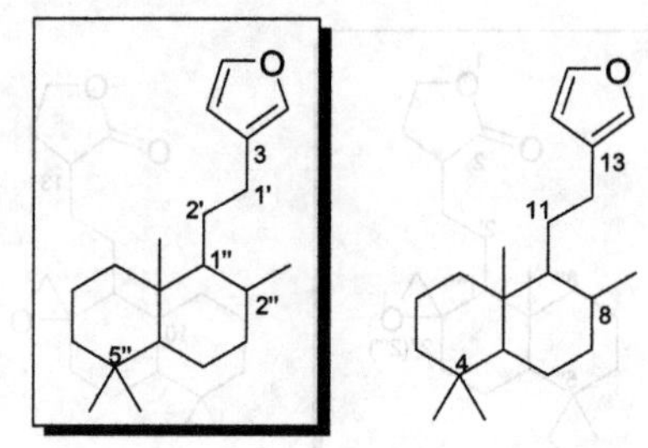

【系统分类】

3-(2-(2,5,5,8a-四甲基十氢萘-1-基)乙基)呋喃

3-(2-(2,5,5,8a-tetramethyldecahydronaphthalen-1-yl)ethyl)furan

【结构多样性】

20 羧-19δ 内酯；19 羧,6γ-内酯；等。

【典型氢谱特征】

OHC AcO H O **11-2-57** [41]

O O H O **11-2-58** [42]

OH O O O **11-2-59** [20]

表 11-2-22　呋喃半日花烷/对映半日花烷型二萜 11-2-57～11-2-59 的 ^{1}H NMR 数据

H	**11-2-57** ($CDCl_3$)	**11-2-58** ($CDCl_3$)	**11-2-59** ($CDCl_3$)	典型氢谱特征
1	ax 0.73 ddd(12.0, 12.0, 3.4) eq 2.47 m	ax 1.48 m eq 2.08 m	1.65 ddd(13.0, 9.9, 4.4) 2.17 ddd(13.3, 11.3, 4.3)	① 14 位、15 位和 16 位呋喃环质子特征峰(显示五元芳杂环体系的特征)； ② 17 位甲基特征峰；化合物 **11-2-57** 和 **11-2-58** 的 C(17)形成烯亚甲基，其信号有特征性； ③ 18 位甲基特征峰； ④ 化合物 **11-2-57** 和 **11-2-58** 的 C(19)形成氧亚甲基（氧化甲基），其信号有特征性；**11-2-59** 的 C(19)形成酯羰基，不存在该甲基特征信号； ⑤ 20 位甲基特征峰；化合物 **11-2-57** 的 C(20)形成甲酰基，其信号有特征性；**11-2-58** 的 C(20)形成酯羰基，不存在该甲基特征信号
2	ax 1.40 m, eq 1.47 m	ax 1.68 m, eq 1.74 m	2.44～2.60 ov	
3	ax 1.06 ddd(12.1, 12.1, 4.7) eq 1.68 m	ax 1.48 m eq 1.68 m		
5	1.63 m	1.66 m	2.76 d(4.4)	
6	ax 2.04 m eq 2.13 m	ax 1.30 dddd(13.2, 13.2, 13.2, 4.4) eq 2.10 m	4.58 t(5.1)	
7	ax 2.20 m eq 2.64 ddd(12.3, 3.2, 3.2)	ax 2.22 ddd(13.2, 13.2, 4.4) eq 2.45 ddd(13.2, 4.4, 2.4)	1.80 ov 2.08 ov	
8			2.04 ov	
9	1.83 br d(11.3)	2.85 dd(8.8, 3.4)		
11	1.50 m 1.72 m	3.35 dd(18.1, 3.4) 3.80 dd(18.1, 8.8)	1.73～1.90 ov	
12	2.24 m, 2.52 m		2.44～2.54 ov	
14①	6.20 br s	6.81 d(1.5)	6.23 br s	
15①	7.30 br s	7.44 dd(1.5, 1.5)	7.31 br s	
16①	7.15 br s	8.20 br s	7.19 br s	
17②	4.61 br s, 4.93 br s	4.62 s, 4.80 s	0.95 d(6.5)	
18③	0.96 s	0.94 s	1.46 s	
19④	3.72 d(11.2) 3.88 d(11.2)	4.05 d(11.7) 4.21 dd(11.7, 2.4)		
20⑤	9.80 s		0.87 s	
OAc	1.99 s			

二、克罗烷型二萜

1. 简单克罗烷型二萜

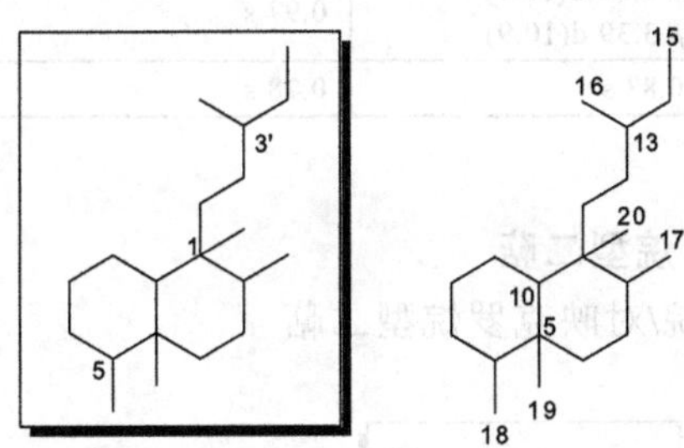

【系统分类】

1,2,4a,5-四甲基-1-(3-甲基戊基)十氢萘

1,2,4a,5-tetramethyl-1-(3-methylpentyl)decahydronaphthalene

【结构多样性】

A 环和 B 环顺式稠合；16α-Me；等。

【典型氢谱特征】

11-2-60 [43]　　11-2-61 [44]　　11-2-62 [45]

表 11-2-23 简单克罗烷型二萜 11-2-60～11-2-62 的 ^{1}H NMR 数据

H	11-2-60 ($CDCl_3$)	11-2-61 ($CDCl_3$)	11-2-62 ($CDCl_3$)	典型氢谱特征
1	α 1.55 m β 1.87 m	α 1.85 m β 2.06 m	1.45 dd(16.2, 3.4) 2.20 br d(16.2)	
2	1.99 m 2.10 m	α 2.16 m β 2.02 m	4.40 m 10.19 br s(OOH)	
3	5.19 br s	5.60 br s	5.20 m	
6	α 1.73 m β 1.19 dd(9.2, 3.6)	α 1.27 m β 1.86 m	1.35 m 1.63 m	① 化合物 **11-2-62** 的 C(14)和 C(15)形成单取代乙烯，15 位烯亚甲基信号有特征性；化合物 **11-2-60** 和 **11-2-61** 的 C(15)形成羧羰基，甲基特征信号消失； ② 16 位甲基特征峰； ③ 17 位甲基特征峰； ④ 18 位甲基特征峰； ⑤ 19 位甲基特征峰；化合物 **11-2-61** 的 C(19)形成氧亚甲基（氧化甲基），其信号有特征性； ⑥ 20 位甲基特征峰
7	1.45 m	1.26 m, 1.37 m	1.38 m	
8	1.55 m	1.42 m	1.35 m	
10	1.40 m	—[a]	1.70 m	
11	5.44 dd(9.8, 1.3) 2.02 s(OAc)	1.37 m 1.67 m	1.40 m 1.70 m	
12	2.28 m, 2.44 d(13.2)	2.06 m (2H)	1.65 m	
14	5.67 br s	5.71 br s	6.01 dd(17.3, 10.8)	
15①			5.00 dd(10.8, 1.0) 5.22 dd(17.3, 1.0)	
16②	2.16 d(1.2)	2.19 d(1.0)	1.31 s	
17③	0.98 d(6.4)	0.80 d(6.7)	0.81 d(5.3)	
18④	1.56 s	1.72 d(1.2)	1.63 t(1.4)	
19⑤	1.05 s	α 3.26 d(10.9) β 3.39 d(10.9)	0.97 s	
20⑥	0.77 s	0.83 s	0.78 s	

[a] 文献中没有给出数据。

2. 内酯克罗烷/对映克罗烷型二萜

（1）15 羧,16γ 内酯克罗烷/对映克罗烷型二萜

【系统分类】

4-[2-(1,2,4a,5-四甲基十氢萘-1-基)乙基]二氢呋喃-2(3*H*)-酮

4-[2-(1,2,4a,5-tetramethyldecahydronaphthalen-1-yl)ethyl]dihydrofuran-2(3*H*)-one

【结构多样性】

C(4)-C(18)环氧；17 羧,12δ 内酯；18 羧,6γ 内酯；C(9)-C(10)键断裂；等。

【典型氢谱特征】

11-2-63 [46]　　**11-2-64** [47]　　**11-2-65** [48]

表 11-2-24 15 羧,16γ 内酯克罗烷/对映克罗烷型二萜 **11-2-63～11-2-65** 的 ^{1}H NMR 数据

H	**11-2-63** (CD_3OD)	**11-2-64** ($CDCl_3$)	**11-2-65** ($CDCl_3$)	典型氢谱特征
1		1.54, 1.92 m	—	① 16 位氧亚甲基（氧化甲基）特征峰；化合物 **11-2-63** 的 C(16)形成酯化的醛水合物次甲基，其信号有特征性； ② 17 位甲基特征峰；化合物 **11-2-63** 的 C(17)形成羧羰基，甲基特征信号消失； ③ 化合物 **11-2-63** 的 C(18)形成酯羰基，甲基特征信号消失；化合物 **11-2-64** 的 C(18)形成烯亚甲基，化合物 **11-2-65** 的 C(18)形成环氧乙烷氧亚甲基（氧化甲基），信号有特征性； ④ 19 位甲基特征峰；化合物 **11-2-65** 的 C(19)形成氧亚甲基（氧化甲基），其信号有特征性； ⑤ 20 位甲基特征峰
2	5.19 dd(12.2, 7.1) 2.09 s(OAc)	2.15～2.25 m	—	
3	2.15 q-like(13.0) 2.29 ddd(13.1, 7.2, 3.5)	4.33 dd(11.6, 5.4)	—	
4	3.01 dd(13.4, 3.4)			
6	1.73 m	1.18 dd(12.8, 4.3), 1.58 m	5.17 dd(10.2, 4.8)	
7	1.78 br ddd(11.1, 3.4, 3.2) 1.95 br ddt(5.9, 12.5, 12.7)	1.54 m	—	
8	2.42 br s	1.54 m		
10	2.81 br s	1.38 dd(12.1, 2.1)	2.42 m	
11	6.50 d(16.3)	1.47 dd(15.6, 1.1) 1.88 dd(15.6, 8.0)	—	
12	6.33 br d(16.3)	4.73 br d(8.0)	3.02 m	
14	5.92 s	5.90 dd(3.0, 1.7)	5.81 m	
16①	6.13 s	4.86 dd(1.9, 1.9) (2H)	4.76 br s	
17②		0.80 d(5.6)	1.12 s	
18③	3.70 s(COOMe)	4.72 s 4.91 d(1.2)	2.26 d(4.0) 3.06 dd(4.0, 2.2)	
19④	1.05 s	1.05 s	4.49 d(12.2) 4.73 d(12.2) 2.11 s(OAc)	
20⑤	1.56 s	0.76 s	0.92 s	
2′, 6′			7.99 dd(8.5, 1.4)	
3′, 5′			7.39 t(7.7)	
4′			7.52 tt(8.5, 7.7, 1.4)	

11-2-66 [46]　　11-2-67 [49]　　11-2-68 [50]

表 11-2-25 15 羧,16*γ* 内酯克罗烷/对映克罗烷型二萜 **11-2-66～11-2-68** 的 ^{1}H NMR 数据

H	**11-2-66** ($CDCl_3$-CD_3OD)	**11-2-67** ($CDCl_3$)	**11-2-68** ($CDCl_3$-CD_3OD)	典型氢谱特征
1		3.66 dt(3.5, 11.5)	1.78 m, 2.00 m	
2	5.20 dd(12.2, 7.3) 2.18 s(OAc)	*α* 1.59 ov *β* 1.86 ov	2.35 ddd(7.3, 3.7, 1.8) 2.43 m	化合物 **11-2-68** 存在 C(9)-C(10) 键断裂的结构特征，但 15 羧,16*γ* 内酯克罗烷/对映克罗烷型二萜特征仍然存在。
3	2.27 q[1](13.2) 2.34 ddd(13.2, 7.6, 3.9)	*α* 2.10 ov *β* 2.20 ov	6.92 dd(3.8, 3.8)	
4	2.90 dd(13.2, 3.7)	2.37 dd(11.2, 2.5)		
6	1.68 br t(12.5) 1.79 br dd(10.0, 2.9)	4.23 d(8.5)	4.64 dd(7.3, 7.3)	① 化合物 **11-2-66～11-2-68** 的 C(16)形成酯化的醛水合物次甲基，信号有特征性；
7	1.62 br dt(2.9, 13.2) 2.12 br d(10.5)	*α* 1.78 ov *β* 2.15 ov	2.73 br s	
8	2.36 br dd(11.5, 2.7)	1.53 ov		② 17 位甲基特征峰；
10	2.45 s	1.51 ov	4.14 dd(4.5, 2.3)	化合物 **11-2-66** 和 **11-2-68** 存在 17 羧,12*δ* 内酯的结构特征，甲基特征信号消失；
11	1.68 br t(12.5)	*α* 1.82 ov	2.84 dd(16.5, 4.5)	
12	2.45 br s 5.49 br s	*β* 1.90 ov 4.91 dd(9.3, 6.0)	3.21 dd(16.5, 9.1) 5.38 br s	③ 19 位甲基特征峰；
14	6.10 br s	6.06 s	6.09 s	④ 20 位甲基特征峰。
16①	6.18 br s	6.06 s	6.20 br s	
17②		0.88 d(6.6)		化合物 **11-2-66～11-2-68** 的 C(18)形成酯羰基，甲基特征信号消失
18	3.74 s(COOMe)			
19③	1.11 s	1.40 s	1.24 s	
20④	1.43 s	0.91 s	2.30 s	

（2）16 羧,15*γ* 内酯克罗烷/对映克罗烷型二萜

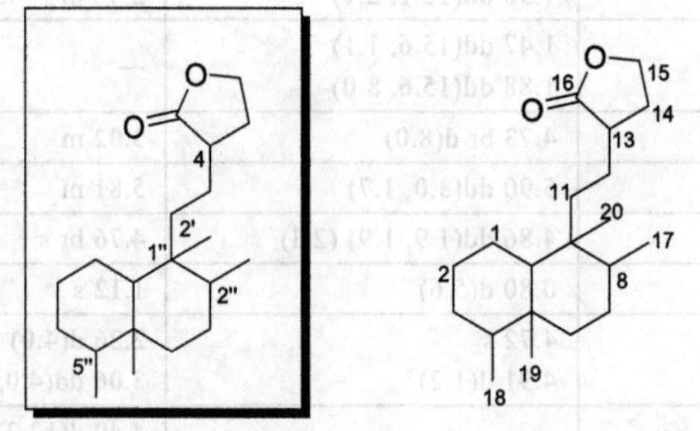

【系统分类】

3-[2-(1,2,4a,5-四甲基十氢萘-1-基)乙基]二氢呋喃-2(3*H*)-酮

3-[2-(1,2,4a,5-tetramethyldecahydronaphthalen-1-yl)ethyl]dihydrofuran-2(3*H*)-one

【结构多样性】

C(4),C(18)环氧；C(7),C(20)环氧；17 羧,12*δ* 内酯；等。

【典型氢谱特征】

11-2-69 [51]　　11-2-70 [52]　　11-2-71 [46]

表 11-2-26 16 羧,15γ 内酯克罗烷/对映克罗烷型二萜 **11-2-69～11-2-71** 的 ^{1}H NMR 数据

H	11-2-69	11-2-70 ($CDCl_3$)	11-2-71 ($CDCl_3$-CD_3OD)	典型氢谱特征
1	1.53 ddd(12, 11, 5) 1.71 br dd(12, 7, 1)	α 1.66 qd(12.7, 3.4) β 1.83 m		① 15 位氧亚甲基（氧化甲基）特征峰；化合物 **11-2-70** 和 **11-2-71** 的 C(15) 形成酯化的醛水合物次甲基，信号有特征性； ② 17 位甲基特征峰；化合物 **11-2-71** 的 C(17)形成酯羰基，甲基特征信号消失； ③ 化合物 **11-2-69** 的 C(18)形成羧羰基，化合物 **11-2-71** 的 C(18)形成酯羰基，甲基特征信号消失；化合物 **11-2-70** 的 C(18)形成环氧乙烷氧亚甲基（氧化甲基），信号有特征性； ④ 19 位甲基特征峰；化合物 **11-2-70** 的 C(19)形成氧亚甲基（氧化甲基），信号有特征性； ⑤ 20 位甲基特征峰；化合物 **11-2-70** 的 C(20)形成酯化的半缩醛次甲基，信号有特征性
2	2.28 dddd(20, 11, 7, 3) 2.35 dddd(20, 5, 4.5, 1)	α 1.93 m β 1.38 m	5.20 dd(12.5, 7.6) 2.15 s(OAc)	
3	6.89 dd(4.5, 3)	α 2.43 ddd(13.6, 13.0, 4.7) β 1.04 ddd(13.6, 3.4, 2.1)	2.25 q-like(12.9) 2.31 dt(7.6, 3.7)[a]	
4			2.92 dd(13.2, 3.7)	
6	α 2.78 dd(12, 4) β 1.16 t(12)		1.68 br t(12.2) 1.79 br dt(13.1, 3.1)	
7	4.99 ddd(12, 11, 4) 2.04 s(OAc)	4.28 br s	1.61 br dt(13.3, 3.5) 2.12 br dd(13.7, 3.2)	
8	1.64 dq(11, 6.5)	2.25 qd(7.1, 0.5)	2.35 br dd(10.5, 3.4)[a]	
10	1.42 dd(12, 1)	2.00 dd(12.7, 1.4)	2.47 s	
11	1.51 br t(13) 1.67 br t(13)	6.90 d(16.9)	1.68 br t(12.2) 2.46 dd(13.4, 5.7)	
12	2.07 br t(13) 2.18 br t(13)	6.15 d(16.9)	5.40 dd(11.8, 5.7)	
14	7.08 tt(1.5, 1.5)	7.00 br s	7.20 br s	
15①	4.76 q(1.5)	6.94 br s	6.18 br s	
17②	0.84 d(6.5)	1.25 d(7.1)		
18③		2.35 d(5.1) 3.06 dd(5.1, 2.1)	3.73 s(COOMe)	
19④	1.33 s	4.81 d(11.4) 5.23 d(11.4)	1.10 s	
20⑤	0.84 s	6.31 s	1.43 s	
OAc		2.07 s, 2.11 s, 2.15 s		

[a] 信号归属不明确，可以互相交换。

（3）18 羧,19γ 内酯克罗烷/对映克罗烷型二萜

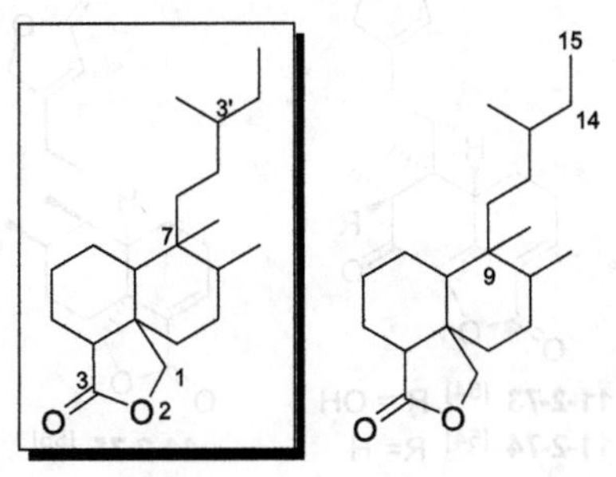

【系统分类】

7,8-二甲基-7-(3-甲基戊基)八氢-1*H*-萘并[1,8a-*c*]呋喃-3(3a*H*)-酮

7,8-dimethyl-7-(3-methylpentyl)octahydro-1*H*-naphtho[1,8a-*c*]furan-3(3a*H*)-one

【典型氢谱特征】

11-2-72 [53]

表 11-2-27 18 羧,19γ 内酯克罗烷/对映克罗烷型二萜 **11-2-72** 的 ^{1}H NMR 数据

H	**11-2-72** ($CDCl_3$)	H	**11-2-72** ($CDCl_3$)	典型氢谱特征
1	*α* 1.12 m, *β* 1.78 br s	13	1.95 br s	① 16 位氧亚甲基（氧化甲基）特征峰；
2	*α* 2.44 m, *β* 2.19 m	14	2.28 m, 2.44 m	② 17 位甲基特征峰；
3	6.80 d(6.2)	16①	3.57 m	③ 19 位氧亚甲基（氧化甲基）特征峰；
6	*α* 2.58 m, *β* 2.30 m	17②	0.92 d(6.2)	④ 20 位甲基特征峰；
8	2.54 m	19③	3.86 d(7.6), 3.94 d(7.6)	化合物 **11-2-72** 的 C(15)形成酯羰基，甲基特征信号消失
10	2.33 m	20④	0.55 s	
11	1.35 m, 1.54 m	OMe	3.64 s	
12	1.25 m, 1.37 m			

（4）15 羧,16γ:18 羧,19γ 双内酯克罗烷/对映克罗烷型二萜

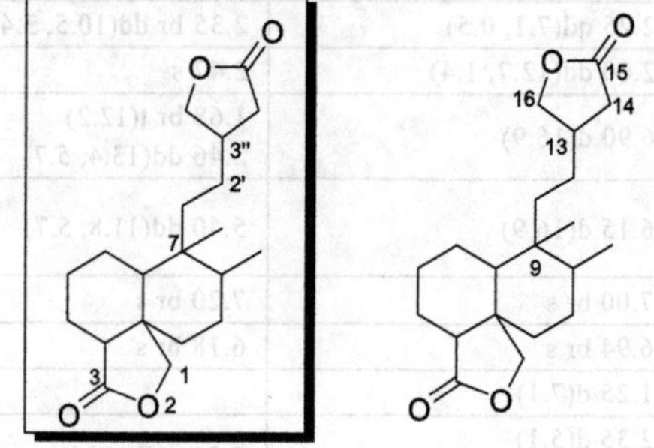

【系统分类】

7,8-二甲基-7-[2-(5-氧代四氢呋喃-3-基)乙基]八氢-1*H*-萘并[1,8a-*c*]呋喃-3(3a*H*)-酮

7,8-dimethyl-7-[2-(5-oxotetrahydrofuran-3-yl)ethyl]octahydro-1*H*-naphtho[1,8a-*c*]furan-3(3a*H*)-one

【典型氢谱特征】

11-2-73 [54] R = OH

11-2-74 [54] R= H

11-2-75 [55]

表 11-2-28 15 羧,16γ:18 羧,19γ 双内酯克罗烷/对映克罗烷型二萜 11-2-73～11-2-75 的 ^{1}H NMR 数据

H	11-2-73(CDCl$_3$)	11-2-74 (CDCl$_3$)	11-2-75 (CDCl$_3$)	典型氢谱特征
1	1.21 m 1.61 m	1.68 m	α 1.92 br d(13.9) β 1.73 dddd(13.3, 13.3, 11.3, 5.7)	① 16 位氧亚甲基(氧化甲基)特征峰； ② 17 位甲基特征峰； ③ 19 位氧亚甲基(氧化甲基)特征峰； ④ 20 位甲基特征峰
2	2.34 m 2.49 m	2.25 m 2.48 m	α 2.12 dddd(20.2, 11.1, 6.3, 2.8) β 2.39 dddd(20.1, 5.7, 4.4, 1.4)	
3	6.84 dd(7.3, 2.1)	6.80 dd(7.3, 2.1)	6.80 dd(3.5, 3.5)	
6	2.49 d(12.1) 3.14 dd(12.1, 2.1)	2.30 m 2.65 d(12.5)	α 1.55 m β 1.62 m	
7			α 1.95 tt(14.2, 11.9, 5.7, 5.7) β 1.43 dddd(14.5, 3.4, 3.4, 3.2)	
8	2.63 s(OH)	2.53 q(6.7)	1.62 m	
10	2.99 d(12.2)	2.33 m	1.39 dd(13.1, 2.6)	
11	1.73 m, 1.95 m	1.65 m, 1.78 m	1.51 dd(9.8, 7.2)	
12	2.34 m, 3.10 m	2.30 m, 2.40 m	2.33 m, 2.36 m	
14	5.83 t(1.5)	5.84 t(1.8)	5.81 m	
16①	4.75 d(1.5) (2H)	4.73 s (2H)	4.73 d(1.8) (2H)	
17②	1.32 s	0.95 d(6.7)	1.07 d(7.4)	
19③	3.88 dd(8.2, 2.1) 3.99 d(8.2)	3.87 dd(8.2, 2.1) 3.94 d(8.2)	α 3.74 dd(8.0, 1.8) β 4.56 d(8.0)	
20④	0.61 s	0.62 s	0.98 s	

（5）16 羧,15γ:18 羧,6γ 双内酯克罗烷/对映克罗烷型二萜

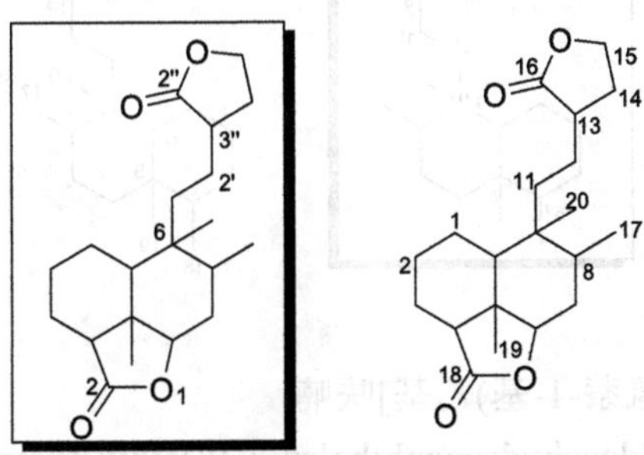

【系统分类】

2a^1,6,7-三甲基-6-[2-(2-氧代四氢呋喃-3-基)乙基]十氢-2*H*-萘并[1,8-*bc*]呋喃-2-酮

2a^1,6,7-trimethyl-6-[2-(2-oxotetrahydrofuran-3-yl)ethyl]decahydro-2*H*-naphtho[1,8-*bc*]furan-2-one

【典型氢谱特征】

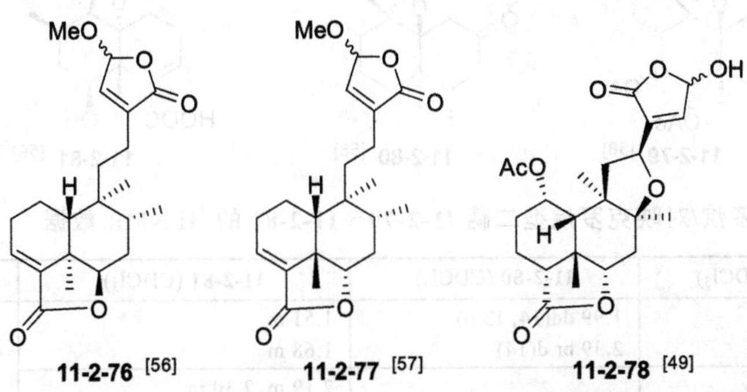

表 11-2-29 16 羧,15γ:18 羧,6γ 双内酯克罗烷/对映克罗烷型二萜 **11-2-76**～**11-2-78** 的 ^{1}H NMR 数据

H	**11-2-76** ($CDCl_3$)	**11-2-77** ($CDCl_3$)	**11-2-78** ($CDCl_3$)	典型氢谱特征
1	1.50～1.67 m (ov)	1.57～1.65 m	4.90 br s, 2.01 s(OAc)	① 化合物 **11-2-76** 和 **11-2-77** 的 C(15)形成酯化的半缩醛次甲基，化合物 **11-2-78** 的 C(15)形成酯化的醛水合物次甲基，其信号有特征性； ② 17 位甲基特征峰； ③ 19 位甲基特征峰； ④ 20 位甲基特征峰
2	2.43～2.49 m	2.50 m (ov)	α 1.60 ov, β 1.76 ov	
3	6.46 br s	6.43 br s	2.00～2.20 (ov)	
4			2.47 d(11.0)	
6	3.69 dd(7.5, 3.5)	3.78 dd(8.3, 4.2)	4.14 ov	
7	1.99～2.03 m	2.05 m(ov)	2.40 ov	
8	1.78 m	1.90 m		
10	1.43 br d(12)	1.48 dd(11.7, 5.1)	1.93 ov	
11	1.44～1.60 m (ov) 2.10 ddd(11.6, 4.8)	1.50～1.55 m	α 2.10 ov β 2.63 dd(13.7, 6.2)	
12	2.15～2.21 m	2.20 -2.27 m	4.67 br s	
14	6.75 t(1.4)	6.70 br s	6.72 s	
15①	5.70 br s	5.75 br s	5.99 br s	
17②	0.96 d(6.5)	0.94 d(7.3)	1.29 s	
19③	1.01 s	1.30 s	1.29 s	
20④	0.86 s	0.80 s	0.98 s	
OMe	3.56 s	3.57 s		

3. 呋喃克罗烷/对映克罗烷型二萜

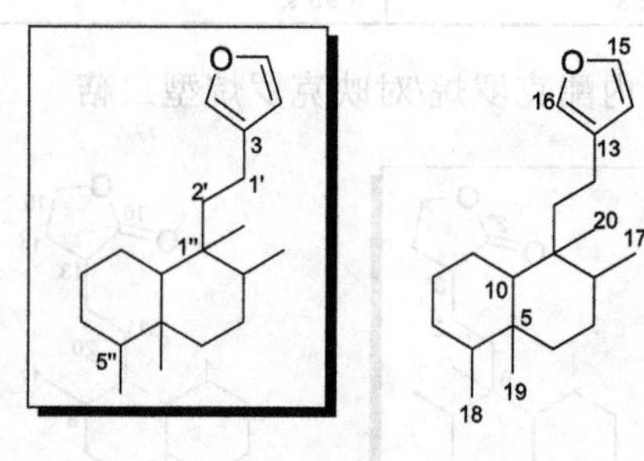

【系统分类】

3-[2-(1,2,4a,5-四甲基十氢萘-1-基)乙基]呋喃

3-[2-(1,2,4a,5-tetramethyldecahydronaphthalen-1-yl)ethyl]furan

【典型氢谱特征】

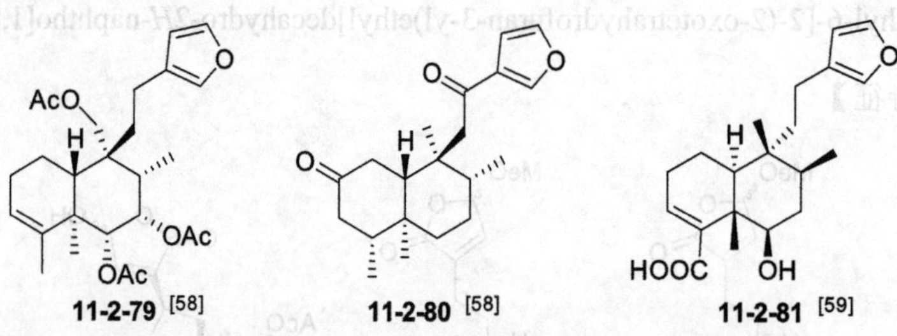

11-2-79 [58] **11-2-80** [58] **11-2-81** [59]

表 11-2-30 呋喃克罗烷/对映克罗烷型二萜 **11-2-79**～**11-2-81** 的 ^{1}H NMR 数据

H	**11-2-79** ($CDCl_3$)	**11-2-80** ($CDCl_3$)	**11-2-81** ($CDCl_3$)	典型氢谱特征
1	1.76 ov 1.84 ov	1.99 dd(14, 13.6) 2.39 br d(14)	1.51 m 1.68 m	
2	1.97 ov, 2.06 ov		2.19 m, 2.30 m	

续表

H	11-2-79 (CDCl$_3$)	11-2-80 (CDCl$_3$)	11-2-81 (CDCl$_3$)	典型氢谱特征
3	5.22 br s	1.79 dd(15.4, 14.5) 2.04 br d(15.4)	7.01 dd(4.7, 3)	① 14 位、15 位和 16 位呋喃环质子特征峰（显示五元芳杂环体系的特征）； ② 17 位甲基特征峰； ③ 18 位甲基特征峰；化合物 **11-2-81** 的 C(18) 形成羧羰基，甲基特征信号消失； ④ 19 位甲基特征峰； ⑤ 20 位甲基特征峰；化合物 **11-2-79** 的 C(20) 形成氧亚甲基（氧化甲基），其信号有特征性
4		1.09 m		
6	4.78 d(4.4)	0.83 m, 1.38 br d(14)	3.63 dd(11, 4.8)	
7	5.38 dd(4.4, 3.7)	1.18 ov, 1.17 ov	1.62 m	
8	2.02 ov	2.09 ov	—	
10	1.69 dd(8.2, 2)	2.11 ov	1.32 br d(12)	
11	1.83 ov 1.96 ov	2.22 d(16.2) 2.30 d(16.2)	1.56 ddd(14.2, 12.1, 5) 1.64 ddd(14.2, 12.1, 5.2)	
12	2.27 t(8.8)		2.15 ddd(14.2, 12.1, 5.2) 2.25 ddd(14.2, 12.1, 5)	
14①	6.28 s	6.62 s	6.20 dd(1.7, 0.8)	
15①	7.37 s	6.79 s	7.30 t(1.7)	
16①	7.24 s	7.40 s	7.15 dd(1.4, 0.9)	
17②	0.98 d(7.3)	0.75 d(6.6)	0.82 d(6.6)	
18③	1.57 br s	0.45 d(6.6)		
19④	1.33 s	0.56 s	1.17 s	
20⑤	4.50 d(11.8) 4.42 d(11.8)	0.52 s	0.70 s	
OAc	2.12 s(6-OAc) 2.05 s(7-OAc) 2.00 s(20-OAc)			

4. 18,19-环氧克罗烷/对映克罗烷型二萜

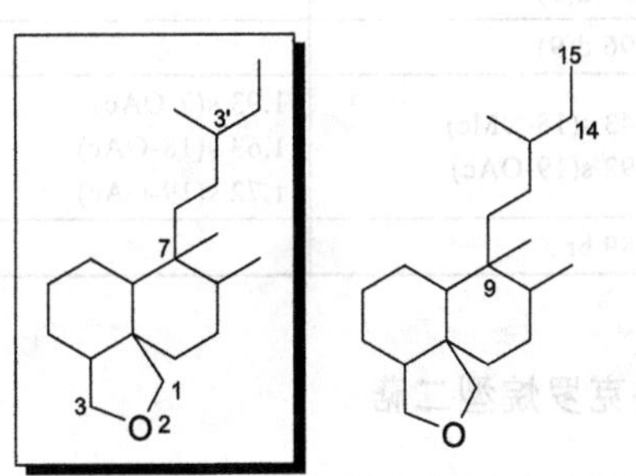

【系统分类】

7,8-二甲基-7-(3-甲基戊基)十氢-1*H*-萘并[1,8a-*c*]呋喃

7,8-dimethyl-7-(3-methylpentyl)decahydro-1*H*-naphtho[1,8a-*c*]furan

【典型氢谱特征】

11-2-82 [60]　**11-2-83** [61]　**11-2-84** [62]

表 11-2-31 18,19-环氧克罗烷/对映克罗烷型二萜 **11-2-82**～**11-2-84** 的 ^{1}H NMR 数据

H	**11-2-82** ($CDCl_3$)	**11-2-83** ($CDCl_3$)	**11-2-84** ($CDCl_3$)	典型氢谱特征
1	1.91 m	ax 1.78 m, eq 2.32 m	1.62 ov, 1.77 m	① 化合物**11-2-82**～**11-2-84**的C(14)和 C(15)形成单取代乙烯基，其信号有特征性； ② 16 位甲基特征峰；化合物**11-2-83**和**11-2-84**的 C(16)形成烯亚甲基，其信号有特征性； ③ 17 位甲基特征峰； ④ 化合物**11-2-82**～**11-2-84**的C(18)形成酯化的半缩醛次甲基，其信号有特征性； ⑤ 化合物**11-2-82**～**11-2-84**的C(19) 形成酯化的半缩醛次甲基，其信号有特征性； ⑥ 20 位甲基特征峰
2	4.28 br s	5.80 m	5.47 m	
3	5.93 d(3.5)	6.11 br s	6.10 d(3.7)	
6	1.48 m	4.04 dd(11.9, 3.9)	3.65 d(10.7)	
7	1.42 m, 1.70 m	1.69 m, 1.89 m	5.35 dd(11, 10.7)	
8	1.67 m	1.78 m	1.64 ov	
10	2.19 dd(11.7, 4.4)	2.42 dd(13.8, 2.9)	2.46 dd(13.8, 3.5)	
11	1.74 m[a] 2.37 dd(16.1, 9)[a]	1.25 m 1.49 m	1.49 ov 1.64 ov	
12	5.36 br d(7)[a]	2.09 m	2.04 m, 2.17 m	
14①	6.65 dd(17.2, 10.9)	6.44 dd(17.7, 11.2)	6.34 dd(17.7, 10.8)	
15①	5.09 d(10.9) 5.18 d(17.2)	5.06 d(11.2) 5.23 d(17.7)	4.86 d(10.8) 5.07 d(17.7)	
16②	1.90 s	4.94 s, 5.04 s	5.00 br s	
17③	0.88 d(6.6)	0.93 d(6.5)	0.83 d(6.7)	
18④	6.67 s	5.48 m	7.15 ov	
19⑤	6.36 s	6.43 s	6.98 s	
20⑥	0.85 s	0.97 s	0.67 s	
2′			1.89 m	
3′		7.96 d(9)	1.46 m	
4′		6.87 d(9)	0.73 t(7.4)	
6′		6.87 d(9)		
7′		7.96 d(9)		
OAc	2.10 s(18-OAc) 2.00 s(19-OAc)	3.43 s(18-OMe) 1.92 s(19-OAc)	1.93 s(7-OAc) 1.63 s(18-OAc) 1.72 s(19-OAc)	
OH		5.89 br s		

a 遵循文献数据，疑有误。

5. 3,4-环氧克罗烷/对映克罗烷型二萜

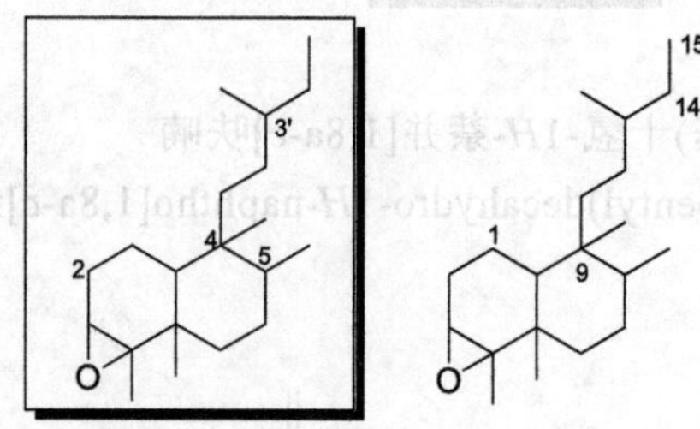

【系统分类】

4,5,7a,7b-四甲基-4-(3-甲基戊基)十氢萘并[1,2-*b*]环氧乙烯

4,5,7a,7b-tetramethyl-4-(3-methylpentyl)decahydronaphtho[1,2-*b*]oxirene

【典型氢谱特征】

11-2-85 [63]

表 11-2-32 3,4-环氧克罗烷/对映克罗烷型二萜 11-2-85 的 ^{1}H NMR 数据

H	11-2-85 (CDCl$_3$)	H	11-2-85 (CDCl$_3$)	典型氢谱特征
1	1.08～1.18 m (ov)	12	1.63 ddd(12.5, 12.5, 5.1) 1.80 ddd(13.2, 13.2, 5.1)	① 3 位环氧丙烷氧次甲基特征峰； ② 化合物 **11-2-85** 的 C(15)形成氧亚甲基（氧化甲基），其信号有特征性（母核碳架的 15 位甲基）； ③ 16 位甲基特征峰； ④ 17 位甲基特征峰； ⑤ 18 位甲基特征峰； ⑥ 19 位甲基特征峰； ⑦ 20 位甲基特征峰
2	1.38～1.47 m (ov), 2.00 br d	14	5.42 br t	
3①	2.71 s	15②	4.00 d(6.6)	
6	1.08～1.18 m (ov), 1.38～1.47 m (ov)	16③	1.50 s	
7	1.24～1.36 m (ov)	17④	0.74 d(5.9)	
8	1.24～1.36 m (ov)	18⑤	1.15 s	
10	0.82 d(11.0)	19⑥	1.10 s	
11	1.24～1.36 m (ov)	20⑦	0.60 s	

6. 12,20-环氧克罗烷/对映克罗烷型二萜

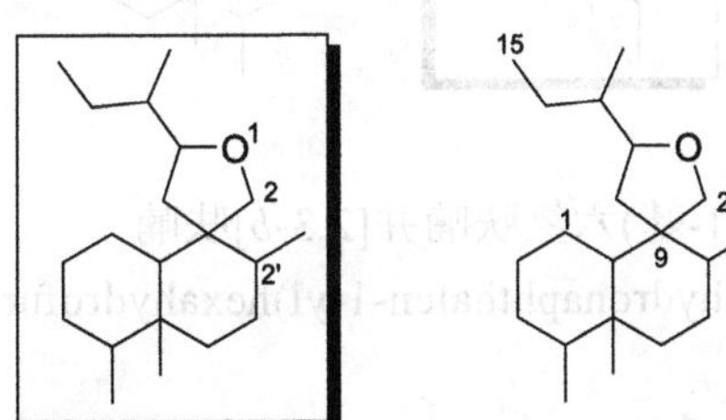

【系统分类】

2′,4a′,5′-三甲基-5-仲丁基-十氢-2*H*,2′*H*-螺(呋喃-3,1′-萘)

5-(*sec*-butyl)-2′,4a′,5′-trimethyldecahydro-2*H*,2′*H*-spiro(furan-3,1′-naphthalene)

【典型氢谱特征】

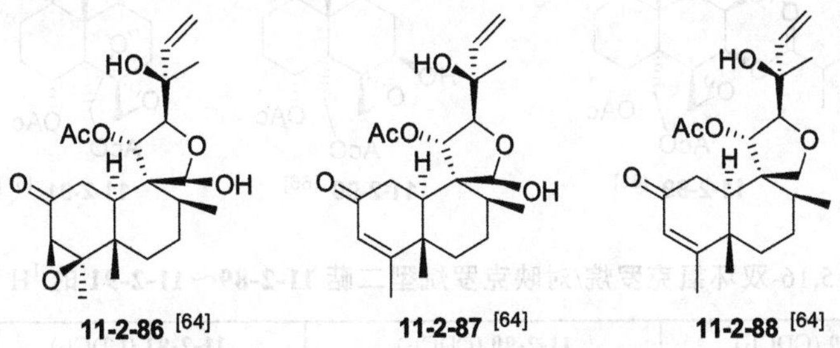

表 11-2-33 12,20-环氧克罗烷/对映克罗烷型二萜 11-2-86～11-2-88 的 ^{1}H NMR 数据

H	11-2-86 (CDCl$_3$)	11-2-87 (CDCl$_3$)	11-2-88 (CDCl$_3$)	典型氢谱特征
3	5.73 s	5.74 s	5.67 s	① 12 位氧次甲基特征峰；
11	5.91 d(5)	5.59 d(6)	6.15 d(6.0)	
12①	3.81 d(5)	3.68 d(7)	4.04 d(6.0)	

续表

H	**11-2-86** ($CDCl_3$)	**11-2-87** ($CDCl_3$)	**11-2-88** ($CDCl_3$)	典型氢谱特征
14②	5.79 dd(17, 11)	5.80 dd(17, 11)	5.94 dd(17, 11)	② 化合物 **11-2-86**～**11-2-88** 的 C(14)和 C(15)形成单取代乙烯基，其信号有特征性；③ 16 位甲基特征峰；④ 17 位甲基特征峰；⑤ 18 位甲基特征峰；⑥ 19 位甲基特征峰；⑦ 20 位氧亚甲基（氧化甲基）特征峰；化合物 **11-2-86** 和 **11-2-87** 的 C(20)形成半缩醛次甲基，其信号有特征性
15②	5.14 d(11) 5.47 d(17)	5.13 dd(11, 1) 5.38 dd(17, 11)	5.13 d(11) 5.49 d(17)	
16③	1.44 s	1.44 s	1.31 s	
17④	1.05 d(7)[a]	1.09 d(6)[a]	1.36 d(7)[a]	
18⑤	1.86 s[a]	1.85 s[a]	1.99 s[a]	
19⑥	1.16 s[a]	0.91 s[a]	1.54 s[a]	
20⑦	—[a]	—[a]	3.92 d(10)[a] 4.00 d(10)[a]	
11-OAc	1.98 s	2.02 s	2.04 s	

[a] 文献中数据列表归属存在错误，本表按照文献的讨论和实际结构进行归属，但仅供参考；根据具体结构，文献中 δ_H 5.25(s) 和 6.44（d, $J = 6$）的数据可能分别归属于化合物 **11-2-86** 和 **11-2-87** 的 20-H。

7. 11,16:15,16-双环氧克罗烷/对映克罗烷型二萜

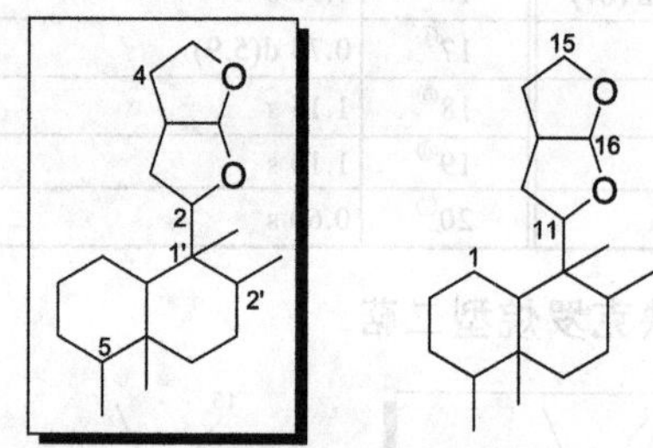

【系统分类】

2-(1,2,4a,5-四甲基十氢萘-1-基)六氢呋喃并[2,3-*b*]呋喃

2-(1,2,4a,5-tetramethyldecahydronaphthalen-1-yl)hexahydrofuro[2,3-*b*]furan

【典型氢谱特征】

11-2-89 [65]　**11-2-90** [66]　**11-2-91** [67]

表 11-2-34 11,16:15,16-双环氧克罗烷/对映克罗烷型二萜 **11-2-89**～**11-2-91** 的 ^{1}H NMR 数据

H	**11-2-89** ($CDCl_3$)	**11-2-90** ($CDCl_3$)	**11-2-91** ($CDCl_3$)	典型氢谱特征
1	ax 1.90 m eq 2.45 m	5.78 ddd(8.0, 4.8, 4.0)	ax 1.59 dd(14.4, 11.5) eq 2.35 ddd(14.6, 7.7, 4.7)	① 11 位氧次甲基特征峰；
2	4.11 m	α 1.67 ov β 2.45 ddd(10.2, 7.2, 4.8)	4.18 m	
3	5.38 d(3.4)	4.32 dd(7.2, 4.1)	ax 1.76 dd(14.3, 2.8) eq 2.52 dt(14.3)	

续表

H	11-2-89 ($CDCl_3$)	11-2-90 ($CDCl_3$)	11-2-91 ($CDCl_3$)	典型氢谱特征
6	4.76 m	4.79 dd(12.4, 4.8)	4.63 dd(11.6, 4.6)	② 化合物 **11-2-89** 的 C(15)形成缩醛次甲基，其信号有特征性；化合物 **11-2-90** 和 **11-2-91** 的 C(15)形成烯醇醚氧次甲基，信号均有特征性； ③ 16 位缩醛次甲基特征峰； ④ 17 位甲基特征峰； ⑤ 化合物 **11-2-89** ～ **11-2-91** 的 C(18)形成环氧丙烷氧亚甲基（氧化甲基），其信号有特征性； ⑥ 化合物 **11-2-89** 和 **11-2-90** 的 C(19)形成氧亚甲基（氧化甲基），**11-2-91** 的 C(19)形成酯化的半缩醛次甲基，其信号均有特征性； ⑦ 20 位甲基特征峰
7	ax 1.60 m eq 1.45 m	α 1.72 ov β 2.01 t(4.8)	ax 1.66～1.71 m eq 1.40 ddd(12.8, 4.5, 2.7)	
8	1.44 m	约 1.52 (6.1)[a]	1.61～1.65 m	
10	2.21 m	2.21 d(8.0)	2.03 dd(11.4, 4.3)	
11①	4.37 m	4.28 ddd(11.7, 5.0)	3.99 dd(11.7, 4.6)	
12	1.57 m 1.91 m	—	1.66～1.71 m 1.85 td(11.9, 8.4)	
13	2.83 m	3.31 (6.2, 2.5, 2.1)	3.53 m	
14	1.78 m, 2.20 m	4.70 t(2.5)	4.81 t(2.6)	
15②	4.95 d(5.7)	6.36 dd(2.5, 2.1)	6.45 t(2.5)	
16③	5.79 d(5.2)	5.87 d(6.2)	6.01 d(6.2)	
17④	0.87 d(6.6)	0.89 d(6.1)	0.89 d(6.5)	
18⑤	2.66 d(4.1) 2.94 d(4.1)	2.91 d(4.4) 3.02 d(4.4)	2.42 d(4.4) 2.99 d(4.4)	
19⑥	4.44 d(12.6) 4.71 d(12.6)	4.17 br d(12.3) 5.02 d(12.3)	6.74 s	
20⑦	0.93 s	0.94 s	1.17 s	
2′	2.50 m			
3′	1.12 d(7.0)	6.77 qq(6.9, 1.3)		
4′	1.12 d(7.0)	1.81 m		
5′		1.84 m		
15-OMe	3.30 s			
OAc	1.93 s(6-OAc) 2.10 s(19-OAc)	2.11 s 1.95 s	2.13 s 1.96 s	

[a] 文献中没有给出峰形。

8. 呋喃:17 羧,12δ 内酯克罗烷/对映克罗烷型二萜

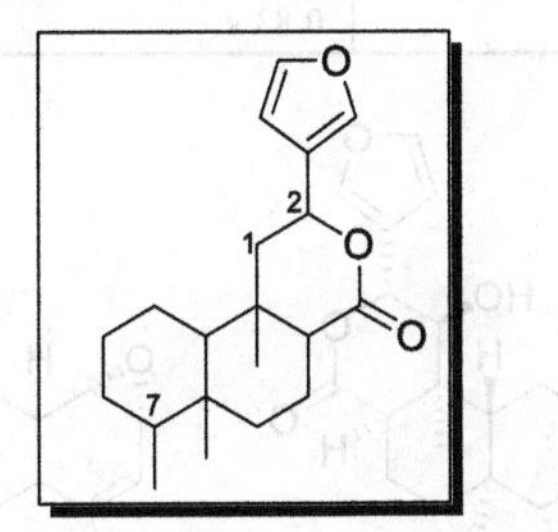

【系统分类】

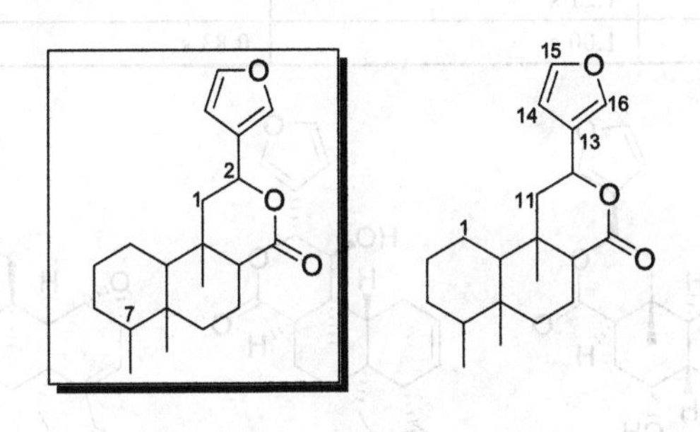

6a,7,10b-三甲基-2-(呋喃-3-基)-十二氢-4*H*-苯并[*f*]异苯并吡喃-4-酮

2-(furan-3-yl)-6a,7,10b-trimethyldodecahydro-4*H*-benzo[*f*]isochromen-4-one

【结构多样性】

C(19)降碳；等。

【典型氢谱特征】

11-2-92 [68]　　11-2-93 [69]　　11-2-94 [70]

表 11-2-35 呋喃:17 羧,12δ 内酯克罗烷/对映克罗烷型二萜 11-2-92～11-2-94 的 ¹H NMR 数据

H	11-2-92	11-2-93 ($CDCl_3$)	11-2-94 ($CDCl_3$)	典型氢谱特征
1	ax 1.96 m eq 2.24 dddd(18.5, 6.4, 4.7, 1.8)	6.03 dd(9.2, 5.8)	1.57 dd(13.3, 8.8) 2.31 m	① 12 位氧次甲基特征峰； ② 14 位、15 位和 16 位呋喃环质子特征峰（显示五元杂芳环体系的特征）； ③ 19 位甲基特征峰；化合物 **11-2-94** 的 C(19) 形成酯羰基，甲基特征信号消失； ④ 20 位甲基特征峰；化合物 **11-2-92**～**11-2-94** 的 C(18) 均形成酯羰基，甲基特征信号消失
2	5.94 ddd(9.9, 4.7, 2.7)	6.43 ddd(9.2, 5.3, 1.3)	4.90 dd(5.2, 5.2)	
3	5.62 m	6.93 d(5.3)	2.26 m 2.70 ddd(14.9, 1.1, 1.1)	
4	3.43 br s(OH)		3.45 s(OH)	
6	ax 1.61 ddd(13.4, 13.3, 5.0) eq 1.32 m	4.50 dd(10.6, 7.4)	ax 2.14 m eq 2.34 m	
7	ax 1.86 dddd(13.4, 13.4, 13.2, 4.5) eq 1.97 m	α 1.36 ddd(14.1, 13.2, 10.6) β 2.90 ddd(14.1, 7.4, 2.3)	ax 1.44 dddd(14.2, 14.2, 12.0, 3.2) eq 2.04 ddd(14.2, 4.8, 3.2, 3.2)	
8	2.61 dd(13.4, 6.2)	2.18 dd(13.2, 2.3)	2.48 dd(12.0, 3.2)	
10	2.10 dd(10.6, 6.4)	2.27 dd(5.8, 1.3)	2.09 m	
11	ax 1.82 dd(15.4, 12.5) eq 2.46 dd(15.4, 5.1)	α 2.28 dd(13.2, 4.1) β 1.88 dd(13.2, 12.4)	ax 1.83 dd(14.1, 11.0) eq 1.94 dd(14.1, 6.4)	
12①	5.65 dd(12.5, 5.1)	5.38 dd(12.4, 4.1)	5.33 dd(11.0, 6.4)	
14②	6.39 dd(2.0, 0.7)	6.42 dd(1.7, 0.8)	6.37 dd(1.9, 0.9)	
15②	7.40 dd(2.0, 1.4)	7.43 dd(1.7, 1.7)	7.40 dd(1.9, 1.7)	
16②	7.43 br s	7.46 dd(1.7, 0.8)	7.42 ddd(1.7, 0.9, 0.9)	
18	3.79 s(COOMe)		3.83 s(COOMe)	
19③	1.25 s	1.21 s		
20④	1.11 s	1.00 s	0.83 s	

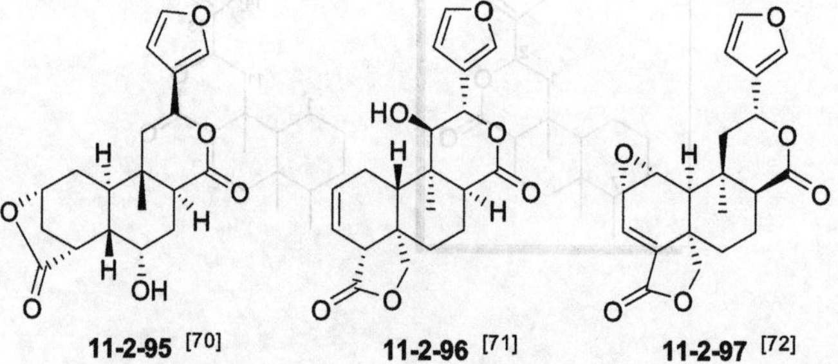

11-2-95 [70]　　11-2-96 [71]　　11-2-97 [72]

表 11-2-36 呋喃:17 羧,12δ 内酯克罗烷/对映克罗烷型二萜 11-2-95～11-2-97 的 ¹H NMR 数据

H	11-2-95 ($CDCl_3$)	11-2-96 ($CDCl_3$)	11-2-97 ($CDCl_3$)	典型氢谱特征
1	ax 1.45 ddd(13.3, 12.2, 0.9) eq 2.10 dddd(13.3, 6, 4.9, 1.7)	2.03 ddddd(16.0, 12.4, 2.7, 2.5, 2.0) 2.70 ddddd(16.0, 5.6, 4.0, 2.4, 1.2)	3.41 dd(3.6, 2.7)	① 12 位氧次甲基特征峰； ② 14 位、15 位和 16 位呋喃环质子特征峰（显示五元杂芳环体系的特征）；
2	4.85 br dd(5.5, 4.9)	5.96 dddd(10.0, 5.6, 2.4, 2.0)	3.51 dd(3.6, 2.4)	

续表

H	11-2-95 (CDCl₃)	11-2-96 (CDCl₃)	11-2-97 (CDCl₃)	典型氢谱特征
3	ax 1.77 d(11.6) eq 2.52 dddd(11.6, 5.5, 5.1, 1.7)	5.53 dtd(10.0, 2.7, 1.2)	6.98 d(2.4)	③19 位氧亚甲基（氧化甲基）特征峰；化合物 **11-2-95** 存在 C(19)降碳的结构特征，甲基特征信号消失； ④20 位甲基特征峰。 化合物 **11-2-95**～**11-2-97** 的 C(18)全部形成酯羰基，甲基特征信号消失
4	2.65 br dd(5.1, 1.1)	2.74 ddt(2.7, 2.5, 2.4)		
5	1.80 ddd(12.5, 2.0, 1.1)			
6	4.14 ddd(2.5, 2.2, 2.0) 2.30 br s(OH)	1.26 dddd(14.6, 13.8, 4.0, 1.6) 1.81 dtd(14.6, 4.0, 1.0)	1.5～1.7 m	
7	ax 1.88 ddd(14.7, 6.3, 2.5) eq 2.75 ddd(14.7, 3.2, 2.2)	1.87 ddt(14.6, 13.8, 4.0) 2.36 dtd(14.6, 4.0, 3.0)	α 2.27 β 1.5～1.7 m	
8	2.25 dd(6.3, 2.1)	2.43 ddd(4.0, 3.0, 1.0)	2.57 d(3.3)	
10	2.71 ddd(12.5, 12.2, 6.0)	2.09 dd(12.4, 4.0)	1.86 br s	
11	ax 1.74 dd(15.4, 12.3) eq 2.08 dd(15.4, 3.1)	3.51 d(10.4)	α 2.29 d(16) β 2.90 dd(16, 7.5)	
12①	5.49 dd(12.3, 3.1)	5.15 d(10.4)	5.76 br d(7.5)	
14②	6.40 dd(1.8, 0.9)	6.43 dd(1.8, 0.8)	6.41 dd(1.6, 1)	
15②	7.37 dd(1.8, 1.7)	7.41 t(1.8)	7.49 t(1.6)	
16②	7.45 ddd(1.7, 0.9, 0.5)	7.52 dd(1.8, 0.8)	7.42 m	
19③		4.20 d(9.1) 4.22 dd(9.1, 1.6)	α 3.36 dd(9, 1) β 4.42 d(9)	
20⑤	1.10 s	1.07 s	1.28 s	

9. 呋喃:20 羧,12γ 内酯克罗烷/对映克罗烷型二萜

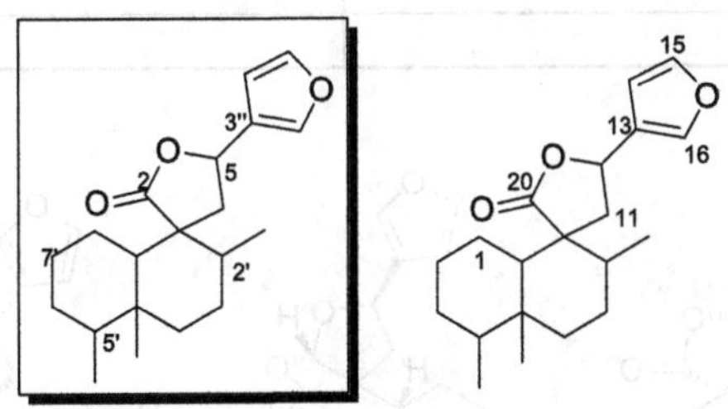

【系统分类】

2′,4a′,5′-三甲基-5-(呋喃-3-基)-十氢-2*H*,2′*H*-螺[呋喃-3,1′-萘]-2-酮

5-(furan-3-yl)-2′,4a′,5′-trimethyldecahydro-2*H*,2′*H*-spiro[furan-3,1′-naphthalen]-2-one

【结构多样性】

C(19)降碳；C(20)酯羰基被还原为半缩醛次甲基；等。

【典型氢谱特征】

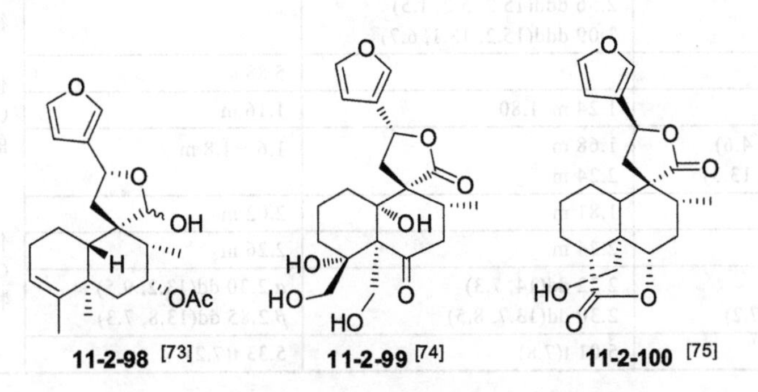

11-2-98 [73]　**11-2-99** [74]　**11-2-100** [75]

表 11-2-37 呋喃:20 羧,12γ 内酯克罗烷/对映克罗烷型二萜 **11-2-98**～**11-2-100** 的 ^{1}H NMR 数据

H	**11-2-98** (CD_3OD)	**11-2-99** (CD_3OD)	**11-2-100** (CD_3OD)	典型氢谱特征
1	2.04 m	—	1.49 m, 2.16 m	① 12 位氧次甲基特征峰； ② 14 位、15 位和 16 位呋喃环质子特征峰（显示五元杂芳环体系的特征）； ③ 17 位甲基特征峰； ④ 18 位甲基特征峰；化合物 **11-2-99** 的 C(18)形成氧亚甲基（氧化甲基），其信号有特征性；化合物 **11-2-100** 的 C(18)形成酯羰基，甲基特征信号消失； ⑤ 19 位甲基特征峰；化合物 **11-2-99** 和 **11-2-100** 的 C(19)均形成氧亚甲基（氧化甲基），其信号有特征性； ⑥ 化合物 **11-2-98** 的 C(20)被还原为半缩醛次甲基，其信号有特征性
2	1.85 m, 2.00 m	—	1.58 m, 1.83 m	
3	5.22 br s	—	1.58 m, 2.05 m	
4			2.39 ov	
6	1.47 dd(14.6, 3.4) 2.17 dd(14.6, 2.6)		3.53 dd(10.5, 2.9)	
7	5.03 ddd(3.4, 3, 2.8)	α 3.55 t(13) β 2.28 dd(13, 2.5)	1.69 dt(4.5, 4.0) 2.12 m	
8	1.66 dd(7.3, 3)[a]	1.58	1.77 m	
10	1.62 br s		1.89 dd(12.5, 8.6)	
11	2.64 dd(13.3, 7.2) 1.92 dd(13.3, 8.9)	α 2.78 dd(15, 9) β 1.85 dd(15, 8.5)	2.38 ov 2.56 dd(14.2, 8.2)	
12①	5.08 dd(8.9, 7.2)	5.41 t(8.5)	5.49 t(8.7)	
14②	6.63 br s	6.40 d(1.2)	6.49 s	
15②	7.40 br s	7.39 d(1.2)	7.56 s	
16②	7.45 br s	7.47 d(1.2)	7.61 s	
17③	1.13 d(7.3)	1.00 d(7)	1.03 d(6.4)	
18④	1.59 m	3.70 d(11), 3.86 d(11)		
19⑤	1.27 s	3.78 d(12.5), 3.98 d(12.5)	4.28 d(10.9), 4.66 d(10.9)	
20	5.85 s⑥			
OAc	2.06 s			

[a] 遵循文献数据，疑有误。

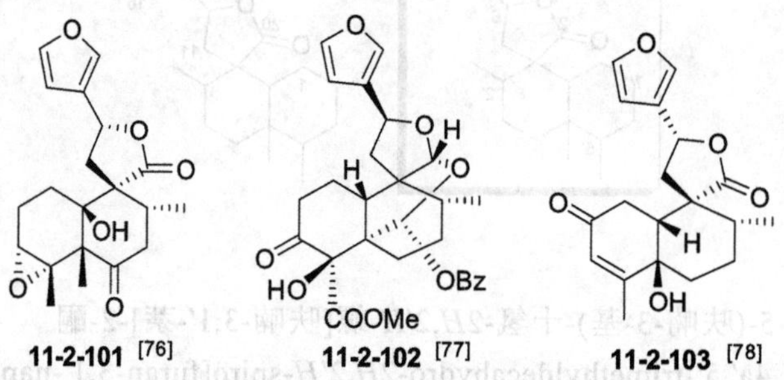

11-2-101 [76]　**11-2-102** [77]　**11-2-103** [78]

表 11-2-38 呋喃:20 羧,12γ 内酯克罗烷/对映克罗烷型二萜 **11-2-101**～**11-2-103** 的 ^{1}H NMR 数据

H	**11-2-101** ($CDCl_3$)	**11-2-102** ($CDCl_3$)	**11-2-103** ($CDCl_3$)	典型氢谱特征
1	2.01 m 2.15 m ov	2.24 m 3.20 dt(13.7, 5.2)	α 2.58 dd(17, 9.5) β 3.34 dd(17, 5.3)	① 12 位氧次甲基特征峰； ② 14 位、15 位和 16 位呋喃环质子特征峰（显示五元杂芳环体系的特征）； ③ 17 位甲基特征峰； ④ 18 位甲基特征峰；化合物 **11-2-102** 的 C(18)形成酯羰基，甲基特征信号消失；
2	2.03 m ov 2.15 m ov	2.56 ddd(15.2, 5.2, 1.5) 3.09 ddd(15.2, 13.1, 6.7)		
3	3.05 br s		5.88 s	
6		1.24 m, 1.80	1.16 m	
7	2.35 dd(15.4, 4.6) 2.88 dd(15.4, 13.3)	1.68 m 2.24 m	1.6～1.8 m	
8	2.12 m	1.81 m	2.02 m	
10		2.24 m	2.26 m	
11	2.03 m (ov) 3.36 dd(13.0, 7.2)	2.22 dd(14, 7.3) 2.30 dd(13.7, 8.5)	α 2.30 dd(13.2, 9.5) β 2.85 dd(13.8, 7.3)	
12①	5.50 t(7.2)	5.01 t(7.8)	5.33 t(7.2)	

续表

H	11-2-101 (CDCl$_3$)	11-2-102 (CDCl$_3$)	11-2-103 (CDCl$_3$)	典型氢谱特征
14②	6.40 t(1.2)	6.26 dd(1.8, 0.9)	6.42 br s	⑤ 19 位甲基特征峰；化合物 **11-2-102** 的 C(19)形成酯化的半缩醛次甲基，其信号有特征性；化合物 **11-2-103** 存在 C(19)降碳的结构，甲基特征信号消失； ⑥ 化合物 **11-2-102** 的 C(20)被还原为半缩醛次甲基并形成缩醛次甲基，其信号有特征性
15②	7.45 br s	7.33 dd(1.8, 1.5)	7.43 s	
16②	7.45 br s	7.31 dd(1.5, 0.9)	7.47 s	
17③	1.14 d(6.8)	0.99 d(6.1)	1.15 d(7.3)	
18④	1.46 s	3.78 s(OMe)	2.01 s	
19⑤	1.44 s	6.53 s		
20		5.28 s⑥		
2′, 6′		7.85 dd(8.2, 1.5)		
3′, 5′		7.42 dd(8, 7.9)		
4′		7.53 ddt(7.3, 1.5, 1.2)		
OH		4.15 s		

10. 螺环克罗烷/对映克罗烷型二萜

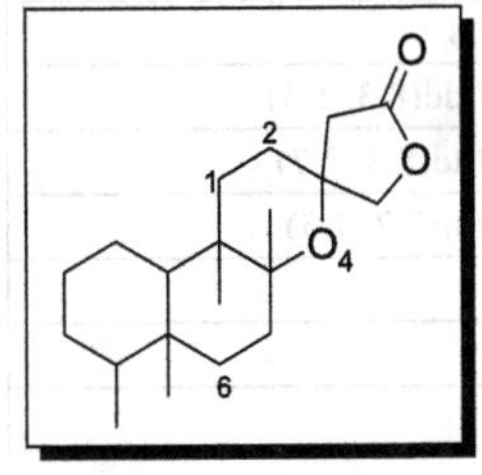

【系统分类】

4a,6a,7,10b-四甲基十二氢-2′*H*-螺[苯并[*f*]色烯-3,3′-呋喃]-5′(4′*H*)-酮

4a,6a,7,10b-tetramethyldodecahydro-2′*H*-spiro[benzo[*f*]chromene-3,3′-furan]-5′(4′*H*)-one

【典型氢谱特征】

11-2-104 [79]　　**11-2-105** [80]　　**11-2-106** [81]

表 11-2-39　螺环克罗烷/对映克罗烷型二萜 **11-2-104～11-2-106** 的 ^{1}H NMR 数据

H	11-2-104 (CDCl$_3$)	11-2-105 (CDCl$_3$)	11-2-106 (CDCl$_3$)	典型氢谱特征
1	5.86 br d(10.2)	1.76 m 2.03 m	*α* 1.63 dddd(13.7, 12.6, 12.4, 3.9) *β* 2.31 dddd(12.4, 4.3, 3.1, 2.0)	① 16 位氧亚甲基（氧化甲基）特征峰； ② 17 位甲基特征峰； ③ 18 位甲基特征峰；化合物 **11-2-106** 的 C(18)形成环氧乙烷氧亚甲基（氧化甲基），其信号有特征性；
2	5.64 dd(10.2, 1.8)[a]	2.68 m	*α* 1.96 m *β* 1.47 ddddd(13.7, 13.2, 13.1, 4.3, 4.3)	
3	5.50 d(10.2)	5.31 br s	*α* 2.02 m *β* 1.04 ddd(13.4, 4.3, 3.1)	
6	5.90 d(10.8)	5.33 d(10.0)	5.33 br dd(11.5, 6.4)	
7	5.26 d(10.8)	3.72 d(10.0)	*α* 1.95 dd(13.9, 11.5) *β* 1.86 dd(13.9, 6.4)	

续表

H	11-2-104 ($CDCl_3$)	11-2-105 ($CDCl_3$)	11-2-106 ($CDCl_3$)	典型氢谱特征
10	3.32 d(10.2)	2.46 dd(12.2, 2.4)	2.39 dd(12.6, 3.1)	
11	α 2.00 dt(14.0, 3.0) β 1.70 dt(14.0, 3.0)	6.05 dd(12.0, 3.9)	5.36 dd(13.2, 4.2)	
12	α 1.53 td(14.0, 3.6) β 2.27 td(14.0, 3.0)	2.09 m 2.35 m	α 2.04 dd(13.2, 13.1) β 1.88 t(13.1, 4.2)	
14	α 2.62 d(18.0) β 3.05 d(18.0)	4.49 s	2.57 d(17.3) 3.00 d(17.3)	
16①	4.13 s	4.26 d(8.7) 4.30 d(8.7)	4.21 d(9.0) 4.39 d(9.0)	
17②	1.16 s	1.72 s	1.27 s	
18③	1.20 s	1.61 s	3.10 dd(3.9, 2.2) 2.25 d(3.9)	④ 19 位甲基特征峰；化合物**11-2-106**的C(19)形成氧亚甲基（氧化甲基），其信号有特征性；
19④	1.30 s	1.38 s	4.66 br d(12.2) 4.75 d(12.2)	
20⑤	1.10 s	1.14 s	0.97 s	⑤ 20 位甲基特征峰
2′,6′	7.93 d(7.8)	8.07 m	7.97 dd(8.3, 1.3)	
3′,5′	7.44 t(7.8)	7.48 m	7.38 td(8.3, 7.7)	
4′	7.58 t(7.8)	7.57 br t(7.7)	7.50 tt(7.7, 1.3)	
2″		9.22 br s		
4″		8.85 br d(4.5)		
5″		7.44 dd(7.6, 4.5)		
6″		8.29 br d(7.6)		
OAc	2.02 s(6-OAc) 2.08 s(7-OAc)		2.08 s 2.03 s	

[a] 遵循文献数据，疑有误。

11. C(13) ~ C(16)降四碳克罗烷/对映克罗烷型二萜

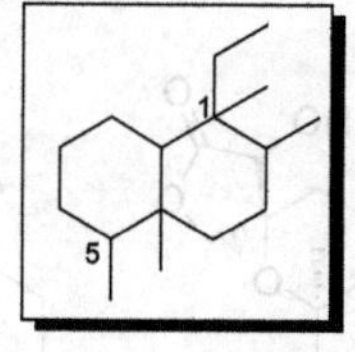

【系统分类】

1,2,4a,5-四甲基-1-乙基十氢萘

1-ethyl-1,2,4a,5-tetramethyldecahydronaphthalene

【典型氢谱特征】

11-2-107 [82]　11-2-108 [83]　11-2-109 [83]

表 11-2-40 C(13)～C(16)降四碳克罗烷/对映克罗烷型二萜 **11-2-107**～**11-2-109** 的 ^{1}H NMR 数据

H	**11-2-107** (CD_3OD)	**11-2-108** (C_5D_5N)	**11-2-109** (C_5D_5N)	典型氢谱特征
1	1.48 br d(13.4) 1.62～1.77 m	α 1.77 m β 2.10 m	α 1.55 m β 1.87 m	① 17 位甲基特征峰； ② 18 位甲基特征峰；化合物 **11-2-108** 的 C(18)形成氧亚甲基(氧化甲基)**11-2-109** 的 C(18)形成甲酰基，其信号均有特征性； ③ 19 位甲基特征峰； ④ 20 位甲基特征峰；化合物 **11-2-107** 的 C(20)形成氧亚甲基(氧化甲基)，其信号有特征性
2	1.62～1.77 m 2.05 br t(14.0)	α 2.16 m β 2.30 m	α 2.11 m β 2.31 m	
3	3.50 br s	5.66 br s	6.64 d(3.2)	
6	1.36～1.52 m 1.62～1.77 m	3.98 t(4.3)	3.71 dd(11.1, 4.5)	
7	1.36～1.52 m	1.82 m	1.72 m	
8	1.36～1.52 m	2.40 m	2.36 m	
10	1.93 br d(12.1)	2.05 m	1.82 m	
11	2.15 d(18.5) 2.87 d(18.5)	α 2.52 d(13.6) β 2.62 d(13.6)	2.51 m	
17①	0.92 d(6.0)	1.00 d(6.7)	0.98 d(6.7)	
18②	1.19 s	4.41 d(12.7) 4.56 d(12.7)	9.42 s	
19③	0.94 s	1.80 s	1.21 s	
20④	4.19 d(10.0) 4.25 d(10.0)	0.79 s	0.73 s	

三、海里曼型二萜

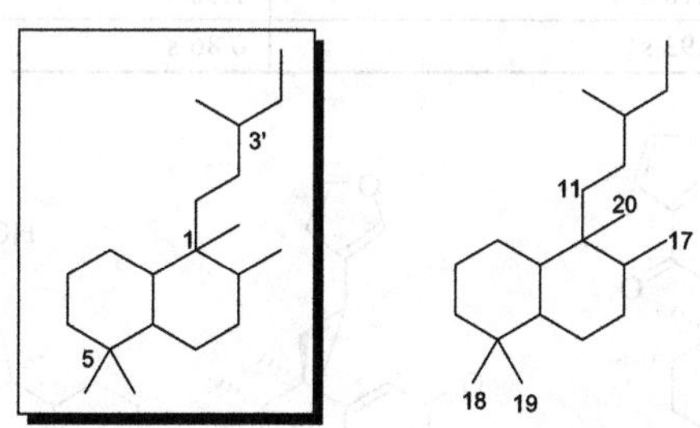

【系统分类】

1,2,5,5-四甲基-1-(3-甲基戊基)十氢萘

1,2,5,5-tetramethyl-1-(3-methylpentyl)decahydronaphthalene

【结构多样性】

C(3)-C(4)键断裂；等。

【典型氢谱特征】

CHO HO HO HOOC H HO HOOC O

11-2-110 [84] **11-2-111** [85] **11-2-112** [86]

表 11-2-41 海里曼型二萜 11-2-110～11-2-112 的 ^{1}H NMR 数据

H	11-2-110 (C_6D_6)	11-2-111 (CD_3OD)	11-2-112 ($CDCl_3$)	典型氢谱特征
1	1.60 m 1.87～1.92 m	5.94 d(5.7)	1.89～2.02 m 2.07～2.17 m	① 化合物 **11-2-110** 的 C(15)形成醛基，化合物 **11-2-111** 的 C(14)和 C(15)形成单取代乙烯基，化合物 **11-2-112** 的 C(15)形成烯醇醚氧次甲基，信号均有特征性； ② 16 位甲基特征峰；化合物 **11-2-112** 的 C(16)形成烯醇醚氧次甲基，信号有特征性； ③ 17 位甲基特征峰； ④ 18 位甲基特征峰；化合物 **11-2-111** 和 **11-2-112** 的 C(18)均形成羧羰基，甲基特征信号消失； ⑤ 19 位甲基特征峰； ⑥ 20 位甲基特征峰
2	1.45～1.54 m	4.76 ddd(5.5, 4.5, <2)	1.74～1.81 m	
3	3.24 dd(10.7, 4.2)	α 2.05 dd(11.5, 5.3) β 2.14 dd(11.3, 4.8)	1.64～1.69 m 1.89～2.02 m	
5		2.22 dd(12.4, 4.8)		
6	1.87～1.92 m 1.82 m	α 1.71 m β 1.44 m	1.34～1.44 m 1.89～2.02 m	
7	1.26～1.37 m	1.33 m	1.50～1.56 m	
8	1.26～1.37 m	1.64 m	1.74～1.81 m	
11	1.23 m	1.35 ddd(12.6, 12.6, 3.9) 2.05 ddd(12.6, 12.6, 3.9)	1.64～1.69 m	
12	1.45～1.54 m 1.72 m	1.09 ddd(12.6, 12.6, 3.9) 1.16 ddd(12.6, 12.6, 3.9)	2.07～2.17 m 2.33～2.40 m	
14	5.91 dd(7.8, 1.2)	5.82 dd(17.4, 10.9)	6.26 dd(0.8, 0.8)	
15①	9.91 d(7.8)	4.99 dd(10.8, 1.5) 5.14 dd(17.5, 1.5)	7.34 dd(1.5, 1.5)	
16②	1.57 d(1.2)	1.20 s	7.20 s	
17③	0.72 d(6.8)	0.83 d(6.9)	0.87 d(7.0)	
18④	1.04 s			
19⑤	1.00 s	1.18 s	1.30 s	
20⑥	0.71 s	0.92 s	0.86 s	

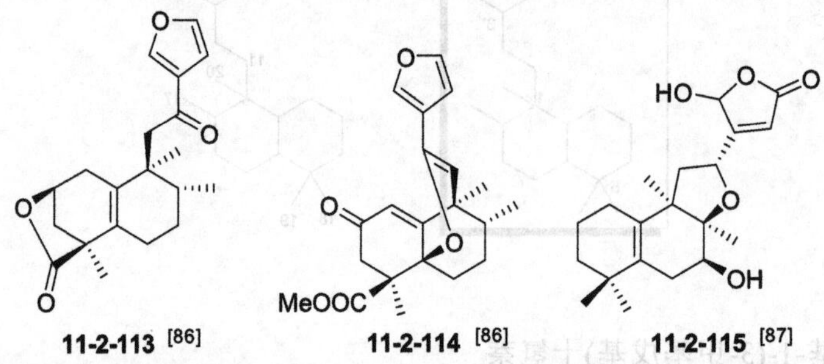

11-2-113 [86]　　11-2-114 [86]　　11-2-115 [87]

表 11-2-42 海里曼型二萜 11-2-113～11-2-115 的 ^{1}H NMR 数据

H	11-2-113 ($CDCl_3$)	11-2-114 ($CDCl_3$)	11-2-115 ($CDCl_3$)	典型氢谱特征
1	2.33 dd(17.9, 2.7) 2.40 dddd(17.9, 2.8, 2.8, 2.5)	5.90 s	α 2.02 m β 1.90 m	① 化合物 **11-2-113** 和 **11-2-114** 的 C(15)形成烯醇醚氧次甲基，信号有特征性；化合物 **11-2-115** 的 C(15)形成酯羰基，甲基特征信号消失； ② 化合物 **11-2-113** 和 **11-2-114** 的 C(16)形成烯醇醚氧次甲基，化合物 **11-2-115** 的 C(16)形成酯化的醛水合物次甲基，其信号均有特征性； ③ 17 位甲基特征峰；
2	4.76 ddd(6.0, 2.8, 2.7)		1.62 m	
3	1.93 d(11.0) 2.13 dd(11.0, 6.0)	2.38 d(16.3) 2.39 d(16.3)	1.52 m 1.45 m	
6	2.10～2.19 m	1.89 dd(13.3, 4.8) 2.34 dd(13.3, 4.8)	2.13 dd(11.4, 10.5) 2.33 dd(10.5, 5.4)	
7	1.42～1.49 m 1.74～1.81 m	1.37～1.41 m 2.12～2.20 m	3.56 dd(10.5, 5.4)	
8	2.01～2.08 m	1.92～1.97 m		
11	2.74 d(15.5) 2.85 d(15.5)	4.80 s	α 2.43 dd(12.7, 5.5) β 1.80 dd(12.7, 10.8)	
12			4.44 dd(10.8, 5.5)	

续表

H	11-2-113 ($CDCl_3$)	11-2-114 ($CDCl_3$)	11-2-115 ($CDCl_3$)	典型氢谱特征
14	6.73 dd(2.0, 1.0)	6.40 dd(0.8, 0.8)	6.06 s	④ 18 位甲基特征峰；化合物 **11-2-113** 和 **11-2-114** 的 C(18)形成酯羰基，甲基特征信号消失； ⑤ 19 位甲基特征峰； ⑥ 20 位甲基特征峰
15①	7.41 dd(2.0, 1.5)	7.33 dd(1.8, 1.8)		
16②	7.95 dd(1.5, 0.5)	7.47 d(1.0)	6.11 s	
17③	0.86 d(7.0)	0.88 d(7.0)	1.29 s	
18④		3.54 s(COOMe)	1.04 s	
19⑤	1.32 s	1.42 s	1.00 s	
20⑥	1.07 s	1.17 s	1.12 s	

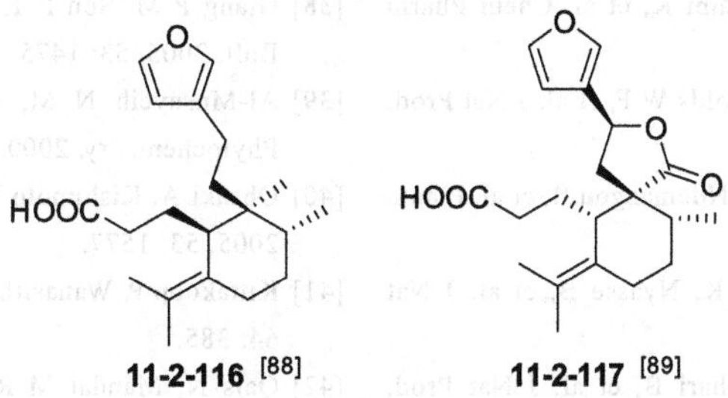

11-2-116 [88]　　**11-2-117** [89]

表 11-2-43　海里曼型二萜 11-2-116 和 11-2-117 的 ^{1}H NMR 数据

H	11-2-116 ($CDCl_3$)	11-2-117 ($CDCl_3$)	典型氢谱特征
1	1.79 m 1.84 m	2.04 m 2.12 m	化合物 **11-2-116** 和 **11-2-117** 存在 C(3)-C(4)键断裂的结构特征，但海里曼型二萜的氢谱特征仍然存在。 ① C(15)形成烯醇醚氧次甲基，信号有特征性； ② C(16)形成烯醇醚氧次甲基，信号有特征性； ③ 17 位甲基特征峰； ④ 18 位甲基特征峰 ⑤ 19 位甲基特征峰； ⑥ 20 位甲基特征峰；化合物 **11-2-117** 的 C(20)形成酯羰基，甲基特征信号消失
2	2.15 m 2.21 m	2.22 m	
6	1.80 m 2.48 m	2.17 m 2.43 br t(5.6)	
7	1.24 m 1.41 m	1.51 m 1.72 m	
8	1.79 m	1.72 s	
10	2.67 dd(11.3, 4.0)	2.92 dd(11.6, 3.1)	
11	1.42 m 1.50 m	2.02 m 2.46 dd(13.0, 6.0)	
12	2.30 m	5.37 dd(10.5, 6.0)	
14	6.23 d(0.9)	6.41 dd(1.7, 0.6)	
15①	7.32 dd(1.8, 1.5)	7.42 t(1.7)	
16②	7.17 dd(1.5, 0.9)	7.47 br t(0.6)	
17③	0.79 d(6.8)	1.33 d(6.7)	
18④	1.68[a]	1.71 d(1.8)	
19⑤	1.69 s[a]	1.73 d(1.0)	
20⑥	0.97 s		

[a] 信号归属不明确，可以互相交换。

参 考 文 献

[1] Pichette A, Lavoie S, Morin P, et al. Chem Pharm Bull, 2006, 54: 1429.

[2] Roengsumran S, Petsom A, Sommit D, et al. Phytochemistry, 1999, 50: 449.

[3] Roengsumran S, Petsom A, Kuptiyanuwat N, et al. Phytochemistry, 2001, 56: 103.

[4] Fragoso-Serrano M, González-Chimeo E, Pereda-Miranda R. J Nat Prod, 1999, 62: 45.

[5] Reddy P P, Rao R R, Shashidhar J, et al. Bioorg Med Chem Lett, 2009, 19: 6078.

[6] Hegazy M E F, Ohta S, Abdel-latif F F, et al. J Nat Prod, 2008, 71: 1070.

[7] Nagashima F, Suzuki M, Takaoka S, et al. Tetrahedron, 1999, 55: 9117.
[8] Liu H J, Wu C L. J Asian Nat Prod Res, 1999, 1: 177.
[9] Feld H, Zapp J, Connolly J D, et al. Phytochemistry, 2004, 65: 2357.
[10] Chen L X, Qiu F, Wei H, et al. Helv Chim Acta, 2006, 89: 2654.
[11] Ramos F, Takaishi Y, Kashiwada Y, et al. Phytochemistry, 2008, 69: 2406.
[12] Giang P M, Son P T, Matsunami K, et al. Chem Pharm Bull, 2005, 53: 938.
[13] Boalino D M, Mclean S, Reynolds W F, et al. J Nat Prod, 2004, 67: 714.
[14] Vardamides J C, Sielinou V T, Ndemangou B, et al. Planta Med, 2007, 73: 491.
[15] Ayafor J F, Tchuendem M H K, Nyasse B, et al. J Nat Prod, 1994, 57: 917.
[16] Pramanick S, Banerjee S, Achari B, et al. J Nat Prod, 2006, 69: 403.
[17] Kobayashi J, Sekiguchi M, Shigemori H, et al. J Nat Prod, 2000, 63: 375.
[18] Habibi Z, Eftekhar F, Samiee K, et al. J Nat Prod, 2000, 63: 270.
[19] Rigano D, Grassia A, Bruno M, et al. J Nat Prod, 2006, 69: 836.
[20] Karioti A, Heilmann J, Skaltsa H. Phytochemistry, 2005, 66: 1060.
[21] Argyropoulou C, Karioti A, Skaltsa H. Phytochemistry, 2009, 70: 635.
[22] Rijo P, Gaspar-Marques C, Simões M F, et al. J Nat Prod, 2002, 65: 1387.
[23] Guo D X, Xiang F, Wang X N, et al. Phytochemistry, 2010, 71: 1573.
[24] Kinouchi Y, Ohtsu H, Tokuda H, et al. J Nat Prod, 2000, 63: 817.
[25] Konishi T, Fujiwara Y, Konoshima T, et al. Chem Pharm Bull, 1998, 46: 1393.
[26] Fraga B M, Hernández M G, González P, et al. Tetrahedron, 2001, 57: 761.
[27] Anjaneyulu A S R, Rao V L. Phytochemistry, 2000, 55: 891.
[28] Mahmoud A A, Ahmed A A, Tanaka T, et al. J Nat Prod, 2000, 63: 378.
[29] Rivero-Cruz I, Trejo J L, Aguilar M I, et al. Planta Med, 2000, 66: 734.
[30] Zheng C J, Huang B K, Wang Y, et al. Bioorg Med Chem, 2010, 18: 175.
[31] Ono M, Yanaka T, Yamamoto M, et al. J Nat Prod, 2002, 65: 537.
[32] Kenmogne M, Prost E, Harakat D, et al. Phytochemistry, 2006, 67: 433.
[33] Sob S V T, Tane P, Ngadjui B T, et al. Tetrahedron, 2007, 63: 8993.
[34] Tomla C, Kamnaing P, Ayimele G A, et al. Phytochemistry, 2002, 60: 197.
[35] Farimani M M, Miran M. Phytochemistry, 2014, 108: 264.
[36] Lou H X, Li G Y, Wang F Q. J Asian Nat Prod Res, 2002, 4: 87.
[37] Ono M, Yamamoto M, Yanaka T, et al. Chem Pharm Bull, 2001, 49: 82.
[38] Giang P M, Son P T, Matsunami K, et al. Chem Pharm Bull, 2005, 53: 1475.
[39] Al-Musayeib N M, Abbas F A, Ahmad M S, et al. Phytochemistry, 2000, 54: 771.
[40] Ohsaki A, Kishimoto Y, Isobe T, et al. Chem Pharm Bull, 2005, 53: 1577.
[41] Kittakoop P, Wanasith S, Watts P, et al. J Nat Prod, 2001, 64: 385.
[42] Qais N, Mandal M R, Rashid M A, et al. J Nat Prod, 1998, 61: 156.
[43] Oliveira P M, Ferreira A A, Silveira D, et al. J Nat Prod, 2005, 68: 588.
[44] Tojo E, Rial M E, Urzua A, et al. Phytochemistry, 1999, 52: 1531.
[45] Bomm M D, Zukerman-Schpector J, Lopes L M X. Phytochemistry, 1999, 50: 455.
[46] Shirota O, Nagamatsu K, Sekita S. J Nat Prod, 2006, 69: 1782.
[47] Jones W P, Lobo-echeverri T, Mi Q, et al. J Nat Prod, 2007, 70: 372.
[48] Malakov P Y, Papanov G Y. Phytochemistry, 1998, 49: 2449.
[49] Bläs B, Zapp J, Becker H. Phytochemistry, 2004, 65: 127.
[50] Hertewich U M, Zapp J, Becker H. Phytochemistry, 2003, 63: 227.
[51] Sigstad E E, Cuenca M D R, Catalán C A N, et al. Phytochemistry, 1999, 50: 835.
[52] Rodriguez B, Torre M C D L, Bruno M, et al. Phytochemistry, 1997, 45: 383.
[53] Guo Y Q, Li Y S, Xu J, et al. J Nat Prod, 2006, 69: 274.
[54] Akaike S, Sumino M, Sekine T, et al. Chem Pharm Bull, 2003, 51: 197.
[55] Harraz F M, Doskotch R W. J Nat Prod, 1990, 53: 1312.
[56] Ahmad V U, Farooq U, Abbaskhan A, et al. Helv Chim Acta, 2004, 87: 682.
[57] Ahmad V U, Khan A, Farooq U, et al. Chem Pharm Bull, 2005, 53: 378.
[58] Appendino G, Borrelli F, Capasso R, et al. J Agric Food Chem, 2003, 51: 6970.
[59] Anis I, Anis E, Ahmed S, et al. Helv Chim Acta, 2001, 84: 649.
[60] Kanokmedhakul S, Kanokmedhakul K, Kanarsa T, et al. J Nat Prod, 2005, 68: 183.

[61]Oberlies N H, Burgess J P, Navarro H A, et al. J Nat Prod, 2001, 64: 497.

[62] Williams R B, Norris A, Miller J S, et al. J Nat Prod, 2007, 70: 206.

[63] Nagashima F, Tanaka H, Kan Y, et al. Phytochemistry, 1995, 40: 209.

[64] Hashimoto T, Nakamura I, Tori M, et al. Phytochemistry, 1995, 38: 119.

[65] Jannet H B, Chaari A, Mighri Z, et al. Phytochemistry, 1999, 52: 1541.

[66] Malakov P Y, Papanov G Y. Phytochemistry, 1998, 49: 2443.

[67] Anderson J C, Blaney W M, Cole M D, et al. Tetrahedron Lett, 1989, 30: 4737.

[68] Mambu L, Ramanandraibe V, Martin M T, et al. Planta Med, 2002, 68: 377.

[69] Tazaki H, Nabeta K, Becker H, et al. Phytochemistry, 1998, 48: 681.

[70] Rakotobe L, Mambu L, Deville A, et al. Phytochemistry, 2010, 71: 1007.

[71] Fontana G, Savona G, Rodríguez B. J Nat Prod, 2006, 69: 1734.

[72] Maldonado E, Ortega A. Phytochemistry, 2000, 53: 103.

[73] Vigor C, Fabre N, Fourasté I, et al. Phytochemistry, 2001, 57: 1209.

[74] Topcu G, Eriş C, Che C T, et al. Phytochemistry, 1996, 42: 775.

[75] Bedir E, Manyam R, Khan I A. Phytochemistry, 2003, 63: 977.

[76] Tene M, Tane P, Sondengam B L, et al. Tetrahedron, 2005, 61: 2655.

[77] Roengsumran S, Musikul K, Petsom A, et al. Planta Med, 2002, 68: 274.

[78] Puebla P, López J L, Guerrero M, et al. Phytochemistry, 2003, 62: 551.

[79] Lee H, Kim Y, Choi I, et al. Bioorg Med Chem Lett, 2010, 20: 288.

[80] Dai S J, Qu G W, Yu Q Y, et al. Fitoterapia, 2010, 81: 737.

[81] Torre M C D, Rodriguez B, Bruno M, et al. Phytochemistry, 1995, 38: 181.

[82] Graikou K, Aligiannis N, Chinou I, et al. Helv Chim Acta, 2005, 88: 2654.

[83] Li X L, Yang L M, Zhao Y, et al. J Nat Prod, 2007, 70: 265.

[84] Nagashima F, Tanaka H, Kan Y, et al. Phytochemistry, 1995, 40: 209.

[85] Abdel-Kader M, Berger J M, Slebodnick C, et al. J Nat Prod, 2002, 65: 11.

[86] Kanlayavattanakul M, Ruangrungsi N, Watanabe T, et al. J Nat Prod, 2005, 68: 7.

[87] Scio E, Ribeiro A, Alves T M A, et al. Phytochemistry, 2003, 64: 1125.

[88] Kihampa C, Nkunya M H H, Joseph C C, et al. Phytochemistry, 2009, 70: 1233.

[89] Sánchez M, Mazzuca M, Veloso M J, et al. Phytochemistry, 2010, 71: 1395.

第三节 三 环 二 萜

一、松香烷型二萜

松香烷型三环二萜的基本碳架为全氢菲，C(4)连有偕二甲基，C(10)连有角甲基，C(13)连有一个异丙基。

1. 简单松香烷型二萜

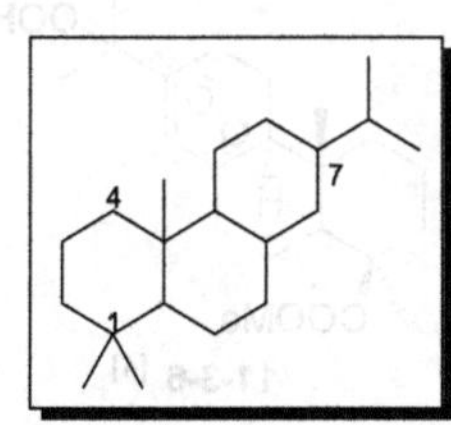

【系统分类】

1,1,4a-三甲基-7-异丙基十四氢菲

7-isopropyl-1,1,4a-trimethyltetradecahydrophenanthrene

【结构多样性】

C(3)-C(4)键断裂，C(8)-C(14)键断裂等。

【典型氢谱特征】

11-3-1 [1]　　11-3-2 [2]　　11-3-3 [2]

表 11-3-1　简单松香烷型二萜 11-3-1～11-3-3 的 ^{1}H NMR 数据

H	11-3-1	11-3-2 (DMSO-d_6)	11-3-3 (DMSO-d_6)	典型氢谱特征
1	α 1.04～1.13 m β 1.42～1.82 m	1.45 m	0.79 dt(13.2, 3.6) 1.54 m	
2	1.42～1.82 m	1.42 m	1.05 m, 1.40 m	
3	1.14～1.22 m 1.42～1.82 m	1.47 m 1.62 m	1.43 m 1.58 m	
5	1.42～1.82 m	2.20 t(9)	1.52 m	
6	α 2.56 dd(18.7, 4.9) β 2.29 dd(18.7, 13.8)	1.35 m	0.95 m 1.51 m	
7		1.41 m 1.50 m	1.32 br d(13.2) 1.90 dt(13.2, 4.8)	① C(15)、C(16)和 C(17)异丙基单元的特征峰； ② 18 位甲基特征峰；化合物 **11-3-2** 和 **11-3-3** 的 C(18)形成羧羰基，甲基特征信号消失； ③ 19 位甲基特征峰； ④ 20 位甲基特征峰
9	1.91～1.97 m	1.41 m	1.08 m	
11	1.42～1.82 m	1.42 m 1.96 dt(10.2, 3)	1.69 dd(13.2, 4.2) 1.80 dt(13.2, 1.8)	
12	1.42～1.82 m	1.10 m, 1.81 m	3.14 br s	
14	6.70 br s	3.03 d(6)	3.06 d(9.6)	
15①	1.42～1.82 m	1.82 m	1.48 m	
16①	0.83 d(6.9)	0.86 d(6.6)	0.91 d(7.2)	
17①	0.94 d(6.9)	0.88 d(6.6)	0.85 d(7.2)	
18②	0.85 s			
19③	0.88 s	1.14 s	1.09 s	
20④	0.80 s	0.99 s	0.97 s	
8-OH		3.98 s	3.69 s	
14-OH		5.32 d(6)	3.71 d(9.6)	

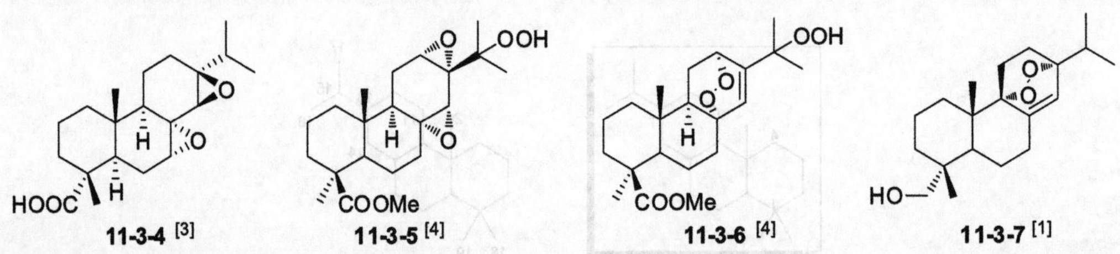

11-3-4 [3]　　11-3-5 [4]　　11-3-6 [4]　　11-3-7 [1]

表 11-3-2　简单松香烷型二萜 11-3-4～11-3-7 的 ^{1}H NMR 数据

H	11-3-4 ($CDCl_3$)	11-3-5	11-3-6	11-3-7	典型氢谱特征
1	α 0.92m β 1.71 m	α 1.68～1.97 m β 0.97～1.13 m	0.93～1.08 m	1.38～1.53 m 1.53～1.86 m	

续表

H	11-3-4 ($CDCl_3$)	11-3-5	11-3-6	11-3-7	典型氢谱特征
2	1.42 m 1.52 m	1.42～1.60 m 1.68～1.97 m	α 1.34～1.47 m β 1.72 tq(3.5, 13.9)	1.53～1.86 m	① C(15) 、 C(16) 和 C(17)异丙基单元的特征峰；化合物 **11-3-5** 和 **11-3-6** 的 C(15)形成氧化叔碳，16 位甲基和 17 位甲基显示为单峰； ② 18 位甲基特征峰；化合物 **11-3-4** 的 C(18)形成羧羰基，甲基特征信号消失；化合物 **11-3-7** 的 C(18)形成氧亚甲基（氧化甲基），其信号有特征性； ③ 19 位甲基特征峰；化合物 **11-3-5** 和 **11-3-6** 的 C(19)形成酯羰基，甲基特征信号消失； ④ 20 位甲基特征峰
3	α 1.71m β 1.65 m	0.97～1.13 m 2.25 br d(13.2)	1.34～1.47 m 2.18 br d(3.2)	1.27～1.35 m 1.38～1.53 m	
5	1.94 dd(12.5, 4.5)	1.22～1.33 m	1.18～1.27 m	1.87～2.02 m	
6	α 1.68m β 1.84 m	1.68～1.97 m 2.00～2.12 m	1.82～1.97 m 2.08	1.53～1.86 m	
7	3.19 br s	α 1.42～1.60 m β 1.68～1.97 m	α 1.34～1.47 m β 1.82～1.97 m	2.44～2.62 m	
9	1.44 m	1.68～1.97 m	1.82～1.97 m		
11	α 1.43 m β 1.47 m	α 1.68～1.97 m β 2.00～2.12 m	α 2.25 ddd(13.5, 9.4, 4.3) β 1.25 dd(13.5, 5.1)	α 2.11 br d(9.8) β 1.38-1.53 m	
12	α 1.80 ddd(14, 14, 4.5) β 2.00 ddd(14, 3.5, 3.5)	3.22 br d(7.2)	4.92 m	1.38～1.53 m 1.87～2.02 m	
14	2.32 s	3.35 s	6.18 d(1.8)	6.08 d(2.1)	
15①	1.63 sept(7)			1.87～2.02 m	
16①	0.95 d(7)	1.34 s	1.34 s	0.97 d(6.9)	
17①	0.99 d(7)	1.49 s	1.45 s	0.97 d(6.9)	
18②		1.26 s	1.21 s	3.18 d(10.9) 3.32 d(10.9)	
19③	1.24 s			0.94 s	
20④	0.87 s	0.69 s	0.35 s	1.09 s	
OMe		3.67 s	3.63 s		

11-3-8 [5]　　11-3-9 [2]

表 11-3-3 简单松香烷型二萜 11-3-8 和 11-3-9 的 ^{1}H NMR 数据

H	11-3-8 ($CDCl_3$)	11-3-9 (CD_3OD)	典型氢谱特征
1	1.79 m, 1.92 m	1.40 m, 1.79 m	化合物 **11-3-8** 存在 C(3)-C(4)键断裂的结构特征，化合物 **11-3-9** 存在 C(8)-C(14)键断裂的结构特征，简单松香烷型二萜的氢谱特征依然存在，但上述结构多样性的特征可以从其他信号进行判断。 ① C(15)、C(16)和 C(17)异丙基单元的特征峰； ② 化合物 **11-3-8** 的 C(18)形成烯亚甲基，其信号有特征性，并构成鉴别 C(3)-C(4)键断裂的氢谱特征；化合物 **11-3-9** 的 C(18)形成羧羰基，甲基特征信号消失； ③ 19 位甲基特征峰； ④ 20 位甲基特征峰。 化合物 **11-3-9** 的 C(8)-C(14)键断裂后 C(14)形成甲酰基，其信号构成鉴别 C(8)-C(14)键断裂的氢谱特征
2	2.51 ddd(19.2, 8.1, 1.1) 2.66 ddd(19.2, 11.5, 9)	1.60 m	
3		1.58 m, 1.84 m	
5	2.83 dd(12, 5.3)	2.48 m	
6	2.17 ddd(19.2, 12.0, 5) 2.38 dd(19.2, 5.3)	1.75 m 1.83 m	
7	5.67 dd(5, 2.2)	2.30 m, 2.48 m	
9		2.50 m	
11	1.74 m 1.99 ddd(13.5, 4.5, 2)	2.34 m 2.69 m	
12	2.06 dd(17.2, 5.1) 2.41 m	6.35 t(7.0)	
14	5.82 s	9.19 d(1.8)	

续表

H	11-3-8 ($CDCl_3$)	11-3-9 (CD_3OD)	典型氢谱特征
15①	2.28 sept(6.8)	2.94 dt(7.5, 1.5)	
16①	1.05 d(6.8)	1.17 d(7.0)	
17①	1.05 d(6.8)	1.19 d(7.0)	
18②	4.91 br s, 4.97 br s		
19③	1.85 s	1.15 s	
20④	1.00 s	0.81 s	

2. 芳构化松香烷型二萜

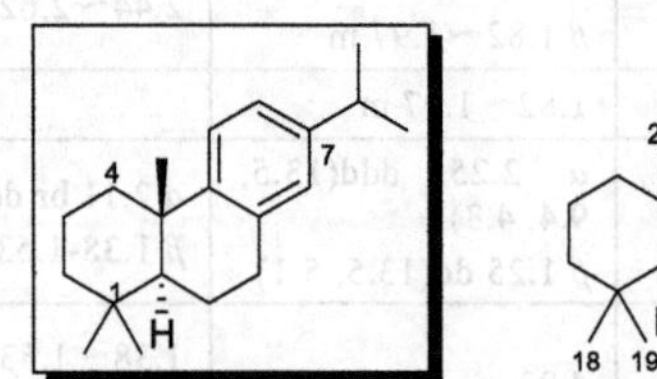

【系统分类】

1,1,4a-三甲基-7-异丙基-1,2,3,4,4a,9,10,10a-八氢菲

7-isopropyl-1,1,4a-trimethyl-1,2,3,4,4a,9,10,10a-octahydrophenanthrene

【结构多样性】

C(2)-C(3)键断裂；C(3)-C(4)键断裂；C(6)-C(7)键断裂；C(9)-C(10)键断裂；等。

【典型氢谱特征】

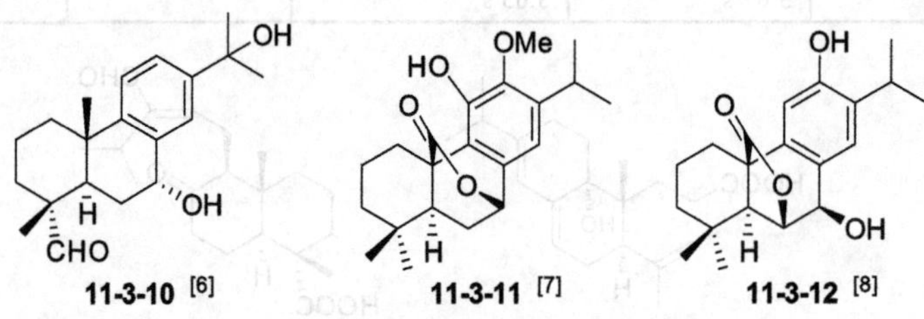

表 11-3-4 芳构化松香烷型二萜 11-3-10～11-3-12 的 ^{1}H NMR 数据

H	11-3-10 ($CDCl_3$)	11-3-11 ($CDCl_3$)	11-3-12 (CD_3COCD_3)	典型氢谱特征
1α	1.49 m	2.46 ddd(14.2, 13.9, 4.4)	1.57 m	① 苯环质子可以区分成一个独立的苯环； ② C(15)、C(16) 和 C(17)异丙基单元的特征峰；化合物 **11-3-10** 的 C(15)形成氧化叔碳，16 位甲基和 17 位甲基显示为单峰； ③ 18 位甲基特征峰；化合物 **11-3-10** 的 C(18)形成甲酰基，其信号有特征性； ④ 19 位甲基特征峰； ⑤ 20 位甲基特征峰；化合物 **11-3-11** 和 **11-3-12** 的 C(20)形成酯羰基，甲基特征信号消失
1β	2.35 ddd(13.0, 3.5, 3.5)	2.88 dddd(14.2, 4.9, 3.2, 1.7)	2.46 br d(10.5)	
2α	1.84 m	1.65 ddddd(13.9, 4.9, 4.9, 4.4, 3.6)	1.63 m	
2β	1.84 m	1.98 ddddd(13.9, 13.9, 13.6, 3.3, 3.2)	1.50 m	
3α	1.51 ddd(13.5, 13.5, 5.0)	1.30 ddd(13.6, 13.2, 3.6)	1.24 ddd(14.5, 13.5, 3)	
3β	1.38 dt(13.5, 3.0, 3.0)	1.54 dddd(13.2, 4.9, 3.3, 1.7)	1.43 br d(14.5)	
5	2.34 dd(13.0, 2.0)	1.74 dd(10.6, 5.7)	2.00 s	
6	α 1.46 m β 2.06 m	α 2.22 ddd(13.7, 5.7, 4.0) β 1.88 ddd(13.7, 10.6, 1.7)	4.78 d(2)	
7	4.79 dd(4.5, 1.5)	5.38 dd(4.0, 1.7)	4.74 d(2)	
11	7.26 d(8.5)①	5.98 s(OH)	6.67 s①	
12	7.38 dd(8.5, 2.0)①	3.75 s(OMe)		
14①	7.46 d(2.0)	6.66 s	7.37 s	
15②		3.22 sept(6.8)	3.26 hept(7)	

续表

H	11-3-10 ($CDCl_3$)	11-3-11 ($CDCl_3$)	11-3-12 (CD_3COCD_3)	典型氢谱特征
16②	1.57 s	1.21 d(6.8)	1.17 d(7)	
17②	1.58 s	1.21 d(6.8)	1.19 d(7)	
18③	9.30 s	0.86 s	0.91 s	
19④	1.17 s	0.91 s	1.03 s	
20⑤	1.19 s			

11-3-13 [9]　11-3-14 [10]　11-3-15 [11]

表 11-3-5　芳构化松香烷型二萜 11-3-13～11-3-15 的 ^{1}H NMR 数据

H	11-3-13 (C_5D_5N)	11-3-14 ($CDCl_3$)	11-3-15 ($CDCl_3$)	典型氢谱特征
1	1.29 dd(12.7) 1.98 br d(12.7)	α 1.45 tt(12.5, 3.3) β 3.34 td(12.5, 5.7)	2.06 m 2.65 m	① 苯环质子可以区分成一个独立的苯环； ② C(15)、C(16)和 C(17)异丙基单元的特征峰； ③ 18 位甲基特征峰；化合物 **11-3-13** 的 C(18)形成氧亚甲基（氧化甲基），其信号有特征性； ④ 19 位甲基特征峰； ⑤ 20 位甲基特征峰；化合物 **11-3-14** 和 **11-3-15** 的 C(20) 形成氧亚甲基（氧化甲基），其信号有特征性
2	1.51 m	α 2.23 m β 1.84 td(12.5, 3.3)	—	
3	1.56 br d(12.4) 1.63 dd(13.3)		1.45 m	
5	1.68 d(12.7)	1.61 m	—	
6	4.38 dd(12.7, 7.0)	α 1.79 m, β 1.61 m	2.06 m	
7	5.10 d(7.0)	α 2.66 m β 2.77 br dt(14.7, 3.0)	4.71 dd (3.7, 1.8)	
11	7.03 s①	6.02 d(1.7, OH)	5.84 s(OH)	
14①	8.08 s	6.49 s	6.62 s	
15②	3.69 sept(7.3)	3.17 sept(6.9)	3.24 sept(7)	
16②	1.36 d(7.3)	1.21 d(6.9)	1.21 d(7)	
17②	1.37 d(7.3)	1.20 d(6.9)	1.22 d(7)	
18③	3.47 d(7.4) 3.74 d(7.4)	1.11 s	0.85 s	
19④	1.07 s	1.05 s	1.15 s	
20⑤	1.11 s	4.69 br d(8.8) 3.95 dd(8.8, 2.7)	3.08 dd(8.5, 1.7) 4.32 d(8.5)	
OMe		3.74 s	3.77 s	

11-3-16 [12]　11-3-17 [5]　11-3-18 [13]　11-3-19 [14]

表 11-3-6 芳构化松香烷型二萜 11-3-16～11-3-19 的 ^{1}H NMR 数据

H	11-3-16 (CDCl$_3$)	11-3-17 (CDCl$_3$)	11-3-18 (CDCl$_3$)	11-3-19 (CDCl$_3$)	典型氢谱特征
1	5.68 dd(17.2, 10.4)	2.11 br t(8.5)	ax 2.27 m eq 1.70 m	1.08 m 1.65 m	化合物 **11-3-16** 存在 C(2)-C(3)键断裂的结构特征；化合物 **11-3-17** 存在 C(3)-C(4)键断裂的结构特征；化合物 **11-3-18** 存在 C(6)-C(7)键断裂的结构特征；化合物 **11-3-19** 存在 C(9)-C(10)键断裂的结构特征；芳构化松香烷型二萜的氢谱特征依然存在，但上述结构多样性的特征可以从其他信号进行判断。 ① 苯环质子可以区分成一个独立的苯环； ② C(15)、C(16)和 C(17)异丙基单元的特征峰； ③ 18 位甲基特征峰；化合物 **11-3-17** 的 C(18)形成烯亚甲基，其信号有特征性，并构成鉴别 C(3)-C(4)键断裂的氢谱特征； ④ 19 位甲基特征峰； ⑤ 20 位甲基特征峰；化合物 **11-3-18** 的 C(20)形成酯羰基，甲基特征信号消失；化合物 **11-3-19** 的 C(9)-C(10)键断裂后 20 位甲基显示偶合常数为 8.5Hz 的二重峰，其信号构成鉴别 C(9)-C(10)键断裂的氢谱特征。 化合物 **11-3-16** 的 C(2)-C(3)键断裂后 C(1)和 C(2)形成单取代乙烯基，其信号构成鉴别 C(2)-C(3)键断裂的氢谱特征；化合物 **11-3-18** 的 C(6)-C(7)键断裂后 C(6)和 C(7)均形成甲酰基，其信号构成鉴别 C(6)-C(7)键断裂的氢谱特征
2	4.83 d(17.2) 4.86 d(10.4)	1.91 m 2.21 ddd(15.5, 8.5, 8.5)	ax 2.10 m eq 1.55 m	1.51 m 1.70 m	
3		3.60 s(OMe)	ax 1.90 m eq 1.60 m	3.22 dd(11.6, 4.2)	
5	1.85 dd(13.5, 3)	2.42 dd(12.0, 3.0)	4.11 s	0.67 m	
6	1.65 m, 1.70 m	1.79 m, 1.93 m	9.66 d(0.82)	1.39 m, 1.75 m	
7	2.62 m, 2.69 m	2.78 dd(8.5, 4.0)	9.77 s	2.51 m, 2.68 m	
10				1.36 m	
11	7.08 d(8.1)①	7.17 d(8.0)①		6.67 d(8.0)①	
12	6.90 br d(8.1)①	7.01 dd(8.0, 2.0)①		6.92 dd(8.0, 1.8)①	
14①	6.79 br s	6.87 d(2.0)	7.40 s	6.94 d(1.8)	
15②	2.73 sept(6.8)	2.82 sept(7.0)	3.35 sept(7)	2.82 sept(7.0)	
16②	1.13 d(6.8)	1.22 d(7.0)	1.27 d(7)	1.21 d(7.0)	
17②	1.13 d(6.8)	1.22 d(7.0)	1.28 d(7)	1.21 d(7.0)	
18③	1.17 s	4.71 br s, 4.95 br s	1.50 s	0.98 s	
19④	1.10 s	1.79 s	1.28 s	0.77 s	
20⑤	1.12 s	1.21 s		1.01 d(8.5)	

3. 对映松香烷型二萜

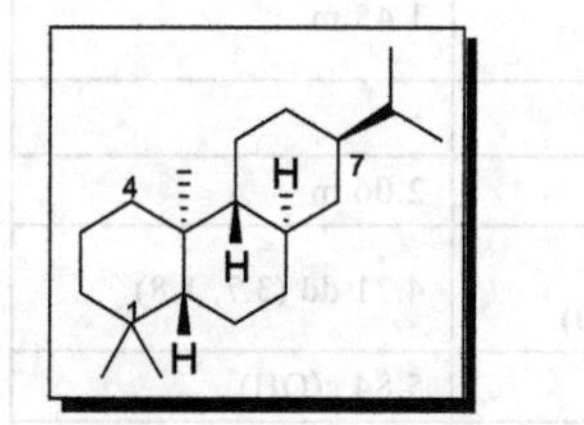

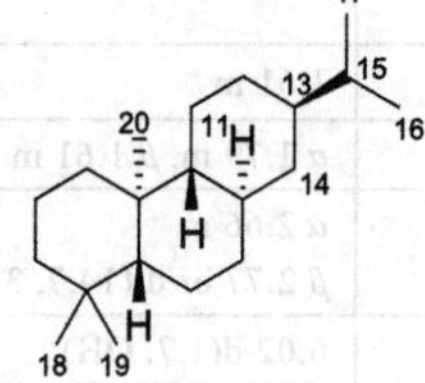

【系统分类】

1,1,4a-三甲基-7-异丙基十四氢菲

7-isopropyl-1,1,4a-trimethyltetradecahydrophenanthrene

【主要相对构型特征】

5-氢、9-氢和 13-异丙基为 β-构型，甲基-20 和 8-氢为 α-构型。

【结构多样性】

C(8),C(16)连接形成对映贝壳杉烷型二萜。

【典型氢谱特征】

11-3-20 [15]　　11-3-21 [16]　　11-3-22 [17]

表 11-3-7 对映松香烷型二萜 11-3-20～11-3-22 的 ^{1}H NMR 数据

H	11-3-20	11-3-21 (C_5D_5N)	11-3-22 (C_5D_5N)	典型氢谱特征
1	3.65 dd(11.1, 5)	1.18 m, 1.79 m		①化合物 **11-3-20** 的 C(16)形成醛基，**11-3-21** 的 C(16)形成氧亚甲基（氧化甲基），其信号均有特征性；化合物 **11-3-22** 的 C(16)形成羧羰基，甲基特征信号消失； ②化合物 **11-3-20～11-3-22** 的 C(17)全部形成烯亚甲基，信号有特征性； ①和②共同构成 13-异丙基的特征信号； ③ 18 位甲基特征峰；化合物 **11-3-21** 的 C(18)形成氧亚甲基(氧化甲基)，其信号有特征性； ④ 19 位甲基特征峰； ⑤ 20 位甲基特征峰；化合物 **11-3-20** 的 C(20)形成醛基，**11-3-22** 的 C(20) 形成氧亚甲基（氧化甲基），其信号均有特征性
2	α 1.95～2.00 m β 1.87～1.92 m	1.62 m 1.89 m	2.75 br s	
3	α 1.54 ov β 1.45 dt(13.6, 3.5)	4.17 dd(10.8, 4.9)	3.75 br s	
5	1.71 d(12)	1.94 ov	1.83 d(11.3)	
6	4.34 d(12)	2.03～2.09 ov	4.77 d(11.3)	
7		5.66 d(2.1)		
8			2.45 br t(12.5)	
9	2.61～2.65 m	2.05 ov	2.24 br t(12.5)	
11	α 2.65～2.70 m β 1.56 (ov)	1.04 m 1.93 m	α 1.05 ov β 1.95 br d(12.5)	
12	α 2.02～2.08 m β 1.20～1.28 m	1.42 m 1.65 m	α 1.89 br d(12.5) β 1.24 qd(12.5, 1.2)	
13	3.43～3.47 m	2.41 m	2.74 (ov)	
14	6.77 br s	4.18 br s	α 2.37 br d(12.5) β 1.53 q(12.5)	
16①	9.53 s	4.26 d(14) 4.55 d(14)		
17②	6.20 br s 6.25 br s	4.84 br s 5.01 br s	5.59 s 6.48 s	
18③	1.16 s	3.60 d(10.8) 4.06 d(10.8)	1.11 s	
19④	0.95 s	1.12 s	1.64 s	
20⑤	10.05 s	0.86 s	4.11 dd(9.8, 1.4) 4.76 d(9.8)	

4. C(13)-C(15)-C(16)环丙烷松香烷/对映松香烷型二萜

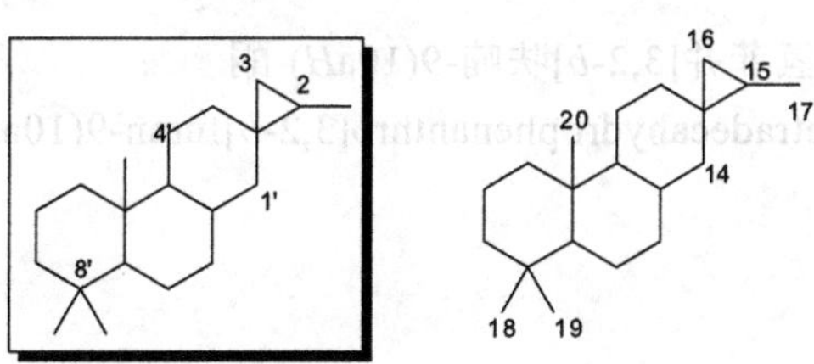

【系统分类】

2,4b′,8′,8′-四甲基十二氢-1′*H*-螺[环丙烷-1,2′-菲]

2,4b′,8′,8′-tetramethyldodecahydro-1′*H*-spiro[cyclopropane-1,2′-phenanthrene]

【结构多样性】

C(20)迁移(10→9)；等。

【典型氢谱特征】

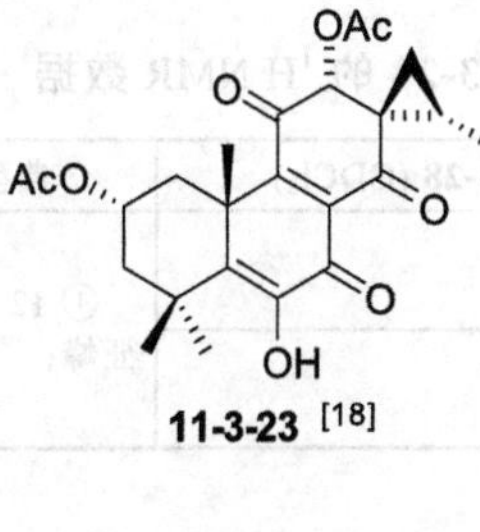

OAc AcO O O O OH **11-3-23** [18]

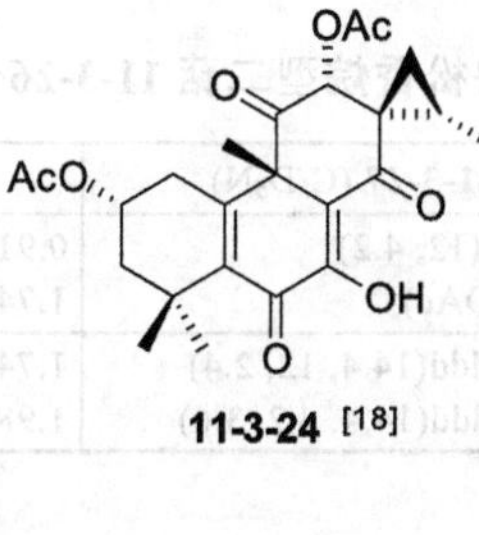

OAc AcO O O OH O **11-3-24** [18]

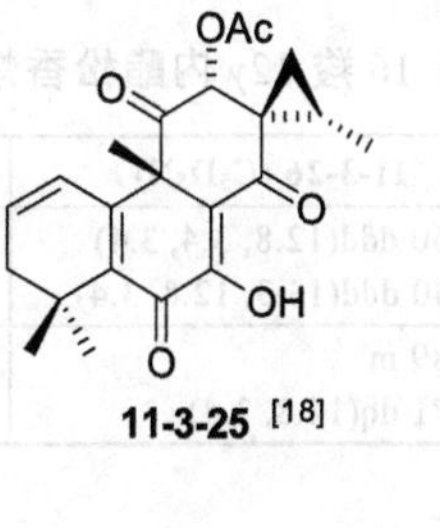

OAc O O OH O **11-3-25** [18]

表 11-3-8 C(13)-C(15)-C(16)环丙烷松香烷/对映松香烷型二萜 **11-3-23**～**11-3-25** 的 ^{1}H NMR 数据

H	**11-3-23** ($CDCl_3$)	**11-3-24** ($CDCl_3$)	**11-3-25** ($CDCl_3$)	典型氢谱特征
1	α 1.85 ov β 1.97 d(6.2)	α 2.42 dd(18.7, 9.6) β 2.86 dd(18.7, 5.2)	6.22 d(5.6)	化合物 **11-3-24** 和 **11-3-25** 存在 C(20)迁移(10→9)的结构特征，但 C(13)-C(15)-C(16)环丙烷松香烷型二萜的氢谱特征仍然存在。 ① 17 位甲基特征峰； ② 18 位甲基特征峰； ③ 19 位甲基特征峰； ④ 20 位甲基特征峰。 此外，16 位环丙烷亚甲基的氢谱信号有一定的特征性
2	5.00 m	4.96 m	6.31 m	
3α	1.85 ov	1.59 dd(12.4, 10.4)	2.14 dd(15.2, 4.8)	
3β	2.06 ov	1.81 dd(12.4, 5.5)	2.24 dd(15.2, 3.2)	
12	5.07 s	4.80 s	5.04 s	
15	1.93 m	2.25 m	2.46 m	
16	1.28 m	1.07 dd(7.5, 4.0) 1.50 dd(9.2, 4.0)	1.15 dd(9.2, 4.0) 1.52 dd(7.6, 4.0)	
17①	1.10 d(6.4)	1.18 d(6.5)	1.18 d(6.0)	
18②	1.39 s	1.39 s	1.33 s	
19③	1.36 s	1.31 s	1.19 s	
20④	1.75 s	1.69 s	1.74 s	
OAc	2.03 s, 2.06 s	1.98 s, 2.04 s	2.00 s	
OH	8.83 s(6-OH)	11.58 s(7-OH)	12.37 s(7-OH)	

5. 16 羧,12γ 内酯松香烷/对映松香烷型二萜

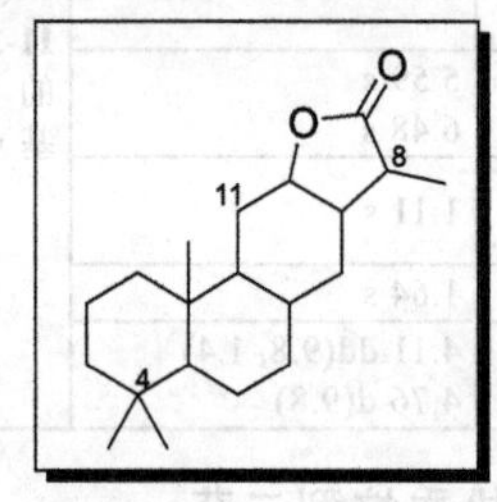

【系统分类】

4,4,8,11b-四甲基十四氢菲并[3,2-*b*]呋喃-9(10a*H*)-酮

4,4,8,11b-tetramethyltetradecahydrophenanthro[3,2-*b*]furan-9(10a*H*)-one

【结构多样性】

C(3),C(18)连接等。

【典型氢谱特征】

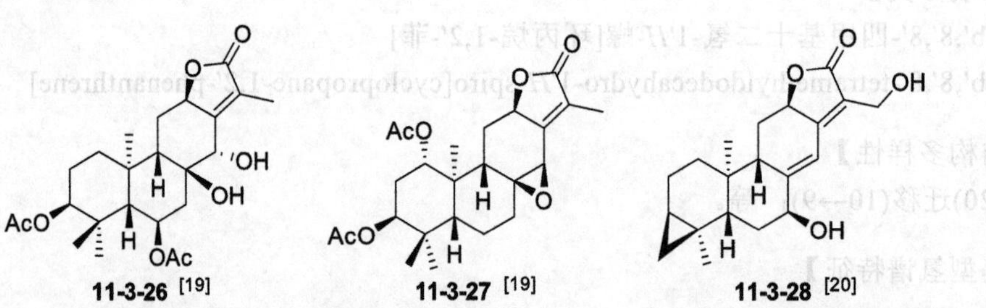

11-3-26 [19]　**11-3-27** [19]　**11-3-28** [20]

表 11-3-9 16 羧,12γ 内酯松香烷/对映松香烷型二萜 **11-3-26**～**11-3-28** 的 ^{1}H NMR 数据

H	**11-3-26** (C_5D_5N)	**11-3-27** (C_5D_5N)	**11-3-28** ($CDCl_3$)	典型氢谱特征
1	α 1.60 ddd(12.8, 3.4, 3.4) β 1.40 ddd(13.3, 12.8, 3.4)	5.23 dd(12, 4.2) 2.15 s(OAc)	0.91 m 1.74 m	① 12 位氧次甲基特征峰；
2	α 1.89 m β 1.71 dq(14.8, 3.4)	α 1.88 ddd(14.4, 12, 2.4) β 1.58 ddd(14.4, 4.2, 3.6)	1.74 m 1.98 m	

续表

H	11-3-26 (C_5D_5N)	11-3-27 (C_5D_5N)	11-3-28 ($CDCl_3$)	典型氢谱特征
3	4.83 t(2.6) 2.09 s(OAc)	4.94 dd(3.6, 2.4) 2.06 s(OAc)	0.67 m	② 17 位甲基特征峰；化合物 **11-3-28** 的 C(17) 形成氧亚甲基（氧化甲基），信号有特征性； ③ 18 位甲基特征峰；化合物 **11-3-28** 存在 C(3)与 C(18)连接形成环丙烷的结构特征，18 位环丙烷亚甲基的信号有特征性； ④ 19 位甲基特征峰； ⑤ 20 位甲基特征峰
5	2.19 d(11.2)	1.63 m	1.90 dd(13.6, 3.2)	
6	5.97 ddd(11.2, 9, 4.6) 2.01 s(OAc)	1.57 m 1.58 m	1.74 m 2.13 m	
7	*α* 2.27 dd(13, 9) *β* 3.02 dd(13, 4.6)	1.65 dt(13.6, 3.4) 1.98 m	4.45 br s (ov)	
9	2.08 d(7.6)	2.14 d(6.8)	2.65 d(8.4)	
11	*α* 2.65 dd(10.2, 6.6) *β* 2.09 m	*α* 2.39 dd(13.6, 5.2) *β* 1.59 ddd(13.6, 13.3, 6.8)	1.55 ddd(13.6, 13.6, 8.4) 2.61 dd(13.6, 6.0)	
12①	5.56 m	5.22 ddd(13.3, 5.2, 2)	4.94 dd(13.6, 4.8)	
14	4.92 s	3.91 s	6.62 br s	
17②	1.89 d(2)	1.95 d(2)	4.45 br s(ov)	
18③	1.05 s	0.89 s	en 0.16 t(5.0) ex 0.49 dd(9.2, 4.4)	
19④	1.21 s	0.91 s	0.95 s	
20⑤	1.47 s	1.25 s	0.87 s	

6. C(20)降碳松香烷/对映松香烷型二萜

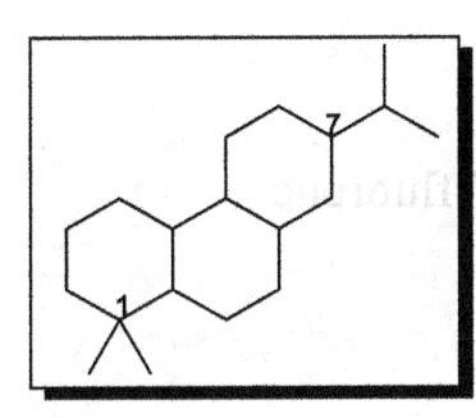

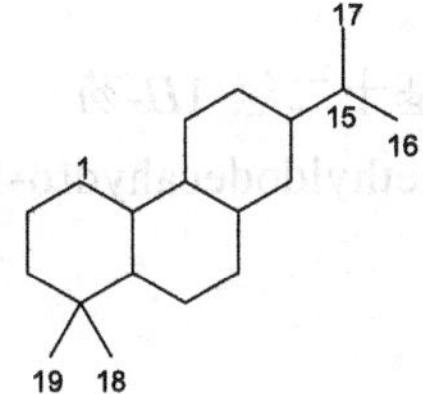

【系统分类】

1,1-二甲基-7-异丙基十四氢菲

7-isopropyl-1,1-dimethyltetradecahydrophenanthrene

【结构多样性】

碳骨架脱氢；等。

【典型氢谱特征】

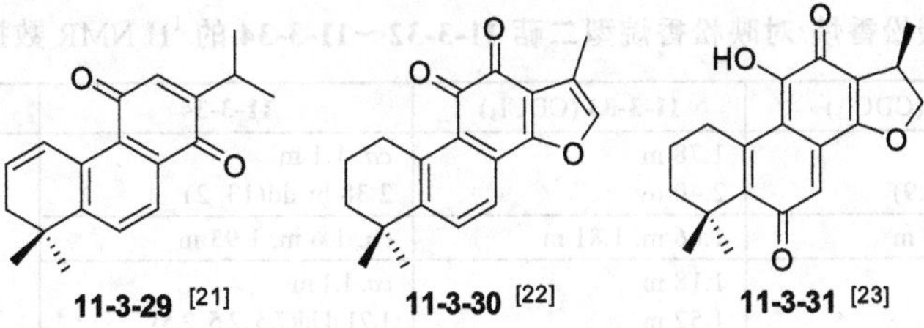

11-3-29 [21]　11-3-30 [22]　11-3-31 [23]

表 11-3-10 C(20)降碳松香烷/对映松香烷型二萜 11-3-29～11-3-31 的 ^{1}H NMR 数据

H	11-3-29($CDCl_3$)	11-3-30 ($CDCl_3$)	11-3-31 ($CDCl_3$)	典型氢谱特征
1	7.87 d(10.2)	3.19 t(6.5)	2.86 m	由于化合物 **11-3-29～11-3-31** 具有 C(20)降碳的结构特征，其图谱上全部没有 20 位甲基特征峰
2	6.33 m	1.79 m	1.82 m	
3	2.28 dd(4.5, 1.8)	1.66 m	—	
6	7.50 d(7.8)	7.63 d(8.0)		

续表

H	11-3-29($CDCl_3$)	11-3-30 ($CDCl_3$)	11-3-31 ($CDCl_3$)	典型氢谱特征
7	7.12 d(7.8)	7.55 d(8.0)	7.59 s	① C(15)、C(16)和 C(17)异丙基特征峰；化合物 **11-3-30** 的 C(16)形成烯醇醚氧次甲基，典型的异丙基特征峰被 16 位烯质子信号和 17 位甲基单峰所代替；化合物 **11-3-31** 的 C(16)形成氧亚甲基（氧化甲基），其信号有特征性；② 18 位甲基特征峰；③ 19 位甲基特征峰
12	7.09 s			
15①	3.02 sept(6.9)		3.61 m($W_{1/2}$=18Hz)	
16①	1.17 d(6.9)	7.22 d(1.0)	α 4.75 t(9.2) β 4.20 dd(9.2, 7.1)	
17①	1.17 d(6.9)	2.26 s	1.35 d(7.2)	
18②	1.29 s	1.31 s	1.31 s	
19③	1.29 s	1.31 s	1.33 s	
OH			7.27 s	

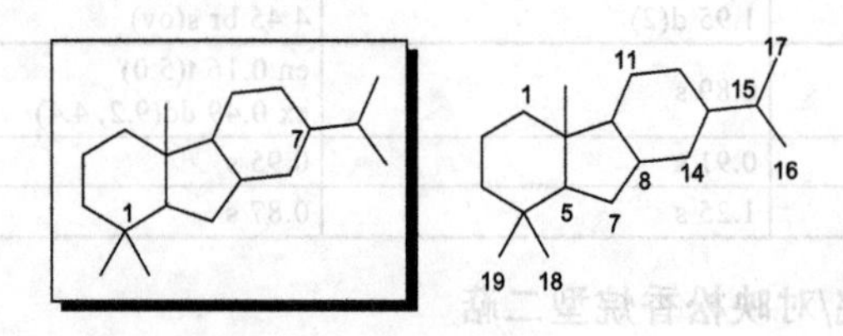

7. C(6)降碳松香烷/对映松香烷型二萜

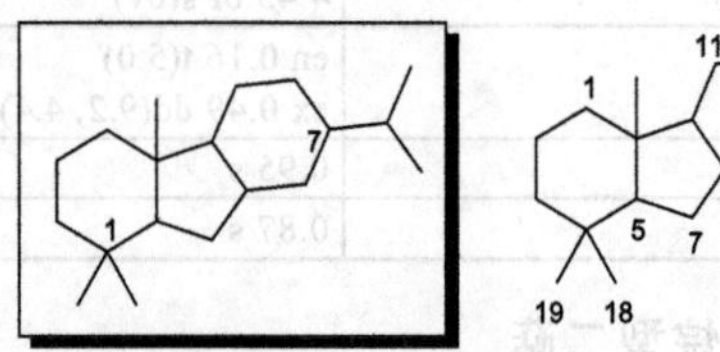

【系统分类】

1,1,4a-三甲基-7-异丙基十二氢-1*H*-芴

7-isopropyl-1,1,4a-trimethyldodecahydro-1*H*-fluorene

【结构多样性】

碳骨架脱氢；等。

【典型氢谱特征】

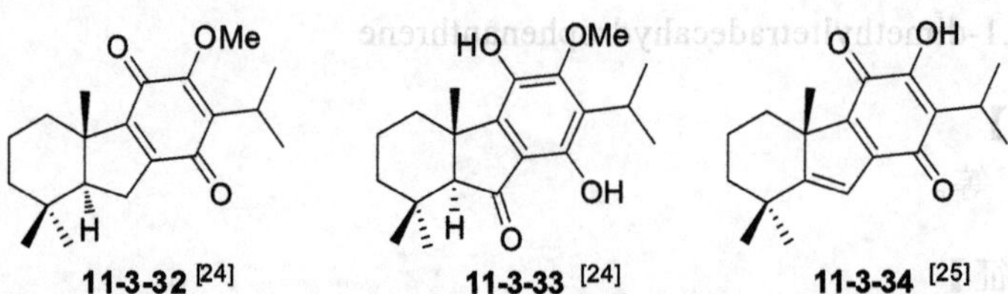

表 11-3-11 C(6)降碳松香烷/对映松香烷型二萜 11-3-32～11-3-34 的 ^{1}H NMR 数据

H	11-3-32($CDCl_3$)	11-3-33 ($CDCl_3$)	11-3-34	典型氢谱特征
1	1.43 m 2.23 br d(12.9)	1.78 m 2.40 ov	*ca.* 1.1 m 2.38 br dd(13, 2)	① C(15)、C(16)和 C(17)异丙基单元的特征峰；② 18 位甲基特征峰；③ 19 位甲基特征峰；④ 20 位甲基特征峰
2	1.58 m, 1.74 m	1.66 m, 1.81 m	*ca.* 1.6 m, 1.93 m	
3	1.12 m 1.47 m	1.18 m 1.52 m	*ca.* 1.1 m 1.71 ddd(7.5, 2.5, 2.5)	
5	1.61 ov	2.45 s		
7	2.28 dd(16.8, 6.4) 2.54 dd(16.8, 6.4)		6.45 s	
15①	3.19 sept(7.2)	3.26 sept(6.6)	3.22 sept(7.0)	
16①	1.18 d(7.2)	1.33 d(6.6)	1.24 d(7.0)	
17①	1.21 d(7.2)	1.37 d(6.6)	1.25 d(7.0)	
18②	0.90 s	1.26 s	1.24 s	
19③	0.97 s	1.14 s	1.29 s	

续表

H	11-3-32(CDCl$_3$)	11-3-33 (CDCl$_3$)	11-3-34	典型氢谱特征
20④	1.05 s	1.26 s	1.46 s	
OMe	3.91 s	3.76 s		
OH		5.16 br s(11-OH) 8.73 s(14-OH)	7.31 s(12-OH)	

8. C(17)迁移(15→16)松香烷/对映松香烷型二萜

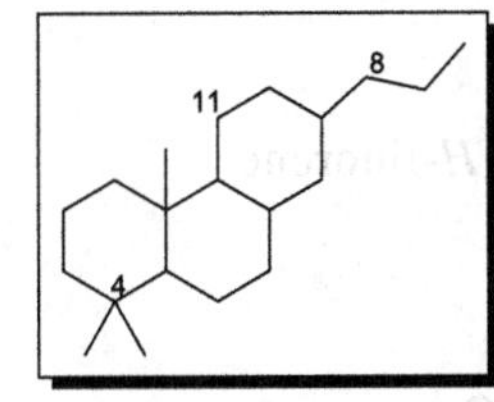

【系统分类】

1,1,4a-三甲基-7-丙基十四氢菲

1,1,4a-trimethyl-7-propyltetradecahydrophenanthrene

【结构多样性】

C(3)与 C(18)连接；等。

【典型氢谱特征】

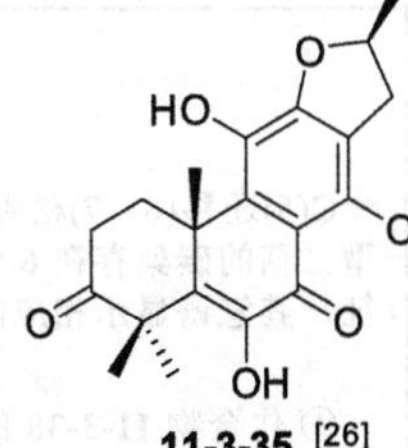

11-3-35 [26]

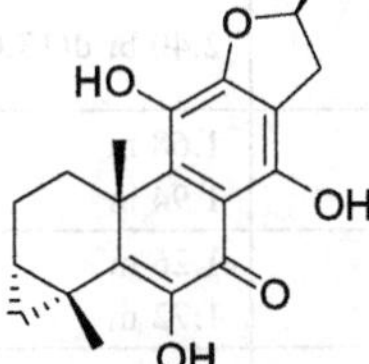

11-3-36 [26]

11-3-37 [18]

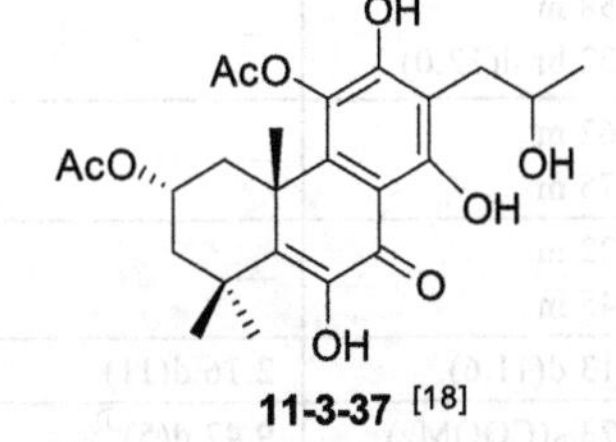

表 11-3-12 C(17)迁移(15→16)松香烷/对映松香烷型二萜 11-3-35～11-3-37 的 ^{1}H NMR 数据

H	11-3-35 (CDCl$_3$)	11-3-36 (CDCl$_3$)	11-3-37 (CDCl$_3$)	典型氢谱特征
1α	1.86 dt(13.7, 9.9, 9.9)	0.92 ov	2.19 dd(14.8, 8.4)	① 17 位甲基特征峰； ② 18 位甲基特征峰；化合物 **11-3-36** 存在 C(3)与 C(18)连接形成环丙烷结构特征，18 位环丙烷亚甲基信号有特征性； ③ 19 位甲基特征峰； ④ 20 位甲基特征峰
1β	3.34 ddd(13.7, 6.3, 4.0)	2.80 br ddd(13.9, 13.4, 5.9)	2.63 dd(14.8, 5.2)	
2	α 2.75 ddd(16.2, 9.9, 4.0) β 2.73 ddd(16.2, 9.9, 6.3)	α 1.88 ddt(13.9, 5.5, 1.6) β 2.32 br tt(13.9, 11.9, 5.9)	5.47 m	
3		0.99 ov	α 1.89 dd(13.6, 7.2) β 2.10 dd(13.6, 4.4)	
15	α 3.43 dd(15.5, 9.0) β 2.91 dd(15.5, 7.3)	α 3.40 dd(15.2, 8.7) β 2.88 dd(15.2, 7.3)	2.98 dd(14.8, 1.8) 2.87 dd(14.8, 6.8)	
16	5.18 ddq(9.0, 7.3, 6.3)	5.14 ddq(6.5, 7.3, 8.7)	4.29 m	
17①	1.55 d(6.3)	1.53 d(6.5)	1.24 d(6.0)	
18②	1.54 s	en 0.46 br dd(5.2, 4.6) ex 0.84 br dd(8.7, 4.6)	1.46 s	
19③	1.45 s	1.44 br s	1.46 s	
20④	1.58 s	1.65 br s	1.60 s	
OAc			2.06 s, 2.36 s	
OH	6.94 s(6-OH) 4.91 s(11-OH) 12.44 s(14-OH)	6.57 s(6-OH) 4.72 s(11-OH) 12.60 s(14-OH)	13.00 s 6.92 s	

9. C(5)迁移(6→7)松香烷/对映松香烷型二萜

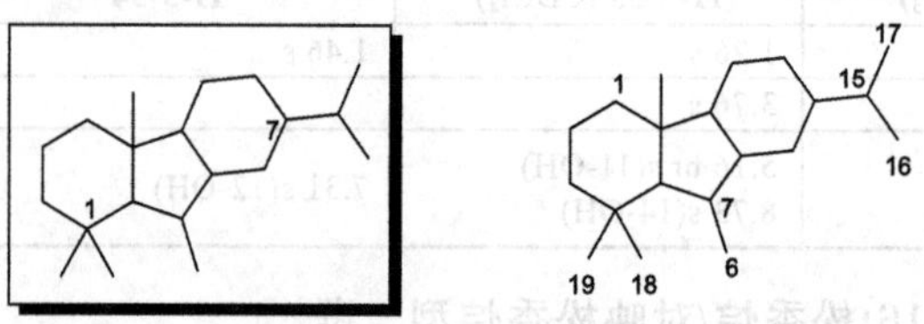

【系统分类】

1,1,4a,9-四甲基-7-异丙基-十二氢-1*H*-芴

7-isopropyl-1,1,4a,9-tetramethyldodecahydro-1*H*-fluorene

【典型氢谱特征】

11-3-38 [27]　　11-3-39 [28]　　11-3-40 [27]

表 11-3-13 C(5)迁移(6→7)松香烷/对映松香烷型二萜 **11-3-38**～**11-3-40** 的 ^{1}H NMR 数据

H	11-3-38 ($CDCl_3$)	11-3-39 ($CDCl_3$)	11-3-40 ($CDCl_3$)	典型氢谱特征
1	1.58 m 2.22 br d(12.0)	—	2.40 br d(13.0)	C(5)迁移(6→7)松香烷/对映松香烷型二萜的碳架存在 6 位甲基的结构特征，其氢谱显示相应的特征。 ① 化合物 **11-3-38** 的 C(6)形成酯羰基，甲基特征信号消失；化合物 **11-3-39** 和 **11-3-40** 的 C(6)形成醛基，信号有特征性； ② C(15)、C(16)和 C(17)异丙基单元特征峰； ③ 18 位甲基特征峰； ④ 19 位甲基特征峰； ⑤ 20 位甲基特征峰
2	1.62 m 1.75 m	—	1.68 m 1.94 m	
3	1.22 m 1.45 m	—	1.26 m 1.72 m	
5	2.13 d(11.6)	2.16 d(11)		
6	3.73 s(COOMe)	9.47 d(5)①	10.38 s①	
7	3.61 d(11.6)	3.77 dd(11, 5)		
15②	3.10 sept(7.0)	3.16 sept(7)	3.15 sept(7.1)	
16②	1.14 d(7.0)	1.26 d(7)	1.19 d(7.1)	
17②	1.17 d(7.0)	1.26 d(7)	1.18 d(7.1)	
18③	0.82 s	0.89 s	1.14 s	
19④	1.03 s	1.06 s	1.28 s	
20⑤	1.10 s	1.10 s	1.44 s	
OCH_2O		5.82 d(1) 5.87 d(1)		

10. C(9)迁移(10→20)松香烷/对映松香烷型二萜

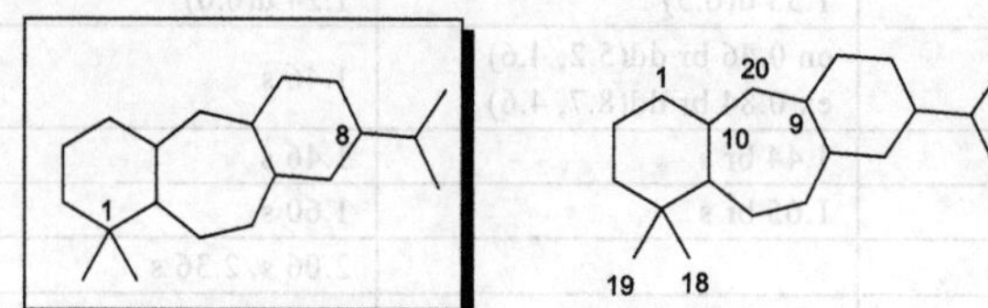

【系统分类】

1,1-二甲基-8-异丙基十四氢-1*H*-二苯并[*a*,*d*][7]轮烯

8-isopropyl-1,1-dimethyltetradecahydro-1*H*-dibenzo[*a*,*d*][7]annulene

【典型氢谱特征】

11-3-41 [29] **11-3-42** [29] **11-3-43** [30]

表 11-3-14 C(9)迁移(10→20)松香烷/对映松香烷型二萜 **11-3-41**～**11-3-43** 的 ^{1}H NMR 数据

H	11-3-41 ($CDCl_3$)	11-3-42 ($CDCl_3$)	11-3-43 ($CDCl_3$)	典型氢谱特征
1	α 1.54 dd(14, 4.3) β 1.73 br d(14)	1.60 ov	6.65 t(4)	
2	α 1.56 dd(14, 4) β 1.87 qt(13.7, 3.4)	α 1.73 ov β 2.03 ov		
3	α 1.14 td(13.8, 2.9) β 1.45 br d(13.7)	α 1.15 dd(11.3, 5.8) β 1.59 ov	1.85 dt(13, 3)	
5	1.43 d(9.5)	1.71 t(8.2)	2.60 d(11)	
6	α 2.62 d(17.7) β 3.00 dd(17.7, 9.8)	α 2.30 dd(12.8, 8.6) β 2.04 dd(12.8, 7.8)	4.73 dd(11, 3)	① C(15)、C(16)和 C(17)异丙基单元特征峰； ② 18 位甲基特征峰； ③ 19 位甲基特征峰；化合物 **11-3-43** 的 C(19)形成酯羰基，甲基特征信号消失
7			7.50 dd(3, 0.4)	
15①	3.40 sept(7.0)	3.23 sept(7.0)	3.38 sept(7)	
16①	1.30 d(7.0)	1.18 d(7.3)	1.25 d(7)	
17①	1.28 d(7.4)	1.18 d(7.0)	1.25 d(7)	
18②	0.86 s	0.95 s	1.34 s	
19③	1.00 s	0.86 s		
20	α 3.02 d(14.3) β 2.74 d(14.1)	α 2.26 d(19.6) β 2.55 d(19.6)	7.74 s	
OH	1.24 br s, 13.43 s	5.99 s(7-OH)	7.74 s	
OMe		3.98 s		
OCH_2O	5.92 s, 5.94 s			

11. C(18)迁移(4→3)松香烷/对映松香烷型二萜

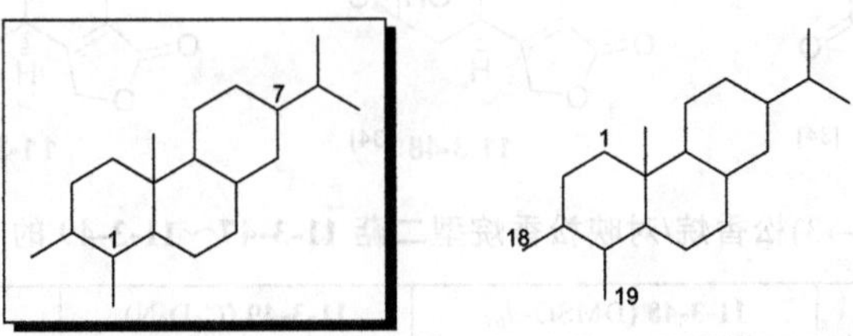

【系统分类】

1,2,4a-三甲基-7-异丙基十四氢菲

7-isopropyl-1,2,4a-trimethyltetradecahydrophenanthrene

【结构多样性】

C(17)迁移(15→16)；碳骨架脱氢；等。

【典型氢谱特征】

11-3-44 [31]　　**11-3-45** [32]　　**11-3-46** [33]

表 11-3-15 C(18)迁移(4→3)松香烷/对映松香烷型二萜 **11-3-44～11-3-46** 的 ^{1}H NMR 数据

H	**11-3-44** ($CDCl_3$)	**11-3-45** ($CDCl_3$)	**11-3-46**	典型氢谱特征
1	1.41 m 2.77 m	α 1.98～2.15 m β 2.31 dd(13, 6)	α 1.57 m β 3.23 m	① C(15)、C(16)和 C(17)异丙基单元特征峰； ② 化合物 **11-3-46** 存在C(17)迁移(15→16)的结构特征，17 位甲基信号有特征性；在 13 位形成芳香季碳的情况下，2-氧化丙基信号也有一定的特征性； ③ 18 位甲基特征峰；化合物 **11-3-44** 的 C(18)形成羧羰基，**11-3-45** 的 C(18)形成酯羰基，甲基特征信号均消失； ④ 19 位甲基特征峰；化合物 **11-3-45** 的 C(19)形成氧亚甲基（氧化甲基），其信号有特征性； ⑤ 20 位甲基特征峰
2	2.42～2.63 m	α 2.55 br d(16) β 2.39 m	α 2.21 m β 2.51 m	
5	2.22～2.26 m	1.90 s(OH)		
6	1.56 m 2.22～2.26 m	α 1.98～2.15 m β 2.23 ddd(14, 9, 9)	6.22 s	
7	2.39 ddd(20.5, 11.2, 6.8) 2.80 ddd(20.5, 6.4, 1.0)	2.80～3.02 m		
11		6.91 d(8)		
12	6.38 d(1.0)	7.08 d(8)		
15	3.01 sept d(6.8, 1.0)①	3.08 sept (7)①	α 3.40 dd(15.15, 7.4)② β 2.89 dd(15.15, 8.8)②	
16	1.12 d(6.8)①	1.25 d(7)①	5.12 ddq(8.8, 7.4, 6.4)②	
17	1.12 d(6.8)①	1.27 d(7)①	1.52 d(6.4)②	
18③			1.91 s	
19④	2.12 s	4.90 br d ABq(17, $\Delta\nu$ = 0.19)	1.88 s	
20⑤	1.18 s	1.09 s	1.50 s	
11-OH			4.88 s	
14-OH		4.80 s	13.73 s	

11-3-47 [34]　　**11-3-48** [34]　　**11-3-49** [35]

表 11-3-16 C(18)迁移(4→3)松香烷/对映松香烷型二萜 **11-3-47～11-3-49** 的 ^{1}H NMR 数据

H	**11-3-47** (C_5D_5N)	**11-3-48** (DMSO-d_6)	**11-3-49** (C_5D_5N)	典型氢谱特征
1	1.58 m 2.55 m	1.08 sept(6.62) 1.48 m	1.28 m	① C(15)、C(16)和 C(17)异丙基单元特征峰；化合物 **11-3-49** 的 C(16)形成氧亚甲基（氧化甲基），信号仍然有特征性； ② 化合物 **11-3-47～11-3-49** 的 C(19)全部形成氧亚甲基（氧化甲基），其信号有特征性； ③ 20 位甲基特征峰
2	2.40 m 2.43 m	2.15 br(18) 2.02 m	1.98 m 2.09 m	
5	3.05 d(13.5)	2.85 br (14)	2.60 br d	
6	2.59 d(9.52) 2.72 t(6.91)	2.02 m 1.65 t(14)	1.83 dd(15, 5) 2.21 dd(15, 5)	
7		3.6 d(8)	3.37 d(5)	
11	5.13 d(3)	5.02 d(4)	3.92 d(3)	

续表

H	11-3-47 (C_5D_5N)	11-3-48 (DMSO-d_6)	11-3-49 (C_5D_5N)	典型氢谱特征
12	3.72 d(3)	3.76 d(4)	3.66 d(3)	C(18)迁移(4→3)松香烷/对映松香烷型二萜 **11-3-47～11-3-49** 的C(18)全部形成酯羰基，18位甲基特征信号消失
14	5.49 s	3.86 s	3.35 s	
15①	2.65 br	2.58 br	2.17 m	
16①	0.96 d(6.96)	1.32 d(6.5)	3.40 dd(11, 6) 3.69 dd(11, 8)	
17①	1.18 d(6.96)	1.38 d(6.5)	0.98 d(7)	
19②	4.76 m	4.62 m, 4.70 m	5.30 m	
20③	1.26 s	1.12 s	0.96 s	
OH		3.8 s(9-OH) 4.17 d(5.2, 11-OH) 5.23 d(7.3, 12-OH)	3.93 s(14-OH) 4.68 s(16-OH)	

二、海松烷型二萜

海松烷型二萜的基本碳骨架为全氢菲，C(4)连有偕二甲基，C(10)连有角甲基，C(13)同时连有一个甲基和一个乙基。

1. 简单海松烷型二萜

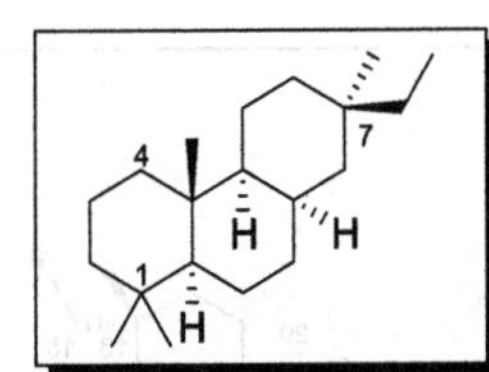

【系统分类】

1,1,4a,7-四甲基-7-乙基-十四氢菲

7-ethyl-1,1,4a,7-tetramethyltetradecahydrophenanthrene

【主要相对构型特征】

5-氢、8-氢、9-氢和甲基-17 为 α-构型，甲基-20 和 7-乙基为 β-构型。

【典型氢谱特征】

11-3-50 [36]　**11-3-51** [37]　**11-3-52** [37]

表 11-3-17 简单海松烷型二萜 **11-3-50～11-3-52** 的 ^{1}H NMR 数据

H	11-3-50 ($CDCl_3$)	11-3-51 (CD_3COCD_3)	11-3-52 ($CDCl_3$)	典型氢谱特征
1	1.92 m	6.12 s	α 1.61 m β 1.14 m	① 化合物 **11-3-50** 的C(16)与C(15)形成单取代乙烯基，**11-3-51** 和 **11-3-52** 的C(15)形成酮羰基、C(16)形成氧亚甲基（氧化甲基），信号均有特征性；
2	1.36 m 1.85 m	7.01 s(可重水交换)	α 1.54 m β 1.18 m	
3	3.35 dd(11.5, 4.8)		3.25 dd(11.5, 4.1)	
5	1.73 dd(14, 3.9)	1.94 dd(12.5, 3)	1.03 dd(12.6, 2.7)	

续表

H	11-3-50 ($CDCl_3$)	11-3-51 (CD_3COCD_3)	11-3-52 ($CDCl_3$)	典型氢谱特征
6	2.53 dd(17.6, 14) 2.63 dd(17.6, 3.9)	α 1.68 dt(13.1, 3) β 1.62 ddd(13.1, 12.5, 4.8)	α 1.64 m β 1.37 ddd(14.1, 12.6, 5.7)	② 17 位甲基特征峰； ③ 18 位甲基特征峰； ④ 19 位甲基特征峰；化合物 **11-3-50** 的 C(19)形成氧亚甲基（氧化甲基），其信号有特征性； ⑤ 20 位甲基特征峰
7		α 2.23 td(12.8, 5.6) β 2.49 ddd(12.8, 4.8, 1.9)	α 2.03 td(13.8, 5.4) β 2.38 dt(13.8, 5.4)	
9		2.10 t(8.2)	1.68 t(8.4)	
11	2.00 ov 2.18 m	α 1.86 ddd(13.2, 3.7, 3.6) β 1.36 ddt(13.2, 10.9, 2.9)	α 1.19 m β 1.48 ddd(14.1, 12.6, 3.3)	
12	1.28 m 1.62 m	α 2.34 dd(12.8, 2.9) β 1.18 ddd(12.8, 10.9, 2.9)	α 2.33 dt(12.6, 5.3) β 1.07 m	
14	2.00 ov 2.38 dd(17.8, 1.5)	5.60 dd(5.6, 2.9)	5.53 d(1.6)	
15①	5.66 dd(17.5, 10.8)			
16①	4.83 dd(17.5, 1.2) 4.93 dd(10.8, 1.2)	4.45 d(19.2) 4.34 d(19.2)	4.35 s	
17②	1.02 s	1.13 s	1.12s	
18③	1.15 s	1.19 s	1.01 s	
19④	4.23 d(11.8) 4.41 d(11.8)	1.07 s	0.80 s	
20⑤	1.11 s	0.93 s	0.64 s	
OAc	2.08 s			

2. 对映海松烷型二萜

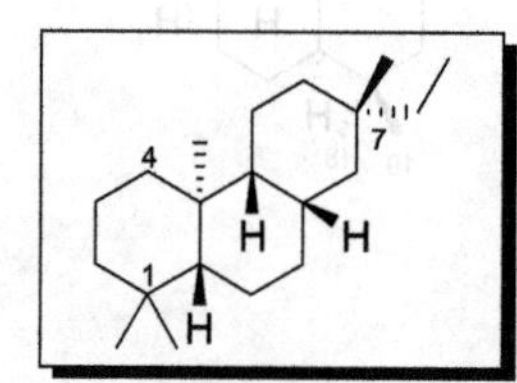

【系统分类】

1,1,4a,7-四甲基-7-乙基-十四氢菲

7-ethyl-1,1,4a,7-tetramethyltetradecahydrophenanthrene

【主要相对构型特征】

5-氢、8-氢、9-氢和甲基-17 为 β-构型，甲基-20 和 7-乙基为 α-构型。

【典型氢谱特征】

11-3-53 [38]　**11-3-54** [38]　**11-3-55** [39]

表 11-3-18 对映海松烷型二萜 11-3-53～11-3-55 的 ^{1}H NMR 数据

H	11-3-53 (CD_3OD)	11-3-54 (CD_3OD)	11-3-55 ($CDCl_3$)	典型氢谱特征
1	1.41 d(14.1) 1.80 d(14.1)	0.87 dd(11.8, 11.5) 2.00 br d(11.8)	1.17 ddd(13.3, 13.3, 3.7) 1.78 ddd(13.3, 3.7, 3.2)	

续表

H	11-3-53 (CD_3OD)	11-3-54 (CD_3OD)	11-3-55 ($CDCl_3$)	典型氢谱特征
2	4.04 br s	3.70 dddd(11.6, 11.5, 3.9, 3.8)	1.61 m, 1.70 m	① 化合物 **11-3-53**～**11-3-55** 的 C(16)全部形成氧亚甲基（氧化甲基），其信号有特征性，并与 C(15)氧化的仲碳一起显示碳骨架乙基的特征信号；② 17 位甲基特征峰；③ 18 位甲基特征峰；④ 19 位甲基特征峰；化合物 **11-3-53** 和 **11-3-54** 的 C(19)形成氧亚甲基（氧化甲基），其信号有特征性；⑤ 20 位甲基特征峰
3	1.24 m 1.91 d(14.2)	0.77 dd(12.2, 11.6) 2.11 m	3.23 dd(11.5, 4.6)	
5	1.26 d(11.9)	1.26 d(12.3)	1.09 dd(12.4, 1.4)	
6	1.38 m, 1.67 m	1.26 dd(12.3, 9.5, 1.43 m)	1.51 m, 1.74 m	
7	1.98 d(14.1) 2.23 d(14.1)	1.84 br t(14.7) 2.08 m	1.92 m 2.44 br dd(17.4, 5.5)	
9	1.69 m	1.73 br s		
11	1.55 m	1.28 dd(9.5, 3.5) 1.54 dd(9.5, 3.4)	1.97 m	
12	0.81 m, 1.93 m	3.89 br s	1.24-1.35 m	
14	5.13 s	5.69 d(1.9)	3.57 s	
15①	3.52 m	3.88 dd(6.5, 2.6)	3.85 dd(5, 2.3)	
16①	3.42 d(10.9) 3.64 d(10.9)	3.48 dd(11.2, 6.5) 3.87 dd(11.2, 2.6)	3.63 dd(10.1, 2.3) 4.24 dd(10.1, 5)	
17②	0.79 s	0.94 s	0.95 s	
18③	0.93 s	0.91 s	1.01 s	
19④	3.36 d(10.7) 3.93 d(10.7)	3.33 d(11) 3.61 d(11)	0.81 s	
20⑤	0.98 s	0.73 s	0.99 s	

3. 异海松烷型二萜

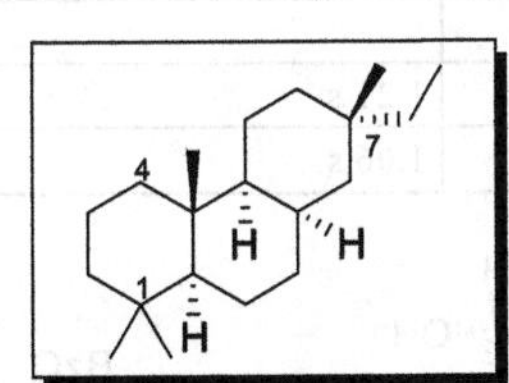

【系统分类】

1,1,4a,7-四甲基-7-乙基-十四氢菲

7-ethyl-1,1,4a,7-tetramethyltetradecahydrophenanthrene

【主要相对构型特征】

5-氢、8-氢、9-氢和 13-乙基为 *α*-构型，甲基-17 和甲基-20 为 *β*-构型。

【结构多样性】

C(16)降碳；等。

【典型氢谱特征】

11-3-56 [40] **11-3-57** [41] **11-3-58** [42]

表 11-3-19 异海松烷型二萜 11-3-56～11-3-58 的 ¹H NMR 数据

H	**11-3-56** ($CDCl_3$)	**11-3-57** ($CDCl_3$)	**11-3-58**	典型氢谱特征
1	3.71 d(1.9)		α 0.94 m β 1.81～1.88 m	① 化合物 **11-3-56～11-3-58** 全部在 C(15)和 C(16)形成单取代乙烯基，其信号有特征性； ② 17 位甲基特征峰； ③ 18 位甲基特征峰；化合物 **11-3-58** 的 C(18)形成酯羰基，甲基特征信号消失； ④ 19 位甲基特征峰； ⑤ 20 位甲基特征峰
2	3.91 ddd(12.2, 4, 1.9)	α 2.15 dt(12.5, 5) β 2.75 dd(12.5, 5)	1.62～1.74 m	
3	1.43 td(12.4, 4) 1.70 t(12.4)	α 1.66 dt(13, 5) β 1.77 dd(13, 5)	α 1.41 m β 1.81～1.88 m	
5	1.47 m	1.61 m	1.49 d(11.4)	
6	1.31 t(11.7) 2.00 ddd(11.7, 5.6, 2.2)	α 2.01 m β 2.15 m	4.20 dt(4.8, 11.8)	
7	4.00 ddd(11.4, 5.6, 1)	5.70 dd(4, 2)	α 1.61 t(11.8) β 2.37 dd(11.8, 4.8)	
9	2.35 t(7.4)	2.77 m	1.37 d(6.6)	
11	1.49 m 1.76 m	α 2.03 m β 1.30 m	α 1.95 m β 1.69 m	
12	1.45 m 1.59 m	α 2.06 m β 1.30 m	α 1.79 m β 1.50 dt(4.9, 14.9)	
14	5.67 br s	3.64 s	α 1.68 br d(13.7) β 1.59 d(13.7)	
15[①]	5.82 dd(17.4, 11.2)	5.88 dd(18, 11)	5.98 dd(17.9, 10.8)	
16[①]	4.93 dd(11.2, 1.3) 4.95 dd(17.4, 1.3)	*trans* 5.12 dd(18, 1.5) *cis* 5.16 dd(11, 1.5)	*trans* 5.14 d(17.9) *cis* 5.10 d(10.8)	
17[②]	1.09 s	0.89 s	0.93 s	
18[③]	0.99 s	0.95 s		
19[④]	0.93 s	1.14 s	1.21 s	
20[⑤]	0.83 s	1.15 s	1.06 s	

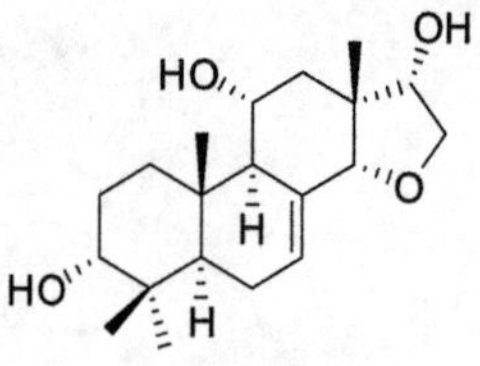

11-3-59 [43] 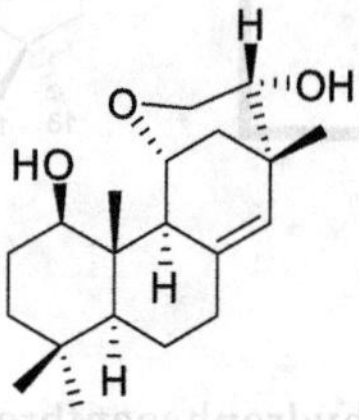　**11-3-60** [44] 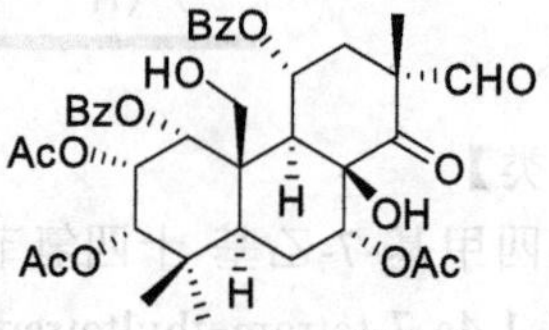　**11-3-61** [45]

表 11-3-20 异海松烷型二萜 11-3-59～11-3-61 的 ¹H NMR 数据

H	**11-3-59** ($CDCl_3$-CD_3OD, 10:1)	**11-3-60** (C_5D_5N)	**11-3-61** ($CDCl_3$)	典型氢谱特征
1	α 2.03～2.05 m β 1.63～1.66 m	3.84 dd(10.4, 5.1)	5.70 br s	① 化合物 **11-3-59** 和 **11-3-60** 的 C(16)均形成氧亚甲基（氧化甲基），其信号有特征性，并与 C(15)氧化的仲碳一起显示碳骨架乙基的特征信号；化合物 **11-3-61** 存在 C(16)降碳的结构特征，16 位甲基信号消失，C(15)形成甲酰基，其信号有特征性； ② 17 位甲基特征峰； ③ 18 位甲基特征峰；
2	α 1.50～1.53 m β 1.90～1.92 m	α 1.85 ov β 1.87 ov	5.51 t(3.4)[a]	
3	3.35 br s	α 1.32 ddd(13.4, 13.2, 4) β 1.36 ov	5.03 d(3.4)	
5	1.55～1.58 m	1.09 dd(12.4, 2)	2.63 d(12.4)	
6	1.90～1.93 m	α 1.58 dddd(12.9, 5.2, 2.4, 2) β 1.40 dddd(13.3, 12.9, 12.4, 4.3)	2.23 dd(12.4, 4.5) 2.00 m	
7	5.89 br s	α 2.23 dddd(13.3, 13.5, 5.2, 1.6) β 2.35 ddd(13.5, 4.3, 2.3)	5.51 br s	
9	2.08～2.10 m	2.16 br s	3.14 d(2.6)	

续表

H	11-3-59 (CDCl$_3$-CD$_3$OD, 10:1)	11-3-60 (C$_5$D$_5$N)	11-3-61 (CDCl$_3$)	典型氢谱特征
11	3.70 m	6.09 dd(3.9, 1.9)	5.83 t(2.6)	
12	α 1.66～1.69 m β 1.42～1.45 m	α 1.79 ddd(12.6, 3.9, 1.4) β 1.72 dd(12.6, 1.9)	2.74 dd(12.6, 2.6) 2.65 dd(12.6, 2.6)	
14	3.62 br s	5.73 t(1.6)		
15①	3.99 dd(6.6, 2.4)	3.77 ddd(10.2, 4.8, 4.7)	9.34 s	
16①	3.59 dd(9.2, 6.6) 3.93 dd(9.2, 2.4)	3.71 t(10.2) 4.04 dd(10.2, 4.8)		
17②	0.98 s	1.36 s	1.33 s	
18③	0.91 s	0.83 s	0.94 s	
19④	0.91 s	0.82 s	1.09 s	④ 19 位甲基特征峰；
20⑤	0.91 s	1.11 s	4.32 d(12) 4.21 d(12)	⑤ 20 位甲基特征峰；化合物 **11-3-61** 的 C(20)形成氧亚甲基（氧化甲基），其信号有特征性
OH		6.12 d(4.7, 1-OH) 6.06 d(4.7, 15-OH)		
2′,6′			7.59 d(7.5)	
3′,5′			7.11 t(7.5)	
4′			7.4 t(7.5)	
2″,6″			7.33 d(7.5)	
3″,5″			6.97 t(7.5)	
4″			7.27 t(7.5)	
OAc			1.87 s(2-OAc) 1.54 s(3-OAc) 2.27 s(7-OAc)	

[a] 遵循文献数据，疑有误。

4. 对映异海松烷型二萜

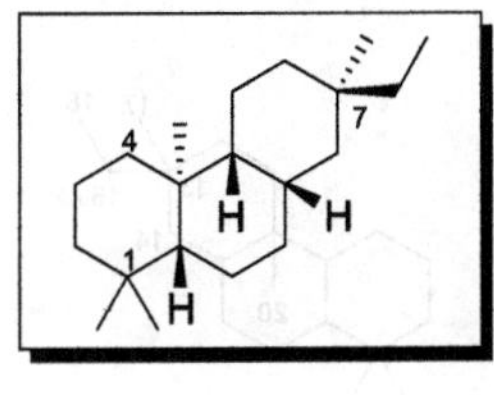

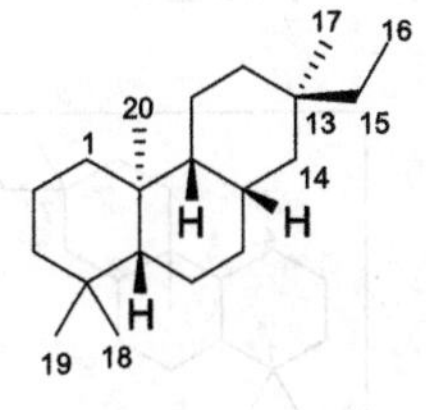

【系统分类】

1,1,4a,7-四甲基-7-乙基-十四氢菲

7-ethyl-1,1,4a,7-tetramethyltetradecahydrophenanthrene

【主要相对构型特征】

5-氢、8-氢、9-氢和 13-乙基为 *β*-构型，甲基-17 和甲基-20 为 *α*-构型。

【典型氢谱特征】

OH
HO
H
H

11-3-62 [46]

H
HOOC
H

11-3-63 [47]

表 11-3-21 对映异海松烷型二萜 11-3-62 和 11-3-63 的 ^{1}H NMR 数据

H	11-3-62 ($CDCl_3$)	11-3-63 ($CDCl_3$)	典型氢谱特征
1	3.23 d(9.3)	1.14 m, 1.77 m	① 化合物 **11-3-62** 和 **11-3-63** 均在 C(15) 和 C(16) 形成单取代乙烯基，其信号有特征性； ② 17 位甲基特征峰； ③ 18 位甲基特征峰；化合物 **11-3-63** 的 C(18) 形成羧羰基，甲基特征信号消失； ④ 19 位甲基特征峰； ⑤ 20 位甲基特征峰
2	3.63 ddd(12.4, 9.3, 4.4)	1.57 m, 1.58 m	
3	α 1.75 dd(12.6, 4.4) β 1.31 t(12.4)	1.67 d(1.2) 1.79 m	
5	1.11 dd(12.4, 2.5)	1.93 dd(12.4, 2.6)	
6	α 1.41 dddd(12.9, 12.9, 12.9, 4.7) β 1.59 d quint(12.9, 2.2)	1.47 d(4.7) 1.28 m	
7	α 2.27 ddd(14.3, 4.4, 1.9) β 2.03 ddd(14.3, 14.3, 5.8)	2.20 ddd(14.4, 4.8, 2) 2.10 dt(5.2, 12.8)	
9	1.98 br t(8.5)	1.81 m	
11	1.83～1.94 m	1.57 m, 1.58 m	
12	α 1.50 dt(12.6, 3.3) β 1.35 ddd(12.6, 12.6, 4.1)	1.38 dd(12, 4) 1.44 d(4.8)	
14	5.29 br s	5.23 br s	
15①	5.78 dd(17.6, 10.7)	5.77 dd(17.4, 10.6)	
16①	4.88 dd(10.7, 1.4) 4.92 dd(17.6, 1.4)	4.91 dd(17.4, 1.5) 4.88 dd(10.6, 1.5)	
17②	1.06 s	1.04 s	
18③	0.93 s		
19④	0.91 s	1.21 s	
20⑤	0.88 s	0.84 s	

三、玫瑰烷(rosane)型二萜

玫瑰烷型二萜的基本碳骨架为全氢菲，C(4)连有偕二甲基，C(9)连有角甲基（甲基-20），C(13)同时连有一个甲基和一个乙基。

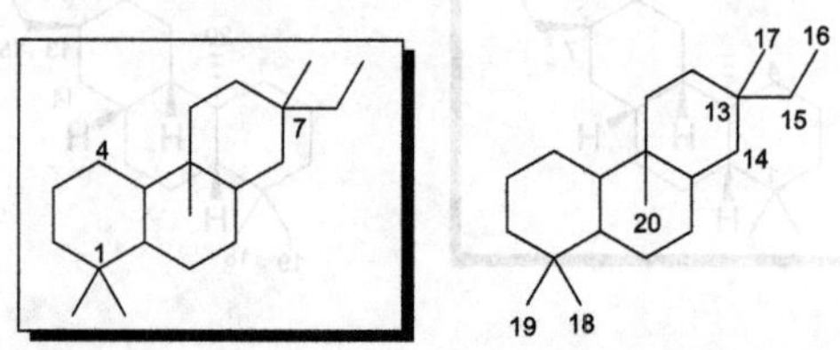

【系统分类】

1,1,4b,7-四甲基-7-乙基-十四氢菲

7-ethyl-1,1,4b,7-tetramethyltetradecahydrophenanthrene

【典型氢谱特征】

HOOC

11-3-64 [48]　　**11-3-65** [49]　　**11-3-66** [50]

表 11-3-22 玫瑰烷型二萜 **11-3-64**～**11-3-66** 的 ^{1}H NMR 数据

H	**11-3-64** ($CDCl_3$)	**11-3-65** ($CDCl_3$)	**11-3-66** ($CDCl_3$)	典型氢谱特征
1	1.07 d(9.6) 1.78 dd(12.8, 3.2)	1.20～1.70 m	5.72 s	① 化合物 **11-3-64**～**11-3-66** 全部在 C(15)和 C(16)形成单取代乙烯基，其信号有特征性； ② 17 位甲基特征峰； ③ 18 位甲基特征峰； ④ 19 位甲基特征峰；化合物 **11-3-64** 的 C(19)形成羧羰基，化合物 **11-3-65** 的 C(19)形成酯羰基，甲基特征信号消失； ⑤ 20 位甲基特征峰
2	1.45 d(11.2), 1.68 d(10.4)	1.70 m, 1.92 m		
3	1.18 d(13.2) 2.18 d(13.2)	1.61 m 1.70 m	α 2.28 d(16.1) β 2.12 d(15.6)	
5		2.25 m	2.23 dd(12.7, 3.8)	
6	5.70 d(5.6)	1.90 m 2.20 m	α 2.09～2.13 m β 1.48 qd(12.8, 3.8)	
7	1.71 d(12.0)[a] 1.80 d(17.6)[a]		α 1.43 qd(12.8, 3.8) β 1.70～1.74 m	
8	1.56 m	2.38 m	1.99 tt(12.2, 3.5)	
10	1.95 d(12.8)	2.10 m, 2.35 m		
11	1.29 d(9.6) 1.62 d(10.8)	2.10 m 2.35 m	α 2.31 d(13.5) β 2.76 d(13.5)	
12	1.22 d(13.6), 1.47 t(12.8)	1.20～1.70 m		
14	1.12 d(10.0) 1.26 dd(12.0, 6.4)	1.20～1.70 m	α 1.80 t(13.5) β 1.59 dd(14.0, 3.6)	
15①	5.80 dd(17.6, 10.8)	5.80 dd(17.6, 10.8)	6.20 dd(17.6, 0.9)	
16①	4.83 d(10.8) 4.90 d(17.6)	4.90 d(10.8) 4.95 d(17.6)	5.15 dd(10.9, 0.9) 5.06 dd(17.8, 0.8)	
17②	1.01 s	0.90 s	1.31 s	
18③	1.36 s	1.80 s	0.99 s	
19④			1.00 s	
20⑤	0.67 s	0.93 s	1.01 s	

[a] 遵循文献数据，疑有误。

四、dolabrane 型二萜

Dolabrane 型二萜的基本碳架为全氢菲，C(4)、C(5)和 C(9)各连有一个角甲基，C(13)同时连有一个甲基和一个乙基。

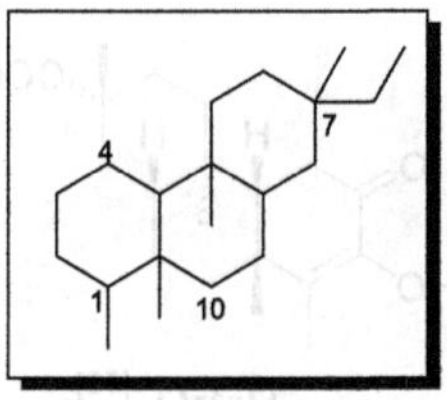

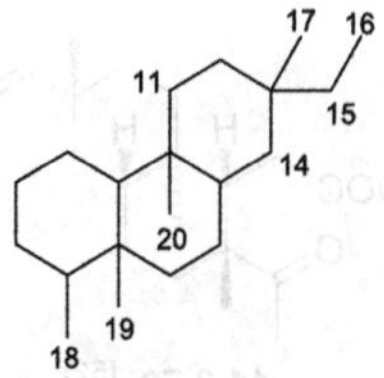

【系统分类】

1,4b,7,10a-四甲基-7-乙基-十四氢菲

7-ethyl-1,4b,7,10a-tetramethyltetradecahydrophenanthrene

【结构多样性】

C(2)-C(3)键和 C(3)-C(4)键双断裂[C(3)降碳]；C(16)降碳；等。

【典型氢谱特征】

11-3-67 [51]　　11-3-68 [52]　　11-3-69 [52]

表 11-3-23 dolabrane 型二萜 11-3-67～11-3-69 的 ^{1}H NMR 数据

H	11-3-67 ($CDCl_3$)	11-3-68 ($CDCl_3$)	11-3-69 ($CDCl_3$)	典型氢谱特征
1	α 2.69 br dd(19.2) β 2.83 dd(19.0, 6.5)	2.00 m 2.11 m	1.82 m 2.04 ddd(14.0, 4.5, 4.0)	① 化合物 **11-3-67** 的 C(15)形成酮羰基、C(16)形成氧亚甲基（氧化甲基），**11-3-68** 和 **11-3-69** 均在 C(15)和 C(16)形成单取代乙烯基，这些信号均有特征性，可用于鉴别母核碳架的乙基； ② 17 位甲基特征峰； ③ 18 位甲基特征峰；化合物 **11-3-68** 的 C(18)形成烯亚甲基，**11-3-69** 的 C(18)形成环氧乙烷氧亚甲基，信号均有特征性； ④ 19 位甲基特征峰； ⑤ 20 位甲基特征峰
2		2.53 dd(13.5, 8.5) 2.54 dd(13.5, 5.0)	1.80 m 2.15 m	
3			3.45 dd(2.0, 1.5)	
6	α 2.16 br ddd(14, 3, 3) β 1.26 ddd(14, 13, 2.5)	1.48 ddd(15.0, 14.0, 2.5) 2.15 m	0.98 m 1.59 ddd(14.5, 3.0, 2.5)	
7	α 1.15 m, β —	1.12 m, 1.32 m	0.99 m, 1.08 m	
8	1.39 m	1.40 ddd(11.5, 2.0, 2.0)	1.33 m	
10	1.64 ddd(6.5, 2.1)	1.34 m	1.39 m	
11	α 1.71 ddd(13, 4.5, 2.5) β 1.10 ddd(14, 14, 4)	1.12 m 1.69 ddd(13.0, 3.5, 3.5)	1.18 ddd(13.5, 13.5, 4.0) 1.78 m	
12	α 1.79 ddd(14, 14, 4.5) β 1.39 m	1.22 ddd(13.0, 3.5, 3.0) 1.52 ddd(13.0, 13.0, 3.5)	1.25 m 1.47 ddd(13.5, 13.5, 4.0)	
14	α 1.58 dd(13, 13) β 1.19 m	0.98 m 1.30 m	0.98 m 1.32 dd(13.0, 12.0)	
15①		5.79 dd(17.5, 10.8)	5.80 dd(17.5, 10.8)	
16①	4.32 br s	4.84 d(10.8) 4.92 d(17.5)	4.84 d(10.8) 4.90 d(17.5)	
17②	1.20 s	1.02 s	1.01 s	
18③	1.85 s	5.92 br s 5.24 br s	2.70 d(4.6) 3.08 d(4.6)	
19④	1.22 s	1.08 s	1.39 s	
20⑤	0.58 s	0.78 s	0.87 s	
OH	6.12 br s			

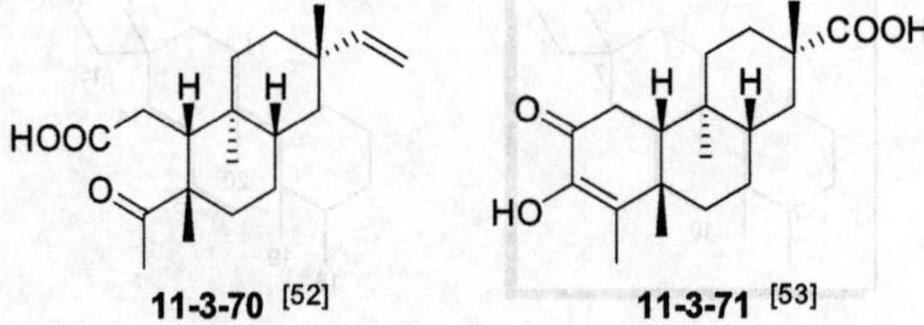

11-3-70 [52]　　11-3-71 [53]

表 11-3-24 dolabrane 型二萜 11-3-70 和 11-3-71 的 ^{1}H NMR 数据

H	11-3-70 ($CDCl_3$)	11-3-71 ($CDCl_3$)	典型氢谱特征
1	2.66 dd(18.0, 7.0) 3.15 dd(18.0, 2.0)	α 2.69 dd(19, 2) β 2.82 dd(19, 6.5)	化合物 **11-3-70** 存在 C(2)-C(3)键和 C(3)-C(4)键双断裂[C(3)降碳]的结构特征；化合物 **11-3-71** 存在 C(16)降碳的结构特征。
6	1.31 m 2.32 ddd(14.0, 2.5, 2.5)	α 2.14 ddd(14, 3, 3) β 1.25 ddd(14, 13, 2.5)	
7	1.20 m, 1.46 m	α 1.13 m	
8	1.52 m	1.38 dddd(13, 13, 3, 3)	

续表

H	11-3-70 ($CDCl_3$)	11-3-71 ($CDCl_3$)	典型氢谱特征
10	1.89 dd(7.0, 2.0)	1.62 dd(6.5, 2)	① 在化合物 **11-3-70** 中，C(15)和 C(16)形成单取代乙烯基，信号有特征性，可用于鉴别母核碳架的乙基；化合物 **11-3-71** 中 C(15)形成羧羰基，其信号消失；② 17 位甲基特征峰；③ 18 位甲基特征峰；④ 19 位甲基特征峰；⑤ 20 位甲基特征峰
11	1.30 m, 1.51 m	α 1.67 m, β 1.06 ddd(13, 13, 4)	
12	1.22 m 1.52 m	α 1.88 dddd(13.5, 13.5, 4) β 1.45 ddd(13.5, 4, 3)	
14	1.00 m 1.38 m	α 1.69 dd(13, 13) β 1.27 dd(13, 3.5)	
15①	5.78 dd(17.5, 10.5)		
16①	4.84 d(10.5) 4.88 d(17.5)		
17②	1.04 s	1.21 s	
18③	2.22 s	1.85	
19④	1.17 s	1.24 s	
20⑤	0.58 s	0.61 s	
OH		6.15 br s	

五、卡山烷型二萜

卡山烷型二萜的基本碳架为全氢菲，C(4)连有偕二甲基，C(10)和 C(14)各连有一个甲基，C(13)连有一个乙基。

1. 简单卡山烷型二萜

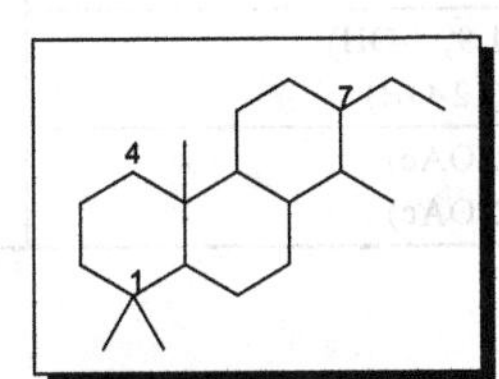

【系统分类】

1,1,4a,8-四甲基-7-乙基-十四氢菲

7-ethyl-1,1,4a,8-tetramethyltetradecahydrophenanthrene

【结构多样性】

C(16)降碳；等。

【典型氢谱特征】

11-3-72 [54] **11-3-73** [55] **11-3-74** [56]

表 11-3-25 简单卡山烷型二萜 11-3-72～11-3-74 的 ^{1}H NMR 数据

H	11-3-72 ($CDCl_3$)	11-3-73 ($CDCl_3$)	11-3-74 ($CDCl_3$)	典型氢谱特征
1	α 0.96 dt(4.4, 13.3) β 1.85 m	0.90 m 1.72 m	5.91 d(2.4)	
2	α 1.50 br d(14.3) β 1.90 m	1.52 m 1.70 m	5.45 ddd(13, 4.6, 2.4)	

续表

H	**11-3-72** ($CDCl_3$)	**11-3-73** ($CDCl_3$)	**11-3-74** ($CDCl_3$)	典型氢谱特征
3	α 1.04 dt(4.1, 12.9) β 2.17 br d(12.9)	1.73 m	α 2.14 br t(13.3) β 1.47 dd(12.5, 4.6)	① 化合物 **11-3-72** 和 **11-3-73** 在 C(15)和 C(16)形成单取代乙烯基，信号有特征性，可用于鉴别母核碳架的乙基；化合物 **11-3-74** 存在 C(16)降碳的结构特征，且 C(15)形成甲酰基，因此，乙基特征信号被甲酰基信号取代，有特征性； ② 17 位甲基特征峰；化合物 **11-3-73** 的 C(17)形成氧亚甲基（氧化甲基），其信号有特征性； ③ 18 位甲基特征峰；化合物 **11-3-73** 的 C(18)形成氧亚甲基（氧化甲基），其信号有特征性； ④ 19 位甲基特征峰；化合物 **11-3-72** 的 C(19)形成羧羰基，甲基特征信号消失； ⑤ 20 位甲基特征峰
5	1.13 d(12.4, 3.6)	1.23 m		
6	1.90 m	4.31 m	α 2.07 m β 2.79 dd(10.2, 7.5)	
7	α 0.85 dq(4.4, 12.6) β 2.23 dq(12.6, 3.6)	1.29 m 2.24 dt(13.0, 3.0)	α 2.66 dd(17.5, 7.5) β 1.98 m	
8	2.00 m	2.67 m		
9	0.88 m	0.98 m		
11	α 1.85 m β 1.06 dt(4.0, 13.3)	1.81 m	6.55 s	
12	α 2.00 m β 2.33 br d(17.0)	2.18 m 2.43 m		
15①	6.81 dd(17.3, 11.0)	6.85 dd(17, 11)	10.38 s	
16①	*E* 4.96 d(11.0) *Z* 5.11 d(17.3)	5.08 d(11) 5.24 d(17)		
17②	1.75 s	4.26 m	2.46 s	
18③	1.23 s	3.72 d(11) 4.03 d(11)	1.17 s	
19④		1.25s	1.21 s	
20⑤	0.76 s	1.22 s	1.43 s	
OH			3.07 d(1.9, 5-OH) 11.75 s(12-OH)	
OAc		2.06 s	2.00 s(1-OAc) 2.03 s(2-OAc)	

2. 16 羧,12γ 内酯卡山烷型二萜

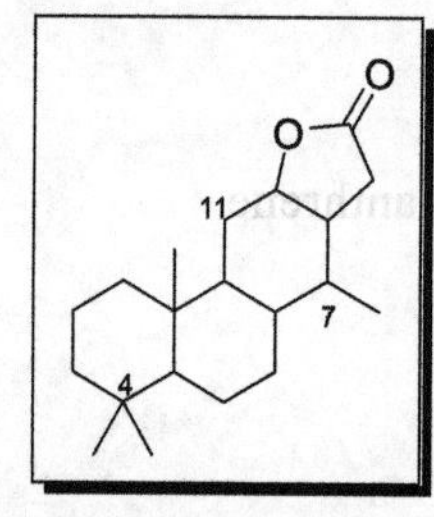

【系统分类】

4,4,7,11b-四甲基十四氢菲并[3,2-*b*]呋喃-9(10a*H*)-酮

4,4,7,11b-tetramethyltetradecahydrophenanthro[3,2-*b*]furan-9(10a*H*)-one

【典型氢谱特征】

11-3-75 [57] **11-3-76** [58] **11-3-77** [59]

表 11-3-26　16 羧,12γ 内酯卡山烷型二萜 **11-3-75**～**11-3-77** 的 ^{1}H NMR 数据

H	**11-3-75** (DMSO-d_6)	**11-3-76** ($CDCl_3$)	**11-3-77** (C_5D_5N)	典型氢谱特征
1	1.00 m 1.69 m	1.41 m	0.95 m(ov) 1.63 br d(12.6)	① 17 位甲基特征峰； ② 18 位甲基特征峰；化合物 **11-3-75** 的 C(18) 形成羧羰基，甲基特征信号消失； ③ 19 位甲基特征峰； ④ 20 位甲基特征峰。 化合物 **11-3-75** 和 **11-3-77** 的 C(12)形成单酯化的酮水合物仲碳，**11-3-76** 的 C(12)形成酯化的半缩酮水合物仲碳，3 个化合物的 C(12) 氧次甲基特征信号消失
2	1.49 m	1.49 m 1.64 m	1.31 m 1.51 m(ov)	
3	1.48 m 1.67 m	1.23 m 1.63 m	1.05 m 1.28 m	
5	1.63 m		1.03 br s	
6	1.18 m 1.40 m	1.61 m 1.75 dt(13.5, 4.4)	5.81 br s	
7	1.30 m 1.53 m	1.33 m 1.90 dq(13.0, 5.0)	2.09 dt(14.4, 3.0) 2.25 td(14.4, 3.0)	
8	1.51 m	1.62 m	1.72 br dt(11.4, 3.0)	
9	1.42 m	2.33 m	2.01 dt(12.6, 1.8)	
11	1.17 m 2.25 dd(12.7, 2.6)	1.27 m 2.31 m	1.58 t(12.8) 2.80 dd(13.2, 2.4)	
14	2.88 dq(7.0, 4.9)	2.89 dq(7.3, 4.8)		
15	5.79 s	5.79 s	6.09 s	
17①	1.06 d(7.0)	1.17 d(7.3)	1.50 s(ov)	
18②	12.13 s(COOH)	1.05 s	0.95 s(ov)	
19③	1.07 s	0.95 s	1.02 s	
20④	0.78 s	0.97 s	1.12 s	
OH	7.25 s			
OMe		3.19 s		
OAc			2.14 s	

3. 呋喃卡山烷型二萜

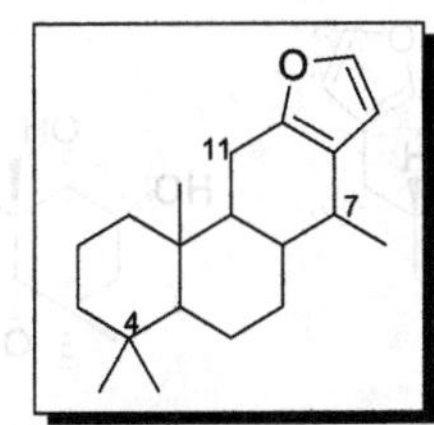

【系统分类】

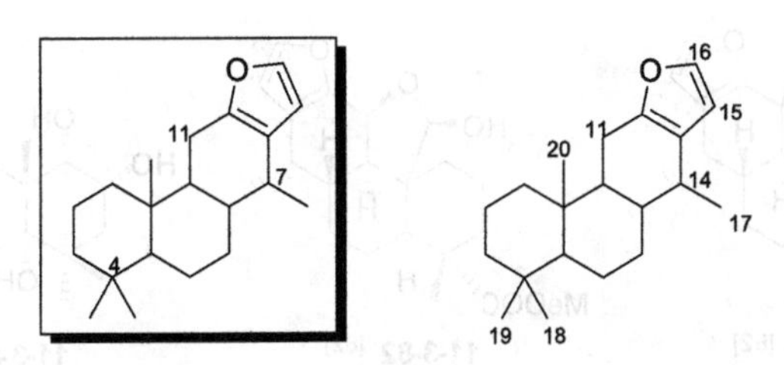

4,4,7,11b-三甲基-1,2,3,4,4a,5,6,6a,7,11,11a,11b-十二氢菲并[3,2-*b*]呋喃

4,4,7,11b-tetramethyl-1,2,3,4,4a,5,6,6a,7,11,11a,11b-dodecahydrophenanthro[3,2-*b*]furan

【结构多样性】

C(18)迁移(4→3)；C(5)-C(10)键断裂；等。

【典型氢谱特征】

11-3-78 [54]　**11-3-79** [60]　**11-3-80** [61]

表 11-3-27 呋喃卡山烷型二萜 11-3-78～11-3-80 的 ^{1}H NMR 数据

H	11-3-78 ($CDCl_3$)	11-3-79 ($CDCl_3$)	11-3-80 ($CDCl_3$)	典型氢谱特征
1	α 1.06 dt(13.7, 3.4) β 1.75 m			① 15 位和 16 位呋喃环质子特征峰（显示五元杂芳环体系的氢谱特征）； ② 17 位甲基特征峰；化合物 **11-3-80** 的 C(17)形成酯羰基，甲基特征信号消失； ③ 18 位甲基特征峰；化合物 **11-3-79** 存在 C(18)迁移(4→3)的结构特征，18 位甲基显示偶合常数为 6.8 Hz 的二重峰； ④ 19 位甲基特征峰；化合物 **11-3-78** 的 C(19)形成羧羰基，甲基特征信号消失； ⑤ 20 位甲基特征峰；化合物 **11-3-80** 存在 C(5)-C(10)键断裂的结构特征，20 位甲基显示偶合常数为 8.1 Hz 的二重峰
2α	1.49 br d(13.7)	2.04 d(12.5)	1.68 m	
2β	1.86 tq(3.4, 13.7)	2.72 dd(12.5, 8.5)	2.10 m	
3	α 1.05 dt(3.4, 13.7) β 2.19 br d(13.7)	2.34 dq(8.0, 6.8)	α 1.37 m β 1.87 m	
5	1.16 dd(12.4, 3.9)			
6	α 1.95 dq(14.0, 3.9) β 1.75 m	5.72 d(9.6)	5.05 d(9.2)	
7	α 1.32 dq(3.9, 13.0) β 1.75 m	5.54 dd(10.4, 9.6)	5.00 dd(11.2, 9.2)	
8	1.75 m	2.28 dd(12.0, 10.4)	2.23 ddd(11.2, 6.8, 4.8)	
9	1.46 dt(6.6, 10.3)	2.47 ddd(12.0, 10.6, 4.0)	3.27 m	
10			2.40 dq(4.2, 8.1)	
11α	2.59 dd(16.7, 6.6)	2.89 dd(14.6, 4.0)	2.79 dd(12.5, 4.6)	
11β	2.36 dd(16.7, 10.3)	2.45 dd(14.6, 10.6)	2.89 dd(12.5, 6.0)	
14	2.62 dq(6.6, 7.1)		3.40 br d(6.8)	
15①	6.16 d(1.8)	6.37 d(2.2)	6.10 d(2.0)	
16①	7.21 d(1.8)	7.23 d(2.2)	7.22 d(2.0)	
17②	0.97 d(7.1)	1.53 s		
18③	1.27 s	1.10 d(6.8)	1.02 s	
19④		1.50 s	1.25 s	
20⑤	0.82 s	1.53 s	1.29 d(8.1)	
OAc		2.02 s, 2.05 s	2.00 s	

11-3-81 [62]　　11-3-82 [62]　　11-3-83 [63]

表 11-3-28 呋喃卡山烷型二萜 11-3-81～11-3-83 的 ^{1}H NMR 数据

H	11-3-81 ($CDCl_3$)	11-3-82 ($CDCl_3$)	11-3-83 (CD_3OD)	典型氢谱特征
1	α 1.37 m β 2.28 m	α 1.22 m β 1.92 m	3.61 d(2.6)	① 15 位和 16 位呋喃环质子特征峰（显示五元杂芳环体系的氢谱特征）； ② 17 位甲基特征峰；化合物 **11-3-83** 的 C(17)形成酯羰基，甲基特征信号消失； ③ 18 位甲基特征峰；化合物 **11-3-81** 和 **11-3-82** 的 C(18)形成酯羰基，甲基特征信号消失；
2	1.68 m, 2.60 m	1.70 m	4.03 ddd(12.5, 4.5, 2.6)	
3	α 2.06 m β 2.18 m	1.64 m	α 1.28 dd(13.4, 4.5) β 1.97 dd(13.4, 12.5)	
5	2.18 dd(11.4, 6.3)	2.20 br d(12.0)		
6	α 1.60 m β 1.70 m	1.14 m 2.10 m	5.50 d(9.3)	
7	1.32 m 1.72 m	1.39 m 1.68 m	4.81 dd(11.3, 9.3)	
8	2.07 m	2.69 m	2.17 m	
9	1.85 dd(12.3, 4.5)	1.79 dd(12.0, 4.8)	3.18 ddd(13.5, 8.8, 8.0)	
11	5.19 d(4.5)	4.85 d(4.8)	α 2.62 dd(16, 8.8) β 2.75 dd(16, 8.0)	

续表

H	11-3-81 ($CDCl_3$)	11-3-82 ($CDCl_3$)	11-3-83 (CD_3OD)	典型氢谱特征
14	2.71 qd(7.2, 4.2)	2.62 m	3.48 br d(13.2)	④ 19 位甲基特征峰；化合物 **11-3-81** 的 C(19) 形成氧亚甲基（氧化甲基），其信号有特征性； ⑤ 20 位甲基特征峰；化合物 **11-3-81** 和 **11-3-82** 的 C(20)形成半缩醛次甲基，其信号有特征性
15①	6.22 d(1.8)	6.23 d(1.5)	6.54 d(2.0)	
16①	7.35 d(1.8)	7.33 d(1.5)	7.38 d(2.0)	
17②	0.96 d(7.2)	0.94 d(6.6)		
18③			1.18 s	
19④	ax 4.22 dd(12.6, 3.0) eq 4.07 d(12.6)	1.25 s	1.18 s	
20⑤	5.47 s	5.52 s	1.15 s	
OMe	3.68 s	3.69 s		
OAc			2.11 s	

六、staminane 型二萜

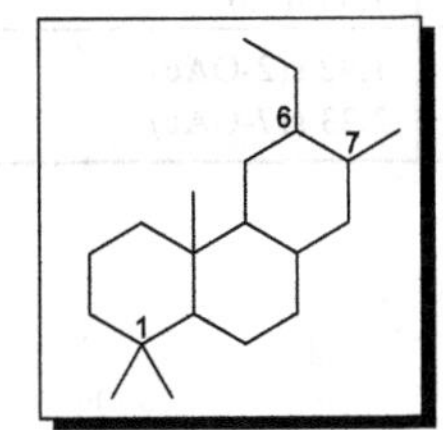

【系统分类】

1,1,4a,7-四甲基-6-乙基-十四氢菲

6-ethyl-1,1,4a,7-tetramethyltetradecahydrophenanthrene

【典型氢谱特征】

11-3-84 [64]　11-3-85 [65]　11-3-86 [66]

表 11-3-29 staminane 型二萜 **11-3-84**～**11-3-86** 的 ^{1}H NMR 数据

H	11-3-84 ($CDCl_3$)	11-3-85 ($CDCl_3$)	11-3-86 ($CDCl_3$)	典型氢谱特征
1	7.34 s	5.13 br s	5.37 d(3)	① 化合物 **11-3-84** 和 **11-3-85** 在 C(15)和 C(16)形成单取代乙烯基，信号有特征性，可用于鉴别母核碳骨架的乙基；化合物 **11-3-86** 的 C(16)形成氧亚甲基（氧化甲基），其信号有特征性，并与 C(15)氧化的仲碳氢一起显示碳骨架乙基的特征信号；
2		5.34 br s	5.45 t(3)	
3		4.99 d(3.1)	3.56 d(3)	
5	2.34 dd(13.4, 2.4)	2.80 br d(13.8)	2.47 dd(10.5, 4.1)	
6	1.84 dt(13.4, 2.4) 2.18 m	1.89 br t(13.8) 2.02 br d(13.8)	1.90 m	
7	5.37 t(2.4)	4.00 br s	5.04 t(2.6)	
9	2.74 d(10.8)	3.10 d(11.0)	2.66 d(3.8)	
11	6.22 dd(10.8, 4.4)	5.71 dd(11.0, 6.1)	5.58 t(3.8)	
12	3.19 dd(10.0, 4.4)	2.79 dd(10.5, 6.1)	2.37 t(3.8)	

续表

H	11-3-84 ($CDCl_3$)	11-3-85 ($CDCl_3$)	11-3-86 ($CDCl_3$)	典型氢谱特征
15①	5.61 dt(16.8, 10.0)	5.56 dt(17.3, 10.5)	4.51 br s	
16①	5.14 d(16.8) 5.34 d(10.0)	4.88 d(17.3) 5.03 d(10.5)	3.70 dd(9.4, 1.9) 3.80 d(9.4)	
17②	1.70 s	1.32 s	1.65 s	
18③	1.16 s	1.03 s	1.11 s	
19④	1.15 s	1.11 s	1.01 s	
20⑤	1.42 s	1.40 s	1.34 s	
1-OBz				② 17 位甲基特征峰； ③ 18 位甲基特征峰； ④ 19 位甲基特征峰； ⑤ 20 位甲基特征峰
2/6		8.06 d(7.3)	7.59 d(7.5)	
3/5		7.52 t(7.3)	7.11 t(7.5)	
4		7.63 t(7.3)	7.43 t(7.5)	
11-OBz				
2/6	8.05 d(7.3)	7.72 d(7.6)	7.60 d(7.6)	
3/5	7.45 t(7.3)	7.33 t(7.6)	7.30 t(7.6)	
4	7.63 t(7.3)	7.53 t(7.6)	7.55 t(7.6)	
OAc	2.08 s(2-OAc) 2.10 s(7-OAc)	1.75 s(2-OAc) 1.57 s(3-OAc)	1.92 s(2-OAc) 2.23 s(7-OAc)	

七、海绵烷型二萜

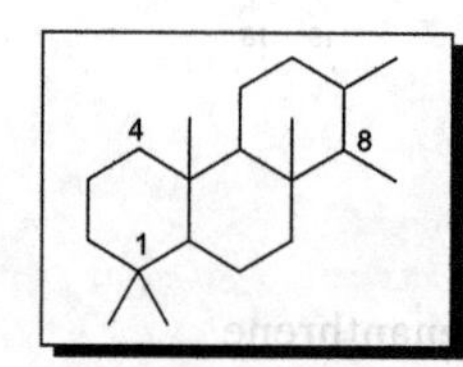

【系统分类】

1,1,4a,7,8,8a-六甲基十四氢菲

1,1,4a,7,8,8a-hexamethyltetradecahydrophenanthrene

【结构多样性】

C(2)-C(3)键和 C(3)-C(4)键双断裂[C(3)降碳]；C(3)与 C(18)连接；等。

【典型氢谱特征】

11-3-87 [67]　　11-3-88 [68]　　11-3-89 [69]

表 11-3-30 海绵烷型二萜 11-3-87～11-3-89 的 ^{1}H NMR 数据

H	11-3-87 (C_6D_6)	11-3-88 ($CDCl_3$)	11-3-89 ($CDCl_3$)	典型氢谱特征
1	0.54 ddd(13.8, 13.2, 3.6) 1.99 ddd(13.2, 5.2, 5.2)	0.52 dd(12.2, 11.3) 2.14 dd(12.7, 7.8)	α 1.98 d(16.5) β 2.74 d(16.5)	① C(15)形成烯醇醚氧次甲基，其信号有特征性；
2	1.31 m 1.52 dddd(13.8, 13.8, 13.8, 3.6, 3.6)	5.45 dt(10.8, 7.4)		

续表

H	11-3-87 (C_6D_6)	11-3-88 ($CDCl_3$)	11-3-89 ($CDCl_3$)	典型氢谱特征
3	0.78 ddd(13.8, 13.8, 4.2) 1.70 m	1.15 m		② C(16)形成烯醇醚氧次甲基，其信号有特征性； ③ 17 位甲基特征峰； ④ 18 位甲基特征峰；化合物 **11-3-88** 存在 C(18)与 C(3)连接的结构特征，18 位环丙烷亚甲基信号有特征性；化合物 **11-3-89** 的 C(18)形成氧亚甲基（氧化甲基），其信号有特征性； ⑤ 19 位甲基特征峰；化合物 **11-3-87** 的 C(19)形成氧亚甲基（氧化甲基），其信号有特征性； ⑥ 20 位甲基特征峰；化合物 **11-3-87** 的 C(20)形成氧亚甲基（氧化甲基），其信号有特征性。 化合物 **11-3-89** 存在 C(2)-C(3)键和 C(3)-C(4)键双断裂[C(3)降碳]的结构特征，但海绵烷型二萜的氢谱特征仍然存在
5	0.89 dd(12, 5)	1.09 m	2.02 dd(11.5, 2)	
6	1.25 m 1.44 m	1.64 m 1.79 m	1.65 m 1.47 d(10)	
7	1.34 m 1.83 m	1.55 m 2.10 dt(12.6, 3)	1.68 m 2.11 dd(11, 4)	
9	1.06 d(12)	1.09 m	1.34 t(7)	
11	1.82 m	1.62 m, 1.79 m	1.64～1.67 m	
12	2.18 dddd(15.6, 13.2, 6.6, 1.8) 2.56 dd(15.6, 5.4)	2.44 m 2.76 br dd(16.3, 6.5)	2.45 m 2.80 m	
15①	7.00 ddd(1.8, 0.6, 0.6)	7.08 d(1.5)	7.06 s	
16②	6.93 br d(1.8)	7.04 q(1.8)	7.02 s	
17③	1.17 s	1.25 s	1.22 s	
18④	0.85 s	0.38 t(5) 0.62 dd(9.3, 4.5)	3.44 d(12) 3.49 d(12)	
19⑤	3.15 dd(10.2, 4.2) 3.22 dd(10.2, 4.2)	1.03 s	1.27 s	
20⑥	4.17 dd(12, 1.2) 4.52 d(12)	0.92 s	1.05 s	
OH	0.59 t(4.2)			
OAc	1.64 s	2.04 s		

八、罗汉松烷型二萜

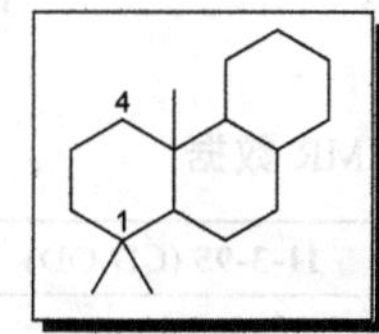

【系统分类】

1,1,4a-三甲基十四氢菲

1,1,4a-trimethyltetradecahydrophenanthrene

【结构多样性】

C(18)降碳；C(8)-C(14)键和 C(13)-C(14)键双断裂[C(14)降碳]；C(4)-C(5)键断裂，C(20)迁移(10→5)，C(13)增碳碳键；C(3)-C(4)键断裂；等。

【典型氢谱特征】

11-3-90 [70]　11-3-91 [71]　11-3-92 [72]

表 11-3-31 罗汉松烷型二萜 11-3-90～11-3-92 的 ¹H NMR 数据

H	**11-3-90** ($CDCl_3$)	**11-3-91** (CD_3OD)	**11-3-92** (CD_3OD)	典型氢谱特征
1	3.82 dd(9.6, 6.2)	1.27 m, 1.87 m	3.73 dd(11.0, 4.7)	① 18 位甲基特征峰；化合物 **11-3-92** 存在 C(18)降碳的结构特征，甲基特征信号消失； ② 19 位甲基特征峰；化合物 **11-3-91** 的 C(19)形成氧亚甲基（氧化甲基），其信号有特征性； ③ 20 位甲基特征峰
2	1.73 m	1.55 m, 1.59 m	1.75 m	
3	1.35 m	1.07 m, 1.96 m	1.55 m, 1.76 m	
5	1.24 ov	1.89 m	1.49 dd(12.6, 2.1)	
6	1.84 m	1.76 m, 2.01 m	1.69 m, 2.12 m	
7	2.74 ddd(17.1, 8.9, 8.7) 2.85 ddd(17.1, 7.5, 3.4)	4.33 br t(2.7)	2.59 ddd(17.8, 11.3, 8.3) 2.86 dd(17.8, 5.9)	
9		2.59 m		
11	8.04 d(8.7)	1.81 m, 2.09 m	7.75 d(8.9)	
12	6.57 dd(8.7, 2.7)	2.35 m, 2.41 m	6.66 d(8.9)	
13	6.47 s(OH)		3.80 s(OMe)	
14	6.48 d(2.7)	5.98 d(2.1)		
18①	0.89 s	1.04 s		
19②	0.91 s	3.79 d(11.2) 3.41 d(11.2)	1.18 s	
20③	1.18 s	0.86 s	1.16 s	

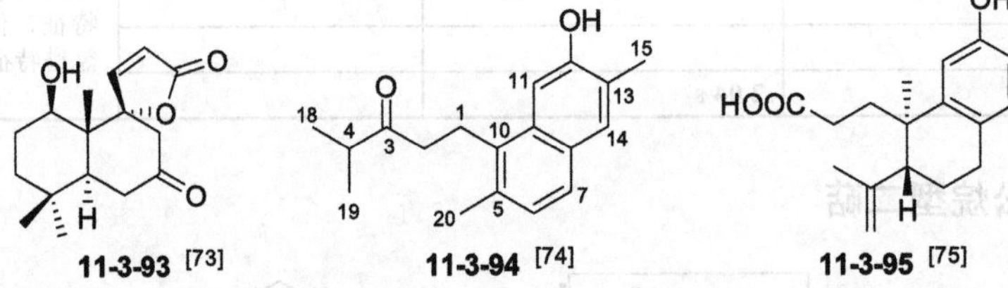

11-3-93 [73]　　11-3-94 [74]　　11-3-95 [75]

表 11-3-32 罗汉松烷型二萜 11-3-93～11-3-95 的 ¹H NMR 数据

H	**11-3-93** ($CDCl_3$)	**11-3-94** (CD_3COCD_3)	**11-3-95** (CD_3OD)	典型氢谱特征
1	3.50 t(7.7)	2.74 t-like(8.0)	2.05 m, 2.19 m	化合物 **11-3-93** 存在 C(8)-C(14)键和 C(13)-C(14)键双断裂[C(14)降碳]的结构特征；化合物 **11-3-94** 存在 C(4)-C(5)键断裂、C(20)迁移(10→5)和C(13)增碳碳键的结构特征；化合物 **11-3-95** 存在 C(3)-C(4)键断裂的结构特征；但这三个化合物罗汉松烷型二萜的主要氢谱特征仍然存在。 ① 18 位甲基特征峰；化合物 **11-3-95** 的 C(18) 形成烯亚甲基，其信号有特征性； ② 19 位甲基特征峰； ③ 20 位甲基特征峰。 化合物 **11-3-94** 的 C(13)增碳碳键结构特征表现为 15 位甲基特征峰
2	1.64 m	3.16 t-like(8.0)	1.88 m, 2.20 m	
3	1.32 m, 1.43 dt(13.2, 3.1)			
4		2.68 sept(7.0)		
5	2.10 dd(13.8, 4.0)		2.43 dd(11.7, 2.8)	
6	2.38 dd(15.0, 13.8) 2.51 ddd(15.0, 4.0, 1.2)	7.07 d(8.0)	α 1.87 m β 1.75 m	
7		7.48 d(8.0)	α 2.70 m, β 2.68 m	
8	2.06 dd(16.2, 1.2) 2.86 d(16.2)			
11	7.67 d(5.6)	7.28 s	6.71 d(2.4)	
12	5.93 d(5.6)	8.61 s(OH)		
13			6.54 dd(8.3, 2.4)	
14		7.56 s	6.85 d(8.3)	
15		2.35 s		
18①	0.87 s	1.08 d(7.0)	4.95 br s, 4.72 br s	
19②	0.89 s	1.08 d(7.0)	1.79 s	
20③	1.26 s	2.42 s	1.19 s	

九、5/7/6 元环型三环二萜

1. sphaeroane 型二萜

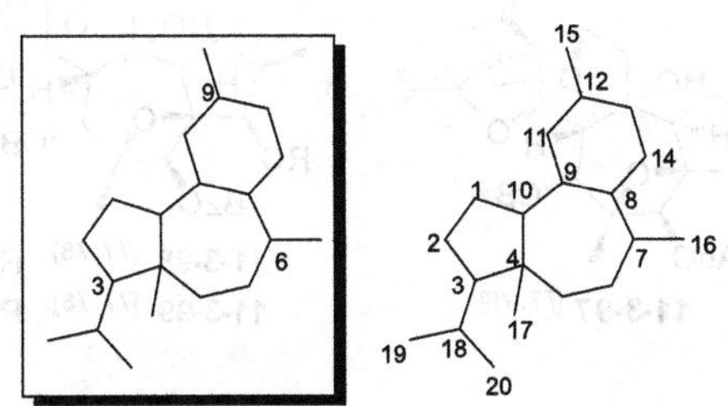

【系统分类】

3a,6,9-三甲基-3-异丙基-十四氢苯并[*e*]薁

3-isopropyl-3a,6,9-trimethyltetradecahydrobenzo[*e*]azulene

【典型氢谱特征】

OH
H
OH
MeO

11-3-96 [76]

表 11-3-33 sphaeroane 型二萜 **11-3-96** 的 ^{1}H NMR 数据

H	11-3-96 (CDCl$_3$)	H	11-3-96 (CDCl$_3$)	典型氢谱特征
1	2.02 m	14	6.73 s	① 15 位甲基特征峰；② 16 位甲基特征峰；③ 17 位甲基特征峰；④ C(18)、C(19)和 C(20)异丙基单元的特征峰；化合物 **11-3-96** 的 C(18)形成氧化叔碳，19 位甲基和 20 位甲基显示为单峰
2	4.77 m	15①	2.17 s	
3	1.92 d(3.3)	16②	1.32 d(6.6)	
5	α 1.58 m, β 1.13 m	17③	1.40 s	
6	α 1.17 m, β 1.77 m	19④	1.53 s	
7	3.01 m	20④	1.43 s	
10	3.33 t(10)	OMe	3.83 s	
11	6.85 s	OH	3.70 s(2-OH), 2.63 s(18-OH)	

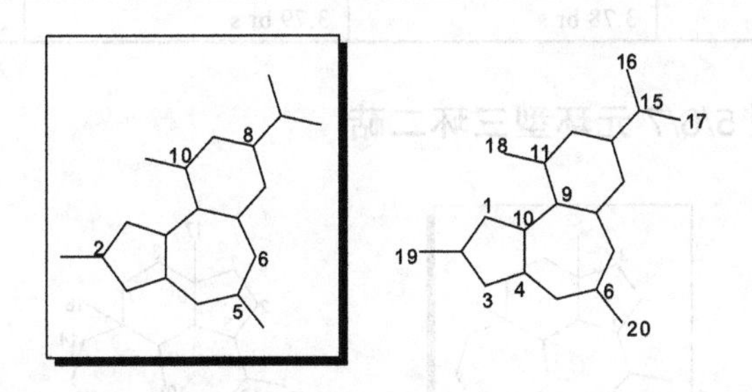

2. 瑞香烷型二萜

【系统分类】

2,5,10-三甲基-8-异丙基十四氢苯并[*e*]薁

8-isopropyl-2,5,10-trimethyltetradecahydrobenzo[*e*]azulene

【典型氢谱特征】

11-3-97 [77,78]

11-3-98 [77,78] R = H
11-3-99 [77,78] R = Ac

表 11-3-34 瑞香烷型二萜 11-3-97～11-3-99 的 ^{1}H NMR 数据

H	11-3-97 ($CDCl_3$)	11-3-98 ($CDCl_3$)	11-3-99 ($CDCl_3$)	典型氢谱特征
1	α 2.03 m β 1.32 m	α 1.91 m β 1.12 m	α 2.00 m β 1.25 m	① 化合物 **11-3-97**～**11-3-99** 的 C(15)、C(16)和 C(17)异丙基形成异丙烯基，其信号有特征特性； ② 18 位甲基特征峰； ③ 19 位甲基特征峰； ④ 20 位甲基特征峰
2	2.55 m	2.23 m	2.48 m	
3	5.45 d(10.4)	4.20 d(10)	5.17 d(10.2)	
5	6.47 s	6.67 s	6.64 s	
7	5.86 d(3.8)	5.89 d(3.9)	5.88 d(3.7)	
8	2.86 br d(3.8)	2.80 dd(3.9, 1.2)	2.85 dd(3.7, 1.2)	
10	2.27 dd(13.7, 6)	2.24 m	2.31 dd(13.9, 6.3)	
11	1.70 br q(7.1)	1.71 br q(7)	1.70 br q(7)	
12	4.03 br s	4.03 br s	4.03 br s	
14	4.46 br s	4.47 br s	4.46 br s	
16①	5.07 br s 5.27 br s	5.07 br s 5.27 br s	5.06 br s 5.27 br s	
17①	1.91 br s	1.92 br s	1.91 br s	
18②	1.30 d(7.1)	1.28 d(7)	1.29 d(7)	
19③	0.94 d(7.1)	0.94 d(7.2)	0.85 d(7.2)	
20④	1.35 s	1.45 s	1.53 s	
2′	1.27 s	1.27 s	1.27 s	
3″, 7″	8.09 d(7.7)	8.14 m	8.11 m	
4″, 6″	7.42 t(7.7)	7.45 m	7.43 m	
5″	7.53 t(7.7)	7.55 m	7.54 m	
3‴, 7‴	8.19 d(7.7)	8.12 m	7.99 m	
4‴, 6‴	7.48 t(7.7)	7.43 m	7.44 m	
5‴	7.60 t(7.7)	7.55 m	7.56 m	
5-OAc	1.76 s		1.93 s	
9-OH	3.77 s	3.78 br s	3.79 br s	

十、cyathane 型 5/6/7 元环型三环二萜

【系统分类】

3a,5a,8-三甲基-1-异丙基十四氢环庚三烯并[*e*]茚

1-isopropyl-3a,5a,8-trimethyltetradecahydrocyclohepta[*e*]indene

【典型氢谱特征】

COOH, OH, H, BzO, OBz — **11-3-100** [79]

COOH, OH, H, O, OBz — **11-3-101** [79]

COOH, H, O, OMe, MeO, OH — **11-3-102** [80]

表 11-3-35 cyathane 型二萜 11-3-100～11-3-102 的 ^{1}H NMR 数据

H	11-3-100 ($CDCl_3$)	11-3-101 ($CDCl_3$)	11-3-102 ($CDCl_3$)	典型氢谱特征
1	α 1.65 ddd(13.2, 8.8, 5.5) β 2.13 ddd(12.8, 8.8, 4.7)	α 1.52～1.68 m β 2.15 m	1.70～1.78 m 1.90～2.03 m	① 化合物**11-3-100**和**11-3-101**的 C(15)形成氧亚甲基(氧化甲基)，**11-3-102**的 C(15)形成半缩醛次甲基，其信号均有特征性； ② 16 位甲基特征峰； ③ C(18)、C(19)和C(20)异丙基单元的特征峰 化合物 **11-3-100**～**11-3-102** 的 C(17)全部形成羧羰基，甲基特征信号消失
2	2.40～2.50 m	α 2.27～2.38 m β 2.40～2.50 m	2.43 m	
5	3.18 br d(11.7)	2.40～2.50 m	2.21 (12.4)	
7	α 1.20 m β 2.18～2.35 m	1.35 m 1.52～1.68 m	1.14 ddd(13.6, 2, 2) 1.85～2.03 m	
8	α 1.47 br t(13.3) β 2.18～2.35 m	1.44 m 2.27～2.38 m	1.48 ddd(14, 14, 4.8) 2.15 ddd(14, 2, 2)	
10	α 2.18～2.35 m β 2.40～2.50 m	α 1.52～1.68 m β 2.27～2.38 m	1.71 ddd(14, 12.4, 10.5) 2.31 dd(14, 6)	
11	6.42 br d(9.9)	4.78 s	3.29 dd(10.5, 6)	
12			2.60 s	
13	6.08 d(6.6)	6.10 s	3.89 s	
14	3.96 d(6.6)		4.02 s	
15①	α 4.86 d(12.8) β 4.87 d(12.8)	4.92 s(2H)	5.29 s	
16②	0.87 s	1.07 s	0.85 s	
18③	2.98 sept(6.3)	2.96 sept(6.6)	2.94 sept(6.8)	
19③	1.00 d(6.3)	1.02 d(6.6)	1.05 d(6.8)	
20③	0.97 d(6.3)	0.86 d(6.6)	0.97 d(6.8)	
2′	7.97 br d(7.4)(2H) 7.93 br d(7.4)(2H)	7.99 (7.2)(2H)		
3′	7.36 br t(7.4)(2H) 7.35 br t(7.4)(2H)	7.42 t(7.2)(2H)		
4′	7.51 br t(7.4) 7.50 br t(7.4)	7.55 t(7.2)		
11-OMe			3.40 s	
13-OMe			3.36 s	

参 考 文 献

[1] Barrero A F, Moral J F Q D, Herrador M M, et al. Phytochemistry, 2005, 66: 105.

[2] Yang X W, Feng L, Li S M, et al. Bioorg Med Chem, 2010, 18: 744.

[3] Ohtsu H, Tanaka R, In Y, et al. Planta Med, 2001, 67: 55.

[4] Barrero A F, Moral J F Q D, Herrador M M, et al. Phytochemistry, 2004, 65: 2507.

[5] Chen J J, Wu H M, Peng C F, et al. J Nat Prod, 2009, 72: 223.

[6] Ohtsu H, Tanaka R, Matsunaga S. J Nat Prod, 1998, 61: 1307.
[7] Miura K, Kikuzaki H, Nakatani N. J Agric Food Chem, 2002, 50: 1845.
[8] Lin S, Zhang Y L, Liu M T, et al. J Nat Prod, 2010, 73 : 1914.
[9] Yao S, Tang C P, Ke C Q, et al. J Nat Prod, 2008, 71: 1242.
[10] Bai J, Ito N, Sakai J, et al. J Nat Prod, 2005, 68: 497.
[11] Fraga B M, Díaz C E, Guadaño A, et al. J Agric Food Chem, 2005, 53: 5200.
[12] Siddiqui B S, Perwaiz S, Begum S. Tetrahedron, 2006, 62: 10087.
[13] Nakatani N, Inatani R. Agric Biol Chem, 1983, 47: 353.
[14] Zheng C J, Huang B K, Wang Y, et al. Bioorg Med Chem, 2010, 18: 175.
[15] Huang S X, Pu J X, Xiao W L, et al. Phytochemistry, 2007, 68: 616.
[16] Han Q B, Li R T, Zhang J X, et al. Helv Chim Acta, 2004, 87: 1007.
[17] Niu X M, Li S X, Zhao Q S, et al. Helv Chim Acta, 2003, 86: 299.
[18] Mei S X, Jiang B, Niu X M, et al. J Nat Prod, 2002, 65: 633.
[19] Lee C L, Chang F R, Hsieh P W, et al. Phytochemistry, 2008, 69: 276.
[20] Yan R Y, Tan Y X, Cui X Q, et al. J Nat Prod, 2008, 71: 195.
[21] Gao W Y, Zhang R, Jia W, et al. Chem Pharm Bull, 2004, 52:136.
[22] Lee S Y, Choi D Y, Woo E R. Arch Pharm Res, 2005, 28: 909.
[23] Ikeshiro Y, Mase I, Tomita Y. Phytochemistry, 1989, 28: 3139.
[24] Chang C I, Chang J Y, Kuo C C, et al. Planta Med, 2005, 71: 72.
[25] Kawazoe K, Yamamoto M, Takaishi Y, et al. Phytochemistry, 1999, 50: 493.
[26] Carreiras M C, Rodríguez B, Torre M C, et al. Tetrahedron, 1990, 46: 847.
[27] Lin W H, Fang J M, Cheng Y S. Phytochemistry, 1996, 42: 1657.
[28] Lin W H, Fang J M, Cheng Y S. Phytochemistry, 1995, 40: 871.
[29] Uchiyama N, Kiuchi F, Ito M, et al. J Nat Prod, 2003, 66: 128.
[30] Sánchez C, Cárdenas J, Rodríguez-Hahn L, et al. Phytochemistry, 1989, 28: 1681.
[31] Shishido K, Nakano K, Wariishi N, et a1. Phytochemistry, 1994, 35: 731.
[32] Milanova R, Han K, Moore M. J Nat Prod, 1995, 58: 68.
[33] Tian X D, Min Z D, Xie N, et al. Chem Pharm Bull, 1993, 41: 1415.
[34] 张崇璞, 吕燮余, 马鹏程, 等. 药学学报, 1993, 28: 110.
[35] 林 绥, 于贤勇, 阙慧卿, 等. 药学学报, 2005, 40 : 632.
[36] Sutthivaiyakit S, Nareeboon P, Ruangrangsi N, et al. Phytochemistry, 2001, 56: 811.
[37] Ma G X, Wang T S, Yin L, et al. J Nat Prod, 1998, 61: 112.
[38] Xiang Y, Zhang H, Fan C Q, et al. J Nat Prod, 2004, 67: 1517.
[39] Wang F, Cheng X L, Li Y J, et al. J Nat Prod, 2009, 72: 2005.
[40] Thongnest S, Mahidol C, Sutthivaiyakit S, et al. J Nat Prod, 2005, 68: 1632.
[41] Rasoamiaranjanahary L, Guilet D, Marston A, et al. Phytochemistry, 2003, 64: 543.
[42] Barrero A F, Moral J F Q D, Lucas R, et al. J Nat Prod, 2003, 66: 844.
[43] Wang J D, Li Z Y, Guo Y W. Helv Chim Acta, 2005, 88: 979.
[44] Rojas M D C A, Cano F H, Rodríguez B. J Nat Prod, 2001, 64: 899.
[45] Awale S, Tezuka Y, Banskota A H, et al. Chem Pharm Bull, 2003, 51: 268.
[46] Nagashima F, Murakami M, Takaoka S, et al. Phytochemistry, 2003, 64: 1319.
[47] Liu X T, Shi Y, Yu B, et al. Planta Med, 2007, 73: 84.
[48] Liu X T, Pan Q, Shi Y, et al. J Nat Prod, 2006, 69: 255.
[49] Loukaci A, Kayser O, Bindseil K U, et al. J Nat Prod, 2000, 63: 52.
[50] Grace M H, Jin Y H, Wilson G R, et al. Phytochemistry, 2006, 67: 1708.
[51] Kijjoa A, Polónia M A, Pinto M M M, et al. Phytochemistry, 1994, 37: 197.
[52] Zhang Y, Deng Z W, Gao T X, et al. Phytochemistry, 2005, 66: 1465.
[53] Kijjoa A, Pinto M M M, Anantachoke C, et al. Phytochemistry, 1995, 40: 191.
[54] Kido T, Taniguchi M, Baba K. Chem Pharm Bull, 2003, 51: 207.
[55] Torres-Mendoza D, González L D U, Ortega-Barría E, et al. J Nat Prod, 2004, 67: 1711.
[56] Banskota A H, Attamimi F, Usia T, et al. Tetrahedron Lett, 2003, 44: 6879.
[57] Jang D S, Park E J, Hawthorne M E, et al. J Nat Prod, 2003, 66: 583.
[58] Roach J S, Mclean S, Reynolds W F, et al. J Nat Prod, 2003, 66: 1378.
[59] Yadav P P, Arora A, Bid H K, et al. Tetrahedron Lett, 2007, 48: 7194.
[60] Peter S R, Tinto W F, Mclean S, et al. Tetrahedron Lett, 1997, 38: 5767.
[61] Jiang R W, But P P H, Ma S C, et al. Tetrahedron Lett, 2002, 43: 2415.
[62] Yodsaoue O, Cheenpracha S, Karalai C, et al. Phytochemistry, 2008, 69: 1242.
[63] Jiang R W, But P P H, Ma S C, et al. Phytochemistry, 2001, 57: 517.

[64] Nguyen M T T, Awale S, Tezuka Y, et al. J Nat Prod, 2004, 67: 654.

[65] Stampoulis P, Tezuka Y, Banskota A H, et al. Org Lett, 1999, 1: 1367.

[66] Awale S, Tezuka Y, Banskota A H, et al. Tetrahedron, 2002, 58: 5503.

[67] Carroll A R, Lamb J, Moni R, et al. J Nat Prod, 2008, 71: 884.

[68] Ponomarenko L P, Kalinovsky A I, Afiyatullov S S, et al. J Nat Prod, 2007, 70: 1110.

[69] Li C J, Schmitz F J, Kelly-Borges M. J Nat Prod, 1998, 61 : 546.

[70] Kuo Y H, Chien S C, Huang S L. Chem Pharm Bull, 2002, 50: 544.

[71] Okasaka M, Takaishi Y, Kashiwada Y, et al. Phytochemistry, 2006, 67: 2635.

[72] Chien S C, Chen C C, Chiu H L, et al. Phytochemistry, 2008, 69: 2336.

[73] Chien S C, Kuo Y H. Helv Chim Acta, 2004, 87: 554.

[74] Yuan W, Lu Z M, Liu Y, et al. Chem Pharm Bull, 2005, 53: 1610.

[75] Liu H Y, Di Y T, Yang J Y, et al. Tetrahedron Lett, 2008, 49: 5150.

[76] Engler M, Anke T, Sterner O. Phytochemistry, 1998, 49: 2591.

[77] Zhang L, Luo R H, Wang F, et al. Org Lett, 2010, 12: 152.

[78] Chen H D, Yang S P, He X F, et al. Org Lett, 2010, 12: 1168.

[79] Kita T, Takaya Y, Oshima Y. Tetrahedron, 1998, 54: 11877.

[80] Ohta T, Kita T, Kobayashi N, et al. Tetrahedron Lett, 1998, 39: 6229.

第四节 四环二萜

一、对映贝壳杉烷型二萜

1. 简单对映贝壳杉烷型二萜

【系统分类】

4,4,8,11b-四甲基-十四氢-6a,9-亚甲基环庚三烯并[*a*]萘

4,4,8,11b-tetramethyltetradecahydro-6a,9-methanocyclohepta[*a*]naphthalene

【主要相对构型】

甲基-20 和 6a,9-亚甲基为 α-构型，5-氢和 9-氢为 β-构型。

【结构多样性】

C(2)-C(3)键断裂；C(6)-C(7)键断裂；C(8)-C(15)键断裂(对映松香烷型二萜)；等。

【典型氢谱特征】

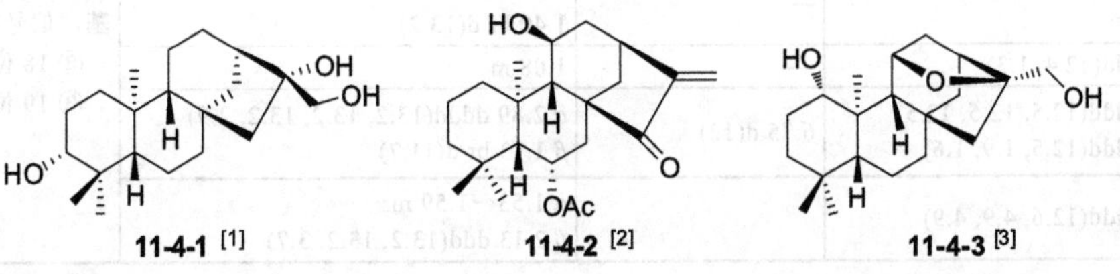

11-4-1 [1]　　11-4-2 [2]　　11-4-3 [3]

表 11-4-1 对映贝壳杉烷型二萜 11-4-1～11-4-3 的 ^{1}H NMR 数据

H	11-4-1 (C_5D_5N)	11-4-2 (C_5D_5N)	11-4-3 (C_5D_5N)	典型氢谱特征
1	0.77 dt(13.0, 5.0) 1.65 dt(13.0, 5.0)	α 1.82 ddd(13.0, 3.0, 3.0) β 0.89 ddd(13.0, 13.0, 4.0)	3.59 dd(10.0, 4.0)	
2	1.61 m 1.77 m	α 1.26 ddddd(13.0, 13.0, 12.5, 4.0, 3.0) β 1.67 ddddd(12.5, 4.0, 4.0, 3.0, 3.0)	α 1.90 m β 1.74 m	
3	3.32 dt(11.0, 5.5)	α 1.22 ddd(14.0, 4.0, 3.0) β 0.98 ddd(14.0, 13.0, 4.0)	α 1.41 dt(14.1, 2.6) β 1.31 m	
5	0.66 dd(12.0, 2.0)	1.01 d(3.0)	0.76 dd(10.6, 2.0)	
6	1.26 m, 1.42 m	5.66 ddd(3.5, 3.0, 2.0)	1.35～1.40 ov	
7	1.42 m 1.61 m	α 1.67 dd(15.5, 3.5) β 2.35 dd(15.5, 3.0)	α 1.51 dd(12.0, 3.0) β 1.48 ov	
9	0.86 d(8.2)	1.81 d(2.0)	1.94 br s	① 化合物 **11-4-1** 和 **11-4-3** 的C(17)形成氧亚甲基(氧化甲基)，**11-4-2** 的C(17)形成烯亚甲基，信号均有特征性； ② 18位甲基特征峰； ③ 19位甲基特征峰； ④ 20位甲基特征峰
11	1.47 m	4.23 dd(4.3, 2.0)	5.91 br s	
12	1.49 m 1.77 m	α 2.12 ddd(13.5, 4.3, 3.0) β 2.21 dddd(13.5, 4.0, 2.0, 2.0)	α 2.06 dd(11.0, 3.5) β 1.27 m	
13	2.36 m	2.96 ddd(4.0, 3.0, 3.0)	2.72 t(6.0)	
14	1.87 d(12.0) 1.93 dd(12.0, 4.0)	α 2.59 br d(12.0) β 1.28 dddd(12.0, 3.0, 2.0, 2.0)	α 2.28 d(11.0) β 2.06 dd(11.0, 4.0)	
15	1.59 m 1.77 m		α 1.68 d(10.2) β 1.81 dd(10.2, 2.0)	
17①	3.95 dd(10.5, 4.5) 4.23 dd(10.5, 4.5)	5.21 br s 5.95 br s	3.98 d(11.2) 4.10 d(11.2)	
18②	1.09 s	0.85 s	0.83 s	
19③	0.91 s	0.93 s	0.84 s	
20④	0.92 s	1.31 s	1.34 s	
OH	5.67 d(5.5, 3-OH) 5.10 s(16-OH) 6.03 t(4.5, 17-OH)			
OAc		2.03 s		

11-4-4 [4]　　**11-4-5** [5]　　**11-4-6** [6]

表 11-4-2 对映贝壳杉烷型二萜 11-4-4～11-4-6 的 ^{1}H NMR 数据

H	11-4-4 (C_5D_5N)	11-4-5 (C_5D_5N)	11-4-6 (C_5D_5N)	典型氢谱特征
1	0.48 ddd(12.8, 12.8, 3.1) 2.67 d(12.8)	—	α 3.03 br d(12.5) β 0.92 m	
2	1.41 m 1.71 m	—	1.53～1.59 m 1.90～2.00 m	① 对映-贝壳杉烷型二萜 **11-4-4～11-4-6** 的C(17)全部形成烯亚甲基，信号有特征性； ② 18位甲基特征峰； ③ 19位甲基特征峰；
3	1.14 m 1.41 m	—	1.13～1.26 m 1.40 br d(13.2)	
5	1.10 dd(12.4, 1.3)	—	1.08 m	
6	2.02 ddd(12.5, 12.5, 12.5) 2.14 ddd(12.5, 1.9, 1.6)	6.75 d(12)	α 2.89 dddd(13.2, 13.2, 13.2, 2.9) β 1.73 br d(11.7)	
7	4.97 ddd(12.6, 4.9, 4.9)		α 1.53～1.59 m β 2.13 ddd(13.2, 13.2, 3.7)	

续表

H	11-4-4 (C_5D_5N)	11-4-5 (C_5D_5N)	11-4-6 (C_5D_5N)	典型氢谱特征
9	1.61 d(10.5)	—	2.21～2.29 m	④化合物 **11-4-4** 的C(20)形成氧亚甲基（氧化甲基），**11-4-5**的C(20)形成醛基，信号均有特征性；化合物 **11-4-6** 的C(20)形成羧羰基，甲基特征信号消失
11	1.80 m, 2.39 d(16.5)	4.52 d(4.8)	2.21～2.29 m	
12	4.37 ddd(8.8, 4.4, 4.4)		1.53～1.59 m 1.90～2.00 m	
13	3.70 d(4.4)	—	2.66 br s	
14	6.06 s	5.31 s	α 2.97 d(11.7) β 1.13～1.26 m	
15		6.25 s	4.20 br s	
17①	5.43 s, 6.35 s	4.61 s, 5.55 s	5.12 s, 5.52 s	
18②	0.84 s	1.12 s	1.09 s	
19③	0.88 s	0.92 s	0.93 s	
20④	4.31 dd(12.8, 4.4) 4.53 dd(12.8, 8.0)	10.75 s		
OAc		2.17 s		

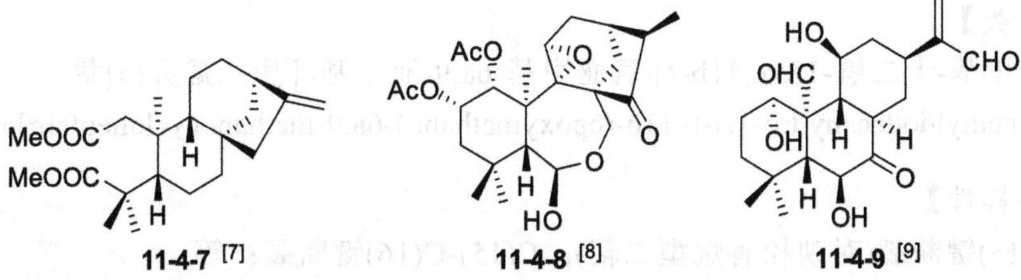

表 11-4-3 对映贝壳杉烷型二萜 11-4-7～11-4-9 的 ^{1}H NMR 数据

H	11-4-7 ($CDCl_3$)	11-4-8 ($CDCl_3$)	11-4-9 (C_5D_5N)	典型氢谱特征
1	2.31 d(18) 2.57 d(18)	4.87 dd(4.9, 2)	4.22～4.27 m 7.95 s(OH)	对映-贝壳杉烷型二萜 **11-4-7**～**11-4-9** 分别存在C(2)-C(3)键断裂、C(6)-C(7)键断裂和 C(8)-C(15)键断裂的结构特征（后者形成对映松香烷型二萜碳架）。 ①17位甲基特征峰；化合物 **11-4-7** 和 **11-4-9** 的 C(17)形成烯亚甲基，其信号有特征性； ②18位甲基特征峰； ③19位甲基特征峰； ④20位甲基特征峰；化合物 **11-4-9** 的 C(20)形成甲酰基，其信号有特征性。 化合物 **11-4-9** 的 C(8)-C(15)键断裂后形成对映松香烷型二萜，C(15)形成甲酰基，其信号有特征性，可用于鉴别母核碳架 C(8)-C(15)键断裂；对映-贝壳杉烷型二萜 **11-4-7** 和 **11-4-8** 的结构多样性分别体现在相应位置的氢谱特征方
2		5.04 ddd(13.2, 4.9, 2.4)	2.03～2.08 m 2.10～2.15 m	
3		1.25 dt(12.7, 2.4) 1.86 t(12.2)	1.39～1.45 m 1.60～1.65 m	
5	2.50 dd(8, 5)	2.78 d(9.8)	1.66 d(10)	
6	—	5.24 dd(9.3, 2.9)	4.67 d(10) 8.02 s(OH)	
7	—	3.17 d(13.2) 4.69 d(13.2)		
8			3.37 dt(2.2, 12)	
9	1.90 d(8)		1.71 br t(12)	
11	—	2.64 br s	4.40～4.45 m 5.79 br s(OH)	
12	—	1.93 m	1.51～1.55 m 2.36～2.41 m	
13	2.65 dd(4, 4)	2.17 br q	2.72 br t(12.5)	
14	1.14 m 1.86 dd(11.8, 2.5)	1.37 ddd(12.2, 4.9, 1.5) 2.54 d(12.2)	1.45～1.49 m 2.25 dd(13.2, 2.2)	
15	2.03 dt(3, 17) 2.13 ddd(17, 2, 2)		9.55 s	
16		2.34 quint(7.3)		
17①	4.73 br s, 4.79 br s	1.32 d(7.3)	5.89 s, 6.19 s	

续表

H	11-4-7 ($CDCl_3$)	11-4-8 ($CDCl_3$)	11-4-9 (C_5D_5N)	典型氢谱特征
18②	1.25 s	1.41 s	1.40 s	面，如化合物 **11-4-7** 不存在 2 位氢和 3 位氢的信号，化合物 **11-4-8** 存在 7 位氧亚甲基（氧化甲基）的特征峰等
19③	1.26 s	1.13 s	1.27 s	
20④	1.08 s	0.88 s	10.73 s	
OMe	3.61 s, 3.64 s			
OAc		1.92 s, 2.06 s		

2. 7,20-环氧对映贝壳杉烷型二萜

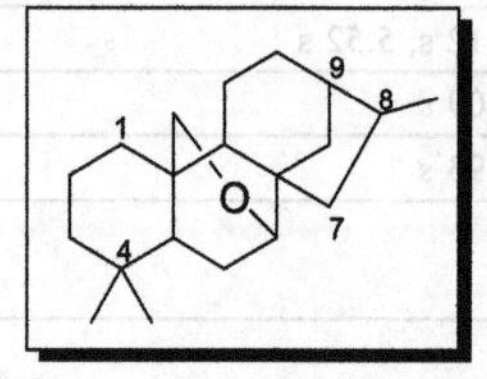

【系统分类】

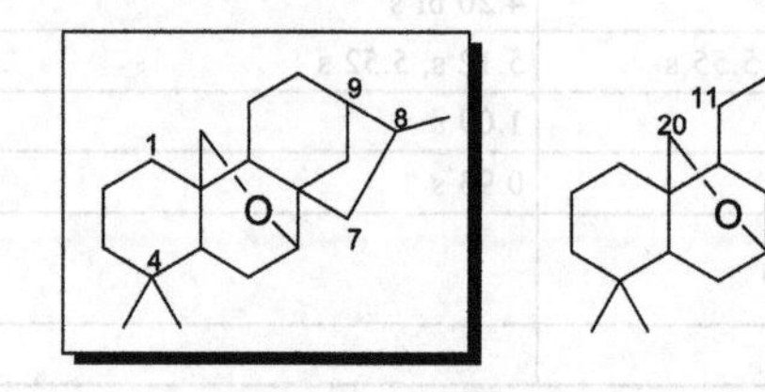

4,4,8-三甲基-十二氢-1*H*-6,11b-环氧亚甲基-6a,9-亚甲基环庚三烯并[*a*]萘

4,4,8-trimethyldodecahydro-1*H*-6,11b-(epoxymethano)-6a,9-methanocyclohepta[*a*]naphthalene

【结构多样性】

C(8)-C(15)键断裂(对映松香烷型二萜)；C(15)-C(16)键断裂；等。

【典型氢谱特征】

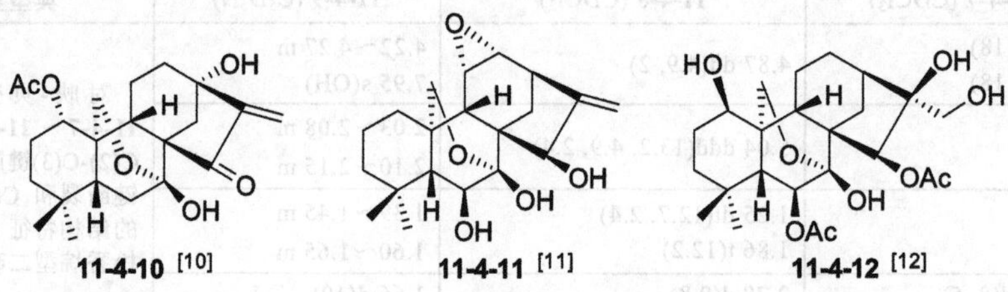

表 11-4-4 7,20-环氧对映贝壳杉烷型二萜 11-4-10～11-4-12 的 ^{1}H NMR 数据

H	11-4-10 (C_5D_5N)	11-4-11 (C_5D_5N)	11-4-12 (C_5D_5N)	典型氢谱特征
1	4.86 dd(11.2, 6.0)	1.28 m	4.16 br s	① 化合物 **11-4-10** 和 **11-4-11** 的 C(17)形成烯亚甲基，**11-4-12** 的 C(17)形成氧亚甲基（氧化甲基），其信号均有特征性； ② 18 位甲基特征峰； ③ 19 位甲基特征峰； ④ 20 位氧亚甲基（氧化甲基）特征峰
2	α 1.53 m, β 1.78 d(11.5)	1.29 m	2.17 ov	
3	α 1.35 br d(11.7) β 1.21 m	1.29 m 1.78 d(12.8)	1.63 ov 2.65 ov	
5	1.59 dd(11.5, 6.1)	1.46 dd(4.3, 2.2)	2.73 br s	
6	α 2.02 (ov), β 3.59 t(11.5)	4.11 d(4.3)	6.23 br s	
9	1.90 dd(11.5, 5.5)	2.63 br d(4.0)	3.81 m	
11	α 2.48 m, β 1.40 m	3.17 t(4.3)	2.10 ov, 2.50 ov	
12	α 2.51 m, β 2.00 ov	3.25 t(4.3)	2.13 ov, 3.00 ov	
13		3.22 t(4.3)	3.03 ov	
14	α 2.82 d(11.5) β 2.73 d(11.5)	2.12 dd(12.4, 4.5) 2.60 d(12.4)	2.50 ov 2.60 ov	
15		5.17 br s	5.91 br s	
17①	5.75 s, 6.18 s	5.22 br s, 5.55 br s	4.57 d(8.0), 4.88 d(8.0)	
18②	0.76 s	1.09 s	1.43 s	

续表

H	11-4-10 (C_5D_5N)	11-4-11 (C_5D_5N)	11-4-12 (C_5D_5N)	典型氢谱特征
19③	1.06 s	1.13 s	1.63 s	
20④	4.42 d(10.0) 4.56 d(10.0)	4.12 dd(8.8, 2.2) 4.45 d(8.8)	4.55 br d(12.4) 4.59 br d(12.4)	
OAc	2.00 s		2.50 s(6-OAc) 2.55 s(15-OAc)	

11-4-13 [13]　　11-4-14 [13]

表 11-4-5 7,20-环氧对映贝壳杉烷型二萜 **11-4-13** 和 **11-4-14** 的 ^{1}H NMR 数据

H	11-4-13 (C_5D_5N)	11-4-14 (C_5D_5N)	典型氢谱特征
1	3.70 dd(10, 5.5)	3.65 dd(9, 4.8)	化合物 **11-4-13** 和 **11-4-14** 分别存在 C(8)-C(15)键断裂和 C(15)-C(16)键断裂的结构特征（后者形成对映松香烷型二萜碳骨架），但键断裂后的 C(15)均形成酯羰基，不显示甲基特征峰。 ① 17 位甲基特征峰；化合物 **11-4-14** 的 C(17)形成烯亚甲基，其信号有特征性； ② 18 位甲基特征峰； ③ 19 位甲基特征峰； ④ 20 位氧亚甲基（氧化甲基）特征峰；化合物 **11-4-14** 的 C(20)形成缩醛次甲基，其信号有特征性
2	α 1.87 m β 1.89 m	α 1.79 m β 1.88 m	
3	α 1.36 dt(13, 3) β 1.27 dt(13, 4.7)	α 1.39 br d(13) β 1.26 dt(13, 2.5)	
5	1.59 s	1.57 s	
6	4.61 s	4.08 s	
8		3.27 m	
9	2.14 ov	2.80 d(10.5)	
11	α 2.17 ov β 2.31 m	5.82 s	
12	α 2.03 m β 1.92 m	α 2.70 br d(13.5) β 1.91 m	
13	4.12 dt(10.5, 2.5)	2.94 m	
14	5.26 d(10.5)	2.19 m 2.55 dt(13.5, 3.5)	
17①	2.23 s	5.45 s 6.52 s	
18②	0.94 s	1.09 s	
19③	1.01 s	0.99 s	
20④	4.48 d(10.5) 4.68 d(10.5)	5.42 s 3.48 s(OMe)	

3. 3,20-环氧对映贝壳杉烷型二萜

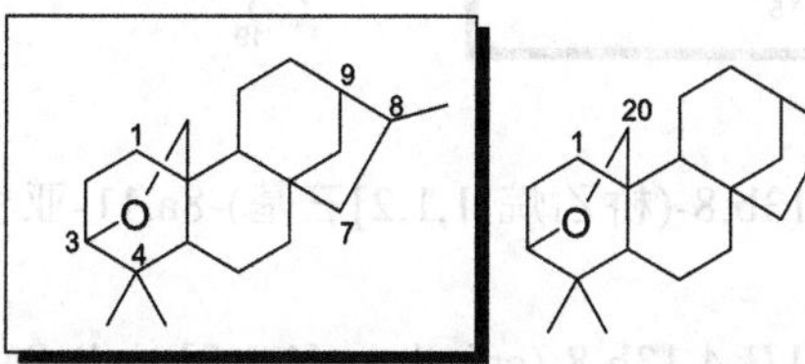

【系统分类】

4,4,8-三甲基-十二氢-1*H*-3,11b-(环氧亚甲基)-6a,9-亚甲基环庚三烯并[*a*]萘

4,4,8-trimethyldodecahydro-1*H*-3,11b-(epoxymethano)-6a,9-methanocyclohepta[*a*]naphthalene

【典型氢谱特征】

11-4-15 [14]　　**11-4-16** [15]　　**11-4-17** [16]

表 11-4-6 3,20-环氧对映贝壳杉烷型二萜 **11-4-15**～**11-4-17** 的 ^{1}H NMR 数据

H	**11-4-15** (C_5D_5N)	**11-4-16** (C_5D_5N)	**11-4-17** (C_5D_5N)	典型氢谱特征
2	2.70 br d(19.2) 2.77 d(19.2)	*α* 3.03 dd(19.2, 3.2) *β* 2.89 dd(19.2, 3.2)	2.83 ov	① 化合物 **11-4-15** 和 **11-4-17** 的 C(17)形成氧亚甲基（氧化甲基），化合物 **11-4-16** 的 C(17)形成烯亚甲基，信号均有特征性； ② 18 位甲基特征峰； ③ 19 位甲基特征峰； ④ 20 位氧亚甲基（氧化甲基）特征峰
3	3.75 br s	3.86 br s	3.77 dd(3.4, 1.8)	
5	1.90 ov		1.88 br d	
6	4.91 br d(12.1)	11.00 s(OH)	5.02 d(11.8)	
9	2.97 ov	3.72 d(7.6)	3.30 d(7.8)	
11	*α* 1.58 m *β* 1.76 m	*α* 1.43～1.47 m(ov) *β* 2.19 m	*α* 2.14 m *β* 1.67 dd(10.5, 5.3)	
12	*α* 1.42 m *β* 1.90 ov	*α* 1.28 m *β* 1.43～1.47 m(ov)	*α* 1.54 m *β* 1.25 m	
13	2.79 br s	2.66 br s	1.87 m	
14	*α* 2.18 d(12.0) *β* 1.90 ov	*α* 1.80 d(12.0) *β* 1.54 dd(12.0, 4.8)	*α* 1.95 m *β* —	
15		6.83 t(2.0)	6.69 br s	
16	2.95 m			
17①	3.94 dd(11.1, 9.1) 4.43 dd(11.1, 4.6)	5.02 br s 5.24 br s	2.83 ov 2.92 d(4.5)	
18②	1.14 s	1.80 s	1.23 s	
19③	1.70 s	1.96 s	1.71 s	
20④	4.11 d(9.4) 4.85 d(9.4)	4.36 d(8.8) 4.47 d(8.8)	4.17 d(9.4) 4.86 d(9.4)	
OAc		1.96 s	1.95 s	

4. 双环氧对映贝壳杉烷型二萜

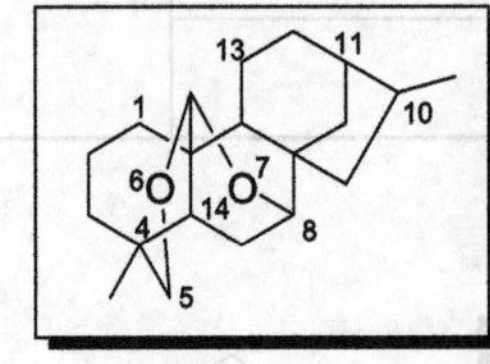

【系统分类】

4,10-二甲基-十二氢-1*H*-4,13b,8-(桥乙烷[1,1,2]三基)-8a,11-亚甲基环庚三烯并[4,5]吡喃并[2,3-*b*]氧杂环辛四烯

4,10-dimethyldodecahydro-1*H*-4,13b,8-(epiethane[1,1,2]triyl)-8a,11-methanocyclohepta[4,5]pyrano[2,3-*b*]oxocine

【结构多样性】

环氧迁移（19→3）；等。

【典型氢谱特征】

11-4-18 [17]　**11-4-19** [18]

表 11-4-7 双环氧对映贝壳杉烷型二萜 11-4-18 和 11-4-19 的 ^{1}H NMR 数据

H	11-4-18 (DMSO-d_6)	11-4-19 (—)	典型氢谱特征
1	4.52 d(10.8)	α 1.92 ov β 1.68 m	① 化合物 **11-4-18** 和 **11-4-19** 的C(17)均形成烯亚甲基，其信号有特征性； ② 18 位甲基特征峰； ③ 19 位氧亚甲基（氧化甲基）特征峰；化合物 **11-4-19** 存在环氧迁移（19→3）的结构特征，19 位甲基信号有特征性，并可用于环氧迁移（19→3）的结构多样性鉴别；同时C(3)形成的氧次甲基信号可以作为辅助特征信号； ④ 20 位缩醛次甲基特征峰 化合物 **11-4-18** 和 **11-4-19** 的 C(7)均形成半缩酮，其氧次甲基特征信号消失
2	4.43 dd(10.8, 9.9)	α 1.70 m β 1.32 m	
3	4.01 d(9.9)	3.50 t(2.2)	
5	2.01 d(2.4)	2.12 s	
6	4.19 d(2.4)		
9	2.24 m	1.91 d(9.0)	
11	α 1.90 m β 1.35 m	5.10 m	
12	3.59 ddd(9.2, 3.3, 3.2)	α 3.05 ov β 1.30 dd(13.7, 9.0)	
13	2.96 d(9.2)	3.06 d(9.2)	
14	α 1.89 ov β 1.32 ov	4.85 s	
17①	5.58 br s, 5.98 br s	5.49 s, 5.93 s	
18②	1.07 s	1.09 s	
19③	3.96 d(9.8), 4.16 d(9.8)	1.08 s	
20④	5.66 s	5.78 br s	
OAc	1.97 s	1.95 s	
OH	4.61 br s, 6.81 br s		

5. 延命素对映贝壳杉烷型二萜

【系统分类】

4,4,10-三甲基-3-羟基-十二氢-8a,11-亚甲基环庚三烯并[*c*]呋喃并[3,4-*e*]苯并吡喃-8(1*H*)-酮

3-hydroxy-4,4,10-trimethyldodecahydro-8a,11-methanocyclohepta[*c*]furo[3,4-*e*]chromen-8(1*H*)-one

【典型氢谱特征】

11-4-20 [19] **11-4-21** [20] **11-4-22** [21]

表 11-4-8 延命素对映贝壳杉烷型二萜 **11-4-20～11-4-22** 的 ^{1}H NMR 数据

H	**11-4-20** (C_5D_5N)	**11-4-21** (C_5D_5N)	**11-4-22** (C_5D_5N)	典型氢谱特征
1①	6.20 dd(12.5, 6.6)	5.51 dd(12.0, 5.5)	5.35 dd(10.6, 6.0)	① 1 位氧次甲基特征峰；② 6 位半缩醛次甲基特征峰；化合物 **11-4-21** 和 **11-4-22** 的 C(6)形成缩醛次甲基，其信号有特征性；③ 17 位甲基特征峰；化合物 **11-4-20** 和 **11-4-22** 的 C(17)形成烯亚甲基，其信号有特征性；④ 18 位甲基特征峰；⑤ 19 位甲基特征峰；化合物 **11-4-21** 和 **11-4-22** 的 C(19)形成氧亚甲基（氧化甲基），其信号有特征性；⑥ 20 位氧亚甲基（氧化甲基）特征峰
2	2.31 m	1.74～1.96 ov	α 2.33 m β 1.80 m	
3	3.82 m 6.77 d(5.6, OH)	1.58～1.68 ov	1.72 m	
5	2.91 s	2.96 d(5.0)	2.14 d(2.2)	
6②	5.95 d(2.2) 8.46 d(2.2, OH)	6.11 d(5.0)	5.84 br s	
9	3.11 d(3.7)	2.01 d(4.0)	3.25 s	
11	5.11 m 6.16 d(3.4, OH)	4.43 t(4.0)	4.88 d(3.5)	
12α	1.87 dd(15.0, 5.3)	1.74 dd(15.5, 4.0)	1.64 m	
12β	2.51 dd(15.0, 9.2)	2.05 ov	2.22 d(15.0, 8.4)	
13	3.10 m	2.59 m	3.03 m	
14α	2.18 dd(12.0, 5.3)	2.09 (ov)	2.70 dd(11.8, 5.0)	
14β	3.65 d(12.0)	3.75 d(11.0)	3.22 d(11.8)	
16		2.52 m		
17③	5.31 br s 5.98 br s	1.03 d(7.0)	5.36 br s 6.03 br s	
18④	1.31 s	1.07 s	1.06 s	
19⑤	1.08 s	3.45 d(8.5) 4.01 d(8.5)	4.83 ABd(12.0) 4.87 ABd(12.0)	
20⑥	4.44 d(9.2) 4.66 d(9.2)	4.11 d(10.0) 4.26 d(10.0)	4.52 ABd(12.5) 5.13 ABd(12.5)	
OAc			2.02 s	

6. 螺环内酯对映贝壳杉烷型二萜

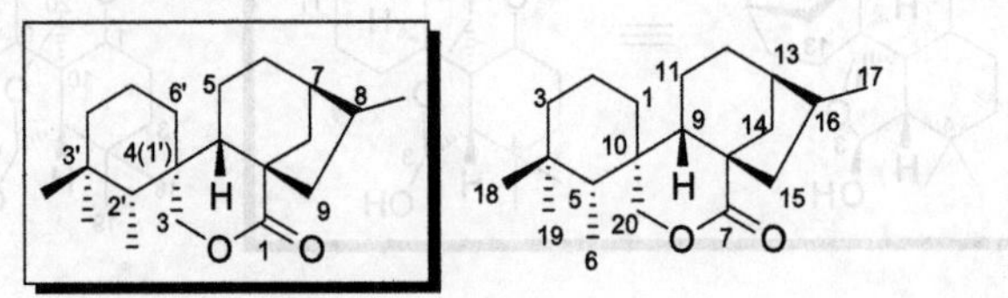

【系统分类】

2′,3′,3′,8-四甲基六氢螺[7,9a-亚甲基环庚三烯并[*c*]吡喃-4,1′-环己烷]-1(3*H*)-酮

2′,3′,3′,8-tetramethylhexahydrospiro[7,9a-methanocyclohepta[*c*]pyran-4,1′-cyclohexan]-1(3*H*)-one

【典型氢谱特征】

11-4-23 [22]　　11-4-24 [23]　　11-4-25 [24]

表 11-4-8 螺环内酯对映-贝壳杉烷型二萜 **11-4-23**～**11-4-25** 的 ^{1}H NMR 数据

H	**11-4-23** (C_5D_5N)	**11-4-24** (C_5D_5N)	**11-4-25** (C_5D_5N)	典型氢谱特征
1		α 0.94～0.96 ov β 2.40 ov	4.64 ddd(3, 3, 1)	① 化合物 **11-4-23** 的 C(6)形成氧亚甲基（氧化甲基），**11-4-24** 的 C(6)形成半缩醛次甲基，**11-4-25** 的 C(6)形成缩醛次甲基，其信号均有特征性； ② 化合物 **11-4-23**～**11-4-25** 的 C(17)全部形成烯亚甲基，其信号有特征性； ③ 18 位甲基特征峰； ④ 19 位甲基特征峰；化合物 **11-4-24** 和 **11-4-25** 的 C(19)形成氧亚甲基（氧化甲基），其信号有特征性； ⑤ 20 位氧亚甲基（氧化甲基）特征峰
2	5.89 d(10.5)	α 1.46～1.50 m β 0.94～0.96 ov	—	
3	6.45 d(10.5)	α 1.58～1.62 m β 1.22～1.25 m	—	
5	2.34 dd(3.5, 3.5)	2.64 d(6.0)	2.75 dd(4, 1)	
6①	4.04 dd(11.5, 3.5) 4.25 dd(11.5, 3.5)	5.77 d(6.0)	5.87 d(4)	
9	3.35 dd(12.5, 4.5)	2.48 s	2.60 m	
11	α 1.61 dddd(13.5, 12.5, 11.0, 7.6) β 1.56 ddd(13.5, 6.9, 4.5)	4.44 br s 6.39 br s(OH)	4.44 dd(5, 5) 7.14 br d(OH)	
12α	1.44 ddd(13.0, 7.6, 6.5)	2.36 ov	1.81 dd(15, 5)	
12β	1.98 ddd(13.0, 11.0, 6.9)	1.80 dd(14.0, 5.0)	2.47 dd(15, 9)	
13	2.66 dd(6.5, 6.5)	2.80～2.82 m	3.16 dd(9, 4)	
14α	2.54 d(12.0)	3.24 br d(11.0)	2.10 dd(11, 4)	
14β	2.38 dd(12.0, 6.5)	1.76 dd(11.0, 5.0)	3.61 d(11)	
15	4.96 s	5.56 t(2.0) 6.22 d(5.0, OH)		
17②	5.16 s 5.41 s	5.17 s 5.50 s	5.42 br s 6.10 br s	
18③	1.22 s	1.37 s	1.11 s	
19④	1.16 s	3.54 ABd(7.5) 4.11 ABd(7.5)	3.70 d(8) 3.89 d(8)	
20⑤	4.65 d(11.0) 5.38 d(11.0)	4.07 ABd(10.5) 5.22 ABd(10.5)	4.36 dd(12, 2) 5.33 d(12)	

二、贝叶烷型二萜

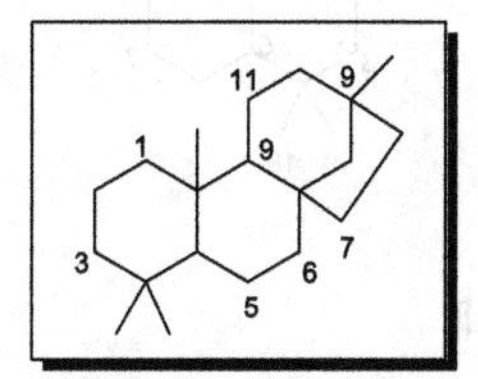

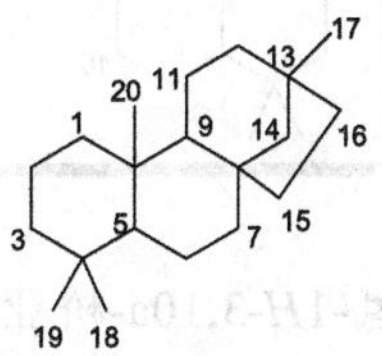

【系统分类】

4,4,9,11b-四甲基十四氢-6a,9-亚甲基环庚三烯并[*a*]萘

4,4,9,11b-tetramethyltetradecahydro-6a,9-methanocyclohepta[*a*]naphthalene

【典型氢谱特征】

11-4-26 [25]　　11-4-27 [26]　　11-4-28 [27]

表 11-4-9 贝叶烷型二萜 11-4-26～11-4-28 的 ^{1}H NMR 数据

H	11-4-26 ($CDCl_3$)	11-4-27 ($CDCl_3$)	11-4-28 ($CDCl_3$)	典型氢谱特征
1	ax 2.00 dd(12.5, 2) eq 2.14 d(12.5)	α 0.95 m β 1.75 m	α 1.18 m β 2.12 m	①17 位甲基特征峰；化合物 **11-4-27** 的 C(17)形成氧亚甲基（氧化甲基），其信号有特征性； ②18 位甲基特征峰；化合物 **11-4-27** 的 C(18)形成酯羰基，甲基特征信号消失； ③19 位甲基特征峰；④20 位甲基特征峰；化合物 **11-4-28** 的 C(20)形成氧亚甲基（氧化甲基），其信号有特征性
2		α 1.86 m β 1.46 m	α 1.72 m β 2.12 m	
3	ax 2.32 dd(13, 2) eq 2.16 d(13)	α 1.02 m β 2.10 m		
5	1.94 dd	1.12 m	1.24 d(5.0)	
6	—	α 1.90 m β 1.72 m	α 1.64 m β 1.08 m	
7	—	α 1.50 m β 1.70 m	α 1.28 m β 1.62 m	
9	1.87 dd(10.5, 6.5)	1.30 m	1.08 m	
11	ax 2.41 dd(16.5, 10.5) eq 2.21 dd(16.5, 6.5)	α 1.90 m β 1.45 m	α 1.63 m β 1.49 m	
12		α 1.30 m β 1.82 m	α 1.24 m β 1.68 m	
14	ax 1.65 d(11) eq 1.94 d(11)	α 1.28 m β 1.82 m	α 1.02 m β 1.47 m	
15	6.02 d(6)	α 2.65, β 1.85	5.59 d(6.0)	
16	5.63 d(6)		5.46 d(6.0)	
17①	1.11 s	3.50 d(11) , 3.75 d(11)	1.00 s	
18②	1.09 s	3.64 s(COOMe)	1.02 s	
19③	0.90 s	1.20 s	0.96 s	
20④	0.78 s	0.70 s	3.82 ABq(8.0, 7.0)[a]	

[a] 遵循文献数据，疑有误。

三、阿替生烷型二萜

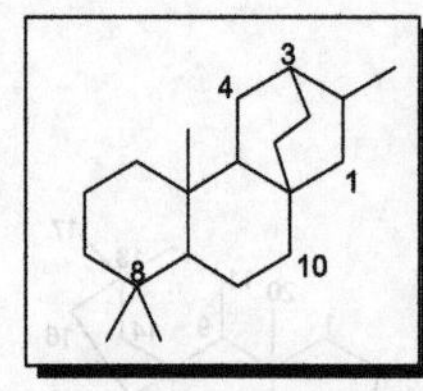

【系统分类】

2,4b,8,8-四甲基十二氢-1*H*-3,10a-桥亚乙基菲

2,4b,8,8-tetramethyldodecahydro-1*H*-3,10a-ethanophenanthrene

【结构多样性】

C(3)-C(4)键断裂；C(4)-C(5)键断裂；等。

【典型氢谱特征】

11-4-29 [28]　　11-4-30 [29]　　11-4-31 [30]

表 11-4-10 阿替生烷型二萜 11-4-29～11-4-31 的 ^{1}H NMR 数据

H	**11-4-29** ($CDCl_3$)	**11-4-30** (C_5D_5N)	**11-4-31** (C_5D_5N)	典型氢谱特征
1	α 1.39 ddd(13.4, 13.2, 5.5) β 1.87 ddd(13.4, 6.4, 3.2)	α 1.54 m β 0.72 m	1.11 dd(10.8, 4.0) 2.23～2.27 m	
2	α 2.34 ddd(15.8, 5.5, 3.2) β 2.56 ddd(15.8, 13.2, 6.4)	α 1.53 m β 1.62 m	1.51～1.55 m 1.61～1.64 m	① 化合物 **11-4-29**～**11-4-31** 的 C(17)形成烯亚甲基，其信号有特征性； ② 18 位甲基特征峰；化合物 **11-4-30** 的 C(18)形成氧亚甲基（氧化甲基），其信号有特征性； ③ 19 位甲基特征峰；化合物 **11-4-31** 的 C(19)形成氧亚甲基（氧化甲基），其信号有特征性； ④ 20 位甲基特征峰；化合物 **11-4-31** 的 C(20)形成酯羰基，甲基特征信号消失
3		α 1.75 m β 1.38 m	1.06 dd(10.8, 2.0) 2.19 d(10.8)	
5	1.32 dd(12.0, 2.9)	1.62 m	2.51 s	
6	α 1.50 m β 1.51 m	α 2.01 m β 2.36 dd(12.8, 4.1)	5.04 d(4.3)	
7	α 0.95 m β 2.41 ddd(13.5, 3.2, 3.2)	5.05 (H_2O 中)	3.98 br s	
9	1.66 dd(11.5, 6.2)	1.46 m	1.89 br dd(8.0)	
11	α 2.02 ddd(14.1, 11.5, 3.7) β 1.76 ddd(14.1, 6.2, 2.5)	α 1.61 m β 2.41 dd(12.4, 7.7)	1.59～1.61 m 1.70～1.72 m	
12	2.83 ddd(3.7, 3.0, 2.5)	3.17 br s	2.27～2.29 m	
13	3.88 d(3.0)	4.48 br s	1.55～1.57 m 1.59～1.61 m	
14		5.11 br s	1.24 dd(11.6, 7.2) 2.39 ddd(11.6, 8.8, 6.4)	
15	2.32 br dd(2.5, 2.1)		2.23～2.27 m 2.93 d(16.2)	
17①	4.86 dt(11, 2.1) 5.02 dt(11, 2.5)	5.30 br s 6.26 br s	4.86 d(1.4) 4.95 d(1.4)	
18②	1.09 s	3.32 d(10.8) 3.65 d(10.8)	1.32 s	
19③	1.01 s	0.86 s	3.72 d(11.0) 3.97 d(11.0)	
20④	0.85 s	1.40 s		

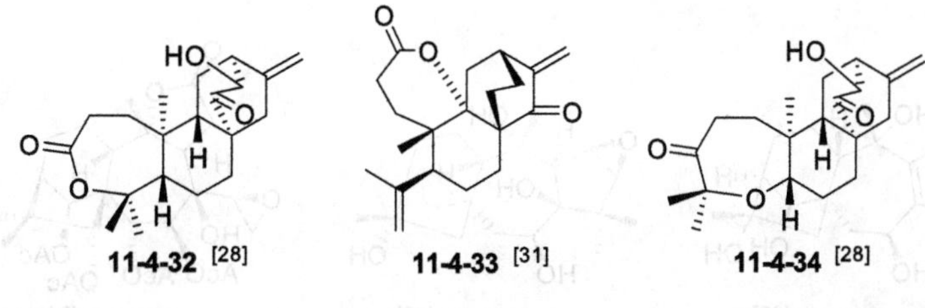

表 11-4-11 阿替生烷型二萜 11-4-32～11-4-34 的 ^{1}H NMR 数据

H	**11-4-32** ($CDCl_3$)	**11-4-33** ($CDCl_3$)	**11-4-34** ($CDCl_3$)	典型氢谱特征
1	1.43 m	1.69 m, 1.74 m	1.40 m	化合物 **11-4-32** 和 **11-4-33** 存在 C(3)-C(4)键断裂的结构特征，**11-4-34** 存在 C(4)-C(5)键断裂的结构特征；由于化合物 **11-4-32** 和 **11-4-33** 的这些结构变化中的 C(3)均形成了酯羰基(没有形成新的甲基)，而化合物 **11-4-34** 也没有新的甲基，因此阿替生烷型二萜的氢谱特征仍然存在。 ① 化合物 **11-4-32～11-4-34** 的 C(17)形成烯亚甲基，其信号有特征性； ② 18 位甲基特征峰； ③ 19 位甲基特征峰；化合物 **11-4-33** 的 C(19)形成烯亚甲基，其信号有特征性； ④ 20 位甲基特征峰
2	2.64 m	2.41 ddd(19.4, 8.4, 1.4) 2.56 ddd(19.4, 10.8, 9.2)	2.65 m	
5	1.60 m	2.38 dd(12.7, 3.1)	3.88 m	
6	1.55 m	1.59 m, 1.83 m		
7	α 1.00 m β 2.38 m	1.43 m 2.20 m	α 1.00 m β 2.40 m	
9	1.74 m		—	
11	α 2.02 m β 1.80 m	1.81 m 2.33 dd(14.3, 4.3)	—	
12	2.81 br q(3)	2.90 m	2.81 br q(3)	
13	3.84 d(2.8)	1.65 m, 1.79 m	3.85 d(3.0)	
14	—	1.33 ddd(15.1, 11.7, 6.6) 2.21 ddd(15.1, 11.3, 3.4)		
15	2.31 br t(2)		2.30 m	
17①	4.85 br s 5.01 br s	5.22 d(1.1) 6.02 d(1.1)	4.85 br s 5.01 br s	
18②	1.45 s	1.77 m	1.29 s	
19③	1.40 s	4.88 m, 4.95 m	1.21 s	
20④	0.91 s	1.82 s	0.82 s	

四、木藜芦烷型二萜

【系统分类】

1,1,4,8-四甲基十四氢-7,9a-亚甲基环戊二烯并[*b*]庚间三烯并庚间三烯

1,1,4,8-tetramethyltetradecahydro-7,9a-methanocyclopenta[*b*]heptalene

【结构多样性】

C(3)-C(4)断裂键；等。

【典型氢谱特征】

11-4-35 [32]　**11-4-36** [33]　**11-4-37** [34]

表 11-4-12 木藜芦烷型二萜 11-4-35～11-4-37 的 ^{1}H NMR 数据

H	11-4-35 (CD_3OD)	11-4-36 (C_5D_5N)	11-4-37 (CD_3COCD_3)	典型氢谱特征
1		2.83 s	2.99 dd(12.8, 7.2)	化合物 **11-4-37** 存在 C(3)-C(4)键断裂的结构特征，这种结构变化中的 C(3)形成了酯羰基，没有形成新的甲基，因此木藜芦烷型二萜的氢谱特征仍然存在。 ① 17 位甲基特征峰； ② 18 位甲基特征峰；化合物 **11-4-37** 的 C(18)形成环氧乙烷氧亚甲基（氧化甲基），其信号有特征性； ③ 19 位甲基特征峰； ④ 20 位甲基特征峰
2		4.22 d(2.6)	2.40 dd(16.8, 7.2) 2.89 dd(16.8, 12.8)	
3	2.33 d(1.2)	3.27 d(2.6)		
6	4.63 dd(4.8, 3.3)	4.04 dd(9, 3.9)	5.11 d(9.6)	
7	1.95 dd(15.8, 4.8) 2.74 dd(15.8, 3.3)	α 2.20 dd(13.3, 9) β 2.69 dd(13.3, 3.9)	5.68 d(9.6)	
9	2.61 d(7.1)	1.83 d(6.6)	2.78 m	
11	1.47 m 1.81 m	α 2.11 m β 1.75 m	1.63 m 1.71 m	
12	1.47 m 2.18 m	α 2.52 m β 1.62 m	1.63 m 2.04 m	
13	1.99 br s	2.35 br s	3.06 d(10.4)	
14	4.33 s	α 2.26 d(11.1) β 2.46 dd(11.1, 4)	5.56 s	
15	1.80 d(15) 2.21 d(15)	α 1.99 d(14.3) β 2.03 d(14.3)	4.94 s	
17①	1.29 s	1.55 s	1.49 s	
18②	1.24 s	1.32 s	2.21 d(5.2) 2.84 d(5.2)	
19③	1.29 s	1.57 s	1.21 s	
20④	1.47 s	1.88 s	1.54 s	
OH			3.79 s	
OAc			1.88 s(6-OAc) 2.00 s(7-OAc) 1.94 s(14-OAc) 1.92 s(15-OAc) 1.90 s(16-OAc)	

五、孪生花烷型二萜

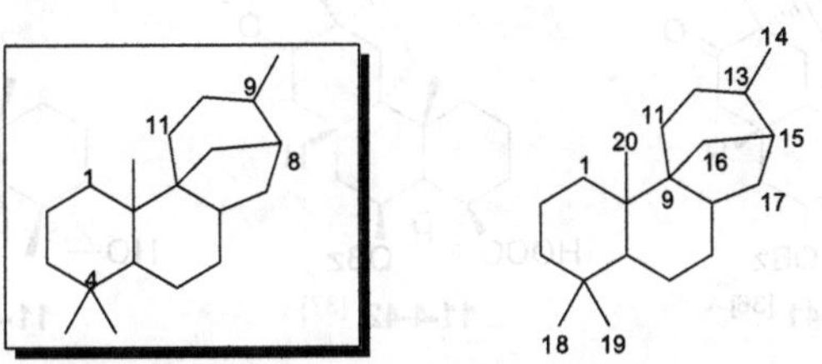

【系统分类】

4,4,9,11b-四甲基十四氢-8,11a-亚甲基环庚三烯并[*a*]萘

4,4,9,11b-tetramethyltetradecahydro-8,11a-methanocyclohepta[*a*]naphthalene

【典型氢谱特征】

11-4-38 [35] **11-4-39** [35] **11-4-40** [35]

表 11-4-13 孪生花烷型二萜 11-4-38～11-4-40 的 ^{1}H NMR 数据

H	11-4-38 ($CDCl_3$)	11-4-39 ($CDCl_3$)	11-4-40 ($CDCl_3$)	典型氢谱特征
2β	4.91 tt(11.9, 3.8)	3.86 m		① 14 位甲基特征峰； ② 18 位甲基特征峰； ③ 19 位甲基特征峰； ④ 20 位甲基特征峰
6	α 4.62 m(w/2 = 23.7)		β 3.88 dt(9.8, 4.7)	
11α		4.21 d(10.4)		
12β			3.50 q(6.6)	
14[①]	1.13 s	1.16 s	1.22 s	
18[②]	0.98 s	0.97 s	1.32 s	
19[③]	0.97 s	0.94 s	1.20 s	
20[④]	1.09 s	1.25 s	1.03 s	
OH	3.64 s			
OAc	2.01 s, 2.06 s			

六、野甘草烷型二萜

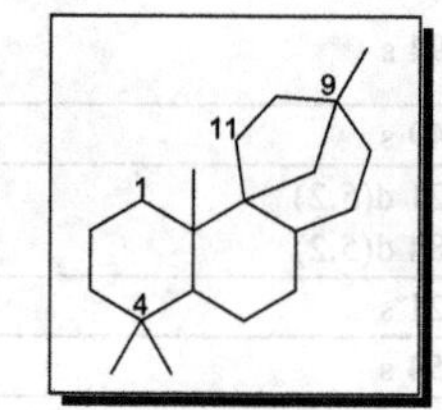

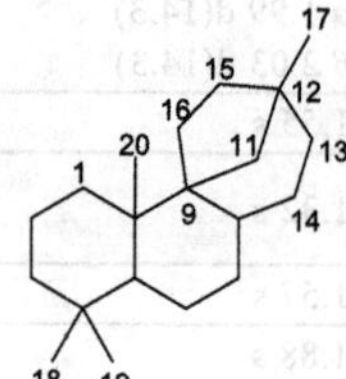

【系统分类】

4,4,9,11b-四甲基十四氢-9,11a-亚甲基环庚三烯并[*a*]萘

4,4,9,11b-tetramethyltetradecahydro-9,11a-methanocyclohepta[*a*]naphthalene

【典型氢谱特征】

11-4-41 [36]　　**11-4-42** [37]　　**11-4-43** [37]

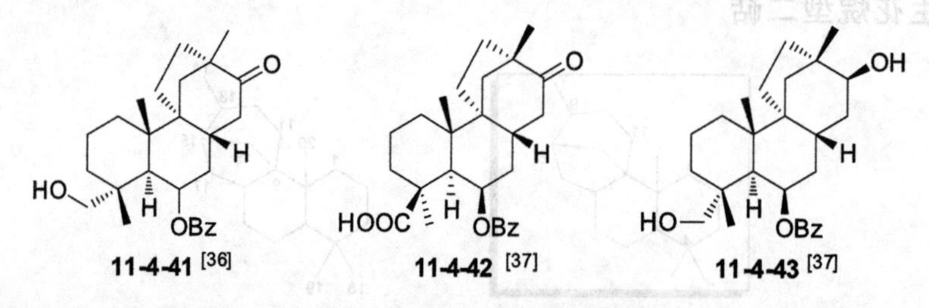

表 11-4-14 野甘草烷型二萜 11-4-41～11-4-43 的 ^{1}H NMR 数据

H	11-4-41 ($CDCl_3$)	11-4-42 ($CDCl_3$)	11-4-43 ($CDCl_3$)	典型氢谱特征
5	1.79 d(2)	1.37 d(1.9)	1.65 d(2.1)	① 17 位甲基特征峰； ② 18 位甲基特征峰；化合物 **11-4-41** 和 **11-4-43** 的 C(18)形成氧亚甲基（氧化甲基），其信号有特征性； ③ 19 位甲基特征峰；化合物 **11-4-42** 的 C(19)形成羧羰基，甲基特征信号消失； ④ 20 位甲基特征峰
6	5.63 td(3, 2)	5.56 br d(1.9)	5.59 br d(2.2)	
7	1.76 ddd(15, 12, 3) 1.81 ddd(15, 5, 3)			
8	2.49 m	2.43 m	2.33 m	
11	1.54 d(12) 1.83 d(12)			
13			3.45 br d(3.4)	
14	2.01 dd(16, 12) 2.23 dd(16, 6)	1.98 dd(16, 12) 2.20 dd(16, 6)	1.25～1.35 m(2H)	
16			1.55 m, 1.86 m	
17[①]	1.09 s	1.08 s	1.04 s	

续表

H	11-4-41 (CDCl₃)	11-4-42 (CDCl₃)	11-4-43 (CDCl₃)	典型氢谱特征
18②	3.13 d(11) 3.59 d(11)	1.00 s	3.12 d(10.9) 3.57 d(10.9)	
19③	0.93 s		0.93 s	
20④	1.53 s	1.49 s	1.56 s	
2′,6′	8.02 br d(7.5)	8.00 d(7.6)	8.06 d(7.6)	
3′,5′	7.57 br t(7.5)	7.41 t(7.6)	7.46 t(7.6)	
4′	7.45 br t(7.5)	7.53 t(7.6)	7.57 t(7.6)	

七、paraliane 型二萜

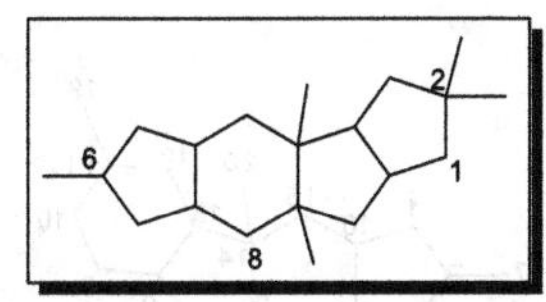

【系统分类】

2,2,3b,6,8a-五甲基十四氢-1*H*-环戊二烯并[*a*]-对称-引达省

2,2,3b,6,8a-pentamethyltetradecahydro-1*H*-cyclopenta[*a*]-*s*-indacene

【典型氢谱特征】

表 11-4-15 paraliane 型二萜 11-4-44～11-4-46 的 ^{1}H NMR 数据

H	11-4-44 (CDCl₃)	11-4-45 (CDCl₃)	11-4-46 (CDCl₃)	典型氢谱特征
1	5.04 d(10)	α 2.37 d(15) β 2.14 d(15)	5.05 d(10)	① 16 位甲基特征峰； ② 17 位甲基特征峰；化合物 **11-4-46** 的 C(17)形成氧亚甲基（氧化甲基），其信号有特征性； ③ 18 位甲基特征峰； ④ 19 位甲基特征峰； ⑤ 20 位甲基特征峰
2	2.87 ddq(10, 7, 7)		2.87 ddq(10, 7, 7)	
3	5.79 dd(7, 6)	5.85 ddd(6)	5.79 dd(7, 6)	
4	2.39 dd(12, 6)	2.87 dd(12, 6)	2.59 dd(17, 6)	
5	5.68 d(12)	5.56 d(12)	5.77 d	
7α	1.81 dd(14, 10)	1.79 dd(14, 11)	1.77 m	
7β	1.46 dd(14, 7)	1.46 dd(14, 7)	1.77 m	
8	3.21 ddd(13, 7, 10)	3.15 ddd(12, 11, 7)	3.24 ddd(17, 9, 7)	
11α	1.78 dd(14, 4)	1.76 dd(14, 4)	1.78 m	
11β	1.95 dd(14, 11)	1.90 dd(14, 10)	1.97 dd(14, 10)	
12	4.21 ddd(13, 11, 4)	4.19 ddd(12, 10, 4)	4.27 ddd(17, 10, 4)	
14	4.83 s	4.87 s	4.84 s	
15	2.79 s(OH)	2.55 s(OH)	2.82 s(OH)	
16①	0.84 d(7)	1.57 s	0.84 d(7)	

续表

H	**11-4-44** ($CDCl_3$)	**11-4-45** ($CDCl_3$)	**11-4-46** ($CDCl_3$)	典型氢谱特征
17②	1.07 s	1.12 s	4.23 d(12), 4.41 d(12)	
18③	1.05 s	1.04 s	1.06 s	
19④	1.14s	1.11 s	1.16 s	
20⑤	0.59 s	0.60 s	0.62 s	
OAc	1.94 s, 2.09 s, 2.13 s	1.98 s, 2.05 s, 2.08 s	1.94 s, 2.06 s, 2.10 s, 2.13 s	
2′,6′	8.02	7.97	8.01	
3′,5′	7.46	7.48	7.46	
4′	7.57	7.60	7.57	

八、pepluane 型二萜

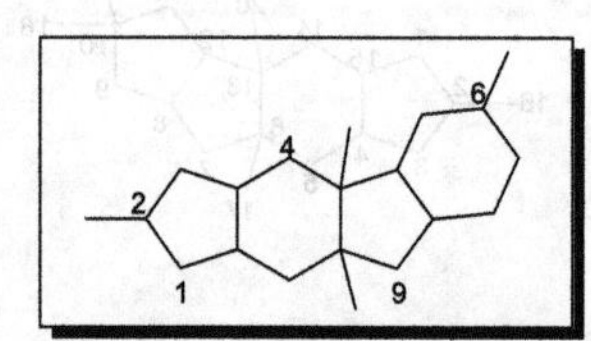

【系统分类】

2,4a,6,9a-四甲基十六氢环戊二烯并[*b*]芴

2,4a,6,9a-tetramethylhexadecahydrocyclopenta[*b*]fluorene

【典型氢谱特征】

11-4-47 [39] R¹ = OAc, R² = OH

11-4-48 [40] R¹ = =O, R² = OAc

11-4-49 [38]

表 11-4-16 pepluane 型二萜 **11-4-47**～**11-4-49** 的 ^1H NMR 数据

H	**11-4-47** ($CDCl_3$)	**11-4-48** ($CDCl_3$)	**11-4-49** ($CDCl_3$)	典型氢谱特征
1	α 2.17 dd(14.2,11.6) β 1.51 dd(14.2, 5.1)	α 2.07 dd(ov) β 1.48 dd(14.2, 5.1)	5.02 d(10)	① 17 位甲基特征峰； ② 18 位甲基特征峰；化合物 **11-4-49** 的 C(18) 形成氧亚甲基（氧化甲基），其信号有特征性； ③ 19 位甲基特征峰； ④ 20 位甲基特征峰
2	2.54 m	2.56 m(ov)	2.83 ddq(10, 7, 7)	
3	5.80 m	5.77 m	5.74 dd(7, 6)	
4	2.40 dd(12.0, 4.3)	2.38 dd(12.0, 4.3)	2.73 dd(12, 6)	
5	5.83 d(12.0)	5.85 d(12.0)	5.52 d(12)	
7α	2.48 d(16.0)	1.74 d(16.0)	2.84 d(16)	
7β	1.58 d(16.0)	2.55 d(16.0)	2.57 d(16)	
9	5.78 d(4.9)		6.81 d(8)	
10	α 1.85 d(16.9) β 1.97 dd(16.9, 5.7)	α 2.31 d(16.5) β 3.27 d(16.5)	7.02 d(8)	
12α	1.69 t(12.9)	1.16 dd(13.0, 6.0)[a]		
12β	1.75 m	2.47 dd(13.0, 6.0)[a]		
13	4.30 dd(12.8, 6.6)	4.56 dd(13.0, 6.0)[a]		

续表

H	11-4-47 ($CDCl_3$)	11-4-48 ($CDCl_3$)	11-4-49 ($CDCl_3$)	典型氢谱特征
15	5.07 s	4.93 s	5.59 s	
17[①]	1.05 d(7.3)	1.07 d(7.3)	0.76 d(7)	
18[②]	1.08 s	1.09 s	4.41 d(12), 4.50 d(12)	
19[③]	1.29 s	1.59 s	2.19 s	
20[④]	0.92 s	0.65 s	1.04 s	
OH	2.82 s(11-OH) 3.17 s(16-OH)	3.06 s(16-OH)		
2′,6′	7.92 d(7.4)	7.97 d(7.4)	7.82	
3′,5′	7.41 t(7.7)	7.37 t	7.31	
4′	7.54 d(7.4)	7.54 d(7.4)[a]	7.46	
OAc	1.72 s(5-OAc) 1.96 s(8-OAc) 2.03 s(9-OAc) 2.13 s(15-OAc)	1.85 s(5-OAc) 2.14 s(8-OAc) 1.94 s(11-OAc) 2.08 s(15-OAc)	1.94 s 2.12 s 2.15 s 2.17 s	

a 遵循文献数据，疑有误。

九、euphoractine 型二萜

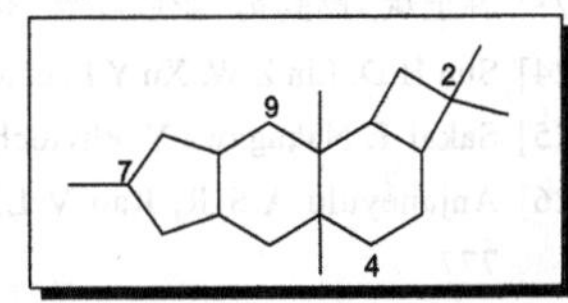

【系统分类】

2,2,4a,7,9a-五甲基十四氢-1*H*-环丁二烯并[*a*]环戊二烯并[*g*]萘

2,2,4a,7,9a-pentamethyltetradecahydro-1*H*-cyclobuta[*a*]cyclopenta[*g*]naphthalene

【典型氢谱特征】

	R^1	R^2
11-4-50 [41]	β-Me	OCinn
11-4-51 [42]	β-Me	OBz
11-4-52 [42]	α-Me	OBz

Cinn = ; Bz =

表 11-4-17 euphoractine 型二萜 11-4-50～11-4-52 的 ^1H NMR 数据

H	11-4-50 ($CDCl_3$)	11-4-51 ($CDCl_3$)	11-4-52 ($CDCl_3$)	典型氢谱特征
1	2.01 m, 2.61 m	α 2.63 dd(15.2, 11.3) β 2.10 dd(15.2, 4.5)	α 2.75 dd(14.5, 7.5) β 1.65 dd(14.5, 10.7)	① 16 位甲基特征峰； ② 17 位甲基特征峰； ③ 18 位甲基特征峰； ④ 19 位甲基特征峰； ⑤ 20 位甲基特征峰
2	2.51 m	2.48 m	2.40 m	
3	4.46 t(5.8)	4.57 dd(5.5, 5.5)	4.20 dd(6.6, 2.4)	
4	2.07 m	2.05 dd(11.5, 5.5)	2.15 dd(11.5, 6.6)	
5	4.97 d(11.5)	5.06 d(11.5)	5.02 d(11.5)	
7	1.20 m, 2.22 m	1.18 m, 2.20 m	1.18 m, 2.20 m	
8	1.50 m	1.43 m	1.43 m	
9	1.13 m	1.15 m	1.15 m	
11	3.42 d(8.7)	3.36 d(8.7)	3.36 d(8.7)	
12	2.55 m	2.50 dd(12.0, 8.7)	2.50 dd(11.9, 8.7)	

续表

H	11-4-50 ($CDCl_3$)	11-4-51 ($CDCl_3$)	11-4-52 ($CDCl_3$)	典型氢谱特征
16①	1.08 d(7.4)	1.01 d(7.5)	1.03 d(6.7)	
17②	0.76 s	0.78 s	0.78 s	
18③	0.81 s	0.91 s	0.93 s	
19④	0.99 s	0.37 s	0.36 s	
20⑤	1.16 s	1.16 s	1.16 s	
OBz		8.10 dd (7.2, 1.1, *o*-) 7.46 ddd(7.2, 7.2, 0.4, *m*-) 7.58 m(*p*-)	8.12 dd (7.2, 1.0, *o*-) 7.45 ddd(7.2, 7.2, 0.4, *m*-) 7.58 m(*p*-)	
OCinn	7.76 d(15.8) 6.60 d(15.8) 7.36 m(*o*-) 7.53 m(*m*-) 7.30 m(*p*-)			

参 考 文 献

[1] Li X, Zhang D Z, Onda M, et al. J Nat Prod, 1990, 53: 657.
[2] Sun H D, Lin Z W, Niu F D, et al. Phytochemistry, 1995, 40: 1461.
[3] Huang H, Chen Y P, Zhang H J, et al. Phytochemistry, 1997, 45: 559.
[4] Gui M Y, Aoyagi Y, Jin Y R, et al. J Nat Prod, 2004, 67: 373.
[5] 陈一平, 孙丽萍, 孙汉董. 云南植物研究, 1991, 13(3): 331.
[6] Nagashima F, Tanaka H, Asakawa Y. Phytochemistry, 1997, 44: 653.
[7] Konishi T, Yamazoe K, Kanzato M, et al. Chem Pharm Bull, 2003, 51: 1142.
[8] Nagashima F, Tanaka H, Takaoka S, et al. Chem Pharm Bull, 1994, 42: 2656.
[9] Han Q B, Zhang J X, Zhao A H, et al. Tetrahedron, 2004, 60: 2373.
[10] Xiang W, Na Z, Li S H, et al. Planta Med, 2003, 69: 1031.
[11] Wu S H, Zhang H J, Chen Y P, et al. Phytochemistry, 1993, 34: 1099.
[12] Zhang J X, Han Q B, Zhao Q S, et al. Chin Chem Lett, 2002, 13: 1075.
[13] Han Q B, Li R T, Zhang J X, et al. Helv Chim Acta, 2004, 87: 1119.
[14] Niu X M, Li S H, Mei S X, et al. J Nat Prod, 2002, 65: 1892.
[15] Wang J, Lin Z W, Zhao Q S, et al. Phytochemistry, 1998, 47: 307.
[16] Chen S N, Yue J M, Chen S Y, et al. J Nat Prod, 1999, 62: 782.
[17] Li B L. Planta Med, 2002, 68: 477.
[18] Hou A J, Yang H, Jiang B, et al. Chin Chem Lett, 2000, 11: 795.
[19] Takeda Y, Matsumoto T, Otsuka H. J Nat Prod, 1994, 57: 650.
[20] Han Q B, Li S H, Peng L Y, et al. Heterocycles, 2003, 60: 933.
[21] Na Z, Xiang W, Niu X M, et al. Phytochemistry, 2002, 60: 55.
[22] Sun H D, Lin Z W, Niu F D, et al. Phytochemistry, 1995, 38: 1451.
[23] 韩全斌, 赵勤实, 黎胜红等. 化学学报, 2003, 61(7): 1077.
[24] Sun H D, Lin Z W, Xu Y L, et al. Heterocycles, 1986, 24: 1.
[25] Sakai T, Nakagawa Y. Phytochemistry, 1988, 27: 3769.
[26] Anjaneyulu A S R, Rao V L. Phytochemistry, 2002, 60: 777.
[27] Anjaneyulu A S R, Rao V L, Sreedhar K, et al. J Nat Prod, 2002, 65: 382.
[28] Lal A R, Cambie R C, Rutledge P S, et al. Phytochemistry, 1990, 29: 1925.
[29] Huang S X, Zhou Y, Yang L B, et al. J Nat Prod, 2007, 70: 1053.
[30] Liu H Y, Gao S, Di Y T, et al. Helv Chim Acta, 2007, 90: 1386.
[31] Rakotonandrasana O L, Raharinjato F H, Rajaonarivelo M, et al. J Nat Prod, 2010, 73: 1730.
[32] Zhou S Z, Yao S, Tang C P, et al. J Nat Prod, 2014, 77: 1185.
[33] Zhang H P, Wang L Q, Qin G W. Bioor Med Chem, 2005, 13: 5289.
[34] Li C H, Niu X M, Luo Q, et al. Org Lett, 2010, 12 : 2426.
[35] Chen A R M, Ruddock P L D, Lamm A S, et al. Phytochemistry, 2005, 66: 1898.
[36] Ahmed M, Jakupovic J. Phytochemistry, 1990, 29: 3035.
[37] Ahsan M, Islam S N, Gray A I, et al. J Nat Prod, 2003, 66 : 958.
[38] Jakupovic J, Jeske F, Morgenstern T, et al. Phytochemistry, 1998, 47: 1583.
[39] Hohmann J, Günther G, Vasas A, et al. J Nat Prod, 1999, 62: 107.
[40] Corea G, Fattorusso E, Lanzotti V, et al. J Med Chem, 2005, 48: 7055.
[41] Shi J G, Jia Z J, Yang L. Phytochemistry, 1993, 32: 208.
[42] Shi J G, Jia Z J. Phytochemistry, 1995, 38: 1445.

第五节 五环二萜

下面就以绰奇烷(trachylobane)型二萜为代表来总结五环二萜的氢谱特征。绰奇烷型二萜结构骨架所下所示：

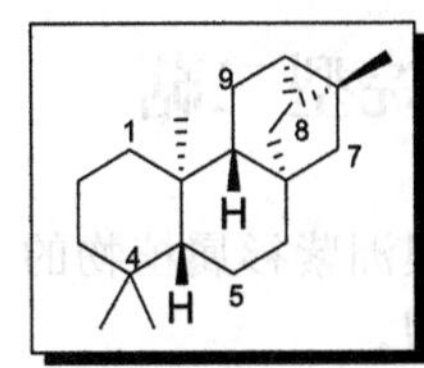

【系统分类】

4,4,7a,9b-四甲基十四氢-6a,8-亚甲基环丙烯并[*b*]菲

4,4,7a,9b-tetramethyltetradecahydro-6a,8-methanocyclopropa[*b*]phenanthrene

【典型氢谱特征】

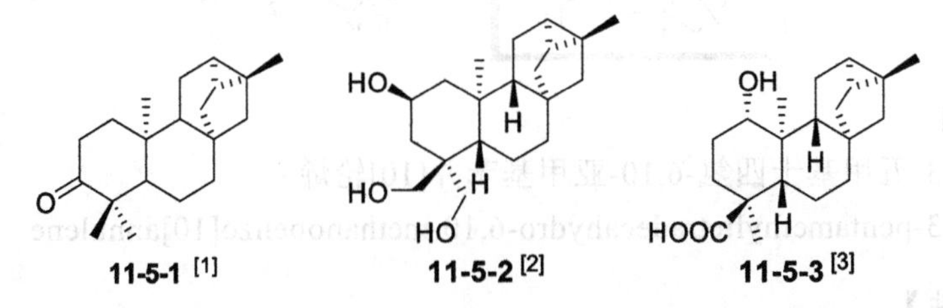

11-5-1 [1]　　11-5-2 [2]　　11-5-3 [3]

表 11-5-1 绰奇烷型二萜 11-5-1～11-5-3 的 ^{1}H NMR 数据

H	11-5-1 ($CDCl_3$)	11-5-2 (C_5D_5N)	11-5-3 (CD_3OD)	典型氢谱特征
1	1.28 m 1.77 ddd(13.5, 7.1, 3.5)	1.21 m 2.28 dt(11.3, sm)	3.26 dd(11.4, 4.2)	① 17位甲基特征峰； ② 18位甲基特征峰；化合物 **11-5-2** 的 C(18)形成氧亚甲基（氧化甲基），其信号有特征性；化合物 **11-5-3** 的 C(18)形成羧羰基，甲基特征信号消失； ③ 19位甲基特征峰；化合物 **11-5-2** 的 C(19)形成氧亚甲基（氧化甲基），其信号有特征性； ④ 20位甲基特征峰。 此外，12位和13位环丙烷次甲基信号是重要的氢谱辅助特征信号
2	2.28 ddd(15.8, 5.9, 3.2) 2.56 ddd(15.8, 12.3, 6.8)	4.42 br t	ax 1.69 dddd(13.9, 13.9, 11.4, 3.9) eq 1.52 m	
3		1.90 t(12.5) 2.92 ddd(12.7, 4.3, 2.0)	ax 1.86 ddd(13.8, 13.8, 4.3) eq 1.50 m	
5	1.22 m	1.63 d(11.7)	1.59 dd(11.5, 1.7)	
6	1.18 m 1.44 m	1.55 m 1.90 m	ax 1.48 m eq 1.07 m	
7	1.19 m 1.48 m	1.44 m 1.50 m	ax 1.42 m eq 1.34 m	
9	1.12 m	1.38 m	1.44 m	
11	1.69 ddd(14.4, 7.4, 3.4) 1.90 ddd(14.4, 11.2, 3.0)	1.80 ddd(11.5, 6.3, 2.0) 1.90 m	2.10 ddd(15.4, 11.5, 3.5) 2.24 ddd(15.4, 7.3, 2.4)	
12	0.59 br d(11.8)	0.62 d(7.8)	0.57 ddd(7.9, 3.5, 2.4)	
13	0.81 m	0.87 d(7.8, 3.0)	0.81 dd(7.9, 3.2)	
14	1.21 m 2.06 d(11.8)	1.27 m 2.11 d(11.8)	en 2.06 d(11.8) ex 1.15 ddd(11.8, 3.2, 1.7)	
15	1.23 d(12.0) 1.43 d(12.0)	1.27 d(11.2) 1.37 d(11.2)	1.32 d(11.3) 1.39 dd(11.3, 0.9)	
17①	1.13 s	1.14 s	1.12 s	
18②	1.01 s	4.02 d(10.8) 4.25 d(10.8)		
19③	1.04 s	4.01 d(10.8) 4.22 d(10.8)	1.12 s	
20④	1.10 s	1.14 s	1.06 s	

参考文献

[1] Graikou K, Aligiannis N, Skaltsounis A L, et al. J Nat Prod, 2004, 67: 685.
[2] Juma B F, Midiwo J O, Yenesew A, et al. Phytochemistry, 2006, 67: 1322.
[3] Leverrier A, Martin M T, Servy C, et al. J Nat Prod, 2010, 73: 1121.

第六节 紫杉烷型二萜

紫杉烷型二萜是来源于红豆杉科红豆杉属和澳洲紫衫属植物的一类二萜化合物，主要根据分子结构中环的数目、大小和稠合方式进行分型。

一、6/8/6 三环紫杉烷型二萜

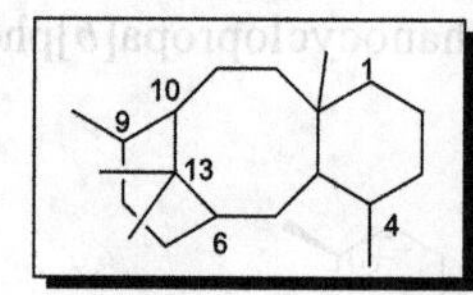

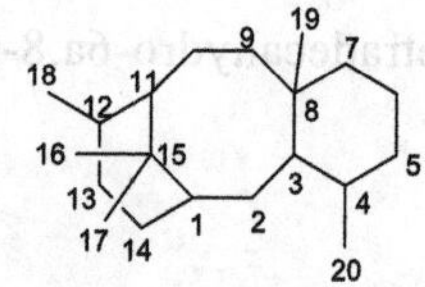

【系统分类】

4,9,12a,13,13-五甲基十四氢-6,10-亚甲基苯并[10]轮烯

4,9,12a,13,13-pentamethyltetradecahydro-6,10-methanobenzo[10]annulene

【结构多样性】

C(14)增碳碳键；等。

【典型氢谱特征】

11-6-1 [1]　**11-6-2** [2]　**11-6-3** [3]

表 11-6-1 6/8/6 三环紫杉烷型二萜 11-6-1～11-6-3 的 ^{1}H NMR 数据

H	**11-6-1** ($CDCl_3$)	**11-6-2** ($CDCl_3$)	**11-6-3** ($CDCl_3$)	**典型氢谱特征**
1	1.77 dd(8.6, 1.6)	2.43 s	1.90 br s	① 16 位甲基特征峰；化合物 **11-6-2** 的 C(16)形成氧亚甲基（氧化甲基），其信号有特征性； ② 17 位甲基特征峰； ③ 18 位甲基特征峰； ④ 19 位甲基特征峰；化合物 **11-6-2** 的 C(19)形成氧亚甲基（氧化甲基），其信号有特征性；
2	5.41 dd(5.5, 1.6)	6.21 d(9.9)	4.08 br s	
3	3.40 d(5.5)	3.77 br s	2.88 d(4.5)	
5	4.24 t(2.9)	4.47 br s	3.11 br s	
6	1.59 m 2.10 m	α 2.18 m β 1.72 m	1.74 m	
7	4.44 dd(11.1, 5.1)	5.49 m	1.68 m	
9	4.37 d(10.3)	5.42 br s	5.65 d(10.5)	
10	6.08 d(10.2)	5.32 s	6.05 d(10.5)	
13	5.77 br ddq(10.5, 5.1, 1.2)		2.50 dd(13.5, 3.0) 2.75 m	

续表

H	11-6-1 ($CDCl_3$)	11-6-2 ($CDCl_3$)	11-6-3 ($CDCl_3$)	典型氢谱特征
14	1.46 dd(15.6, 5.3) 2.63 ddd(15.6, 10.5, 8.8)	3.01 br s	4.21 dd(8.4, 5.1)	⑤ 化合物 **11-6-1** 和 **11-6-2** 的 C(20)均形成烯亚甲基，化合物 **11-6-3** 的 C(20)形成环氧丙烷氧亚甲基（氧化甲基），其信号有特征性。 化合物 **11-6-2** 具有 C(14) 增碳碳键的结构特征，21 位氧化甲基（氧亚甲基）信号有特征性
16①	1.03 s	3.63 d(8.1) 4.00 d(8.1)	1.17 s	
17②	1.60 s	1.28 s	1.59 s	
18③	2.13 d(1.4)	1.16 s	2.15 s	
19④	1.12 s	4.38 d(12.3) 5.10 d(12.3)	0.96 s	
20⑤	4.96 t(1.5) 5.25 br s	4.69 s 5.41 s	2.66 d(4.2) 3.67 d(4.2)	
21		3.79 br d(8.0)		
OAc	2.06 s 2.09 s 2.13 s	2.05 s(2-OAc) 2.16 s(7-OAc) 2.03 s(9-OAc) 2.11 s(10-OAc)	1.99 s(9-OAc) 2.05 s(10-OAc)	
OBz		8.16 d(7.2, *o*-) 7.52 t(7.2, *m*-) 7.61 t(7.2, *p*-)		

二、5/7/6 三环紫杉烷型二萜

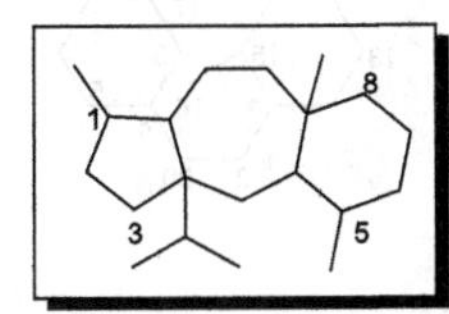

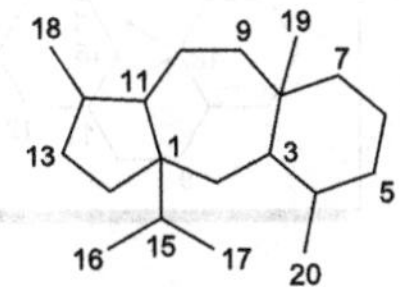

【系统分类】

1,5,8a-三甲基-3a-异丙基-十四氢苯并[*f*]薁

3a-isopropyl-1,5,8a-trimethyltetradecahydrobenzo[*f*]azulene

【典型氢谱特征】

11-6-4 [4]　　**11-6-5** [5]　　**11-6-6** [6]

表 11-6-2 5/7/6 三环紫杉烷型二萜 **11-6-4～11-6-6** 的 ^{1}H NMR 数据

H	11-6-4 ($CDCl_3$)	11-6-5 ($CDCl_3$)	11-6-6 ($CDCl_3$)	典型氢谱特征
2	4.52 dd(6.8, 4.9)	5.95 d(6.5)	4.75 (ov)	① C(15)、C(16)和 C(17) 异丙基单元的特征峰；化合物 **11-6-4** 和 **11-6-5** 的 C(15) 形成氧化叔碳，16 位甲基和 17 位甲基显示为单峰；化合物 **11-6-6** 的 C(15)和 C(16) 形成乙烯基，16 位烯亚甲基的信号和 17 位甲基的单峰信号均有特征性；
3	3.34 d(6.8)	3.17 d(6.5)	2.30 d(7.1)	
5	5.04 d(8.8)	3.12 br s	4.30 br t	
6	1.87 dd(15.0, 9.5, 1.2) 2.67 dt(15.0, 7.6)	*α* 1.89 br d(13.0) *β* 2.04 m	1.83 m 1.95 m	
7	4.15 dd(9.5, 7.6)	5.45 dd(11.5, 5.0)	4.92 d(9.6)	
9		6.05 d(5.5)	4.85 d(4.2)	
10		4.72 d(5.5)	5.80 d(4.2)	

续表

H	11-6-4 ($CDCl_3$)	11-6-5 ($CDCl_3$)	11-6-6 ($CDCl_3$)	典型氢谱特征
13	4.83 br t(7.1)	4.62 br s	4.70 ov	② 18 位甲基特征峰； ③ 19 位甲基特征峰； ④ 化合物 **11-6-4～11-6-6** 的C(20)均形成氧亚甲基（氧化甲基），其信号有特征性
14	1.91 dd(14.7, 7.8) 2.76 dd(14.7, 7.1)	α 1.63 dd(14.3, 7.5) β 2.27 dd(14.3, 6.0)	1.95 m 2.18 m	
16①	1.58 s(ov)	1.25 s	4.81 s, 4.75 s	
17①	1.52 s	1.50 s	1.67 s	
18②	2.25 d(1.2)	1.71 s	1.76 s	
19③	1.76 s	1.07 s	1.40 s	
20④	4.58 d(8.4)	2.21 d(5.2)	3.90 d(10.2)	
OH	4.65 d(8.4) 2.46 d(4.9, 2-OH)	3.41 d(5.2)	3.80 d(10.2)	
OAc	2.21 s	2.04 s(2-OAc) 2.05 s(7-OAc)	1.99 s(7-OAc) 2.06 s(9-OAc) 1.94 s(10-OAc)	
OBz	7.79 dd(8.3, 1.2, *o*-) 7.47 t(7.8, *m*-) 7.58 t(7.3, *p*-)	8.00 d(7.5, *o*-) 7.45 t(7.5, *m*-) 7.56 t(9.1, *p*-)		

三、6/10/6 三环紫杉烷型二萜

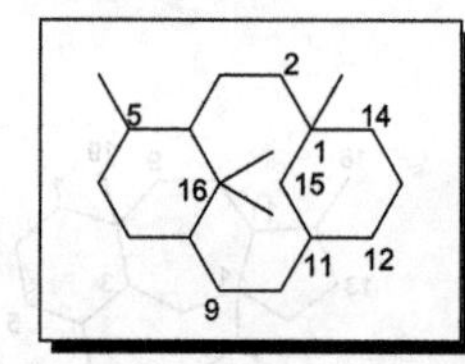

【系统分类】

1,5,16,16-四甲基三环[9.3.1.1^{4,8}]十六烷

1,5,16,16-tetramethyltricyclo[9.3.1.1^{4,8}]hexadecane

【典型氢谱特征】

11-6-7 [7] **11-6-8** [8] **11-6-9** [9]

表 11-6-3 6/10/6 三环紫杉烷型二萜 **11-6-7～11-6-9** 的 ^{1}H NMR 数据

H	11-6-7 ($CDCl_3$)	11-6-8 ($CDCl_3$)	11-6-9 ($CDCl_3$)	典型氢谱特征
1	1.99 d(2.5)	1.75 dd(7.7, 2.5)	1.80 m	
2	5.85 br d(9.1)	5.73 dd(10.4, 2.5)	5.85 d(8.8)	① 16 位甲基特征峰； ② 17 位甲基特征峰； ③ 18 位甲基特征峰； ④ 19 位甲基特征峰
3	2.46 br d(15.7) 2.74 br d(15.7)	2.55 dd(15.9, 2.5) 3.15 dd(15.9, 1.9)	2.54 d(16) 2.81 d(16)	
5	5.69 br s	6.54 dd(10.2, 1.9)	5.55 dd(5.2)	
6	1.44 br d(14.3) 2.37 ddd(14.3, 5.8, 3.4)	6.29 dd(10.2)	α 1.65 m β 2.33 m	

续表

H	11-6-7 ($CDCl_3$)	11-6-8 ($CDCl_3$)	11-6-9 ($CDCl_3$)	典型氢谱特征
7	4.27 m		5.75 br s	
10		5.06 d(2.8)		
13	5.34 br d(9.6)	5.28 br d(10.4)	5.40 d(9.6)	
14	1.79 dd(14.3, 2.5) 2.70 m	α 1.99 br d(17.6) β 2.70 ddd(17.6, 10.4, 7.7)	1.90 ddd(9.6, 5.2, 2.4) 2.72 ddd(9.6, 5.2, 2.4)	
16①	1.21s	1.17 s	1.12 s	
17②	1.18 s	1.18 s	1.55 s	
18③	1.70 br s	1.57 br s	1.75 s	
19④	1.53 s	1.25	1.25 s	
20	5.56 dt(9.1, 2.2)	6.41 dd(10.4, 2.2)	5.28 d(8.8)	
OH		4.14 d(2.8, 10-OH)		
OAc	2.05 s(2-OAc) 2.10 s(5-OAc) 2.15 s(13-OAc)	2.05 s(2-OAc) 2.18 s(13-OAc)	2.15 s(2-OAc) 2.14 s(7-OAc) 2.02 s(13-OAc)	
OCinn			6.45 d(16.0), 7.75 d(16.0), 7.50 m, 7.40 m, 7.40 m	

四、6/12 二环紫杉烷型二萜

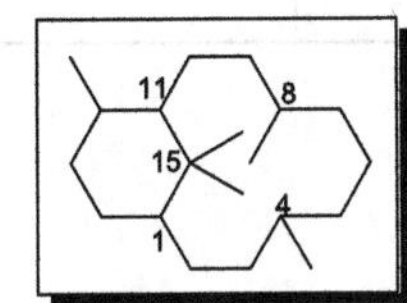

【系统分类】

4,8,12,15,15-五甲基二环[9.3.1]十五烷

4,8,12,15,15-pentamethylbicyclo[9.3.1]pentadecane

【典型氢谱特征】

11-6-10 [10]　　11-6-11 [11]　　11-6-12 [12]

表 11-6-4 6/12 二环紫杉烷型二萜 **11-6-10～11-6-12** 的 ^{1}H NMR 数据

H	11-6-10 ($CDCl_3$)	11-6-11 ($CDCl_3$)	11-6-12 ($CDCl_3$)	典型氢谱特征
1	2.20 m	1.80 m	1.66 m	① 16 位甲基特征峰； ② 17 位甲基特征峰； ③ 18 位甲基特征峰； 化合物 **11-6-12** 的 C(18) 形成烯亚甲基，其信号有特征性；
2	5.82 dd(11.6, 4.2)	5.79 dd(10.5, 4.6)	4.70 dd(11.1, 4.5)	
3	5,65 br d(11.6)	5.83 br d(10.5)	5.63 br d(11.1)	
5	4.44 br s	5.75 br s	α 2.14 m β 2.62 dd(11.9, 4.2)	
6	α 2.54 ddd(13.2, 8.2, 5.0) β 2.03 m	α 2. 10 m β 2.62 ddd(16.1, 10.8, 2.9)	4.74 td(10.5, 4.6)	
7	5.02 br d(8.2)	5.58 br d(10.8)	4.94 br d(9.4)	

续表

H	11-6-10 ($CDCl_3$)	11-6-11 ($CDCl_3$)	11-6-12 ($CDCl_3$)	典型氢谱特征
9			4.00 dd(11.6, 3.3)	
10	7.10 br d(1.4)	7.27 br s	α 1.60 m(ov) β 1.43 t(12.7)	
11			2.50 br d(11.4)	
13		5.20 br s(8.8)	2.30 m(ov)	
14α	3.02 br d(19.5)	2.04 m	2.06 m(ov)	
14β	2.82 dd(19.5, 7.4)	2.49 ddd(16.1, 8.8, 7.6)	1.75 m(ov)	
16①	1.26 s	1.10 s	0.80 s	④ 19 位甲基特征峰； ⑤ 20 位甲基特征峰； 化合物 **11-6-10** 和 **11-6-11** 的 C(20)形成氧亚甲基（氧化甲基），其信号有特征性
17②	1.33 s	1.30 s	0.88 s	
18③	1.98 s	2.21 br s	4.68 br d(1.0) 4.87 br d(1.0)	
19④	1.66 s	1.66 br s	1.66 d(1.1)	
20⑤	4.36 d(12.8) 4.87 d(12.8)	4.43 d(12.9) 4.91 d(12.9)	1.70 br s	
OAc	2.01 s, 2.03 s, 2.09 s 2.13 s, 2.24 s	2.22 s(2-OAc), 2.08 s(7-OAc), 2.05 s(9-OAc), 2.01 s(10-OAc), 1.96 s(13-OAc), 1.79 s(20-OAc), 2.34 s(2′-OAc)		
3′		7.75 s		
3′-Ph		7.55 m(H-5′, 9′) 7.42 m(H-6′, 7′, 8′)		

五、6/5/5/6 四环紫杉烷型二萜

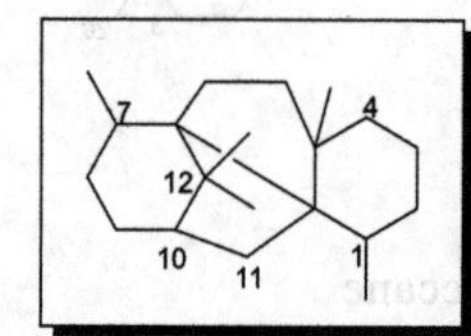

【系统分类】

1,4a,7,12,12-五甲基十二氢-6a,10-亚甲基苯并[*c*]薁

1,4a,7,12,12-pentamethyldodecahydro-6a,10-methanobenzo[*c*]azulene

【典型氢谱特征】

	R^1	R^2	R^3
11-6-13 [13]	OAc	β-OAc	OAc
11-6-14 [14]	OAc	α-OAc	OH
11-6-15 [14]	H	H	OAc

表 11-6-5 6/5/5/6 四环紫杉烷型二萜 **11-6-13～11-6-15** 的 ^1H NMR 数据

H	11-6-13 ($CDCl_3$)	11-6-14 ($CDCl_3$)	11-6-15 ($CDCl_3$)	典型氢谱特征
1	2.17 br t	2.15 m	1.95 t(6.3)	
2	6.09 d(5.1)	6.05 d(5.5)	2.09 d(15.7) 2.57 dd(15.7, 5.5)	① 16 位甲基特征峰； ② 17 位甲基特征峰； ③ 18 位甲基特征峰；
5	5.73 t(10.4, ov)	5.71 t(9.1)	5.70 t(9.7)	
6	2.05 m(ov) 2.70 ddd(14.6, 10.4, 4.4)	2.01 dd(15.3, 8.9) 2.67 ddd(15.3, 10.1, 4.3)	1.82 m 2.28 m	

续表

H	11-6-13 ($CDCl_3$)	11-6-14 ($CDCl_3$)	11-6-15 ($CDCl_3$)	典型氢谱特征
7	5.01 d(4.4)	5.32 dd(4.2, 1.1)	0.97 td (14.7, 2.8) 1.74 m	
9	5.80 d(9.5)	4.52 d(9.2)	5.60 d(9.5)	
10	5.63 d(9.5)	5.35 d(9.2)	5.78 d(9.5)	
12	3.58 q(7.0)	3.62 q(7.2)	3.38 q(7.3)	
14	2.52 dd(20.3, 6.8) 2.62 d(20.3)	2.52 dd(20.1, 7.2) 2.62 d(20.1)	2.32 d(20.4) 2.66 dd(20.4, 7.1)	
16①	1.23 s	1.24 s	1.19 s	④ 19 位甲基特征峰； ⑤ 化合物 **11-6-13**～**11-6-15** 的 C(20)全部形成烯亚甲基，其信号有特征性
17②	1.69 s	1.55 s	1.55 s	
18③	1.29 d(7.0)	1.33 d(7.2)	1.27 s[a]	
19④	1.42 s	1.43 s	1.20 s	
20⑤	5.84 s, 5.72 s	5.70 s, 5.84 s	5.53 s, 5.63 s	
OAc	1.95 s, 2.04 s 2.06 s, 2.07 s	1.95 s, 2.07 s 2.16 s	2.05 s(9-OAc) 2.04 s(10-OAc)	
OCinn	6.35 d (16.1) 7.67 d (16.1) 7.53 m(*o*-) 7.37 m(*m*-, *p*-)	6.34 d (16.0) 7.66 d (16.0) 7.54 m(*o*-) 7.38 m(*m*-, *p*-)	6.36 d (16.0) 7.66 d (16.0) 7.55 m(*o*-) 7.37 m(*m*-, *p*-)	

a 遵循文献数据，疑有误。

六、5/6/6 三环紫杉烷型二萜

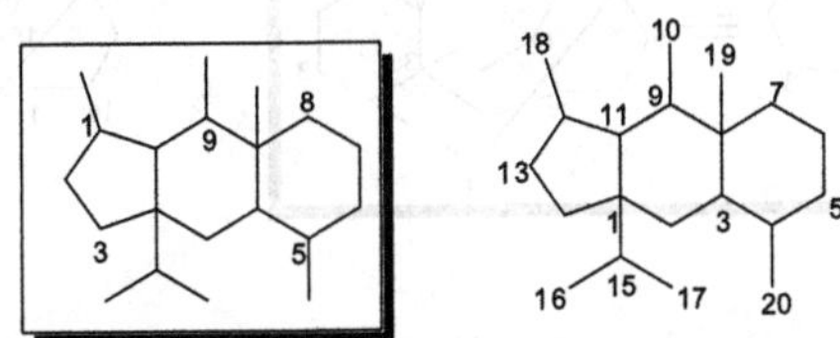

【系统分类】

1,5,8a,9-四甲基-3a-异丙基-十二氢-1*H*-环戊二烯并[*b*]萘

3a-isopropyl-1,5,8a,9-tetramethyldodecahydro-1*H*-cyclopenta[*b*]naphthalene

【典型氢谱特征】

11-6-16 [2] **11-6-17** [15] **11-6-18** [16]

表 11-6-6 5/6/6 三环紫杉烷型二萜 **11-6-16**～**11-6-18** 的 ^{1}H NMR 数据

H	11-6-16 ($CDCl_3$)	11-6-17 ($CDCl_3$)	11-6-18 ($CDCl_3$)	典型氢谱特征
2	5.74 d(12.0)	5.85 d (12.0)	6.19 d(11.5)	① 化合物 **11-6-16**～**11-6-18** 的 C(15)均形成氧化叔碳，C(15)、C(16) 和 C(17)异丙基单元的 16 位甲基和 17 位甲基显示为单峰特征峰；
3	2.85 d(12.0)	2.73 d(12.0)	2.63 d(11.5)	
5	5.10 br s	4.86 d(7.9)	4.76 d(7.5)	
6	1.95 m 1.97 m	1.85 m 2.80 m	1.86 m 2.75 m	
7	4.25 m	4.35 t(8.0)	4.47 m	

续表

H	11-6-16 ($CDCl_3$)	11-6-17 ($CDCl_3$)	11-6-18 ($CDCl_3$)	典型氢谱特征
13	4.54 m	5.55 t(6.4)	4.60 m	② 18 位甲基特征峰； ③ 19 位甲基特征峰；化合物 **11-6-18** 的 C(19) 形成氧亚甲基（氧化甲基），其信号有特征性； ④ 20 位氧亚甲基特征峰。 化合物 **11-6-16**～**11-6-18** 的 C(10)均形成酯羰基，特征信号消失
14	2.22 dd(14.8, 7.5) 2.46 dd(14.8, 6.6)	2.11 m 2.29 m	2.16 m	
16①	1.27 s	1.34 s	1.05 s	
17①	1.24 s	1.25 s	1.23 s	
18②	1.24 s	2.10 s	2.31 s	
19③	2.08 s	1.69 s	4.95 d(10.0) 5.03 d(10.0)	
20④	3.73 br s 3.81 br s	4.22 d(8.6) 4.63 d(8.6)	4.37 d(8.8) 4.85 d(8.8)	
OAc	2.02 s(5-OAc)	1.74 s, 2.01 s	2.18 s(4-OAc)	
3′, 7′	8.01 d(6.9)	7.92 d(7.3)	7.98 d(7.5)	
4′, 6′	7.46 t(6.9)	7.48 t(7.3)	7.54 t(7.5)	
5′	7.57 t(6.9)	7.62 t(7.3)	7.45 t(7.5)	
OH			3.55 br s 4.50 br s	

七、6/5/5/6/5 五环紫杉烷型二萜

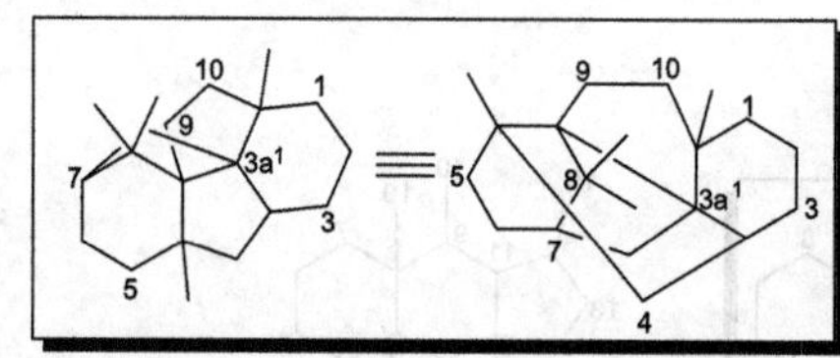

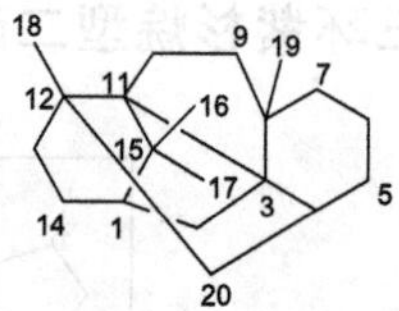

【系统分类】

4a,8,8,10a-四甲基十二氢-1*H*-3a^1,7-亚甲基环戊二烯并[*de*]芴

4a,8,8,10a-tetramethyldodecahydro-1*H*-3a^1,7-methanocyclopenta[*de*]fluorene

【典型氢谱特征】

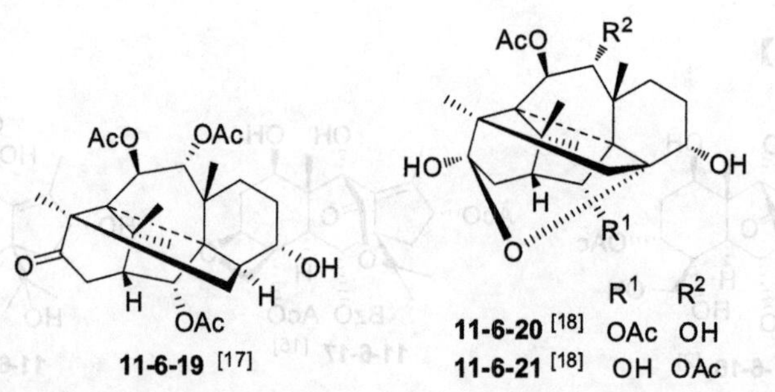

11-6-19 [17]　**11-6-20** [18]　**11-6-21** [18]

表 11-6-7 6/5/5/6/5 四环紫杉烷型二萜 **11-6-19**～**11-6-21** 的 ^{1}H NMR 数据

H	11-6-19 ($CDCl_3$)	11-6-20 ($CDCl_3$)	11-6-21 ($CDCl_3$)	典型氢谱特征
1	2.21 br t(*ca.* 6.1)	2.03 m	1.76 m	① 16 位甲基特征峰； ② 17 位甲基特征峰； ③ 18 位甲基特征峰； ④ 19 位甲基特征峰
2	5.71 d(5.2)	5.59 d(5.3)	4.67 dd(11.9, 5.1)	
4	2.55 m(ov)			
5	4.12 m	4.28 dd(9.5, 1.4)	4.31 dd(9.5, 2.5)	
6	1.46 m 2.00 m(ov)	1.62 br d(15.0) 2.01 m	1.59 m 2.11 m	

续表

H	11-6-19 ($CDCl_3$)	11-6-20 ($CDCl_3$)	11-6-21 ($CDCl_3$)	典型氢谱特征
7	1.54 m(ov) 2.00 m(ov)	1.32 m 1.84 td(14.2, 5.0)	1.23 m 1.93 m	
9	5.57 d(9.8)	4.16 d(9.2)	5.43 d(9.2)	
10	5.46 d(9.8)	5.30 d(9.2)	5.55 d(9.2)	
14	2.53 dd(20.2, 7.2) 2.61 d(20.2)	1.95 dd(14.2, 2.8) 2.12 m	2.05 m(ov) 2.22 dd(14.3, 2.4)	
16①	1.12 s	1.25 s	1.23 s	
17②	1.58 s	1.33 s	1.34 s	
18③	1.22 s	1.22 s	1.19 s	
19④	1.09 s	1.17 s	1.29 s	
20	1.74 m(ov) 1.97 m(ov)	2.05 m 2.11 m	2.04 m(ov) 2.11 m(ov)	
OH			3.95 d(11.9, 2-OH)	
OAc	2.01 s, 2.02 s 2.08 s	2.14 s(2-OAc) 2.09 s(10-OAc)	2.00 s(9-OAc) 2.04 s(10-OAc)	

参 考 文 献

[1] Zamir L O, Zhang J Z, Wu J H, et al. J Nat Prod, 1999, 62: 1268.

[2] Shen Y C, Lin Y S, Cheng Y B, et al. Tetrahedron, 2005, 61: 1345.

[3] Shen Y C, Ko C L, Cheng Y B, et al. J Nat Prod, 2004, 67: 2136.

[4] Zhang J Z, Sauriol F, Mamer O, et al. Phytochemistry, 2000, 54: 221.

[5] Shi Q W, Oritani T, Sugiyama T, et al. Heterocycles, 1999, 51: 841.

[6] Shen Y C, Chang Y T, Lin Y C, et al. Chem Pharm Bull, 2002, 50: 781.

[7] Shi Q W, Oritani T, Sugiyama T. Nat Prod Lett, 1999, 13: 113.

[8] Shi Q W, Oritani T. Nat Prod Lett, 2000, 14: 273.

[9] Shinozaki Y, Fukamiya N, Fukushima M, et al. J Nat Prod, 2001, 64: 1073.

[10] Shi Q W, Oritani T, Sugiyama T, et al. Nat Prod Lett, 1999, 13: 171.

[11] Shi Q W, Oritani T, Sugiyama T, et al. Biosci Biotechnol Biochem, 1999, 63: 756.

[12] Shi Q W, Li L G, Li Z P, et al. Tetraheron Lett, 2005, 46: 6301.

[13] Zamir L O, Zhang J Z, Wu J H, et al. Tetrahedron, 1999, 55: 14323.

[14] Shi Q W, Sauriol F, Mamer O, et al. J Nat Prod, 2003, 66: 470.

[15] Shen Y C, Wang S S, Pan Y L, et al. J Nat Prod, 2002, 65: 1848.

[16] Shen Y C, Pan Y L, Lo K L, et al. Chem Pharm Bull, 2003, 51: 867.

[17] Shi Q W, Sauriol F, Mamer O, et al. Chem Commun, 2003, 68.

[18] Shi Q W, Sauriol F, Lesimple A, et al. Chem Commun, 2004, 544.

第七节 大环二萜

一、西松烷型二萜

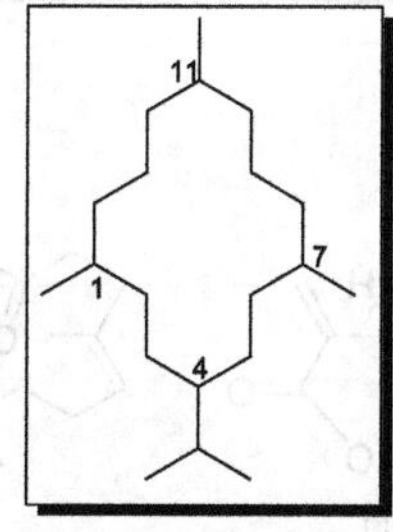

【系统分类】

1,7,11-三甲基-4-异丙基环十四烷

4-isopropyl-1,7,11-trimethylcyclotetradecane

【典型氢谱特征】

11-7-1 [1] **11-7-2** [2] **11-7-3** [3]

表 11-7-1 西松烷型二萜 11-7-1～11-7-3 的 ^{1}H NMR 数据

H	11-7-1 ($CDCl_3$)	11-7-2 ($CDCl_3$)	11-7-3 ($CDCl_3$)	典型氢谱特征
1	2.22 m			① C(15)、C(16) 和 C(17)异丙基单元的特征峰；化合物 **11-7-1** 的 C(15)形成氧化叔碳，16 位甲基和 17 位甲基显示为单峰；化合物 **11-7-3** 的 C(15)和 C(17)形成 1,1-双取代乙烯基，16 位甲基的单峰信号和 17 位烯亚甲基信号均有特征性； ② 18 位甲基特征峰； ③ 19 位甲基特征峰；化合物 **11-7-2** 的 C(19)形成氧亚甲基（氧化甲基），其信号有特征性； ④ 20 位甲基特征峰
2	1.56 m	5.65 d(16)	α 2.01 dd(16.5, 6.5) β 2.39 dd(16.5, 4)	
3	2.82 dd(9.2, 4.4)[a] 2.84 dd(9.4, 3.4)[a]	5.88 d(16)	3.54 br s	
5	1.14 dt(13.3, 3.2) 2.06 ddd(13.3, 5.4, 2.9)	1.72 m 1.84 m	1.60 m	
6	1.97 m 2.26 m	2.15 m 2.53 m	2.21 m	
7	5.23 br t(7.6)	5.44 t(7.2)	5.11 t(7.5)	
9	2.03 m 2.18 m	2.08 m 2.34 m	2.05 m	
10	2.17 m	1.47 dddd(16.5, 10.8, 7, 2) 2.02 dd(16.5, 16)	2.15 m	
11	5.13 br t(7.5)	3.44 d(10.8)	5.02 t(7.5)	
13	2.19 m	1.67 m 1.99 m	α 2.98 d(14) β 2.72 d(14)	
14	1.34 m, 1.89 m	1.85 m		
15①		1.66 dq(6.8)		
16①	1.45 s	0.86 d(6.8)	1.81 s	
17①	1.43 s	0.81 d(6.8)	4.72 d(1.5) 4.93 d(1.5)	
18②	1.31 s	1.28 s	1.17 s	
19③	1.62 br s	3.82 d(11.6) 4.42 d(11.6)	1.59 s	
20④	1.58 br s	1.10 s	1.43 s	
OAc	1.98 s			

[a] 遵循文献数据，但与结构不一致，疑有误。

11-7-4 [4] **11-7-5** [5] **11-7-6** [6]

表 11-7-2 西松烷型二萜 11-7-4～11-7-6 的 ^{1}H NMR 数据

H	11-7-4 (C_5D_5N)	11-7-5 ($CDCl_3$)	11-7-6 ($CDCl_3$)	典型氢谱特征
1	2.59 m	2.85 m	1.90 m	① 化合物 **11-7-4**～**11-7-6** 的 C(16)形成酯羰基，C(15)和 C(17)形成 1,1-双取代乙烯基，因此，C(15)、C(16)和 C(17)异丙基单元的氢谱显示 17 位烯亚甲基的特征信号，而 16 位甲基信号消失； ② 18 位甲基特征峰；化合物 **11-7-4** 的 C(18)形成烯亚甲基，其信号有特征性； ③ 19 位甲基特征峰；化合物 **11-7-4** 的 C(19)形成酯羰基，甲基特征信号消失； ④ 20 位甲基特征峰
2	1.72 m	1.32 m 1.49 m	1.20 ddd(12.5, 12.5, 7) 2.19 m	
3	2.09 m 2.45 m	1.64 m 1.79 ddd(13.6, 11.2, 5.6)	1.91 m 2.45 dd(15.5, 7)	
5	3.94 d(9.2)			
6	1.93 m 2.58 m	2.65 ddd(18, 10.2, 3.2) 2.76 ddd(18, 8, 3.2)	2.56 br d(17) 3.36 dd(17, 9.5)	
7	2.59 m 2.75 m	2.33 m 2.48 m	2.15 m 2.57 br d(16)	
9	7.27 s	5.15 dd(5.6, 5.6)	4.99 dd(6.5, 6.5)	
10	5.15 m	2.18 m	2.14 m	
11	2.25 dd(14, 4) 2.82 dd(14, 3.2)	1.69 m 1.87 dd(8.4, 2.8)	1.66 m	
13	5.44 d(9.2)	4.29 dd(9.2, 6)	3.26 dd(6, 1.5)	
14	4.87 dd(9.6, 7.2)	1.91 m	1.40 ddd(14.5, 11, 6) 2.03 dd(14.5, 1.5)	
17①	5.56 d(2.8) 6.28 d(2.8)	5.56 dd(1.2, 1.2) 6.43 d(1.2)	5.58 s 6.35 s	
18②	5.03 s, 5.50 s	1.35 s	1.49 s	
19③		1.66 s	1.69 s	
20④	1.65 d(1.2)	1.31 s	1.27 s	
OH		3.24 br s(4-OH)		

二、卡司烷型二萜

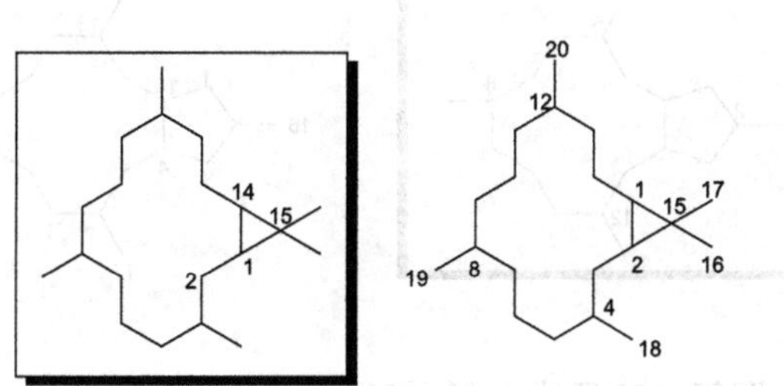

【系统分类】

3,7,11,15,15-五甲基双环[12.1.0]十五烷

3,7,11,15,15-pentamethylbicyclo[12.1.0]pentadecane

【典型氢谱特征】

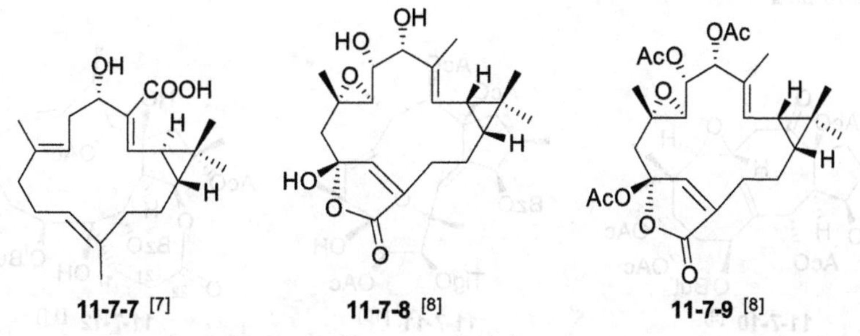

表 11-7-3 卡司烷型二萜 11-7-7～11-7-9 的 ^{1}H NMR 数据

H	11-7-7 ($CDCl_3$)	11-7-8 (CD_3OD)	11-7-9 ($CDCl_3$)	典型氢谱特征
1	0.75 m	0.76 t(8.7)	0.78 t(8.6)	① 16 位甲基特征峰；② 17 位甲基特征峰；③ 18 位甲基特征峰；化合物 **11-7-7** 的 C(18)形成羧羰基，甲基特征信号消失；④ 19 位甲基特征峰；⑤ 20 位甲基特征峰；化合物 **11-7-8** 和 **11-7-9** 的 C(20)形成酯羰基，甲基特征信号消失
2	2.06 m	1.53 dd(11.7, 8.7)	1.39 dd(11.3, 8.6)	
3	5.74 d(11.1)	5.55 d(11.7)	5.67 d(11.3)	
5	4.15 dd(11, 5.3)	4.07 d(8.8)	5.54 d(9.5)	
6	2.48 m, 2.67 m	3.57 t(8.8)	5.26 t(9.5)	
7	4.88 dd(7.2, 5.2)	2.64 d(8.8)	2.69 d(9.5)	
9	2.04 m	α 2.78 d(14.1) β 1.24 d(14.1)	α 3.17 d(14.3) β 1.18 d(14.3)	
10	2.12 m			
11	5.02 br t	7.12 t(2)	7.15 t(2.1)	
13	2.14 m	α 2.22～2.32 m β 2.49～2.55 m	α 2.33～2.42 m β 2.53～2.58 m	
14	1.19 m 1.95 m	α 2.00 dt(14.7, 3.8) β 1.44～1.50 m	α 2.00～2.10 m β 1.31～1.35 m	
16①	1.15 s	1.14 s	1.14 s	
17②	1.19 s	1.08 s	1.05 s	
18③		1.78 s	1.77 s	
19④	1.58 s	1.53 s	1.61 s	
20⑤	1.57 s			
OAc			2.09 s(10-OAc) 2.04 s(6-OAc) 2.07 s(5-OAc)	

三、贾白榄烷(jatrophane)型二萜

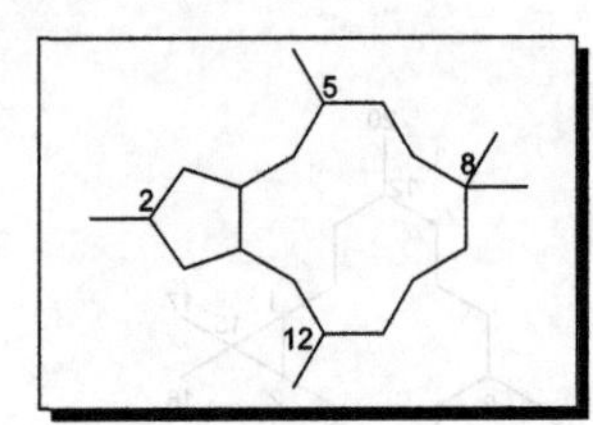

【系统分类】

2,5,8,8,12-五甲基十四氢-1*H*-环戊二烯并[12]轮烯

2,5,8,8,12-pentamethyltetradecahydro-1*H*-cyclopenta[12]annulene

【结构多样性】

C(17)增碳碳键；等。

【典型氢谱特征】

11-7-10 [9]　　**11-7-11** [10]　　**11-7-12** [11]

表 11-7-4 贾白榄烷型二萜 11-7-10～11-7-12 的 ^{1}H NMR 数据

H	**11-7-10** ($CDCl_3$)	**11-7-11** ($CDCl_3$)	**11-7-12** ($CDCl_3$)	典型氢谱特征
1	2.04 d(16.2) 3.73 d(16.2)	α 2.56 dd(13.8, 12.2) β 1.76 dd(12.2, 5.5)	α 2.82 d(16.5) β 2.22 d(16.5)	① 16 位甲基特征峰； ② 17 位甲基特征峰；化合物 **11-7-10** 的 C(17)形成烯亚甲基，其信号有特征性；化合物 **11-7-12** 存在 C(17)增碳碳键的结构特征，C(17)形成亚甲基，需注意区分其信号； ③ 18 位甲基特征峰； ④ 19 位甲基特征峰； ⑤ 20 位甲基特征峰
2		2.45 m		
3	5.58 br d(3.3)	6.23 br d(5.5)	5.46 d(4)	
4	2.98 dd(3.3, 1.7)		2.97 dd(4, 3.5)	
5	6.06 br s	5.41 d(1.7)	6.56 d(3.5)	
7	5.38 br s	5.79 d(3.7)	5.32 s	
8	5.51 d(4.1)	5.59 d(3.7)	5.69 d(6)	
9	4.95 d(4.1)	3.34 s(OH)	4.95 d(6)	
11	3.00 d(2.1)	5.41 d(16.1)	5.49 d(16)	
12	3.32 dd(4.7, 2.1)	5.27 dd(16.1, 9.3)	5.76 dd(16, 10)	
13	3.67 dq(6.9, 4.7)	3.15 m	2.66 m	
14		4.96 d(9.7)	5.02 s	
16①	1.52 s	0.93 d(6.5)	1.73 s	
17②	5.05 s 5.09 s	1.13 s	α 1.68 ddd(14, 7, 2) β 1.82 ddd(14, 14, 3)	
18③	0.99 s	1.18 s	0.96 s	
19④	0.71 s	0.91 s	1.03 s	
20⑤	1.18 d(6.9)	0.96 d(6.9)	1.08 d(7)	
21			α 3.17 ddd(14, 14, 2) β 2.30 ddd(14, 7, 3)	
OH			3.50 br s(6-OH) 2.40 s(15-OH)	
OAc	2.11 s(2,3-OAc) 2.16 s(5-OAc) 2.03 s(8-OAc) 2.04 s(9-OAc) 2.12 s(15-OAc)	2.08 s(8-OAc) 2.16 s(14-OAc) 2.21 s(15-OAc)	2.12 s 2.15 s 2.18 s 2.35 s	
O^{i}But	2.60 sept(7.0) 1.21 d(7.0) 1.18 d(7.0)		2.66 sept(7) 1.19 d(7) 1.18 d(7)	
OBz		8.09 d(7.1, AA′) 7.49 t(7.4, BB′)	8.06 dd(8, 2) 7.55 tt(8, 2)	
OTig		7.39 t(7.6, C) 6.70 dq(7.2, 1.6) 1.71 m 1.71 m	7.44 dt(8,2)	

四、续随子烷(lathyrane)型二萜

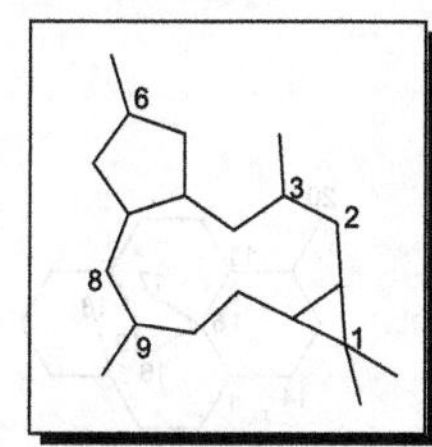

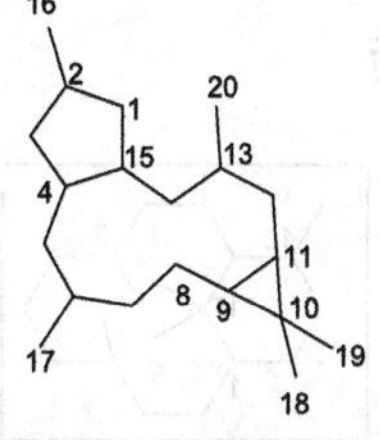

【系统分类】

1,1,3,6,9-五甲基十四氢-1*H*-环戊二烯并[*a*]环丙烯并[*f*][11]轮烯

1,1,3,6,9-pentamethyltetradecahydro-1*H*-cyclopenta[*a*]cyclopropa[*f*][11]annulene

【典型氢谱特征】

11-7-13 [12] **11-7-14** [13] **11-7-15** [14]

表 11-7-5 续随子烷型二萜 11-7-13～11-7-15 的 ^{1}H NMR 数据

H	**11-7-13** ($CDCl_3$)	**11-7-14** ($CDCl_3$)	**11-7-15** ($CDCl_3$)	典型氢谱特征
1	α 2.76 dd(15.0, 9.0) β 1.67 d(15.0)	2.39 m 2.78 dd(15.0, 7.7)	α 3.09 dd(14.4, 4.4) β 2.31 dd(14.4, 7.9)	① 16 位甲基特征峰； ② 17 位甲基特征峰；化合物 **11-7-14** 的 C(17) 形成烯亚甲基，其信号有特征性； ③ 18 位甲基特征峰； ④ 19 位甲基特征峰； ⑤ 20 位甲基特征峰
2	2.5 m	2.20 m	2.37 m	
3	5.14 d(8.6)	4.94 m	5.16 dd(5.6, 2.4)	
4		2.89 dd(8.4, 6.0)	1.94 m	
5	5.38 br s	6.10 br d(8.5)	3.53 d(9.2)	
7	5.14 d(1.9)	2.0 ov 2.3 ov	α 1.99 m β 1.61 m	
8	4.52 dd(10.7, 1.9)	1.8 ov 2.0 ov	α 1.99 m β 1.34 m	
9	1.09 dd(10.9, 9.0)	1.2 ov	1.08 m	
11	1.02 dd(10.9, 9.0)	1.45 dd(11.5, 8.4)	1.45 dd(11.2, 8.0)	
12	4.81 dd(10.9, 3.4)	6.42 br d(11.5)	6.93 dd(11.2, 0.6)	
13	2.86 dq(3.8, 7.1)			
16①	0.91 d(7.5)	1.15 d(7.1)	1.06 d(7.0)	
17②	2.06 d(1.2)	4.72 s, 4.92 s	1.15 s	
18③	1.04 s	1.20 s	1.03 s	
19④	0.81 s	1.25 s	0.29 s	
20⑤	1.04 d(7.1)	1.73 s	1.90 s	
OAc	1.95 s 2.05 s 2.08 s	2.01 s(3-OAc) 2.02 s(5-OAc) 2.05 s(15-OAc)	2.16 s	
2′～6′	7.25 m 7.28 m		8.04 d(7.1, *o*-) 7.47 t(7.7, *m*-) 7.60 t(7.5, *p*-)	
7′	3.70 br s(CH_2)			

五、维替生烷型二萜

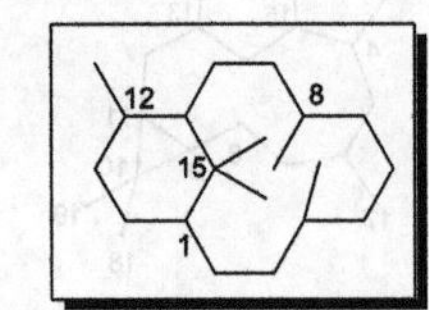

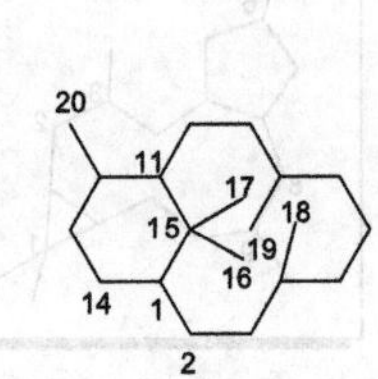

【系统分类】

4,8,12,15,15-五甲基双环[9.3.1]十五烷

4,8,12,15,15-pentamethylbicyclo[9.3.1]pentadecane

【结构多样性】

C(20)降碳；等。

【典型氢谱特征】

11-7-16 [15] R = H
11-7-17 [15] R = OMe

11-7-18 [15]

表 11-7-6 维替生烷型二萜 11-7-16～11-7-18 的 ^{1}H NMR 数据

H	11-7-16 ($CDCl_3$)	11-7-17 ($CDCl_3$)	11-7-18 ($CDCl_3$)	典型氢谱特征
1	1.78 m	1.63 m	1.58 m	① 16 位甲基特征峰；② 17 位甲基特征峰；③ 化合物 **11-7-16**～**11-7-18** 的 C(18)全部形成烯亚甲基，其信号有特征性；④ 19 位甲基特征峰。 化合物 **11-7-16** 和 **11-7-17** 的 C(20)形成酯羰基，化合物 **11-7-18** 存在 C(20)降碳的结构特征，因此，3 个化合物均不存在 20 位甲基特征峰
2	2.31 m	2.33 m	2.06 m 2.23 m	
3	2.06 m 2.38 m	1.51 m	1.09 m 1.51 m	
5	2.36 m	2.43 m	2.15 m, 2.67 m	
6	4.38 m	4.37 m	4.52 m	
7	5.40 d(7.5)	5.50 d(7.5)	5.58 d(8.7)	
9	2.72 dd(14.7, 3.3) 2.94 br d(14.7)	2.84 d(14.4) 3.02 d(14.4)	2.60 d(14.1) 4.01 d(14.1)	
10	5.24 br s			
12			4.10 m	
13	1.65 m	2.16 m 2.29 m	2.51 m 2.75 m	
14α	1.79 m	1.74 m	1.64 m	
14β	2.25 m	2.26 m	2.22 m	
16①	1.21 s	1.26 s	1.32 s	
17②	1.39 s	1.44 s	1.55 s	
18③	4.81 s 4.85 s	4.84 s 4.85 s	4.87 s 4.92 s	
19④	1.60 s	1.58 s	1.89 s	
OMe		3.28 s		

六、朵蕾烷型二萜

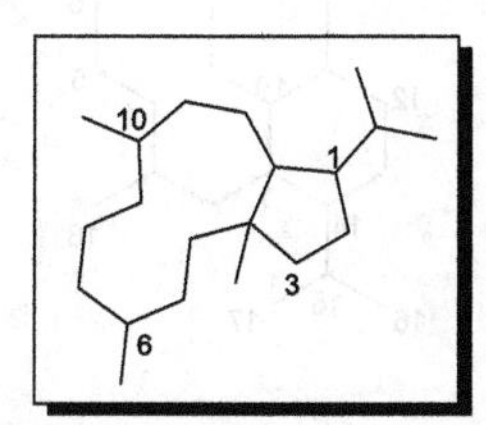

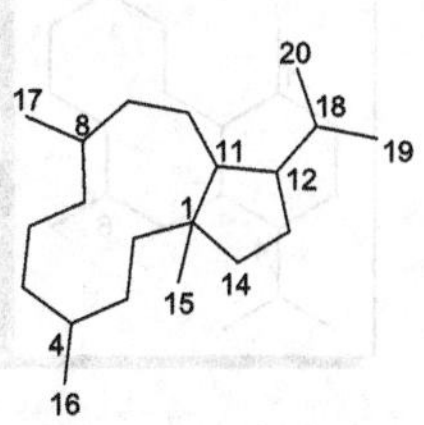

【系统分类】

3a,6,10-三甲基-1-异丙基十四氢环戊二烯并[11]轮烯

1-isopropyl-3a,6,10-trimethyltetradecahydrocyclopenta[11]annulene

【典型氢谱特征】

11-7-19 [16]　　11-7-20 [16]

表 11-7-7 朵蕾烷型二萜 11-7-19 和 11-7-20 的 ^{1}H NMR 数据

H	11-7-19 ($CDCl_3$)	11-7-20 ($CDCl_3$)	典型氢谱特征
2	1.18 ddd(16.8, 12.9, 2.4) 1.21 ddd(16.8, 12.9, 7.2)	1.76 br d(15.1) 2.83 dd(15.1, 11.5)	① 15 位甲基特征峰； ② 16 位甲基特征峰；化合物 **11-7-19** 的 C(16)形成烯亚甲基，其信号有特征性； ③ 17 位甲基特征峰； ④ 化合物 **11-7-19** 的 C(18)形成氧化叔碳，**11-7-20** 的 C(12)和 C(18)形成 1,1-双取代乙烯基、C(20)形成酯羰基，因此，化合物 **11-7-19** 的 C(18)、C(19)和 C(20)异丙基单元的氢谱显示 19 位和 20 位甲基的单峰，而 **11-7-20** 只显示 19 位甲基的单峰
3	1.80 ddd(12.9, 12.9, 2.4) 2.00 ddd(12.9, 12.9, 7.2)	5.52 br d(11.5)	
5	1.91 m 2.22 m	2.78 br d(11.6) 3.36 d(11.6)	
6	1.90 m 2.16 m		
7	5.29 dd(3, 1.7)	2.10 dd(14.1, 11.2) 2.46 dd(11.2, 2.6)	
8		2.21 m	
9	2.26 d(11.5) 3.19 dd(11.5, 11.5)	1.15 ddd(10.5, 10.5, 3.8) 2.33 ddd(10.5, 3.8, 3.8)	
10	4.14 d(11.5)	4.21 dd(3.8, 3.8)	
13	2.14 m	2.42 m	
14	1.47 m 1.71 m	1.47 m 2.06 m	
15①	1.03 s	0.92 s	
16②	4.62 br s, 4.69 br s	1.69 s	
17③	1.63 s	1.01 d(6.8)	
19④	1.37 s	1.73 s	
20④	1.34 s		
OH	3.97 br s(2H)	3.61 s	

七、尤尼斯烷型二萜

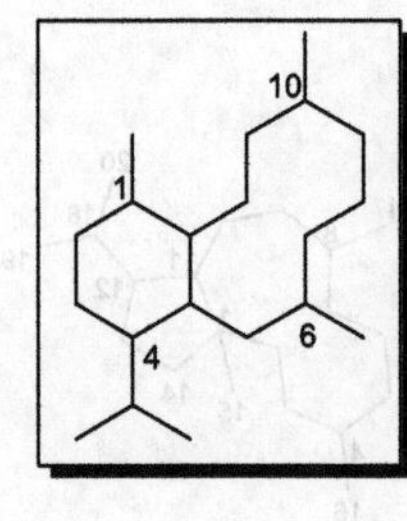

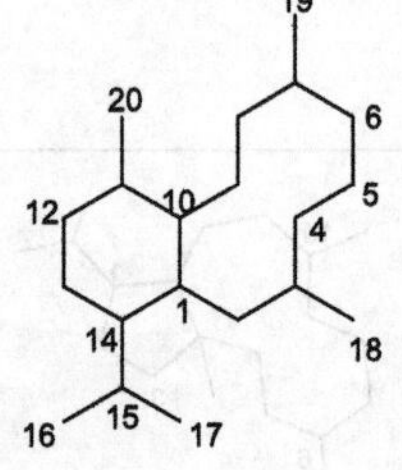

【系统分类】

1,6,10-三甲基-4-异丙基十四氢苯并[10]轮烯

4-isopropyl-1,6,10-trimethyltetradecahydrobenzo[10]annulene

【典型氢谱特征】

11-7-21 [17]　　11-7-22 [18]　　11-7-23 [18]

表 11-7-8 尤尼斯烷型二萜 11-7-21～11-7-23 的 ^{1}H NMR 数据

H	11-7-21 (CD_3OD)	11-7-22 ($CDCl_3$)	11-7-23 ($CDCl_3$)	典型氢谱特征
1	2.52 m	2.66 br s	2.52 m	
2	3.84 d(7.2)	3.98 br m	4.12 d(3.3)	
4	1.50 m 2.10 m	α 2.06 m β 1.82 m	α 1.53 m β 1.97 m	
5	2.06 m 2.44 m	α 1.86 m β 2.32 m	α 1.71 m β 2.18 m	
6	5.48 m	5.64 br t(8.6)	4.28 dd(9.6, 4.9)	
8	2.02 m 2.42 m	α 2.16 dd(14.1, 7.4) β 2.48 br d(14.1)	α 2.23dd(13.7, 1.5) β 2.78 dd(13.7, 4.5)	① C(15)、C(16)和 C(17)异丙基单元的特征峰；化合物 11-7-22 和 11-7-23 的 C(16)均形成酯羰基，异丙基中 16 位甲基特征信号消失； ② 18 位甲基特征峰； ③ 19 位甲基特征峰；化合物 11-7-23 的 C(19)形成烯亚甲基，其信号有特征性； ④ 20 位甲基特征峰
9	4.11 br d(6)	4.02 m	4.16 ddd(8.4, 4.6, 1.4)	
10	2.44 m	2.67 br s	2.86 m	
12	5.40 m	2.03 m	2.02 m	
13	1.95 m 2.18 m	1.87 m	α 1.86 m β 1.75 m	
14	1.60 m	1.67 m	1.64 m	
15①	1.52 m	2.94 dq(4.7, 7.6)	2.86 m	
16①	0.85 d(6.3)			
17①	0.99 d(6.3)	1.36 d(7.6)	1.36 d(7.6)	
18②	1.39 s	1.58 s	1.61 s	
19③	1.81 br s	1.76 br s	α 5.09 br s β 5.41 br s	
20④	1.68 br s	1.33 s	1.31 s	
OAc		1.99 s	1.90 s	

八、阿斯贝斯蒂烷型二萜

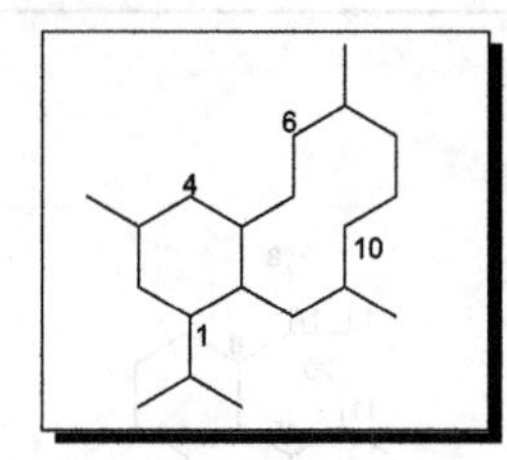

【系统分类】

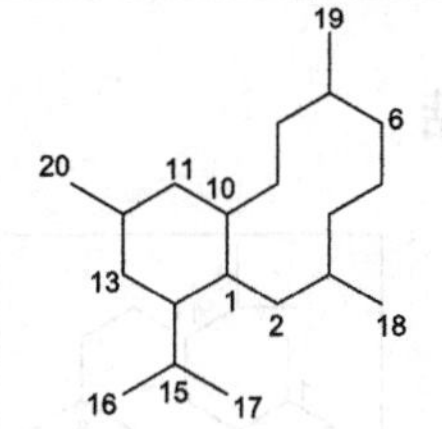

3,7,11-三甲基-1-异丙基十四氢苯并[10]轮烯

1-isopropyl-3,7,11-trimethyltetradecahydrobenzo[10]annulene

【结构多样性】

C(6)-C(7)键断裂；等。

【典型氢谱特征】

11-7-24 [19]　　11-7-25 [19]　　11-7-26 [19]

表 11-7-9 阿斯贝斯蒂烷型二萜 11-7-24～11-7-26 的 ^{1}H NMR 数据

H	11-7-24 (C_5D_5N)	11-7-25 ($CDCl_3$)	11-7-26 ($CDCl_3$)	典型氢谱特征
1	2.57 q(9.8)	2.44 q(9.7)	2.19 m	① 由于化合物 **11-7-24**～**11-7-26** 的 C(15)、C(16)和 C(17) 异丙基单元存在 C(16)形成氧亚甲基（氧化甲基）的结构特征而显示 15 位次甲基多重峰、16 位氧亚甲基（氧化甲基）特征峰和 17 位甲基特征峰； ② 18 位甲基特征峰； ③ 19 位甲基特征峰；化合物 **11-7-26** 存在 C(6)-C(7)键断裂的结构特征，由于 C(7)形成酮羰基，19 位甲基特征峰仍然存在，但需注意，C(6)形成醛基后的醛基质子信号特征可用于区别 C(6)-C(7)键断裂的结构特征； ④20 位甲基特征峰
2	4.02 br d(7.5)	3.78 d(7.3)	3.52 d(9.2)	
4	*α* 1.60 m *β* 2.05 m	*α* 1.30 m *β* 1.61 m	*α* 1.91 m *β* 1.71 m	
5	*α* 1.47 m *β* 2.10 m	*α* 1.85 m *β* 1.45 m	*α* 2.38 m *β* 2.56 m	
6	4.44 br d(10.3)	5.40 m	9.73 dd(2.4, 1.3)	
8	1.72 m(2H)	5.09 br d(1.4)	*α* 2.68 d(1.7) *β* 2.70 s	
9	3.95 m	4.71 br s	3.90 ddd(12.7, 5.6, 1.2)	
10	1.72 m	2.00 br d(9.6)	2.02 m	
11	5.50 br d(4)	5.41 m	5.19 t(3.5)	
12	1.39 m	2.09 m	1.83 m	
13*α*	0.94 m	1.50 m	1.60 m	
13*β*	2.05 m	1.02 dd(13.3, 2.5)	1.08 m	
14	1.98 m	1.89 m	1.97 m	
15①	1.51 m	1.60 m	1.60 m	
16*α*①	3.49 br d(12.7)	3.46 dd(13.1, 2.8)	3.45 dd(12.8, 3.2)	
16*β*①	3.87 d(12.7)	3.79 m	3.67 d(12.8)	
17①	0.99 d(6.7)	0.90 d(7.0)	0.87 d(7)	
18②	1.44 s	1.27 s	1.23 s	
19③	1.35 s	1.64 br d(1.4)	2.16 s	
20④	0.90 d(7.2)	0.91 d(7.2)	0.93 d(7)	
OMe	3.27 s			
OAc	2.00 s	2.08 s	2.12 s	

九、珊瑚烷型二萜

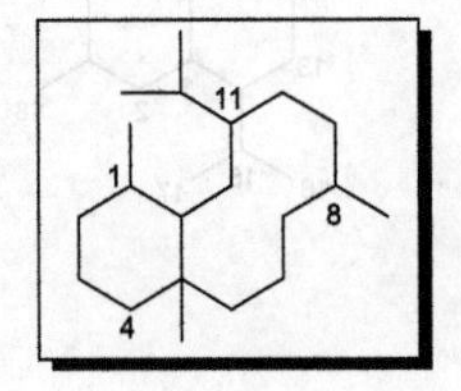

【系统分类】

1,4a,8-三甲基-11-异丙基十四氢苯并[10]轮烯

11-isopropyl-1,4a,8-trimethyltetradecahydrobenzo[10]annulene

【典型氢谱特征】

11-7-27 [20]　　11-7-28 [20]　　11-7-29 [20]

表 11-7-10 珊瑚烷型二萜 11-7-27～11-7-29 的 ^{1}H NMR 数据

H	11-7-27 (CDCl$_3$)	11-7-28 (CDCl$_3$)	11-7-29 (CD$_3$OD)	典型氢谱特征
2	3.31 br s	4.66 br s	3.26 br s	① 15 位甲基特征峰； ② 16 位甲基特征峰； ③ 由于化合物 11-7-27～11-7-29 的 C(17)、C(18) 和 C(19)异丙基单元全部存在 C(17)形成氧化叔碳、C(19)形成酯羰基的结构特征而仅显示 18 位甲基单峰特征峰； ④ 20 位甲基特征峰
3	5.59 dd(12.2, 5.8)	5.07 d(11.2)	5.61 dd(12.2, 5.7)	
4	2.11 m 3.04 br dd(13.8, 3.9)	4.86 br dd(11, 0.8)	1.88 m 2.92 br dd(13.8, 5.3)	
6	5.46 br d(9.3)	5.75 br d(10)	5.45 br d(9.6)	
7	5.70 d(9.6)	5.93 d(10)	5.81 d(9.8)	
9	5.96 d(3.9)	6.07 d(4.8)	6.07 d(4.3)	
10	2.52 d(3.9)	2.96 d(4.8)	2.67 d(4.3)	
12	4.79 d(5.9)	5.04 d(3.3)	3.58 d(6)	
13	5.95 dd(10.3, 5.9)	5.68 m	5.65 br dd(10.3, 6)	
14	6.05 d(10.3)	5.55 d(4.5)	5.78 d(10.3)	
15①	1.08 s	1.29 s	0.92 s	
16②	1.94 s	2.13 br d(1.6)	1.78 br s	
18③	1.72 s	1.45 s	1.25 s	
20④	1.24 s	1.49 s	1.27 s	
OAc	2.09 s, 2.14 s, 2.21 s	2.10 s, 2.15 s, 2.15 s, 2.21 s	1.85 s, 2.00 s	

十、齐尼阿菲烷型二萜

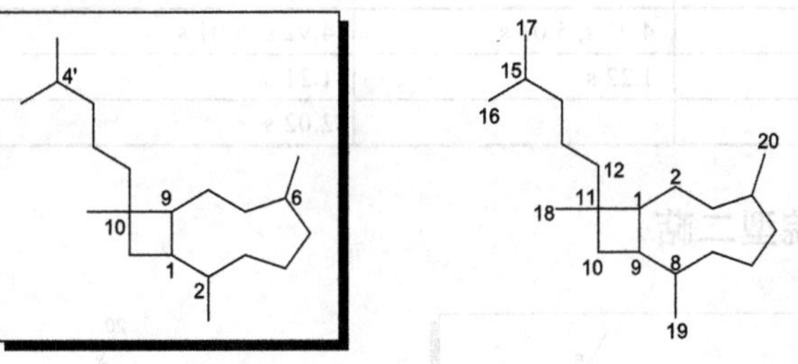

【系统分类】

2,6,10-三甲基-10-(4-甲基戊基)双环[7.2.0]十一烷

2,6,10-trimethyl-10-(4-methylpentyl)bicyclo[7.2.0]undecane

【结构多样性】

C(17)降碳；等。

【典型氢谱特征】

表 11-7-11 齐尼阿菲烷型二萜 11-7-30～11-7-32 的 ^{1}H NMR 数据

H	**11-7-30** ($CDCl_3$)	**11-7-31** ($CDCl_3$)	**11-7-32** ($CDCl_3$)	典型氢谱特征
1	1.83 t(9.6)	2.46 t(9.7)	2.41 t(10)	
2α	1.65 m	1.85 dd(10.8, 8.7)	1.77 dd(14.5, 3)	
2β	1.43 m	1.57 m	1.54 ddd(14.5, 10.5, 4)	
3α	0.94 dt(6, 14.4)	1.12 dt(4.8, 14)	1.07 dt(5, 13)	
3β	2.06 m	2.10 m	2.10 d(13)	
5	2.88 dd(10.5, 3.9)	2.91 dd(10.5, 4)	2.90 dd(10.5, 4)	
6α	2.25 m	2.31 m	2.25 dt(12, 4.5)	① 16 位甲基特征峰；化合物 **11-7-30** 的 C(16)形成氧亚甲基（氧化甲基），其信号有特征性；② 17 位甲基特征峰；化合物 **11-7-32** 存在 C(17)降碳的结构特征，17 位甲基特征信号消失；③ 18 位甲基特征峰；④ 化合物 **11-7-30**～**11-7-32** 存在 C(19)形成烯亚甲基的结构特征，其信号有特征性；⑤ 20 位甲基特征峰
6β	1.31 m	1.26 m	1.33 m	
7α	2.33 m	2.37 m	2.31 dd(12, 5.5)	
7β	2.11 m	2.14 m	2.14 dd(12, 6)	
9	2.60q(9.4)	2.71 q(9.3)	2.68 q(10)	
10α	1.66 br t(9)	2.18 m	2.10 t(11)	
10β	1.66 br t(9)	1.84 dd(10.8, 8.7)	1.77 t(11.5)	
12	α 1.26 m β 1.38 m			
13	1.97 q(8)	6.41 d(15.3)	α 2.43 m, β 2.38 m	
14	5.28 t(7)	6.97 d(15.3)	1.79 m, 1.84 m	
15			4.89 br t(6.3)	
16①	4.13 s	1.38 s	1.23 d(6.5)	
17②	1.78 s	1.38 s		
18③	1.03 s	1.32 s	1.29 s	
19④	4.86 s, 4.97 s	4.92 s, 5.01 s	4.92 s, 5.01 s	
20⑤	1.20 s	1.22 s	1.21 s	
OAc			2.02 s	

十一、齐尼卡烷型二萜

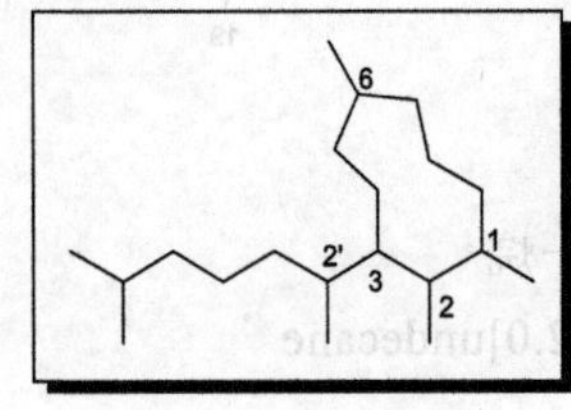

【系统分类】

1,2,6-三甲基-3-(6-甲基庚-2-基)环壬烷

1,2,6-trimethyl-3-(6-methylheptan-2-yl)cyclononane

【结构多样性】

C(6)-C(19)连接；等。

【典型氢谱特征】

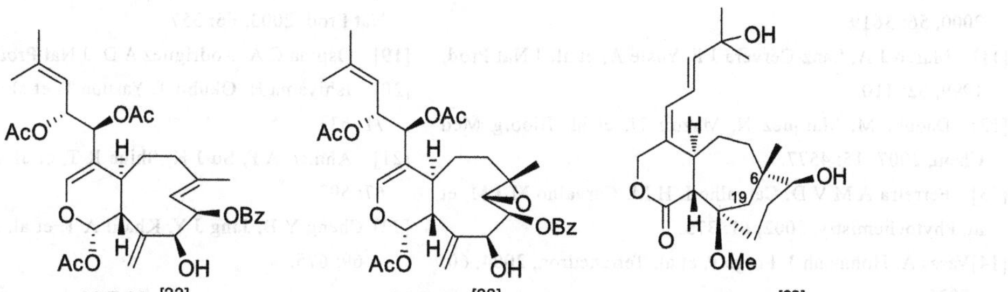

11-7-33 [22]　　11-7-34 [22]　　11-7-35 [22]

表 11-7-12 齐尼卡烷型二萜 11-7-33～11-7-35 的 ^{1}H NMR 数据

H	11-7-33 ($CDCl_3$)	11-7-34 ($CDCl_3$)	11-7-35 ($CDCl_3$)	典型氢谱特征
2	2.46 br s	2.83 s	2.74 s	① 15 位甲基特征峰； ② 16 位甲基特征峰； ③ 化合物 **11-7-33** 和 **11-7-34** 的 C(17)形成烯醇醚氧次甲基，化合物 **11-7-35** 的 C(17)形成氧亚甲基（氧化甲基），信号均有特征性； ④ 化合物 **11-7-33** 和 **11-7-34** 的 C(18)形成酯化的半缩醛次甲基，其信号有特征性；化合物 **11-7-35** 的 C(18)形成酯羰基，甲基特征信号消失； ⑤ 化合物 **11-7-33** 和 **11-7-34** 的 C(19)形成烯亚甲基，其信号有特征性；化合物 **11-7-35** 存在 C(19)与 C(6)连接的结构特征，C(19)形成亚甲基，特征性不明显，需注意区分； ⑥ 20 位甲基特征峰
3	2.15 m	2.16 m	2.81 m	
4	2.01 m 4.35 d(12)	1.70 m 2.14 m	1.85 m 1.86 m	
5	2.12 m, 2.30 m	1.26 m, 2.35 m	1.26 m, 1.68 m	
7	5.19 d(8.7)	3.11 d(9.3)	3.42 br s	
8	5.74 br d(8.7)	4.79 d(9.3)	1.77 m, 2.05 m	
9	4.37 br s	4.41 s	2.58 m	
11	5.67 d(3.6)	5.66 d(3.6)	6.00 d(11)	
12	5.65 dd(9.2, 3.6)	5.62 dd(8.9, 3.6)	6.18 dd(15, 11)	
13	5.28 d(9.2)	5.28 d(8.9)	5.91 d(15)	
15①	1.73 s	1.74 s	1.34 s	
16②	1.73 s	1.77 s	1.34 s	
17③	6.40 br s	6.45 s	4.35 d(12) 4.94 d(12)	
18④	5.85 br s	5.97 s		
19⑤	4.99 s 5.04 s	5.08 s 5.18 s	1.50 d(13.2) 1.90 d(13.2)	
20⑥	1.89 s	1.55 s	1.06 s	
OMe			3.23 s	
11-OAc	2.00 s	2.03 s		
12-OAc	2.03 s	2.11 s		
18-OAc	2.10 s	2.12 s		
2′,6′	8.01 d(7.5)	8.07 d(7.5)		
3′,5′	7.41 t(7.5)	7.47 t(7.5)		
4′	7.52 t(7.5)	7.60 t(7.5)		

参考文献

[1] Januar H I, Chasanah E, Motti C A, et al. Mar Drugs, 2010, 8: 2142.

[2] Lai D W, Li Y X, Xu M J, et al. Tetrahedron, 2011, 67: 6018.

[3] Lee C H, Kao C Y, Kao S Y, et al. Mar Drugs, 2012, 10: 427.

[4] Chen Y L, Lan Y H, Hsieh P W, et al. J Nat Prod, 2008, 71: 1207.

[5] Hu L C, Yen W H, Su J H, et al. Mar Drugs, 2013, 11: 2154.

[6] Hu L C, Su J H, Chiang M Y N, et al. Mar Drugs, 2013, 11: 1999.

[7] Xu Z H, Sun J, Xu R S, et al. Phytochemistry, 1998, 49: 149.
[8] Bai Y, Yang Y P, Ye Y. Tetrahedron Lett, 2006, 47: 6637.
[9] Hohmann J, Vasas A, Günther G, et al. J Nat Prod, 1997, 60: 331.
[10] Hohmann J, Rédei D, Evanics F, et al. Tetrahedron, 2000, 56: 3619.
[11] Marco J A, Sanz-Cervera J F, Yuste A, et al. J Nat Prod, 1999, 62: 110.
[12] Daoubi M, Marquez N, Mazoir N, et al. Bioorg Med Chem, 2007, 15: 4577.
[13] Ferreira A M V D, Carvalho L H M, Carvalho M J M, et al. Phytochemistry, 2002, 61: 373.
[14]Vasas A, Hohmann J, Forgo P, et al. Tetrahedron, 2004, 60: 5025.
[15] Duh C Y, Li C H, Wang S K, et al. J Nat Prod, 2006, 69: 1188.
[16] Su J Y, Zhong Y L, Shi K L, et al. J Org Chem, 1991, 56: 2337.
[17] Maia L F, Epifanio R D A, Eve T, et al. J Nat Prod, 1999, 62: 1322.
[18] Ospina C A, Rodríguez A D, Ortega-Barria E, et al. J Nat Prod, 2003, 66: 357.
[19] Ospina C A, Rodríguez A D. J Nat Prod, 2006, 69: 1721.
[20] Ishiyama H, Okubo T, Yasuda T, et al. J Nat Prod, 2008, 71: 633.
[21] Ahmed A F, Su J H, Shiue R T, et al. J Nat Prod, 2004, 67: 592.
[22] Cheng Y B, Jang J Y, Khalil A T, et al. J Nat Prod, 2006, 69: 675.

第八节 其 他 二 萜

一、曼西烷型二萜

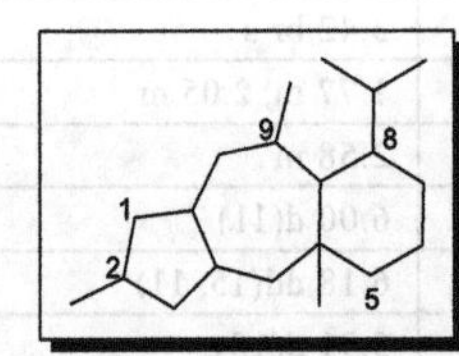

【系统分类】

2,4a,9-三甲基-8-异丙基十四氢苯并[*f*]薁

8-isopropyl-2,4a,9-trimethyltetradecahydrobenzo[*f*]azulene

【典型氢谱特征】

11-8-1 [1]　　11-8-2 [2]　　11-8-3 [3]

表 11-8-1 曼西烷型二萜 11-8-1～11-8-3 的 ^{1}H NMR 数据

H	11-8-1 ($CDCl_3$)	11-8-2 ($CDCl_3$)	11-8-3 ($CDCl_3$)	典型氢谱特征
1	α 3.34 dd(14.9, 8.8) β 1.70 dd(14.9, 6.9)	α 2.39 dd(14.4, 10.8) β 2.47 d(13.8)	1.70 dd(14.8, 9.6) 2.83 dd(14.8, 9.7)	① 16 位甲基特征峰； ② 化合物 **11-8-1**～**11-8-3** 的 C(17)全部形成氧亚甲基（氧化甲基），其信号有特征性；
2	2.10 m	2.71 m	2.1 m	
3	5.25 t(3.6)	5.55 t(3.4)	5.50 t(4.1)	
4	2.53 dd(11.6, 3.2)	2.72 dd(10.6, 5.2)	2.99 dd(11.0, 4.1)	
5	6.14 d(11.6)	5.68 d(10.7)	6.48 d(11.0)	

续表

H	11-8-1 ($CDCl_3$)	11-8-2 ($CDCl_3$)	11-8-3 ($CDCl_3$)	典型氢谱特征
7	4.59 d(6.4)	4.52 d(6.0)	5.06 d(5.3)	③ 化合物 **11-8-1** 和 **11-8-2** 的 C(10)和 C(18)形成 1,1-双取代乙烯基，化合物 **11-8-3** 的 C(10)形成氧化叔碳；因此，化合物 **11-8-1** 和 **11-8-2** 的 C(10)、C(18)和 C(19)异丙基单元的氢谱显示 18 位烯亚甲基的特征峰和 19 位甲基的单峰特征峰，化合物 **11-8-3** 的 C(10)、C(18)和 C(19)异丙基单元的氢谱显示 18 位和 19 位甲基的单峰； ④ 20 位甲基特征峰
8	5.99 m	6.28 br t(7.9)	6.00 ddd(9.7, 5.3, 2.8)	
9	5.76 br d(9.6)	6.35 br t(8.9)	5.82 dd(9.7, 2.0)	
11	3.47 m	3.18 d(6.4)	2.84 br d(12.7)	
12	3.63 d(9.7)	2.89 br s	3.15 d(12.7)	
16①	0.90 d(6.8)	0.88 d(7.4)	0.90 d(6.8)	
17②	3.91 d(12.0) 4.07 d(12.0)	3.77 dd(11.2, 1.0) 4.09 d(11.2)	4.22 br d(12.1) 4.58 d(12.1)	
18③	4.86 br s 4.96 br s	4.55 s 4.80 s	1.42 s	
19③	1.78 s	1.91s	1.03 s	
20④	1.56 s	1.34 s	1.52 s	
OAc	1.98 s, 2.04 s 2.08 s, 2.16 s	2.07 s, 2.18 s	1.67 s, 1.89 s, 2.14 s	
OBut	2.22 m, 1.56 m 0.93 d(7.2)[a]	2.11 m, 1.51 m 0.90 t(7.0)		
OBz		7.86 br d(7.2, AA′) 7.38 br t(7.8, BB′) 7.52 br t(3.3, C)	7.87 br d(7.8, AA′) 7.38 br t(7.8, BB′) 7.50 br t(7.4, C)	

[a] 遵循文献数据，疑有误。

二、优弗利平醇型二萜

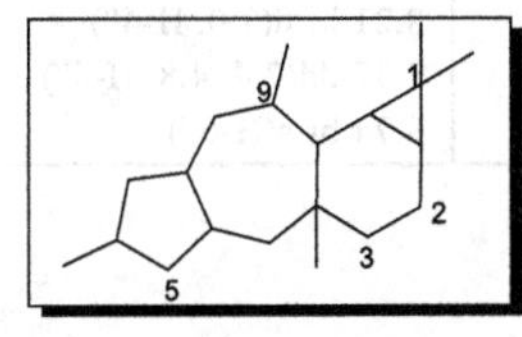

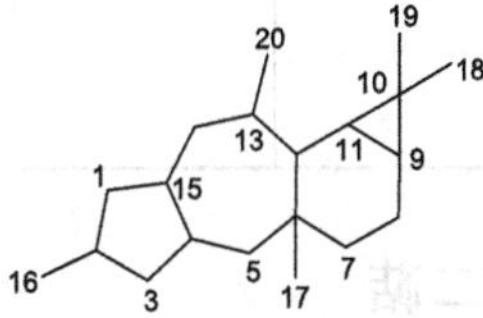

【系统分类】

1,1,3a,6,9-五甲基十四氢-1*H*-环丙烯并[3,4]苯并[1,2-*f*]薁

1,1,3a,6,9-pentamethyltetradecahydro-1*H*-cyclopropa[3,4]benzo[1,2-*f*]azulene

【典型氢谱特征】

11-8-4 [1]　　**11-8-5** [4]　　**11-8-6** [1]

表 11-8-2 优弗利平醇型二萜 11-8-4～11-8-6 的 ^{1}H NMR 数据

H	11-8-4 ($CDCl_3$)	11-8-5 ($CDCl_3$)	11-8-6 ($CDCl_3$)	典型氢谱特征
1α	2.70 dd(14.8, 10.9)	3.41 dd(14.9, 9.5)	2.72 dd(16.1, 9.8)	① 16 位甲基特征峰；
1β	1.76 dd(14.9, 6.9)	1.47 dd(14.9, 10.0)	2.40 dd(16.1, 9.6)	
2	2.40 m	2.1 m	2.10 m	
3	5.52 t(4.7)	5.16 t(3.9)	5.00 t(3.9)	

续表

H	**11-8-4** ($CDCl_3$)	**11-8-5** ($CDCl_3$)	**11-8-6** ($CDCl_3$)	典型氢谱特征
4	2.93 dd(10.5, 4.3)	2.48 dd(10.9, 3.6)	2.99 dd(10.7, 3.6)	② 化合物 **11-8-4** 和 **11-8-5** 的C(17)形成氧亚甲基（氧化甲基），化合物 **11-8-6** 的 C(17)形成酯化的半缩醛次甲基，其信号均有特征性； ③ 18 位甲基特征峰；化合物 **11-8-5** 的 C(18)形成氧亚甲基（氧化甲基），其信号有特征性； ④ 19 位甲基特征峰； ⑤ 20 位甲基特征峰
5	5.99 d(10.5)	5.93 dd(10.9, 0.8)	5.80 d(10.7)	
7	4.83 dd(6.3, 3.3)	4.94 dd(7.2, 4.4)	5.32 dd(6.3, 3.7)	
8	1.62 ddd(6.3, 3.2, 3.2) 2.10 m	1.85 m 2.2 m	1.62 ddd(14.3, 6.4, 2.2)	
9	0.82 ddd(9.2, 9.2, 3.1)	1.13 m	0.93 dd(9.6, 1.8)	
11	0.90 dd(9.3, 7.7)	1.18 t(7.0)	0.79 dd(9.7, 6.9)	
12	2.24 d(7.6)	2.82 br d(4.5)	2.73 d(6.8)	
14			4.99 s	
16①	0.95 d(7.0)	0.87 d(6.8)	0.74 d(7.8)	
17②	4.33 d(12.1) 4.89 d(12.1)	3.97 dd(9.7, 1.0) 4.17 d(9.7)	6.39 s	
18③	1.07 s	3.78 d(11.2), 3.83 d(11.2)	1.10 s	
19④	0.97 s	1.17 s	1.11 s	
20⑤	1.54 s	1.55 s	1.28 s	
OAc	1.86 s, 1.87 s, 1.89 s	1.54 s, 1.96 s 2.03 s, 2.18 s	1.36 s, 1.94 s, 2.03 s, 2.10 s, 2.16 s	
OBz	7.87 dd(8.1, 1.1, *o*) 7.38 br t(8.0, *m*) 7.51 dt(1.3, 7.4, *p*)	7.95 br dd(8.0, 1.0, *o*) 7.41 br t(8.0, *m*) 7.54 br tt(7.5, 1.0, *p*)		
ONic			9.1 br s(H-2″) 8.21 br d(7.0, H-4″) 7.37 dd(7.4, 4.8, H-5″) 8.74 br s(H-6″)	

三、斯皮尔醇型二萜

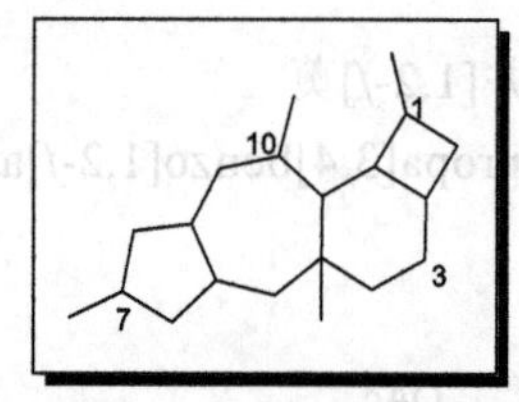

【系统分类】

1,4a,7,10-四甲基十六氢环丁二烯并[3,4]苯并[1,2-*f*]薁

1,4a,7,10-tetramethylhexadecahydrocyclobuta[3,4]benzo[1,2-*f*]azulene

【典型氢谱特征】

	R^1	R^2	R^3
11-8-7 [5]	Ac	MeBu	Ac
11-8-8 [5]	Nic	MeBu	Ac
11-8-9 [6]	Prop	Nic	Nic

MeBu = ; Prop = ; Nic =

表 11-8-3 斯皮尔醇型二萜 11-8-7～11-8-9 的 ^{1}H NMR 数据

H	**11-8-7** ($CDCl_3$)	**11-8-8** ($CDCl_3$)	**11-8-9** ($CDCl_3$)	典型氢谱特征
1	α 2.85 dd(16.0, 9.8) β 2.49 dd(16.0, 9.7)	α 2.94 dd(16.1, 11.2) β 2.4 m	2.50 m 2.86 dd(16, 11)	
2	2.3 m	2.2 m	2.26 m	
3	5.40 t(4.3)	5.72 t(3.8)	5.52 dd(4, 4)	
4	2.90 dd(11.0, 3.9)	3.10 dd(11.1, 3.6)	3.03 dd(11, 4)	
5	5.86 dd(11.0, 1.6)	5.86 dd(11.1, 1.1)	6.11 dd(11, 1.5)	
8	5.25 d(6.9)	5.19 d(7)	5.31 d(7)	
9	2.73 dddd(9.4, 9.2, 9.2, 6.9)	2.70 m	2.94 dddd(9, 9, 7)	
11	2.40 m	2.40 m	2.33 m	
12	4.03 d(12.4)	4.09 d(12.3)	4.21 d(12)	
14	5.02 s	5.11 s	5.39 s	
16①	0.85 d(6.8)	0.62 d(6.8)	0.87 d(7)	
17②	3.58 dd(9.7, 1.6) 4.21 d(9.7)	3.60 dd(9.8, 1.5) 4.25 d(9.8)	3.71 dd(10, 1.5) 4.36 d(10)	① 16 位甲基特征峰； ② 化合物 **11-8-7**～**11-8-9** 的 C(17)全部形成氧亚甲基（氧化甲基），其信号有特征性； ③ 19 位甲基特征峰； ④ 20 位甲基特征峰
18	2.50 m	2.50 m	2.45 m 2.66 ddd(13, 9, 3.5)	
19③	1.62 s	1.63 s	1.62 s	
20④	1.18 s	1.21 s	1.25 s	
OAc	1.90 s, 1.95 s 2.07 s, 2.08 s 2.18 s	1.93 s, 2.10 s 2.12 s, 2.31 s	1.86 s(5-OAc) 1.86 s(10-OAc) 1.96 s(15-OAc)	
OMeBu	2.6 q(6.9, H-2′)[a] 1.70 m(H-3′) 0.88 t(7.5, H-4′) 1.29 d(6.9, H-5′)	2.70 m(H-2′) 1.60 m(H-3′) 0.78 t(7.4, H-4′) 0.93 d(6.7, H-5′)		
3-ONic 或 8-ONic		9.09 br s(H-2″) 8.26 br d(8.0, H-4″) 7.45 br s(H-5″)[a] 8.79 br s(H-6″)[a]	9.53 br d(2) 8.42 ddd(8, 6, 2) 7.44 br dd(8, 5) 8.82 dd(5, 2)	
14-ONic			9.16 br d(2) 8.31 ddd(8, 6, 2) 7.38 br dd(8, 5) 8.76 dd(5, 2)	
3-OProp			2.40 q(7.5), 1.05 t(7.5)	

[a] 遵循文献数据，疑有误。

四、巨大戟烷型二萜

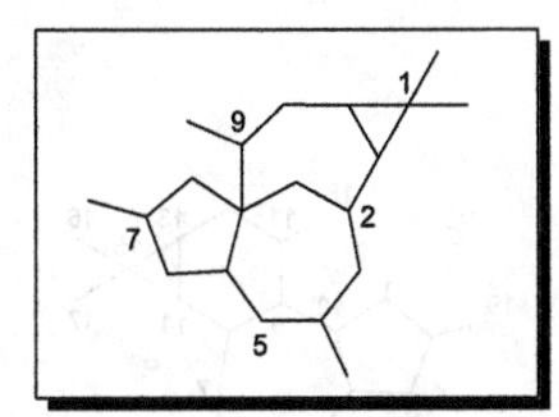

【系统分类】

1,1,4,7,9-五甲基十二氢-1*H*-2,8a-亚甲基环戊二烯并[*a*]环丙烯并[*e*][10]轮烯

1,1,4,7,9-pentamethyldodecahydro-1*H*-2,8a-methanocyclopenta[*a*]cyclopropa[*e*][10]annulene

【典型氢谱特征】

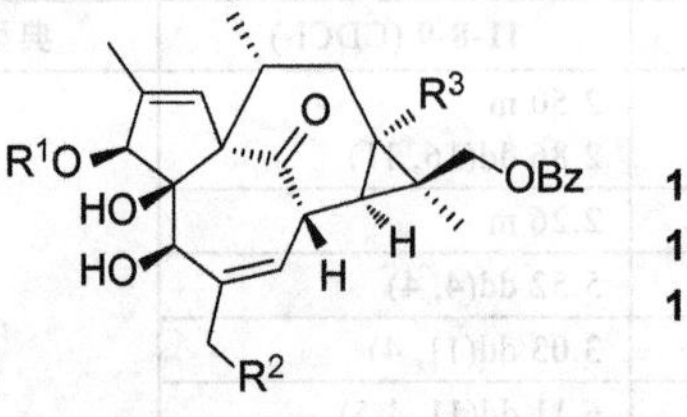

	R^1	R^2	R^3
11-8-10[7]	C	H	OC
11-8-11[7]	H	OC	OC
11-8-12[7]	Bz	OH	OBz

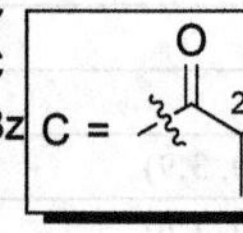

表 11-8-4 巨大戟烷型二萜 **11-8-10**～**11-8-12** 的 ^{1}H NMR 数据

H	**11-8-10** ($CDCl_3$)	**11-8-11** ($CDCl_3$)	**11-8-12** ($CDCl_3$)	典型氢谱特征
1	6.02 d(1.2)	5.88 d(1.2)	6.12 d(1.2)	① 16 位甲基特征峰； ② 化合物 **11-8-10**～**11-8-12** 的 C(17)全部形成氧亚甲基（氧化甲基），其信号有特征性； ③ 18 位甲基特征峰； ④ 19 位甲基特征峰； ⑤ 20 位甲基特征峰；化合物 **11-8-11** 和 **11-8-12** 的 C(20)形成氧亚甲基（氧化甲基），其信号有特征性
3	5.40 s	4.39 s	5.84 s	
5	3.65 s	3.67 s	4.14 s	
7	5.64 d(3.6)	6.05 d(3.6)	6.00 d(3.6)	
8	4.13 dd(12.0, 3.6)	4.21 dd(12.0, 3.6)	4.42 dd(12.0, 3.6)	
11	2.55 m	2.48 m	2.79 m	
12	2.34 dd(16.8, 5.2) 2.80 dd(16.8, 3.2)	2.32 dd(16.8, 5.2) 2.82 dd(16.8, 3.2)	2.61 dd(16.8, 5.2) 2.95 dd(16.8, 3.2)	
14	1.42 d(12.0)	1.49 d(12.0)	1.62 d(12.0)	
16①	1.20 s	1.25 s	1.28 s	
17②	4.42 d(12.0) 4.46 d(12.0)	4.48 d(12.0) 4.55 d(12.0)	4.39 d(12.0) 4.65 d(12.0)	
18③	0.99 d(7.2)	1.00 d(7.2)	1.08 d(7.2)	
19④	1.74 d(1.2)	1.84 d(1.2)	1.83 s	
20⑤	1.64 s	4.41 d, 4.63 d	4.07 br s	
3*R* 或 20*R*-2′	2.28 m	2.19 m	8.01 dd	
3′	1.87 m	1.83 m	7.44 m(ov)	
4′	0.90 d(6.8)	0.85 d(6.8)	7.56 m(ov)	
5′	1.08 d(6.8)	1.03 d(6.8)	7.44 m(ov)	
6′	0.87 d(6.8)	0.84 d(6.8)	8.01 dd	
13*R*-2′	2.17 m	2.19 m	8.02 dd	
3′	1.95 m	1.97 m	7.44 m(ov)	
4′	0.92 d(6.8)	0.93 d(6.8)	7.56 m(ov)	
5′	1.04 d(6.8)	1.06 d(6.8)	7.44 m(ov)	
6′	0.85 d(6.8)	0.88 d(6.8)	8.02 dd	
17-OBz	8.07 dd(7.6, 1.2, *o*-) 7.42 t(7.6, 7.6, *m*-) 7.53 t(7.6, 1.2, *p*-)	8.10 dd(7.6, 1.2, *o*-) 7.46 t(7.6, 7.6, *m*-) 7.57 t (7.6, 1.2, *p*-)	8.11 dd(7.6, 1.2, *o*-) 7.44 m(ov, *m*-) 7.56 m(ov, *p*-)	

五、巴豆烷型二萜

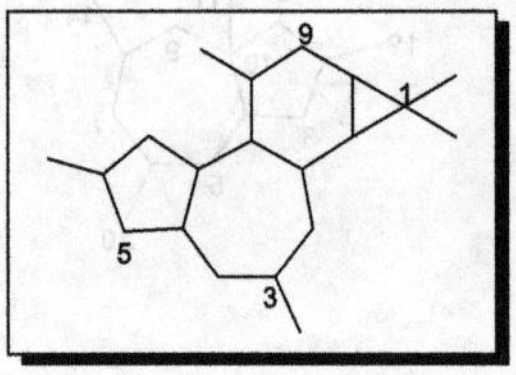

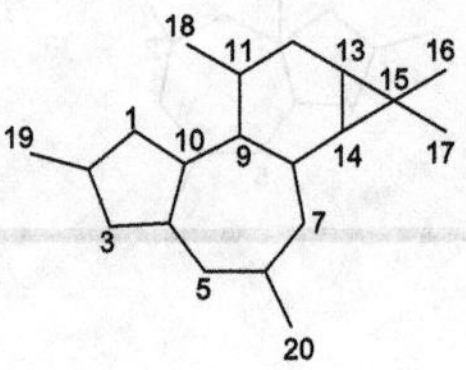

【系统分类】

1,1,3,6,8-五甲基十四氢-1*H*-环丙烯并[3,4]苯并[1,2-*e*]薁

1,1,3,6,8-pentamethyltetradecahydro-1*H*-cyclopropa[3,4]benzo[1,2-*e*]azulene

【典型氢谱特征】

Tig = ; ^{i}But =

	R^1	R^2	R^3
11-8-14 [9]	H	OTig	^{i}But
11-8-15 [10]	OH	H	$CO(CH_2)_{14}CH_3$

11-8-13 [8]

表 11-8-5 巴豆烷型二萜 11-8-13～11-8-15 的 ^{1}H NMR 数据

H	11-8-13 ($CDCl_3$)	11-8-14 ($CDCl_3$)	11-8-15 ($CDCl_3$)	典型氢谱特征
1	7.56 br s	7.55 dq(2.5, 1.5)	7.55 br s	① 16 位甲基特征峰；② 17 位甲基特征峰；③ 18 位甲基特征峰；④ 19 位甲基特征峰；⑤ 20 位甲基特征峰；化合物 **11-8-14** 和 **11-8-15** 的 C(20)形成氧亚甲基（氧化甲基），其信号有特征性
4	2.40 ddd(10, 9, 4)	2.48 ddd(10.0, 10.0, 5.0)		
5	1.98 dd(18, 10) 2.81 dd(18, 9)	α 2.15 br dd(18.0, 10.0) β 2.84 br dd(18.0, 10.0)	α 2.43 d(19.0) β 2.53 d(19.0)	
7	5.22 br s	5.54 br d(6.0)	5.65 d(4.1)	
8	2.07 br dd(6.5, 4)	2.39 br dd(6.0, 5.5)	2.99 m	
9	5.54 s(OH)			
10	3.29 br s	3.25 ddq(5.0, 2.5, 3.0)	3.23 br s	
11	—	1.60 dq(10.0, 6.5)	1.96 m	
12	1.53 dd(15, 4) 2.10 dd(15, 6)	5.45 d(10.0)	α 1.51 dd(14.2, 11.0) β 2.03 dd(14.2, 6.9)	
14	0.75 d(5)	1.04 d(5.5)	0.80 d(5.2)	
16①	1.02 s	1.21 s	1.16 s	
17②	1.19 s	1.23 s	1.04 s	
18③	0.91 d(6.5)	0.91 d(6.5)	0.86 d(6.2)	
19④	—	1.73 dd(3.0, 1.5)	1.65 d(1.7)	
20⑤	1.71 br s	3.99 d(13.0) 4.05 d(13.0)	3.94 d(12.6) 4.01 d(12.6)	
O^{i}But		1.16 d(7.0) 1.19 d(7.0) 2.58 m		
2′	2.19 m		2.26 t(7.5)	
3′	1.93 m	6.83 qq(7.0, 1.5, Tig)	1.58 m	
4′	1.09 d(6.5)	1.80 dq(7.0, 1.5, Tig)	1.23 br s	
5′	0.93 d(6.5)	1.83 br d(1.5,Tig)	1.23 br s	
6′	0.90 d(6.5)		1.23 br s	
7′～15′			1.23 br s	
16′			0.85 m	

六、segetane 型二萜

【系统分类】

2,2,4,7-四甲基十四氢-1*H*-4,10-亚甲基双环戊二烯并[*a*,*e*][9]轮烯

2,2,4,7-tetramethyltetradecahydro-1*H*-4,10-methanodicyclopenta[*a*,*e*][9]annulene

【结构特征性】

C(13)-C(17)键断裂；等。

【典型氢谱特征】

11-8-16[11]　　**11-8-17**[12]　　**11-8-18**[13]

表 11-8-6 segetane 型二萜 11-8-16～11-8-18 的 ^{1}H NMR 数据

H	**11-8-16** ($CDCl_3$)	**11-8-17** ($CDCl_3$)	**11-8-18** ($CDCl_3$)	典型氢谱特征
1α	2.37 dd(15, 9.5)	2.35 dd(15, 8)	2.54 dd(13.0, 8.0)	
1β	1.60 dd(15, 11.5)	1.53 dd(15, 11)	1.79 dd(13.0, 13.0)	
2	2.09 m	2.10 dq(11, 8)	2.47 m	
3	5.79 dd(3.5)	5.76 t(4)	5.58 dd(3.5, 3.5)	
4	3.28 dd(11.5, 3.5)	3.39 dd(11, 4)	2.99 dd(10.5, 3.5)	
5	5.27 d(11.5)	5.51 d(11)	5.46 d(10.5)	
6			2.04 s(OH)	
7	α 1.35 dd(12.5, 12.5) β 2.61 ddd(12.5, 4.5, 2.5)	α 1.72 dd(13, 13) β 2.31 dd(13, 4)	3.25 d(3.5) 3.49 d(3.5, OH)	
8	3.71 ddd(12.5, 4.5, 16)	3.65 ddd(14, 13, 4)	5.14 s(OH)	
11	5.55 d(11)	1.83 m	α 2.01 dd(9.0, 2.0) β 2.32 dd(11.0, 9.0)	① 16 位甲基特征峰；
12	1.77 dd(16, 11)	1.94 ddd(14, 12, 8)	3.08 dd(11.0, 2.0)	② 18 位甲基特征峰；
13			4.48 s(OH)	③ 19 位甲基特征峰；
14	5.18 s	5.20 s		④ 20 位甲基特征峰。
15	2.58 s(OH)	2.60 br s(OH)	3.04 s(OH)	
16①	0.94 d(7)	0.91 d(6.8)	1.01 d(7.0)	化合物 **11-8-18** 存在 C(13)-C(17)键断裂的结构特征，所形成的 C(17)氧亚甲基（氧化甲基）信号可作为鉴别结构多样性的特征
17	1.08 d(15) 3.51 dd(15, 2.5)	6.41 s	3.24 d(11.5) 5.24 d(11.5)	
18②	0.93 s	1.05 s	1.10 s	
19③	1.20 s	1.12 s	1.28 s	
20④	1.08 s	1.00 s	1.61 s	
$COCH_2OR$	4.49 d(16) 4.60 d(16)	4.43 d(16) 4.55 d(16)		
OAc	2.08 s(6-OAc) 2.14 s(11, 14-OAc) 2.09 s	2.00 s, 2.04 s, 2.05 s, 2.15 s	1.80 s(17-OAc)	
OBz	7.84 (*o*-) 7.46 (*m*-) 7.59 (*p*-)	7.82 dd(7.3, 1.1, *o*-) 7.45 t(7.3, 1, *m*-) 7.55 tt(7.3, 1.1, *p*-)	8.03 d(7.4, *o*-) 7.50 t(7.4, *m*-) 7.61 t(7.4, *p*-)	
OAng			5.99 br q(7.0) 1.87 d(7.0) 1.84 s	

参考文献

[1] Zahid M, Husani S R, Abbas M, et al. Helv Chim Acta, 2001, 84: 1980.

[2] Ahmad V U, Hussain J, Hussain H, et al. Chem Pharm Bull, 2003, 51: 719.

[3] Abbas M, Jassbi A R, Zahid M, et al. Helv Chim Acta, 2000, 83: 2751.

[4] Ahmad V U, Jassbi A R. Phytochemistry, 1998, 48: 1217.

[5] Ahmad V U, Jassbi A R. J Nat Prod, 1999, 62: 1016.

[6] Jeske F, Jakupovic J, Berendsohn W. Phytochemistry, 1995, 40: 1743.

[7] Lu Z Q, Yang M, Zhang J Q, et al. Phytochemistry, 2008, 69: 812.

[8] Appendino G, Belloro E, Tron G C, et al. J Nat Prod, 1999, 62: 1399.

[9] Appendino G, Jakupovic S, Tron G C, et al. J Nat Prod, 1998, 61: 749.

[10] Ma Q G, Liu W Z, Wu X Y, et al. Phytochemistry, 1997, 44: 663.

[11] Jakupovic J, Morgenstern T, Marco J A, et al. Phytochemistry, 1998, 47: 1611.

[12] Öksüz S, Gürek F, Yang S W, et al. Tetrahedron, 1997, 53: 3215.

[13] Barile E, Lanzotti V. Org Lett, 2007, 9: 3603.

第十二章　三　萜

三萜包括由30个碳原子组成碳架的萜类化合物及其通过碳碳键断裂降解形成的碳原子数不足30个的类似物。根据碳架结构是否连接成环及其含有碳环的数目，可以分类为链型三萜、单环三萜、双环三萜、三环三萜、四环三萜和五环三萜。根据碳架所含碳原子的数目，可以分为三萜和降三萜。四环三萜、五环三萜及其糖苷是三萜类化合物的主要组成部分，链型三萜、单环三萜、双环三萜和三环三萜以及降三萜在自然界分布相对较少。各类别中还有进一步的分型。

第一节　链型和单环三萜

一、角鲨烯型（squalenes）三萜

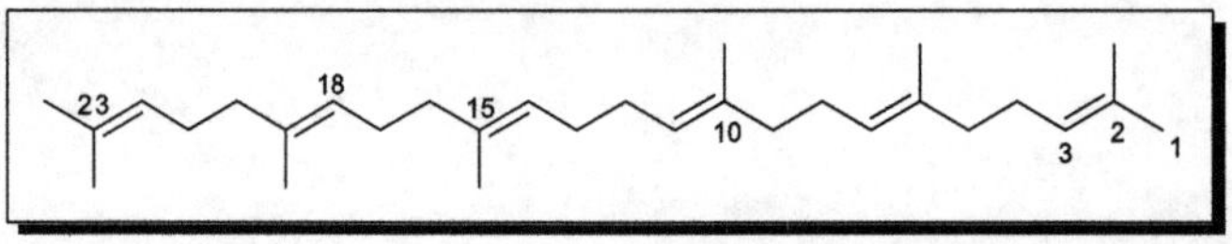

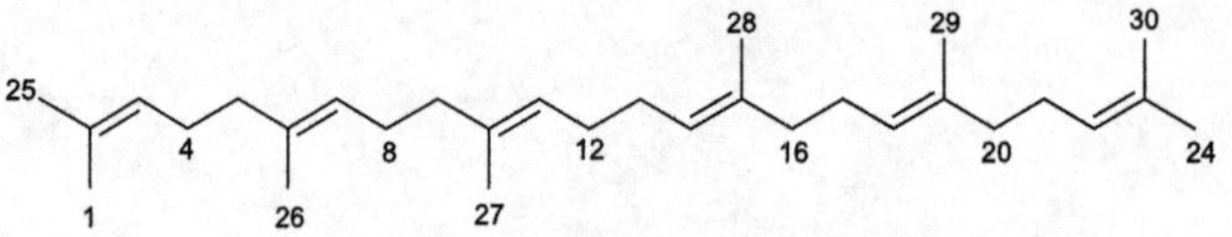

【系统分类】

(6*E*,10*E*,14*E*,18*E*)-2,6,10,15,19,23-六甲基二十四-2,6,10,14,18,22-六烯

(6*E*,10*E*,14*E*,18*E*)-2,6,10,15,19,23-hexamethyltetracosa-2,6,10,14,18,22-hexaene

【结构多样性】

角鲨烯类三萜的碳骨架含碳原子数目从29到33不等，通常呈线形，也常见含四氢呋喃或四氢吡喃结构单元；C(6),C(11)连接（单环三萜）等。

【典型氢谱特征】

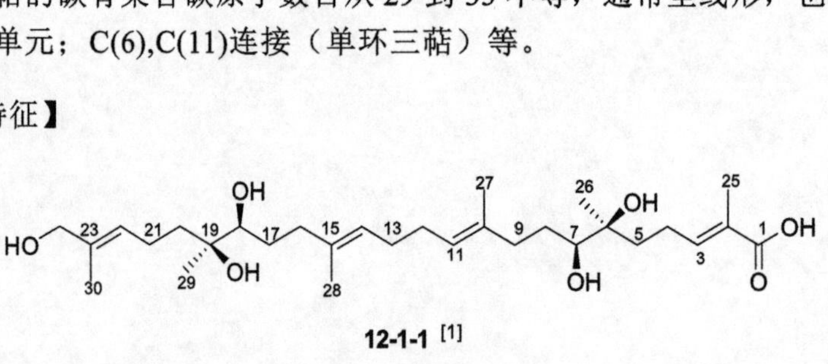

12-1-1 [1]

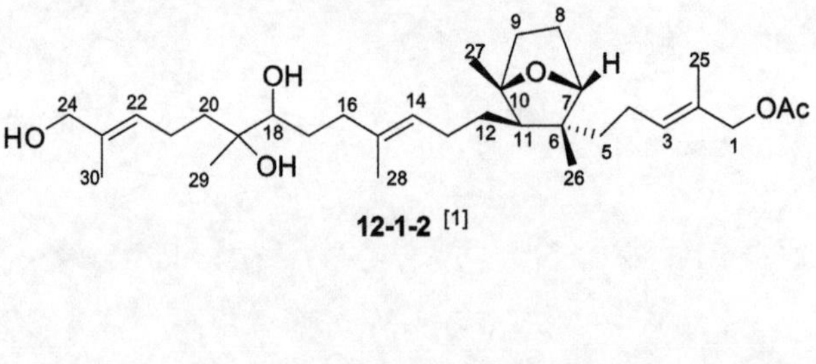

12-1-2 [1]

12-1-3 [2]

表 12-1-1　角鲨烯型三萜 12-1-1～12-1-3 的 ^{1}H NMR 数据

H	12-1-1 (CD_3OD)	12-1-2 (CD_3OD)	12-1-3 ($CDCl_3$)	典型氢谱特征
1①		4.45 s, 2.04 s(OAc)	1.11 s	① 1 位甲基特征峰；化合物 **12-1-1** 的 C(1)形成羧羰基，甲基特征信号消失；**12-1-2** 的 C(1)形成氧亚甲基（氧化甲基），信号有特征性； ② 24 位甲基特征峰；化合物 **12-1-1** 和 **12-1-2** 的 C(24)形成氧亚甲基(羟甲基)，信号有特征性； ③ 25 位甲基特征峰； ④ 26 位甲基特征峰； ⑤ 27 位甲基特征峰； ⑥ 28 位甲基特征峰；化合物 **12-1-3** 的 C(28)形成烯亚甲基，其信号有特征性； ⑦ 29 位甲基特征峰； ⑧ 30 位甲基特征峰
3	6.80 t(7.1)	5.47 t(7.1)	3.76 dd(9.1, 5.8)	
4	2.07 m 2.33 dd(13.7, 5.5)	1.96 m 2.11 m	1.84	
5	1.49 ddd(13.7, 5.2, 1.9) 1.57 ddd(13.7, 5.0, 1.9)	1.44 m 1.52 dd(11.5, 4.9)	1.66 2.04	
7	3.25 dd(6.5, 4.4)	3.85 d(5.5)	3.32 dd(11.4, 2.6)	
8	1.38 dd(10.2, 4.4) 1.75 m	1.51 m 1.67 m	1.51 1.66	
9	2.00 m 2.26 m	1.71 dd(12.4, 5.2) 1.97 m	1.57 1.81	
11	5.22 br d(1.1)	1.28 t(6.9)	3.46 dd(11.7, 5.6)	
12	2.04 m	1.35 m	1.65, 1.84	
13	2.04 m	1.99 m	1.85, 2.08	
14	5.22 br d(1.1)	5.19 t(7.2)	4.29 dd(7.1, 4.2)	
16	2.00 m 2.26 m	2.01 m 2.25 ddd(14.3, 9.6, 4.7)	2.20 2.46	
17	1.38 dd(10.2, 4.4) 1.75 m	1.38 m 1.75 m	1.48 1.64	
18	3.25 dd(6.5, 4.4)	3.28 dd(10.2, 1.4)	3.53 dd(10.8, 1.5) 2.38 s(18-OH)	
20	1.49 ddd(13.7, 5.2, 1.9) 1.57 ddd(13.7, 5.0, 1.9)	1.48 m 1.57 dd(11.8, 4.7)	1.58 2.10	
21	2.11 dd(12.2, 6.3) 2.17 dd(12.2, 6.3)	2.10 m 2.15 m	1.83(2H)	
22	5.41 dd(7.8, 6.5)	5.41 t(7.2)	3.76 dd(9.8, 6.5)	
24②	3.91 s	3.91 s	1.13 s	
25③	1.83 s	1.66 s	1.19 s	
26④	1.01 s	1.03 s	1.14 s	
27⑤	1.63 s	1.34 s	1.25 s	
28⑥	1.63 s	1.63 s	4.89 br s, 5.05 br s	
29⑦	1.01 s	1.11 s	1.14 s	
30⑧	1.66 s	1.66 s	1.21 s	

二、丛藻烷型（botryococcanes）三萜

【系统分类】

(6*E*,11*E*,16*E*)-2,6,10,13,17,21-六甲基-10-乙烯基二十二碳-2,6,11,16,20-五烯

(6*E*,11*E*,16*E*)-2,6,10,13,17,21-hexamethyl-10-vinyldocosa-2,6,11,16,20-pentene

【结构多样性】

丛藻烷型三萜是碳架碳数目不等的一类角鲨烯类似物，碳数目有 C_{30}、C_{31}、C_{32}、C_{33}、C_{34}、C_{36} 和 C_{37} 不等。丛藻烷型三萜主要为长链三萜。

【典型氢谱特征】

12-1-4 [3]

12-1-5 [3]

表 12-1-2 丛藻烷型三萜 12-1-4, 12-1-5 的 ^{1}H NMR 数据

H	12-1-4 ($CDCl_3$)	12-1-5 ($CDCl_3$)	典型氢谱特征
1①	1.61 br s	4.69 br s	① 1 位甲基特征峰；化合物 **12-1-5** 的 C(1)形成烯亚甲基，其信号有特征性； ② 22 位甲基特征峰；化合物 **12-1-4** 的 C(22)形成烯亚甲基，其信号有特征性； ③ 23 位甲基特征峰； ④ 24 位甲基特征峰； ⑤ 25 位甲基特征峰； ⑥ C(26)-C(27)乙烯基特征峰； ⑦ 28 位甲基特征峰； ⑧ 29 位甲基特征峰； ⑨ 30 位甲基特征峰； ⑩ 31 位甲基特征峰
3	5.11 m	2.12 m	
4	2.07 m	1.37 m	
5	1.98 m	1.89 m	
7		5.13 m	
8		1.91 m	
9		1.39 m	
11		5.354 dd(15.5, 0.8)	
12		5.203 dd(15.5, 8)	
13		2.11 ddm(8,7)	
14		1.30 m	
15		1.96 m	
16		5.13 m	
18	1.90 m	1.98 m	
19	1.37 m	2.07 m	
20	2.12 m	5.11 m	
22②	4.69 m	1.61 br s	
23③	1.688 br s	1.664 br s	
24	—[a]	1.58 br s④	
25	—[a]	1.085 s⑤	
26	—[a]	5.816 dd(17.6, 10.7)⑥	
27	—[a] —[a]	4.966 dd(10.7, 1)⑥ 4.947 dd(17.6, 1)⑥	
28	—[a]	0.978 d(7)⑦	
29	—[a]	1.58 br s⑧	
30⑨	1.664 br s	1.688 br s	
31⑩	1.015 d(6.8)	1.013 d(6.8)	

[a] 文献没有给出数据。

参考文献

[1] Quang D N, Hashimoto T, Tanaka M, et al. Phytochemistry, 2002, 61: 345.

[2] Manríquez C P, Souto M L, Gavín J A, et al. Tetrahedron, 2001, 57: 3117.

[3] Huang Z, Poulter C D. Phytochemistry, 1989, 28: 3043.

第二节 双环三萜

以波勒烷型（polypodanes）三萜为例。

【系统分类】

1,1,4a,6-四甲基-5-(4,8,12-三甲基十三烷基)十氢化萘

1,1,4a,6-tetramethyl-5-(4,8,12-trimethyltridecyl)decahydronaphthalene

【典型氢谱特征】

12-2-1 [1]

12-2-2 [2] R = *β*-OH

12-2-3 [2] R = =O

表 12-2-1 波勒烷型三萜 **12-2-1**～**12-2-3** 的 ^{1}H NMR 数据

H	**12-2-1** ($CDCl_3$)	**12-2-2** ($CDCl_3$)	**12-2-3** ($CDCl_3$)	典型氢谱特征
1	1.14 m, 1.73 m	1.15 m, 1.70 m	1.54 m, 1.90 m	① 23 位甲基特征峰；② 24 位甲基特征峰；③ 25 位甲基特征峰；④ 26 位甲基特征峰；⑤ 27 位甲基特征峰；⑥ 28 位甲基特征峰；⑦ 29 位甲基特征峰；⑧ 30 位甲基特征峰；化合物 **12-2-2** 和 **12-2-3** 的 C(30) 形成羧羰基，30 位甲基信号消失
2	1.59 m, 1.67 m	1.65～1.69 m	2.40 m, 2.60 m	
3	3.24 dd(11.6, 4.6)	3.23 dd(10.9, 4.9)	—[a]	
5	0.91 m	0.90 d-like	1.46 m	
6	1.13 m, 1.65 m	1.32 m, 1.65～1.69 m	1.28 m, 1.54 m	
7	1.38 m, 1.89 m	1.44 m, 1.90 m	1.50 m, 1.90 m	
9	1.03 m	1.02 dd[1]	1.16 dd(4.0, 4.0)	
11	1.31 m, 1.46 m	1.26 m, 1.42 m	1.28 m, 1.50 m	
12	2.08 m	2.11 m	2.12 m	
13	5.16 t(7.3)	5.13 dd[1]	5.14 dd[1]	
15	2.00 m	2.11 m	2.12 m	
16	2.05 m	2.11 m	2.12 m	
17	5.12 t(7.3)	5.10 dd-like	5.12 dd[1]	
19	2.00 m	2.00 m	2.00 m	
20	2.05 m	2.30 m	2.30 m	

续表

H	12-2-1 ($CDCl_3$)	12-2-2 ($CDCl_3$)	12-2-3 ($CDCl_3$)	典型氢谱特征
21	5.11 t(7.3)	6.82 dd(7.0, 5.8)	6.84 dd(7.2, 6.1)	
23①	0.77 s	0.99 s	1.09 s	
24②	1.00 s	0.76 s	1.02 s	
25③	0.81 s	0.80 s	0.95 s	
26④	1.15 s	1.15 s	1.21 s	
27⑤	1.62 s	1.59 s	1.61 s	
28⑥	1.61 s	1.59 s	1.59 s	
29⑦	1.61 s	1.81 s	1.82 s	
30⑧	1.69 s			

[a] 文献中缺数据。

参考文献

[1] Morad S A F, Schmidt C, Büchele B, et al. J Nat Prod, 2011, 74: 1731.

[2] Matsuda H, Morikawa T, Ando S, et al. Bioorg Med Chem, 2004, 12: 3037.

第三节 三环三萜

一、海洋臭椿型（malabaricanes）三萜

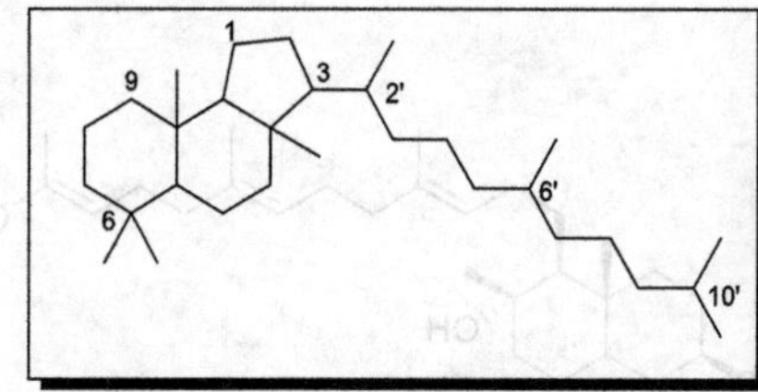

【系统分类】

3a,6,6,9a-四甲基-3-(6,10-二甲基十一烷-2-基)十二氢-1*H*-环戊二烯并[*a*]萘

3-(6,10-dimethylundecan-2-yl)-3a,6,6,9a-tetramethyldodecahydro-1*H*-cyclopenta[*a*]naphthalene

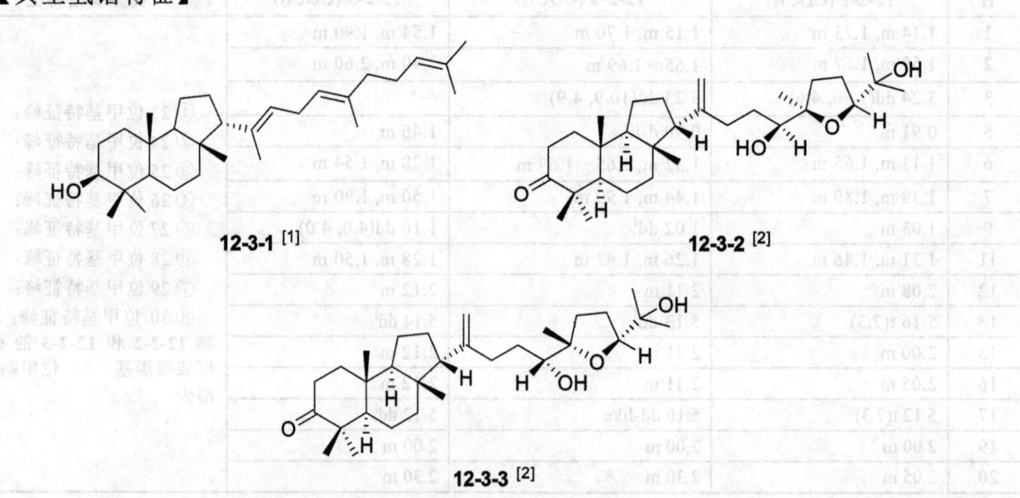

【典型氢谱特征】

12-3-1 [1]

12-3-2 [2]

12-3-3 [2]

表 12-3-1 海洋臭椿型三萜 12-3-1～12-3-3 的 ^{1}H NMR 数据

H	12-3-1 ($CDCl_3$)	12-3-2 ($CDCl_3$)	12-3-3 ($CDCl_3$)	典型氢谱特征
1	1.05 m 1.51 m	ax 1.51 m eq 1.78 ddd(13.4, 7.6, 3.5)	ax — eq 1.78 ddd(13.3, 7.6, 3.5)	① 18 位甲基特征峰；化合物 **12-3-2** 和 **12-3-3** 的 C(18)形成烯亚甲基，其信号有特征性； ② 19 位甲基特征峰； ③ 21 位甲基特征峰； ④ 26 位甲基特征峰； ⑤ 27 位甲基特征峰； ⑥ 28 位甲基特征峰； ⑦ 29 位甲基特征峰； ⑧ 30 位甲基特征峰
2	1.60 m 1.63 m	ax 2.55 ddd(16.1, 10.9, 7.6) eq 2.39 ddd(16.1, 7.3, 3.5)	ax 2.56 ddd(16.1, 10.9, 7.6) eq 2.39 ddd(16.1, 7.3, 3.5)	
3	3.19 dd(9.9, 6.1)			
5	0.64 br d(10.7)	1.26 m	—	
6	1.42 m, 1.48 m	1.53 m	—	
7	1.42 m, 1.52 m	ax 1.15 m, eq 1.63 m	—	
9	1.25 m, 1.28 m[a]	1.40 dd(12.7, 7.7)	—	
11	1.27 m, 1.46 m	1.51 m	—	
12	1.50～1.85 m	α 1.59 m, β 2.01 m	—	
13	2.02 m	2.18 m	—	
15	4.97 t(4.9)	2.13 m, 2.18 m	—	
16	2.72 m	1.43 m, 1.49 m	—	
17	5.15 t(7.3)	3.52 dd(10.2, 2.0)	3.57 dd(10.2, 2.2)	
18①	1.60 s	4.62 br s, 4.91 q(1.2)	4.62 br s, 4.91 q(1.2)	
19②	0.78 s	0.98 s	0.98 s	
21③	1.63 s	1.14 s	1.15	
22	1.86～2.05 m	1.56 m, 2.10 m	—	
23	1.45～1.54 m	1.87 m	—	
24	5.10 t(6.9)	3.77 dd(10.6, 5.4)	3.83 t(7.4)	
26④	1.60 s	1.13 s	1.17 s	
27⑤	1.68 s	1.22 s	1.27 s	
28⑥	0.95 s	1.07 s	1.07 s	
29⑦	0.84 s	1.04 s	1.04 s	
30⑧	0.95 s	1.03 s	1.02 s	

[a] 文献中列出了 9 位次甲基两个氢信号，可能是打印错误。

二、异海洋臭椿型三萜

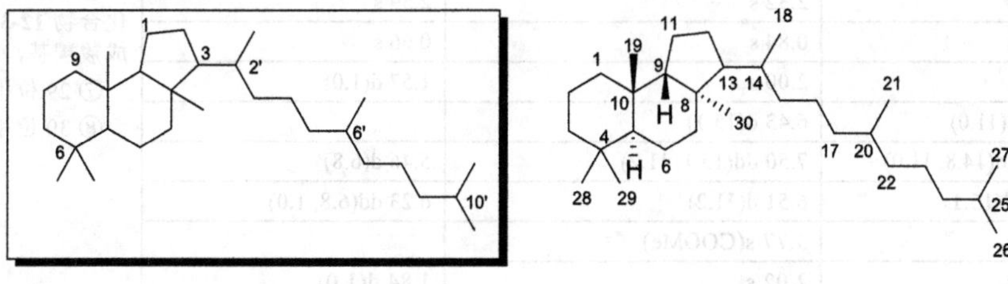

【系统分类】

3-(6,10-二甲基十一烷-2-基)-3a,6,6,9a-四甲基十二氢-1*H*-环戊二烯并[*a*]萘

3-(6,10-dimethylundecan-2-yl)-3a,6,6,9a-tetramethyldodecahydro-1*H*-cyclopenta[*a*]naphthalene

【典型氢谱特征】

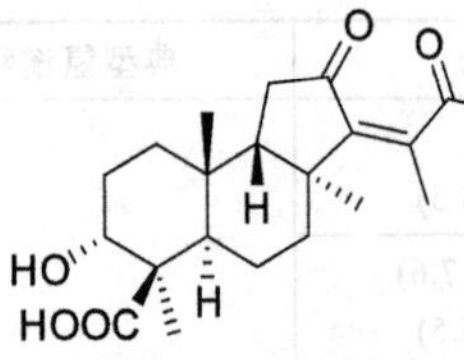

12-3-4 [3]

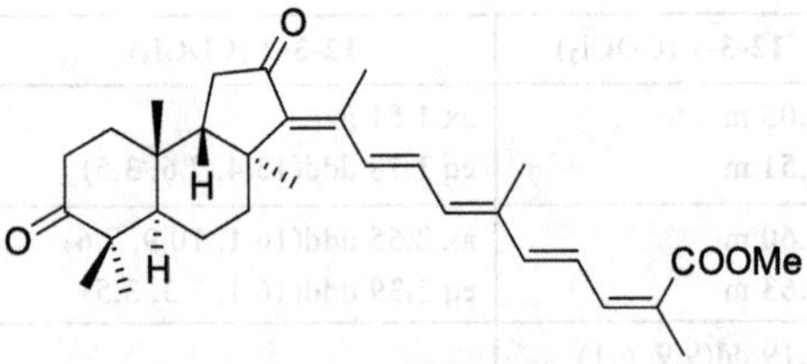

12-3-5 [4]

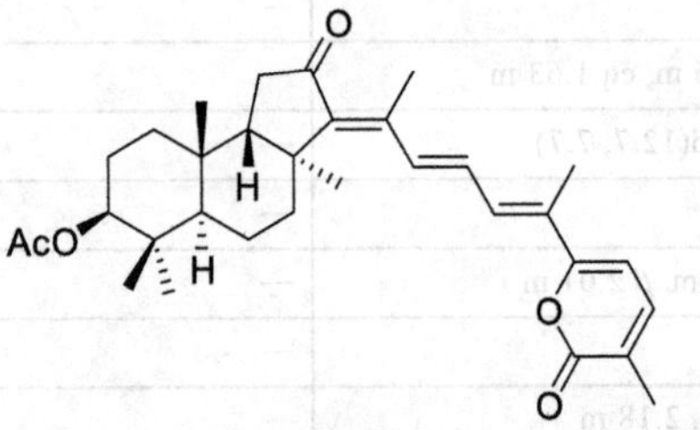

12-3-6 [4]

表 12-3-2 异海洋臭椿型三萜 12-3-4～12-3-6 的 ^{1}H NMR 数据

H	12-3-4 ($CDCl_3$)	12-3-5 (C_6D_6)	12-3-6 (C_6D_6)	典型氢谱特征
1	1.18 m 1.90 m	1.49 m 2.15 m	0.90 m 1.17 td(13.8, 4.3)	
2	1.73 m 2.21 m	2.38 m 2.71 ddd(16.1, 12.2, 5.9)	1.56 m 1.82 m	
3	4.18 m	2.39 dd(13.2, 2.4)	4.71 dd(11.7, 4.9)	
5	2.33 m	1.50 m	1.52 br d(12.5)	
6	1.88 m	1.58 m	1.07 m 1.33 dd(12.5, 8.8)	
7	2.09 m, 2.23 m	2.16 m	1.77 m, 1.90 m	① 18 位甲基特征峰； ② 19 位甲基特征峰； ③ 21 位甲基特征峰； ④ 26 位甲基特征峰；化合物 **12-3-5** 和 **12-3-6** 的 C(26)形成酯羰基，26 位甲基信号消失； ⑤ 27 位甲基特征峰； ⑥ 28 位甲基特征峰；化合物 **12-3-4** 的 C(28)形成羧羰基，该信号消失； ⑦ 29 位甲基特征峰； ⑧ 30 位甲基特征峰
9	1.94 m	1.85 t(10.8)[a]	1.43 dd(15.0, 7.6)	
11	2.13 m 2.20 m	2.20 br d(10.6)[a]	1.97 m 2.03 dd(16.6, 7.6)	
15		6.67 d(15.1)	6.87 d(14.6)	
16	6.18 d(16.1)	7.03 dd(15.1, 11.6)	6.92 dd(14.6, 10.5)	
17	6.93 d(16.1)	6.34 d(11.6)	7.48 d(10.5)	
18①	1.96 s	2.32 s	2.59 s	
19②	0.95 s	0.84 s	0.66 s	
21③	1.91 s	2.00 s	1.57 d(1.0)	
22	6.30 d(11.0)	6.43 d(15.1)		
23	6.61 dd(14.8, 11.0)	7.50 dd(15.1, 11.2)	5.46 d(6.8)	
24	6.06 d(15.1)	6.51 d(11.2)	6.23 dd(6.8, 1.0)	
26④	1.36 s	3.77 s(COOMe)		
27⑤	1.36 s	2.02 s	1.84 d(1.0)	
28⑥		1.10 s	0.92 s	
29⑦	1.25 s	1.03 s	0.86 s	
30⑧	1.47 s	1.41 s	1.07 s	
OAc			1.76 s	

[a] 遵循文献数据，疑有误。

三、五味子素三萜化合物

五味子素三萜化合物（schisanterpanes）主要是从五味子科五味子属（*Schisandra*）和南五味子属(*Kadsura*)植物中分离得到的三萜化合物，其碳架可认为是由环菠萝蜜烷 A 环的 C(3)-C(4)键和 B 环的 C(9)-C(10)键或其他键切断，并经重排后形成的。根据结构特点有多重分型。

1. C_{30}五味子素型三萜

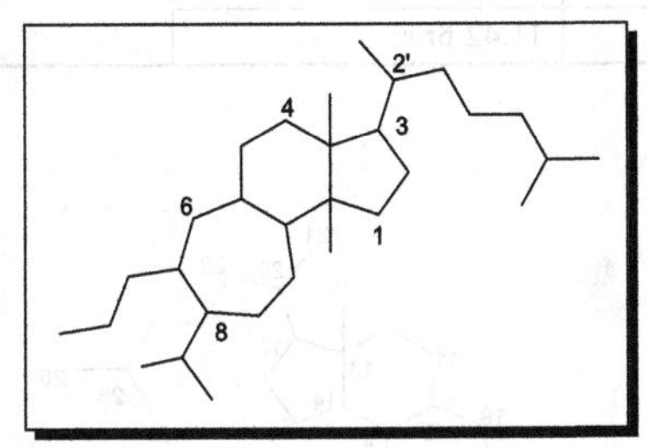

【系统分类】

3a,10b-二甲基-7-丙基-8-异丙基-3-(6-甲基庚-2-基)十四氢环庚三烯并[*e*]茚

8-isopropyl-3a,10b-dimethyl-3-(6-methylheptan-2-yl)-7-propyltetradecahydrocyclohepta[*e*]indene

【典型氢谱特征】

12-3-7 [5]　**12-3-8** [5]　**12-3-9** [5]

表 12-3-3 C_{30}五味子素型三萜 **12-3-7～12-3-9** 的 ^{1}H NMR 数据

H	**12-3-7** (CDCl$_3$)	**12-3-8** (CDCl$_3$)	**12-3-9** (CDCl$_3$)	典型氢谱特征
1	6.79 m	6.58 m	2.84 m(2H)	① 18 位甲基特征峰；② 21 位甲基特征峰；③ 27 位甲基特征峰；④ 28 位甲基特征峰；⑤ 29 位甲基特征峰；⑥ 30 位甲基特征峰；C_{30} 五味子素型三萜 **12-3-7** 和 **12-3-8** 的 C(3)形成酯羰基，**12-3-9** 的 C(3)形成羧羰基，不存在 3 位甲基信号；**12-3-7～12-3-9** 的 C(26)全部形成酯羰基，不存在 26 位甲基信号
2	5.82 m	5.79 m	2.58 m(2H)	
5	2.45 m	1.71 m		
6	5.02 m	5.82 m	6.25 s	
7	1.93 m(2H)	6.16 m	6.76 s	
11	1.42 m(2H)	2.61 m(2H)	2.90 m(2H)	
12	1.53 m(2H)	1.65, 1.88 AB(2H)	1.94 m(2H)	
15	2.13 (1H), 2.41 (1H) AB	1.65, 1.88 AB(2H)	1.76, 1.92 AB(2H)	
16	1.83 m(2H)	1.93 m(2H)	1.58, 1.97 AB(2H)	
17	1.58 m	1.57 m	1.69 m	
18①	0.80 s	0.91 s	0.66 s	
19	6.42 s	6.16 m	6.90 s	
20	2.08 m	2.10 m	2.12 m	
21②	1.03 d(6.5)	1.07 d(6.5)	1.08 d(6.5)	

续表

H	12-3-7 ($CDCl_3$)	12-3-8 ($CDCl_3$)	12-3-9 ($CDCl_3$)	典型氢谱特征
22	4.48 dt	4.52 dt	4.54 m	
23	2.13 m(2H)	2.13, 2.40 AB(2H)	2.19, 2.43 AB(2H)	
24	6.61 m	6.62 m	6.64 m	
27③	1.93 s	1.93 s	1.94 s	
28④	1.02 s	0.91 s	1.07 s	
29⑤	1.59 s	1.62 s	1.69 s	
30⑥	1.57 s	1.51 s	1.90 s	
COOH			11.42 br s	

2. schiartane 型三萜

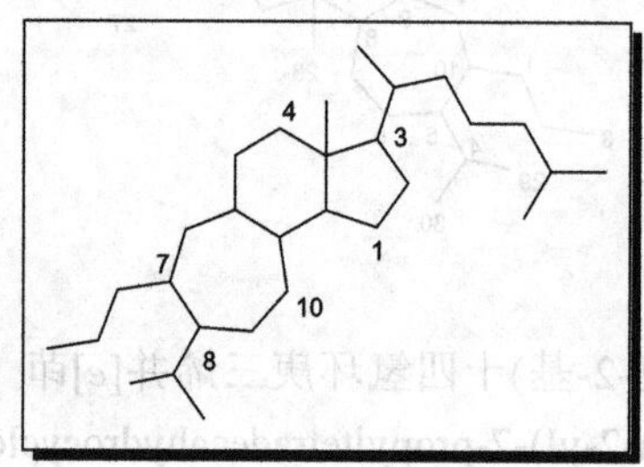

【系统分类】

3a-甲基-7-丙基-8-异丙基-3-(6-甲基庚-2-基)十四氢环庚三烯并[*e*]茚

8-isopropyl-3a-methyl-3-(6-methylheptan-2-yl)-7-propyltetradecahydrocyclohepta[*e*]indene

【典型氢谱特征】

12-3-10 [6]　　**12-3-11** [6]　　**12-3-12** [6]

表 12-3-4 schiartane 型三萜 **12-3-10～12-3-12** 的 ^{1}H NMR 数据

H	12-3-10 (C_5D_5N)	12-3-11 (C_5D_5N)	12-3-12 (C_5D_5N)	典型氢谱特征
1	4.30 d(4.5)	4.27 d(4.5)	4.28 d(4.5)	① 18 位甲基特征峰； ② 21 位甲基特征峰； ③ 27 位甲基特征峰； ④ 29 位甲基特征峰； ⑤ 30 位甲基特征峰； schiartane 型三萜 **12-3-10～12-3-12** 的 C(3)和 C(26)全部形成酯羰基，不存在 3 位和 26 位甲基信号
2α	2.73 d(17.5)	2.72 d(15.5)	2.75 d(17.5)	
2β	2.96 dd(17.5, 4.5)	2.95 dd(17.5, 4.5)	3.02 dd(17.5, 4.5)	
5	2.66 dd(13.5, 3.5)	2.62 dd(13.0, 3.5)	2.52 dd(13.5, 3.0)	
6α	1.66～1.71 ov	1.73 m	2.01～2.05 ov	
6β	1.35 m	1.32～1.39 ov	1.30 m	
7α	2.29 m	2.11～2.16 ov	1.88～1.94 m	
7β	1.87～1.91 ov	2.78 m	1.41 m	
8β	1.71～1.73 ov	1.85～1.92 ov	2.16 ov	
11α	1.87～1.91 ov	1.81～1.88 ov	2.16 ov	
11β	1.76 m	1.60 m	1.88～1.94 ov	

续表

H	12-3-10 (C_5D_5N)	12-3-11 (C_5D_5N)	12-3-12 (C_5D_5N)	典型氢谱特征
12α	2.44 dt(13.5, 4.5)	2.50～2.58 ov	5.76 dd(11.0, 4.5)	
12β	1.69～1.72 ov	1.84～1.91 ov		
15α	1.49～1.56 ov		3.36 br s	
15β	1.83～1.89 ov	4.64 br s		
16α	2.11 m	4.44 br s	2.00～2.03 ov	
16β	1.49～1.56 ov		1.54 m	
17	2.60 m	2.43 dd(11.5, 4.5)	1.52～1.57 ov	
18①	0.92 s	1.37 s	1.12 s	
19α	2.06 br s(2H)	2.16 (ABd, 16.5)	2.14 (ABd, 15.5)	
19β		2.07 (ABd, 16.5)	2.06 (ABd, 15.5)	
20	2.23 m	2.57～2.64 ov	1.98 m	
21②	1.42 d(7.0)	1.33 d(6.5)	0.94 d(6.5)	
22	4.14 br d(3.5)	4.03 d(6.5)	4.40 br d(13.0)	
23	5.26 br s	4.88 br d(7.5)	1.79 m, 2.01～2.05 ov	
24	7.20 br s	1.87～1.94 ov 2.46～2.54 ov	6.43 d(5.5)	
25		3.10 m		
27③	1.79 s	1.18 d(7.5)	1.91 s	
29④	1.15 s	1.08 s	1.10 s	
30⑤	1.30 s	1.28 s	1.25 s	

3. 18-去甲 schiartane 型三萜

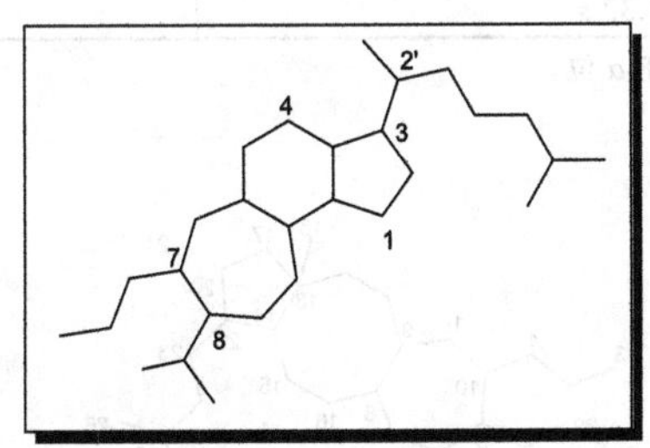

【系统分类】

7-丙基-8-异丙基-3-(6-甲基庚-2-基)-十四氢环庚三烯并[*e*]茚

8-isopropyl-3-(6-methylheptan-2-yl)-7-propyltetradecahydrocyclohepta[*e*]indene

【典型氢谱特征】

12-3-13 [7]　　12-3-14 [8]　　12-3-15 [8]

表 12-3-5 18-去甲 schiartane 型三萜 **12-3-13～12-3-15** 的 ^{1}H NMR 数据

H	**12-3-13** (C_5D_5N)	**12-3-14** (C_5D_5N)	**12-3-15** (C_5D_5N)	典型氢谱特征
1	4.18 d(4.6)	4.30 d(6.1)	4.42 d(5.3)	① 21 位甲基特征峰； ② 27 位甲基特征峰； ③ 29 位甲基特征峰； ④ 30 位甲基特征峰； 18-去甲 schiartane 型三萜 **12-3-13～12-3-15** 的 C(3)和 C(26)全部形成酯羰基，不存在 3 位和 26 位甲基信号
2α	2.63 d(18.0)	2.83 d(18.3)	2.86 d(18.0)	
2β	2.98 dd(18.0, 4.6)	3.19 dd(18.3, 6.1)	3.23 ov	
5	3.23 dd(13.5, 4.3)	2.32 ov	2.87 ov	
6α	1.50 m	1.83 m	5.72 br d(12.6)	
6β	2.03 ov	1.58 m		
7α	4.88 br s	2.99 dd(16.2, 2.6)	6.50 d(12.6)	
7β		2.71 ov		
8	2.63 br s			
11	α 2.18 dd(15.4, 2.5) β 2.37 dd(15.4, 2.5)	6.50 s	7.53 d(5.5)	
12	α 5.11 br s[a]		7.89 d(5.5)	
15	6.25 br s	α 2.59 ov, β 1.69 m	α 3.23 ov, β 2.88 ov	
16	2.35 m	α 2.67 m, β 2.06 m	α 4.86 ov[b]	
17	2.98 m	3.21 m	3.29 dd(5.5, 5.3)	
19α	1.99 (AB d, 15.4)	2.84 d(15.6)	3.00 d(15.2)	
19β	2.03 ov	3.54 d(15.6)	3.22 d(15.2)	
20	2.38 m	2.30 m	2.31 m	
21①	0.93 d(6.8)	0.82 d(7.1)	1.17 d(8.2)	
22	3.66 dd(10.0, 4.0)	4.05 dd(7.8, 1.3)	3.73 dd(6.7, 5.2)	
23	5.14 br s	4.96 ov	4.86 ov	
24	7.25 br s	7.29 br s	6.88 br s	
27②	1.83 s	1.89 s	1.76 s	
29③	0.95 s	1.10 s	1.24 s	
30④	1.20 s	1.32 s	1.32 s	

[a] 遵循文献数据，列为 α；[b] 遵循文献，将 16 位氢的数据列在 α 位。

4. schisanartane 型三萜

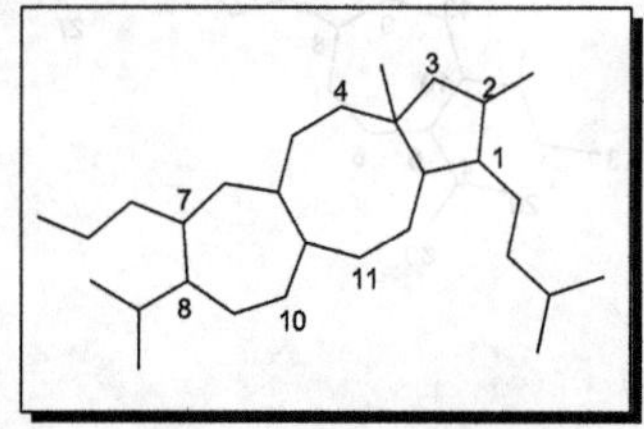

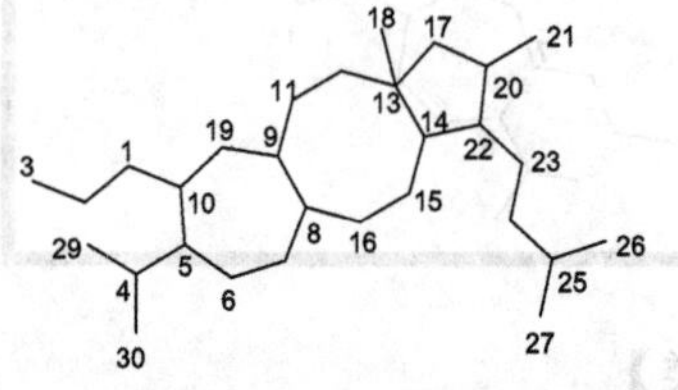

【系统分类】

2,3a 二甲基-7-丙基-8-异丙基-1-异戊基-十六氢环戊二烯并[*a*]环庚三烯并[*e*][8]轮烯

1-isopentyl-8-isopropyl-2,3a-dimethyl-7-propylhexadecahydrocyclohepta[*a*]cyclopenta[*e*][8]annulene

【典型氢谱特征】

12-3-16 [7]　　**12-3-17** [7]　　**12-3-18** [7]

表 12-3-6 schisanartane 型三萜 **12-3-16～12-3-18** 的 ^{1}H NMR 数据

H	**12-3-16** (C_5D_5N)	**12-3-17** (C_5D_5N)	**12-3-18** (C_5D_5N)	典型氢谱特征
1	4.29 d(6.2)	4.11 d(6.6)	4.25 d(6.1)	① 18 位甲基特征峰；② 21 位甲基特征峰；③ 27 位甲基特征峰；④ 29 位甲基特征峰；化合物 **12-3-18** 的 C(29)形成氧亚甲基（氧化甲基），其信号有特征性；⑤ 30 位甲基特征峰；schisanartane 型三萜 **12-3-16～12-3-18** 的 C(3)全部形成酯羰基，**12-3-16** 和 **12-3-18** 的 C(26)形成酯羰基，**12-3-17** 的 C(26)形成羧羰基，因此，3 个化合物的氢谱不存在 3 位和 26 位甲基信号
2α	2.78 d(14.6)	2.57 d(18.4)	2.53 br d(18.2)	
2β	2.96 dd(14.6, 6.4)	2.78 dd(18.4, 6.6)	2.95 ov	
5	2.57 d(10.8)	2.11 m	2.90 m	
6α	4.10 m	2.20 ov	2.21 m	
6β		2.28 m	1.69 m	
7α	2.51 m	7.27 t(7.7)	2.32 m	
7β	2.70 m		2.00 m	
8	3.05 dd(12.5, 4.9)			
11α	1.94 ov	2.40 ov	2.02 m	
11β	1.67 ov	1.85 m	2.35 m	
12α	1.93 ov	1.90 m	1.91 m	
12β	1.52 m	1.65 m	1.74 m	
14	3.28 s	3.12 d(7.2)	3.22 d(7.8)	
18①	1.60 s	1.14 s	0.97 s	
19α	2.30 ABd(16.1)	2.25 ABd(16.5)	2.32 ABd(15.9)	
19β	2.43 ABd(16.1)	2.40 ABd(16.5)	2.53 ABd(15.9)	
20			3.60 m	
21②	1.77 s	1.74 s	1.11 d(6.5)	
22		3.05 br d(7.2)	2.90 m	
23	4.93 br s	6.50 m		
24α	5.43 br s	6.55 d(8.4)	2.80 dd(14.5, 9.2)	
24β			2.15 br d(14.5)	
25	3.29 m		3.00 m	
27③	1.31 d(7.1)	2.04 s	1.09 d(7.5)	
29④	1.36 s	0.98 s	3.60 d(11.5), 3.74 d(11.5)	
30⑤	1.68 s	1.21 s	1.16 s	

参考文献

[1] Messina F, Curini M, Sano C D, et al. J Nat Prod, 2015, 78: 1184.

[2] Ziegler H L, Stærk D, Christensen J, et al. J Nat Prod, 2002, 65: 1764.

[3] Fouad M, Edrada R A, Ebel R, et al. J Nat Prod, 2006, 69: 211.

[4] McCormick J L, McKee T C, Cardellina II J H, et al. J Nat Prod, 1996, 59: 1047.

[5] Chen D F, Zhang S X, Wang H K, et al. J Nat Prod, 1999, 62: 94.

[6] Li C, Huang S X, Chen J J, et al. J Nat Prod, 2008, 71: 1228.

[7] Xiao W L, Yang S Y, Yang L M, et al. J Nat Prod, 2010, 73: 221.

[8] Xiao W L, Yang L M, Gong N B, et al. Org Lett, 2006, 8: 991.

第四节 四环三萜

一、原萜烷型（protostanes）三萜

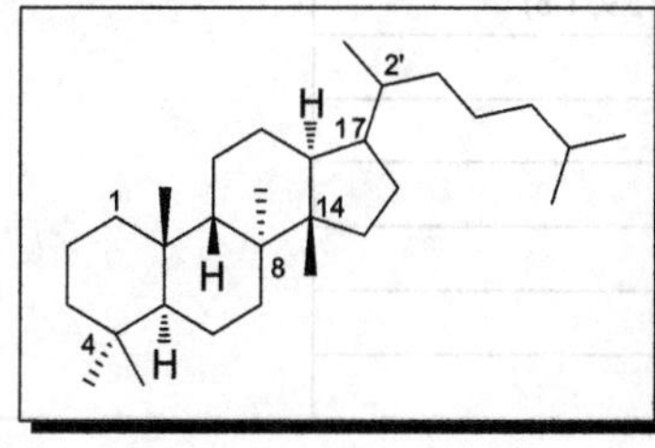

【系统分类】

4,4,8,10,14-五甲基-17-(6-甲基庚-2-基)十六氢-1*H*-环戊二烯并[*a*]菲

4,4,8,10,14-pentamethyl-17-(6-methylheptan-2-yl)hexadecahydro-1*H*-cyclopenta[*a*]phenanthrene

【典型氢谱特征】

12-4-1 [1]　　12-4-2 [2]　　12-4-3 [3]

表 12-4-1　原萜烷型三萜 12-4-1～12-4-3 的 ^{1}H NMR 数据

H	12-4-1 ($CDCl_3$)	12-4-2 ($CDCl_3$)	12-4-3 ($CDCl_3$)	典型氢谱特征
1	*α* 1.37 d(2) *β* 1.38 d(3.5)	1.56 m 2.10 m	1.62～1.68 m 2.05～2.11 m	
2	*α* 1.68 d(4.6) *β* 1.52 m	2.38 m 2.65 m	2.24～2.32 m 2.66～2.76 m	
3	3.22 dd(11.7, 5.0)			
5	1.43 d(10.3)	1.97 m	2.25～2.33 m	
6	*α* 1.19～1.18 m *β* 1.49 m	1.29 m 1.45 m	1.32～1.40 m 1.47～1.54 m	
7	*α* 1.18～1.17 m *β* 1.92 m	1.24 m 2.08 m	1.62～1.69 m 1.85～1.95 m	
9	1.44 t(14.1)	1.84 m	2.28 m	① 18 位甲基特征峰； ② 19 位甲基特征峰； ③ 21 位甲基特征峰；化合物 **12-4-1** 的 C(21)形成烯亚甲基，其信号有特征性； ④ 26 位甲基特征峰；化合物 **12-4-2** 的 C(26)形成羧羰基，不存在 26 位甲基信号； ⑤ 27 位甲基特征峰； ⑥ 28 位甲基特征峰； ⑦ 29 位甲基特征峰； ⑧ 30 位甲基特征峰
11	*α* 1.20～1.19 m *β* 1.46 m	1.91 m 2.01 m	5.67 dd(10.1, 2.0)	
12	1.16～1.14 m	5.36 br s	6.25 dd(10.1, 3.3)	
13	1.97 d(3.6)			
15	*α* 1.42 d(3.3) *β* 1.17～1.16 m	1.26 m 1.60 m	1.24～1.26 m 2.12～2.16 m	
16	1.75 m	1.46 m, 1.70 m	4.57 d(7.9)	
17	2.60 dt(9.2, 8.8)	2.34 m		
18①	1.07 s	0.93 s	0.87 s	
19②	0.87 s	0.87 s	0.91 s	
20		2.89 m	2.97 m	
21③	4.88 s, 4.86 s	1.09 d(6.5)	1.19 d(6.5)	
22	2.10 m, 1.95 m	5.73 t(11.4)	1.30～1.34 m, 2.15～2.20 m	
23	2.04 m, 1.91 m	6.28 t(11.4)	4.11 dt(11.9, 1.8)	
24	5.08 m	7.62 d(11.4)	3.01 m	
26④	1.66 s		1.25 s	
27⑤	1.58 s	1.93 s	1.30 s	
28⑥	0.76 s	1.07 s	1.08 s	
29⑦	0.96 s	1.06 s	1.05 s	
30⑧	0.82 s	1.01 s	1.07 s	

二、达玛烷型(dammaranes)三萜

【系统分类】

4,4,8,10,14-五甲基-17-(6-甲基庚-2-基)十六氢-1*H*-环戊二烯并[*a*]菲

4,4,8,10,14-pentamethyl-17-(6-methylheptan-2-yl)hexadecahydro-1*H*-cyclopenta[*a*]phenanthrene

【典型氢谱特征】

12-4-4 [4]　**12-4-5** [5]　**12-4-6** [6]

表 12-4-2 达玛烷型三萜 **12-4-4**～**12-4-6** 的 ^{1}H NMR 数据

H	12-4-4 ($CDCl_3$)	12-4-5 ($CDCl_3$)	12-4-6 ($CDCl_3$)	典型氢谱特征
1	1.04 m, 1.72 m	2.77 t(11.4)	3.62 ddd(10.6, 5.4, 5.4)	① 18 位甲基特征峰； ② 19 位甲基特征峰；化合物 **12-4-5** 的 C(19)形成缩醛次甲基，其信号有特征性； ③ 21 位甲基特征峰； ④ 26 位甲基特征峰； ⑤ 27 位甲基特征峰； ⑥ 28 位甲基特征峰； ⑦ 29 位甲基特征峰； ⑧ 30 位甲基特征峰
2	1.60 ov 1.65 ov	—	*α* 1.85 m *β* 1.75 m	
3	3.19 dd(11.9, 5.0)	3.31 t(2.4)	4.68 t(3.0)	
5	0.98 d(10.5)	—	1.20 m	
6	4.12 td(10.3, 3.9)	—	1.52 m	
7	1.56 ov 1.60 ov	—	*α* 1.50 m *β* 1.27 m	
9	1.44 dd(13.0, 2.0)	1.52 d(11.0)	1.74 m	
11	1.23 ov 1.88 ov	3.85 tt(11.0, 4.2)	*α* 2.67 ddd(11.3, 4.2, 4.2) *β* 1.28 m	
12	3.59 td(10.3, 5.3)	1.73 dt(12.3, 4.2) 1.74 dt(12.0, 6.3)	3.55 ddd(11.3, 11.3, 4.2)	
13	1.72 ov	—	1.63 t(11.3)	
15	1.05 ov 1.52 ov	—	*α* 1.54 m *β* 1.08 dd(11.5, 8.0)	
16	1.27 ov 1.87 ov	—	*α* 1.95 m *β* 1.23 m	
17	2.04 td(10.7, 7.4)	2.29 dt(6.6, 11.4)	2.16 ddd(10.9, 10.9, 3.0)	
18①	1.07 d(0.6)	1.02 s	0.97 s	
19②	0.94 s	5.18 s	0.91 s	

续表

H	12-4-4 ($CDCl_3$)	12-4-5 ($CDCl_3$)	12-4-6 ($CDCl_3$)	典型氢谱特征
21③	1.20 s	1.68 d(1.2)	1.24 s	
22	1.41 ddd(13.8, 10.3, 5.5) 1.68 ov	5.51 d(8.4)	1.62 m 1.85 m	
23	2.05 m, 2.17 m	4.66 dd(8.4, 2.4)	1.81 m, 1.97 m	
24	5.16 br t(6.7)	3.19 br s	3.81 dd(8.6, 6.7)	
26④	1.69 s	1.26 s	1.24 s	
27⑤	1.64 s	1.31 s	1.06 s	
28⑥	1.32 s	1.01 s	0.78 s	
29⑦	0.99 s	0.99 s	0.86 s	
30⑧	0.91 s	0.90 s	0.91 s	
OMe		3.50 s		
OAc			2.05 s	
OH		4.21 d(3.6, 11-OH)	3.88 br s, 5.40 br s	

三、环阿屯烷型（cycloartanes）三萜

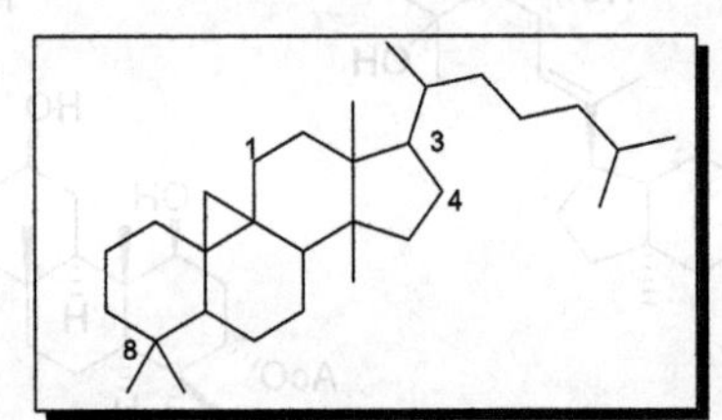

【系统分类】

2a,5a,8,8-四甲基-3-(6-甲基庚-2-基)十六氢环戊二烯并[*a*]环丙烯并[*e*]菲

2a,5a,8,8-tetramethyl-3-(6-methylheptan-2-yl)hexadecahydrocyclopenta[*a*]cyclopropa[*e*]phenanthrene

【结构多样性】

C(3)-C(4)键断裂；等。

【典型氢谱特征】

12-4-7 [7]　　12-4-8 [7]　　12-4-9 [8]

表 12-4-3 环阿屯烷型三萜 12-4-7～12-4-9 的 ^{1}H NMR 数据

H	12-4-7 ($CDCl_3$)	12-4-8 (C_5D_5N)	12-4-9 ($CDCl_3$)	典型氢谱特征
1	3.54 br s	3.91 d(2.7)	1.59 ov, 2.23 m	① 18 位甲基特征峰； ② 19 位环丙亚甲基特征峰；
2	3.85 br s	4.14 dd(9.8, 2.8)	2.44 m, 2.53 m	
3	3.52 br s	4.11 d(9.8)		
5	2.11 dd(12.6, 4.4)	2.40 dd(12.6, 4.5)	3.24 br d(8.3)	

续表

H	**12-4-7** ($CDCl_3$)	**12-4-8** (C_5D_5N)	**12-4-9** ($CDCl_3$)	典型氢谱特征
6	α 0.86 m β 1.63 m	α 0.88 m β 1.65 m	4.75 td(8.3, 6.5)	
7	α 1.18 m β 1.39 m	α 1.33 m β 1.33 m	1.53 ov 1.78 ov	
8	1.57 dd(12.3, 4.9)	1.53 m	2.14 br t(5.7)	③ 21 位甲基特征峰； ④ 26 位甲基特征峰； ⑤ 27 位甲基特征峰； ⑥ 28 位甲基特征峰；化合物 **12-4-9** 的 C(28)形成烯亚甲基，其信号有特征性； ⑦ 29 位甲基特征峰；化合物 **12-4-9** 的 C(29)形成酯羰基，甲基特征信号消失； ⑧ 30 位甲基特征峰 化合物 **12-4-9** 存在 C(3)-C(4)键断裂的结构特征，其氢谱特征发生相应变化，其中 C(4)与 C(28)形成 1,1-双取代乙烯基的特征可以用于鉴别 C(3)-C(4)键断裂的结构多样性
11	α 2.27 m β 1.29 m	α 2.67 m β 1.36 m	1.64 ov 1.75 ov	
12	1.67 m	1.65 m	1.60 ov, 1.70 ov	
15	1.29 m	1.33 m	1.30 ov	
16	α 1.92 m β 1.29 m	α 1.92 m β 1.33 m	1.32 ov 1.93 ov	
17	1.63 m	1.60 m	1.62 ov	
18①	0.96 s	1.00 s	0.93 s	
19②	0.51 d(4.5) 0.71 d(4.5)	0.47 d(3.9) 0.70 d(3.9)	0.17 d(5.3) 0.43 d(5.3)	
20	1.39 m	1.49 m	1.47 ov	
21③	0.90 d(6.5)	0.88 d(6.4)	0.89 d(6.4)	
22	1.06 m, 1.43 m	1.80 m, 2.27 br d(9.1)	1.06 ov, 1.42 ov	
23	1.89 m, 2.05 m	5.84 m	1.86 ov, 2.08 ov	
24	5.11 br t(7.1)	5.97 d(15.9)	5.10 br t(7.0)	
26④	1.63 s	1.57 s	1.69 br s	
27⑤	1.70 s	1.58 s	1.61 br s	
28⑥	1.04 s	1.27 s	5.74 d(2.1), 6.34 d(2.5)	
29⑦	0.89 s	1.17 s		
30⑧	0.98 s	1.01 s	0.91 s	
OMe			3.70 s	

四、葫芦烷型(cucurbitanes)三萜

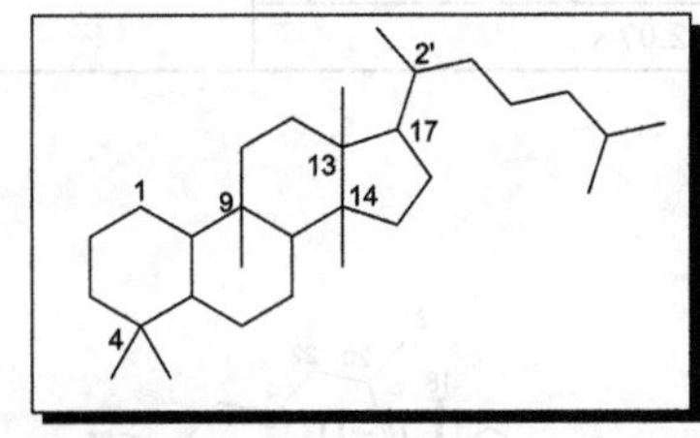

【系统分类】

4,4,9,13,14-五甲基-17-(6-甲基庚-2-基)十六氢-1*H*-环戊二烯并[*a*]菲

4,4,9,13,14-pentamethyl-17-(6-methylheptan-2-yl)hexadecahydro-1*H*-cyclopenta[*a*]phenanthrene

【典型氢谱特征】

12-4-10 [9]　**12-4-11** [9]　**12-4-12** [10]

表 12-4-4 葫芦烷型三萜 12-4-10～12-4-12 的 ^{1}H NMR 数据

H	**12-4-10** ($CDCl_3$)	**12-4-11** ($CDCl_3$)	**12-4-12** ($CDCl_3$)	典型氢谱特征
1	1.52 m, 1.56 m	1.62 m, 2.10 m	1.66～1.72 m, 1.79～1.93 m	① 18 位甲基特征峰；化合物 **12-4-12** 的 C(18)形成氧亚甲基(氧化甲基)，其信号有特征性； ② 19 位甲基特征峰； ③ 21 位甲基特征峰； ④ 26 位甲基特征峰； ⑤ 27 位甲基特征峰； ⑥ 28 位甲基特征峰； ⑦ 29 位甲基特征峰； ⑧ 30 位甲基特征峰
2	1.74 m, 1.94 m	2.50 m, 2.64 m	α 2.60 m(11.6, 6.5), β 2.35 m	
3	3.53 br s			
6	5.80 d(6.4)	6.15 d(2.0)	5.67 br d(4.2)	
7	3.92 d(6.4)		α 1.79～1.93 m, β 2.42 m	
8	1.98 s	2.41 s	1.66～1.72 m	
10	2.28 dd(10.0, 6.0)	2.88 ddd(11.2, 4.8, 2.0)	2.66 br d(11.3)	
11	1.44 m, 1.62 m	1.60 m, 1.78 m		
12	1.48 m, 1.62 m	1.62 m, 1.72 m	α 2.48 d(12.1), β 1.79～1.93 m	
15	1.30 m, 1.34 m	1.12 m, 1.58 m	2.54 br	
16	1.32 m, 1.88 m	1.32 m, 1.82 m	1.40 br	
17	1.48 m	1.50 m	1.79～1.93 m	
18①	0.88 s	0.92 s	3.90 d(8.5), 3.66 d(8.5)	
19②	1.04 s	0.93 s	1.02 s	
20	1.48 m	2.08 s	1.77 d(12.2)	
21③	0.85 d(6.4)	0.90 d(5.6)	1.00 d(7.5)	
22	1.70 m, 2.14 m	2.10 m, 2.50 m	4.79 d(9.8)	
23	5.56 m		1.46～1.56 m, 1.79～1.93 m	
24	5.56 m	6.02 br s	4.86 d(9.7)	
26④	1.28 s	1.86 s	1.22 s	
27⑤	1.28 s	1.86 s	1.21 s	
28⑥	1.01 s	1.31 s	0.86 s	
29⑦	1.18 s	1.33 s	1.26 s	
30⑧	0.66 s	0.87 s	1.24 s	
OH			1.46～1.56 br	
OAc			2.04 s, 2.07 s	

五、羊毛甾烷型（lanostanes）三萜

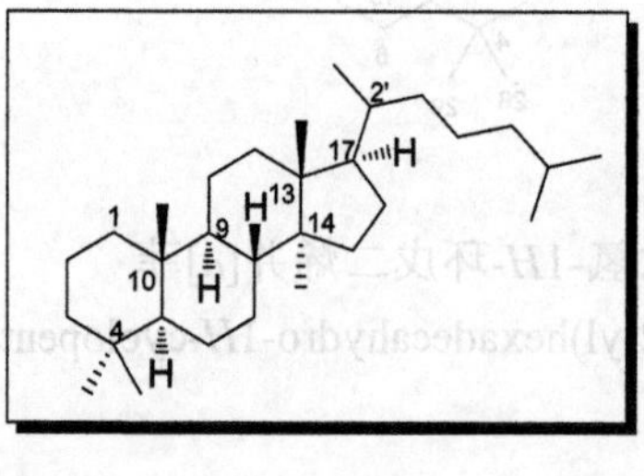

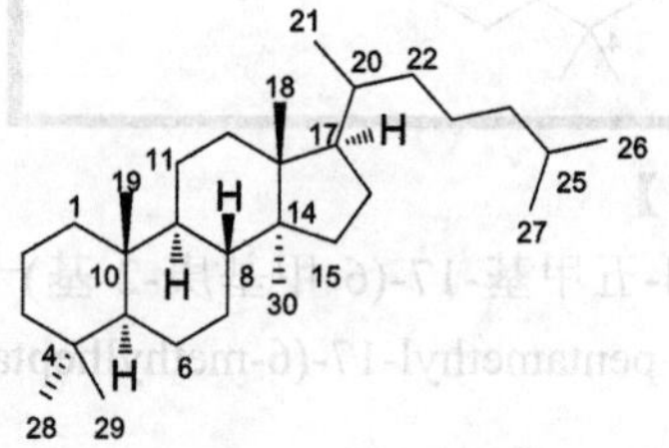

【系统分类】

4,4,10,13,14-五甲基-17-(6-甲基庚-2-基)十六氢-1*H*-环戊二烯并[*a*]菲

4,4,10,13,14-pentamethyl-17-(6-methylheptan-2-yl)hexadecahydro-1*H*-cyclopenta[*a*]phenanthrene

【结构多样性】

C(3)-C(4)键断裂；等。

【典型氢谱特征】

12-4-13 [11]　　12-4-14 [12]　　12-4-15 [13]

表 12-4-5 羊毛甾烷型三萜 12-4-13～12-4-15 的 ^{1}H NMR 数据

H	12-4-13 ($CDCl_3$)	12-4-14 ($CDCl_3$)	12-4-15 ($CDCl_3$)	典型氢谱特征
1	1.79 dt(4.4, 13.2) 2.30 ddd(13.2, 5.8, 3.3)	α 1.590 dddd(12.4, 12.4, 5,5, 6.6) β 1.631 dddd(12.4, 12.4, 5.5, 5.0)	1.58 m 1.71 m	① 18 位甲基特征峰； ② 19 位甲基特征峰； ③ 21 位甲基特征峰； ④ 26 位甲基特征峰；化合物 **12-4-13** 的 C(26)形成羧羰基，甲基特征信号消失； ⑤ 27 位甲基特征峰； ⑥ 28 位甲基特征峰；化合物 **12-4-15** 存在 C(3)-C(4)键断裂的结构特征，C(4)与 C(28)形成 1,1-双取代乙烯基，C(28)烯亚甲基信号有特征性，并构成结构多样性的信号； ⑦ 29 位甲基特征峰； ⑧ 30 位甲基特征峰；化合物 **12-4-14** 的 C(30)形成氧亚甲基（氧化甲基），其信号有特征性
2	2.37 ddd(14.8, 4.4, 3.3) 2.78 dt(5.8, 14.8)	α 1.179 m β 1.979 m	2.30 m	
3		α 1.194 dddd(9.5, 13.5, 5.5, 11.8) β 1.386 dddd(13.9, 5.5, 13.5, 9.5)		
5	1.55 dd(12.1, 3.6)	1.354 dd(11.7, 5.5)	2.06 d(7.2)	
6	2.08 ddd(17.3, 6.9, 3.6) 2.22 dd(17.3, 12.1)	α 1.315 m β 1.435 m[a]	1.63 m	
7	5.57 d(6.9)	α 1.224 m β 1.827 m	1.26 m 1.64 m	
8		—	2.57 m	
9		1.513 m		
11	5.23 s	α 1.513 m β 1.534 m	5.31 dd(3.4)	
12	4.26 s	α 1.224 dddd(9.5, 5.0, 13.2, 8.5) β 1.805 dddd(5.0, 8.5, 5.5, 13.9)	1.50 m	
15	1.36 ddd(12.1, 9.3, 2.2) 1.74 m	α 1.435 m β 1.827 m	2.00 m	
16	1.48 m 2.01 dd(13.5, 7.7)	α 1.805 m β 2.010 m	1.55 m 1.65 m	
17	1.88 dd(17.9, 8.2)	1.524 dd	1.48 m	
18①	0.56 s	0.752 s	0.75 s	
19②	1.23 s	0.897 s	1.02 s	
20	1.51 s		1.46 m	
21③	1.09 d(5.2)	1.564 s	0.88 d(6.5)	
22	1.18 ddd(18.4, 9.1, 4.9) 1.62 m	5.165 d(5.3)[b]	1.04 m 1.09 m	
23	2.49 m 2.57 m	α 1.827 m β 1.524 m	1.85 m 2.02 m	
24	6.10 dt(1.4, 7.7)	α 1.250 m β 1.315 m	5.10 m	
25		1.412 m		
26④		0.885 d(5.8)	1.68 s	
27⑤	1.92 s	0.806 d(6.5)	1.61 s	
28⑥	1.13 s	1.041 s	4.82 br s 4.87 br s	
29⑦	1.09 s	0.921 s	1.80 s	
30⑧	0.93 s	3.88 d(11.7) 3.80 d(11.7)	0.85 s	

[a] 文献中数据疑有误，已更正；[b] 根据讨论部分修正的正确数据。

六、大戟烷型(euphanes)三萜

【系统分类】

4,4,10,13,14-五甲基-17-(6-甲基庚-2-基)十六氢-1*H*-环戊二烯并[*a*]菲

4,4,10,13,14-pentamethyl-17-(6-methylheptan-2-yl)hexadecahydro-1*H*-cyclopenta[*a*]phenanthrene

【典型氢谱特征】

12-4-16 [14]　　12-4-17 [15]　　12-4-18 [15]

表 12-4-6 大戟烷型三萜 12-4-16～12-4-18 的 ^{1}H NMR 数据

H	12-4-16 ($CDCl_3$)	12-4-17 ($CDCl_3$)	12-4-18 ($CDCl_3$)	典型氢谱特征
1α	1.45 m	1.45 br dt(14.4, 3.9)	1.44 br td(14.4, 3.9)	
1β	1.86 dt(13.1, 3.3)	1.98 ddd(14.4, 5.5, 3.2)	1.99 ddd(14.4, 5.5, 3.0)	
2	1.67 m(ov) 1.75 m	α 2.25 ddd(14.4, 3.9, 3.2) β 2.76 td(14.4, 5.5)	α 2.24 ddd(14.4, 3.9, 3.0) β 2.76 td(14.4, 5.5)	
3	3.29 dd(11.6, 4.6)			① 18 位甲基特征峰； ② 19 位甲基特征峰； ③ 21 位甲基特征峰；化合物 **12-4-18** 的 C(21)形成酯羰基，甲基特征信号消失； ④ 26 位甲基特征峰；化合物 **12-4-18** 的 C(26)形成烯亚甲基，其信号有特征性； ⑤ 27 位甲基特征峰； ⑥ 28 位甲基特征峰； ⑦ 29 位甲基特征峰； ⑧ 30 位甲基特征峰
5	1.67 m(ov)	1.72 dd(10.3, 7.3)	1.71 dd(10.8, 6.8)	
6α	2.40 dd(15.8, 3.9)	2.11 ddd(14.0, 7.3, 3.2)	2.11 ddd(14.0, 6.8, 3.2)	
6β	2.38 dd(15.8, 12.4)	2.10 ddd(14.0, 10.3, 3.2)	2.10 ddd(14.0, 10.8, 3.2)	
7		5.29 br q(3.2)	5.38 br q(3.2)	
9		2.29 m	2.22 m	
11α	2.37 m(ov)	1.60 m	1.58 m	
11β	2.24 ddd(20.4, 4.2, 4.2)	1.64 m	1.66 m	
12	1.76～1.80 m	α 1.63 m β 1.9 br ddd(13.0, 10.0, 4.0)	α 1.59 m β 1.92 br dd(13.0)	
15α	1.56 m	2.10 br ddq(13.3, 8.5, 0.9)	2.09 br dd(13.3, 8.6)	
15β	2.13 m	1.57 br dd(13.3, 0.9)	1.76 br d(13.3)	
16	α 1.33 m, β 1.93 m	4.06 br ddd(8.5, 5.5, 0.9)	4.20 br dddd(8.6, 4.8, 1.6, 1.0)	
17	1.43 m	1.58 dd(9.8, 5.5)	2.04 dd(11.6, 4.8)	
18①	0.72 s	0.85 s	0.89 s	
19②	1.05 s	1.020 s	1.03 s	

续表

H	12-4-16 ($CDCl_3$)	12-4-17 ($CDCl_3$)	12-4-18 ($CDCl_3$)	典型氢谱特征
20	1.43 m	1.68 ddqd(9.8, 9.2, 6.2, 3.2)	2.56 td(11.6, 6.4)	
21③	0.88 d(6.0)	1.019 d(6.2)		
22	1.13 m 1.56 m	α 2.33 br ddd(13.3, 5.0, 3.2) β 1.76 br ddd(13.3, 9.2, 6.2)	α 2.22 ddt(14.4, 6.4, 4.3) β 1.65 dtd(14.4, 11.6, 4.3)	
23	1.90 m 2.04 m	5.59 ddd(15.6, 6.2, 5.0)	α 1.80 br dddd(14.4, 11.6, 10.0, 4.3) β 2.05 ddt(14.4, 5.0, 4.3)	
24	5.08 m	5.61 br d(15.6)	4.79 br dd(10.0, 5.0)	
26④	1.68 s	1.32 s	4.97 br qd(2.0, 1.0) 5.04 br sept(1.0)	
27⑤	1.61 s	1.32 s	1.79 br s	
28⑥	0.99 s	1.05 s	1.05 s	
29⑦	0.88 s	1.12 s	1.13 s	
30⑧	0.97 s	1.26 br d(0.9)	1.31 br d(0.9)	
OH		1.58 br s(16-OH) 1.58 br s(25-OH)	4.55 br s(16-OH)	

七、甘遂烷型（tirucallanes）三萜

【系统分类】

4,4,10,13,14-五甲基-17-(6-甲基庚-2-基)十六氢-1*H*-环戊二烯并[*a*]菲

4,4,10,13,14-pentamethyl-17-(6-methylheptan-2-yl)hexadecahydro-1*H*-cyclopenta[*a*]phenanthrene

【典型氢谱特征】

12-4-19 [16]　12-4-20 [16]　12-4-21 [17]

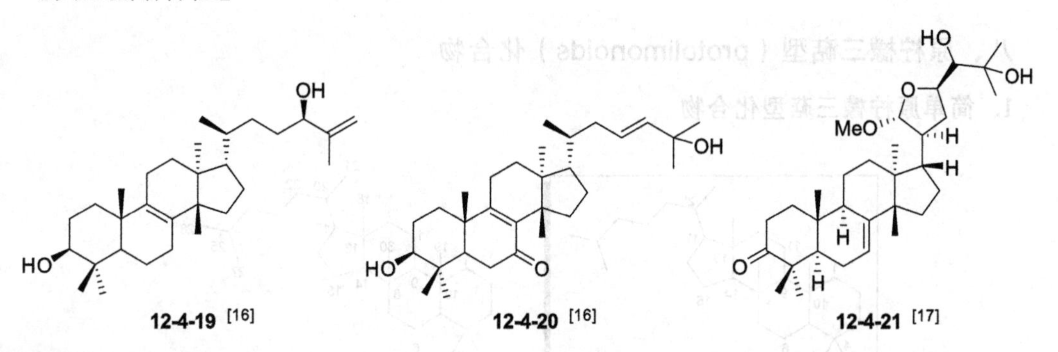

表 12-4-7 甘遂烷型三萜 12-4-19～12-4-21 的 ^1H NMR 数据

H	12-4-19 (CD_3COCD_3)	12-4-20 (CD_3COCD_3)	12-4-21 ($CDCl_3$)	典型氢谱特征
1α	1.22 m	1.48 m	1.46 m	
1β	1.76 m	1.86 dt(12.5, 3.5)	1.99 ddd(13.4, 5.5, 3.1)	

续表

H	**12-4-19** (CD_3COCD_3)	**12-4-20** (CD_3COCD_3)	**12-4-21** ($CDCl_3$)	典型氢谱特征
2	1.63 m	1.70 m	α 2.25 dt(14.1, 3.5) β 2.76 td(14.5, 5.5)	
3	3.17 dt(9.6, 5.4)	3.24 dt(10.0, 5.0)		
5	1.14 dd(12.6, 1.8)	1.71 t(9.0)	1.72 m	
6	1.44 m(2H)	2.31 d(9.0, 2H)	2.06～2.13 m	
7	1.93 m, 2.12 m		5.31 q(3.1)	
9			2.32 m	
11α	2.12 m	2.44 dt(21.0, 9.0)	1.54～1.66 m	
11β	1.99 m	2.32 ddd(21.0, 7.0, 1.0)	1.54～1.66 m	
12	1.74 m 1.77 m	1.76～1.82 m	α 1.57 m β 1.76 m	① 18 位甲基特征峰； ② 19 位甲基特征峰； ③ 21 位甲基特征峰；化合物 **12-4-21** 的 C(21) 形成缩醛次甲基，其信号有特征性； ④ 26 位甲基特征峰；化合物 **12-4-19** 的 C(26) 形成烯亚甲基，其信号有特征性； ⑤ 27 位甲基特征峰； ⑥ 28 位甲基特征峰； ⑦ 29 位甲基特征峰； ⑧ 30 位甲基特征峰
15α	1.57 m	1.49 m	1.47～1.60 m	
15β	1.22 m	2.10 ddd(12.5, 10.0, 2.5)	1.47～1.60 m	
16α	1.37 m	1.38 m	1.30 m	
16β	1.94 m	1.99 m	1.94 m	
17	1.52 m	1.48 m	1.79 m	
18①	0.81 s	0.77 m	0.85 s	
19②	0.98 s	1.07 m	1.01 s	
20	1.45 m	1.50 m	2.17 m	
21③	0.94 d(6.6)	0.93 d(6.0)	4.78 d(3.6)	
22	0.97 m 1.56 m	1.78 m 2.16 m	α 1.94 m β 1.75 m	
23	1.40 m, 1.62 m	5.60 br s	4.22 ddd(10.6, 5.0, 1.7)	
24	3.96 dt(6.0, 4.2)	5.60 br s	3.24 br s	
26④	4.74 s, 4.88 s	1.22 s	1.26 s	
27⑤	1.69 s	1.23 s	1.29 s	
28⑥	1.00 s	0.97 s	1.11 s	
29⑦	0.80 s	0.88 s	1.01 s	
30⑧	0.91 s	0.95 s	1.04 s	
OH	3.37 d(5.4, 3-OH) 3.63 d(4.2, 24-OH)	3.57 d(5.0, 3-OH) 3.37 s(25-OH)		
OMe			3.34 s	

八、原柠檬三萜型（protolimonoids）化合物

1. 简单原柠檬三萜型化合物

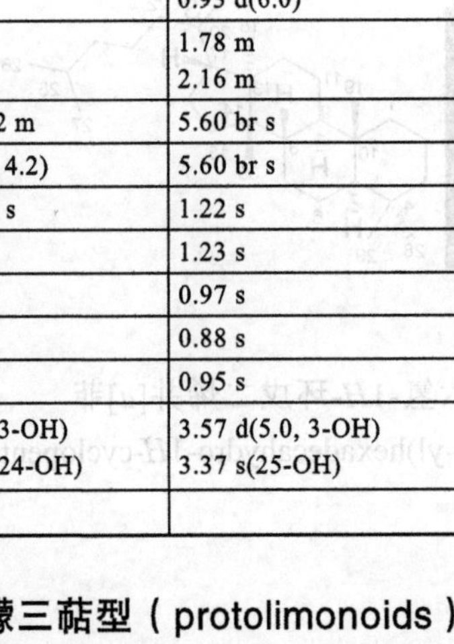

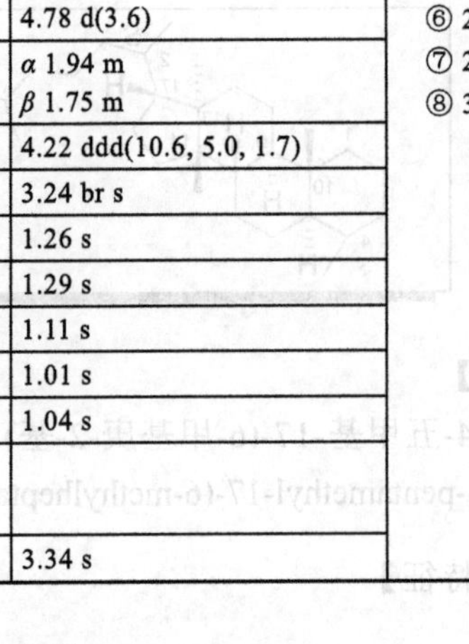

【系统分类】

4,4,8,10,13-五甲基-17-(6-甲基庚-2-基)十六氢-1*H*-环戊二烯并[*a*]菲

4,4,8,10,13-pentamethyl-17-(6-methylheptan-2-yl)hexadecahydro-1*H*-cyclopenta[*a*]phenanthrene

【结构多样性】

C(18),C(14)连接；等。

【典型氢谱特征】

12-4-22 [18]　　**12-4-23** [18]　　**12-4-24** [18]

表 12-4-8 简单原柠檬三萜型化合物 **12-4-22**～**12-4-24** 的 ^{1}H NMR 数据

H	**12-4-22** ($CDCl_3$)	**12-4-23** ($CDCl_3$)	**12-4-24** ($CDCl_3$)	典型氢谱特征
1α	1.18 m	1.18 m	1.18 m	① 简单原柠檬三萜型化合物 **12-4-22**～**12-4-24** 全部存在 C(18)-C(14)连接的结构特征，18 位甲基形成环丙烷亚甲基，其信号有特征性； ② 19 位甲基特征峰； ③ 化合物 **12-4-22**～**12-4-24** 的 C(21)形成缩醛次甲基，其信号有特征性； ④ 26 位甲基特征峰；化合物 **12-4-23** 的 C(26)形成氧亚甲基（氧化甲基），化合物 **12-4-24** 的 C(26)形成烯亚甲基，其信号均有特征性； ⑤ 27 位甲基特征峰； ⑥ 28 位甲基特征峰； ⑦ 29 位甲基特征峰； ⑧ 30 位甲基特征峰
1β	1.38 m	1.36 m	1.37 m	
2α	1.58 m	1.60 m	1.60 m	
2β	1.89 m	1.90 m	1.90 m	
3	4.65 br s	4.68 br s	4.68 br s	
5	1.98 m	2.00 m	2.00 m	
6α	1.63 m	1.63 m	1.63 m	
6β	1.57 m	1.57 m	1.57 m	
7	3.74 br s	3.75 br s	3.74 br s	
9	1.32 m	1.32 m	1.32 m	
11	1.33 m(2H)	1.33 m(2H)	1.33 m(2H)	
12α	1.84 m	1.67 m	1.84 m	
12β	1.84 m	1.94 m	1.84 m	
15α	1.55 m	1.55 m	1.55 m	
15β	1.92 m	1.92 m	1.92 m	
16	1.67 m(2H)	1.66 m(2H)	1.66 m(2H)	
17	2.00 m	2.17 m	2.00 m	
18①	0.50 d(4.8) 0.77 d(4.8)	0.45 d(4.5) 0.71 d(4.5)	0.47 d(4.9) 0.76 d(4.9)	
19②	0.89 s	0.90 s	0.90 s	
20	2.07 m	1.85 m	2.10 m	
21③	4.87 d(3.7)	4.82 d(3.2)	4.88 d(3.8)	
22α	1.90 m	1.95 m	1.90 m	
22β	1.82 m	1.85 m	1.38 m	
23	4.25 m	4.48 m	4.06 m	
24	3.22 m	3.33 br s	3.92 m	
26④	1.27 s	3.57 s	4.91 br s 5.00 br s	
27⑤	1.30 s	1.22 s	1.77 s	
28⑥	0.85 s	0.85 s	0.85 s	
29⑦	0.88 s	0.89 s	0.89 s	
30⑧	1.03 s	1.04 s	1.02 s	
2′	2.21 d(6.6)	5.77 s	5.76 s	

续表

H	12-4-22 ($CDCl_3$)	12-4-23 ($CDCl_3$)	12-4-24 ($CDCl_3$)	典型氢谱特征
3′	2.10 m			
4′	0.97 d(6.6)	1.90 s	1.90 s	
5′	0.97 d(6.6)	2.18 s	2.17 s	
OMe	3.35 s	3.42 s	3.37 s	

2. 7-羟基-14-烯原柠檬三萜型化合物

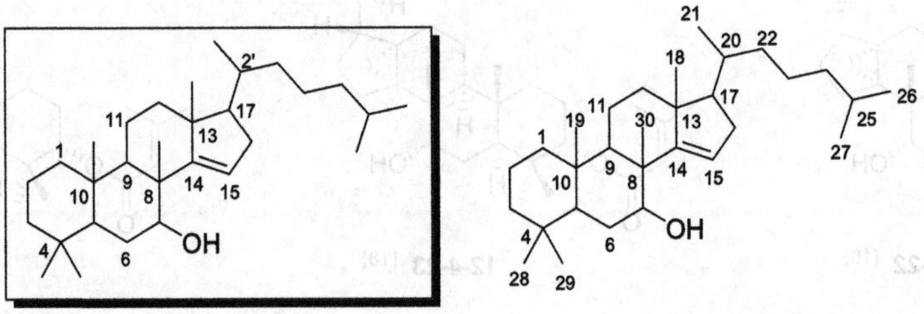

【系统分类】

4,4,8,10,13-五甲基-17-(6-甲基庚-2-基)-2,3,4,5,6,7,8,9,10,11,12,13,16,17-十四氢-1*H*-环戊二烯并[*a*]菲-7-醇

4,4,8,10,13-pentamethyl-17-(6-methylheptan-2-yl)-2,3,4,5,6,7,8,9,10,11,12,13,16,17-tetradecahydro-1*H*-cyclopenta[*a*]phenanthren-7-ol

【结构多样性】

C(3)-C(4)键断裂；等。

【典型氢谱特征】

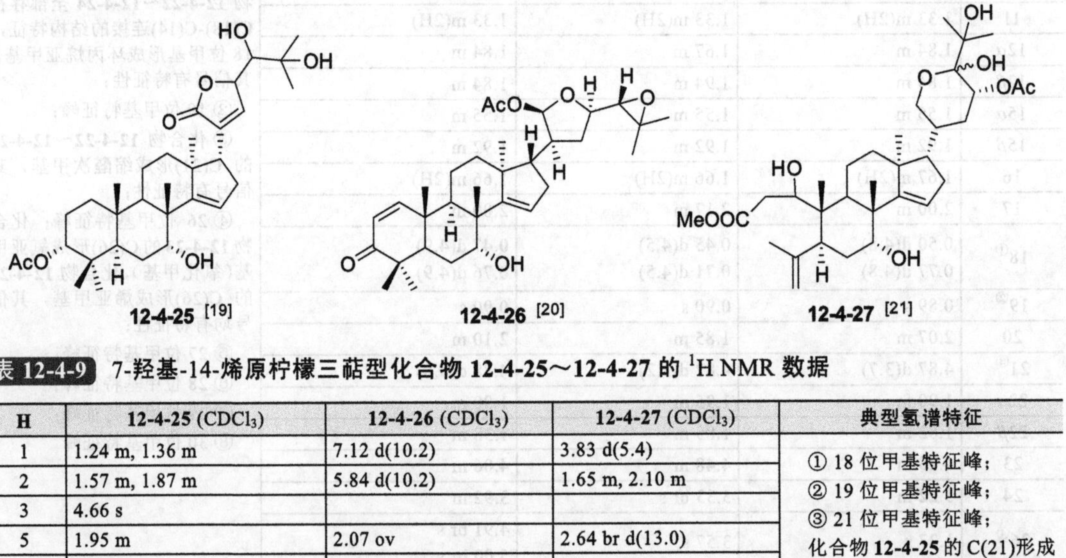

12-4-25 [19]　12-4-26 [20]　12-4-27 [21]

表 12-4-9 7-羟基-14-烯原柠檬三萜型化合物 12-4-25～12-4-27 的 ^{1}H NMR 数据

H	12-4-25 ($CDCl_3$)	12-4-26 ($CDCl_3$)	12-4-27 ($CDCl_3$)	典型氢谱特征
1	1.24 m, 1.36 m	7.12 d(10.2)	3.83 d(5.4)	① 18 位甲基特征峰； ② 19 位甲基特征峰； ③ 21 位甲基特征峰； 化合物 **12-4-25** 的 C(21)形成酯羰基，甲基特征信号消失；化合物 **12-4-26** 的 C(21)形成酯化的半缩醛次甲基，其信号有特征性；化合物 **12-4-27** 的 C(21)形成氧亚甲基（氧化甲基），其信号有特征性；
2	1.57 m, 1.87 m	5.84 d(10.2)	1.65 m, 2.10 m	
3	4.66 s			
5	1.95 m	2.07 ov	2.64 br d(13.0)	
6	1.75 m	1.80 ov, 1.85 ov	2.15 m	
7	3.95 s	3.98 br s	3.86 dd(8.9, 2.9)	
9	2.01 m	2.08 ov	2.30 m	
11	1.42 m, 1.70 m	1.73 ov, 1.75 ov	—	
12	1.63 m, 1.90 m	1.51 ov, 1.84 ov	1.32 m, 2.10 m	
15	5.54 d(2.3)	5.52 br d(6.5)	5.51 dd(4.5, 2.7)	

续表

H	12-4-25 ($CDCl_3$)	12-4-26 ($CDCl_3$)	12-4-27 ($CDCl_3$)	典型氢谱特征
16	2.38 ddd(15.1, 10.5, 6.9) 2.69 dd(15.0, 11.7)	2.20 ov 2.25 ov	2.80 m	④ 26 位甲基特征峰； ⑤ 27 位甲基特征峰； ⑥ 28 位甲基特征峰； 化合物 **12-4-27** 的 C(28)形成烯亚甲基，其信号有特征性； ⑦ 29 位甲基特征峰； ⑧ 30 位甲基特征峰。 化合物 **12-4-27** 存在 C(3)-C(4)键断裂的结构特征，以上 7-羟基-14-烯原柠檬三萜型化合物主要氢谱特征仍然存在，其中 C(28)形成烯亚甲基的氢谱特征表明了上述结构多样性
17	2.85 dd(10.7, 7.2)	1.93 ov	2.64 m	
18①	0.90 s	1.03 s	0.87 s	
19②	0.92 s	1.10 s	0.93 s	
20		2.37 m	2.10 m	
21③		6.26 d(6.6)	3.58 d(11.2) 3.92 dd(11.2, 2.6)	
22	7.17 s	1.73 ov 2.09 ov	2.39 dd(11.0, 7.0) 2.87 dd(7.0, 1.5)	
23	5.22 s	3.95 ov	5.43 dd(11.0, 1.5)	
24	3.54 d(2.5)	2.67 d(7.2)		
26④	1.33 s	1.33 s	1.42 s	
27⑤	1.43 s	1.29 s	1.27 s	
28⑥	0.86 s	1.08 s	4.85 s, 4.99 s	
29⑦	0.91 s	1.16 s	1.79 br s	
30⑧	1.12 s	1.12 s	1.07 s	
OMe			3.81 s	
OAc	2.07 s	2.07 s	1.99 s/2.01 s[a]	

[a] 非对映异构混合物。

参考文献

[1] Wu T K, Liu Y T, Chang C H, et al. J Am Chem Soc, 2006, 128: 6414.

[2] Bui D A, Vu M K, Nguyen H D, et al. Phyto Lett, 2014, 10: 123.

[3] Zhou A C, Zhang C F, Zhang M. Chin J Nat Med, 2008, 6: 109.

[4] Usami Y, Liu Y N, Lin A S, et al. J Nat Pord, 2008, 71: 478.

[5] Kuroyanagi M, Kawahara N, Sekita S, et al. J Nat Pord, 2003, 66: 1307.

[6] Simirgiotis M J, Jiménez C, Rodríguez J, et al. J Nat Pord, 2003, 66: 1586.

[7] Shen T, Yuan H Q, Wan W Z, et al. J Nat Prod, 2008, 71: 81.

[8] Reutrakul V, Krachangchaeng C, Tuchinda P, et al. Tetraherdron, 2004, 60: 1517.

[9] Chang C I, Chen C R, Liao Y W, et al. J Nat Prod, 2008, 71: 1327.

[10] Clericuzio M, Mella M, Vita-Finzi P, et al. J Nat Prod, 2004, 67: 1823.

[11] Quang D Nm Hashimoto T, Tanaka M, er al. J Nat Prod, 2004, 67: 148.

[12] Alam M S, Chopra N, Ali M, et al. Phytochemistry, 2000, 54: 215.

[13] Li H, Wang L Y, Miyata S, et al. J Nat Prod, 2008, 71: 739.

[14] Wang L Y, Wang N L, Yao X S, et al. J Nat Prod, 2003, 66: 630.

[15] Pettit G R, Numata A, Iwamoto C, et al. J Nat Prod, 2002, 65: 1886.

[16] Xu W D, Zhu C G, Cheng W, et al. J Nat Prod, 2009, 72: 1620.

[17] Mitsui K, Saito H, Yamaura R, et al. Chem Pharm Bull, 2007, 55: 1442.

[18] Mitsui K, Maejima M, Saito H, et al. Tetrahedron, 2005, 61: 10569.

[19] Yang M H, Wang J S, Luo J G, et al. Bioorg Med Chem, 2011, 19: 1409.

[20] Chianese G, Yerbanga S R, Lucantoni L, et al. J Nat Prod, 2010, 73: 1448.

[21] Gunatilaka A A L, Bolzani V D S, Dagne E, et al. J Nat Prod, 1998, 61: 179.

第五节 五环三萜

一、何帕烷型（hopanes）三萜

【系统分类】

5a,5b,8,8,11a,13b-六甲基-3-异丙基二十氢-1*H*-环戊二烯并[*a*]䓛

3-isopropyl-5a,5b,8,8,11a,13b-hexamethylicosahydro-1*H*-cyclopenta[*a*]chrysene

【典型氢谱特征】

12-5-1 [1] R = OH

12-5-2 [1] R = H

12-5-3 [2]

表 12-5-1 何帕烷型三萜 12-5-1～12-5-3 的 ^{1}H NMR 数据

H	12-5-1 ($CDCl_3$)	12-5-2 ($CDCl_3$)	12-5-3 ($CDCl_3$)	典型氢谱特征
1*α*	0.90 m	0.72 m	0.86 m	① C(22)、C(29)和 C(30)异丙基特征峰；化合物 **12-5-1** 和 **12-5-2** 的 C(22)形成氧化叔碳，29 位甲基和 30 位甲基显示为单峰特征峰； ② 23 位甲基特征峰； ③ 24 位甲基特征峰； ④ 25 位甲基特征峰； ⑤ 26 位甲基特征峰； ⑥ 27 位甲基特征峰； ⑦ 28 位甲基特征峰
1*β*	1.70～1.72m	1.66 m	1.67 m	
2*α*	1.63 m	1.37～1.40 m	1.38 m	
2*β*	1.59 m	1.52～1.57 m	1.58 m	
3	3.20 dd(11.6, 4.5)	*α* 1.11 m *β* 1.37～1.40 m	*α* 1.18 m *β* 1.31m	
5	0.74 m	0.77 m	0.85 d(10.7)	
6*α*	1.70～1.72 m	1.74 m		
6*β*	1.50～1.51 m	1.43～1.46 m	3.98 dt(10.7, 3.9)	
7	3.85 m	3.88 dd(11.0, 5.1)	*α* 1.36 m *β* 1.59m	
9	1.06 m	1.10 m	1.44 m	
11*α*	1.56 m	1.61 m	1.90 ddd(12.5, 5.4, 3.0)	
11*β*	1.42 m	1.37～1.40 m	1.27 m	
12*α*	1.54 m	1.52～1.57 m	3.86 dt(10.9, 5.4)	
12*β*	1.46～1.48 m	1.43～1.46 m		
13	1.22 m	1.23 m	1.47 d(11.1)	
15	3.84 m	3.83 dd(10.1, 5.3)	*α* 1.41 m *β* 1.27 m	
16*α*	1.70～1.72 m	1.71 m	1.93 m	
16*β*	2.27 m	2.26 m	2.31 dt(14.5, 3.3)	

续表

H	12-5-1 ($CDCl_3$)	12-5-2 ($CDCl_3$)	12-5-3 ($CDCl_3$)	典型氢谱特征
17	1.46～1.48 m	1.43～1.46 m		
19*α*	1.50～1.51 m	1.52～1.57 m	1.95 m	
19*β*	0.93 m	0.93 m	1.56 m	
20*α*	1.46～1.48 m	1.52～1.57 m	2.22 m	
20*β*	1.77 m	1.77 m	2.11 br dd(15.6, 9.1)	
21	2.24 m	2.23 m		
22①			2.66 m	
23②	0.98 s	0.87 s	1.16 s	
24③	0.76 s	0.80 s	1.01 s	
25④	0.80 s	0.80s	0.90 s	
26⑤	1.00 s	1.00 s	1.03 s	
27⑥	1.00 s	1.01 s	1.07 s	
28⑦	0.75 s	0.76 s	1.01 s	
29①	1.16 s	1.18 s	0.98 d(6.8)	
30①	1.19 s	1.21 s	0.91 d(6.8)	

二、异何帕烷型（isohopanes）三萜

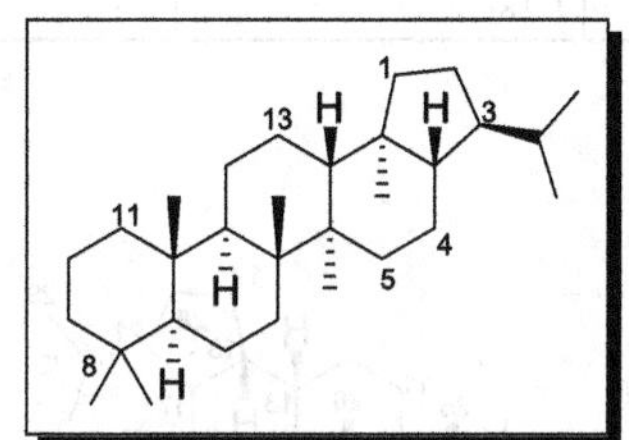

【系统分类】

5a,5b,8,8,11a,13b-六甲基-3-异丙基-二十氢-1*H*-环戊二烯并[*a*]䓛

3-isopropyl-5a,5b,8,8,11a,13b-hexamethylicosahydro-1*H*-cyclopenta[*a*]chrysene

【典型氢谱特征】

12-5-4 [3]　　12-5-5 [4]　　12-5-6 [4]

表 12-5-2 异何帕烷型三萜 12-5-4～12-5-6 的 ^{1}H NMR 数据

H	12-5-4($CDCl_3$)	12-5-5($CDCl_3$)	12-5-6($CDCl_3$)	典型氢谱特征
1	0.91 m, 1.68 m	0.77, 1.67	0.77, 1.65	
2	1.26 m, 1.55 m	1.37, 1.57	1.37, 1.55	
3	3.18 dd(11.0, 4.5)	1.16, 1.32	1.13, 1.35	
5	0.66 dd(11.5, 1.5)	0.72	0.72	
6	1.37 m, 1.52 m	1.49, 1.34	1.47, 1.34	
7	1.23 m, 1.45 m	1.21, 1.45	1.21, 1.46	
9	1.18 m	1.25	1.25	

续表

H	12-5-4($CDCl_3$)	12-5-5($CDCl_3$)	12-5-6($CDCl_3$)	典型氢谱特征
11	1.29 m, 1.50 m	1.52, 1.34	1.51, 1.32	① C(22)、C(29)和 C(30)异丙基特征峰；化合物 **12-5-5** 的 C(22)、C(29)形成 1,1-双取代乙烯基，29 位烯亚甲基信号和 30 位甲基单峰信号有特征性；化合物 **12-5-6** 的 C(22)形成氧化叔碳，29 位甲基和 30 位甲基显示为单峰特征峰；② 23 位甲基特征峰；③ 24 位甲基特征峰；④ 25 位甲基特征峰；⑤ 26 位甲基特征峰；⑥ 27 位甲基特征峰；⑦ 28 位甲基特征峰
12	1.41 m, 1.47 m	1.50, 1.42	1.45, 1.38	
13	1.38 m	1.40	1.41	
15	1.20 m, 1.37 m	1.21, 1.39	1.18, 1.40	
16	1.23 m, 1.42 m	1.20, 1.39	1.39, 1.77	
17	1.02 dd(11.0, 3.0)	1.02	0.98	
19	0.83 m, 1.61 m	1.49, 1.01	1.45, 0.95	
20	1.60 m, 1.86 m	1.84, 1.43	1.74, 1.31	
21	1.11 br s(OH)	2.24	1.74	
22①	1.69 m		1.60(OH)	
23②	0.95 s	0.85	0.85	
24③	0.74 s	0.79	0.79	
25④	0.79 s	0.82	0.82	
26⑤	0.95 s	0.98	0.98	
27⑥	0.94 s	0.95	0.95	
28	0.89 s	0.68 d(1.2)	0.69 d(0.6)	
29①	0.86 d(6.5)	4.67 dd(2.4, 0.9) 4.69 dq(2.4, 1.2)	1.19	
30	0.93 d(7.5)	1.67	1.18	

三、新何帕烷型(neohopanes)三萜

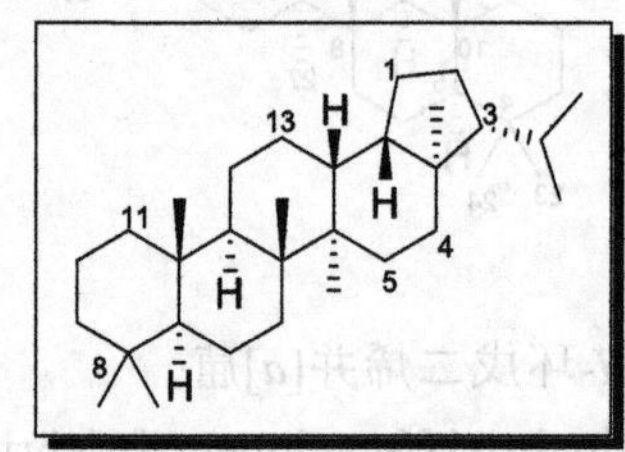

【系统分类】

3a,5a,5b,8,8,11a -六甲基-3-异丙基-二十氢-1*H*-环戊二烯并[*a*]䓛

3-isopropyl-3a,5a,5b,8,8,11a-hexamethylicosahydro-1*H*-cyclopenta[*a*]chrysene

【典型氢谱特征】

12-5-7 [5]　　12-5-8 [5]

表 12-5-3 新何帕烷型三萜 **12-5-7** 和 **12-5-8** 的 ^{1}H NMR 数据

H	12-5-7($CDCl_3$)	12-5-8($CDCl_3$)	典型氢谱特征
19	5.61 ddd(3.0, 3.0, 2.1)		① 23 位甲基特征峰；
23①	0.86	0.86	
24②	0.81	0.79	

续表

H	12-5-7($CDCl_3$)	12-5-8($CDCl_3$)	典型氢谱特征
25③	0.85	0.82	② 24 位甲基特征峰； ③ 25 位甲基特征峰； ④ 26 位甲基特征峰； ⑤ 27 位甲基特征峰； ⑥ 28 位甲基特征峰； ⑦⑧ 29位和30位异丙基甲基特征峰
26④	0.91	0.89	
27⑤	1.26	1.13	
28⑥	1.07	1.08	
29⑦	0.90 d(6.4)	1.01 d(6.4)	
30⑧	0.87 d(6.4)	1.04 d(6.4)	

四、羊齿烷型(fernanes)三萜

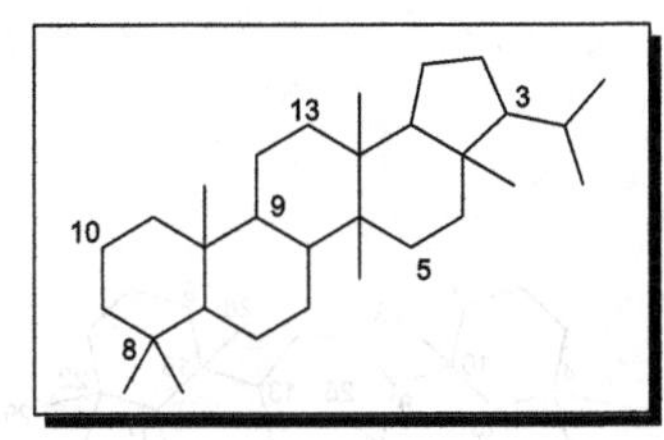

【系统分类】

3a,5a,8,8,11a,13a–六甲基-3-异丙基二十氢-1*H*-环戊二并[*a*]䓛

3-isopropyl-3a,5a,8,8,11a,13a-hexamethylicosahydro-1*H*-cyclopenta[*a*]chrysene

【典型氢谱特征】

12-5-9 [6]　　12-5-10 [6]　　12-5-11 [7]

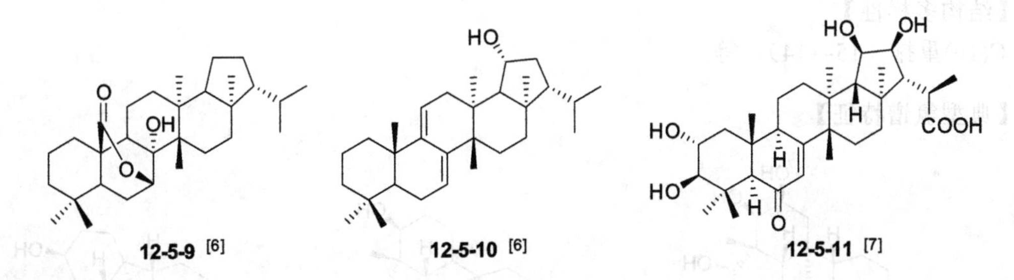

表 12-5-4 羊齿烷型三萜 12-5-9～12-5-11 的 ^1H NMR 数据

H	12-5-9 ($CDCl_3$)	12-5-10 ($CDCl_3$)	12-5-11(CD_3OD)	典型氢谱特征
1	—	—	1.41 t(12.5) 1.95 dd(12.5, 4.2)	① C(22)、C(29)和 C(30)异丙基特征峰；化合物 **12-5-11** 的 C(30)形成羧羰基，甲基特征信号消失； ② 23 位甲基特征峰； ③ 24 位甲基特征峰； ④ 25 位甲基特征峰；化合物 **12-5-9** 的 C(25)形成酯羰基，甲基特征信号消失； ⑤ 26 位甲基特征峰； ⑥ 27 位甲基特征峰； ⑦ 28 位甲基特征峰
2	—	—	3.65 m	
3	—	—	2.97 d(10.8)	
5	α 1.66 s	—	2.40 s	
7	α 4.315 dd(4.5, 4.5)	α 5.436 dd(2.6, 2.6)	5.83 s	
9	α 2.71 s		3.10 m	
11	—	5.195 dd(2.4, 2.4)	1.63 m, 1.87 m	
12	—	—	1.80 m, 1.90 m	
15	—	—	1.65 m, 1.73 m	
16	—	—	1.62 m(2H)	
18	—	—	1.79 d(11.0)	
19	—	4.347 dd(8.2, 5.8, 2.6)	4.31 dd(11.0, 2.0)	
20	—	—	4.78 dd(7.0, 2.0)	
21	—	—	2.25 d(7.0)	

续表

H	12-5-9 (CDCl$_3$)	12-5-10 (CDCl$_3$)	12-5-11(CD$_3$OD)	典型氢谱特征
22①	—	—	2.63 d(8.0)[a]	
23②	0.848 s	0.862 s	1.35 s	
24③	0.883 s	0.916 s	1.12 s	
25④		0.916 s	0.95 s	
26⑤	1.153 s	0.885 s	1.19 s	
27⑥	1.088 s	1.089 s	1.12 s	
28⑦	0.758 s	1.110 s	0.88 s	
29①	0.848 d(6.4)	0.939 d(6.4)		
30①	0.824 d(6.4)	0.864 d(6.4)	1.31 d(8.0)	

[a] 遵循文献数据，疑有误。

五、塞拉烷型(ferrtanes)三萜

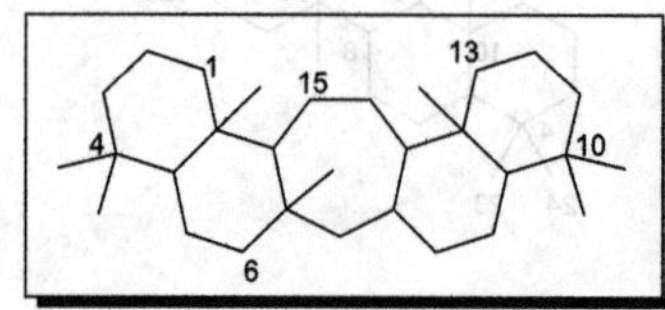

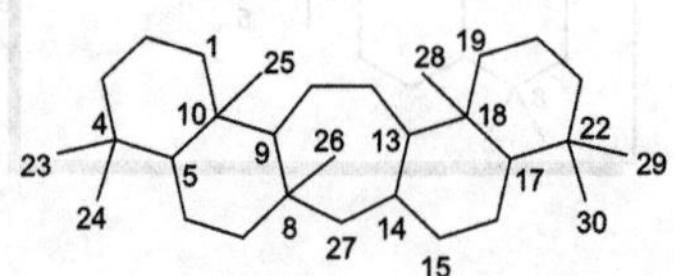

【系统分类】

4,4,6a,10,10,13a,15b－七甲基二十二氢-1*H*-环庚三烯并[1,2-*a*:5,4-*a'*]二萘

4,4,6a,10,10,13a,15b-heptamethyldocosahydro-1*H*-cyclohepta[1,2-*a*:5,4-*a'*]dinaphthalene

【结构多样性】

C(16)重排（15→14）；等。

【典型氢谱特征】

12-5-12 [8]　　**12-5-13** [9]　　**12-5-14** [10]

表 12-5-5 塞拉烷型三萜 12-5-12～12-5-14 的 ^{1}H NMR 数据

H	12-5-12 (C$_5$D$_5$N)	12-5-13 (CDCl$_3$)	12-5-14 (CDCl$_3$)	典型氢谱特征
1	1.71 m 1.86 m	α 0.84 m β 1.86 dt(16.2, 3.2)	α 0.86 m β 1.84 m	① 23 位甲基特征峰； ② 24 位甲基特征峰； 化合物 **12-5-12** 的 C(24) 形成氧亚甲基（氧化甲基），其信号有特征性； ③ 25 位甲基特征峰； ④ 26 位甲基特征峰； ⑤ 28 位甲基特征峰；
2	1.88 m 2.19 m	α 1.78 m β 1.42 m	α 1.80 m β 1.42 m	
3	4.41 br s	2.61 dd(11.9, 4.3)	α 2.62 dd(12.2, 4.4)	
5	1.90 m	α 0.67 dd(10.1, 3.9)	α 0.71 m	
6	1.59 m 1.80 m	α 1.44 m β 1.44 m	α 1.48 m β 1.40 m	
7	1.52 m 1.60 m	α 1.43 m β 1.14 td(13.3, 5.3)	α 1.15 m β 1.46 m	

续表

H	12-5-12 (C_5D_5N)	12-5-13 ($CDCl_3$)	12-5-14 ($CDCl_3$)	典型氢谱特征
9	1.39 m	α 0.55 d(10.5)	α 0.67 m	⑥ 29 位甲基特征峰；化合物 **12-5-12** 的 C(29)形成氧亚甲基（氧化甲基），其信号有特征性；⑦ 30 位甲基特征峰；化合物 **12-5-14** 存在 C(16)重排（15→14）的结构特征，C(14)形成甲酰基，其信号可作为 C(16)重排（15→14）结构多样性的特征之一；此外，当 27 位亚甲基形成独立的 AB 系统信号时，可作为塞拉烷型三萜氢谱辅助特征之一
11	1.70 m 1.78 m	α 1.50 m β 1.32 m	α 0.90 m β 1.66 m	
12	1.05 m 2.05 m	α 1.56 m β 2.14 ddd(14.6, 7.6, 1.8)	α 1.18 m β 1.93 m	
13	1.75 m		β 2.44 dd(13.7, 6.8)	
15	3.65 dd(9.5, 3.9)	α 1.91 m, β 1.74 m	β 9.53 s	
16	2.18 m	α 1.28 m β 1.28 m	α 1.30 dd(13.7, 13.5) β 1.61 dd(13.5, 5.0)	
17	2.00 m	β 1.81 dd(9.6, 5.0)	β 1.13 dd(13.5, 5.0)	
19	1.95 m 2.16 m	α 1.54 m β 1.68 m	α 1.36 m β 1.50 m	
20	4.56 d(8.9)	α 1.65 m β 1.89 m	α 1.60 m β 1.86 m	
21	4.64 br s	α 3.36 t(2.7)	α 3.40 t(2.7)	
23①	1.60 s	0.95 s	0.94 s	
24②	3.84 d(10.8) 4.06 d(10.8)	0.73 s	0.72 s	
25③	0.92 s	0.77 s	0.69 s	
26④	0.97 s	1.02 s	0.80 s	
27	1.90 m	1.42 d(15.1) 1.62 d(15.1)	α 1.50 d(14.7) β 1.76 d(14.7)	
28⑤	1.34 s	1.00 s	0.84 s	
29⑥	3.91 d(10.9) 4.23 d(10.9)	0.83 s	0.87 s	
30⑦	1.68 s	0.91 s	0.83 s	
OMe		3.35 s	3.35 s	

六、羽扇豆烷型(lupanes)三萜

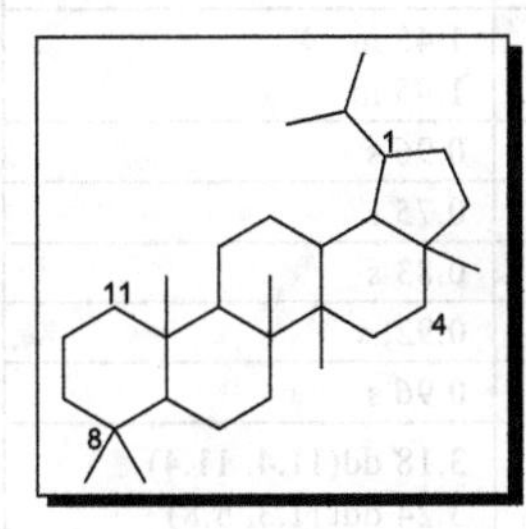

【系统分类】

3a,5a,5b,8,8,11a–六甲基-1-异丙基-二十氢-1*H*-环戊二烯并[*a*]䓛

1-isopropyl-3a,5a,5b,8,8,11a-hexamethylicosahydro-1*H*-cyclopenta[*a*]chrysene

【结构多样性】

C(28)降碳；C(3)-C(4)键断裂；C(3)重排（2→1）；C(3)重排（2→1），C(2)降碳；等。

【典型氢谱特征】

12-5-15 [11]　　12-5-16 [12]　　12-5-17 [13]

表 12-5-6 羽扇豆烷型三萜 12-5-15～12-5-17 的 ^{1}H NMR 数据

H	12-5-15 (C_5D_5N)	12-5-16 (C_5D_5N)	12-5-17 ($CDCl_3$)	典型氢谱特征
1	α 1.67 dt(12.8, 3.2) β 0.94 m	α 0.99 m β 1.67 br d(12.9)	0.95 m 1.76 m	① 化合物 **12-5-15** 和 **12-5-16** 的 C(20)与 C(29)形成 1,1-双取代乙烯基，C(20)、C(29)和 C(30)异丙基显示为 29 位烯亚甲基和 30 位甲基的特征峰；化合物 **12-5-17** 的 C(29)形成氧亚甲基（氧化甲基），异丙基显示为 20 位次甲基、29 位氧亚甲基和 30 位甲基的特征峰； ② 23 位甲基特征峰； ③ 24 位甲基特征峰； ④ 25 位甲基特征峰； ⑤ 26 位甲基特征峰； ⑥ 27 位甲基特征峰 化合物 **12-5-15** 的 C(28)形成酯羰基，**12-5-16** 的 C(28)形成羧羰基，**12-5-17** 存在 C(28)降碳的结构特征，因此，3 个化合物不存在 28 位甲基信号
2	1.88 m(2H)	1.85 m	1.56 m , 1.61 m	
3	α 3.49 br t(6.0)	3.45 t(7.2)	3.17 dd(11.4, 5.1)	
5	1.00 m	0.82 m	0.68 m	
6	α 2.00 m β 1.82 m	α 1.56 m β 1.38 m	1.38 m 1.52 m	
7	4.12 m	α 1.45 m β 1.38 m	1.24 m 1.45 m	
9	1.35 m	1.38 m	1.34 m	
11	1.45 m(2H)	α 1.43 m β 1.21 m	1.25 m	
12	α 1.16 m β 1.95 m	α 1.21 m β 1.94 m	1.53 m 1.60 m	
13	2.60 td(11.2, 3.2)	2.74 m	1.38 m	
15	α 2.41 m β 2.00 m	α 1.26 m β 1.88 m	1.23 m 1.64 m	
16	α 1.57 m β 2.44 m	α 1.55 m β 2.63 m	1.44 m 1.88 m	
18	1.76 t (11.2)	1.77 t(11.5)	1.55 m	
19	3.38 td(11.2, 4.8)	3.52 m	1.86 m	
20①			1.83 m	
21	1.47 m 2.00 m	α 1.53 m β 2.24 m	1.32 m 1.58 m	
22	1.49 m 1.98 m	α 1.57 m β 2.25 m	1.45 m 1.95 m	
23②	1.23 s	1.22 s	0.96 s	
24③	1.03 s	1.00 s	0.75 s	
25④	0.90 s	0.83 s	0.83 s	
26⑤	1.32 s	1.06 s	0.92, s	
27⑥	1.23 s	1.07 s	0.96 s	
29①	4.77 br s 4.93 br s	α 4.95 s β 4.77 s	3.18 dd(11.4, 11.4) 3.24 dd(11.3, 5.8)	
30①	1.78 s	1.79 s	0.71 d(6.4)	

12-5-18 [11]　　12-5-19 [14]　　12-5-20 [14]

表 12-5-7 羽扇豆烷型三萜 12-5-18～12-5-20 的 ^{1}H NMR 数据

H	12-5-18 (C_5D_5N)	12-5-19 ($CDCl_3$)	12-5-20 ($CDCl_3$)	典型氢谱特征
1	2.73 d(18.0) 3.09 d(18.0)	1.82 m	5.49 d(5.8)	化合物 **12-5-18** 存在 C(3)-C(4)键断裂的结构特征，化合物 **12-5-19** 存在 C(3)重排（2→1）的结构特征，化合物 **12-5-20** 存在 C(3)重排（2→1）且 C(2)降碳的结构特征；但羽扇豆烷型三萜的基本氢谱特征仍然存在。 ① 23 位甲基特征峰； ② 24 位甲基特征峰；化合物 **12-5-20** 的 C(24)形成氧亚甲基（氧化甲基），其信号有特征性； ③ 25 位甲基特征峰； ④ 26 位甲基特征峰； ⑤ 27 位甲基特征峰；化合物 **12-5-19** 和 **12-5-20** 的 C(27)均形成羧羰基，27 位甲基信号消失； ⑥ 28 位甲基特征峰；化合物 **12-5-19** 和 **12-5-20** 的 C(28)均形成羧羰基，28 位甲基信号消失； ⑦⑧ 化合物 **12-5-18**～**12-5-20** 的 C(29)均形成烯亚甲基；化合物 **12-5-18** 的 C(30)形成氧亚甲基（氧化甲基）；化合物 **12-5-18** 的 C(20)、C(29)和 C(30)异丙基显示为 29 位烯亚甲基和 30 位氧亚甲基特征峰；化合物 **12-5-19** 和 **12-5-20** 的异丙基显示为 29 位烯亚甲基和 30 位甲基特征峰
2		3.21 dd(8.5, 4.1) 3.66 dd(8.5, 4.1)		
3		1.78 dd(8.1, 4.3, 2H)	6.07 d(5.8)	
5	3.13 m	—	1.29 m	
6	1.72 m 1.74 m	α 1.43 m β 1.37 m	α 1.63 m β 1.56 m	
7	α 1.73 m β 1.42 m	α 2.43 m β 2.07 m	α 2.21 m β 2.05 m	
9	3.00 d(10.4)	1.79 dd (6.6, 6.2)	1.75 dd (6.7, 6.4)	
11	1.14 m 1.56 m	α 1.54 m β 1.35 m	α 1.64 m β 1.52 m	
12	1.34 m 1.63 m	α 2.14 m β 1.62 m	α 2.16 m β 1.66 m	
13	1.68 dd (13.2, 3.2)	2.38 m	2.47 m	
15	1.01 br d(13.6) 1.63 m	1.19 m(2H)	α 1.97 m β 1.49 m	
16	1.36 m 1.44 m	α 1.94 m β 1.72 m	α 1.94 m β 1.41 m	
18	1.65 d(10.4)	1.73 dd(6.8, 6.1)	1.77 dd(6.5, 6.3)	
19	2.43 td(10.8, 4.8)	3.11 m	3.12 m	
21	1.48 dd (13.2, 4.4) 2.12 dddd(13.2, 11.6, 9.6, 4.4)	α 1.98 m β 1.91 m	α 1.92 m β 1.89 m	
22	1.29 t(10.8), 1.37 brt (3.6)	α 1.66 m β 1.51 m	α 1.67 m β 1.63 m	
23①	1.54 s	1.04 s	—	
24②	1.59 s	0.91 s	3.45 dd(10.4, 6.4) 3.59 dd(10.4, 6.4)	
25③	1.10 s	0.99 s	1.02 s	
26④	1.10 s	0.90 s	1.06 s	
27⑤	1.13 s			
28⑥	0.81 s			
29⑦	5.05 br s 5.42 br s	4.61 s 4.73 s	4.73 s 4.48 s	
30⑧	4.42 br s	1.71 s	1.71 s	

七、齐墩果烷型(oleananes)三萜

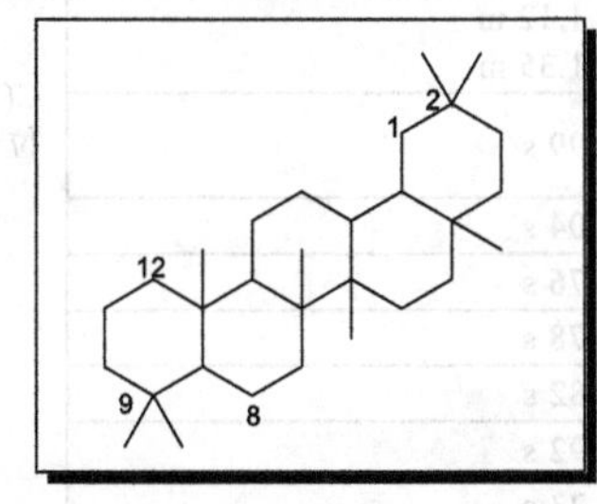

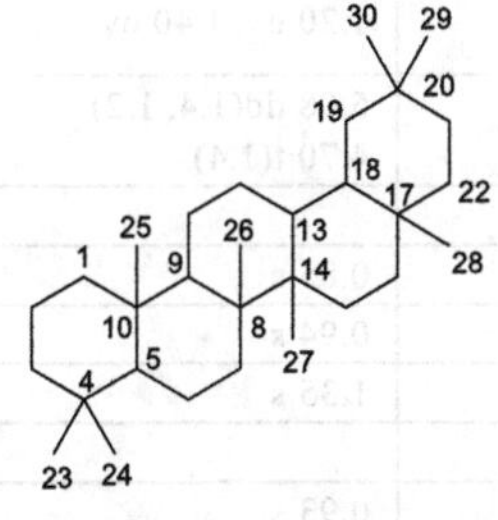

【系统分类】

2,2,4a,6a,6b,9,9,12a-八甲基二十二氢苉

2,2,4a,6a,6b,9,9,12a-octamethyldocosahydropicene

【结构多样性】

C(24)降碳；C(30)降碳；等。

【典型氢谱特征】

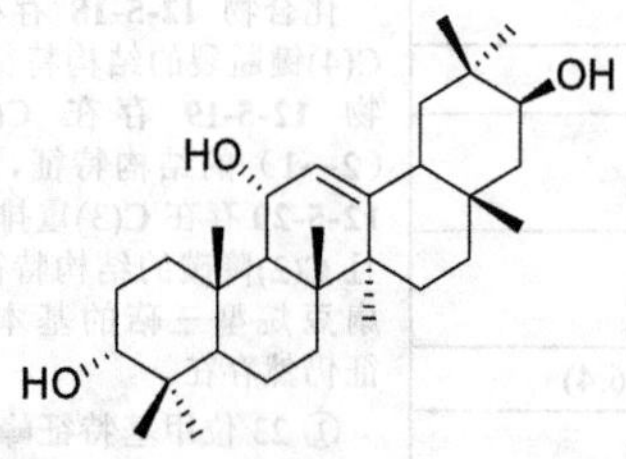

12-5-21 [15] 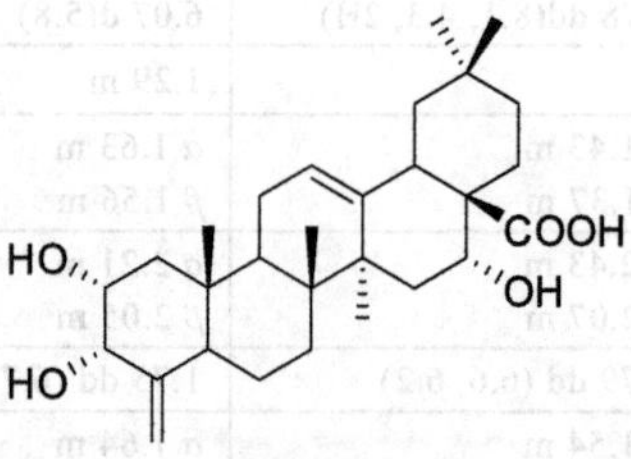　　12-5-22 [16] 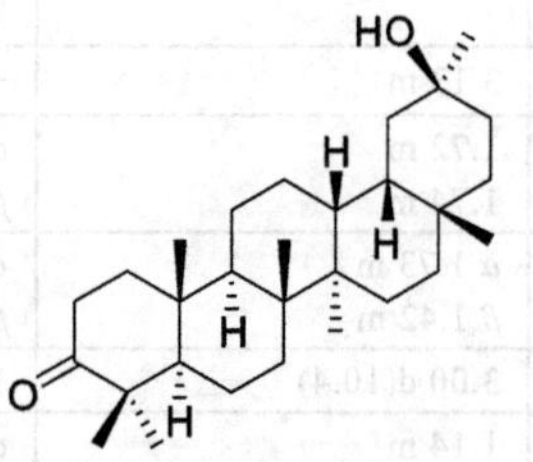　　12-5-23 [17]

表 12-5-8 齐墩果烷型三萜 12-5-21～12-5-23 的 ^{1}H NMR 数据

H	12-5-21 ($CDCl_3$)	12-5-22 (CD_3OD)	12-5-23 ($CDCl_3$)	典型氢谱特征
1	1.60 m 1.77 m	1.33 dd(12.8, 11.6) 1.74 dd(12.0, 4.5)	α 0.75 dddd(9.4, 8.4, 5.8, 4.8) β 1.55 dddd(9.4, 5.8, 3.6, 1.8)	① 23 位甲基特征峰；化合物 **12-5-22** 的 C(23) 形成烯亚甲基，其信号有特征性； ② 24 位甲基特征峰；化合物 **12-5-22** 存在 C(24)降碳的结构特征，24 位甲基特征信号消失； ③ 25 位甲基特征峰； ④ 26 位甲基特征峰； ⑤ 27 位甲基特征峰； ⑥ 28 位甲基特征峰；化合物 **12-5-22** 的 C(28)形成羧羰基，28 位甲基特征信号消失； ⑦ 29 位甲基特征峰； ⑧ 30 位甲基特征峰；化合物 **12-5-23** 存在 C(30)降碳的结构特征，30 位甲基特征信号消失
2	1.60 m 1.98 m	3.70 ddd(11.6, 4.5 ,4.0)	α 2.66 dddd(9.4, 8.4, 6.2, 5.8) β 2.02 dddd(8.4, 5.8, 3.6, 2.2)	
3	3.42 br s	4.17 d(4.0)		
5	1.30 m	1.80 dd(11.0, 3.0)	0.67 m	
6	1.40 m 1.47 m	1.29 m 1.50 m	α 1.51 m β 1.58 m	
7	1.27 m 1.53 m	1.40 m 1.60 m	α 1.08 dddd(9.5, 9.5, 8.2, 4.0) β 1.28 m	
9	1.68 m	1.86 dd(11.8, 2.3)	1.12 dd(5.5, 4.5)	
11	4.21 dd(8.2, 3.8)	1.98 m	α 1.33 m β 1.51 m	
12	5.28 d(3.4)	5.30 t(3.5)	α 1.20 m β 1.28 m	
13			1.20 m	
15	0.98 m 1.68 m	1.37 dd(13.2, 2.0) 1.98 dd(13.2, 5.5)	α 1.12 m β 1.49 m	
16	1.03 m 1.96 m	3.95 br s	α 1.23 m β 1.49 m	
18	2.02 m	2.94 dd(13.8, 4.5)	1.12 m	
19	1.21 m 1.75 m	1.24 ov, 1.78 ov	α 1.23 m β 2.02 d(5.1)	
21	3.53 dd(11.9, 4.6)	1.54 ov, 1.80 ov	α 1.20 m β 1.33 m	
22	1.37 m 1.50 m	1.20 ov, 1.40 ov	α 1.12 m β 1.35 m	
23①	0.97 s	5.08 dd(1.4, 1.2) 4.70 t(1.4)	0.99 s	
24②	0.87 s		1.04 s	
25③	1.08 s	0.85 s	0.76 s	
26④	0.99 s	0.94 s	0.78 s	
27⑤	1.23 s	1.35 s	0.82 s	
28⑥	0.87 s		0.92 s	
29⑦	0.98 s	0.93 s	1.23 s	
30⑧	0.87 s	0.98 s		
OH			3.90 s	

八、乌苏烷型(ursanes)三萜

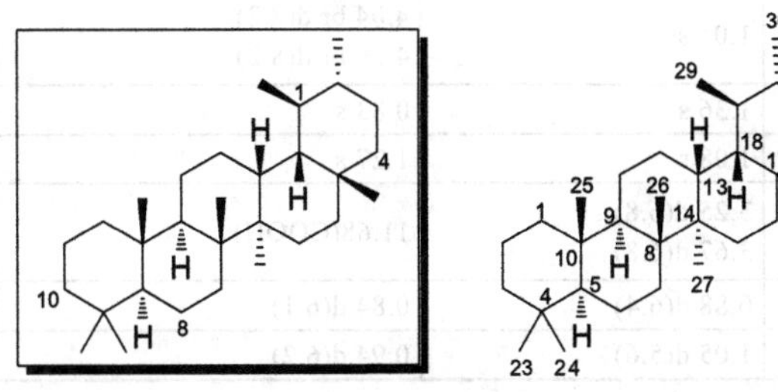

【系统分类】

1,2,4a,6a,6b,9,9,12a-八甲基二十二氢苉

1,2,4a,6a,6b,9,9,12a-octamethyldocosahydropicene

【结构多样性】

C-24 降碳；C-28 降碳；C(3)-C(4)键断裂；等。

【典型氢谱特征】

OH HO HO **12-5-24** [18]

O HO HO **12-5-25** [19]

O COOH O HO H H H **12-5-26** [20]

表 12-5-9 乌苏烷型三萜 **12-5-24**～**12-5-26** 的 ^{1}H NMR 数据

H	**12-5-24** ($CDCl_3$)	**12-5-25** (C_5D_5N)	**12-5-26** ($CDCl_3$)	典型氢谱特征
1	1.70 m 1.88 dt(12, 6.5, 6.5)	*α* 1.84 br d(13.0) *β* 1.06 m	2.95 ddd(12.6, 12.6, 4.7) 1.17 m	① 23 位甲基特征峰； 化合物 **12-5-25** 的 C(23)形成氧亚甲基(氧化甲基)，其信号有特征性； ② 24 位甲基特征峰； ③ 25 位甲基特征峰； 化合物 **12-5-26** 的 C(25)形成氧亚甲基(氧化甲基)，其信号有特征性； ④ 26 位甲基特征峰； ⑤ 27 位甲基特征峰； ⑥ 28 位甲基特征峰； 化合物 **12-5-25** 的 C(28)形成氧亚甲基(氧化甲基)，其信号有特征性；化合物 **12-5-26** 的 C(28)形成羧羰基，甲基特征信号消失； ⑦ 29 位甲基特征峰； ⑧ 30 位甲基特征峰
2	1.95 dt(12, 6, 5) 1.92 m	1.97 m *ca.* 2.00	2.12 m 1.76 m	
3	3.29 dd(12.2, 4.5)	4.25 dd(11.2, 4.8)	2.64 br s(OH-3)	
5	0.77 br d(11)	*ca.* 1.56	1.17 m	
6	1.48 m, 1.57 m	*ca.* 1.03, *ca.* 1.76	1.46 m, 1.53 m	
7	0.84 m, 1.55 m	*ca.* 1.26, *ca.* 1.36	1.37 m, 1.51 m	
9	1.68 d(8.7)	2.11 br s	2.42 s	
11	4.35 dd (8.7, 4)	5.70 dd(10.4, 2.8)		
12	5.24 d(4)	5.89 d(10.4)	5.62 s	
15		0.93 m, 1.82 m	1.32 m, 1.77 m	
16	0.97 m, 1.40 m	1.03 m, 1.97 m	1.76 m, 2.06 m	
18	1.42 d(9)	1.22 d(12.4)	2.38 d(11.8)	
19	0.86 m	1.71 m	1.36 m	
20	1.38 m	1.23 m	0.94 m	
21	3.53 dd(11, 5)	*ca.* 1.24, *ca.* 1.26	1.31 m, 1.56 m	
22	1.72 m, 1.80 m	1.48 m, 1.50 m	1.64 m, 1.78 m	
23①	0.81 s	3.76 dd(10.8, 4.4) 4.22 dd(10.8, 4.4)	1.02 s	
24②	1.08 s	1.08 s	0.97 s	

续表

H	12-5-24 ($CDCl_3$)	12-5-25 (C_5D_5N)	12-5-26 ($CDCl_3$)	典型氢谱特征
25③	0.99 s	1.05 s	4.04 br d(8.2) 4.59 br d(8.2)	
26④	1.04 s	1.36 s	0.83 s	
27⑤	1.18 s	1.08 s	1.27 s	
28⑥	0.80 s	3.25 d(6.8) 3.67 d(6.8)	11.68(COOH)	
29⑦	0.87 d(6.4)	0.88 d(6.4)	0.84 d(6.1)	
30⑧	0.98 d(5.8)	1.05 d(5.6)	0.94 d(6.2)	

12-5-27 [21]　**12-5-28** [22]　**12-5-29** [23]

表 12-5-10 乌苏烷型三萜 12-5-27～12-5-29 的 ^{1}H NMR 数据

H	12-5-27 (C_5D_5N)	12-5-28 ($CDCl_3$)	12-5-29 (C_5D_5N)	典型氢谱特征
1	1.87 t(12.0), 2.08 ov	1.66 m	1.95 m	① 23 位甲基特征峰； 化合物 **12-5-27** 和 **12-5-29** 的 C(23)形成烯亚甲基，其信号有特征性； ② 24 位甲基特征峰； 化合物 **12-5-27** 存在 C(24)降碳的结构特征，24 位甲基特征信号消失； ③ 25 位甲基特征峰； ④ 26 位甲基特征峰； ⑤ 27 位甲基特征峰； ⑥ 28 位甲基特征峰； 化合物 **12-5-27** 的 C(28)形成羧羰基，化合物 **12-5-28** 存在 C(28)降碳的结构特征，其 28 位甲基特征信号消失； ⑦ 29 位甲基特征峰； ⑧ 30 位甲基特征峰； 化合物 **12-5-29** 的 C(30)形成烯亚甲基，其信号有特征性； 化合物 **12-5-27** 的 C(24)降碳的结构特征以及化合物 **12-5-29** 的 C(3)-C(4)键断裂的结构特征均可以以 C(23)形成烯亚甲基作为其氢谱特征
2	4.12 br dt(11.4, 4.2)	1.65 m	2.49 m, 2.65 m	
3	4.66 d(2.4)	3.22 dd(10.7, 4.6)		
5	2.69 br d(11.4)	0.74 br d(11.7)	2.11 br d(10)	
6	1.48 ov, 1.56 ov	1.55 m	1.35 m,1.74 m	
7	1.41 ov, 1.67 ov	1.40 m, 1.51 m	1.28 m	
9	2.17 ov	1.54 m	1.52 m	
11	2.11 br d(13.2) 2.28 br d(13.2)	1.94 dd(11.1, 3.8)	1.23 m 1.59 m	
12	5.62 br s	5.29 t(3.7)	1.10 m, 1.60 m	
13			1.66 m	
15	1.26 br d(13.2) 2.34 dt(13.2, 2.4)	1.04 m 2.04 m	0.92 m	
16	2.05 3.12 dt(12.8, 3.0)	2.02 m 2.04 m	1.09 m 1.21 m	
18	3.06 s	1.58 m	0.95 m	
19	5.00 br s(19-OH)	1.66 dd(3.7, 2.7)	2.11 m	
20	1.52 ov	1.28 m		
21	1.35 ov, 2.12 ov	1.17 m, 1.60 m	2.19 m, 2.47 m	
22	2.07 ov 2.18 ov	1.72 dt(6.3, 3.9) 1.53 m	1.33 m 1.39 m	
23①	4.77 s, 5.14 s	1.00 s	4.88 br s, 4.96 br s	
24②		0.79 s	1.80 s	
25③	0.84 s	0.93 s	0.88 s	
26④	1.16 s	0.99 s	1.02 s	
27⑤	1.66 s	1.08 s	0.95 s	
28⑥			0.90 s	
29⑦	1.44 s	0.82 d(6.4)	1.04 d(6.5)	
30⑧	1.13 d(6.6)	0.94 d(5.6)	4.72 , 4.77 br s	

九、蒲公英萜烷型(taraxeranes)三萜

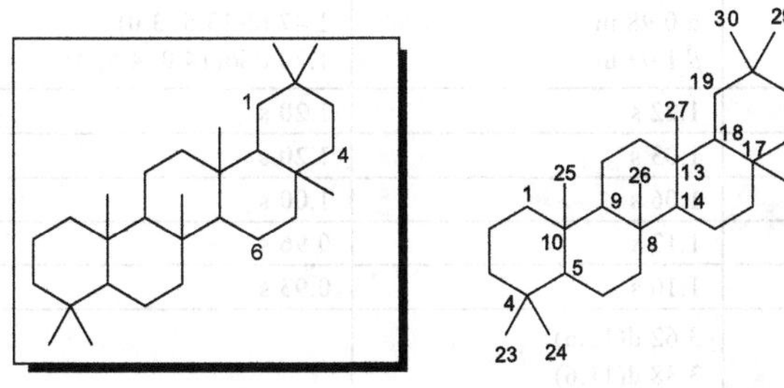

【系统分类】

2,2,4a,6b,9,9,12a,14a-八甲基二十二氢苉

2,2,4a,6b,9,9,12a,14a-octamethyldocosahydropicene

【结构多样性】

C(2)-C(3)键断裂；等。

【典型氢谱特征】

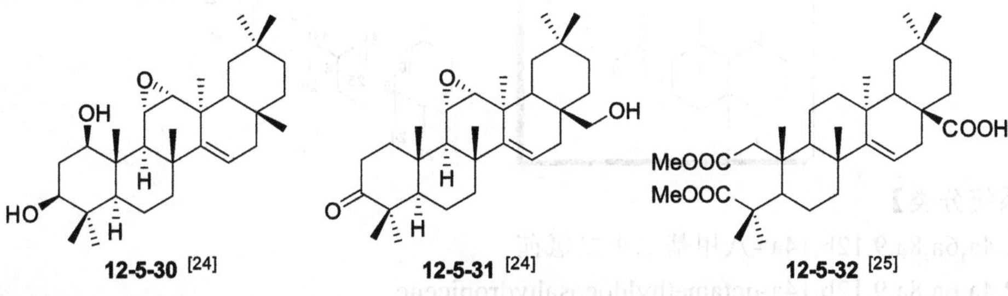

表 12-5-11 蒲公英萜烷型三萜 12-5-30～12-5-32 的 ^{1}H NMR 数据

H	12-5-30 ($CDCl_3$)	12-5-31 ($CDCl_3$)	12-5-32 (CD_3COCD_3)	典型氢谱特征
1	α 3.94 dd(13.2, 3.8)	α 2.05 m β 2.12 m	2.25 d(18.7) 2.35 d(18.7)	化合物 **12-5-32** 存在C(2)-C(3)键断裂的结构特征，由于 C(2)和 C(3)均形成羧羰基，蒲公英萜烷型三萜特征仍然存在。 ① 23 位甲基特征峰； ② 24 位甲基特征峰； ③ 25 位甲基特征峰； ④ 26 位甲基特征峰； ⑤ 27 位甲基特征峰； ⑥ 28 位甲基特征峰； 化合物 **12-5-31** 的 C(28)形成氧亚甲基（氧化甲基），其信号有特征性； 化合物 **12-5-32** 的 C(28)形成羧羰基，甲基特征信号消失； ⑦ 29 位甲基特征峰； ⑧ 30 位甲基特征峰
2	α 1.81 m β 1.94 m	α 2.38 m β 2.65 m	3.57 s(COOMe)	
3	4.56 dd(13.2, 4.0)		3.56 s(COOMe)	
5	0.92 dd(13, 4.0)	1.28 dd(13.0, 4.0)	2.41 m	
6	α 1.62 m β 1.46 m	α 1.66 m β 1.50 m	1.56 m 1.64 m	
7	α 1.28 m β 1.95 m	α 1.26 m β 1.96 m	1.32 m 1.92 dt(13.0, 3.0)	
9	1.26 d(4.2)	1.18 d(4.5)	2.58 dd(10.5, 9.5)	
11	3.18 dd(4.2, 4.0)	3.15 dd(4.5, 3.8)	1.56 m(2H)	
12	2.85 d(4.0)	2.80 d(3.8)	1.63 m, 1.75 m	
15	5.55 dd(8.0, 3.5)	5.56 dd(8.0, 3.5)	5.56 dd(8.0, 3.5)	
16	α 1.66 dd(13.2, 3.5) β 1.89 dd(13.2, 8.0)	α 1.68 dd(13.0, 3.5) β 1.88 dd(13.0, 8.0)	1.98 dd(14.5, 3.5) 2.39 m	
18	2.39 dd(13.0, 3.8)	2.38 dd(13.0, 3.8)	2.40 m	
19	α 1.57 dd(13.0, 12.8) β 1.41 dd(12.8, 3.8)	α 1.56 dd(13.0, 12.8) β 1.38 dd(12.8, 3.8)	1.12 dd(13.5, 3.5) 1.32 t(13.5)	
21	α 1.33 m β 1.42 m	α 1.30 m β 1.43 m	1.07 td(13.5, 3.0) 1.17 dd(5.0, 3.5)	

续表

H	12-5-30 ($CDCl_3$)	12-5-31 ($CDCl_3$)	12-5-32 (CD_3COCD_3)	典型氢谱特征
22	α 1.00 m β 1.07 m	α 0.98 m β 1.07 m	1.47 td(13.5, 3.0) 1.70 ddd(14.0, 4.5, 3)	
23①	1.20 s	1.22 s	1.20 s	
24②	1.05 s	1.03 s	1.20 s	
25③	1.08 s	1.06 s	1.00 s	
26④	1.16 s	1.13 s	0.96 s	
27⑤	1.09 s	1.10 s	0.93 s	
28⑥	0.88 s	3.62 d(11.6) 3.38 d(11.6)		
29⑦	0.97 s	0.98 s	0.94 s	
30⑧	1.13 s	1.08 s	0.91 s	

十、木栓烷型(friedelanes)三萜

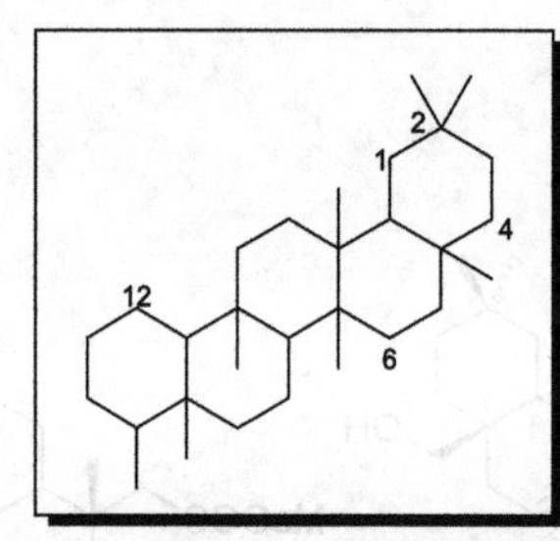

【系统分类】

2,2,4a,6a,8a,9,12b,14a-八甲基二十二氢苉

2,2,4a,6a,8a,9,12b,14a-octamethyldocosahydropicene

【结构多样性】

C(2)-C(3)键断裂；C(3)-C(4)键断裂；C(29)降碳；C(24),C(29)双降碳；等。

【典型氢谱特征】

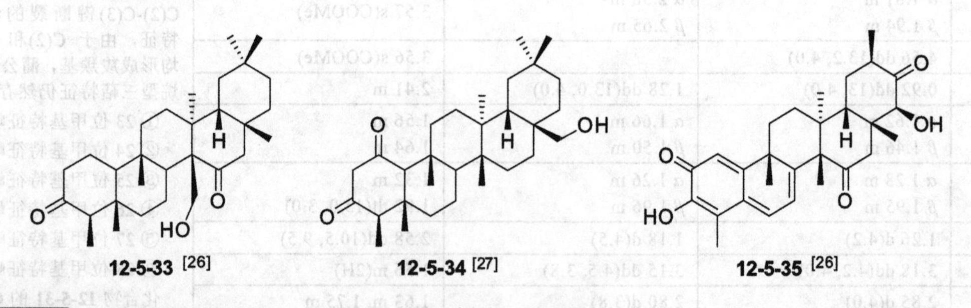

12-5-33 [26]　　12-5-34 [27]　　12-5-35 [26]

表 12-5-12 木栓烷型三萜 12-5-33～12-5-35 的 ^{1}H NMR 数据

H	12-5-33 ($CDCl_3$)	12-5-34 ($CDCl_3$)	12-5-35 ($CDCl_3$)	典型氢谱特征
1			6.49 s	
2	—	3.25 d(16) 3.46 d(16)		① 23 位甲基特征峰； ② 24 位甲基特征峰； 化合物 **12-5-35** 存在 C(24)降碳的结构特征，甲基特征信号消失；
4	2.32 m	2.58 q(6.7)		
6	—	1.84～1.91 m	7.02 d(7.2)	
7	—	1.50 m	6.97 d(7.2)	

续表

H	12-5-33 ($CDCl_3$)	12-5-34 ($CDCl_3$)	12-5-35 ($CDCl_3$)	典型氢谱特征
8	—	1.20 m		③ 25 位甲基特征峰； ④ 26 位甲基特征峰； 化合物 **12-5-33** 的 C(26) 形成氧亚甲基（羟甲基，氧化甲基），其信号有特征性； ⑤ 27 位甲基特征峰； ⑥ 28 位甲基特征峰； 化合物 **12-5-34** 的 C(28) 形成氧亚甲基（氧化甲基），其信号有特征性； ⑦ 29 位甲基特征峰； 化合物 **12-5-35** 存在 C(29) 降碳的结构特征，甲基特征信号消失； ⑧ 30 位甲基特征峰
10	—	2.39 s		
11	—	2.15 t(3.4) 2.17 t(3.4)	—	
12	—	1.30～1.50 m	—	
15	—	1.30～1.50 m		
16	2.24 d(19.2) 2.48 d(19.2)	1.84～1.91 m	2.75 ABq(15.8) 2.96 ABq(15.8)	
18	1.92 dd-like	1.40 m	2.26 m	
19	—	1.30 m	—	
20			2.65 m	
21	—	1.30～1.50 m		
22	—	1.40 m	4.43 d(2.9)	
23①	0.90 d(6.9)	1.06 d(6.7)	2.22 s	
24②	0.77 s	0.69 s		
25③	1.00 s	1.26 s	1.50 s	
26④	4.16 d(12.1) 4.41 d(12.1)	0.94 s	1.71 s	
27⑤	0.88 s	1.10 s	1.05 s	
28⑥	1.38 s	3.68 br s	1.05 s	
29⑦	1.05 s	1.00 s		
30⑧	0.97 s	0.98 s	1.15d(6.6)	

12-5-36 [28]　　12-5-37 [29]　　12-5-38 [30]

表 12-5-13 木栓烷型三萜 12-5-36～12-5-38 的 ^{1}H NMR 数据

H	12-5-36 (C_5D_5N)	12-5-37 ($CDCl_3$)	12-5-38 ($CDCl_3$)	典型氢谱特征
1	ax 1.91 dd(12.4, 3.2) eq 1.53 m	5.74 ddd(17.0, 10.5, 10.0)	3.55 m	化合物 **12-5-37** 存在 C(2)-C(3) 键断裂的结构特征，化合物 **12-5-38** 存在 C(3)-C(4)键断裂的结构特征。 ① 23 位甲基特征峰； ② 24 位甲基特征峰； 化合物 **12-5-38** 的 C(24)形成氧亚甲基（氧化甲基），其信号有特征性； ③ 25 位甲基特征峰； ④ 26 位甲基特征峰；
2	ax 1.61 dt(13.2, 3.6) eq 2.11 m	4.98 dd(17.0, 2.5) 5.13 dd(10.0, 2.5)	3.56 m	
3	3.90 br s 5.49 br s(OH)			
4	1.10 ov	2.48 q(7.0)	5.32 q(6)	
6	ax 0.92 m eq 1.72 dt(12.8, 2.9)	1.53 ov 1.64 ddd(13.5, 3.5, 3.0)	α 1.73 dd(12, 8) β 1.44 dd(8, 1)	
7	ax 1.32 m, eq 1.37 m	1.47 ov	β 5.16 br t(8)	
8	1.66 dd(11.1, 3.1)	1.20 ov	2.15 br d(8)	
10	1.17 br d(11.4)	1.72 d(10.5)	1.66 br s	
11	ax 2.60 td(13.1, 4.9) eq 1.77 m	1.14 m 1.19 ov	α 2.82 td(13, 4) β 0.77 br d(12)	

续表

H	12-5-36 (C_5D_5N)	12-5-37 ($CDCl_3$)	12-5-38 ($CDCl_3$)	典型氢谱特征
12	ax 1.32 m, eq 2.03 m	1.28 m	α 1.18 m, β 1.98 m	⑤ 27位甲基特征峰；化合物 **12-5-36** 和 **12-5-38** 的C(27)形成酯羰基，27位甲基特征信号消失；⑥ 28位甲基特征峰；⑦ 29位甲基特征峰；化合物 **12-5-36** 和 **12-5-38** 均存在C(29)降碳的结构特征，29位甲基特征信号消失；⑧ 30位甲基特征峰；化合物 **12-5-36** 和 **12-5-38** 的C(30)形成烯亚甲基，其信号有特征性
15	ax 1.42 dd(11.6, 7.9) eq 1.51 m	1.50 ov 1.30 ov	2.30 m 1.98 m	
16	ax 1.55 m, eq 1.77 m	1.36 ov, 1.55 ov	1.07 m, 2.25 m	
18	1.87 br s	1.53 ov		
19	ax 2.44 br d(13.3) eq 2.94 m	1.19 ov 1.36 ov	2.08 d(15)[a] 2.90 d(15)[a]	
21	4.68 t(3.3) 7.35 d(4.0, OH)	1.25 ov 1.46 ov	1.07 m[a] 2.25 m[a]	
22	4.39 m	0.93 ov, 1.49 m	2.17 m[a]	
23①	1.10 ov	1.09 d(7.0)	1.17 d(6)[a]	
24②	1.26 s	1.11 s	3.63 d(12), 5.07 d(12)[a]	
25③	0.95 s	0.95 s	1.31 s[a]	
26④	0.91 s	0.995 s	1.34 s[a]	
27⑤		1.02 s	3.49 d(COOMe)[a]	
28⑥	1.54 s	1.17 s	1.09 s[a]	
29⑦		0.94 s		
30⑧	α 5.25 br s, β 5.23 br s	0.990 s	4.46 br s, 4.89 br s[a]	
OAc			1.99 s, 2.07 s	

[a] 文献中有排版错误，此处归属供参考。

十一、蒲公英烷型（taraxastanes）三萜

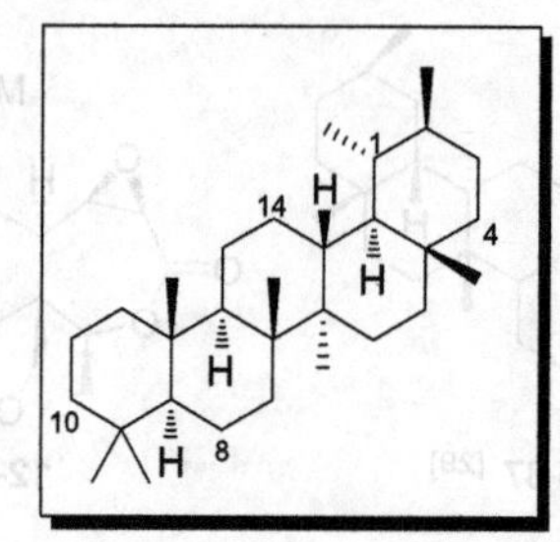

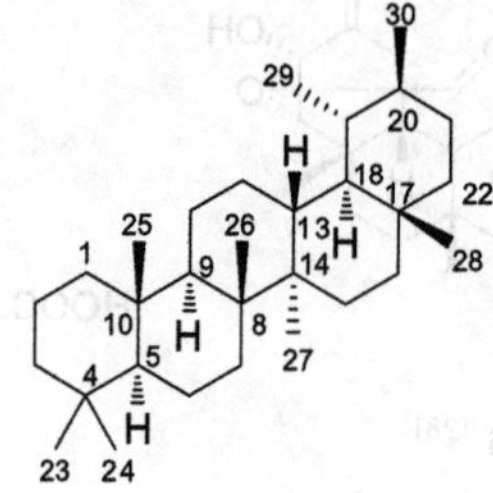

【系统分类】

1,2,4a,6a,6b,9,9,12a-八甲基二十二氢苉

1,2,4a,6a,6b,9,9,12a-octamethyldocosahydropicene

【典型氢谱特征】

12-5-39 [31]　　**12-5-40** [32]　　**12-5-41** [33]

表 12-5-14 蒲公英烷型三萜 12-5-39～12-5-41 的 ¹H NMR 数据

H	**12-5-39** (C_5D_5N)	**12-5-40** ($CDCl_3$)	**12-5-41** ($CDCl_3$)	典型氢谱特征
1α	0.98 m	0.91 m	0.95 m	① 23 位甲基特征峰； ② 24 位甲基特征峰； ③ 25 位甲基特征峰； ④ 26 位甲基特征峰； ⑤ 27 位甲基特征峰； ⑥ 28 位甲基特征峰； 化合物 **12-5-39** 的 C(28)形成羧羰基，28 位甲基特征信号消失； 化合物 **12-5-41** 的 C(28)形成缩醛次甲基，其信号有特征性； ⑦ 29 位甲基特征峰； ⑧ 30 位甲基特征峰； 化合物 **12-5-40** 的 C(30)形成氧亚甲基（氧化甲基），其信号有特征性
1β	1.70 ddd(14.0, 3.6, 3.2)	1.73 m	1.69 m	
2	1.86 m(2H)	α 1.55 m β 1.54 m	α 1.62 m β 1.59 m	
3	3.46 dd(10.3, 5.8)	3.21 dd(11.2, 4.9)	α 3.19 dd(11.5, 4.4)	
5	0.81 dd(11.6, 1.9)	0.76 m	α 0.69 br d(11.2)	
6	1.41 m 1.55 m	1.54 m	α 1.52 m β 1.37 m	
7	1.40 m(2H)	1.36 m	α 1.34 m β 1.40 m	
9	1.30 m	1.36 dd(11.7, 4.7)	1.37 m	
11	α 1.53 m β 1.28 m	α 1.27 m β 1.59 m	1.25 m(2H)	
12	α 1.37 m β 2.03 m	α 0.92 m β 1.62 m	α 1.69 m β 1.64 m	
13	2.77 ddd(14.0, 10.4, 4.0)	1.55 m	β 1.56 m	
15	1.22 m 1.27 m	α 1.68 m β 1.11 m	α 1.02 m β 1.56 m	
16	α 1.60 ddd(14.2, 13.5, 4.0) β 2.38 ddd(14.2, 4.1, 2.9)	1.54 m	α 1.15 m β 1.56 m	
18	1.79 dd(10.5, 10.4)	1.25 m	α 0.88 m	
19	2.50 dq(10.5, 6.2)	2.04 d(7.1)	β 1.38 m	
21	α 1.86 m β 2.10 ddd(16.9, 12.9, 3.2)	5.59 dd(6.6, 1.8)	α 1.62 m β 1.64 m	
22	α 2.32 ddd(14.9, 12.9, 2.9) β 2.03 m	α 1.88 m β 1.88 m	α 0.91 m β 1.73 m	
23①	1.23 s	0.75 s	0.97 s	
24②	1.01 s	0.96 s	0.77 s	
25③	0.86 s	0.85 s	0.84 s	
26④	1.09 s	1.04 s	0.98 s	
27⑤	1.02 s	0.95 s	0.93 s	
28⑥		0.76 s	β 4.87 s	
29⑦	1.41 d(6.2)	1.00 d(6.4)	0.87 d(7.1)	
30⑧	1.43 s	α 4.13 d(12.3) β 4.02 d(12.3)	1.10 s	
OMe			3.43 s	

十二、多花烷型(multifloranes)三萜

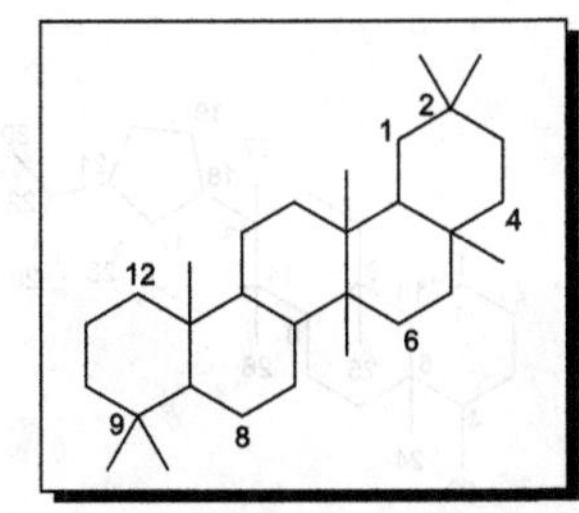

【系统分类】

2,2,4a,6a,9,9,12a,14a-八甲基二十二氢苉

2,2,4a,6a,9,9,12a,14a-octamethyldocosahydropicene

【典型氢谱特征】

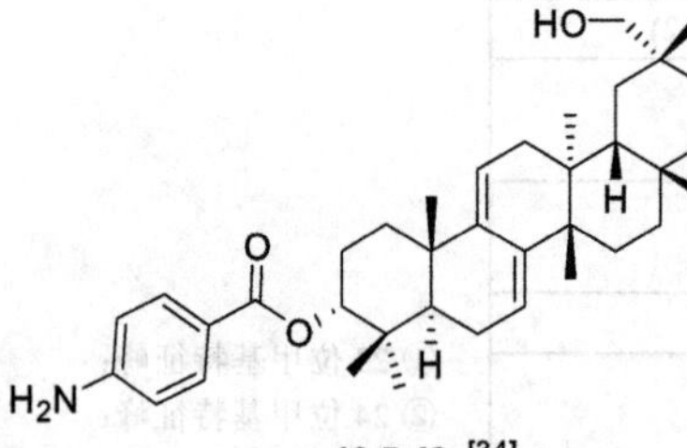

12-5-42 [34] 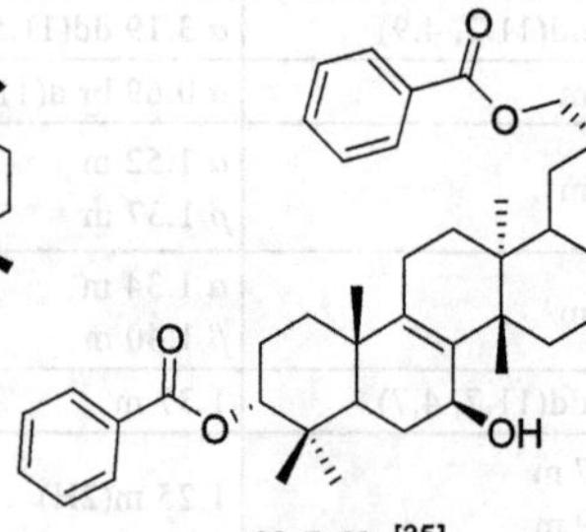　　12-5-43 [35] 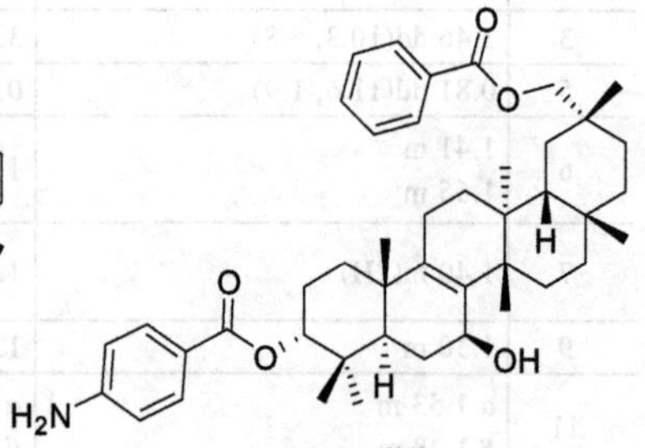　　12-5-44 [36]

表 12-5-15 多花烷型三萜 12-5-42～12-5-44 的 ^{1}H NMR 数据

H	12-5-42 (C_6D_6)	12-5-43 (CD_3OD)	12-5-44 (C_6D_6)	典型氢谱特征
3	5.21 br t(2)	4.85 br s	5.13 br s	
5			1.89 dd(13,2)	
7	5.59 br s	4.39 t(6.0)	4.35 m	
11	5.33 br s	—	—	
23①	0.98 s	0.94 s	1.04 s	① 23 位甲基特征峰； ② 24 位甲基特征峰； ③ 25 位甲基特征峰； ④ 26 位甲基特征峰； ⑤ 27 位甲基特征峰； ⑥ 28 位甲基特征峰； ⑦ 化合物 **12-5-42**～**12-5-44** 的 C(29)均形成氧亚甲基(氧化甲基)，其信号有特征性； ⑧ 30 位甲基特征峰
24②	0.91 s	1.04 s	0.84 s	
25③	1.03 s	1.16 s	1.00 s	
26④	1.10 s	1.32 s	1.43 s	
27⑤	1.16 s	1.01 s	1.05 s	
28⑥	1.10 s	1.18 s	1.13 s	
29⑦	3.01 d(11) 3.50 d(11)	4.11 d(10.5)	4.08 d(11) 4.41 d(11)	
30⑧	1.00 s	1.14 s	1.15 s	
3′,7′	8.19	7.95 d(7.5)	8.20	
5′		7.60 t(7.6)		
4′,6′	6.16	7.46 t(7.6)	6.49	
3″,7″		8.00 d(7.5)	8.21	
5″		7.62 t(7.6)	7.14	
4″,6″		7.48 t(7.6)	7.10	
NH_2	3.00 br s			

十三、绵马烷型（filicanes）三萜

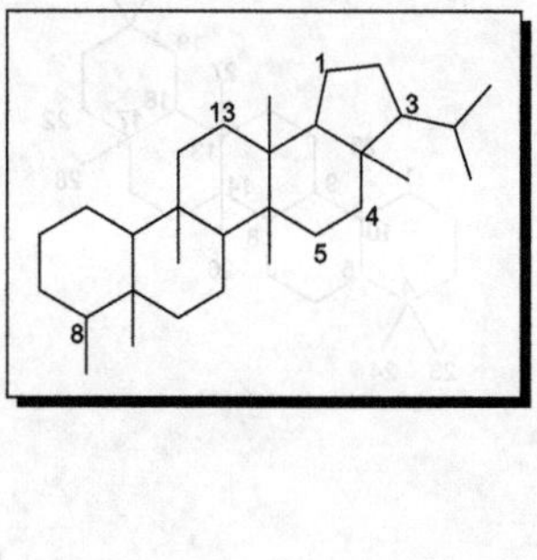

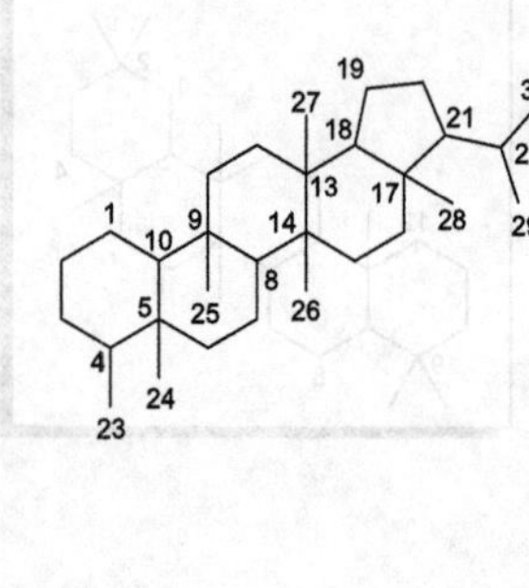

【系统分类】

3a,5a,7a,8,11b,13a-六甲基-3-异丙基二十氢-1*H*-环戊二烯并[*a*]䓛

3-isopropyl-3a,5a,7a,8,11b,13a-hexamethylicosahydro-1*H*-cyclopenta[*a*]chrysene

【典型氢谱特征】

12-5-45 [37]　　12-5-46 [38]　　12-5-47 [39]

表 12-5-16 绵马烷型三萜 12-5-45~12-5-47 的 ^{1}H NMR 数据

H	12-5-45 ($CDCl_3$)	12-5-46 ($CDCl_3$)	12-5-47 (C_5D_5N)	典型氢谱特征
1	—	—	1.39 m, 1.55 m	① C(22)、C(29)和 C(30)异丙基特征峰；② 23 位甲基特征峰；③ 24 位甲基特征峰；④ 25 位甲基特征峰；⑤ 26 位甲基特征峰；⑥ 27 位甲基特征峰；⑦ 28 位甲基特征峰；化合物 **12-5-47** 的 C(28)形成羧羰基，甲基特征信号消失
2	—	—	1.96 m, 2.02 m	
3	3.803 dd(2.9, 2.8)	2.94 m	5.18 m	
6	—	—	1.16 m, 1.73 m	
7	—	—	1.38 m, 1.44 m	
8	—	—	1.38 m	
10	—	—	1.23 m	
11	—	—	1.36 m, 1.36 m	
12	—	—	1.10 m, 1.57 m	
15	—	—	1.37 m, 1.88 m	
16	—	—	1.59 m, 2.90 dt(13.8, 3.6)	
18	—	—	2.11 dd(13.2, 7.2)	
19	—	—	1.57 m, 2.26 m	
20	—	—	1.95 m, 2.01 m	
21	—	—	1.39 m	
22①	—	1.42 m	1.84 m	
23②	1.153 s	1.16 s	1.61 s	
24③	1.084 s	0.99 s	1.00 s	
25④	0.887 s	0.87 s	0.91 s	
26⑤	0.887 s	0.87 s	1.02 s	
27⑥	0.965 s	0.92 s	1.23 s	
28⑦	0.780 s	0.75 s		
29①	0.881 d(6.7)	0.80 d(6.7)	1.13 d(6.6)	
30①	0.822 d(6.7)	0.86 d(6.7)	0.92 d(6.6)	
OMe	3.176 s	3.26 s		

参 考 文 献

[1] Isaka M, Chinthanom P, Sappan M, et al, J Nat Prod, 2011, 74: 2143.

[2] Isaka M, Yangchum A, Rachtawee P, et al. J Nat Prod, 2010,73: 688.

[3] Begum S, Syed S A, Siddiqui B S, et al. Phytochemistry Lett, 2013, 6: 91.

[4] Ageta H, Shiojima K, Suzuki H, et al. Chem Pharm Bull, 1993, 41: 1939.

[5] Shiojima K, Arai Y, Nakane T, et al. Chem Pharm Bull, 1997, 45: 639.

[6] Tsuzuki K, Ôhashi A, Arai Y, et al. Phytochemistry, 2001, 58: 363.

[7] Hamed A I, Masullo M, Pecio L, et al. J Nat Prod, 2014, 77: 657.

[8] Yan J, Yi P, Chen B H, et al. Phytochemistry, 2008, 69: 506.

[9] Tanaka R, Ishikawa Y, Minami T, et al. Plant Med, 2003, 69: 1041.
[10] Tanaka R, Tsujimoto K, In Y, et al. Tetrahedron, 2002, 58: 2505.
[11] Chen I H, Du Y C, Lu M C, et al. J Nat Prod, 2008, 71: 1352.
[12] Cichewicz R H, Kouzi S A. Med Res Rev, 2004, 24: 90
[13] Bar F M A, Zaghloul A M, Bachawal S V, et al. J Nat Prod, 2008, 71: 1787.
[14] Giacomelli S R, Maldaner G, Stücker C, et al. Planta Med, 2007, 73: 499.
[15] Cáceres-Castillo D, Mena-Rejón G J, Cedillo-Rivera R, et al. Phytochemistry, 2008, 69: 1057.
[16] Cioffi G, Bader A, Malafronte A, et al. Phytochemistry, 2008, 69: 1005.
[17] Alam M S, Chopra N, Ali M, et al. Phytochemistry, 2000, 54: 215.
[18] Topcu G, Altiner E N, Gozcu S, et al. Planta Med, 2003, 69: 464.
[19] Chen I H, Chang F R, Wu C C, et al. J Nat Pord, 2006, 69: 1543.
[20] Begum S, Zehra S Q, Siddiqui B S. Chem Pharm Bull, 2008, 56: 1317.
[21] Jang D S, Kim J M, Kim J H, et al. Chem Pharm Bull, 2005, 53: 1594.
[22] Benyahia S, Benayache S, Benayache F, et al. Phytochemistry, 2005, 66: 627.
[23] Kashiwada Y, Sekiya M, Yamazaki K, et al. J Nat Pord, 2007, 70: 623.
[24] Hu J, Shi X D, Chen J G, et al. Fitoterapia, 2012, 83: 55.
[25] Pattamadilok D, Suttisri R. J Nat Prod, 2008, 71: 292.
[26] Morikawa T, Kishi A, Pongpiriyadacha Y, et al. J Nat Prod, 2003, 66: 1191.
[27] Chávez H, Estévez-Braun A, Ravelo A G, et al. J Nat Prod, 1998, 61: 82.
[28] Mpetga J D S, Shen Y, Tane P, et al. J Nat Prod, 2012, 75: 599.
[29] Reyes B M, Ramírez-Apan M T, Toscano R A, et al. J Nat Prod, 2010, 73: 1839.
[30] Camacho M D R, Phillipson J D, Croft S L, et al. J Nat Prod, 2002, 65: 1457.
[31] Xie Y Y, Morikawa T, Ninomiya K, et al. Chem Pharm Bull, 2008, 56: 1628.
[32] Dai J Q, Zhao C Y, Zhang Q, et al. Phytochemistry, 2001, 58: 1107.
[33] Zhao M, Zhang S J, Fu L W, et al. J Nat Pord, 2006, 69: 1164.
[34] Appendino G, Jakupovic J, Belloro E, et al. Fitoterapia, 2000, 71: 258.
[35] Marino S D, Festa C, Zollo F, et al. Phytochemistry Lett, 2009, 2: 130.
[36] Appendino G, Jakupovic J, Belloro E, et al. Phytochemistry, 1999, 51: 1021.
[37] Tsuzuki K, Ôhashi A, Arai Y, et al. Phytochemistry, 2001, 58: 363.
[38] Ibraheim Z Z, Ahmed A S, Gouda Y G. Saudi Pharm J, 2011, 19: 65.
[39] Zhang L Y, Wang T H, Ren L Z, et al. Biochem Syst Ecol, 2015, 59: 155.

第六节 降 三 萜

降三萜包括由三萜衍生的 C_{26} 柠檬苦素型化合物、C_{20} 苦木苦素型化合物和 C_{25} 苦木苦素型化合物。

一、柠檬苦素型化合物

柠檬苦素型化合物（limonoids）根据 17 位侧链的结构又分型为仲丁基型柠檬苦素和呋喃型柠檬苦素。

1. 仲丁基型柠檬苦素

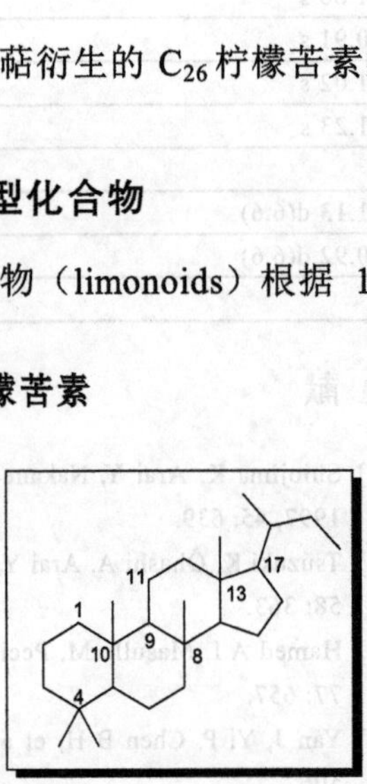

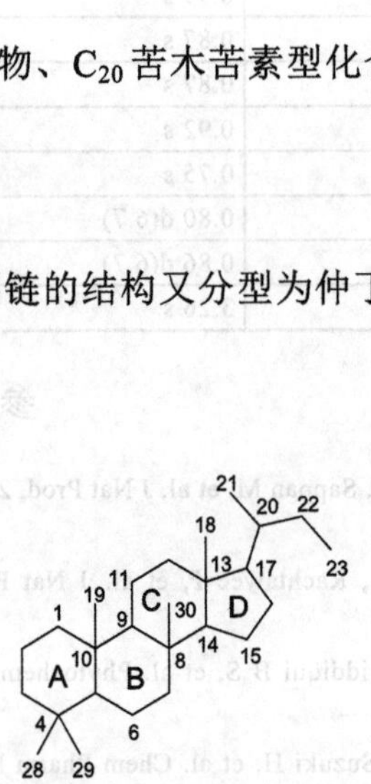

【系统分类】

4,4,8,10,13-五甲基-17-仲丁基十六氢-1*H*-环戊二烯并[*a*]菲

17-(*sec*-butyl)-4,4,8,10,13-pentamethylhexadecahydro-1*H*-cyclopenta[*a*]phenanthrene

【结构多样性】

C(21)降碳；等。

【典型氢谱特征】

12-6-1 [1]

表 12-6-1 仲丁基型柠檬苦素 **12-6-1** 的 ^{1}H NMR 数据

H	**12-6-1** ($CDCl_3$)	H	**12-6-1** ($CDCl_3$)	典型氢谱特征
1	6.50 br d(10.2)	16*α*	1.56 ddd(19.5, 10.6, 1.4)	① 18 位甲基特征峰； ② 19 位甲基特征峰； ③ 23 位甲基形成氧亚甲基(氧化甲基)，其信号有特征性； ④ 28 位甲基特征峰； ⑤ 29 位甲基特征峰； ⑥ 30 位甲基特征峰； 注：化合物 **12-6-1** 存在 C(21)进一步降碳的结构特征，21 位甲基特征信号消失
2	5.88 d(10.2)	16*β*	2.48 ddd(19.5, 10.6, 0.6)	
5	2.05 dd(13.3, 2.4)	17	2.67 dq(10.6, 3.1)	
6*α*	1.87 ddd(14.8, 3.5, 2.4)	18①	0.50 s	
6*β*	1.39 ddd(14.8, 13.3, 2.3)	19②	0.60 s	
7	5.07 dd(3.5, 2.3)	20	2.00 dd(16.8, 3.1) 1.57 dd(16.8, 10.6)	
9	1.08 ddd(6.2, 2.2, 0.5)	23③	4.08 d(16.6), 4.23 d(16.6)	
11	0.85～0.94 m, 0.85～0.94 m	28④	1.11 s	
12*α*	1.49 dtb(16.7, 2.5)	29⑤	0.94 s	
12*β*	1.15～1.28 m	30⑥	0.68 s	
14	2.33 dd(1.4, 0.6)	OAc	1.75 s(7-OAc), 1.70 s(23-OAc)	

2. 呋喃型柠檬苦素

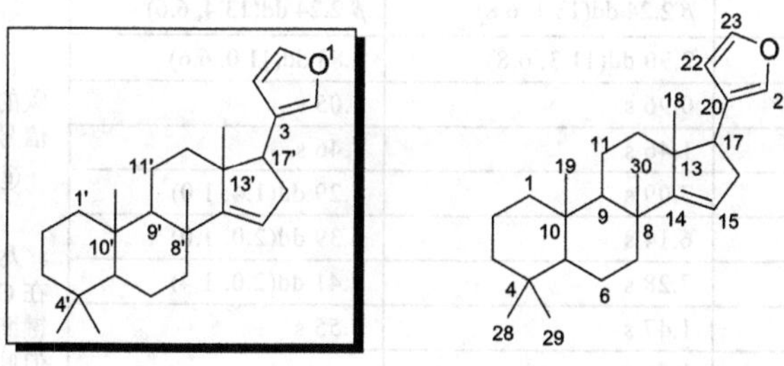

【系统分类】

3-(4,4,8,10,13-五甲基-2,3,4,5,6,7,8,9,10,11,12,13,16,17-十四氢-1*H*-环戊二烯并[*a*]菲-17-基)呋喃

3-(4,4,8,10,13-pentamethyl-2,3,4,5,6,7,8,9,10,11,12,13,16,17-tetradecahydro-1*H*-cyclopenta[*a*]phenanthren-17-yl)furan

【结构多样性】

C(3)-C(4)键断裂；C(7)-C(8)键断裂，C(29)降碳；C(12)-C(13)键断裂；C(3)-C(4)键和

C(7)-C(8)键双断裂；C(3)-C(4)键和 C(16)-C(17)键双断裂；C(7)-C(8)键和 C(16)-C(17)键双断裂；C(7)-C(8)键和 C(16)-C(17)键双断裂、C(2)-C(30)连接；C(7)-C(8)键和 C(16)-C(17)键双断裂、C(1)-C(29)和 C(2)-C(30)双连接；等。

【典型氢谱特征】

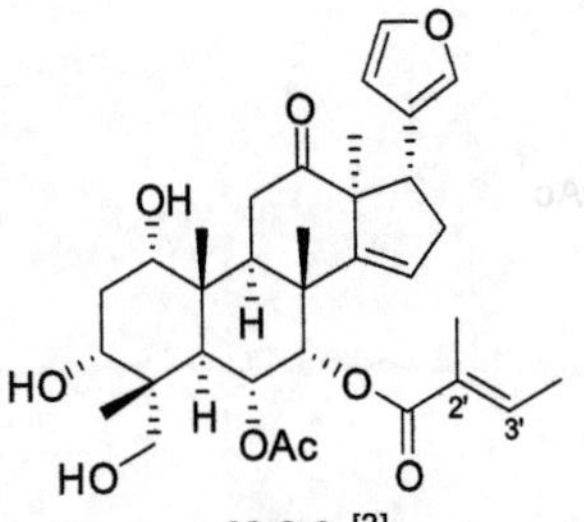

12-6-2 [2] 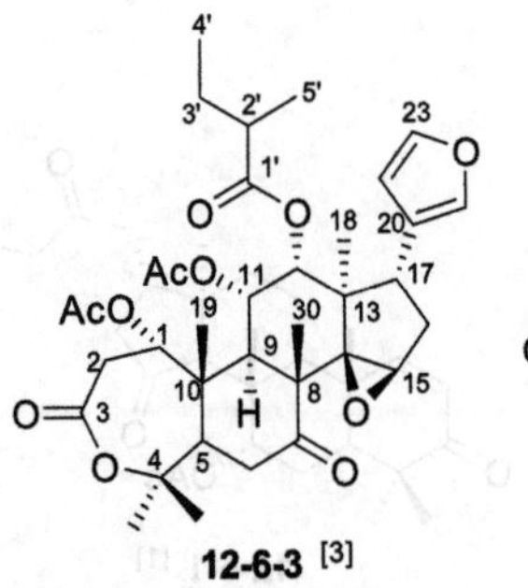　　**12-6-3** [3] 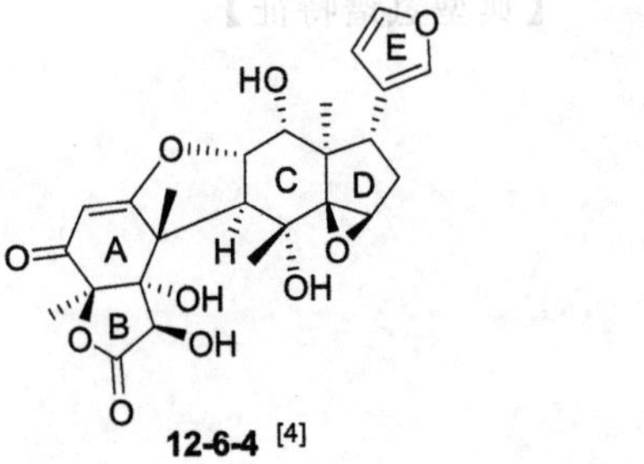　　**12-6-4** [4]

表 12-6-2 呋喃型柠檬苦素 12-6-2～12-6-4 的 ^{1}H NMR 数据

H	12-6-2 ($CDCl_3$)	12-6-3 ($CDCl_3$)	12-6-4 (CD_3OD)	典型氢谱特征
1	3.45 m	5.11 d(7.0)		① 18 位甲基特征峰； ② 19 位甲基特征峰； ③ *β*-单取代呋喃特征峰，其信号全部在芳香区，偶合常数数据符合五元杂环芳香体系的特征； ④ 28 位甲基特征峰； 化合物 **12-6-2** 的 C(28)形成氧亚甲基(氧化甲基)，其信号有特征性； ⑤ 29 位甲基特征峰； 化合物 **12-6-4** 存在 C(29)降碳的结构特征，29 位甲基特征信号消失； ⑥30 位甲基特征峰； 尽管 **12-6-3** 和 **12-6-4** 分别存在 C(3)-C(4)键断裂和 C(7)-C(8)键断裂、C(29)降碳的结构特征，但呋喃型柠檬苦素主要氢谱特征依然存在，特别是 *β*-单取代呋喃特征峰
2	2.10 m 2.29 m	3.28 dd(15.9, 7.0) 3.19 d(15.9)	5.40 s	
3	3.81 s			
5	3.06 d(2.0)	2.61 d(8.4)		
6	5.63 d(2.3)	2.83 d(14.8) 2.61 dd(14.8, 8.4)	4.89 s	
7	5.60 m			
9	3.56 m	2.96 s	4.11 d(12.4)	
11	2.27 m, 2.68 m	4.98 s	4.82 dd(12.4, 4.8)	
12		5.19 s	4.43 d(4.8)	
15	5.52 s	3.71 s	3.61 s	
16	1.55 m 2.41 m	*α* 2.04 dd(13.1, 11.3) *β* 2.24 dd(13.1, 6.8)	*α* 1.94 dd(13.4, 11.0) *β* 2.24 dd(13.4, 6.6)	
17	3.45 m	2.90 dd(11.3, 6.8)	2.83 dd(11.0, 6.6)	
18①	1.03 s	0.96 s	1.05 s	
19②	1.03 s	1.46 s	1.46 s	
21③	7.26 s	7.09 s	7.29 dd(1.4, 1.0)	
22③	6.49 s	6.14 s	6.39 dd(2.0, 1.0)	
23③	7.30 s	7.28 s	7.41 dd(2.0, 1.4)	
28④	3.42 m, 3.67 m	1.47 s	1.55 s	
29⑤	0.76 s	1.56 s		
30⑥	1.20 s	1.43 s	1.27 s	
2′		2.09 m		
3′	6.92 dd(7.1, 1.2)[a]	1.17 m, 1.40 m		
4′	1.81 d(7.1)	0.73 t(7.5)		
5′	1.86 s	1.05 d(6.9)		
OAc	2.02 s	2.05 s, 2.16 s		

a 遵循文献数据，疑数据有误。

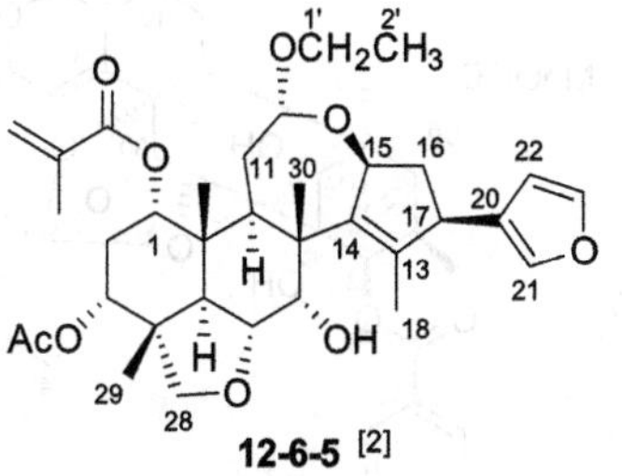

12-6-5 [2] 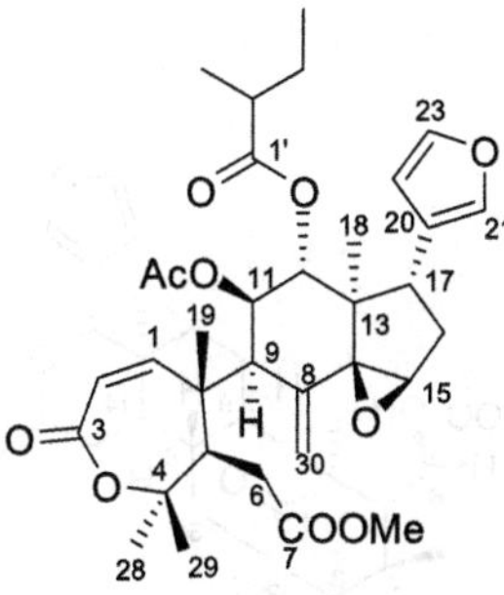　12-6-6 [3] 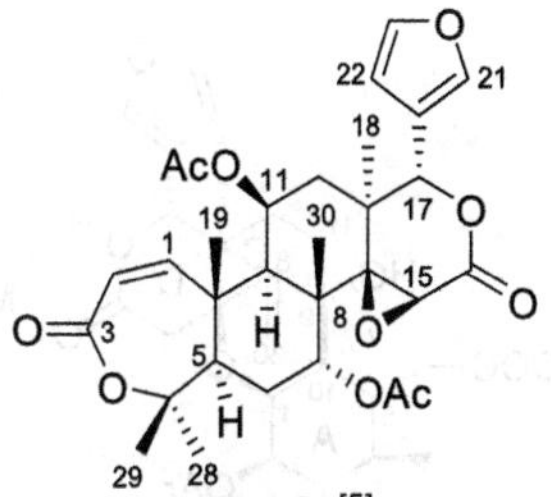　12-6-7 [5]

表 12-6-3 呋喃型柠檬苦素 12-6-5～12-6-7 的 ^{1}H NMR 数据

H	12-6-5 ($CDCl_3$)	12-6-6 ($CDCl_3$)	12-6-7 ($CDCl_3$)	典型氢谱特征
1	4.69 m	6.92 d(13.2)	6.29 d(12.6)	① 18 位甲基特征峰； ② 19 位甲基特征峰； ③ *β*-单取代呋喃特征峰，其信号全部在芳香区，偶合常数数据符合五元杂环芳香体系的特征； ④ 28 位甲基特征峰； 化合物 **12-6-5** 的 C(28)形成氧亚甲基（氧化甲基），其信号有特征性； ⑤ 29 位甲基特征峰； ⑥ 30 位甲基特征峰； 化合物 **12-6-6** 的 C(30)形成烯亚甲基，其信号有特征性； 尽管化合物 **12-6-5** 存在 C(12)-C(13)键断裂，**12-6-6** 存在 C(3)-C(4)键和 C(7)-C(8)键双断裂，**12-6-7** 存在 C(3)-C(4)键和 C(16)-C(17)键双断裂的结构特征，但呋喃型柠檬苦素主要氢谱特征依然存在，特别是 *β*-单取代呋喃特征峰
2	2.20 m	6.25 d(13.2)	5.94 d(12.6)	
3	4.92 t			
5	2.89 d(12.6)	3.27 d(9.2)	2.50 dd(13.1, 2.4)	
6	4.02 dd(12.6, 2.8)	2.18 dd(16.6, 9.2) 2.29 d(16.6)	*α* 2.12 ddd(15.4, 2.6, 2.4) *β* 1.94 ddd(15.4, 13.1, 2.4)	
7	4.37 d(2.8)	3.71 s(COOMe)	4.56 dd(2.6, 2.4)	
9	3.16 d(10.4)	3.06 d(7.3)	2.49 d(4.6)	
11	1.79 m, 1.53 m	5.62 dd(10.8, 7.3)	5.60 ddd(9.8, 5.5, 4.6)	
12	4.74 m	5.84 d(10.8)	*α* 2.33 dd(14.3, 9.8) *β* 1.51 dd(14.3, 5.5)	
15	5.03 d(8.0)	3.86 s	3.55 s	
16	2.55 m 1.57 m	*α* 1.81 dd(14.0, 10.9) *β* 2.22 dd(14.0, 6.9)		
17	3.43 m	3.07 dd(10.9, 6.9)	5.59 s	
18①	1.72 s	0.95 s	1.21 s	
19②	0.95 s	1.00 s	1.53 s(*pro-R*)	
21③	7.25 s	7.11 s	7.40 t(1.6)	
22③	6.39 s	6.17 s	6.32 br d(1.0)	
23③	7.29 s	7.27 s	7.39 br s	
28④	3.57 br s	1.28 s	1.34 s	
29⑤	1.18 s	1.55 s	1.45 s	
30⑥	1.13 s	5.22 s, 5.34 s	1.34 s	
1′	3.43 m			
2′	1.01 t(7.0)	1.94 m		
3′		1.17 m, 1.41 m		
4′		0.79 t(7.5)		
5′		0.76 d(8.6)		
3″	5.54 d(2.0) 6.22 d(2.0)			
4″	2.03 s(Me)			
OAc	1.92 s	2.10 s	2.13 s(7-OAc) 2.15 s(11-OAc)	

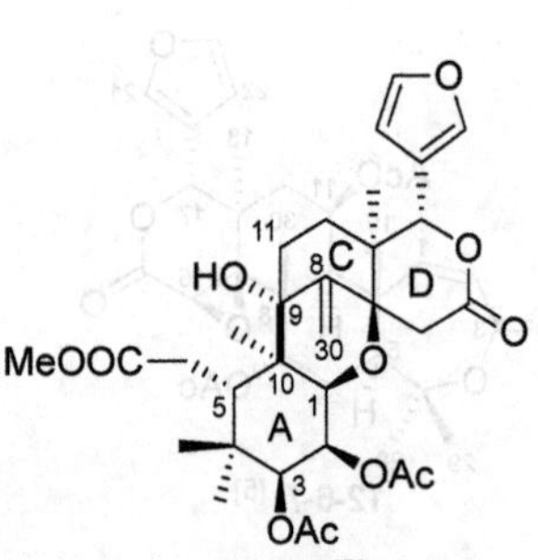

12-6-8[6] 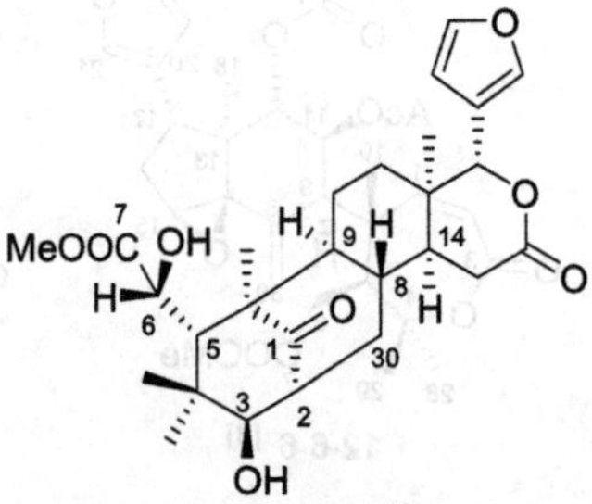　　12-6-9[5] 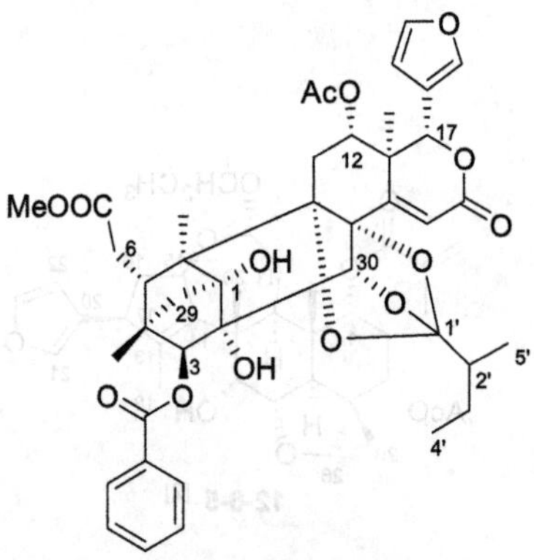　　12-6-10[7]

表 12-6-4 呋喃型柠檬苦素 12-6-8～12-6-10 的 ^{1}H NMR 数据

H	**12-6-8** ($CDCl_3$)	**12-6-9** ($CDCl_3$)	**12-6-10** ($CDCl_3$)	**典型氢谱特征**
1	3.48 d(4.6)			① 18 位甲基特征峰； ② 19 位甲基特征峰； ③ β-单取代呋喃特征峰，其信号全部在芳香区，偶合常数数据符合五元杂环芳香体系的特征； ④ 28 位甲基特征峰； ⑤ 29 位甲基特征峰； 化合物 **12-6-10** 存在 C(1)-C(29) 连接的结构特征，29 位亚甲基信号的特征性不明显； ⑥ 原 30 位甲基在 **12-6-8** 中形成烯亚甲基，其信号有特征性；在 **12-6-9** 中形成亚甲基，在 **12-6-10** 中形成氧次甲基，其特征性已经不明显，需要慎重进行解析； 尽管化合物 **12-6-8** 和 **12-6-9** 分别存在 C(7)-C(8) 键和 C(16)-C(17) 键双断裂，C(7)-C(8)和 C(16)-C(17)双键断裂、C(2)-C(30)连接的结构特征，但呋喃型柠檬苦素主要氢谱特征依然存在，特别是 β-单取代呋喃特征峰
2	5.17 dd(4.6, 3.0)	2.97 dt(9.8, 3.8)		
3	5.05 d(3.0)	3.61 dd(9.8, 4.1)	5.03 s	
5	2.91 ov	3.31 br s	2.58 d (12)	
6	2.43 ov 3.04 d(17.1)	4.46 br s	2.41 dd(16.5, 12) 3.25 d(16.5)	
8		2.43 dq(4.4, 11.7)		
9		1.24 m		
11	α 1.38 ov β 2.73 m	1.60～1.66	—	
12	α 1.38 ov β 2.38 ov	α 1.20 ddd(16.0, 12.2, 6.2) β 1.64 m	4.79 dd(13.2, 4.2)	
14		1.44 ddd(11.4, 7.2, 1.4)		
15	α 2.52 d(17.8) β 2.91 d(17.8)	α 2.84 dd(18.8, 7.2) β 2.77 dd(18.7, 1.4)	6.02 s	
17	5.79 s	5.80 s	5.83 s	
18①	0.84 s	0.96 s	1.51 s	
19②	0.90 s	1.33 s	1.31 s	
21③	7.43 s	7.42 s	7.52 br s	
22③	6.40 s	6.37 s	6.42 br s	
23③	7.42 s	7.42 s	7.44 m	
28④	1.12 s	0.92 s	0.82 s	
29⑤	0.84 s	1.00 s	1.89 m	
30⑥	5.01 s 5.35 s	α 1.27 dt(4.5, 12.8) β 2.65 dt(12.9, 4.1)	4.52 s	
2′			1.92 m	
4′			0.93 t(7.8)	
5′			1.01 d(6.9)	
2″, 6″			8.08 dd(8.5, 1.5)	
3″, 4″, 5″			7.45 m	
OH			3.72 s(1-OH) 3.44 s(2-OH)	
OMe	3.70 s		3.79s	
OAc	2.00 s(2-OAc) 2.15 s(3-OAc)		1.52 s	

二、苦木苦素型化合物

1. C_{20}苦木苦素型化合物

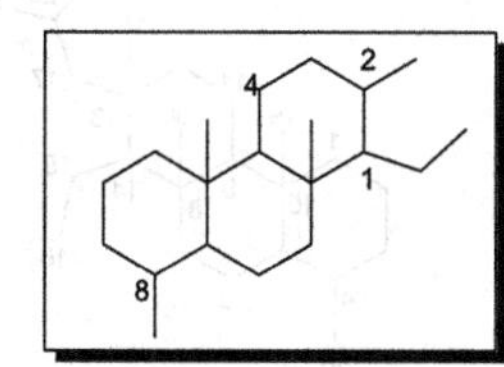

【系统分类】

2,4b,8,10a-四甲基-1-乙基十四氢菲

1-ethyl-2,4b,8,10a-tetramethyltetradecahydrophenanthrene

【结构多样性】

C(1)-C(2)键和 C(1)-C(10)键双断裂[C(1 降)碳]，C(6)迁移(5→10)；C(3)迁移(2→1)，C(16)降碳；等。

【典型氢谱特征】

12-6-11 [8]　　12-6-12 [9]　　12-6-13 [10]

表 12-6-5 C_{20}苦木苦素型化合物 **12-6-11～12-6-13** 的 ^{1}H NMR 数据

H	12-6-11 (C_5D_5N)	12-6-12 (C_5D_5N)	12-6-13 (C_5D_5N)	典型氢谱特征
1	4.15 s		7.78 s(OH)	化合物 **12-6-12** 存在 C(1)-C(2)键和 C(1)-C(10)键双断裂[C(1 降)碳]、C(6)迁移(5→10)的结构特征，化合物 **12-6-13** 存在 C(3)迁移(2→1)、C(16)降碳的结构特征；由于化合物 **12-6-11** 和 **12-6-12** 的 C(16)形成酯羰基，因此，3 个化合物 16 位甲基信号全部消失。其他 C_{21} 苦木苦素型化合物主要氢谱特征依然存在。 ① 18 位甲基特征峰：化合物 **12-6-11～12-6-13** 的 C(18)均与烯碳连接，甲基化学位移出现在烯属甲基的区域； ② 19 位甲基特征峰； ③ 20 位甲基特征峰； 化合物 **12-6-11** 和 **12-6-12** 的 C(20)形成氧亚甲基(氧化甲基)，其信号有特征性； ④ 21 位甲基特征峰
2			3.79 s(OMe)	
3	6.13 s	5.91 br s	6.18 m	
5	2.91 br d(12)	5.01 br s		
6	1.72 dt(14.7, 2.4) 2.21 dt(2.4, 14.7)	α 2.96 d(16.0) β 2.30 dd(16.0, 4.4)	6.04 s	
7	4.87 t(2.4)	4.70 d(4.4)		
9	2.72 d(4.4)	3.37 s	2.79 d(2.9)	
11	5.41 t(4.4)		5.05 m 7.62 d(5.6, OH)	
12	4.31 d(4.4)	4.05 d(4.0)	4.41 dd(5.0, 1.1)	
13		2.63 m	3.34 q(7.0)	
14	2.83 br d(13)	2.56 dd(10.1, 6.2)	3.43 d(1.1)	
15	4.95 d(6.2)	5.36 d(10.1)		
18①	1.72 s	2.45 br s	1.85 d(1.4)	
19②	1.41 s	1.50 s	2.12 s	
20③	3.72 d(7.4) 5.01 d(7.4)	3.91 ABq(9)[a]	1.83 s	
21④	1.79 s	1.68 d(7.2)	1.02 d(7)	
2′	2.41 dd(7.5, 4.8)[a]			
3′	2.27 m			
4′	1.00 d(6.3)			
5′	1.01 d(6.3)			

[a] 遵循文献数据，疑数据有误。

2. C_{25}苦木苦素型化合物

【系统分类】

2,4b,8,10a-四甲基-1-乙基-2-(2-甲基丁基)十四氢菲

1-ethyl-2,4b,8,10a-tetramethyl-2-(2-methylbutyl)tetradecahydrophenanthrene

【典型氢谱特征】

12-6-14 [11]　　12-6-15 [12]　　12-6-16 [13]

表 12-6-6 C_{25}苦木苦素型化合物 12-6-14～12-6-16 的 ^1H NMR 数据

H	**12-6-14** ($CDCl_3$)	**12-6-15** ($CDCl_3$)	**12-6-16** (C_5D_5N)	典型氢谱特征
1			4.66 s	① 18 位甲基特征峰； ② 19 位甲基特征峰； ③ 21 位甲基特征峰； 化合物 **12-6-15** 和 **12-6-16** 的 C(21)形成氧亚甲基(氧化甲基)，其信号有特征性； ④ 29 位甲基特征峰； 化合物 **12-6-14** 的 C(29)形成烯亚甲基，其信号有特征性； ⑤ 30 位甲基特征峰
2	4.32 dd(11, 8)	—		
3	*α* 2.30 dd(13, 11) *β* 2.95 dd(13, 8)	5.46 m	6.14 quin(1)	
5	2.45 dd(11, 4)	—	3.63 br d(13)	
6	2.10 m	—	*α* 2.04 ddd(14,13, 3) *β* 2.20 ddd(14, 3, 3)	
7	4.30 br t(3)	4.21 t-like	4.27 t(3)	
9	2.80 d(11)	2.82 d(10)	2.83 d(6)	
11	3.70 dt(11, 4)	5.00 dt(10, 3.8)	4.64 br t(6)	
12	*α* 1.45 dd(14, 11) *β* 3.10 dd(11, 4)	—	*α* 2.76 dd(16, 6) *β* 1.94 d(16)	
15	6.10 s	—	6.33 s	
17	5.60 br s	5.25 d(2.3)	5.07 d(4)	
18①	1.10 s	1.52[a]	1.41 s	
19②	1.20 s	1.24[a]	0.96 s	
20		—	2.84 m	
21③	2.10 s	3.87 q(12, 4), 3.53 m	3.81 m, 3.89 m	
22	5.95 br s	—	2.69 dd(18, 3) 2.91 dd(18, 12)	
29④	5.20 s, 4.90 s	1.67 br s	1.76 s	
30⑤	1.45 s	0.86[a]	1.39 s	
OAc		1.92		

[a] 信号归谁不确定，可以互换。

参 考 文 献

[1] Cortez D A G, Fernandes J B, Vieira P C, et al. Phytochemistry, 2000, 55: 711.
[2] Zhang Q, Shi Y, Liu X T, et al. Plant Med, 2007, 73: 1298.
[3] Chen H D, Yang S P, Liao S G.et al. J Nat Prod, 2008, 71: 93.
[4] Liao S G, Yang S P, Yuan T, et al. J Nat Prod, 2007, 70: 1268.
[5] Kipassa N T, Iwagawa T, Okamura H, et al. Phytochemistry, 2008, 69: 1782.
[6] Yuan X H, Li B G, Xu C X, et al. Chem Pharm Bull, 2007, 55: 902.
[7] Silva M N D, Arruda M S P, Castro K C F, et al. J Nat Prod, 2008, 71: 1983.
[8] Ozeki A, Hitotsuyanagi Y, Hashimoto E, et al. J Nat Prod, 1998, 61: 776.
[9] Grieco P A, Roest J M V, Piñeiro-Nuñez M M, et al. Phytochemistry, 1995, 38: 1463.
[10] Ang H H, Hitotsuyanagi Y, Takeya K. Tetrahedron Lett, 2000, 41: 6849.
[11] Forgacs P, Touche P E A, Recherches C D, et al. Tetrahedron Lett, 1985, 26: 3457.
[12] Polonsky J, Varon Z, Prange T, et al. Tetrahedron Lett, 1981, 22: 3605.
[13] Koike K, Ohmoto T. Phytochemistry, 1994, 35: 459.

第十三章　甾族化合物

甾族化合物是一类重要的天然有机化合物，其典型的结构特征是含有全氢环戊二烯并菲的四环基本碳架，并通常都分别在 C(10)和 C(13)上连有两个角甲基，在 C(17)上连有一个烃基。甾族化合物的全氢环戊二烯并菲四环基本碳架从菲三环至环戊环依次称为 A 环、B 环、C 环和 D 环，并有固定的编号顺序；其中，A 环和 B 环有顺式连接，也有反式连接；B 环和 C 环、C 环和 D 环都是反式连接。甾族化合物根据侧链的结构、碳架环系及环上各取代基的立体构型等结构特征的不同有进一步的分型。

一、雄甾烷（C_{19}）型甾族化合物

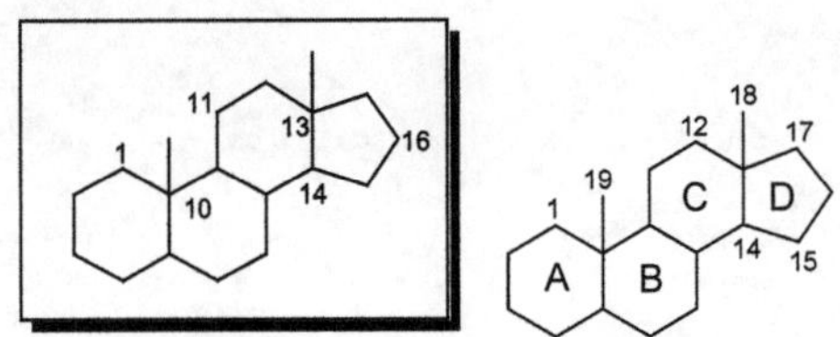

【系统分类】

10,13-二甲基十六氢-1*H*-环戊二烯并[*a*]菲

10,13-dimethylhexadecahydro-1*H*-cyclopenta[*a*]phenanthrene

【典型氢谱特征】

13-1 [1]　　**13-2** [2]

表 13-1　雄甾烷型甾族化合物 13-1 和 13-2 的 ^{1}H NMR 数据

H	**13-1** ($CDCl_3$)	**13-2** (C_5D_5N)	典型氢谱特征
1	6.99 d(10.0)	α 2.40 d(10.8), β 2.30 d(10.4)	① 18 位甲基特征峰； ② 19 位甲基特征峰；化合物 **13-2** 的 C(19)形成氧亚甲基（氧化甲基），其信号有特征性
2	6.48 dd(10.3, 1.9)		
3		4.38 m	
4	6.22 t(1.8)	α 2.01, β 1.85	
5		1.30	
6	4.49 ddd(11.7, 5.5, 1.7)	α 1.55, β 1.20	
7	1.10 m, 2.33 ddd(12.0, 5.5, 3.7)	α 1.28, β 1.43	
8	1.85 m	0.85	
9	1.07 m	1.18	
11	1.65 m, 1.83 m	α –[a], β 1.35	

续表

H	13-1 ($CDCl_3$)	13-2 (C_5D_5N)	典型氢谱特征
12	1.26 m, 1.85 m	1.60	
14	1.29 m	1.27	
15	1.59 m, 1.96 m	α 2.15 dd(18.0, 7.6), β 1.83	
16	2.07 dd(19.0, 10.0), 2.45 dd(19.0, 9.0)		
17		α 1.92 d(16.8), β 2.06 d(16.8)	
18①	0.91 s	0.66 s	
19②	1.21 s	4.10 d(8.0), 3.89 d(8.0)	

[a] 数据未归属。

二、孕甾烷（C_{21}）型甾族化合物

1. 简单孕甾烷型甾族化合物

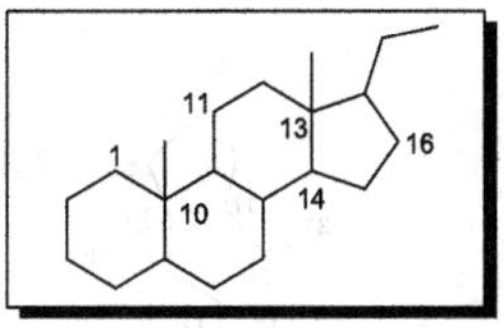

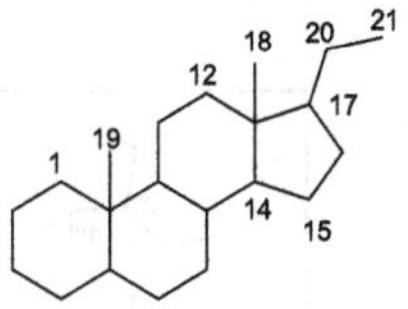

【系统分类】

10,13-二甲基-17-乙基-十六氢-1*H*-环戊二烯并[*a*]菲

17-ethyl-10,13-dimethylhexadecahydro-1*H*-cyclopenta[*a*]phenanthrene

【典型氢谱特征】

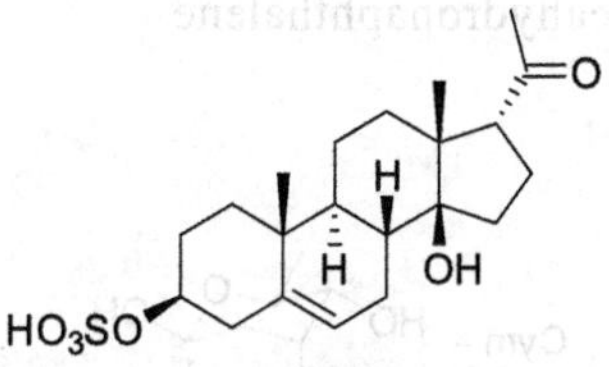

13-3 [3] 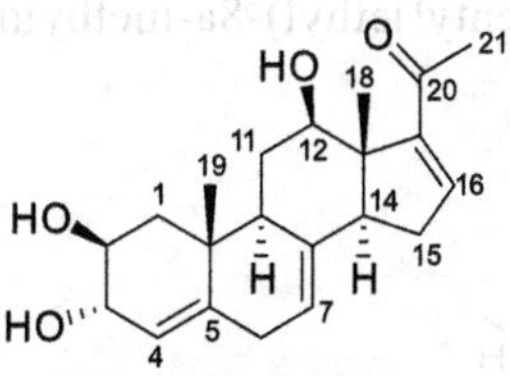　13-4 [4] 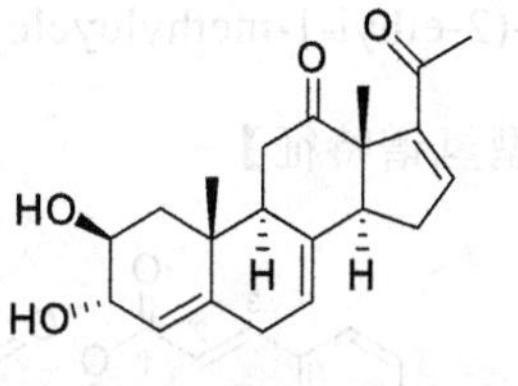　13-5 [4]

表 13-2 简单孕甾烷型甾族化合物 13-3～13-5 的 ^{1}H NMR 数据

H	13-3 (CD_3OD)	13-4 ($CDCl_3$)	13-5 ($CDCl_3$)	典型氢谱特征
1	1.92 br ddd(13.7, 3.7, 3.6, <0.5) 1.14 ddd(13.7, 13.5, 3.7)	α 2.07 dd(13, 4) β 1.36 dd(13, 12)	α 1.93 dd(13.7, 3.8) β 1.39 dd(13.7, 12.6)	① 18 位甲基特征峰； ② 19 位甲基特征峰； ③ 简单孕甾烷型甾族化合物的 C(20)常形成酮羰基，21 位甲基的单峰有特征性
2	2.08 ddddd(13.0, 4.8, 3.7, 3.6, 2.6) 1.64 dddd(13.5, 13.0, 11.6, 3.6)	α 3.59 ddd(12, 8, 4)	α 3.56 ddd(12.6, 8.0, 3.8)	
3	4.15 dddd/tt(11.6, 11.6, 4.8, 4.8)	β 4.06 m	β 4.07 ddd(8.0, 3.6, 1.6)	
4	2.54 ddd(13.0, 4.8, 2.3) 2.35 ddddd(13.0, 11.6, 2.8, 2.5, 2.1)	5.24 br s	5.30 t(1.6)	
6	5.43 br ddd(4.6, 2.8, 2.3, <0.5)	α 2.47 m β 2.99 br d(18)	α 2.61 br dd(18, 6) β 3.10 br d(18)	
7	2.25 (—), 1.851(—)	5.35 m	5.51 m	
8	1.71 ddd(11.5, 10.8, 5.5)			
9	1.22 ddd(12.2, 11.5, 4.7)	α 2.31 m	α 2.71 m	
11	约 1.55(—) 约 1.46(—)	α 2.03 m β 1.59 ddd(13, 12, 10)	α 2.43 dd(11.5, 5.2) β 2.75 t(11.5)	

续表

H	13-3 (CD_3OD)	13-4 ($CDCl_3$)	13-5 ($CDCl_3$)	典型氢谱特征
12	约 1.55(—), 约 1.46(—)	α 3.89 dd(10, 5)		
14		α 2.20 m	α 2.50 br dd(11.5, 1.6)	
15	2.13 ddd(13.2, 10.6, 9.0) 1.74 ddd(13.2, 10.6, 2.3)	α 2.37 m β 2.52 m	α 2.47 m —	
16	2.02 dddd(13.0, 10.6, 10.6, 9.4) 约 1.88 dddd(13.0, 9.0, 4.6, 2.3)	7.00 br s	6.64 br s	
17	2.97 dd(9.4, 4.6)			
18①	0.98 s	0.79 s	1.24 s	
19②	1.03 br s	1.08 s	1.19 s	
21③	2.25 s	2.38 s	2.34 s	

注：—表示未检测到。

2. 8,14-断孕甾烷型甾族化合物

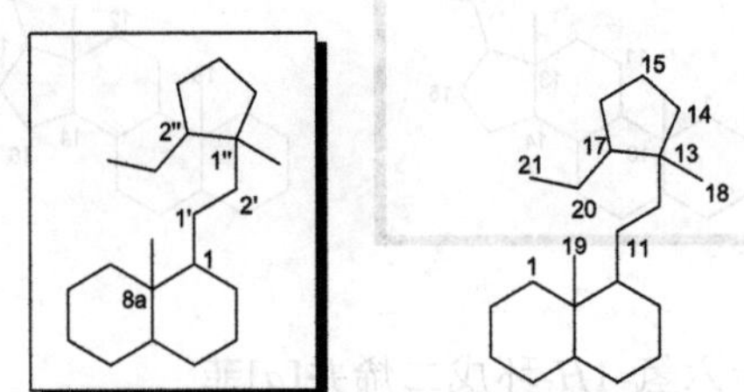

【系统分类】

8a-甲基-1-(2-(1-甲基-2-乙基环戊基)乙基)-十氢萘

1-(2-(2-ethyl-1-methylcyclopentyl)ethyl)-8a-methyldecahydronaphthalene

【典型氢谱特征】

13-1-6[5] R = H

13-1-7[5] R = Cym

13-1-8[5] R = Cym4-Glc

Cym =

Glc=

表 13-3 8,14-断孕甾烷型甾族化合物 13-6～13-8 的 ^1H NMR 数据

H	13-6 (C_5D_5N)	13-7 (C_5D_5N)	13-8 (C_5D_5N)	典型氢谱特征
1	1.57 m, 2.21 td(14.2, 3.2)			① 18 位甲基特征峰；② 19 位甲基特征峰；③ 8,14-断孕甾烷型甾族化合物的 C(20)常形成酮羰基，21 位甲基的单峰有特征性
2	1.74 m, 1.87 m			
3	4.25 m			
4	1.95 dd(14.4, 2.5) 2.09 br d(14.4)			
6	6.70 d(10.1)	6.64 d(10.3)	6.62 d(10.2)	
7	5.93 d(10.1)	5.92 d(10.3)	5.91 d(10.2)	
9	3.29 br d(10.6)	3.27 br d(10.4)	3.27 br d 10.5)	
11	1.77 br dd(14.3, 9.7) 2.47 br dd(14.3, 10.6)			

续表

H	13-6 (C_5D_5N)	13-7 (C_5D_5N)	13-8 (C_5D_5N)	典型氢谱特征
12	5.99 br d(9.7)	5.97 br d(8.8)	5.96 br d(8.8)	
15	2.32 m 3.09 ddd(20.2, 9.8, 7.6)			
16	1.90 m, 2.56 m			
17	2.93 dd(10.5, 6.4)	2.92 dd(10.2, 6.3)	2.92 dd(10.0, 6.6)	
18①	1.70 s	1.68 s	1.67 s	
19②	1.00 s	0.92 s	0.92 s	
21③	2.30 s	2.31 s	2.31 s	
2′	6.83 d(16.0)			
3′	8.01 d(16.0)			
糖端基氢		4.98 br d(9.0)	5.01 br d(9.0) 4.88 d(7.8)	
OMe		3.35 s	3.42 s	
6″-Me		1.38 d(6.1)	1.46 d(5.8)	

3. 14,15-断孕甾烷型甾族化合物

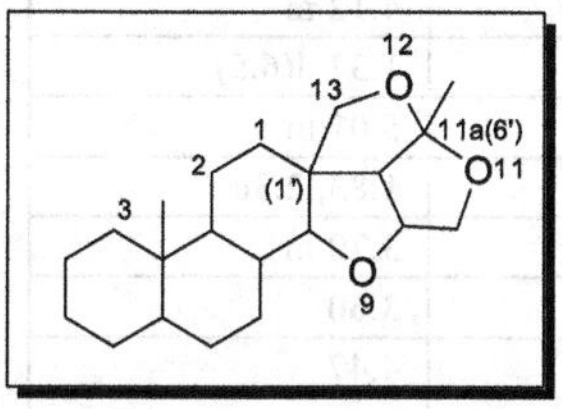

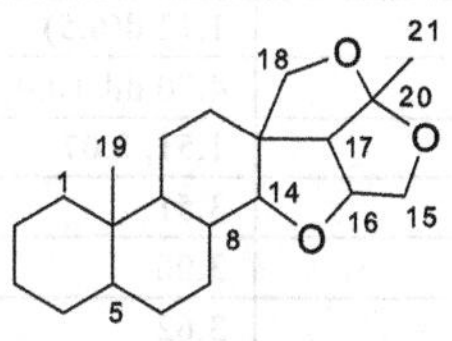

【系统分类】

2b,11a-二甲基十八氢-9,11,12-三氧杂环戊二烯并[1,6]环戊二烯并[2,1-*a*]菲

2b,11a-dimethyloctadecahydro-9,11,12-trioxacyclopenta[1,6]pentaleno[2,1-*a*]phenanthrene

【典型氢谱特征】

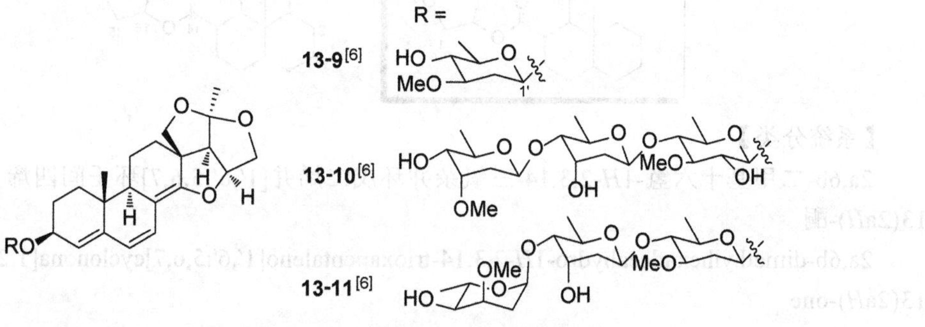

表 13-4 14,15-断孕甾烷型甾族化合物 13-9～13-11 的 ^{1}H NMR 数据

H	13-9 (CD_3COCD_3)	13-10 (DMSO-d_6)	13-11 (C_5D_5N)	典型氢谱特征
3	4.31 t(8.4)	4.24 m	4.53 m	① 15 位氧亚甲基（氧化甲基）特征峰； ② 16 位氧次甲基特征峰； ③ 18 位氧亚甲基（氧化甲基）特征峰； ④ 19 位甲基特征峰； ⑤ 21 位甲基特征峰
4	5.48 br s	5.49 s	5.75 s	
6	5.80 d(9.6)	5.80 d(9.5)	6.05 d(9.5)	
7	6.35 d(9.6)	6.30 d(9.5)	6.70 d(9.5)	
9	2.06 ov	1.97 ov	2.17 ov	
15β①	3.84 dd(10.9, 4.5)	3.80 dd(11.0, 4.5)	3.82 dd(11.0, 4.0)	
15α①	4.08 d(10.9)	4.04 d(11.0)	4.28 br d(11.0)	
16②	4.84 m	4.84 m	4.80 m	

续表

H	**13-9** (CD_3COCD_3)	**13-10** (DMSO-d_6)	**13-11** (C_5D_5N)	典型氢谱特征
17	2.87 d(7.2)	2.87 d(8.0)	2.78 d(8.0)	
18③	3.77 d(8.4) 4.08 d(8.4)	3.64 d(8.0) 3.89 d(8.0)	4.04 m(2H)	14,15-断孕甾烷型甾族的C(14)常形成氧化的不连氢碳原子（氧化叔碳），不存在氢谱信号
19④	0.83 s	0.75 s	0.84 s	
21⑤	1.45 s	1.42 s	1.57 s	
1′	4.72 dd(9.9, 2.1)	4.32 d(7.5)	4.84 br d(8.5)	
2′	1.27 m, 2.24 m	3.06	2.45, 1.80	
3′	3.18 m	3.03	3.56	
4′	2.96 m	3.12	3.53	
5′	3.25 m	3.29	3.54	
6′	1.23 d(6.0)	1.14 d(6.0)	1.45 ov	
3′-OMe	3.35 s	3.44 s	3.52 s	
1″		4.85 br d(8.0)	5.43 br d(9.5)	
2″		1.53, 1.85	1.93, 2.40	
3″		4.03	4.47	
4″		3.13	3.42	
5″		3.71	4.12 m	
6″		1.12 d(6.5)	1.37 d(6.5)	
1‴		4.70 dd(10.0, 2.0)	5.07 br s	
2‴		1.51, 2.07	1.83, 2.36	
3‴		3.51	3.70 m	
4‴		3.06	3.60	
5‴		3.62	4.47	
6‴		1.11 d(6.5)	1.43 ov	
3‴-OMe		3.35 s	3.38 s	

4. 13,14:14,15-双断孕甾烷型甾族化合物

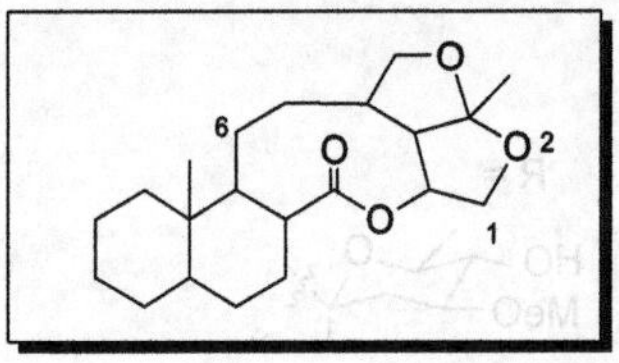

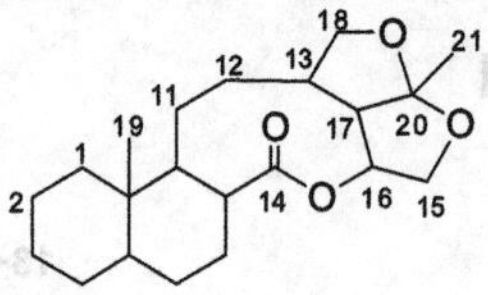

【系统分类】

2a,6b-二甲基十六氢-1*H*-2,3,14-三氧杂并环戊二烯并[1′,6′:5,6,7]环壬间四烯并[1,2-*a*]萘-13(2a*H*)-酮

2a,6b-dimethylhexadecahydro-1*H*-2,3,14-trioxapentaleno[1′,6′:5,6,7]cyclonona[1,2-*a*]naphthalen-13(2a*H*)-one

【典型氢谱特征】

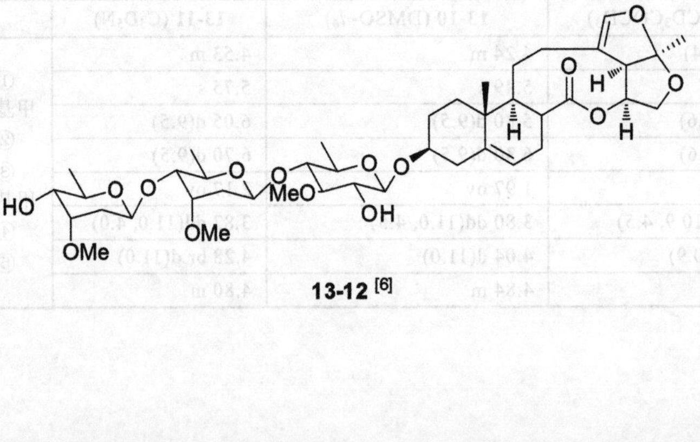

13-12[6]

13-13[6]

13-14[6]

表 13-5 13,14:14,15-双断孕甾烷型甾族化合物 **13-12～13-14** 的 ^{1}H NMR 数据

H	**13-12** (DMSO-d_6)	**13-13** (DMSO-d_6)	**13-14** (DMSO-d_6)	典型氢谱特征
3	3.49 m	3.71 m	3.46 m	① 15 位氧亚甲基（氧化甲基）特征峰； ② 16 位氧次甲基特征峰； ③ 化合物 **13-12** 的 C(18)形成烯醇醚氧次甲基，其信号有特征性；化合物 **13-13** 和 **13-14** 的 C(18)形成酯羰基，不存在甲基特征信号； ④ 19 位甲基特征峰； ⑤ 21 位甲基特征峰
6	5.38 m	5.33 br s	5.33 br s	
12	—	6.04 dd(12.6, 4.8)	6.03 dd(13.0, 5.0)	
15α①	4.16 t(8.0)	4.48 dd(10.8, 7.2)	4.48 dd(10.5, 7.5)	
15β①	3.62 m	3.87 m	3.86 dd(10.5, 4.5)	
16②	5.26 dd(8.0, 7.5)	5.62 ddd(7.8, 7.2, 4.8)	5.62 m	
17	3.35 ov			
18③	6.40 s			
19④	0.86 s	1.01 s	1.00 s	
21⑤	1.43 s	1.57 s	1.57 s	
1′	4.27 d(7.0)	4.28 d(7.2)	4.62 br d(9.5)	
2′	3.02	3.03	1.25, 2.12	
3′	3.01	3.02	3.30	
4′	3.18	3.09	3.06	
5′	3.60	3.28	3.69	
6′	1.11 ov	1.12 ov	1.13 d(6.0)	
3′-OMe	3.43 s	3.43 s	3.31 s	
1″	4.66 br d(9.5)	4.75 br d(9.6)	4.88 br d(9.5)	
2″	1.45 2.05	1.47 2.01	1.54 1.89	
3″	3.40	3.70	3.98	
4″	3.09	3.18	3.07	
5″	3.30	3.69	3.27	
6″	1.11 ov	1.12 ov	1.17 d(6.0)	
3″-OMe	3.32 s	3.32 s		
1‴	4.75 br d(9.0)	4.69 br d(10.2)	4.81 br s	
2‴	1.46 2.01	1.47 2.13	1.69 td(14.5, 3.5) 2.07	

续表

H	**13-12** (DMSO-d_6)	**13-13** (DMSO-d_6)	**13-14** (DMSO-d_6)	典型氢谱特征
3‴	3.70	3.61	3.46	
4‴	3.08	3.17	3.19	
5‴	3.68	3.72	3.98	
6‴	1.11 ov	1.12 ov	1.09 d(6.5)	
3‴-OMe	3.35 s	3.32 s	3.29 s	
1⁗		4.90 d(3.6)		
2⁗		1.65 dd(12.0, 4.2) 1.78 td(12.6, 3.6)		
3⁗		3.41		
4⁗		3.63		
5⁗		3.85		
6⁗		1.12 ov		
3⁗-OMe		3.23 s		

三、强心甾（C₂₃和C₂₄）型甾族化合物

1. 呋喃酮型（甲型）强心甾甾族化合物

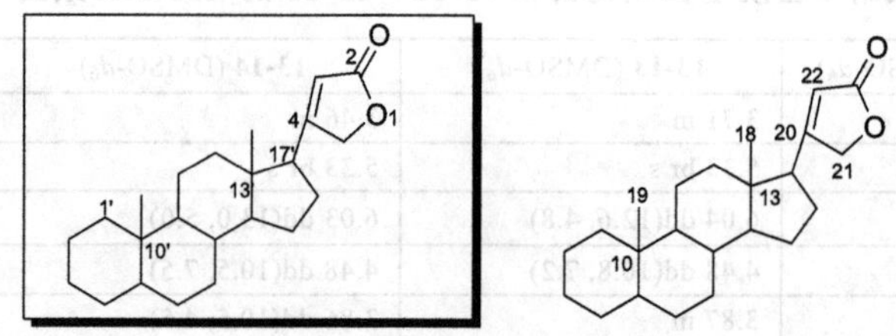

【系统分类】

4-(10,13-二甲基十六氢-1*H*-环戊二烯并[*a*]菲-17-基)呋喃-2(5*H*)-酮

4-(10,13-dimethylhexadecahydro-1*H*-cyclopenta[*a*]phenanthren-17-yl)furan-2(5*H*)-one

【结构多样性】

C(19)降碳；C(15)迁移(14→8)；等。

【典型氢谱特征】

13-15 [7]

13-16 [7]

13-17 [7]

13-18 [7]

表 13-6 呋喃酮型（甲型）强心甾甾族化合物 13-15～13-18 的 ^{1}H NMR 数据

H	**13-15** (C_5D_5N)	**13-16** (C_5D_5N)	**13-17** (C_5D_5N)	**13-18** (C_5D_5N)	典型氢谱特征
1	1.84 m, 1.58 m	2.42 m, 1.56 m	1.71 m, 1.44 m	1.44 m, 1.22 m	
2	1.83 m, 1.27 m	2.92 m, 1.44 m	2.10 m, 1.83 m	2.11 m, 1.58 m	
3	4.20 br s	4.41 br s	4.29 br s	4.33 br s	
4	1.60 m	2.13 m, 1.67 m	2.16 m, 1.70 m	1.78 m, 1.47 m	
5	2.09 m	3.24 m		2.55 m	
6	2.09 m, 1.54 m	2.07 m, 1.67 m	1.88 m, 1.49 m	2.05 m, 1.27 m	
7	2.14 m, 1.33 m	2.13 m, 1.43 m	2.27 m, 1.31 m	2.08 m, 1.60 m	
8	1.31 m	2.63 m	1.86 m	2.15 m	
9	1.52 m	1.97 m	1.63 m	1.87 m	
10	1.35 m				
11	1.85 m, 1.68 m	1.83 m, 1.27 m	2.14 m, 1.41 m	2.03 m, 1.87 m	
12	1.41 m	1.46 m	1.46 m	1.45 m, 1.32 m	① 18 位甲基特征峰；② 19 位甲基特征峰；化合物 **13-15** 存在 C(19)降碳的结构特征，化合物 **13-16** 的 C(19)形成酯羰基，19 位甲基特征信号消失；化合物 **13-18** 的 C(19)形成醛基，其信号有特征性；③ 21 位氧亚甲基（氧化甲基）特征峰；④ 22 位烯次甲基特征峰
15	1.86 m, 1.46 m	2.14 m, 1.89 m	2.08 m, 1.89 m	2.05 m, 1.82 m	
16	2.11 m, 1.99 m	2.11 m, 1.67 m	2.11 m, 1.96 m	2.08 m, 1.96 m	
17	2.78 m	2.81 m	2.83 m	2.78 m	
18①	1.01 s	1.20 s	1.05 s	1.10 s	
19②			1.07 s	9.57 s	
21③	5.33 dd(18.1, 1.5) 5.33 dd(18.1, 1.8)	5.04 dd(18.1, 1.5) 5.05 dd(18.1, 1.8)	5.33 dd(18.1, 1.2) 5.31 dd(18.1, 1.6)	5.05 dd(18.1, 1.2) 5.03 dd(18.1, 1.6)	
22④	6.14 s	6.13 s	6.16 s	6.13 s	
1′	5.43 br s	6.39 d(8.2)	5.43 br s	5.33 d(8.0)	
2′	4.55 m	4.14 t(8.2)	4.51 m	4.00 dd(7.9, 2.9)	
3′	4.55 m	4.27 m	4.56 m	4.68 t(2.9)	
4′	4.32 m	4.30 m	4.41 m	3.71 dd(9.3, 2.4)	
5′	4.30 m	4.04 m	4.18 m	4.32 m	
6′	1.69 d(5.6)	4.47 m, 4.36 m	1.71 d(6.2)	1.63 d(6.1)	
1″			5.23 d(7.6)		
2″			4.13 t(8.1)		
3″			4.20 m		
4″			4.25 br s[a]		
5″			3.81 m		
6″			4.44 m, 4.39 m		

a 遵循文献数据，疑有误。

13-19 [8]

13-20 [9]

13-21 [10]

表 13-7 呋喃酮型（甲型）强心甾甾族化合物 13-19～13-21 的 ^{1}H NMR 数据

H	**13-19** (C_5D_5N)	**13-20** (C_5D_5N)	**13-21** ($CDCl_3$)	典型氢谱特征
1	2.16 m, 2.08 m	1.65 m, 0.96 m	2.18 m, 1.70 m	① 18 位甲基特征峰；化合物 **13-21** 的 C(18)形成氧亚甲基（氧化甲基），其信号有特征性； ② 19 位甲基特征峰；化合物 **13-19** 的 C(19)形成氧亚甲基（氧化甲基），化合物 **13-21** 的 C(19)形成醛基，信号均有特征性； ③ 21 位氧亚甲基（氧化甲基）特征峰； ④ 22位烯次甲基特征峰； ⑤ 化合物的 C(22)形成氧亚甲基，其信号仍有一定的特征性
2	2.56 m, 1.77 m	2.10 m, 1.66 m	1.93 m, 1.49 m	
3	4.41 br s	3.92 m, 1.78 m[a]	4.18 br t(2.4)	
4	2.78 m, 2.12 m	1.36 ddd(12.6, 12.5, 11.5)[b]	1.96 m, 1.71 m	
5	2.01 m	0.90 m		
6	2.21 m, 1.48 m	1.15 m, 1.10 m	2.18 m, 1.72 m	
7	2.14 m, 1.97 m	1.12 m, 2.27 m	2.24 m, 1.28 m	
8	2.16 m	1.75 m	1.90 m	
9	2.05 m	0.79 ddd(12.1, 11.9, 3.2)	1.41 m	
11	1.92 m, 1.83 m	1.41 m, 1.11 m	1.64 m, 0.86 m	
12	3.74 dd(11.0, 4.5)	1.06 m, 0.95 m	1.72 m, 1.46 m	
15	1.99 m, 1.95 m	2.02 m, 2.12 m	1.86 m, 1.71 m	
16	1.80 m, 1.24 m	2.36 m	2.01 m, 1.71 m	
17	3.77 t(7.5)		2.12 m	
18①	1.28 s	1.22 s	4.15 d(10.2), 3.42 d(10.2)	
19②	4.10 d(11.0) 3.89 d(11.0)	0.67 s	10.07 s	
21③	5.28 dd(18.1, 1.2) 5.13 dd(18.1, 1.2)	5.23 dd(18.3, 1.7) 5.09 dd(18.3, 1.8)	4.33 dd(9.8, 1.5) 3.98 d(9.8)	
22	6.26 s④	6.26 dd(1.8, 1.7)④	2.65 d(17.4)⑤ 2.59 dd(17.4, 1.2)⑤	
1′	5.39 d(8.0)	5.42 d(7.9)	4.47 d(7.1)	
2′	4.51 dd(8.0, 3.0)[b]	3.96 m	3.79 dd(7.1, 5.7)	
3′	4.78 t(3.0)[b]	5.10 br d(7.8)[b]	4.13 m	
4′	4.15 br d(3.0)[b]	3.87 dd(9.6, 2.5)	2.13 m, 1.78 m	
5′	4.63 qd(6.0, 3.5)[b]	4.56 dq(9.4, 6.2, 6.2, 6.2)[b]	3.81 m	
6′	1.57 d(6.5)	1.76 d(6.2)	1.23 d(6.0)	

续表

H	13-19 (C_5D_5N)	13-20 (C_5D_5N)	13-21 ($CDCl_3$)	典型氢谱特征
7′			5.22 s, 4.89 s	
1″		5.10 d(7.6)		
2″		4.02 m		
3″		4.28 m		
4″		4.29 m		
5″		3.98 m		
6″		4.48 ddd(11.8, 5.1, 2.6)[b] 4.38 ddd(11.8, 5.9, 5.1)[b]		
OH			4.24 s(5-OH) 2.70 br s(14-OH)	

[a] 文献将 1.78 归属在 3 位氧次甲基氢存在明显错误，此处遵循文献将其仍列在 3 位氧次甲基氢，需注意其存在的问题；
[b] 遵循文献数据，疑有误。

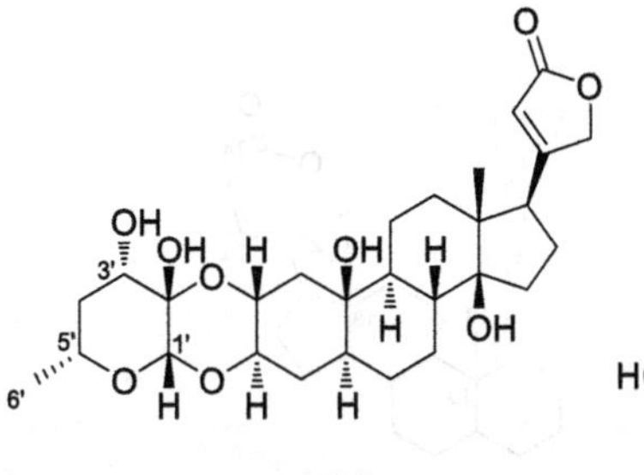

13-22 [11]

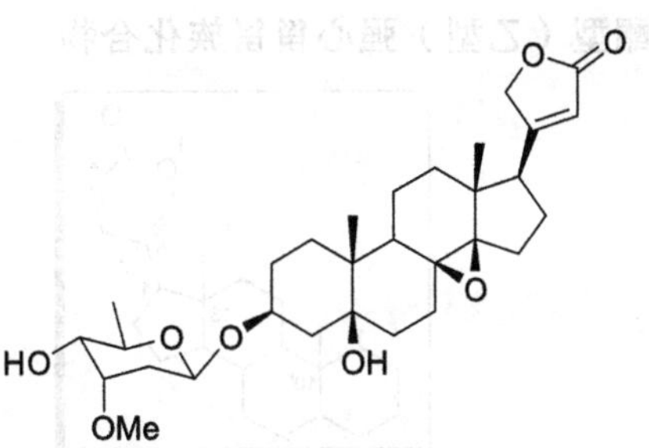

13-23 [12]

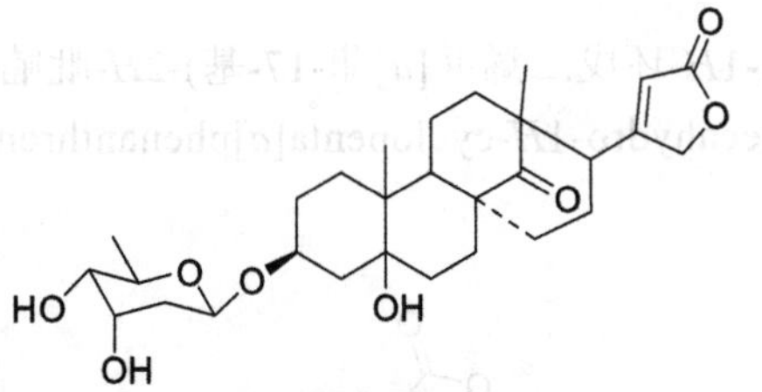

13-24 [13]

表 13-8 呋喃酮型（甲型）强心甾甾族化合物 13-22～13-24 的 ^{1}H NMR 数据

H	13-22 (CD_3OD)	13-23 ($CDCl_3$)	13-24 (C_5D_5N)	典型氢谱特征
1	1.82 m, 1.54 m	1.55～1.64 m		① 18 位甲基特征峰； ② 19 位甲基特征峰； 化合物 **13-22** 存在 C(19)降碳的结构特征，不存在 19 位甲基信号； ③ 21 位氧亚甲基（氧化甲基）特征峰； ④ 22 位烯次甲基特征峰。 化合物 **13-24** 存在 C(15)迁移(14→8)的结构特征，但甲型强心甾体的氢谱特征仍然存在，其结构多样性可以 HMBC 谱中 18 位甲基信号与 C(14)的远程相关作为一个特征
2	3.92 m	1.88～1.91 m		
3	4.21 m	4.10～4.26 m	4.35 br s	
4	1.85 m, 1.09 m	2.00～2.07 m		
5	1.69 m			
6	2.14 m, 1.60 m	1.45～1.52 m		
7	2.20 m, 1.46 m	1.30～1.81 m		
8	1.50 m			
9	1.35 m	1.71～1.90 m		
11	1.88 m, 1.55 m	1.30 m		
12	2.10 m, 1.52 m	1.33～1.55 m		
15	2.11 m, 1.71 m	2.00～2.07 m		
16	1.99 m, 1.89 m	1.80～1.88 m		

续表

H	13-22 (CD_3OD)	13-23 ($CDCl_3$)	13-24 (C_5D_5N)	典型氢谱特征
17	2.80 m	2.45～2.72 m		
18①	1.22 s	0.86 s	0.97 s	
19①		1.01 s	0.90 s	
21②	5.03 dd(17.6, 1.5) 4.90 dd(17.6, 1.5)	4.84 dd(17.6, 1.6) 4.73 d(17.6)	4.85 d(17.6) 4.75 d(17.6)	
22④	5.89 s	5.89 d(1.2)	5.90 s	
1′	4.45 s	4.80 dd(7.6, 2.0)	4.29 dd(14.8, 8.0)	
2′		2.26～2.33 m	1.80 m, 1.53 m	
3′	3.58 dd(12.1, 4.7)	3.50～3.78 m	3.84 br s	
4′	1.71 m 1.71 m	3.26 dt(10.0, 3.2)		
5′	3.65 m	3.50～3.70 m		
6′	1.22 d(6.1)	1.29 d(6.0)	1.59 d(6.4)	
OMe		3.43 s		

2. 吡喃酮型（乙型）强心甾甾族化合物

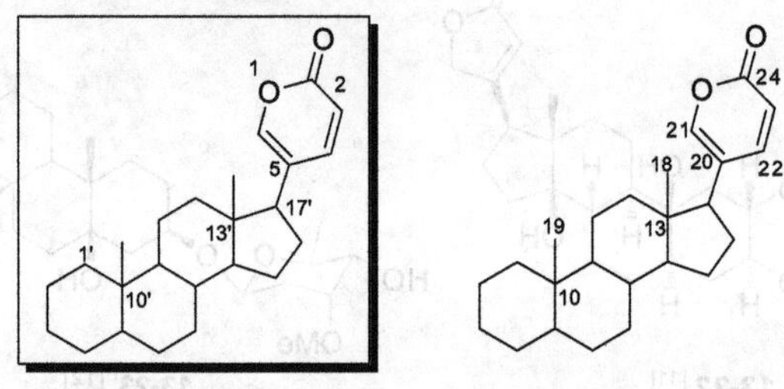

【系统分类】

5-(10,13-二甲基十六氢-1*H*-环戊二烯并[*a*]菲-17-基)-2*H*-吡喃-2-酮

5-(10,13-dimethylhexadecahydro-1*H*-cyclopenta[*a*]phenanthren-17-yl)-2*H*-pyran-2-one

【典型氢谱特征】

13-25 [14]

13-26 [14]

13-27 [15]

13-28 [16]

表 13-9 吡喃酮型（乙型）强心甾甾族化合物 13-25～13-28 的 ^{1}H NMR 数据

H	**13-25** ($CDCl_3$)	**13-26** ($CDCl_3$)	**13-27** (CD_3OD)	**13-28** (C_5D_5N)	典型氢谱特征
3	4.18 br s	4.09 br s	α 5.06 br s($W_{1/2}$=7)	4.32 br s	① 18 位甲基特征峰；② 19 位甲基特征峰；化合物 **13-28** 的 C(19) 形成醛基，其信号有特征性；③ 21 位烯醇酯氧次甲基特征峰；化合物 **13-26** 的 C(21)形成酯化的半缩醛次甲基，其信号有特征性；④ 22 位烯次甲基特征峰；⑤ 23 位烯次甲基特征峰
15	α 3.59 s	α 3.52 s	3.72 s	α 2.63 dd(14.5, 7.8) β 2.21 br d(14.5)	
16			5.48 d(9.0)	4.85 t-like(7.8)	
17				2.85 d(7.8)	
18①	0.79 s	0.97 s	0.82 s	1.02 s	
19②	1.00 s	1.01 s	0.98 s	10.40 s	
21③	7.34 d(3.0)	5.26 s	7.38 d(2.4)	7.52 d(2.5)	
22④	7.87 dd(10.0, 3.0)	7.85 d(10.0)	7.96 dd(9.6, 2.4)	8.55 dd(9.7, 2.5)	
23⑤	6.30 d(10.0)	5.94 d(10.0)	6.26 d(9.6)	6.32 d(9.7)	
26			1.82 s		
1′				5.49 d(1.5)	
2′				4.51 dd(3.3, 1.5)	
3′				4.44 dd(9.1, 3.3)	
4′				4.30 dd(9.4, 9.1)	
5′				4.23 dq(9.4, 6.1)	
6′				1.67 d(6.1)	

四、胆烷（C_{24}）型甾族化合物

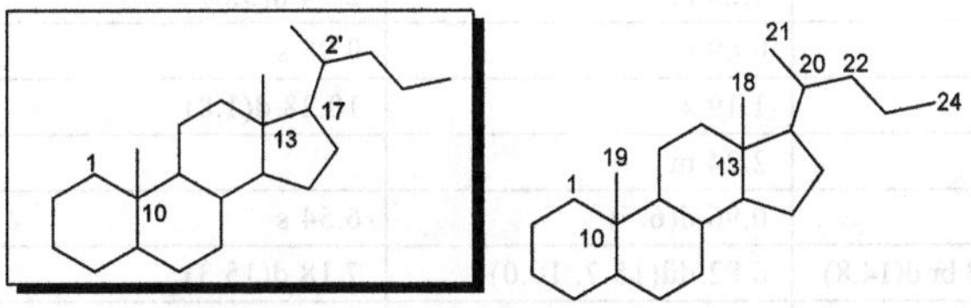

【系统分类】

10,13-二甲基-17-(戊-2-基)十六氢-1*H*-环戊二烯并[*a*]菲

10,13-dimethyl-17-(pentan-2-yl)hexadecahydro-1*H*-cyclopenta[*a*]phenanthrene

【典型氢谱特征】

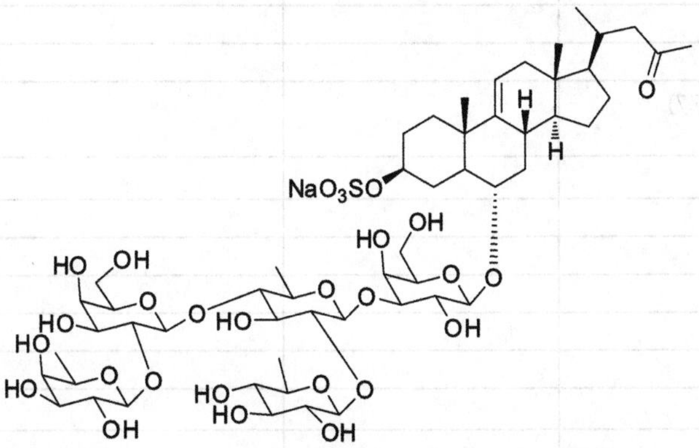

13-29[17]

13-30 [18]

13-31 [19]

表 13-10 胆烷（C_{24}）型甾族化合物 13-29～13-31 的 ^{1}H NMR 数据

H	13-29 (C_5D_5N)	13-30 ($CDCl_3$)	13-31 ($CDCl_3$)	典型氢谱特征
1	1.38 m, 1.62 m	7.00 d(10.0)	4.56 d(3.9)	① 18 位甲基特征峰； ② 19 位甲基特征峰；化合物 **13-31** 的 C(19) 形成醛基（甲酰基），其信号有特征性； ③ 21 位甲基特征峰；化合物 **13-31** 的 C(21) 形成烯醇醚氧次甲基，其信号有特征性； ④ 24 位甲基特征峰；化合物 **13-30** 和 **13-31** 的 C(24)形成酯羰基，甲基特征信号消失
2	1.89 m, 2.81 m	6.19 dd(10.0, 2.0)	1.61 m 2.51 ddd(14.0, 6.4, 3.9)	
3	4.91 ov		4.32 m	
4	1.72 ov, 3.51 br d(12.7)	6.04 t(2.0)	1.62 m, 2.02 m	
5	1.51 m			
6	3.82 m	α 2.44 m, β 2.32 m	2.09 m, 2.17 m	
7	1.24 m, 2.71 m	α 1.00 m, β 1.90 m	1.92 m, 1.97 m	
8	2.0 m	1.55 m	1.42 dd(10.7, 3.4)	
9		0.98 m	1.95 t(10.7)	
11	5.17 ov	α 1.65 m, β 1.57 m	3.89 dt(10.7, 5.2)	
12	1.86 m, 2.01 m	α 0.99 m, β 1.74 m	3.52 d(5.2)	
14	1.11 m	0.95 m		
15	1.01m, 1.54 m	α 1.62 m, β 1.14 m	1.96 m, 2.20 m	
16	1.14 m, 1.62 m	α 1.86 m, β 1.29 m	2.01 m, 2.05 m	
17	1.03 m	1.23 m	2.74 d(5.6)	
18①	0.56 s	0.69 s	0.98 s	
19②	0.94 s(ov)	1.19 s	10.28 d(1.8)	
20	2.05 m	2.24 m		
21③	0.92 d(ov)	0.96 d(6.7)	6.54 s	
22	2.13 m(ov), 2.43 br d(14.8)	6.82 dd(15.7, 10.0)	7.18 d(15.3)	
23		5.75 d(15.7)	5.75 d(15.3)	
24④	2.08 s			
26			1.44 s	
COOMe		3.71 s	3.73 s	
Gal Ⅰ-1′	4.92 d(8.2)			
2′	3.97 m			
3′	3.85 m			
4′	4.07 m			
5′	3.86 m			
6′	4.31 dd(12, 5.7) 4.48 d(11.2)			
Qui Ⅰ-1″	4.92 d(8.2)			
2″	4.07 m			
3″	4.11 m			
4″	3.58 t(8.7)			
5″	3.85 m			
6″	1.73 d(5.9)			
Qui Ⅱ-1‴	5.24 d(6.5)			
2‴	4.07 m			
3‴	4.07 m			

续表

H	13-29 (C_5D_5N)	13-30 ($CDCl_3$)	13-31 ($CDCl_3$)	典型氢谱特征
4'''	4.07 m			
5'''	3.62 m(ov)			
6'''	1.77 d(6.0)			
Gal Ⅱ-1''''	4.96 d(7.7)			
2''''	4.07 m			
3''''	4.26 t(9.0)[a]			
4''''	4.13 t(9.5, ov)[a]			
5''''	3.97 m			
6''''	4.21 dd(12.6, 6.2) 4.54 d(10.9)			
Fuc-1'''''	5.06 d(7.7)			
2'''''	4.43 t(8.5)			
3'''''	4.07 m			
4'''''	3.99 m			
5'''''	3.76 d(6.2, ov)			
6'''''	1.49 d(6.2, ov)			

[a] 遵循文献数据。

五、胆甾烷/烯（C_{27}）型甾族化合物

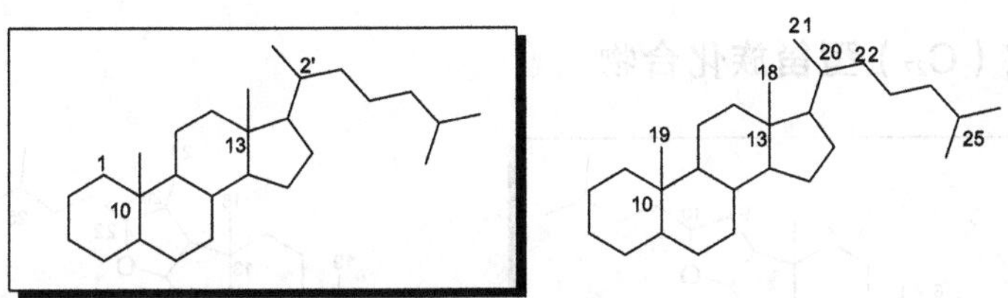

【系统分类】

10,13-二甲基-17-(6-甲基庚-2-基)十六氢-1*H*-环戊二烯并[*a*]菲

10,13-dimethyl-17-(6-methylheptan-2-yl)hexadecahydro-1*H*-cyclopenta[*a*]phenanthrene

【典型氢谱特征】

13-32 [20]　　13-33 [21]　　13-34 [22]

表 13-11　胆甾烷/烯（C_{27}）型甾族化合物 13-32～13-34 的 ^{1}H NMR 数据

H	13-32 (CD_3OD)	13-33 ($CDCl_3$)	13-34 (DMSO-d_6)	典型氢谱特征
1		1.85 m, 1.36 m	α 2.29 m, β 1.27 m	① 18 位甲基特征峰； ② 19 位甲基特征峰； ③ 21 位甲基特征峰；
2		1.85 m, 1.38 m	3.68 m	
3	3.57 ($W_{1/2}$=20)		—	
4		2.22m, 1.45 m	6.50 d(5.1)	
5		2.25 m		

续表

H	**13-32** (CD_3OD)	**13-33** ($CDCl_3$)	**13-34** (DMSO-d_6)	典型氢谱特征
6	3.76 ov	3.63 m		
7		5.73 t(2.0)	6.33 s	
9		2.16 m		
11		1.79 m, 1.64 m	α 1.43 m, β 1.84 m	
12		2.14 m, 1.39 m	α 1.75 m, β 1.29 m	
14		2.05 m		
15	3.80 dd(10.5, 3.0)	1.62 m, 1.50 m	α 2.23 m, β 1.36 m	
16	4.00 dd(8.5, 3.0)	1.94 m, 1.33 m	α 0.89 m, β 1.63 m	④ 26 位甲基特征峰；化合物 **13-32** 的 C(26)形成氧亚甲基（氧化甲基），其信号有特征性；⑤ 27 位甲基特征峰
17		1.31 m	1.49 m	
18①	0.95 s	0.61 s	0.91 s	
19②	1.07 s	0.87 s	1.11 s	
20		1.37 m	1.48 m	
21③	0.99 d(7.0)	0.94 d(6.4)	0.88 d(5.7)	
22		1.39 m, 1.02 m	1.63 m(2H)	
23		1.34 m, 1.15 m	1.23 m(2H)	
24		1.14 m, 1.52 m	1.34 m, 1.25 m	
25		1.52 m		
26④	3.46 dd(12.0, 6.0)[a]	0.87 d(6.6)	1.06 s	
27⑤	0.93 d(7.0)	0.87 d(6.6)	1.06 s	

[a] ABX 系统 AB 部分的高场信号与甲醇信号叠加。

六、螺甾烷（C_{27}）型甾族化合物

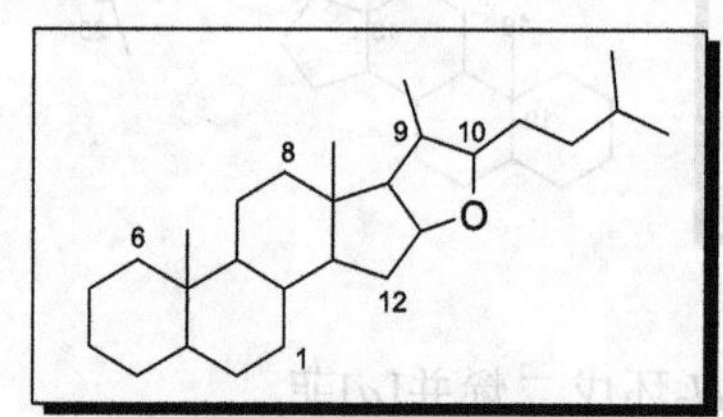

【系统分类】

6a,8a,9-三甲基-10-异戊基-十八氢-1*H*-萘并[2′,1′:4,5]茚并[2,1-*b*]呋喃

10-isopentyl-6a,8a,9-trimethyloctadecahydro-1*H*-naphtho[2′,1′:4,5]indeno[2,1-*b*]furan

【结构多样性】

C(26),C(22)环氧连接；C(25)*R*/*S*；等。

【典型氢谱特征】

13-35 [23]

13-36 [24]

13-37 [24]

表 13-12 螺甾烷型甾族化合物 13-35～13-37 的 ^{1}H NMR 数据

H	13-35 (CD_3OD)	13-36 (C_5D_5N)	13-37 (C_5D_5N)	典型氢谱特征
2	3.87 m			① 16 位氧次甲基特征峰； ② 18 位甲基特征峰； ③ 19 位甲基特征峰； ④ 21 位甲基特征峰； ⑤ C(26)形成氧亚甲基（氧化甲基），其信号有特征性； ⑥ 27 位甲基特征峰
3	3.50 m	3.58 m	3.77 m	
16①	4.40 ddd(9.5, 7.0, 5.0)	4.46 q-like (8.3)	4.47 m	
18②	0.82 s	0.81 s	0.65 s	
19③	0.92 s	0.63 s	1.11 s	
21④	0.98 d(6.0)	1.13 d(6.8)	1.51 d(6.0)	
26⑤	3.33 dd(11.0, 5.5) 3.45 dd(11.0, 6.5)	3.53 m 3.50 m	4.21 m 3.82 m	
27⑥	0.83 s	0.69 d(5.2)	0.96 d(6.3)	
糖端基氢		4.86 d(7.4, 1′) 5.10 d(10.3, 1″) 5.55 br (1‴)[a] 5.19 d(7.8, 1⁗) 5.08 d(7.6, 1‴″)	4.84 d(6.6, 1′) 5.14 d(6.9, 1″) 5.51 d(6.3, 1‴) 5.18 d(7.4, 1⁗) 4.77 d(7.7, 1‴″)	

a 遵循文献数据。

七、麦角甾烷（C_{28}）型甾族化合物

【系统分类】

10,13-二甲基-17-(5,6-二甲基庚-2-基)-十六氢-1*H*-环戊二烯并[*a*]菲

17-(5,6-dimethylheptan-2-yl)-10,13-dimethylhexadecahydro-1*H*-cyclopenta[*a*]phenanthrene

【典型氢谱特征】

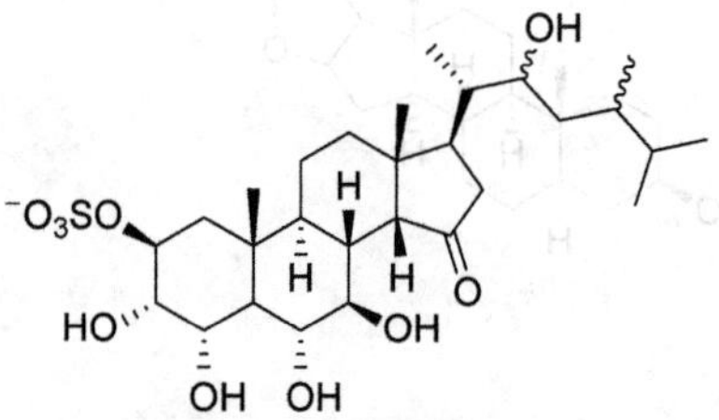

13-38[25]

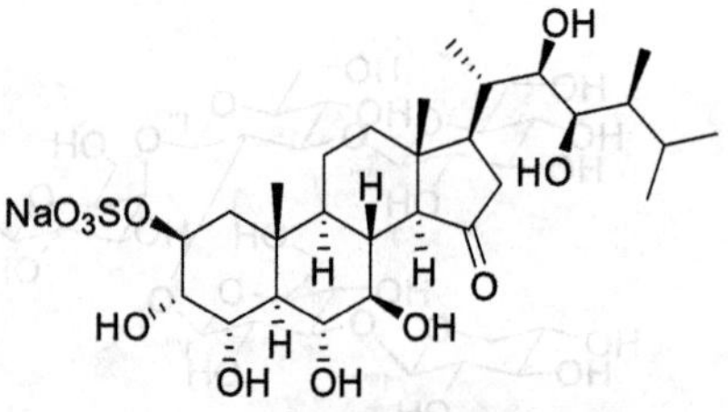

13-39[26]

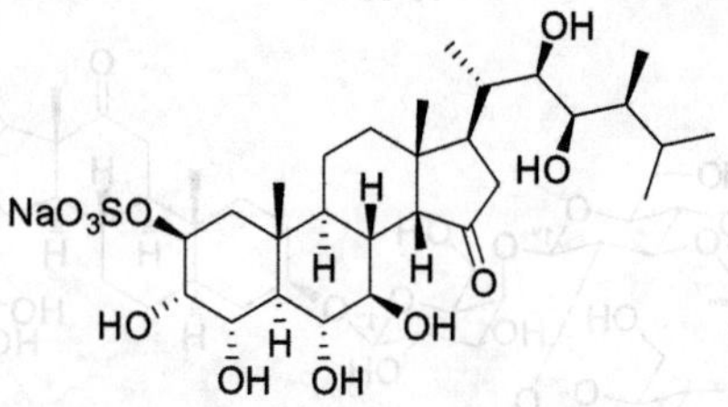

13-40[26]

表 13-13 麦角甾烷（C_{28}）型甾族化合物 13-38～13-40 的 ^{1}H NMR 数据

H	13-38 (CD_3OD)	13-39 (CD_3OD)	13-40 (CD_3OD)	典型氢谱特征
1α	1.42 dd(14.5, 3.5)	1.49 m	1.43 dd(14.8, 3.4)	① 18 位甲基特征峰； ② 19 位甲基特征峰； ③ 21 位甲基特征峰； ④ 26 位甲基特征峰； ⑤ 27 位甲基特征峰； ⑥ 28 位甲基特征峰
1β	2.03 dd(14.5, 2.0)	2.03 dd(14.1, 1.3)	2.04 m	
2	4.56 q(3.5)	4.58 q(2.7)	4.57 q(3.0)	
3	3.97 t(3.0)	3.98 t(2.7)	3.99 t(2.7)	
4	4.22 dd(11.0, 3.0)	4.21 dd(10.8, 2.7)	4.22 dd(10.8, 2.7)	
5	1.67 t(11.0)	1.69 t(10.7)	1.67 t(10.8)	
6	3.71 dd(11.0, 8.5)	3.85 dd(11.5, 8.1)	3.72 dd(10.8, 8.8)	
7	4.44 dd(11.0, 8.5)	3.33 t(8.8)	4.43 dd(10.8, 8.8)	
8	1.68 t(11.0)	1.80 q(10.1)	1.68 m	
9	1.05 m	0.97 m	1.04 m	
11α	1.49 m	1.68 m	1.53 m	
11β	1.28 m	1.34 m	1.29 m	
12α	1.27 m	1.49 m	1.28 m	
12β	1.39 m	2.15 m	1.39 m	
14	2.70 br s	2.29 d(9.4)	2.73 br s	
16α	2.31 dd(19.5, 10.5)	2.73 dd(18.9, 8.1)	2.35 dd(19.5, 10.1)	
16β	2.81 dt(19.5, 2.0)	1.96 dd(18.9, 10.8)	2.83 br d(19.5)	
17	1.76 ddd(10.5, 4.5, 2.5)	2.13 m	1.79 m	
18①	1.16 s	0.84 s	1.20 s	
19②	1.02 s	1.06 s	1.02 s	
20	1.94 m	1.64 m	2.04 m	
21③	0.94 d(7.0)	0.98 d(6.7)	0.956 d(6.7)	
22	4.00 m	3.40 d(8.1)	3.79 dd(7.4, 1.4)	
23	1.50 m, 1.30 m	3.70 dd(8.1, 2.0)	3.61 dd(7.4, 2.7)	
24	1.47 m	1.17 ddq(2.0, 6.7, 6.7)	1.30 m	
25	1.65 m	1.64 m	1.64 m	
26④	0.81 d(6.5)	0.93 d(6.7)	0.92 d(6.7)	
27⑤	0.89 d(7.0)	0.97 d(6.7)	0.963 d(6.7)	
28⑥	0.86 d(6.5)	0.84 d(6.7)	0.88 d(6.7)	

13-41 [27]　13-42 [27]　13-43 [27]

表 13-14 麦角甾烷（C_{28}）型甾族化合物 13-41～13-43 的 ^{1}H NMR 数据

H	**13-41** (C_5D_5N)	**13-42** (C_5D_5N)	**13-43** (C_5D_5N)	典型氢谱特征
3	4.13 br s	4.12 br s	4.15 br s	① 18 位甲基特征峰；② 19 位甲基特征峰；③ 21 位甲基特征峰；④ 26 位甲基特征峰；化合物 **13-42** 的 C(26)形成氧亚甲基（氧化甲基），其信号有特征性；⑤ 27 位甲基特征峰；⑥ 28 位甲基特征峰
5	2.97 m	2.98 m	2.97 m	
7	6.18 br s	6.26 br s	6.21 br s	
9	3.54 br s	3.56 br s	3.54 br s	
16	5.29 m	2.47 m, 2.30 m	2.43 m, 2.33 m	
17	2.85 d(8.0)	3.46 t(9.1)	3.05 t(9.3)	
18①	0.97 s	1.23 s	1.14 s	
19②	1.04 s	1.05 s	1.04 s	
20	2.70 m			
21③	1.39 d(7.1)	1.70 s	1.59 s	
22	4.44 dd(9.2, 5.6)	3.89 m	3.64 d(1.9)	
23	4.69 br d(9.1)	3.89 m	3.31 d(1.9)	
24	2.21 m	1.94 m		
25		1.70 m	1.92 m	
26④	1.47 s	3.89 m, 3.38 t(8.4)	1.16 d(6.8)	
27⑤	1.56 s	0.87 d(6.6)	1.16 d(6.8)	
28⑥	1.45 d(7.0)	1.27 d(6.5)	1.38 s	

八、麦角甾内酯（C_{28}）型甾族化合物

1. withanolide 型甾族化合物

【系统分类】

3,4-二甲基-6-[1-(10,13-二甲基十六氢-1*H*-环戊二烯并[*a*]菲-17-基)乙基]-四氢-2*H*-吡喃-2-酮

6-[1-(10,13-dimethylhexadecahydro-1*H*-cyclopenta[*a*]phenanthren-17-yl)ethyl]-3,4-dimethyl-tetrahydro-2*H*-pyran-2-one

【典型氢谱特征】

13-44 [28]

13-45 [28]

13-46 [28]

表 13-15 withanolide 型甾族化合物 13-44～13-46 的 ^1H NMR 数据

H	13-44 ($CDCl_3$)	13-45 ($CDCl_3$)	13-46 ($CDCl_3$-CD_3OD)	典型氢谱特征
1			4.85 t(2.3)	
2	6.20 d(10.0)	5.95 d(10.3)	2.14 dd(16.0, 2.0) 1.75 dd(15.0, 3.0)	
3	6.94 dd(10.0, 5.8)	6.79 dd(10.5, 4.5)	3.87 m	
4	3.77 d(5.8)	4.63 d(4.5)	2.48 dd(14.0, 5.5) 2.27 t(13.3)	
6	3.25 br s($W_{1/2}$=5)	5.92 d(4.6)	5.45 br dd(3.4, 1.4)	
7	2.18 dt(15.2, 3.0) 1.25 br t(13.0)	2.12 dd(13.0, 4.0)	2.00 dd(13.3, 3.3) 2.27 t(13.3)	
8	1.66 m		1.48 m	① 18 位甲基特征峰；化合物 **13-44** 和 **13-45** 的 C(18)形成氧亚甲基（氧化甲基），其信号有特征性； ② 19 位甲基特征峰； ③ 21 位甲基特征峰； ④ 22 位氧次甲基特征峰； ⑤ 27 位甲基特征峰； ⑥ 28 位甲基特征峰
9			1.52 m	
11			1.55 dd(13.3, 3.3) 1.30 t(13.3)	
12			4.57 dd(10.3, 4.0)	
14			1.05 m	
17			1.75 m	
18①	4.15 d(11.6) 4.11 d(11.5)	4.21 d(11.8) 4.16 d(11.6)	0.91 s	
19②	1.40 s	1.44 s	1.03 s	
21③	1.38 s	1.42 s	1.18 s	
22④	4.25 dd(13.3, 3.6)	4.25 dd(13.3, 3.6)	4.36 dd(13.3, 3.5)	
23	2.08 br d(16.0) 2.40 br t(16.0)	2.11 dd(16.0, 2.0) 2.40 br t(16.0)	2.09 dd(16.6, 4.0) 2.45 t(16.6)	
27⑤	1.89 s	1.89 s	1.81 s	
28⑥	1.95 s	1.96 s	1.91 s	
OAc	2.05 s	2.06 s	2.02 s(1-OAc) 1.91 s(12-OAc)	

续表

H	13-44 ($CDCl_3$)	13-45 ($CDCl_3$)	13-46 ($CDCl_3$-CD_3OD)	典型氢谱特征
葡萄糖				
1			4.34 d(7.6)	
2			3.21 t(8.3)	
3			3.44 m	
4			3.51 m	
5			3.28 m	
6			3.62 dd(11.9, 4.9) 3.73 dd(11.9, 1.7)	
鼠李糖				
1			4.81 d(1.6)	
2			3.82 dd(3.2, 1.9)	
3			3.60 dd(9.3, 3.6)	
4			3.39 t(9.5)	
5			3.83 qd(9.4, 6.6)	
6			1.26 d(6.1)	

2. withaphysalin 型甾族化合物

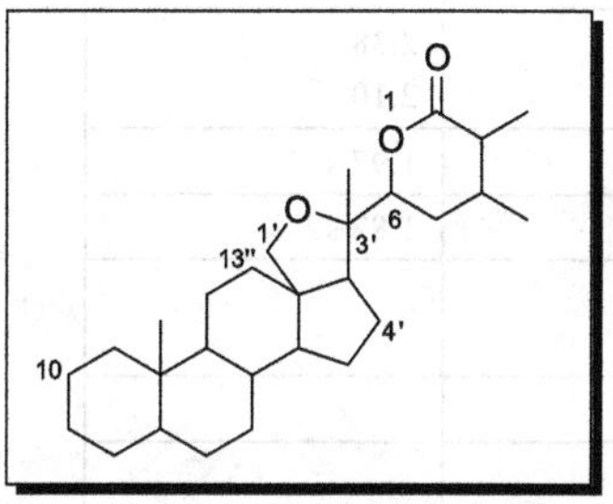

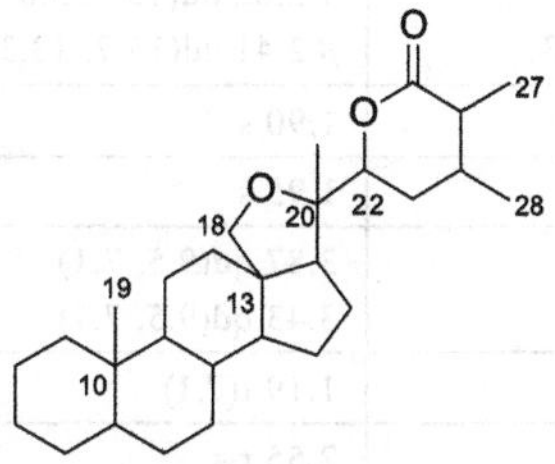

【系统分类】

3,4-二甲基-6-(3,11a-二甲基十八氢萘并[2′,1′:4,5]茚并[1,7a-*c*]呋喃-3-基)-四氢-2*H*-吡喃-2-酮

6-(3,11a-dimethyloctadecahydronaphtho[2′,1′:4,5]indeno[1,7a-*c*]furan-3-yl)-3,4-dimethyltetrahydro-2*H*-pyran-2-one

【典型氢谱特征】

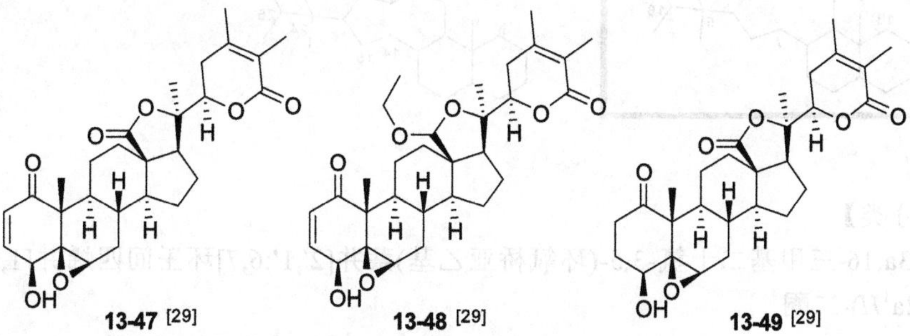

13-47 [29]　13-48 [29]　13-49 [29]

表 13-16 withaphysalin 型甾族化合物 13-47～13-49 的 ^{1}H NMR 数据

H	13-47 (C_5D_5N)	13-48 ($CDCl_3$)	13-49 (C_5D_5N)	典型氢谱特征
2	6.44 d(9.8)	6.23 d(10.0)	2.90 m, 2.77 m	
3	7.25 dd(9.8, 6.3)	6.95 dd(10.0, 5.8)	2.32, 1.37	

续表

H	**13-47** (C_5D_5N)	**13-48** ($CDCl_3$)	**13-49** (C_5D_5N)	典型氢谱特征
4	4.03 d(6.3)	3.79 d(5.8)	3.83 br s	① 化合物 **13-47** 和 **13-49** 的 C(18)形成酯羰基，氧亚甲基特征信号消失；化合物 **13-48** 的 C(18)形成缩醛次甲基，其信号有特征性； ② 19 位甲基特征峰； ③ 21 位甲基特征峰； ④ 22 位氧次甲基特征峰； ⑤ 27 位甲基特征峰； ⑥ 28 位甲基特征峰
6	3.26 br s	3.28 br s	3.24 br s	
7	2.16 1.25 dd(11.9, 14.5)	β 2.26 dt(14.6, 3.0) α 1.39	1.80 1.22 m	
8	2.70 dq(10.5, 4.0)	1.54 m	2.66 m	
9	1.09	1.10 dt(11.2, 4.9)	1.33 m	
11	2.24, 2.12	α 1.44, β 1.86	2.18, 1.64	
12	2.25, 1.54	α 1.37, β 2.51 dt(12.6)	2.32, 1.60	
14	1.15	1.18	1.31	
15	1.70, 1.15	1.60, 1.18	2.23	
16	1.86, 1.62	1.69 dd(14.0, 4.6), 1.44	1.95, 1.66	
17	2.14	1.98 br d(9.8)	2.12 m	
18①		4.71 s		
19②	1.98 s	1.38 s	1.91 s	
21③	1.45 s	1.44 s	1.50 s	
22④	4.53 dd(13.1, 3.3)	4.45 dd(13.3, 3.0)	4.59 d(12.1)	
23	2.32 2.05 dd(17.4, 2.3)	α 2.02 dd(15.7, 3.0) β 2.41 dd(15.7, 13.3)	2.38 2.10	
27⑤	1.91 br s	1.90 s	1.97 s	
28⑥	1.77 s	1.95 s	1.82 s	
29		3.87 qd(9.5, 7.1) 3.43 qd(9.5, 7.1)		
30		1.19 t(7.1)		
OH		2.55 r s		

3. physalin 型甾族化合物

2a,5,13a,16-tetramethylicosahydro-3,5-(epoxyethano)naphtho[2',1':6,7]cyclonona[1,2,3-cd]benzofuran-1,17(2a[1]H)-dione

【系统分类】

2a,,5,13a,16-三甲基二十氢-3,5-(环氧桥亚乙基)萘并[2′,1′:6,7]环壬间四烯并[1,2,3-*cd*]苯并呋喃-1,17(2a^1*H*)-二酮

2a,5,13a,16-tetramethylicosahydro-3,5-(epoxyethano)naphtho[2′,1′:6,7]cyclonona[1,2,3-*cd*]benzofuran-1,17(2a^1*H*)-dione

【典型氢谱特征】

13-50[30] R=*β*-OH
13-51[30] R=H,$\Delta^{6,7}$
13-52[30] R=H

表 13-17 physalin 型甾族化合物 **13-50～13-52** 的 ^{1}H NMR 数据

H	**13-50** (CD_3OD)	**13-51** ($CDCl_3$)	**13-52** ($CDCl_3$)	典型氢谱特征
2	5.62 dd(10.1, 2.6)	5.62 dd(10.1, 2.6)	5.98 dd(10.1, 2.2)	① 19 位甲基特征峰； ② 21 位甲基特征峰； ③ 22 位氧次甲基特征峰； ④ 化合物 **13-50～13-52** 的 C(27)位均形成氧亚甲基（氧化甲基），其信号有特征性； ⑤ 28 位甲基特征峰
3	6.52 ddd(10.1, 4.9, 2.5)	6.66 ddd(10.2, 4.8, 2.5)	6.84 ddd(10.1, 5.2, 2.1)	
4	2.42 m	2.52 m	2.15 m	
6	3.82 m	5.69 d(9.4)	2.82 dd(13.8, 2.9)	
7	2.28 m	5.75 br s	1.25 m	
8	2.32 d(8.3)	2.12 m	2.22 m	
9	2.92 m	2.89 m	3.22 m	
11	2.12 m	1.29 m	2.59 m	
12	1.48 m	1.50 m	2.12 m	
16	3.21 s	2.20 s	3.21 s	
19①	1.26 s	1.23 s	1.28 s	
21②	1.82 s	1.86 s	1.92 s	
22③	4.35 t(2.3)	4.38 t(3.5)	4.55 d(3.6)	
23	2.42 m	2.0 m	2.10 m	
25	2.58 m	2.41 m	2.44 m	
27④	3.75 d(14.5) 4.33 dd(14.9, 4.4)	3.73 d(13.5) 4.48 dd(13.5, 4.5)	3.72 d(3.6)[a] 4.48 dd(13.4, 4.5)[a]	
28⑤	1.12 s	1.02 s	1.23	

[a] 遵循文献数据，疑有误。

4. jaborol 型甾族化合物

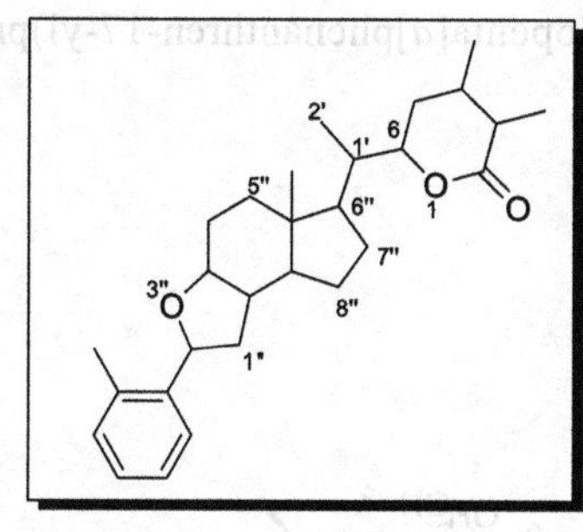

【系统分类】

3,4-二甲基-6-{1-[5a-甲基-2-(邻甲苯基)十氢-1*H*-茚并[5,4-*b*]呋喃-6-基}乙基]四氢-2*H*-吡喃-2-酮

3,4-dimethyl-6-{1-[5a-methyl-2-(*o*-tolyl)decahydro-1*H*-indeno[5,4-*b*]furan-6-yl}ethyl]tetrahydro-2*H*-pyran-2-one

【典型氢谱特征】

13-53 [31]

表 13-18 jaborol 型甾族化合物 13-53 的 ^{1}H NMR 数据

H	13-53 (CD_3CN)	H	13-53 (CD_3CN)	典型氢谱特征
2①	7.03 dd(7.6, 1.3)	16	α 1.61 m, β 2.05 m	① 芳香区的苯环氢可以区分为 1 个独立的苯环；
3①	6.99 dd(7.6)	18④	0.99 s	② 6 位氧次甲基特征峰；
4①	6.68 dd(7.4, 1.3)	19⑤	2.11 s	③ 9 位氧次甲基特征峰；
6②	4.94 dd(10.4, 4.5)	20	2.53 m	④ 18 位甲基特征峰；
7	α 1.34 m, β 2.53 m	21⑥	0.82 d(7.0)	⑤ 19 位甲基特征峰；
8	2.53 m	22⑦	4.65 m	⑥ 21 位甲基特征峰；
9③	4.59 m	23	α 2.44 br d, β 2.23 m	⑦ 22 位氧次甲基特征峰；
11	α 2.89 dd(16.3, 9.0) β 2.73 dd(16.3, 5.9)	27⑧	1.79 s	⑧ 27 位甲基特征峰；
14	2.17 m	28⑨	1.89 s	⑨ 28 位甲基特征峰
15	α 1.55 m, β 1.61 m			

5. ixocarpalactone 型甾族化合物

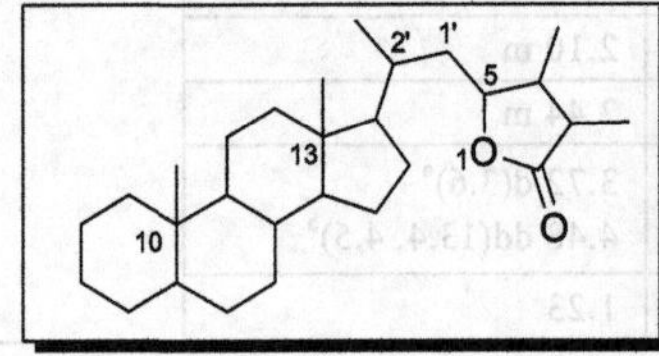

【系统分类】

3,4-二甲基-5-[2-(10,13-二甲基十六氢-1*H*-环戊二烯并[*a*]菲-17-基)丙基]-二氢呋喃-2(3*H*)-酮

5-[2-(10,13-dimethylhexadecahydro-1*H*-cyclopenta[*a*]phenanthren-17-yl)propyl]-3,4-dimethyldihydrofuran-2(3*H*)-one]

【结构多样性】

C(16),C(23)环氧连接；等。

【典型氢谱特征】

13-54 [32] 13-55 [33] 13-56 [33]

表 13-19　ixocarpalactone 型甾族化合物 13-54～13-56 的 ^{1}H NMR 数据

H	**13-54** ($CDCl_3$)	**13-55** ($CDCl_3$)	**13-56** ($CDCl_3$)	典型氢谱特征
2	2.63 dd(15.5, 3.6) 2.90 dd(15.5, 7.5)	6.21 d(9.8)	6.21 d(9.9)	① 18 位甲基特征峰； ② 19 位甲基特征峰； ③ 21 位甲基特征峰； ④ 23 位氧次甲基特征峰；化合物 **13-56** 的 C(23) 形成缩酮双氧化仲碳，氧次甲基特征信号消失； ⑤ 27 位甲基特征峰； ⑥ 28 位甲基特征峰
3	3.67 ddd(7.5, 3.6, 3.0)	7.01 dd(9.8, 6.1)	7.00 dd(9.9, 6.1)	
4	3.45 d(3.0)	3.69 d(6.1)	3.75 d(6.1)	
6	3.21 br s	3.19 br s	3.18 br s	
7	1.34 br d(14.9) 2.19 br d(14.9)	2.12～2.17 m 1.31 m	2.12 m 1.26 m	
8	1.54 m (10.9, 4.2)	1.62 m	1.63 m	
9	1.11 ov	0.89 ddd(12.9, 12.9, 5.6)	0.92 m	
11	1.45 dd(13.5, 2.5) 1.28 ov	1.70 m 1.54 m	1.72 m 1.24 m	
12	1.11 ov 2.10 td(12.5, 3.0)	2.12～2.17 m 1.14 m	2.21 m 1.08～1.18 m	
14	0.85 m	0.79 m	0.85 m	
15	1.39 (ov) 2.31 (ov)	2.22～2.29 m 1.43 m	2.16 m 1.34 m	
16	4.45 m	4.45 m	4.50 m	
17	1.33 ov	1.36 d(4.5)	1.46～1.51 m	
18①	1.11 s	1.14 s	1.08 s	
19②	1.29 s	1.43 s	1.46 s	
21③	1.30 s	1.31 s	1.51 s	
22	4.04 s	4.16 s	4.20 s	
23④	4.49 d(8.4)	4.04 br s		
24	2.33 m(7.1)	2.22～2.29 m	2.00 m	
25	2.69 m(7.1)	2.68 m	2.68 m	
27⑤	1.17 d(7.1)	1.17 d(7.1)	1.17 d(7.0)	
28⑥	1.25 d(6.8)	1.24 d(6.9)	1.20 d(6.9)	
OMe	3.36			

6. perulactone 型甾族化合物

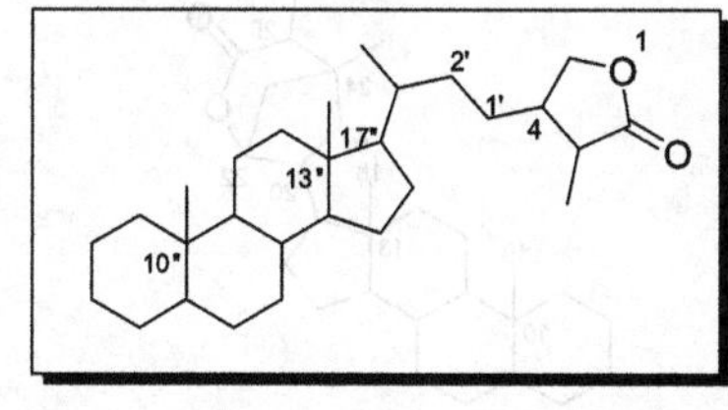

【系统分类】

3-甲基-4-[3-(10,13-二甲基十六氢-1*H*-环戊二烯并[*a*]菲-17-基)丁基]-二氢呋喃-2(3*H*)-酮

4-(3-(10,13-dimethylhexadecahydro-1*H*-cyclopenta[*a*]phenanthren-17-yl)butyl)-3-methyldihydrofuran-2(3*H*)-one

【典型氢谱特征】

13-57 [34]　　13-58 [34]　　13-59 [34]

表 13-20 perulactone 型甾族化合物 13-57～13-59 的 ^{1}H NMR 数据

H	**13-57** (C_5D_5N)	**13-58** ($CDCl_3$)	**13-59** (C_5D_5N)	典型氢谱特征
2	6.44 d(10.0)	6.84 d(10.3)	6.24 d(10.0)	
3	7.20 ov	6.89 d(10.3)	7.09 dd(10.0, 4.0)	
4	4.03 d(6.4)		4.21 d(4.0)	
6	3.36 br s	3.49 br s	4.58 dd(10.4, 4.8)	
7	2.41 m, 2.21 m	2.08 m, 1.93 m	2.45 m, 2.20 m	
8	2.15 m	2.01 m	2.21 m	
9	2.06 m	2.33 m	2.45 m	
11	1.91 m	2.09 m, 1.61 m	1.71 m, 1.18 m	
12	2.61 m, 1.69 m	2.32 m, 1.51 m	2.54 m, 1.99 m	① 18 位甲基特征峰；② 19 位甲基特征峰；③ 21 位甲基特征峰；④ 27 位甲基特征峰；⑤ 28 位氧亚甲基（氧化甲基）特征峰
15	1.78 m	1.73 m, 1.56 m	1.93 m, 1.85 m	
16	2.95 m, 1.93 m	2.67 m, 1.48 m	2.97 m, 1.94 m	
18①	1.34 s	1.10 s	1.38 s	
19②	1.93 s	1.39 s	1.61 s	
21③	1.65 s	1.26 s	1.64 s	
22	4.44 d(10.0)	4.04 d(9.6)	4.41 d(10.4)	
23	2.69 m, 1.66 m	2.19 m, 1.36 m	2.69 m, 1.65 m	
24	3.04 m	2.76 m	3.06 m	
25	2.81 m	2.67 m	2.83 m	
27④	1.33 d(7.6)	1.19 d(7.5)	1.34 d(7.6)	
28⑤	4.50 dd(8.6, 7.2) 4.34 dd(8.4, 8.4)	4.40 dd(9.0, 7.0) 4.09 dd(8.8, 8.4)	4.52 dd(8.4, 7.2) 4.37 d(8.4, 8.4)	

7. acnistin 型甾族化合物

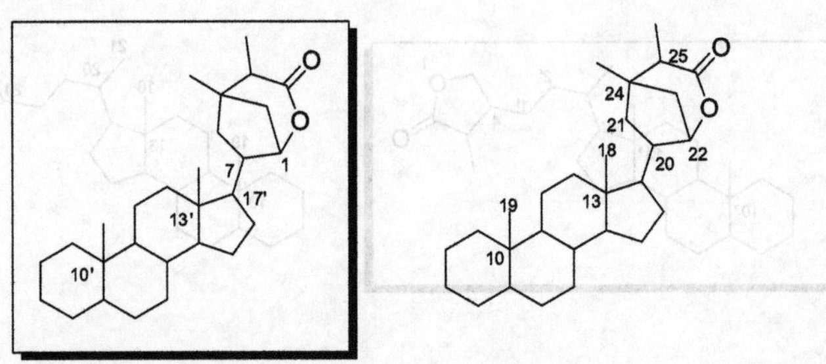

【系统分类】

4,5-二甲基-7-(10,13-二甲基十六氢-1*H*-环戊二烯并[*a*]菲-17-基)-2-氧杂二环[3.2.1]辛烷-3-酮

7-(10,13-dimethylhexadecahydro-1H-cyclopenta[*a*]phenanthren-17-yl)-4,5-dimethyl-2-oxa-bicyclo[3.2.1]octan-3-one

【典型氢谱特征】

	R^1	R^2	R^3
13-60[35]	OH	OH	H
13-61[35]	H	OH	OH
13-62[35]	OH	H	OH

表 13-21 acnistin 型甾族化合物 **13-60**～**13-62** 的 ^{1}H NMR 数据

H	**13-60** ($CDCl_3$)	**13-61** (C_5D_5N)	**13-62** (C_5D_5N)	典型氢谱特征
2	5.98 dd(10.0, 2.0)	6.12 dd(10.0, 2.4)	6.12 dd(10.4, 2.4)	① 18 位甲基特征峰; ② 19 位甲基特征峰; ③ 22 位氧次甲基特征峰; ④ 27 位甲基特征峰; ⑤ 28 位甲基特征峰
3	6.45 dd(10.0, 2.0)	6.64 ddd(10.0, 3.6, 2.4)	6.73 dd(10.4, 2.4)	
4	5.03 br s	ax 3.73 ddd(19.2, 2.4, 2.4) eq 2.39 d(19.2)	5.35 br s	
6	4.42 dd(12.8, 4.4)	4.10 br s	1.22 m, 2.22 m	
7	1.72 m 2.32 dt(9.6, 4.4)	1.85 dt(12.0, 2.8) 2.23 dt(12.0, 2.4)	1.24 m 1.78 m	
8	1.65 m	2.14 m	1.65 m	
9	1.28 dd(9.6, 3.2)	2.56 dt(11.2, 3.2)	1.56 m	
11	0.96 d(8.0) 1.32 m	1.58 dq(12.0, 3.2) 2.83 dt(12.0, 3.2)	1.38 m(2H)	
12	1.35 m, 1.39 m	1.71 m, 2.41 m	1.54 m, 1.99 m	
14	1.59 m	2.41 m	2.16 m	
15	1.27 m, 1.73 m	1.79 m(2H)	2.09 m(2H)	
16	1.66 m, 2.08 m	4.49 d(6.4)	4.42 br s	
18①	0.72 s	0.76 s	0.71 s	
19②	1.24 s	1.67 s	1.61 s	
20	2.40 q(7.6)	2.79 dd(8.4, 8.0)	2.55 dd(8.8, 8.4)	
21	1.25 m 2.44 dd(12.8, 2.4)	2.04 dd(12.8, 7.6) 3.02 ddd(12.8, 9.6, 1.2)	1.96 m 2.71 d(12.0)	
22③	4.64 d(2.4)	5.47 d(2.0)	5.00 m	
23	2.05 d(14.8) 1.74 dd(14.8, 2.4)	2.15 d(12.0) 2.07 dd(12.0, 2.8)	2.02 m 2.05 m	
27④	1.43 s	1.67 s	1.81 s	
28⑤	1.15 s	1.36 s	1.40	

8. withametelinol 型甾族化合物

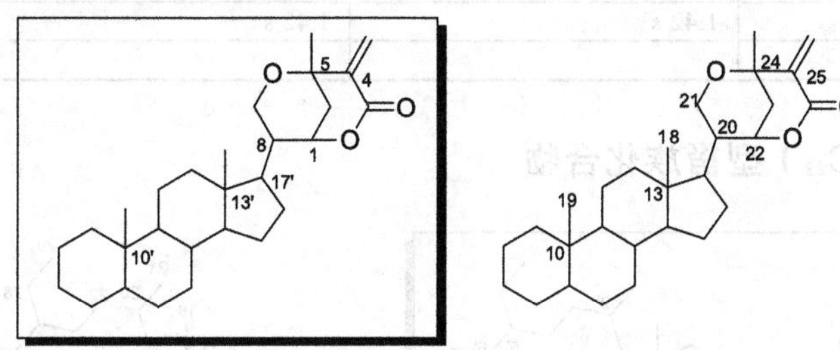

【系统分类】

5-甲基-4-亚甲基-8-(10,13-二甲基十六氢-1*H*-环戊二烯并[*a*]菲-17-基)-2,6-二氧杂二环[3.3.1]壬烷-3-酮

8-(10,13-dimethylhexadecahydro-1*H*-cyclopenta[*a*]phenanthren-17-yl)-5-methyl-4-methylene-2,6-ioxabicyclo[3.3.1]nonan-3-one

【典型氢谱特征】

13-63 [36]　13-64 [37]　13-65 [37]

表 13-22 withametelinol 型甾族化合物 13-63～13-65 的 ^{1}H NMR 数据

H	13-63 ($CDCl_3$)	13-64 ($CDCl_3$)	13-65 ($CDCl_3$)	典型氢谱特征
2	6.08 d(10.0)	5.85 ddd(10.0, 2.5, 1.2)	5.85 ddd(10.0, 2.5, 1.2)	
3	6.75 ddd(10.0, 5.0, 2.5)	6.77 ddd(10.0, 5.0 2.5)	6.77 ddd(10.0, 5.0 2.5)	① 18 位甲基特征峰； ② 19 位甲基特征峰； ③ 21 位氧亚甲基（氧化甲基）特征峰； ④ 22 位氧次甲基特征峰； ⑤ 27 位烯亚甲基特征峰； ⑥ 28 位甲基特征峰
4	2.12 m 1.90 m	3.27 dq(21.0, 2.5) 2.80 ddd(21.0, 5.0, 1.2)		
5	2.86 dd(6.8, 1.7)			
6		5.55 td(6.0, 2.5, 2.5)	5.56 td(6.0, 2.5, 2.5)	
7	2.30 m	2.07 ddd, 1.90 ddd		
8	1.60 m	1.60 ddd(12.0, 12.0, 3.8)		
9	1.20 m	2.10 ddd(12.0, 12.0)		
11	1.42 m	2.45 ddd(14.5, 3.7, 3.7) 1.70 ddd(14.5, 14.5, 3.7)		
12	1.81 m, 1.23 m	3.99 t(3.7)		
15	1.37 m	1.73 m		
16	1.23 m	1.77 m		
17	1.27 m	1.68 m		
18①	0.87 s	0.70 s	0.78 s	
19②	1.29 s	1.21 s	1.21 s	
20	1.85 m	1.74 m		
21③	3.87 d(13.2) 3.72 dd(13.2, 2.7)	3.90 d(13.3) 3.70 dd(13.3, 2.7)	3.92 d(13.3) 3.70 dd(13.3, 2.7)	
22④	4.62 br s	4.62 br s($W_{1/2}$=11)	4.60 br s	
23	2.01 dd(14.0, 2.0) 1.86 dd(14.0, 3.0)	1.97 dd(14.0, 3.0) 2.15 dd(14.0, 2.0)		
27⑤	6.77 br s 5.98 d(0.8)	6.77 br s 5.99 d(0.8)	6.78 br s 6.01 d(0.8)	
28⑥	1.42 s	1.42 s	1.42 s	
OMe	3.66 s			

九、豆甾烷（C_{29}）型甾族化合物

【系统分类】

10,13-二甲基-17-(6-甲基-5-乙基庚-2-基)十六氢-1*H*-环戊二烯并[*a*]菲

17-(5-ethyl-6-methylheptan-2-yl)-10,13-dimethylhexadecahydro-1H-cyclopenta[*a*]phenanthrene

【典型氢谱特征】

13-66 [38]　　**13-67** [39]

13-68 [40]

表 13-23 豆甾烷（C_{29}）型甾族化合物 13-66～13-68 的 ^{1}H NMR 数据

H	13-66 (DMSO-d_6)	13-67 ($CDCl_3$)	13-68 (C_5D_5N)	典型氢谱特征
1	2.34 m, 2.09 m		1.19, 1.78	① 18 位甲基特征峰； ② 19 位甲基特征峰； ③ 21 位甲基特征峰；化合物 **13-68** 的 C(21)形成羧羰基，甲基特征信号消失； ④ 26 位甲基特征峰； ⑤ 27 位甲基特征峰； ⑥ 29 位甲基特征峰
2	1.307 m		2.08 1.65	
3	3.47 br s($W_{1/2}$=22.35)	3.52 m	3.93 m	
4	1.78 d(10.63)[a] 1.14 (6.59)[a]		2.00 1.39	
5			1.30 m	
6	5.32 br s	5.35 m	1.80	
7	1.48 m		5.36 br s	
8	1.50 br s			
9	0.92 br s			
11	1.18 m		5.39 br d(3.5)	
12	1.14 m 1.96 m		2.35 br d(16.5) 2.51 dd(17.0, 5.5)	
14	1.07 m		2.27 br s	
15	1.03 m		1.73, 1.42	
16	1.79 br s, 1.64 br s		2.00, 1.40	
17	1.04 m		2.08	
18①	0.64 s	0.69 s	0.81 s	
19②	1.00 s	1.01 s	0.81 s	
20	1.30 m		2.52 m	
21③	0.98 d(6.23)	1.02 d(6.5)		
22	5.15 m	5.15 dd(15.0, 9.0)	2.15, 2.08	
23	5.00 m	5.01 dd(15.0, 9.0)	2.08	
24	0.92 br s			
25	1.44 m		2.30 m	

续表

H	13-66 (DMSO-d_6)	13-67 (CDCl$_3$)	13-68 (C$_5$D$_5$N)	典型氢谱特征
26④	0.88 d(6.59)	0.84 d(6.5)	1.18 d(7.0)	
27⑤	0.81 d(6.96)	0.79 d(6.5)	1.24 d(6.5)	
28	1.05 br s		4.26 q(6.5)	
29⑥	0.82 d(7.33)[a]	0.80 t(7.5)	1.46 d(6.5)	
1′	4.21 d(9.69)		4.99 d(7.5)	
2′	3.05 m		4.02 t(8.0)	
3′	3.40 m		4.28	
4′	3.11 m		4.24	
5′	3.07 m		3.96	
6′	4.40 d(5.5)[a] 4.21 d(7.69)[a]		4.54 br d(11.5) 4.38 dd(12.0, 5.0)	

[a] 遵循文献数据。

参考文献

[1] Weber S, Puripattanavong J, Brecht V, et al. J Nat Prod, 2000, 63: 636.

[2] Pupo M T, Vieira P C, Fernandes J B, et al. Phytochemistry, 1997, 45: 1495.

[3] Pauli G F, Friesen J B, Gödecke T, et al. J Nat Prod, 2010, 73: 338.

[4] Radulović N, Quang D N, Hashimoto T, et al. Chem Pharm Bull, 2005, 53: 309.

[5] Kanchanapoom T, Kasai R, Ohtani K, et al. Chem Pharm Bull, 2002, 50, 1031.

[6] Yu J Q, Deng A J, Qin, H L. Steroids, 2013, 78, 79.

[7] Li X S, Hu M J, Liu J, et al. Fitoterapia, 2014, 97: 71

[8] Liu Q, Tang J J, Hu M J, et al. J Nat Prod, 2013, 76: 1771.

[9] Araya J J, Kindscher K, Timmermann B N. J Nat Prod, 2012, 75: 400.

[10] Chang H S, Chiang M Y, Hsu H Y, et al. Phytochemistry, 2013, 87: 86.

[11] Zhang R R, Tian H Y, Tan Y F, et al. Org Biomol Chem, 2014, 12: 8919.

[12] 张援虎, 陈东林, 王锋鹏. 有机化学, 2006, 26: 329.

[13] 徐冉, 杜鹃, 邓璐璐, 等. 中国中药杂志, 2012, 37: 2286.

[14] Kaneda N, Kuraishi T, Yamasaki K. Chem Pharm Bull, 1981, 29: 257.

[15] Li H Y, Zhang L Z, Wang S H, et al. Chin Chem Lett, 2013, 24: 731.

[16] Watanabe K, Mimaki Y, Sakagami H, et al. J Nat Prod, 2003, 66: 236.

[17] Hwang I H, Kim D W, Kim S J, et al. Chem Pharm Bull, 2011, 59: 78.

[18] Tomono Y, Hirota H, Imahara Y, et al. J Nat Prod, 1999, 62: 1538.

[19] Supratman U, Fujita T, Akiyama K, et al. Phytochemistry, 2001, 58: 311.

[20] Minale L, Pizza C, Zollo F, et al. Tetrahedron Lett, 1982, 23: 1841.

[21] Shimada M, Ozawa M, Iwamoto K, et al. Chem Pharm Bull, 2014, 62: 937.

[22] Miyata Y, Diyabalanage T, Amsler C D, et al. J Nat Prod, 2007, 70: 1859.

[23] Temraz A, Gindi O D E, Kadry H A, et al. Phytochemistry, 2006, 67: 1011.

[24] Jin J M, Zhang Y J, Yang C R. J Nat Prod, 2004, 67: 5.

[25] Sperry S, Crews P. J Nat Prod, 1997, 60: 29.

[26] Fu X, Ferreira M L G, Schmitz F J, et al. J Org Chem, 1999, 64: 6706.

[27] Zhou W W, Lin W H, Guo S X. Chem Pharm Bull, 2007, 55: 1148.

[28] Bravo B J A, Sauvain M, Gimenez T A, et al. J Nat Prod, 2001, 64: 720.

[29] Veras M L, Bezerra M Z B, Lemos T L G, et al. J Nat Prod, 2004, 67: 710.

[30] Choudhary M I, Yousuf S, Samreen, et al. Chem Pharm Bull, 2006, 54: 927.

[31] Fajardo V, Freyer A J, Minard R D, et al. Tetrahedron, 1987, 43: 3875.

[32] Gu J Q, Li W K, Kang Y H, et al. Chem Pharm Bull, 2003, 51: 530.

[33] Su B N, Misico R, Park E J, et al. Tetrahedron, 2002, 58: 3453.

[34] Fang S T, Liu J K, Li B. Steroids, 2012, 77: 36.

[35] Hsieh P W, Huang Z Y, Chen J H, et al. J Nat Prod, 2007, 70: 747.

[36] Siddiqui B S, Arfeen S, Begum S, et al. Nat Prod Res, 2005, 19: 619.

[37] Siddiqui B S, Arfeen S, Begum S. Aus J Chem, 1999, 52, 905.

[38] Alam M S, Chopra N, Ali M, et al. Phytochemistry, 1996, 41: 1197

[39] Kijima H, Sato N, Hatano A, et al. Phytochemistry, 1990, 29: 2351.

[40] Liu J, Liu Y B, Yu S S, et al. Steroids, 74: 51.

第十四章　糖苷化合物

环状糖的半缩醛羟基与被称为苷元的另一分子化合物中的羟基、氨基或巯基等失水所形成的产物称为糖苷（glycoside），因此，糖苷由糖单元和苷元两部分共同组成，糖单元的单糖为环状缩醛结构。同一种单糖形成的半缩醛由于端基不对称碳原子的构型不同而可以有两种互称为正位异构体的非对映异构体，分别用 α 和 β 表示。在吡喃己醛糖中，规定端基半缩醛羟基与 C(5)上取代基的相对关系为同向时为 β 型异构体，反之为 α 型异构体。对于吡喃戊醛糖，本书采用与吡喃己醛糖相似的规定，将 D 型和 L 型戊醛糖中前手性碳原子上的两个氢原子分别对应 D 型和 L 型吡喃己醛糖的 C(5)上的取代基，按吡喃己醛糖的相对构型的确定方法确定相对构型。换言之，在吡喃戊醛糖中，规定端基半缩醛羟基与 C(4)上羟基的相对关系为同向时为 α 型异构体，反之为 β 型异构体。苷元可以是很简单的小分子化合物，但也常见到很复杂的结构；各种类型的天然有机化合物均可作为苷元与糖的半缩醛羟基失水结合成为糖苷化合物。因此，各种类型苷元的氢谱特征可以参见各相关章节。本章主要涉及糖苷化合物按照糖的不同分型归纳糖的氢谱特征。

第一节　五碳糖型糖苷

一、核糖型糖苷

1. α-D-吡喃核糖型糖苷

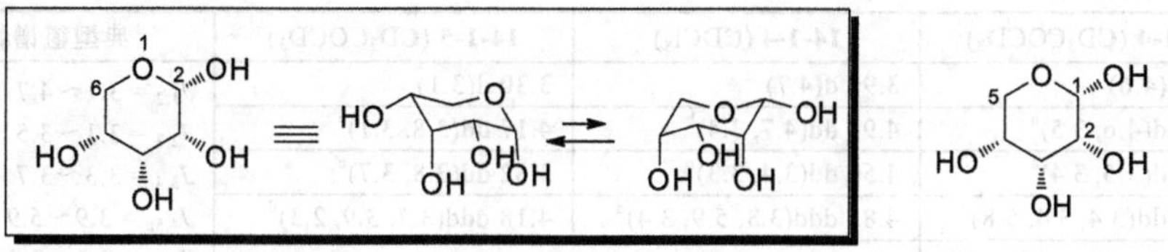

【系统分类】

(2*S*,3*R*,4*R*,5*R*)-四氢-2*H*-吡喃-2,3,4,5-四醇

(2*S*,3*R*,4*R*,5*R*)-tetrahydro-2*H*-pyran-2,3,4,5-tetraol

【典型氢谱特征】

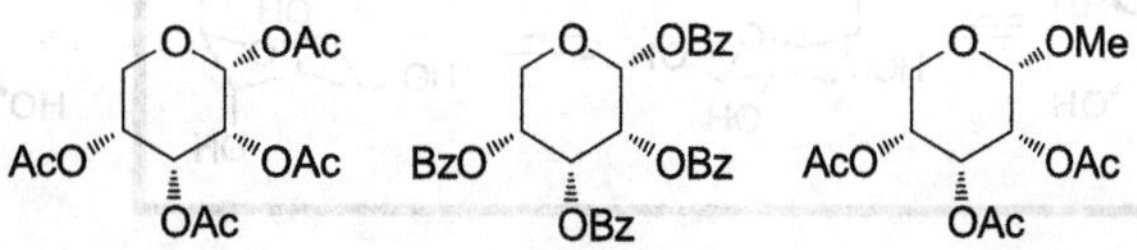

14-1-1 [1]　**14-1-2** [1]　**14-1-3** [2]

表 14-1-1 α-D-吡喃核糖型糖苷 14-1-1～14-1-3 的 ^{1}H NMR 数据（糖部分）

H	14-1-1 (CD_3COCD_3)	14-1-2 (CD_3COCD_3)	14-1-3 ($CDCl_3$)	典型氢谱特征(J/Hz)
1	3.92 d(3.6)	3.28 d(3.6)	5.32 d(3.3)	$J_{1,2}$ = 3.3～3.6
2	4.85 dd(3.6, 3.3)[a]	4.13 dd(3.6, 3.3)[a]	4.93 dd(3.4, 3.3)	$J_{2,3}$ = 3.3～3.4
3	4.42 dd(3.2, 3.3)[a]	3.67 dd(3.3, 3.2)[a]	4.55dd(3.4, 3.4)	$J_{3,4}$ = 3.2～3.4
4	4.92 ddd(3.2, 4.7, 9.3)[b]	4.29 ddd(9.0, 4.6, 3.2)[d]	4.97 ddd(8.4, 4.4, 3.4)	$J_{4,5ax}$ = 8.4～9.3
5	5.99 dd(11.2, 4.7)[c] 6.26 dd(11.2, 9.3)[d]	5.39 dd(11.4, 4.6)[c] 5.77 dd(11.4, 9.0)[d]	6.00 dd(11.4, 8.4) 6.42 dd(11.4, 4.4)	$J_{4,5eq}$= 4.4～4.7 $J_{5a,5b}$ = 11.2～11.4

[a] 原文献为 t; [b] 原文献为 m; [c] 原文献为 q; [d] 原文献为 o。

2. β-D-吡喃核糖型糖苷

【系统分类】

(2*R*,3*R*,4*R*,5*R*)-四氢-2*H*-吡喃-2,3,4,5-四醇

(2*R*,3*R*,4*R*,5*R*)-tetrahydro-2*H*-pyran-2,3,4,5-tetraol

【典型氢谱特征】

14-1-4 [1]　　14-1-5 [1]

表 14-1-2 β-D-吡喃核糖型糖苷 14-1-4 和 14-1-5 的 ^{1}H NMR 数据（糖部分）

H	14-1-4 (CD_3COCD_3)	14-1-4 ($CDCl_3$)	14-1-5 (CD_3COCD_3)	典型氢谱特征(J/Hz)
1	4.04 d(4.6)	3.96 d(4.7)	3.30 d(3.1)	$J_{1,2}$ = 3.1～4.7
2	5.00 dd(4.6, 3.5)[a]	4.96 dd(4.7, 3.4)[b]	4.17 dd(3.8, 3.1)[c]	$J_{2,3}$ = 3.1～3.5
3	4.54 dd(3.5, 3.4)[c]	4.50 dd(3.4, 3.3)[c]	3.82 dd(3.8, 3.7)[c]	$J_{3,4}$ = 3.3～3.7
4	4.86 ddd(3.4, 3.4, 5.8)[d]	4.85 ddd(3.3, 5.9, 3.4)[d]	4.18 ddd(3.7, 3.9, 2.3)[d]	$J_{4,5a}$ = 3.9～5.9
5	5.90 dd(12.4, 5.8)[e] 6.16 dd(12.4, 3.4)[e]	5.95 dd(12.5, 5.9)[e] 6.13 dd(12.5, 3.4)[e]	5.35 q(12.9, 3.9)[e] 5.66 q(12.9, 2.3)[e]	$J_{4,5b}$ = 2.3～3.4 $J_{5a,5b}$ = 12.4～12.9

[a] 原文献为 sp; [b] 原文献为 o; [c] 原文献为 t; [d] 原文献为 m; [e] 原文献为 q。

二、阿拉伯糖型糖苷

1. α-L-吡喃阿拉伯糖型糖苷

【系统分类】

(2*R*,3*R*,4*S*,5*S*)-四氢-2*H*-吡喃-2,3,4,5-四醇

(2*R*,3*R*,4*S*,5*S*)-tetrahydro-2*H*-pyran-2,3,4,5-tetraol

【典型氢谱特征】

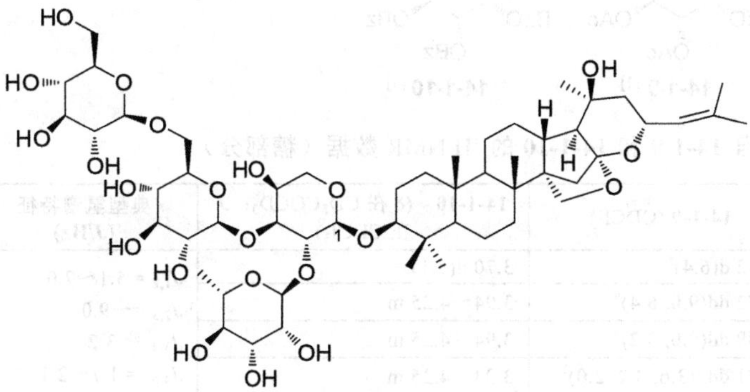

14-1-6 [3]

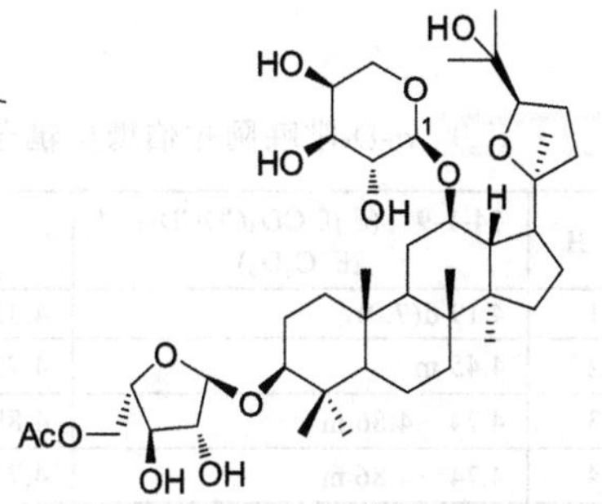

14-1-7 [4]

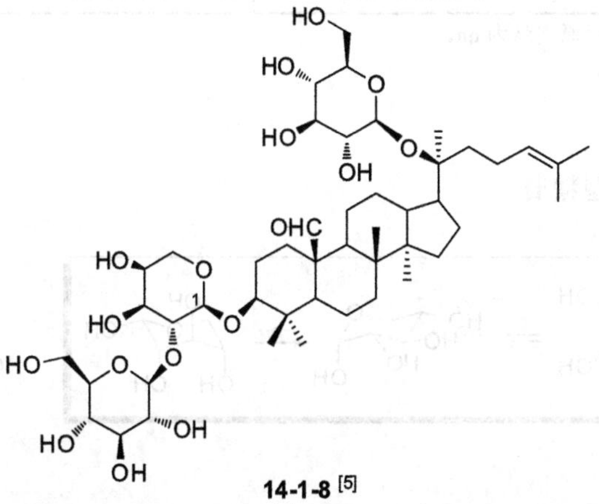

14-1-8 [5]

表 14-1-3 α-L-吡喃阿拉伯糖型糖苷 14-1-6～14-1-8 的 ^{1}H NMR 数据（糖部分）

H	14-1-6 (CD_3OD)	14-1-7 (C_5D_5N)	14-1-8 (C_5D_5N)	典型氢谱特征(*J*/Hz)
1	4.45 d(5)	4.92 d(7.6)	5.02 d(5.9)	$J_{1,2}$ = 5～7.6
2	3.87 m	4.37 m	4.67 t(6.5)	$J_{2,3}$ = 6.5～9.2
3	3.83 m	4.15 dd(9.2, 3.5)	4.41 m	$J_{3,4}$ =～3.5
4	4.08 dd(4, 2)	4.22 m	4.41 m	$J_{4,5a}$ ≈ 0
5	3.52 d(10) 3.85 dd(10, 3)	3.80 br d(11.7) 4.29 dd(11.7, 1.7)	4.29 m 3.85 m	$J_{4,5b}$ = 1.7～3 $J_{5a,5b}$ = 10～11.7

2. α-D-吡喃阿拉伯糖型糖苷

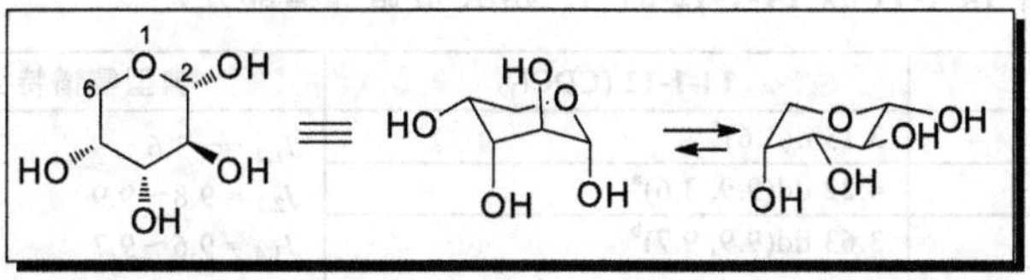

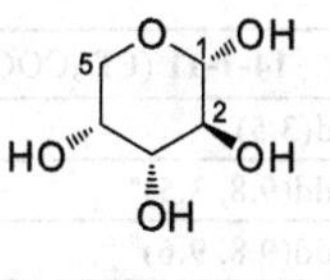

【系统分类】

(2*S*,3*S*,4*R*,5*R*)-四氢-2*H*-吡喃-2,3,4,5-四醇

(2*S*,3*S*,4*R*,5*R*)-tetrahydro-2*H*-pyran-2,3,4,5-tetraol

【典型氢谱特征】

14-1-9 [1]　14-1-10 [1]

表 14-1-4 α-D-吡喃阿拉伯糖型糖苷 14-1-9 和 14-1-10 的 ^{1}H NMR 数据（糖部分）

H	14-1-9 (δ 在 CD_3COCD_3；J 在 C_6D_6)	14-1-9 ($CDCl_3$)	14-1-10 (δ 在 CD_3COCD_3；J 在 $CDCl_3$)	典型氢谱特征 (J/Hz)
1	4.19 d(7.0)	4.32 d(6.4)	3.70 d(5.1)	$J_{1,2}$ = 5.1～7.0 $J_{2,3}$ =～9.0 $J_{3,4}$ ≈ 3.2 $J_{4,5a}$ = 1.7～2.1 $J_{4,5b}$ = 3.0～4.6 $J_{5a,5b}$ = 12.7～13.0
2	4.45 m	4.72 dd(9.0, 6.4)[a]	3.94～4.25 m	
3	4.74～4.86 m	4.89 dd(9.0, 3.2)[a]	3.94～4.25 m	
4	4.74～4.86 m	4.71 ddd(3.6, 3.2, 2.0)[b]	3.94～4.25 m	
5	6.26 dd(13.0, 1.7)[c] 6.70 dd(13.0, 3.0)[c]	5.96 dd(13.0, 2.0)[a] 6.23 dd(13.0, 3.6)[a]	5.55 dd(12.7, 2.1)[a] 5.85 dd(12.7, 4.6)[a]	

[a] 原文献为 q; [b] 原文献为 m; [c] 原文献为 qn。

三、木糖型糖苷

1. α-D-吡喃木糖型糖苷

【系统分类】

(2*S*,3*R*,4*S*,5*R*)-四氢-2*H*-吡喃-2,3,4,5-四醇

(2*S*,3*R*,4*S*,5*R*)-tetrahydro-2*H*-pyran-2,3,4,5-tetraol

【典型氢谱特征】

14-1-11 [1]　14-1-12 [1]

表 14-1-5 α-D-吡喃木糖型糖苷 14-1-11 和 14-1-12 的 ^{1}H NMR 数据（糖部分）

H	14-1-11 (CD_3COCD_3)	14-1-12 ($CDCl_3$)	典型氢谱特征(J/Hz)
1	4.29 d(3.5)	3.13 d(3.6)	$J_{1,2}$ =～3.6 $J_{2,3}$ = 9.8～9.9 $J_{3,4}$ = 9.6～9.7
2	5.01 dd(9.8, 3.5)[a]	4.22 dd(9.9, 3.6)[a]	
3	4.56 dd(9.8, 9.6)[b]	3.63 dd(9.9, 9.7)[b]	
4	4.99 ddd(9.6, 11.6, 5.5)[c]	4.28 ddd(11.8, 9.7, 5.9)[d]	$J_{4,5a}$ = 11.6～11.8 $J_{4,5b}$= 5.5～5.9 $J_{5a,5b}$ = 11.0～11.2
5	6.10 dd(11.2, 11.6)[a] 6.30 dd(11.2, 5.5)[b]	5.59 dd(11.0, 11.8)[a] 5.73 dd(11.0, 5.9)[b]	

[a] 原文献为 q; [b] 原文献为 t; [c] 原文献为 o; [d] 原文献为 sext。

2. β-D-吡喃木糖型糖苷

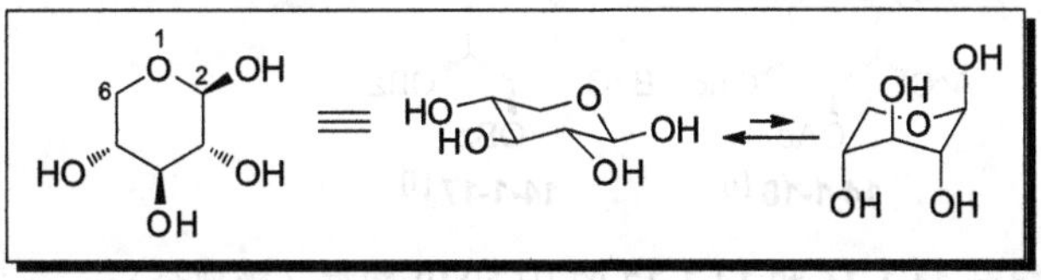

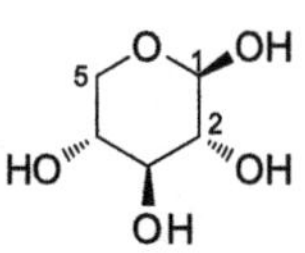

【系统分类】

(2*R*,3*R*,4*S*,5*R*)-四氢-2*H*-吡喃-2,3,4,5-四醇

(2*R*,3*R*,4*S*,5*R*)-tetrahydro-2*H*-pyran-2,3,4,5-tetraol

【典型氢谱特征】

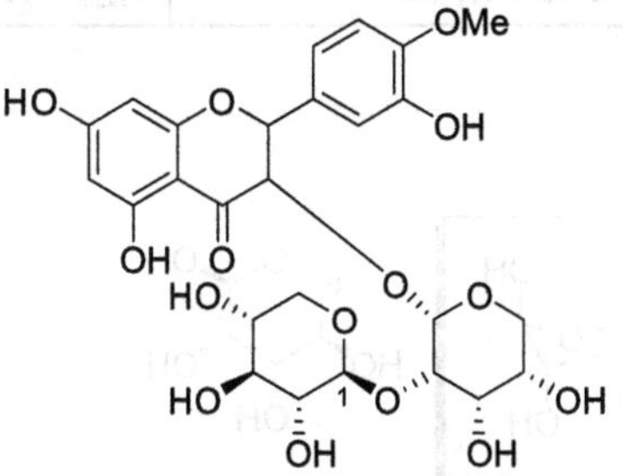

14-1-13 [6] 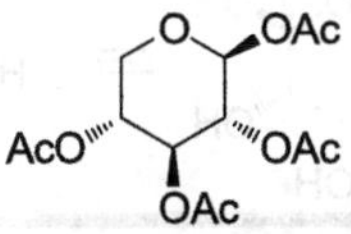　　14-1-14 [1] 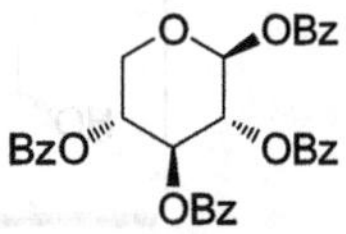　　14-1-15 [1]

表 14-1-6 β-D-吡喃木糖型糖苷 14-1-13～14-1-15 的 ^{1}H NMR 数据（糖部分）

H	14-1-13 (DMSO-d_6)	14-1-14 (CD_3COCD_3)	14-1-14 ($CDCl_3$)	14-1-15 (CD_3COCD_3)	典型氢谱特征(J/Hz)
1	4.28 d(7.6)	4.22 d(6.7)	4.26 d(6.6)	3.54 d(5.1)	$J_{1,2}$ = 5.1～7.6 $J_{2,3}$ = 6.7～8.8 $J_{3,4}$ = 6.6～8.8 $J_{4,5a}$ = 6.6～11.2 $J_{4,5b}$ = 4.0～5.2 $J_{5a,5b}$ = 11.2～12.3
2	2.94 ddd(8.8, 7.6, 4.8)	5.04 dd(8.1, 6.7)[a]	4.98 dd(8.1, 6.6)[b]	4.31 dd(6.7, 5.1)[a]	
3	3.08 ddd(8.8, 8.8, 4.8)	4.74 dd(8.1, 8.1)[bc]	4.78 dd(8.1, 7.9)[bc]	4.02 dd(6.7, 6.6)[c]	
4	3.23 dddd(11.2, 8.8, 5.2, 4.8)	5.07 ddd(8.1, 8.8, 4.9)[cb]	5.04 (7.9, 8.5, 4.5)[cb]	4.48 ddd(6.6, 6.6, 4.0)[d]	
5	2.99 dd(11.2, 11.2) 3.61 dd(11.2, 5.2)	5.89 dd(11.8, 8.8)[a] 6.38 dd(11.8, 4.9)[a]	5.86 dd(12.0, 8.5)[a] 6.48 dd(12.0, 4.5)[a]	5.36 dd(12.3, 6.6)[a] 5.86 dd(12.3, 4.0)[a]	

[a] 原文献为 q; [b] 原文献为 m; [c] 原文献为 t; [d] 原文献为 sext。

四、来苏糖型糖苷

1. α-D-吡喃来苏糖型糖苷

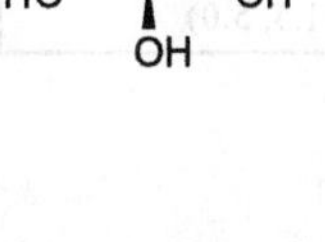

【系统分类】

(2*S*,3*S*,4*S*,5*R*)-四氢-2*H*-吡喃-2,3,4,5-四醇

(2*S*,3*S*,4*S*,5*R*)-tetrahydro-2*H*-pyran-2,3,4,5-tetraol

【典型氢谱特征】

14-1-16 [1]　　14-1-17 [1]

表 14-1-7 α-D-吡喃来苏糖型糖苷 14-1-16 和 14-1-17 的 ^{1}H NMR 数据（糖部分）

H	14-1-16 (CD_3COCD_3)	14-1-16 ($CDCl_3$)	14-1-17 (CD_3COCD_3)	典型氢谱特征(J/Hz)
1	4.05 d(3.0)	4.00 d(3.1)	3.36 d(3.1)	$J_{1,2}$ = 3.0～3.1
2	4.81 dd(3.4, 3.0)[a]	4.75 dd(3.4, 3.1)[a]	4.00 dd(3.3, 3.1)[a]	$J_{2,3}$ = 3.3～3.4
3	4.69 dd(9.0, 3.4)[b]	4.62 dd(9.0, 3.4)[b]	3.83 dd(9.0, 3.3)[b]	$J_{3,4}$ =～9.0
4	4.88 dd(9.0, 8.7, 4.4)[c]	4.81 ddd(9.0, 8.6, 4.5)[c]	4.12 ddd(9.1, 9.0, 4.6)[c]	$J_{4,5a}$ = 8.6～9.1
5	6.04 dd(11.6, 8.7)[b] 6.29 dd(11.6, 4.4)[b]	5.99 dd(11.5, 8.6)[b] 6.31 dd(11.5, 4.5)[b]	5.52 dd(11.7, 9.1)[b] 5.72 dd(11.7, 4.6)[b]	$J_{4,5b}$ = 4.4～4.6 $J_{5a,5b}$ = 11.5～11.7

[a] 原文献为 t; [b] 原文献为 q; [c] 原文献为 sext。

2. α-L-吡喃来苏糖型糖苷

【系统分类】

(2*R*,3*R*,4*R*,5*S*)-四氢-2*H*-吡喃-2,3,4,5-四醇

(2*R*,3*R*,4*R*,5*S*)-tetrahydro-2*H*-pyran-2,3,4,5-tetraol

【典型氢谱特征】

14-1-18 [7]　　14-1-19 [7]　　14-1-20 [7]

表 14-1-8 α-L-吡喃来苏糖型糖苷类化合物 14-1-18～14-1-20 的 ^{1}H NMR 数据（糖部分）

H	14-1-18 ($CDCl_3$)	14-1-19 ($CDCl_3$)	14-1-20 ($CDCl_3$)	典型氢谱特征(J/Hz)
1	4.62 d(2.0)	4.73 d(3.0)	4.70 d(3.0)	$J_{1,2}$ = 2.0～3.5
2	3.65 t(3.0)	3.74 t(3.5)	3.91 t(2.9)	$J_{2,3}$ = 2.9～3.5
3	3.76 dd(8.5, 3.5)	4.08 dt(8.0, 3.5)	5.30 dd(9.2, 3.3)	$J_{3,4}$ = 8.0～9.4
4	3.86 ddd(8.5, 8.5, 5.0)	5.27 ddd(8.0, 8.0, 4.5)	4.28 ddd(9.4, 9.4, 5.2)	$J_{4,5a}$ = 8.0～10.9
5	3.41 dd(11.0, 9.5) 3.70 dd(11.5, 5.0)	3.71 dd(11.5, 8.2) 3.94 dd(11.5, 4.5)	3.59 t(10.9) 3.86 dd(11.2, 5.2)	$J_{4,5b}$ = 4.5～5.2 $J_{5a,5b}$ = 10.9～11.5

参考文献

[1] Durette P L, Horton D. J Org Chem, 1971, 36: 2658.

[2] Hughes N A. Carbohyd Res, 1973, 27: 97.

[3] Renault J H, Ghedira K, Thepenier P, et al. Phytochemistry, 1997, 44: 1321.

[4] Jiang Z Y, Zhang X M, Zhou J, et al. J Asian Nat Prod Res, 2006, 8: 93.

[5] Hu L H, Chen Z L, Xie Y Y. Phytochemistry, 1997, 44: 667.

[6] Shu S H, Zhang J L, Wang Y H, et al. Chin Chem Lett, 2006, 17: 1339.

[7] Nicolaou K C, Mitchell H J, Fylaktakidou K C, et al. Chem Eur J, 2000, 6: 3116.

第二节　六碳糖型糖苷

一、葡萄糖型糖苷

1. α-D-吡喃葡萄糖型氧苷

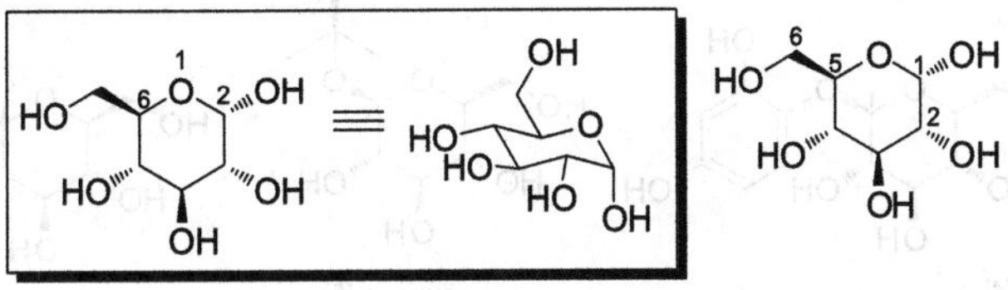

【系统分类】

(2*S*,3*R*,4*S*,5*S*,6*R*)-6-羟甲基-四氢-2*H*-吡喃-2,3,4,5-四醇

(2*S*,3*R*,4*S*,5*S*,6*R*)-6-(hydroxymethyl)tetrahydro-2*H*-pyran-2,3,4,5-tetraol

【典型氢谱特征】

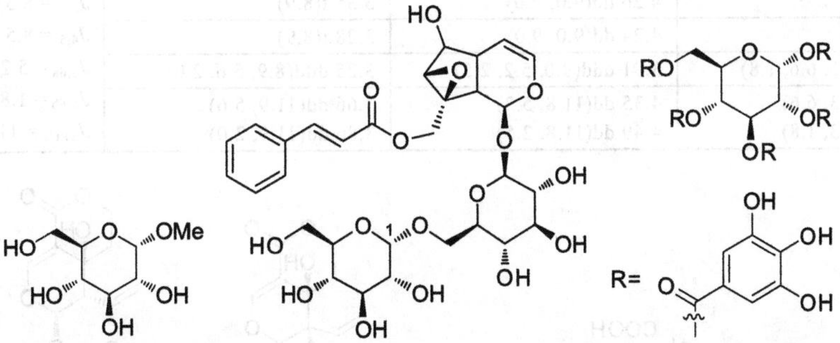

14-2-1 [1]　　14-2-2 [2]　　14-2-3 [3]

表 14-2-1　α-D-吡喃葡萄糖型氧苷 14-2-1～14-2-3 的 ^{1}H NMR 数据（糖部分）

H	14-2-1 (CD_3OD)	14-2-2 (CD_3OD)	14-2-3 (CD_3COCD_3)	典型氢谱特征(J/Hz)
1	4.69 d(3.6)	4.90 d(3.7)	6.75 d(3)	$J_{1,2}$ = 3～3.7
2	3.38 dd(9.6, 3.6)	3.46 dd(9.6, 3.7)	5.50 dd(9, 3)	$J_{2,3}$ = 9～9.6
3	3.59 t(9)	3.32-3.67 (ov)	6.21 t(9)	$J_{3,4}$ =～9
4	3.27 br s	3.32-3.67 (ov)	5.80 t(9)	$J_{4,5}$ =～9
5	3.51 m	3.32-3.67 (ov)	4.52 m	$J_{5,6a}$ = 3～6
6	3.65 dd(12, 6) 3.80 dd(12, 2.4)	3.74 dd(11.6, 4.2) 3.86 dd(11.6, 2.4)	4.40 dd(12, 3) 4.70 dt-like (12)	$J_{5,6b}$ = 0～2.4 $J_{6a,6b}$ = 11.6～12

2. β-D-吡喃葡萄糖型氧苷

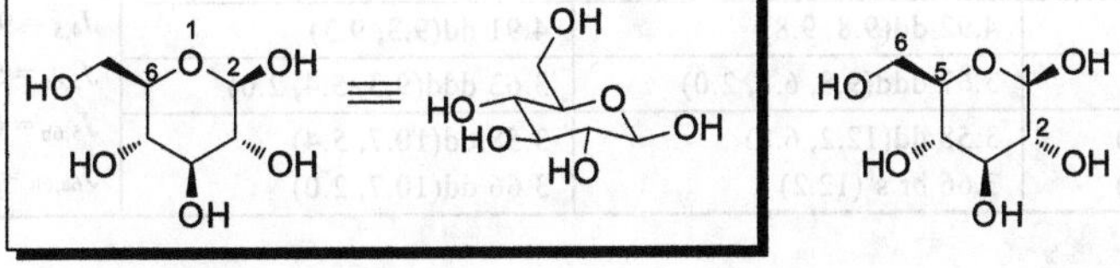

【系统分类】

(2*R*,3*R*,4*S*,5*S*,6*R*)-6-羟甲基-四氢-2*H*-吡喃-2,3,4,5-四醇

(2*R*,3*R*,4*S*,5*S*,6*R*)-6-(hydroxymethyl)tetrahydro-2*H*-pyran-2,3,4,5-tetraol

【典型氢谱特征】

14-2-4 [4]　**14-2-5** [5]　**14-2-6** [6]

表 14-2-2 β-D-吡喃葡萄糖型氧苷 **14-2-4～14-2-6** 的 ^{1}H NMR 数据（糖部分）

H	**14-2-4** (CD_3OD)	**14-2-5** (C_5D_5N)	**14-2-6** (CD_3OD)	典型氢谱特征(J/Hz)
1	4.54 d(7.8)	5.02 d(7.8)	4.29 d(7.8)	$J_{1,2}$ =～7.8
2	3.39 t(7.8)	3.98 dd(9.0, 7.8)	3.18 dd(8.9, 7.8)	$J_{2,3}$ = 7.8～9
3	3.43 t(8.5)	4.26 dd(9.0, 9.0)	3.35 t(8.9)	$J_{3,4}$ = 8.5～9
4	3.36 t(8.5)	4.24 dd(9.0, 9.0)	3.28 t(8.9)	$J_{4,5}$ = 8.5～9
5	3.59 ddd(8.5, 6.6, 1.8)	3.91 ddd(9.0, 5.2, 2.5)	3.25 ddd(8.9, 5.6, 2.0)	$J_{5,6a}$ = 5.2～6.6
6	4.31 dd(12.3, 6.6) 4.50 dd(12.3, 1.8)	4.35 dd(11.8, 5.2) 4.49 dd(11.8, 2.5)	3.66 dd(11.9, 5.6) 3.86 dd(11.9, 2.0)	$J_{5,6b}$ = 1.8～2.5 $J_{6a,6b}$ = 11.8～12.3

14-2-7 [7]　**14-2-8** [8]　**14-2-9** [8]

表 14-2-3 β-D-吡喃葡萄糖型氧苷 **14-2-7～14-2-9** 的 ^{1}H NMR 数据（糖部分）

H	**14-2-7** (D_2O)	**14-2-8** (CD_3OD)	**14-2-9** (CD_3OD)	典型氢谱特征(J/Hz)
1	4.81 d(8.0)	4.90 d(8.3)	4.89 d(8.3)	$J_{1,2}$ = 8.0～8.3
2	3.29 t(9.2, 8.0)	4.80 dd(9.8, 8.3)	4.79 dd(9.3, 8.3)	$J_{2,3}$ = 9.2～9.8
3	3.51 t(9.2)	3.91 dd(9.8, 9.8)	3.86 dd(9.3, 9.3)	$J_{3,4}$ = 9.2～9.8
4	3.47 t[a](9.6, 9.2)	4.92 dd(9.8, 9.8)	4.91 dd(9.3, 9.3)	$J_{4,5}$ = 9.3～9.8
5	3.68 m	3.67 ddd(9.8, 6.8, 2.0)	3.63 ddd(9.3, 5.4, 2.0)	$J_{5,6a}$ = 5.4～6.8
6	4.33 dd(12.4, 6.0) 4.42 dd(12.4, 2.4)	3.58 dd(12.2, 6.8) 3.66 br s[a](12.2)	3.58 dd(10.7, 5.4) 3.66 dd(10.7, 2.0)	$J_{5,6b}$ = 0～2.4 $J_{6a,6b}$ = 10.7～12.4

[a] 遵循文献数据。

3. β-D-吡喃葡萄糖型碳苷

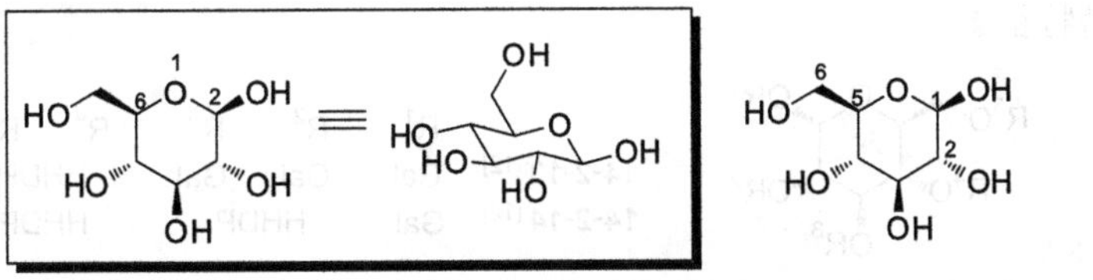

【系统分类】

(2*R*,3*R*,4*S*,5*S*,6*R*)-6-羟甲基-四氢-2*H*-吡喃-2,3,4,5-四醇

(2*R*,3*R*,4*S*,5*S*,6*R*)-6-(hydroxymethyl)tetrahydro-2*H*-pyran-2,3,4,5-tetraol

【典型氢谱特征】

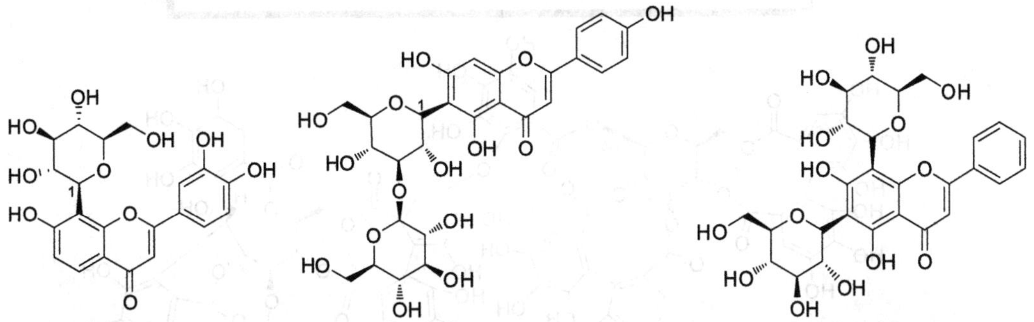

14-2-10 [9]　　14-2-11 [10]　　14-2-12 [11]

表 14-2-4 β-D-吡喃葡萄糖型碳苷 14-2-10～14-2-12 的 ^{1}H NMR 数据（糖部分）

H	14-2-10 (DMSO-d_6)	14-2-11 (CD_3OD)	14-2-12 (DMSO-d_6)	典型氢谱特征(*J*/Hz)
1	5.16 d(9.5)	4.92 d(9.9)	4.83 d(9.8)	$J_{1,2}$ = 9.5～9.9
2	4.25 t(9.1)	4.43 dd(9.9, 9.5)	3.85 t(9.5)	$J_{2,3}$ = 9～9.5
3	3.51～3.80 m	3.64 m	3.32 t(9.0)	$J_{3,4}$ = 8.8～9
4	3.51～3.80 m	3.56 dd(8.8, 8.8)	3.42 t(9.0)	$J_{4,5}$ = 8.8～9
5	3.51～3.80 m	3.44 m	3.37 m	$J_{5,6a}$ = 4.6～8
6	3.85 br dd(12.0, 4.6) 4.04 br d(11.9)	3.73 dd(12.0, 5.4) 3.89 dd(12.0, 2.1)	3.55 dd(12.0, 8.0) 3.70 d(12.0)	$J_{5,6b}$ = 0～2.1 $J_{6a,6b}$ = 11.9～12

二、没食子酸 β-D-吡喃葡萄糖酯型糖苷

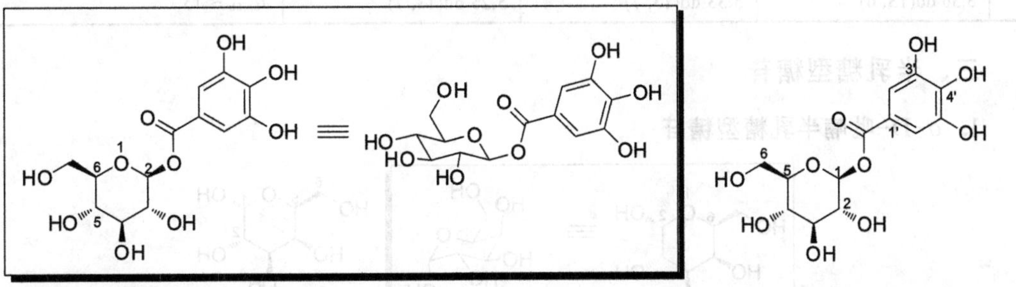

【系统分类】

3,4,5-三羟基苯甲酸-(2*S*,3*R*,4*S*,5*S*,6*R*)-3,4,5-三羟基-6-羟甲基-四氢-2*H*-吡喃-2-基酯

(2*S*,3*R*,4*S*,5*S*,6*R*)-3,4,5-trihydroxy-6-(hydroxymethyl)tetrahydro-2*H*-pyran-2-yl-3,4,5-

trihydroxybenzoate

【典型氢谱特征】

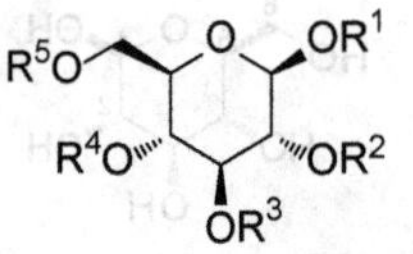

	R^1	R^2	R^3	R^4	R^5
14-2-13 [12]	Gal	Gal	Gal	HHDP	
14-2-14 [12]	Gal	HHDP		HHDP	

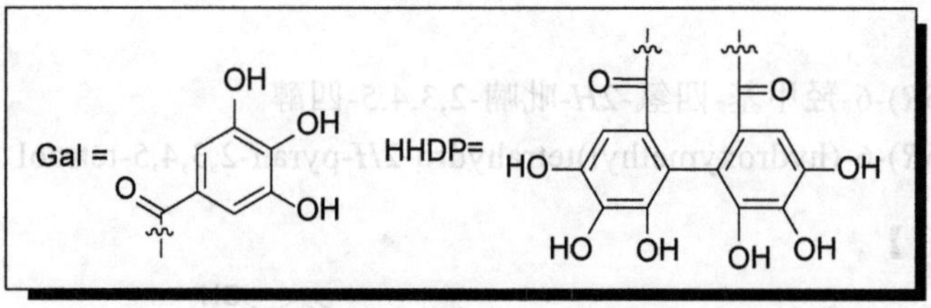

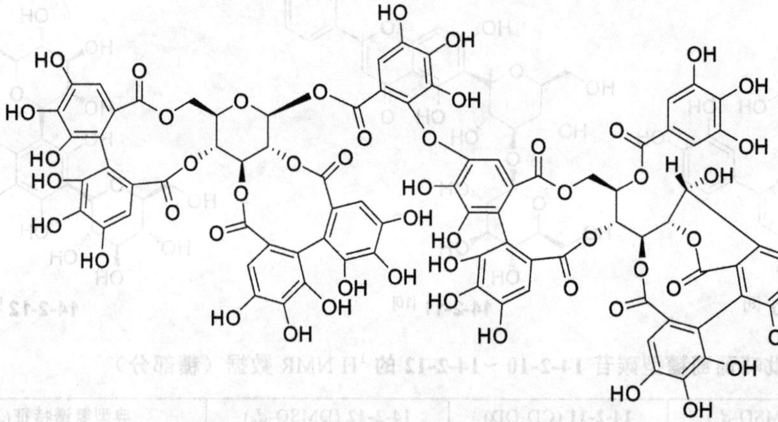

Gal = HHDP=

14-2-15 [12]

表 14-2-5 没食子酸 β-D-葡萄吡喃糖酯苷类化合物 14-2-13～14-2-15 的 ^{1}H NMR 数据（糖部分）

H	14-2-13 (CD_3COCD_3)	14-2-14 (CD_3COCD_3)	14-2-15 (CD_3COCD_3)	典型氢谱特征(J/Hz)
1	6.20 d(8)	6.19 d(9)	6.06 d(9)	$J_{1,2}=8\sim9$
2	5.58 dd(9.5, 8)	5.16 t(9)	5.09 t(9)	$J_{2,3}=9\sim9.5$
3	5.83 t(9.5)	5.42 dd(10, 9)	5.36 dd(10, 9)	$J_{3,4}=9.5\sim10$
4	5.20 t(9.5)	5.14 t(10)	5.08 t(10)	$J_{4,5}=9.5\sim10$
5	4.54 dd(9.5, 6)	4.48 dd(10, 7)	4.40 dd(10, 7)	$J_{5,6a}\approx0$
6	3.87 d(13) 5.36 dd(13, 6)	3.85 d(13) 5.33 dd(13, 7)	3.80 d(13) 5.25 dd(13, 7)	$J_{5,6b}=6\sim7$ $J_{6a,6b}\approx13$

三、半乳糖型糖苷

1. α-D-吡喃半乳糖型糖苷

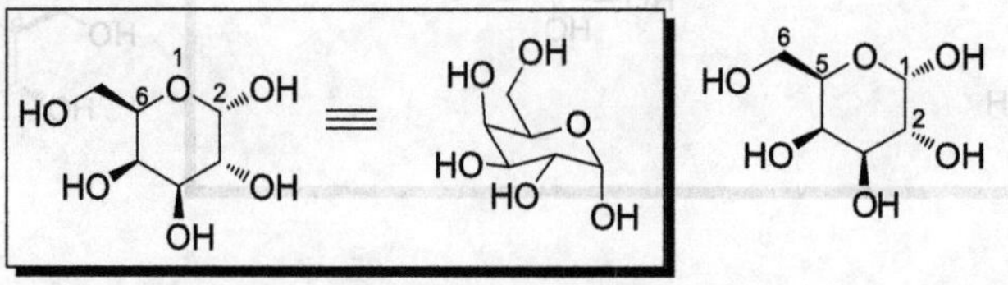

【系统分类】

(2*S*,3*R*,4*S*,5*R*,6*R*)-6-羟甲基-四氢-2*H*-吡喃-2,3,4,5-四醇

(2*S*,3*R*,4*S*,5*R*,6*R*)-6-hydroxymethyl-tetrahydro-2*H*-pyran-2,3,4,5-tetraol

【典型氢谱特征】

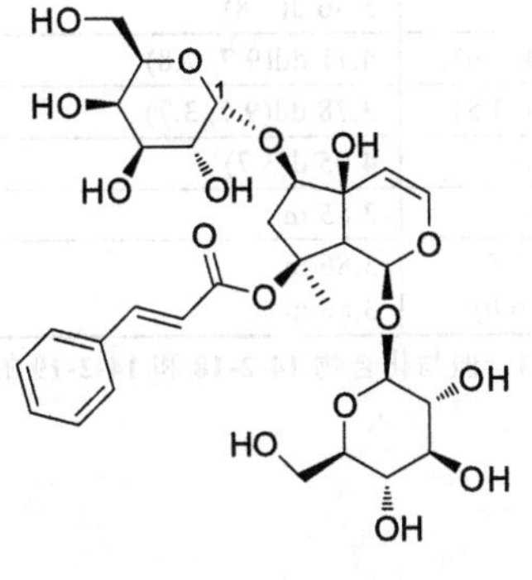

14-2-16 [13]

表 14-2-6 α-D-吡喃半乳糖型糖苷 14-2-16 的 ^{1}H NMR 数据（糖部分）

H	14-2-16 (CD_3OD)	H	14-2-16 (CD_3OD)	典型氢谱特征(*J*/Hz)
1	4.85 d(3.8)	4	3.67 d(2.9)[a]	$J_{1,2}$ = 3.7～3.8
2	3.63 dd(10.0, 3.7)	5	4.08 t(6.3)[a]	$J_{2,3}$ = 9.9～10
3	3.50 dd(9.9, 3.2)	6	3.55 m	$J_{3,4}$ = 2.9～3.2

[a] 遵循文献数据。

2. β-D-吡喃半乳糖型糖苷

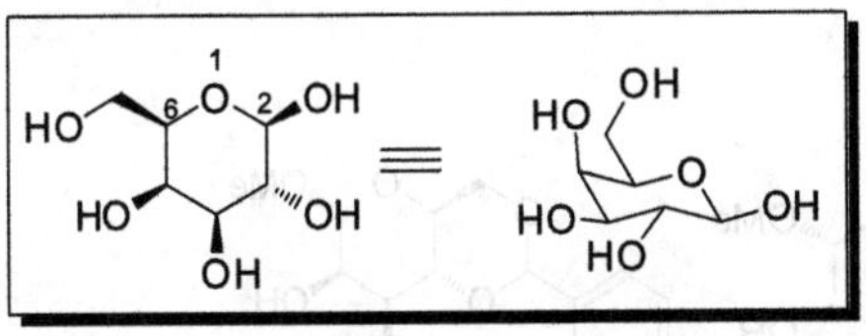

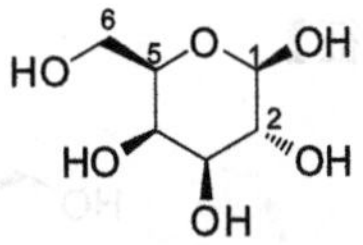

【系统分类】

(2*R*,3*R*,4*S*,5*R*,6*R*)-6-羟甲基-四氢-2*H*-吡喃-2,3,4,5-四醇

(2*R*,3*R*,4*S*,5*R*,6*R*)-6-hydroxymethyl-tetrahydro-2*H*-pyran-2,3,4,5-tetraol

【典型氢谱特征】

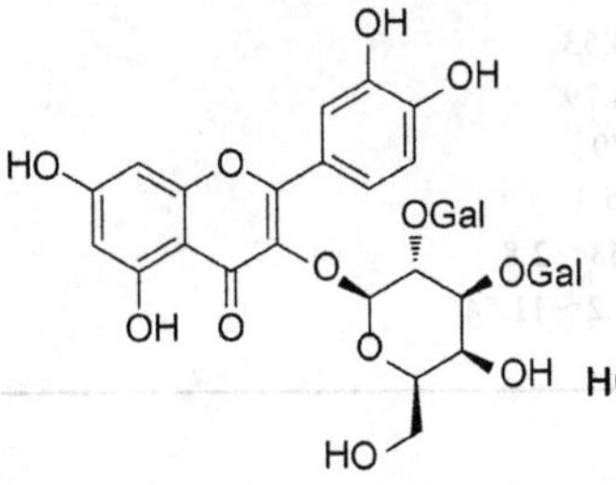

14-2-17 [14]

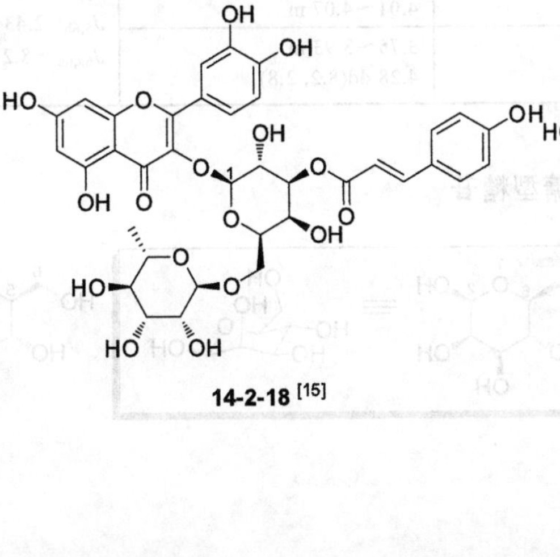

14-2-18 [15]

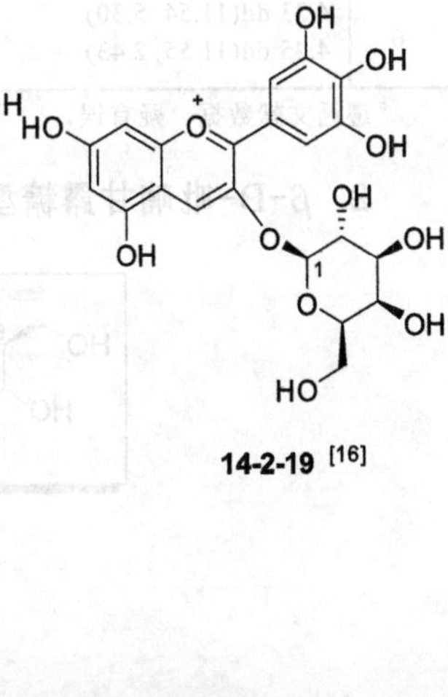

14-2-19 [16]

表 14-2-7 β-D-半乳吡喃糖型糖苷类化合物 **14-2-17**～**14-2-19** 的 ^{1}H NMR 数据（糖部分）

H	14-2-17 (DMSO-d_6)	14-2-18 (CD_3OD)	14-2-19 (CF_3COOD: CD_3OD=5 : 95)	典型氢谱特征(J/Hz)
1	5.93 d(7.9)	5.26 d(8.0)	5.36 d(7.8)	$J_{1,2}$ = 7.8～8.0 $J_{2,3}$ = 9.7～10.2 $J_{3,4}$ = 3.1～3.7 $J_{4,5}$ = 0～5.3[a] $J_{5,6a}$ = 5.5～6 $J_{5,6b}$≈6 $J_{6a,6b}$≈9
2	5.63 dd(10.2, 7.8)	4.13 dd(10.0, 8.0)	4.11 dd(9.7, 7.8)	
3	5.14 dd(10.2, 3.1)	4.93 dd(10.0, 3.5)	3.78 dd(9.7, 3.7)	
4	4.06 dd(5.3, 3.1)	4.08 br d(3.5)	4.05 d(3.7)	
5	3.37 m	3.79 br t(6.0)	3.85 m	
6	3.50 m 3.68 m	3.40 dd(9.0, 5.5) 3.76 dd(9.0, 6.0)	3.86 m 3.86 m	

[a] 根据化合物 **14-2-17** 的数据，$J_{4,5}$ = 5.3，但与化合物 **14-2-18** 和 **14-2-19** 的数据有较大差别。

四、甘露糖型糖苷

1. α-D-吡喃甘露糖型糖苷

【系统分类】

(2*S*,3*S*,4*S*,5*S*,6*R*)-6-羟甲基-四氢-2*H*-吡喃-2,3,4,5-四醇

(2*S*,3*S*,4*S*,5*S*,6*R*)-6-hydroxymethyl-tetrahydro-2*H*-pyran-2,3,4,5-tetraol

【典型氢谱特征】

14-2-20 [17] **14-2-21** [18]

表 14-2-8 α-D-吡喃甘露糖型糖苷 **14-2-20** 和 **14-2-21** 的 ^{1}H NMR 数据（糖部分）

H	14-2-20 (C_5D_5N)	14-2-21 ($CDCl_3$)	典型氢谱特征(J/Hz)
1	5.12 d(3.7)	4.74 s	$J_{1,2}$ = 0～3.7 $J_{2,3}$ =～4.53 $J_{3,4}$ =～8.79[a] $J_{4,5}$ = 8.79 $J_{5,6a}$ =～5.3 $J_{5,6b}$= 2.43～2.8 $J_{6a,6b}$ = 8.2～11.54
2	4.08 dd(4.53, 3.65)	3.75～3.93 m	
3	4.15 m	4.01～4.07 m	
4	4.10 t(8.79)[a]	3.75～3.93 m	
5	4.22 m	4.01～4.07 m	
6	4.33 dd(11.54, 5.30) 4.45 dd(11.55, 2.43)	3.75～3.93 m 4.28 dd(8.2, 2.8)	

[a] 遵循文献数据，疑有误。

2. β-D-吡喃甘露糖型糖苷

【系统分类】

(2*R*,3*S*,4*S*,5*S*,6*R*)-6-羟甲基-四氢-2*H*-吡喃-2,3,4,5-四醇

(2*R*,3*S*,4*S*,5*S*,6*R*)-6-hydroxymethyl-tetrahydro-2*H*-pyran-2,3,4,5-tetraol

【典型氢谱特征】

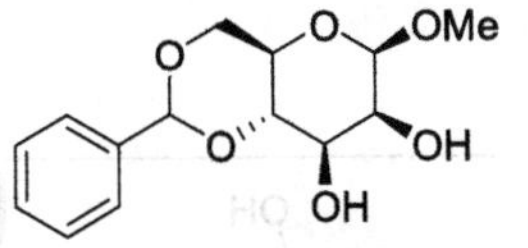

14-2-22 [18]

表 14-2-9 *β*-D-吡喃甘露糖型糖苷 **14-2-22** 的 ^{1}H NMR 数据（糖部分）

H	14-2-22(CDCl$_3$)	H	14-2-22(CDCl$_3$)	典型氢谱特征(*J*/Hz)
1	4.50 d(1.1)	4	3.80～3.93 m	$J_{1,2}$ =～1.1 $J_{5,6b}$=～5 $J_{6a,6b}$ =～10.5
2	3.80～3.93 m	5	3.33～3.41 m	
3	4.11～4.12 m	6	3.80～3.93 m 4.35 dd(10.5, 5.0)	

五、阿洛糖型糖苷

1. *α*-D-吡喃阿洛糖型糖苷

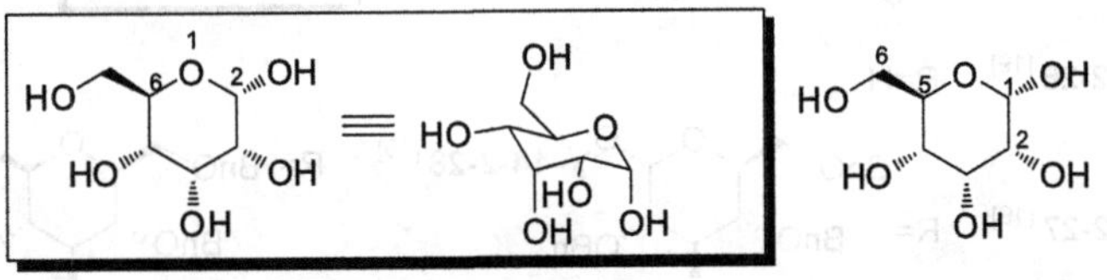

【系统分类】

(2*S*,3*R*,4*R*,5*S*,6*R*)-6-羟甲基-四氢-2*H*-吡喃-2,3,4,5-四醇

(2*S*,3*R*,4*R*,5*S*,6*R*)-6-hydroxymethyl-tetrahydro-2*H*-pyran-2,3,4,5-tetraol

【典型氢谱特征】

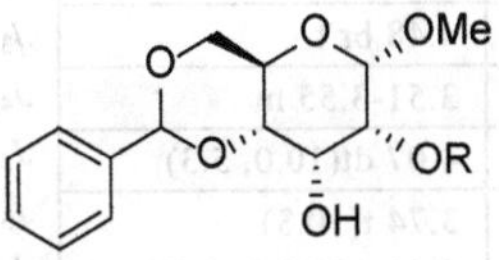

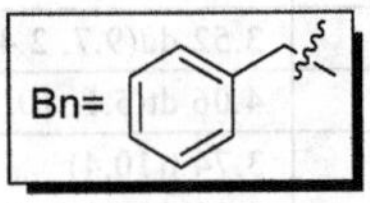

14-2-23[19] R=H

14-2-24[19] R=

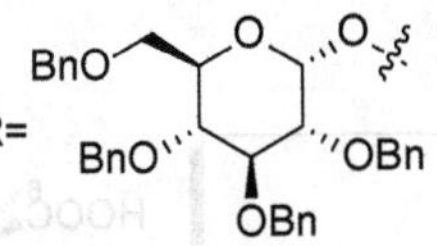

14-2-25[19] R=

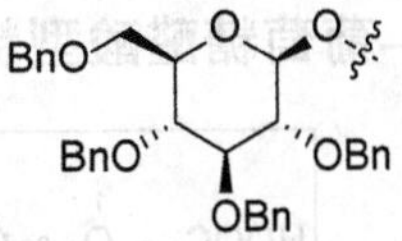

Bn=

表 14-2-10 *α*-D-吡喃阿洛糖型糖苷 **14-2-23**～**14-2-25** 的 ^{1}H NMR 数据（糖部分）

H	14-2-23 (CDCl$_3$)	14-2-24 (CDCl$_3$)	14-2-25 (CDCl$_3$)	典型氢谱特征(*J*/Hz)
1	4.77 d(4.3)	4.845 d(3.0)	5.00 d(3.6)	$J_{1,2}$ = 3～4.3 $J_{2,3}$ = 3.0～3.4 $J_{3,4}$ = 2.5～3
2	3.72 dd(4.3, 3.3)	3.60 t(3.4)	3.86 t(3.3)	
3	4.30 dd(3.3, 2.7)	4.40～4.44 m	4.46 br td(3.0, 7.5)	

续表

H	14-2-23 (CDCl$_3$)	14-2-24 (CDCl$_3$)	14-2-25 (CDCl$_3$)	典型氢谱特征(J/Hz)
4	3.56 dd(9.7, 2.7)	3.45 dd(9.7, 2.5)	3.50 dd(9.6, 2.6)	$J_{4,5}$ = 9.6～10 $J_{5,6a}$ = 10～10.3 $J_{5,6b}$= 5.1～5.2 $J_{6a,6b}$ = 10.3～10.4
5	4.10 ddd(10.3, 9.7, 5.1)	4.16 dt(10.0, 5.2)	4.20 dt(5.2, 10.0)	
6	3.76 dd(10.4, 10.3) 4.39 dd(10.4, 5.1)	3.74 t(10.3) 4.38 dd(10.4, 5.2)	3.77 t(10.3) 4.40 dd(10.3, 5.1)	

2. β-D-阿洛吡喃糖型糖苷

【系统分类】

(2*R*,3*R*,4*R*,5*S*,6*R*)-6-羟甲基-四氢-2*H*-吡喃-2,3,4,5-四醇

(2*R*,3*R*,4*R*,5*S*,6*R*)-6-hydroxymethyl-tetrahydro-2*H*-pyran-2,3,4,5-tetraol

【典型氢谱特征】

14-2-26[19] R=H

14-2-27[19] R=

14-2-28[19] R=

Bn=

表 14-2-11 β-D-吡喃阿洛糖型糖苷 **14-2-26～14-2-28** 的 ^{1}H NMR 数据（糖部分）

H	14-2-26 (CDCl$_3$)	14-2-27 (CDCl$_3$)	14-2-28 (CDCl$_3$)	典型氢谱特征(J/Hz)
1	4.63 d(7.9)	4.85 d(7.9)	4.77 d(7.7)	$J_{1,2}$ = 7.7～8.1 $J_{2,3}$ = 2.4～3.2 $J_{3,4}$ = 2.4～2.5 $J_{4,5}$ = 9.6～10.1 $J_{5,6a}$ = 10～10.4 $J_{5,6b}$= 5.1～5.3 $J_{6a,6b}$ = 10.2～10.4
2	3.52 dd(7.9, 3.2)	3.605 dd(8.1, 2.4)	3.76 dd(7.8, 2.8)	
3	4.40 dd(3.2, 2.5)	4.41 t(2.5)	4.48 br t	
4	3.61 dd(9.6, 2.5)	3.52 dd(9.7, 2.4)	3.51-3.55 m	
5	4.01 ddd(10.0, 9.6, 5.2)	4.06 dt(5.1, 10.1)	4.07 dt(10.0, 5.3)	
6	3.77 dd(10.4, 10.0) 4.41 dd(10.4, 5.2)	3.74 t(10.4) 4.30 dd(10.2, 5.1)	3.74 t(10.3) 4.41 dd(10.2, 5.1)	

六、β-D-葡萄糖醛酸型糖苷

【系统分类】

(2*S*,3*S*,4*S*,5*R*,6*R*)-3,4,5,6-四羟基-四氢-2*H*-吡喃-2-羧酸

(2*S*,3*S*,4*S*,5*R*,6*R*)-3,4,5,6-tetrahydroxy-tetrahydro-2*H*-pyran-2-carboxylic acid

【典型氢谱特征】

14-2-29 [20]

14-2-30 [21]

14-2-31 [21]

表 14-2-12 *β*-D-葡萄糖醛酸型糖苷 14-2-29～14-2-31 的 ^{1}H NMR 数据（糖部分）

H	**14-2-29** (CD_3OD)	**14-2-30** (CD_3OD)	**14-2-31** (DMSO-d_6)	典型氢谱特征(*J*/Hz)
1	5.23 d(7.5)	5.83 d(7.3)	5.63 d(7.1)	$J_{1,2}$ = 7.1～7.5 $J_{2,3}$ = 7.2～9 $J_{3,4}$ = 7.4～9 $J_{4,5}$ = 7.8～10
2	3.50 ov	3.70 m	3.64 dd(8.0, 7.1)	
3	3.48 t(9.0)	3.59 dd(7.4, 7.2)	3.72 dd(9.0, 8.0)	
4	3.19 t(9.0)	3.61 m	3.42 dd(10.0, 9.0)	
5	3.65 d(9.0)	3.63 d(7.8)	3.31 d(10.0)	

参 考 文 献

[1] Abou-Hussein D R, Badr J M, Youssef D T A. Nat Prod Res, 2014, 28: 1134.

[2] Calis I, Ersoz T, Saracoglu I, et al. Phytochemistry, 1993, 32: 1213.

[3] Nonaka G I, Ishimatsu M,Tanaka T, et al. Chem Pharm Bull, 1987, 35: 3127.

[4] Zhao P, Tanaka T, Hirabayashi K, et al. Phytochemistry, 2008, 69: 3087.

[5] Nakanishi T, Iida N, Inatomi Y, et al. Chem Pharm Bull, 2004, 53: 783.

[6] Ma G Z, Li W, Dou D Q, et al. Chem Pharm Bull, 2006, 54: 1229.

[7] Zhang X Z, Xu Q, Xiao H B, et al. Phytochemistry, 2003, 64: 1341.

[8] Kikuzaki H, Kawasaki Y, Kitamura S, et al. Planta Med, 1996, 62: 35.

[9] Maurya R, Singh R, Deepak M, et al. Phytochemistry, 2004, 65: 915.

[10] Cheng Y X, Schneider B, Oberthür C, et al. Heterocycles, 2005, 65: 1655.

[11] Gobbo-Neto L, Santos M D, Kanashiro A, et al. Planta Med, 2005, 71: 3.

[12] Yoshida T, Jin Z X , Okuda T. Chem Pharm Bull, 1991, 39: 49.

[13] Li Y M, Jiang S H, Gao W Y, et al. Phytochemistry, 1999, 50: 101

[14] Nishimura T, Wang L Y, Kusano K, et al. Chem Pharm Bull, 2005, 53: 305.

[15] Itoh A, Tanahashi T, Nagakura N, et al. J Nat Prod, 2004, 67: 427.

[16] Fossen T, Andersen Ø M. Phytochemistry, 1997, 46: 353.

[17] 胡文彦, 段金廒, 钱大玮, 等. 中国中药杂志, 2007, 32: 1656.

[18] Gronwald O, Sakurai K, Luboradzki R, et al. Carbohydr Res, 2001, 331: 307.
[19] Muddasani P R, Bernet B , Vasella A. Helv Chim Acta, 1994, 77: 334.
[20] Calis I, Kirmizibekmez H. Phytochemistry, 2004, 65: 2619.
[21] Furusawa M, Tanaka T, Ito T, et al. Chem Pharm Bull, 2005, 53: 591.

第三节 去氧糖型糖苷

一、鼠李糖型糖苷

1. α-L-吡喃鼠李糖型糖苷

【系统分类】

(2*R*,3*R*,4*R*,5*R*,6*S*)-6-甲基四氢-2*H*-吡喃-2,3,4,5-四醇

(2*R*,3*R*,4*R*,5*R*,6*S*)-6-methyltetrahydro-2*H*-pyran-2,3,4,5-tetraol

【典型氢谱特征】

14-3-1[1] R= H
14-3-2[1] R= Ac
14-3-3[2]

表 14-3-1 α-L-吡喃鼠李糖型糖苷类化合物 14-3-1～14-3-3 的 ^{1}H NMR 数据（糖部分）

H	14-3-1 (CD_3OD)	14-3-2 (CD_3OD)	14-3-3 (CD_3OD)	典型氢谱特征(*J*/Hz)
1	4.69 d(1.8)	4.71 d(1.8)	5.40 d(1.7)	$J_{1,2}$ = 1.7～1.8
2	3.99 dd(3.6, 1.8)	4.01 dd(3.0, 1.8)	5.51 dd(3.0,1.7)	$J_{2,3}$ = 3.0～3.6
3	3.47 dd(9.6, 3.6)	4.95 dd(10.0, 3.0)	4.98 dd(10.0, 3.0)	$J_{3,4}$ = 9.6～10
4	3.48 t(9.6)	3.50 t(10.0)	4.33 dd(10.0, 9.0)	$J_{4,5}$ = 9.6～10
5	3.73 m	3.70 m	3.21 m	$J_{5,6}$ = 6.0～6.6
6	1.16 d(6.0)	1.18 d(6.6)	0.88 d(6.0)	

2. α-D-吡喃鼠李糖型糖苷

【系统分类】

(2*S*,3*S*,4*S*,5*S*,6*R*)-6-甲基四氢-2*H*-吡喃-2,3,4,5-四醇

(2*S*,3*S*,4*S*,5*S*,6*R*)-6-methyltetrahydro-2*H*-pyran-2,3,4,5-tetraol

【典型氢谱特征】

	R^1	R^2
14-3-4 [3]	H	H
14-3-5 [3]	H	Bz
14-3-6 [3]	Bz	H

表 14-3-2　α-D-吡喃鼠李糖型糖苷类化合物 14-3-4～14-3-6 的 ^{1}H NMR 数据（糖部分）

H	14-3-4^a	14-3-5^a	14-3-6^a	典型氢谱特征(*J*/Hz)
1	4.84 d(1.4)	4.81 d(1.8)	4.82 d(1.7)	$J_{1,2}$ = 1.4～1.8
2	3.99 ddd(3.5, 1.5, 1.4)	4.28 br s	5.30 dd(3.5, 1.7)	$J_{2,3}$ =～3.5
3	3.99 dd(10.9, 3.5)	5.55～5.65 m	4.22 dd(10.0, 3.5)	$J_{3,4}$ = 10～10.9
4	5.10 ddd(10.9, 9.6, 1.5)	5.55～5.65 m	5.21 t(10.0)	$J_{4,5}$ = 9.6～10
5	3.92 dq(9.6, 6.3)	4.09 dq(—, 6.3)	4.00 dq(10.0, 6.1)	$J_{5,6}$ = 6.1～6.3
6	1.27 d(6.3)	1.33 d(6.3)	1.32 d(6.1)	

a 文献没有给出溶剂。

3. β-D-吡喃鼠李糖型糖苷

【系统分类】

(2*R*,3*S*,4*S*,5*S*,6*R*)-6-甲基四氢-2*H*-吡喃-2,3,4,5-四醇

(2*R*,3*S*,4*S*,5*S*,6*R*)-6-methyltetrahydro-2*H*-pyran-2,3,4,5-tetraol

【典型氢谱特征】

14-3-7 [3]　R=Ac

14-3-8 [3]　R=H

14-3-9 [3]

表 14-3-3　β-D-吡喃鼠李糖型糖苷 14-3-7～14-3-9 的 ^{1}H NMR 数据（糖部分）

H	14-3-7^a	14-3-8^a	14-3-9^a	典型氢谱特征(*J*/Hz)
1	5.48 d(2.2)	5.45 d(2.3)	5.58 d(2.1)	$J_{1,2}$ = 2.1～2.3
2	4.63 dd(4.0, 2.2)	4.60 dd(4.4, 2.3)	4.50 dd(3.3, 2.1)^b	$J_{2,3}$ = 3.3～4.4
3	5.46 dd(10.0, 4.0)	4.12 ddd^c(9.1, 4.4)	5.36 dd(9.8, 3.3)	$J_{3,4}$ = 9.1～10
4	5.33 t(10.0)	5.11 t(9.1)	5.41 t(9.8)	$J_{4,5}$ = 9.1～10
5	3.72 dq(10.0, 6.3)	3.67 dq(9.1, 6.2)	3.72 dq(9.8, 6.4)	$J_{5,6}$ = 6.2～6.4
6	1.28 d(6.3)	1.29 d(6.2)	1.36 d(6.4)	

^{a} 文献没有给出溶剂；^{b} 原文献峰形为 d；遵循文献数据。

二、β-D-吡喃夫糖型糖苷

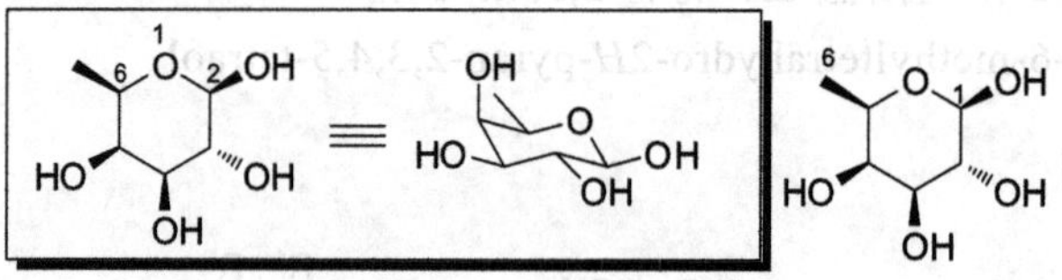

【系统分类】

(2R,3R,4S,5R,6R)-6-甲基四氢-2H-吡喃-2,3,4,5-四醇

(2R,3R,4S,5R,6R)-6-methyltetrahydro-2H-pyran-2,3,4,5-tetraol

【典型氢谱特征】

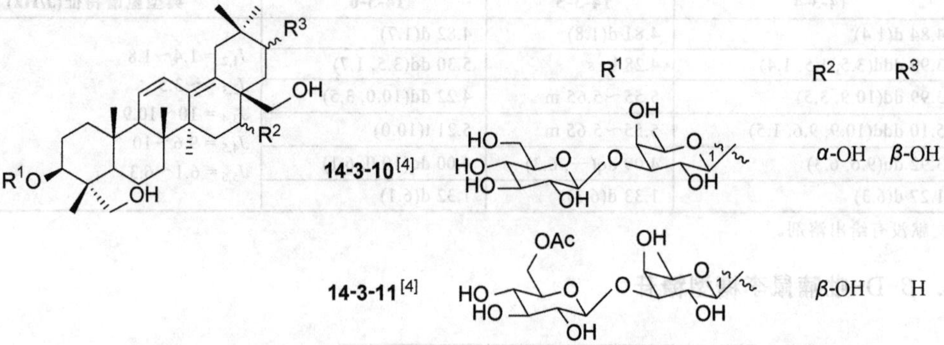

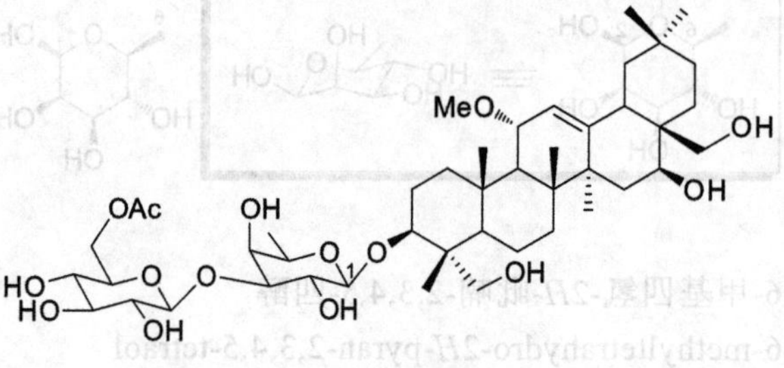

14-3-10[4] R¹ R² α-OH R³ β-OH

14-3-11[4] R² β-OH R³ H

14-3-12[4]

表 14-3-4 β-D-吡喃夫糖糖苷类化合物 14-3-10～14-3-12 的 ^{1}H NMR 数据（糖部分）

H	14-3-10 (C_5D_5N)	14-3-11 (C_5D_5N)	14-3-12 (C_5D_5N)	典型氢谱特征(J/Hz)
1	4.99 d(7.8)	5.01 d(7.5)	4.99 d(7.8)	$J_{1,2}$ = 7.5～7.8 $J_{2,3}$ = 7.8～8.7 $J_{3,4}$ =～3 $J_{4,5}$ =～0 $J_{5,6}$ = 6～6.5
2	4.53 t(8.4)	4.53 t(7.8)	4.52 t(8.7)	
3	4.05 dd(8.4, 3.0)	4.06 ov	4.02 ov	
4	4.14 d(3.0)	4.20 d(3.0)	4.02 ov	
5	3.71 ov	3.77 m	3.76 ov	
6	1.45 d(6.5)	1.50 d(6.6)	1.46 d(6.0)	

三、β-D-吡喃鸡纳糖型糖苷

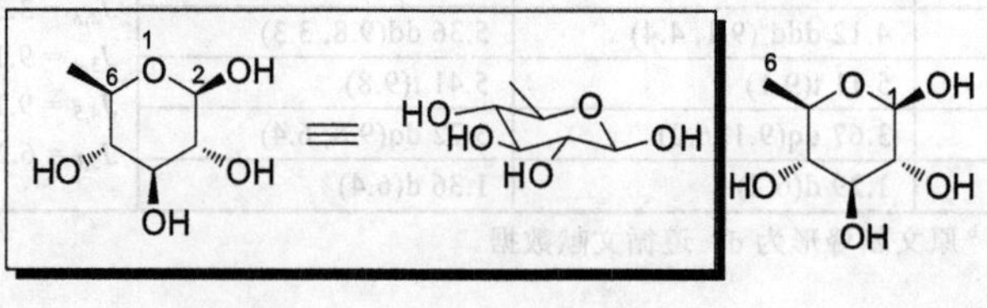

【系统分类】

(2*R*,3*R*,4*S*,5*S*,6*R*)-6-甲基四氢-2*H*-吡喃-2,3,4,5-四醇

(2*R*,3*R*,4*S*,5*S*,6*R*)-6-methyltetrahydro-2*H*-pyran-2,3,4,5-tetraol

【典型氢谱特征】

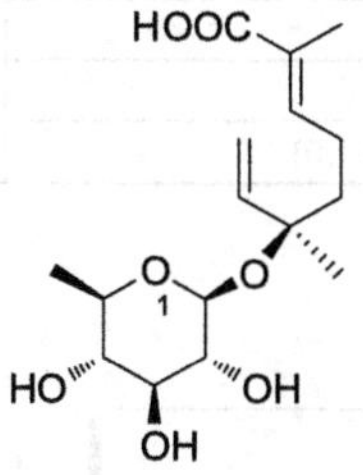

14-3-13 [5] 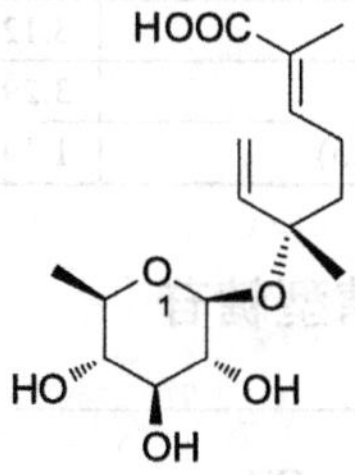　　14-3-14 [5]

表 14-3-5 β-D-吡喃鸡纳糖苷 14-3-13 和 14-3-14 的 ^{1}H NMR 数据（糖部分）

H	14-3-13 (DMSO-d_6)	14-3-14 (DMSO-d_6)	典型氢谱特征(*J*/Hz)
1	4.15 d[a](7.5)	4.18 d[a](8)	$J_{1,2}$ = 7.5～8 $J_{5,6}$ ≈～6
2～5	2～3 m(4H)	2～3 m(4H)	
6	1.07 d(6)	1.08 d(6.0)	

[a] 文献中峰形为 dd。

四、β-D-吡喃黄夹竹桃糖型糖苷

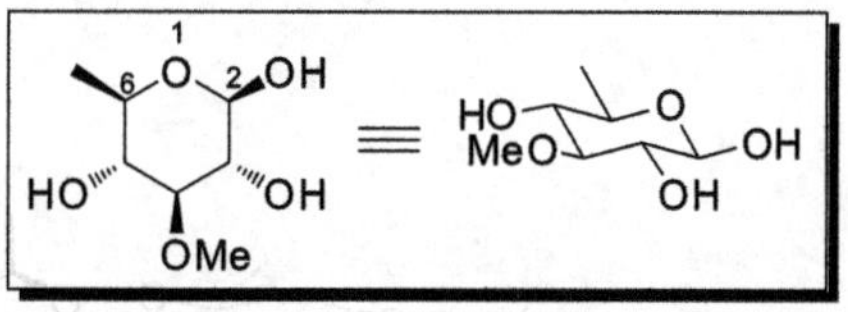

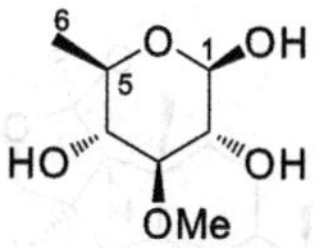

【系统分类】

(2*R*,3*R*,4*S*,5*R*,6*R*)-4-甲氧基-6-甲基四氢-2*H*-吡喃-2,3,5-三醇

(2*R*,3*R*,4*S*,5*R*,6*R*)-4-methoxy-6-methyltetrahydro-2*H*-pyran-2,3,5-triol

【典型氢谱特征】

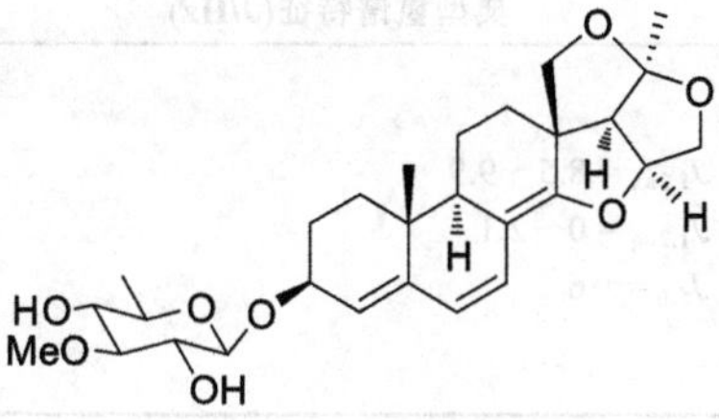

14-3-15 [6] 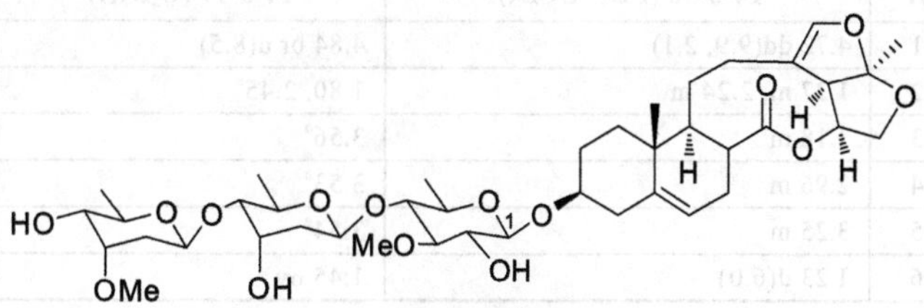　　14-3-16 [6]

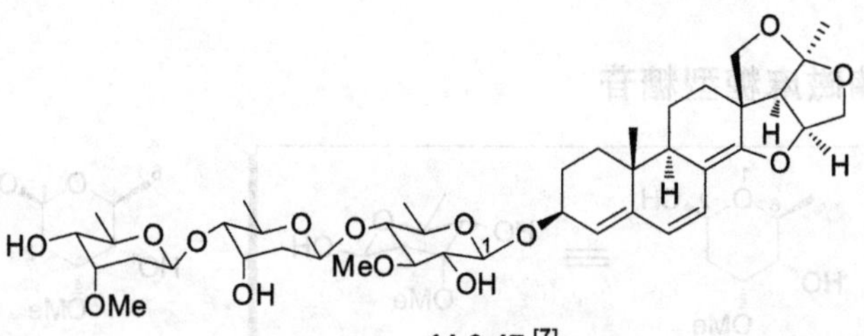

14-3-17 [7]

表 14-3-6 β-D-吡喃黄夹竹桃糖苷 14-3-15～14-3-17 的 ^{1}H NMR 数据（糖部分）

H	14-3-15 (C_5D_5N)	14-3-16 (C_5D_5N)	14-3-17 (DMSO-d_6)	典型氢谱特征(J/Hz)
1	4.90 d(7.8)	4.81 d(7.5)	4.32 d(7.5)	$J_{1,2}$ = 7.5～7.8 $J_{5,6}$ = 6.0～6.5
2	3.99	3.93	3.06	
3	3.67	3.68	3.03	
4	3.67	3.72	3.12	
5	3.77	3.66	3.29	
6	1.62 d(6.0)	1.45 d(6.5)	1.14 d(6.0)	

五、β-D-吡喃齐墩果糖型糖苷

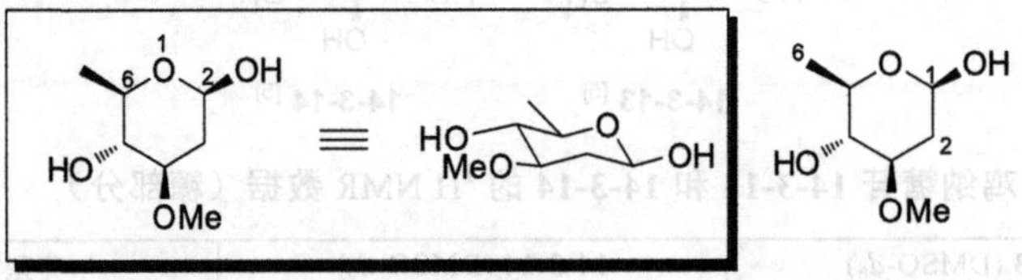

【系统分类】

(2*R*,4*R*,5*R*,6*R*)-4-甲氧基-6-甲基四氢-2*H*-吡喃-2,5-二醇

(2*R*,4*R*,5*R*,6*R*)-4-methoxy-6-methyltetrahydro-2*H*-pyran-2,5-diol

【典型氢谱特征】

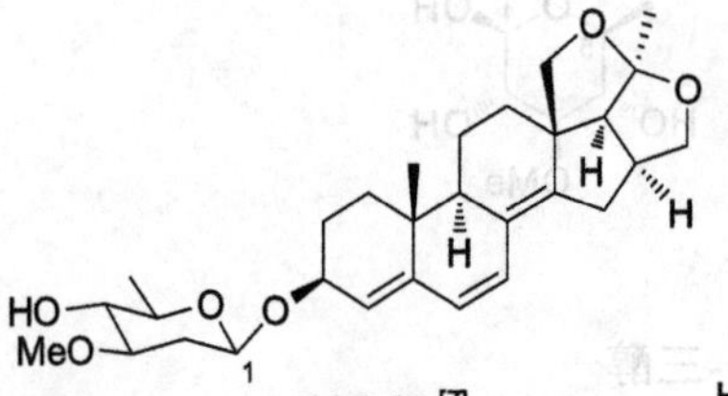

14-3-18 [7] 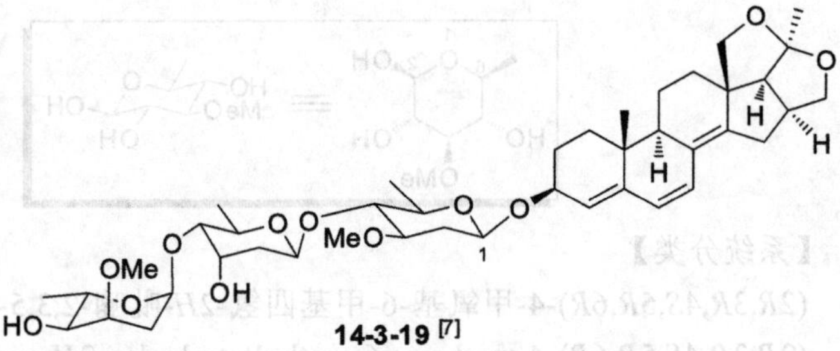　　14-3-19 [7]

表 14-3-7 β-D-吡喃齐墩果糖苷类化合物 14-3-18 和 14-3-19 的 ^{1}H NMR 数据（糖部分）

H	14-3-18 (CD_3COCD_3)	14-3-19 (C_5D_5N)	典型氢谱特征(J/Hz)
1	4.72 dd(9.9, 2.1)	4.84 br d(8.5)	$J_{1,2ax}$ = 8.5～9.9 $J_{1,2eq}$ = 0～2.1 $J_{5,6}$ = ～6
2	1.27 m, 2.24 m	1.80, 2.45[a]	
3	3.18 m	3.56[a]	
4	2.96 m	3.53[a]	
5	3.25 m	3.54[a]	
6	1.23 d(6.0)	1.45 ov	

[a] 原文献没有给出峰形及 *J* 值。

六、β-D-吡喃磁麻糖型糖苷

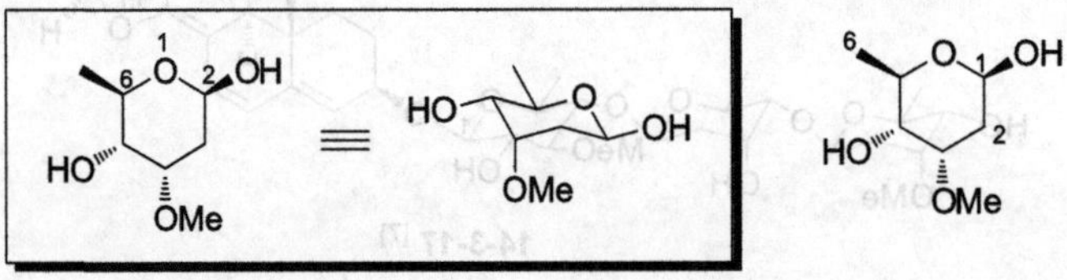

【系统分类】

(2*R*,4*S*,5*R*,6*R*)-4-甲氧基-6-甲基四氢-2*H*-吡喃-2,5-二醇

(2*R*,4*S*,5*R*,6*R*)-4-methoxy-6-methyltetrahydro-2*H*-pyran-2,5-diol

【典型氢谱特征】

14-3-20 [7]

14-3-21 [7]

14-3-22 [6]

表 14-3-8 *β*-D-吡喃磁麻糖型糖苷 14-3-20～14-3-22 的 ^{1}H NMR 数据（糖部分）

H	14-3-20 (DMSO-d_6)	14-3-21 (DMSO-d_6)	14-3-22 (C_5D_5N)	典型氢谱特征(J/Hz)
1	4.70 dd(10.0, 2.0)	4.62 br d(9.5)	5.13 d(9.5)	$J_{1,2ax}$ = 9.5～10 $J_{1,2eq}$ = 0～2 $J_{3,4}$ =～2.5 $J_{4,5}$ =～9.5 $J_{5,6}$ = 6～6.5
2	1.51, 2.07	1.25, 2.12	1.67, 2.40	
3	3.51	3.30	3.92	
4	3.06	3.06	3.39 dd(9.5, 2.5)	
5	3.62	3.69	3.67	
6	1.11 d(6.5)	1.13 d(6.0)	1.30 d(6.5)	

七、*α*-L-吡喃磁麻糖型糖苷

【系统分类】(2*R*,4*R*,5*S*,6*S*)-4-甲氧基-6-甲基四氢-2*H*-吡喃-2,5-二醇

(2*R*,4*R*,5*S*,6*S*)-4-methoxy-6-methyltetrahydro-2*H*-pyran-2,5-diol

【典型氢谱特征】

14-3-23 [7]

14-3-24 [6]

14-3-25 [7]

表 14-3-9 α-L-吡喃磁麻糖型糖苷 14-3-23～14-3-25 的 ^{1}H NMR 数据（糖部分）

H	14-3-23 ((DMSO-d_6)	14-3-24 (C_5D_5N)	14-3-25 (DMSO-d_6)	典型氢谱特征(*J*/Hz)
1	4.81 br s	5.19 d(3.5)	5.22 br d(3.5)	$J_{1,2a}$ =～0
2	1.69 dt (14.5, 3.5), 2.07	2.07, 2.38	2.08, 2.39	$J_{1,2b}$ =～3.5
3	3.46	3.85	3.86	$J_{2,2}$ =～14.5
4	3.19	4.06	3.69	$J_{2b,3}$ =～3.5
5	3.98	4.31	4.32 dd(13.0, 6.5)	$J_{4,5}$ =～13
6	1.09 d(6.5)	1.56 d(6.5)[a]	1.56 d(7.5)	$J_{5,6}$ = 6.5～7.5

八、β-D-吡喃毛地黄毒糖型糖苷

【系统分类】

(2*R*,4*S*,5*S*,6*R*)-6-甲基四氢-2*H*-吡喃-2,4,5-三醇

(2*R*,4*S*,5*S*,6*R*)-6-methyltetrahydro-2*H*-pyran-2,4,5-triol

【典型氢谱特征】

14-3-26 [6]

14-3-27 [7]

14-3-28 [7]

14-3-29 [6]

表 14-3-10 β-D-吡喃毛地黄毒糖型糖苷 **14-3-16** 和 **14-3-19**～**14-3-21** 的 ^{1}H NMR 数据（糖部分）

H	**14-3-26** (C_5D_5N)	**14-3-27** (C_5D_5N)	**14-3-28** ($CDCl_3$)	**14-3-29** (C_5D_5N)	典型氢谱特征(*J*/Hz)
1	5.51 dd(9.5, 1.5)	5.43 br d(9.5)	4.88 br d(9.5)	5.52 d(10.0)	$J_{1,2ax}$ = 9.5～10 $J_{1,2eq}$ = 0～1.5 $J_{3,4}$ =～2.5 $J_{4,5}$ =～9.5 $J_{5,6}$ = 6～6.5
2	1.68, 2.35	1.93, 2.40	1.54, 1.89	2.01, 2.43	
3	3.71	4.47	3.98	4.64	
4	3.49	3.42	3.07	3.48 dd(9.5, 2.5)	
5	4.30	4.12 m	3.27	4.31	
6	1.42 d(6.5)	1.37 d(6.5)	1.17(6.0)	1.42 d(6.0)[a]	

[a] 未能与其他甲基信号区分开。

参 考 文 献

[1] Li Y S, Chen X G, Satake M, et al. J Nat Prod, 2004, 67: 725.

[2] Usia T, Iwata H, Hiratsuka A, et al. J Nat Prod, 2004, 67: 1079.

[3] Tsvetkov Y E, Backinowsky L V, Kochetkov N K. Carbohydr Res, 1989, 193: 75.

[4] Yu J Q, Deng A J, Wu L Q, et al. Fitoterapia, 2013, 85: 101.

[5] 佟文勇，米靓，梁鸿.北京大学学报（医学版），2003, 35(2): 180.

[6] Yu J Q, Zhang Z H, Deng A J, et al. BioMed Research International, 2013, Article ID 816145.

[7] Yu J Q, Deng A J, Qin H L. Steroids, 2013, 78: 79.

第十五章　其他类型天然有机化合物

一、共轭烯烃型化合物

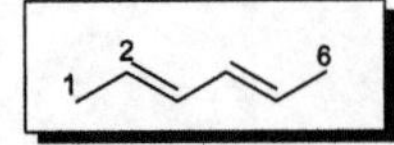

【系统分类】

(2*E*,4*E*)-己-2,4-二烯

(2*E*,4*E*)-hexa-2,4-diene

【典型氢谱特征】

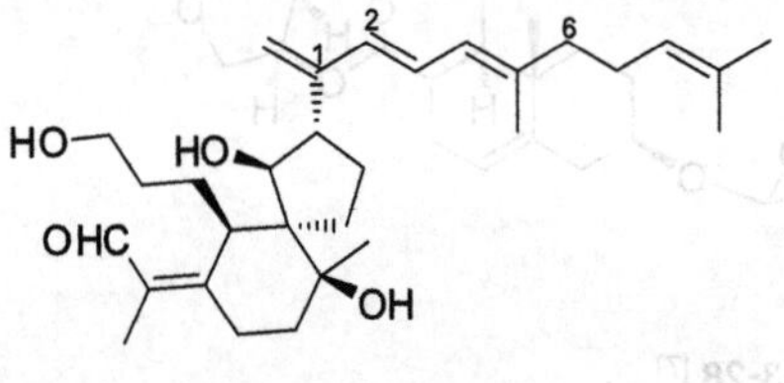

15-1[1]

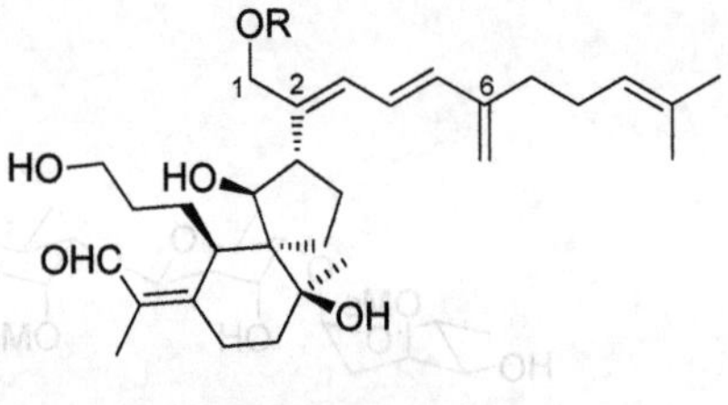

15-2[1]　R = Ac

15-3[1]　R = H

表 15-1　共轭烯烃型化合物 15-1～15-3 含共轭烯烃部分的 ^{1}H NMR 数据

H	15-1 (C_6D_6)	15-2 (C_6D_6)	15-3 (C_6D_6)	典型氢谱特征
1		4.77 d(14.0) 4.97 d(14.0)	4.07 d(12.0) 4.24 d(12.0)	① 反式双键氢的偶合常数为 15 Hz; ② 双键间邻位氢偶合常数为 11 Hz
2	6.25 d(15.0)①			
3	6.70 dd(15.0, 11.0)①②	6.38 d(11.0)①	6.30 d(11.0)①	
4	6.05 d(11.0)②	6.73 dd(15.0, 11.0)①②	6.69 dd(15.0, 11.0)①②	
5		6.36 d(15.0)②	6.37 d(15.0)②	

二、3-烃基苯酞型化合物

1. 简单 3-烃基苯酞型化合物

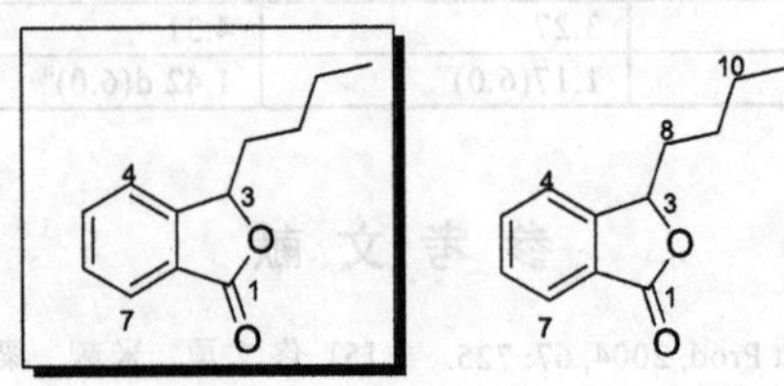

【系统分类】

3-丁基异苯并呋喃-1(3*H*)-酮

3-butylisobenzofuran-1(3*H*)-one

【结构多样性】

C(9)-C(10)键断裂；等。

【典型氢谱特征】

15-4 [2]　**15-5** [3]　**15-6** [4]

表 15-2 简单 3-烃基苯酞型化合物 15-4～15-6 的 ^{1}H NMR 数据

H	15-4 ($CDCl_3$)	15-5 ($CDCl_3$)	15-6 ($CDCl_3$+CD_3OD)	典型氢谱特征
3①		5.45 m	5.32 d(4.0)	① 3 位氧次甲基特征峰；化合物 **15-4** 的 C(3)形成氧化烯型叔碳，不存在 3 位氧次甲基信号；② 母核苯环信号可以区分成一个独立的苯环；③ 11 位甲基特征峰；化合物 **15-6** 存在 C(9)-C(10)键断裂的结构特征，不存在 11 位甲基特征信号，但 9 位形成的甲基信号具有特征性
4②	7.92 dt(7.6, 1.0)	7.37 t(7.5)[a]	7.40 d(8.5)	
5②	7.73 dt(1.0, 7.6,)	7.59 t(7.5)	7.16 dd(8.5, 1.5)	
6	7.58 dt(1.0, 7.6)②	7.5 t(7.5)②		
7②	7.92 dt(7.6, 1.0)	7.87 d(7.8)	7.25 br s	
8	5.85 d(8.9)	2.02 m 1.77 m	4.11 m	
9	4.89 dt(8.9, 6.5)	1.25～1.5 m	1.27 d(7.0)	
10	1.70～1.78 m 1.80～1.89 m	1.25～1.50 m		
11	1.03 t(7.5)③	0.88 t(7.2)③		

[a] 文献归属不明确，表中归属仅作参考，并遵循文献数据。

2. 氢化 3-烃基苯酞型化合物

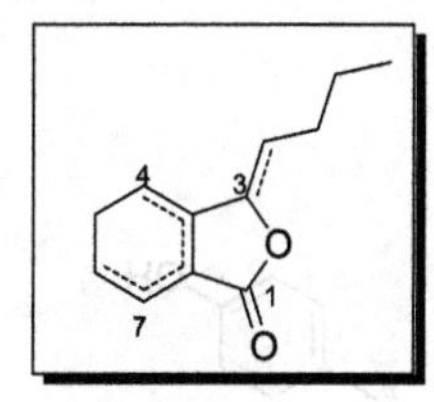

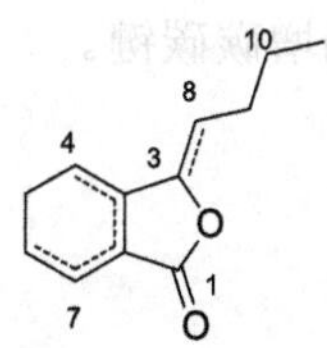

【系统分类】

3-丁基六氢异苯并呋喃-1(3*H*)-酮

3-butylhexahydroisobenzofuran-1(3*H*)-one

【结构多样性】

C(9)-C(10)键断裂；等。

【典型氢谱特征】

15-7 [5]　**15-8** [6]　**15-9** [6]

表 15-3 氢化 3-烃基苯酞型化合物 15-7～15-9 的 ^{1}H NMR 数据

H	**15-7** (CD_3OD)	**15-8** ($CDCl_3$)	**15-9** ($CDCl_3$)	典型氢谱特征
3		4.02 dd(14.3, 7.0)	4.17 td(9.0, 3.9)	①11 位甲基特征峰。化合物 **15-9** 存在 C(9)-C(10) 键断裂的结构特征，不存在 11 位甲基特征信号
3a		2.52 m	2.53 m	
4	2.60 m(2H)	1.86 m, 1.42 m	1.21 m, 2.09 m	
5	1.95 m(2H)	2.03 m, 1.67 m	1.55 m, 1.98 ov	
6	4.00 m	4.49 m	2.22 m, 2.36 m	
7	5.53～5.56 m	6.72 br s	6.81 dd(6.3, 3.0)	
8	5.53～5.56 m	1.76 m	2.10 m	
9	2.36 m(2H)	1.50 m, 1.35 m	3.87 t(6.0)	
10	1.54 m(2H)	1.40 m		
11①	0.97 t(7.4)(3H)	0.90 t(6.8)		
13	2.07 s(3H)			

三、二苯乙烯型化合物

1. *E*-二苯乙烯型化合物

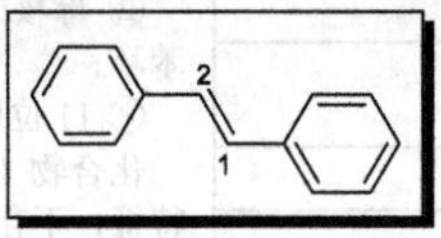

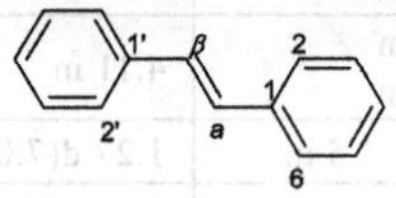

【系统分类】

(*E*)-1,2-二苯基乙烯

(*E*)-1,2-diphenylethene

【结构多样性】

C(2/2′)增碳碳键；C(4/4′)增碳碳键。

【典型氢谱特征】

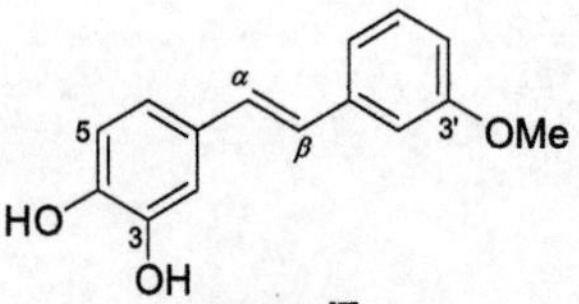

15-10 [7] 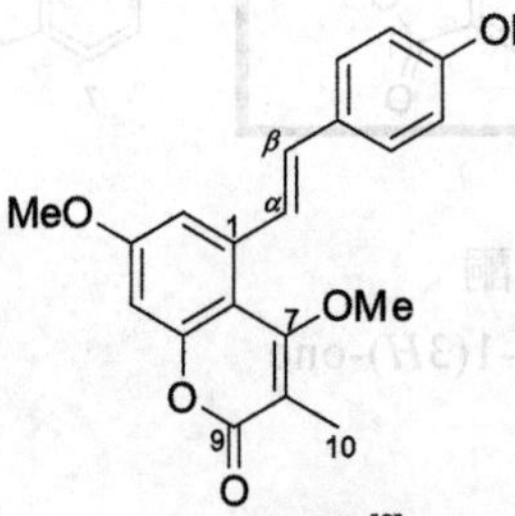　　15-11 [8] 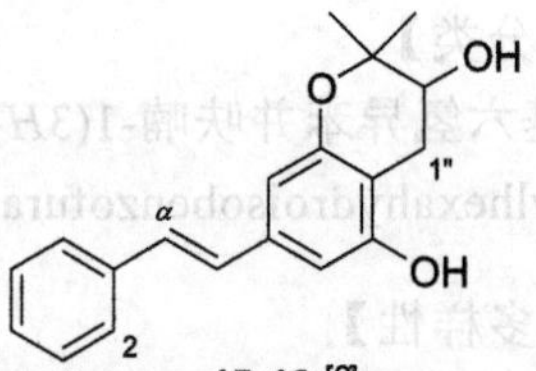　　15-12 [9]

表 15-4 *E*-二苯乙烯型化合物 15-10～15-12 的 ^{1}H NMR 数据

H	**15-10** (CD_3OD)	**15-11** (C_5D_5N)	**15-12** ($CDCl_3$)	典型氢谱特征
2	7.00 d(2.0)①		7.46 d(7.4)①	①③ 芳香区信号可以区分成两个独立的苯环；②α 位和 β 位反式双键质子特征峰
3			7.34 d(7.4)a①	
4		6.90 d(2.3)①	7.24 t(7.3)①	
5	6.73 d(8.0)①	3.79 s(OMe)	7.34 d(7.4)a①	
6①	6.86 dd(8.0, 2.0)	7.16 d(2.3)	7.46 d(7.4)	
7		3.62 s(OMe)		
10		2.17 s		

续表

H	15-10 (CD_3OD)	15-11 (C_5D_5N)	15-12 ($CDCl_3$)	典型氢谱特征
α②	6.87 d(16.0)	8.01 d(16.1)	7.00 d(16.2)	
β②	6.99 d(16.0)	7.11 d(16.1)	6.95 d(16.5)	
2′③	7.02 d(2.0)	7.69 d(8.5)	6.65 s	
3′	3.80 s(OMe)	7.27 d(8.5)③		
4′	6.76 dd(8.0, 2.0)③	11.94 s(OH)		
5′	7.21 t(8.0)③	7.27 d(8.5)③	4.86 br s (OH)	
6′③	7.05 d(8.0)	7.69 d(8.5)	6.52 s	
1″			2.93 dd(17.0, 5.0) 2.72 dd(17.0, 5.0)	
2″			3.85 t(5.0)	
Me			1.33 s, 1.39 s	

[a] 遵循文献数据，疑有误。

2. Z-二苯乙烯型化合物

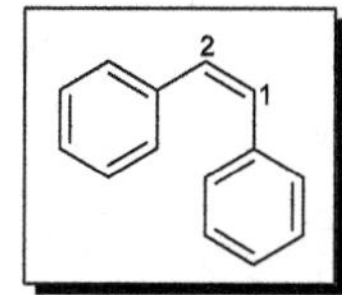

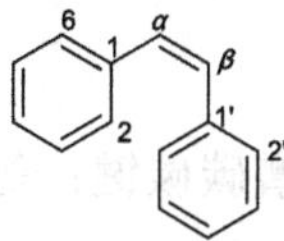

【系统分类】

(Z)-1,2-二苯基乙烯

(Z)-1,2-diphenylethene

【典型氢谱特征】

15-13 [10]　R = Me

15-14 [10]　R = H

15-15 [11]

表 15-5 Z-型二苯乙烯类化合物 15-13～15-15 的 ^{1}H NMR 数据

H	15-13 ($CDCl_3$)	15-14 ($CDCl_3$)	15-15 (CD_3OD)	典型氢谱特征
2	6.31 d(1.6)①	6.29 d(2.1)①		①③ 芳香区信号可以区分成两个独立的苯环； ② α 位和 β 位顺式双键质子特征峰
4①	6.27 t(2.3)	6.21 t(2.1)	6.22 d(2.5)	
6①	6.36 d(1.6)	6.29 d(2.1)	6.14 d(2.5)	
α②	6.49 d(12.2)	6.45 d(12.2)	6.44 d(12)	
β②	6.59 d(12.2)	6.57 d(12.2)	6.60 d(12)	
2′, 6′③	7.15～7.35 m	7.15～7.30 m	7.04 m	
3′, 5′③	7.15～7.35 m	7.15～7.30 m	6.56 m	
4′	7.15～7.35 m③	7.15～7.30 m③		
1″			4.64 d(9.5)	
2″			3.92 dd(9.5, 9)	
3″			3.39 t(9)	
4″			3.49 t(9)	

续表

H	15-13 ($CDCl_3$)	15-14 ($CDCl_3$)	15-15 (CD_3OD)	典型氢谱特征
5″			3.18 ddd(9, 4, 3)	
6″			3.71 d(4)[a] 3.72 d(3)[a]	
OMe	3.63 s			

[a] 遵循文献数据，疑有误。

3. 二苯基乙烷型化合物

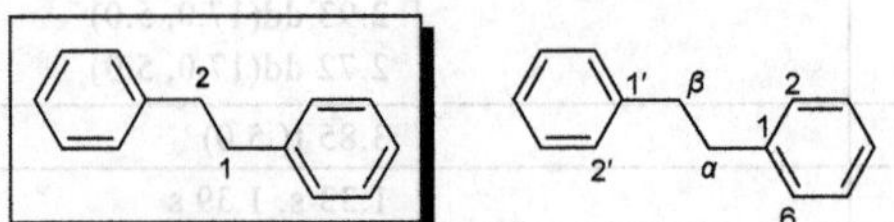

【系统分类】

1,2-二苯基乙烷

1,2-diphenylethane

【结构多样性】

C(2/2′)增碳碳键；C(4/4′)增碳碳键；等。

【典型氢谱特征】

15-16 [12]　　15-17 [13]　　15-18 [14]

表 15-6 二苯基乙烷型化合物 **15-16～15-18** 的 ^{1}H NMR 数据

H	15-16	15-17 ($CDCl_3$)	15-18 (CD_3OD)	典型氢谱特征
2			6.30 s①	①③ 芳香区信号可以区分成两个独立的苯环； ② α 位和 β 位亚甲基特征峰；化合物 **15-16** 的 C(α)和 C(β)全部形成酮羰基，α 位和 β 位亚甲基特征峰消失；化合物 **15-18** 的 C(α)和 C(β)全部形成氧次甲基，其信号有特征性。 化合物 **15-17** 存在 C(2)和 C(4)双增碳碳键的结构特征，但二苯乙烷型化合物的氢谱特征仍然存在
3	6.47 d(2)①	5.37 s(OH)	3.62 s(OMe)	
4			6.30 s①	
5	6.50 dd(9, 2)①		3.62 s(OMe)	
6①	7.47 d(9)	6.28 s	6.30 s	
7		6.61 d(9.8)		
8		5.53 d(9.8)		
10		1.41 s		
11		1.41 s		
12		3.25 d(6.7)		
13		5.09 m		
15		1.75 s		
16		1.81 s		
α		2.75 br s②	5.06 s②	
β		2.75 br s②	5.06 s②	
2′		7.01 d(8.4)③	7.21 m③	

续表

H	15-16	15-17 ($CDCl_3$)	15-18 (CD_3OD)	典型氢谱特征
3′③	6.47 d(2)	6.73 d(8.3)	7.14 m	
4′		4.87 s(OH)	7.21 m③	
5′③	6.50 dd(9, 2)	6.73 d(8.3)	7.14 m	
6′③	7.47 d(9)	7.01 d(8.4)	7.21 m	
1″			4.16 d(7.4)	
2″			3.27 m	
3″			3.33 m	
4″			3.26 m	
5″			3.09 m	
6″			3.67 dd(11.9, 6.0) 3.87 dd(11.9, 2.1)	

4. 2-2′-环二苯基乙烷型化合物

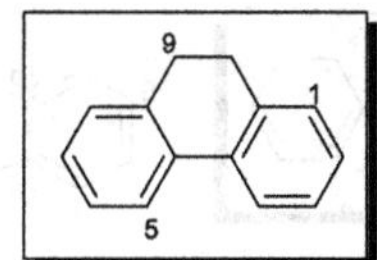

【系统分类】

9,10-二氢菲

9,10-dihydrophenanthrene

【结构多样性】

C(8/8′)增碳碳键；等。

【典型氢谱特征】

15-19[15]　　15-20[15]　　15-21[16]

表 15-7　2-2′-环二苯基乙烷型化合物 15-19～15-21 的 ^{1}H NMR 数据

H	15-19(CD_3COCD_3)	H	15-20(CD_3COCD_3)	15-21 ($CDCl_3$)	典型氢谱特征
1	6.38 d(2.5)①	1		3.76 s(OMe)	①② 芳香区信号可以区分成两个独立的苯环； ③ 9 位和 10 位亚甲基的特征峰。 化合物 **15-21** 存在 C(8)增碳碳键的结构特征，但 2-2′-环二苯乙烷型化合物的氢谱特征仍然存在
2	3.80 s(OMe)	2	3.72 s(OMe)	5.66 br s(OH)	
3①	6.43 d(2.5)	3	6.68 s	6.83 d(9.0)	
4		4		7.85 d(9.0)①	
5	8.27 d(8.7)②	5	8.29 d(8.2)②	3.80 s(OMe)	
6②	6.64 dd(8.7, 2.8)	6	6.72 dd(8.2, 2.7)	6.39 s	
7		7		5.00 br s(OH)	
8	6.69 d(2.8)②	8	6.70 d(2.7)②	2.16 s(Me)	

续表

H	15-19(CD_3COCD_3)	H	15-20(CD_3COCD_3)	15-21 ($CDCl_3$)	典型氢谱特征
9③	2.69 m(2H)	9	2.62 m(2H)	2.68 m(2H)	
10③	2.69 m(2H)	10	2.62 m(2H)	2.74 m(2H)	
3′	3.70 s(OMe)	1′	6.38 d(2.5)		
4′	6.50 d(2.7)	2′	3.74 s(OMe)		
6′	6.41 d(2.7)	3′	6.43 d(2.5)		
α′	2.73 m(2H)	5′	8.26 d(8.7)		
β′	2.73 m(2H)	6′	6.64 dd(8.7, 2.8)		
2″	6.63 m	8′	6.69 d(2.8)		
4″	6.61 ddd(7.8, 2.5, 0.9)	9′	2.68 m(2H)		
5″	7.02 t(7.8)	10′	2.68 m(2H)		
6″	6.59 dd(7.8, 0.9)				

5. 2-苯基苯并呋喃型化合物

【系统分类】

2-苯基苯并呋喃

2-phenylbenzofuran

【结构多样性】

C(3′)增碳碳键；C(5)增碳碳键；等。

【典型氢谱特征】

15-22 [17]　　15-23 [18]　　15-24 [19]

表 15-8 2-苯基苯并呋喃型化合物 15-22～15-24 的 ^{1}H NMR 数据

H	15-22 (C_6D_6)	15-23 (CD_3COCD_3)	15-24 (CD_3COCD_3)	典型氢谱特征
3①	6.61 d(0.8)	6.99 d(1.0)	7.05 s	① 3 位烯次甲基特征峰；②③ 芳香区信号可以区分成两个独立的苯环。化合物 15-23 和 15-24 分别存在 C(3′)和 C(5)增碳碳键的结构特征，但 2-苯基苯并呋喃型化合物的氢谱特征仍然存在
4②	6.96 d(2.5)	7.05 s	7.67 s	
6	6.84 dd(8.9, 2.5)②			
7②	7.30 d(8.9)	6.95 d(1.0)	6.86 s	
2′	7.75 d(8.9)③		6.85 d(1.0)③	
3′	6.79 d(8.9)③			
4′			6.36 t(1.0)③	
5′	6.79 d(8.9)③	6.53 d(8.7)③		
6′③	7.75 d(8.9)	7.40 d(8.7)	6.85 d(1.0)	
7′		3.47 d(7.2)	4.60 d(8.7)	
8′		5.47 t-like m(7.2)	3.56 d(8.7)	

续表

H	15-22 (C_6D_6)	15-23 (CD_3COCD_3)	15-24 (CD_3COCD_3)	典型氢谱特征
10′		3.86 br s	1.44 s	
11′		1.75 s	1.21 s	
12′		5.95 s(2H)		
OMe	3.44 s(5-OMe) 3.27 s(4′-OMe)			
OH		3.59 br s, 7.75 br s, 8.62 br s		

6. 呋喃型二苯乙烯二聚体

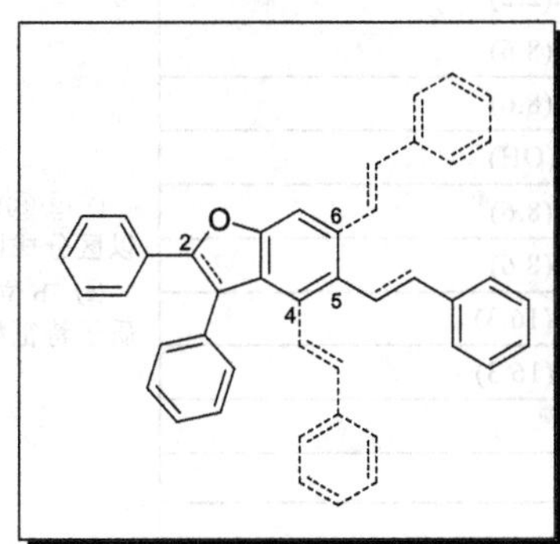

【系统分类】

(*E*)-2,3-二苯基-5-苯乙烯基苯并呋喃

(*E*)-2,3-diphenyl-5-styrylbenzofuran

【结构多样性】

(*E*)-2,3-二苯基-4-苯乙烯基苯并呋喃；(*E*)-2,3-二苯基-6-苯乙烯基苯并呋喃；等。

【典型氢谱特征】

15-25 [20]

15-26 [21]

15-27 [22]

表 15-9 呋喃型二苯乙烯二聚体 15-25～15-27 的 ^{1}H NMR 数据

H	**15-25** (CD_3OD)	**15-26** (CD_3COCD_3)	**15-27** (DMSO-d_6:C_6D_6=5:3)	典型氢谱特征
2a①	7.42 d(8.8)	7.20 d(2.1)	7.95 d(8.8)	
3a	6.69 d(8.8)①	3.64 s(OMe)	7.07 d(8.8)①	
5a①	6.69 d(8.8)	6.80 d(8.7)	7.07 d(8.8)	
6a①	7.42 d(8.8)	7.19 dd(8.7, 2.1)	7.95 d(8.8)	
10a②	6.40 d(2.2)	6.43 d(2.1)	6.49 d(2.2)	
12a②	6.47 t(2.2)	6.38 t(2.1)	6.41 t(2.2)	
14a②	6.40 d(2.2)	6.43 d(2.1)	6.49 d(2.2)	
2b③	6.98 d(8.8)	6.52 d(2.1)	7.49 d(8.6)	
3b	6.65 d(8.8)③		6.91 d(8.6)③	
4b		6.21 t(2.1)③	9.71 s(OH)	
5b	6.65 d(8.8)③		6.91 d(8.6)③	①②③⑤ 芳香区信号可以区分成四个独立的苯环； ④ 7b 位和 8b 位反式双键质子特征峰
6b③	6.98 d(8.8)	6.52 d(2.1)	7.49 d(8.6)	
7b④	6.94 d(16.3)	6.98 d(16.5)	7.17 d(16.3)	
8b④	6.85 d(16.3)	7.12 d(16.5)	7.11 d(16.3)	
10b		7.17 br s⑤	7.32 s⑤	
11b		4.04 s(OMe)		
12b	6.80 d(2.0)⑤			
14b⑤	6.99 d(2.0)	7.10 br s	6.98 s	
1′			5.01 d(7.8)	
2′-5′			3.39～3.49 m	
6′			3.84 dd(12.0, 5.5) 3.64 m	
OH			9.38 s(11a, 13a-OH) 9.70 s(13b-OH)	

四、色原酮型化合物

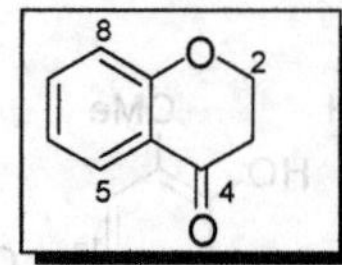

【系统分类】

4*H*-苯并吡喃-4-酮

4*H*-chromen-4-one

【结构多样性】

C(2)增碳碳键；C(5)增碳碳键；C(7)增碳碳键；C(8)增碳碳键；等。

【典型氢谱特征】

15-28 [23]　　15-29 [24]　　15-30 [25]

表 15-10　色原酮型化合物 15-28～15-30 的 ^{1}H NMR 数据

H	15-28 (DMSO-d_6)	15-29 ($CDCl_3$)	15-30 (CD_3OD)	典型氢谱特征
2		2.61 s(Me)		①3 位质子特征峰（但需注意，3 位质子与苯环质子有相同的共振频率范围）； ② 母体芳香氢信号全部在芳环区；可以区分成一个独立的苯环单位
3①	6.07 s	7.29 br s	6.13 s	
5	7.74 d(8.5)②	7.10 ddd(8.0, 1.5, 0.6)②		
6②	6.90 d(8.5)	7.49 d(8.0)	6.75 或 7.06 d(2.2)	
8		2.49 s(Me)	6.75 或 7.06 d(2.2)②	
1′	2.58 t(7.3)	6.94 m	2.57 dd(14.4, 7.8) 2.73 dd(14.4, 5.1)	
2′	1.77 m		4.19 m	
3′	1.01 t(7.3)	2.05 d(1.5)	1.27 d(6.2)	
4′		2.30 d(1.1)		
OCH_2O	6.16 s			
CH_2OH			5.00 s	

五、呫酮（苯并色原酮）型化合物

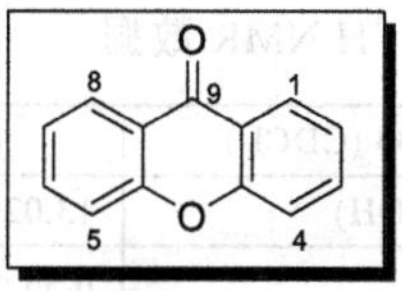

【系统分类】

9*H*-呫吨-9-酮

9*H*-xanthen-9-one

【结构多样性】

C(1)增碳碳键；C(2)增碳碳键；C(3)增碳碳键；C(4)增碳碳键；C(5)增碳碳键；C(7)增碳碳键；C(8)增碳碳键；等。

【典型氢谱特征】

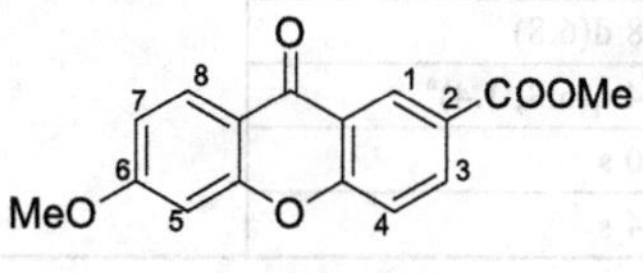

15-31 [26] 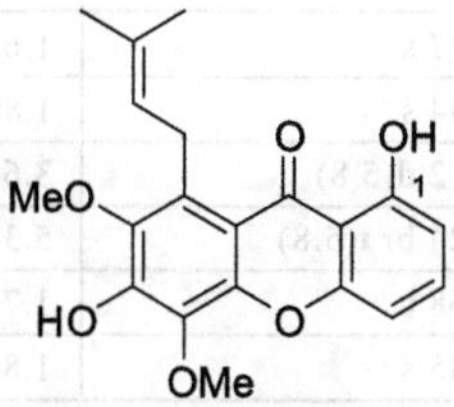　　15-32 [27] 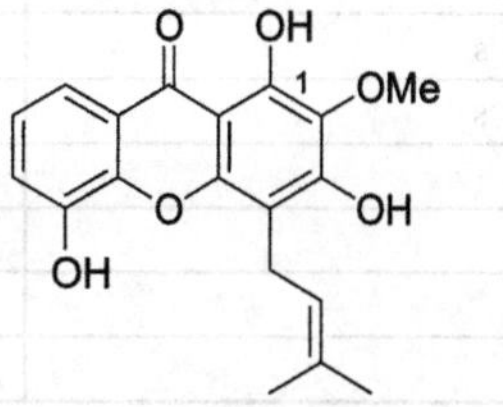　　15-33 [28]

表 15-11　呫酮型化合物 15-31～15-33 的 ^{1}H NMR 数据

H	15-31 ($CDCl_3$)	15-32 ($CDCl_3$)	15-33 (CD_3COCD_3)	典型氢谱特征
1	8.98 d(2.1)①	13.10 s(OH)②	13.14 s(OH)②	①③ 母核苯环氢信号全部在芳香区；通常可以区分成两个独立的苯环；当其中一个苯环上的芳香质子信号全部消失时，表明其全部芳香质子被取代，可通过其他信息予以判断； ②1 位存在酚羟基时的羟基特征峰
2		6.78 dd(8.4, 0.9)①	3.87 s(OMe)	
3	7.48 d(8.8)①	7.53 t(8.4)①		
4	6.96 dd(9, 2.5)①	6.91 dd(8.4, 0.9)①		
5	6.89 d(2.3)③	4.10 s(OMe)		
6			7.34 d(8.0)③	
7	7.71 dd(8.6, 1.2)③	3.82 s(OMe)	7.23 dd(8.0, 8.0)③	

续表

H	**15-31** ($CDCl_3$)	**15-32** ($CDCl_3$)	**15-33** (CD_3COCD_3)	典型氢谱特征
8	8.24 d(9.0)③		7.65 d(8.0)③	
1′		4.04 d(6.6)(2H)	3.58 d(7.0)	
2′		5.21 m	5.33 t(7.0)	
3′				
4′		1.69 d(1.5)	1.60 s	
5′		1.85 br s	1.81 s	

15-34 [29]　　15-35 [30]　　15-36 [30]

表 15-12 呫酮型化合物 **15-34**～**15-36** 的 ^{1}H NMR 数据

H	**15-34** (CD_3COCD_3)	**15-35** ($CDCl_3$)	**15-36** ($CDCl_3$)	典型氢谱特征
1①	14.23 s(OH)	13.83 s(OH)	13.02 s(OH)	① 1 位存在酚羟基时的羟基特征峰; ②③ 母核苯环氢信号全部在芳香区;通常可以区分成两个独立的苯环
2			6.33 s②	
3	8.8～9.5 br(OH)			
4	6.43 s②	6.26 s②		
5	8.8～9.5 br(OH)	3.95 s(OMe)		
6	8.8～9.5 br(OH)	6.71 s③	3.97 s(OMe)	
7	6.93 d(9.0)③	3.80 s(OMe)		
8	7.61 d(9.0)③		7.54 s③	
1′		3.48 d(7.1)	3.53 d(6.8)	
2′	6.36 dd(17.0, 10.0)	5.28 br t(7.1)	5.30 q(6.8, 1.4)a	
3′	6.94 dd(17.0, 1.0) 4.84 dd(12.0, 1.0)			
4′	1.61 s	1.77 s	1.67 s	
5′	1.61 s	1.84 s	1.80 s	
1″		4.12 d(5.8)	3.68 d(6.8)	
2″		5.24 br t(5.8)	5.34 q(6.8, 1.4)a	
4″		1.68 s	1.70 s	
5″		1.85 s	1.84 s	

a 遵循文献数据。

15-37 [31]　　15-38 [32]　　15-39 [33]

表 15-13 呫酮型化合物 15-37～15-39 的 ^{1}H NMR 数据

H	**15-37** (CD_3COCD_3)	**15-38** (CD_3COCD_3)	**15-39** ($CDCl_3$)	典型氢谱特征
1①	14.19 s(OH)	13.17 s(OH)	12.86 s(OH)	① 1 位存在酚羟基时的羟基特征峰； ②③ 母核苯环氢信号全部在芳香区；通常可以区分成两个独立的苯环；当其中一个苯环上的芳香质子信号全部消失时，表明其全部芳香质子被取代，可通过其他信息予以判断
4	6.47 s②	6.36 s②		
5		7.44 d(9.2)③	5.66 br s(OH)	
6		7.35 dd(9.2, 2.0)③	7.31 dd(8.0, 1.5)③	
7	7.15 d(9)③		7.26 t(8.0)③	
8③	7.68 d(9)	7.57 d(2.0)	7.79 dd(8.0, 1.5)	
1′		3.19 dd(14.8, 7.6) 3.17 dd(14.8, 9.4)	2.90 t(7.0)	
2′	6.36 dd(18, 11)	4.85 dd(9.4,7.6)	1.91 t(7.0)	
3′	4.94 dd(18, 1) 4.84 dd(11, 1)			
4′	1.62 s	1.30 s	1.41 s	
5′	1.62 s	1.25 s	1.41 s	
1″	4.78 br d(7)		3.36 d(7.5)	
2″	5.50 m		5.27 mt(7.5)	
4″	1.774 br d(1)		1.68 s	
5″	1.769 br d(1)		1.82 s	
OH	8.45 br s, 9.51 br s			

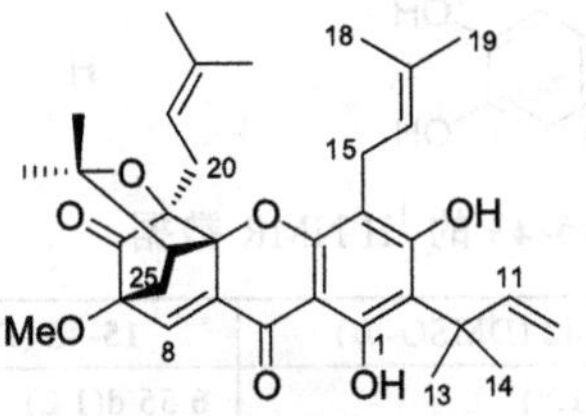

15-40 [34]

表 15-14 呫酮型化合物 15-40 的 ^{1}H NMR 数据

H	**15-40** ($CDCl_3$)	H	**15-40** ($CDCl_3$)	典型氢谱特征
1	13.62 s(OH)①	18	1.66 d(1.0)	① 1 位存在酚羟基时的羟基特征峰； ② 母核苯环氢信号全部在芳香区；通常可以区分成两个独立的苯环；当其中一个苯环上的芳香质子信号全部消失时，表明其全部芳香质子被取代，可通过其他信息予以判断 化合物 **15-40** 母核的 8 个芳香氢中有 7 个被取代，母核的氢谱特征不十分明显，需注意借助其他手段予以判断
3	7.70 s(OH)	19	1.70 s	
7	3.63 s(OMe)	20	2.59 m, 2.54 d(10.0)	
8	7.48 d(1.0)②	21	4.43 mdd(10.0, 5.5)	
11	6.43 dd(17.5, 10.5)	23	1.37 s	
12	5.46 d(17.5) 5.37 dd(10.5, 1.0)	24	1.01 s	
13	1.60 s	25	2.33 d(13.0) 1.61 dd(13.0, 10.0)	
14	1.59 s	26	2.50 d(10.0)	
15	3.30 d(6.5)	28	1.65 s	
16	5.14 mt(6.5)	29	1.28 s	

六、苯乙醇型化合物

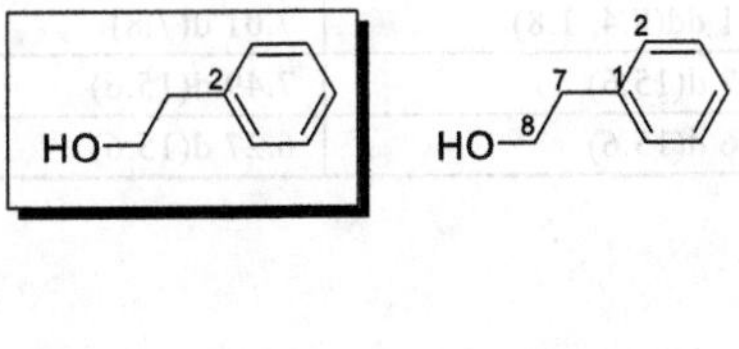

【系统分类】

2-苯基乙醇

2-phenylethanol

【典型氢谱特征】

R[1] R[2] R[3]

15-41 [35] H

15-42 [35] H

15-43 [35] H

表 15-15 苯乙醇型化合物 15-41～15-43 的 ^{1}H NMR 数据

H	15-41 (DMSO-d_6)	15-42 (DMSO-d_6)	15-43 (DMSO-d_6)	典型氢谱特征
2①	6.54 br s	6.61 d(1.8)	6.55 d(1.2)	①母核苯环氢信号全部在芳香区；通常可以区分成一个独立的苯环； ②7 位苄型亚甲基特征峰； ③8 位氧亚甲基（氧化甲基）特征峰
5①	6.55 d(8.4)	6.63 d(7.8)	6.54 d(7.8)	
6①	6.41 d(8.4, 1.8)	6.48 dd(7.8, 1.8)	6.41 d(7.8, 1.2)	
7②	2.56 m	2.69 m	2.56 m	
8③	3.54 m, 3.76 m	3.62 m, 3.82 m	3.53 m, 3.78 m	
1′	4.49 d(8.4)	4.34 d(7.8)	4.74 d(7.8)	
2′	4.64 t(8.4)	3.18 dd(9.0, 7.8)	4.65 t(7.8)	
3′	3.42 m	4.88 t(9.0)	3.42 m	
4′	3.44 m	3.28 dd(10.2, 9.0)	3.22 dd(9.6, 9.0)	
5′	3.38 m	3.42 m	3.39 m	
6′	3.84 br d(10.2) 3.48 m	3.82 br d(9.6) 3.49 m	3.96 br d(11.4) 3.58 dd(11.4, 5.4)	
1″	4.60 br s	4.59 br s	4.20 d(7.2)	
2″	3.63 m	3.62 m	2.98 dd(8.4, 7.2)	
3″	3.45 m	3.62 m	3.09 dd(9.0, 8.4)	
4″	3.19 t(9.6)	3.44 m	3.28 m	
5″	3.46 m	3.48 m	3.70 m, 3.02 m	
6″	1.14 d(6.6)	1.13 d(6.6)		
2‴	7.06 br s	7.04 d(1.8)	7.06 br s	
5‴	6.76 d(7.2)	6.75 d(8.4)	6.76 d(7.8)	
6‴	7.01 br d(7.2)	7.01 dd(8.4, 1.8)	7.01 d(7.8)	
7‴	7.49 d(16.2)	7.47 d(15.6)	7.49 d(15.6)	
8‴	6.27 d(16.2)	6.26 d(15.6)	6.27 d(15.6)	

七、苯甲醇型化合物

【系统分类】

苯基甲醇

phenylmethanol

【典型氢谱特征】

15-44[36] 15-45[36] 15-46[36]

表 15-16 苯甲醇型化合物 15-44～15-46 的 ^{1}H NMR 数据

H	15-44(CD_3COCD_3)	15-45(DMSO-d_6)	15-46(CD_3COCD_3)	典型氢谱特征
2, 6①	7.30 d(9.0)[a]	7.19 d(6.5)	7.16 d(9.0)	① 母核苯环氢信号全部在芳香区；通常可以区分成一个独立的苯环； ② 7位苄型氧亚甲基（氧化甲基）特征峰
3, 5①	6.93 d(9.0)[b]	6.95 d(6.5)	6.78 d(9.0)	
7②	4.52 d(6.0)	4.39 d(5.5)	4.49 d(6.0)	
1′		4.80 d(7.2)		
2′	7.24 d(9.0)[a]	3.05～3.30 m		
3′	6.83 d(9.0)[b]	3.05～3.30 m		
4′		3.05～3.30 m		
5′	6.83 d(9.0)[b]	3.05～3.30 m		
6′	7.24 d(9.0)[a]	3.38～3.68 m		
7′	4.97 s			
OH	3.98 t(6.0, -CH_2OH) 8.34 s(4′-OH)	4.49 t(5.5) 4.96～5.25(2′,3′,4′,6′-OH)	3.91 t(6.0, -CH_2OH) 8.15 s(4′-OH)	

a,b 文献中没有结构式，表中归属仅供参考。

八、双苯基庚烷型化合物

【系统分类】

1,7-双苯基庚烷

1,7-diphenylheptane

【典型氢谱特征】

15-47 [37]

15-48 [37]

15-49 [38]

表 15-17 双苯基庚烷型化合物 15-47～15-49 的 ^{1}H NMR 数据

H	**15-47** (CD_3OD)	**15-48** (CD_3OD)	**15-49** ($CDCl_3$)	典型氢谱特征
1	2.35 m	2.63 t(6.6)[a] 2.66 t(6.6)[a]	2.79 t(6.3)	
2	2.37 m	2.62 d(16.8)[a] 2.65 d(16.8)[a]	2.69 t(6.1)	
4	2.21 m	2.38 t(6.8)	2.41 dd(15.8 5.3) 2.66 d(15.8)	
5	3.56 quint(6.6)	1.49 m	3.67 m	
6	1.41 m	1.49 m	1.75 m	①② 芳香区信号可以区分成两个独立的苯环。 其他高场区信号可以作为双苯基庚烷型化合物的辅助典型氢谱特征
7	2.17 m	2.40 t(6.8)	2.59 m	
2′①	6.36 br s	6.58 d(1.9)	6.99 d(8.4)	
3′			6.70 d(8.4)①	
5′①	6.43 d(8.1)	6.64 d(8.3)	6.70 d(8.4)	
6′①	6.22 dd(8.1, 2.0)	6.45 dd(8.3, 1.9)	6.99 d(8.4)	
2″②	6.37 br s	6.60 d(1.9)	6.64 s	
5″②	6.42 d(8.1)	6.64 d(8.3)	6.80 d(8.0)	
6″②	6.21 dd(8.1, 2.0)	6.46 dd(8.3, 1.9)	6.63 d(8.0)	
OMe	3.19 s(5-OMe)		3.28 s(5-OMe) 3.84 s(3″-OMe)	

九、3′-3″-环双苯基庚烷型化合物

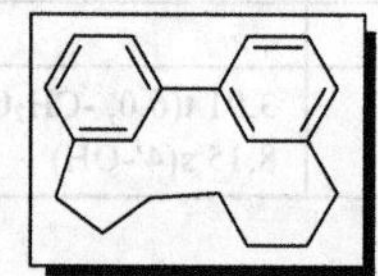

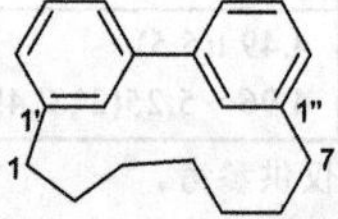

【系统分类】

1,2(1,3)-二苯杂环壬烷

1,2(1,3)-dibenzenacyclononane

【典型氢谱特征】

15-50 [39]　　**15-51** [40]　　**15-52** [40]

表 15-18 3′-3″-环双苯基庚烷型化合物 15-50～15-52 的 ^{1}H NMR 数据

H	**15-50** ($CDCl_3$)	**15-51** (CD_3OD)	**15-52** ($CDCl_3$)	典型氢谱特征
1	2.45 m 4.36 m	*α* 2.77 dd(15.4, 6.5) *β* 3.42 d(15.3)	*α* 3.11 dd(16.7, 12.6) *β* 2.81 ddd(16.7, 4.9, 2.0)	①② 芳香区信号可以区分成两个独立的苯环。其他高场区信号可以作为双苯基庚烷型化合物的辅助典型氢谱特征
2	2.91 m 3.14 m	*α* 4.33 dd(6.5, 2.0)	*α* 2.91 ddd(20.1, 4.9, 2.0) *β* 3.48 ddd(20.1, 12.6, 2.2)	
4	5.74 s	*α* 2.64 dd(18.6, 8.4) *β* 3.64 dd(18.4, 1.3)	4.21 d(10.1)	
5	3.58 s(OMe)	3.91～3.96 m	3.87 d(10.1)	
6	2.66 m, 2.91 m	3.91～3.96 m	4.71 dd(11.8, 4.4)	
7	2.91 m 3.32 m	*α* 2.78 dd(15.7, 9.3) *β* 2.86 dd(16.1, 3.0)	*α* 2.87 dd(15.9, 12.0) *β* 3.04 dd(15.9, 4.4)	
2′①	6.52 d(2.0)	6.46 d(2.1)	6.32 d(1.9)	
4′	3.69 s(OMe)			
5′		6.69 d(8.0)①	6.79 d(8.2)①	
6′①	6.77 d(2.0)	6.90 dd(8.1, 2.3)	7.04 dd(8.2, 2.4)	
2″②	7.08 d(2.0)	6.55 d(2.3)	6.63 d(1.9)	
5″②	6.83 d(8.0)	6.70 d(8.0)	6.76 d(8.2)	
6″②	7.02 dd(8.0, 2.0)	6.95 dd(8.2, 2.3)	6.98 dd(8.2, 2.2)	
OH	5.74 s 7.37 s			

十、3′-4″-氧双苯基庚烷型化合物

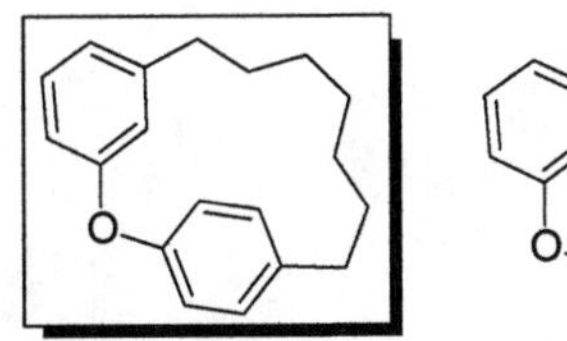

1′ 1 1″ 7

【系统分类】

2-氮杂-1(1,3),3(1,4)-二苯杂环癸烷

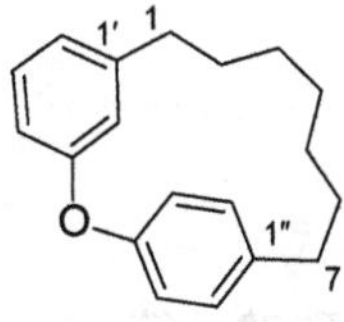

2-oxa-1(1,3),3(1,4)-dibenzenacyclodecane

【典型氢谱特征】

15-53 [38]　　**15-54** [38]　　**15-55** [39]

表 15-19 3′-4″-氧双苯基庚烷型化合物 15-53～15-55 的 ^{1}H NMR 数据

H	**15-53** (CD_3COCD_3)	**15-54** (CD_3COCD_3)	**15-55** ($CDCl_3$)	典型氢谱特征
1	2.83 dd(14.8, 6.9) 2.94 dd(14.8, 2.4)	2.40～2.76 m(2H)	2.92 m(2H)	

续表

H	**15-53** (CD_3COCD_3)	**15-54** (CD_3COCD_3)	**15-55** ($CDCl_3$)	典型氢谱特征
2	4.01 dd(6.9, 2.4)	1.40 m	2.32 m(2H)	
3		3.00 m		
4	1.40～1.75 m 1.93 m	0.82 m 1.00～1.27 m	4.94 s	
5	1.40～1.75 m(2H)	1.00～1.27 m(2H)		
6	1.40～1.75 m(2H)	1.52 m, 1.74 m	2.47 t(7.0)(2H)	①② 芳香区信号可以区分成两个独立的苯环。 其他高场区信号可以作为双苯基庚烷型化合物的辅助典型氢谱特征
7	2.72 t(6.1)(2H)	2.40～2.76 m(2H)	3.04 t(7.0)(2H)	
2′①	5.66 d(2.1)	5.71 d(1.8)	5.62 d(2.0)	
5′①	6.71 d(8.1)	6.72 d(8.0)	6.82 d(8.0)	
6′①	6.55 dd(8.1, 2.1)	6.53 dd(8.0, 1.8)	6.65 dd(8.0, 2.0)	
2″②	7.05 d(1.9)	6.99 d(1.8)	7.18 d(8.0)	
3″			7.00 d(8.0)②	
5″②	7.00 d(8.0)	7.05 d(8.0)	7.00 d(8.0)	
6″②	6.87 dd(8.0, 1.9)	6.91 dd(8.0, 1.8)	7.18 d(8.0)	
OMe	3.69 s(3"-OMe)	3.65 s(3"-OMe)	3.95 s(4"-OMe)	

十一、萘型化合物

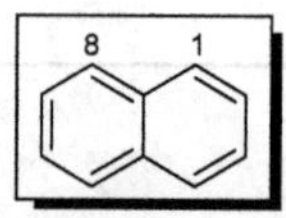

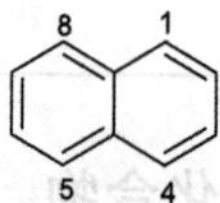

【系统分类】

萘

naphthalene

【结构多样性】

C(1)增碳碳键；C(7)增碳碳键；等。

【典型氢谱特征】

15-56 [41]　**15-57** [42]　**15-58** [43]

表 15-20 萘型化合物 **15-56**～**15-58** 的 ^{1}H NMR 数据

H	**15-56**($CDCl_3$)	**15-57** (DMSO-d_6)	**15-58** ($CDCl_3$)	典型氢谱特征
1	3.819 s(OMe)	8.10 m①		①② 在通常的取代模式下，芳香区信号可以区分成两个稠合的苯环形成的萘环。 当存在芳香取代基时，芳香取代基的氢谱信号对萘环的信号有干扰
2	3.996 s(OMe)	7.33 dt(6.72, 1.26)①	7.49 m①	
3①	6.647 s	7.24 dt(6.72, 1.26)	7.44 dd(7.9, 7.6)	
4	4.012 s(OMe)	7.46 d(8.46)①	7.86 d(7.9)①	
5②	8.149 ddd(8.5, 1.2, 0.7)	6.91 s	7.80 d(8.3)	
6	7.345 ddd(8.5, 6.8, 1.2)②	3.73 s(OMe)	7.55 m②	

续表

H	15-56($CDCl_3$)	15-57 (DMSO-d_6)	15-58 ($CDCl_3$)	典型氢谱特征
7	7.493 ddd(8.5, 6.8, 1.2)②		7.51 m②	
8	8.046 ddd(8.5, 1.2, 0.7)②		8.07 d(8.6)②	
2′		3.61 s(OMe)	2.46 d(15.4) 2.20 d(15.4)	
4′			1.77 m 1.64 m	
5′		7.98 m	3.86 m 3.76 m	
6′		7.87 m	1.27 s	
7′		7.87 m		
8′		8.09 m		
1″			5.95 m	
2″			1.68 d(6.5)	
NH			6.17 d(7.9)	

十二、1,2,3,4-四氢-α-萘酮型化合物

【系统分类】

3,4-二氢萘-1(2*H*)-酮

3,4-dihydronaphthalen-1(2*H*)-one

【典型氢谱特征】

15-59 [44]　15-60 [44]　15-61 [44]

表 15-21　1,2,3,4-四氢-α-萘酮型化合物 15-59～15-61 的 ^{1}H NMR 数据

H	15-59 ($CDCl_3$)	15-60 ($CDCl_3$)	15-61 ($CDCl_3$)	典型氢谱特征
2①	2.58 ddd(17.5, 13.6, 4.6) 2.83 dt(17.5, 4.6)	2.49 ddd(17.3, 10.5, 4.8) 2.78 ddd(17.3, 6.4, 4.4)	2.58 dt(17.0, 5.0) 3.01 ddd(17.0, 9.1, 6.0)	① 2 位亚甲基特征峰； ② 芳香区信号可以区分成一个独立的苯环
3	2.21 m, 2.52 m	2.06 m, 2.30 m	2.24 m(2H)	
4	5.35 dd(10.0, 4.8)	4.82 dd(8.7, 4.1)	5.27 t(4.4)	
5		6.93 d(2.6)②		
6	7.11 br d(7.9)②		7.07 d(9.0)②	
7②	7.31 t(7.9)	6.76 dd(8.5, 2.6)	6.77 d(9.0)	
8	7.60 br d(7.9)②	7.88 d(8.5)②		

参考文献

[1] Abe F, Chen R F, Yamauchi T. Phytochemistry, 1991, 30: 3379.

[2] Naito T, Katsuhara T, Niitsu K, et al. Phytochemistry, 1992, 31: 639.

[3] 王佳，杨建波，王爱国，等. 中药材, 2011, 34 : 378.

[4] Arunpanichlert J, Rukachaisirikul V, Tadpetch K, et al. Phytochemistry Lett, 2012, 5: 604.

[5] 牛研，王书芳. 中国中药杂志, 2014, 39: 80.

[6] Wei Q, Yang J B, Ren J, et al. Fitoterapia, 2014, 93: 226.

[7] Speicher A, Schoeneborn R. Phytochemistry, 1997, 45: 1613.

[8] Chávez D, Chai H B, Chagwedera T E, et al. Tetrahedron Lett，2001, 42: 3685.

[9] Ioset J R, Marston A, Gupta M P, et al. J Nat Prod , 2001, 64: 710.

[10] Ngo K S, Brown G D. Phytochemistry, 1998, 47: 1117.

[11] Baderschneider B, Winterhalter P. J Agric Food Chem, 2000, 48: 2681.

[12] Miyase T, Sano M, Yoshino K, et al. Phytochemistry, 1999, 52: 311.

[13] Kraut L, Mues R, Zinsmeister H D. Phytochemistry, 1997,45:1249.

[14] Lee K Y, Sung S H, Kim Y C. J Nat Prod, 2006, 69: 679.

[15] Guo X Y, Wang J, Wang N L, et al. Chem Pharm Bull, 2006, 54: 21.

[16] Sekine T, Fukasawa N, Murakoshi I, et al. Phytochemistry, 1997, 44: 763.

[17] Reuß S H V, König W A. Phytochemistry, 2004, 65: 3113.

[18] Zhao P, Hamada C, Inoue K, et al. Phytochemistry, 2003, 62: 1093.

[19] Yang Y, Gong T, Liu C, et al. Chem Pharm Bull, 2010, 58: 257.

[20] Ito J, Takaya Y, Oshima Y, et al. Tetrahedron, 1999, 55: 2529.

[21] Huang K S, Wang Y H, Li R L, et al. Phytochemistry, 2000, 54: 875.

[22] Schneider B. Phytochemistry, 2003, 64: 459.

[23] López J A, Barillas W, Gomez-Laurito J. J Nat Prod, 1997, 60: 24.

[24] Yousuf M H A, Bashir A K, Blunden G, et al. Phytochemistry, 1999, 51: 95.

[25] Kuo Y H, Lee P H, Wein Y S. J Nat Prod, 2002, 65: 1165.

[26] Kijjoa A, Gonzalez M J, Pinto M M M, et al. Phytochemistry, 2000, 55: 833.

[27] Laphookhieo S, Syers J K, Kiattansakul R, et al. Chem Pharm Bull, 2006, 54: 745.

[28] Morel C, Séraphin D, Oger J M, et al. J Nat Prod, 2000, 63: 1471.

[29] Fukai T, Yonekawa M, Hou A J, et al. J Nat Prod, 2003, 66: 1118.

[30] Seo E K, Kin N C, Wani M C, et al. J Nat Prod, 2002, 65: 299.

[31] Hou A J, Fukai T, Shimazaki M, et al. J Nat Prod, 2001, 64: 65.

[32] Tanaka N, Takaishi Y. Phytochemistry, 2006, 67: 2146.

[33] Rukachaisirikul V, Kamkaew M, Sukavisit D, et al. J Nat Prod, 2003, 66: 1531.

[34] Rukachaisirikul V, Painuphong P, Sukpondma Y, et al. J Nat Prod, 2003, 66: 933.

[35] Wang F N, Ma Z Q, Liu Y, et al. Molecules, 2009, 14: 1324.

[36] 黄胜阳，石建功，杨永春，等. 中国中药杂志, 2002, 27: 118.

[37] Giang P M, Son P T, Matsunami K, et al. Chem Pharm Bull, 2006, 54: 139.

[38] Li G, Xu M L, Choi H G, et al. Chem Pharm Bull, 2003, 51: 262.

[39] Ara K, Rahman A H M M, Hasan C M, et al. Phytochemistry, 2006, 67: 2659.

[40] Lee J S, Kim H J, Park H, et al. J Nat Prod, 2002, 65: 1367.

[41] Rycroft D S, Cole W J and Rong S. Phytochemistry, 1998, 48: 1351.

[42] Li Q, Guo Z H, Wang K B, et al. Phytochem Lett, 2015, 14: 8.

[43] Zhang L, Hasegawa I, Tatsuno T, et al. Heterocycles, 2014, 89: 731.

[44] Liu L J, Li W, Koike K, et al. Pharm Bull, 2004, 52: 566.

主题词索引

（按汉语拼音排序）

E

J

K

L

R

S

Y

Z